U0191256

齿轮制造工艺手册

第 2 版

《齿轮制造工艺手册》编委会　编

机械工业出版社

本书是在总结国内和国际齿轮制造先进技术、推陈出新的基础上编辑的，不仅科学性、可靠性、先进性强，而且实用价值很高。

本书是齿轮工艺水平的综合体现，内容以数据、公式、图表、简要说明和有实用价值的案例为主要特色。全书共 14 章，内容包括：常用基础知识、齿轮材料和热处理、齿轮的几何尺寸计算，滚齿加工、插齿加工、飞刀展成加工蜗轮、磨齿机精加工齿轮、内齿轮加工、锥齿轮加工、剃齿与珩齿加工、齿轮刀具的选择、齿轮的检测与量仪、齿轮加工的夹具及简易的工艺路线、新型制造工艺——3D 打印技术。书中数据和内容主要来源于生产第一线，参考标准采用国内外现行的标准。书中还采纳了企业工程技术人员和工人的实践经验总结。

本书主要供企业技术人员、设计师、管理人员和技术工人，以及高等院校和职业院校师生参考。

图书在版编目（CIP）数据

齿轮制造工艺手册/《齿轮制造工艺手册》编委会编. —2 版. —北京：机械工业出版社，2016.12（2023.4 重印）
ISBN 978-7-111-57767-6

Ⅰ.①齿⋯　Ⅱ.①齿⋯　Ⅲ.①齿轮加工-技术手册　Ⅳ.①TG610.6-62

中国版本图书馆 CIP 数据核字（2017）第 200269 号

机械工业出版社（北京市百万庄大街 22 号　邮政编码 100037）
策划编辑：沈　红　责任编辑：沈　红　崔滋恩　责任校对：刘志文
封面设计：张　静　责任印制：郜　敏
北京盛通商印快线网络科技有限公司印刷
2023 年 4 月第 2 版第 4 次印刷
184mm×260mm · 48.5 印张 · 2 插页 · 1387 千字
标准书号：ISBN 978-7-111-57767-6
定价：199.00 元

凡购本书，如有缺页、倒页、脱页，由本社发行部调换
电话服务　　　　　　　　　网络服务
服务咨询热线：010-88361066　　机 工 官 网：www.cmpbook.com
读者购书热线：010-68326294　　机 工 官 博：weibo.com/cmp1952
　　　　　　　010-88379203　　金 书 网：www.golden-book.com
封面无防伪标均为盗版　　　　教育服务网：www.cmpedu.com

编 审 人 员

章　次	编　写	审　校
前　言	韩翠蝉（中信重工机械股份有限公司）	王长路（郑州机械研究所）
		瞿　铁（中信重工机械股份有限公司）
第 1 章	陶定新（中信重工机械股份有限公司）	张元国（郑州机械研究所）
	喻　晓（中信重工机械股份有限公司）	武文辉（中信重工机械股份有限公司）
	郁　洋（武汉锅炉集团）	王克胜（中信重工机械股份有限公司）
	崔文斌（中信重工机械股份有限公司）	
	赵　刚（中信重工机械股份有限公司）	
	刘兴才（矿山重型装备国家重点实验室）	
第 2 章	于文平（中信重工机械股份有限公司）	赵永让（中信重工机械股份有限公司）
	陈学文（河南科技大学）	韩翠蝉
	李　圣（中信重工机械股份有限公司）	武文辉
	李德福（中信重工机械股份有限公司）	
	张伟宏（利勃海尔机械（徐州）有限公司）	
第 3 章	武文辉	张元国
	马淑萍（中信重工机械股份有限公司）	陶定新
	乔文存（中信重工机械股份有限公司）	王克胜
	王学俊（开滦集团荆各庄矿业公司）	
	刘世军（郑州机械研究所）	
第 4 章	吴志强（德昌电机（深圳）有限公司）	李国锋（中信重工机械股份有限公司）
	喻　晓	杨春兵（中信重工机械股份有限公司）
	陈学文	
	张帮栋（中信重工机械股份有限公司）	
	马　钢（中信重工机械股份有限公司）	
	黄克亮（中信重工机械股份有限公司）	
	李卫军（中信重工机械股份有限公司）	
第 5 章	武文辉	亢再章（中信重工机械股份有限公司）
	马淑萍	韩翠蝉
	刘　成（中信重工机械股份有限公司）	
	张帮栋	
	张　磊（中信重工机械股份有限公司）	
	田　瑾（中信重工机械股份有限公司）	
第 6 章	王　斌（河南科技大学）	张帮栋
	杨宏斌（河南科技大学）	武文辉
	阎建慧（中信重工机械股份有限公司）	
第 7 章	武文辉	张帮栋
	郭建华（格里森营销公司北京代表处）	李国锋
	李铁峰（中信重工机械股份有限公司）	刘　成

第 8 章　王　斌　　　　　　　　　　　　　　张帮栋
　　　　　王　宝（开滦能源化工范各庄矿业分公司）　亢再章
　　　　　张　雁（中信重工机械股份有限公司）
第 9 章　张　展（上海电力环保设备总厂）　　邓效忠（河南科技大学）
　　　　　魏冰阳（河南科技大学）　　　　　　张帮栋
　　　　　张帮栋　　　　　　　　　　　　　　陶定新
　　　　　温　涛（中信重工机械股份有限公司）
　　　　　姚培根（中信重工机械股份有限公司）
　　　　　张永红（中信重工机械股份有限公司）
　　　　　朱耀华（中信重工机械股份有限公司）
　　　　　许　渊（中信重工机械股份有限公司）
　　　　　孙丽菲（中信重工机械股份有限公司）
第 10 章　张　展　　　　　　　　　　　　　　武文辉
　　　　　牛艳芳（中信重工机械股份有限公司）　瞿　铁
　　　　　杨海新（开滦集团林西矿业分公司）
第 11 章　毛艳明（中信重工机械股份有限公司）　崔学连（中信重工机械股份有限公司）
　　　　　张帮栋　　　　　　　　　　　　　　阎建慧
　　　　　李济中（中信重工机械股份有限公司）　邓效忠
　　　　　林晓晖（中信重工机械股份有限公司）
　　　　　付　薇（中信重工机械股份有限公司）
　　　　　于　燕（中信重工机械股份有限公司）
　　　　　魏克红（中信重工机械股份有限公司）
　　　　　金晓英（中信重工机械股份有限公司）
　　　　　向惠兰（中信重工机械股份有限公司）
　　　　　王功军（中信重工机械股份有限公司）
　　　　　刘永红（中信重工机械股份有限公司）
　　　　　韩兆举（中信重工机械股份有限公司）
　　　　　周紫阳（中信重工机械股份有限公司）
第 12 章　张　农（中信重工机械股份有限公司）　崔学连
　　　　　陈　彬（中信重工机械股份有限公司）　武文辉
　　　　　张琳伟（中信重工机械股份有限公司）　张元国
第 13 章　牛艳芳　　　　　　　　　　　　　　黄克亮
　　　　　李国锋　　　　　　　　　　　　　　郭千世（中信重工机械股份有限公司）
　　　　　亢志强（中信重工机械股份有限公司）　姬朝阳（中信重工机械股份有限公司）
　　　　　胡志祖（中信重工机械股份有限公司）
第 14 章　何剑伟（中信重工机械股份有限公司）　邹声勇
　　　　　张大立（洛阳索沃数字技术有限公司）　张洛平（河南科技大学）
　　　　　曹思远（洛阳索沃数字技术有限公司）　陈学文
　　　　　杨　阳（河南金电郑投大数据科技有限公司）
附　　录　史华民（中信重工机械股份有限公司）　韩翠蝉
　　　　　袁海洋（中信重工机械股份有限公司）　陶定新
　　　　　张　磊　　　　　　　　　　　　　　喻　晓
　　　　　张洛平
　　　　　张二牛（洛阳晋飞铸锻科技有限公司）

前　言

13亿人口的中国，要想由机械制造大国逐渐变为机械制造强国，需要全国的大中型骨干企业在关键制造技术方面下大力气，尤其是齿轮制造工艺，必须起到领跑的作用。为此，齿轮制造行业将面临巨大的挑战，齿轮行业只有积极地扩大市场、提高质量、开发新产品、降低成本、提高竞争力，才能在国际竞争中立足。

加入WTO后，我国与世界齿轮制造企业的交流合作更加广泛，尤其是与国际著名齿轮制造集团进行多种形式的交流合作，是促进我国齿轮工业发展的有效途径。

近些年来，各企业对齿轮加工工艺的制订，齿轮加工设备的选择，企业员工技术水平的提高极为重视，我们编写的《齿轮制造工艺手册》第1版，出版发行六年多来，得到了同行的呵护与认可。为了感谢朋友们的支持，紧跟世界技术进步，我们又组织编写了《齿轮制造工艺手册》第2版。第2版是在第1版的基础上去粗取精，去伪存真，完善创新，力争与世界先进技术水平接轨。

目前齿轮机床及制齿技术呈现出以下发展趋势：

1）数控化。通过机床的各运动轴进行CNC控制及部分轴间进行联动，实现高度数控。

2）高速高效。随着齿轮加工刀具性能的提高，齿轮加工机床的高速、高效切削得到了飞速发展，且技术趋于成熟。齿轮滚齿切削速度由100m/min提高到500~600m/min，切削进给速度由3~4mm/r提高到20mm/r，这使滚齿机主轴的最高转速可达5500r/min，工作台最高转速可达800r/min，机床部件移动速度也高达10m/min，大功率主轴系统使机床可应用直径和长度均较大的砂轮进行磨削。

3）高精度。这是近年来齿轮制造业不断追求的目标，低速重载硬齿面也向国际标准5级迈进。

4）运动复合。指在一台机床上或一次装夹中可以完成多道工序的加工，从而提高工件的加工效率，甚至加工精度。

5）智能制造技术飞速发展。世界各国十分重视智能制造，智能检测、机器人智能化已成为新的时代趋势。

本书是在广泛研究了国内外大量技术资料的基础上，消化吸收继承前人的精华，较多地反映了近三十年来引进机床、刀具、计量检测仪器等最新内容，如硬齿面高效磨齿技术、内齿轮以滚代插、齿轮修形技术、数控加工和齿轮制造过程故障处理等新技术，力争为企业开发新产品和推广应用新工艺奠定基础，为我国经济发展做出贡献。

本书共14章。内容包括常用基础知识、齿轮材料和热处理、齿轮的几何尺寸计算、滚齿加工、插齿加工、飞刀展成加工蜗轮、磨齿机精加工齿轮、内齿轮加工、锥齿轮加工、剃齿与珩齿加工、齿轮刀具的选择、齿轮的检测与量仪、齿轮加工的夹具及简易的工艺路线、新型制造工艺——3D打印技术。附录中包括一些基础资料和企业介绍等内容。

参加本书第2版编写的人员来自中信重工机械股份有限公司、河南科技大学、郑州机械研究所、矿山重型装备国家重点实验室、上海电力环保设备总厂、德昌电机（深圳）有限公司、洛阳索沃数字技术有限公司等单位。本书的主编之一张帮栋高级工程师（中信重工机械股份有限公司），是全国"五一劳动奖章"获得者，技术革新能手及学科带头人，具有50多年现场实践经验。参加编写的上海电力环保设备总厂张展高级工程师，不仅编辑了重要章节还做了大量的组织工作，在此深表谢意。

由于编辑出版时间和作者水平有限，错误和漏洞难免，望同行业专家、读者多提宝贵意见！

编　者

目　　录

第1章 常用基础知识

1.1 常用资料

1.1.1 国内部分齿轮标准

GB/T 1356—2001 《通用机械和重型机械用圆柱齿轮 标准基本齿条齿廓》

GB/T 1357—2008 《通用机械和重型机械用圆柱齿轮 模数》

GB/T 1840—1989 《圆弧圆柱齿轮 模数》

GB/T 2362—1990 《小模数渐开线圆柱齿轮基本齿廓》

GB/T 2363—1990 《小模数渐开线圆柱齿轮精度》

GB/T 2821—2003 《齿轮几何要素代号》

GB/T 3374.1—2010 《齿轮术语和定义 第1部分：几何学定义》

GB/T 3374.2—2011 《齿轮术语和定义 第2部分：蜗轮几何学定义》

GB/T 3480—1997 《渐开线圆柱齿轮承载能力计算方法》

GB/T 3480.5—2008 《直齿轮和斜齿轮承载能力计算 第5部分：材料的强度和质量》（代替 GB/T 8539—2000 《齿轮材料及热处理质量检验的一般规定》）

GB/T 3481—1997 《齿轮轮齿磨损和损伤术语》

GB/T 4459.2—2003 《机械制图 齿轮表示法》

GB 5903—2011 《工业闭式齿轮油》

GB/T 6083—2016 《齿轮滚刀 基本型式和尺寸》

GB/T 6084—2016 《齿轮滚刀 通用技术条件》

GB/T 6404.1—2005 《齿轮装置的验收规范 第1部分：空气传播噪声的试验规范》

GB/T 6404.2—2005 《齿轮装置的验收规范 第2部分：验收试验中齿轮装置机械振动的测定》

GB/T 6443—1986 《渐开线圆柱齿轮图样上应注明的尺寸数据》

GB/T 6467—2010 《齿轮渐开线样板》

GB/T 6468—2010 《齿轮螺旋线样板》

GB/T 6477—2008 《金属切削机床 术语》

GB/T 8064—1998 《滚齿机精度检验》

GB/T 8542—1987 《透平齿轮传动装置技术条件》

GB/T 9205—2005 《镶片齿轮滚刀》

GB/T 10062.1—2003 《锥齿轮承载能力计算方法 第1部分：概述和通用影响系数》

GB/T 10062.2—2003 《锥齿轮承载能力计算方法 第2部分：齿面接触疲劳（点蚀）强度计算》

GB/T 10063—1988 《通用机械渐开线圆柱齿轮 承载能力简化计算方法》

GB/T 10085—1988 《圆柱蜗杆传动基本参数》

GB/T 10087—1988 《圆柱蜗杆基本齿廓》

GB/T 10088—1988　《圆柱蜗杆模数和直径》

GB/T 10089—1988　《圆柱蜗杆、蜗轮精度》

GB/T 10095.1—2008　《圆柱齿轮　精度制　第1部分：轮齿同侧齿面偏差的定义和允许值》

GB/T 10095.2—2008　《圆柱齿轮　精度制　第2部分：径向综合偏差与径向跳动的定义和允许值》

GB/T 10096—1988　《齿条精度》

GB/T 10107.1—2012　《摆线针轮行星传动　第1部分：基本术语》

GB/T 10107.2—2012　《摆线针轮行星传动　第2部分：图示方法》

GB/T 10107.3—2012　《摆线针轮行星传动　第3部分：几何要素代号》

GB/T 10224—1988　《小模数锥齿轮基本齿廓》

GB/T 10225—1988　《小模数锥齿轮精度》

GB/T 10226—1988　《小模数圆柱蜗杆基本齿廓》

GB/T 10227—1988　《小模数圆柱蜗杆、蜗轮精度》

GB/T 11365—1989　《锥齿轮和准双曲面齿轮　精度》

GB/T 11366—1989　《行星传动基本术语》

GB/T 11572—1989　《船用齿轮箱台架试验方法》

GB/T 12368—1990　《锥齿轮模数》

GB/T 12369—1990　《直齿及斜齿锥齿轮基本齿廓》

GB/T 12370—1990　《锥齿轮和准双曲面齿轮术语》

GB/T 12371—1990　《锥齿轮图样上应注明的尺寸数据》

GB/T 12759—1991　《双圆弧圆柱齿轮基本齿廓》

GB/T 13672—1992　《齿轮胶合承载能力试验方法》

GB/T 13799—1992　《双圆弧圆柱齿轮承载能力计算方法》

GB/T 13924—2008　《渐开线圆柱齿轮　检验细则》

GB/T 14229—1993　《齿轮接触疲劳强度试验方法》

GB/T 14230—1993　《齿轮弯曲疲劳强度试验方法》

GB/T 14231—1993　《齿轮装置效率测定方法》

GB/T 14333—2008　《盘形轴向剃齿刀》

GB/T 14348—2007　《双圆弧齿轮滚刀》

GB/T 15752—1995　《圆弧圆柱齿轮基本术语》

GB/T 15753—1995　《圆弧圆柱齿轮精度》

GB/T 16444—2008　《平面二次包络环面蜗杆减速器》

GB/T 16848—1997　《直廓环面蜗杆、蜗轮精度》

GB/T 17879—1999　《齿轮磨削后表面回火的浸蚀检验》

GB/T 19073—2008　《风力发电机组　齿轮箱》

GB/T 19406—2003　《渐开线直齿和斜齿圆柱齿轮承载能力　计算方法　工业齿轮应用》

GB/Z 6413.1—2003　《圆柱齿轮、锥齿轮和准双曲面齿轮胶合承载能力计算方法　第1部分：闪温法》

GB/Z 6413.2—2003　《圆柱齿轮、锥齿轮和准双曲面齿轮胶合承载能力计算方法　第2部分：积分温度法》

GB/Z 18620.1—2008　《圆柱齿轮　检验实施规范　第1部分：轮齿同侧齿面的检验》

GB/Z 18620.2—2008　《圆柱齿轮　检验实施规范　第2部分：径向综合偏差、径向跳动、齿厚和侧隙的检验》

GB/Z 18620.3—2008　《圆柱齿轮　检验实施规范　第3部分：齿轮坯、轴中心距和轴线平行度的检验》

GB/Z 18620.4—2008　《圆柱齿轮　检验实施规范　第4部分：表面结构和轮齿接触斑点的检验》

GB/Z 19414—2003　《工业用闭式齿轮传动装置》

JB/T 2494—2006　《小模数齿轮滚刀》

JB/T 2982—1994　《摆线针轮减速机》

JB/T 3192.1—2013　《弧齿锥齿轮铣齿机　第1部分：型式与参数》

JB/T 3192.2—1999　《弧齿锥齿轮铣齿机　精度检验》

JB/T 3192.3—2006　《弧齿锥齿轮铣齿机　第3部分：技术条件》

JB/T 3193.1—2013　《插齿机　第1部分：系列与参数》

JB/T 3193.3—2006　《插齿机　第3部分：技术条件》

JB/T 3227—2013　《高精度齿轮滚刀　通用技术条件》

JB/T 3887—2010　《渐开线直齿圆柱测量齿轮》

JB/T 3954.1—1999　《弧齿锥齿轮磨齿机　精度检验》

JB/T 3954.2—2013　《弧齿锥齿轮磨齿机　第2部分：技术条件》

JB/T 3989.1—1999　《渐开线圆柱齿轮磨齿机　参数和系列型谱》

JB/T 3989.2—2014　《渐开线圆柱齿轮磨齿机　第2部分：技术条件》

JB/T 3989.3—2014　《渐开线圆柱齿轮磨齿机　第3部分：成形砂轮磨齿机　精度检验》

JB/T 3989.5—2014　《渐开线圆柱齿轮磨齿机　第5部分：大平面砂轮磨齿机　精度检验》

JB/T 4103—2006　《剃前齿轮滚刀》

JB/T 4177.1—2013　《直齿锥齿轮刨齿机　第1部分：型式与参数》

JB/T 4177.2—1999　《直齿锥齿轮刨齿机　精度检验》

JB/T 4177.3—2006　《直齿锥齿轮刨齿机　第3部分：技术条件》

JB/T 5076—1991　《齿轮装置噪声评价》

JB/T 5077—1991　《通用齿轮装置　型式试验方法》

JB/T 5078—1991　《高速齿轮材料选择及热处理质量控制的一般规定》

JB/T 5288.1—1991　《摆线针轮减速机　温升测定方法》

JB/T 5288.2—1991　《摆线针轮减速机　清洁度测定方法》

JB/T 5288.3—1991　《摆线针轮减速机　承载能力及传动效率测定方法》

JB/Z 5558—2015　《减（增）速器试验方法》

JB/Z 5559—2015　《锥面包络圆柱蜗杆减速器》

JB/T 5560—1991　《少齿数渐开线圆柱齿轮减速器》

JB/T 5562—1991　《辊道电机减速器》

JB/T 5569—1991　《精密滚齿机　精度》

JB/T 5664—2007　《重载齿轮　失效判据》

JB/T 6077—1992　《齿轮调质工艺及其质量控制》

JB/T 6078—1992　《齿轮装置质量检验总则》

JB/T 6198.1—2007　《摆线齿轮磨齿机　第1部分：型式与参数》

JB/T 6198.2—2007　《摆线齿轮磨齿机　第2部分：精度检验》

JB/T 6120—1992　《PF行星齿轮减速器》

JB/T 6121—1992　《全封闭甘蔗压榨机减速器》

JB/T 6124—2004　《立式磨煤机　ZSJ型减速器》

JB/T 6135—1992　《混合少齿差星轮变速器》

JB/T 6141.1—1992　《重载齿轮　渗碳层球化处理后金相检验》

JB/T 6141.2—1992　《重载齿轮　渗碳质量检验》

JB/T 6141.3—1992　《重载齿轮　渗碳金相检验》

JB/T 6141.4—1992　《重载齿轮　渗碳表面碳含量金相判别法》

JB/T 6342.1—2006　《数控插齿机　第 1 部分：精度检验》

JB/T 6342.2—2006　《数控插齿机　第 2 部分：技术条件》

JB/T 6343.1—2015　《齿条插齿机　第 1 部分：精度检验》

JB/T 6343.2—2015　《齿条插齿机　第 2 部分：技术条件》

JB/T 6344.2—2013　《滚齿机　第 2 部分：技术条件》

JB/T 6344.3—2006　《滚齿机　第 3 部分：参数》

JB/T 6347.1—2013　《齿轮倒角机　第 1 部分：型式与参数》

JB/T 6347.3—1999　《齿轮倒角机　精度检验》

JB/T 6347.4—2006　《齿轮倒角机　第 4 部分：技术条件》

JB/T 6387—2010　《轴装式圆弧圆柱蜗杆减速器》

JB/T 6395—2010　《大型齿轮、齿圈锻件　技术条件》

JB/T 6502—2015　《NGW 行星齿轮减速器》

JB/T 6597—1993　《小模数齿轮滚齿机　精度（工作精度 7 级）》

JB/T 6999—1993　《双排直齿行星减速器》

JB/T 7000—2010　《同轴式圆柱齿轮减速器》

JB/T 7007—1993　《ZJY 型轴装式圆柱齿轮减速器》

JB/T 7008—1993　《ZC1 型双级蜗杆及齿轮—蜗杆减速器》

JB/T 7253—1994　《摆线针轮减速机　噪声测定方法》

JB/T 7254—1994　《无级变速摆线针轮减速机》

JB/T 7337—2010　《轴装式减速器》

JB/T 7342—2010　《推杆减速器》

JB/T 7344—2010　《垂直出轴混合少齿差星轮减速器》

JB/T 7345—1994　《NLQ 型行星齿轮减速器》

JB/T 7514—1994　《高速渐开线圆柱齿轮箱》

JB/T 7516—1994　《齿轮气体渗碳热处理工艺及其质量控制》

JB/T 7654—2006　《整体硬质合金小模数齿轮滚刀》

JB/T 7681—2006　《ZJ 系列行星齿轮减速器》

JB/T 7847—1995　《立式锥面包络圆柱蜗杆减速器》

JB/T 7848—2010　《立式圆弧圆柱蜗杆减速器》

JB/T 7929—1999　《齿轮传动装置清洁度》

JB/T 7935—2015　《圆弧圆柱蜗杆减速器》

JB/T 7936—2010　《直齿环面蜗杆减速器》

JB/T 7968.1—1999　《磨前齿轮滚刀　第 1 部分：基本型式和尺寸》

JB/T 7968.2—1999　《磨前齿轮滚刀　第 2 部分：技术条件》

JB/T 7970.1—1999　《盘形齿轮铣刀　第 1 部分：基本型式和尺寸》

JB/T 7970.2—1999　《盘形齿轮铣刀　第 2 部分：技术条件》

JB/T 8345—2011　《弧齿锥齿轮铣刀 1∶24 圆锥孔　尺寸及公差》

JB/T 8358.1—2013　《精密插齿机　第 1 部分：技术条件》

JB/T 8358.2—2006　《精密插齿机　第 2 部分：精度》

JB/T 8360—2013　《数控滚齿机　技术条件》

JB/T 8360.1—2006　《数控滚齿机　第 1 部分：精度检验》

JB/T 8361.1—2013　《高精度蜗轮滚齿机　第 1 部分：精度检验》

JB/T 8361.2—2013　《高精度蜗轮滚齿机　第 2 部分：技术条件》

JB/T 8362.1—2013　《锥齿轮淬火机　第 1 部分：精度检验》

JB/T 8362.2—2013　《锥齿轮淬火机　第 2 部分：技术条件》

JB/T 8413.4—2015　《内燃机　机油泵　第 4 部分：钢制齿轮　技术条件》

JB/T 8484—2013　《齿轮倒棱机　精度检验》

JB/T 8712—2010　《星轮减速器》

JB/T 8809—2010　《SWL 蜗轮螺杆升降机　型式、参数与尺寸》

JB/T 8830—2001　《高速渐开线圆柱齿轮和类似要求齿轮承载能力计算方法》

JB/T 8831—2001　《工业闭式齿轮的润滑油选用方法》

JB/T 8853—2015　《圆锥圆柱齿轮减速器》

JB/T 8905.1—1999　《起重机用三支点减速器》

JB/T 8905.2—1999　《起重机用底座式减速器》

JB/T 8905.3—1999　《起重机用立式减速器》

JB/T 8905.4—1999　《起重机用套装式减速器》

JB/T 9002—1999　《运输机械用减速器》

JB/T 9003—2004　《起重机三合一减速器》

JB/T 9043.1—1999　《ZK 行星齿轮减速器》

JB/T 9043.2—1999　《ZZ 行星齿轮减速器》

JB/T 9050.1—2015　《圆柱齿轮减速器　第 1 部分：通用技术条件》

JB/T 9050.2—1999　《圆柱齿轮减速器　接触斑点测定方法》

JB/T 9050.4—2006　《圆柱齿轮减速器　第 4 部分：基本参数》

JB/T 9051—2010　《平面包络环面蜗杆减速器》

JB/T 9168.9—1998　《切削加工通用工艺守则　齿轮加工》

JB/T 9171—1999　《齿轮火焰及感应淬火工艺及其质量控制》

JB/T 9172—1999　《齿轮渗氮、氮碳共渗工艺及质量控制》

JB/T 9173—1999　《齿轮碳氮共渗工艺及质量控制》

JB/T 9181—1999　《直齿锥齿轮精密热锻件　结构设计规范》

JB/T 9746.1—2011　《船用齿轮箱　第 1 部分：技术条件》

JB/T 9746.2—2011　《船用齿轮箱　第 2 部分：灰铸铁件　技术条件》

JB/T 9835.1—2014　《农用齿轮泵　第 1 部分：技术条件》

JB/T 9837—1999　《拖拉机圆柱齿轮承载能力计算方法》

JB/T 9933.1—2015　《小型卧式滚齿机　第 1 部分：型式与参数》

JB/T 9933.2—2015　《小型卧式滚齿机　第 2 部分：精度检验》

JB/T 9933.4—2015　《小型卧式滚齿机　第 4 部分：技术条件》

JB/T 9990.1—2011　《直齿锥齿轮精刨刀　第 1 部分：型式和尺寸》

JB/T 9990.2—2011　《直齿锥齿轮精刨刀　第 2 部分：技术条件》

JB/T 10019—1999　《齿轮齿距测量仪》

JB/T 10020—2013　《万能齿轮测量机》
JB/T 10021—1999　《齿轮螺旋线测量仪》
JB/T 10022—2013　《便携式齿轮齿距测量仪》
JB/T 10023—2013　《便携式齿轮基节测量仪》
JB/T 10024—2008　《卧式滚刀测量仪》
JB/T 10025—1999　《齿轮双面啮合综合测量仪》
JB/T 10029—1999　《齿轮单面啮合整体误差测量仪》
JB/T 10172—2000　《水泥磨用 D 型减速器》
JB/T 10243—2001　《KPTH 型减速器》
JB/T 10244—2001　《JPT 型减速器》
JB/T 10231.5—2002　《刀具产品检测方法　第 5 部分：齿轮滚刀》
JB/T 10231.6—2002　《刀具产品检测方法　第 6 部分：插齿刀》
JB/T 10400.1—2004　《离网型风力发电机组用齿轮箱　第 1 部分：技术条件》
JB/T 10400.2—2004　《离网型风力发电机组用齿轮箱　第 2 部分：试验方法》

1.1.2　常用材料熔点、热导率及比热容（表 1-1）

表 1-1　常用材料熔点、热导率及比热容

名称	熔点 /℃	热导率 λ /[W/(m·K)]	比热容 c /[kJ/(kg·K)]	名称	熔点 /℃	热导率 λ /[W/(m·K)]	比热容 c /[kJ/(kg·K)]
灰铸铁	1200	58	0.532	铝	658	204	0.879
碳钢	1460	47~58	0.49	锌	119	110~113	0.38
不锈钢	1450	14	0.51	锡	232	64	0.24
硬质合金	2000	81	0.80	铅	327.4	34.7	0.13
铜	1083	384	0.394	镍	1452	59	0.64
黄铜	950	104.7	0.384	聚氯乙烯	—	0.16	
青铜	910	64	0.37	聚酰胺	—	0.31	

注：表中的热导率和比热容数值指 0~100℃ 内的值。

1.1.3　常用材料密度（表 1-2）

表 1-2　常用材料的密度　　　　　　　　　　　　（单位：g/cm³）

材料名称	密度	材料名称	密度	材料名称	密度
碳钢	7.81~7.85	铅	11.37	酚醛层压板	1.3~1.45
铸钢	7.8	锡	7.29	尼龙 6	1.13~1.14
高速钢（含钨 9%）	8.3	金	19.32	尼龙 66	1.14~1.15
高速钢（含钨 18%）	8.7	银	10.5	尼龙 1010	1.04~1.06
合金钢	7.9	汞	13.55	橡胶夹布传动带	0.3~1.2
镍铬钢	7.9	镁合金	1.74	木材	0.4~0.75
灰铸铁	7.0	硅钢片	7.55~7.8	石灰石	2.4~2.6
白口铸铁	7.55	锡击轴承合金	7.34~7.75	花岗石	2.6~3.0
可锻铸铁	7.3	铅基轴承合金	9.33~10.67	砌砖	1.9~2.3
纯铜	8.9	硬质合金（钨钴）	14.4~14.9	混凝土	1.8~2.45
黄铜	8.4~8.85	硬质合金（钨钴钛）	9.5~12.4	生石灰	1.1
铸造黄铜	8.62	胶木板、纤维板	1.3~1.4	熟石灰、水泥	2.10
锡青铜	8.7~8.9	纯橡胶	0.93	黏土耐火砖	1.8~1.9
无锡青铜	7.5~8.2	皮革	0.4~1.2	硅质耐火砖	2.6
轧制磷青铜、冷拉青铜	8.8	聚氯乙烯	1.35~1.40	镁质耐火砖	2.8
工业用铝、铝镍合金	2.7	聚苯乙烯	0.91	镁铬质耐火砖	2.2~2.5
可铸铝合金	2.7	有机玻璃	1.18~1.19	高铬质耐火砖	3.10
镍	8.9	无填料的电木	1.2	碳化硅	
轧锌	7.1	赛璐珞	1.4		

1.1.4　常用材料弹性模量与泊松比（表 1-3）

表 1-3　常用材料弹性模量与泊松比

名称	弹性模量 E/GPa	切变模量 G/GPa	泊松比 μ	名称	弹性模量 E/GPa	切变模量 G/GPa	泊松比 μ
灰铸铁	118~126	44.3	0.3	轧制锌	82	31.4	0.27
球墨铸铁	173		0.3	铅	16	6.8	0.42
碳钢、镍铬钢	206	79.4	0.3	玻璃	55	1.96	0.25
合金钢	206	79.4	0.3	有机玻璃	2.35~29.42		
铸钢	202		0.3	橡胶	0.0078		0.47
轧制纯铜	108	39.2	0.31~0.34	电木	1.96~2.91	0.69~2.06	0.35~0.38
冷拔纯铜	127	48.0		夹布酚醛塑料	3.92~8.83		
轧制磷锡青铜	113	41.2	0.32~0.35	赛璐珞	1.71~1.89	0.69~0.98	0.4
冷拔黄铜	89~97	34.3~36.3	0.32~0.42	尼龙 1010	1.07		
轧制锰青铜	108	39.2	0.35	硬聚氯乙烯	3.11~3.92		0.34~0.35
轧制铝	68	25.3~26.5	0.32~0.36	聚四氟乙烯	1.14~1.42		
拔制铝线	69			低压聚乙烯	0.54~0.75		
铸铝青铜	103	41.1	0.3	高压聚乙烯	0.147~0.245		
铸锡青铜	103		0.3	混凝土	13.73~39.2	4.9~15.69	0.1~0.18
硬铝合金	70	26.5	0.3				

1.2　极限与配合

1.2.1　极限与配合基础

1. 术语、定义及标法（GB/T 1800.1—2009、GB/T 1800.2—2009）

相关术语及定义见表 1-4。

2. 标准公差数值表（表 1-5、表 1-6）

表 1-4　极限与配合术语及定义

序号	术　语	定　义	图　示
1	尺寸要素	由一定大小的线性尺寸或角度尺寸确定的几何形状	—
2	实际(组成)要素	由接近实际(组成)要素所限定的工件实际表面的组成要素部分	—
3	提取组成要素	按规定方法,由实际(组成)要素提取有限数目的点所形成的实际(组成)要素的近似替代	—
4	拟合组成要素	按规定方法,由提取(组成)要素形成的、并具有理想形状的组成要素	—
5	轴	通常指工件的圆柱形外尺寸要素,也包括非圆柱形的外尺寸要素(由两平行平面或切面形成的被包容面)	—
6	基准轴	在基轴制配合中选作基准的轴(即上极限偏差为零的轴)	—
7	孔	通常指工件的圆柱形内尺寸要素,也包括非圆柱形的内尺寸要素(由两平行平面或切面形成的包容面)	—
8	基准孔	在基孔制配合中选作基准的孔(即下极限偏差为零的孔)	—
9	尺寸	以特定单位表示线性尺寸值的数值	—

（续）

序号	术语	定义	图示
10	公称尺寸	由图样规范确定的理想形状要素的尺寸。通过它应用上、下偏差可算出极限尺寸。公称尺寸可以是一个整数或一个小数值，如 32、15、8.75、0.5、…	
11	提取组成要素的局部尺寸[①]	一切提取组成要素上两对应点之间距离的统称[①]	
12	提取圆柱面的局部尺寸	要素上，两对应点之间的距离。其中：两对应点之间的连线通过拟合圆圆心；横截面垂直于由提取表面得到的拟合圆柱面的轴线	 公称尺寸、上极限尺寸、下极限尺寸
13	两平行提取表面的局部尺寸	两平行对应提取表面上两对应点之间的距离。其中：所有对应点的连线均垂直于拟合中心平面；拟合中心平面是由两平行提取表面得到的两拟合平行平面的中心平面（两拟合平行平面之间的距离有可能与公称距离不同）	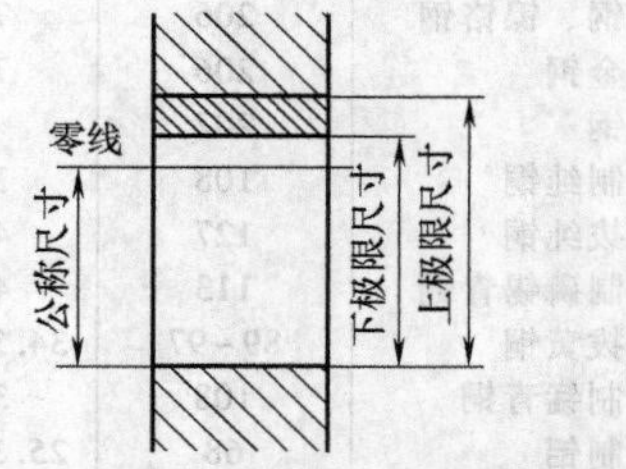
14	极限尺寸	尺寸要素允许的尺寸的两个极端。提取组成要素的局部尺寸应位于其中，也可达到极限尺寸	
15	上极限尺寸	尺寸要素允许的最大尺寸。在以前的标准中，被称为最大极限尺寸	
16	下极限尺寸	尺寸要素允许的最小尺寸。在以前的标准中，被称为最小极限尺寸	
17	极限制	经标准化的公差与偏差制度	
18	零线	在极限与配合图解中，表示公称尺寸的一条直线，以其为基准确定偏差和公差。通常，零线沿水平方向绘制，正偏差位于其上，负偏差位于其下	
19	偏差	某一尺寸（实际尺寸、极限尺寸等）减其公称尺寸所得的代数差	
20	极限偏差	上极限偏差和下极限偏差的统称。轴的上、下极限偏差代号用小写字母"es"、"ei"表示；孔的上、下极限偏差代号用大写字母"ES"、"EI"表示	
21	上极限偏差（ES、es）	上极限尺寸减去其公称尺寸所得的代数差。以前的标准中称为上偏差	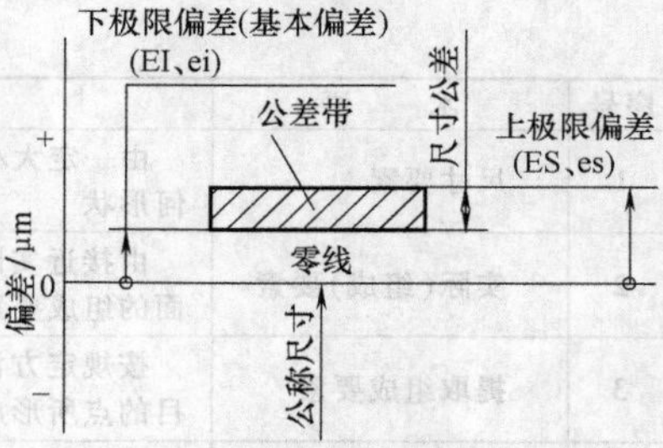
22	下极限偏差（EI、ei）	下极限尺寸减去其公称尺寸所得的代数差。以前的标准中称为下偏差	
23	基本偏差	在极限与配合制中，确定公差带相对于零线位置的那个极限偏差 基本偏差可以是上极限偏差或下极限偏差，一般为靠近零线的那个偏差	公差带图解
24	尺寸公差（简称公差）	上极限尺寸减下极限尺寸之差，或上极限偏差减下极限偏差之差。它是允许尺寸的变动量	
25	标准公差	极限与配合制中，所规定的任一公差；字母 IT 为"国际公差"的英文缩略语	
26	标准公差等级	同一公差等级（如 IT7）对所有公称尺寸的一组公差被认为具有同等精确程度	
27	公差带	在公差带图解中，由代表上极限偏差和下极限偏差或上极限尺寸和下极限尺寸的两条直线所限定的一个区域。它由公差大小和其相对零线的位置如基本偏差来确定	

（续）

序号	术　语	定　义	图　示
28	标准公差因子	用以确定标准公差的基本单位,该因子是公称尺寸的函数 标准公差因子 i 用于公称尺寸至 500mm 标准公称因子 I 用于公称尺寸大于 500mm	—
29	间隙	孔的尺寸减去相配合的轴的尺寸之差为正	
30	最小间隙	在间隙配合中,孔的下极限尺寸与轴的上极限尺寸之差	
31	最大间隙	在间隙配合或过渡配合中,孔的上极限尺寸与轴的下极限尺寸之差	
32	过盈	孔的尺寸减去相配合的轴的尺寸之差为负	
33	最小过盈	在过盈配合中,孔的上极限尺寸与轴的下极限尺寸之差	
34	最大过盈	在过盈配合或过渡配合中,孔的下极限尺寸与轴的上极限尺寸之差	

（续）

序号	术　语	定　义	图　示
35	配合	公称尺寸相同的并且相互结合的孔和轴的公差带之间的关系	—
36	间隙配合	具有间隙(包括最小间隙等于零)的配合。此时,孔的公差带在轴的公差带之上	 间隙配合示意图
37	过盈配合	具有过盈(包括最小过盈等于零)的配合。此时,孔的公差带在轴的公差带之下	 过盈配合示意图
38	过渡配合	可能具有间隙或过盈的配合。此时,孔的公差带与轴的公差带相互交叠	 过渡配合示意图
39	配合公差	同一极限制的孔与轴的公差之和。它是允许间隙或过盈的变动量 配合公差是一个没有符号的绝对值	—
40	配合制	同一极限制的孔与轴组成的一种配合制度 在一般情况下,优先选用基孔制配合。如有特殊需要,允许将任一孔、轴公差带组成配合	
41	基轴制配合	基本偏差为一定的轴的公差带,与不同基本偏差的孔的公差带形成各种配合的一种制度,是轴的上极限尺寸与公称尺寸相等、轴的上极限偏差为零的一种配合制 水平实线代表孔或轴的基本偏差;虚线代表另一极限,表示孔和轴之间可能的不同组合与它们的公差等级有关 基轴制配合中,基本偏差 A~H 用于间隙配合;基本偏差 J~ZC 用于过渡配合和过盈配合	 基轴制配合
42	基孔制配合	基本偏差为一定的孔的公差带,与不同基本偏差的轴的公差带形成各种配合的一种制度,是孔的下极限尺寸与公称尺寸相等、孔的下极限偏差为零的一种配合制 水平实线代表孔或轴的基本偏差;虚线代表另一极限,表示孔和轴之间可能的不同组合与它们的公差等级有关 基孔制配合中:基本偏差 a~h 用于间隙配合;基本偏差 j~zc 用于过渡配合和过盈配合	 基孔制配合

① 为方便起见,可将提取组成要素的局部尺寸简称为提取要素的局部尺寸。

表 1-5 公称尺寸至 3150mm 的标准公差数值

公称尺寸 /mm		标准公差等级																	
		IT1	IT2	IT3	IT4	IT5	IT6	IT7	IT8	IT9	IT10	IT11	IT12	IT13	IT14	IT15	IT16	IT17	IT18
大于	至	μm											mm						
—	3	0.8	1.2	2	3	4	6	10	14	25	40	60	0.1	0.14	0.25	0.4	0.6	1	1.4
3	6	1	1.5	2.5	4	5	8	12	18	30	48	75	0.12	0.18	0.3	0.48	0.75	1.2	1.8
6	10	1	1.5	2.5	4	6	9	15	22	36	58	90	0.15	0.22	0.36	0.58	0.9	1.5	2.2
10	18	1.2	2	3	5	8	11	18	27	43	70	110	0.18	0.27	0.43	0.7	1.1	1.8	2.7
18	30	1.5	2.5	4	6	9	13	21	33	52	84	130	0.21	0.33	0.52	0.84	1.3	2.1	3.3
30	50	1.5	2.5	4	7	11	16	25	39	62	100	160	0.25	0.39	0.62	1	1.6	2.5	3.9
50	80	2	3	5	8	13	19	30	46	74	120	190	0.3	0.46	0.74	1.2	1.9	3	4.6
80	120	2.5	4	6	10	15	22	35	54	87	140	220	0.35	0.54	0.87	1.4	2.2	3.5	5.4
120	180	3.5	5	8	12	18	25	40	63	100	160	250	0.4	0.63	1	1.6	2.5	4	6.3
180	250	4.5	7	10	14	20	29	46	72	115	185	290	0.46	0.72	1.15	1.85	2.9	4.6	7.2
250	315	6	8	12	16	23	32	52	81	130	210	320	0.52	0.81	1.3	2.1	3.2	5.2	8.1
315	400	7	9	13	18	25	36	57	89	140	230	360	0.57	0.89	1.4	2.3	3.6	5.7	8.9
400	500	8	10	15	20	27	40	63	97	155	250	400	0.63	0.97	1.55	2.5	4	6.3	9.7
500	630	9	11	16	22	32	44	70	110	175	280	440	0.7	1.1	1.75	2.8	4.4	7	11
630	800	10	13	18	25	36	50	80	125	200	320	500	0.8	1.25	2	3.2	5	8	12.5
800	1000	11	15	21	28	40	56	90	140	230	360	560	0.9	1.4	2.3	3.6	5.6	9	14
1000	1250	13	18	24	33	47	66	105	165	260	420	660	1.05	1.65	2.6	4.2	6.6	10.5	16.5
1250	1600	15	21	29	39	55	78	125	195	310	500	780	1.25	1.95	3.1	5	7.8	12.5	19.5
1600	2000	18	25	35	46	65	92	150	230	370	600	920	1.5	2.3	3.7	6	9.2	15	23
2000	2500	22	30	41	55	78	110	175	280	440	700	1100	1.75	2.8	4.4	7	11	17.5	28
2500	3150	26	36	50	68	96	135	210	330	540	860	1350	2.1	3.3	5.4	8.6	13.5	21	33

注: 1. 公称尺寸大于 500mm 的 IT1~IT5 的标准公差数值为试行。

2. 公称尺寸小于或等于 1mm 时，无 IT14~IT18。

表 1-6 IT01 和 IT0 的标准公差数值

基本尺寸/mm		标准公差等级		基本尺寸/mm		标准公差等级	
		IT01	IT0			IT01	IT0
>	≤	公差/μm		>	≤	公差/μm	
—	3	0.3	0.5	80	120	1	1.5
3	6	0.4	0.6	120	180	1.2	2
6	10	0.4	0.6	180	250	2	3
10	18	0.5	0.8	250	315	2.5	4
18	30	0.6	1	315	400	3	5
30	50	0.6	1	400	500	4	6
50	80	0.8	1.2				

1.2.2 公差与配合的选择

1. 基准制的选择

选择时，应从结构、工艺和经济性等方面来分析确定。

(1) 在常用尺寸范围（500mm 以内），一般应优先选用基孔制 这样可以减少刀具、量具的数量，比较经济合理。

(2) 基轴制通常用于下列情况

1) 所用配合的公差等级要求不高（一般为 IT8 或更低），或直接用冷拉棒料（一般尺寸不太大）做轴，不需加工。

2) 如图 1-1 所示的类似结构。活塞销和活塞销孔要求为过渡配合，而销与连杆小头衬套内孔为间隙配合。如果采用基孔制，活塞销应加工成阶梯轴，这会给加工、装配带来困难，而且使强度降低；而采用基轴制，则无此弊，活塞销可加工成光轴，连杆衬套孔做大一点很方便。

3) 在同一公称尺寸的各个部分需要装上不同配合的零件。

(3) 与标准件配合时，基准制的选择通常依标准件而定　例如与滚动轴承配合的轴应按基孔制，为滚动轴承外圈配合的孔应按基轴制。

(4) 在某些情况下，为了满足配合的特殊需要，允许采用混合配合　即孔和轴都不是基准件，如 M7/f7、K8/d8 等，配合代号没有 H 或 h。混合配合一般用于同一孔（或轴）与几个轴（或孔）组成的配合，对每种配合性质的要求不同，而孔（或轴）又需按基轴制（或基孔制）的某种配合制造的情况。

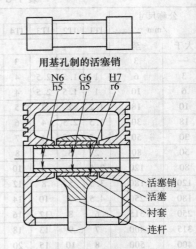

图 1-1　活塞销与活塞及连杆的连接

如图 1-2 所示结构，与滚动轴承相配的轴承座孔必须采用基轴制，如孔用 M7，而端盖与轴承座孔的配合。由于要求经常拆卸，配合要松一些，设计选用最小间隙为零的间隙配合，即采用 $\phi80M7/f7$ 混合配合。若采用 H7/h7，则轴承座孔要加工成微小阶梯，工艺上远不如加工光孔方便、经济。

如图 1-3 与滚动轴承相配合的轴，必须采用基孔制，如轴用 k6，而隔离套的作用只是隔开两个滚动轴承。为使装卸方便，需用间隙配合，且公差等级也可降低，因此采用混合配合 $\phi60F9/k6$。

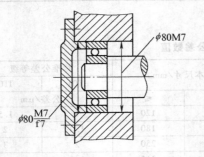

图 1-2　一孔与几轴的混合配合

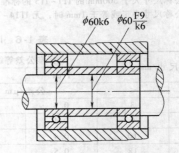

图 1-3　一轴与几孔的混合配合

2. 标准公差等级的选择

在满足使用要求的前提下，应尽可能选择较低的公差等级，以降低加工成本。公差等级的使用范围和选择可参考表 1-7 及表 1-8，公差等级与加工方法的关系可参考表 1-9，公差等级与成本的关系可参考表 1-10、表 1-11。

表 1-7　标准公差等级的使用范围

应　用	公　差　等　级　（IT）																		
	01	0	1	2	3	4	5	6	7	8	9	10	11	12	13	14	15	16	17	18
量块																				
量规																				
配合尺寸																				
特别精密零件的配合																				
非配合尺寸（大制造公差）																				
原材料公差																				

在选择公差等级时，还应考虑表面粗糙度的要求，可参考表 1-61。

对于基本尺寸≤500mm 的配合，当公差等级高于或等于 IT8 时，推荐选择孔的公差等级比轴低一级；对于公差等级低于 IT8 或基本尺寸>500mm 的配合，推荐选用同级孔、轴配合。

表 1-8　标准公差等级的选择

公差等级	应用条件说明	应用举例
IT5	用于机床、发动机和仪表中特别重要的配合，在配合公差要求很小、形状精度要求很高的条件下，这类公差等级能使配合性质比较稳定。它对加工要求较高，一般机械制造中较少应用	与 D 级滚动轴承相配的主轴箱箱体孔，与 E 级滚动轴承孔相配的机床主轴，精密机械及高速机械的轴径，机床尾座套筒，高精度分度盘轴颈，分度头主轴，精密丝杠基准轴颈，高精度镗套的外径等；发动机主轴的外径，活塞销外径与活塞的配合，精密仪器的轴与各种传动件轴承的配合；航空、航海工业仪表中重要的精密孔的配合，5 级精度齿轮的基准孔及 5 级、6 级精度齿轮的基准轴
IT6	广泛用于机械制造中的重要配合。配合表面有较高均匀性的要求，能保证相当高的配合性质，使用可靠	与 E 级滚动轴承相配的外壳孔及与滚子轴承相配的机床主轴轴颈；在机床制造中，装配式齿轮、蜗轮、联轴器、带轮、凸轮的孔径，机床丝杠支承轴颈，矩形花键的定心直径，摇臂钻床的主柱等；机床夹具导向件的外径尺寸，精密仪器、光学仪器、计量仪器的精密轴，无线电工业、自动化仪表、电子仪器、邮电机械中特别重要的轴，以及手表中特别重要的轴；医疗器械中牙科车头、中心齿轮及 X 线机齿轮箱的精密轴等；缝纫机中重要轴类，发动机的气缸外套外径，曲轴主轴颈，活塞销，连杆衬套，连杆和连杆瓦外径等；6 级精度齿轮的基准孔和 7 级、8 级精度齿轮的基准轴径，以及 1、2 级精度齿轮齿顶圆直径
IT7	应用条件与 IT6 相类似，但精度要求可比 IT6 稍低一些，在一般机械制造业中应用相当普遍	在机械制造中，装配式青铜蜗轮轮缘孔径，联轴器、带轮、凸轮等的孔径、机床卡盘座孔，摇臂钻床的摇臂孔、车床丝杠轴承孔等，机床夹头导件的内孔，发动机的连杆孔、活塞孔、铰制螺栓定位孔等；纺织机械的重要零件，印染机械中要求较高的零件，手表的离合杆压簧等，自动化仪表中的重要内孔，缝纫机的重要轴内孔零件，邮电机械中重要零件的内孔；7 级、8 级精度齿轮的基准孔和 9 级、10 级精度齿轮的基准轴
IT8	在机械制造中属中等精度。在仪器、仪表及钟表制造中，由于基本尺寸较小，所以较高精度范畴配合确定性要求不太高时，为应用较多的一个等级。尤其是在农业机械、纺织机械、印染机械、自行车、缝纫机、医疗器械中应用最广	轴承座衬套沿宽度方向的尺寸配合，手表中跨齿轮，棘爪拨针轮等与夹板的配合，无线电仪表工业中的一般配合，电子仪器仪表中较重要的内孔，计算机中变数齿轮轮和轴的配合，医疗器械中牙科车头的钻头套的孔与车针柄部的配合，电机制造业中铁心与机座的配合，发动机活塞油环槽宽，连杆轴瓦内径，低精度（9~12 级精度）齿轮的基准孔和 11~12 级精度齿轮和基准轴，6~8 级精度齿轮的顶圆
IT9	应用条件与 IT8 相类似，但精度要求低于 IT8	机床制造中轴套外径与孔、操作件与轴、空转带轮与轴、操纵系统的轴与轴承等的配合，纺织机械、印染机械中的一般配合零件，发动机中轴油泵体内孔，气门导管内孔，飞轮与飞轮套，圈衬套、混合气预热阀体、气缸盖孔径、活塞槽环的配合等；光学仪器、自动化仪表中的一般配合，手表中要求较高零件的未注公差尺寸的配合，单键连接中键宽配合尺寸，打字机中的运动件配合等
IT10	应用条件与 IT9 相类似，但精度要求低于 IT9	电子仪器仪表中支架上的配合，打字机中铆合件的配合尺寸，闹钟机构中的中心管与前夹板，轴套与轴，手表中尺寸小于 18mm 时要求一般的未注公差尺寸及大于 18mm 要求较高的未注公差尺寸，发动机中油封挡圈孔与曲轴带轮毂配合的尺寸
IT11	配合精度要求较粗糙，装配后可能有较大的间隙。特别适用于要求间隙较大且有显著变动而不会引起危险的场合	机床上法兰盘止口与孔、滑块与滑移齿轮、凹槽等，农业机械、机车车厢部件与冲压加工的配合零件，钟表制造中不重要的零件，手表制造中的工具及设备中的未注公差尺寸，纺织机械中较粗糙的活动配合，印染机械中要求较低的配合，医疗器械中手术刀片的配合，磨床制造中的螺纹连接及粗糙的动连接，不作测量基准用的齿轮顶圆直径公差

（续）

公差等级	应用条件说明	应用举例
IT12	配合精度要求很粗糙，装配后有很大的间隙	非配合尺寸及工序间尺寸，发动机分离杆，手表制造中工艺装备的未注公差尺寸，计算机行业切削加工中未注公差尺寸的极限偏差，医疗器械中手术刀柄的配合，机床制造中扳手孔与扳手座的连接
IT13	应用条件与 IT12 相类似	非配合尺寸及工序间尺寸，计算机、打字机中切削加工零件及圆片孔、二孔中心距的未注公差尺寸
IT14	用于非配合尺寸及不包括在尺寸链中的尺寸	机床、汽车、拖拉机、冶金矿山、石油化工、电机、电器、仪器、仪表、造船、航空、医疗器械、钟表、自行车、造纸、纺织机械等工业中未注公差尺寸的切削加工零件
IT15	用于非配合尺寸及不包括在尺寸链中的尺寸	冲压件、木模铸造零件、重型机床中尺寸大于 3150mm 的未注公差尺寸
IT16	用于非配合尺寸及不包括在尺寸链中的尺寸	打字机中浇铸件尺寸，无线电制造中箱体外形尺寸，压弯延伸加工用尺寸，纺织机械中木制零件及塑料零件尺寸公差，木模制造和自由锻造时用
IT17	用于非配合尺寸及不包括在尺寸链中的尺寸	塑料成型尺寸公差，医疗器械中的一般外形尺寸公差
IT18	用于非配合尺寸及不包括在尺寸链中的尺寸	冷作、焊接尺寸用公差

表 1-9　各种加工方法所能达到的公差等级

加工方法	01	0	1	2	3	4	5	6	7	8	9	10	11	12	13	14	15	16
研磨	■	■	■	■	■	■	■											
珩磨						■	■	■	■	■								
圆磨							■	■	■	■	■							
平磨							■	■	■	■	■							
金刚石车							■	■	■									
金刚石镗							■	■	■									
拉削							■	■	■	■								
铰孔								■	■	■	■							
车									■	■	■	■	■					
镗									■	■	■	■	■					
铣									■	■	■	■	■					
刨、插										■	■	■	■					
钻孔												■	■	■				
滚压、挤压												■	■					
冲压												■	■	■	■	■		
压铸													■	■	■	■		
粉末冶金成形								■	■	■								
粉末冶金烧结									■	■	■							
砂型铸造、气割																	■	■
锻造																	■	■

表 1-10　不同公差等级加工成本比较

尺寸	加工方法	公差等级（IT）															
		1	2	3	4	5	6	7	8	9	10	11	12	13	14	15	16
外径	普通车削							─·─		────			----	----	----		
	转塔车床车削							─·─		────			----	----	----		
	自动车削							─·─		────			----	----			
	外圆磨				─·─		────										
	无心磨					─·─	──			----	----						
内径	普通车削							─·─		────			----	----	----		
	转塔车床车削								─·─	────			----	----	----		
	自动车削								─·─	────			----	----			
	钻											─·─	────			----	
	铰							─·─	────			----	----				
	镗							─·─	────			----	----				
	精镗				─·─		────			----	----						
	内圆磨				─·─		────			----	----						
	研磨			─·─	──			----	----								
长度	普通车削							─·─	────			----		----	----	----	
	转塔车床车削							─·─	────			----		----	----		
	自动车削							─·─	────			----		----	----		
	铣							─·─	────			----		----	----		

注：虚线、实线、点画线表示成本比例 1∶2.5∶5。

表 1-11　切削加工的经济精度

外圆柱面表面加工	加工方法	车　削			磨　削			研磨	用钢珠或滚轮工具滚压
		粗	半精或一次加工	精	一次加工	粗	精		
	公差等级（IT）	12～14	10～11	6～9	7	8～9	6～7	5	5～9

孔加工	加工方法	钻及扩钻孔		扩孔			铰孔			拉孔
		无钻模	有钻模	粗扩	铸孔或锻孔后一次扩孔	钻孔后精扩	半精铰	精铰	细铰	粗拉铸孔或锻孔
	公差等级（IT）	11～13	11～13	13	11～13	10	8～9	7～8	6～7	8～9
	加工方法	拉孔	镗孔			磨孔			研（珩）磨	用钢球或挤压杆校正、用钢球或滚柱扩孔器挤孔
		粗拉或钻孔后精拉孔	粗	半精	精	细	粗	精	细	
	公差等级（IT）	7～8	13	11	8～10	6～7	8～9	7	6	6	7～10

圆柱形深孔	加工方法	用麻花钻、扁钻、环孔钻钻孔			扩钻	扩孔	深孔钻钻孔或镗孔			镗刀块镗孔	铰孔	磨孔	珩磨	研磨
		刀具转	工件转	刀具工件转			刀具转	工件转	刀具工件转					
	公差等级（IT）	11～13	11		9～11	9～11	8～9			7～9		7		5～7

（续）

圆锥形孔	加工方法		扩孔		镗孔		铰孔		磨孔	研磨	花键孔	加工方法	插	拉	磨
			粗	精	粗	精	机动	手动							
	公差等级（IT）	锥孔	11	9	9	7	7	高于7	高于7	6		公差等级（IT）	8~9	7~9	
		深锥孔	—		9~11		7~9		7	6~7					

平面加工	加工方法	刨削和圆柱铣刀及端铣刀铣削				拉 削		磨 削					用钢珠或滚柱工具滚压
		粗	半精或一次加工	精	细	粗拉铸面及锻压表面	精拉	一次加工	粗	精	细	研磨	
	公差等级（IT）	11~14	11~13	10	6~9	10~11	6~9	7~9	9	7	6	5	7~10

成形铣刀加工

表面长和宽/mm	表面高度/mm			端面加工	直径尺寸/mm	车削		磨削	
	≤50	>50~80	>80~120			粗	精	普通	精密
	两平行表面距离的尺寸精度/μm					端面至基准的尺寸精度/μm			
≤120	50	60	80		≤50	150	70	30	20
					>50~120	200	100	40	25
>120~300	60	80	100		>120~260	250	130	50	30
					>260~500	400	200	70	35

表面长度/mm	粗 铣		精 铣	
	铣 刀 宽 度/mm			
	≤120	>120~180	≤120	>120~180
	加工表面至基准的尺寸精度/μm			
≤100	250	—	100	—
>100~300	350	450	150	200
>300~600	450	500	200	250

米制螺纹加工

加工方法		精度等级	螺纹公差（GB/T 197—2003）	加工方法		精度等级	螺纹公差（GB/T 197—2003）
车螺纹	外螺纹	1~2	4h~6h	梳形刀车螺纹	外螺纹	1~2	4h~6h
	内螺纹	2~3	6H~7H		内螺纹	2~3	6H~7H
圆板牙套螺纹		2~3	6h~8h	梳形铣刀铣螺纹		2~3	6h~8h
丝锥攻内螺纹		1~3	5H~7H	旋风铣螺纹		2~3	6h~8h
带圆梳刀自动张开式板牙		1~2	4h~6h	搓丝板搓螺纹		2	6h
带径向或切向梳刀的自动张开式板牙头			6h	滚丝模滚螺纹		1~2	4h~6h
				砂轮磨螺纹		1或更高	4h以上
				研磨螺纹		1	4h

花键加工

花键的最大直径/mm	花键轴				花键孔			
	用磨制的滚铣刀		成形磨		拉削		推削	
	尺 寸 精 度/μm							
	花键宽	底圆直径	花键宽	底圆直径	花键宽	底圆直径	花键宽	底圆直径
>18~30	25	50	13	27	13	18	8	12
>30~50	40	75	15	32	16	26	9	15
>50~80	50	100	17	42	16	30	12	19
>80~120	75	125	19	45	19	35	12	23

（续）

加工方法			精度等级	加工方法	精度等级
齿形加工	滚齿	单头滚刀（$m = 1 \sim 20$mm） 滚刀精度等级：AA	6 ~ 7	成形砂轮仿形法	5 ~ 6
		A	8	盘形砂轮展成法	3 ~ 6
		B	9	磨齿 双盘形砂轮展成法（马格法）	3 ~ 8
		C	10	蜗杆砂轮展成法	4 ~ 6
	多头滚刀（$m = 1 \sim 20$mm）		8 ~ 10	模数铣刀铣齿	9 级以下
	插齿	圆盘形插齿刀（$m = 1 \sim 20$mm） 插齿刀精度等级：AA	6	用铸铁研磨轮研齿	5 ~ 6
		A	7	直齿圆锥齿轮刨齿	8
		B	8	曲线齿锥齿轮刀盘铣齿	8
	剃齿	圆盘形剃齿刀（$m = 1 \sim 20$mm） 剃齿刀精度等级：AA	5	蜗轮模数滚刀滚蜗轮	8
		A	6	热轧 热轧齿轮（$m = 2 \sim 8$mm）	8 ~ 9
		B	7	轧后冷校准齿型	7 ~ 8
	珩齿		6 ~ 7	冷轧齿轮（$m \leqslant 1.5$mm）	7

3. 公差带的选择（GB/T 1801—2009）

根据国家标准的标准公差和基本偏差的数值，可组成大量不同大小与位置的公差带，具有非常广泛选用公差带的可能性。从经济性出发，为避免刀具、量具的品种、规格不必要的繁杂，国家标准对公差带的选择多次加以限制。

1）孔的公差带。公称尺寸至 500mm 的孔公差带规定了 105 种（图 1-4）。选择时，应优先选用圆圈中的公差带，其次选用方框中的公差带，最后选用图 1-4 中的其他公差带。

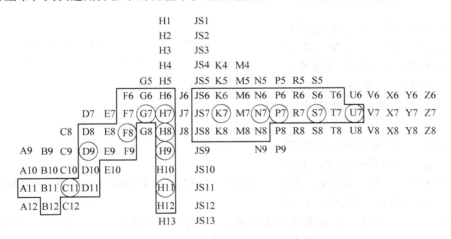

图 1-4 公称尺寸至 500mm 的孔的常用、优先公差带

公称尺寸大于 500~3150mm 的孔公差带规定了 31 种（图 1-5）。

2）轴的公差带。公称尺寸至 500mm 的轴公差带规定了 116 种（图 1-6）。选择时，应优先选用圆圈中的公差带，其次选用方框中的公差带，最后选用图 1-6 中的其他公差带。

公称尺寸大于 500～3150mm 的轴公差带规定了 41 种（图 1-7）。

4. 配合的选择

（1）配合件的工作情况　可参考表 1-12。

1）相对运动情况。有相对运动的配合件，应选择间隙配合，速度大则间隙大，速度小则间隙小。没有相对运动时，须综合其他因素选择，采用间隙、过盈或过渡配合均可。

G6 H6 JS6 K6 M6 N6
F7 G7 H7 JS7 K7 M7 N7
D8 E8 F8 H8 JS8
D9 E9 F9 H9 JS9
D10 H10 JS10
D11 H11 JS11
H12 JS12

图 1-5　公称尺寸大于 500～3150mm 的孔的常用公差带

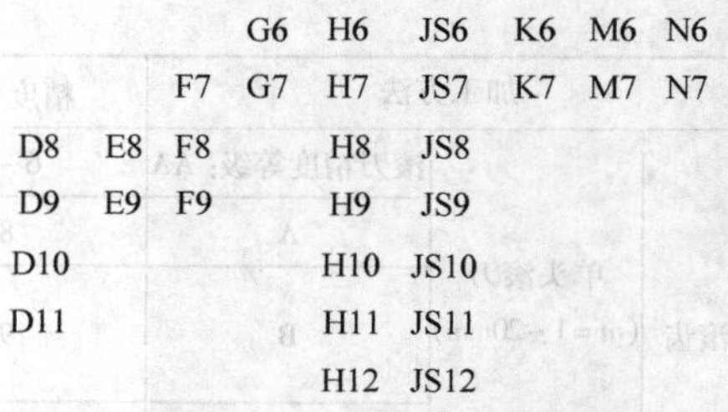

2）负荷情况。一般情况，如单位压力大则间隙小，在静联结中传力大以及有冲击振动时，过盈要大。

h1 js1
h2 js2
h3 js3
g4 h4 js4 k4 m4 n4 p4 r4 s4
f5 g5 h5 j5 js5 k5 m5 n5 p5 r5 s5 t5 u5 v5 x5
e6 f6 g6 h6 j6 js6 k6 m6 n6 p6 r6 s6 t6 u6 v6 x6 y6 z6
d7 e7 f7 g7 h7 j7 js7 k7 m7 n7 p7 r7 s7 t7 u7 v7 x7 y7 z7
c8 d8 e8 f8 g8 h8 js8 k8 m8 n8 p8 r8 s8 t8 u8 v8 x8 y8 z8
a9 b9 c9 d9 e9 f9 h9 js9
a10 b10 c10 d10 e10 h10 js10
a11 b11 c11 d11 h11 js11
a12 b12 c12 h12 js12
a13 b13 h13 js13

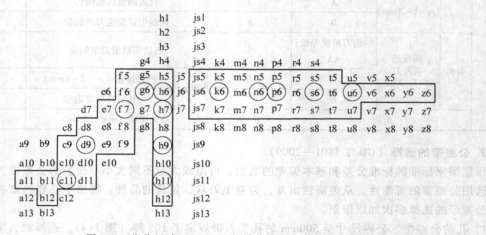

图 1-6　公称尺寸至 500mm 的轴的常用、优先公差带

3）定心精度要求。要求定心精度高时，选用过渡配合。定心精度不高时，可选用基本偏差 g 或 h 所组成的公差等级高的小间隙配合代替过渡配合。间隙配合和过盈配合不能保证定心精度。

g6 h6 js6 k6 m6 n6 p6 r6 s6 t6 u6
f7 g7 h7 js7 k7 m7 n7 p7 r7 s7 t7 u7
d8 e8 f8 h8 js8
d9 e9 f9 h9 js9
d10 h10 js10
d11 h11 js11
h12 js12

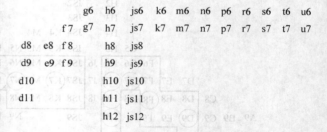

图 1-7　公称尺寸大于 500～3150mm 的轴的常用公差带

4）装拆情况。有相对运动而经常装拆时，采用 g 或 h 组合的配合；无相对运动装拆频繁时，一般用 g 或 h，或 j 或 js 组成的配合；不经常装拆时，可用 k 组成的配合；基本不拆的，用 m 或 n 组成的配合。另外，当机器内部空间较小时，为了装配零件方便，虽然零件装上后不需再拆，只要工作情况允许，也要选过盈不大或有间隙的配合。

5）工作温度。当配合件的工作温度和装配温度相差较大时，必须考虑装配间隙在工作时发生的变化。

（2）在高温或低温条件下工作时（-60～800℃）　如果配合件材料的线膨胀系数不同，配合间隙（或过盈）必须进行修正计算。

（3）配合件的生产批量　单件小批量生产时，孔往往接近最小极限尺寸，轴往往接近最大极

限尺寸，造成孔轴配合偏紧，因此间隙应适当放大些。

（4）应尽量优先采用优先配合，其次采用常用配合。参见表 1-12~表 1-16。

为了满足配合的特殊需要，允许采用任一孔、轴公差带组合的配合。

对于尺寸较大（大于 500mm），公差等级较高的单件或小批量生产的配合件，应尽量采用互换性生产，当用普通方法难以达到精度要求时，可采用配制配合（GB/T 1801—2009）。

（5）形状公差、位置公差和表面粗糙度对配合性质的影响。

（6）选择过盈配合时　由于过盈量的大小对配合性质的影响比间隙更为敏感，因此，要综合考虑更多因素，如配合件的直径、长度、工件材料的力学特性、表面粗糙度、形位公差、配合后产生的应力和夹紧力，以及所需的装配力和装配方法等。可参考表 1-17。

表 1-12　轴的各种基本偏差的应用说明

配合	基本偏差	配合特性及应用
间隙配合	a、b	可得到特别大的间隙，应用很少
	c	可得到很大的间隙，一般适用于缓慢、松弛的动配合。用于工作条件较差（如农业机械），受力变形，或为了便于装配，而必须保证有较大的间隙时，推荐配合为 H11/c11 其较高等级的配合，如 H8/e7 适用于轴在高温工作的紧密动配合。例如内燃机排气阀和导管
	d	配合一般用于 IT7~11 级。适用于松的转动配合，如密封盖、滑轮、空转带轮等与轴的配合。也适用于大直径滑动轴承配合。如透平机、球磨机、轧滚成型和重型弯曲机。及其他重到机械中的一些滑动支承
间隙配合	e	多用于 IT7~IT9 级，通常适用于要求有明显间隙，易于转动的支承配合，如大跨距支承，多支点支承等配合，高等级的 e 轴适应于大的、高速重载支承，如涡轮发电机，大的电动机等，也适用于内燃机主要轴承，凸轮轴支承、摇臂支承等配合
	f	多用于 IT6~IT8 级的一般转动配合。当温度差别不大，对配合基本上没影响时，被广泛用于普通润滑油（或润滑脂）润滑的支承，如齿轮箱、小电动机、泵等的转轴与滑动支承的配合
	g	多用于 IT5~IT7 级，配合间隙很小，制造成本高、除很轻负荷的精密装置外，不推荐用于转动配合，最适合不回转的精密滑动配合，也用于插销等定位配合，如精密连杆轴承、活塞及滑阀、连杆销等
	h	多用于 IT4~IT11 级，广泛应用于无相对转动的零件，作为一般的定位配合若没有温度、变形的影响，也用于精密滑动配合
过渡配合	js	为完全对称偏差（±IT/2），平均起来为稍有间隙的配合，多用于 IT4~IT7 级，要求间隙比 h 轴配合时小，并允许略有过盈的定位配合，如联轴器、齿圈与钢制轮毂，一般可用手或木槌装配
	k	平均起来没有间隙的配合，适用于 IT4~IT7，推荐用于要求稍有过盈的定位配合，例如为了消除振动用的定位配合，一般用木槌装配
	m	平均起来具有不大过盈的过渡配合，适用于 IT4~IT7 级。一般可用木槌装配，但在最大过盈时，要求相当的压入力
	n	平均过盈比用 m 轴时稍大，很少得到间隙，适用于 IT4~IT7 级。用槌或压力机装配。通常推荐用于紧密的组件配合。H6/n5 为过盈配合
过盈配合	p	与 H6 或 H7 孔配合时是过盈配合，而与 H8 孔配合时为过渡配合。对非铁类零件，为较轻的压入配合，当需要时易于拆卸。对钢、铸铁或铜-钢组件装配是标准压入配合。对弹性材料，如轻合金等，往往要求很小的过盈，可采用 p 轴配合
	r	对铁类零件，为中等打入配合；对非铁类零件，为轻的打入配合，当需要时可以拆卸。与 H8 孔配合，直径在 φ100mm 以上时为过盈配合，直径小时为过渡配合
	s	用于钢和铁制零件的永久性和半永久性装配，过盈量充分，可产生相当大的结合力。当用弹性材料，如轻合金时，配合性质与铁类零件的 p 轴相当。例如套环压在轴上、阀座等配合。尺寸较大时，为了避免损伤配合表面，需用热胀或冷缩法装配
	t、u、v、x、y、z	过盈量依次增大，除 u 外，一般不推荐

表 1-13　优先、常用配合特性及应用举例

配合制		装配方法	配合特性及使用条件		应 用 举 例
基孔	基轴				
$\frac{H7}{z6}$		温差法	特重型压入配合	用于承受很大的转矩或变载、冲击、振动载荷处，配合处不加紧固件，材料的许用应力要求很大	中小型交流电动机轴壳上绝缘体和接触环，柴油机传动轴壳体和分电器衬套
$\frac{H7}{y6}$					小轴肩和环
$\frac{H7}{x6}$					钢和轻合金或塑料等不同材料的配合，如柴油机销轴与壳体、气缸盖与进气门座等的配合
$\frac{H7}{v6}$			重型压入配合	用于传递较大转矩，配合处不加紧固件即可得到十分牢固的连接。材料的许用应力要求较大	偏心压床的块与轴、柴油机销轴与壳体，连杆孔和衬套外径等配合
$\frac{H7}{u6}$	$\frac{U7}{h6}$				车轮轮箍与轮芯、联轴器与轴，轧钢设备中的辊子与心轴、拖拉机活塞销与活塞壳、船舶尾轴和衬套等的配合
$\frac{H8}{u7}$					蜗轮青铜轮缘与轮芯，安全联轴器销轴与套、螺纹车床蜗杆轴衬与箱体孔等的配合
$\frac{H6}{t5}$	$\frac{T6}{h5}$	压力机或温差	中型压入配合	不加紧固件可传递较小的转矩，当材料强度不够时，可用来代替重型压入配合，但需加紧固件	齿轮孔和轴的配合
$\frac{H7}{t6}$	$\frac{T7}{h6}$				联轴器与轴含油轴承和轴承座、农业机械中曲柄盘与销轴
$\frac{H8}{t7}$					
$\frac{H7}{s6}$	$\frac{S7}{h6}$				柴油机连杆衬套和轴瓦，主轴承孔和主轴瓦等的配合
$\frac{H8}{s7}$					减速器中轴与蜗轮，空压机连杆头与衬套，辊道辊子和轴，大型减速器低速齿轮与轴的配合
$\frac{H7}{r6}$	$\frac{R7}{h6}$				青铜轮缘与轮芯，轴衬与轴承座、空气钻外壳盖与套筒，安全联轴器销钉和套，压气机活塞销和气缸，拖拉机齿轮泵小齿轮和轴等配合
$\frac{H6}{p5}$	$\frac{P6}{h5}$		轻型压入配合	用于不拆卸的轻型过盈连接，不依靠配合过盈量传递摩擦载荷，传递转矩时要增加紧固件，以及用于以高的定位精度达到部件的刚性及对中性要求	重载齿轮与轴、车床齿轮箱中齿轮与衬套、蜗轮青铜轮缘与轮芯，轴和联轴器，可换铰套与铰模板等的配合
$\frac{H7}{p6}$	$\frac{P7}{h6}$				冲击振动的重载荷的齿轮和轴、压缩机十字销轴和连杆衬套、柴油机缸体上口和主轴瓦，凸轮孔和凸轮轴等配合
$\frac{H8}{p7}$		压力机压入	过盈概率 66.8%~93.6%	用于可承受很大转矩、振动及冲击（但需附加紧固件），不经常拆卸的地方。同心度及配合紧密性较好	升降机用蜗轮或带轮的轮缘和轮心，链轮轮缘和轮心，高压循环泵缸和套等的配合
$\frac{H6}{n5}$	$\frac{N6}{h5}$		80%		可换铰套与铰模板、增压器主轴和衬套等的配合
$\frac{H7}{n6}$	$\frac{N7}{h6}$		77.7%~82.4%		爪型联轴器与轴、链轮轮缘与轮心、蜗轮青铜轮缘与轮心、破碎机等振动机械的齿轮和轴的配合。柴油机泵座与泵缸、压缩机连杆衬套和曲轴衬套。圆柱销与销孔的配合
$\frac{H8}{n7}$	$\frac{N8}{h7}$		58.3%~67.6%		安全联轴器销钉和套、高压泵缸和缸套、拖拉机活塞销和活塞毂等的配合

（续）

配合制		装配方法	配合特性及使用条件		应用举例
基孔	基轴				
$\dfrac{H6}{m5}$	$\dfrac{M6}{h5}$	铜锤打入	过盈概率	用于配合紧密、不经常拆卸的地方。当配合长度大于1.5倍直径时，用来代替H7/n6，同心度好	压缩机连杆头与衬套、柴油机活塞孔和活塞销的配合
$\dfrac{H7}{m6}$	$\dfrac{M7}{h6}$		50%～62.1%		蜗轮青铜轮缘与铸铁轮芯、齿轮孔与轴、定位销与孔的配合
$\dfrac{H8}{m7}$	$\dfrac{M8}{h7}$		50%～56%		升降机构中的轴与孔，压缩机十字销轴与座
$\dfrac{H6}{k5}$	$\dfrac{K6}{h5}$	手锤打入	46.2%～49.1%	用于受不大的冲击载荷处，同轴度较好，用于常拆卸部位。为广泛采用的一种过渡配合	精密螺纹车主轴箱体孔和主轴前轴承外圈的配合
$\dfrac{H7}{k6}$	$\dfrac{K7}{h6}$		41.7%～45%		机床不滑动齿轮和轴、中型电动机轴与联轴器或带轮，减速器蜗轮与轴、齿轮和轴的配合
$\dfrac{H8}{k7}$	$\dfrac{K8}{h7}$		41.7%～51.2%		压缩机连杆孔与十字头销，循环泵活塞与活塞杆
$\dfrac{H6}{js5}$	$\dfrac{JS6}{h5}$	手或木槌装卸	19.2%～21.1%	用于频繁拆卸、同轴度要求不高的地方，是最松的一种过渡配合，大部分都将得到间隙	木工机械中轴与轴承的配合
$\dfrac{H7}{js6}$	$\dfrac{JS7}{h6}$		18.8%～20%		机床变速箱中齿轮和轴、精密仪表中轴和轴承、增压器衬套间的配合
$\dfrac{H8}{js7}$	$\dfrac{JS8}{h7}$		17.4%～20.8%		机床变速箱中齿轮和轴、轴端可卸下的带轮和手轮、电动机机座与端盖等的配合
$\dfrac{H6}{h5}$	$\dfrac{H6}{h5}$	加油后用手旋进	配合间隙较小，能较好地对准中心，一般多用于常拆卸或在调整时需移动或转动的连接处，或工作时滑移较慢并要求较好的导向精度的地方，和对同轴度有一定要求通过紧固件传递转矩的固定连接处		剃齿机主轴与剃刀衬套、车床尾座体与套筒、高精度分度盘轴与孔、光学仪器中变焦距系统的孔轴配合
$\dfrac{H7}{h6}$	$\dfrac{H7}{h6}$				机床变速箱的滑移齿轮和轴、离合器与轴、钻床横臂与立柱、风动工具活塞与缸体、往复运动的精导向的压缩机连杆孔与十字头、定心的凸缘与孔的配合
$\dfrac{H8}{h7}$	$\dfrac{H8}{h7}$				
$\dfrac{H8}{h8}$	$\dfrac{H8}{h8}$		间隙定位配合，适用于同轴度要求较低、工作时一般无相对运动的配合及负载不大、无振动、拆卸方便，加键可传递转矩的情况		安全扳手销钉和套、一般齿轮和轴、蜗轮和轴、螺旋搅拌器叶轮与轴、离合器与轴、操纵件与轴、拨叉和导向轴、滑块和导向轴、减速器油标尺与箱体孔，部分式滑动轴承壳和轴瓦、电动机座上口和端差
$\dfrac{H9}{h9}$	$\dfrac{H9}{h9}$				
$\dfrac{H10}{h10}$	$\dfrac{H10}{h10}$				超重机链轮与轴、对开轴瓦与轴承座两侧的配合、连接端盖的定心凸缘、一般的铰接、粗制机构中拉杆、杠杆等配合
$\dfrac{H11}{h11}$	$\dfrac{H11}{h11}$				
$\dfrac{H6}{g5}$	$\dfrac{G6}{h5}$	手旋进	具有很小间隙，适用于有一定相对运动、运动速度不高并且精密定位的配合，以及运动可能有冲击但又能保证零件同轴度或紧密性的配合		光学分度头主轴与轴承、刨床滑块与滑槽
$\dfrac{H7}{g6}$	$\dfrac{G7}{h6}$				精密机床主轴与轴承、机床传动齿轮与轴、中等精度分度头主轴与轴套、矩形花键定心直径、拖拉机连杆衬套与曲轴的配合
$\dfrac{H8}{g7}$					柴油机气缸体挺杆、手电钻中的配合等

（续）

配合制		装配方法	配合特性及使用条件	应用举例
基孔	基轴			
$\dfrac{H6}{f5}$	$\dfrac{F6}{h5}$	手推滑进		精密机床中变速箱、进给箱的转动件的配合，或其他重要滑动轴承、高精度齿轮轴套与轴承衬套、柴油机的凸轮轴与衬套孔等的配合
$\dfrac{H7}{f6}$	$\dfrac{F7}{h6}$		具有中等间隙，广泛适用于普通机械中转速不大用普通润滑油或润滑脂润滑的滑动轴承，以及要求在轴上自由转动或移动的配合场合	爪型离合器与轴、机床中一般轴与滑动轴承，机床夹具、钻模、镗模的导套孔，柴油机机体套孔与气缸套，柱塞与缸体等的配合
$\dfrac{H8}{f7}$	$\dfrac{F8}{h7}$			中等速度、中等载荷的滑动轴承，机床滑移齿轮与轴，蜗杆减速器的轴承端盖与孔，离合器活动爪与轴
$\dfrac{H8}{f8}$	$\dfrac{F8}{h8}$		配合间隙较大，能保证良好润滑，允许在工作中发热，故可用于高转速或大跨度支点的轴和轴承以及精度低、同轴度要求不高的在轴上转动零件与轴的配合	滑块与导向槽，控制机构中的一般轴和孔，支承跨距较大或多支承的传动轴和轴承的配合
$\dfrac{H9}{f9}$	$\dfrac{F9}{h9}$			安全联轴器轮毂与套，低精度含油轴承与轴、球体滑动轴承与轴承座及轴，链条张紧轮或传动带导轮与轴，柴油机活塞环与环槽宽等配合
$\dfrac{H8}{e7}$	$\dfrac{E8}{h7}$			汽轮发电机、大电动机的高速轴与滑动轴承，风扇电动机的销轴与衬套
$\dfrac{H8}{e8}$	$\dfrac{E8}{h8}$		配合间隙较大，适用于高转速载荷不大、方向不变的轴与轴承的配合，或虽是中等转速但轴跨度长或三个以上支点的轴与轴承的配合	外圆磨床的主轴与轴承、汽轮发电动机轴与轴承、柴油机的凸轮轴与轴承、船用链轮轴与轴承、中小型电动机轴与轴承、手表中的分轮、时轮轮片与轴承的配合
$\dfrac{H9}{e9}$	$\dfrac{E9}{h9}$		用于精度不高，且有较松间隙的转动配合	粗糙机构中衬套与轴承圈、含油轴承与座的配合
$\dfrac{H8}{d8}$	$\dfrac{D8}{h8}$	手轻推进		机车车辆轴承、缝纫机梭摆与梭床空压机活塞环与环槽宽度的配合
$\dfrac{H9}{d9}$	$\dfrac{D9}{h9}$		配合间隙比较大，用于精度不高，高速及负载不高的配合或高温条件下的转动配合，以及由于装配精度不高而引起偏斜的连接	通用机械中的平键连接、柴油机活塞环与环槽宽、空压机活塞与压杆，印染机械中气缸活塞密封环，热工仪表中精度较低的轴与孔、滑动轴承及较松的带轮与轴的配合
$\dfrac{H11}{c11}$	$\dfrac{C1}{h1}$		间隙非常大，用于转动很慢、很松的配合；用于大公差与大间隙的外露组件、要求装配方便且很松的配合	起重机吊钩、带榫槽法兰与槽的外径配合、农业机械中粗加工或不加工的轴与轴承等配合

表 1-14　基孔制优先和常用配合

轴（分为：间隙配合 a～h、过渡配合 js～n、过盈配合 p～z）

基准孔	a	b	c	d	e	f	g	h	js	k	m	n	p	r	s	t	u	v	x	y	z
H6							$\frac{H6}{g5}$	$\frac{H6}{h5}$	$\frac{H6}{js5}$	$\frac{H6}{k5}$	$\frac{H6}{m5}$	$\frac{H6}{n5}$	$\frac{H6}{p5}$	$\frac{H6}{r5}$	$\frac{H6}{s5}$	$\frac{H6}{t5}$					
H7						$\frac{H7}{f6}$	$\frac{H7}{g6}$	$\frac{H7}{h6}$	$\frac{H7}{js6}$	$\frac{H7}{k6}$	$\frac{H7}{m6}$	$\frac{H7}{n6}$	$\frac{H7}{p6}$	$\frac{H7}{r6}$	$\frac{H7}{s6}$	$\frac{H7}{t6}$	$\frac{H7}{u6}$	$\frac{H7}{v6}$	$\frac{H7}{x6}$	$\frac{H7}{y6}$	$\frac{H7}{z6}$
H8					$\frac{H8}{e7}$	$\frac{H8}{f7}$		$\frac{H8}{h7}$	$\frac{H8}{js7}$	$\frac{H8}{k7}$	$\frac{H8}{m7}$	$\frac{H8}{n7}$	$\frac{H8}{p7}$	$\frac{H8}{r7}$	$\frac{H8}{s7}$	$\frac{H8}{t7}$	$\frac{H8}{u7}$	$\frac{H8}{v7}$	$\frac{H8}{x7}$	$\frac{H8}{y7}$	$\frac{H8}{z7}$
H8				$\frac{H8}{d8}$	$\frac{H8}{e8}$	$\frac{H8}{f8}$		$\frac{H8}{h8}$													
H9			$\frac{H9}{c9}$	$\frac{H9}{d9}$	$\frac{H9}{e9}$	$\frac{H9}{f9}$		$\frac{H9}{h9}$													
H10			$\frac{H10}{c10}$	$\frac{H10}{d10}$				$\frac{H10}{h10}$													
H11	$\frac{H11}{a11}$	$\frac{H11}{b11}$	$\frac{H11}{c11}$	$\frac{H11}{d11}$				$\frac{H11}{h11}$													
H12		$\frac{H12}{b12}$						$\frac{H12}{h12}$													

注：1. $\dfrac{H6}{n5}$，$\dfrac{H7}{p6}$ 在基本尺寸小于或等于 3mm 和 $\dfrac{H8}{r7}$ 在基本尺寸小于或等于 100mm 时，为过渡配合。

2. 标注"灰色"的配合为优先配合。

表1-15　基轴制优先和常用配合

孔

基准轴	A	B	C	D	E	F	G	H	JS	K	M	N	P	R	S	T	U	V	X	Y	Z
			间隙配合							过渡配合			过盈配合								
h6						$\frac{F6}{h5}$	$\frac{G6}{h5}$	$\frac{H6}{h5}$	$\frac{JS6}{h5}$	$\frac{K6}{h5}$	$\frac{M6}{h5}$	$\frac{N6}{h5}$	$\frac{P6}{h5}$	$\frac{R6}{h5}$	$\frac{S6}{h5}$	$\frac{T6}{h5}$					
h7						$\frac{F7}{h6}$	$\frac{G7}{h6}$	$\frac{H7}{h6}$	$\frac{JS7}{h6}$	$\frac{K7}{h6}$	$\frac{M7}{h6}$	$\frac{N7}{h6}$	$\frac{P7}{h6}$	$\frac{R7}{h6}$	$\frac{S7}{h6}$	$\frac{T7}{h6}$	$\frac{U7}{h6}$				
					$\frac{E8}{h7}$	$\frac{F8}{h7}$		$\frac{H8}{h7}$	$\frac{JS8}{h7}$	$\frac{K8}{h7}$	$\frac{M8}{h7}$	$\frac{N8}{h7}$									
h8				$\frac{D8}{h8}$	$\frac{E8}{h8}$	$\frac{F8}{h8}$		$\frac{H8}{h8}$													
h9				$\frac{D9}{h9}$	$\frac{E9}{h9}$	$\frac{F9}{h9}$		$\frac{H9}{h9}$													
h10				$\frac{D10}{h10}$				$\frac{H10}{h10}$													
h11	$\frac{A11}{h11}$	$\frac{B11}{h11}$	$\frac{C11}{h11}$	$\frac{D11}{h11}$				$\frac{H11}{h11}$													
h12		$\frac{B12}{h12}$						$\frac{H12}{h12}$													

注：标注"灰色"的配合为优先配合。

表 1-16　基本尺寸至 500mm 的优先常用配合极限间隙或极限过盈

基孔制		$\frac{H6}{f5}$	$\frac{H6}{g5}$	$\frac{H6}{h5}$	$\frac{H7}{f6}$	$\frac{H7}{g6}$	$\frac{H7}{h6}$	$\frac{H8}{e7}$	$\frac{H8}{f7}$	$\frac{H8}{g7}$	$\frac{H8}{h7}$	$\frac{H8}{d8}$	$\frac{H8}{e8}$	$\frac{H8}{f8}$	$\frac{H8}{h8}$	$\frac{H9}{c9}$	$\frac{H9}{d9}$
基轴制		$\frac{F6}{h5}$	$\frac{G6}{h5}$	$\frac{H6}{h5}$	$\frac{F7}{h6}$	$\frac{G7}{h6}$	$\frac{H7}{h6}$	$\frac{E8}{h7}$	$\frac{F8}{h7}$		$\frac{H8}{h7}$	$\frac{D8}{h8}$	$\frac{E8}{h8}$	$\frac{F8}{h8}$	$\frac{H8}{h8}$		$\frac{D9}{h9}$
公称尺寸/mm >	≤	间隙配合															
—	3	+16 / +6	+12 / +2	+10 / 0	+22 / +6	+18 / +2	+16 / 0	+38 / +14	+30 / +6	+26 / +2	+24 / 0	+48 / +20	+42 / +14	+34 / +6	+28 / 0	+110 / +60	+70 / +20
3	6	+23 / +10	+17 / +4	+13 / 0	+30 / +10	+24 / +4	+20 / 0	+50 / +20	+40 / +10	+34 / +4	+30 / 0	+66 / +30	+56 / +20	+46 / +10	+36 / 0	+130 / +70	+90 / +30
6	10	+28 / +13	+20 / +5	+15 / 0	+37 / +13	+29 / +5	+24 / 0	+62 / +25	+50 / +13	+42 / +5	+37 / 0	+84 / +40	+69 / +25	+57 / +13	+44 / 0	+152 / +80	+112 / +40
10	14	+35 / +16	+25 / +6	+19 / 0	+45 / +16	+35 / +6	+29 / 0	+77 / +32	+61 / +16	+51 / +6	+45 / 0	+104 / +50	+86 / +32	+70 / +16	+54 / 0	+181 / +95	+136 / +50
14	18	+35 / +16	+25 / +6	+19 / 0	+45 / +16	+35 / +6	+29 / 0	+77 / +32	+61 / +16	+51 / +6	+45 / 0	+104 / +50	+86 / +32	+70 / +16	+54 / 0	+181 / +95	+136 / +50
18	24	+42 / +20	+29 / +7	+22 / 0	+54 / +20	+41 / +7	+34 / 0	+94 / +40	+74 / +20	+61 / +7	+54 / 0	+131 / +65	+106 / +40	+86 / +20	+66 / 0	+214 / +110	+169 / +65
24	30	+42 / +20	+29 / +7	+22 / 0	+54 / +20	+41 / +7	+34 / 0	+94 / +40	+74 / +20	+61 / +7	+54 / 0	+131 / +65	+106 / +40	+86 / +20	+66 / 0	+214 / +110	+169 / +65
30	40	+52 / +25	+36 / +9	+27 / 0	+66 / +25	+50 / +9	+41 / 0	+114 / +50	+89 / +25	+73 / +9	+64 / 0	+158 / +80	+128 / +50	+103 / +25	+78 / 0	+244 / +120	+204 / +80
40	50	+52 / +25	+36 / +9	+27 / 0	+66 / +25	+50 / +9	+41 / 0	+114 / +50	+89 / +25	+73 / +9	+64 / 0	+158 / +80	+128 / +50	+103 / +25	+78 / 0	+254 / +130	+204 / +80
50	65	+62 / +30	+42 / +10	+32 / 0	+79 / +30	+59 / +10	+49 / 0	+136 / +60	+106 / +30	+86 / +10	+76 / 0	+192 / +100	+152 / +60	+122 / +30	+92 / 0	+288 / +140	+248 / +100
65	80	+62 / +30	+42 / +10	+32 / 0	+79 / +30	+59 / +10	+49 / 0	+136 / +60	+106 / +30	+86 / +10	+76 / 0	+192 / +100	+152 / +60	+122 / +30	+92 / 0	+298 / +150	+248 / +100
80	100	+73 / +36	+49 / +12	+37 / 0	+93 / +36	+69 / +12	+57 / 0	+161 / +72	+125 / +36	+101 / +12	+89 / 0	+228 / +120	+180 / +72	+144 / +36	+108 / 0	+344 / +170	+294 / +120
100	120	+73 / +36	+49 / +12	+37 / 0	+93 / +36	+69 / +12	+57 / 0	+161 / +72	+125 / +36	+101 / +12	+89 / 0	+228 / +120	+180 / +72	+144 / +36	+108 / 0	+354 / +180	+294 / +120
120	140	+86 / +43	+57 / +14	+43 / 0	+108 / +43	+79 / +14	+65 / 0	+188 / +85	+146 / +43	+117 / +14	+103 / 0	+271 / +145	+211 / +85	+169 / +43	+126 / 0	+400 / +200	+345 / +145
140	160	+86 / +43	+57 / +14	+43 / 0	+108 / +43	+79 / +14	+65 / 0	+188 / +85	+146 / +43	+117 / +14	+103 / 0	+271 / +145	+211 / +85	+169 / +43	+126 / 0	+410 / +210	+345 / +145
160	180	+86 / +43	+57 / +14	+43 / 0	+108 / +43	+79 / +14	+65 / 0	+188 / +85	+146 / +43	+117 / +14	+103 / 0	+271 / +145	+211 / +85	+169 / +43	+126 / 0	+430 / +230	+345 / +145
180	200	+99 / +50	+64 / +15	+49 / 0	+125 / +50	+90 / +15	+75 / 0	+218 / +100	+168 / +50	+133 / +15	+118 / 0	+314 / +170	+244 / +100	+194 / +50	+144 / 0	+470 / +240	+400 / +170
200	225	+99 / +50	+64 / +15	+49 / 0	+125 / +50	+90 / +15	+75 / 0	+218 / +100	+168 / +50	+133 / +15	+118 / 0	+314 / +170	+244 / +100	+194 / +50	+144 / 0	+490 / +260	+400 / +170
225	250	+99 / +50	+64 / +15	+49 / 0	+125 / +50	+90 / +15	+75 / 0	+218 / +100	+168 / +50	+133 / +15	+118 / 0	+314 / +170	+244 / +100	+194 / +50	+144 / 0	+510 / +280	+400 / +170
250	280	+111 / +56	+72 / +17	+55 / 0	+140 / +56	+101 / +17	+84 / 0	+243 / +110	+189 / +56	+150 / +17	+133 / 0	+352 / +190	+272 / +110	+218 / +56	+162 / 0	+560 / +300	+450 / +190
280	315	+111 / +56	+72 / +17	+55 / 0	+140 / +56	+101 / +17	+84 / 0	+243 / +110	+189 / +56	+150 / +17	+133 / 0	+352 / +190	+272 / +110	+218 / +56	+162 / 0	+590 / +330	+450 / +190
315	355	+123 / +62	+79 / +18	+61 / 0	+155 / +62	+111 / +18	+93 / 0	+271 / +125	+208 / +62	+164 / +18	+146 / 0	+388 / +210	+303 / +125	+240 / +62	+178 / 0	+640 / +360	+490 / +210
355	400	+123 / +62	+79 / +18	+61 / 0	+155 / +62	+111 / +18	+93 / 0	+271 / +125	+208 / +62	+164 / +18	+146 / 0	+388 / +210	+303 / +125	+240 / +62	+178 / 0	+680 / +400	+490 / +210
400	450	+135 / +68	+87 / +20	+67 / 0	+171 / +68	+123 / +20	+103 / 0	+295 / +135	+228 / +68	+180 / +20	+160 / 0	+424 / +230	+329 / +135	+262 / +68	+194 / 0	+750 / +440	+540 / +230
450	500	+135 / +68	+87 / +20	+67 / 0	+171 / +68	+123 / +20	+103 / 0	+295 / +135	+228 / +68	+180 / +20	+160 / 0	+424 / +230	+329 / +135	+262 / +68	+194 / 0	+790 / +480	+540 / +230

（续）

单位：μm（公称尺寸/mm）

间隙配合：H9/e9 ～ H12/h12 各列；过渡配合：H6/js5、JS6/h5 两列。各格数值为上行/下行（极限间隙）。

公称尺寸/mm >	≤	H9/e9 (E9/h9)	H9/f9 (F9/h9)	H9/h9 (H9/h9)	H10/c10	H10/d10 (D11/h11)	H10/h10 (H10/h10)	H11/a11 (A11/h11)	H11/b11 (B11/h11)	H11/c11 (C11/h11)	H11/d11 (D11/h11)	H11/h11 (H11/h11)	H12/b12 (B12/h12)	H12/h12 (H12/h12)	H6/js5	JS6/h5
—	3	+64/+14	+56/+6	+50/0	+140/+60	+100/+20	+80/0	+390/+270	+260/+140	+180/+60	+140/+20	+120/0	+340/+140	+200/0	+8/−2	+7/−3
3	6	+80/+20	+70/+10	+60/0	+166/+70	+126/+30	+96/0	+420/+270	+290/+140	+220/+70	+180/+30	+150/0	+380/+140	+240/0	+10.5/−2.5	+9/−4
6	10	+97/+25	+85/+13	+72/0	+196/+80	+156/+40	+116/0	+460/+280	+330/+150	+260/+80	+220/+40	+180/0	+450/+150	+300/0	+12/−3	+10.5/−4.5
10	14	+118/+32	+102/+16	+86/0	+235/+95	+190/+50	+140/0	+510/+290	+370/+150	+315/+95	+270/+50	+220/0	+510/+150	+360/0	+15/−4	+13.5/−5.5
14	18	+118/+32	+102/+16	+86/0	+235/+95	+190/+50	+140/0	+510/+290	+370/+150	+315/+95	+270/+50	+220/0	+510/+150	+360/0	+15/−4	+13.5/−5.5
18	24	+144/+40	+124/+20	+104/0	+278/+110	+233/+65	+168/0	+560/+300	+420/+160	+370/+110	+325/+65	+260/0	+580/+160	+420/0	+17.5/−4.5	+15.5/−6.5
24	30	+144/+40	+124/+20	+104/0	+278/+110	+233/+65	+168/0	+560/+300	+420/+160	+370/+110	+325/+65	+260/0	+580/+160	+420/0	+17.5/−4.5	+15.5/−6.5
30	40	+174/+50	+149/+25	+124/0	+320/+120	+280/+80	+200/0	+630/+310	+490/+170	+440/+120	+400/+80	+320/0	+670/+170	+500/0	+21.5/−5.5	+19/−8
40	50	+174/+50	+149/+25	+124/0	+330/+130	+280/+80	+200/0	+640/+320	+500/+180	+450/+130	+400/+80	+320/0	+680/+180	+500/0	+21.5/−5.5	+19/−8
50	65	+208/+60	+178/+30	+148/0	+380/+140	+340/+100	+240/0	+720/+340	+570/+190	+520/+140	+480/+100	+380/0	+790/+190	+600/0	+25.5/−6.5	+22.5/−9.5
65	80	+208/+60	+178/+30	+148/0	+390/+150	+340/+100	+240/0	+740/+360	+580/+200	+530/+150	+480/+100	+380/0	+800/+200	+600/0	+25.5/−6.5	+22.5/−9.5
80	100	+246/+72	+210/+36	+174/0	+450/+170	+400/+120	+280/0	+820/+380	+660/+220	+610/+170	+560/+120	+440/0	+920/+220	+700/0	+29.5/−7.5	+26/−11
100	120	+246/+72	+210/+36	+174/0	+460/+180	+400/+120	+280/0	+850/+410	+680/+240	+620/+180	+560/+120	+440/0	+940/+240	+700/0	+29.5/−7.5	+26/−11
120	140	+285/+85	+243/+43	+200/0	+520/+200	+465/+145	+320/0	+960/+460	+760/+260	+700/+200	+645/+145	+500/0	+1060/+260	+800/0	+34/−9	+30.5/−12.5
140	160	+285/+85	+243/+43	+200/0	+530/+210	+465/+145	+320/0	+1020/+520	+780/+280	+710/+210	+645/+145	+500/0	+1080/+280	+800/0	+34/−9	+30.5/−12.5
160	180	+285/+85	+243/+43	+200/0	+550/+230	+465/+145	+320/0	+1080/+580	+810/+310	+730/+230	+645/+145	+500/0	+1110/+310	+800/0	+34/−9	+30.5/−12.5
180	200	+330/+100	+280/+50	+230/0	+610/+240	+540/+170	+370/0	+1240/+660	+920/+340	+820/+240	+750/+170	+580/0	+1260/+340	+920/0	+39/−10	+34.5/−14.5
200	225	+330/+100	+280/+50	+230/0	+630/+260	+540/+170	+370/0	+1320/+740	+960/+380	+840/+260	+750/+170	+580/0	+1300/+380	+920/0	+39/−10	+34.5/−14.5
225	250	+330/+100	+280/+50	+230/0	+650/+280	+540/+170	+370/0	+1400/+820	+1000/+420	+860/+280	+750/+170	+580/0	+1340/+420	+920/0	+39/−10	+34.5/−14.5
250	280	+370/+110	+316/+56	+260/0	+720/+300	+610/+190	+420/0	+1560/+920	+1120/+480	+940/+300	+830/+190	+640/0	+1520/+480	+1040/0	+43.5/−11.5	+39/−16
280	315	+370/+110	+316/+56	+260/0	+750/+330	+610/+190	+420/0	+1690/+1050	+1180/+540	+970/+330	+830/+190	+640/0	+1580/+540	+1040/0	+43.5/−11.5	+39/−16
315	355	+405/+125	+342/+62	+280/0	+820/+360	+670/+210	+460/0	+1920/+1200	+1320/+600	+1080/+360	+930/+210	+720/0	+1740/+600	+1140/0	+48.5/−12.5	+43/−18
355	400	+405/+125	+342/+62	+280/0	+860/+400	+670/+210	+460/0	+2070/+1350	+1400/+680	+1120/+400	+930/+210	+720/0	+1820/+680	+1140/0	+48.5/−12.5	+43/−18
400	450	+445/+135	+378/+68	+310/0	+940/+440	+730/+230	+500/0	+2300/+1500	+1560/+760	+1240/+440	+1030/+230	+800/0	+2020/+760	+1260/0	+53.5/−13.5	+47/−20
450	500	+445/+135	+378/+68	+310/0	+980/+480	+730/+230	+500/0	+2450/+1650	+1640/+840	+1280/+480	+1030/+230	+800/0	+2100/+840	+1260/0	+53.5/−13.5	+47/−20

（续）

基孔制（每组左列）与基轴制（每组右列）对照，均为过渡配合。

公称尺寸/mm >	≤	H6/k5	K6/h5	H6/m5	M6/h5	H7/js6	JS7/h6	H7/k6	K7/h6	H7/m6	M7/h6	H7/n6	N7/h6	H8/js7	JS8/h7	H8/k7	K8/h7
—	3	+6/−4	+4/−6	+4/−6	+2/−8	+13/−3	+11/−5	+10/−6	+6/−10	±8	+4/−12	+6/−10	+2/−14	+19/−5	+17/−7	+14/−10	+10/−14
3	6	+7/−6	+7/−6	+4/−9	+4/−9	+16/−4	+14/−6	+11/−9	+11/−9	+8/−12	+8/−12	+4/−16	+4/−16	+24/−6	+21/−9	+17/−13	+17/−13
6	10	+8/−7	+8/−7	+3/−12	+3/−12	+19.5/−4.5	+16/−7	+14/−10	+14/−10	+9/−15	+9/−15	+5/−19	+5/−19	+29/−7	+26/−11	+21/−16	+21/−16
10	14	+10/−9	+10/−9	+4/−15	+4/−15	+23.5/−5.5	+20/−9	+17/−12	+17/−12	+11/−18	+11/−18	+6/−23	+6/−23	+36/−9	+31/−13	+26/−19	+26/−19
14	18	+10/−9	+10/−9	+4/−15	+4/−15	+23.5/−5.5	+20/−9	+17/−12	+17/−12	+11/−18	+11/−18	+6/−23	+6/−23	+36/−9	+31/−13	+26/−19	+26/−19
18	24	±11	±11	+5/−17	+5/−17	+27.5/−6.5	+23/−10	+19/−15	+19/−15	+13/−21	+13/−21	+6/−28	+6/−28	+43/−10	+37/−16	+31/−23	+31/−23
24	30	±11	±11	+5/−17	+5/−17	+27.5/−6.5	+23/−10	+19/−15	+19/−15	+13/−21	+13/−21	+6/−28	+6/−28	+43/−10	+37/−16	+31/−23	+31/−23
30	40	+14/−13	+14/−13	+7/−20	+7/−20	+33/−8	+28/−12	+23/−18	+23/−18	+16/−25	+16/−25	+8/−33	+8/−33	+51/−12	+44/−19	+37/−27	+37/−27
40	50	+14/−13	+14/−13	+7/−20	+7/−20	+33/−8	+28/−12	+23/−18	+23/−18	+16/−25	+16/−25	+8/−33	+8/−33	+51/−12	+44/−19	+37/−27	+37/−27
50	65	+17/−15	+17/−15	+8/−24	+8/−24	+39.5/−9.5	+34/−15	+28/−21	+28/−21	+19/−30	+19/−30	+10/−39	+10/−39	+61/−15	+53/−23	+44/−32	+44/−32
65	80	+17/−15	+17/−15	+8/−24	+8/−24	+39.5/−9.5	+34/−15	+28/−21	+28/−21	+19/−30	+19/−30	+10/−39	+10/−39	+61/−15	+53/−23	+44/−32	+44/−32
80	100	+19/−18	+19/−18	+9/−28	+9/−28	+46/−11	+39/−17	+32/−25	+32/−25	+22/−35	+22/−35	+12/−45	+12/−45	+71/−17	+62/−27	+51/−38	+51/−38
100	120	+19/−18	+19/−18	+9/−28	+9/−28	+46/−11	+39/−17	+32/−25	+32/−25	+22/−35	+22/−35	+12/−45	+12/−45	+71/−17	+62/−27	+51/−38	+51/−38
120	140	+22/−21	+22/−21	+10/−33	+10/−33	+52.5/−12.5	+45/−20	+37/−28	+37/−28	+25/−40	+25/−40	+13/−52	+13/−52	+83/−20	+71/−31	+60/−43	+60/−43
140	160	+22/−21	+22/−21	+10/−33	+10/−33	+52.5/−12.5	+45/−20	+37/−28	+37/−28	+25/−40	+25/−40	+13/−52	+13/−52	+83/−20	+71/−31	+60/−43	+60/−43
160	180	+22/−21	+22/−21	+10/−33	+10/−33	+52.5/−12.5	+45/−20	+37/−28	+37/−28	+25/−40	+25/−40	+13/−52	+13/−52	+83/−20	+71/−31	+60/−43	+60/−43
180	200	+25/−24	+25/−24	+12/−37	+12/−37	+60.5/−14.5	+52/−23	+42/−33	+42/−33	+29/−46	+29/−46	+15/−60	+15/−60	+95/−23	+82/−36	+68/−50	+68/−50
200	225	+25/−24	+25/−24	+12/−37	+12/−37	+60.5/−14.5	+52/−23	+42/−33	+42/−33	+29/−46	+29/−46	+15/−60	+15/−60	+95/−23	+82/−36	+68/−50	+68/−50
225	250	+25/−24	+25/−24	+12/−37	+12/−37	+60.5/−14.5	+52/−23	+42/−33	+42/−33	+29/−46	+29/−46	+15/−60	+15/−60	+95/−23	+82/−36	+68/−50	+68/−50
250	280	+28/−27	+28/−27	+12/−43	+14/−41	+68/−16	+58/−26	+48/−36	+48/−36	+32/−52	+32/−52	+18/−66	+18/−66	+107/−26	+92/−40	+77/−56	+77/−56
280	315	+28/−27	+28/−27	+12/−43	+14/−41	+68/−16	+58/−26	+48/−36	+48/−36	+32/−52	+32/−52	+18/−66	+18/−66	+107/−26	+92/−40	+77/−56	+77/−56
315	355	+32/−29	+32/−29	+15/−46	+15/−46	+75/−18	+64/−28	+53/−40	+53/−40	+36/−57	+36/−57	+20/−73	+20/−73	−117/−28	+101/−44	+85/−61	+85/−61
355	400	+32/−29	+32/−29	+15/−46	+15/−46	+75/−18	+64/−28	+53/−40	+53/−40	+36/−57	+36/−57	+20/−73	+20/−73	−117/−28	+101/−44	+85/−61	+85/−61
400	450	+35/−32	+35/−32	+17/−50	+17/−50	+83/−20	+71/−31	+58/−45	+58/−45	+40/−63	+40/−63	+23/−80	+23/−80	+128/−31	+111/−48	+92/−68	+92/−68
450	500	+35/−32	+35/−32	+17/−50	+17/−50	+83/−20	+71/−31	+58/−45	+58/−45	+40/−63	+40/−63	+23/−80	+23/−80	+128/−31	+111/−48	+92/−68	+92/−68

（续）

基孔制	$\frac{H8}{m7}$		$\frac{H8}{n7}$		$\frac{H8}{p7}$	$\frac{H6}{n5}$①		$\frac{H6}{p5}$		$\frac{H6}{r5}$		$\frac{H6}{s5}$		$\frac{H6}{t5}$	$\frac{H7}{p6}$①	
基轴制		$\frac{M6}{h7}$		$\frac{N8}{h7}$			$\frac{N6}{h5}$		$\frac{P6}{h5}$		$\frac{R6}{h5}$		$\frac{S6}{h5}$	$\frac{T6}{h5}$		$\frac{P7}{h6}$
公称尺寸/mm	过渡配合							过盈配合								
> / ≤																
— / 3	+12/−12	+8/−16	+10/−14	+6/−18	+8/−16	+2/−8	0/−10	0/−10	−2/−12	−4/−14	−6/−16	−8/−18	−10/−20	—	+4/−12	0/−16
3 / 6	+14/−16		+10/−20		+6/−24	0/−13		−4/−17		−7/−20		−11/−24		—	0/−20	
6 / 10	+16/−21		+12/−25		+7/−30	−1/−16		−6/−21		−10/−25		−14/−29		—	0/−24	
10 / 14	+20/−25		+15/−30		+9/−36	−1/−20		−7/−26		−12/−31		−17/−36		—	0/−29	
14 / 18	+20/−25		+15/−30		+9/−36	−1/−20		−7/−26		−12/−31		−17/−36		—	0/−29	
18 / 24	+25/−29		+18/−36		+11/−43	−2/−24		−9/−31		−15/−37		−22/−44		—	−1/−35	
24 / 30	+25/−29		+18/−36		+11/−43	−2/−24		−9/−31		−15/−37		−22/−44		−28/−50	−1/−35	
30 / 40	+30/−34		+22/−42		+13/−51	−1/−28		−10/−37		−18/−45		−27/−54		−32/−59	−1/−42	
40 / 50	+30/−34		+22/−42		+13/−51	−1/−28		−10/−37		−18/−45		−27/−54		−38/−65	−1/−42	
50 / 65	+35/−41		+26/−50		+14/−62	−1/−33		−13/−45		−22/−54		−34/−66		−47/−79	−2/−51	
65 / 80	+35/−41		+26/−50		+14/−62	−1/−33		−13/−45		−24/−56		−40/−72		−56/−88	−2/−51	
80 / 100	+41/−48		+31/−58		+17/−72	−1/−38		−15/−52		−29/−66		−49/−86		−69/−106	−2/−59	
100 / 120	+41/−48		+31/−58		+17/−72	−1/−38		−15/−52		−32/−69		−57/−94		−82/−119	−2/−59	
120 / 140	+48/−55		+36/−67		+20/−83	−2/−45		−18/−61		−38/−81		−67/−110		−97/−140	−3/−68	
140 / 160	+48/−55		+36/−67		+20/−83	−2/−45		−18/−61		−40/−83		−75/−118		−109/−152	−3/−68	
160 / 180	+48/−55		+36/−67		+20/−83	−2/−45		−18/−61		−43/−86		−83/−126		−121/−164	−3/−68	
180 / 200	+55/−63		+41/−77		+22/−96	−2/−51		−21/−70		−48/−97		−93/−142		−137/−186	−4/−79	
200 / 225	+55/−63		+41/−77		+22/−96	−2/−51		−21/−70		−51/−100		−101/−150		−151/−200	−4/−79	
225 / 250	+55/−63		+41/−77		+22/−96	−2/−51		−21/−70		−55/−104		−111/−160		−167/−216	−4/−79	
250 / 280	+61/−72		+47/−86		+25/−108	−2/−57		−24/−79		−62/−117		−126/−181		−186/−241	−4/−88	
280 / 315	+61/−72		+47/−86		+25/−108	−2/−57		−24/−79		−66/−121		−138/−193		−208/−263	−4/−88	
315 / 355	+68/−78		+52/−94		+27/−119	−1/−62		−26/−87		−72/−133		−154/−215		−232/−293	−5/−98	
355 / 400	+68/−78		+52/−94		+27/−119	−1/−62		−26/−87		−78/−139		−172/−233		−258/−319	−5/−98	
400 / 450	+74/−86		+57/−103		+29/−131	−0/−67		−28/−95		−86/−153		−192/−259		−290/−357	−5/−108	
450 / 500	+74/−86		+57/−103		+29/−131	−0/−67		−28/−95		−92/−159		−212/−279		−320/−387	−5/−108	

（续）

过盈配合

基孔制	H7/r6	H7/s6	H7/t6	H7/u6	H7/v6	H7/x6	H7/y6	H7/z6	H8/r7[2]	H8/s7	H8/t7	H8/u7
基轴制	R7/h6	S7/h6	T7/h6	U7/h6								

公称尺寸/mm

>	≤	H7/r6	H7/s6	H7/t6	H7/u6	H7/v6	H7/x6	H7/y6	H7/z6	H8/r7[2]	H8/s7	H8/t7	H8/u7
—	3	0 / −16	−4 / −20	—	−8 / −24	—	−10 / −26	—	−16 / −32	+4 / −20	0 / −24	—	−4 / −28
3	6	−3 / −23	−7 / −27	—	−11 / −31	—	−16 / −36	—	−23 / −43	+3 / −27	−1 / −31	—	−5 / −35
6	10	−4 / −28	−8 / −32	—	−13 / −37	—	−19 / −43	—	−27 / −51	+3 / −34	−1 / −38	—	−6 / −43
10	14	−5 / −34	−10 / −39	—	−15 / −44	—	−22 / −51	—	−32 / −61	+4 / −41	−1 / −46	—	−6 / −51
14	18			—		−21 / −50	−27 / −56	—	−42 / −71			—	
18	24	−7 / −41	−14 / −48	—	−20 / −54	−26 / −60	−33 / −67	−42 / −76	−52 / −86	+5 / −49	−2 / −56	—	−8 / −62
24	30			−20 / −54	−27 / −61	−34 / −68	−43 / −77	−54 / −88	−67 / −101			−8 / −62	−15 / −69
30	40	−9 / −50	−18 / −59	−23 / −64	−35 / −76	−43 / −84	−55 / −96	−69 / −110	−87 / −128	+5 / −59	−4 / −68	−9 / −73	−21 / −85
40	50			−29 / −70	−45 / −86	−56 / −97	−72 / −113	−89 / −130	−111 / −152			−15 / −79	−31 / −95
50	65	−11 / −60	−23 / −72	−36 / −85	−57 / −106	−72 / −121	−92 / −141	−114 / −163	−142 / −191	+5 / −71	−7 / −83	−20 / −96	−41 / −117
65	80	−13 / −62	−29 / −78	−45 / −94	−72 / −121	−90 / −139	−116 / −165	−144 / −193	−180 / −229	+3 / −73	−13 / −89	−29 / −105	−56 / −132
80	100	−16 / −73	−36 / −93	−56 / −113	−89 / −146	−111 / −168	−143 / −200	−179 / −236	−223 / −280	+3 / −86	−17 / −106	−37 / −126	−70 / −159
100	120	−19 / −76	−44 / −101	−69 / −126	−109 / −166	−137 / −194	−175 / −232	−219 / −276	−275 / −332	0 / −89	−25 / −114	−50 / −139	−90 / −179
120	140	−23 / −88	−52 / −117	−82 / −147	−130 / −195	−162 / −227	−208 / −273	−260 / −325	−325 / −390	0 / −103	−29 / −132	−59 / −162	−107 / −210
140	160	−25 / −90	−60 / −125	−94 / −159	−150 / −215	−188 / −253	−240 / −305	−300 / −365	−375 / −440	−2 / −105	−37 / −140	−71 / −174	−127 / −230
160	180	−28 / −93	−68 / −133	−106 / −171	−170 / −235	−212 / −277	−270 / −335	−340 / −405	−425 / −490	−5 / −108	−45 / −148	−83 / −186	−147 / −250
180	200	−31 / −106	−76 / −151	−120 / −195	−190 / −265	−238 / −313	−304 / −379	−379 / −454	−474 / −549	−5 / −123	−50 / −168	−94 / −212	−164 / −282
200	225	−34 / −109	−84 / −159	−134 / −209	−212 / −287	−264 / −339	−339 / −414	−424 / −499	−529 / −604	−8 / −126	−58 / −176	−108 / −226	−186 / −304
225	250	−38 / −113	−94 / −169	−150 / −225	−238 / −313	−294 / −369	−379 / −454	−474 / −549	−594 / −669	−12 / −130	−68 / −186	−124 / −242	−212 / −330
250	280	−42 / −126	−106 / −190	−166 / −250	−263 / −347	−333 / −417	−423 / −507	−528 / −612	−658 / −742	−13 / −146	−77 / −210	−137 / −270	−234 / −367
280	315	−46 / −130	−118 / −202	−188 / −272	−298 / −382	−373 / −457	−473 / −557	−598 / −682	−738 / −822	−17 / −150	−89 / −222	−159 / −292	−269 / −402

（续）

基孔制	$\frac{H7}{r6}$		$\frac{H7}{s6}$		$\frac{H7}{t6}$	$\frac{H7}{u6}$		$\frac{H7}{v6}$	$\frac{H7}{x6}$	$\frac{H7}{y6}$	$\frac{H7}{z6}$	$\frac{H8}{r7}$ [2]	$\frac{H8}{s7}$	$\frac{H8}{t7}$	$\frac{H8}{u7}$
基轴制		$\frac{R7}{h6}$		$\frac{S7}{h6}$	$\frac{T7}{h6}$		$\frac{U7}{h6}$								

公称尺寸/mm		过盈配合													
>	≤														
315	355	−51 −144	−133 −226	−211 −304	−333 −426		−418 −511	−533 −626	−673 −766	−843 −936	−19 −165	−101 −247	−179 −325	−301 −447	
355	400	−57 −150	−151 −244	−237 −330	−378 −471		−473 −566	−603 −696	−763 −856	−943 −1036	−25 −171	−119 −265	−205 −351	−346 −492	
400	450	−63 −166	−169 −272	−267 −370	−427 −530		−532 −635	−677 −780	−857 −960	−1037 −1140	−29 −189	−135 −295	−233 −393	−393 −553	
450	500	−69 −172	−189 −292	−297 −400	−477 −580		−597 −700	−757 −860	−937 −1040	−1187 −1290	−35 −195	−155 −315	−263 −423	−443 −603	

注：1. 表中"+"值为间隙量，"−"值为过盈量。

　　2. 标注"灰色"的配合为优先配合。

① $\frac{H6}{n5}$ $\frac{H7}{P6}$ 在基本尺寸小于或等于3mm时，为过渡配合。

② $\frac{H8}{r7}$ 在小于或等于100mm时，为过渡配合。

表1-17　间隙或过盈修正表

工作情况	过盈应增或减	间隙应增或减	工作情况	过盈应增或减	间隙应增或减
材料许用应力小	减	—	旋转速度较高	增	增
经常拆卸	减	—	有轴向运动	—	增
有冲击负荷	增	减	润滑油黏度较大	—	增
工作时孔的温度高于轴的温度	增	减	表面粗糙度较高	增	减
工作时孔的温度低于轴的温度	减	增	装配经典较高	减	减
配合长度较大	减	增	孔的材料线膨胀系数大于轴的材料	增	减
零件形状误差较大	减	增	孔的材料线膨胀系数小于轴的材料	减	增
装配时可能歪斜	减	增	单件小批生产	减	增

1.2.3　一般公差　线性尺寸的未注公差

1. 线性尺寸的一般公差

　　一般公差是指在车间一般加工条件下可保证的公差。采用一般公差的尺寸，在该尺寸后不注出极限偏差。

线性尺寸的极限偏差数值见表1-18,倒角半径和倒角高度尺寸的极限偏差数值见表1-19。

线性尺寸的一般公差在图样上、技术文件或其他标准中用该标准号和公差等级代号表示。例如选用中等级时,表示为 GB/T 1804-m。

表1-18　线性尺寸的极限偏差数值 （单位:mm）

公差等级	尺寸分段							
	0.5~3	>3~6	>6~30	>30~120	>120~400	>400~1000	>1000~2000	>2000~4000
f(精密级)	±0.05	±0.05	±0.1	±0.15	±0.2	±0.3	±0.5	—
m(中等级)	±0.1	±0.1	±0.2	±0.3	±0.5	±0.8	±1.2	±2
c(粗糙级)	±0.2	±0.3	±0.5	±0.8	±1.2	±2	±3	±4
v(最粗级)	—	±0.5	±1	±1.5	±2.5	±4	±6	±8

表1-19　倒角半径和倒角高度尺寸的极限偏差数值 （单位：mm）

公差等级	尺寸分段			
	0.5~3	>3~6	>6~30	>30
f(精密级) m(中等级)	±0.2	±0.5	±1	±2
c(粗糙级) v(最粗级)	±0.4	±1	±2	±4

注：倒角半径和倒角高度的含义参见国家标准 GB/T 6403.4《零件倒圆与倒角》。

2. 一般公差的应用和有关说明

线性尺寸的一般公差适用于金属切削加工的尺寸,也适用于一般的冲压加工的尺寸,非金属材料和其他工艺方法加工的尺寸可参照采用。对零件上一些无特殊要求的要素,无论其线性尺寸、角度尺寸,形状还是位置都规定有未注公差。未注公差绝不是没有公差要求,只是为简化图样标注,不在图上注出,而是在图样、技术文件或其他标准中给出总的说明。

线性尺寸的一般公差主要用于较低精度的非配合尺寸。当功能上允许的公差等于或大于一般公差时,均应采用一般公差。线性尺寸要求精度高于一般公差的,应当注出其公差带代号或极限偏差或同时注出;当功能上允许,而且采用大于一般公差更为经济的线性尺寸（例如装配时所钻的盲孔深度）,亦要在这些线性尺寸之后注出极限偏差。线性尺寸的一般公差,在正常车间精度保证的条件下,一般可不检验。

两个表面分别由不同类型的工艺（例如切削和铸造）加工时,它们之间线性尺寸的一般公差,应按规定的两个一般公差值中的较大值。

1.2.4　在高温或低温工作条件下装配间隙的计算

工作图上标注的尺寸偏差与配合是以温度20℃为基准的。但是,某些机械如化工机械、飞机、发动机等可以在-60~800℃的高温或低温条件下工作,如果结合件材料的线膨胀系数不同,配合间隙（或过盈）须进行修正计算,以选择比较正确配合类别。计算公式如下：

$$x_{zmax} = x_{Gmax} + d[a_z(t_z-t) \mp a_k(t_k-t)] \tag{1-1}$$

$$x_{zmin} = x_{Gmin} + d[a_z(t_z-t) \mp a_k(t_k-t)] \tag{1-2}$$

式中　x_{zmax}、x_{zmin}——最大与最小的装配间隙（mm）；

t_k、t_z——孔和轴的工作温度（℃）；

x_{Gmax}、x_{Gmin}——最大与最小的工作间隙（mm）；

t——装配时环境的温度（℃）；

d——配合的公称直径（mm）；

a_k、a_z——孔和轴材料的线胀系数（℃$^{-1}$）。

式（1-1）及式（1-2）中的负号，用在当温度提高、孔的尺寸扩大的情况下；正号用在当温度提高而孔的尺寸缩小的情况下（例如质量大的零件上不大的孔局部加热时，以及放置在加热壳体上的小而薄的套筒的孔，均由于温度提高使孔的尺寸缩小）。

1.2.5　高速回转工作条件对配合性能的影响

由于转速较高，离心力会改变配合件在静配合后所产生的变形量，而影响配合表面压力强度 F 值的大小。当被包容件的弹性模量比包容件低时，高速回转使 F 值增加，计算时应减小一些配合过盈；当包容件弹性模量比被包容件低或相等时，高速回转使 F 值减小，在计算时应增加一些配合过盈。这样，对配合过盈修正后，再从公差配合表中选择配合种类（可能在增加一些配合过盈后，在运转前就发生塑性变形，应力也重新分布，可改变材料或用分组装配等方法符合强度条件）。

由于离心力引起配合件在配合面上的径向变形值分别为

对被包容件：
$$u_1 = \frac{5v^2\rho_1 d}{4gE_1}\left[\frac{d^2}{d_2^2}(1-\mu_1)+\frac{d_1^2}{d_2^2}(3+\mu_1)\right] \tag{1-3}$$

对包容件：
$$u_2 = \frac{5v^2\rho_2 d}{4gE_2}\left[\frac{d^2}{d_2^2}(1-\mu_2)+(3+\mu_2)\right] \tag{1-4}$$

由离心力引起的径向变形量的变化值为
$$\Delta' = u_2 - u_1 = \frac{5v^2 d}{4g}\left\{\frac{\rho_2}{E_2}\left[\frac{d^2}{d_2^2}(1-\mu_2)+(3+\mu_2)\right]-\frac{\rho_1}{E_1}\left[\frac{d^2}{d_2^2}(1-\mu_1)+\frac{d_1^2}{d_2^2}(3+\mu_1)\right]\right\} \tag{1-5}$$

若被包容件与包容件材料相同，$\rho_1=\rho_2=e$、$E=E_1=E_2$、$\mu=\mu_1=\mu_2$，则
$$\Delta' = \mu_2 - \mu_1 = \frac{5v^2 d\rho}{4Eg}(3+\mu)\left(1-\frac{d_1^2}{d_2^2}\right) \tag{1-6}$$

式中　Δ'——半径方向的径向变形量（cm）；
　　　　v——在包容件外径 d_2 圆周上的线速度（cm/s）；
　　　　g——重力加速度，980cm/s²；
　　　　ρ_1——被包容件的材料密度（g/cm³）；
　　　　ρ_2——包容件的材料密度（g/cm³）；
　E_1、E_2——被包容件、包容件材料的弹性模量（MPa）；
　μ_1、μ_2——被包容件、包容件材料的泊松比；
　u_1、u_2——被包容件、包容件半径方向的径向变形量（cm）；
　　　　d——配合的公称直径（mm）；
　d_1、d_2——被包容件、包容件外径（cm）。

求出 Δ' 后对计算出来的配合过盈进行修正，再从公差配合表中选出合适的配合种类。

1.2.6　圆锥公差配合

1. 圆锥公差

（1）适用范围　标准适用于圆锥值 C 从 1∶3～1∶500、圆锥长 L 从 6～630mm 的光滑圆锥。标准中的圆锥角度公差也适用于棱体的角度与斜度。

（2）术语、定义及图例　见表 1-20。

（3）圆锥公差的项目和给定方法

1）圆锥公差的项目：①圆锥直径公差 T_D；②圆锥角公差 AT，用角度值 AT_α 或线值 AT_D 给定；③圆锥的形状公差 T_F，包括素线直线度公差和截面圆度公差；④给定截面圆锥直径公差 T_{DS}。

表 1-20 术语、定义及图例

术 语	定 义	图 例
基本圆锥	设计给定的圆锥,见图 a 基本圆锥可用两种形式确定: a. 一个基本圆锥直径(最大圆锥直径 D、最小圆锥直径 d、给定截面圆锥直径 d_x)、基本圆锥长度 L,基本圆锥角 α 或基本锥度 C b. 两个基本圆锥直径和基本圆锥长度 L	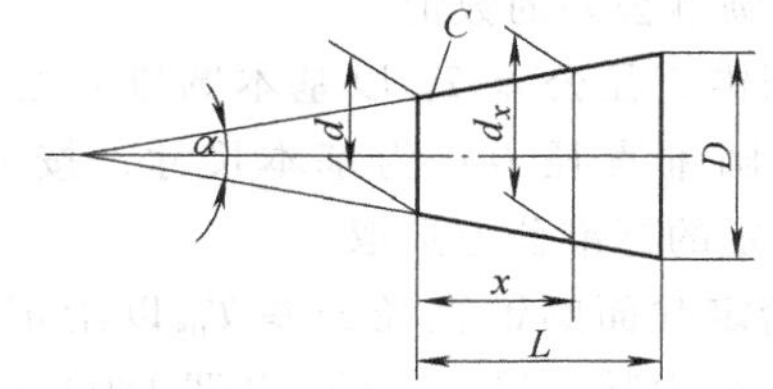 a)
实际圆锥	实际存在而通过测量所得的圆锥	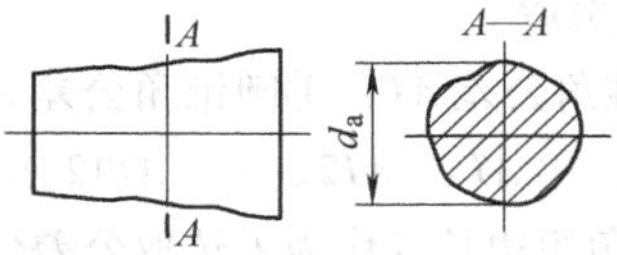 b)
实际圆锥直径 d_a	在实际圆锥上测量得到的直径,见图 b	
实际圆锥角	在实际圆锥的任一轴向截面内,包容圆锥素线且距离为最小的两对平行直线之间的夹角,见图 c	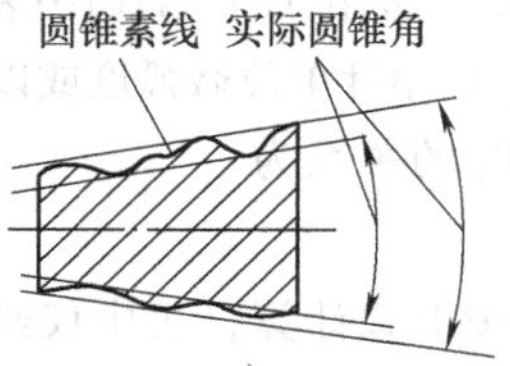 c)
极限圆锥	与基本圆锥共轴且圆锥角相等,直径分别为最大极限尺寸和最小极限尺寸的两个圆锥。在垂直圆锥轴线的任一截面上,这两个圆锥的直径差都相等,见图 d	d)
极限圆锥直径	垂直于极限圆锥轴线的截面上的直径。例如图 d 中的 $D_{\max}$、$D_{\min}$、$d_{\max}$、$d_{\min}$	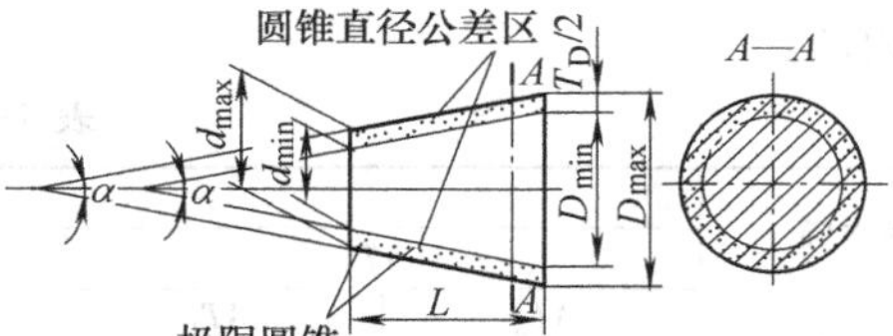
极限圆锥角	允许的最大或最小圆锥角,见图 e	
极限直径公差 T_D	圆锥直径的允许变动量,见图 d。它适用于圆锥全长	
圆锥直径公差带	两个极限圆锥所限定的区域。用示意图表示在轴向截面内的圆锥直径公差带时,见图 d	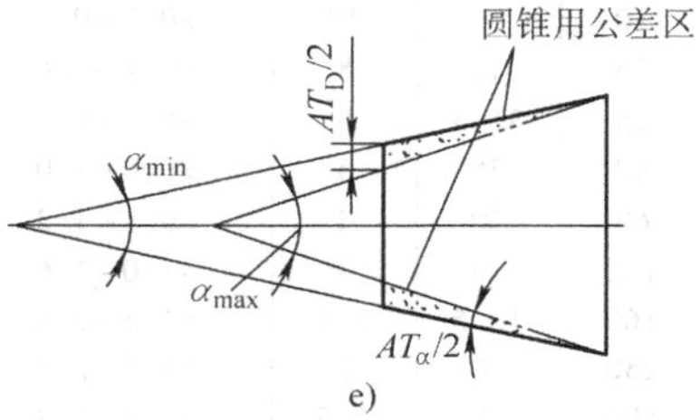
圆锥角公差 $AT(AT_\alpha$ 或 $AT_D)$	圆锥角的允许变动量见图 e	e)
圆锥角公差带	两个极限圆锥角所限定的区域。用示意图表示圆锥角公差带时,见图 e	
	在垂直圆锥轴线给定截面内,圆锥直径的允许变动量见图 f。它仅适用于该给定截面	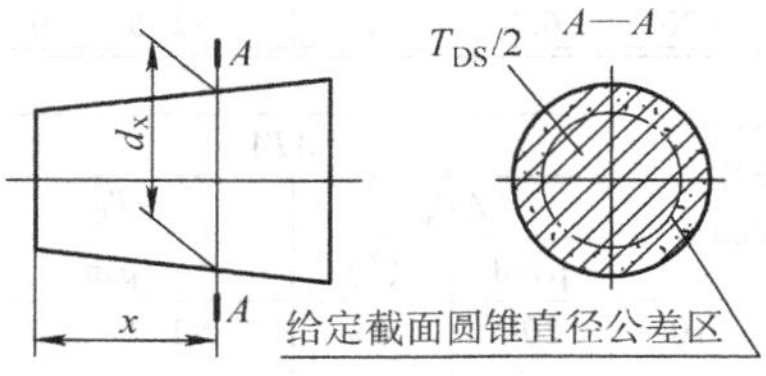 f)
	在给定的圆锥截面内,由两个同心圆所限定的区域。用示意图表示给定截面圆锥直径公差带时,见图 f	

2) 圆锥公差的给定方法:①给出圆锥的理论正确圆锥角 α(或锥度值 C)和圆锥直径公差 T_D。由 T_D 确定两个极限圆锥。此时,圆锥角误差和圆锥的形状误差均应在极限圆锥所限定的区域内。当对圆锥角公差、圆锥的形状公差有更高的要求时,可再给出圆锥角公差 AT、圆锥的形状公差 T_F。此时,AT 和 T_F 仅占 T_D 的一部分。②给出给定截面圆锥直径公差 T_{DS} 和圆锥角公差 AT。此时,给定截面圆锥直径和圆锥角应分别满足这两项公差的要求。T_{DS} 和 AT 的关系如图 1-8 所示。

该方法是在假定圆锥素线为理想直线的情况下给出的。

当对圆锥形状公差有更高的要求时，可再给出圆锥的形状公差 T_F。

（4）圆锥公差的数值

1）圆锥直径公差 T_D 以基本圆锥直径（一般取最大圆锥直径 D）为基本尺寸，按 GB/T 1800.1 规定的标准公差选取。

2）给定截面圆锥直径公差 T_{DS} 以给定截面圆锥直径 d_x 为基本尺寸，按 GB/T 1800.1 规定的标准公差选取。

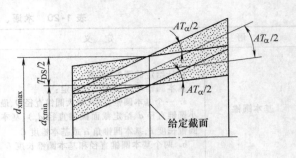

图 1-8　T_{DS} 和 AT 的关系

3）圆锥角公差 AT：①圆锥角公差 AT 共分 12 个公差等级，用 $AT1$、$AT2$、$\cdots$、$AT12$ 表示。圆锥角公差的数值见表 1-21。表 1-21 中数值用于棱体的角度时，以该角短边长度作为 L 选取公差值。如需要更高或更低等级的圆锥角公差时，按公比 1.6 向两端延伸得到。更高等级用 $AT0$、$AT01\cdots$ 表示，更低等级用 $AT13$、$AT14$、$\cdots$ 表示。②圆锥角公差可用两种形式表示：a. AT_α 以角度单位微弧度或以度、分、秒表示；b. AT_D 以长度单位微米表示。

AT_α 和 AT_D 的关系为

$$AT_D = AT_\alpha L \times 10^{-3}$$

AT_D 值应按上式计算，表中仅给出与圆锥长度 L 的尺寸段相对应的 AT_D 范围值。AT_D 计算结果的尾数按 GB/T 8170—2008 的规定进行修约，其有效位数应与表中所列该 L 尺寸段的最大范围值的位数相同。

表 1-21　圆锥角公差

基本圆锥长度 L /mm		圆锥角公差等级								
		$AT1$			$AT2$			$AT3$		
		AT_α		AT_D	AT_α		AT_D	AT_α		AT_D
		μrad	(″)	/μm	μrad	(″)	/μm	μrad	(″)	/μm
6	10	50	10	>0.3~0.5	80	16	>0.5~0.8	125	26	>0.8~1.3
10	16	40	8	>0.4~0.6	63	13	>0.6~1.0	100	21	>1.0~1.6
16	25	31.5	6	>0.5~0.8	50	10	>0.8~1.3	80	16	>1.3~2.0
25	40	25	5	>0.6~1.0	40	8	>1.0~1.6	63	13	>1.6~2.5
40	63	20	4	>0.8~1.3	31.5	6	>1.3~2.0	50	10	>2.0~3.2
63	100	16	3	>1.0~1.6	25	5	>1.6~2.5	40	8	>2.5~4.0
100	160	12.5	2.5	>1.3~2.0	20	4	>2.0~3.2	31.5	6	>3.2~5.0
160	250	10	2	>1.6~2.5	16	3	>2.5~4.0	25	5	>4.0~6.3
250	400	8	1.5	>2.0~3.2	12.5	2.5	>3.2~5.0	20	4	>5.0~8.0
400	630	6.3	1	>2.5~4.0	10	2	>4.0~6.3	16	3	>6.3~10.0

基本圆锥长度 L /mm		圆锥角公差等级								
		$AT4$			$AT5$			$AT6$		
		AT_α		AT_D	AT_α		AT_D	AT_α		AT_D
		μrad	(″)	/μm	μrad	(″)	/μm	μrad	(″)	/μm
6	10	200	41	>1.3~2.0	315	1′05″	>2.0~3.2	500	1′43″	>3.2~5.0
10	16	160	33	>1.6~2.5	250	52″	>2.5~4.0	400	1′22″	>4.0~6.3
16	25	125	26	>2.0~3.2	200	41″	>3.2~5.0	315	1′05″	>5.0~8.0
25	40	100	21	>2.5~4.0	160	33″	>4.0~6.3	250	52″	>6.3~10.0
40	63	80	16	>3.2~5.0	125	26″	>5.0~8.0	200	41″	>8.0~12.5
63	100	63	13	>4.0~6.3	100	21″	>6.3~10.0	160	33″	>10.0~16.0
100	160	50	10	>5.0~8.0	80	16″	>8.0~12.5	125	26″	>12.5~20.0
160	250	40	8	>6.3~10.0	63	13″	>10.0~16.0	100	21″	>16.0~25.0
250	400	31.5	6	>8.0~12.5	50	10″	>12.5~20.0	80	16″	>20.0~32.0
400	630	25	5	>10.0~16.0	40	8″	>16.0~25.0	63	13″	>25.0~40.0

（续）

基本圆锥长度 L/mm		圆锥角公差等级								
		AT7			AT8			AT9		
		AT_α		AT_D	AT_α		AT_D	AT_α		AT_D
		μrad	(″)	/μm	μrad	(″)	/μm	μrad	(″)	/μm
6	10	800	2′45″	>5.0~8.0	1250	4′18″	>8.0~12.5	2 000	6′52″	>12.5~20
10	16	630	2′10″	>6.3~10.0	1000	3′26″	>10.0~16.0	1 600	5′30″	>16~25
16	25	500	1′43″	>8.0~12.5	800	2′45″	>12.5~20.0	1 250	4′18″	>20~32
25	40	400	1′22″	>10.0~16.0	630	2′10″	>16.0~20.5	1 000	3′26″	>25~40
40	63	315	1′05″	>12.5~20.0	500	1′43″	>20.0~32.0	800	2′45″	>32~50
63	100	250	52″	>16.0~25.0	400	1′22″	>25.0~40.0	630	2′10″	>40~63
100	160	200	41″	>20.0~32.0	315	1′05″	>32.0~50.0	500	1′43″	>50~80
160	250	160	33″	>25.0~40.0	250	52″	>40.0~63.0	400	1′22″	>63~100
250	400	125	26″	>32.0~50.0	200	41″	>50.0~80.0	315	1′05″	>80~125
400	630	100	21″	>40.0~63.0	160	33″	>63.0~100.0	250	52″	>100~160

基本圆锥长度 L/mm		圆锥角公差等级								
		AT10			AT11			AT12		
		AT_α		AT_D	AT_α		AT_D	AT_α		AT_D
		μrad	(″)	/μm	μrad	(″)	/μm	μrad	(″)	/μm
6	10	3150	10′49″	>20~32	5000	17′10″	>32~50	8000	27′28″	>50~80
10	16	2500	8′35″	>25~40	4000	13′44″	>40~63	6300	21′38″	>63~100
16	25	2000	6′52″	>32~50	3150	10′49″	>50~80	5000	17′10″	>80~125
25	40	1600	5′30″	>40~63	2500	8′35″	>63~100	4000	13′44″	>100~160
40	63	1250	4′18″	>50~80	2000	6′52″	>80~125	3150	10′49″	>125~200
63	100	1000	3′26″	>63~100	1600	5′30″	>100~160	2500	8′35″	>160~250
100	160	800	2′45″	>80~125	1250	4′18″	>125~200	2000	6′52″	>200~320
160	250	630	2′10″	>100~160	1000	3′26″	>160~250	1600	5′30″	>250~400
250	400	500	1′43″	>125~200	800	2′45″	>200~320	1250	4′18″	>320~500
400	630	400	1′22″	>160~250	630	2′10″	>250~400	1000	3′26″	>400~630

注：1μrad 等于半径为 1m，弧长为 1μm 所对应的圆心角，5μrad≈1″（秒），300μrad≈1′（分）。

4）圆锥角的极限偏差。圆锥角的极限偏差可按单向或双向（对称或不对称）取值（图 1-9）。

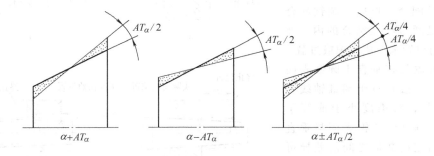

图 1-9　圆锥角的极限偏差

5）圆锥的形状公差。圆锥的形状公差推荐按 GB/T 1184 中附录 "图样上注出公差值的规定"选取。

圆锥直径公差所能限制的最大圆锥角误差见表 1-22。表中给出圆锥长度 L 为 100mm、圆锥直径公差 T_D 所能限制的最大圆锥角误差 $\Delta\alpha_{max}$。

表1-22　圆锥长度 L 为100mm，圆锥直径公差 T_D 所能限制的最大圆锥角误差 $\Delta\alpha_{max}$

圆锥直径公差等级	圆锥直径/mm												
	≤3	>3~6	>6~10	>10~18	>18~30	>30~50	>50~80	>80~120	>120~180	>180~250	>250~315	>315~400	>400~500
	$\Delta\alpha_{max}/\mu rad$												
IT01	3	4	4	5	6	6	8	10	12	20	25	30	40
IT0	5	6	6	8	10	10	12	15	20	30	40	50	60
IT1	8	10	10	12	15	15	20	25	35	45	60	70	80
IT2	12	15	15	20	25	25	30	40	50	70	80	90	100
IT3	20	25	25	30	40	40	50	60	80	100	120	130	150
IT4	30	40	40	50	60	70	80	100	120	140	160	180	200
IT5	40	50	60	80	90	110	130	150	180	200	230	250	270
IT6	60	80	90	110	130	160	190	220	250	290	320	360	400
IT7	100	120	150	180	210	250	300	350	400	460	520	570	630
IT8	140	180	220	270	330	390	460	540	630	720	810	890	970
IT9	250	300	360	430	520	620	740	870	1000	1150	1300	1400	1550
IT10	400	480	580	700	840	1000	1200	1400	1600	1850	2100	2300	2500
IT11	600	750	900	1000	1300	1600	1900	2200	2500	2900	3200	3600	4000
IT12	1000	1200	1500	1800	2100	2500	3000	3500	4000	4600	5200	5700	6300
IT13	1400	1800	2200	2700	3300	3900	4600	5400	6300	7200	8100	8900	9700
IT14	2500	3000	3600	4300	5200	6200	7400	8700	10000	11500	13000	14000	15500
IT15	4000	4800	5800	7000	8400	10000	12000	14000	16000	18500	21000	23000	25000
IT16	6000	7500	9000	11000	13000	16000	19000	22000	25000	29000	32000	36000	40000
IT17	10000	12000	15000	18000	21000	25000	30000	35000	40000	46000	52000	57000	63000
IT18	14000	18000	22000	27000	33000	39000	46000	54000	63000	72000	81000	89000	97000

注：圆锥长度不等于100mm时，需将表中的数值乘以100/L，L 的单位为 mm。

2. 圆锥配合

（1）适用范围　（GB/T 12360—2005）适用于锥度 C 从 1：3 到 1：500，长度 L 从 6mm 到 630mm，直径至 500mm 光滑圆锥的配合。

（2）圆锥配合的形成　圆锥配合的配合特征是通过相互结合的内、外圆锥规定轴向位置来形成间隙或过盈。

间隙或过盈是在垂直于圆锥表面方向起作用，但按垂直于圆锥轴线方向给定并测量；对锥度小于或等于 1：3 的圆锥，垂直于圆锥表面与垂直于圆锥轴线给定的数值之间的差异可忽略不计。

按确定相结合的内外圆锥轴向位置的方法不同，圆锥配合的形成有以下四种方式：

1）由圆锥的结构确定装配的最终位置而获得配合。这种方式可以得到间隙配合、过渡配合和过盈配合。图1-10a 所示为由轴肩接触得到间隙配合的示例。

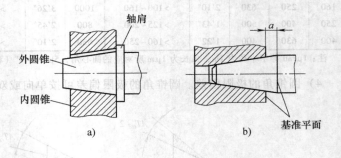

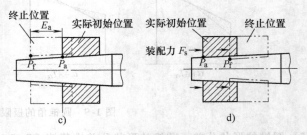

图1-10　圆锥配合的形成

2）由内、外圆锥基准平面之间的尺寸确定装配的最终位置而获得配合。这种方式可以得到间隙配合、过渡配合和过盈配合。图 1-10b 所示为由结构尺寸 a 得到过盈配合的示例。

3）由内、外圆锥实际初始位置 P_a 开始，作一定的相对轴向位移 E_a 而获得配合。这种方式可以得到间隙配合和过盈配合。图 1-10c 所示为间隙配合的示例。

4）由内、外圆锥实际初始位置 P_a 开始，施加一定的装配力产生轴向位移而获得配合。这种方式只能得到过盈配合，如图 1-10d 所示。

图 1-10 a、b 所示为结构型圆锥配合，图 1-10c、d 所示为位移型圆锥配合。

（3）术语及定义　见表 1-23。

表 1-23　术语及定义

术语	定　　义
圆锥配合	基本圆锥相同的内、外圆锥直径之间，由于结合不同所形成的相互关系。对于结构型圆锥配合，由内、外圆锥直径公差带决定；对于位移型圆锥配合，由内、外圆锥相对轴向位移（E_a）决定
圆锥直径配合量 T_{Dp}	圆锥配合在配合的直径上允许的间隙或过盈的变动量 对于结构型圆锥配合，其值等于最大间隙量（X_{max}）与最小间隙量（X_{min}）之差，或最大过盈量（Y_{max}）与最小过盈量（Y_{min}）之差，或最大间隙量（X_{max}）与最大过盈量（Y_{max}）之和；等于内圆锥直径公差（T_{Di}）与外圆锥直径公差（T_{De}）之和。 间隙配合量：$T_{Df} = X_{max} - X_{min}$ 过盈配合量：$T_{Df} = Y_{max} - Y_{min}$ 过渡配合量：$T_{Df} = X_{max} + Y_{max}$ $T_{Df} = T_{Di} + T_{De}$ 对于位移型圆锥配合，其值等于最大间隙量（X_{max}）与最小间隙量（X_{min}）之差或最大过盈量（Y_{max}）与最小过盈量（Y_{min}）之差；也等于轴向位移公差（T_E）与锥度（C）之积
位移型圆锥配合	（1）初始位置 P　在不施加力的情况下，相互结合的内、外间锥表面接触时的轴向位置 （2）极限初始位置 P_1、P_2　初始位置允许的界限 极限初始位置 P_1 为内圆锥以最小极限圆锥，外圆锥以最大极限圆锥接触时的位置，如图 a 所示 极限初始位置 P_2 为内圆锥以最大极限圆锥，外圆锥以最小极限圆锥接触时的位置，如图 a 所示 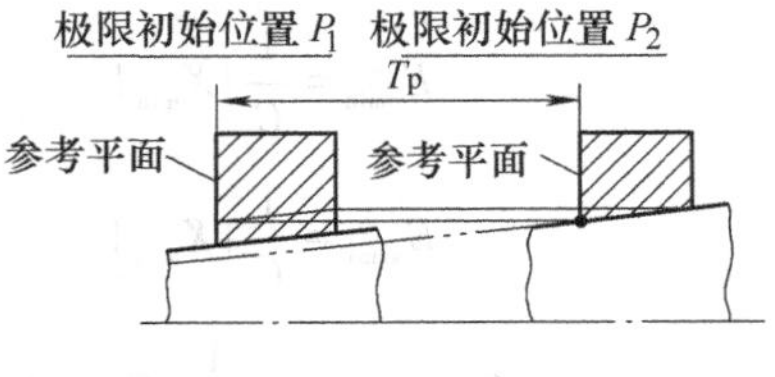 a) （3）初始位置公差 T_p　初始位置允许的变动量。它等于极限初始位置 P_1 和 P_2 之间的距离，如图 a 所示 $$T_p = \frac{1}{C}(T_{Di} + T_{De})$$ 式中　C —— 锥度； 　　　T_{Di} —— 内圆锥直径公差； 　　　T_{De} —— 外圆锥直径公差。

（续）

术语	定　义
位移型圆锥配合	（4）实际初始位置 P_a　相互结合的内、外实际圆锥的初始位置，如图 1-10c、d 所示。它应位于极限初始位置 P_1 和 P_2 之间 （5）终止位置 P_f　相互结合的内、外圆锥，为使其终止状态得到要求的间隙或过盈，所规定的相互轴向位置，如图 1-10c、d 所示 （6）装配力 F_s　相互结合的内、外圆锥，为在终止位置（P_f）得到要求的过盈所施加的轴向力，如图 1-10d 所示 （7）轴向位移 E_a　相互结合的内、外圆锥，从实际初始位置（P_a）到终止位置（P_f）移动的距离，如图 1-10c 所示 （8）最小轴向位移 E_{amin}　在相互结合的内、外圆锥的终止位置上，得到最小间隙或最小过盈的轴向位移 （9）最大轴向位移 E_{amax}　在相互结合的内、外圆锥的终止位置上，得到最大间隙或最大过盈的轴向位移。图 b 为在终止位置上得到最大、最小过盈的示例 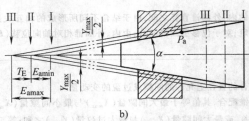 b) Ⅰ—实际初始位置　Ⅱ—最小过盈位置　Ⅲ—最大过盈位置 （10）轴向位移公差 T_E　轴向位移允许的变动量。它等于最大轴向位移（E_{amax}）与最小轴向位移（E_{amin}）之差，如图 b 所示 $$T_E = E_{amax} - E_{amin}$$

（4）圆锥配合的一般规定

1）结构型圆锥配合推荐优先采用基孔制。内、外圆锥直径公差带及配合按 GB/T 1801 选取。如 GB/T 1801 给出的常用配合仍不能满足需要，可按 GB/T 1800.1 规定的基本偏差和标准公差组成所需配合。

2）位移型圆锥配合的内、外圆锥直径公差带的基本偏差推荐选用 H、h、JS、js。其轴向位移的极限值按 GB/T 1801 规定的极限间隙或极限过盈来计算。

3）位移型圆锥配合的轴向位移极限值（E_{amin}、E_{amax}）和轴向位移公差 T_E 按下列公式计算：

① 对于间隙配合，有

$$E_{amin} = \frac{1}{C} |X_{min}|$$

$$E_{amax} = \frac{1}{C} |X_{max}|$$

$$T_E = E_{amax} - E_{amin} = \frac{1}{C} |X_{max} - X_{min}|$$

式中　C——锥度；

　　X_{max}——配合的最大间隙量；

　　X_{min}——配合的最小间隙量。

② 对于过盈配合，有

$$E_{amin} = \frac{1}{C} |Y_{min}|$$

$$E_{amax} = \frac{1}{C}\,|Y_{max}|$$

$$T_E = E_{amax} - E_{amin} = \frac{1}{C}\,|Y_{max} - Y_{min}|$$

式中　C——锥度；

　　　Y_{max}——配合的最大过盈量；

　　　Y_{min}——配合的最小过盈量。

（5）内、外圆锥轴向极限偏差的计算　圆锥轴向极限偏差是圆锥的某一极限圆锥与其基本圆锥轴向位置的偏差，如图 1-11 所示。规定下极限圆锥与公称圆锥的偏离为轴向上偏差 es_z、ES_z，上极限圆锥与公称圆锥的偏离为轴向下偏差 ei_z、EI_z。轴向上偏差与轴向下偏差之代数差的绝对值为轴向公差 T_z。

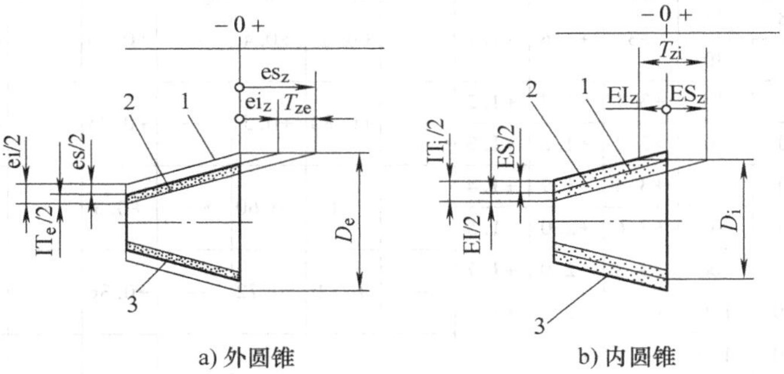

1）计算公式。

① 轴向上偏差。

外圆锥　　　$es_z = -\dfrac{1}{C}ei$

内圆锥　　　$ES_z = -\dfrac{1}{C}EI$

图 1-11　圆锥轴向极限偏差

1—公称圆锥　2—下极限圆锥　3—上极限圆锥

② 轴向下偏差。

外圆锥　　　　　　　　　　　　　$ei_z = -\dfrac{1}{C}es$

内圆锥　　　　　　　　　　　　　$EI_z = -\dfrac{1}{C}ES$

③ 轴向基本偏差。

外圆锥　　　　　　　　　　　　　$e_z = -\dfrac{1}{C}\times$直径基本偏差

内圆锥　　　　　　　　　　　　　$E_z = -\dfrac{1}{C}\times$直径基本偏差

④ 轴向公差。

外圆锥　　　　　　　　　　　　　$T_{ze} = \dfrac{1}{C}IT_e$

内圆锥　　　　　　　　　　　　　$T_{zi} = \dfrac{1}{C}IT_i$

2）计算用表。锥度 $C = 1 : 10$ 时，按 GB/T 1800.1 规定的基本偏差计算所得的外圆锥的轴向基本偏差（e_z）列于表 1-24。此时，按 GB/T 1800.1 规定的标准公差计算所得的轴向公差 T_z 的数值列于表 1-25。

当锥度 C 不等于 $1 : 10$ 时，圆锥的轴向基本偏差和轴向公差按表 1-24、表 1-25 给出的数值，乘以表 1-26、表 1-27 的换算系数进行计算。

表 1-24　锥度 $C=1：10$ 时，外圆锥的轴向基本偏差 e_z 数值　（单位：mm）

基本偏差		a	b	c	cd	d	e	ef	f	fg	g	h	js	j		
公称尺寸		公 差 等 级														
>	≤	所 有 等 级												5、6	7	8
—	3	+2.7	+1.4	+0.6	+0.34	+0.20	+0.14	+0.1	+0.06	+0.04	+0.02	0		+0.02	+0.04	+0.06
3	6	+2.7	+1.4	+0.7	+0.46	+0.30	+0.2	+0.14	+0.1	+0.06	+0.04	0		+0.02	+0.04	—
6	10	+2.8	+1.5	+0.8	+0.56	+0.40	+0.25	+0.18	+0.13	+0.08	+0.05	0		+0.02	+0.05	—
10	14	+2.9	+1.5	+0.95	—	+0.50	+0.32	—	+0.16	—	+0.06	0		+0.03	+0.06	—
14	18	+2.9	+1.5	+0.95	—	+0.50	+0.32	—	+0.16	—	+0.06	0		+0.03	+0.06	—
18	24	+3	+1.6	+1.1	—	+0.65	+0.4	—	+0.20	—	+0.07	0		+0.04	+0.08	—
24	30	+3	+1.6	+1.1	—	+0.65	+0.4	—	+0.20	—	+0.07	0		+0.04	+0.08	—
30	40	+3.1	+1.7	+1.2	—	+0.80	+0.5	—	+0.25	—	+0.09	0		+0.05	+0.1	—
40	50	+3.2	+1.8	+1.3	—	+0.80	+0.5	—	+0.25	—	+0.09	0		+0.05	+0.1	—
50	65	+3.4	+1.9	+1.4		+1	+0.60		+0.3		+0.1	0		+0.07	+0.12	
65	80	+3.6	+2.0	+1.5		+1	+0.60		+0.3		+0.1	0		+0.07	+0.12	
80	100	+3.8	+2.0	+1.7	—	+1.2	+0.72		+0.36		+0.12	0	$e_z = \pm \dfrac{T_{ze}}{2}$	+0.09	+0.15	
100	120	+4.1	+2.4	+1.8	—	+1.2	+0.72		+0.36		+0.12	0		+0.09	+0.15	
120	140	+4.6	+2.6	+2		+1.45	+0.85		+0.43		+0.14	0		+0.11	+0.18	
140	160	+5.2	+2.8	+2.1	—	+1.45	+0.85		+0.43		+0.14	0		+0.11	+0.18	
160	180	+5.8	+3.1	+2.3		+1.45	+0.85		+0.43		+0.14	0		+0.11	+0.18	
180	200	+6.6	+3.4	+2.4		+1.7	+1		+0.50		+0.15	0		+0.13	+0.21	
200	225	+7.4	+3.8	+2.6	—	+1.7	+1		+0.50		+0.15	0		+0.13	+0.21	
225	250	+8.2	+4.2	+2.8		+1.7	+1		+0.50		+0.15	0		+0.13	+0.21	
250	280	+9.2	+4.8	+3	—	+1.9	+1.1		+0.56		+0.17	0		+0.16	+0.26	
280	315	+10.5	+5.4	+3.3	—	+1.9	+1.1		+0.56		+0.17	0		+0.16	+0.26	
315	355	+12	+6	+3.6	—	+2.1	+1.25		+0.62		+0.18	0		+0.18	+0.28	
355	400	+13.5	+6.8	+4		+2.1	+1.25		+0.62		+0.18	0		+0.18	+0.28	
400	450	+15	+7.6	+4.4	—	+2.3	+1.35		+0.68		+0.2	0		+0.20	+0.32	
450	500	+16.5	+8.4	+4.8		+2.3	+1.35		+0.68		+0.2	0		+0.20	+0.32	

基本偏差		k		m	n	p	r	s	t	u	v	x	y	z	za	zb	zc
公称尺寸		公 差 等 级															
>	≤	≤3、>7	4~7	所 有 等 级													
—	3	0	0	-0.02	-0.04	-0.06	-0.1	-0.14	—	-0.18	—	-0.20	—	-0.26	-0.32	-0.4	-0.6
3	6	0	-0.01	-0.04	-0.08	-0.12	-0.15	-0.19	—	-0.23	—	-0.28	—	-0.35	-0.42	-0.5	-0.8
6	10	0	-0.01	-0.06	-0.1	-0.15	-0.19	-0.23	—	-0.28	—	-0.34	—	-0.42	-0.52	-0.67	-0.97
10	14	0	-0.01	-0.07	-0.12	-0.18	-0.23	-0.28	—	-0.33	—	-0.4	—	-0.5	-0.64	-0.9	-1.3
14	18	0	-0.01	-0.07	-0.12	-0.18	-0.23	-0.28	—	-0.33	-0.39	-0.45	—	-0.6	-0.77	-1.08	-1.5
18	24	0	-0.02	-0.08	-0.15	-0.22	-0.28	-0.35	—	-0.41	-0.47	-0.54	-0.63	-0.73	-0.98	-1.36	-1.88
24	30	0	-0.02	-0.08	-0.15	-0.22	-0.28	-0.35	-0.41	-0.48	-0.55	-0.64	-0.75	-0.88	-1.18	-1.6	-2.18
30	40	0	-0.02	-0.09	-0.17	-0.26	-0.34	-0.43	-0.48	-0.6	-0.68	-0.8	-0.94	-1.12	-1.48	-2	-2.74
40	50	0	-0.02	-0.09	-0.17	-0.26	-0.34	-0.43	-0.54	-0.7	-0.81	-0.97	-1.14	-1.36	-1.80	-2.42	-3.25
50	65	0	-0.02	-0.11	-0.2	-0.32	-0.41	-0.53	-0.66	-0.87	-1.02	-1.22	-1.44	-1.72	-2.25	-3	-4.05
65	80	0	-0.02	-0.11	-0.2	-0.32	-0.43	-0.59	-0.75	-1.02	-1.2	-1.46	-1.74	-2.1	-2.74	-3.6	-4.8

（续）

基本偏差	k		m	n	p	r	s	t	u	v	x	y	z	za	zb	zc
公称尺寸						公差等级										
> ≤	≤3 >7	4~7				所有等级										
80 100	0	-0.03	-0.13	-0.23	-0.37	-0.51	-0.71	-0.91	-1.24	-1.46	-1.78	-2.14	-2.58	-3.35	-4.45	-5.85
100 120						-0.54	-0.79	-1.04	-1.44	-1.72	-2.10	-2.54	-3.1	-4	-5.25	-6.9
120 140						-0.63	-0.92	-1.22	-1.7	-2.02	-2.48	-3	-3.65	-4.7	-6.2	-8
140 160	0	-0.03	-0.15	-0.27	-0.43	-0.65	-1	-1.34	-1.9	-2.28	-2.8	-3.4	-4.15	-5.35	-7	-9
160 180						-0.68	-1.08	-1.46	-2.1	-2.52	-3.1	-3.8	-4.65	-6	-7.8	-10
180 200						-0.77	-1.22	-1.66	-2.36	-2.84	-3.5	-4.25	-5.2	-6.7	-8.8	-11.5
200 225	0	-0.04	-0.17	-0.31	-0.5	-0.80	-1.3	-1.8	-2.58	-3.1	-3.85	-4.75	-5.75	-7.4	-9.6	-12.5
225 250						-0.84	-1.4	-1.96	-2.84	-3.4	-4.25	-5.2	-6.4	-8.2	-10.5	-13.5
250 280	0	-0.04	-0.2	-0.34	-0.56	-0.94	-1.58	-2.18	-3.15	-3.85	-4.75	-5.8	-7.1	-9.2	-12	-15.5
280 315						-0.98	-1.7	-2.4	-3.5	-4.25	-5.25	-6.5	-7.9	-10	-13	-17
315 355	0	-0.04	-0.21	-0.37	-0.62	-1.08	-1.9	-2.68	-3.9	-4.75	-5.9	-7.3	-9	-11.5	-15	-19
355 400						-1.14	-2.08	-2.94	-4.35	-5.3	-6.6	-8.2	-10	-13	-16.5	-21
400 450	0	-0.05	-0.23	-0.4	-0.68	-1.26	-2.32	-3.3	-4.9	-5.95	-7.4	-9.2	-11	-14.5	-18.5	-24
450 500						-1.32	-2.52	-3.6	-5.2	-6.6	-8.2	-10	-12.5	-16	-21	-26

表 1-25　锥度 $C=1:10$ 时，轴向公差 T_z 的数值　　　　（单位：mm）

公称尺寸		公差等级									
>	≤	IT3	IT4	IT5	IT6	IT7	IT8	IT9	IT10	IT11	IT12
—	3	0.02	0.03	0.04	0.06	0.10	0.14	0.25	0.40	0.60	1.0
3	6	0.025	0.04	0.05	0.08	0.12	0.18	0.30	0.48	0.75	1.2
6	10	0.25	0.04	0.06	0.09	0.15	0.22	0.36	0.58	0.90	1.5
10	18	0.03	0.05	0.08	0.11	0.18	0.27	0.43	0.70	1.1	1.8
18	30	0.04	0.06	0.09	0.13	0.21	0.33	0.52	0.84	1.3	2.1
30	50	0.04	0.07	0.11	0.16	0.25	0.39	0.62	1.0	1.6	2.5
50	80	0.05	0.08	0.13	0.19	0.30	0.46	0.74	1.2	1.9	3.0
80	120	0.06	0.10	0.15	0.22	0.35	0.54	0.87	1.4	2.2	3.5
120	180	0.08	0.12	0.18	0.25	0.40	0.63	1.0	1.6	2.5	4.0
180	250	0.10	0.14	0.20	0.29	0.46	0.72	1.15	1.85	2.9	4.6
250	315	0.12	0.16	0.23	0.32	0.52	0.81	1.3	2.1	3.2	5.2
315	400	0.13	0.18	0.25	0.36	0.57	0.89	1.4	2.3	3.6	5.7
400	500	0.15	0.20	0.27	0.40	0.63	0.97	1.55	2.5	4.0	6.3

表 1-26　一般用途圆锥的换算系数

基本值		换算系数	基本值		换算系数
系列 1	系列 2		系列 1	系列 2	
1:3		0.3		1:15	1.5
	1:4	0.4	1:20		2
1:5		0.5	1:30		3
	1:6	0.6		1:40	4
	1:7	0.7	1:50		5
	1:8	0.8	1:100		10
1:10		1	1:200		20
	1:12	1.2	1:500		50

表 1-27 特殊用途圆锥的换算系数

基本值	换算系数	基本值	换算系数
18°33′	0.3	1 : 18.779	1.8
11°54′	0.48	1 : 19.002	1.9
8°40′	0.66	1 : 19.180	1.92
7°40′	0.75	1 : 19.212	1.92
7 : 24	0.34	1 : 19.254	1.92
1 : 9	0.9	1 : 19.264	1.92
1 : 12.262	1.2	1 : 19.922	1.99
1 : 12.972	1.3	1 : 20.020	2
1 : 15.748	1.57	1 : 20.047	2
1 : 16.666	1.67	1 : 20.288	2

1.3 几何公差

1.3.1 术语与定义（表 1-28）

表 1-28 几何公差术语与定义[①]

术 语	定 义
公称要素（理想要素）	几何要素
组成要素	面或面上的线
导出要素	由一个或几个组成要素得到的中心点、中心线和中心面
尺寸要素	由一定大小的线性尺寸或角度尺寸确定的几何形状
公称组成要素	有技术制图或其他方法确定的理论正确组成要素
公称导出要素	由一个或几个公称组成要素导出的中心点、轴线或中心平面
工件实际表面	实际存在并将整个工件或周围介质分隔的一组要素
实际(组成)要素	由接近实际(组成)要素所限定的工件实际表面的组成要素部分
提取组成要素	按规定方法，由实际(组成)要素提取有限数目的点所形成的实际(组成)要素的近似替代
提取导出要素	由一个或几个提取组成要素得到的中心点、中心线或中心平面
拟合组成要素	按规定方法，由提取组成要素形成的并具有理想形状的组成要素
拟合导出要素	由一个或几个拟合组成要素导出的中心点、轴线或中心平面

几何要素定义间的关系

图例字符：
A—公称组成要素
B—公称导出要素
C—实际要素
D—提取组成要素
E—提取导出要素
F—拟合组成要素
G—拟合导出要素

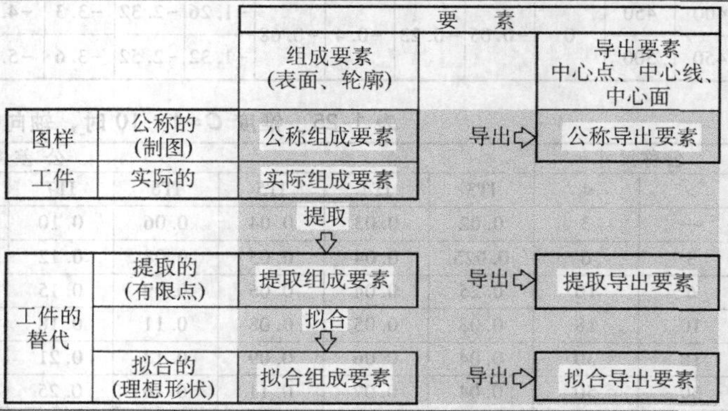

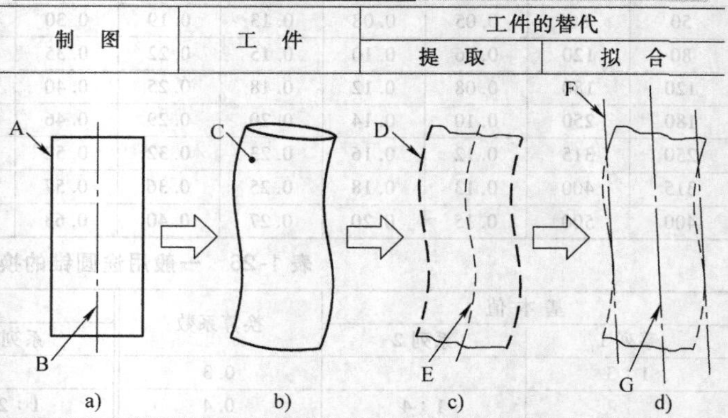

（续）

术　语	定　义
被测要素	给出几何公差的要素，仅对其本身给出形位公差要求的要素 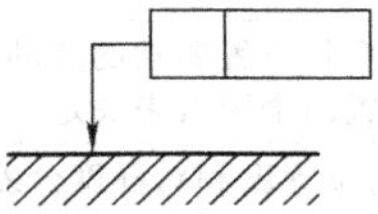
基准要素	零件上用来建立基准并实际起基准作用的实际要素（如一条边、一个表面或一个孔） 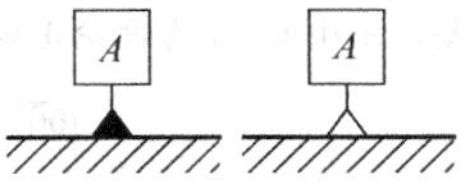
关联要素	对其他要素有功能（方向、位置）要求的要素
理想基准要素	确定要素间几何关系的依据，分别称为基准点、基准线和基准平面
单一基准要素	作为基准使用的单一要素 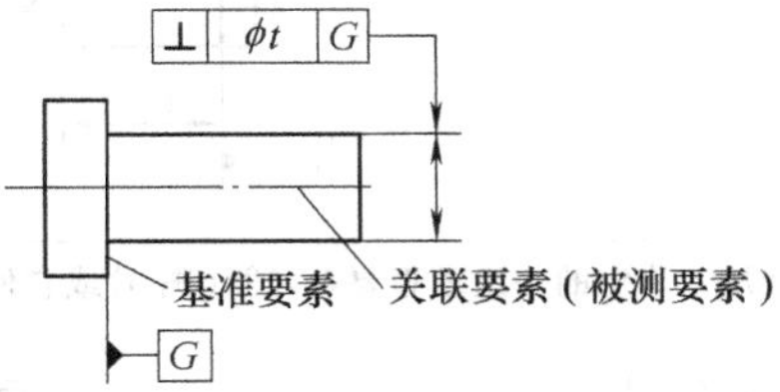
组合基准要素	作为单一基准使用的一组要素。如图中 A 基准和 B 基准所组成的公共基准要素 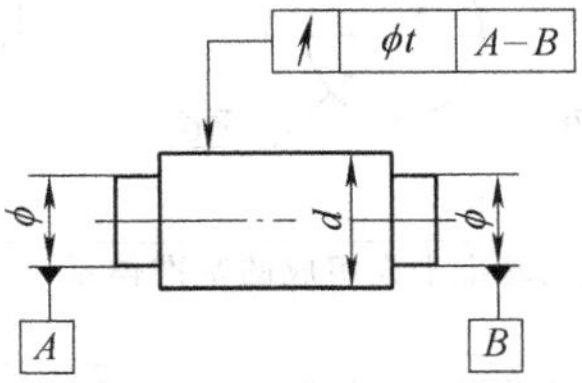
单一尺寸要素	由单一尺寸确定的要素，如圆、圆柱面、两平行平面 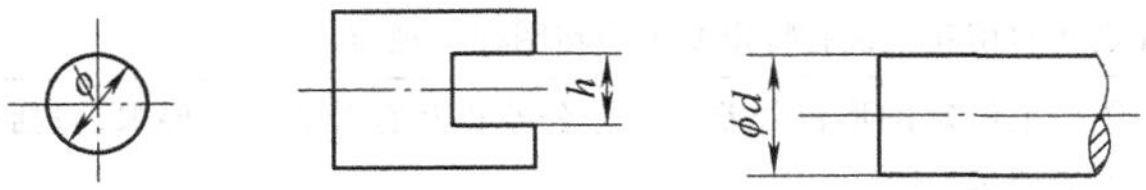 由尺寸 ϕ 确定的圆要素　　由尺寸 h 确定的两个平行的平面要素　　由尺寸 ϕd 确定的圆柱面要素
几何公差类	
形状公差	单一实际要素的形状所允许的变动全量（有基准要求的轮廓度除外），包括直线度、平面度、圆度、圆柱度、线轮廓度、面轮廓度
方向公差	关联实际要素对基准在方向上允许的变动全量。包括平行度、垂直度、倾斜度、线轮廓度、面轮廓度
位置公差	关联实际要素对基准在位置上允许的变动全量。包括同轴度、对称度、位置度、同心度、线轮廓度、面轮廓度
跳动公差	关联实际要素绕基准轴线回转一周或连续回转时所允许的最大跳动量，包括圆跳动和全跳动。圆跳动又分径向圆跳动、轴向圆跳动和斜面圆跳动

（续）

术　语	定　义
几何公差类	
形状和位置的公差带	限制实际形状要素或实际位置要素的变动区域。公差带是一个给定的区域，是误差的最大允许值，它由大小、形状、方向和位置四个因素来决定
延伸公差带	根据零件的功能要求，位置度和对称度公差带需延伸到被测要素的长度界限之外时，该公差带称为延伸公差带。延伸公差带一般用于保证键和螺栓、螺柱、螺钉、销等紧固件在装配时避免干涉
理论正确尺寸（TED）	当给出一个或一组要素的位置、方向或轮廓度公差时，分别用来确定其理论正确位置、方向或轮廓的尺寸。该尺寸不附带公差。图中 60 即为理论正确尺寸 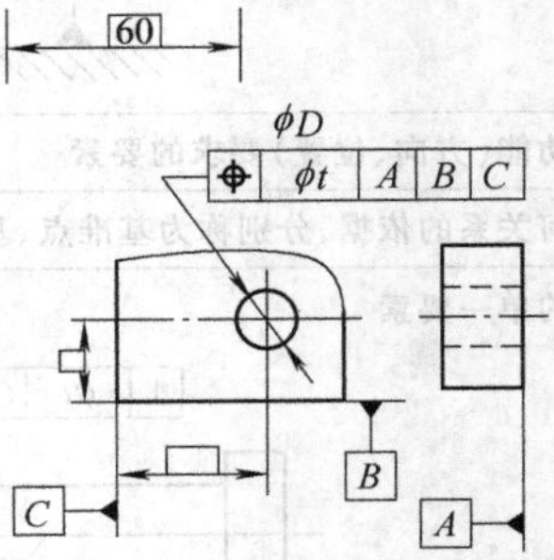
几何图框	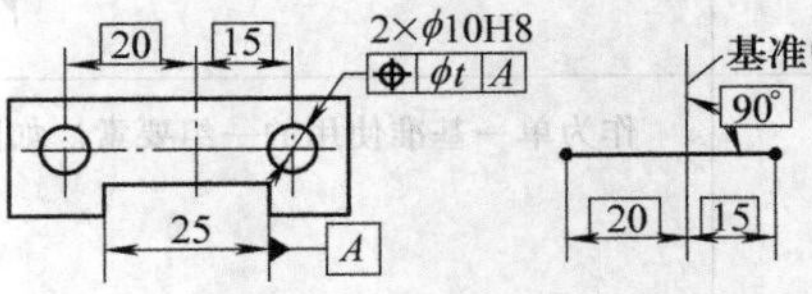 由理论正确尺寸确定的一组理想要素之间(图 a)或它们的基准之间(图 b)的正确几何关系的图形 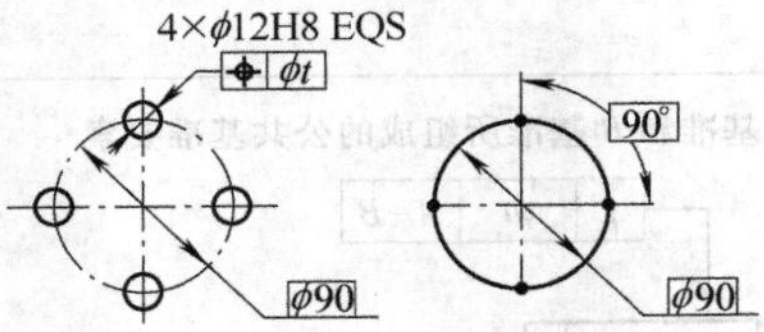
三基面体系	由三个互相垂直的基准平面组成的基准体系，它的三个平面是确定和测量零件上各要素几何关系的起点
基准目标	零件上与加工或检验设备相接触点、线或局部区域，用来体现满足功能要求的基准
公差原则类	
独立原则	图样上给定的每一个尺寸和形状，位置要求均是独立的，应分别满足要求。如果对尺寸和形状、尺寸和位置之间的相互关系有特定要求应在图样上规定
相关要求	图样上给定的形位公差和尺寸公差相互有关的公差要求，包括包容要求、最大实体要求、最小实体要求及可逆要求
局部实际尺寸	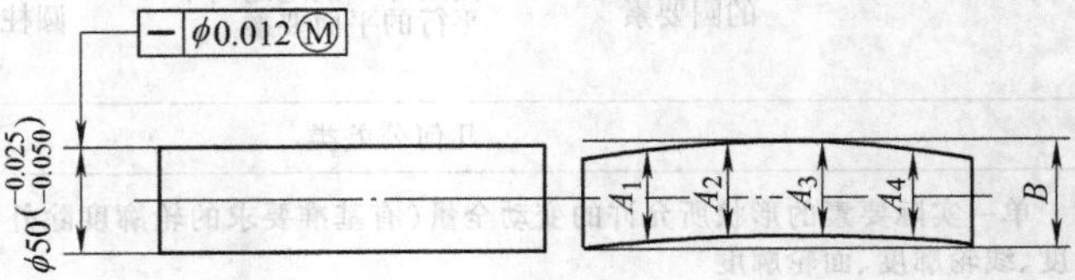 A—局部实际尺寸：49.95……49.975 B—单一要素的作用尺寸：ϕ49.95……ϕ49.987
边界	由设计给定的具有理想形状的包容面或被包容面称边界
包容要求	包容要求表示实际要素应遵守最大实体边界，其局部实际尺寸不得超出最小实体尺寸 采用包容要求的单一要素应在其尺寸极限偏差或公差带代号之后加注符号 Ⓔ
最大实体要求	尺寸要素的非理想要素不得违反其最大实体实效状态(MMVC)的一种尺寸要素要求，也即尺寸要素非理想要素不得超越其最大实体实效边界(MMVB)的一种尺寸要素要求。用 Ⓜ 表示

（续）

术　语	定　　义
	公差原则类
最小实体要求	尺寸要素的非理想要素不得违反其最小实体实效状态（LMVC）的一种尺寸要素要求，也即尺寸要素的非理想要素不得超越其最小实体实效边界（LMVB）的一种尺寸要素要求，用 Ⓛ 表示
可逆要求 （RPR）	最大实体要求（MMR）或最小实体要求（LMR）的附加要求，表示尺寸公差可以在实际几何误差小于几何公差之间的差值范围内增大
可逆要求用于最大实体要求	被测要素的实际轮廓在最大实体实效边界之内，当其实际尺寸偏离最大实体尺寸时，允许其形状、定向、定位误差值超出其给定的公差值。当形位误差小于给定的形位公差值时，也允许其实际尺寸超出其最大实体尺寸的一种要求，用符号 Ⓜ、Ⓡ 时表示
可逆要求用于最小实体要求	被测要素的实际轮廓在最小实体实效边界之内，当其实际尺寸偏离最小实体尺寸时，允许其形状、定向、定位误差值超出其给定的公差值，当形位误差小于给定的形位公差值时，也允许其实际尺寸超出其最小实体尺寸的一种要求，用符号 Ⓛ、Ⓡ 同时表示
体外作用尺寸	在被测要素的给定长度上，与实际内表面体外相接的最大理想面或与实际外表面体外相接的最小理想面的直径或宽度（图 a、b） 对于关联要素，该理想面的轴线或中心平面必须与基准要素保持图样上给定的几何关系（图 c、d） a) 内表面　　　　　b) 外表面 c) 内表面　　　　　d) 外表面
体内作用尺寸	在被测要素的给定长度上，与实际内表面体内相接的最小理想面或与实际外表面体内相接的最大理想面的直径或宽度（图 e、f） e) 内表面　　　　　f) 外表面

术　语	定　义
	公差原则类

对于关联要素,该理想面的轴线或中心平面必须与基准要素保持图样上给定的几何关系(图 g、h)

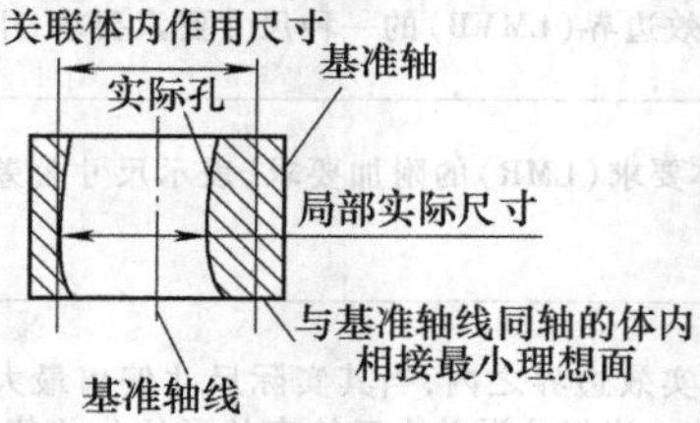

g) 内表面　　　　　　　　　　　　h) 外表面

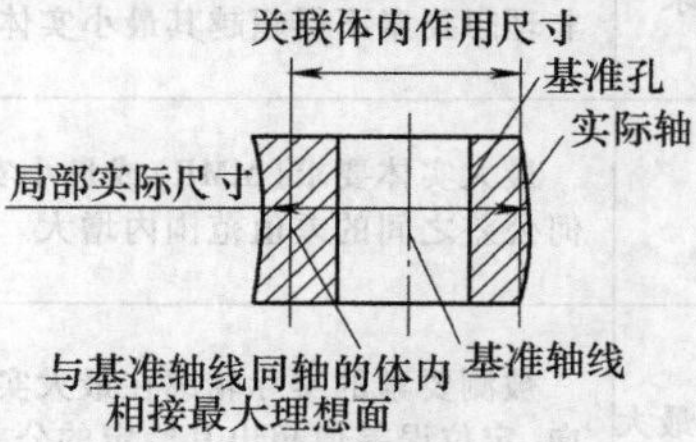

术语	定义
体内作用尺寸	
边界尺寸	该包容面或被包容面的直径或距离称边界尺寸
最大实体状态 （MMC）	假定提取组成要素的局部尺寸处处位于极限尺寸,且使其具有实体最大时的状态
最大实体尺寸 （MMS）	确定提取要素最大实体状态的尺寸。即外尺寸要素的上极限尺寸,内尺寸要素的下极限尺寸

最大实体实效状态 （MMVC）	拟合要素的尺寸为其最大实体实效尺寸(MMVC)时的状态 最大实体实效状态与最大实体状态的主要差别是,它涉及尺寸和形状(或位置)两种几何特性。这两种特性的综合效应可用在极限状态下与该实际要素体外相接的最大或最小理想面来表示(图 i~图 k)。如上所述,该体外相接理想面的直径或宽度为体外作用尺寸。另一差别是最大实体实效状态既适用于单一要素,也适用于关联要素

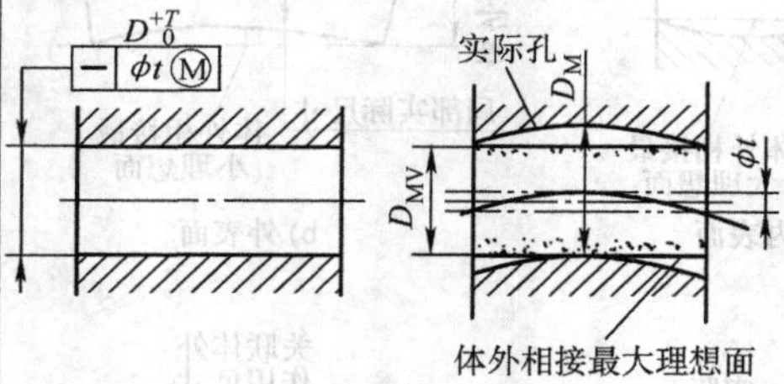

i) 内表面　　　　　　　　　　　　j) 外表面

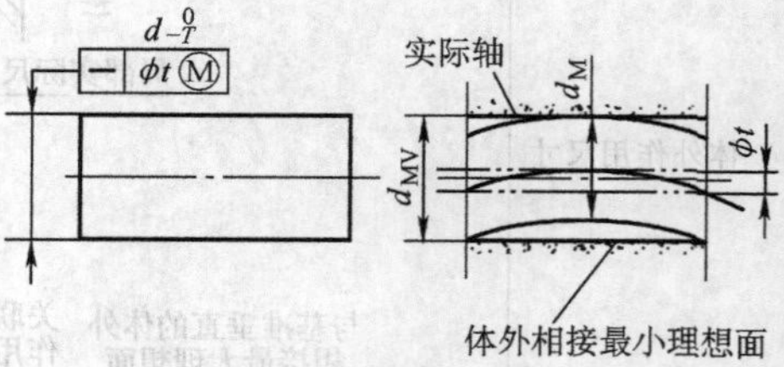

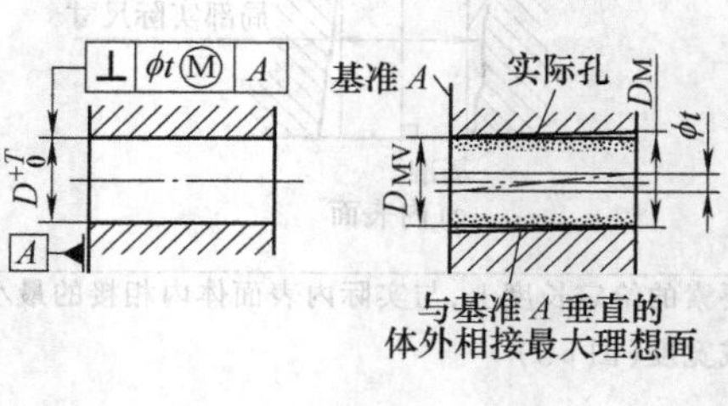

k) 内表面

术语	定义
最大实体实效尺寸 （MMVS）	尺寸要素的最大实体尺寸与其导出要素的几何公差(形状、方向或位置)共同作用产生的尺寸(MMVS)
最大实体边界 （MMB）	尺寸为最大实体尺寸的边界
最大实体实效边界 （MMVB）	尺寸为最大实体实效尺寸的边界

（续）

术　语	定　义
公差原则类	
最小实体状态（LMC）	假定提取组成要素的局部尺寸处处位于极限尺寸且使其具有实体最小时的状态
最小实体尺寸（LMS）	确定要素最小实体状态下的尺寸。即外尺寸要素的下极限尺寸，内尺寸要素的上极限尺寸
最小实体实效状态（LMVC）	拟合要素的尺寸为其最小实体实效尺寸（LMVC）时的状态
最小实体实效尺寸（LMVS）	尺寸要素的最小实体尺寸与其导出要素的几何公差（形状、方向或位置）共同作用产生的尺寸（LMVS）
最小实体边界（LMB）	尺寸为最小实体尺寸的边界
最小实体实效边界（LMVB）	尺寸为最小实体实效尺寸的边界
零形位公差	被测要素遵守最大实体要求或最小实体要求时，其给定的形位公差值为0，用0Ⓜ或0Ⓛ表示

① 表中术语和定义由于标准不断更新中，请读者参考现行标准使用

1.3.2　几何公差的符号及其标注（表1-29~表1-32）

表1-29　几何公差的符号

	公差类别	特征项目	被测要素	符号	有无基准	说明		符号	说明	符号
几何公差的分类与基本符号	形状公差	直线度	单一要素		无	被测要素的标注	直接		包容要求	Ⓔ
		平面度								
		圆度					用字母		最大实体要求	Ⓜ
		圆柱度								
		线轮廓度	单一要素或关联要素		无	被测要素、基准要素的标注要求及其他附加符号			最小实体要求	Ⓛ
		面轮廓度								
	方向公差	平行度	关联要素	∥	有	基准要素的标注		可逆要求	Ⓡ
		垂直度		⊥						
		倾斜度		∠						
	位置公差	位置度		⊕	有或无			延伸公差带	Ⓟ
		同心度		◎		基准目标的标注	φ2/A1	自由状态（非刚性零件）条件	Ⓕ
		对称度		═					
	跳动公差	圆跳动 径向/端面/斜向		↗	有	理论正确尺寸	50	全周（轮廓）	
		全跳动 径向/端面		↗↗					

表 1-30　几何公差在图样上的标注方法

标注方法	标注示例
几何公差框格的标注 公差要求在矩形方框中给出,该方框由两格或多格组成。框格中的内容从左到右按以下次序填写: 公差特征的符号 公差值用线性值,如公差带是圆形或圆柱形的则在公差值前加注 φ,如是球形的,则加注"Sφ" 如需要用一个或多个字母表示基准要素或基准体系	
被测要素的标注 用带箭头的指引线将公差框格与被测要素相连,按以下方式标注: 当公差涉及线或表面时,将箭头置于要素的轮廓线或轮廓线的延长线上(但必须与尺寸线明显分开) 当指向实际表面时,箭头可置于带圆点的参考线上,该点指在实际表面上 当公差涉及轴线、对称中心平面或由带尺寸要素确定的点时,则带箭头的指引线应与尺寸线的延长线重合 当一个以上要素作为被测要素,如六个要素,应在公差框格上方标明如"6×" 当同一被测要素有多项形位公差要求时,为方便起见可将一个公差框格放在另一公差框格的下面	
基准要素的标注 相对于被测要素的基准,由基准字母表示。带方框的基准大写字母用细实线与一个涂黑的三角形相连,表示基准的字母也应注在公差框格内	
带有基准字母的基准三角形应放置于: 当基准要素是轮廓线或表面时,在要素的 X 轮廓上或它的延长线上(但应与尺寸线明显区分开),基准符号还可置于指在实际表面的带圆点的参考线上 当基准要素是轴线或中心平面或由带尺寸的要素确定的点时,则基准符号中的线与尺寸线一致。如果没有足够的位置标注尺寸要素的两个箭头,则其中一个箭头可用基准三角形代替	
单一要素作基准用大写字母表示。由两个要素组成的公共基准,用横线隔开的两个大写字母表示。由两个或三个要素组成的基准体系,如多基准组合,表示基准的大写字母应按基准的优先次序从左至右分别置于各格中 为不致引起误解,字母 E、I、J、M、O、P、L、R、F 不采用	
当需要在基准要素上指定某些点、线或局部表面来体现各基准平面时,应标注基准目标。当基准目标为点时,用"X"表示;当基准目标为线时,用细实线表示,并在棱边上加"X";当基准目标为局部表面时,用细实线绘出该局部表面的图形,并画上与水平成45°的细实线	

（续）

标 注 方 法	标 注 示 例
基准要素的标注　如仅以要素的某一局部作基准,则该部分应用粗点画线表示并加注尺寸	
任选基准的标注	
公差带和有关符号的标注　除另有规定(图 f、g)外,公差带的宽度方向就是给定的方向(图 a、b、c)或垂直于被测要素的方向(图 d、e) 　对于圆度,公差带的宽度是形成两同心圆的半径方向 　图 f 中的角度 α(包括 90°)必须注出	
几个表面有同一数值的公差带要求的标注	
用同一公差带控制几个被测要素时,应在公差框格上注明"共面"或"共线"	
如对同一要素的公差值在全部被测要素内的任一部分有进一步的限制时,该限制部分(长度或面积)的公差值要求应放在公差值的后面,用斜线相隔。这种限制要求可以直接放在表示全部被测要素公差要求的框格下面	
如给出的公差值仅适应于要素某一指定局部,则用粗点画线表示其范围,并加注尺寸	
如要求在公差带内进一步限定被测要素的形状,则应在公差值后面加注符号: (−)表示只许中间向材料内凹下 (+)表示只许中间向材料外凸起 (▷)表示只许从左至右减小 (◁)表示只许从右至左减小	

（续）

标 注 方 法	标 注 示 例

<table>
<tr><td rowspan="6">公差带和有关符号的标注</td><td>
　　最大实体要求的符号为"Ⓜ"。当应用于被测要素时,将符号"Ⓜ"标注在公差值之后;当应用于基准要素时,将符号"Ⓜ"标注在相应的基准字母之后;当同时应用于被测要素和基准要素时,将符号"Ⓜ"同时标注在公差值和相应的基准字母之后
　　最小实体要求的符号为"Ⓛ",其标注方法与最大实体要求相同
　　可逆要求的符号为"Ⓡ"。当可逆要求用于最大实体要求时,将符号"Ⓡ"标在被测要素的形位公差值后的符号"Ⓜ"的后面;当可逆要求用于最小实体要求时,将符号"Ⓡ"标在公差值后的符号"Ⓛ"的后面
</td>
<td>
$\oplus$ | $\phi0.04$Ⓜ | A　　$\oplus$ | $\phi0.04$ | AⓂ　　$\oplus$ | $\phi0.04$Ⓜ | AⓂ

$\oplus$ | $\phi0.5$Ⓛ | A | B | C　　　　$\oplus$ | $\phi2.5$Ⓛ | AⓁ

⊥ | $\phi0.2$ⓂⓇ | A　　　　　　$\oplus$ | $\phi0.4$ⓁⓇ | A
</td></tr>
<tr><td>
　　包容要求的符号为"Ⓔ"。当单一要素要求遵守包容要求时,应在该尺寸公差后加注符号"Ⓔ";当关联要素要求遵守包容要求时,则应用零形位公差"0Ⓜ"的形式标出
</td>
<td>
$\phi20h6$　$\phi10h6$Ⓔ
⊥ | $\phi0$Ⓜ | A
</td></tr>
<tr><td>
　　延伸公差带的符号为"Ⓟ"。当被测范围需要延长到被测要素之外时,应采用延伸公差带的标注方法,延伸公差带的延伸部分用双点画线绘制,并在图样上注出其延伸长度。在延伸部分的尺寸前和公差框格中公差值后加注符号"Ⓟ"
</td>
<td>
$8×\phi25H7$
$\oplus$ | $\phi0.02$Ⓟ | B | A
$\phi225$
Ⓟ40
</td></tr>
<tr><td>
　　对于非刚性的自由状态条件用符号"Ⓕ"表示,此符号置于给出的公差值后面
</td>
<td>
○ | 2.8 | Ⓕ　　　　　○ | 0.025 | 0.3 | Ⓕ
</td></tr>
<tr><td>
　　全周符号
　　几何公差项目,如轮廓度公差适用于横截面内的整个外轮廓线或整个外轮廓面时,应采用全周符号
</td>
<td></td></tr>
<tr><td>
　　螺纹、齿轮和花键标注
　　在一般情况下,螺纹轴线作为被测要素或基准要素均为中径轴线,如采用大径轴线则应用"MD"表示,采用小径轴线用"L"表示
　　由齿轮和花键轴线作为被测要素或基准要素时,节径轴线用"PD"表示,大径(对外齿轮是顶圆直径,对内齿轮是根圆直径)轴线用"MD"表示,小径(对外齿轮是根圆直径,对内齿轮是顶圆直径)轴线用"LD"表示
</td>
<td>
$\oplus$ | $\phi0.1$ | A | B　　　MD
MD　　　　A
</td></tr>
</table>

表 1-31　简化标注法

项目	标注方法	标注示例
同一被测要素，不同的项目要求	由于是同一被测要素,可用同一根指引线与框格相连。此时要注意:不能将轮廓要素与中心要素的公差要求用同一指引线表示	
同一项目,不同要求	虽是同一个公差项目,但对基准要求不同或对公差值有不同要求时,可共用同一个公差特征符号和同一根指引线	
中心孔作基准时	由于中心孔一般不画详图,而是按制图标准的规定采用符号表示法并加注规格符号。此时,可将中心孔符号线的一边延长,基准符号的短横划沿符号线配制	
几个被测要素具有相同要求	几个圆柱表面或几条线、几个孔、几个表面具有同一形位公差要求时,可由同一指引线引出不同箭头指向被测表面,也可在框格上方写明	

表 1-32　不允许采用的一些标注方法

要素特征	被取消内容	图　例	要素特征	被取消内容	图　例
被测要素	被测要素为单一要素的轴线,指示箭头不允许直接指向轴线,必须与尺寸线相连		基准要素	短横画不允许直接与尺寸线相连,必须标出基准符号并在框格中标出基准字母	
	被测要素为多要素的公共轴线时,指示箭头不允许直接指向轴线,而应各自分别注出			当基准要素为多个要素的公共轴线、公共中心平面时,短横画不允许直接与公共轴线相连,必须分别标注,并在框格内注出基准字母	
	任选基准必须注出基准代号,并在框格中注出基准字母				
基准要素	短横画不允许直接与轮廓线或其延长线相连。必须标出完整的基准符号并在框格中标出基准字母			当中心孔为基准时,短横画不允许直接与中心孔的角度尺寸线相连,必须标出基准代号并在框格中标出基准字母	

1.3.3　几何公差的选择

1. 根据零件的功能要求,综合考虑加工经济性、结构特性和测试条件

1) 在满足零件的功能要求情况下,尽量选用较低的公差等级。几何公差等级的应用可参考表 1-33。

2) 考虑零件的结构特点和工艺性。对于刚性差的零件(如细长件、薄壁件等)和距离远的孔轴等,由于加工和测量时都较难保证形位精度,故在满足零件功能要求下,几何公差可适当降低 1~2 级精度使用。如下列情况:孔相对于轴,细长比较大的轴或孔;距离较大的轴或孔,宽度较大(一般 >1/2 长度)的零件表面;线对线和线对面相对于面对面的平行度,线对线和线对面相对于面对面的垂直度。

3) 考虑相应的加工方法。几种主要加工方法达到的几何公差等级,可参考表 1-34 ~ 表 1-37。

表 1-33　几何公差等级应用举例

公差等级	直线度和平面度	圆度和圆柱度	面对面平行度	面对线、线对线平行度	垂直度	同轴度、对称度、圆跳动、全跳动
1	精密量具、测量仪器以及精度要求较高的精密机械零件，如 0 级样板、平尺、工具显微镜等精密测量仪器的导轨面，喷油嘴针阀体端面平面度，液压泵柱塞套端面的平面度等	高精度量仪主轴、高精度机床主轴，滚动轴承的滚珠、滚柱等	高精度机床、高精度测量仪器及量具等主要基准和工作面	—	高精度机床、高精度测量仪器以及量具等主要基准面和工作面	用于同轴度或旋转精度要求很高的零件，一般要按尺寸公差 IT5 级或高于 IT5 级制造的零件。如 1、2 级用于精密测量仪器的主轴和顶尖，柴油机喷油针阀等；3、4 级用于机床主轴轴颈，砂轮轴轴颈，汽轮机主轴，高精度滚动轴承内、外圈等
2		高压液压泵柱塞及套，纺锭轴承，高速柴油机进、排气门，精密机床主轴轴颈，针阀圆柱面，喷油泵柱塞及柱塞套	精密机床、精密测量仪器、量具以及夹具的基准面和工作面	精密机床上重要箱体主轴孔对基准面及对其他孔的要求	精密机床导轨，卧式机床重要导轨，机床主轴向定位面，精密机床主轴肩端面，滚动轴承座圈端面	
3	用于 0 级及 1 级宽平尺工作面，1 级样板平尺的工作面，测量仪器圆弧导轨的直线度测量仪器的测杆等	工具显微镜套管外圆，高精度外圆磨床轴承，磨床砂轮主轴轴筒，喷油嘴针阀体，高精度微型轴承内外圈				
4	量具、测量仪器和机床导轨。如测量仪器的 V 形导轨，高精度平面磨床的 V 形导轨和滚动导轨，轴承磨床及平面磨床床身直线度等	较精密机床主轴，精密机床主轴箱孔，高压阀门活塞、活塞销，阀体孔，高压液压泵柱塞，较高精度滚动轴承配合轴，铣削动力头箱体孔等	卧式车床，测量仪器、量具的基准面和工作面、高精度轴承座圈，端盖、挡圈的端面	机床主轴孔对基准面要求，重要轴承孔对基准面要求，主轴箱体重要孔间要求，齿轮泵的端面等	卧式机床导轨，精密机床重要零件，机床重要支承面，卧式机床主轴偏摆，测量仪器、刀、量具，液压传动轴瓦端面	
5	平面磨床纵导轨、垂直导轨、立柱导轨和平面磨床的工作台，液压龙门刨床导轨面、滑鞍及塔车床床身导轨面，柴油机进排气门导杆等	一般机床主轴，较精密机床主轴及主轴箱孔，柴油机、汽油机活塞、活塞销孔，高压空气压缩机十字头销、活塞，较低精度滚动轴承配合轴等				应用范围较广的公差等级，用于精度要求比较高，一般按尺寸公差 IT6 或 IT7 级制造的零件。如 5 级常用在机床轴颈，汽轮机主轴，柱塞油泵转子，高精度滚动轴承外圈，一般精度轴内圈；6、7 级用在内燃机曲轴、凸轮轴轴颈、水泵轴、齿轮轴、汽车后桥输出轴，电动机转子，0 级精度滚动轴承内圈，印刷机传墨辊等
6	卧式车床床身及龙门刨床导轨面，滚齿机立柱导轨，床身导轨及工作台，自动车床床身导轨，平面磨床垂直导轨，卧式镗床、铣床工作台及机床主轴箱导轨，柴油机进排气门导杆直线度，柴油机机体上部结合面等	一般机床主轴及箱体孔，中等压力下液压装置工作面（包括泵、压缩机的活塞和气缸），汽车发动机凸轮轴，纺机锭子，通用减速器轴颈，高速船用发动机曲轴，拖拉机曲轴主轴颈	一般机床零件的工作面和基准面，一般刀、量、夹具	机床一般轴承孔对基准面要求，主轴箱一般孔间要求，主轴花键对定心直径要求，刀、量、模具	普通精度机床主要基准面和工作面，回转工作台端面，一般导轨，主轴箱体孔，刀架、砂轮架及工作台回转中心，一般轴肩对其轴线	
7	机床主轴箱体，滚齿机床身导轨的直线度，镗床工作台，摇臂钻底座工作台，柴油机气门导杆，液压泵盖的平面度，压力机导轨及滑块	大功率低速柴油机曲轴、活塞、活塞销、连杆、气缸，高速柴油机箱体孔，千斤顶或液压活塞，液压传动系统的分配机构，机车传动轴，水泵及一般减速器轴颈				

（续）

表 1-33　几种公差等级数值的应用

公差等级	直线度和平面度	圆度和圆柱度	面对面平行度	面对线、线对线平行度	垂直度	同轴度、对称度、圆跳动、全跳动
8	车床溜板箱体,机床主轴和传动箱体,自动车床底座的直线度,气缸盖结合面、气缸座、内燃机连杆分离面的平面度,减速器壳体结合面	低速发动机、减速器、大功率曲柄轴轴颈,压气机连杆盖、体,拖拉机气缸体、活塞、炼胶机冷铸轴辊、印刷机传墨辊、内燃机曲轴、柴油机机体孔、凸轮轴,拖拉机,小型船用柴油机气缸套	—	—	—	用于一般精度要求,通常按尺寸公差 IT9 或 IT10 级制造的零件。8 级用于拖拉机,发动机分配轴轴颈;9 级以下齿轮轴的配合面,水泵叶轮,离心泵泵体,棉花精梳机前后滚子;9 级用于内燃机气缸套配合面,自行车中轴;10 级用于摩托车活塞,印染机导布辊,内燃机活塞环槽底径对活塞中心,气缸套外圈对内孔等
9	机床溜板箱,钻床工作台,螺纹磨床的交换齿轮架,柴油机气缸体连杆的分离面,缸盖的结合面,阀片的平面度,锻压机气缸体,柴油机缸孔环面的平面度,以及手动机械的支承面	空压机缸体,液压传动筒,通用机械杠杆与拉杆用套筒销子,拖拉机活塞环、套筒孔	低精度零件,重型机械滚动轴承端盖	柴油机和煤气发动机的曲轴孔、轴颈等	花键轴轴肩端面,带式输送机法兰盘等端面,手动卷扬机及传动装置中轴承端面,减速器壳体平面等	
10	自动车床床身底面的平面度,车床交换齿轮架的平面度,柴油机气缸体,摩托车的曲轴箱体,汽车变速箱的壳体与汽车发动机缸盖结合面,阀片的平面度,以及液压、管件和法兰的连接面等	印染机导布辊绞车、吊车、起重机滑动轴承轴颈等				
11	用于易变形的薄片零件,如离合器的摩擦片,汽车发动机缸盖的结合面等	—	零件的非工作面,卷扬机,运输机的减速器壳体平面	—	农业机械齿轮端面等	用于无特殊要求,一般按尺寸公差 IT12 级制造的零件

注：1. 在满足零件的功能要求前提下,考虑到加工的经济性,对于线对线和线对面的平行度和垂直度公差等级,应选用低于面对面的平行度和垂直度公差等级。
　　2. 使用本表选择面对面平行度和垂直度时,宽度应不大于 1/2 长度;若大于 1/2,则降低一级公差等级选用。

表 1-34　几种主要加工方法达到的直线度和平面度公差等级

加工方法			公差等级										
			1	2	3	4	5	6	7	8	9	10	11	12
车	卧式车床立车自动	粗											●	●
		细									●	●		
		精					●	●	●	●				
铣	万能铣	粗											●	●
		细										●		
		精					●	●	●	●				
刨	龙门刨牛头刨	粗										●	●	
		细									●	●		
		精					●	●	●	●				
磨	无心磨外圆磨平磨	粗								●	●	●		
		细							●	●	●			
		精		●	●	●	●	●	●					

（续）

加工方法			公差等级											
			1	2	3	4	5	6	7	8	9	10	11	12
研磨	机动手工研磨	粗				●	●							
		细			●									
		精	●	●										
刮研	刮研手工	粗						●	●					
		细				●	●							
		精	●	●	●									

表 1-35 几种主要加工方法达到的圆度、圆柱度公差等级

表面	加工方法		公差等级											
			1	2	3	4	5	6	7	8	9	10	11	12
轴	精密车削				●	●	●							
	普通车削						●	●	●	●		●		
	普通立车	粗					●	●	●					
		细						●		●	●	●		
	自动、半自动车	粗								●	●			
		细												
		精						●	●					
	外圆磨	粗					●	●	●					
		细			●	●								
		精	●	●										
	无心磨	粗						●	●					
		细			●	●	●							
	研磨			●	●	●	●							
	精磨		●	●										
孔	钻							●	●	●	●	●	●	●
	镗	普通镗 粗						●	●	●	●	●		
		普通镗 细					●	●	●	●				
		普通镗 精				●	●							
		金刚石镗 细			●	●								
		石镗 精	●	●	●									
	铰孔						●	●	●					
	扩孔						●	●	●					
	内圆磨	细				●	●							
		精			●	●								
	研磨	细				●	●	●						
		精	●	●	●	●								
	珩磨						●	●	●					

表 1-36 几种主要加工方法达到的平行度、垂直度公差等级

加工方法			公差等级											
			1	2	3	4	5	6	7	8	9	10	11	12
面 对 面														
研磨			●	●	●	●								
刮			●	●	●	●	●							
磨		粗					●	●	●	●				
		细				●	●							
		精		●	●	●								

（续）

加工方法		公差等级											
		1	2	3	4	5	6	7	8	9	10	11	12
铣							●	●	●	●	●	●	
刨								●	●	●	●	●	
拉								●	●	●			
插								●	●	●			
轴线对轴线（或平面）													
磨	粗							●	●				
	细				●	●	●	●					
镗	粗									●	●		
	细								●	●			
	精						●	●					
金刚石镗					●	●							
车	粗										●	●	
	细								●	●	●	●	
铣							●	●	●	●	●	●	
钻											●	●	●

表 1-37　几种主要加工方法达到的同轴度、圆跳动公差等级

加工方法		公　差　等　级										
		1	2	3	4	5	6	7	8	9	10	11
车、镗	（加工孔）				●	●	●	●	●	●		
	（加工轴）			●	●	●	●	●	●			
铰						●	●	●				
磨	孔			●	●	●	●	●				
	轴		●	●	●	●	●					
珩 磨				●	●							
研 磨		●	●	●								

2. 综合考虑形状、位置和尺寸等三种公差的相互关系

（1）合理考虑各项几何公差之间的关系　在同一要素上给出的形状公差值应小于位置公差值。如两个平行的表面，其平面度公差值应小于平行度公差值。

圆柱形零件的形状公差（轴线的直线度除外）一般情况下应小于其尺寸公差值。

平行度公差值应小于其相应的距离公差值。

（2）根据零件的功能要求选用合适公差原则　可参考表1-38、表1-39。对于尺寸公差与几何公差需要分别满足要求，两者不发生联系的要素，采用独立原则。对于尺寸公差与几何公差发生联系，用理想边界综合控制的要素，采用相关要求。并根据所需用的理想边界的不同，采用包容要求或最大实体要求。

当被测要素用最大实体边界（即最大实体状态下的理想边界）控制时，采用包容要求。

当被测要素用实效边界（实效状态下的综合极限边界）控制时，采用最大实体要求。

独立原则有较好的装配使用质量，工艺性较差；最大实体要求有良好的工艺经济性，但使零件精度、装配质量有所降低。因此要结合零件的使用性能和要求，以及制造工艺、装配、检验的可能性与经济性等进行具体分析和选用。见表1-40~表1-44。

表 1-38　公差原则的主要应用范围

公差原则	主要应用范围
独立原则	主要满足功能要求，应用很广，如有密封性、运动平稳性、运动精度、磨损寿命、接触强度、外形轮廓大小要求等场合，有时甚至有配合性质要求的场合。常用的有： 1) 没有配合要求的要素尺寸。零件外形尺寸、管路尺寸，以及工艺结构尺寸，如退刀槽尺寸、肩距、螺纹收尾、倒圆、倒角尺寸等，还有未注尺寸公差的要素尺寸 2) 有单项特殊功能的要素。其单项功能由形位公差保证，不需要或不可能由尺寸公差控制，如印染机的滚筒，为保证印染时接触均匀，印染图案清晰，滚筒表面必须圆整，而滚筒尺寸大小，影响不大，可由调整机构补偿，因此采用独立原则，分别给定极限尺寸和较严的圆柱度公差即可，如用尺寸公差来控制圆柱度误差是不经济的 3) 非全长配合的要素尺寸。有些要素尽管有配合要求，但与其相配的要素仅在局部长度上配合，故可不必将全长控制在最大实体边界之内 4) 对配合性质要求不严的尺寸。有些零件装配时，对配合性质要求不严，尽管由于形状或位置误差的存在，配合性质将有所改变，但仍能满足使用功能要求
包容要求	1) 单一要素。主要满足配合性能，如与滚动轴承相配的轴颈等，或必须遵守最大实体状态边界，如轴，孔的作用尺寸不允许超过最大实体尺寸，要素的任意局部实际尺寸不允许超过最小实体尺寸 2) 关联要素。主要用于满足装配互换性。零件处于最大实体状态时，几何公差为零。零值公差主要应用于：①保证可装配性，有一定配合间隙的关联要素的零件；②几何公差要求较严，尺寸公差相对地要求差些的关联要素的零件；③轴线或对称中心面有几何公差要求的零件，即零件的配合要求必须是包容件和被包容件；④扩大尺寸公差，即由几何公差补偿给尺寸公差，以解决实际上应该合格，而经检测被判定为不合格的零件的验收问题
最大实体要求	主要应用于保证装配互换性，例如控制螺钉孔、螺栓孔等中心距的位置度公差等 1. 保证可装配性，包括大多数无严格要求的静止配合部位，使用后不致破坏配合性能 2. 用于配合要素有装配关系的类似包容件或被包容件，如孔、槽等面和轴、凸台等面 3. 公差带方向一致的公差项目 形状公差只有直线度公差 位置度公差有：①定向公差（垂直度、平行度、倾斜度等）的线/线、线/面、面/线，即线Ⓜ/线Ⓜ、线Ⓜ/面、面/线Ⓜ；②定位公差（同轴度、对称度、位置度等）的轴线或对称中心平面和中心线；③跳动公差的基准轴线（测量不便）；④尺寸公差不能控制几何公差的场合，如销轴轴线直线度
最小实体要求	主要应用于控制最小壁厚，以保证零件具有允许的刚度和强度。提高对中度 必须用于中心要素。被测要素和基准要素均可采用最小实体要求。常见于位置度、同轴度等位置公差同Ⓛ，可扩大零件合格率
可逆要求	应用于最大实体要求，但允许其实际尺寸超出最大实体尺寸 必须用于中心要素。形状公差只有直线度公差。位置度公差有：平行度、垂直度、倾斜度、同轴度、对称度、位置度 应用于最小实体要求，但允许实际尺寸超出最小实体尺寸 必须用于中心要素。只有同轴度和位置度等位置公差

表 1-39　几何公差与尺寸公差的关系及公差原则应用示例

公差原则	应用示例	公差原则	应用示例
独立原则	销轴，未注尺寸公差和形状公差 极限尺寸不控制轴线直线度误差和由棱圆形成的圆度误差。实际要素的局部实际尺寸由给定的极限尺寸控制，形状误差由未注形状公差控制，两者分别满足要求 	独立原则	影响装配和工作时的过盈或间隙的均匀性，因而影响密封、压合紧度部位 影响零件运动精度的部位

（续）

公差原则	应 用 示 例	公差原则	应 用 示 例
	影响摩擦寿命的部位,如滑块两工作表面的平行度		由最大极限尺寸形成的最大实体边界($\phi30$mm)控制了轴的尺寸大小和形状误差。形状误差受极限尺寸控制,最大可达尺寸公差(0.021mm),不必考虑未注形状公差的控制
独立原则	影响旋转平衡、强度、质量、外观等部位,如高速飞轮安装内孔 A 和外表面的同轴度	包容要求（单一要素）	由最大极限尺寸形成的最大实体边界($\phi30$mm)控制了轴的尺寸大小和形状误差。形状误差除受极限尺寸控制外,还必须满足对轴线圆度公差(0.005mm)的进一步要求
	所有量规、夹具、定位元件、引导元件的工作表面之间的相互位置公差等		用于关联要素,采用零值公差
	未注尺寸公差,注出形状公差。最大极限尺寸与最小极限尺寸之间任何实际尺寸的圆度公差都是 $\phi0.005$mm	最大实体要求（单一要素）	极限尺寸不控制形状误差,仅控制局部实际尺寸,形状误差由极限尺寸与给定的形状公差形成的实效边界($\phi30_{-0.01}^{\ 0}$)控制 实际轴的形状误差在实效边界内可以得到极限尺寸的补偿,此时,不必考虑未注形状公差
	极限尺寸不控制轴线直线度误差和由棱圆形成的圆度误差。实际要素的局部实际尺寸由给定的极限尺寸控制,形状误差由圆度公差控制,两者分别满足要求		极限尺寸不控制形状误差,仅控制局部实际尺寸,形状误差由极限尺寸与给定的形状公差形成的实效边界($\phi30.01$)。形状误差除受实际边界的限制,并能得到尺寸的补偿外,还必须满足对轴线直线度公差的进一步要求。即:轴线直线度误差允许得到补偿超过给定值 0.01,但最大不得超过 $\phi0.02$

（续）

公差原则	应用示例	公差原则	应用示例
最大实体要求	螺栓杆部（或通孔）及类似部位的直线度 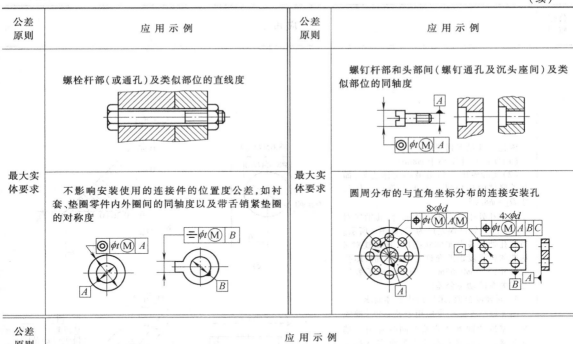	最大实体要求	螺钉杆部和头部间（螺钉通孔及沉头座间）及类似部位的同轴度 不影响安装使用的连接件的位置度公差，如衬套、垫圈零件内外圈间的同轴度以及带舌销紧垫圈的对称度 圆周分布的与直角坐标分布的连接安装孔

公差原则	应用示例
最小实体要求	1. 轴线位置度公差,采用最小实体要求 图 a 表示孔 $\phi8^{+0.25}_{0}$ 的轴线对 A 基准的位置度公差采用最小实体要求。当被测要素处于最小实体状态时,其轴线对 A 基准的位置公差为向 $\phi0.4$mm,如图 b 所示。图 c 给出了表达上述关系的动态公差图。 该孔应满足下列要求: (1)实际尺寸在 $\phi8 \sim \phi8.25$mm (2)实际轮廓不超出关联最小实体实效边界,即其关联体内作用尺寸不大于最小实体实效尺寸 $D_{LV} = D_L + t = 8.25$mm $+ 0.4$mm $= 8.65$mm 当该孔处于最大实体要求时,其轴线对 A 基准的位置误差允许达到最大值,即等于图样给出的位置度公差($\phi0.4$mm)与孔的尺寸公差($\phi0.25$mm)之和 $\phi0.65$mm 2. 轴线位置公差,采用最小实体要求的零几何公差 图 d 表示孔 $\phi8^{+0.65}_{0}$mm 的轴线对 A 基准的位置公差采用最小实体要求的零位公差 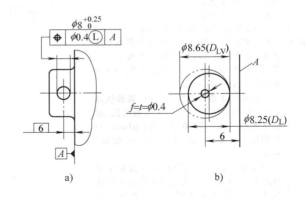 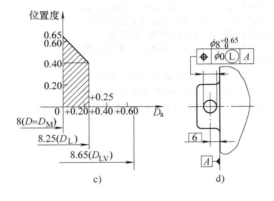

（续）

公差原则	应用示例

<table>
<tr><td>最小实体要求</td><td>

该孔应满足下列要求：

（1）实际尺寸不小于 $\phi8mm$

（2）实际轮廓不超出最小实体边界，即其关联体内作用尺寸不大于最小实体尺寸 $D_L=\phi8.65$

当该孔处于最小实体状态时，其轴线对 A 基准的位置度误差应为零，如图 e 所示。当该孔处于最大实体状态时，其轴线对 A 基准的位置度误差允许达到最大值，即孔的尺寸公差 $\phi0.65mm$。图 f 给出了表达上述关系的动态公差图

3. 同轴度公差，采用最小实体要求

图 g 最小实体要求应用于孔 $\phi39^{+1}_{\ 0}$ 轴线对 A 基准的同轴度公差并同时应用于基准要素。当被测要素处于最小实体状态时，其轴线对 A 基准的同轴度公差为 $\phi1mm$，如图 h 所示

该孔满足下列要求：

（1）实际尺寸在 $\phi39\sim\phi40mm$

（2）实际轮廓不超出关联最小实体实效边界，即其关联体内作用尺寸不大于关联最小实体实效尺寸 $D_{LV}=D_L+t=40mm+1mm=41mm$

当该孔处于最大实体状态时，其轴线对 A 基准的同轴度误差允许达到最大值，即等于图样给出的同轴度公差（$\phi1mm$）与孔的尺寸公差（1mm）之和 $\phi2mm$，如图 i 所示

当基准要素的实际轮廓偏离其最小实体边界，即其体内作用尺寸偏离最小实体尺寸时，允许基准要素在一定范围内浮动。其最大浮动范围是直径等于基准要素的尺寸公差 0.5mm 的圆柱形区域，如图 h（被测要素处于最小实体状态）和图 j（被测要素处于最大实体状态）所示

4. 同轴度公差，采用最小实体要求的零形位公差

图 j 表示最小实体要求的零形位公差应用于孔 $\phi39^{+2}_{\ 0}mm$ 的轴线对 A 基准的同轴度公差，并同时应用于基准要素

</td><td>

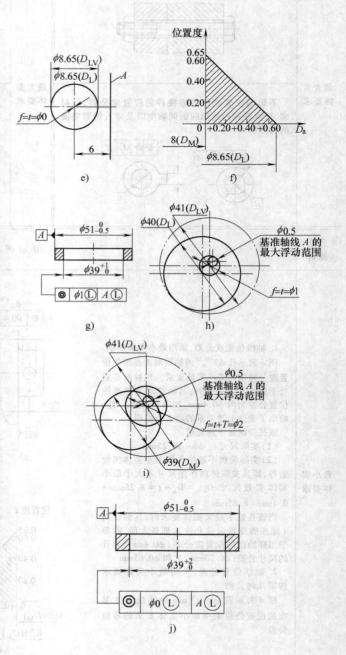

</td></tr>
</table>

（续）

公差原则	应用示例
最小实体要求	（见下文）

该孔应满足下列要求：

（1）实际尺寸不小于 $\phi39$mm

（2）实际轮廓不超出关联最小实体边界，即其关联体内作用尺寸不大于最小实体尺寸 $D_L = 41$mm

当该孔处于最小实体状态时，其轴线对 A 基准的同轴度误差应为零，如图 k 所示

当该孔处于最大实体状态时，其轴线对 A 基准的同轴度误差允许达到最大值，即图样给出的被测要素的尺寸公差值 $\phi2$mm，如图 l 所示

5. 成组要素的位置度公差，采用最小实体要求

图 m 表示 12 个槽 3.5mm±0.05mm 的中心平面对 A、B 基准的位置度公差采用最小实体要求。当各槽均处于最小实体状态时，其中心平面对 A、B 基准的位置度公差为 0.5mm，如图 n 所示。图 o 给出了表达上述关系的动态公差图

各槽应满足下列要求：

（1）实际尺寸在 3.45~3.55mm

（2）实际轮廓不超出关联最小实体实效边界，即其关联体内作用尺寸不大于关联最小实体实效尺寸

$$D_{LV} = D_L + t = 3.55\text{mm} + 0.5\text{mm} = 4.05\text{mm}$$

当各槽均处于最大实体状态时，其中心平面对 A、B 基准的位置度误差允许达到最大值，即等于图样给出的位置度公差（0.5mm）与槽的尺寸公差（0.1mm）之和 0.6mm

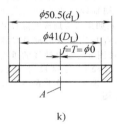

k)

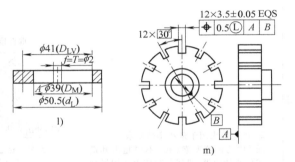

l)

m)

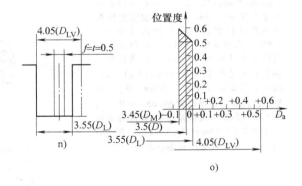

n)

o)

（续）

公差原则	应用示例

可逆要求

1. 可逆要求用于最大实体要求

图 a 中的被测要素（轴）不得超出其最大实体实效边界。即其体外作用尺寸不超出最大实体实效尺寸（MMVS）$\phi20.2$mm。所有局部实际尺寸应在 $\phi19.9 \sim \phi20.2$mm，轴线的垂直度公差可根据其局部实际尺寸在 $0 \sim 0.3$mm 之间变化。例如：如果所有局部实际尺寸都是 $\phi19.9$mm(d_L)，则轴线的垂直度误差可为 0.2mm（图 b）；如果所有局部实际尺寸都是 $\phi19.9$mm(d_L)，则轴线的垂直度误差可为 $\phi0.3$mm（图 c）；如果轴线的垂直度误差为零，则局部实际尺寸可为 $\phi20.2$mm（图 d）。图 e 给出了表达上述关系的动态公差图

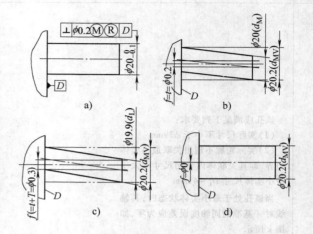

2. 可逆要求用于最小实体要求

图 f 中的被测要素（孔）不得超出其最小实体实效边界，即其关联体内作用尺寸不超出最小实体实效尺寸 $\phi8.65$mm（= 8mm+0.25mm+0.4mm）。所有局部实际尺寸应在 $\phi8 \sim \phi8.65$mm，其轴线的位置度误差可根据其局部实际尺寸在 $0 \sim 0.65$mm 之间变化。例如：如果所有局部实际尺寸均为 $\phi8.25$mm(D_L)，则其轴线的位置度误差可为 $\phi0.4$mm（图 g）；如果所有局部实际尺寸均为 $\phi8$mm(D_M)，则轴线的位置度误差可为 $\phi0.65$mm（图 h）；如果轴线的位置度误差为零，则局部实际尺寸可为 $\phi8.65$mm(D_{LV})（图 i）。图 j 给出了表达上述关系的动态公差图

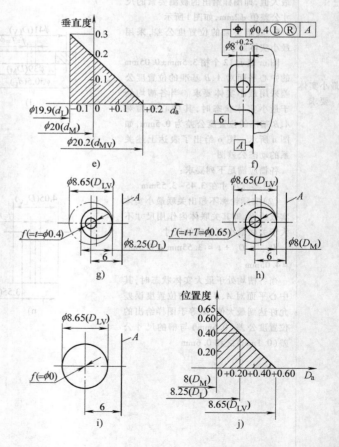

表 1-40　独立原则与相关要求综合归纳

公差原则		符号	应用要素	应用项目	功能要求	控制边界	允许的形位误差变化范围	允许的实际尺寸变化范围	检测方法 形位误差	检测方法 实际尺寸
独立原则		无	轮廓要素及中心要素	各种几何公差项目	各种功能要求但互相不关联	无边界,形位误差和实际尺寸各自满足要求	按图样中注出或未注几何公差的要求	按图样中注出或未注尺寸公差的要求	通用量仪	两点法测量
相关要求	包容要求	Ⓔ	单一尺寸要素(圆、圆柱面、两平行平面)	形状公差(线、面轮廓度除外)	配合要求	最大实体边界	各项形状误差不能超出其控制边界	最大实体尺寸不能超出其控制边界,而局部实际尺寸不能超越其最小实体尺寸	通端极限量规及专用量仪	通端极限量规测最大实体尺寸,两点法测量最小实体尺寸
	最大实体要求	Ⓜ	中心要素(轴线及中心平面)	直线度、倾斜度、平行度、垂直度、同轴度、对称度、位置度	满足装配要求但无严格的配合要求时采用,如螺栓孔轴线的位置度,两轴线的平行度等	最大实体实效边界	当局部实际尺寸偏离其最大实体尺寸时,几何公差可获得补偿值(增大)	其局部实际尺寸不能超出尺寸公差的允许范围	综合量规(功能量规及专用量仪)	两点法测量
	最小实体要求	Ⓛ	中心要素(轴线及中心平面)	直线度、垂直度、同轴度、位置度等	满足临界设计值的要求,以控制最小壁厚,提高对中度,满足最小强度的要求	最小实体实效边界	当局部实际尺寸偏离其最小实体尺寸时,几何公差可获得补偿值(增大)	其局部尺寸不能超出尺寸公差的允许范围	通用量仪	两点法测量
	可逆要求 Ⓡ	ⓂⓇ	中心要素(轴线及中心平面)	适用于Ⓜ的各项目	对最大实体尺寸没有严格要求的场合	最大实体实效边界	当与Ⓜ同时使用时,形位误差变化同Ⓜ	当几何误差小于给出的几何公差时,可补偿给尺寸公差,使尺寸公差增大,其局部实际尺寸可超出给定范围	综合量规或专用量仪控制其最大实体边界	仅用两点法测量最小实体尺寸
		ⓁⓇ		适用于Ⓛ的各项目	对最小实体尺寸没有严格要求的场合	最小实体实效边界	当与Ⓛ同时使用时,形位误差变化同Ⓛ		三坐标仪或专用量仪控制其最小实体边界	仅用两点法测量最大实体尺寸

表 1-41　圆度和圆柱度公差等级与尺寸公差等级的对应关系

尺寸公差等级(IT)	圆度、圆柱度公差等级	公差带占尺寸公差的百分比	尺寸公差等级(IT)	圆度、圆柱度公差等级	公差带占尺寸公差的百分比	尺寸公差等级(IT)	圆度、圆柱度公差等级	公差带占尺寸公差的百分比
01	0	66		4	40	9	10	80
0	0	40	5	5	60		7	15
	1	80		6	95		8	20
	0	25		3	16	10	9	30
1	1	50		4	26		10	50
	2	75	6	5	40		11	70
	0	16		6	66		8	13
2	1	33		7	95		9	20
	2	50		4	16	11	10	33
	3	85		5	24		11	46
	0	10	7	6	40		12	83
	1	20		7	60		9	12
3	2	30		8	80	12	10	20
	3	50		5	17		11	28
	4	80		6	28		12	50
	1	13	8	7	43		10	14
	2	20		8	57	13	11	20
4	3	33		9	85		12	35
	4	53		6	16	14	11	11
	5	80	9	7	24		12	20
5	2	15		8	32	15	12	12
	3	25		9	48			

3. 单一表面的几何公差与表面粗糙度的要求

单一表面的几何公差与表面粗糙度的要求也要协调,见表 1-42。

表 1-42　与表面粗糙度对应关系

主参数	圆度和圆柱度公差等级(7、8、9 为常用等级,7 级为基本级)											
	0	1	2	3	4	5	6	7	8	9	10	11	12
尺寸/mm	$Ra/\mu m$ 不小于											
≤3	0.00625	0.0125	0.0125	0.025	0.05	0.1	0.2	0.2	0.4	0.8	1.6	3.2	3.2
>3～18	0.00625	0.0125	0.025	0.05	0.1	0.2	0.4	0.4	0.8	1.6	3.2	6.3	12.5
>18～120	0.0125	0.025	0.05	0.1	0.2	0.2	0.4	0.8	1.6	3.2	6.3	12.5	12.5
>120～500	0.025	0.05	0.1	0.2	0.4	0.8	1.6	1.6	3.2	6.3	12.5	12.5	12.5

表 1-43　平行度、垂直度和倾斜度公差等级与尺寸公差等级的对应关系

平行度(线对线、面对面)公差等级	3	4	5	6	7	8	9	10	11	12
尺寸公差等级(IT)				3,4	5,6	7,8,9	10,11,12	12,13,14	14,15,16	
垂直度和倾斜度公差等级	3	4	5	6	7	8	9	10	11	12
尺寸公差等级(IT)		5	6	7,8	8,9	10	11,12	12,13	14	15

注:6、7、8、9 级为常用的几何公差等级,6 级为基本级。

表 1-44　同轴度、对称度、圆跳动和全跳动公差等级与尺寸公差等级的对应关系

同轴度、对称度、径向圆跳动、径向全跳动公差等级	1	2	3	4	5	6	7	8	9	10	11	12
尺寸公差等级(IT)	2		3	4	5	6	7,8	8,9	10	11,12	12,13	14	15
轴向圆跳动、斜向圆跳动、全跳动公差等级	1	2	3	4	5	6	7	8	9	10	11	12
尺寸公差等级(IT)	1		2	3	4	5	6	7,8	8,9	10	11,12	12,13	14

注:6、7、8、9 级为常用的几何公差等级,7 级为基本级。

1.3.4　形状和位置公差数值及应用举例（表1-45～表1-48）

表1-45　直线度、平面度公差值（GB/T 1184—1996）

主参数 L/mm

公差等级		≤10	>10~16	>16~25	>25~40	>40~63	>63~100	>100~160	>160~250	>250~400	>400~630	>630~1000	>1000~1600	>1600~2500	>2500~4000	>4000~6300	>6300~10000	应用举例
1		0.2	0.25	0.3	0.4	0.5	0.6	0.8	1	1.2	1.5	2	2.5	3	4	5	6	用于精密量具,测量仪器及精度要求极高的精密机械零件,如0级样板平尺、0级宽平尺、工具显微镜等精密测量仪器的导轨面,喷油嘴针阀体端面平面度,液压泵柱塞套端面平面度等
	Ra			0.025			0.05			0.10			0.20					
2		0.4	0.5	0.6	0.8	1	1.2	1.5	2	2.5	3	4	5	6	8	10	12	用于0级及1级宽平尺的工作面,1级样板平尺的工作面,测量仪器圆弧导轨,测量仪器测杆等
	Ra			0.05			0.10			0.20			0.40					
3		0.8	1	1.2	1.5	2	2.5	3	4	5	6	8	10	12	15	20	25	用于量具、测量仪器和高精度机床的导轨,如0级平板,测量仪器的V形导轨,高精度平面磨床的V形、滚动导轨,轴承磨床床身导轨,液压阀阀芯等
	Ra			0.10			0.10			0.40			0.80					
4		1.2	1.5	2	2.5	3	4	5	6	8	10	12	15	20	25	30	40	用于1级平板,2级宽平尺,平面磨床的纵导轨、垂直导轨,立柱导轨及工作台,液压龙门刨床和转塔车床床身的导轨,柴油机机进,排气门导杆等
	Ra			0.10			0.20			0.40			1.6					
5		2	2.5	3	4	5	6	8	10	12	15	20	25	30	40	50	60	用于1级导轨及工作台,立柱导轨,立柱导轨及工作台,液压龙门刨床和转塔车床床身的导轨,排气门导杆等
	Ra			0.20			0.20			0.80			1.6					
6		3	4	5	6	8	10	12	15	20	25	30	40	50	60	80	100	用于普通机床导轨面,如卧式车床、龙门刨床、滚齿机、自动车床等的床身导轨,立柱导轨,滚齿机、卧式镗床、机床主轴箱导轨,柴油机箱体结合面等
	Ra			0.40			0.40			1.6			3.2					
7		5	6	8	10	12	15	20	25	30	40	50	60	80	100	120	150	用于2级平板,0.02游标卡尺尺身,机床床头箱体,摇臂钻床底座工作台,镗床工作台,液压泵盖等
	Ra			0.40			0.80			1.6			6.3					

（续）

公差等级	主参数 L/mm																应 用 举 例
	≤10	>10~16	>16~25	>25~40	>40~63	>63~100	>100~160	>160~250	>250~400	>400~630	>630~1000	>1000~1600	>1600~2500	>2500~4000	>4000~6300	>6300~10000	
8	10	12	15	20	25	30	40	50	60	80	100	120	150	200		250	用于机床传动箱体，挂轮箱体，车床溜板箱体，主轴箱体，柴油机气缸体，连杆分离面，缸盖结合面，汽车发动机缸盖，缸盖，曲轴箱体箱盖的结合面等
	Ra 0.80					3.2					6.3						
9	12	20	25	30	40	50	60	80	100	120	150	200	250	300		400	用于3级平板，机床溜板箱，立钻工作台，螺纹磨床箱体的挂轮架，金相显微镜的载物台，柴油机气缸体，连杆的分离面，缸盖的结合面，阀片的平面度等的联接面等，液压管件和法兰的联接面等
	Ra 1.6					1.6				3.2			3.2			12.5	
10	20	30	40	50	60	80	100	120	150	200	250	300	400	500		600	用于3级平板，自动车床身底面的平面度，车床挂轮架的平面度，摩托车的曲轴箱体，汽车变速箱的壳体，汽车发动机缸盖结合面，阀片的平面度，以及手动机械支架的支承面
	Ra 1.6		3.2		3.2			6.3		6.3			12.5			12.5	
11	30	50	60	80	100	150	200	300	400	500	600	800				1000	用于易变形的薄片，薄壁零件，如离合器的摩擦片，汽车发动机缸盖的结合面，手动机构及手动机械支架，机床法兰等
	Ra 3.2		6.3		6.3			12.5		12.5			12.5			12.5	
12	60	80	100	150	200	250	400	500	600	800	1000	1200	1500			2000	
	Ra 6.3		12.5														

主参数 L 图例

注：表中所列的表面粗糙度值和应用举例，仅供参考。

表 1-46　圆度、圆柱度公差值

公差等级	主参数 L/mm													应用举例
	≤3	>3 ~6	>6 ~10	>10 ~18	>18 ~30	>30 ~50	>50 ~80	>80 ~120	>120 ~180	>180 ~250	>250 ~315	>315 ~400	>400 ~500	
0	0.1	0.1	0.12	0.15	0.2	0.25	0.3	0.4	0.6	0.8	1.0	1.2	1.5	高精度量仪主轴、高精度机床主轴、滚动轴承滚珠和滚柱等
1	0.2	0.2	0.25	0.25	0.3	0.4	0.5	0.6	1	1.2	1.6	2	2.5	
2	0.3	0.4	0.4	0.5	0.6	0.6	0.8	1	1.2	2	2.5	3	4	精密量仪主轴、外套、阀套;纺锭轴承;高速柴油机进、排气门,精密机床主轴颈;针阀圆柱表面,喷油泵柱塞及柱塞套等
3	0.5	0.6	0.6	0.8	1	1	1.2	1.5	2	3	4	5	6	小工具显微镜套管外圆,高精度外圆磨床、轴承,磨床砂轮主轴套筒,喷油嘴针阀体,高精度滚动轴承内、外圈,微型轴承内、外圈
4	0.8	1	1	1.2	1.5	1.5	2	2.5	3.5	4.5	6	7	8	较精密机床主轴,精密机床主轴箱孔;高压阀门活塞、活塞销,阀体孔;小工具显微镜顶针,高压液压泵柱塞,较高精度滚动轴承配合的轴,铣床动力头箱体孔等
5	1.2	1.5	1.5	2	2.5	2.5	3	4	5	7	8	9	10	一般量仪主轴,测杆外圆,陀螺仪轴颈;一般机床主轴,较精密机床主轴箱孔;活塞销,铣床主轴箱孔;柴油机、汽油机活塞,高压空气压缩机十字头销,活塞;较低精度滚动轴承配合的轴
6	2	2.5	2.5	3	4	4	5	6	8	10	12	13	15	仪表端盖外圆,一般机床主轴及箱孔,中等压力液压装置工作面(包括泵,压缩机的活塞和气缸),汽车发动机凸轮轴,纺锭,通用减速器轴颈;高速船用发动机曲轴,拖拉机曲轴主轴颈

（续）

公差等级	主参数 L/mm													应用举例
	≤3	>3 ~6	>6 ~10	>10 ~18	>18 ~30	>30 ~50	>50 ~80	>80 ~120	>120 ~180	>180 ~250	>250 ~315	>315 ~400	>400 ~500	
7	3	4	4	5	6	7	8	10	12	14	16	18	20	大功率低速柴油机曲轴、活塞、活塞销、连杆、气缸;高速柴油机箱体孔,千斤顶或液压缸活塞、液压传动系统的分配机构,机车传动轴,水泵及一般减速器轴轴颈
8	4	5	6	8	9	11	13	15	18	20	23	25	27	低速发动机、减速器、大功率曲柄轴轴颈,压气机连杆盖、体,拖拉机气缸体、活塞;炼胶机冷铸轴提,印刷机传墨辊,内燃机曲轴,柴油机机体孔,凸轮轴;拖拉机,小型船用柴油机气缸套
9	6	8	9	11	13	16	19	22	25	29	32	36	40	空气压缩机缸体,液压传动筒,通用机械杠杆与拉杆套筒销子,拖拉机活塞环、套筒孔
10	10	12	15	18	21	25	30	35	40	46	52	57	63	印染机导布辊,铰车,吊车,起重机滑动轴承轴颈等
11	14	18	22	27	33	39	46	54	63	72	81	89	97	
12	25	30	36	43	52	62	74	87	100	115	130	140	155	

主参数 $d(D)$ 图例

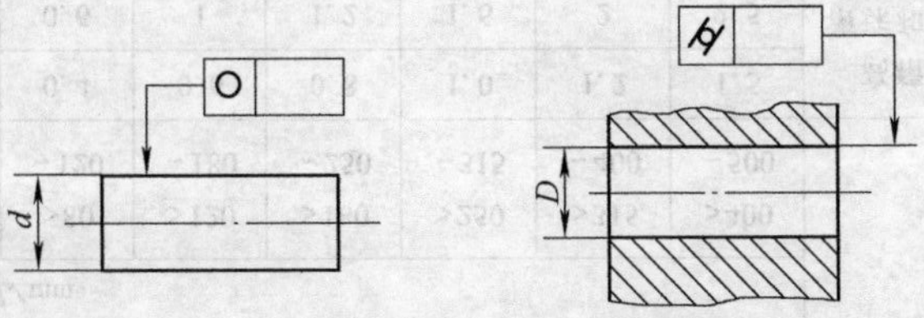

表1-47　同轴度、对称度、圆跳动和全跳动公差值

公差等级	主参数 L/mm ≤1	>1~3	>3~6	>6~10	>10~18	>18~30	>30~50	>50~120	>120~250	>250~500	>500~800	>800~1250	>1250~2000	>2000~3150	>3150~5000	>5000~8000	>8000~10000	应用举例
1	0.4	0.4	0.5	0.6	0.8	1	1.2	1.5	2	2.5	3	4	5	6	8	10	12	用于同轴度或旋转精度要求很高的零件,一般需要按尺寸公差IT5级或高于IT5级制造的零件;如1、2级用于精密测量仪器的主轴和顶尖、柴油机喷油嘴针阀等;3、4级用于机床主轴轴颈,测量仪器的小齿轮轴,高精度滚动轴承内、外圈等
2	0.6	0.6	0.8	1	1.2	1.5	2	2.5	3	4	5	6	8	10	12	15	20	
3	1	1	1.2	1.5	2	2.5	3	4	5	6	8	10	12	15	20	25	30	
4	1.5	1.5	2	2.5	3	4	5	6	8	10	12	15	20	25	30	40	50	
5	2.5	2.5	3	4	5	6	8	10	12	15	20	25	30	40	50	60	80	应用范围较广的精度等级,用于精度要求比较高,一般按尺寸公差IT6或IT7级制造的零件;如5级用于机床主轴、汽轮机主轴,柱塞油泵转子,高精度滚动轴承外圈,一般精度轴颈内圈;如7级精度用于内燃机曲轴,凸轮轴轴颈,齿轮轴,汽车后桥输出轴,电动机转子,0级精度滚动轴承内圈,印刷机传墨辊等
6	4	4	5	6	8	10	12	15	20	25	30	40	50	60	80	100	120	
7	6	6	8	10	12	15	20	25	30	40	50	60	80	100	120	150	200	
8	10	10	12	15	20	25	30	40	50	60	80	100	120	150	200	250	300	用于一般精度要求,通常按尺寸公差IT9~IT10级制造的零件。如8级精度以下齿轮轴的配合面,水泵叶轮,离心泵泵体,焊花精梳机前后滚子;9级精度用于内燃机主轴颈,自行车中轴;10级精度用于摩托车活塞,印染机导布辊,内燃机活塞环槽底径对活塞中心,气缸套外圈对内孔等
9	15	20	25	30	40	50	60	80	100	120	200	250	250	300	400	500	600	
10	25	40	50	60	80	100	120	150	200	250	300	400	500	600	800	1000	1200	

（续）

公差等级	主参数 L/mm																	应 用 举 例
	≤1	>1~3	>3~6	>6~10	>10~18	>18~30	>30~50	>50~120	>120~250	>250~500	>500~800	>800~1250	>1250~2000	>2000~3150	>3150~5000	>5000~8000	>8000~10000	
11	40	60	80	100	120	150	200	250	300	400	500	600	800	1000	1200	1500	2000	用于无特殊要求，一般按尺寸精度 IT12 级制造的零件
12	60	120	150	250	300	400	500	500	800	1000	1200	1500	2000	2500	3000		4000	

主参数 $d(D)$、B、L 图例

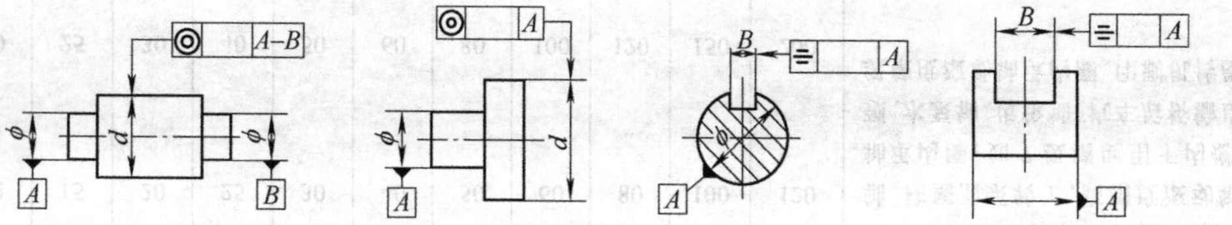

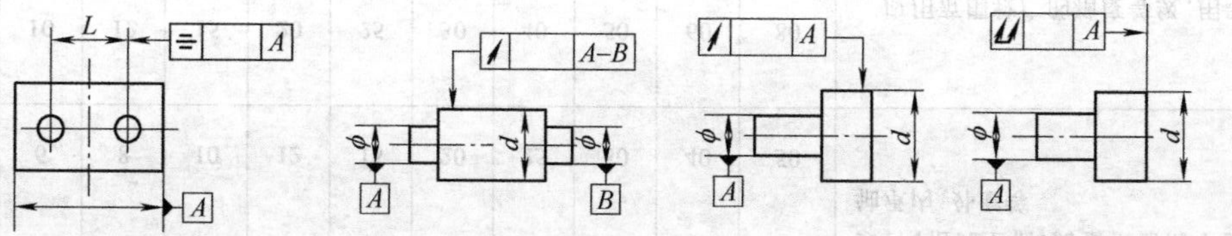

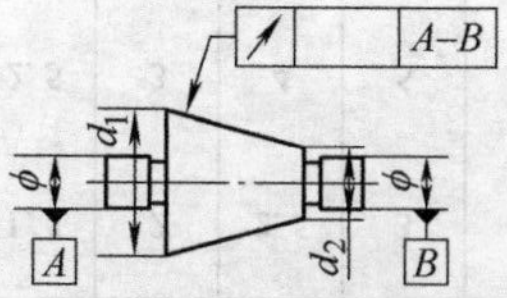

当被测要素为圆锥面时，取

$$d = \frac{d_1 + d_2}{2}$$

表 1-48　平行度、垂直度、倾斜度公差值

公差等级	主参数 L/mm ≤10	>10~16	>16~25	>25~40	>40~63	>63~100	>100~160	>160~250	>250~400	>400~630	>630~1000	>1000~1600	>1600~2500	>2500~4000	>4000~6300	>6300~10000	应用举例 平行度	垂直度和倾斜度
1	0.4	0.5	0.6	0.8	1	1.2	1.5	2	2.5	3	4	5	6	8	10	12	高精度机床、测量仪器以及量具等主要基准面和工作面	高精度机床、测量仪器以及量具等主要基准面和工作面
2	0.8	1	1.2	1.5	2	2.5	3	4	5	6	8	10	12	15	20	25	精密机床、测量仪器、量具以及模具的基准面和工作面	精密机床导轨,机床主轴向定位面、精密主轴肩端面,滚动轴承座圈端面,齿轮测量仪的心轴,光学分度头心轴、蜗轮轴端面,精密刀具、量具的基准面和工作面
3	1.5	2	2.5	3	4	5	6	8	10	12	15	20	25	30	40	50	精密机床上重要箱体主轴孔对基准面的要求	
4	3	4	5	6	8	10	12	15	20	25	30	40	50	60	80	100	普通机床、测量仪器、量具及模具的基准面,高精度轴承座圈、挡圈的端面	普通机床导轨,精密机床重要支承面,普通机床主轴偏摆,发动机轴和离合器的凸肩,轴承的箱体孔端面,液压传动轴的支承面,量具量仪的重要端面
5	5	6	8	10	12	15	20	25	30	40	50	60	80	100	120	150	机床主轴孔对基准面要求,重要轴承孔对基准面要求,一般减速器壳体孔,齿轮泵的轴孔端面等	
6	8	10	12	15	20	25	30	40	50	60	80	100	120	150	200	250	一般机床零件的工作面或基准面,压力机和锻锤的工作面,中等精度钻模的工作面,一般轴承孔对基准面的要求,主轴箱一般基准面要求,中等精度机床主轴箱箱体孔,主轴花键对定心直径,重型机械轴承盖的端面,卷扬机、手动传动装置中的传动轴	低精度机床主要基准面和工作面,回转工作台端面跳动,一般导轨,主轴箱体孔,刀杆,砂轮架及工作台回转中心,机床轴肩,气缸配合面对其轴线,活塞销孔对活塞中心线以及装装 F、G 级轴承壳体孔的轴线等
7	12	15	20	25	30	40	50	60	80	100	120	150	200	250	300	400		
8	20	25	30	40	50	60	80	100	120	150	200	250	300	400	500	600		

（续）

公差等级	主参数 L/mm																应用举例	
	≤10	>10 ~16	>16 ~25	>25 ~40	>40 ~63	>63 ~100	>100 ~160	>160 ~250	>250 ~400	>400 ~630	>630 ~1000	>1000 ~1600	>1600 ~2500	>2500 ~4000	>4000 ~6300	>6300 ~10000	平行度	垂直度和倾斜度
9	30	40	50	60	80	100	120	150	200	250	300	400	500	600	800	1000	低精度零件、重型机械滚动轴承端盖、柴油机和煤气发动机的曲轴孔、轴颈等	花键轴轴肩端面、皮带运输机法兰盘等端面对轴心线、手动卷扬机及传动装置中轴承端面、减速器壳体平面等
10	50	60	80	100	120	150	200	250	300	400	500	600	800	1000	1200	1500		
11	80	100	120	150	200	250	300	400	500	600	800	1000	1200	1500	2000	2500	零件的非工作面、卷扬机运输机上用的减速器壳体平面等	农业机械齿轮端面等
12	120	150	200	250	300	400	500	600	800	1000	1200	1500	2000	2500	3000	4000		

主参数 L、d (D) 图例

1.3.5　几何公差未注公差值

（1）直线度和平面度的未注公差值　选择公差值时，对于直线度应按其相应线的长度选择；对于平面度应按其表面的较长一侧或圆表面的直径选择，见表1-49。

表 1-49　直线度和平面度的未注公差值　　　　（单位：mm）

公差等级	基本长度范围					
	≤10	>10~30	>30~100	>100~300	>300~1000	>1000~3000
H	0.02	0.05	0.1	0.2	0.3	0.4
K	0.05	0.1	0.2	0.4	0.6	0.8
L	0.1	0.2	0.4	0.8	1.2	1.6

（2）圆度的未注公差值　等于标准的直径公差值，但不能大于表1-52中的径向圆跳动值。

（3）圆柱度的未注公差值

1）圆柱度误差由三个部分组成：圆度、直线度和相对素线的平行度误差，而其中每一项误差均由它们的注出公差或未注公差控制。

2）如因功能要求，圆柱度应小于圆度、直线度和平行度的未注公差的综合结果，应在被测要素上按 GB/T 1182 的规定注出圆柱度公差值。

3）采用包容要求。

（4）平行度的未注公差值　等于给出的尺寸公差值，或是直线度和平面度未注公差值中的相应公差值取较大者。应取两要素中的较长者作为基准，若两要素的长度相等则可选任一要素为基准。

（5）垂直度的未注公差值　见表1-50，取形成直角的两边中较长的一边作为基准，较短的一边作为被测要素；若两边的长度相等则可取其中的任意一边为基准。

表 1-50　垂直度的未注公差值　　　　（单位：mm）

公差等级	基本长度范围			
	≤100	>100~300	>300~1000	>1000~3000
H	0.2	0.3	0.4	0.5
K	0.4	0.6	0.8	1
L	0.6	1	1.5	2

（6）对称度的未注公差值　见表1-51。应取两要素中较长者作为基准，较短者作为被测要素；若两要素长度相等则可选任一要素为基准。对称度的未注公差值用于至少两个要素中的一个是中心平面，或两个要素的轴线相互垂直。

表 1-51　对称度的未注公差值　　　　（单位：mm）

公差等级	基本长度范围			
	≤100	>100~300	>300~1000	>1000~3000
H	0.5			
K	0.6		0.8	1
L	0.6	1	1.5	2

（7）同轴度的未注公差值　在极限状况下，同轴度的未注公差值可以和表1-52中规定的径向圆跳动的未注公差值相等。应选两要素中的较长者为基准，若两要素长度相等则可选任一要素为基准。

(8) 圆跳动（径向、轴向）的未注公差值　见表1-52。对于圆跳动的未注公差值，应以设计或工艺给出的支承面作为基准，否则应取两要素中较长的一个作为基准；若两要素的长度相等则可选任一要素为基准。

表1-52　圆跳动的未注公差值　　　　　　　　　　　（单位：mm）

公差等级	圆跳动公差值
H	0.1
K	0.2
L	0.5

线轮廓度、面轮廓度、倾斜度、位置度和全跳动均应由各要素的注出或未注形位公差、线性尺寸公差或角度公差控制。

若采用规定的未注公差值，应在标题栏附近或在技术要求、技术文件（如企业标准）中注出标准号及公差等级代号。

1.4　表面粗糙度参数及其注法

1.4.1　表面粗糙度参数及其数值系列（表1-53、表1-54）

表1-53　表面粗糙度参数及术语

项目	定义及解释
取样长度 l_r	用于判别被评定轮廓的不规则特征的 X 轴上的长度
评定长度 l_n	用于判别被评定轮廓的 X 轴方向上的长度。评定长度包含一个或和几个取样长度
参数测定	仅由一个取样长度测得的数据计算出参数值的一次测定
平均参数测定	把所有按单个取样长度算出的参数值取算术平均求得一个平均参数的测定 当取五个（标准个数）取样长度测定粗糙度轮廓参数时，不需要在参数符号后面做出标记。如果是在不等于五个取样长度上测得的参数值则必须在参数符号后面附注取样长度的个数例如：$Rz1$、$Rz3$
被检区域的特征	正在检验中的工件各个部位的表面结构，可能呈现均匀一致状况也可能差别很大。这点通过目测表面就能看出。在表面结构看来均匀的情况下，将采用整体表面上测得的参数值和图样上或产品技术文件中给定的技术要求相比较 如果个别区域的表面结构有明显差异，应将每个应用区域上测定的参数值分别和图样上或产品技术文件中给定的技术要求相比较 由于按参数的上限值规定要求所用表面的个别区域可能会出现最大参数值
16%规则	对于按一个参数的上限值（GB/T 131）规定要求时，如果在所选参数都用同一评定长度上的全部实测值中，大于图样或技术文件中规定值的个数不超过总数的16%则该表面是合格的 对于给定表面参数下限值的场合如果在同一评定长度上的全部测得值中小于图样或技术文件中规定值的个数不超过总数的16%该表面也是合格的
最大规则	检验时若规定了参数的最大值要求，则在被检的整个表面上测得的参数值一个也不应超过图样或技术文件中的规定值。为了指明参数的最大值应在参数符号后面增加一个"max"的标记例如：$Rz1max$
测量不确定度	为了验证是否符合技术要求，将测得参数值和规定公差极限进行比较时，应根据有关工件和计量器具的测量检验是否符合技术要求的判定规则把测量不确定度考虑进去。在对测量结果和上限值或下限值进行比较时，估算测量不确定度不用考虑表面的不均匀性，因为这在允许16%超差中已计及

（续）

项　目	定义及解释
粗糙度轮廓参数	表面结构中的粗糙度轮廓简称 R 轮廓 　粗糙度轮廓是对原始轮廓采用滤波器 λ_c 抑制长波成分以后形成的轮廓。λ_c 滤波器是确定存在于表面上的波纹度与比它更长的波的成分之间相交界限的滤波器 默认评定长度在 GB/T 10610—2009 中有定义。默认评定长度 l_n，由五个取样长度 l_r 构成：$l_n = 5 \times l_r$
轮廓算术平均偏差 Ra	在取样长度 l 内轮廓偏距绝对值的算术平均值 $$Ra = \frac{1}{l} \int_0^l \mid z(x) \mid \mathrm{d}x$$
轮廓最大高度 Rz	在一个取样长度内,最大轮廓峰高 Zp 和最大轮廓谷深 Zv 之和的高度 注:此处的 Rz 为 2000 年标准中规定的 Rz,与 GB/T 3505—1983 中的 Rz"不平度十点高度"含义不同,需注意区分。GB/T 3505—1983 中轮廓最大高度符号为 Ry
轮廓的总高度 Rt	在评定长度内,最大轮廓峰高 Zp 和最大轮廓谷深 Zv 之和的高度
轮廓单元的平均线高度 Rc	在一个取样长度内,轮廓单元高度 Zt 的平均值 $$Rc = \frac{1}{m} \sum_{i=1}^m Zt_i$$

项　目	定义及解释
轮廓单元的平均宽度 Rsm	在一个取样长度内,轮廓单元宽度 Xs 的平均值 $$Rsm = \frac{1}{m} \sum_{i=1}^{m} Xs_i$$ 取样长度
轮廓的支承长度率 $Rmr(c)$	在给定水平位置上轮廓的实体材料长度 $Ml(c)$ 与评定长度 l_n 的比率

表 1-54　表面粗糙度参数数值及取样长度 l_r 与评定长度 l_n 数值

高度参数	$Ra/\mu m$	0.012 0.025 0.05 0.1		0.2 0.4 0.8 1.6		3.2 6.3 12.5 25		50 100			
	$Rz/\mu m$	0.025 0.05 0.1 0.2		0.4 0.8 1.6 3.2		6.3 12.5 25 50		100 200 400 800		1600		
附加评定参数	Rsm/mm	0.006 0.0125 0.025 0.05			0.1 0.2 0.4 0.8				1.6 3.2 6.3 12.5			
	$R mr(c)(\%)$	10	15	20	25	30	40	50	60	70	80	90
取样长度与评定长度	$Ra/\mu m$	$\geqslant 0.008\sim0.02$		$>0.02\sim0.1$		$>0.1\sim2.0$		$>2.0\sim10.0$		$>10.0\sim80.0$		
	$Rz/\mu m$	$\geqslant 0.025\sim0.10$		$>0.10\sim0.50$		$>0.50\sim10.0$		$>10.0\sim50.0$		$>50.0\sim320$		
	l_r/mm	0.08		0.25		0.8		2.5		8.0		
	$l_n=5l_r/mm$	0.4		1.25		4.0		12.5		40.0		

注:1. 在规定表面粗糙度要求时,必须给出表面粗糙度值和测定时的取样长度值两项基本要求,必要时也可规定表面加工纹理、加上方法或加上顺序和不同区域的粗糙度等附加要求。

2. 一般情况下,在测量 Ra、Rz 时推荐按表选用对应的取样长度值,此时取样长度值的标注在图样上或技术文件中可省略。当有特殊要求时应给出相应的取样长度值,并在图样上或技术文件中注出。

3. 在高度特性参数常用的参数值范围内(Ra 为 $0.025\sim6.3\mu m$,Rz 为 $0.1\sim25\mu m$)推荐优先选用 Ra。

4. 根据表面功能的需要,在三项高度参数不能满足要求的情况下,可选用附加评定参数。

5. 根据表面功能和生产的经济合理性,当选用表中 Ra、Rz、Rsm 系列不能满足要求时,可选取补充系列值,见 GB/T 1031—2009 中附录 A。

6. 选用轮廓支承长度率参数时必须同时给出轮廓截面高度 c 值。

7. 当两个零件的配合表面给出相同的 c 时,若 Rmr(c)值小,则表明零件配合的实际接触面积小,表面磨损较快。反之,Rmr(c)值越大,则配合表面实际接触面积越大,表面的耐磨性就越好。

8. 对于微观不平度间距较大的端铣,滚铣及其他大进给走刀量的加工表面,应按本表规定的取样长度系列选取较大的取样尺度值。

9. 由于加工表面的不均匀性,在评定表面粗糙度时,其评定长度应根据不同的加工方法和相应的取样长度来确定。一般情况下,当测量 Ra、Rz 时推荐按表选取相应的评定长度值。如被测表面均匀性较好,测量时可选用小于 $5l_r$ 的评定长度值;均匀性较差的表面可选用大于 $5l_r$ 的评定长度值。

1.4.2　表面粗糙度符号、代号及其注法（表1-55、表1-56）

表 1-55　表面粗糙度符号、代号

	符　号	意义及说明
图样上表示零件表面粗糙度的符号	 √	表示对表面结构有要求的图形符号。当不加注粗糙度参数值或有关说明（如表面处理、局部热处理状况等）时，仅适用于简化代号标注，没有补充说明时不能单独使用
	 √	要求去除材料的图形符号。在基本图形符号上加一短横，表示指定表面是用去除材料的方法获得，如通过机械加工获得的表面
	 √	不允许去除材料的图形符号。在基本图形符号加一小圆圈，表示表面是用不去除材料的方法获得
	 允许任何工艺　去处材料　不去处材料	当要求标注表面结构特征的补充信息时，应在基本图形符号和扩展图形符号的长边上加一横线，用于标注有关参数和说明
	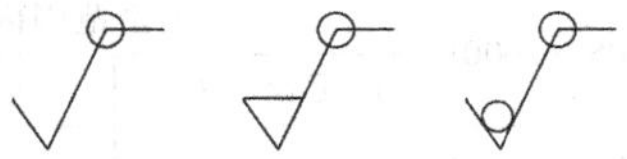 （封闭轮廓符号图示）	当在图样某个视图上构成封闭轮廓的各表面有相同的表面结构要求时，应在完整图形符号上加一圆圈，标注在图样中工件的封闭轮廓线上。如果标注会引起歧义时，各表面应分别标注

	特　征	标志符号	示　意　图
需要控制表面加工纹理方向时	纹理平行于标注代号的视图的投影面	=	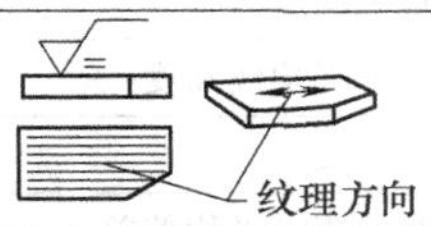 纹理方向
	纹理垂直于标注代号的视图的投影面	⊥	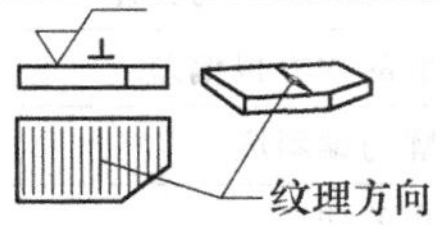 纹理方向
	纹理呈两相交的方向	×	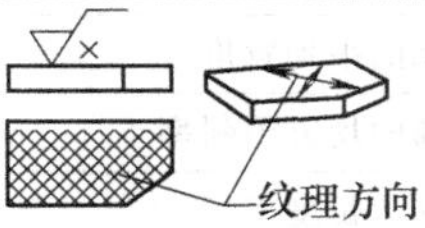 纹理方向
	纹理呈多方向	M	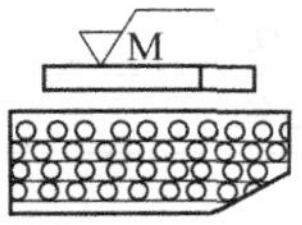
	纹理近似同心圆	C	
	纹理呈近似放射形	R	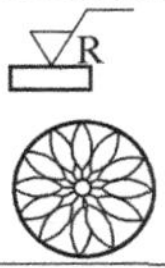
	纹理无方向或呈凸起的细粒状	P	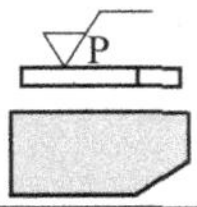

表 1-56　新老标准对比

	术　语	CB/T 3505—1983	GB/T 3505—2000
基本术语	取样长度	l	l_p、l_w、l_r
	评定长度	l_n	l_n
	纵坐标值	y	$Z(x)$
	局部斜率		$\dfrac{dZ}{dX}$
	轮廓峰高	y_p	Z_p
	轮廓谷深	y_v	Z_v
	轮廓单元的高度	—	Z_t
	轮廓单元的宽度		X_s
	在水平位置 c 上轮廓的实体材料长度	η_p	$Ml(c)$

注：l_p、l_w 和 l_r 为给定的三种不同的轮廓（原始轮廓、波纹度轮廓、粗糙度轮廓）的取样长度，分别对应于 P、W 和 R 参数（从原始轮廓、波纹度轮廓、粗糙度轮廓上计算所得参数）。GB/T 3505—2009 版 2009 年 11 月 1 日实施。

				在测量范围内	
	参　数	GB/T 3505—1983	GB/T 3505—2000	评定长度 l_n	取样长度
表面结构方面	最大轮廓峰高	R_p	Rp		√
	最大轮廓谷深	R_m	Rv		√
	轮廓的最大高度	R_y	Rz		√
	轮廓单元的平均线高度	R_c	Rc		√
	轮廓的总高度	—	Rt	√	
	评定轮廓的算术平均偏差	R_a	Ra		√
	评定轮廓的均方根偏差	R_q	Rq		√
	评定轮廓的偏斜度	S_k	Rsk		√
	评定轮廓的陡度	—	Rku		√
	轮廓单元的平均宽度	S_m	Rsm		√
	评定轮廓的均方根斜率	Δq	$R\Delta q$		√
	轮廓的支承长度率	—	$Rmr(c)$	√	
	轮廓截面高度差		$R\delta c$	√	
	相对支承比率	tp	Rmr	√	
	十点高度	R_z	—		

注：GB/T 3505—2000 规定了三个轮廓参数 Pa（原始轮廓）、Ra（粗糙度轮廓）、Wa（波纹度轮廓），表中只列出了粗糙度轮廓参数。表中符号"√"表示在测量范围内采用的标准评定长度和取样长度。

	GB/T 131—1983	GB/T 131—1993	GB/T 131—2006	说明主要问题示例
表面粗糙度高度参数值的标注	1.6 ∨	1.6 ∨　1.6 ∨	Ra 1.6 ∨	Ra 只采用"16% 规则"
	Ry 3.2 ∨	Ry 3.2 ∨　Ry 3.2 ∨	Rz 3.2 ∨	除了 Ra "16% 规则"的参数

（续）

	GB/T 131—1983	GB/T 131—1993	GB/T 131—2006	说明主要问题示例
表面粗糙度高度参数值的标注	—	1.6max ∨	∨ Ramax 1.6	"最大规则"
	∨ 1.6 / 0.8	∨ 1.6 / 0.8	∨ −0.8/Ra 1.6	Ra 加取样长度
			∨ 0.025 −0.8/Ra 1.6	传输带
	∨ Ry 3.2 / 0.8	∨ Ry 3.2 / 0.8	∨ −0.8/Rz 6.3	除 Ra 外其他参数及取样长度
	∨ Ry 1.6 / 6.3	∨ Ry 1.6 / 6.3	∨ Ra 1.6 / Rz 6.3	Ra 及其他参数
	—	∨ Ry 3.2	∨ Rz3 6.3	评定长度中的取样长度个数如果不是5
	—	—	∨ L Ra 1.6	下限值
	∨ 3.2 / 1.6	∨ 3.2 / 1.6	∨ U Ra 3.2 / L Ra 1.6	上、下限值

	GB/T 131—1993	GB/T 131—2006
表面粗糙度数值及其有关的规定在符号中注写的位置	a_1、a_2—表面粗糙度高度参数代号及其数值（单位为 μm） b—加工要求、镀覆、涂覆、表面处理或其他说明等 c—取样长度（单位为毫米）或波纹度（单位为 μm） d—加工纹理方向符号 e—加工余量（单位为 mm） f—表面粗糙度间距参数值（单位为 mm）或轮廓支承长度率	a—注写表面结构参数单一要求，标注表面结构参数代号、极限值和传输带或取样长度。为了避免误解，在参数代号和极限值间应插入空格。传输带或取样长度后应有一斜线"/"，之后是表面结构参数代号，最后是数值 a、b—注写两个或多个表面结构要求，在位置 a 注写第一个表面结构要求，在位置 b 注写第二个表面结构要求。如果要注写第三个或更多表面结构要求，图形符号应在垂直方向扩大，以空出足够的空间。扩大图形符号时，a、b 位置随之上移 c—注写加工方法、表面处理、涂层或其他加工工艺要求，如车、磨、镀等 d—加工纹理方向符号 e—加工余量（单位为 mm）

1.4.3　表面粗糙度的选择

1. 表面粗糙度对零件功能的影响

（1）对配合性质的影响　配合性质要求稳定的结合面、动配合配合间隙小的表面、要求连接牢固可靠承受载荷大的静配合表面 Ra 值要低。尺寸要求越精确、公差值越小的表面粗糙度数值要求越低。同一公差等级的小尺寸比大尺寸（特别是 1~3 级公差等级）或同一公差等级的轴比孔的 Ra 值要低。配合性质相同，零件尺寸越小的表面，它的 Ra 值越低。同一零件上工作表面的粗糙度值比非工作表面的低。

（2）对摩擦面的影响　摩擦表面比非摩擦表面、滚动摩擦表面比滑动摩擦表面、运动速度高的表面比运动速度低的表面、单位压力大的摩擦面比单位压力小的摩擦面的 Ra 值要低。

（3）对抗疲劳强度的影响　受循环载荷的表面及易引起应力集中的部分如圆角、沟槽处的 Ra 值要低。粗糙度对零件疲劳强度的影响程度随其材料不同而异，对铸铁件的影响不甚明显，对于钢件则强度越高影响越大。

（4）对接触刚度的影响　两粗糙表面接触时。在外力作用下，易产生接触变形，因此，降低 Ra 值可提高结合件的接触刚度。

（5）对冲击强度的影响　钢件表面的冲击强度随表面粗糙度 Ra 值的降低而提高，在低温状态下，尤为明显。

（6）对抗腐蚀性的影响　表面粗糙则零件表面上的腐蚀性气体或液体易于积聚，而且向零件表面层渗透，加剧腐蚀，因此，在有腐蚀性气体或液体条件下工作的零件表面的 Ra 值要低。

（7）对结合处密封性的影响　表面越粗糙，泄漏越厉害。对有相对滑动的动力密封表面，由于相对运动，其微观不平度一般为 $4~5\mu m$，用以贮存润滑油较为有利，如表面太光滑，不仅不利于贮存润滑油，反而会引起摩擦磨损。此外，密封性的好坏也和加工纹理方向有关。

（8）对振动和噪声的影响　机械设备的运动副表面粗糙不平，运转中会产生振动及噪声，以高速运转的滚动轴承、齿轮及发动机曲轴、凸轮轴等零部件，这类现象更为明显，因此，运动副表面粗糙度 Ra 值越低，则运动件越平稳无声。

（9）对表面电流的影响　当高频电流在导体表面流通时，电流聚集在导体表面 $1\mu m$ 深的薄层中，由于表面粗糙度的影响，表面电阻的实际值要超过理论值。

（10）对金属表面涂镀质量的影响　工件镀锌、铬、铜后，其表面微观不平度的深度比镀前增加一倍，而镀镍后，则会比镀前减小一半。又因粗糙的表面能吸收喷涂金属层冷却时产生的拉伸应力，故不易产生裂纹，在喷涂金属前须使其表面有一定的粗糙度。

2. 表面粗糙度参数的选取

（1）轮廓算术平均偏差 Ra 是各国普遍采用的一个参数，在表面粗糙度的常用参数值范围内（即 Ra 为 $0.025~6.3\mu m$，Rz 为 $0.1~25\mu m$）推荐优先选用 Ra。Ra 既能反映加工表面的微观几何形状特征又能反映凸峰高度。轮廓最大高度 Rz，只能反映表面轮廓的最大高度，不能反映轮廓的微观几何形状特征，对某些表面不允许出现微观较深的加工痕迹（影响疲劳强度）和小零件表面（如轴承、仪表等）有其实用意义。Rz 和 Ra 同时选用，以控制多功能的要求。

（2）对于零件表面，一般选用高度参数 Ra、Rz 控制表面粗糙度已能满足功能要求，但对某些关键零件有更多的功能要求时，如由于涂漆性能、抗振性、耐蚀性、减小流体流动摩擦阻力等附加要求，就要选用 S_m 或 S 来控制表面微观不平度横向间距的细密度。对耐磨性、接触刚度要求高的零件（如轴瓦、轴承、量具等）要附加选用形状参数 t_p，以控制加工表面质量，在给定 t_p 值时，必须同时给出轮廓水平截距 c 的值。

3. 表面粗糙度值的选取实例（表 1-57～表 1-61）

表 1-57　Ra、Rz 与公差、配合中一般用途公差带间的对应关系

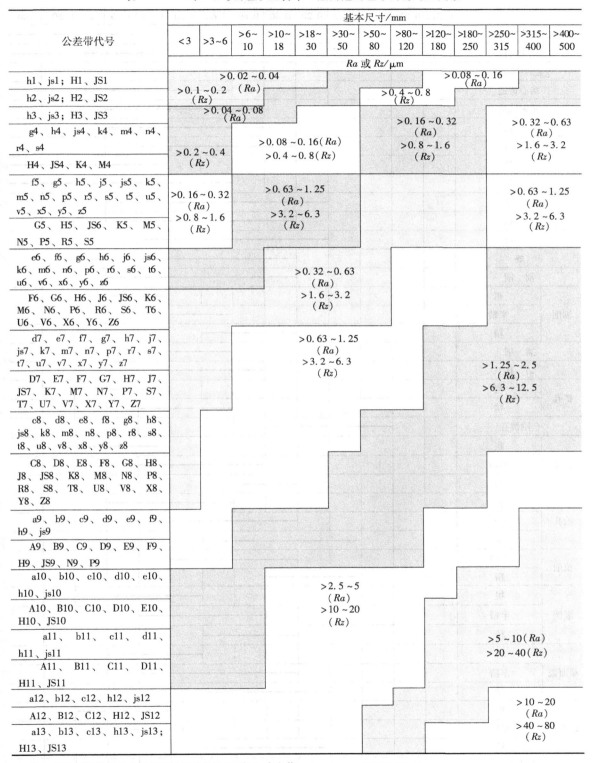

公差带代号	基本尺寸/mm（<3　>3~6　>6~10　>10~18　>18~30　>30~50　>50~80　>80~120　>120~180　>180~250　>250~315　>315~400　>400~500）Ra 或 Rz/μm
h1、js1；H1、JS1	>0.02~0.04（Ra）　>0.1~0.2（Rz）　>0.08~0.16（Ra）
h2、js2；H2、JS2	>0.4~0.8（Rz）
h3、js3；H3、JS3	>0.04~0.08（Ra）
g4、h4、js4、k4、m4、n4、r4、s4	>0.16~0.32（Ra）　>0.8~1.6（Rz）　>0.32~0.63（Ra）　>1.6~3.2（Rz）
H4、JS4、K4、M4	>0.2~0.4（Rz）　>0.08~0.16（Ra）　>0.4~0.8（Rz）
f5、g5、h5、j5、js5、k5、m5、n5、p5、r5、s5、t5、u5、v5、x5、y5、z5	>0.16~0.32（Ra）　>0.8~1.6（Rz）　>0.63~1.25（Ra）　>3.2~6.3（Rz）　>0.63~1.25（Ra）　>3.2~6.3（Rz）
G5、H5、JS6、K5、M5、N5、P5、R5、S5	
e6、f6、g6、h6、j6、js6、k6、m6、n6、p6、r6、s6、t6、u6、v6、x6、y6、z6	>0.32~0.63（Ra）　>1.6~3.2（Rz）
F6、G6、H6、J6、JS6、K6、M6、N6、P6、R6、S6、T6、U6、V6、X6、Y6、Z6	
d7、e7、f7、g7、h7、j7、js7、k7、m7、n7、p7、r7、s7、t7、u7、v7、x7、y7、z7	>0.63~1.25（Ra）　>3.2~6.3（Rz）　>1.25~2.5（Ra）　>6.3~12.5（Rz）
D7、E7、F7、G7、H7、J7、JS7、K7、M7、N7、P7、S7、T7、U7、V7、X7、Y7、Z7	
c8、d8、e8、f8、g8、h8、js8、k8、m8、n8、p8、r8、s8、t8、u8、v8、x8、y8、z8	
C8、D8、E8、F8、G8、H8、J8、JS8、K8、M8、N8、P8、R8、S8、T8、U8、V8、X8、Y8、Z8	
a9、b9、c9、d9、e9、f9、h9、js9	
A9、B9、C9、D9、E9、F9、H9、JS9、N9、P9	
a10、b10、c10、d10、e10、h10、js10	>2.5~5（Ra）　>10~20（Rz）
A10、B10、C10、D10、E10、H10、JS10	
a11、b11、c11、d11、h11、js11	>5~10（Ra）　>20~40（Rz）
A11、B11、C11、D11、H11、JS11	
a12、b12、c12、h12、js12	>10~20（Ra）　>40~80（Rz）
A12、B12、C12、H12、JS12	
a13、b13、c13、h13、js13；H13、JS13	

注：横线和竖线的交点所在区就是对应的 Ra 或 Rz 参考值。

表 1-58　不同加工方法可能达到的表面粗糙度

加工方法		表面粗糙度 $Ra/\mu m$													
		0.012	0.025	0.05	0.10	0.20	0.40	0.80	1.60	3.20	6.30	12.5	25	50	100
	砂模铸造													▬	▬
	型壳铸造												▬	▬	
	金属模铸造											▬	▬		
	离心铸造										▬	▬			
	精密铸造							▬	▬	▬					
	蜡模铸造							▬	▬	▬					
	压力铸造						▬	▬	▬	▬					
	热轧										▬	▬	▬		
	模锻									▬	▬	▬			
	冷轧					▬	▬	▬	▬						
	挤压						▬	▬	▬	▬					
	冷拉						▬	▬	▬						
	锉							▬	▬	▬	▬				
	刮削						▬	▬	▬	▬					
刨削	粗										▬	▬	▬		
	半精							▬	▬	▬					
	精						▬	▬	▬						
	插削							▬	▬	▬	▬				
	钻孔							▬	▬	▬					
扩孔	粗										▬	▬			
	精							▬	▬	▬					
	金刚镗孔			▬	▬	▬	▬								
镗孔	粗										▬	▬			
	半精						▬	▬	▬	▬					
	精						▬	▬	▬						
铰孔	粗								▬	▬	▬				
	半精						▬	▬	▬						
	精					▬	▬	▬							
拉削	半精					▬	▬	▬							
	精					▬	▬	▬							
滚铣	粗									▬	▬	▬			
	半精							▬	▬	▬					
	精					▬	▬	▬							
端面铣	粗									▬	▬	▬			
	半精							▬	▬	▬					
	精					▬	▬	▬							
车外圆	粗										▬	▬	▬		
	半精							▬	▬	▬	▬				
	精					▬	▬	▬	▬						
	金刚车			▬	▬	▬									

（续）

加工方法		表面粗糙度 Ra/μm													
		0.012	0.025	0.05	0.10	0.20	0.40	0.80	1.60	3.20	6.30	12.5	25	50	100
车端面	粗										━	━	━		
	半精								━	━	━	━			
	精						━	━	━	━					
磨外圆	粗							━	━	━	━				
	半精					━	━	━	━						
	精		━	━	━	━	━	━							
磨平面	粗							━	━	━	━				
	半精					━	━	━	━						
	精		━	━	━	━	━	━							
珩磨	平面		━	━	━	━	━	━							
	圆柱	━	━	━	━	━	━	━							
研磨	粗					━	━	━							
	半精			━	━	━	━								
	精	━	━	━	━	━									
抛光	一般			━	━	━	━								
	精	━	━	━	━	━									
	滚压抛光			━	━	━	━	━	━						
超精加工	平面	━	━	━	━	━	━								
	柱面	━	━	━	━	━	━								
	化学磨						━	━	━	━					
	电解磨	━	━	━	━	━	━	━							
	电火花加工						━	━	━	━					
切割	气割										━	━	━	━	
	锯								━	━	━	━	━	━	
	车									━	━	━	━		
	铣											━	━	━	
	磨							━	━	━					
螺纹加工	丝锥板牙							━	━	━	━				
	梳洗							━	━	━	━				
	滚					━	━	━	━	━					
	车							━	━	━	━				
	搓丝							━	━	━	━	━			
	滚压						━	━	━						
	磨				━	━	━	━	━						
	研磨			━	━	━	━	━	━						
齿轮及花键加工	刨							━	━	━	━				
	滚							━	━	━	━				
	插							━	━	━	━				
	磨				━	━	━	━	━						
	剃					━	━	━	━						

注：本表作为一般情况参考。

表 1-59　表面粗糙度选用举例

Ra 值不大于 /μm	相当表面光洁度	表面状况	加工方法	应 用 举 例
100	▽ 1	明显可见的刀痕	粗车、镗、刨、钻	粗加工的表面,如粗车、粗刨、切断等表面,用粗锉刀和粗砂轮等加工的表面,一般很少采用
25、50	▽ 2、▽ 3			粗加工后的表面,焊接前的焊缝、粗钻孔壁等
12.5	▽ 4、▽ 3	可见刀痕	粗车、刨、铣、钻	一般非结合表面,如轴的端面、倒角、齿轮及带轮的侧面、键槽的非工作表面,减重孔眼表面等
6.3	▽ 5、▽ 4	可见加工痕迹	车、镗、刨、钻、铣、锉、磨、粗铰、铣齿	不重要零件的非配合表面,如支柱、支架、外壳、衬套、轴、盖等的端面。紧固件的自由表面,紧固件通孔的表面,内、外花键的非定心表面,不作为计量基准的齿轮顶圆表面等
3.2	▽ 6、▽ 5	微见加工痕迹	车、镗、刨、铣、刮 1～2 点/cm²、拉、磨、锉、滚压、铣齿	和其他零件连接不形成配合的表面,如箱体、外壳、端盖等零件的端面。要求有定心及配合特性的固定支承面如定心的轴肩、键和键槽的工作表面。不重要的紧固螺纹的表面。需要滚花或氧化处理的表面等
1.6	▽ 7、▽ 6	看不清加工痕迹	车、镗、刨、铣、铰、拉、磨、滚压 1～2 点/cm²、铣齿	安装直径超过 80mm 的 G 级轴承的外壳孔,普通精度齿轮的齿面,定位销孔,V 带轮的表面,外径定心的内花键外径,轴承盖的定中心凸肩表面等
0.8	▽ 8、▽ 7	可辨加工痕迹的方向	车、镗、拉、磨、立铣、刮 3～10 点/cm²、滚压	要求保证定心及配合特性的表面,如锥销与圆柱销的表面,与 G 级精度滚动轴承相配合的轴颈和外壳孔,中速转动的轴颈,直径超过 80mm 的 E、D 级滚动轴承配合的轴颈及外壳孔、内、外花键的定心内径,外花键键侧及定心外径,过盈配合 IT7 级的孔(H7),间隙配合 IT8～IT9 级的孔(H8、H9),磨削的轮齿表面等
0.4	▽ 9、▽ 8	微辨加工痕迹的方向	铰、磨、镗、拉、刮 3～10 点/cm²、滚压	要求长期保持配合性质稳定的配合表面,IT7 级的轴、孔配合表面,精度较高的轮齿表面,受变应力作用的重要零件,与直径小于 80mm 的 E、D 级轴承配合的轴颈表面,与橡胶密封件接触的轴表面。尺寸大于 120mm 的 IT13～IT16 级孔和轴用量规的测量表面
0.2	▽ 10、▽ 9	不可辨加工痕迹的方向	布轮磨、磨、研磨、超级加工	工作时受变应力作用的重要零件的表面。保证零件的疲劳强度、防腐性和耐久性,并在工作时不破坏配合性质的表面,如轴颈表面、要求气密的表面和支承表面、圆锥定心表面等。IT5、IT6 级配合表面、高精度齿轮的齿面,与 C 级滚动轴承配合的轴颈表面,尺寸大于 315mm 的 IT7～IT9 级孔和轴用量规及尺寸大于 120～315mm 的 IT10～IT12 级孔和轴用量规的测量表面等
0.1	▽ 11、▽ 10	暗光泽面	超级加工	工作时承受较大变应力作用的重要零件的表面,保证精确定心的锥体表面。液压传动用的孔表面。汽缸套的内表面,活塞销的外表面,仪器导轨面,阀的工作面。尺寸小于 120mm 的 IT10～IT12 级孔和轴用量规测量面等
0.05	▽ 12、▽ 11	亮光泽面		保证高度气密性的接合表面,如活塞、柱塞和气缸内表面。摩擦离合器的摩擦表面。对同轴度有精确要求的轴和孔。滚动导轨中的钢球或滚子和高速摩擦的工作表面
0.025	▽ 13、▽ 12	镜状光泽面	超级加工	高压柱塞泵中柱塞和柱塞套的配合表面,中等精度仪器零件配合表面,尺寸大于 120mm 的 IT6 级孔用量规、小于 120mm 的 IT7～IT9 级轴用和孔用量规测量表面
0.012	▽ 14、▽ 13	雾状镜面		仪器的测量表面和配合表面,尺寸超过 100mm 的块规工作面
0.008	▽ 14			块规的工作表面,高精度测量仪器的测量面,高精度仪器摩擦机构的支承表面

表 1-60　常用工作表面的表面粗糙度数值 *Ra*　　　　　　　　（单位：μm）

配 合 表 面		公差等级	表面	基 本 尺 寸/mm	
				≤50	>50~500
		5	轴	0.2	0.4
			孔	0.4	0.8
		6	轴	0.4	0.8
			孔	0.4~0.8	0.8~1.6
		7	轴	0.4~0.8	0.8~1.6
			孔	0.8	1.6
		8	轴	0.8	1.6
			孔	0.8~1.6	1.6~3.2

过盈配合	压入装配	公差等级	表面	基 本 尺 寸/mm		
				≤50	>50~120	>120~500
		5	轴	0.1~0.2	0.4	0.4
			孔	0.2~0.4	0.8	0.8
		6~7	轴	0.4	0.8	1.6
			孔	0.8	1.6	1.6
		8	轴	0.8	0.8~1.6	1.6~3.2
			孔	1.6	1.6~3.2	1.6~3.2
	热装	—	轴	1.6		
			孔	1.6~3.2		

分组装配的零件表面	表面	分 组 公 差/μm				
		<2.5	2.5	5	10	20
	轴	0.05	0.1	0.2	0.4	0.8
	孔	0.1	0.2	0.4	0.8	1.6

高定心精度的配合表面	表面	径 向 跳 动 公 差/μm				
		2.5	4	6	10	16	25
	轴	0.05	0.1	0.1	0.2	0.4	0.8
	孔	0.1	0.2	0.2	0.4	1.8	1.6

滑动轴承表面	表面	公 差 等 级		流体润滑
		IT6~IT9	IT10~12	
	轴	0.4~0.8	0.8~3.2	0.1~0.4
	孔	0.8~1.6	1.6~3.2	0.2~0.8

液压系统的液压缸活塞等表面	表面	高 压		普通压力	低压
		直径≤10mm	直径>10mm		
	轴	0.025	0.05	0.1	0.2
	孔	0.05	0.1	0.2	0.4

密封材料处的孔轴表面	密封材料	速　度/(m/s)		
		≤3	5	>5
	橡　胶	0.8~1.6 抛光	0.4~0.8 抛光	0.2~0.4 抛光
	毛　毡	0.8~1.6 抛光		
	迷宫式的	3.2~6.3		
	涂油槽的	3.2~6.3		

导　轨　面	性质	速度/(m/s)	平面度公差/(μm/100mm)				
			≤6	10	20	60	>60
	滑动	~0.5	0.2	0.4	0.8	1.6	3.2
		>0.5	0.1	0.2	0.4	0.8	1.6
	滚动	~0.5	0.1	0.2	0.4	0.8	1.6
		>0.5	0.05	0.1	0.2	0.4	0.8

（续）

端面支承表面、端面轴承等	速度/（m/s）	轴向圆跳动公差/μm			
		≤6	16	25	>25
	≤0.5	0.1	0.4	0.8~1.6	3.2
	>0.5	0.1	0.2	0.8	1.6

球 面 支 承	面轮廓度公差/μm	
	≤30	>30
	0.8	1.6

端面接触不动的支承面（法兰等）	垂直度公差/（μm/100mm）		
	≤25	60	>60
	1.6	3.2	6.3

箱体分界面（减速器）	类　型	有　垫　片	无　垫　片
	密 封 的	3.2~6.3	0.8~1.6
	不密封的	6.3~12.5	6.3~12.5
和其他零件接触但不是配合面		3.2~6.3	

凸轮和靠模工作面	线轮廓度公差/μm			
	≤6	30	50	>50
用刀口或滑块	0.4	0.8	1.6	3.2
用滚柱	0.8	1.6	3.2	6.3

V带轮和平带轮工作表面	带 轮 直 径/mm		
	≤120	>120~315	>315
	1.6	3.2	6.3

摩擦传动中的工作表面	和尺寸大小及工作条件有关
	0.2~0.8

摩擦件工作表面	摩擦片、离合器	压块式	离合器	片　式
		1.6~3.2	0.8~1.6	0.1~0.8
	制动鼓轮	鼓轮直径/mm		
		≤500		>500
		0.8~1.6		1.6~6.3

圆锥结合工作面	密封结合	对中结合	其　他
	0.1~0.4	0.4~1.6	1.6~6.3

键 结 合	类　型		键	轴上键槽	毂上键槽
	不动结合	工作面	3.2	1.6~3.2	1.6~3.2
		非工作面	6.3~12.5	6.3~12.5	6.3~12.5
	用导向键	工作面	1.6~3.2	1.6~3.2	1.6~3.2
		非工作面	6.3~12.5	6.3~12.5	6.3~12.5

渐开线花键结合	类　型	孔 槽	轴 齿	定心面		非定心面	
				孔	轴	孔	轴
	不动结合	1.6~3.2	1.6~3.2	0.8~1.6	0.4~0.8	3.2~6.3	1.6~6.3
	动结合	0.8~1.6	0.4~0.8	0.8~1.6	0.4~0.8	3.2	1.6~6.3

螺　纹	类　型	螺纹精度等级		
		4、5	6、7	8、9
	紧固螺纹	1.6	3.2	3.2~6.3
	在轴上、杆上和套上螺纹	0.8~1.6	1.6	3.2
	丝杠和起重螺纹	—	0.4	0.8
	丝杠螺母和起重螺母	—	0.8	1.6

齿轮和蜗轮传动	类　型	精 度 等 级								
		3	4	5	6	7	8	9	10	11
	直齿、斜齿、人字齿蜗轮（圆柱）齿面	0.1~0.2	0.2~0.4	0.2~0.4	0.4	0.4~0.8	1.6	3.2	6.3	6.3
	锥齿轮齿面			0.2~0.4	0.4~0.8	0.4~0.8	0.8~1.6	1.6~3.2	3.2~6.3	6.3
	蜗杆牙型面	0.1	0.2	0.2~0.4	0.4	0.4~0.8	0.8~1.6	1.6~3.2		
	根　圆	和工作面同或接近的更粗些的优先数								
	顶　圆	3.2~12.5								

（续）

链　轮	类　型	应　用　精　度	
		普　通　的	提　高　的
	工作表面	3.2~6.3	1.6~3.2
	根　圆	6.3	3.2
	顶　圆	3.2~12.5	3.2~12.5

分度机构表面如分度板、插销	定　位　精　度/μm					
	≤4	6	10	25	63	>63
	0.1	0.2	0.4	0.8	1.6	3.2

齿轮、链轮和蜗轮的非工作端面	3.2~12.5	影响零件平衡的表面	直　径		
孔和轴的非工作表面	6.3~12.5		≤180	>180~500	>500
倒角、倒圆、退刀槽等	3.2~12.5		1.6~3.2	6.3	12.5~25
螺栓、螺钉等用的通孔	25	光学读数的精密刻度尺	0.025~0.05		
精制螺栓和螺母	3.2~12.5	普通精度刻度尺	0.8~1.6		
半精制螺栓和螺母	25	刻度盘	0.8		
螺钉头表面	3.2~12.5	操纵机构表面(如手轮、手柄)指示表面、其他需光整表面	0.4~1.6		
压簧支承表面	12.5~25		抛光或镀层		
床身、箱体上的槽和凸起	12.5~25	离合器、支架、轮辐等和其他件不接触的表面	6.3~12.5		
准备焊接的倒棱	50~100				
在水泥、砖或木质基础上的表面	100或更大	高速转动的凸出面(轴端等)	1.6~6.3		
对疲劳强度有影响的非结合面	0.2~0.4 抛光	外观要求高的表面	6.3		
影响蒸汽和气流的表面	特别精密	0.2 抛光	其他表面	中小零件	3.2~12.5
	一般	0.8~1.6		大零件	6.3~25

注：本表数据仅供参考。

表 1-61　一些零件表面的粗糙度高度参数值和附加参数值要求

表　面	$Ra/\mu m$	$t_p(\%)$ $c=20\%$	l/mm	表　面	$Ra/\mu m$	$t_p(\%)$ $c=20\%$	l/mm
和滑动轴承配合的支承轴颈	0.32 $Rz=1\mu m$	30	0.8	铸铁箱体的主要孔	1.0~2.0		0.8
				钢箱体上的主要孔	0.63~1.6		0.8
和青铜轴瓦配合的支承轴颈	0.40	15	0.8	箱体和盖的结合面	$Rz=10\mu m$		2.5
和巴比特合金轴瓦配合的支承轴颈	0.25	20	0.25	机床滑动导轨	普通的	0.63		0.8
和铸铁轴瓦配合的支承轴颈	0.32	40	0.8		高精度的	0.10	15	0.25
和石墨片轴瓦配合的支承轴颈	0.32	40	0.8		重型的	1.6		0.25
滚动轴承配合的支承轴颈滚动轴承的钢球和滚柱的工作面	0.8		0.8	滚动导轨	0.16		0.25
				缸体工作面	0.40	40	0.8
				活塞环工作面	0.25		0.25
保证摩擦为选择性转移情况的表面	0.25	15	0.25	曲轴轴颈	0.32	30	0.8
和齿轮孔配合的轴颈	1.6		0.8	曲轴连杆轴颈	0.25	20	0.25
按疲劳强度设计的轴表面		60	0.8	活塞侧缘	0.80		0.8
喷镀过的滑动摩擦面	0.08	10	0.25	活塞上的活塞销孔	0.50		0.8
准备喷镀的表面	$Rz=125\mu m, S_m=0.5mm$		0.8	活塞销	0.25	15	0.8
电化学镀层前的表面	0.2~0.8		0.8	分配轴轴颈和凸轮部分	0.32	30	0.8
齿轮配合孔	0.5~2.0		0.8	油针偶件	0.08	15	0.25
齿轮齿面	0.63~1.25		0.8	摇杆小轴孔和轴颈	0.63		0.8
蜗杆牙侧面	0.32		0.25	腐蚀性的表面	0.063	10	0.25

注：本表数据仅供参考。

1.5　齿轮基础知识

1.5.1　齿轮的总论及代号

1. 总论

齿轮传动具有传动比准确，可用的传动比、圆周速度和传递功率的范围都很大，以及传动效率高，使用寿命长，结构紧凑，工作可靠等一系列优点。因此，齿轮传动是各种机器中应用最广的机械传动形式之一；齿轮是机械工业中重要的基础件。

齿轮传动在使用上也受某些条件的限制：如制造工艺较复杂，成本较高，特别是高精度齿轮；是一种轮齿啮合传动，无过载自保护功能（同带传动比较）；中心距通常不能调整，并且可用的范围小（同带传动、链传动比较），单纯的齿轮传动无法组成无级变速传动（同带传动、摩擦传动比较）；使用和维护的要求高。齿轮传动虽然存在这些局限性，但只要选用适当，考虑周到，齿轮传动总是不失为一种最可靠、最经济、用得最多的传动形式。

2. 齿轮传动的分类

齿轮传动的种类很多，目前还没有一种统一的分类方法，图 1-12 所示的分类可供参考。

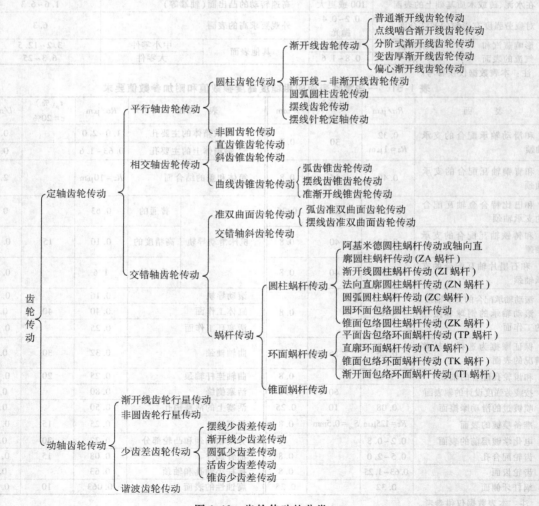

图 1-12　齿轮传动的分类

3. 齿轮几何要素代号

1998年，国际标准化组织正式发布 ISO 701：1998《International gear notation Sybols for geometrical data》英文版标准，我国在等同采用这个标准的基础上，制定了标准 GB/T 2821—2003《齿轮几何要素代号》。

标准中给出的代号由主代号和下标两部分组成：

主代号—由单个基本字母组成，见表 1-62；

下标—用来限定主代号，见表 1-63~表 1-65。

几何要素代号组合的主要规则如下：

1）代号由主代号组成。主代号可有一个或多个下标，或有一个上标。

2）主代号可以是单独的大写字母或小写字母。字母应是拉丁文或斜体的希腊字母。

3）数字下标为整数，小数或罗马数字。一个代号仅能有一个数字下标。

4）所有下标均应标在同一线上，并低于主代号。

5）划了线条的代号（上面或下面划了线条），除指数外的上标、前置下标、前置上标、二次下标、二次上标及破折号均应避免使用。

作为下标的同一字母可以有不同的含义，根据下标定义的符号而定。表 1-63 给出了常用下标；表 1-64 给出了两个或三个字母的缩写下标；表 1-65 给出了数字下标。下标与主代号一起使用作为一个代号。

当使用一个以上的下标符号时，推荐用表 1-66 给出的顺序。

表 1-67 给出了齿轮几何要素代号示例。

表 1-62 主要几何要素代号

代 号	意 义	代 号	意 义
a	中心距	u	齿数比
b	齿宽	w	跨 k 个齿的公法线长度
c	顶隙和根隙	x	径向变位系数
d	直径、分度圆直径	y	中心距变动系数
e	齿槽宽	z	齿数
g	接触轨迹长度	α	压力角
h	齿高（全齿高、齿顶高、齿根高）	β	螺旋角
i	总传动比	γ	导程角
j	侧隙	δ	锥角
M	量柱或量球的测量距	ε	重合度
m	模数	η	槽宽半角
p	齿距、导程	θ	锥齿轮的压力角
q	蜗杆的直径系数	ρ	曲率半径
R	锥距	Σ	轴交角
r	半径	ψ	齿厚半角
s	齿厚		

表 1-63 常用下标

代 号	意 义	代 号	意 义	代 号	意 义
a	顶	n	法向	y	任意点
b	基圆	p	基本齿条齿廓	z	导程
e	外	r	半径的	α	齿廓
f	根	t	端平面	β	螺旋方向上（齿向）
i	内	u	有效的	γ	总的
k	跨齿数	w	啮合状态		
m	平均	x	轴向		

表 1-64　缩写下标

下　标	意　义	下　标	意　义
act	实际的	min	最小的
max	最大的	pr	突台

表 1-65　数字下标

下　标	意　义	下　标	意　义
0	刀具	3	标准齿轮
1	小轮	…	其他齿轮
2	大轮		

表 1-66　下标顺序

下　标	意　义	下　标	意　义
a、b、m、f	圆柱或圆锥	n、r、t、x	平面或方向
e、i	外、内	max、min	缩写
pr	突起	0,1,2,3,…	齿轮

表 1-67　代号示例

代　号	定　义	代　号	定　义
u	齿数比	d_1	小轮的分度圆直径
m_n	法向模数	d_{w2}	大轮的节圆直径
a_{wt}	端面啮合角	R_2	大轮的锥距

1.5.2　渐开线圆柱齿轮原始齿廓及其参数

1. 通用机械和重型机械用圆柱齿轮标准基本齿条齿廓

1998 年，国际标准化组织发布了新的圆柱齿轮基本齿条齿廓标准 ISO 53：1998《Cylin-drical gears for general and heavy egineering-Standard basic tooth profile》。我国等同采用这个标准，转化成为 GB/T 1356—2001《通用机械和重型机械用圆柱齿轮　标准基本齿条齿廓》，以替代 GB 1356—1988《渐开线圆柱齿轮基本齿廓》。

GB/T 1356—2001 规定了通用机械和重型机械用渐开线圆柱齿轮（外齿或内齿）的标准基本齿条齿廓的几何参数。此标准齿廓没有考虑内齿轮齿高可能进行的修正，因此内齿轮对不同情况应分别计算。标准中也不包括对刀具的定义，但为了获得合适的齿廓，可以根据标准基本齿条的齿廓来规定刀具的参数。

（1）标准基本齿条齿廓　标准基本齿条齿廓是指基本齿条的法向截面齿廓，基本齿条相当于齿数 $z=\infty$，直径 $d=\infty$ 的外齿轮，如图 1-13 所示。

图 1-13 中的相啮标准齿条齿廓是指齿条齿廓在基准线 $P—P$ 上对称于标准基本齿条齿廓，且相对于标准基

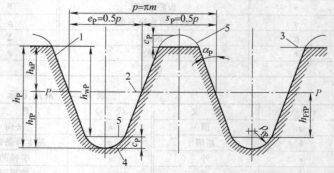

图 1-13　标准基本齿条齿廓和相啮标准基本齿条齿廓
1—标准基本齿条齿廓　2—基准线　3—齿顶线
4—齿根线　5—相啮标准基本齿条齿廓

本齿条齿廓的半个齿距的齿廓（图1-13）。

图1-13中各代号的意义和单位列于表1-68；标准基本齿条齿廓的几何参数列于表1-69。

表 1-68　代号的意义和单位

符号	意　　　义	单位
c_P	标准基本齿条轮齿与相啮标准基本齿条轮齿之间的间隙	mm
e_P	标准基本齿条轮齿齿槽宽	mm
h_{aP}	标准基本齿条轮齿齿顶高	mm
h_{fP}	标准基本齿条轮齿齿根高	mm
h_{FfP}	标准基本齿条轮齿齿根直线部分的高度	mm
h_P	标准基本齿条的齿高	mm
h_{wP}	标准基本齿条轮齿和相啮标准基本齿条轮齿的有效高度	mm
m	模数	mm
p	齿距	mm
s_P	标准基本齿条轮齿的齿厚	mm
u_{FP}	挖根量	mm
a_{FP}	挖根角	(°)
a_P	压力角	(°)
ρ_{fP}	基本齿条的齿根圆角半径	mm

表 1-69　标准基本齿条齿廓的几何参数

项　目	标准基本齿条值	项　目	标准基本齿条值
a_P	20°	h_{fP}	$1.25m$
h_{aP}	$1m$	ρ_{fP}	$0.38m$
c_P	$0.25m$		

标准基本齿条齿廓的几何关系如下。

1）标准基本齿条齿廓的齿距为 $p=\pi m$。

2）在 h_{aP} 加 h_{FfP} 的高度上齿廓的齿侧面为直线。

3）P—P线上的齿厚等于齿槽宽，即齿距的一半。

$$s_P = e_P = \frac{p}{z} = \frac{\pi m}{2}$$

式中，代号的意义见表1-62、表1-68。

4）标准基本齿条齿廓的齿侧面与基准线的垂线之间的夹角为压力角 a_P。

5）齿顶线和齿根线分别平行于基准线P—P，且距P—P线之间距离分别为 h_{aP} 和 h_{fP}。

6）标准基本齿条齿廓和相啮标准基本齿条齿廓的有效齿高 h_{wP} 等于 $2h_{aP}$。

7）标准基本齿条齿廓的参数用P—P线作为基准。

8）标准基本齿条的齿根圆角半径 ρ_{fP} 由标准间隙 c_P 确定。

对于 $a_P=20°$，$c_P \leqslant 0.295m$，$h_{FfP}=1m$ 的基本齿条

$$\rho_{fPmax} = \frac{c_P}{1-\sin a_P}$$

式中　ρ_{fPmax}——基本齿条的最大齿根圆角半径；其他代号意义见表1-68。

对于 $a_P=20°$，$0.295m < c_P \leqslant 0.396m$ 的基本齿条

$$\rho_{fPmax} = \frac{(\pi m)/4 - h_{fP}\tan a_P}{\tan[(90°-a_P)/2]}$$

式中，代号的意义见表 1-67 和表 1-68。

基本齿条的最大齿根圆角半径 ρ_{fPmax} 的圆心在齿槽的中心线上。

实际齿根圆角（在有效齿廓以外）会随一些影响因素的不同而变化，如制造方法、齿廓修形、齿数等。

9）标准基本齿条齿廓的参数 c_{P}、h_{aP}、h_{fP} 和 h_{wP} 也可以表示为模数的倍数，即相对于 $m = 1\mathrm{mm}$ 时的值，可加一个星号表示，例如 $h_{\mathrm{fP}} = h_{\mathrm{fP}}^* m$。

（2）不同使用场合下推荐的基本齿条齿廓

1）基本齿条齿廓几何参数和应用。在不同使用场合下推荐的基本齿条齿廓几何参数列于表 1-70。

表 1-70　基本齿条齿廓

项目代号	基本齿条齿廓类别			
	A	B	C	D
a_{P}	20°	20°	20°	20°
h_{aP}	$1m$	$1m$	$1m$	$1m$
c_{P}	$0.25m$	$0.25m$	$0.25m$	$0.4m$
h_{fP}	$1.25m$	$1.25m$	$1.25m$	$1.4m$
ρ_{fP}	$0.38m$	$0.3m$	$0.25m$	$0.39m$

A 型标准基本齿条齿廓推荐用于传递大转矩的齿轮。

根据不同的使用要求可以使用替代的基本齿条齿廓（GB/T 1356—2001 提示的附录）。

B 型和 C 型基本齿条齿廓推荐用于普通的场合。用一些标准滚刀加工时，可以用 C 型。

D 型基本齿条齿廓的齿根圆角为单圆弧。当保持最大齿根圆角半径时，增大的齿根高（$h_{\mathrm{fP}} = 1.4m$，齿根圆角半径 $\rho_{\mathrm{fP}} = 0.39m$）使得精加工刀具能在没有干涉的情况下工作。这种齿廓推荐用于高精度、传递大转矩的齿轮；齿廓精加工用磨齿或剃齿，并要小心避免齿根圆角处产生凹痕，凹痕会导致应力集中。

2）具有挖根的基本齿条齿廓。具有给定挖根量 u_{FP} 和挖根角 α_{FP} 的基本齿条齿廓如图 1-14 所

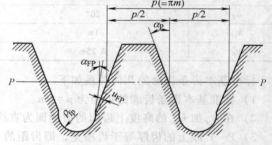

图 1-14　具有给定挖根量的基本齿条齿廓

示。这种齿廓用带凸台的刀具切齿并用磨齿或剃齿精加工齿轮。u_{FP} 和 α_{FP} 的值取决于一些影响因素，如加工方法等。

2. 小模数渐开线圆柱齿轮标准基本齿条齿廓

对于模数 $m < 1\mathrm{mm}$ 的小模数渐开线圆柱齿轮，其基本齿廓应采用现行的 GB/T 2363—1990《小模数渐开线圆柱齿轮基本齿廓》，其参数如下：

1）压力角 $\alpha = 20°$。

2）齿顶高 $h_{\mathrm{a}} = h_{\mathrm{a}}^* m$（$h_{\mathrm{a}}^* = 1$）工作齿高 $h'_{\mathrm{w}} = 2m$，在工作齿高部分的齿形是直线。

3）齿距 $\rho = \pi m$，中线上的齿厚和齿槽宽度相等。

4）顶隙 $c = c^* m$（$c^* = 0.35$）。

5）齿根圆角半径 $\rho_{\mathrm{f}} \leqslant 0.2m$。

1.5.3　圆弧齿轮原始齿廓及其参数

加工凸齿的滚刀法面齿形如图 1-15a 所示，加工凹齿的滚刀法面齿形如图 1-15b 所示，滚刀的

法面齿形参数和接触点处侧隙见表1-71。

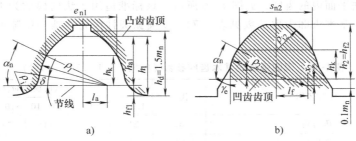

图 1-15 单圆弧齿轮滚刀法面齿形

a）加工凸齿用 b）加工凹齿用

表 1-71 单圆弧齿轮滚刀法面齿形参数

参数名称	代　号	加工凸齿	加工凹齿	
		$m_n = 2 \sim 30mm$	$m_n = 2 \sim 6mm$	$m_n = 7 \sim 30mm$
压力角	α	30°	30°	
接触点到节线距离	h_k	$0.75m_n$	$0.75m_n$	
全齿高	h	$h_1 = 1.5m_n$	$h_2 = 1.36m_n$	
齿顶高	h_a	$h_{a1} = 1.2m_n$	$h_{a2} = 0$	
齿根高	h_f	$h_{f1} = 0.3m_n$	$h_{f2} = 1.36m_n$	
齿廓圆弧半径	ρ_a,ρ_f	$\rho_a = 1.5m_n$	$\rho_f = 1.65m_n$	$\rho_f = 1.655m_n + 0.6$
齿廓圆心移距量	x_a,x_f	$x_a = 0$	$x_f = 0.075m_n$	$x_f = 0.025m_n + 0.3$
齿廓圆心偏移量	l_a,l_f	$l_a = 0.529m_n$	$l_f = 0.6289m_n$	$l_f = 0.5523m_n + 0.5196$
接触点处齿厚	$\bar{s}_a,\bar{s}_f$	$\bar{s}_a = 1.54$	$\bar{s}_f = 1.5416m_n$	$\bar{s}_f = 1.5616m_n$
接触点处槽宽	$\bar{e}_a,\bar{e}_f$	$\bar{e}_a = 1.6016m_n$	$\bar{e}_f = 1.60m_n$	$\bar{e}_f = 1.58m_n$
接触点处侧隙	j	—	$0.06m_n$	$0.04m_n$
凸齿工艺角	δ_a	8°47′34″	—	
凹齿齿顶倒角	γ_e	—	30°	
凹齿齿顶倒角高度	h_e	—	$0.25m_n$	
齿根圆弧半径	r_g	$0.6248m_n$	$0.6227m_n$	$\dfrac{2.935m_n + 0.9}{2}$ $\dfrac{l_f^2}{2(0.165m_n + 0.3)}$

注：本表依据的标准虽已被替代，但考虑到有一些工厂仍在使用此齿形生产单圆弧齿轮，在此列出相关参数供查阅。

1.5.4 双圆弧齿轮原始齿廓及其参数

我国使用的双圆弧齿轮的基本齿廓是分阶式双圆弧齿廓。其基本齿廓是将凸、凹齿廓进行切向变位，凸凹齿之间用过渡圆弧相连，呈现台阶形，从而加大了齿根厚度。这种齿廓啮合时，非工作齿面间形成较大的空隙，既避免了非工作齿面的接触，又增加了保存齿面润滑油的空间。同时，加大的齿根厚度，可提高圆弧齿轮的弯曲强度。

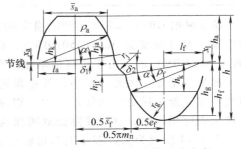

图 1-16 双圆弧圆柱齿轮基本齿廓

　　我国在 1991 年颁布了 GB/T 12759—1991《双圆弧圆柱齿轮 基本齿廓》。标准中规定的基本齿廓是指基本齿条在法平面内的齿廓，如图 1-16 所示。该标准适用于法向模数为 1.5~50mm 的双圆弧圆柱齿轮传动，其基本齿廓齿形参数见表 1-72，双圆弧圆柱齿轮的啮合侧隙见表 1-73。侧隙是由基本齿廓决定的。

表 1-72　双圆弧齿轮基本齿廓参数（根据 GB/T 12759—1991）

序号	参数名称	代号	法向模数 m_n/mm					
			1.5~3	>3~6	>6~10	>10~16	>16~32	>32~50
1	压力角	α_0	24°	24°	24°	24°	24°	24°
2	全齿高	h^*	2	2	2	2	2	2
3	齿顶高	h_a^*	0.9	0.9	0.9	0.9	0.9	0.9
4	齿根高	h_f^*	1.1	1.1	1.1	1.1	1.1	1.1
5	凸齿齿廓圆弧半径	ρ_a^*	1.3	1.3	1.3	1.3	1.3	1.3
6	凹齿齿廓圆弧半径	ρ_f^*	1.420	1.410	1.395	1.380	1.360	1.340
7	凸齿齿廓圆心移距量	x_a^*	0.0163	0.0163	0.0163	0.0163	0.0163	0.0163
8	凹齿齿廓圆心移距量	x_f^*	0.0325	0.0285	0.0224	0.0163	0.0081	0.0000
9	凸齿齿廓圆心偏移量	l_a^*	0.6289	0.6289	0.6289	0.6289	0.6289	0.6289
10	凹齿齿廓圆心偏移量	l_f	0.7086	0.6994	0.6957	0.6820	0.6638	0.6455
11	凸齿接触点处弦齿厚	$\overline{s}_a^*$	1.1173	1.1173	1.1173	1.1173	1.1173	1.1173
12	接触点到接节线的距离	h_k^*	0.5450	0.5450	0.5450	0.5450	0.5450	0.5450
13	过渡圆弧和凸齿圆弧的切点到节线的距离	h_{ja}	0.16	0.16	0.16	0.16	0.16	0.16
14	过渡圆弧和凹齿圆弧的切点到节线的距离	h_{jf}	0.20	0.20	0.20	0.20	0.20	0.20
15	凹齿接触点处槽宽	$\overline{e}_f^*$	1.1173	1.1173	1.1573	1.1573	1.1573	1.1573
16	凹齿接触点处弦齿厚	$\overline{s}_f^*$	1.9643	1.9643	1.9843	1.9843	1.9843	1.9843
17	凸齿工艺角	δ_1	6°20′52″	6°20′52″	6°20′52″	6°20′52″	6°20′52″	6°20′52″
18	凹齿工艺角	δ_2	9°25′31″	9°19′30″	9°10′21″	9°0′59″	8°48′11″	8°35′01″
19	过渡圆弧半径	r_j^*	0.5049	0.5043	0.4884	0.4877	0.4868	0.4858
20	齿根圆弧半径	r_g^*	0.4030	0.4004	0.3710	0.3663	0.3595	0.3520
21	齿根圆弧和凹齿圆弧的切点到节线的距离	h_g^*	1.0186	1.0168	1.0236	1.0210	1.0176	1.0145

注：表中带 * 号的尺寸参数，是指该尺寸与法向模数的比值，例如：$h^* = h/m_n$；$\rho_a^* = \rho_a/m_n$ 等。

表 1-73　双圆弧圆柱齿轮的啮合侧隙

法向模数 m_n/mm	1.5~3	>3~6	>6~10	>10~16	>16~32	>32~50
侧隙 j/mm	$0.06m_n$	$0.05m_n$	$0.04m_n$	$0.04m_n$	$0.04m_n$	$0.04m_n$

　　通常根据 GB/T 12759—1991 确定的双圆弧齿轮基本齿廓用作软齿面（硬度<320HBW）和中硬齿面（硬度为 320~350HBW）；在高速传动中（线速度 v>50m/s）也有做成硬齿面（硬度>58HRC）的。由于齿高的增加，弯曲强度约成平方降低；齿面硬度增加，齿面接触强度约成平方增加。因此，对中、低速齿轮传动，采用硬齿面双圆弧齿轮，其齿面接触强度大幅度增加，能传递更大的转矩。为了相应提高硬齿面双圆弧齿轮的弯曲强度，使其接触强度与弯曲强度相匹配，就需要降低双圆弧齿轮齿形的齿高，因此出现了超短齿硬齿面双圆弧齿轮。表 1-74 所列为太原理工大学齿轮研究所提出的并且在冶金机械、石油机械和煤矿机械中得到应用的超短齿硬齿面双圆弧齿轮齿廓参数，其齿形齿廓简图与 GB/T 12759—1991 相似，如图 1-16 所示。

表 1-74　FDPH-79 型超短齿双圆弧齿轮基本齿廓参数

序号	参数名称	代号	法向模数 m_n/mm			
			1.5~3	>3~6	>6~10	>10~16
1	压力角	α_0	30°	30°	30°	30°
2	全齿高	h^*	1.45	1.45	1.45	1.45
3	齿顶高	h_a^*	0.65	0.65	0.65	0.65
4	齿根高	h_f^*	0.8	0.8	0.8	0.8
5	凸齿齿廓圆弧半径	ρ_a^*	0.75	0.75	0.75	0.75
6	凹齿齿廓圆弧半径	ρ_f^*	0.90	0.87	0.85	0.84
7	凸齿齿廓圆心移距量	x_a^*	0.035	0.03	0.025	0.0225
8	凹齿齿廓圆心移距量	x_f^*	0.04	0.03	0.025	0.0225
9	凸齿齿廓圆心偏移量	l_a^*	0.0937	0.0900	0.0840	0.0748
10	凹齿齿廓圆心偏移量	l_f	0.1936	0.1690	0.1057	0.1327
11	凸齿接触点处弦齿厚	$\bar{s}_a^*$	1.1116	1.1190	1.1310	1.1495
12	凹齿接触点处槽宽	$\bar{e}_f^*$	1.1716	1.1690	1.1710	1.1895
13	接触点到接节线的距离	h_k^*	0.41	0.405	0.4	0.3975
14	凸齿工艺角	δ_1	6°30′	6°30′	6°30′	6°30′
15	凹齿工艺角	δ_2	10°	10°	10°	10°
16	过渡圆弧半径	r_j^*	0.2773	0.2695	0.2471	0.2471
17	齿根圆弧半径	r_g^*	0.5576	0.4932	0.3836	0.3280
18	侧隙	j^*	0.06	0.05	0.04	0.04

注：表中带 * 号的尺寸参数，是指该尺寸与法向模数的比值，例如：$h^* = h/m_n$；$\rho_a^* = \rho_a/m_n$ 等。

1.5.5　渐开线齿轮的模数系列

渐开线圆柱齿轮模数的现行标准是 GB/T 1357—2008《通用机械和重型机械用圆柱齿轮　模数》，其模数见表 1-75。表中模数的代号为 m，其单位为 mm。对于斜齿轮是指法向模数 m_n，选用时优先采用第一系列，括号内的模数尽可能不用。

表 1-75　渐开线圆柱齿轮模数

系　列		系　列		系　列	
I	II	I	II	I	II
1		4			14
1.25	1.125		4.5	16	
	1.375	5			18
1.5			5.5	20	
	1.75	6			22
2		7		25	
	2.25	8			28
2.5		9		32	
	2.75	10			36
3		11		40	45
	3.5	12		50	

1.5.6　渐开线齿轮新旧公差精度对照精度组合与选择

设计齿轮时，必须按照使用要求确定其精度等级。国家颁布了 GB/T 10095.1—2008 与 GB/T

10095.2—2008 两项渐开线圆柱齿轮精度标准和配套使用的有关检验实施规范的四项指导性技术文件，共同组成了一个渐开线圆柱齿轮精度的标准体系，见表 1-76。

表 1-76　齿轮精度标准体系的构成

序号	项　目	名　　　称	采用 ISO 标准程度及文件号
1	GB/T 10095.1—2008	渐开线圆柱齿轮　精度　第 1 部分：轮齿同侧齿面偏差的定义和允许值	等同采用 ISO 1328-1:1995
2	GB/T 10095.2—2008	渐开线圆柱齿轮　精度　第 2 部分：径向综合偏差与径向跳动的定义和允许值	等同采用 ISO 1328-2:1997
3	GB/Z 18620.1—2008	圆柱齿轮　检验实施规范　第 1 部分：轮齿同侧齿面的检验	等同采用 ISO/TR 10064-1:1992
4	GB/Z 18620.2—2008	圆柱齿轮　检验实施规范　第 2 部分：径向综合偏差、径向跳动、齿厚和侧隙的检验	等同采用 ISO/TR 10064-2:1992
5	GB/Z 18620.3—2008	圆柱齿轮　检验实施规范　第 3 部分：齿轮坯、轴中心距和轴线平行度的检验	等同采用 ISO/TR 10064-3:1996
6	GB/Z 18620.4—2008	圆柱齿轮　检验实施规范　第 2 部分：表面结构和轮齿接触斑点的检验	等同采用 ISO/TR 10064-4:1998

1. 齿轮精度标准适用范围

（1）适用范围　GB/T 10095.1—2008 和 GB/T 10095.2—2008 适用于基本齿廓符合 GB/T 1356—2001《通用机械和重型机械用圆柱齿轮 标准基本齿条齿廓》规定的单个渐开线圆柱齿轮。

1）GB/T 10095.1—2008 对法向模数 $m_n \geqslant 0.5 \sim 70$mm、分度圆直径 $d \geqslant 5 \sim 10000$mm、齿宽 $b \geqslant 4 \sim 1000$mm 的单个渐开线圆柱齿轮规定了轮齿同侧齿面偏差的定义和允许值。

2）GB/T 10095.2—2008 对法向模数 $m_n \geqslant 0.2 \sim 10$mm、分度圆直径 $d \geqslant 5 \sim 1000$mm 的单个渐开线圆柱齿轮规定了径向综合偏差与径向跳动的定义和允许值。

上述两项标准不适用于渐开线圆柱齿轮副。

（2）使用要求　使用 GB/T 10095.1—2008 的各方，应十分熟悉 GB/Z 18620.1—2008《圆柱齿轮　检验实施规范　第 1 部分：轮齿同侧齿面的检验》所叙述的检验方法和步骤。如不使用上述方法和技术而采用 GB/T 10095.1—2008 规定的允许值是不适宜的。

2. 齿轮偏差的定义及代号

齿轮各项偏差的定义及代号见表 1-77。

表 1-77　齿轮偏差的定义及代号

序号	名称	代号	定　　义	标准号
1	齿距偏差			
1.1	单个齿距偏差	f_{pt} $\pm f_{pt}$	在端平面上，在接近齿高中部的一个与齿轮轴线同心的圆上，实际齿距与理论齿距的代数差（图 1-17）	
1.2	齿距累积偏差	F_{pk}	任意 k 个齿距的实际弧长与理论弧长的代数差（见图 1-17）。理论上它等于这 k 个齿距的各单个齿距偏差的代数和	GB/T 10095.1—2008
1.3	齿距累积总偏差	F_p	齿轮同侧齿面任意弧段（$k=1$ 至 $k=z$）内的最大齿距累积偏差。它表现为齿距累积偏差曲线的总幅值	
2	齿廓偏差		实际齿廓偏离设计齿廓的量，该量在端平面内沿垂直于渐开线齿廓的方向计值	

（续）

序号	名称	代号	定　义	标准号
2.1	齿廓总偏差	F_α	在计值范围（L_α）内，包容实际齿廓迹线的两条设计齿廓迹线间的距离（图 1-18a）	GB/T 10095.1—2008
2.2	齿廓形状偏差	$f_{f\alpha}$	在计值范围（L_α）内，包容实际齿廓迹线的两条与平均齿廓迹线完全相同的曲线间的距离。且两条曲线与平均齿廓迹线的距离为常数（图 1-18b）	
2.3	齿廓倾斜偏差	$f_{H\alpha}$	在计值范围（L_α）的两端与平均齿廓迹线相交的两条设计齿廓迹线间的距离（图 1-18c）	
3	螺旋线偏差		在端面基圆切线方向上测得的实际螺旋线偏离设计螺旋线的量	
3.1	螺旋线总偏差	F_β	在计值范围（L_β）内，包容实际螺旋线迹线的两条设计螺旋线迹线间的距离（图 1-19a）	GB/T 10095.1—2008
3.2	螺旋线形状偏差	$f_{f\beta}$	在计值范围（L_β）内，包容实际螺旋线迹线的两条与平均螺旋线迹线完全相同的曲线间的距离。且两条曲线与平均螺旋线迹线的距离为常数（图 1-19b）	
3.3	螺旋线倾斜偏差	$f_{H\beta}$	在计值范围（L_β）的两端与平均螺旋线迹线相交的两条设计螺旋线迹线间的距离（图 1-19c）	
4	切向综合偏差	F_i'	被测齿轮与测量齿轮单面啮合检验时，被测齿轮一转内，齿轮分度圆上实际圆周位移与理论圆周位移的最大差值（图 1-20）	GB/T 10095.1—2008
4.1	切向综合总偏差			
4.2	一齿切向综合偏差	f_i'	在一个齿距内的切向综合偏差（图 1-20）	
5	径向综合偏差	F_i''	在径向（双面）综合检验时，产品齿轮的左、右齿面同时与测量齿轮接触，并转过一整圈时，出现的中心距最大值与最小值之差（图 1-21）	GB/T 10095.2—2008
5.1	径向综合总偏差			
5.2	一齿径向综合偏差	f_i''	当产品齿轮啮合一整圈时，对应一个齿距（360°/z）的径向综合偏差值（图 1-21）	
6	径向跳动 径向跳动公差	F_r	测头（球形、圆柱形、砧形）相置 t 于每个齿槽内时，从它到齿轮轴线的最大和最小径向距离之差。检查中，测头在近似齿高中部与左右齿面接触（图 1-22）	GB/T 10095.2—2008

3. 齿轮精度等级及其选择

（1）精度等级

1）GB/T 10095.1—2008 对单个渐开线圆柱齿轮规定了 13 个精度等级，按 0～12 数序由高到低顺序排列，其中 0 级精度最高，12 级精度最低。

2）GB/T 10095.2—2008 对单个渐开线圆柱齿轮的径向综合偏差（F_i''、f_i''）规定了 4～12 共九个精度等级，其中 4 级精度最高，12 级精度最低。

0～2 级精度的齿轮要求非常高，各项偏差的公差很小，是有待发展的精度等级。通常，将 3～5 级称为高精度等级，6～8 级称为中等精度等级，9～12 级称为低精度等级。

（2）精度等级的选择

1）一般情况下，在给定的技术文件中，如所要求的齿轮精度为 GB/T 10095.1—2008（或 GB/T 10095.2—2008）的某个精度等级，则齿距偏差、齿廓偏差、螺旋线偏差（或径向综合偏差、径向圆跳动）的公差均按该精度等级。然而，按协议，对工作齿面和非工作齿面可规定不同的精度等级，或对于不同的偏差项目可规定不同的精度等级。另外，也可仅对工作齿面规定所要求的精度等级。

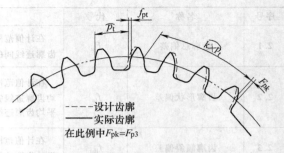

图 1-17　齿距偏差与齿距累积偏差

2）径向综合偏差不一定与 GB/T 10095.1—2008 中的偏差项目选用相同的精度等级。

3）选择齿轮精度时，必须根据其用途、工作条件等来确定。即必须考虑齿轮的工作速度、传递功率、工作的持续时间、振动、噪声和使用寿命等方面的要求。精度等级的选用，一般有下述两种方法。

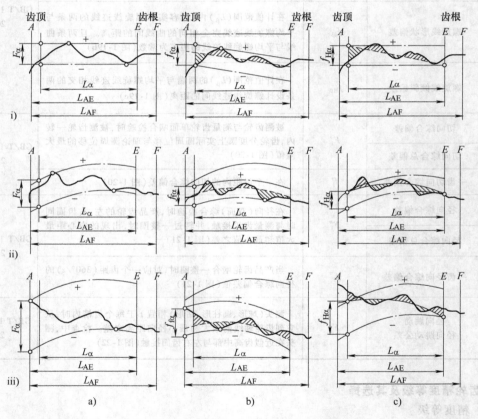

图 1-18　齿廓偏差

a）齿廓总偏差　　b）齿廓形状偏差　　c）齿廓倾斜偏差

L_{AF}—可用长度；L_{AE}—有效长度；L_α—齿廓计值范围

点画线—设计齿廓；粗实线—实际齿廓；虚线—平均齿廓

i）设计齿廓：未修形的渐开线　实际齿廓：在减薄区内具有偏向体内的负偏差；

ii）设计齿廓：修形的渐开线（举例）　实际齿廓：在减薄区内具有偏向体内的负偏差；

iii）设计齿廓：修形的渐开线（举例）　实际齿廓：在减薄区内具有偏向体外的正偏差。

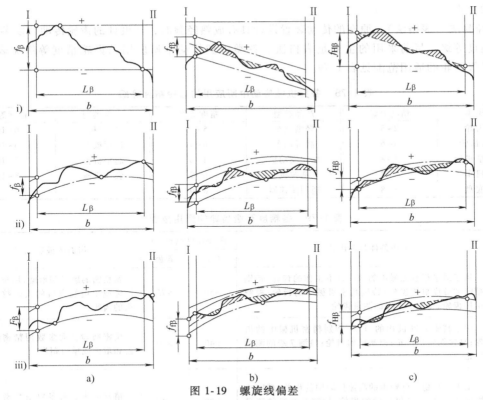

图 1-19　螺旋线偏差

a）螺旋线总偏差　b）螺旋线形状偏差　c）螺旋线倾斜偏差

b—齿轮螺旋线长度（与齿宽成正比）　L_β—螺旋线计值范围

点画线—设计螺旋线　粗实线—实际螺旋线　虚线—平均螺旋线

i）设计螺旋线：未修形的螺旋线　实际螺旋线：在减薄区内具有偏向体内的负偏差；

ii）设计螺旋线：修形的螺旋线（举例）　实际螺旋线：在减薄区内具有偏向体内的负偏差；

iii）设计螺旋线：修形的螺旋线（举例）　实际螺旋线：在减薄区内具有偏向体外的正偏差

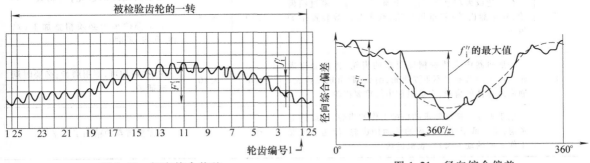

图 1-20　切向综合偏差　　　　　　　图 1-21　径向综合偏差

① 计算法。a. 如果已知传动链末端元件的传动精度要求，则可按传动链误差的传递规律，分配各级齿轮副的传动精度要求，确定齿轮的精度等级。b. 根据传动装置所允许的机械振动，用"机械动力学"和"机械振动学"的理论在确定装置的动态特性过程中确定齿轮的精度要求。c. 根据齿轮承载能力的要求，适当确定齿

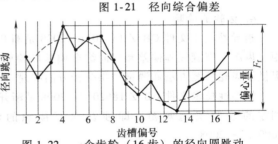

图 1-22　一个齿轮（16 齿）的径向圆跳动

轮精度的要求。

②经验法（表格法）。原有的传动装置设计具有成熟经验时，新设计的齿轮传动可以参照采用相似的精度等级。目前采用的主要是表格法。各类机械传动中所应用的齿轮精度等级见表 1-78；各精度等级齿轮的适用范围见表 1-79。

表 1-78　各类机械传动中所应用的齿轮精度等级

产品类型	精度等级	产品类型	精度等级	产品类型	精度等级
测量齿轮	2~5	轻型汽车	5~8	轧钢机	6~10
涡轮机齿轮	3~6	载货汽车	6~9	矿用绞车	6~10
金属切削机床	3~8	航空发动机	4~8	起重机械	7~10
内燃机车	6~7	拖拉机	6~9	农业机械	8~11
汽车底盘	5~8	通用减速器	6~9		

表 1-79　各精度等级齿轮的适用范围

精度等级	工作条件与适用范围	圆周速度/(m/s)		齿面的最后加工
		直齿	斜齿	
3	用于最平稳且无噪声的极高速下工作的齿轮；特别精密的分度机构齿轮；特别精密机械中的齿轮；控制机构齿轮；检测 5、6 级的测量齿轮	>50	>75	特精密的磨齿和珩磨；用精密滚刀滚齿或单边剃齿后的大多数不经淬火的齿轮
4	用于精密分度机构的齿轮；特别精密机械中的齿轮；高速涡轮机齿轮；控制机构齿轮；检测 7 级的测量齿轮	>40	>70	精密磨齿。大多数用精密滚刀滚齿和珩齿或单边剃齿
5	用于高平稳且低噪声的高速传动中的齿轮；精密机构中的齿轮；涡轮机传动的齿轮；检测 8、9 级的测量齿轮；重要的航空、船用齿轮箱齿轮	>20	>40	精密磨齿。大多数用精密滚刀加工，进而研齿或剃齿
6	用于高速下平稳工作，需要高效率及低噪声的齿轮；航空、汽车用齿轮；读数装置中的精密齿轮；机床传动链齿轮；机床传动齿轮	≤15	≤30	精密磨齿或剃齿
7	在中速或大功率下工作的齿轮；机床变速器进给齿轮；减速器齿轮；起重机齿轮；汽车及读数装置中的齿轮	≤10	≤15	无须热处理的齿轮，用精确刀具加工 对于淬硬齿轮必须精整加工（磨齿、研齿、珩磨）
8	一般机器中无特殊精度要求的齿轮，机床变速齿轮。汽车制造业中不重要齿轮，冶金、起重机械齿轮；通用减速器的齿轮；农业机械中的重要齿轮	≤6	≤10	滚、插齿均可，不用磨齿；必要时剃齿或研齿
9	用于不提出精度要求的粗糙工作的齿轮；因结构上考虑，受载低于计算载荷的传动用齿轮；低速不重要工作机械的动力齿轮；农机齿轮	≤2	≤4	不需要特殊的精加工工序

4. 齿轮的检验

指导性技术文件 GB/Z 18620.1—2008 是渐开线圆柱齿轮轮齿同侧齿面的检验实施规范，即齿距、齿廓、螺旋线等偏差和切向综合偏差的检验实施规范，作为 GB/T 10095.1—2008 的补充，它提供了齿轮检测方法和测量结果分析方面的建议。

指导性技术文件 GB/Z 18620.2—2008 是渐开线圆柱齿轮的径向综合偏差、径向跳动、齿厚和侧隙的检验实施规范，即涉及双面接触的测量方法和测量结果的分析并补充了 GB/T 10095.2—2008。

　　齿轮各项偏差的检验，需要多种测量仪器。首先必须保证齿轮实际工作的轴线与测量过程中的回转轴线重合。

　　测量齿轮所有偏差项目，如单个齿距、齿距累积、齿廓、螺旋线、切向和径向综合偏差、径向跳动、表面粗糙度等，既没有必要，同时也不经济。因为其中有些偏差对于特定齿轮的功能并没有明显影响。另外，有些测量项目可以代替别的一些项目，例如切向综合偏差检验能代替齿距偏差的检验，径向综合偏差检验能代替径向圆跳动的检验等。

　　（1）齿距偏差（f_{pt}、F_{pk}、F_p）的检验

　　1）除另有规定外，齿距偏差均在接近齿高和齿宽中部的位置测量。f_{pt}需对每个轮齿的两侧齿面都进行测量。当齿宽大于 250mm 时，应增加两个测量部位，即在各距齿宽每侧约 15% 的齿宽处测量。

　　2）除另有规定外，F_{pk} 值被限定在不大于 1/8 的圆周上评定。F_{pk} 适用于齿距 k 为 2 到小于 $z/8$ 的范围。通常，检验 $F_{pz/8}$ 值就足够了。如果对于特殊的应用场合（如高速齿轮）还需检验较小的弧段并规定相应的齿距数 k。

　　（2）齿廓偏差（F_α、$f_{f\alpha}$、$f_{H\alpha}$）的检验

　　1）有关定义的说明：

　　① 齿廓偏差。应在齿轮端面内沿垂直于渐开线齿廓的方向计值。如果在齿面的法向测量，应将测量值除以 $\cos\beta_b$ 后再与公差值进行比较。

　　② 设计齿廓。它是指符合设计规定的端面齿廓，可以是修正的理论渐开线，包括修缘齿廓、凸齿廓等。

　　③ 平均齿廓。被测齿面的平均齿廓是设计齿廓迹线的纵坐标减去一条斜直线的纵坐标后得到的一条迹线。这条斜直线使得在计值范围（L_α）内实际齿廓迹线偏差对平均齿廓迹线偏差的平方和为最小。因此，需要用"最小二乘法"确定平均齿廓迹线的位置和倾斜。

　　平均齿廓是用于确定 $f_{f\alpha}$（图 1-18b）和 $f_{H\alpha}$（图 1-18c）的一条辅助齿廓迹线。

　　④ 可用长度（L_{AF}）。等于两条端面基圆切线长度之差。一条从基圆到可用齿廓的外界限点，另一条是从基圆到可用齿廓的内界限点。

　　依据设计，可用长度外界限点被齿顶、齿顶倒棱或齿顶倒圆的起始点（点 A）限定，在朝齿根方向，可用长度的内界限点被齿根圆角或挖根的起始点（点 F）所限定。

　　⑤ 有效长度（L_{AE}）。可用长度对应于有效齿廓的那部分。对于齿顶，L_{AE} 有与可用长度同样的限定（A 点）。对于齿根，有效长度延伸到与之配对齿轮有效啮合的终止点 E（即有效齿廓的起始点）。如不知道配对齿轮，则 E 点为与基本齿条相啮合的有效齿廓的起始点。

　　⑥ 齿廓计值范围（L_α）。可用长度中的一部分，在 L_α 内应遵照规定精度等级的公差。除另有规定外，其长度等于从 E 点开始延伸到有效长度 L_{AE} 的 92%（图 1-19）。

　　对于 L_{AE} 剩余的 8%，即靠近齿顶处的 L_{AE} 与 L_α 之差的区段。齿廓总偏差和齿廓形状偏差按下列规则计算：a. 使偏差量增加的偏向齿体外的正偏差，必须计入偏差值；b. 除另有规定外，对于负偏差，其公差为计值范围 L_α 规定公差的 3 倍。

　　齿轮设计者应确保适用的齿廓计值范围。

　　2）检验要求：

　　① 齿廓偏差。应在齿宽中部位置测量。当齿宽大于 250mm 时，应增加两个测量部位，即在各距齿宽每侧约 15% 的齿宽处测量。除另有规定外，应至少测三个轮齿的两侧齿面。这三个轮齿应取在沿齿轮圆周近似三等分位置处。

　　② $f_{f\alpha}$、$f_{H\alpha}$ 不是标准的必检项目，但它是十分有用的参数。需要时，应在供需协议中予以规定。

　　（3）螺旋线偏差（F_β、$f_{f\beta}$、$f_{H\beta}$）的检验

　　1）有关定义的说明：

① 螺旋线偏差。它是在端面基圆切线方向测量的实际螺旋线与设计螺旋线之间的差值。如果偏差是在齿面的法向测量，则应除以 $\cos\beta_b$ 换算成端面的偏差量，然后才能与公差值比较。

② 迹线长度。与齿轮的齿宽成正比的长度，不包括轮齿倒角或圆角。

③ 螺旋线计值范围（L_β）。除另有规定外，L_β 等于迹线长度在其两端各减去齿宽的5%或一个模数的长度。取两个数值中较小的值。

齿轮设计者应确保适用的螺旋线计值范围。

在两端缩减的区段中，按下述规则评定螺旋线总偏差和螺旋线形状偏差：a. 使偏差量增加的偏向齿体外的正偏差，必须计入偏差值；b. 除另有规定外，对于负偏差，其公差为计值范围 L_β 规定公差的3倍。

④ 设计螺旋线。与设计规定一致的螺旋线。它可以是修正的圆柱螺旋线，包括鼓形线、齿端修薄及其他修形曲线。

⑤ 被测齿面的平均螺旋线。它是从设计螺旋线迹线的纵坐标减去一条斜直线的纵坐标后得到的一条迹线，这条斜直线使得在计值范围内实际螺旋线迹线对平均螺旋线迹线之偏差的平方和为最小。因此，需用"最小二乘法"确定平均螺旋线迹线的位置和倾斜。

平均螺旋线是用来确定 $f_{f\beta}$（图1-19b）和 $f_{H\beta}$（图1-19c）的一条辅助螺旋线。

2）检验要求：

① 螺旋线偏差。应在沿齿轮圆周均布的不少于三个轮齿的两侧面的齿高中部测量。

② $f_{f\beta}$、$f_{H\beta}$ 不是标准的必检项目，但它是十分有用的参数。需要时，应在供需协议中予以规定。

（4）切向综合偏差（F_i'、f_i'）的检验

1）F_i'、f_i' 是标准的检验项目，但不是必须检验的项目。

2）"测量齿轮"的精度影响测量结果，其精度至少比被测齿轮的精度高4级。否则，必须考虑测量齿轮的制造精度所带来的影响。

检验时，可用齿条、蜗杆、测头等测量元件代替"测量齿轮"，但应在协议中予以规定。

3）检验时，被测齿轮与测量齿轮处于公称中心距，并施予很轻的载荷，以较低的速度保证齿面接触保持单面啮合状态，直到获得一整圈的偏差曲线图为止。

4）总重合度 ε_γ 影响 f_i' 的测量。当被测齿轮和测量齿轮的齿宽不同时，按较小的齿宽计算 ε_γ。如果对轮齿的齿廓和螺旋线进行了较大的修形，检测时 ε_γ 和系数 k 会受到较大的影响。在评定测量结果时，需考虑这些因素。在这种情况下，需对检验条件和记录曲线的评定规定专门的协议。

（5）径向综合偏差（F_i''、f_i''）的检验

1）检验时，测量齿轮应在"有效长度 L_{AE}"上与产品齿轮（被测齿轮）保持双面啮合。应特别注意测量齿轮的精度和参数设计，如应有足够的啮合深度，使其与产品齿轮的整个实际有效齿廓接触，而不应与非有效部分或齿根部接触。

2）当检验精密齿轮时，供需双方应协商所用测量齿轮的精度和测量步骤。

3）标准在其附录中给出的公差值，可直接用于直齿轮。对于斜齿轮，因纵向重合度 ε_β 影响径向测量结果，故按供需双方的协议来使用。当用于斜齿轮时，其测量齿轮的齿宽应使与产品齿轮啮合时的 ε_β 小于或等于0.5。

（6）径向跳动（F_r）的检验　检验时，应按定义将测头（球形、圆柱形及砧形）在齿轮旋转时逐齿放置在齿槽中，并与齿的两侧齿面接触。测量时，测头的直径应选择得使其接触到齿深的中间部位，并应置于齿宽中部。砧形测头的尺寸应选择得使其在齿槽中大致在分度圆的位置接触两齿面。

（7）检验项目的确定　标准没有规定齿轮的公差组和检验组。对产品齿轮可采用两种不同的检验形式来评定和验收其制造质量。一种检验形式是综合检验，另一种是单项检验，但两种检验形式不能同时采用。

1）综合检验。其检验项目有：F_i'' 与 f_i''。

2）单项检验。按照齿轮的使用要求，可选择下列检验组中的一组来评定和验收齿轮精度：

① f_{pt}、F_p、F_α、F_β、F_r。

② f_{pt}、F_{pk}、F_p、F_α、F_β、F_r。

③ f_{pt} 与 F_r（仅用于 10~12 级）。

（8）齿轮的公差与极限偏差　齿轮的单个齿距偏差 $\pm f_{pt}$、齿距累积总偏差 F_p、齿廓总偏差 F_α、齿廓形状偏差 $f_{f\alpha}$、齿廓倾斜极限偏差 $\pm f_{H\alpha}$、螺旋线总偏差 F_β、螺旋线形状偏差 $f_{f\beta}$、螺旋线倾斜偏差 $\pm f_{H\beta}$、一齿切向综合偏差 f_i'（测量一齿切向综合偏差时，其值受总重合度 ε_γ 影响，故标准给出了 f_i'/k 比值）、径向综合总偏差 F_i''、一齿径向综合偏差 f_i''、径向跳动公差 F_r 等数值，见表 1-80~表 1-90。

齿轮的齿距累积偏差 $\pm F_{pk}$、切向综合总偏差 F_i' 应按表 1-91 中的公差计算式或关系式计算。

表 1-80　单个齿距偏差 $\pm f_{pt}$

分度圆直径 d/mm	模数 m/mm	精度等级												
		0	1	2	3	4	5	6	7	8	9	10	11	12
		$\pm f_{pt}/\mu m$												
5≤d≤20	0.5≤m≤2	0.8	1.2	1.7	2.3	3.3	4.7	6.5	9.5	13.0	19.0	26.0	37.0	53.0
	2<m≤3.5	0.9	1.3	1.8	2.6	3.7	5.0	7.5	10.0	15.0	21.0	29.0	41.0	59.0
20<d≤50	0.5≤m≤2	0.9	1.2	1.8	2.5	3.5	5.0	7.0	10.0	14.0	20.0	28.0	40.0	56.0
	2<m≤3.5	1.0	1.4	1.9	2.7	3.9	5.5	7.5	11.0	15.0	22.0	31.0	44.0	62.0
	3.5<m≤6	1.1	1.5	2.1	3.0	4.3	6.0	8.5	12.0	17.0	24.0	34.0	48.0	68.0
	6<m≤10	1.2	1.7	2.5	3.5	4.9	7.0	10.0	14.0	20.0	28.0	40.0	56.0	79.0
50<d≤125	0.5≤m≤2	0.9	1.3	1.9	2.7	3.8	5.5	7.5	11.0	15.0	21.0	30.0	43.0	61.0
	2<m≤3.5	1.0	1.5	2.1	2.9	4.1	6.0	8.5	12.0	17.0	23.0	33.0	47.0	66.0
	3.5<m≤6	1.1	1.6	2.3	3.2	4.6	7.0	9.0	13.0	18.0	26.0	36.0	52.0	73.0
	6<m≤10	1.3	1.8	2.6	3.7	5.0	7.5	10.0	15.0	21.0	30.0	42.0	59.0	84.0
	10<m≤16	1.6	2.2	3.1	4.4	6.5	9.0	13.0	18.0	25.0	35.0	50.0	71.0	100.0
	16<m≤25	2.0	2.8	3.9	5.5	8.0	11.0	16.0	22.0	31.0	44.0	63.0	89.0	125.0
125<d≤280	0.5≤m≤2	1.1	1.5	2.1	3.0	4.2	6.0	8.5	12.0	17.0	24.0	34.0	48.0	67.0
	2<m≤3.5	1.1	1.6	2.3	3.2	4.6	6.5	9.0	13.0	18.0	26.0	36.0	51.0	73.0
	3.5<m≤6	1.2	1.8	2.5	3.5	5.0	7.0	10.0	14.0	20.0	28.0	40.0	56.0	79.0
	6<m≤10	1.4	2.0	2.8	4.0	5.5	8.0	11.0	16.0	23.0	32.0	45.0	64.0	90.0
	10<m≤16	1.7	2.4	3.3	4.7	6.5	9.5	13.0	19.0	27.0	38.0	53.0	75.0	107.0
	16<m≤25	2.1	2.9	4.1	6.0	8.0	12.0	16.0	23.0	33.0	47.0	66.0	93.0	132.0
	25<m≤40	2.7	3.8	5.5	7.5	11.0	15.0	21.0	30.0	43.0	61.0	86.0	121.0	171.0
280<d≤560	0.5≤m≤2	1.2	1.7	2.4	3.3	4.7	6.5	9.5	13.0	19.0	27.0	38.0	54.0	76.0
	2<m≤3.5	1.3	1.8	2.5	3.6	5.0	7.0	10.0	14.0	20.0	29.0	41.0	57.0	81.0
	3.5<m≤6	1.4	1.9	2.7	3.9	5.5	8.0	11.0	16.0	22.0	31.0	44.0	62.0	88.0
	6<m≤10	1.5	2.2	3.1	4.4	6.0	8.5	12.0	17.0	25.0	35.0	49.0	70.0	99.0
	10<m≤16	1.8	2.5	3.6	5.0	7.0	10.0	14.0	20.0	29.0	41.0	58.0	81.0	115.0
	16<m≤25	2.2	3.1	4.4	6.0	9.0	12.0	18.0	25.0	35.0	50.0	70.0	99.0	140.0
	25<m≤40	2.8	4.0	5.5	8.0	11.0	16.0	22.0	32.0	45.0	63.0	90.0	127.0	180.0
	40<m≤70	3.9	5.5	8.0	11.0	16.0	22.0	31.0	45.0	63.0	89.0	126.0	178.0	252.0
560<d≤1000	0.5≤m≤2	1.3	1.9	2.7	3.8	5.5	7.5	11.0	15.0	21.0	30.0	43.0	61.0	86.0
	2<m≤3.5	1.4	2.0	2.9	4.0	5.5	8.0	11.0	16.0	23.0	32.0	46.0	65.0	91.0
	3.5<m≤6	1.5	2.2	3.1	4.3	6.0	8.5	12.0	17.0	24.0	35.0	49.0	69.0	98.0
	6<m≤10	1.7	2.4	3.4	4.8	7.0	9.5	14.0	19.0	27.0	38.0	54.0	77.0	109.0
	10<m≤16	2.0	2.8	3.9	5.5	8.0	11.0	16.0	22.0	31.0	44.0	63.0	89.0	125.0
	16<m≤25	2.3	3.3	4.7	6.5	9.5	13.0	19.0	27.0	38.0	53.0	75.0	106.0	150.0
	25<m≤40	3.0	4.2	6.0	8.5	12.0	17.0	24.0	34.0	47.0	67.0	95.0	134.0	190.0
	40<m≤70	4.1	6.0	8.0	12.0	16.0	23.0	33.0	46.0	65.0	93.0	131.0	185.0	262.0

（续）

分度圆直径 d/mm	模数 m/mm	精度等级												
		0	1	2	3	4	5	6	7	8	9	10	11	12
		$\pm f_{pt}/\mu m$												
1000<d≤1600	2≤m≤3.5	1.6	2.3	3.2	4.5	6.5	9.0	13.0	18.0	26.0	36.0	51.0	72.0	103.0
	3.5<m≤6	1.7	2.4	3.4	4.8	7.0	9.5	14.0	19.0	27.0	39.0	55.0	77.0	109.0
	6<m≤10	1.9	2.6	3.7	5.5	7.5	11.0	15.0	21.0	30.0	42.0	60.0	85.0	120.0
	10<m≤16	2.1	3.0	4.3	6.0	8.5	12.0	17.0	24.0	34.0	48.0	68.0	97.0	136.0
	16<m≤25	2.5	3.6	5.0	7.0	10.0	14.0	20.0	29.0	40.0	57.0	81.0	114.0	161.0
	25<m≤40	3.1	4.4	6.5	9.0	13.0	18.0	25.0	36.0	50.0	71.0	100.0	142.0	201.0
	40<m≤70	4.3	6.0	8.5	12.0	17.0	24.0	34.0	48.0	68.0	97.0	137.0	193.0	273.0
1600<d≤2500	3.5≤m≤6	1.9	2.7	3.8	5.5	7.5	11.0	15.0	21.0	30.0	43.0	61.0	86.0	122.0
	6<m≤10	2.1	2.9	4.1	6.0	8.5	12.0	17.0	23.0	33.0	47.0	66.0	94.0	132.0
	10<m≤16	2.3	3.3	4.7	6.5	9.5	13.0	19.0	26.0	37.0	53.0	74.0	105.0	149.0
	16<m≤25	2.7	3.8	5.5	7.5	11.0	15.0	22.0	31.0	43.0	61.0	87.0	123.0	174.0
	25<m≤40	3.3	4.7	6.5	9.5	13.0	19.0	27.0	38.0	53.0	75.0	107.0	151.0	213.0
	40<m≤70	4.5	6.5	9.0	13.0	18.0	25.0	36.0	50.0	71.0	101.0	143.0	202.0	286.0
2500<d≤4000	6≤m≤10	2.3	3.3	4.6	6.5	9.0	13.0	18.0	26.0	37.0	52.0	74.0	105.0	148.0
	10<m≤16	2.6	3.6	5.0	7.5	10.0	15.0	21.0	29.0	41.0	58.0	82.0	116.0	165.0
	16<m≤25	3.0	4.2	6.0	8.5	12.0	17.0	24.0	33.0	47.0	67.0	95.0	134.0	189.0
	25<m≤40	3.6	5.0	7.0	10.0	14.0	20.0	29.0	40.0	57.0	81.0	114.0	162.0	229.0
	40<m≤70	4.7	6.5	9.5	13.0	19.0	27.0	38.0	53.0	75.0	106.0	151.0	213.0	301.0
4000<d≤6000	6≤m≤10	2.6	3.7	5.0	7.5	10.0	15.0	21.0	29.0	42.0	59.0	83.0	118.0	167.0
	10<m≤16	2.9	4.0	5.5	8.0	11.0	16.0	23.0	32.0	46.0	65.0	92.0	130.0	183.0
	16<m≤25	3.3	4.6	6.5	9.0	13.0	18.0	26.0	37.0	52.0	74.0	104.0	147.0	208.0
	25<m≤40	3.9	5.5	7.5	11.0	15.0	22.0	31.0	44.0	62.0	88.0	124.0	175.0	248.0
	40<m≤70	5.0	7.0	10.0	14.0	20.0	28.0	40.0	57.0	80.0	113.0	160.0	226.0	320.0
6000<d≤8000	10≤m≤16	3.1	4.4	6.5	9.0	13.0	18.0	25.0	36.0	50.0	71.0	101.0	142.0	201.0
	16<m≤25	3.5	5.0	7.0	10.0	14.0	20.0	28.0	40.0	57.0	80.0	113.0	160.0	226.0
	25<m≤40	4.1	6.0	8.5	12.0	17.0	23.0	33.0	47.0	66.0	94.0	133.0	188.0	266.0
	40<m≤70	5.5	7.5	11.0	15.0	21.0	30.0	42.0	60.0	84.0	119.0	169.0	239.0	338.0
8000<d≤10000	10≤m≤16	3.4	4.8	7.0	9.5	14.0	19.0	27.0	38.0	54.0	77.0	108.0	153.0	217.0
	16<m≤25	3.8	5.5	7.5	11.0	15.0	21.0	30.0	43.0	60.0	85.0	121.0	171.0	242.0
	25<m≤40	4.4	6.0	9.0	12.0	18.0	25.0	35.0	50.0	70.0	99.0	140.0	199.0	281.0
	40<m≤70	5.5	8.0	11.0	16.0	22.0	31.0	44.0	62.0	88.0	125.0	177.0	250.0	353.0

表 1-81　齿距累积总偏差 F_p

分度圆直径 d/mm	模数 m/mm	精度等级												
		0	1	2	3	4	5	6	7	8	9	10	11	12
		$F_p/\mu m$												
5≤d≤20	0.5≤m≤2	2.0	2.8	4.0	5.5	8.0	11.0	16.0	23.0	32.0	45.0	64.0	90.0	127.0
	2<m≤3.5	2.1	2.9	4.2	6.0	8.5	12.0	17.0	23.0	33.0	47.0	66.0	94.0	133.0
20<d≤50	0.5≤m≤2	2.5	3.6	5.0	7.0	10.0	14.0	20.0	29.0	41.0	57.0	81.0	115.0	162.0
	2<m≤3.5	2.6	3.7	5.0	7.5	10.0	15.0	21.0	30.0	42.0	59.0	84.0	119.0	168.0
	3.5<m≤6	2.7	3.9	5.5	7.5	11.0	15.0	22.0	31.0	44.0	62.0	87.0	123.0	174.0
	6<m≤10	2.9	4.1	6.0	8.0	12.0	16.0	23.0	33.0	46.0	65.0	93.0	131.0	185.0
50<d≤125	0.5≤m≤2	3.3	4.6	6.5	9.0	13.0	18.0	26.0	37.0	52.0	74.0	104.0	147.0	208.0
	2<m≤3.5	3.3	4.7	6.5	9.5	13.0	19.0	27.0	38.0	53.0	76.0	107.0	151.0	214.0
	3.5<m≤6	3.4	4.9	7.0	9.5	14.0	19.0	28.0	39.0	55.0	78.0	110.0	156.0	220.0
	6<m≤10	3.6	5.0	7.0	10.0	14.0	20.0	29.0	41.0	58.0	82.0	116.0	164.0	231.0
	10≤m≤16	3.9	5.5	7.5	11.0	15.0	22.0	31.0	44.0	62.0	88.0	124.0	175.0	248.0
	16<m≤25	4.3	6.0	8.5	12.0	17.0	24.0	34.0	48.0	68.0	96.0	136.0	193.0	273.0

（续）

分度圆直径	模数	精度等级												
d/mm	m/mm	0	1	2	3	4	5	6	7	8	9	10	11	12
		F_p/μm												
125<d≤280	0.5≤m≤2	4.3	6.0	8.5	12.0	17.0	24.0	35.0	49.0	69.0	98.0	138.0	195.0	276.0
	2<m≤3.5	4.4	6.0	9.0	12.0	18.0	25.0	35.0	50.0	70.0	100.0	141.0	199.0	282.0
	3.5<m≤6	4.5	6.5	9.0	13.0	18.0	25.0	36.0	51.0	72.0	102.0	144.0	204.0	288.0
	6<m≤10	4.7	6.5	9.5	13.0	19.0	26.0	37.0	53.0	75.0	106.0	149.0	211.0	299.0
	10<m≤16	4.9	7.0	10.0	14.0	20.0	28.0	39.0	56.0	79.0	112.0	158.0	223.0	316.0
	16<m≤25	5.5	7.5	11.0	15.0	21.0	30.0	43.0	60.0	85.0	120.0	170.0	241.0	341.0
	25<m≤40	6.0	8.5	12.0	17.0	24.0	34.0	47.0	67.0	95.0	134.0	190.0	269.0	380.0
280<d≤560	0.5≤m≤2	5.5	8.0	11.0	16.0	23.0	32.0	46.0	64.0	91.0	129.0	182.0	257.0	364.0
	2<m≤3.5	6.0	8.0	12.0	16.0	23.0	33.0	46.0	65.0	92.0	131.0	185.0	261.0	370.0
	3.5<m≤6	6.0	8.5	12.0	17.0	24.0	33.0	47.0	66.0	94.0	133.0	188.0	266.0	376.0
	6<m≤10	6.0	8.5	12.0	17.0	24.0	34.0	48.0	68.0	97.0	137.0	193.0	274.0	387.0
	10<m≤16	6.5	9.0	13.0	18.0	25.0	36.0	50.0	71.0	101.0	143.0	202.0	285.0	404.0
	16<m≤25	6.5	9.5	13.0	19.0	27.0	38.0	54.0	76.0	107.0	151.0	214.0	303.0	428.0
	25<m≤40	7.5	10.0	15.0	21.0	29.0	41.0	58.0	83.0	117.0	165.0	234.0	331.0	468.0
	40<m≤70	8.5	12.0	17.0	24.0	34.0	48.0	68.0	95.0	135.0	191.0	270.0	382.0	540.0
560<d≤1000	0.5≤m≤2	7.5	10.0	15.0	21.0	29.0	41.0	59.0	83.0	117.0	166.0	235.0	332.0	469.0
	2<m≤3.5	7.5	10.0	15.0	21.0	30.0	42.0	59.0	84.0	119.0	168.0	238.0	336.0	475.0
	3.5<m≤6	7.5	11.0	15.0	21.0	30.0	43.0	60.0	85.0	120.0	170.0	241.0	341.0	482.0
	6<m≤10	7.5	11.0	15.0	22.0	31.0	44.0	62.0	87.0	123.0	174.0	246.0	348.0	492.0
	10<m≤16	8.0	11.0	16.0	22.0	32.0	45.0	64.0	90.0	127.0	180.0	254.0	360.0	509.0
	16<m≤25	8.5	12.0	17.0	24.0	33.0	47.0	67.0	94.0	133.0	189.0	267.0	378.0	534.0
	25<m≤40	9.0	13.0	18.0	25.0	36.0	51.0	72.0	101.0	143.0	203.0	287.0	405.0	573.0
	40<m≤70	10.0	14.0	20.0	29.0	40.0	57.0	81.0	114.0	161.0	228.0	323.0	457.0	646.0
1000<d≤1600	2≤m≤3.5	9.0	13.0	18.0	26.0	37.0	52.0	74.0	105.0	148.0	209.0	296.0	418.0	591.0
	3.5<m≤6	9.5	13.0	19.0	26.0	37.0	53.0	75.0	106.0	149.0	211.0	299.0	423.0	598.0
	6<m≤10	9.5	13.0	19.0	27.0	38.0	54.0	76.0	108.0	152.0	215.0	304.0	430.0	608.0
	10<m≤16	10.0	14.0	20.0	28.0	39.0	55.0	78.0	111.0	156.0	221.0	313.0	442.0	625.0
	16<m≤25	10.0	14.0	20.0	29.0	41.0	57.0	81.0	115.0	163.0	230.0	325.0	460.0	650.0
	25<m≤40	11.0	15.0	22.0	30.0	43.0	61.0	86.0	122.0	172.0	244.0	345.0	488.0	690.0
	40<m≤70	12.0	17.0	24.0	34.0	48.0	67.0	95.0	135.0	190.0	269.0	381.0	539.0	762.0
1600<d≤2500	3.5≤m≤6	11.0	16.0	23.0	32.0	45.0	64.0	91.0	129.0	182.0	257.0	364.0	514.0	727.0
	6<m≤10	12.0	16.0	23.0	33.0	46.0	65.0	92.0	130.0	184.0	261.0	369.0	522.0	738.0
	10<m≤16	12.0	17.0	24.0	33.0	47.0	67.0	94.0	133.0	189.0	267.0	377.0	534.0	755.0
	16<m≤25	12.0	17.0	24.0	34.0	49.0	69.0	97.0	138.0	195.0	276.0	390.0	551.0	780.0
	25<m≤40	13.0	18.0	26.0	36.0	51.0	72.0	102.0	145.0	205.0	290.0	409.0	579.0	819.0
	40<m≤70	14.0	20.0	28.0	39.0	56.0	79.0	111.0	158.0	223.0	315.0	446.0	603.0	891.0
2500<d≤4000	6≤m≤10	14.0	20.0	28.0	40.0	56.0	80.0	113.0	159.0	225.0	318.0	450.0	637.0	901.0
	10<m≤16	14.0	20.0	29.0	41.0	57.0	81.0	115.0	162.0	229.0	324.0	459.0	649.0	917.0
	16<m≤25	15.0	21.0	29.0	42.0	59.0	83.0	118.0	167.0	236.0	333.0	471.0	666.0	942.0
	25<m≤40	15.0	22.0	31.0	43.0	61.0	87.0	123.0	174.0	245.0	347.0	491.0	694.0	982.0
	40<m≤70	16.0	23.0	33.0	47.0	66.0	93.0	132.0	186.0	264.0	373.0	525.0	745.0	1054.0
4000<d≤6000	6≤m≤10	17.0	24.0	34.0	48.0	68.0	97.0	137.0	194.0	274.0	387.0	548.0	775.0	1095.0
	10<m≤16	17.0	25.0	35.0	49.0	69.0	98.0	139.0	197.0	278.0	393.0	556.0	786.0	1112.0
	16<m≤25	18.0	25.0	36.0	50.0	71.0	100.0	142.0	201.0	284.0	402.0	568.0	804.0	1137.0
	25<m≤40	18.0	26.0	37.0	52.0	74.0	104.0	147.0	208.0	294.0	416.0	588.0	832.0	1176.0
	40<m≤70	20.0	28.0	39.0	55.0	78.0	110.0	156.0	221.0	312.0	441.0	624.0	883.0	1249.0

（续）

分度圆直径 d/mm	模数 m/mm	精度等级												
		0	1	2	3	4	5	6	7	8	9	10	11	12
		F_p/μm												
6000<d≤8000	10≤m≤16	20.0	29.0	41.0	57.0	81.0	115.0	162.0	230.0	325.0	459.0	650.0	919.0	1299.0
	16<m≤25	21.0	29.0	41.0	59.0	83.0	117.0	166.0	234.0	331.0	468.0	662.0	936.0	1324.0
	25<m≤40	21.0	30.0	43.0	60.0	85.0	121.0	170.0	241.0	341.0	482.0	682.0	964.0	1364.0
	40<m≤70	22.0	32.0	45.0	63.0	90.0	127.0	179.0	254.0	359.0	508.0	718.0	1015.0	1436.0
8000<d≤10000	10≤m≤16	23.0	32.0	46.0	65.0	91.0	129.0	182.0	258.0	365.0	516.0	730.0	1032.0	1460.0
	16<m≤25	23.0	33.0	46.0	66.0	93.0	131.0	186.0	262.0	371.0	525.0	742.0	1050.0	1485.0
	25<m≤40	24.0	34.0	48.0	67.0	95.0	135.0	191.0	269.0	381.0	539.0	762.0	1078.0	1524.0
	40<m≤70	25.0	35.0	50.0	71.0	100.0	141.0	200.0	282.0	399.0	564.0	798.0	1129.0	1596.0

表 1-82　齿廓总偏差 F_α

分度圆直径 d/mm	模数 m/mm	精度等级												
		0	1	2	3	4	5	6	7	8	9	10	11	12
		F_α/μm												
5≤d≤20	0.5≤m≤2	0.8	1.1	1.6	2.3	3.2	4.6	6.5	9.0	13.0	18.0	26.0	37.0	52.0
	2<m≤3.5	1.2	1.7	2.3	3.3	4.7	6.5	9.5	13.0	19.0	26.0	37.0	53.0	75.0
20<d≤50	0.5≤m≤2	0.9	1.3	1.8	2.6	3.6	5.0	7.5	10.0	15.0	21.0	29.0	41.0	58.0
	2<m≤3.5	1.3	1.8	2.5	3.6	5.0	7.0	10.0	14.0	20.0	29.0	40.0	57.0	81.0
	3.5<m≤6	1.6	2.2	3.1	4.4	6.0	9.0	12.0	18.0	25.0	35.0	50.0	70.0	99.0
	6<m≤10	1.9	2.7	3.8	5.5	7.5	11.0	15.0	22.0	31.0	43.0	61.0	87.0	123.0
50<d≤125	0.5≤m≤2	1.0	1.5	2.1	2.9	4.1	6.0	8.5	12.0	17.0	23.0	33.0	47.0	66.0
	2<m≤3.5	1.4	2.0	2.8	3.9	5.5	8.0	11.0	16.0	22.0	31.0	44.0	63.0	89.0
	3.5<m≤6	1.7	2.4	3.4	4.8	6.5	9.5	13.0	19.0	27.0	38.0	54.0	76.0	108.0
	6<m≤10	2.0	2.9	4.1	6.0	8.0	12.0	16.0	23.0	33.0	46.0	65.0	92.0	131.0
	10≤m≤16	2.5	3.5	5.0	7.0	10.0	14.0	20.0	28.0	40.0	56.0	79.0	112.0	159.0
	16<m≤25	3.0	4.2	6.0	8.5	12.0	17.0	24.0	34.0	48.0	68.0	96.0	136.0	192.0
125<d≤280	0.5≤m≤2	1.2	1.7	2.4	3.5	4.9	7.0	10.0	14.0	20.0	28.0	39.0	55.0	78.0
	2<m≤3.5	1.6	2.2	3.2	4.5	6.5	9.0	13.0	18.0	25.0	36.0	50.0	71.0	101.0
	3.5<m≤6	1.9	2.6	3.7	5.5	7.5	11.0	15.0	21.0	30.0	42.0	60.0	84.0	119.0
	6<m≤10	2.2	3.2	4.5	6.5	9.0	13.0	18.0	25.0	36.0	50.0	71.0	101.0	143.0
	10≤m≤16	2.7	3.8	5.5	7.5	11.0	15.0	21.0	30.0	43.0	60.0	85.0	121.0	171.0
	16<m≤25	3.2	4.5	6.5	9.0	13.0	18.0	25.0	36.0	51.0	72.0	102.0	144.0	204.0
	25<m≤40	3.8	5.5	7.5	11.0	15.0	22.0	31.0	43.0	61.0	87.0	123.0	174.0	246.0
280<d≤560	0.5≤m≤2	1.5	2.1	2.9	4.1	6.0	8.5	12.0	17.0	23.0	33.0	47.0	66.0	94.0
	2<m≤3.5	1.8	2.6	3.6	5.0	7.5	10.0	15.0	21.0	29.0	41.0	58.0	82.0	116.0
	3.5<m≤6	2.1	3.0	4.2	6.0	8.5	12.0	17.0	24.0	34.0	48.0	67.0	95.0	135.0
	6<m≤10	2.5	3.5	4.9	7.0	10.0	14.0	20.0	28.0	40.0	56.0	79.0	112.0	158.0
	10≤m≤16	2.9	4.1	6.0	8.0	12.0	17.0	23.0	33.0	47.0	66.0	93.0	132.0	186.0
	16<m≤25	3.4	4.8	7.0	9.5	14.0	19.0	27.0	39.0	55.0	78.0	110.0	155.0	219.0
	25<m≤40	4.1	6.0	8.0	12.0	16.0	23.0	33.0	46.0	65.0	92.0	131.0	185.0	261.0
	40<m≤70	5.0	7.0	10.0	14.0	20.0	28.0	40.0	57.0	80.0	113.0	160.0	227.0	321.0
560<d≤1000	0.5≤m≤2	1.8	2.5	3.6	5.0	7.0	10.0	14.0	20.0	28.0	40.0	56.0	79.0	112.0
	2<m≤3.5	2.1	3.0	4.2	6.0	8.5	12.0	17.0	24.0	34.0	48.0	67.0	95.0	135.0
	3.5<m≤6	2.4	3.4	4.8	7.0	9.5	14.0	19.0	27.0	38.0	54.0	77.0	109.0	154.0
	6<m≤10	2.8	3.9	5.5	8.0	11.0	16.0	22.0	31.0	44.0	62.0	88.0	125.0	177.0
	10≤m≤16	3.2	4.5	6.5	9.0	13.0	18.0	26.0	36.0	51.0	72.0	102.0	145.0	205.0
	16<m≤25	3.7	5.5	7.5	11.0	15.0	21.0	30.0	42.0	59.0	84.0	119.0	168.0	238.0
	25<m≤40	4.4	6.0	8.5	12.0	17.0	25.0	35.0	49.0	70.0	99.0	140.0	198.0	280.0
	40<m≤70	5.5	7.5	11.0	15.0	21.0	30.0	42.0	60.0	85.0	120.0	170.0	240.0	339.0

（续）

分度圆直径 d/mm	模数 m/mm	精度等级												
		0	1	2	3	4	5	6	7	8	9	10	11	12
		F_{α}/μm												
1000<d≤1600	2≤m≤3.5	2.4	3.4	4.9	7.0	9.5	14.0	19.0	27.0	39.0	55.0	78.0	110.0	155.0
	3.5<m≤6	2.7	3.8	5.5	7.5	11.0	15.0	22.0	31.0	43.0	61.0	87.0	123.0	174.0
	6<m≤10	3.1	4.4	6.0	8.5	12.0	17.0	25.0	35.0	49.0	70.0	99.0	139.0	197.0
	10<m≤16	3.5	5.0	7.0	10.0	14.0	20.0	28.0	40.0	56.0	80.0	113.0	159.0	225.0
	16<m≤25	4.0	5.5	8.0	11.0	16.0	23.0	32.0	46.0	65.0	91.0	129.0	183.0	258.0
	25<m≤40	4.7	6.5	9.5	13.0	19.0	27.0	38.0	53.0	75.0	106.0	150.0	212.0	300.0
	40<m≤70	5.5	8.0	11.0	16.0	22.0	32.0	45.0	64.0	90.0	127.0	180.0	254.0	360.0
1600<d≤2500	3.5≤m≤6	3.1	4.3	6.0	8.5	12.0	17.0	25.0	35.0	49.0	70.0	98.0	139.0	197.0
	6<m≤10	3.4	4.9	7.0	9.5	14.0	19.0	27.0	39.0	55.0	78.0	110.0	155.0	220.0
	10<m≤16	3.9	5.5	7.5	11.0	15.0	22.0	31.0	44.0	62.0	88.0	124.0	175.0	248.0
	16<m≤25	4.4	6.0	9.0	12.0	18.0	25.0	35.0	50.0	70.0	99.0	141.0	199.0	281.0
	25<m≤40	5.0	7.0	10.0	14.0	20.0	29.0	40.0	57.0	81.0	114.0	161.0	228.0	323.0
	40<m≤70	6.0	8.5	12.0	17.0	24.0	34.0	48.0	68.0	96.0	135.0	191.0	271.0	383.0
2500<d≤4000	6≤m≤10	3.9	5.5	8.0	11.0	16.0	22.0	31.0	44.0	62.0	88.0	124.0	176.0	249.0
	10<m≤16	4.3	6.0	8.5	12.0	17.0	24.0	35.0	49.0	69.0	98.0	138.0	196.0	277.0
	16<m≤25	4.8	7.0	9.5	14.0	19.0	27.0	39.0	55.0	77.0	110.0	155.0	219.0	310.0
	25<m≤40	5.5	8.0	11.0	16.0	22.0	31.0	44.0	62.0	88.0	124.0	176.0	249.0	351.0
	40<m≤70	6.5	9.0	13.0	18.0	26.0	36.0	51.0	73.0	103.0	145.0	206.0	291.0	411.0
4000<d≤6000	6≤m≤10	4.4	6.5	9.0	13.0	18.0	25.0	35.0	50.0	71.0	100.0	141.0	200.0	283.0
	10<m≤16	4.9	7.0	9.5	14.0	19.0	27.0	39.0	55.0	78.0	110.0	155.0	220.0	311.0
	16<m≤25	5.5	7.5	11.0	15.0	22.0	30.0	43.0	61.0	86.0	122.0	172.0	243.0	344.0
	25<m≤40	6.0	8.5	12.0	17.0	24.0	34.0	48.0	68.0	96.0	136.0	193.0	273.0	386.0
	40<m≤70	7.0	10.0	14.0	20.0	28.0	39.0	56.0	79.0	111.0	158.0	223.0	315.0	445.0
6000<d≤8000	10≤m≤16	5.5	7.5	11.0	15.0	21.0	30.0	43.0	61.0	86.0	122.0	172.0	243.0	344.0
	16<m≤25	6.0	8.5	12.0	17.0	24.0	33.0	47.0	67.0	94.0	133.0	189.0	267.0	377.0
	25<m≤40	6.5	9.0	13.0	19.0	26.0	37.0	52.0	74.0	105.0	148.0	209.0	296.0	419.0
	40<m≤70	7.5	11.0	15.0	21.0	30.0	42.0	60.0	85.0	120.0	169.0	239.0	338.0	478.0
8000<d≤10000	10≤m≤16	6.0	8.0	12.0	16.0	23.0	33.0	47.0	66.0	93.0	132.0	186.0	263.0	372.0
	16<m≤25	6.5	9.0	13.0	18.0	25.0	36.0	51.0	72.0	101.0	143.0	203.0	287.0	405.0
	25<m≤40	7.0	10.0	14.0	20.0	28.0	40.0	56.0	79.0	112.0	158.0	223.0	316.0	447.0
	40<m≤70	8.0	11.0	16.0	22.0	32.0	45.0	63.0	90.0	127.0	179.0	253.0	358.0	507.0

表 1-83 齿廓形状偏差 $f_{f\alpha}$

分度圆直径 d/mm	模数 m/mm	精度等级												
		0	1	2	3	4	5	6	7	8	9	10	11	12
		$f_{f\alpha}$/μm												
5≤d≤20	0.5≤m≤2	0.6	0.9	1.3	1.8	2.5	3.5	5.0	7.0	10.0	14.0	20.0	28.0	40.0
	2<m≤3.5	0.9	1.3	1.8	2.6	3.6	5.0	7.0	10.0	14.0	20.0	29.0	41.0	58.0
20<d≤50	0.5<m≤2	0.7	1.0	1.4	2.0	2.8	4.0	5.5	8.0	11.0	16.0	22.0	32.0	45.0
	2<m≤3.5	1.0	1.4	2.0	2.8	3.9	5.5	8.0	11.0	16.0	22.0	31.0	44.0	62.0
	3.5<m≤6	1.2	1.7	2.4	3.4	4.8	7.0	9.5	14.0	19.0	27.0	39.0	54.0	77.0
	6<m≤10	1.5	2.1	3.0	4.2	6.0	8.5	12.0	17.0	24.0	34.0	48.0	67.0	95.0
50<d≤125	0.5≤m≤2	0.8	1.1	1.6	2.3	3.2	4.5	6.5	9.0	13.0	18.0	26.0	36.0	51.0
	2<m≤3.5	1.1	1.5	2.1	3.0	4.3	6.0	8.5	12.0	17.0	24.0	34.0	49.0	69.0
	3.5<m≤6	1.3	1.8	2.6	3.7	5.0	7.5	10.0	15.0	21.0	29.0	42.0	59.0	83.0
	6<m≤10	1.6	2.2	3.2	4.5	6.5	9.0	13.0	18.0	25.0	36.0	51.0	72.0	101.0
	10<m≤16	1.9	2.7	3.9	5.5	7.5	11.0	15.0	22.0	31.0	44.0	62.0	87.0	123.0
	16<m≤25	2.3	3.3	4.7	6.5	9.5	13.0	19.0	26.0	37.0	53.0	75.0	106.0	149.0

（续）

分度圆直径	模数	精 度 等 级												
d/mm	m/mm	0	1	2	3	4	5	6	7	8	9	10	11	12
		$f_{f\alpha}/\mu m$												
125<d≤280	0.5≤m≤2	0.9	1.3	1.9	2.7	3.8	5.5	7.5	11.0	15.0	21.0	30.0	43.0	60.0
	2<m≤3.5	1.2	1.7	2.4	3.4	4.9	7.0	9.5	14.0	19.0	28.0	39.0	55.0	78.0
	3.5<m≤6	1.4	2.0	2.9	4.1	6.0	8.0	12.0	16.0	23.0	33.0	46.0	65.0	93.0
	6<m≤10	1.7	2.4	3.5	4.9	7.0	10.0	14.0	20.0	28.0	39.0	55.0	78.0	111.0
	10<m≤16	2.1	2.9	4.0	6.0	8.5	12.0	17.0	23.0	33.0	47.0	66.0	94.0	133.0
	16<m≤25	2.5	3.5	5.0	7.0	10.0	14.0	20.0	28.0	40.0	56.0	79.0	112.0	158.0
	25<m≤40	3.0	4.2	6.0	8.5	12.0	17.0	24.0	34.0	48.0	68.0	96.0	135.0	191.0
280<d≤560	0.5≤m≤2	1.1	1.6	2.3	3.2	4.5	6.5	9.0	13.0	18.0	26.0	36.0	51.0	72.0
	2<m≤3.5	1.4	2.0	2.8	4.0	5.5	8.0	11.0	16.0	22.0	32.0	45.0	64.0	90.0
	3.5<m≤6	1.6	2.3	3.3	4.6	6.5	9.0	13.0	18.0	26.0	37.0	52.0	74.0	104.0
	6<m≤10	1.9	2.7	3.8	5.5	7.5	11.0	15.0	22.0	31.0	43.0	61.0	87.0	123.0
	10<m≤16	2.3	3.2	4.5	6.5	9.0	13.0	18.0	26.0	36.0	51.0	72.0	102.0	145.0
	16<m≤25	2.7	3.8	5.5	7.5	11.0	15.0	21.0	30.0	43.0	60.0	85.0	121.0	170.0
	25<m≤40	3.2	4.5	6.5	9.0	13.0	18.0	25.0	36.0	51.0	72.0	101.0	144.0	203.0
	40<m≤70	3.9	5.5	8.0	11.0	16.0	22.0	31.0	44.0	62.0	88.0	125.0	177.0	250.0
560<d≤1000	0.5≤m≤2	1.4	1.9	2.7	3.8	5.5	7.5	11.0	15.0	22.0	31.0	43.0	61.0	87.0
	2<m≤3.5	1.6	2.3	3.3	4.6	6.5	9.0	13.0	18.0	26.0	37.0	52.0	74.0	104.0
	3.5<m≤6	1.9	2.6	3.7	5.5	7.5	11.0	15.0	21.0	30.0	42.0	59.0	84.0	119.0
	6<m≤10	2.1	3.0	4.3	6.0	8.5	12.0	17.0	24.0	34.0	48.0	68.0	97.0	137.0
	10<m≤16	2.5	3.5	5.0	7.0	10.0	14.0	20.0	28.0	40.0	56.0	79.0	112.0	159.0
	16<m≤25	2.9	4.1	6.0	8.0	12.0	16.0	23.0	33.0	46.0	65.0	92.0	131.0	185.0
	25<m≤40	3.4	4.8	7.0	9.5	14.0	19.0	27.0	38.0	54.0	77.0	109.0	154.0	217.0
	40<m≤70	4.1	6.0	8.5	12.0	17.0	23.0	33.0	47.0	66.0	93.0	132.0	187.0	264.0
1000<d≤1600	2≤m≤3.5	1.9	2.7	3.8	5.5	7.5	11.0	15.5	21.0	30.0	42.0	60.0	85.0	120.0
	3.5<m≤6	2.1	3.0	4.2	6.0	8.5	12.0	17.0	24.0	34.0	48.0	67.0	95.0	135.0
	6<m≤10	2.4	3.4	4.8	7.0	9.5	14.0	19.0	27.0	38.0	54.0	76.0	108.0	153.0
	10<m≤16	2.7	3.9	5.5	7.5	11.0	15.0	22.0	31.0	44.0	62.0	87.0	124.0	175.0
	16<m≤25	3.1	4.4	6.5	9.0	13.0	18.0	25.0	35.0	50.0	71.0	100.0	142.0	201.0
	25<m≤40	3.6	5.0	7.5	10.0	15.0	21.0	29.0	41.0	58.0	82.0	117.0	165.0	233.0
	40<m≤70	4.4	6.0	8.5	12.0	17.0	25.0	35.0	49.0	70.0	99.0	140.0	198.0	280.0
1600<d≤2500	3.5≤m≤6	2.4	3.4	4.8	6.5	9.5	13.0	19.0	27.0	38.0	54.0	76.0	108.0	152.0
	6<m≤10	2.7	3.8	5.5	7.5	11.0	15.0	21.0	30.0	43.0	60.0	85.0	120.0	170.0
	10<m≤16	3.0	4.2	6.0	8.5	12.0	17.0	24.0	34.0	48.0	68.0	96.0	136.0	192.0
	16<m≤25	3.4	4.8	7.0	9.5	14.0	19.0	27.0	39.0	55.0	77.0	109.0	154.0	218.0
	25<m≤40	3.9	5.5	8.0	11.0	16.0	22.0	31.0	44.0	63.0	89.0	125.0	177.0	251.0
	40<m≤70	4.6	6.5	9.5	13.0	19.0	26.0	37.0	53.0	74.0	105.0	149.0	210.0	297.0
2500<d≤4000	6≤m≤10	3.0	4.3	6.0	8.5	12.0	17.0	24.0	34.0	48.0	68.0	96.0	136.0	193.0
	10<m≤16	3.4	4.7	6.5	9.5	13.0	19.0	27.0	38.0	54.0	76.0	107.0	152.0	214.0
	16<m≤25	3.8	5.5	7.5	11.0	15.0	21.0	30.0	42.0	60.0	85.0	120.0	170.0	240.0
	25<m≤40	4.3	6.0	8.5	12.0	17.0	24.0	34.0	48.0	68.0	96.0	136.0	193.0	273.0
	40<m≤70	5.0	7.0	10.0	14.0	20.0	28.0	40.0	56.0	80.0	113.0	160.0	226.0	320.0
4000<d≤6000	6≤m≤10	3.4	4.8	7.0	9.5	14.0	19.0	27.0	39.0	55.0	77.0	109.0	155.0	219.0
	10<m≤16	3.8	5.5	7.5	11.0	15.0	21.0	30.0	43.0	60.0	85.0	120.0	170.0	241.0
	16<m≤25	4.2	6.0	8.5	12.0	17.0	24.0	33.0	47.0	67.0	94.0	133.0	189.0	267.0
	25<m≤40	4.7	6.5	9.5	13.0	19.0	26.0	37.0	53.0	75.0	106.0	150.0	212.0	299.0
	40<m≤70	5.5	7.5	11.0	15.0	22.0	31.0	43.0	61.0	87.0	122.0	173.0	245.0	346.0

（续）

分度圆直径 d/mm	模数 m/mm	精度等级												
		0	1	2	3	4	5	6	7	8	9	10	11	12
		$f_{f\alpha}/\mu\text{m}$												
$6000<d$ $\leqslant 8000$	$10\leqslant m\leqslant 16$	4.2	6.0	8.5	12.0	17.0	24.0	33.0	47.0	67.0	94.0	133.0	188.0	266.0
	$16<m\leqslant 25$	4.6	6.5	9.0	13.0	18.0	26.0	37.0	52.0	73.0	103.0	146.0	207.0	292.0
	$25<m\leqslant 40$	5.0	7.0	10.0	14.0	20.0	29.0	41.0	57.0	81.0	115.0	162.0	230.0	325.0
	$40<m\leqslant 70$	6.0	8.0	12.0	16.0	23.0	33.0	46.0	66.0	93.0	131.0	186.0	263.0	371.0
$8000<d$ $\leqslant 10000$	$10\leqslant m\leqslant 16$	4.5	6.5	9.0	13.0	18.0	25.0	36.0	51.0	72.0	102.0	144.0	204.0	288.0
	$16<m\leqslant 25$	4.9	7.0	10.0	14.0	20.0	28.0	39.0	56.0	79.0	111.0	157.0	222.0	314.0
	$25<m\leqslant 40$	5.5	7.5	11.0	15.0	22.0	31.0	43.0	61.0	87.0	123.0	173.0	245.0	347.0
	$40<m\leqslant 70$	6.0	8.5	12.0	17.0	25.0	35.0	49.0	70.0	98.0	139.0	197.0	278.0	393.0

表 1-84　齿廓倾斜极限偏差 $\pm f_{H\alpha}$

分度圆直径 d/mm	模数 m/mm	精度等级												
		0	1	2	3	4	5	6	7	8	9	10	11	12
		$f_{H\alpha}/\mu\text{m}$												
$5\leqslant d\leqslant 20$	$0.5\leqslant m\leqslant 2$	0.5	0.7	1.0	1.5	2.1	2.9	4.2	6.0	8.5	12.0	17.0	24.0	33.0
	$2<m\leqslant 3.5$	0.7	1.0	1.5	2.1	3.0	4.2	6.0	8.5	12.0	17.0	24.0	34.0	47.0
$20<d\leqslant 50$	$0.5<m\leqslant 2$	0.6	0.8	1.2	1.6	2.3	3.3	4.6	6.5	9.5	13.0	19.0	26.0	37.0
	$2<m\leqslant 3.5$	0.8	1.1	1.6	2.3	3.2	4.5	6.5	9.0	13.0	18.0	26.0	36.0	51.0
	$3.5<m\leqslant 6$	1.0	1.4	2.0	2.8	3.9	5.5	8.0	11.0	16.0	22.0	32.0	45.0	63.0
	$6<m\leqslant 10$	1.2	1.7	2.4	3.4	4.8	7.0	9.5	14.0	19.0	27.0	39.0	55.0	78.0
$50<d\leqslant 125$	$0.5\leqslant m\leqslant 2$	0.7	0.9	1.3	1.9	2.6	3.7	5.5	7.5	11.0	15.0	21.0	30.0	42.0
	$2<m\leqslant 3.5$	0.9	1.2	1.8	2.5	3.5	5.0	7.0	10.0	14.0	20.0	28.0	40.0	57.0
	$3.5<m\leqslant 6$	1.1	1.5	2.1	3.0	4.3	6.0	8.5	12.0	17.0	24.0	34.0	48.0	68.0
	$6<m\leqslant 10$	1.3	1.8	2.6	3.7	5.0	7.5	10.0	15.0	21.0	29.0	41.0	58.0	83.0
	$10<m\leqslant 16$	1.6	2.2	3.1	4.4	6.5	9.0	13.0	18.0	25.0	35.0	50.0	71.0	100.0
	$16<m\leqslant 25$	1.9	2.7	3.8	5.5	7.5	11.0	15.0	21.0	30.0	43.0	60.0	86.0	121.0
$125<d\leqslant 280$	$0.5\leqslant m\leqslant 2$	0.8	1.1	1.6	2.2	3.1	4.4	6.0	9.0	12.0	18.0	25.0	35.0	50.0
	$2<m\leqslant 3.5$	1.0	1.4	2.0	2.8	4.0	5.5	8.0	11.0	16.0	23.0	32.0	45.0	64.0
	$3.5<m\leqslant 6$	1.2	1.7	2.4	3.3	4.7	6.5	9.5	13.0	19.0	27.0	38.0	54.0	76.0
	$6<m\leqslant 10$	1.4	2.0	2.8	4.0	5.5	8.0	11.0	16.0	23.0	32.0	45.0	64.0	90.0
	$10<m\leqslant 16$	1.7	2.4	3.4	4.8	6.5	9.5	13.0	19.0	27.0	38.0	54.0	76.0	108.0
	$16<m\leqslant 25$	2.0	2.8	4.0	5.5	8.0	11.0	16.0	23.0	32.0	45.0	64.0	91.0	129.0
	$25<m\leqslant 40$	2.4	3.4	4.8	7.0	9.5	14.0	19.0	27.0	39.0	55.0	77.0	109.0	155.0
$280<d\leqslant 560$	$0.5\leqslant m\leqslant 2$	0.9	1.3	1.9	2.6	3.7	5.5	7.5	11.0	15.0	21.0	30.0	42.0	60.0
	$2<m\leqslant 3.5$	1.2	1.6	2.3	3.3	4.6	6.5	9.0	13.0	18.0	26.0	37.0	52.0	74.0
	$3.5<m\leqslant 6$	1.3	1.9	2.7	3.8	5.5	7.5	11.0	15.0	21.0	30.0	43.0	61.0	86.0
	$6<m\leqslant 10$	1.6	2.2	3.1	4.4	6.5	9.0	13.0	18.0	25.0	35.0	50.0	71.0	100.0
	$10<m\leqslant 16$	1.8	2.6	3.7	5.0	7.5	10.0	15.0	21.0	29.0	42.0	59.0	83.0	118.0
	$16<m\leqslant 25$	2.2	3.1	4.3	6.0	8.5	12.0	17.0	24.0	35.0	49.0	69.0	98.0	138.0
	$25<m\leqslant 40$	2.6	3.6	5.0	7.5	10.0	15.0	21.0	29.0	41.0	58.0	82.0	116.0	164.0
	$40<m\leqslant 70$	3.2	4.5	6.5	9.0	13.0	18.0	25.0	36.0	50.0	71.0	101.0	143.0	202.0
$560<d\leqslant 1000$	$0.5\leqslant m\leqslant 2$	1.1	1.6	2.2	3.2	4.5	6.5	9.0	13.0	18.0	25.0	36.0	51.0	72.0
	$2<m\leqslant 3.5$	1.3	1.9	2.7	3.8	5.5	7.5	11.0	15.0	21.0	30.0	43.0	61.0	86.0
	$3.5<m\leqslant 6$	1.5	2.2	3.0	4.3	6.0	8.5	12.0	17.0	24.0	34.0	49.0	69.0	97.0
	$6<m\leqslant 10$	1.7	2.5	3.5	4.9	7.0	10.0	14.0	20.0	28.0	40.0	56.0	79.0	112.0
	$10<m\leqslant 16$	2.0	2.9	4.0	5.5	8.0	11.0	16.0	23.0	32.0	46.0	65.0	92.0	129.0
	$16<m\leqslant 25$	2.3	3.3	4.7	6.5	9.5	13.0	19.0	27.0	38.0	53.0	75.0	106.0	150.0
	$25<m\leqslant 40$	2.8	3.9	5.5	8.0	11.0	16.0	22.0	31.0	44.0	62.0	88.0	125.0	176.0
	$40<m\leqslant 70$	3.3	4.7	6.5	9.5	13.0	19.0	27.0	38.0	53.0	76.0	107.0	151.0	214.0

（续）

分度圆直径 d/mm	模数 m/mm	精度等级												
		0	1	2	3	4	5	6	7	8	9	10	11	12
		$f_{H\alpha}$/μm												
1000<d≤1600	2≤m≤3.5	1.5	2.2	3.1	4.4	6.0	8.5	12.0	17.0	25.0	35.0	49.0	70.0	99.0
	3.5<m≤6	1.7	2.4	3.5	4.9	7.0	10.0	14.0	20.0	28.0	39.0	55.0	78.0	110.0
	6<m≤10	2.0	2.8	3.9	5.5	8.0	11.0	16.0	22.0	31.0	44.0	62.0	88.0	125.0
	10<m≤16	2.2	3.1	4.5	6.5	9.0	13.0	18.0	25.0	36.0	50.0	71.0	101.0	142.0
	16<m≤25	2.5	3.6	5.0	7.0	10.0	14.0	20.0	29.0	41.0	58.0	82.0	115.0	163.0
	25<m≤40	3.0	4.2	6.0	8.5	12.0	17.0	24.0	33.0	47.0	67.0	95.0	134.0	189.0
	40<m≤70	3.5	5.0	7.0	10.0	14.0	20.0	28.0	40.0	57.0	80.0	113.0	160.0	227.0
1600<d≤2500	3.5<m≤6	2.0	2.8	3.9	5.5	8.0	11.0	16.0	22.0	31.0	44.0	62.0	88.0	125.0
	6<m≤10	2.2	3.1	4.4	6.0	8.5	12.0	17.0	25.0	35.0	49.0	70.0	99.0	139.0
	10<m≤16	2.5	3.5	4.9	7.0	10.0	14.0	20.0	28.0	39.0	55.0	78.0	111.0	157.0
	16<m≤25	2.8	3.9	5.5	8.0	11.0	16.0	22.0	31.0	44.0	63.0	89.0	126.0	178.0
	25<m≤40	3.2	4.5	6.5	9.0	13.0	18.0	25.0	36.0	51.0	72.0	102.0	144.0	204.0
	40<m≤70	3.8	5.0	7.5	11.0	15.0	21.0	30.0	43.0	60.0	85.0	121.0	170.0	241.0
2500<d≤4000	6≤m≤10	2.5	3.5	4.9	7.0	10.0	14.0	20.0	28.0	39.0	56.0	79.0	112.0	158.0
	10<m≤16	2.7	3.9	5.5	7.5	11.0	15.0	22.0	31.0	44.0	62.0	88.0	124.0	175.0
	16<m≤25	3.1	4.3	6.0	8.5	12.0	17.0	24.0	35.0	49.0	69.0	98.0	139.0	196.0
	25<m≤40	3.5	4.9	7.0	10.0	14.0	20.0	28.0	39.0	55.0	78.0	111.0	157.0	222.0
	40<m≤70	4.1	5.5	8.0	11.0	16.0	22.0	32.0	46.0	65.0	92.0	130.0	183.0	259.0
4000<d≤6000	6≤m≤10	2.8	4.0	5.5	8.0	11.0	16.0	22.0	32.0	45.0	63.0	90.0	127.0	179.0
	10<m≤16	3.1	4.4	6.0	8.5	12.0	17.0	25.0	35.0	49.0	70.0	98.0	139.0	197.0
	16<m≤25	3.4	4.8	7.0	9.5	14.0	19.0	27.0	38.0	54.0	77.0	109.0	154.0	218.0
	25<m≤40	3.8	5.5	7.5	11.0	15.0	22.0	30.0	43.0	61.0	86.0	122.0	172.0	244.0
	40<m≤70	4.4	6.0	9.0	12.0	18.0	25.0	35.0	50.0	70.0	99.0	141.0	199.0	281.0
6000<d≤8000	10≤m≤16	3.4	4.8	7.0	9.5	14.0	19.0	27.0	39.0	54.0	77.0	109.0	154.0	218.0
	16<m≤25	3.7	5.5	7.5	11.0	15.0	21.0	30.0	42.0	60.0	84.0	119.0	169.0	239.0
	25<m≤40	4.1	6.0	8.5	12.0	17.0	23.0	33.0	47.0	66.0	94.0	132.0	187.0	265.0
	40<m≤70	4.7	6.5	9.5	13.0	19.0	27.0	38.0	53.0	76.0	107.0	151.0	214.0	302.0
8000<d≤10000	10≤m≤16	3.7	5.0	7.5	10.0	15.0	21.0	29.0	42.0	59.0	83.0	118.0	167.0	236.0
	16<m≤25	4.0	5.5	8.0	11.0	16.0	23.0	32.0	45.0	64.0	91.0	128.0	181.0	257.0
	25<m≤40	4.4	6.0	9.0	12.0	18.0	25.0	35.0	50.0	71.0	100.0	141.0	200.0	283.0
	40<m≤70	5.0	7.0	10.0	14.0	20.0	28.0	40.0	57.0	80.0	113.0	160.0	226.0	320.0

表1-85 螺旋线总偏差 F_β

分度圆直径 d/mm	齿宽 b/mm	精度等级												
		0	1	2	3	4	5	6	7	8	9	10	11	12
		F_β/μm												
5≤d≤20	4≤b≤10	1.1	1.5	2.2	3.1	4.3	6.0	8.5	12.0	17.0	24.0	35.0	49.0	69.0
	10<b≤20	1.2	1.7	2.4	3.4	4.9	7.0	9.5	14.0	19.0	28.0	39.0	55.0	78.0
	20<b≤40	1.4	2.0	2.8	3.9	5.5	8.0	11.0	16.0	22.0	31.0	45.0	63.0	89.0
	40<b≤80	1.6	2.3	3.3	4.6	6.5	9.5	13.0	19.0	26.0	37.0	52.0	74.0	105.0
20<d≤50	4≤b≤10	1.1	1.6	2.2	3.2	4.5	6.5	9.0	13.0	18.0	25.0	36.0	51.0	72.0
	10<b≤20	1.3	1.8	2.5	3.6	5.0	7.0	10.0	14.0	20.0	29.0	40.0	57.0	81.0
	20<b≤40	1.4	2.0	2.9	4.1	5.5	8.0	11.0	16.0	23.0	32.0	46.0	65.0	92.0
	40<b≤80	1.7	2.4	3.4	4.8	6.5	9.5	13.0	19.0	27.0	38.0	54.0	76.0	107.0
	80<b≤160	2.0	2.9	4.1	5.5	8.0	11.0	16.0	23.0	32.0	46.0	65.0	92.0	130.0
50<d≤125	4≤b≤10	1.2	1.7	2.4	3.3	4.7	6.5	9.5	13.0	19.0	27.0	38.0	53.0	76.0
	10<b≤20	1.3	1.9	2.6	3.7	5.5	7.5	11.0	15.0	21.0	30.0	42.0	60.0	84.0
	20<b≤40	1.5	2.1	3.0	4.2	6.0	8.5	12.0	17.0	24.0	34.0	48.0	68.0	95.0
	40<b≤80	1.7	2.5	3.5	4.9	7.0	10.0	14.0	20.0	28.0	39.0	56.0	79.0	111.0
	80<b≤160	2.1	2.9	4.2	6.0	8.5	12.0	17.0	24.0	33.0	47.0	67.0	94.0	133.0
	160<b≤250	2.5	3.5	4.9	7.0	10.0	14.0	20.0	28.0	40.0	56.0	79.0	112.0	158.0
	250<b≤400	2.9	4.1	6.0	8.0	12.0	16.0	23.0	33.0	46.0	65.0	92.0	130.0	184.0

（续）

分度圆直径 d/mm	齿宽 b/mm	精度等级												
		0	1	2	3	4	5	6	7	8	9	10	11	12
		F_β/μm												
125<d≤280	4≤b≤10	1.3	1.8	2.5	3.6	5.0	7.0	10.0	14.0	20.0	29.0	40.0	57.0	81.0
	10<b≤20	1.4	2.0	2.8	4.0	5.5	8.0	11.0	16.0	22.0	32.0	45.0	63.0	90.0
	20<b≤40	1.6	2.2	3.2	4.5	6.5	9.0	13.0	18.0	25.0	36.0	50.0	71.0	101.0
	40<b≤80	1.8	2.6	3.6	5.0	7.5	10.0	15.0	21.0	29.0	41.0	58.0	82.0	117.0
	80<b≤160	2.2	3.1	4.3	6.0	8.5	12.0	17.0	25.0	35.0	49.0	69.0	98.0	139.0
	160<b≤250	2.6	3.6	5.0	7.0	10.0	14.0	20.0	29.0	41.0	58.0	82.0	116.0	164.0
	250<b≤400	3.0	4.2	6.0	8.5	12.0	17.0	24.0	34.0	47.0	67.0	95.0	134.0	190.0
	400<b≤650	3.5	4.9	7.0	10.0	14.0	20.0	28.0	40.0	56.0	79.0	112.0	158.0	224.0
280<d≤560	10≤b≤20	1.5	2.1	3.0	4.3	6.0	8.5	12.0	17.0	24.0	34.0	48.0	68.0	97.0
	20<b≤40	1.7	2.4	3.4	4.8	6.5	9.5	13.0	19.0	27.0	38.0	54.0	76.0	108.0
	40<b≤80	1.9	2.7	3.9	5.5	7.5	11.0	15.0	22.0	31.0	44.0	62.0	87.0	124.0
	80<b≤160	2.3	3.2	4.6	6.5	9.0	13.0	18.0	26.0	36.0	52.0	73.0	103.0	146.0
	160<b≤250	2.7	3.8	5.5	7.5	11.0	15.0	21.0	30.0	43.0	60.0	85.0	121.0	171.0
	250<b≤400	3.1	4.3	6.0	8.5	12.0	17.0	25.0	35.0	49.0	70.0	98.0	139.0	197.0
	400<b≤650	3.6	5.0	7.0	10.0	14.0	20.0	29.0	41.0	58.0	82.0	115.0	163.0	231.0
	650<b≤1000	4.3	6.0	8.5	12.0	17.0	24.0	34.0	48.0	68.0	96.0	136.0	193.0	272.0
560<d≤1000	10≤b≤20	1.6	2.3	3.3	4.7	6.5	9.5	13.0	19.0	26.0	37.0	53.0	74.0	105.0
	20<b≤40	1.8	2.6	3.6	5.0	7.5	10.0	15.0	21.0	29.0	41.0	58.0	82.0	116.0
	40<b≤80	2.1	2.9	4.1	6.0	8.5	12.0	17.0	23.0	33.0	47.0	66.0	93.0	132.0
	80<b≤160	2.4	3.4	4.8	7.0	9.5	14.0	19.0	27.0	39.0	55.0	77.0	109.0	154.0
	160<b≤250	2.8	4.0	5.5	8.0	11.0	16.0	22.0	32.0	45.0	63.0	90.0	127.0	179.0
	250<b≤400	3.2	4.5	6.5	9.0	13.0	18.0	26.0	36.0	51.0	73.0	103.0	145.0	205.0
	400<b≤650	3.7	5.5	7.5	11.0	15.0	21.0	30.0	42.0	60.0	85.0	120.0	169.0	239.0
	650<b≤1000	4.4	6.0	9.0	12.0	18.0	25.0	35.0	50.0	70.0	99.0	140.0	199.0	281.0
1000<d≤1600	20<b≤40	2.0	2.8	3.9	5.5	8.0	11.0	16.0	22.0	31.0	44.0	63.0	89.0	126.0
	40<b≤80	2.2	3.1	4.4	6.0	9.0	12.0	18.0	25.0	35.0	50.0	71.0	100.0	141.0
	80<b≤160	2.6	3.6	5.0	7.0	10.0	14.0	20.0	29.0	41.0	58.0	82.0	116.0	164.0
	160<b≤250	2.9	4.2	6.0	8.5	12.0	17.0	24.0	33.0	47.0	67.0	94.0	133.0	189.0
	250<b≤400	3.4	4.7	6.5	9.5	13.0	19.0	27.0	38.0	54.0	76.0	107.0	152.0	215.0
	400<b≤650	3.9	5.5	8.0	11.0	16.0	22.0	31.0	44.0	62.0	88.0	124.0	176.0	249.0
	650<b≤1000	4.5	6.5	9.0	13.0	18.0	26.0	36.0	51.0	73.0	103.0	145.0	205.0	290.0
1600<d≤2500	20≤b≤40	2.1	3.0	4.3	6.0	8.5	12.0	17.0	24.0	34.0	48.0	68.0	96.0	136.0
	40<b≤80	2.4	3.4	4.7	6.5	9.5	13.0	19.0	27.0	38.0	54.0	76.0	107.0	152.0
	80<b≤160	2.7	3.8	5.5	7.5	11.0	15.0	22.0	31.0	43.0	61.0	87.0	123.0	174.0
	160<b≤250	3.1	4.4	6.0	9.0	12.0	18.0	25.0	35.0	50.0	70.0	99.0	141.0	199.0
1600<d≤2500	250<b≤400	3.5	5.0	7.0	10.0	14.0	20.0	28.0	40.0	56.0	80.0	112.0	159.0	225.0
	400<b≤650	4.0	5.5	8.0	11.0	16.0	23.0	32.0	46.0	65.0	92.0	130.0	183.0	259.0
	650<b≤1000	4.7	6.5	9.5	13.0	19.0	27.0	38.0	53.0	75.0	106.0	150.0	212.0	300.0
2500<d≤4000	40≤b≤80	2.6	3.6	5.0	7.5	10.0	15.0	21.0	29.0	41.0	58.0	82.0	116.0	165.0
	80<b≤160	2.9	4.1	6.0	8.5	12.0	17.0	23.0	33.0	47.0	66.0	93.0	132.0	187.0
	160<b≤250	3.3	4.7	6.5	9.5	13.0	19.0	26.0	37.0	53.0	75.0	106.0	150.0	212.0
	250<b≤400	3.7	5.5	7.5	11.0	15.0	21.0	30.0	42.0	59.0	84.0	119.0	168.0	238.0
	400<b≤650	4.3	6.0	8.5	12.0	17.0	24.0	34.0	48.0	68.0	96.0	136.0	192.0	272.0
	650<b≤1000	4.9	7.0	10.0	14.0	20.0	28.0	39.0	55.0	78.0	111.0	157.0	222.0	314.0
4000<d≤6000	80≤b≤160	3.2	4.5	6.5	9.0	13.0	18.0	25.0	36.0	51.0	72.0	101.0	143.0	203.0
	160<b≤250	3.6	5.0	7.0	10.0	14.0	20.0	28.0	40.0	57.0	80.0	114.0	161.0	228.0
	250<b≤400	4.0	5.5	8.0	11.0	16.0	22.0	32.0	45.0	63.0	90.0	127.0	179.0	253.0
	400<b≤650	4.5	6.5	9.0	13.0	18.0	25.0	36.0	51.0	72.0	102.0	144.0	203.0	288.0
	650<b≤1000	5.0	7.5	10.0	15.0	21.0	29.0	41.0	58.0	82.0	116.0	165.0	233.0	329.0

（续）

分度圆直径 d/mm	齿宽 b/mm	精度等级												
		0	1	2	3	4	5	6	7	8	9	10	11	12
		$F_\beta/\mu m$												
6000<d≤8000	80≤b≤160	3.4	4.8	7.0	9.5	14.0	19.0	27.0	38.0	54.0	77.0	109.0	154.0	218.0
	160<b≤250	3.8	5.5	7.5	11.0	15.0	21.0	30.0	43.0	61.0	86.0	121.0	171.0	242.0
	250<b≤400	4.2	6.0	8.5	12.0	17.0	24.0	34.0	47.0	67.0	95.0	134.0	190.0	268.0
	400<b≤650	4.7	6.5	9.5	13.0	19.0	27.0	38.0	53.0	76.0	107.0	151.0	214.0	303.0
	650<b≤1000	5.5	7.5	11.0	15.0	22.0	30.0	43.0	61.0	86.0	122.0	172.0	243.0	344.0
8000<d≤10000	80≤b≤160	3.6	5.0	7.0	10.0	14.0	20.0	29.0	41.0	58.0	81.0	115.0	163.0	230.0
	160<b≤250	4.0	5.5	8.0	11.0	16.0	23.0	32.0	45.0	64.0	90.0	128.0	181.0	255.0
	250<b≤400	4.4	6.0	9.0	12.0	18.0	25.0	35.0	50.0	70.0	99.0	141.0	199.0	281.0
	400<b≤650	4.9	7.0	10.0	14.0	20.0	28.0	39.0	56.0	79.0	112.0	158.0	223.0	315.0
	650<b≤1000	5.5	8.0	11.0	16.0	22.0	32.0	45.0	63.0	89.0	126.0	178.0	252.0	357.0

表 1-86　螺旋线形状偏差 $f_{f\beta}$ 和螺旋线倾斜偏差 $\pm f_{H\beta}$

分度圆直径 d/mm	齿宽 b/mm	精度等级												
		0	1	2	3	4	5	6	7	8	9	10	11	12
		$f_{f\beta}\,f_{H\beta}/\mu m$												
5≤d≤20	4≤b≤10	0.8	1.1	1.5	2.2	3.1	4.4	6.0	8.5	12.0	17.0	25.0	35.0	49.0
	10<b≤20	0.9	1.2	1.7	2.5	3.5	4.9	7.0	10.0	14.0	20.0	28.0	39.0	56.0
	20<b≤40	1.0	1.4	2.0	2.8	4.0	5.5	8.0	11.0	16.0	22.0	32.0	45.0	64.0
	40<b≤80	1.2	1.7	2.3	3.3	4.7	6.5	9.5	13.0	19.0	26.0	37.0	53.0	75.0
20<d≤50	4≤b≤10	0.8	1.1	1.6	2.3	3.2	4.5	6.5	9.0	13.0	18.0	26.0	36.0	51.0
	10<b≤20	0.9	1.3	1.8	2.5	3.6	5.0	7.0	10.0	14.0	20.0	29.0	41.0	58.0
	20<b≤40	1.0	1.4	2.0	2.9	4.1	6.0	8.0	12.0	16.0	23.0	33.0	46.0	65.0
20<d≤50	40<b≤80	1.2	1.7	2.4	3.4	4.8	7.0	9.5	14.0	19.0	27.0	38.0	54.0	77.0
	80<b≤160	1.4	2.0	2.9	4.1	6.0	8.0	12.0	16.0	23.0	33.0	46.0	65.0	93.0
50<d≤125	4≤b≤10	0.8	1.2	1.7	2.4	3.4	4.8	6.5	9.5	13.0	19.0	27.0	38.0	54.0
	10<b≤20	0.9	1.3	1.9	2.7	3.8	5.5	7.5	11.0	15.0	21.0	30.0	43.0	60.0
	20<b≤40	1.1	1.5	2.1	3.0	4.3	6.0	8.5	12.0	17.0	24.0	34.0	48.0	68.0
	40<b≤80	1.2	1.8	2.5	3.5	5.0	7.0	10.0	14.0	20.0	28.0	40.0	56.0	79.0
	80<b≤160	1.5	2.1	3.0	4.2	6.0	8.5	12.0	17.0	24.0	34.0	48.0	67.0	95.0
	160<b≤250	1.8	2.5	3.5	5.0	7.0	10.0	14.0	20.0	28.0	40.0	56.0	80.0	113.0
	250<b≤400	2.1	2.9	4.1	6.0	8.0	12.0	16.0	23.0	33.0	46.0	66.0	93.0	132.0
125<d≤280	4≤b≤10	0.9	1.3	1.8	2.5	3.6	5.0	7.0	10.0	14.0	20.0	29.0	41.0	58.0
	10<b≤20	1.0	1.4	2.0	2.8	4.0	5.5	8.0	11.0	16.0	23.0	32.0	45.0	64.0
	20<b≤40	1.1	1.6	2.2	3.2	4.5	6.5	9.0	13.0	18.0	25.0	36.0	51.0	72.0
	40<b≤80	1.3	1.8	2.6	3.7	5.0	7.5	10.0	15.0	21.0	29.0	42.0	59.0	83.0
	80<b≤160	1.5	2.2	3.1	4.4	6.0	8.5	12.0	17.0	25.0	35.0	49.0	70.0	99.0
	160<b≤250	1.8	2.6	3.6	5.0	7.5	10.0	15.0	21.0	29.0	41.0	58.0	83.0	117.0
	250<b≤400	2.1	3.0	4.2	6.0	8.5	12.0	17.0	24.0	34.0	48.0	68.0	96.0	135.0
	400<b≤650	2.5	3.5	5.0	7.0	10.0	14.0	20.0	28.0	40.0	56.0	80.0	113.0	160.0
280<d≤560	10≤b≤20	1.1	1.5	2.2	3.0	4.3	6.0	8.5	12.0	17.0	24.0	34.0	49.0	69.0
	20<b≤40	1.2	1.7	2.4	3.4	4.8	7.0	9.5	14.0	19.0	27.0	38.0	54.0	77.0
	40<b≤80	1.4	1.9	2.7	3.9	5.5	8.0	11.0	16.0	22.0	31.0	44.0	62.0	88.0
	80<b≤160	1.6	2.3	3.2	4.6	6.5	9.0	13.0	18.0	26.0	37.0	52.0	73.0	104.0
	160<b≤250	1.9	2.7	3.8	5.5	7.5	11.0	15.0	22.0	30.0	43.0	61.0	86.0	122.0
	250<b≤400	2.2	3.1	4.4	6.0	9.0	12.0	18.0	25.0	35.0	50.0	70.0	99.0	140.0
	400<b≤650	2.6	3.6	5.0	7.5	10.0	15.0	21.0	29.0	41.0	58.0	82.0	116.0	165.0
	650<b≤1000	3.0	4.3	6.0	8.5	12.0	17.0	24.0	34.0	49.0	69.0	97.0	137.0	194.0

（续）

分度圆直径 d/mm	齿宽 b/mm	精度等级												
		0	1	2	3	4	5	6	7	8	9	10	11	12
		$f_{f\beta}, f_{H\beta}$/μm												
560<d≤1000	10≤b≤20	1.2	1.7	2.3	3.3	4.7	6.5	9.5	13.0	19.0	26.0	37.0	53.0	75.0
	20<b≤40	1.3	1.8	2.6	3.7	5.0	7.5	10.0	15.0	21.0	29.0	41.0	58.0	83.0
	40<b≤80	1.5	2.1	2.9	4.1	6.0	8.5	12.0	17.0	23.0	33.0	47.0	66.0	94.0
	80<b≤160	1.7	2.4	3.4	4.9	7.0	9.5	14.0	19.0	27.0	39.0	55.0	78.0	110.0
	160<b≤250	2.0	2.8	4.0	5.5	8.0	11.0	16.0	23.0	32.0	45.0	64.0	90.0	128.0
	250<b≤400	2.3	3.2	4.6	6.5	9.0	13.0	18.0	26.0	37.0	52.0	73.0	103.0	146.0
	400<b≤650	2.7	3.8	5.5	7.5	11.0	15.0	21.0	30.0	43.0	60.0	85.0	121.0	171.0
	650<b≤1000	3.1	4.4	6.5	9.0	13.0	18.0	25.0	35.0	50.0	71.0	100.0	142.0	200.0
1000<d≤1600	20≤b≤40	1.4	2.0	2.8	3.9	5.5	8.0	11.0	16.0	22.0	32.0	45.0	63.0	89.0
	40<b≤80	1.6	2.2	3.1	4.4	6.5	9.0	13.0	18.0	25.0	35.0	50.0	71.0	100.0
	80<b≤160	1.8	2.6	3.6	5.0	7.5	10.0	15.0	21.0	29.0	41.0	58.0	82.0	116.0
	160<b≤250	2.1	3.0	4.2	6.0	8.5	12.0	17.0	24.0	34.0	47.0	67.0	95.0	134.0
	250<b≤400	2.4	3.4	4.8	6.5	9.5	13.0	19.0	27.0	38.0	54.0	76.0	108.0	153.0
	400<b≤650	2.8	3.9	5.5	8.0	11.0	16.0	22.0	31.0	44.0	63.0	89.0	125.0	177.0
	650<b≤1000	3.2	4.6	6.5	9.0	13.0	18.0	26.0	37.0	52.0	73.0	103.0	146.0	207.0
1600<d≤2500	20≤b≤40	1.5	2.1	3.0	4.3	6.0	8.5	12.0	17.0	24.0	34.0	48.0	68.0	96.0
	40<b≤80	1.7	2.4	3.4	4.8	6.5	9.5	13.0	19.0	27.0	38.0	54.0	76.0	108.0
	80<b≤160	1.9	2.7	3.9	5.5	7.5	11.0	15.0	22.0	31.0	44.0	62.0	87.0	124.0
	160<b≤250	2.2	3.1	4.4	6.0	9.0	12.0	18.0	25.0	35.0	50.0	71.0	100.0	141.0
	250<b≤400	2.5	3.5	5.0	7.0	10.0	14.0	20.0	28.0	40.0	57.0	80.0	113.0	160.0
	400<b≤650	2.9	4.1	6.0	8.0	12.0	16.0	23.0	33.0	46.0	65.0	92.0	130.0	184.0
	650<b≤1000	3.3	4.7	6.5	9.5	13.0	19.0	27.0	38.0	53.0	76.0	107.0	151.0	214.0
2500<d≤4000	40≤b≤80	1.8	2.6	3.6	5.0	7.5	10.0	15.0	21.0	29.0	41.0	58.0	83.0	117.0
	80<b≤160	2.1	2.9	4.1	6.0	8.5	12.0	17.0	23.0	33.0	47.0	66.0	94.0	133.0
	160<b≤250	2.4	3.3	4.7	6.5	9.5	13.0	19.0	27.0	38.0	53.0	75.0	106.0	150.0
	250<b≤400	2.6	3.7	5.5	7.5	11.0	15.0	21.0	30.0	42.0	60.0	85.0	120.0	169.0
	400<b≤650	3.0	4.3	6.0	8.5	12.0	17.0	24.0	34.0	48.0	68.0	97.0	137.0	193.0
	650<b≤1000	3.5	4.9	7.0	10.0	14.0	20.0	28.0	39.0	56.0	79.0	112.0	158.0	223.0
4000<d≤6000	80≤b≤160	2.2	3.2	4.5	6.5	9.0	13.0	18.0	25.0	36.0	51.0	72.0	101.0	144.0
	160<b≤250	2.5	3.6	5.0	7.0	10.0	14.0	20.0	29.0	40.0	57.0	81.0	114.0	161.0
	250<b≤400	2.8	4.0	5.5	8.0	11.0	16.0	22.0	32.0	45.0	64.0	90.0	127.0	180.0
	400<b≤650	3.2	4.5	6.5	9.0	13.0	18.0	25.0	36.0	51.0	72.0	102.0	144.0	204.0
	650<b≤1000	3.7	5.0	7.5	10.0	15.0	21.0	29.0	41.0	58.0	83.0	117.0	165.0	234.0
6000<d≤8000	80≤b≤160	2.4	3.4	4.8	7.0	9.5	14.0	19.0	27.0	39.0	54.0	77.0	109.0	154.0
	160<b≤250	2.7	3.8	5.5	7.5	11.0	15.0	21.0	30.0	43.0	61.0	86.0	122.0	172.0
	250<b≤400	3.0	4.2	6.0	8.5	12.0	17.0	24.0	34.0	48.0	67.0	95.0	135.0	190.0
	400<b≤650	3.4	4.7	6.5	9.5	13.0	19.0	27.0	38.0	54.0	76.0	107.0	152.0	215.0
	650<b≤1000	3.8	5.5	7.5	11.0	15.0	22.0	31.0	43.0	61.0	86.0	122.0	173.0	244.0
8000<d≤10000	80≤b≤160	2.5	3.6	5.0	7.0	10.0	14.0	20.0	29.0	41.0	58.0	81.0	115.0	163.0
	160<b≤250	2.8	4.0	5.5	8.0	11.0	16.0	23.0	32.0	45.0	64.0	90.0	128.0	181.0
	250<b≤400	3.1	4.4	6.0	9.0	12.0	18.0	25.0	35.0	50.0	70.0	100.0	141.0	199.0
	400<b≤650	3.5	4.9	7.0	10.0	14.0	20.0	28.0	40.0	56.0	79.0	112.0	158.0	224.0
	650<b≤1000	4.0	5.5	8.0	11.0	16.0	22.0	32.0	45.0	63.0	90.0	127.0	179.0	253.0

表 1-87 f_i'/K 的比值

分度圆直径 d/mm	模数 m/mm	精度等级												
		0	1	2	3	4	5	6	7	8	9	10	11	12
		(f_i'/K)/μm												
5≤d≤20	0.5≤m≤2	2.4	3.4	4.8	7.0	9.5	14.0	19.0	27.0	38.0	54.0	77.0	109.0	154.0
	2<m≤3.5	2.8	4.0	5.5	8.0	11.0	16.0	23.0	32.0	45.0	64.0	91.0	129.0	182.0

（续）

分度圆直径 d/mm	模数 m/mm	精度等级												
		0	1	2	3	4	5	6	7	8	9	10	11	12
		$(f'_i/K)/\mu m$												
$20 < d \leqslant 50$	$0.5 \leqslant m \leqslant 2$	2.5	3.6	5.0	7.0	10.0	14.0	20.0	29.0	41.0	58.0	82.0	115.0	163.0
	$2 < m \leqslant 3.5$	3.0	4.2	6.0	8.5	12.0	17.0	24.0	34.0	48.0	68.0	96.0	135.0	191.0
	$3.5 < m \leqslant 6$	3.4	4.8	7.0	9.5	14.0	19.0	27.0	38.0	54.0	77.0	108.0	153.0	217.0
	$6 < m \leqslant 10$	3.9	5.5	8.0	11.0	16.0	22.0	31.0	44.0	63.0	89.0	125.0	177.0	251.0
$50 < d \leqslant 125$	$0.5 \leqslant m \leqslant 2$	2.7	3.9	5.5	8.0	11.0	16.0	22.0	31.0	44.0	62.0	88.0	124.0	176.0
	$2 < m \leqslant 3.5$	3.2	4.5	6.5	9.0	13.0	18.0	25.0	36.0	51.0	72.0	102.0	144.0	204.0
	$3.5 < m \leqslant 6$	3.6	5.0	7.0	10.0	14.0	20.0	29.0	40.0	57.0	81.0	115.0	162.0	229.0
	$6 < m \leqslant 10$	4.1	6.0	8.0	12.0	16.0	23.0	33.0	47.0	66.0	93.0	132.0	186.0	263.0
	$10 < m \leqslant 16$	4.8	7.0	9.5	14.0	19.0	27.0	38.0	54.0	77.0	109.0	154.0	218.0	308.0
	$16 < m \leqslant 25$	5.5	8.0	11.0	16.0	23.0	32.0	46.0	65.0	91.0	129.0	183.0	259.0	366.0
$125 < d \leqslant 280$	$0.5 \leqslant m \leqslant 2$	3.0	4.3	6.0	8.5	12.0	17.0	24.0	34.0	49.0	69.0	97.0	137.0	194.0
	$2 < m \leqslant 3.5$	3.5	4.9	7.0	10.0	14.0	20.0	28.0	39.0	56.0	79.0	111.0	157.0	222.0
	$3.5 < m \leqslant 6$	3.9	5.5	7.5	11.0	15.0	22.0	31.0	44.0	62.0	88.0	124.0	175.0	247.0
	$6 < m \leqslant 10$	4.4	6.0	9.0	12.0	18.0	25.0	35.0	50.0	70.0	100.0	141.0	199.0	281.0
	$10 < m \leqslant 16$	5.0	7.0	10.0	14.0	20.0	29.0	41.0	58.0	82.0	115.0	163.0	231.0	326.0
	$16 < m \leqslant 25$	6.0	8.5	12.0	17.0	24.0	34.0	48.0	68.0	96.0	136.0	192.0	272.0	384.0
	$25 < m \leqslant 40$	7.5	10.0	15.0	21.0	29.0	41.0	58.0	82.0	116.0	165.0	233.0	329.0	465.0
$280 < d \leqslant 560$	$0.5 \leqslant m \leqslant 2$	3.4	4.8	7.0	9.5	14.0	19.0	27.0	39.0	54.0	77.0	109.0	154.0	218.0
	$2 < m \leqslant 3.5$	3.8	5.5	7.5	11.0	15.0	22.0	31.0	44.0	62.0	87.0	123.0	174.0	246.0
	$3.5 < m \leqslant 6$	4.2	6.0	8.5	12.0	17.0	24.0	34.0	48.0	68.0	96.0	136.0	192.0	271.0
	$6 < m \leqslant 10$	4.8	6.5	9.5	13.0	19.0	27.0	38.0	54.0	76.0	108.0	153.0	216.0	305.0
	$10 < m \leqslant 16$	5.5	7.5	11.0	15.0	22.0	31.0	44.0	62.0	88.0	124.0	175.0	248.0	350.0
	$16 < m \leqslant 25$	6.5	9.0	13.0	18.0	26.0	36.0	51.0	72.0	102.0	144.0	204.0	289.0	408.0
	$25 < m \leqslant 40$	7.5	11.0	15.0	22.0	31.0	43.0	61.0	86.0	122.0	173.0	245.0	346.0	489.0
	$40 < m \leqslant 70$	9.5	14.0	19.0	27.0	39.0	55.0	78.0	110.0	155.0	220.0	311.0	439.0	621.0
$560 < d \leqslant 1000$	$0.5 \leqslant m \leqslant 2$	3.9	5.5	7.5	11.0	15.0	22.0	31.0	44.0	62.0	87.0	123.0	174.0	247.0
	$2 < m \leqslant 3.5$	4.3	6.0	8.5	12.0	17.0	24.0	34.0	49.0	69.0	97.0	137.0	194.0	275.0
	$3.5 < m \leqslant 6$	4.7	6.5	9.5	13.0	19.0	27.0	38.0	53.0	75.0	106.0	150.0	212.0	300.0
	$6 < m \leqslant 10$	5.0	7.5	10.0	15.0	21.0	30.0	42.0	59.0	84.0	118.0	167.0	236.0	334.0
	$10 < m \leqslant 16$	6.0	8.5	12.0	17.0	24.0	33.0	47.0	67.0	95.0	134.0	189.0	268.0	379.0
	$16 < m \leqslant 25$	7.0	9.5	14.0	19.0	27.0	39.0	55.0	77.0	109.0	154.0	218.0	309.0	437.0
	$25 < m \leqslant 40$	8.0	11.0	16.0	22.0	32.0	46.0	65.0	92.0	129.0	183.0	259.0	366.0	518.0
	$40 < m \leqslant 70$	10.0	14.0	20.0	29.0	41.0	57.0	81.0	115.0	163.0	230.0	325.0	460.0	650.0
$1000 < d \leqslant 1600$	$2 \leqslant m \leqslant 3.5$	4.8	7.0	9.5	14.0	19.0	27.0	38.0	54.0	77.0	108.0	153.0	217.0	307.0
	$3.5 < m \leqslant 6$	5.0	7.5	10.0	15.0	21.0	29.0	41.0	59.0	83.0	117.0	166.0	235.0	332.0
	$6 < m \leqslant 10$	5.5	8.0	11.0	16.0	23.0	32.0	46.0	65.0	91.0	129.0	183.0	259.0	366.0
	$10 < m \leqslant 16$	6.5	9.0	13.0	18.0	26.0	36.0	51.0	73.0	103.0	145.0	205.0	290.0	410.0
	$16 < m \leqslant 25$	7.5	10.0	15.0	21.0	29.0	41.0	59.0	83.0	117.0	166.0	234.0	331.0	468.0
	$25 < m \leqslant 40$	8.5	12.0	17.0	24.0	34.0	49.0	69.0	97.0	137.0	194.0	275.0	389.0	550.0
	$40 < m \leqslant 70$	11.0	15.0	21.0	30.0	43.0	60.0	85.0	120.0	170.0	241.0	341.0	482.0	682.0
$1600 < d \leqslant 2500$	$3.5 \leqslant m \leqslant 6$	5.5	8.0	11.0	16.0	23.0	32.0	46.0	65.0	92.0	130.0	183.0	259.0	367.0
	$6 < m \leqslant 10$	6.5	9.0	13.0	18.0	25.0	35.0	50.0	71.0	100.0	142.0	200.0	283.0	401.0
	$10 < m \leqslant 16$	7.0	10.0	14.0	20.0	28.0	39.0	56.0	79.0	111.0	158.0	223.0	315.0	446.0
	$16 < m \leqslant 25$	8.0	11.0	16.0	22.0	31.0	45.0	63.0	89.0	126.0	178.0	252.0	356.0	504.0
	$25 < m \leqslant 40$	9.0	13.0	18.0	26.0	37.0	52.0	73.0	103.0	146.0	207.0	292.0	413.0	585.0
	$40 < m \leqslant 70$	11.0	16.0	22.0	32.0	45.0	63.0	90.0	127.0	179.0	253.0	358.0	507.0	717.0

（续）

分度圆直径 d/mm	模数 m/mm	精度等级 (f_i''/K)/μm												
		0	1	2	3	4	5	6	7	8	9	10	11	12
2500<d≤4000	6≤m≤10	7.0	10.0	14.0	20.0	28.0	39.0	56.0	79.0	111.0	157.0	223.0	315.0	445.0
	10<m≤16	7.5	11.0	15.0	22.0	31.0	43.0	61.0	87.0	122.0	173.0	245.0	346.0	490.0
	16<m≤25	8.5	12.0	17.0	24.0	34.0	48.0	68.0	97.0	137.0	194.0	274.0	387.0	548.0
	25<m≤40	10.0	14.0	20.0	28.0	39.0	56.0	79.0	111.0	157.0	222.0	315.0	445.0	629.0
	40<m≤70	12.0	17.0	24.0	34.0	48.0	67.0	95.0	135.0	190.0	269.0	381.0	538.0	761.0
4000<d≤6000	6≤m≤10	8.0	11.0	16.0	22.0	31.0	44.0	62.0	88.0	125.0	176.0	249.0	352.0	498.0
	10<m≤16	8.5	12.0	17.0	24.0	34.0	48.0	68.0	96.0	136.0	192.0	271.0	384.0	543.0
	16<m≤25	9.5	13.0	19.0	27.0	38.0	53.0	75.0	106.0	150.0	212.0	300.0	425.0	601.0
	25<m≤40	11.0	15.0	21.0	30.0	43.0	60.0	85.0	121.0	170.0	241.0	341.0	482.0	682.0
	40<m≤70	13.0	18.0	25.0	36.0	51.0	72.0	102.0	144.0	204.0	288.0	407.0	576.0	814.0
6000<d≤8000	10≤m≤16	9.5	13.0	19.0	26.0	37.0	52.0	74.0	105.0	148.0	210.0	297.0	420.0	594.0
	16<m≤25	10.0	14.0	20.0	29.0	41.0	58.0	81.0	115.0	163.0	230.0	326.0	461.0	652.0
	25<m≤40	11.0	16.0	23.0	32.0	46.0	65.0	92.0	130.0	183.0	259.0	366.0	518.0	733.0
	40<m≤70	14.0	19.0	27.0	38.0	54.0	76.0	108.0	153.0	216.0	306.0	432.0	612.0	865.0
8000<d≤10000	10≤m≤16	10.0	14.0	20.0	28.0	40.0	56.0	80.0	113.0	159.0	225.0	319.0	451.0	637.0
	16<m≤25	11.0	15.0	22.0	31.0	43.0	61.0	87.0	123.0	174.0	246.0	348.0	492.0	695.0
	25<m≤40	12.0	17.0	24.0	34.0	49.0	69.0	97.0	137.0	194.0	275.0	388.0	549.0	777.0
	40<m≤70	14.0	20.0	28.0	40.0	57.0	80.0	114.0	161.0	227.0	321.0	454.0	642.0	909.0

表 1-88　径向综合总偏差 F_i''

分度圆直径 d/mm	模数 m/mm	精度等级 F_i''/μm								
		4	5	6	7	8	9	10	11	12
5≤d≤20	0.2≤m≤0.5	7.5	11	15	21	30	42	60	85	120
	0.5<m≤0.8	8.0	12	16	23	33	46	66	93	131
	0.8<m≤1.0	9.0	12	18	25	35	50	70	100	141
	1.0<m≤1.5	10	14	19	27	38	54	76	108	153
	1.5<m≤2.5	11	16	22	32	45	63	89	126	179
	2.5<m≤4.0	14	20	28	39	56	79	112	158	223
20<d≤50	0.2≤m≤0.5	9.0	13	19	26	37	52	74	105	148
	0.5<m≤0.8	10	14	20	28	40	56	80	113	160
	0.8<m≤1.0	11	15	21	30	42	60	85	120	169
	1.0<m≤1.5	11	16	23	32	45	64	91	128	181
	1.5<m≤2.5	13	18	26	37	52	73	103	146	207
	2.5<m≤4.0	16	22	31	44	63	89	126	178	251
	4.0<m≤6.0	20	28	39	56	79	111	157	222	314
	6.0<m≤10.0	26	37	52	74	104	147	209	295	417
50<d≤125	0.2≤m≤0.5	12	16	23	33	46	66	93	131	185
	0.5<m≤0.8	12	17	25	35	49	70	98	139	197
	0.8<m≤1.0	13	18	26	36	52	73	103	146	206
	1.0<m≤1.5	14	19	27	39	55	77	109	154	218
	1.5<m≤2.5	15	22	31	43	61	86	122	173	244
	2.5<m≤4.0	18	25	36	51	72	102	144	204	288
	4.0<m≤6.0	22	31	44	62	88	124	176	248	351
	6.0<m≤10.0	28	40	57	80	114	161	227	321	454

（续）

分度圆直径 d/mm	模数 m/mm	精 度 等 级								
		4	5	6	7	8	9	10	11	12
		F''_i/μm								
125<d≤280	0.2≤m≤0.5	15	21	30	42	60	85	120	170	240
	0.5<m≤0.8	16	22	31	44	63	89	126	178	252
	0.8<m≤1.0	16	23	33	46	65	92	131	185	261
	1.0<m≤1.5	17	24	34	48	68	97	137	193	273
	1.5<m≤2.5	19	26	37	53	75	106	149	211	299
	2.5<m≤4.0	21	30	43	61	86	121	172	243	343
	4.0<m≤6.0	25	36	51	72	102	144	203	287	406
	6.0<m≤10.0	32	45	64	90	127	180	255	360	509
280<d≤560	0.2≤m≤0.5	19	28	39	55	78	110	156	220	311
	0.5<m≤0.8	20	29	40	57	81	114	161	228	323
	0.8<m≤1.0	21	29	42	59	83	117	166	235	332
	1.0<m≤1.5	22	30	43	61	86	122	172	243	344
	1.5<m≤2.5	23	33	46	65	92	131	185	262	370
280<d≤560	2.5<m≤4.0	26	37	52	73	104	146	207	293	414
	4.0<m≤6.0	30	42	60	84	119	169	239	337	477
	6.0<m≤10.0	36	51	73	103	145	205	290	410	580
560<d≤1000	0.2≤m≤0.5	25	35	50	70	99	140	198	280	396
	0.5<m≤0.8	25	36	51	72	102	144	204	288	408
	0.8<m≤1.0	26	37	52	74	104	148	209	295	417
	1.0<m≤1.5	27	38	54	76	107	152	215	304	429
	1.5<m≤2.5	28	40	57	80	114	161	228	322	455
	2.5<m≤4.0	31	44	62	88	125	177	250	353	499
	4.0<m≤6.0	35	50	70	99	141	199	281	398	562
	6.0<m≤10.0	42	59	83	118	166	235	333	471	665

表 1-89　一齿径向综合偏差 f''_i

分度圆直径 d/mm	模数 m/mm	精 度 等 级								
		4	5	6	7	8	9	10	11	12
		f''_i/μm								
5≤d≤20	0.2≤m≤0.5	1.0	2.0	2.5	3.5	5.0	7.0	10	14	20
	0.5<m≤0.8	2.0	2.5	4.0	5.5	7.5	11	15	22	31
	0.8<m≤1.0	2.5	3.5	5.0	7.0	10	14	20	28	39
	1.0<m≤1.5	3.0	4.5	6.5	9.0	13	18	25	36	50
	1.5<m≤2.5	4.5	6.5	9.5	13	19	26	37	53	74
	2.5<m≤4.0	7.0	10	14	20	29	41	58	82	115
20<d≤50	0.2≤m≤0.5	1.5	2.0	2.5	3.5	5.0	7.0	10	14	20
	0.5<m≤0.8	2.0	2.5	4.0	5.5	7.5	11	15	22	31
	0.8<m≤1.0	2.5	3.5	5.0	7.0	10	14	20	28	40
	1.0<m≤1.5	3.0	4.5	6.5	9.0	13	18	25	36	51
	1.5<m≤2.5	4.5	6.5	9.5	13	19	26	37	53	75
	2.5<m≤4.0	7.0	10	14	20	29	41	58	82	116
	4.0<m≤6.0	11	15	22	31	43	61	87	123	174
	6.0<m≤10.0	17	24	34	48	67	95	135	190	269
50<d≤125	0.2≤m≤0.5	1.5	2.0	2.5	3.5	5.0	7.5	10	15	21
	0.5<m≤0.8	2.0	3.0	4.0	5.5	8.0	11	16	22	31
	0.8<m≤1.0	2.5	3.5	5.0	7.0	10	14	20	28	40
	1.0<m≤1.5	3.0	4.5	6.5	9.0	13	18	25	36	51
	1.5<m≤2.5	4.5	6.5	9.5	13	19	26	37	53	75

（续）

分度圆直径 d/mm	模数 m/mm	精度等级								
		4	5	6	7	8	9	10	11	12
		f_i''/μm								
50<d≤125	2.5<m≤4.0	7.0	10	14	20	29	41	58	82	116
	4.0<m≤6.0	11	15	22	31	43	61	87	123	174
	6.0<m≤10.0	17	24	34	48	67	95	135	190	269
125<d≤280	0.2≤m≤0.5	1.5	2.0	2.5	3.5	5.5	7.5	11	15	21
	0.5<m≤0.8	2.0	3.0	4.0	5.5	8.0	11	16	22	32
	0.8<m≤1.0	2.5	3.5	5.0	7.0	10	14	20	29	41
	1.0<m≤1.5	3.0	4.5	6.5	9.0	13	18	26	36	52
	1.5<m≤2.5	4.5	6.5	9.5	13	19	26	37	53	75
	2.5<m≤4.0	7.5	10	15	21	29	41	58	82	116
	4.0<m≤6.0	11	15	22	31	44	62	87	124	175
	6.0<m≤10.0	17	24	34	48	67	95	135	191	270
280<d≤560	0.2≤m≤0.5	1.5	2.0	2.5	4.0	5.5	7.5	11	15	22
	0.5<m≤0.8	2.0	3.0	4.0	5.5	8.0	11	16	23	32
	0.8<m≤1.0	2.5	3.5	5.0	7.0	10	15	21	29	41
	1.0<m≤1.5	3.5	4.5	6.5	9.0	13	18	26	36	52
	1.5<m≤2.5	4.5	6.5	9.5	13	19	27	38	54	76
	2.5<m≤4.0	7.5	10	15	21	29	41	59	83	117
	4.0<m≤6.0	11	15	22	31	44	62	88	124	175
	6.0<m≤10.0	17	24	34	48	68	96	135	191	271
560<d≤1000	0.2≤m≤0.5	1.5	2.0	3.0	4.0	5.5	8.0	11	16	23
	0.5<m≤0.8	2.0	3.0	4.0	6.0	8.5	12	17	24	33
	0.8<m≤1.0	2.5	3.5	5.5	7.5	11	15	21	30	42
	1.0<m≤1.5	3.5	4.5	6.5	9.5	13	19	27	38	53
	1.5<m≤2.5	5.0	7.0	9.5	14	19	27	38	54	77
	2.5<m≤4.0	7.5	10	15	21	30	42	59	83	118
	4.0<m≤6.0	11	16	22	31	44	62	88	125	176
	6.0<m≤10.0	17	24	34	48	68	96	136	192	272

表 1-90　径向跳动公差 F_r

分度圆直径 d/mm	模数 m/mm	精度等级												
		0	1	2	3	4	5	6	7	8	9	10	11	12
		F_r/μm												
5≤d≤20	0.5≤m≤2.0	1.5	2.5	3.0	4.5	6.5	9.0	13	18	25	36	51	72	102
	2.0<m≤3.5	1.5	2.5	3.5	4.5	6.5	9.5	13	19	27	38	53	75	106
20<d≤50	0.5≤m≤2.0	2.0	3.0	4.0	5.5	8.0	11	16	23	32	46	65	92	130
	2.0<m≤3.5	2.0	3.0	4.0	6.0	8.5	12	17	24	34	47	67	95	134
	3.5<m≤6.0	2.0	3.0	4.5	6.0	8.5	12	17	25	35	49	70	99	139
	6.0<m≤10	2.5	3.5	4.5	6.5	9.5	13	19	26	37	52	74	105	148
50<d≤125	0.5≤m≤2.0	2.5	3.5	5.0	7.5	10	15	21	29	42	59	83	118	167
	2.0<m≤3.5	2.5	4.0	5.5	7.5	11	15	21	30	43	61	86	121	171
	3.5<m≤6.0	3.0	4.0	5.5	8.0	11	16	22	31	44	62	88	125	176
	6.0<m≤10	3.0	4.0	6.0	8.0	12	16	23	33	46	65	92	131	185
	10<m≤16	3.0	4.5	6.0	9.0	12	18	25	35	50	70	99	140	198
	16<m≤25	3.5	5.0	7.0	9.5	14	19	27	39	55	77	109	154	218
125<d≤280	0.5≤m≤2.0	3.5	5.0	7.0	10	14	20	28	39	55	78	110	156	221
	2.0<m≤3.5	3.5	5.0	7.0	10	14	20	28	40	56	80	113	159	225
	3.5<m≤6.0	3.5	5.0	7.0	10	14	20	29	41	58	82	115	163	231
	6.0<m≤10	3.5	5.5	7.5	11	15	21	30	42	60	85	120	169	239
	10<m≤16	4.0	5.5	8.0	11	16	22	32	45	63	89	126	179	252
	16<m≤25	4.5	6.0	8.5	12	17	24	34	48	68	96	136	193	272
	25<m≤40	4.5	6.5	9.5	13	19	27	38	54	76	107	152	215	304

（续）

（续）

分度圆直径 d/mm	模数 m/mm	精度等级												
		0	1	2	3	4	5	6	7	8	9	10	11	12
		F_r/μm												
280<d≤560	0.5≤m≤2.0	4.5	6.5	9.0	13	18	26	36	51	73	103	146	206	291
	2.0<m≤3.5	4.5	6.5	9.0	13	18	26	37	52	74	105	148	209	296
	3.5<m≤6.0	4.5	6.5	9.5	13	19	27	38	53	75	106	150	213	301
	6.0<m≤10	5.0	7.0	9.5	14	19	27	39	55	77	109	155	219	310
	10<m≤16	5.0	7.0	10	14	20	29	40	57	81	114	161	228	323
	16<m≤25	5.5	7.5	11	15	21	30	43	61	86	121	171	242	343
	25<m≤40	6.0	8.5	12	17	23	33	47	66	94	132	187	265	374
	40<m≤70	7.0	9.5	14	19	27	38	54	76	108	153	216	306	432
560<d≤1000	0.5≤m≤2.0	6.0	8.5	12	17	23	33	47	66	94	133	188	266	376
	2.0<m≤3.5	6.0	8.5	12	17	24	34	48	67	95	134	190	269	380
	3.5<m≤6.0	6.0	8.5	12	17	24	34	48	68	96	134	190	269	380
	6.0<m≤10	6.0	8.5	12	17	25	35	49	70	98	139	197	279	394
	10<m≤16	6.5	9.0	13	18	25	36	51	72	102	144	204	288	407
	16<m≤25	6.5	9.5	13	19	27	38	53	76	107	151	214	302	427
	25<m≤40	7.0	10	14	20	29	41	57	81	115	162	229	324	459
	40<m≤70	8.0	11	16	23	32	46	65	91	129	183	258	365	517
1000<d≤1600	2.0≤m≤3.5	7.5	10	15	21	30	42	59	84	118	167	236	334	473
	3.5<m≤6.0	7.5	11	15	21	30	42	60	85	120	169	239	338	478
	6.0<m≤10	7.5	11	15	22	30	43	61	86	122	172	243	344	487
	10<m≤16	8.0	11	16	22	31	44	63	88	125	177	250	354	500
1000<d≤1600	16<m≤25	8.0	11	16	23	33	46	65	92	130	183	260	368	520
	25<m≤40	8.5	12	17	24	34	49	69	98	138	195	276	390	552
	40<m≤70	9.5	13	19	27	38	54	76	108	152	215	305	431	609
1600<d≤2500	3.5≤m≤6.0	9.0	13	18	26	36	51	73	103	145	206	291	411	582
	6.0<m≤10	9.0	13	18	26	37	52	74	104	148	209	295	417	590
	10<m≤16	9.5	13	19	27	38	53	75	107	151	213	302	427	604
	16<m≤25	9.5	14	19	28	39	55	78	110	156	220	312	441	624
	25<m≤40	10	14	20	29	41	58	82	116	164	232	328	463	655
	40<m≤70	11	16	22	32	45	63	89	126	178	252	357	504	713
2500<d≤4000	6.0≤m≤10	11	16	23	32	45	64	90	127	180	255	360	510	721
	10<m≤16	11	16	23	32	46	65	92	130	183	259	367	519	734
	16<m≤25	12	17	24	33	47	67	94	133	188	267	377	533	754
	25<m≤40	12	17	25	35	49	69	98	139	196	278	393	555	785
	40<m≤70	13	19	26	37	53	75	105	149	211	298	422	596	843
4000<d≤6000	6.0≤m≤10	14	19	27	39	55	77	110	155	219	310	438	620	876
	10<m≤16	14	20	28	39	56	79	111	157	222	315	445	629	890
	16<m≤25	14	20	28	40	57	80	114	161	227	322	455	643	910
	25<m≤40	15	21	29	42	59	83	118	166	235	333	471	665	941
	40<m≤70	16	22	31	44	62	88	125	177	250	353	499	706	999
6000<d≤8000	6.0≤m≤10	16	23	32	45	64	91	128	181	257	363	513	726	1026
	10<m≤16	16	23	32	46	65	92	130	184	260	367	520	735	1039
	16<m≤25	17	23	33	47	66	94	132	187	265	375	530	749	1059
	25<m≤40	17	24	34	48	68	96	136	193	273	386	545	771	1091
	40<m≤70	18	25	36	51	72	102	144	203	287	406	574	812	1149
8000<d≤10000	6.0≤m≤10	18	26	36	51	72	102	144	204	289	408	577	816	1154
	10<m≤16	18	26	36	52	73	103	146	206	292	413	584	826	1168
	16<m≤25	19	26	37	52	74	105	148	210	297	420	594	840	1188
	25<m≤40	19	27	38	54	76	108	152	216	305	431	610	862	1219
	40<m≤70	20	28	40	56	80	113	160	226	319	451	639	903	1277

5. 齿轮坯

齿轮坯是指在轮齿加工前供制造齿轮用的工件。齿轮坯的尺寸偏差和形状位置偏差都直接影响响齿轮的齿轮的加工和检验，影响轮齿接触和运行。

GB/Z 18620.3—2008 对齿轮坯推荐了相关数值和要求。

（1）术语和定义 有关齿轮坯的术语和定义见表1-92。

表 1-91 5级精度齿轮公差计算式

项目代号	计 算 式	级间公比 φ	项目代号	计 算 式	级间公比 φ
$\pm f_{pt}$	$0.3(m_n+0.4\sqrt{d})+4$		F_i'	F_p+f_i'	
$\pm F_{pk}$	$f_{pt}+1.6\sqrt{(K-1)m_n}$		f_i'	$K(4.3+f_{pt}+F_\alpha)$ $=K(9+0.3m_n+3.2\sqrt{m_n}+0.34\sqrt{d})$ 当 $\varepsilon_\gamma<4$ 时，$K=0.2(\varepsilon_\gamma+4)/\varepsilon_\gamma$ 当 $\varepsilon_\gamma\geqslant4$ 时，$K=0.4$	
F_p	$0.3m_n+1.25\sqrt{d}+7$	$\sqrt{2}$			$\sqrt{2}$
F_α	$3.2\sqrt{m_n}+0.22\sqrt{d}+0.7$				
$f_{f\alpha}$	$2.5\sqrt{m_n}+0.17\sqrt{d}+0.5$				
$\pm f_{H\alpha}$	$2\sqrt{m_n}+0.14\sqrt{d}+0.5$		F_i''	$F_r+f_i''=3.2m_n+1.01\sqrt{d}+0.8$	
F_β	$0.1\sqrt{d}+0.63\sqrt{b}+4.2$		f_i''	$2.96m_n+0.01\sqrt{d}+0.8$	
$f_{f\beta}=f_{H\beta}$	$0.07\sqrt{d}+0.45\sqrt{b}+3$		F_r	$0.8F_p=0.24m_n+1.0\sqrt{d}+5.6$	

表 1-92 齿轮坯术语和定义

术 语	定 义
工作安装面	用来安装齿轮的面
工作轴线	齿轮工作时绕其旋转的轴线，由工作安装面的中心确定，工作轴线只有考虑整个齿轮组件时才有意义
基准面	用来确定基准轴线的面
基准轴线	由基准面的中心确定，齿轮依此轴线来确定齿轮的细节，特别是确定齿距、齿廓和螺旋线的公差
制造安装面	齿轮制造或检验时用来安装齿轮的面

（2）齿轮坯精度 齿轮坯精度涉及对基准轴线与相关的安装面的选择及其制造公差。测量时，齿轮的旋转轴线（基准轴线）若有改变，则齿廓偏差、相邻齿距偏差的测量数值也将会改变□。因此，在齿轮图样上必须把规定公差的基准轴线明确表示出来，并标明对齿轮坯的技术要求。

1）基准轴线与工作轴线间的关系。基准轴线是制造者（或检验者）用于对单个零件确定轮齿几何形状的轴线，设计者应确保其精确地确定，使齿轮相应于工作轴线的技术要求得到满足。通常使基准轴线与工作轴线重合，即将安装面作为基准面。

一般情况下，先确定一个基准轴线，然后将其他的所有轴线（包括工作轴线及可能的一些制造轴线）用适当的公差与之联系。此时，应考虑公差链中所增加的链环的影响。

2）基准轴线的确定方法。一个零件的基准轴线是用基准面来确定的。它可用三种基本方法来确定，见表1-93。

表 1-93 确定基准轴线的方法

序号	说 明	图 示
1	用两个"短的"圆柱或圆锥形基准面上设定的两个圆的圆心来确定轴线上的两点	A 和 B 是预定的轴承安装表面
2	用一个"长的"圆柱或圆锥形的面来同时确定轴线的位置和方向。孔的轴线可以用与之相匹配正确地装配的1工作心轴的轴线来代表	

（续）

序　号	说　　明	图　示
3	轴线的位置用一个"短的"圆柱形基准面上的一个圆的圆心来确定，而其方向则用垂直于轴线的一个基准端面来确定	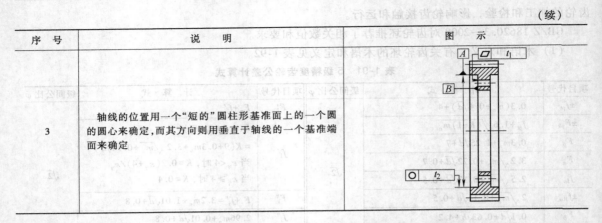

设计时，如果采用序号 1 或序号 3 的方法，其圆柱或圆锥形基准面必须在轴向很短，以保证它们自己不会单独确定另一条轴线。在序号 3 的方法中，基准面的直径应该越大越好。

在一个与小齿轮做成一体的轴上常常有一段安装大齿轮的地方，此安装面的公差数值必须选择得与大齿轮的技术要求相适应。

3）中心孔的应用。在制造和检验与轴做成一体的小齿轮时，最常用，也是最满意的方法是将该零件安置于两端的顶尖上。这样，两个中心孔就确定了它的基准轴线，齿轮公差及（轴承）安装面的公差均须相对此轴线来规定（图 1-23）。显然，安装面相对于中心孔的跳动必须规定很紧的公差。

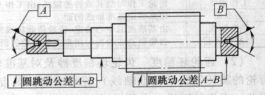

图 1-23　由中心孔确定基准轴线

还须注意中心孔 60°接触角内应对准成一直线。

4）基准面的形状公差。基准面的精度要求取决于以下几方面。

① 齿轮的精度。要求基准面的形状误差的极限值应大大小于单个轮齿的公差值。

② 基准面的相对位置。一般来说，跨距相对于齿轮分度圆直径的比例越大，给定的公差可以越松。

这些基准面的精度要求，必须在零件图上予以规定。

根据确定轴线基准面方法的不同，表 1-94 对基准面的圆度、圆柱度和平面度规定了公差数值，使用时公差应减至能经济制造的最小值。

表 1-94　基准与安装面的形状公差

确定轴线的基准面	公　差　项　目		
	圆　　度	圆　柱　度	平　面　度
两个"短的"圆柱或圆锥形基准面	$0.04(L/b)F_\beta$ 或 $0.1F_P$，取两者中之小值	—	—
一个"长的"圆柱或圆锥形基准面	—	$0.04(L/b)F_\beta$ 或 $0.1F_P$，取两者中之小值	—
一个"短的"圆柱面和一个端面	$0.06F_P$	—	$0.06(D_d/b)F_\beta$

注：1. 齿轮坯的公差应减至能经济地制造的最小值。

2. L 为较大的轴承跨距；D_d 为基准面直径；b 为齿宽。

5）工作及制造安装面的形状公差。工作及制造安装面的形状公差不应大于表 1-94 中规定的公差。

6）工作轴线的跳动公差。当基准轴线与工作轴线不重合时，工作安装面相对于基准轴线的跳动必须标注在齿轮图样上予以控制。跳动公差应不大于表 1-95 中规定的数值。

表 1-95　安装面的跳动公差

确定轴线的基准面	跳动量（总的指示幅度）	
	径向	轴向
仅指圆柱或圆锥形基准面	$0.15(L/b)F_\beta$ 或 $0.3F_P$，取两者中之大值	—
一个圆柱基准面和一个端面基准面	$0.3F_P$	$0.2(D_d/b)F_\beta$

注：齿轮坯的公差应减至能经济地制造的最小值。

7）齿轮切削和检验时使用的安装面。齿轮在切削和检验过程中，安装齿轮时应使旋转的实际轴线与图样上规定的基准轴线重合。表 1-95 中规定了这些面的跳动公差。

对大批生产的齿轮，在制造齿轮坯的控制过程中，应采用精确的膨胀式心轴以齿轮坯的轴线定位，用适当的夹具支承齿轮坯，使其跳动限定在规定的范围内。同时，还需要选用高质量的切齿机床进行加工并检查首件。

对高精度齿轮，必须设置专用的基准面（图 1-24）。对特高精度的齿轮，加工前需先装在轴上，此时，轴颈可用作基准面。

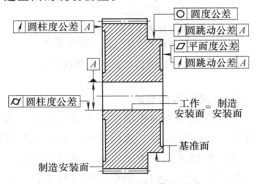

图 1-24　高精度齿轮带有基准面

8）齿顶圆柱面。应对齿顶圆直径选择合适的公差，以保证有最小的设计重合度，并具有足够的齿顶间隙。如果将齿顶圆柱面作为基准面，除了上述数值仍可用作尺寸公差外，其形状公差应不大于表 1-94 所规定的相关数值。

9）公差的组合。当基准轴线与工作轴线重合时，或可直接以工作轴线来规定公差时，可直接应用表 1-95 的公差。当不是上述情形时，则两者之间存在着一公差链，此时需要把表 1-94 和表 1-95 中的单个公差数值适当减小。减小的程度取决于该公差链排列，一般大致与 n（公差链中的链节数）的平方根成正比。

10）齿轮其他的安装面。在一个与小齿轮作成一体的轴上，常有一段用来安装一个大齿轮。这时，大齿轮安装面的公差应妥善考虑大齿轮的质量要求后选择。常用的办法是相对于已定的基准轴线规定其允许的跳动量。

11）基准面。轴向和径向基准面应加工得与齿轮坯的实际轴孔、轴颈和肩部完全同轴（图 1-25）。当在机床上精加工时，或安装在检测仪上，以及最后在使用中安装时，用它们可以进行找正。对于更高精度的工件，基准面还须进行校正，标明其跳动的高点的位置和量值，以控制高精度齿轮的要求。

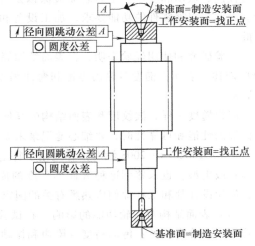

图 1-25　切削齿时轴齿轮的安装示例

对于中等精度的齿轮，部分齿顶圆柱面可用来作为径向基准面，而轴向位置则可用齿轮切削时的安装面进行校核。

12）制造和测量时的安装面。为保证切齿和测量后误差的精度，提出以下考虑安装面的意见：

① 切齿和检验中使用的安装面如图 1-26 和图 1-27 给出的安装图例，即实际旋转轴线与图样规定的基准轴线越接近越好。

② 建议将加工内孔、切齿的安装面和齿顶面上用来校核径向跳动的那部分在一次装夹中完成，如图 1-27 所示。

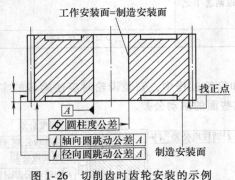

图 1-26　切削齿时齿轮安装的示例

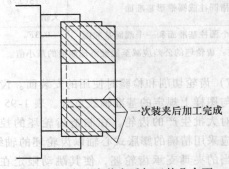

图 1-27　在一次装夹后加工的几个面

6. 表面结构的影响

表面结构是表面粗糙度、表面波纹度、表面缺陷、表面几何形状的总称，即表面结构包括表面粗糙度、表面波纹度、表面缺陷、表面几何形状等表面特性。

表面粗糙度是指加工表面上具有较小间距和峰谷所组成的微观几何形状特性。它主要是由所采用的加工方法形成的。如在切削过程中，工件表面上的刀具痕迹，以及切削撕裂时的材料塑性变形等。表面波纹度是粗糙度叠加在上面的那个表面特征成分。它可能由机床或工件的挠曲、振动、颤动、形成材料应变的各种原因以及其他一些外部影响等因素引起。

表面结构的形成直接影响着机械零件的功能，如摩擦磨损、疲劳强度、接触刚度、冲击强度、密封性能、振动和噪声、金属表面镀涂以及外观质量等，直接关系机械产品的使用性能和工作寿命。因此，根据零件的功能要求、加工设备和加工方法合理选用结构特性参数及其数值是至关重要的。

试验研究和使用经验表明，在表面结构等级和齿轮承载能力状况存在一定关系。GB/T 3480—1997 叙述了表面粗糙度对轮齿点蚀和弯曲强度的影响，ISO/TR 13989：2008 论述了粗糙度对胶合的影响。

同粗糙度一样，波纹度和表面结构的其他特征也会影响材料的表面抗疲劳能力。因此，当需要高标准的性能和可靠性时，要细心地记录未滤波的轮廓来反映轮齿表面结构。

GB/Z 18620.4—2008 没有推荐适用于特定用途的表面粗糙度、波纹度的等级和表面加工纹理的形状或类型，也未鉴别这种表面不平度的成因。文件强调：在规定轮齿表面结构的特征极限之前，齿轮设计师和工程师们应熟悉有关的国家标准和这方面的参考文献。

（1）表面结构对齿轮功能的影响　在试验研究和使用经验的基础上，将受表面结构影响的轮齿功能特性分为三类：传动精度（噪声和振动）；表面承载能力（如点蚀、胶合和磨损）；弯曲强度（齿根过渡曲面状况）。

1）对传动精度的影响。表面结构的两个主要特征是粗糙度和波纹度。

表面波纹度或齿面波纹度会引起传动误差，这种影响依赖波纹的纹理相对于瞬时接触线和接触线的方向。如果波纹的纹理平行于瞬时接触线或接触区（垂直于接触迹线），齿轮啮合时会出现一个高的刺耳声（高于啮合频率的古怪的谐波成分）。

在少数情况下，表面粗糙度会使齿轮噪声产生差异（光滑的齿面与粗糙的齿面比较），一般它对齿轮啮合频率的噪声及其谐波成分不产生影响。

2）对承载能力的影响。轮齿表面结构可在两个大致的方面影响轮齿耐久性：齿面劣化和轮齿折断。

① 齿面劣化。齿面劣化有磨损、胶合或擦伤和点蚀等。齿廓上的表面粗糙度和波纹度与此有关。表面结构、温度和润滑剂决定影响齿面耐久性的弹性流体动力（EHD）膜的厚度。

② 弯曲强度。轮齿折断可能是疲劳（高循环应力）的结果，表面结构是影响齿根过渡区应力的一个因素。

（2）齿面表面粗糙度　齿面表面粗糙度对齿轮的工作性能和使用寿命有重要影响，设计者可根据有关参数的影响选取适当数值。

1）图样上应标注的数据。设计者应按齿轮加工要求，在图样上标注出完工状态的齿面表面粗糙度的数据，如图1-28a、b所示。

2）参数值。GB/T 18620.4—2008 给定的参数值，应优先从表1-96或表1-97中给出的范围中选择。无论是 Ra 还是 Rz 都可用作一种判断依据，但两者不应在同一部分使用。GB/T 10095.1—2008 和 GB/T 10095.2—2008 规定的齿轮精度等级和

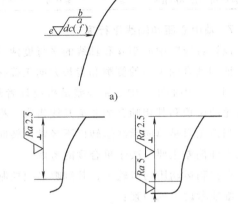

图1-28　表面粗糙度符号

a）表面结构的符号　b）除开齿根过渡区的齿面包括齿根过渡区的齿面加工要求的符号

a—Ra 或 Rz　b—加工方法、表面处理等

c—取样长度　d—加工纹理方向

e—加工余量　f—表面粗糙度的其他数值（括号内）

表1-96、表1-97中的齿面表面粗糙度等级之间没有直接的关系，也不与特定的制造工艺相对应。

表1-96　表面粗糙度轮廓的算术平均偏差 Ra 推荐极限值　　　　　　　（单位：μm）

等级	Ra			等级	Ra		
	模数/mm				模数/mm		
	$m<6$	$6 \leqslant m \leqslant 25$	$m>25$		$m<6$	$6 \leqslant m \leqslant 25$	$m>25$
1		0.04		7	1.25	1.6	2.0
2		0.08		8	2.0	2.5	3.2
3		0.16		9	3.2	4.0	5.0
4		0.32		10	5.0	6.3	8.0
5	0.5	0.63	0.80	11	10.0	12.5	16
6	0.8	1.00	1.25	12	20	25	32

表1-97　表面粗糙度轮廓的最大高度 Rz 的推荐极限值　　　　　　　（单位：μm）

等级	Rz			等级	Rz		
	模数/mm				模数/mm		
	$m<6$	$6 \leqslant m \leqslant 25$	$m>25$		$m<6$	$6 \leqslant m \leqslant 25$	$m>25$
1		0.25		7	8.0	10.0	12.5
2		0.50		8	12.5	16	20
3		1.0		9	20	25	32
4		2.0		10	32	40	50
5	3.2	4.0		11	63	80	100
6	5.0	6.3		12	125	160	200

另外，有关参考资料推荐了 4~9 级精度齿轮齿面粗糙度的参数值，见表 1-98。

表 1-98　齿面粗糙度

齿轮精度等级	4		5		6		7		8		9	
齿面	硬	软	硬	软	硬	软	硬	软	硬	软	硬	软
齿面粗糙度 $Ra/\mu m$	≤0.4	≤0.8	≤1.6	≤0.8	<1.6	≤1.6	≤3.2		≤6.3	≤3.2	≤6.3	

7. 轴中心距和轴线平行度

设计者应对中心距 a 和轴线的平行度两项偏差选择适当的公差。公差值的选择应按其使用要求能保证相啮合轮齿间的侧隙和齿长方向正确接触。

（1）轴中心距　中心距公差是指设计者规定的允许偏差，公称中心距是在考虑了最小侧隙及两齿轮的齿顶和其相啮合的非渐开线齿廓齿根部分的干涉后确定的。

当齿轮只是单向承载运转面不经常反转时，最大侧隙的控制不是一个重要的考虑因素，此时中心距允许偏差主要取决于重合度的考虑。

在控制运动用的齿轮中，其侧隙必须控制；若轮齿上的负载常常反向时，对中心距的公差必须很仔细地考虑下列因素：

1）轴、箱体和轴承的偏斜。

2）由于箱体的偏差和轴承的间隙导致齿轮轴线的不一致。

3）由于箱体的偏差和轴承的间隙导致齿轮轴线的位移和倾斜。

4）安装误差。

5）轴承跳动。

6）温度的影响（随箱体和齿轮零件间的温度、中心距和材料不同而变化）。

7）旋转件的离心伸胀。

8）其他因素，例如润滑剂污染的允许程度及非金属齿轮材料的熔胀。

GB/Z 18620.3—2008 没有推荐中心距公差，设计者可以借鉴某些成熟产品的设计经验来确定中心距公差，也可参照表 1-99 中的齿轮副中心距极限偏差数值。

（2）轴线平行度　GB/Z 18620.3—2008 对轴线平行度提供了推荐数值，该数值不应认为是严格的质量准则，而是对钢制或铁制的齿轮在商订相互的协议时，作为一个指导。

表 1-99　中心距极限偏差 $\pm f_a$ 值　　　　　　　　　（单位：μm）

齿轮精度等级 f_a			1~2 $\frac{1}{2}$IT4	3~4 $\frac{1}{2}$IT5	5~6 $\frac{1}{2}$IT7	7~8 $\frac{1}{2}$IT8	9~10 $\frac{1}{2}$IT9	11~12 $\frac{1}{2}$IT11
	大于	到						
	6	10	2	4.5	7.5	11	18	45
	10	18	2.5	5.5	9	13.5	21.5	55
	18	30	3	6.5	10.5	16.5	26	65
齿轮副的中心距/mm	30	50	3.5	8	12.5	19.5	31	80
	50	80	4	9.5	15	28	37	90
	80	120	5	11	17.5	27	43.5	110
	120	180	6	12.5	20	31.5	50	125
	180	250	7	14.5	23	36	57.5	145
	250	315	8	16	26	40.5	65	160

（续）

齿轮精度等级 f_a		1~2	3~4	5~6	7~8	9~10	11~12
		$\frac{1}{2}$IT4	$\frac{1}{2}$IT5	$\frac{1}{2}$IT7	$\frac{1}{2}$IT8	$\frac{1}{2}$IT9	$\frac{1}{2}$IT11
齿轮副的中心距/mm	315	400	9	18	28.5	44.5	70	180
	400	500	10	20	31.5	48.5	77.5	200
	500	630	11	22	35	55	87	220
	630	800	12.5	25	40	62	100	250
	800	1000	14.5	28	45	70	115	280
	1000	1250	17	33	52	82	130	330
	1250	1600	20	39	62	97	155	390
	1600	2000	24	46	75	115	185	460
	2000	2500	28.5	50	87	149	220	550
	2500	3150	34.5	67.5	105	165	270	676

由于轴线平行度偏差与其向量的方向有关，所以规定有"轴线平面内的偏差" $f_{\Sigma\delta}$ 和"垂直平面上的偏差" $f_{\Sigma\beta}$，如图1-29所示。

轴线平面内的偏差 $f_{\Sigma\delta}$ 是在两轴线的公共平面上测量的。该公共平面是用两轴的轴承跨距中较长的一个 L 和另一根轴上的一个轴承来确定的。"垂直平面上的偏差" $f_{\Sigma\beta}$ 是在与轴线公共平面相垂直的"交错轴平面"上测量的。

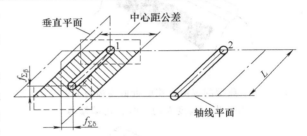

图1-29 轴线平行度偏差

每项平行度偏差是以与有关轴轴承间距 L（"轴承中间距" L）相关联的值表示。

轴线平面内的轴线偏差将影响螺旋线啮合偏差，它的影响是工作压力角的正弦函数，而垂直平面上的轴线偏差的影响是工作压力角的余弦函数。可见，垂直平面上的偏差所导致的啮合偏差将比同样大小的轴线平面内偏差导致的啮合偏差大2~3倍。

轴线平行度公差的最大推荐值如下。

1）轴线平面内的轴线平行度公差的最大推荐值为

$$f_{\Sigma\delta} = 2f_{\Sigma\beta} \qquad (1-7)$$

2）垂直平面上的轴线平行度公差的最大推荐值为

$$f_{\Sigma\beta} = 0.5\left(\frac{L}{b}\right)F_\beta \qquad (1-8)$$

8. 轮齿接触斑点

GB/Z 18620.4—2008 提供了齿轮轮齿接触斑点的检测方法，对获得与分析接触斑点的方法进行解释，还给出对齿轮精度估计的指导。

检验产品齿轮副在其箱体内啮合所产生的接触斑点，可评估轮齿间载荷分布。产品齿轮和测量齿轮的接触斑点，可用于评估装配后齿轮螺旋线和齿廓精度。

（1）检测条件 产品齿轮和测量齿轮在轻载下的轮齿齿面接触斑点，可以从安装在机架上的两相啮合的齿轮得到，但两轴线的平行度在产品齿轮齿宽上要小于0.005mm，并且测量齿轮的齿宽也不小于产品齿轮的齿宽。相配的产品齿轮副的接触斑点，也可在相啮合的机架上得到，但用于获得轻载接触斑点所施加的载荷，应能恰好保证被测齿面保持稳定的接触。

　　用于检验用的印痕涂料有：装配工用蓝色印痕涂料和其他专用涂料。涂层厚度为0.006～0.012mm。

　　通常，用勾画草图、照片、录像等形式记录接触斑点，或用透明胶带覆盖其上，然后撕下贴在白纸上保存备查。

　　对完成轮齿接触斑点检测工作的人员，应训练正确操作，并定期检查他们的效果以确保操作效能的一致性。

　　(2) 接触斑点的判断　接触斑点可以给出齿长方向配合不准确的程度，包括齿长方向的不准确配合和波纹度，也可以给出齿廓不准确的程度，必须强调的是做出的任何结论都带有主观性，只能是近似的并且依赖于有关人员的经验。

　　1) 与测量齿轮相啮合的接触斑点。图1-30～图1-33所示的是产品齿轮与测量齿轮对滚产生的典型的接触斑点。

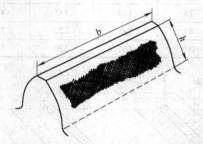

图1-30　典型的规范：接触近似为齿宽 b 的
80%、有效齿面高度 h 的70%，齿端修薄

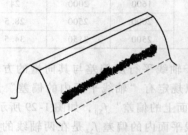

图1-31　齿长方向配合正确，有齿廓偏差

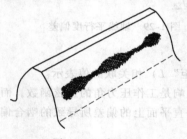

图1-32　波纹度

图1-33　有螺旋线偏差，齿廓正确，有齿端修薄

　　2) 齿轮精度和接触斑点。图1-34和表1-100、表1-101给出了在齿轮装配后（空载）检测时，所预计的齿轮精度等级和接触斑点分布之间关系的一般指示，但不能理解为证明齿轮精度等级的替代方法。实际的接触斑点不一定与图1-34中所示的一致，在啮合机架上所获得的齿轮检查结果应当是相似的。

　　图1-34和表1-100、表1-101对齿廓和螺旋线修形的齿面是不适用的。

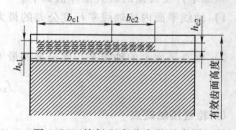

图1-34　接触斑点分布的示意图

表1-100　斜齿轮装配后的接触斑点

精度等级按 GB/T 10095.2—2008	b_{c1} 占齿宽的	h_{c1} 占有效齿面高度的	b_{c2} 占齿宽的	h_{c2} 占有效齿面高度的
4级及更高	50%	50%	40%	30%
5和6	45%	40%	35%	20%
7和8	35%	40%	35%	20%
9～12	25%	40%	25%	20%

表 1-101　直齿轮装配后的接触斑点

精度等级按 GB/T 10095.2—2008	b_{c1}占齿宽的	h_{c1}占有效齿面高度的	b_{c2}占齿宽的	h_{c2}占有效齿面高度的
4 级及更高	50%	70%	40%	50%
5 和 6	45%	50%	35%	30%
7 和 8	35%	50%	35%	30%
9~12	25%	50%	25%	30%

9. 侧隙

GB/Z 18620.2—2008 给出了渐开线圆柱齿轮侧隙的检验实施规范,并在附录中提供了齿轮啮合时选择齿厚公差和最小侧隙的方法及其建议的数值。

(1)定义　有关齿厚、侧隙的术语及定义见表 1-102。

表 1-102　术语及定义

术　语	定　义
公称齿厚	在分度圆柱上法向平面的"公称齿厚 s_n"是指齿厚理论值,该齿轮与具有理论齿厚的相配齿轮在基本中心距之下无侧隙啮合。公称齿厚可用下列公式计算。即 对外齿轮　$s_n = m_n\left[\dfrac{\pi}{2}+2\tan a_n x\right]$ 对内齿轮　$s_n = m_n\left[\dfrac{\pi}{2}-2\tan a_n x\right]$ 对斜齿轮,s_n 值应在法向平面内测量
齿厚的"最大和最小极限"	齿厚的"最大和最小极限"s_{ns} 和 s_{ni} 是指齿厚的两个极端的允许尺寸,齿厚的实际尺寸应该位于这两个极端尺寸之间(含极端尺寸),如图 1-35 所示
齿厚的极限偏差	齿厚上偏差和下偏差(E_{sns} 和 E_{sni})统称齿厚的极限偏差,如图 1-35 所示 $E_{sns} = s_{ns} - s_n$ $E_{sni} = s_{ni} - s_n$
齿厚公差	齿厚公差 T_{sn} 是指齿厚上偏差与下偏差之差 $T_{sn} = E_{sns} - E_{sni}$
实际齿厚	实际齿厚 $s_{nactual}$ 是指通过测量确定的齿厚
功能齿厚	功能齿厚 s_{func} 是指用经标定的测量齿轮在径向综合(双面)啮合测试所得到的最大齿厚值 　这种测量包含了齿廓、螺旋线、齿距等要素偏差的综合影响,类似于最大实体状态的概念,它绝不可超过设计齿厚
实效齿厚	齿轮的"实效齿厚"是指测量所得的齿厚加上轮齿各要素偏差及安装所产生的综合影响的量,类似于"功能齿厚"的含义 　这是最终包容条件,包含了所有的影响因素,这些影响因素确定最大实体状态时,必须予以考虑 　相配齿轮的要素偏差,在啮合的不同角度位置时,可能产生叠加的影响,也可能产生相互抵消的影响,想把个别的轮齿要素偏差从"实效齿厚"中区分出来,是不可能做到的
侧隙	侧隙是两个相配齿轮的工作齿面相接触时,在两个非工作齿面之间所形成的间隙,如图 1-36 所示 　注:图 1-36 是按最紧中心距位置绘制的,如中心距有所增加,则侧隙也将增大,最大实效齿厚(最小侧隙)由于轮齿各要素偏差的综合影响以及安装的影响,与测量齿厚的值是不相同的,类似于功能齿厚,这是最终包容条件,它包含了所有影响因素,这些影响因素在确定最大实体状态时必须予以考虑 　通常,在稳定的工作状态下的侧隙(工作侧隙)与齿轮在静态条件下安装于箱体内所测得的侧隙(装配侧隙)是不相同的(小于它)
圆周侧隙	圆周侧隙 j_{wt}(图 1-37)是当固定两相啮合齿轮中的一个,另一个齿轮所能转过的节圆弧长的最大值
法向侧隙	法向侧隙 j_{bn}(图 1-38)是当两个齿轮的工作齿面互相接触时,其非工作齿面之间的最短距离。它与圆周侧隙 j_{wt} 的关系,按下面的公式表示,即 $j_{bn} = j_{wt}\cos a_{wt}\cos \beta_b$

（续）

术　语	定　义
径向侧隙	径向侧隙 j_r（图 1-37）将两个相配齿轮的中心距缩小，直到左侧和右侧齿面都接触时，这个缩小的量为径向侧隙，即 $$j_r = \frac{j_{wt}}{2\tan a_{wt}}$$
最小侧隙	最小侧隙 j_{wtmin} 是节圆上的最小圆周侧隙，即当具有最大允许实效齿厚的轮齿与也具有最大允许实效齿厚相配轮齿相啮合时，在静态条件下在最紧允许中心距时的圆周侧隙（图 1-36） 所谓最紧中心距，对外齿轮来说是指最小的工作中心距，而对内齿轮来说是指最大的工作中心距
最大侧隙	最大侧隙 j_{wtmax} 是节圆上的最大圆周侧隙，即当具有最小允许实效齿厚的轮齿与也具有最小允许实效齿厚相配轮齿相啮合时，在静态条件下在最大允许中心距时的圆周侧隙（图 1-36）

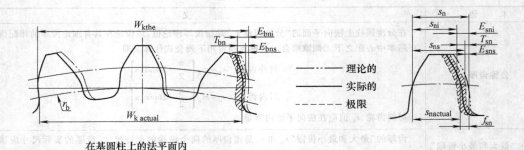

在基圆柱上的法平面内

图 1-35　公法线长度和齿厚的允许偏差

注：s_n 为公称齿厚；s_{ni} 为齿厚的最小极限；s_{ns} 为齿厚的最大极限；$s_{nactual}$ 为实际齿厚；E_{sni} 为齿厚允许的下偏差；E_{sns} 为齿厚允许的上偏差；f_{sn} 为齿厚偏差；T_{sn} 为齿厚公差，$T_{sn} = E_{sns} - E_{sni}$。

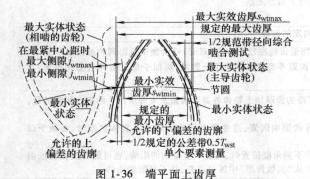

图 1-36　端平面上齿厚

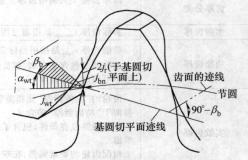

图 1-37　圆周侧隙 j_{wt}、法向侧隙 j_{bn}
与径向侧隙 j_r 之间的关系

（2）侧隙及其计算　在一对装配好的齿轮副中，侧隙 j 是在两工作齿面接触时，在两非工作齿面间的间隙，它是在节圆上齿槽宽度超过轮齿齿厚的量。侧隙可以在法平面上或沿啮合线（图1-38）测量，但应在端平面上或啮合平面（基圆切平面）上计算和确定。

侧隙受一对齿轮运行时的中心距以及每个齿轮的实际齿厚所控制。运行时还因速度、温度、载荷等的变化而变化。在静态可测量的条件下，必须要有足够的侧隙，以保证在带载荷运行最不利的工作条件下仍有足够的侧隙。

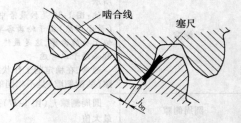

图 1-38　用塞尺测量侧隙（法向平面）

最小侧隙 j_{bnmin} 受下列因素影响：

1）箱体、轴和轴承的偏斜。

2）因箱体的偏差和轴承的间隙导致齿轴线的不对准和歪斜。

3）安装误差，如轴的偏心。

4）轴承径向跳动。

5）温度影响（由箱体与齿轮零件的温差，中心距和材料差异所致）。

6）旋转零件的离心胀大。

7）其他因素，如由于润滑剂的污染以及非金属齿轮材料的熔胀。

表 1-103 列出了对中模数齿轮传动装置推荐的最小侧隙。这些传动装置是用黑色金属齿轮和箱体制造的，工作时节圆线速度小于 15m/s，其箱体、轴和轴承都采用常用商业制造公差。

表 1-103　对于中、大模数齿轮最小法向侧隙 j_{bnmin} 的推荐数据　　　　　　（单位：mm）

m_n	最小中心距 a_i					
	50	100	200	400	800	1600
1.5	0.09	0.11	—	—	—	—
2	0.10	0.12	0.15	—	—	—
3	0.12	0.14	0.17	0.24	—	—
5	—	0.18	0.21	0.28	—	—
8	—	0.24	0.27	0.34	0.47	—
12	—	—	0.35	0.42	0.55	—
18	—	—	—	0.54	0.67	0.94

表中的数值，也可用式（1-9）计算，即

$$j_{bnmin} = \frac{2}{3}(0.06 + 0.0005|a_i| + 0.03m_n) \tag{1-9}$$

$$j_{bn} = (E_{sns1} + E_{sns2})\cos a_n \tag{1-10}$$

如果 $E_{sns1} = E_{sns2}$，则 $j_{bn} = 2E_{sns}\cos a_n$，小齿轮和大齿轮的切削深度和根部间隙相等，且重合度为最大。

（3）齿厚偏差　齿厚偏差是指实际齿厚与公称齿厚之差（对于斜齿轮系指法向齿厚）。为了获得齿轮副最小侧隙，必须对齿厚削薄，其最小削薄量（即齿厚上偏差）可以通过计算求得。

1）齿厚上偏差 E_{sns}。齿厚上偏差除了取决于最小侧隙外，还要考虑齿轮和齿轮副的加工和安装误差的影响。例如中心距的下偏差$(-f_a)$，轴线平行度$(f_{\Sigma\beta}, f_{\Sigma\delta})$、基节偏差$(f_{pb})$、螺旋线总偏差$(F_\beta)$等。

其关系式为

$$E_{sns1} + E_{sns2} = -2f_a\tan a_n - \frac{j_{bnmin} + J_n}{\cos a_n} \tag{1-11}$$

式中　J_n——齿轮和齿轮副的加工和安装误差对侧隙减小的补偿量。

$$J_n = \sqrt{f_{pb1}^2 + f_{pb2}^2 + 2F_\beta^2 + (f_{\Sigma\delta}\sin a_n)^2 + (f_{\Sigma\delta}\cos a_n)^2} \tag{1-12}$$

求出两个齿轮的齿厚上偏差之和后，便可将此值分配给大齿轮和小齿轮。分配方法有等值分配和不等值分配两种。

等值分配即 $E_{sns1} = E_{sns2}$，则

$$E_{sns} = -f_a\tan a_n - \frac{j_{bnmin} + J_n}{2\cos a_n} \tag{1-13}$$

不等值分配可使小齿轮的减薄量小些，大齿轮的减薄量大些，以期使小齿轮的强度和大齿轮的强度匹配。在进行齿轮承载能力计算时，必须验证一下加工后的齿厚是否变薄，如果 $|E_{sns}/m_n| >$

0.05，则在任何情况下变薄现象都会出现。

2）齿厚公差 T_{sn}。齿厚公差的选择，基本上与轮齿的精度无关。在很多应用场合，允许用较宽的齿厚公差或工作侧隙。这样做不会影响齿轮的性能和承载能力，却可以获得较经济的制造成本。除非十分必要，不应选择很紧的齿厚公差。如果出于工作运行的原因必须控制最大侧隙时，则须对各影响因索仔细研究，对有关齿轮的精度等级、中心距公差和测量方法予以仔细地规定。

当设计者在无经验的情况下，可参考式（1-14）来计算齿厚公差，即

$$T_{sn} = \sqrt{F_r^2 + b_r^2} \times 2\tan a_n \tag{1-14}$$

式中　F_r——径向跳动公差；

　　　b_r——切齿径向进刀公差，可按表 1-104 选用。

表 1-104　b_r 切齿径向进刀公差

齿轮精度等级	4	5	6	7	8	9
b_r	1.26IT7	IT8	1.26IT8	IT9	1.26IT9	IT10

3）齿厚下偏差 E_{sni}。齿厚下偏差等于齿厚上偏差减去齿厚公差，即

$$E_{sni} = E_{sns} - T_{sn} \tag{1-15}$$

4）齿厚偏差代用项目如下：

① 公法线长度偏差。当齿厚有减薄量时，公法线长度也变小。因此，齿厚偏差也可用公法线长度偏差 E_{bn} 代替。

公法线长度偏差是指公法线的实际长度与公称长度之差。GB/Z 18620.2—2008 给出了齿厚极限偏差与公法线长度极限偏差的关系式。

公法线长度上偏差

$$E_{bns} = E_{sns}\cos a_n \tag{1-16}$$

公法线长度下偏差

$$E_{bni} = E_{sni}\cos a_n \tag{1-17}$$

公法线测量对内齿轮是不适用的。另外对斜齿轮而言，公法线测量受齿轮齿宽的限制，只有满足下式条件时才可能。

$$b > 1.015 W_k \sin\beta_b \tag{1-18}$$

② 跨球（圆柱）尺寸偏差。当斜齿轮的齿宽太窄或内齿轮，不允许作公法线测量时，可以用间接地检验齿厚的方法，即把两个球或圆柱（销子）置于尽可能在直径上相对的齿槽内（图1-39），然后测量跨球（圆柱）尺寸。

GB/Z 18620.2—2008 给出了齿厚极限偏差与跨球（圆柱）尺寸极限偏差的关系式。

偶数齿时：

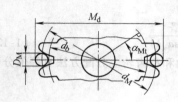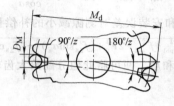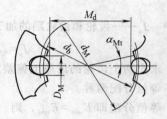

图 1-39　直齿轮的跨球（圆柱）尺寸 M_d

跨球（圆柱）尺寸上偏差

$$E_{yns} \approx E_{sns} \cos a_t / \sin a_{Mi} \cos \beta_b \qquad (1\text{-}19)$$

跨球（圆柱）尺寸下偏差

$$E_{yni} \approx E_{sni} \cos a_t / \sin a_{Mi} \cos \beta_b \qquad (1\text{-}20)$$

奇数齿时：

跨球（圆柱）尺寸上偏差

$$E_{yns} \approx E_{sns} \frac{\cos a_t}{\sin a_{Mi} \cos \beta_b} \cos \left[\frac{90°}{z} \right] \qquad (1\text{-}21)$$

跨球（圆柱）尺寸下偏差

$$E_{yni} \approx E_{sni} \frac{\cos a_t}{\sin a_{Mi} \cos \beta_b} \cos \left[\frac{90°}{z} \right] \qquad (1\text{-}22)$$

式中　a_{Mi}——工作端面压力角。

10. 新旧标准的差异

新旧标准的差异见表 1-105。

表 1-105　新旧标准的差异

序　号	新　标　准	旧　标　准
1	组成	
	GB/T 10095.1—2008	
	GB/T 10095.2—2008	
	GB/Z 18620.1—2008	GB/T 10095—1988
	GB/Z 18620.2—2008	
	GB/Z 18620.3—2008	
	GB/Z 18620.4—2008	
2	采用 ISO 标准程度	
	等效采用 ISO 20 世纪 90 年代标准	等效采用 ISO 1328:1975
3	适用范围	
	基本齿廓符合 GB/T 1356—2001 规定的单个渐开线圆柱齿轮： GB/T 10095.1 对 $m_n \geqslant 0.5 \sim 70\text{mm}, d \geqslant 5 \sim 10000\text{mm}, b \geqslant 4 \sim 1000\text{mm}$ 的齿轮规定了公差 GB/T 10095.2 对 $m_n \geqslant 0.2 \sim 10\text{mm}, d \geqslant 5 \sim 1000\text{mm}$ 的齿轮规定了公差	基本齿廓符合 GB/T 1356—1988 规定的平行轴传动的渐开线圆柱齿轮及齿轮副： 对 $m_n \geqslant 1 \sim 40\text{mm}, d \leqslant 4000\text{mm}, b \leqslant 630\text{mm}$ 的齿轮规定了公差
4	偏差项目及代号	
4.1	单个齿距偏差　f_{pt} $\pm f_{pt}$	齿距偏差　Δf_{pt} 齿距极限偏差　$\pm f_{pt}$
4.2	齿距累积偏差　F_{pk}	k 个齿距累积误差　ΔF_{pk} k 个齿距累积公差　F_{pk}
4.3	齿距累积总偏差　F_p	齿距累积误差　ΔF_p 齿距累积公差　F_p
4.4	齿廓总偏差　F_α	齿形误差　Δf_f 齿形公差　f_f
4.5	齿廓形状偏差　$f_{f\alpha}$	
4.6	齿廓倾斜偏差　$f_{H\alpha}$ $\pm f_{H\alpha}$	
4.7	螺旋线总偏差　F_β	齿向误差　ΔF_β 齿向公差　F_β
4.8	螺旋线形状偏差　$f_{f\beta}$	
4.9	螺旋线倾斜偏差　$f_{H\beta}$ $\pm f_{H\beta}$	

（续）

序　号	新　标　准	旧　标　准
4.10	切向综合总偏差　F_i'	切向综合误差　$\Delta F_i'$ 切向综合公差　F_i'
4.11	一齿切向综合偏差　f_i'	一齿切向综合误差　$\Delta f_i'$ 一齿切向综合公差　f_i'
4.12	径向综合总偏差　F_i''	径向综合误差　$\Delta F_i''$ 径向综合公差　F_i''
4.13	一齿径向综合偏差 f_i''	一齿径向综合误差　$\Delta f_i''$ 一齿径向综合公差　f_i''
4.14	径向跳动　F_r 径向跳动公差　F_r	齿圈径向跳动　ΔF_r 齿圈径向跳动公差　F_r
4.15		基节偏差　Δf_{pb} 基节极限偏差　$\pm f_{pb}$
4.16		公法线长度变动　ΔF_w 公法线长度变动公差　F_w
4.17		接触线误差　ΔF_b 接触线公差　F_b
4.18		轴向齿距偏差　ΔF_{px} 轴向齿距极限偏差　$\pm F_{px}$
4.19		螺旋线波度误差　$\Delta f_{f\beta}$ 螺旋线波度公差　$f_{f\beta}$
4.20	齿厚偏差　E_{sn} 齿厚上偏差　E_{sns} 齿厚下偏差　E_{sni} 齿厚公差　T_{sn} （见 GB/Z 18620.2—2008，未推荐数值）	齿厚偏差　ΔE_s 齿厚上偏差　E_{ss} 齿厚下偏差　E_{si} 齿厚公差　T_s （规定了 14 个字代号）
4.21	公法线长度偏差　E_{bn} 公法线长度上偏差　E_{bns} $E_{bns}=E_{sns}\cos a$ 公法线长度下偏差　E_{bni} $E_{bni}=E_{sni}\cos a$ 公法线长度公差　T_{bn} $T_{bn}=T_{sn}\cos a$ （见 GB/Z 18620.2—2008）	公法线平均长度偏差　ΔE_{wm} 公法线平均长度上偏差　E_{wms} $E_{wms}=E_{ss}\cos a-0.72F_r\sin a$ 公法线平均长度下偏差　E_{wmi} $E_{wmi}=E_{si}\cos a+0.72F_r\sin a$ 公法线长度公差　T_{wm} $T_{wm}=T_s\cos a-1.44F_r\sin a$
4.22	传动总偏差　F' （仅有代号，见 GB/Z 18620.1—2008）	齿轮副的切向综合误差　$\Delta F_{ic}'$ 齿轮副的切向综合公差　F_{ic}'
4.23	一齿传动偏差　f' （仅有代号，见 GB/Z 18620.1—2008）	齿轮副的一齿切向综合误差　$\Delta f_{ic}'$ 齿轮副的一齿切向综合公差　f_{ic}'
4.24	轮齿接触点（见 GB/Z 18620.4—2008）	齿轮副的接触斑点
4.25	侧隙　j	齿轮副的侧隙
4.25.1	圆周侧隙　j_{wt} 最小圆周侧隙　j_{wtmin} 最大圆周侧隙　j_{wtmax}	圆周侧隙　j_t 最小圆周侧隙　j_{tmin} 最大圆周侧隙　j_{tmax}
4.25.2	法向侧隙　j_{bn} 最小法向侧隙　j_{bnmin} 最大法向侧隙　j_{bnmax} （GB/Z 18620.2—2008 推荐了 j_{bnmin} 计算式及数值表）	法向侧隙　j_n 最小法向侧隙　j_{nmin} 最大法向侧隙　j_{nmax} （j_{nmin} 由设计者确定）

（续）

序　号	新　标　准	旧　标　准
4.25.3	径向侧隙　j_r	
4.26	中心距偏差 （见 GB/Z 18620.3—2008，没有推荐极限偏差数值，仅有说明）	齿轮副的中心距偏差　Δf_a 齿轮副的中心距极限偏差　$\pm f_a$
4.27	轴线平行度（见 GB/Z 18620.3—2008）	轴线的平行度误差
4.27.1	轴线平面内的偏差　$f_{\Sigma\delta}$ 推荐的最大值：$f_{\Sigma\delta}=\left(\dfrac{L}{b}\right)F_\beta$	x 方向的轴线的平行度误差　Δf_x x 方向的轴线的平行度公差　$f_x=F_\beta$
4.27.2	垂直平面上的偏差　$f_{\Sigma\beta}$ 推荐的最大值：$f_{\Sigma\beta}=0.5\left(\dfrac{L}{b}\right)F_\beta$	y 方向的轴线的平行度误差　Δf_y y 方向的轴线的平行度公差　$f_y=0.5F_\beta$
5	精度等级 GB/T 10095.1—2008 对单个齿轮轮齿同侧齿面偏差规定了从 0~12 级共 13 个精度等级； GB/T 10095.2—2008 对单个齿轮的径向综合偏差规定了从 4~12 级共九个精度等级；对径向跳动规定了从 0~12 级共 13 个精度等级； GB/T 10095.1—2008 规定：按协议，对工作和非工作齿面可规定不同的精度等级，或对不同的偏差项目规定不同的精度等级。另外，也可仅对工作齿面规定所要求的精度等级，对各项偏差的测量位置、点数及仪器的重复精度做了规定	对齿轮和齿轮副规定了从 1~12 级共 12 个精度等级； 齿轮的各项公差和极限偏差分成三个公差组； 根据使用要求的不同，允许各公差组选用不同的精度等级，但在同一公差组内，各项公差与极限偏差应保持相同的精度等级
6	齿轮坯 GB/Z 18620.3—2008 对齿轮坯，推荐了基准与安装面的几何公差，安装面的跳动公差	在附录中，补充规定了齿坯公差
7	齿轮检验与公差	
7.1	齿轮检验	
	GB/T 10095.1—2008 规定：F_i'、f_i'、f_{fa}、f_{Ha}、$f_{f\beta}$、$f_{H\beta}$ 不是必检项目； GB/Z 18620.1—2008 规定：在检验中，没有必要也不经济测量全部轮齿要素的偏差	根据齿轮副的使用要求和生产规模，在各公差组中，选定检验组来检定和验收齿轮精度
7.2	齿轮公差 F_i'、f_i'、$\pm F_{pk}$ 按公差关系式或计算式求出，其他项目均给出了公差表	F_i'、f_i'、$f_{f\beta}$、F_{px}、F_b、F_{ic}'、f_{ic}' 按公差关系式或计算式求出，其他项目均给出了公差表
7.3	尺寸参数分段 模数 m_n 0.5/2//3.5/6/10/16/25/40/70 （F_i''，f_i''）0.2/0.5/0.8/1.0/1.5/2.5/4/6/10 分度圆直径　d 5/20/50/125/280/560/1000/1600/2500/4000/6000/8000/10000 齿宽　b 4/10/20/40/80/160/250/400/560/1000	1/3.5/6.3/10/16/25/40 ≤125/400/800/1600/2500/4000 ≤40/100/160/250/400/630
7.4	级间公比　φ 各精度等级采用相同的公比	高精度等级采用较大的级间公比 低精度等级来用较小的级间公比
8	表面结构 GB/Z 18620.4—2008 对轮齿表面粗糙度推荐了 Ra、Rz 数表	
9	图样标注	在齿轮零件图上应标注齿轮的精度等级和齿厚极限偏差的字母代号

1.5.7　圆弧齿轮的模数系列

GB/T 1840—1989 规定了适用于单圆弧和双圆弧齿轮的模数系列（表1-106），表中的模数是指法向模数。选用时应优先采用第一系列。

表1-106　圆弧齿轮模数系列　　　　　　　　　　（单位：mm）

第一系列	第二系列	第一系列	第二系列	第一系列	第二系列	第一系列	第二系列
1.5		4		10		25	
2			4.5	12			28
	2.25	5			14	32	
2.5			5.5	16			36
	2.75	6			18	40	
3		7		20			45
	3.5	8			22	50	
		9					

1.5.8　圆弧齿轮的精度组合与选择

1. 圆弧齿轮精度等级和传动侧隙

本节内容主要摘自 GB/T 15753—1995《圆弧齿圆柱齿轮精度》。此标准适用于平行轴传动的圆弧齿轮及其齿轮副，齿轮的基本齿廓符合 GB/T 12759—1991 的规定，齿轮模数符合 GB/T 1840—1989 的规定，法向模数等于 1.5~40mm，分度圆直径到 4000mm，有效齿宽到 630mm。对法向模数、分度圆直径和有效齿宽超出此限制的，可参照极限偏差及公差与几何关系式计算得出。对不是 GB/T 12750—1991 齿廓的圆弧齿轮的设计可参照、套用此标准的相应数据。

圆弧齿轮和齿轮副的精度等级从高到低分为五个精度等级（4级、5级、6级，7级、8级）。按照误差的特性及它们对传动性能的主要影响，将圆弧齿轮的各项公差和极限偏差分为三个组（Ⅰ、Ⅱ、Ⅲ公差组）。根据使用的要求不同，允许各公差组选用不同的精度等级；但在同一公差组内，各项公差与极限偏差应取相同的精度等级。

圆弧齿轮传动的侧隙由基准齿形决定（表1-70和表1-72），不能依靠加工时刀具的径向变位和改变中心距的偏差来获得各种侧隙的配合。若对齿轮副的侧隙有特殊要求，可设计专用滚刀或在加工时用滚刀切向移位来改变侧隙。对齿轮副的侧隙无特殊要求时，可不检查侧隙数据，只要求齿轮副能灵活转动即可。

2. 齿轮、齿轮副误差及侧隙的定义和代号

齿轮、齿轮副误差及侧隙的定义和代号见表1-107。本节的定义和代号与渐开线齿轮的相关部分大致相同，故在定义图形中只列出与渐开线齿轮不同的图形，如弦齿深偏差、齿根圆直径偏差、齿轮副的接触迹线、齿轮副接触斑点等。

表1-107　齿轮、齿轮副误差及侧隙的定义和代号

序号	名　称	代号	定　义
1	切向综合误差	$\Delta F_i'$	被测齿轮与理想精确的测量齿轮单面啮合时，在被测齿轮一转内，实际转角与公称转角之差的总幅度值，以分度圆弧长计值
	切向综合公差	F_i'	
2	一齿切向综合误差	$\Delta f_i'$	被测齿轮与理想精确的测量齿轮单面啮合时，在被测齿轮一齿距角内，实际转角与公称转角之差的最大幅度值，以分度圆弧长计值
	一齿切向综合公差	f_i'	
3	齿距累积误差	ΔF_p	在检查圆[①]上任意两个同侧齿面间的实际弧长与公称弧长之差的最大值
	k 个齿距累积误差	ΔF_{pk}	
	齿距累积公差	F_p	在检查圆上，k 个齿距的实际弧长与公称弧长之差的最大值，k 为 2 到小于 $\dfrac{\pi}{2}$ 的整数
	k 个齿距累积公差	F_{pk}	

（续）

序号	名　称		代号	定　义
4	齿圈径向跳动		ΔF_r	在齿轮一转范围内,测头在齿槽内,与凸齿或凹齿中部双面接触,测
	齿圈径向跳动公差		F_r	头相对于齿轮轴线的最大变动量
5	公法线长度变动		ΔF_w	在齿轮一转范围内,实际公法线长度最大值与最小值之差
	公法线长度变动公差		F_w	$\Delta F_w = W_{max} - W_{min}$
6	齿距偏差		Δf_{pt}	在检查圆上,实际齿距与公称齿距之差
	齿距极限偏差		$\pm f_{pt}$	采用相对测量法时,公称齿距是指所有实际齿距的平均值
7	齿向误差		ΔF_β	在检查圆柱上,在有效齿宽范围内(端部倒角部分除外),包容实际齿向线的两条最近的设计齿线之间的端面距离
	一个轴向齿距内的齿向偏差		Δf_β	在有效齿宽中,任一轴向齿距范围内,包容实际齿线的两条最近的设计齿线之间的端面距离
	齿向公差		F_β	设计齿线可以是修正的圆柱螺旋线,包括齿端修薄及其修形曲线
	一个轴向齿距内的齿向公差		f_β	齿宽两端的齿向误差只允许逐渐偏向齿体内
8	螺旋线波度误差		$\Delta f_{f\beta}$	在有效齿宽范围内,凸齿或凹齿中部实际齿线波纹的最大波幅。沿
	螺旋线波度公差		$f_{f\beta}$	齿面法线方向计值
9	轴向齿距偏差		ΔF_{px}	在有效齿宽内,与齿轮基准轴线平行而大约通过凸齿或凹齿中部的一条直线上,任意两个同侧齿面间的实际距离与公称距离之差;沿齿面法线方向计值
	一个轴向齿距偏差		Δf_{px}	
	轴向齿距极限偏差		$\pm F_{px}$	在有效齿宽范围内,与齿轮基准轴线平行而大约通过凸齿或凹齿中部的一条直线上,任一轴向齿距内,两个同侧齿面间的实际距离与公称距离之差;沿齿面法线方向计值
	一个轴向齿距极限偏差		$\pm f_{px}$	
10	弦齿深偏差		ΔE_h	在齿轮一周内,实际弦齿深减去实际外圆直径偏差后与公称弦齿深之差
	弦齿深极限偏差		$\pm E_h$	在法面中测量
11	齿根圆直径偏差		ΔE_{df}	齿根圆直径实际尺寸和公称尺寸之差,对于奇数齿可用齿根圆斜径
	齿根圆直径极限偏差		$\pm E_{df}$	代替
12	齿厚偏差		ΔE_w	
	公法线长度极限偏差	上偏差	E_{ws}	接触点所在圆柱面上,法向齿厚实际值与公称值之差
		下偏差	E_{wi}	
	公差		T_w	
13	公法线长度偏差		ΔE_w	
	公法线长度极限偏差	上偏差	E_{ws}	在齿轮一周内,公法线实际长度值与公称值之差
		下偏差	E_{wi}	
	公差		T_w	
14	齿轮副的切向综合误差		$\Delta F'_{ic}$	在设计中心距下安装好的齿轮副,在啮合转动足够多的转数内,一个齿轮相对于另一个齿轮的实际转角与公称转角之差的总幅度值;以分度圆弧长计值
	齿轮副的切向综合误差		F'_{ic}	
15	齿轮副的一齿切向综合误差		$\Delta f'_{ic}$	安装好的齿轮副,在啮合足够多的转数内,一个齿轮相对于另一个齿轮,一个齿距的实际转角与公称转角之差的最大幅度值;以分度圆弧长计值
	齿轮副的一齿切向综合公差		f'_{ic}	
16	接触迹线位置偏差			装配好的齿轮副,跑合之前,着色检验,在轻微制动下,齿面实际接触迹线偏离名义接触迹线的高度
				对于双圆弧齿轮
				凸齿:$h_{名义} = 0.355m_n$　凹齿:$h_{名义} = 1.445m_n$
				对于单圆弧齿轮
				凸齿:$h_{名义} = 0.45m_n$　凹齿:$h_{名义} = 0.75m_n$
	接触迹线沿齿宽分布的长度			沿齿长方向,接触迹线的长度 b'' 与工作长度 b'[②] 之比,即 $$\frac{b''}{b'} \times 100\%$$

（续）

序号	名　称		代号	定　义
17	齿轮副的接触斑点			装配好的齿轮副，经空载检验，在名义接触迹线位置附近齿面上的接触擦亮痕迹 接触痕迹的大小在齿面展开图上用百分数计算 沿齿长方向：接触痕迹的长度 b''（扣除超过模数值的断开部分 c）与工作长度 b' 之比的百分数，即 $$\frac{b''-c}{b'}\times100\%$$ 沿齿高方向：接触痕迹的平均高度 h'' 与工作高度 h' 之比的百分数，即 $$\frac{h''}{h'}\times100\%$$
18	齿轮副的侧隙	圆周侧隙	j_t	装配好的齿轮副，当一个齿轮固定时，另一个齿轮的圆周晃动量。以接触点所在圆的弧长计值 装配好的齿轮副，当工作齿面接触时，非工作齿面之间的最小距离
18		法向侧隙	j_n	
18	最大极限侧隙	最大周向极限侧隙	j_{tmax}	
18		最大法向极限侧隙	j_{nmax}	
18	最小极限侧隙	最小周向极限侧隙	j_{tmin}	
18		最小法向极限侧隙	j_{nmin}	
19	齿轮副的中心距偏差		Δf_a	在齿轮副的齿宽中间平面内，实际中心距与公称中心距之差
19	齿轮副的中心距极限偏差		$\pm f_a$	
20	轴线的平行度误差	x 方向轴线的平行度误差	Δf_x	一对齿轮的轴线在其基准平面 $[H]$ 上投影的平行度误差；在等于齿宽的长度上测量 一对齿轮的轴线，在垂直于基准平面，并且平行于基准轴线的平面 $[V]$ 上投影的平行度误差；在等于齿宽的长度上测量 注：包含基准线，并通过由另一轴线与齿宽中间平面相交的点所形成的平面，称为基准平面；两条轴线中任何一条轴线都可作为基准轴线
20		y 方向轴线的平行度误差	Δf_y	
20		x 方向轴线的平行度公差	f_x	
20		y 方向轴线的平行度公差	f_y	

① 检查圆是指凸齿或凹齿中部与分度圆同心的圆。

② 工作长度 b' 是指全齿长扣除小齿轮两端修薄长度。

3. 圆弧齿轮各项精度指标的分组和选用

圆弧齿轮公差组及推荐的检验组项目见表 1-108。

选择圆弧齿轮副各级精度时可根据圆弧齿轮传动的工作情况和圆周速度由表 1-109 查出。

表 1-108　圆弧齿轮公差组及推荐检验组项目

公差组	公差与极限偏差项目	误差特性及其影响	推荐的检查项目及说明
I	F_i'；F_p（F_{pk}）；F_r、F_w	以齿轮一转为周期的误差；主要影响传递运动的准确性和低频的振动、噪声	F_i' 目前尚无圆弧齿轮专用量仪 F_p（F_{pk}）推荐用 F_p，F_{pk} 仅在必要时加检 F_r 和 F_w 用于低精度齿轮，当其中一项超差时，应按鉴定验收
II	f_i' $\checkmark f_{pt}$ $\checkmark f_\beta$（f_{px}）；$f_{f\beta}$	在齿轮一周内，多次周期性重复出现的误差，影响传动的平稳性和高频的振动、噪声	f_i' 目前尚无圆弧齿轮专用量仪 推荐用 f_{pt} 与 f_β（或 f_{px}），对于 6 级或高于 6 级的齿轮，检验 f_{pt} 时，推荐加检 $f_{f\beta}$
III	F_β、F_{px}、E_{df}、E_h（E_w、E_s）	齿向误差、轴向齿距偏差，主要影响载荷沿齿向分布的均匀性 齿形的径向位置误差，影响齿高方向的接触部位和承载能力	推荐用 F_β 与 E_{df}（或 E_h），或用 F_{px} 与 E_{df}（或 E_h），必要时加检 E_w 和 E_s

（续）

公差组	公差与极限偏差项目	误差特性及其影响	推荐的检查项目及说明
齿轮副	F'_{ic}、f'_{ic} 接触迹线位置偏差、接触斑点及齿侧间隙	综合性误差，影响工作平稳性和承载能力	可用传动误差测量仪检查 F'_{ic} 和 f'_{ic} 跑合前必须检查接触迹线位置和侧隙，合格后进行跑合。跑合后检查接触斑点

注：接触迹线位置偏差和接触斑点是圆弧齿轮传动的重要检查项目

表 1-109 圆弧齿轮的精度等级选用

精度等级	加工方法	工作情况	圆周速度（m/s）
4 级 （超精密级）	理想级别，目前尚无成熟的加工方法	要求传动很平稳、振动和噪声很小，如大功率高速齿轮、标准齿轮等	>120
5 级 （精密级）	用高精度滚刀在周期误差较小的高精度滚齿机上滚齿，装配后进行研磨跑合	要求传动很平稳、振动和噪声小、速度高及齿面负荷系数大的齿轮，如高速透平齿轮等	≤120
6 级 （高精度级）	在精密滚齿机上用高精度滚刀滚齿。表面硬化处理后，进行刮削或齿面珩齿，装配后进行研磨磨合	要求工作平稳、振动和噪声较小、速度较高及齿面负荷系效较大的齿轮。如透平齿轮、鼓风机齿轮、航空齿轮等	≤100
7 级 （较高精度级）	用较高精度滚刀在较高精度的滚齿机上滚齿，齿面硬化处理后，进行刮削或齿面珩齿，装配后进行研磨磨合	速度较高的中等负荷齿轮或中等速度的重载齿轮，如船用齿轮、提升机齿轮、轧机齿轮等	≤25
8 级 （普通精度级）	在普通滚齿机上用滚刀滚齿	一般用途的齿轮，如起重机齿轮、抽油机齿轮和标准减速器齿轮等	≤10

目前对硬齿面圆弧齿轮可采用高精度硬质合金滚刀刮削、软砂轮（PVC 砂轮）珩齿、研磨膏磨合研齿（磨合后必须清洗干净）等手段得到。

为了加速磨合，可采用研磨磨合、电火花磨合或在齿面保证不胶合的情况下，采用低速加载、低黏度润滑的分级快速磨合等。

尽管圆弧齿轮副的磨合可以弥补一些加工误差，但效果是有限的。故在加工时要尽量保证加工精度，不能把磨合作为提高精度的必要手段。

4. 各检验项目的公差数值

圆弧齿轮精度标准的公差值与渐开线齿轮标准的公差值有许多相同之处，请参见前面章节渐开线齿轮精度标准中相应的公差值或查 GB/T 15753—1995。其余的检查项目的公差值见表 1-110～表 1-121。

表 1-110 齿坯公差

齿轮精度等级[1]		4	5	6	7	8
孔	尺寸公差、形状公差	IT4	IT5	IT6	IT7	
轴	尺寸公差、形状公差	IT4	IT5		IT6	
顶圆直径[2]		IT6		IT7		

① 当三个公差组的精度等级不同时，按最高的精度等级确定公差值。

② 当顶圆不作测量齿深和齿厚的基准时，尺寸公差按 IT11 给足。但不大于 $0.1m_n$。

表 1-111 齿坯基准面径向和端面跳动公差[1]　　　（单位：μm）

分度圆直径/mm		精 度 等 级		
大于	到	4	5 和 6	7 和 8
—	125	7	11	18
125	400	9	14	22

（续）

分度圆直径/mm		精度等级		
大于	到	4	5 和 6	7 和 8
400	800	12	20	32
800	1600	18	28	45
1600	2500	25	40	63
2500	4000	40	63	100

① 当以顶圆作基准面时，表 1-111 就指顶圆的径向跳动。

表 1-112　齿距累积公差 F_p 及 k 个齿距累积公差 F_{pk}　　　　　　（单位：μm）

精度等级	L/mm						
	≤32	>32~50	>50~80	>80~160	>160~315	>315~630	>630~1000
4	8	9	10	12	18	25	32
5	12	14	16	20	28	40	50
6	20	22	25	32	45	63	80
7	28	32	36	45	63	90	112
8	40	45	50	63	90	125	160

精度等级	L/mm					
	>1000~1600	>1600~2500	>2500~3150	>3150~4000	>4000~5000	>5000~7200
4	40	45	56	63	71	80
5	63	71	90	100	112	125
6	100	112	140	160	180	200
7	140	160	200	224	250	280
8	200	224	280	315	355	400

注：1. F_p 和 F_{pk} 按分度圆弧长 L 查表。查 F_p 时，取 $L=\dfrac{1}{2}\pi d=\dfrac{\pi m_n z}{2\cos\beta}$；查 F_{pk} 时，取 $L=\dfrac{k\pi m_n}{\cos\beta}$（$k$ 为 2 到小于 $z/2$ 的整数）。

2. 除特殊情况外，k 值规定取为小于 $z/6$ 或 $z/8$ 的最大整数。

表 1-113　齿圈径向跳动公差 F_r 值　　　　　　（单位：μm）

分度圆直径/mm		法向模数/mm	精度等级				
>	≤		4	5	6	7	8
—	125	1.5~3.5	9	14	22	36	50
		>3.5~6.3	11	16	28	45	63
		>6.3~10	13	20	32	50	71
		>10~16		22	36	56	80
125	400	1.5~3.5	10	16	25	40	56
		>3.5~6.3	13	18	32	45	71
		>6.3~10	14	22	36	56	80
		>10~16	16	25	40	63	90
		>16~25	20	32	50	80	112
400	800	1.5~3.5	11	18	28	45	63
		>3.5~6.3	13	20	32	50	71
		>6.3~10	14	22	36	56	80
		>10~16	18	28	45	71	100
		>16~25	22	36	56	90	125
		>25~40	28	45	71	112	160
800	1600	>3.5~6.3	14	22	36	56	80
		>6.3~10	16	25	40	63	90
		>10~16	18	28	45	71	100
		>16~25	22	36	56	90	125
		>25~40	28	45	71	112	160
1600	2500	>6.3~10	18	28	45	71	100
		>10~16	20	32	50	80	112
		>16~25	25	40	63	100	140
		>25~40	32	50	80	125	180

（续）

分度圆直径/mm		法向模数/mm	精 度 等 级				
>	≤		4	5	6	7	8
2500	4000	>10~16	22	36	56	90	125
		>16~25	25	40	63	100	140
		>25~40	32	50	80	125	180

表 1-114　公法线长度变动公差 F_w　　　　（单位：μm）

精度等级	分度圆直径/mm					
	≤125	>125~400	>400~800	>800~1600	>1600~2500	>2500~4000
4	8	10	12	16	18	25
5	12	16	20	25	28	40
6	20	25	32	40	45	63
7	28	36	45	56	71	90
8	40	50	63	80	100	125

表 1-115　齿距极限偏差 f_{pt} 值　　　　（单位：μm）

分度圆直径/mm		法向模数/mm	精 度 等 级				
>	≤		4	5	6	7	8
—	125	2~3.5	4	6	10	14	20
		>3.5~6.3	5	8	13	18	25
		>6.3~10	5.5	9	14	20	28
		>10~16	—	10	16	22	32
125	400	2~3.5	4.5	7	11	16	22
		>3.5~6.3	5.5	9	14	20	28
		>6.3~10	6	10	16	22	32
		>10~16	7	11	18	25	36
		>16~25	9	14	22	32	45
400	800	2~3.5	5	8	13	18	25
		>3.5~6.3	5.5	9	14	20	28
		>6.3~10	7	10	18	25	36
		>10~16	8	11	20	28	40
		>16~25	10	13	25	36	50
		>25~40	13	16	32	—	63
800	1600	>3.5~6.3	6	10	16	22	32
		>6.3~10	7	11	18	25	36
		>10~16	8	13	20	28	40
		>16~25	10	16	25	36	50
		>25~40	13	20	32	45	63
1600	2500	>6.3~10	8	13	20	28	40
		>10~16	9	14	22	32	45
		>16~25	11	18	28	40	56
		>25~40	14	22	36	50	71
2500	4000	>10~16	10	16	25	36	50
		>16~25	11	18	28	40	56
		>25~40	14	22	36	50	71

表 1-116　齿向公差 F_β（一个轴向齿距内齿向公差 f_β）　　　　（单位：μm）

精度等级	齿轮宽度（轴向齿距）/mm					
	≤40	>40~100	>100~160	>160~250	>250~400	>400~630
4	5.5	8	10	12	14	17
5	7	10	12	16	18	22
6	9	12	16	19	24	28
7	11	16	20	24	28	34
8	18	25	32	38	45	55

注：一个轴向齿距内齿向公差按轴向齿距查表。

表 1-117 轴线平行度公差

x 方向轴线的平行度公差 $f_x = F_\beta$	F_β 的取值见表 1-116
y 方向轴线的平行度公差 $f_y = \dfrac{1}{2} F_\beta$	

表 1-118 弦齿深极限偏差 E_h （单位：μm）

分度圆直径/mm >	≤	法向模数/mm	精度等级 4	5,6	7,8	分度圆直径/mm >	≤	法向模数/mm	精度等级 4	5,6	7,8
—	50	1.5~3.5	10	12	15			1.5~3.5	18	23	—
		>3.5~6.3	12	15	19			>3.5~6.3	21	26	30
50	80	1.5~3.5	11	14	17	500	800	>6.3~10	23	28	34
		>3.5~6.3	13	16	20			>10~16	—	—	42
		>6.3~10	15	19	24			>16~32	—	—	57
80	120	1.5~3.5	12	15	18			>3.5~6.3	—	—	34
		>3.5~6.3	14	18	21	800	1250	>6.3~10	23	28	38
		>6.3~10	17	21	26			>10~16	25	31	45
		>10~16	—	—	32			>16~32	—	—	60
120	200	1.5~3.5	13	16	21			>3.5~6.3	25	31	38
		>3.5~6.3	15	19	23	1250	2000	>6.3~10	27	34	42
		>6.3~10	18	23	27			>10~16	—	—	49
		>10~16	—	—	34			>16~32	—	—	68
		>16~32	—	—	49			>3.5~6.3	27	34	—
200	320	1.5~3.5	15	18	23	2000	3150	>6.3~10	30	38	45
		>3.5~6.3	17	21	26			>10~16	—	—	53
		>6.3~10	21	24	30			>16~32	—	—	68
		>10~16	—	—	36			>3.5~6.3	30	38	—
		>16~32	—	—	53	3150	4000	>6.3~10	36	45	49
320	500	1.5~3.5	17	21	24			>10~16	—	—	57
		>3.5~6.3	18	23	27			>16~32	—	—	75
		>6.3~10	21	26	32						
		>10~16	—	—	38						
		>16~32	—	—	57						

注：对于单圆弧齿轮，弦齿深极限偏差取 $\pm E_h/0.75$。

表 1-119 齿根圆直径极限偏差 $\pm E_{df}$ （单位：μm）

分度圆直径/mm >	≤	法向模数/mm	精度等级 4	5,6	7,8	分度圆直径/mm >	≤	法向模数/mm	精度等级 4	5,6	7,8
—	50	1.5~3.5	15	19	23			1.5~3.5	32	39	39
		>3.5~6.3	19	24	30			>3.5~6.3	36	45	45
50	80	1.5~3.5	17	21	26	500	800	>6.3~10	41	51	60
		>3.5~6.3	21	26	33			>10~16	—	—	75
		>6.3~10	27	34	42			>16~32	—	—	105
80	120	1.5~3.5	19	24	29			>3.5~6.3	41	51	60
		>3.5~6.3	23	28	36	800	1250	>6.3~10	46	57	68
		>6.3~10	29	36	45			>10~16	—	—	83
		>10~16	—	—	57			>16~32	—	—	113
120	200	1.5~3.5	22	27	33			>6.3~10	48	60	75
		>3.5~6.3	26	32	38	1250	2000	>10~16	—	—	90
		>6.3~10	32	39	49			>16~32	—	—	120
		>10~16	—	—	60			>6.3~10	60	75	—
		>16~32	—	—	90	2000	3150	>10~16	—	—	105
200	320	1.5~3.5	24	30	38			>16~32	—	—	135
		>3.5~6.3	29	36	42						
		>6.3~10	34	42	53	3150	4000	>10~16	—	—	120
		>10~16	—	—	64			>16~32	—	—	150
		>16~32	—	—	94						

注：对于单圆弧齿轮，齿根圆直径极限偏差取 $\pm E_{df}/0.75$。

表 1-120　接触迹线长度和位置偏差

齿轮类型及检验项目		齿轮精度等级				
		4	5,6		7,8	
双圆弧齿轮	接触迹线位置偏差	$\pm 0.11m_n$	$\pm 0.15m_n$		$\pm 0.18m_n$	
	按齿长不少于工作齿长（%）第一条	95	90	90	85	80
	按齿长不少于工作齿长（%）第二条	75	70	60	50	40
单圆弧齿轮	接触迹线位置偏差	$\pm 0.15m_n$	$\pm 0.20m_n$		$\pm 0.25m_n$	
	按齿长不少于工作齿长（%）	95	90		85	

表 1-121　接触斑点　　　　　　　　　（%）

齿轮类型及检验项目		齿轮精度等级				
		4	5	6	7	8
双圆弧齿轮	按齿高不少于工作齿高	60	55	50	45	40
	按齿长不少于工作齿长 第一条	95	95	90	85	80
	按齿长不少于工作齿长 第二条	90	85	80	70	60
单圆弧齿轮	按齿高不少于工作齿高	60	55	50	45	40
	按齿长不少于工作齿长	95	95	90	85	80

注：对于齿面硬度≥300HBW 的齿轮副，其接触斑点沿齿高方向应≥$0.3m_n$。

当查阅圆弧齿轮各项公差需注意以下几点：

① 圆弧齿轮的精度等级现只取 4、5、6、7、8 五个等级。

② 查圆弧齿轮的 f_β 值，要用有效齿宽来代替标注齿宽。

③ 由于圆弧齿轮的加工主要是以齿坯的端面和顶圆为加工基准，因此对齿坯的精度要求要高一些。

5. 圆弧齿轮公差关系式与计算式

当圆弧齿轮的几何尺寸（分度圆直径、法向模数、中心距或有效齿宽等）不在上述的公差表中时，或为了使用计算机计算方便时，可采用齿轮公差关系式与计算式来计算相应的公差值（表1-122 和表 1-123）

表 1-122　齿轮公差关系式与计算式

公差项目	关系式	公差项目	关系式
切向综合公差	$F_i' = F_p + f_\beta$	一齿切向综合公差	$f_i' = 0.6(f_{pt} + f_\beta)$
螺旋线波度公差	$f_{f\beta} = f_i' \cos\beta$	轴向齿距极限偏差	$F_{px} = F_\beta$
一个轴向齿距偏差	$f_{px} = f_\beta$	中心距极限偏差	$f_a = 0.5(IT6, IT7, IT8)$
公法线长度极限偏差	$E_{ws} = -2\sin\alpha(-E_h)$ $E_{wi} = -2\sin\alpha(+E_h)$	齿厚极限偏差	$E_{ss} = -2\tan\alpha(-E_h)$ $E_{si} = -2\tan\alpha(+E_h)$
公法线长度公差	$T_w = E_{ws} - E_{wi}$	齿厚公差	$T_s = E_{ss} - E_{si}$

表 1-123　极限偏差及公差与齿轮几何参数的关系式

精度等级	F_p $A\sqrt{L}+C$		F_r $Am_n+B\sqrt{d}+C$ $B=0.25A$			F_w $B\sqrt{d}+C$		f_{pt} $Am_n+B\sqrt{d}+C$ $B=0.25A$			F_β $A\sqrt{b}+C$		E_h $Am_n+B^3\sqrt{d}+C$			E_{df} $Am_n+B^3\sqrt{d}$	
	A	C	A	C	B	C	B	A	C	B	A	C	A	B	C	A	B
4	1.0	2.5	0.56	7.1	0.34	5.4		0.25	3.15		0.63	3.15	0.72	1.44	2.16	1.44	2.88
5	1.6	4	0.90	11.2	0.54	8.7		0.40	5		0.80	4	0.9	1.8	2.7	1.8	3.5
6	2.5	6.3	1.40	18	0.87	14		0.63	8		1	5					
7	3.55	9	2.24	28	1.22	19.4		0.90	11.2		1.25	6.3	1.125	2.25	3.375	2.25	4.5
8	5	12.5	3.15	40	1.7	27		1.25	16		2	10					

注：d 为齿轮分度圆直径；b 为轮齿宽度，L 为分度圆弧长。

　　另外，齿轮副的切向综合公差 F'_{ic} 等于两齿轮的切向综合公差 F'_i 之和。当两齿轮的齿数比为不大于 3 的整数且采用选配时，F'_i 可比计算值压缩 25% 或更多。

1.5.9　锥齿轮传动的精度选择

　　锥齿轮精度标准是 GB/T 11365—1989，该标准适用于 $m_n \geqslant 1\text{mm}$ 的直齿、斜齿、曲线齿锥齿轮和准双曲面齿轮。

　　1. 误差项目、接触斑点和侧隙的名称、代号和定义（表 1-124）

表 1-124　锥齿轮和齿轮副误差项目、接触斑点和侧隙的名称、代号和定义

序号	名　称		代号	定　义
1	切向综合误差		$\Delta F'_i$	被测齿轮与理想精确的测量齿轮按规定的安装位置单面啮合时，被测齿轮一转内，实际转角与理论转角之差的总幅度值。以齿宽中点分度圆弧长计
	切向综合公差		F'_i	
2	一齿切向综合误差		$\Delta f'_i$	被测齿轮与理想精确的测量齿轮按规定的安装位置单面啮合时，被测齿轮一齿距角内，实际转角与理论转角之差的最大幅度值。以齿宽中点分度圆弧长计
	一齿切向综合公差		f'_i	
3	轴交角综合误差		$\Delta F''_{i\Sigma}$	被测齿轮与理想精确的测量齿轮在分锥顶点重合的条件下双面啮合时，被测齿轮一转内，齿轮副轴交角的最大变动量。以齿宽中点处线值计
	轴交角综合公差		$F''_{i\Sigma}$	
4	一齿轴交角综合误差		$\Delta f''_{i\Sigma}$	被测齿轮与理想精确的测量齿轮在分锥顶点重合的条件下双面啮合时，被测齿轮一齿距角内，齿轮副轴交角的最大变动量。以齿宽中点处线值计
	一齿轴交角综合公差		$f''_{i\Sigma}$	
5	周期误差		$\Delta f'_{zk}$	被测齿轮与理想精确的测量齿轮按规定的安装位置单面啮合时，被测齿轮一转内，二次（包括二次）以上各次谐波的总幅度值
	周期公差		f'_{zk}	
6	齿距累积误差		ΔF_p	在中点分度圆①上，任意两个同侧齿面间的实际弧长与公称弧长之差的最大绝对值
	齿距累积公差		F_p	
7	k 个齿距累积误差		ΔF_{pk}	在中点分度圆①上，k 个齿距的实际弧长与公称弧长之差的最大绝对值，k 为 2 到小于 $z/2$ 的整数
	k 个齿距累积公差		F_{pk}	
8	齿圈跳动		ΔF_r	齿轮一转范围内，测头在齿槽内与齿面中部双向接触时，沿分锥法向相对齿轮轴线的最大变动量
	齿圈跳动公差		F_r	
9	齿距偏差		Δf_{pt}	在中点分度圆①上，实际齿距与公称齿距之差
	齿距极限偏差	上偏差	$+f_{pt}$	
		下偏差	$-f_{pt}$	
10	齿形相对误差		Δf_c	齿轮绕工艺轴线旋转时，各轮实际齿面相对于基准实际齿面传递运动的转角之差，以齿宽中点处线值计
	齿形相对误差的公差		f_c	
11	齿厚偏差		$\Delta E_{\bar{s}}$	齿宽中点法向弦齿厚的实际值与公称值之差
	齿厚极限偏差	上偏差	$E_{\bar{s}s}$	
		下偏差	$E_{\bar{s}i}$	
	公差		$T_{\bar{s}}$	
12	齿轮副切向综合误差		$\Delta F'_{ic}$	齿轮副按规定的安装位置单面啮合时，在转动的整周期②内，一个齿轮相对另一个齿轮的实际转角与理论转角之差的总幅度值。以齿宽中点分度圆弧长计
	齿轮副切向综合公差		F'_{ic}	
13	齿轮副一齿切向综合误差		$\Delta f'_{ic}$	齿轮副按规定的安装位置单面啮合时，在一齿距角内，一个齿轮相对另一个齿轮的实际转角与理论转角之差的最大值。在整周期②内取值，以齿宽中点分度圆弧长计
	齿轮副一齿切向综合公差		f'_{ic}	
14	齿轮副轴交角综合误差		$\Delta F''_{i\Sigma c}$	齿轮副在分锥顶点重合条件下双面啮合时，在转动的整周期②内，轴交角的最大变动量。以齿宽中点处线值计
	齿轮副轴交角综合公差		$F''_{i\Sigma c}$	
15	齿轮副一齿轴交角综合误差		$\Delta f''_{i\Sigma c}$	齿轮副在分锥顶点重合条件下双面啮合时，在一齿距角内，轴交角的最大变动量。在整周期②内取值，以齿宽中点处线值计
	齿轮副一齿轴交角综合公差		$f''_{i\Sigma c}$	
16	齿轮副周期误差		$\Delta f'_{zkc}$	齿轮副按规定的安装位置单面啮合时，在大轮一转范围内，二次（包括二次）以上各次谐波的总幅度值
	齿轮副周期误差的公差		f'_{zkc}	

（续）

序号	名　称		代号	定　义
17	齿轮副齿频周期误差		$\Delta f'_{zzc}$	齿轮副按规定的安装位置单面啮合时,以齿数为频率的谐波的总幅度值
	齿轮副齿频周期误差的公差		f'_{zzc}	
18	接触斑点			安装好的齿轮副(或被测齿轮与测量齿轮)在轻微力的制动下运转后,在齿轮工作齿面上得到的接触痕迹 接触斑点包括形状、位置、大小三方面的要求 接触痕迹的大小按百分比确定 沿齿长方向:接触痕迹的长度 b'' 与工作长度 b' 之比,即 $$\frac{b''}{b'} \times 100\%$$ 沿齿高方向:接触痕迹高度 h'' 与接触痕迹中部的工作高度 h' 之比,即 $$\frac{h''}{h'} \times 100\%$$
19	齿轮副的侧隙	圆周侧隙	j_t	齿轮副按规定的位置安装后,其中一个齿轮固定时,另一个齿轮从工作齿面接触到非工作齿面接触所转过的齿宽中点分度圆弧长
		法向侧隙	j_n	齿轮副按规定的位置安装后,工作齿面接触时,非工作齿面间的最小距离。以齿宽中点处计 $$j_n = j_t \cos\beta \cos\alpha$$
	最大圆周侧隙		j_{tmax}	
	最小圆周侧隙		j_{tmin}	
	最大法向侧隙		j_{nmax}	
	最小法向侧隙		j_{nmin}	
20	齿轮副侧隙变动量		ΔF_{vj}	齿轮剐按规定的位置安装后,在转动的整周期[2]内,法向侧隙的最大值与最小值之差
	齿轮副侧隙变动公差		F_{vj}	
21	齿圈轴向位移		Δf_{AM}	齿轮装配后,齿圈相对于滚动检查机上确定的最佳啮合位置的轴向位移量
	齿圈轴向位移极限偏差	上偏差	$+f_{AM}$	
		下偏差	$-f_{AM}$	
22	齿轮副轴间距偏差		Δf_a	齿轮副实际轴间距与公称轴间距之差
	齿轮副轴间距极限偏差	上偏差	$+f_a$	
		下偏差	$-f_a$	
23	齿轮副轴交角偏差		ΔE_Σ	齿轮副实际轴交角与公称轴交角之差。以齿宽中点处线值计
	齿轮副轴交角极限偏差	上偏差	$+E_\Sigma$	
		下偏差	$-E_\Sigma$	

① 允许在齿面中部测量。

② 齿轮副转动整周期计算式为 $n_2 = \dfrac{z_1}{X}$。式中: n_2 为大轮转数; z_1 为小轮齿数; X 为大小轮齿数的最大公约数。

2. 精度等级

标准设置12个精度等级,1级精度最高,12级最低。限于目前锥齿轮加工水平,1~3级暂不规定具体数值。受篇幅所限,本书只给出常用的5~10级精度的部分公差表,且对外径和中点锥距的尺寸作了限制。

根据齿轮的圆周速度、传递功率、运动精确性和传动平稳性等工作条件,按类比法或通过计算,选定锥齿轮的精度等级。

3. 公差组和检验组

各误差项目按其特性及对齿轮传动性能的影响分成三个公差组。第Ⅰ组主要影响运动精度。第Ⅱ组主要影响工作的平稳性;第Ⅲ组主要影响接触质量。允许各公差组选用不同的精度等级,但配对两齿轮的精度等级必须一致。各公差组中,又分适用不同精度等级的检验组。根据齿轮的精度等级、批量的大小和检验条件,选一适当的检验组,评定齿轮及齿轮副的精度等级。各公差组及检验组的划分详见表1-125。

表 1-125　公差组、检验组及其适用的精度等级

公差组	检验对象	检验组		适用的精度等级	备　注
		公差与极限偏差项目	代号		
第 Ⅰ 公差组	齿轮	切向综合公差	F_i'	4~8	—
		轴交角综合公差	$F_{i\Sigma}''$	7~12	对斜齿、曲线齿锥齿轮用于 9~12 级
		齿距累积公差与 k 个齿距累积公差	F_p 与 F_{pk}	4~6	—
		齿距累积公差	F_p	7~8	—
		齿圈跳动公差	F_r	7~12	其中 7~8 级用于分度圆直径大于 1600mm
	齿轮副	齿轮副切向综合公差	F_{ic}'	4~8	—
		齿轮副轴交角综合公差	$F_{i\Sigma c}''$	7~12	对于斜齿、曲线齿锥齿轮用于 9~12 级
		齿轮副侧隙变动公差	F_{vj}	9~12	
第 Ⅱ 公差组	齿轮	一齿切向综合公差	f_i'	4~12	
		一齿轴交角综合公差	$f_{i\Sigma}''$	7~12	对于斜齿、曲线齿锥齿轮用于 9~12 级
		周期公差	f_{zk}'	4~8	纵向重合度 ε_β 大于界限值
		齿距极限偏差	f_p	7~12	
	齿轮副	齿轮副一齿切向综合公差	f_{ic}'	4~8	
		齿轮副一齿轴交角综合公差	$f_{i\Sigma c}''$	7~12	对于斜齿、曲线齿锥齿轮用于 9~12 级
		齿轮副周期误差的公差	f_{zkc}'	4~8	纵向重合度 ε_β 大于界限值
		齿轮副齿频周期误差的公差	f_{zzc}'	4~8	纵向重合度 ε_β 小于界限值
第 Ⅲ 公差组	齿轮	接触斑点		4~12	—
	齿轮副	接触斑点		4~12	—

注：1. 纵向重合度 ε_β 的界限值：第Ⅲ公差组精度 4~6 级时为 1.35；6~7 级时为 1.55；8 级时为 2.0。
　　2. 第Ⅲ公差组中齿轮的接触斑点，是指批量互换中被测工件齿轮与测量母轮对滚时，得到的接触印痕。

4. 锥齿轮齿坯公差

锥齿轮加工、检验和装配时的定位基准面应尽量一致，并在图样上标明。齿坯公差见表 1-126~表 1-128。

表 1-126　齿坯尺寸公差

精度等级	5	6	7	8	9	10
轴径尺寸公差	IT5		IT6		IF7	
孔径尺寸公差	IT6		IT7		IT8	
外径尺寸极限偏差	IT8				IT9	

注：1. IT 为标准公差。
　　2. 当三个公差组精度等级不同时，按最高精度等级确定公差值。

表 1-127　锥齿轮齿坯顶锥母线跳动和基准轴向圆跳动公差　（单位：μm）

外径或基准端面直径 /mm		顶锥母线跳动公差（按外径查）			基准轴向圆跳动公差（按基准端面直径查）		
		精　度　等　级[①]					
大于	到	5~6	7~8	9~10	5~6	7~8	9~10
—	30	15	25	50	6	10	15
30	50	20	30	60	8	12	20
50	120	25	40	80	10	15	25
120	250	30	50	100	12	20	30
250	500	40	60	120	15	25	40
500	800	50	80	150	20	30	50
800	1250	60	100	200	25	40	60
1250	2000	80	120	250	30	50	80

① 当三个公差组精度等级不同时，按最高精度等级确定公差值。

表 1-128　锥齿坯轮冠距和顶锥角极限偏差

中点法向模数/mm	轮冠距极限偏差/μm	顶锥角极限偏差(′)
≤1.2	0 −50	+15 0
>1.2~10	0 −75	+8 0
>10	0 −100	+8 0

5. 锥齿轮副的法向侧隙

锥齿轮副的最小法向侧隙设置 a、b、c、d、e 和 h 六种，a 最大，h 为零。法向侧隙原则上与精度等级无关，但精度低的齿轮副不宜用较小的法向侧隙。按表 1-129 确定最小法向侧隙 j_{nmin}。然后按表 1-130 和表 1-133 查取 $E_{\overline{ss}}$ 和 $\pm E_{\Sigma}$ 值。有特殊需要 j_{nmin} 不按表 1-129 确定时，用插值法由表 1-130 和表 1-133 查取 $E_{\overline{ss}}$ 和 $\pm E_{\Sigma}$ 值。

表 1-129　锥齿轮副最小法向侧隙 j_{nmin}　　　　（单位：μm）

中点锥距/mm >	中点锥距/mm ≤	小轮分锥角/(°) 小于	小轮分锥角/(°) 到	h	e	d	c	b	a
—	50	—	15	0	15	22	36	58	90
		15	25	0	21	33	52	84	130
		25	—	0	25	39	62	100	160
50	100	—	15	0	21	33	52	84	130
		15	25	0	25	39	62	100	160
		25	—	0	30	46	74	120	190
100	200	—	15	0	25	39	62	100	190
		15	25	0	30	54	87	140	220
		25	—	0	40	63	100	160	250
200	400	—	15	0	30	46	74	120	190
		15	25	0	46	72	115	185	290
		25	—	0	52	81	130	210	320
400	800	—	15	0	40	63	100	160	250
		15	25	0	57	89	140	230	360
		25	—	0	70	110	175	280	440

表 1-130　锥齿轮齿厚上偏差 E_{ss} 值　　　　（单位：μm）

基本值	中点法向模数/mm	中点分度圆直径/mm ≤125			>125~400			>400~800		
		分锥角/(°)								
		≤20	>20~45	>45	≤20	>20~45	>45	≤20	>20~45	>45
	≥1~3.5	−20	−20	−22	−28	−32	−30	−36	−50	−45
	>3.5~6.3	−22	−22	−25	−32	−32	−30	−38	−55	−45
	>6.3~10	−25	−25	−28	−36	−36	−34	−40	−55	−50
	>10~16	−28	−28	−30	−36	−38	−36	−48	−60	−55
	>16~25	—	—	—	−40	−40	−40	−50	−65	−60
系数	最小法向侧隙种类	第Ⅱ公差组精度等级				
		5~6	7	8	9	10
	h	0.9	1.0	—	—	—
	e	1.45	1.6	—	—	—
	d	1.8	2.0	2.2	—	—
	c	2.4	2.7	3.0	3.2	—
	b	3.4	3.8	4.2	4.6	4.9
	a	5.0	5.5	6.0	6.6	7.0

注：E_{ss} 值由基本值栏查出的数值乘上系数得出。

齿轮副的法向侧隙公差分 A、B、C、D 和 H 五种，与最小法向侧隙的对应关系如图 1-40 所示。

最大法向侧隙

$$j_{nmax} = (\mid E_{\overline{S}S1} + E_{\overline{S}S2} \mid + T_{\overline{S}1} + T_{\overline{S}2} + E_{\overline{S}\Delta1} + E_{\overline{S}\Delta2}) \cos a_n \qquad (1-23)$$

$T_{\overline{S}}$ 为齿厚公差，按表 1-131 查取。

$E_{\overline{S}\Delta}$ 为制造误差的补偿部分，由表 1-132 查取。

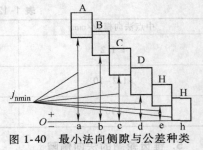

图 1-40　最小法向侧隙与公差种类

表 1-131　锥齿轮齿厚公差 $T_{\overline{S}}$ 　　　（单位：μm）

齿圈跳动公差		法向侧隙公差种类				
>	≤	H	D	C	B	A
—	8	21	25	30	40	52
8	10	22	28	34	45	55
10	12	24	30	36	48	60
12	16	26	32	40	52	65
16	20	28	36	45	58	75
20	25	32	42	52	65	85
25	32	38	48	60	75	95
32	40	42	55	70	85	110
40	50	50	65	85	100	130
50	60	60	75	95	120	150
60	80	70	90	110	130	180
80	100	90	110	140	170	220
100	125	110	130	170	200	260
125	160	130	160	200	250	320
160	200	160	200	260	320	400
200	250	200	250	320	380	500
250	320	240	300	400	480	630

表 1-132　锥齿轮副最大法向侧隙 j_{nmin} 的制造误差补偿部分 $E_{\overline{S}\Delta}$ 值 　　　（单位：μm）

第Ⅰ公差组精度等级	中点法向模数/mm	中点分度圆直径/mm										
		≤125			>125～400			>400～800			>800～1600		
		分锥角(°)											
		≤20	>20～45	>45	≤20	>20～45	>45	≤20	>20～45	>45	≤20	>20～45	>45
4～6	≥1～3.5	18	18	20	25	28	28	32	45	40	—	—	—
	>3.5～6.3	20	20	22	28	28	28	34	50	40	67	75	72
	>6.3～10	22	22	25	32	32	30	36	50	45	72	80	75
	>10～16	25	25	28	32	34	32	45	55	50	72	90	75
	>16～25	—	—	—	36	36	36	45	56	55	72	90	85
7	≥1～3.5	20	20	22	28	32	30	36	50	45	—	—	—
	>3.5～6.3	22	22	25	32	32	30	38	55	45	75	85	80
	>6.3～10	25	25	28	36	36	36	40	55	50	80	90	85
	>10～16	28	28	30	36	38	36	48	60	55	80	100	85
	>16～25	—	—	—	40	40	40	50	65	60	80	100	95

（续）

第Ⅰ公差组精度等级	中点法向模数/mm	中点分度圆直径/mm											
		≤125			>125~400			>400~800			>800~1600		
		分锥角（°）											
		≤20	>20~45	>45	≤20	>20~45	>45	≤20	>20~45	>45	≤20	>20~45	>45
8	≥1~3.5	22	22	24	30	36	32	40	55	50	—	—	—
	>3.5~6.3	24	24	28	36	36	32	42	60	50	80	90	85
	>6.3~10	28	28	30	40	40	38	45	60	55	85	100	95
	>10~16	30	30	32	40	42	40	55	65	60	85	110	95
	>16~25	—	—	—	45	45	45	55	72	65	85	110	105
9	≥1~3.5	24	24	25	32	38	36	45	65	55	—	—	—
	>3.5~6.3	25	25	30	38	38	36	45	65	55	90	100	95
	>6.3~10	30	30	32	45	45	40	48	65	60	95	110	100
	>10~16	32	32	36	45	45	45	48	70	65	95	120	100
	>16~25	—	—	—	48	48	48	60	75	70	95	120	115
10	≥1~3.5	25	25	28	36	42	40	48	65	60	—	—	—
	>3.5~6.3	28	28	32	42	42	40	50	70	60	95	110	105
	>6.3~10	32	32	36	48	48	45	50	70	65	105	115	110
	>10~16	36	36	40	48	48	48	60	80	70	105	130	110
	>16~25	—	—	—	50	50	50	65	85	80	105	130	125

6. 齿轮的安装精度

为保证齿轮副在要求的相对位置正确啮合：圆锥齿轮规定了轴交角极限偏差 $\pm E_\Sigma$（表 1-133）、安装距极限偏差 $\pm f_{AM}$（表 1-134）和轴间距极限偏差 $\pm f_a$（表 1-135）。

表 1-133　锥齿轮轴交角极限偏差 $\pm E_\Sigma$　　　　　　（单位：μm）

中点锥距/mm		小轮分锥角/（°）		最小法向侧隙种类				
>	≤	小于	到	h、e	d	c	b	a
—	50	—	15	7.5	11	18	30	45
		15	25	10	16	26	42	63
		25	—	12	19	30	50	80
50	100	—	15	10	16	26	42	63
		15	25	12	19	30	50	80
		25	—	15	22	32	60	95
100	200	—	15	12	19	30	50	80
		15	25	17	26	45	71	110
		25	—	20	32	50	80	125
200	400	—	15	15	22	32	60	95
		15	25	24	36	56	90	140
		25	—	26	40	63	100	160
400	800	—	15	20	32	50	80	125
		15	25	28	45	71	110	180
		25	—	34	56	85	140	220

注：当 $\alpha \neq 20°$ 时，表中数值乘以 $\sin 20°/\sin \alpha$。

表 1-134　锥齿轮安装距极限偏差 ±f_{AM}

（单位：μm）

精度等级　中点法向模数/mm

中点锥距/mm >	≤	分锥角/(°) 大于	到	5 ≥1~3.5	5 >3.5~6.3	5 >6.3~10	5 >10~16	6 ≥1~3.5	6 >3.5~6.3	6 >6.3~10	6 >10~16	6 >16~25	7 ≥1~3.5	7 >3.5~6.3	7 >6.3~10	7 >10~16	7 >16~25	8 ≥1~3.5	8 >3.5~6.3	8 >6.3~10	8 >10~16	8 >16~25	9 ≥1~3.5	9 >3.5~6.3	9 >6.3~10	9 >10~16	9 >16~25	10 ≥1~3.5	10 >3.5~6.3	10 >6.3~10	10 >10~16	10 >16~25
—	50	—	20	9	5	—	—	14	8	—	—	—	20	11	—	—	—	28	16	—	—	—	40	22	—	—	—	56	32	—	—	—
—	50	20	45	7.5	4.2	—	—	12	6.7	—	—	—	17	905	—	—	—	24	13	—	—	—	34	19	—	—	—	48	26	—	—	—
—	50	45	—	3	1.7	—	—	5	2.8	—	—	—	7	4	805	—	—	10	5.6	—	—	—	14	8	—	—	—	20	11	—	—	—
50	100	—	20	30	16	11	8	48	26	17	13	—	67	38	24	18	—	95	53	34	26	—	140	75	50	38	—	190	105	71	50	—
50	100	20	45	25	13	9	7.1	40	22	15	11	—	56	32	21	16	—	80	45	30	22	—	120	63	42	30	—	160	90	60	45	—
50	100	45	—	10.5	6	3.8	3	17	9.5	6.7	4.5	—	24	13	805	6.7	—	34	17	12	9	—	48	26	17	13	—	67	38	24	18	—
100	200	—	20	60	36	24	16	105	60	38	28	—	150	80	53	40	30	200	120	75	56	45	300	160	105	80	63	420	240	150	110	85
100	200	20	45	50	30	20	14	90	50	32	24	—	130	71	45	34	26	180	100	63	48	36	260	140	90	67	53	360	190	130	95	75
100	200	45	—	21	13	8.5	5.6	38	21	13	10	—	53	30	19	14	11	75	40	26	20	15	105	60	38	28	22	150	80	53	40	30
200	400	—	20	130	80	53	36	240	130	85	60	—	340	180	120	85	67	480	250	170	120	95	670	360	240	170	130	950	500	320	240	190
200	400	20	45	110	67	45	30	200	105	71	50	—	280	150	100	70	56	400	210	140	100	80	560	300	200	150	110	800	420	180	200	160
200	400	45	—	48	28	18	12	85	45	30	21	—	120	63	40	30	22	170	90	60	42	32	240	130	85	60	48	340	180	120	85	67
400	800	—	20	300	180	110	75	530	280	186	130	—	750	400	250	180	140	1050	560	360	260	200	1500	800	500	380	280	2100	1100	710	500	400
400	800	20	45	250	160	95	63	450	240	150	110	—	630	340	210	160	120	900	480	300	220	170	1300	670	440	300	240	1700	950	600	440	340
400	800	45	—	105	63	40	26	190	100	63	45	—	270	140	90	67	50	380	200	125	90	70	530	280	180	130	100	750	400	250	180	140

注：对于修形齿轮允许采用低一级的 ±f_{AM} 值，当 α≠20° 时，表中数值乘以 sin20°/sinα。

表 1-135　锥齿轮副轴间距极限偏差 $\pm f_a$　　　　　　　　（单位：μm）

中点锥距/mm		精 度 等 级					
>	≤	5	6	7	8	9	10
—	50	10	12	18	28	36	67
50	100	12	15	20	30	45	75
100	200	15	18	25	36	55	90
200	400	18	25	30	45	75	120
400	800	25	30	36	60	90	150

注：对于纵向修形齿轮允许采用低一级的 $\pm f_a$ 值。

7. 接触斑点

根据齿轮的用途、承受载荷的大小、轮齿的刚性以及齿线形状特点，可参考表 1-136，由设计者自行规定接触斑点的形状、位置和大小。

表 1-136　锥齿轮副接触斑点

精度等级	5	6～7	8～9	10
沿齿长方向（%）	60～80	50～70	35～65	25～55
沿齿高方向（%）	65～85	55～75	40～70	30～60

注：表中数值用于齿面修形的齿轮，对于不修形齿轮，其接触斑点大小不小于其平均值。

8. 公差数值

标准中以公差数值表和公差关系式的形式规定了各检验项目的公差数值，除本节已列出的之外，详见 GB/T 11365—1989。

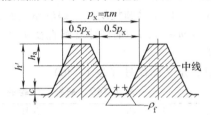

图 1-41　圆柱蜗杆的基本齿廓

1.5.10　普通蜗杆传动

1. 普通圆柱蜗杆传动的基本参数

（1）基本齿廓　圆柱蜗杆基本齿廓的尺寸参数是指蜗杆轴平面内的参数，其值在 GB/T 10087—1988 已有规定，如图 1-41 所示。

1. 齿顶高 $h_a = 1m$，工作齿高 $h' = 2m$；短齿 $h_a = 0.8m$，$h' = 1.6m$，轴向齿距 $p_x = \pi m$，中线齿厚和齿槽宽相等，顶隙 $c = 0.2m$，必要时 $0.15m \leqslant c \leqslant 0.35m$。齿根圆角半径 $\rho_f = 0.3m$，必要时 $0.2m \leqslant \rho_f \leqslant 0.4m$，也允许用单圆弧。齿顶允许倒圆，但圆角半径不大于 $0.2m$。

2. ZA 蜗杆的轴向压力角 $a_x = 20°$；ZN、ZI 蜗杆的法向压力角 $a_n = 20°$；ZK 蜗杆的锥形刀具产形角 $a_0 = 20°$。

3. 在动力传动中，导程角 $\gamma \geqslant 30°$ 时，允许增大压力角，推荐用 25°；在分度传动中，允许减小压力角，推荐用 15° 或 12°。

（2）中心距 a　中心距 a 的标准值见表 1-137。

表 1-137　圆柱蜗杆传动中心距 a 的标准值　　　　（单位：mm）

40	50	63	80	100	125	160	(180)	200
(225)	250	(280)	315	(355)	400	(450)	500	

注：括号中的数字尽可能不采用。

（3）模数 m_n　对于 $\Sigma = 90°$ 的蜗杆传动，蜗杆轴向齿距 p_{x1} 应与蜗轮端面齿距 p_{t2} 相等。因此蜗杆的轴向模数 m_{x1} 和蜗轮端面模数 m_{t2} 相等，均以 m 表示，蜗杆模数 m 标准值列于表 1-138 中。

表 1-138　蜗杆模数 m 标准值　　　　（单位：mm）

第一系列	1	1.25	1.6	2	2.5	3.15	4	5	6.3
	8	10	12.5	16	20	25	31.5	40	
第二系列	1.5	3	3.5	4.5	5.5	6	7	12	14

注：优先采用第一系列。

（4）蜗杆分度圆直径 d_1　为了限制加工蜗轮齿的蜗杆滚刀数不致过多，蜗杆滚刀可由专业厂精确制造，因此将蜗杆分度圆直径 d_1 标准化。

蜗杆分度圆直径 d_1 标准值见表 1-139。

表 1-139　蜗杆分度圆直径 d_1 标准值　　　　　（单位：mm）

	4	4.5	5	5.6	6.3	7.1	8	9	10	11.2	12.5	14	16	18
第一系列	20	22.4	25	25	28	31.5	35.5	40	45	50	56	63	71	80
	90	100	112	125	140	160	180	200	224	250	280	315	355	400
第二系列	6	7.5	8.5	15	30	38	48	53	60	67	75	95	106	118
	132	144	170	190	300									

注：优先采用第一系列。

（5）蜗杆直径系数 q　蜗杆直径系数 q 是蜗杆分度圆直径 d_1 与模数 m 的比值。同时也可以导出是蜗杆头数 z_1 与导程角 γ 正切的比值，即

$$q = d_1 / m = z_1 / \tan\gamma \qquad\qquad (1\text{-}24)$$

当蜗杆的分度圆直径和模数选定后，q 值也就确定了。但在设计蜗杆传动时，考虑到蜗杆的强度和刚度往往先选定 m 和 q。显然 q 值大 d_1 值也大，提高了蜗杆的强度和刚度。但是 q 值大 γ 值小了，降低了传动效率。因此一般在保证蜗杆强度和刚度的前提下，使 q 值尽量小些。

2. 圆柱蜗杆传动精度

GB/T 10089—1988《圆柱蜗杆、蜗轮精度》规定了圆柱蜗杆、蜗轮精度。其适用范围为轴交角 $\Sigma = 90°$，模数 $m \geqslant 1\text{mm}$，蜗杆分度圆直径 $d_1 \leqslant 400\text{mm}$，蜗轮分度圆直径 $d_2 \leqslant 4000\text{mm}$ 的圆柱蜗杆、蜗轮及其传动。

（1）术语、定义和代号（表 1-140）

表 1-140　蜗杆、蜗轮的误差传动和侧隙的定义代号

序号	名　称		代号	定　义
1	蜗杆螺旋线误差		Δf_{hL}	在蜗杆、轮齿的工作齿宽范围（两端不完整齿部分应除外）内，蜗杆分度圆柱面①上，包容实际螺旋线的最近两条公称螺旋线间的法向距离
	蜗杆螺旋线公差		f_{hL}	
2	蜗杆一转螺旋线误差		Δf_h	在蜗杆轮齿的一转范围，蜗杆分度圆柱面①上，包容实际螺旋线的最近两条理论螺旋线间的法向距离
	蜗杆一转螺旋线公差		f_h	
3	蜗杆轴向齿距偏差		Δf_{px}	在蜗杆轴向截面上实际齿距与公称齿距之差
	蜗杆轴向齿距极限偏差	上偏差	$+f_{px}$	
		下偏差	$-f_{px}$	
4	蜗杆轴向齿距累积误差		Δf_{pxL}	在蜗杆轴向截面上的工作齿宽范围（两端不完整齿部分应除外）内，任意两个同侧齿面间实际轴向距离与公称轴向距离之差的最大绝对值
	蜗杆轴向齿距累积公差		f_{pxL}	
5	蜗杆齿形误差		Δf_{f1}	在蜗杆轮齿给定截面上的齿形工作部分内，包容实际齿形且距离为最小的两条设计齿形间的法向距离
	蜗杆齿形公差		f_{f1}	当两条设计齿形线为非等距离的曲线时，应在靠近齿体内的设计齿形线的法线上确定其两者间的法向距离
6	蜗杆齿槽径向圆跳动		Δf_r	在蜗杆任意一转范围内，测头在齿槽内与齿高中部的齿面双面接触，其测头相对于蜗杆轴线的径向最大变动量
	蜗杆齿槽径向圆跳动公差		f_r	
7	蜗杆齿厚偏差		ΔE_{s1}	在蜗杆分度圆柱上，法向齿厚的实际值与公称值之差
	蜗杆齿厚极限偏差	上偏差	E_{ss1}	
		下偏差	E_{si1}	
	蜗杆齿厚公差		T_{s1}	
8	蜗轮切向综合误差		$\Delta F_i'$	被测蜗轮与理想精确的测量蜗杆②在公称轴线位置上单面啮合时，在被测蜗轮一转范围内实际转角与理论转角之差的总幅度值。以分度圆弧长计
	蜗轮切向综合公差		F_i'	
9	蜗轮一齿切向综合误差		$\Delta f_i'$	被测蜗轮与理想精确的测量蜗杆②在公称轴线位置上单面啮合时，在被测蜗轮一转范围内实际转角与理论转角之差的最大幅度值。以分度圆弧长计
	蜗轮一齿切向综合公差		f_i'	

（续）

序号	名　称			代号	定　义
10	蜗轮径向综合误差			$\Delta F_i''$	被测蜗轮与理想精确的测量蜗杆双面啮合时,在被测蜗轮一
	蜗轮径向综合公差			F_i''	转范围内,双啮中心距的最大变动量
11	蜗轮一齿径向综合误差			$\Delta f_i''$	被测蜗轮与理想精确的测量蜗杆双面啮合时,在被测蜗轮一
	蜗轮一齿径向综合公差			f_i''	齿角范围内,双啮中心距的最大变动量
12	蜗轮齿距累积误差			ΔF_p	在蜗轮分度圆上[3],任意两个同侧齿面间的实际弧长与公称
	蜗轮齿距累积公差			F_p	弧长之差的最大绝对值
13	蜗轮 k 个齿距累积误差			ΔF_{pk}	在蜗轮分度圆上[3],k 个齿距内同侧齿面间的实际弧长与公称弧长之差的最大绝对值
	蜗轮 k 个齿距累积公差			F_{pk}	k 为 2 到小于 $\dfrac{z_2}{2}$ 的整数
14	蜗轮齿圈径向跳动			ΔF_r	在蜗轮一转范围内,测头在靠近中间平面的齿槽内与齿高中
	蜗轮齿圈径向跳动公差			F_r	部的齿面双面接触,其测头相对于蜗轮轴线径向距离的最大变动量
15	蜗轮齿距偏差			Δf_{pt}	在蜗轮分度圆上[3],实际齿距与公称齿距之差
	蜗杆齿距极限偏差	上偏差		$+f_{pt}$	用相对法测量时,公称齿距是指所有实际齿距的平均值
		下偏差		$-f_{pt}$	
16	蜗轮齿形误差			Δf_{f2}	在蜗轮轮齿给定截面上的齿形工作部分内,包容实际齿形且距离为最小的两条设计齿形间的法向距离
	蜗轮齿形公差			f_{f2}	当两条设计齿形线为非等距离曲线时,应在靠近齿体内的设计齿形线的法线上确定其两者间的法向距离
17	蜗轮齿厚偏差			ΔE_{s2}	
	蜗轮齿厚极限偏差	上偏差		E_{ss2}	在蜗轮中间平面上,分度圆齿厚的实际值与公称值之差
		下偏差		E_{si2}	
	蜗轮齿厚公差			T_{s2}	
18	蜗杆副的切向综合误差			$\Delta F_{ic}'$	安装好的蜗杆副啮合转动时,在蜗轮和蜗杆相对位置变化的一个整周期内,蜗轮的实际转角与理论转角之差的总幅度值。
	蜗杆副的切向综合公差			F_{ic}'	以蜗轮分度圆弧长计
19	蜗杆副的一齿切向综合误差			$\Delta f_{ic}'$	安装好的蜗杆副啮合转动时,在蜗轮一转范围内,多次出现
	蜗杆副的一齿切向综合公差			f_{ic}'	的周期性转角误差的最大幅度值。以蜗轮分度圆弧长计
20					安装好的蜗杆副,在轻微力的制动下,蜗杆与蜗轮啮合运转后,在蜗轮齿面上分布的接触痕迹。接触斑点以接触面积大小、形状和分布位置表示 接触面积大小按接触痕迹的百分比计算确定 沿齿长方向:接触痕迹的长度 b''[4] 与工作长度 b' 之比的百分数,即 $$\frac{b''}{b'}\times100\%$$ 沿齿高方向:接触痕迹的平均高度 h'' 与工作高度 h' 之比的百分数,即 $$\frac{h''}{h'}\times100\%$$ 接触形状以齿面接触痕迹总的几何形状的状态确定 接触位置以接触痕迹离齿面啮入、啮出端或齿顶、齿根的位置确定
21	蜗杆副的中心距偏差			Δf_a	在安装好的蜗杆副中间平面内,实际中心距与公称中心距
	蜗杆副的中心距极限偏差	上偏差		$+f_a$	之差
		下偏差		$-f_a$	
22	蜗杆副的中间平面偏移			Δf_x	在安装好的蜗杆副中,蜗轮中间平面与传动中间平面之间的
	蜗杆副的中间平面极限偏差	上偏差		$+f_x$	距离
		下偏差		$-f_x$	

（续）

序号	名　称		代号	定　义
23	蜗杆副的轴交角偏差		Δf_Σ	在安装好的蜗杆副中，实际轴交角与公称轴交角之差 偏差值按蜗轮齿宽确定，以其线性值计
	蜗杆副的轴交角 极限偏差	上偏差	$+f_\Sigma$	
		下偏差	$-f_\Sigma$	
24	齿轮副的侧隙	圆周侧隙	j_t	在安装好的蜗杆副中，蜗杆固定不动时，蜗轮从工作齿面接 触到非工作齿面接触所转过的分度圆弧长 在安装好的蜗杆副中，蜗杆和蜗轮的工作齿面接触时，两非 工作齿面间的最小距离
		法向侧隙	j_n	
	最大圆周侧隙		j_{tmax}	
	最小圆周侧隙		j_{tmin}	
	最大法向侧隙		j_{nmax}	
	最小法向侧隙		j_{nmin}	

① 允许在靠近蜗杆分度圆柱的同轴圆柱面上检验。
② 允许用配对蜗轮代替量蜗杆进行检验。这时，也即为蜗杆副的误差。
③ 允许在靠近中间平面的齿高中部进行测量。
④ 在确定接触痕迹长度 b'' 时，应扣除超过模数值的断开部分。

（2）精度等级　对蜗杆、蜗轮和蜗杆传动规定了12个精度等级，1级精度最高，12级精度最低。按照公差的特性对传动性能的主要保证作用，将蜗杆、蜗轮和传动的公差（或极限偏差）分成三个公差组（表1-141）。

表1-141　圆柱蜗杆传动的公差组

公　差　组		名　称	代　号
第Ⅰ公差组（保证运动的准确性）	蜗杆	—	—
	蜗轮	切向综合公差	F_i'
		径向综合公差	F_i''
		齿距累积公差	F_p
		k 个齿距累积公差	F_{pk}
		齿圈径向跳动公差	F_r
	传动	传动切向综合公差	F_{ic}'
第Ⅱ公差组（保证传动的平稳性）	蜗杆	一转螺旋线公差	f_h
		螺旋线公差	f_{hL}
		轴向齿距极限偏差	f_{px}
		轴向齿距累积公差	f_{pxL}
		齿槽径向跳动公差	f_r
	蜗轮	一齿切向综合公差	f_i'
		一齿径向综合公差	f_i''
		齿距极限偏差	f_{pt}
	传动	一齿切向综合公差	f_{ic}'
第Ⅲ公差组（保证载荷分布均匀性）	蜗杆	齿形公差	f_{f1}
	蜗轮	齿形公差	f_{f2}
	传动	接触斑点	
		中心距极限偏差	f_a
		轴交角极限偏差	f_Σ
		中间平面极限偏差	f_x

　　根据使用要求不同，允许各公差组选用不同的精度等级组合，但在同一公差组中，各项公差与极限偏差应保持相同的精度等级。具体公差或偏差值见表1-143～表1-150。

　　蜗杆与配对蜗轮的精度等级一般取成相同，但也允许取成不同。对有特殊要求的蜗杆传动除 F_r、F_i''、f_i''、f_r 外，其蜗杆、蜗轮左右齿面的精度等级也可取成不同。

　　（3）蜗杆、蜗轮的检验与公差　根据蜗杆传动的工作要求和生产规模，在各公差组中选定一个检验组来评定和验收蜗杆、蜗轮的精度（表1-142），当检验组中有两项或两项以上公差或极限偏差时，应以检验组中最低的一项精度来评定蜗杆、蜗轮的精度等级。当蜗杆副的接触斑点有要求时，蜗轮的齿形误差 Δf_{f2} 可进行检验。

表 1-142　圆柱蜗杆和蜗轮的检验组

公差组	蜗杆检验组	蜗轮检验组	公差组	蜗杆检验组	蜗轮检验组
第 I 公差组	F'_i F_p、F_{pk} F_p（用于 5~12 级） F_r（用于 9~12 级） F''_i（用于 7~12 级）		第 II 公差组	f_h $\sqrt{f_{hL}}$（用于单头蜗杆） f_{px} $\sqrt{f_{hL}}$（用于多头蜗杆） f_{px} $\sqrt{f_{pxL}}$ $\sqrt{f_r}$ f_{px} $\sqrt{f_{pxL}}$（用于 7~9 级） f_{px}（用于 10~12 级）	f'_i f''_i（用于 7~12 级） f_{pt}（用于 5~12 级）
			第 III 公差组	f_{f1}	f_{f2} 接触斑点（此时可不检验 f_{f2}）

对于各精度等级，蜗杆、蜗轮各检验项目的公差或极限偏差见表 1-142。蜗轮的 F'_i、f'_i 值按下列关系式计算确定，即

$$F'_i = F_p + f_{f2} \tag{1-25}$$

$$f'_i = 0.6 \ (f_{pt} + f_{f2}) \tag{1-26}$$

标准中规定的公差值是以蜗杆、蜗轮的工作轴线为测量的基准轴线。当实际测量基准不符合规定时，应从测量结果中消除因基准不同所带来的影响。

当基本蜗杆压力角 α 不等于 20°时，f_r、F_r、F''_i 和 f''_i 应乘以系数 $\sin 20° / \sin \alpha$。

表 1-143　蜗杆的公差和极限偏差 f_h、f_{hL}、f_{px}、f_{pxL}、f_{f1} 值　　　　（单位：μm）

代号	模数 m /mm	精度等级					
		4	5	6	7	8	9
f_h	1~3.5	4.5	7.1	11	14	—	—
	>3.5~6.3	5.6	9	14	20	—	—
	>6.3~10	7.1	11	18	25	—	—
	>10~16	9	15	24	32	—	—
	>16~25	—	—	32	45	—	—
f_{hL}	1~3.5	9	14	22	32		
	>3.5~6.3	11	17	28	40		
	>6.3~10	14	22	36	50		
	>10~16	18	32	45	63		
	>16~25	—	—	63	90		
$\pm f_{px}$	1~3.5	3.0	4.8	7.5	11	14	20
	>3.5~6.3	3.6	6.3	9	14	20	25
	>6.3~10	4.8	7.5	12	17	25	32
	>10~16	6.3	10	16	22	32	46
	>16~25	—	—	22	32	45	63
f_{pxL}	1~3.5	5.3	8.5	13	18	25	36
	>3.5~6.3	6.7	10	16	24	34	48
	>6.3~10	8.5	13	21	32	45	63
	>10~16	11	17	28	40	56	80
	>16~25	—	—	40	53	75	100
f_{f1}	1~3.5	4.5	7.1	11	16	22	32
	>3.5~6.3	5.6	9	14	22	32	45
	>6.3~10	7.5	12	19	28	40	53
	>10~16	11	16	25	36	53	75
	>16~25	—	—	36	53	75	100

表 1-144　蜗杆齿槽径向跳动公差 f_r 值　　　　　　（单位：μm）

分度圆直径 d_1 /mm	模数 m /mm	精 度 等 级					
		4	5	6	7	8	9
≤10	1~3.5	4.5	7.1	11	14	20	28
>10~18	1~3.5	4.5	7.1	12	15	21	29
>18~31.5	1~6.3	4.8	7.5	12	16	22	30
>31.5~50	1~10	5.0	8.0	13	17	23	32
>50~80	1~16	5.6	9.0	14	18	25	36
>80~125	1~16	6.3	10	16	20	28	40
>125~180	1~25	7.5	12	18	25	32	45
>180~250	1~25	8.5	14	22	28	40	53
>250~315	1~25	10	16	25	32	45	63
>315~400	1~25	11.5	18	28	36	53	71

表 1-145　蜗轮齿距累积公差 F_p 级 k 个齿距累积公差 F_{pk} 值　　　　　　（单位：μm）

分度圆弧长 L /mm	精 度 等 级					
	4	5	6	7	8	9
≤11.2	4.5	7	11	16	22	32
>11.2~20	6	10	16	22	32	45
>20~32	8	12	20	28	40	56
>32~50	9	14	22	32	45	63
>50~80	10	16	25	36	50	71
>80~160	12	20	32	45	63	90
>160~315	18	28	45	63	90	125
>315~630	25	40	63	90	125	180
>630~1000	32	50	80	112	160	224
>1000~1600	40	63	100	140	200	280
>1600~2500	45	71	112	160	224	315
>2500~3150	56	90	140	200	280	400
>3150~4000	63	100	160	224	315	450
>4000~5000	71	112	180	250	355	500
>5000~6300	80	128	200	280	400	560

注：1. F_p 和 F_{pk} 按分度圆弧长 L 查表：查 F_p 时，取 $L = \frac{1}{2}\pi m z_2$；查 F_{pk} 时，取 $L = k\pi m$（k 为 2 到小于 $z_2/2$ 的整数）。

2. 除特殊情况外，对于 F_{pk}，k 值规定取为小于 $z_2/6$ 的最大整数。

表 1-146　蜗轮齿圈径向跳动公差 F_r 值　　　　　　（单位：μm）

分度圆直径 d_2 /mm	模数 m /mm	精 度 等 级										
		1	2	3	4	5	6	7	8	9	10	11	12
≤125	1~3.5	3.0	4.5	7.0	11	18	28	40	50	63	80	100	125
	>3.5~6.3	3.6	5.5	9.0	14	22	36	50	63	80	100	125	160
	>6.3~10	4.0	6.3	10	16	25	40	56	71	90	112	140	180
>125~400	1~3.5	3.6	5.0	8	13	20	32	45	56	71	90	112	140
	>3.5~6.3	4.0	6.3	10	16	25	40	56	71	90	112	140	180
	>6.3~10	4.5	7.0	11	18	28	45	63	80	100	125	160	200
	>10~16	5.0	8	13	20	32	50	71	90	112	140	180	224
>400~800	1~3.5	4.5	7.0	11	18	28	45	63	80	100	125	160	200
	>3.5~6.3	5.0	8.0	13	20	32	50	71	90	112	140	180	224
	>6.3~10	5.5	9.0	14	22	36	56	80	100	125	160	200	250
	>10~16	7.0	11	18	28	45	71	100	125	160	200	250	315
	>16~25	9.0	14	22	36	56	90	125	160	200	250	315	400

（续）

分度圆直径 d_2 /mm	模数 m /mm	精度等级											
		1	2	3	4	5	6	7	8	9	10	11	12
>800~1600	1~3.5	5.0	8.0	13	20	32	50	71	90	112	140	180	224
	>3.5~6.3	5.5	9.0	14	22	36	56	80	100	125	160	200	250
	>6.3~10	6.0	10	16	25	40	63	90	112	140	180	224	280
	>10~16	7.0	11	18	28	45	71	100	125	160	200	250	315
	>16~25	9.0	14	22	36	56	90	125	160	200	250	315	400
>1600~2500	1~3.5	5.5	9.0	14	22	36	56	80	100	125	160	200	250
	>3.5~6.3	6.0	10	16	25	40	63	90	112	140	180	224	280
	>6.3~10	7.0	11	18	28	45	71	100	125	160	200	250	315
	>10~16	8.0	13	20	32	50	80	112	140	180	224	280	355
	>16~25	10	16	25	40	63	100	140	180	224	280	355	450
>2500~4000	1~3.5	6.0	10	16	25	40	63	90	112	140	180	224	280
	>3.5~6.3	7.0	11	18	28	45	71	100	125	160	200	250	315
	>6.3~10	8.0	13	20	32	50	80	112	140	180	224	280	355
	>10~16	9.0	14	22	36	56	90	125	160	200	250	315	400
	>16~25	10	16	25	40	63	100	140	180	224	280	355	450

表 1-147　蜗轮径向综合公差 F_i'' 值　　　（单位：μm）

分度圆直径 d_2 /mm	模数 m /mm	精度等级					
		4	5	6	7	8	9
≤125	1~3.5	—	—	—	56	71	90
	>3.5~6.3	—	—	—	71	90	112
	>6.3~10	—	—	—	80	100	125
>125~400	1~3.5	—	—	—	63	80	100
	>3.5~6.3	—	—	—	80	100	125
	>6.3~10	—	—	—	90	112	140
	>10~16	—	—	—	100	125	160
>400~800	1~3.5	—	—	—	90	112	140
	>3.5~6.3	—	—	—	100	125	160
	>6.3~10	—	—	—	112	140	180
	>10~16	—	—	—	140	180	224
	>16~25	—	—	—	180	224	280
>800~1600	1~3.5	—	—	—	100	125	160
	>3.5~6.3	—	—	—	112	140	180
	>6.3~10	—	—	—	125	160	200
	>10~16	—	—	—	140	180	224
	>16~25	—	—	—	180	224	280
>1600~2500	1~3.5	—	—	—	112	140	180
	>3.5~6.3	—	—	—	125	160	200
	>6.3~10	—	—	—	140	180	224
	>10~16	—	—	—	160	200	250
	>16~25	—	—	—	200	250	315
>2500~4000	1~3.5	—	—	—	125	160	200
	>3.5~6.3	—	—	—	140	180	224
	>6.3~10	—	—	—	160	200	250
	>10~16	—	—	—	180	224	280
	>16~25	—	—	—	200	250	315

表 1-148　蜗轮一齿径向综合公差 f_i'' 值　　　　　　（单位：μm）

分度圆直径 d_2 /mm	模数 m /mm	精 度 等 级					
		4	5	6	7	8	9
≤125	1~3.5	—	—	—	20	28	36
	>3.5~6.3	—	—	—	25	36	45
	>6.3~10	—	—	—	28	40	50
>125~400	1~3.5	—	—	—	22	32	40
	>3.5~6.3	—	—	—	28	40	50
	>6.3~10	—	—	—	32	45	56
	>10~16	—	—	—	36	50	63
>400~800	1~3.5	—	—	—	25	36	45
	>3.5~6.3	—	—	—	28	40	50
	>6.3~10	—	—	—	32	45	56
	>10~16	—	—	—	40	56	71
	>16~25	—	—	—	50	71	90
>800~1600	1~3.5	—	—	—	28	40	50
	>3.5~6.3	—	—	—	32	45	56
	>6.3~10	—	—	—	36	50	63
	>10~16	—	—	—	40	56	71
	>16~25	—	—	—	50	71	90
>1600~2500	1~3.5	—	—	—	32	45	56
	>3.5~6.3	—	—	—	36	50	63
	>6.3~10	—	—	—	40	56	71
	>10~16	—	—	—	45	63	80
	>16~25	—	—	—	56	80	100
>2500~4000	1~3.5	—	—	—	36	50	63
	>3.5~6.3	—	—	—	40	56	71
	>6.3~10	—	—	—	45	63	80
	>10~16	—	—	—	50	71	90
	>16~25	—	—	—	56	80	100

表 1-149　蜗轮齿距极限偏差（$\pm f_{pt}$）的 f_{pt} 值　　　　　（单位：μm）

分度圆直径 d_2 /mm	模数 m /mm	精 度 等 级					
		4	5	6	7	8	9
≤125	1~3.5	4.0	6	10	14	20	28
	>3.5~6.3	5.0	8	13	18	25	36
	>6.3~10	5.5	9	14	20	28	40
>125~400	1~3.5	4.5	7	11	16	22	32
	>3.5~6.3	5.5	9	14	20	28	40
	>6.3~10	6.0	10	16	22	32	45
	>10~16	7.0	11	18	25	36	50
>400~800	1~3.5	5.0	8	13	18	25	36
	>3.5~6.3	5.5	9	14	20	28	40
	>6.3~10	7.0	11	18	25	36	50
	>10~16	8.0	13	20	28	40	56
	>16~25	10	16	25	36	50	71
>800~1600	1~3.5	5.5	9	14	20	28	40
	>3.5~6.3	6.0	10	16	22	32	45
	>6.3~10	7.0	11	18	25	36	50
	>10~16	8.0	13	20	28	40	56
	>16~25	10	16	25	36	50	71
>1600~2500	1~3.5	6.0	10	16	22	32	45
	>3.5~6.3	7.0	11	18	25	36	50
	>6.3~10	8.0	13	20	28	40	56
	>10~16	9.0	14	22	32	45	63
	>16~25	11	18	28	40	56	80

（续）

分度圆直径 d_2 /mm	模数 m /mm	精 度 等 级					
		4	5	6	7	8	9
>2500~4000	1~3.5	7.0	11	18	25	36	50
	>3.5~6.3	8.0	13	20	28	40	56
	>6.3~10	9.0	14	22	32	45	63
	>10~16	10	16	25	36	50	71
	>16~25	11	18	28	40	56	80

表 1-150　蜗轮齿形公差 f_{f2} 值　　　　（单位：μm）

分度圆直径 d_2 /mm	模数 m /mm	精 度 等 级					
		4	5	6	7	8	9
≤125	1~3.5	4.8	6	8	11	14	22
	>3.5~6.3	5.3	7	10	14	20	32
	>6.3~10	6.0	8	12	17	22	36
>125~400	1~3.5	5.3	7	9	13	18	28
	>3.5~6.3	6.0	8	11	16	22	36
	>6.3~10	6.5	9	13	19	28	45
	>10~16	7.5	11	16	22	32	50
>400~800	1~3.5	6.5	9	12	17	25	40
	>3.5~6.3	7.0	10	14	20	28	45
	>6.3~10	7.5	11	16	24	36	56
	>10~16	9.0	13	18	26	40	63
	>16~25	10.5	16	24	36	56	90
>800~1600	1~3.5	8.0	11	17	24	36	56
	>3.5~6.3	9.0	13	18	28	40	63
	>6.3~10	9.5	14	20	30	45	71
	>10~16	10.5	15	22	34	50	80
	>16~25	12	19	28	42	63	100
>1600~2500	1~3.5	11	16	24	36	50	80
	>3.5~6.3	11.5	17	25	38	56	90
	>6.3~10	12	18	28	40	63	100
	>10~16	13	20	30	45	71	112
	>16~25	15	22	36	53	80	125
>2500~4000	1~3.5	14	21	32	50	71	112
	>3.5~6.3	15	22	34	53	80	125
	>6.3~10	16	24	36	56	90	140
	>10~16	17	25	38	60	90	140
	>16~25	19	28	45	67	100	160

（4）传动的检验与公差　蜗杆传动的精度主要以蜗杆副切向综合误差 $\Delta F'_{ic}$、蜗杆副一齿切向综合误差 $\Delta f'_{ic}$ 和蜗杆副接触斑点的形状、分布位置与面积大小来评定。

对 5 级精度以下（含 5 级）的传动，允许用 $\Delta F'_i$ 和 $\Delta f'_i$ 来代替 $\Delta F'_{ic}$、$\Delta f'_{ic}$ 的检验，或以蜗杆、蜗轮相应公差组的检验组中最低结果来评定传动的第Ⅰ、Ⅱ公差组的精度等级。

对不可调中心距的蜗杆传动，应检验接触斑点和 Δf_a、Δf_x、Δf_Σ，各值见表 1-151~表 1-154。

表 1-151　传动接触斑点的要求

精度等级	接触面积的百分比（%）		接 触 形 状	接 触 位 置
	沿齿高不小于	沿齿长不小于		
1 和 2	75	70	接触斑点在齿高方向无断缺，不允许成带状条纹	接触斑点痕迹的分布位置趋近齿面中部，允许略偏于啮入端。在齿顶和啮入、啮出端的棱边处不允许接触
3 和 4	70	65		
5 和 6	65	60		

（续）

精度等级	接触面积的百分比(%)		接 触 形 状	接 触 位 置
	沿齿高不小于	沿齿长不小于		
7和8	55	50		接触斑点痕迹应偏于啮出端，但不允许
9和10	45	40	不作要求	在齿顶和啮入、啮出端的棱边接触
11和12	30	30		

注：1. 采用修形齿面的蜗杆传动，接触斑点的要求可不受本标准规定的限制。

　　　2. 配对蜗轮、蜗杆作为蜗杆副在检查仪上检验接触面积时，应将表值增加5%。

F_{ie}'、f_{ie}'值按下列关系式确定，即

$$F_{ie}' = F_p + f_{ie}' \tag{1-27}$$

表 1-152　传动中心距极限偏差（$\pm f_a$）的 f_a 值　　　　　（单位：μm）

传动中心距 a /mm	精 度 等 级				传动中心距 a /mm	精 度 等 级			
	4	5和6	7和8	9		4	5和6	7和8	9
≤30	11	17	26	42	>400~500	32	50	78	125
>30~50	13	20	31	50	>500~630	35	55	87	140
>50~80	15	23	37	60	>630~800	40	62	100	160
>80~120	18	27	44	70	>800~1000	45	70	115	180
>120~180	20	32	50	80	>1000~1250	52	82	130	210
>180~250	23	36	58	92	>1250~1600	62	97	155	250
>250~315	26	40	65	105	>1600~2000	75	115	185	300
>315~400	28	45	70	115	>2000~2500	87	140	220	350

表 1-153　传动轴交角极限偏差（$\pm f_\Sigma$）的 f_Σ 值　　　　　（单位：μm）

蜗轮齿宽 b_2 /mm	精 度 等 级					
	4	5	6	7	8	9
≤30	6	8	10	12	17	24
>30~50	7.1	9	11	14	19	28
>50~80	8	10	13	16	22	32
>80~120	9	12	15	19	24	36
>120~180	11	14	17	22	28	42
>180~250	13	16	20	25	32	48
>250			22	28	36	53

表 1-154　传动中间平面极限偏移（$\pm f_x$）的 f_x 值　　　　　（单位：μm）

传动中心距 a /mm	精 度 等 级				传动中心距 a /mm	精 度 等 级			
	4	5和6	7和8	9		4	5和6	7和8	9
≤30	9	14	21	34	>400~500	26	40	63	100
>30~50	10.5	16	25	40	>500~630	28	44	70	112
>50~80	12	18.5	30	48	>630~800	32	50	80	130
>80~120	14.5	22	36	56	>800~1000	36	56	92	145
>120~180	16	27	40	64	>1000~1250	42	66	105	170
>180~250	18.5	29	47	74	>1250~1600	50	78	125	200
>250~315	21	32	52	85	>1600~2000	60	92	150	240
>315~400	23	36	56	92	>2000~2500	70	112	180	280

$$f_{ie}' = 0.7(f_i' + f_h) \tag{1-28}$$

进行 $\Delta F_{ie}'$ 和 f_{ie}' 和接触斑点检验的蜗杆传动、允许相应的第 Ⅰ、Ⅱ、Ⅲ 公差组的蜗杆、蜗轮检验组和 Δf_a、Δf_x、Δf_Σ 中任意一项误差超差。

（5）蜗杆传动的侧隙　将最小侧隙种类分为八种：a、b、c、d、e、f、g 和 h，其值以 a 为最大、依次减小，h 为零（图 1-42）。侧隙种类与精度等级无关。

蜗杆传动的侧隙要求，应根据工作条件

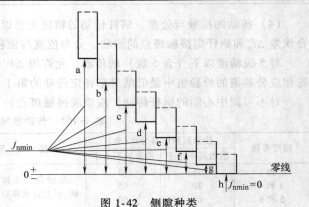

图 1-42　侧隙种类

和使用要求用侧隙种类的代号表示。各种侧隙的最小法向侧隙 j_{nmin} 值列于表 1-155。

表 1-155 传动的最小法向侧隙 j_{nmin} 值 （单位：μm）

传动中心距 a /mm	侧 隙 种 类							
	h	g	f	e	d	c	b	a
≤30	0	9	13	21	33	52	84	130
>30~50	0	11	16	25	39	62	100	160
>50~80	0	13	19	30	46	74	120	190
>80~120	0	15	22	35	54	87	140	220
>120~180	0	18	25	40	63	100	160	250
>180~250	0	20	29	46	72	115	185	290
>250~315	0	23	32	52	81	130	210	320
>315~400	0	25	36	57	89	140	230	360
>400~500	0	27	40	63	97	155	250	400
>500~630	0	30	44	70	110	175	280	440
>630~800	0	35	50	80	125	200	320	500
>800~1000	0	40	56	90	140	230	360	560
>1000~1250	0	46	66	105	165	260	420	660
>1250~1600	0	54	78	125	195	310	500	780
>1600~2000	0	65	92	150	230	370	600	920
>2000~2500	0	77	110	175	280	440	700	1100

注：1. 传动的最小圆周侧隙

$$j_{tmin} \approx j_{nmin} / (\cos\gamma' \cos a_n)$$

式中　γ'——蜗杆节圆柱导程角；

　　　a_n——蜗杆法向压力角。

2. 本表按标准温度 20°C 考虑，如温度较高可适当考虑线膨胀因素。

3. 最大法向侧隙 j_{nmax} 见表 1-163。

传动的最小法向侧隙由蜗杆齿厚的减薄量来保证，即取蜗杆齿厚上偏差 $E_{ss1} = -(j_{nmin}/\cos a_n + E_{s\Delta})$，齿厚下偏差 $E_{si1} = E_{ss1} - T_{s1}$，$E_{s\Delta}$ 为制造误差的补偿部分。最大法向侧隙由蜗杆、蜗轮齿厚公差 T_{s1}、T_{s2} 确定，蜗轮齿厚上偏差风 $E_{ss2} = 0$，下偏差 $E_{si2} = -T_{s2}$。对各精度等级的 T_{s1}、$E_{s\Delta}$ 和 T_{s2} 值分别列于表 1-156~表 1-158。

表 1-156 蜗杆齿厚公差 T_{s1} 值 （单位：μm）

模数 m /mm	精 度 等 级					
	4	5	6	7	8	9
1~3.5	25	30	36	45	53	67
>3.5~6.3	32	38	45	56	71	90
>6.3~10	40	48	60	71	90	110
>10~16	50	60	80	95	120	150
>16~25	—	85	110	130	160	200

注：1. 精度等级按蜗杆第Ⅱ公差组确定。

2. 对传动最大法向侧隙 j_{nmax} 无要求时，允许蜗杆齿厚公差 T_{s1} 增大。最大不超过两倍。

对可调中心距传动或不要求互换的传动，其蜗轮的齿厚公差可不作规定，蜗杆齿厚的上、下偏差由设计者按需要确定。

对各种侧隙种类的侧隙规范数值是蜗杆传动在 20℃ 时的情况，未计入传动发热和传动弹性变形的影响。

表 1-157　蜗杆齿厚上偏差（E_{ss1}）中的误差补偿部分 $E_{s\Delta}$ 值

（单位：μm）

精度等级	模数 m /mm	传动中心距 a/mm															
		≤30	>30~50	>50~80	>80~120	>120~180	>180~250	>250~315	>315~400	>400~500	>500~630	>630~800	>800~1000	>1000~1250	>1250~1600	>1600~2000	>2000~2500
4	≥1~3.5	15	16	18	20	22	25	28	30	32	36	40	46	53	63	75	90
	>3.5~6.3	16	18	19	22	24	26	30	32	36	38	42	48	56	63	75	90
	>6.3~10	19	20	22	24	25	28	30	32	36	38	45	50	56	65	80	90
	>10~16	—	—	—	28	30	32	32	36	38	40	45	50	56	65	80	90
5	≥1~3.5	25	25	28	32	36	40	45	48	51	56	63	71	85	100	115	140
	>3.5~6.3	28	28	30	36	38	40	45	50	53	58	65	75	85	100	120	140
	>6.3~10	42	—	—	38	40	45	48	50	56	60	68	75	85	100	120	145
	>10~16	—	—	—	—	45	48	50	56	60	65	71	80	90	105	120	145
6	≥1~3.5	30	30	32	36	40	45	48	50	56	60	65	75	85	100	120	140
	>3.5~6.3	32	36	38	40	45	48	50	56	63	63	70	75	90	100	120	140
	>6.3~10	45	45	45	48	50	52	56	60	63	68	75	80	90	105	120	145
	>10~16	—	—	65	58	60	63	65	68	71	75	80	85	95	110	125	150
	>16~25	—	—	—	80	75	78	80	85	85	90	95	100	110	120	135	160
7	≥1~3.5	45	48	50	56	60	71	75	80	85	95	105	120	135	160	190	225
	>3.5~6.3	50	56	56	63	68	75	80	85	90	100	110	125	140	160	190	225
	>6.3~10	60	63	65	71	75	80	85	85	95	105	115	130	140	165	195	225
	>10~16	—	—	—	80	85	90	95	90	105	110	125	135	150	170	200	230
	>16~25	—	—	—	—	115	120	120	125	130	135	145	155	165	185	210	240
8	≥1~3.5	50	56	58	63	68	75	80	85	90	100	110	125	140	160	190	225
	>3.5~6.3	68	71	75	78	80	85	90	95	100	110	120	130	145	170	195	230
	>6.3~10	80	85	90	90	95	100	100	105	110	120	130	140	150	175	200	235
	>10~16	—	—	—	110	115	115	120	125	130	135	140	155	165	185	210	240
	>16~25	—	—	—	—	150	155	155	160	160	170	175	180	190	210	230	260
9	≥1~3.5	75	80	90	95	100	110	120	130	140	155	170	190	220	260	310	360
	>3.5~6.3	90	95	100	105	110	120	130	140	150	160	180	200	225	260	310	360
	>6.3~10	110	115	120	125	130	140	145	155	160	170	190	210	235	270	320	370
	>10~16	—	—	—	160	165	170	180	185	190	200	220	230	255	290	335	380
	>16~25	—	—	—	—	215	220	225	230	235	245	255	270	290	320	360	400

注：精度等级按蜗杆第Ⅱ公差组确定。

表 1-158　蜗轮齿厚公差 T_{s2} 值　　　（单位：μm）

分度圆直径 d_2 /mm	模数 m /mm	精 度 等 级					
		4	5	6	7	8	9
≤125	1~3.5	45	56	71	90	110	130
	>3.5~6.3	48	63	85	110	130	160
	>6.3~10	50	67	90	120	140	170
>125~400	1~3.5	48	60	80	100	120	140
	>3.5~6.3	50	67	90	120	140	170
	>6.3~10	56	71	100	130	160	190
	>10~16	—	80	110	140	170	210
	>16~25	—	—	130	170	210	260
>400~800	1~3.5	48	63	85	110	130	160
	>3.5~6.3	50	67	90	120	140	170
	>6.3~10	56	71	100	130	160	190
	>10~16	—	85	120	160	190	230
	>16~25	—	—	140	190	230	290
>800~1600	1~3.5	50	67	90	120	140	170
	>3.5~6.3	56	71	100	130	160	190
	>6.3~10	60	80	110	140	170	210
	>10~16	—	85	120	160	190	230
	>16~25	—	—	140	190	230	290
>1600~2500	1~3.5	56	71	100	130	160	190
	>3.5~6.3	60	80	110	140	170	210
	>6.3~10	63	85	120	160	190	230
	>10~16	—	90	130	170	210	260
	>16~25	—	—	160	210	260	320
>2500~4000	1~3.5	60	80	110	140	170	210
	>3.5~6.3	63	85	120	160	190	230
	>6.3~10	67	90	130	170	210	260
	>10~16	—	100	140	190	230	290
	>16~25	—	—	160	210	260	320

注：1. 精度等级按蜗杆第Ⅱ公差组确定。
　　2. 在最小法向侧隙能保证的条件下，T_{s2} 公差带允许采用对称分布。

（6）齿坯公差及各公差、极限偏差的关系式　蜗杆、蜗轮齿坯的尺寸、形状公差见表 1-159。基准面的径向和端面跳动公差见表 1-160。

表 1-159　蜗杆、蜗轮齿坯尺寸和形状公差

精 度 等 级		1	2	3	4	5	6	7	8	9	10	11	12
孔	尺寸公差	IT4	IT4	IT4		IT5	IT6	IT7		IT8		IT8	
	形状公差	IT1	IT2	IT3		IT4	IT5	IT6		IT7		—	
轴	尺寸公差	IT4	IT4	IT4		IT5		IT6		IT7		IT8	
	形状公差	IT1	IT2	IT3		IT4		IT5		IT6		—	
齿顶圆直径公差		IT6		IT7			IT8			IT9		IT11	

注：1. 当三个公差组的精度等级不同时，按最高精度等级确定公差。
　　2. 当齿顶圆不作测量齿厚基准时，尺寸公差按 IT11 确定，但不得大于 0.1mm。
　　3. IT 为标准公差，按 GB/T 1800.1—2009 的规定确定。

表 1-160　蜗杆、蜗轮齿坯基准面径向和端面跳动公差　　　（单位：μm）

基准面直径 d /mm	精 度 等 级					
	1~2	3~4	5~6	7~8	9~10	11~12
≤31.5	1.2	2.8	4	7	10	10
>31.5~63	1.6	4	6	10	16	18
>63~125	2.2	5.5	8.5	14	22	22
>125~400	2.8	7	11	18	28	28

（续）

基准面直径 d /mm	精　度　等　级					
	1~2	3~4	5~6	7~8	9~10	11~12
>400~800	3.6	9	14	22	36	36
>800~1600	5.0	12	20	32	50	50
>1600~2500	7.0	18	28	45	71	71
>2500~4000	10	25	40	63	100	100

注：1. 当三个公差组的精度等级不同时，按最高精度等级确定公差。

　　2. 当以齿顶圆作为测量基准时，也即为蜗杆、蜗轮的齿坯基准面。

各精度等级的极限偏差和公差与蜗杆、蜗轮几何参数的关系式见表 1-161 和表 1-163。

超出本标准规定几何参数范围的蜗杆、蜗轮及传动，允许按表 1-161~表 1-163 所列的关系式计算确定。

对于齿坯的要求：蜗杆、蜗轮在加工、检验、安装时的径向、轴向基准面应尽可能一致，并应在相应的零件工作图上标注。

表 1-161　极限偏差和公差与蜗杆几何参数的关系式

精度等级	f_h		f_{hL}		f_{px}		f_{pxL}		f_r		f_{f1}		T_{s1}	
	$f_h=Am+C$		$f_{hL}=Am+C$		$f_{px}=Am+C$		$f_{pxL}=Am+C$		$f_r=Ad_1+C$		$f_{f1}=Am+C$		$T_{s1}=Am+C$	
	A	C	A	C	A	C	A	C	A	C	A	C	A	C
1	0.110	0.8	0.22	1.64	0.08	0.56	0.132	1.02	0.005	1.0	0.13	0.80	1.23	8.9
2	0.180	1.32	0.364	2.62	0.12	0.92	0.212	1.63	0.007	1.52	0.21	1.33	1.5	11.1
3	0.284	2.09	0.575	4.15	0.19	1.45	0.335	2.55	0.011	2.4	0.34	2.1	1.9	13.9
4	0.45	3.3	0.91	6.56	0.3	2.28	0.53	4.03	0.018	3.8	0.53	3.3	2.4	17.3
5	0.72	5.2	1.44	10.4	0.48	3.6	0.84	6.38	0.028	6.0	0.84	5.2	3.0	21.6
6	1.14	8.2	2.28	16.5	0.76	5.7	1.33	10.1	0.044	9.5	1.33	8.2	3.8	27
7	1.6	11.5	3.2	23.1	1.08	8.2	1.88	14.3	0.063	13.4	1.88	11.8	4.7	33.8
8	—	—	—	—	1.51	11.4	2.64	20	0.088	18.8	2.64	16.3	5.9	42.2
9	—	—	—	—	2.10	16	3.8	28	0.124	26.4	3.69	22.8	7.3	52.8
10	—	—	—	—	3.0	22.4	—	—	0.172	36.9	5.2	32	10.2	73.8
11	—	—	—	—	4.2	31	—	—	0.24	52	7.24	44.8	14.4	103.4
12	—	—	—	—	5.8	44	—	—	0.34	72	10.2	63	20.1	144.7

注：m 为蜗杆轴向模数（mm）；d_1 为蜗杆分度圆直径（mm）。

表 1-162　极限偏差和公差与蜗轮几何参数的关系式

精度等级	F_p（或 F_{pk}）		F_r		F_i''		$\pm f_{pt}$		f_i''		f_{f2}		f_Σ	
	$F_p=B\sqrt{L}+C$		$F_r=Am+$ $B\sqrt{d_2}+C$ $B=0.25A$		$F_i''=Am+$ $B\sqrt{d_2}+C$ $B=0.25A$		$f_{pt}=Am+$ $B\sqrt{d_2}+C$ $B=0.25A$		$f_i''=Am+$ $B\sqrt{d_2}+C$ $B=0.25A$		$f_{f2}=Am+$ $B\sqrt{d_2}+C$ $B=0.0125A$		$f_\Sigma=B\sqrt{b_2}+C$	
	B	C	A	C	A	C	A	C	A	C	A	C	B	C
1	0.25	0.63	0.224	2.8	—	—	0.063	0.8	—	—	0.063	2	—	—
2	0.40	1	0.355	4.5	—	—	0.10	1.25	—	—	0.10	2.5	—	—
3	0.63	1.6	0.56	7.1	—	—	0.16	2	—	—	0.16	3.15	0.50	2.5
4	1	2.5	0.90	11.2	—	—	0.25	3.15	—	—	0.25	4	0.63	3.2
5	1.6	4	1.40	18	—	—	0.40	5	—	—	0.40	5	0.8	4
6	2.5	6.3	2.24	28	—	—	0.63	8	—	—	0.63	6.3	1	5
7	3.55	9	3.15	40	4.5	56	0.90	11.2	1.25	16	1	8	1.25	6.3
8	5	12.5	4	50	5.6	71	1.25	16	1.8	22.4	1.6	10	1.8	8
9	7.1	18	5	63	7.1	90	1.8	22.4	2.24	28	2.5	16	2.5	11.2
10	10	25	6.3	80	9.0	112	2.5	31.5	2.8	35.5	4	25	3.55	16
11	14	35.5	8	100	11.2	140	3.55	45	3.55	45	6.3	40	5	22.4
12	20	50	10	125	14.0	180	5	63	4.5	56	10	63	7.1	31.5

注：1. m 为模数（mm）；d_2 为蜗轮分度圆直径（mm）；L 为蜗轮分度圆弧长（mm）；b_2 为蜗轮齿宽（mm）。

　　2. $d_2\leqslant400$mm 的 F_r、F_i''公差按表中所列关系式再乘以 0.8 确定。

表 1-163　极限偏差或公差间的相关关系式

序号	代号	精度等级											
		1	2	3	4	5	6	7	8	9	10	11	12
1	f_a	$\frac{1}{2}$IT4	$\frac{1}{2}$IT5	$\frac{1}{2}$IT6	$\frac{1}{2}$IT7	$\frac{1}{2}$IT8		$\frac{1}{2}$IT9		$\frac{1}{2}$IT10		$\frac{1}{2}$IT11	
2	f_x	$0.8f_a$											
3	j_{nmin}	$h(0),g(IT5),f(IT6),e(IT7),d(IT8),c(IT9),b(IT10),a(IT11)$											
4	j_{tmax}	$\lvert E_{ss1}\rvert+T_{s1}+T_{s2}\cos\gamma'\cos a_n+2\sin\sqrt{\frac{1}{4}F_r^2+f_a^2}$											
5	j_t	$\approx j_n/\cos\gamma'\cos a_n$											
6	E_{ss1}	$-(j_{nmin}/\cos a_n+E_{s\Delta})$											
7	$E_{s\Delta}$	$\sqrt{f_a^2+10f_{px}^2}$											
8	T_{s2}	$1.3F_r+25$											

注：γ' 为蜗杆节圆柱导程角；a_n 为蜗杆法向压力角；IT 为标准公差。

1.5.11　齿条的精度等级

本节简要介绍 GB/T 10096—1988 齿条精度。

标准规定了齿条及齿条副的误差定义、代号、精度等级、齿坯要求、齿条与齿条副的公差与检验、侧隙和图样标注。

标准适用于齿条及由直齿或斜齿圆柱齿轮与齿条组成的齿条副。齿条的法向模数为 1~40mm，齿条的工作宽度到 630mm。基本齿廓按 GB/T 1356—2001。

1. 齿条、齿条副及侧隙的定义和代号（表 1-164）。

2. 精度等级

标准对齿条及齿条副规定 12 个精度等级，第 1 级精度等级最高，第 12 级精度等级最低。其中第 1 级与第 2 级精度预定为将来的发展精度，其公差与偏差未列出。

齿条的各项公差与极限偏差分成三个公差组。根据不同的使用要求，允许各公差组选用不同的精度等级，但在同一公差组内，各项公差与极限偏差应保持相同的精度等级。齿条与齿条副的公差与检验项目见表 1-165。

表 1-164　齿条、齿条副及侧隙的定义和代号

名称与代号		定　义
切向综合误差	$\Delta F_i'$	当齿轮轴线与齿条基准面[1]在公称位置上，被测齿条与理想精确测量齿轮单面啮合时，被测齿条沿其分度线在工作长度内平移的实际值与公称值之差的总幅度值
切向综合公差	F_i'	
齿切向综合误差	$\Delta f_i'$	当齿轮轴线与齿条基准面在公称位置上，被测齿条与理想精确的测量齿轮单面啮合时，被测齿条沿其分度线在工作长度内平移一个齿距的实际值与公称值之差的最大幅度值
齿切向综合公差	f_i'	
径向综合误差	$\Delta F_i''$	被测齿条与理想精确的测量齿轮双面啮合时，在工作长度内（在齿条上取不超过 50 个齿距的任意一段），被测齿条基准面到理想精确的测量齿轮中心之间距离的最大变动量
径向综合公差	F_i''	
齿径向综合误差	$\Delta f_i''$	被测齿条与理想精确的测量齿轮双面啮合时，齿条移动一个齿距（在齿条上取不超过 50 个齿距的任意一段），被测齿条基准面到理想精确的测量齿轮中心之间距离的最大变动量
齿径向综合公差	f_i''	
齿距累积误差	ΔF_p	在齿条的分度线上，任意两个同侧齿廓间实际齿距与公称齿距之差的最大绝对值（在齿条上取不超过 50 个齿距的任意一段来确定）
齿距累积公差	F_p	
齿槽跳动	ΔF_r	从齿槽等宽处到齿条基准面距离的最大差值（在齿条取不超过 50 个齿距的任意一段来确定）
齿槽跳动公差	F_r	
齿形误差	Δf_f	在法截面（垂直于齿向的截面）上，齿形工作部分内，包容实际齿形且距离为最小的两条设计齿形间的距离
齿形公差	f_f	

（续）

名称与代号	定　义
齿距偏差　Δf_{pt}	在齿条分度线上，实际齿距与公称齿距之差
齿距极限偏差　$\pm f_{pt}$	
齿向偏差　ΔF_β	在齿条分度面上，有效齿宽范围内，包容实际齿线且距离为最小的两条设计齿线
齿向公差　F_β	之间的端面距离
齿厚偏差　ΔE_s	
齿厚极限偏差　上偏差　E_{ss}	在分度面上，齿厚实际值与公称值之差
齿厚极限偏差　下偏差　E_{si}	对于斜齿条，指法向齿厚
公差　T_s	
齿条副的切向综合误差　$\Delta F'_{ic}$	安装好的齿条副，在工作长度内，齿条沿分度线平移的实际值与公称值之差的总
齿条副的切向综合公差　F'_{ic}	幅度值
齿条副的一齿切向综合误差　$\Delta f'_{ic}$	安装好的齿条副，在工作长度内，齿条沿分度线平移一个齿距的实际值与公称值
齿条副的一齿切向综合公差　f'_{ic}	之差的最大幅度值
齿条副的侧隙　圆周侧隙　j_t	
齿条副的侧隙　法向侧隙　j_n	
最大圆周侧隙　j_{tmax}	装配好的齿条副，齿条固定不动时，齿轮的圆周晃动量。以分度圆上弧长计算
最小圆周侧隙　j_{tmin}	$$j_n = j_t \cos\beta \cos\alpha$$
最大法向侧隙　j_{nmax}	
最小法向侧隙　j_{nmin}	
齿条副的接触斑点	装配好的齿条副，在轻微的制动下，运转后齿面上分布的接触擦亮痕迹 接触痕迹的大小在齿面上用百分数计算 沿齿长方向：接触痕迹的长度 b''（扣除超过模数值的断开部分 c）与工作长度 b' 之比的百分数，即 $$\frac{b''-c}{b'} \times 100\%$$ 沿齿高方向：接触痕迹的平均高度 h'' 与工作高度 h' 之比的百分数，即 $\frac{h''}{h'} \times 100\%$
轴线的平行度误差　Δf_x	安装好的齿条副，齿轮的旋转轴线对齿条基准面的平行度误差
轴线的平行度公差　f_x	在等于齿轮齿宽的长度上测量
轴线的垂直度误差　Δf_y	安装好的齿条副，齿轮的旋转轴线对齿条基准面的平行度误差
轴线的垂直度公差　f_y	在等于齿轮齿宽的长度上测量
安装距偏差　Δf_a	安装好的齿条副，齿轮轴线到齿条基准面的实际距离与公称距离之差
安装距极限偏差　$\pm \Delta f_a$	

① 基准面是用于确定齿条分度线与齿线位置的平面。

表 1-165　齿条与齿条副的公差与检验项目

	公　差　组					
	Ⅰ		Ⅱ		Ⅲ	
	检验组	公差或偏差	检验组	公差或偏差	检验组	公差或偏差
齿条	$\Delta F'_i$	$F'_i = F_p + f_f$	$\Delta f'_i$	f'_i（表 1-169）	ΔF_β	F_β（表 1-173）
	ΔF_p	F_p（表 1-166）	Δf_{pt} 与 Δf_f	f_f（表 1-172）		
	$\Delta F''_i$	F''_i（表 1-167）	$\Delta f''_i$	f''_i（表 1-170）		
	ΔF_r	F_r（表 1-168）	Δf_{pt}①	f_{pt}（表 1-171）		
齿条副	检验项目　$\Delta F'_{ic}$		$\Delta f'_{ic}$		接触斑点②	Δf_x、Δf_y　侧隙
	公差　$F'_{ic} = F'_{i1} + F'_{i2}$③		$f'_{ic} = |f_{pt1}| + |f_{pt2}|$④		见表 1-174	f_x、f_y（见表 1-175）

① 用于 9～12 级精度。

② 若接触斑点的精度确有保证时，则齿条副中齿轮与齿条的第Ⅲ公差组可不予检验。

③ F'_{i1} 为齿轮的切向综合误差。

　F'_{i2} 为齿条的切向综合误差。当齿条与齿轮的齿数比为不大于 3 的整数，且采用选配时，F'_{ic} 应比计算式压缩 25% 左右。

④ f_{fpt1} 为齿轮的齿距极限偏差，f_{fpt2} 为齿条的齿距极限偏差。其具体值见表 1-171。

表 1-166 齿距累积公差 F_p 值 （单位：μm）

精度等级	法向模数 m_n/mm	齿 条 长 度/mm								
		≤32	>32~50	>50~80	>80~160	>160~315	>315~630	>630~1000	>1000~1600	>1600~2500
3	1~10	6	6.5	7	10	13	18	24	35	50
4	1~10	10	11	12	15	20	30	40	55	75
5	1~16	15	17	20	24	35	50	60	75	95
6	1~16	24	27	30	40	55	75	95	120	135
7	1~25	35	40	45	55	75	110	135	170	200
8	1~25	50	56	63	75	105	150	190	240	280
9	1~40	70	80	90	106	150	212	265	335	400
10	1~40	95	110	125	150	210	300	375	475	550
11	1~40	132	160	170	212	280	425	530	670	750
12	1~40	190	212	240	300	400	600	710	900	1000

表 1-167 径向综合公差 F_i'' 值 （单位：μm）

法向模数 m_n/mm	精 度 等 级									
	3	4	5	6	7	8	9	10	11	12
1~3.5	—	14	22	38	50	70	105	150	210	300
>3.5~6.3	—	20	32	50	70	105	150	200	300	420
>6.3~10	—	24	38	60	80	120	170	240	350	480
>10~16	—	32	50	75	105	150	200	300	420	600

表 1-168 齿槽跳动公差 F_r 值 （单位：μm）

法向模数 m_n/mm	精 度 等 级									
	3	4	5	6	7	8	9	10	11	12
1~3.5	6	7	14	24	32	45	65	90	130	180
>3.5~6.3	8	13	21	34	45	65	90	130	180	260
>6.3~10	9	15	24	38	55	75	105	150	220	300
>10~16	11	18	30	45	63	90	130	180	260	370
>16~25	14	24	36	56	90	112	160	220	320	460
>25~40	17	28	45	71	100	140	200	300	420	600

表 1-169 一齿切向综合公差 f_i' 值 （单位：μm）

法向模数 m_n/mm	精 度 等 级									
	3	4	5	6	7	8	9	10	11	12
1~3.5	5.5	9	14	22	32	45	63	90	125	170
>3.5~6.3	8	12	19	30	45	63	90	125	170	240
>6.3~10	9	14	22	36	50	70	100	140	190	265
>10~16	12	19	30	45	64	90	125	170	240	340
>16~25	14	22	36	56	80	112	160	220	300	425
>25~40	20	30	45	71	95	132	190	265	360	530

表 1-170 一齿径向综合公差 f_i'' 值 （单位：μm）

法向模数 m_n/mm	精 度 等 级									
	3	4	5	6	7	8	9	10	11	12
1~3.5	—	5	8	14	19	28	40	55	80	110
>3.5~6.3	—	7.5	12	19	26	40	55	75	110	155
>6.3~10	—	9	14	22	30	45	60	90	125	170
>10~16	—	12	18	28	40	55	75	110	155	210

表 1-171 齿距极限偏差 $\pm f_{pt}$ 值 （单位：μm）

法向模数 m_n/mm	精 度 等 级									
	3	4	5	6	7	8	9	10	11	12
1~3.5	2.5	4	6	10	14	20	28	40	56	80
>3.5~6.3	3.6	5.5	9	14	20	28	40	56	85	112
>6.3~10	4	6	10	16	22	32	45	63	90	125
>10~16	5.5	9	13	20	28	40	56	80	112	160
>16~25	6	10	16	22	35	50	71	100	140	200
>25~40	9	13	20	28	40	63	90	125	180	250

表 1-172　齿形公差 ±f_f 值　　　　　　　　（单位：μm）

法向模数 m_n/mm	精 度 等 级									
	3	4	5	6	7	8	9	10	11	12
1~3.5	3	5	7.5	12	18	25	35	50	70	100
>3.5~6.3	4.5	7	10	17	24	34	48	63	90	130
>6.3~10	5	8	12	20	28	40	55	75	110	150
>10~16	7	10	16	25	35	50	70	95	132	190
>16~25	8	12	20	32	45	63	90	125	170	240
>25~40	10	16	25	40	56	71	100	140	190	265

表 1-173　齿向公差 F_β 值　　　　　　　　（单位：μm）

精度等级	法向模数 m_n/mm	齿 条 长 度/mm					
		≤40	>40~100	>100~160	>160~250	>250~400	>400~630
3	1~10	4.5	6	8	10	12	14
4	1~10	5.5	8	10	12	14	17
5	1~16	7	10	12	14	18	22
6	1~16	9	12	16	20	24	28
7	1~25	11	16	20	24	28	34
8	1~25	18	25	32	38	45	55
9	1~40	28	40	50	60	75	90
10	1~40	45	65	80	105	120	140
11	1~40	71	100	125	160	190	220
12	1~40	112	160	200	240	300	360

表 1-174　接触斑点

接触斑点	精 度 等 级						
	3	4	5	6	7	8	9
按高度不小于	65%	60%	55%	50%	45%	30%	20%
按长度不小于	95%	90%	80%	70%	60%	40%	25%

表 1-175　公差 f_x、f_y

轴线的平行度公差　　$f_x = F_\beta$	F_β（表 1-173）
轴线的垂直度公差　　$f_y = \dfrac{1}{2}F_\beta$	

3. 齿条与齿条副的公差与检验

根据齿条副的使用要求和生产规模，在各公差组中，选定检查组来检定和验收齿条的精度，或按订货协议来检定和验收齿条。

齿轮副的精度要求包括齿条副的切向综合误差 $\Delta F'_{ic}$、齿条副的一齿切向综合误差 $\Delta f'_{ic}$、齿条副的接触斑点大小及侧隙要求。如这四方面要求均能满足，则此齿条副合格。齿条副中，齿轮与齿条的精度等级允许不同，通常齿轮精度不低于齿条精度。采用修形齿面的齿条副或有特殊要求的齿条副，接触斑点精度可以自定。

4. 侧隙

齿条副的侧隙要求，应根据工作齿条作用最大极限侧隙 j_{nmax}（或 j_{tmax}）或与最小极限侧隙 j_{nmin}（或 j_{tmin}）来规定。齿厚极限偏差的上偏差 E_{ss} 及下偏差 E_{si} 的代号和数值与圆柱齿轮副相同。测量齿条副侧隙时的安装距极限偏差 ±f_a 见表 1-176。

1.5.12　齿轮的简易画法及示例

这里只举例说明渐开线圆柱齿轮的简易画法和示例

（1）齿轮图样上应注明的尺寸数据　齿轮图样是进行加工、检验和安装的重要原始依据，是组织生产和全面质量管理的必不可少的技术文件。

齿轮图样反映了设计师为保证产品性能要求，对齿轮制造质量所提出的技术要求。设计师在齿轮图样上除了标注材料和热处理质量，还应按照 GB/T 6443—1986《渐开线圆柱齿轮图样上注明的尺寸数据》的规定，进行尺寸数据的标注。

表 1-176　安装距极限偏差 $\pm f_a$　　　（单位：μm）

第Ⅱ公差组精度等级			3～4	5～6	7～8	9～10	11～12
f_a			$\frac{1}{2}$IT6	$\frac{1}{2}$IT7	$\frac{1}{2}$IT8	$\frac{1}{2}$IT9	$\frac{1}{2}$IT11
齿条副的安装距	大于	到					
	18	30	6.5	10.5	16.5	26	65
	30	50	8	12.5	19.5	31	80
	50	80	9.5	15	23	37	90
	80	120	11	17.5	27	43.5	110
	120	180	12.5	20	31.5	50	125
	180	250	14.5	23	36	57.5	145
	250	315	16	26	40.5	65	160
	315	400	18	28.5	44.5	70	180
	400	500	20	31.5	48.5	77.5	200
	500	630	22	35	55	87	220
	630	800	258	40	62	100	250
	800	1000	28	45	70	115	280
	1000	1250	33	52	82	130	330
	1250	1600	39	62	97	155	390
	1600	2000	45	75	115	185	460

1) 需要在图样上标注的一般尺寸数据：①顶圆直径及其公差；②分度圆直径；③齿宽；④孔（或轴）径及其公差；⑤定位面及其要求；⑥齿轮表面粗糙度。

2) 需要用表格列出的数据：①法向模数；②齿数；③基本齿廓（符合 GB/T 1356—2001《通用机械和重型机械用圆柱齿轮标准基本齿条齿廓》时仅注明压力角，不符合时则应以图样详述其特性）；④齿顶高系数；⑤螺旋角；⑥螺旋方向；⑦径向变位系数；⑧齿厚：公称值及其上、下偏差（法向齿厚公称值及其上、下偏差，或公法线长度及其上、下偏差，或跨球尺寸及其上、下偏差）；⑨精度等级；⑩齿轮副中心距；⑪配对齿轮的图号及其齿数；⑫检验项目代号及其公差（或极限偏差）值。

3) 其他数据：根据齿轮的具体形状及其技术要求，还应给出其他一切在加工和测量时所必需的数据。例如：①对带轴的小齿轮以及轴或孔不作定心基准的大齿轮，在切齿前作定心检查用的表面应规定其最大径向跳动量；②为检验轮齿的加工精度，对某些齿轮还需指出其他一些技术参数（如基圆直径、接触线长度等），或其他用作检验用的尺寸参数的公差（如齿顶圆柱面）；③当采用设计齿廓，或设计螺旋线时应以图样详述其参数。

4) 参数表：图样上的参数表一般应放在图样的右上角。参数表中列出的参数项目可根据需要增减，检验项目根据功能要求从 GB/T 10095.1—2008 或 GB/T 10095.2—2008 中选取。图样中的技术要求一般放在图的右下角。

（2）图样标注　关于齿轮精度等级在图样上的标注，新标准未做规定，它规定了在技术文件需叙述齿轮精度等级时，应注明 GB/T 10095.1—2008 或 GB/T 10095.2—2008。

为此，关于齿轮精度等级的标注建议如下。

1) 若齿轮的各检验项目同为某一精度等级时，可标注精度等级和标准号。如齿轮各检验项目同为 6 级，则标注为

　　　　6　GB/T 10095.1—2008 或 6　GB/T 10095.2—2008

2) 若齿轮各检验项目的精度等级不同时，如齿廓总偏差 F_a 为 6 级，单个齿距偏差 f_{pt}、齿距累积总偏差 F_P、螺旋线总偏差 F_β 均为 7 级，则标注为

　　　　6（F_a），7（f_{pt}、F_P、F_β）GB/T 10095.1—2008

图 1-43 和图 1-44 所示为齿轮零件工作图的例子。

齿廓	渐开线			齿顶高系数	h_a^*	1
齿数	z	20		顶隙系数	c^*	0.25
法向模数	m_n	2		径向变位系数	x	0.40
螺旋角	β	12°		中心距	a	85
螺旋角方向	—	右		图号		
压力角	α	20°		配对齿轮	齿数	z	63
公法线长度尺寸 W	E_{bms} E_{bmi}	$15.904\ 9^{-0.068}_{-0.102}$			跨齿数 k	3
跨球（圆柱）尺寸 M	E_{yms} E_{ymi}			球（圆柱）尺寸 D_M		
精度等级		6 GB/T 10095.1—2008				
检测 项目	单个齿距偏差	$\pm f_{pt}$				± 0.007
	齿距累积偏差	$\pm F_{pk}$			k	3
						± 0.045
	齿距累积总偏差	F_p				0.025
	齿廓总偏差	F_α				0.007 5
	螺旋线总偏差	F_β				0.009
允 值	齿廓有效长度	L_{AE}				3.923
	齿廓计值范围	L_α				3.609
	齿廓形状偏差	$f_{f\alpha}$				0.005 5
检验辅助值	齿廓斜率偏差	$\pm f_{H\alpha}$				$\pm 0.004\ 6$
	螺旋线计值范围	L_β				38.25
	螺旋线形状偏差	$f_{f\beta}$				0.008
	螺旋线斜率偏差	$\pm f_{H\beta}$				± 0.008

| 标题栏 | | 材料 | 17CrNiMo6 |

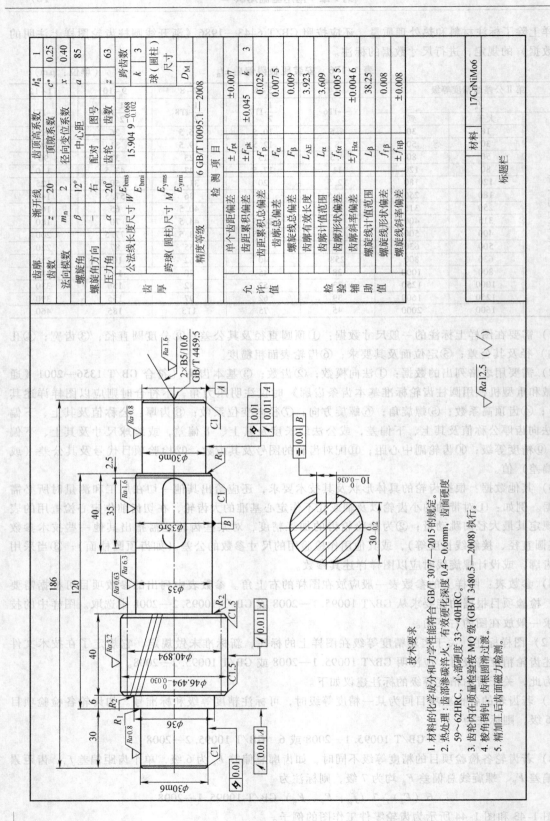

技术要求
1. 材料的化学成分和力学性能符合 GB/T 3077—2015 的规定。
2. 热处理：齿部渗碳淬火，有效硬化深度 0.4～0.6mm，齿面硬度 59～62HRC，心部硬度 33～40HRC。
3. 齿轮内在质量检验按 MQ 级 (GB/T 3480.5—2008) 执行。
4. 棱角倒圆，齿根圆滑过渡。
5. 精加工后齿面磁力检测。

图 1-43　小齿轮（齿轮轴）零件工作图

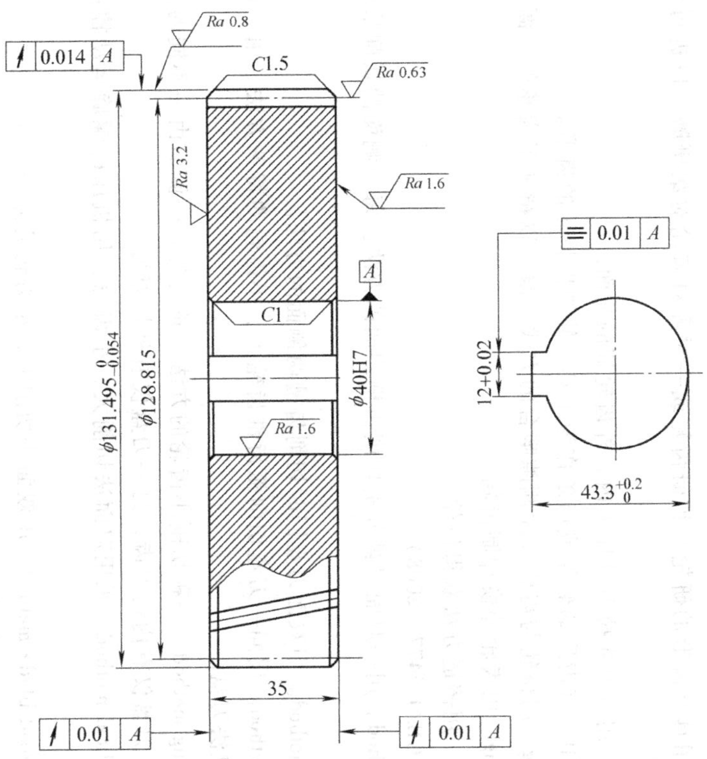
Ra 0.8
0.014 A
C1.5
Ra 0.63
Ra 3.2
Ra 1.6
A
C1
Ra 1.6
φ131.495 0 −0.054
φ128.815
φ40H7
35
0.01 A
0.01 A
0.01 A
12+0.02
43.3 +0.2 0

齿廓		渐开线	齿顶高系数		h_a^*	1
齿数	z	63	顶隙系数		c^*	0.25
法向模数	m_n	2	径向变位系数		x	−0.33
螺旋角	β	12°	中心距		a	85
螺旋角方向	−	左	配对	图号		
压力角	α	20°	齿轮	齿数	z	20
齿厚	公法线长度尺寸 $W_{E_{bmi}}^{E_{bms}}$		$39.8058_{-0.122}^{-0.082}$		跨齿数 k	7
齿厚	跨球（圆柱）尺寸 $M_{E_{ymi}}^{E_{yms}}$				球（圆柱）尺寸 D_M	
精度等级		6 GB/T10095.1—2008				
检测项目						
允许值	单个齿距偏差	$\pm f_{pt}$	±0.0084			
允许值	齿距累积偏差	$\pm F_{pk}$	±0.063		k	7
允许值	齿距累积总偏差	F_p	0.045			
允许值	齿廓总偏差	F_α	0.010			
允许值	螺旋线总偏差	F_β	0.010			
检验辅助值	齿廓有效长度	L_{AE}	3.196			
检验辅助值	齿廓计值范围	L_α	2.940			
检验辅助值	齿廓形状偏差	$f_{f\alpha}$	0.0075			
检验辅助值	齿廓斜率偏差	$\pm f_{H\alpha}$	±0.006			
检验辅助值	螺旋线计值范围	L_β	33.25			
检验辅助值	螺旋线形状偏差	$f_{f\beta}$	0.009			
检验辅助值	螺旋线斜率偏差	$\pm f_{H\beta}$	±0.009			

技术要求

1. 材料的化学成分和力学性能符合 GB/T3077—2015 的规定。
2. 热处理：齿部渗碳淬火，有效硬化深度 0.4～1.6mm，齿面硬度 59～62HRC，心部硬度 33～40HRC。
3. 齿轮内在质量检验按 MQ 级 (GB/T3480.5—2008) 执行。
4. 齿根圆滑过渡，棱角倒钝。
5. 精加工后齿面磁力探伤。

材料	17CrNiMo6
标题栏	

图 1-44 大齿轮零件工作图

1.6　齿轮加工相关工艺、装备术语

为便于开展国内外技术交流，我国在机械制造等方面制定有相应的专业术语国家标准。

GB/T 4863—2008《机械制造工艺基本术语》标准中，"4.6 齿面加工"规定了铣齿、插齿、滚齿等 13 条齿面加工术语及定义。

GB/T 1008—2008《机械加工工艺装备基本术语》标准中，规定了夹具、附具等的定义。

GB/T 14895—2010《金属切削刀具术语 切齿刀具》标准中，规定了切齿刀具的术语、定义。

GB/T 6447—2008《金属切削机床 术语》标准中，"8 齿轮加工机床术语和定义"规定了齿轮加工机床的相关术语和定义。

1.6.1　齿面加工方法术语 （GB/T 4863—2008、GB/T 6477—2008）

（1）铣齿 gear milling　用铣刀或铣刀盘按成形法或展成法加工齿轮或齿条等的齿面。

（2）刨齿 gear planing　用刨齿刀加工直齿圆柱齿轮、锥齿轮或齿条等的齿面。

（3）插齿 gear shaping　用插齿刀按展成法或成形法加工内、外齿轮或齿条等的齿面。

（4）滚齿 gear hobbing 或 hobbing　用齿轮滚刀按展成法加工齿轮、蜗轮等的齿面。

（5）剃齿 gear shaving　用剃齿刀对齿轮或蜗轮等的齿面进行精加工。

（6）珩齿 gear honing　用珩磨轮对齿轮或蜗轮等的齿面进行精加工。

（7）磨齿 gear grinding　用砂轮按展成法或成形法磨削齿轮或齿条等的齿面。

（8）研齿 gear lapping　用具有齿形的研轮与被研齿轮或一对配对齿轮对滚研磨，以进行齿面的加工。

（9）拉齿 gear broaching　用拉刀或拉刀盘加工内、外齿轮等的齿面。

（10）轧齿 gear rolling　用具有齿形的轧轮或齿条作为工具，轧制出齿轮的齿形。

（11）挤齿 gear burnishing　用挤轮与齿轮按无侧隙啮合的方式对滚，以精加工齿轮的齿面。

（12）冲齿轮 gear stamping　用齿轮冲模冲制齿轮。

（13）铸齿轮 gear casting　用铸造方法获得齿轮。

（14）锥齿轮加工方法 （GB/T 6477—2008）

1）单面法 single side method。用一双面刀盘分别切削齿槽侧面的方法。每一侧面的切削采用不同的数据调整机床。

2）双面法 spread blade method。用双面刀盘同时切削齿槽两侧面的方法。

3）单一刀盘法 unitool method。用同一刀盘切削弧齿锥齿轮大、小齿轮的特殊方法。用于这一方法的特殊刀盘应为单一刀盘法刀盘。

4）固定调整法 fixed setting method。一种切削小齿轮的方法。轮齿的每一侧面由一不同的刀盘进行切削，采用两次安装，一刀盘仅有内切刀齿，另一刀盘仅有外切刀齿。

5）双重螺旋法 duplex helical method。采用双面法切削大、小齿轮，用机床的螺旋运动控制轮齿接触区。

6）双重双面法 duplex spread blade method。用双面法切削大、小齿轮的方法。

7）单循环法 single cycle method。用双面刀盘在刀盘一次循环中精切非滚切齿形的切齿方法。

8）螺旋成形法 helix forming method。一种切削非滚切法大齿轮的方法。大齿轮的齿面为用双面法切削螺旋面。螺旋成形法小齿轮采用固定调整法，按滚切法切削，与螺旋成形法大齿轮相配。

9）多用刀盘法 versacut method。在大型铣齿机上，只需要采用很少数量的刀盘便可切削范围很广齿轮副的特殊方法。

10）一次调整法 single setting method。一种精切方法，是双面法的一种变形，适用于切削齿宽较大的齿轮，以防止同时有两个刀齿在同一齿槽内参加切削。

11）垂直运动法 allcone method。一种用滚切法切削大锥距齿轮的特殊方法。使用这一种方法，工件除滚切运动外，还有垂直方向的直线运动。

12）变滚比粗切 variable roll roughing。一种小轮切齿方法，采用双面刀盘，摇台向上和向下滚动之间可自动改变滚比。

13）无滚动粗切 no-roll roughing。摇台和工件间没有滚切运动的粗切。

14）调整转换 set over。工件围绕其轴线相对于刀盘的有控制的转动，其大小决定切除余量的大小。

15）补充切入 set in。在一切削循环中，床鞍朝向摇台的一个有控制的附加运动。

16）垂直水平位移法 vertical and horizontal checking method。在滚切检查机上，一种精确测量相对于其规定安装位置的垂直和水平位移量的实践方法。齿轮有此位移量而不使轮齿接触集中于轮齿的两端。

17）直齿锥齿轮拉齿法 revacyclde method。用圆拉刀盘拉削直齿锥齿轮的方法。

18）双向滚动切齿 double roll。切齿时，在向上滚动过程中切入齿槽，在向上滚动的终点，床鞍不退出，在向下滚动过程中，刀具切入同一齿槽的一个或两个侧面的切齿方法。

19）摆动小轮节锥法 swing pinion cone methed。一种特殊的研齿方法。当小齿轮围绕一大致通过啮合中心的垂直轴线在水平面内摆动时，小齿轮锥距自动调整，保持接触区在理想位置。

20）端面铣齿法 face milling。用端面铣刀盘加工弧齿锥齿轮和准双曲面齿轮的方法，它有固定调整法和全工序法两种。

21）端面滚齿法 face hobbing。用端面滚刀盘加工摆线齿锥齿轮和准双曲面齿轮的方法，它有刀倾全展成和刀倾半展成两种加工方法。

22）刀倾全展成法 spiroflex method。在有刀倾机构的摆线齿锥齿轮铣齿机或数控铣齿机上，加工摆线齿锥齿轮和准双曲面齿轮的加工方法，大轮和小轮均采用展成法。

23）刀倾半展成法 spirac method。在有刀倾机构的摆线齿锥齿轮铣齿机或数控铣齿机上，加工摆线齿锥齿轮和准双曲面齿轮的加工方法，大轮用非展成法加工，小轮采用展成法加工。

1.6.2　工艺、工装及刀具术语（GB/T 1008—2008、GB/T 14895—2010）

（1）夹具 jigs 或 fixture　用以装夹工件（和引导刀具）的装置。

（2）齿轮加工机床夹具 fixtur of gear cutting machine　在齿轮加工机床上使用的夹具。

（3）附具 auxiliary tools　用以连接刀具与机床的工具。

（4）齿轮加工机床附具 accessories of gear cutting machine　连接刀具与齿轮加工机床的工具。

（5）齿轮刀具（切齿刀具）gear cutters　用于加工齿轮、链轮、花键等齿形的一类刀具。

切齿刀具是除拉削刀具外，加工齿廓形状刀具的统称，包括滚刀、插齿刀、剃齿刀、切齿铣刀、梳齿刀、锥齿轮刀具等。

（6）滚刀 hob　在蜗杆状的实体上具有容屑槽并形成前面和切削刃，刀齿经加工以形成后角的切齿刀具。

1）齿轮滚刀 gear hob。加工渐开线圆柱齿轮的滚刀。

2）蜗轮滚刀 worm wheel hob。加工蜗轮的滚刀。为能对齿厚进行微调切齿，有改变左右导程的双导程蜗轮滚刀；为能进行切向进给切齿，有带切削锥的蜗轮滚刀；还有加工圆弧圆柱蜗轮用的蜗轮滚刀等。

3）圆弧齿轮滚刀 circular-arc gear hob。加工圆弧齿轮的滚刀。一般分为双圆弧齿轮滚刀和单圆弧齿轮滚刀。

4）摆线齿轮滚刀 cycloidal gear hob。加工摆线齿轮的滚刀。

5）花键滚刀 spline hob。加工花键的滚刀。按被加工花键的齿廓形状分为渐开线花键滚刀、矩形花键滚刀等。

6）链轮滚刀 sprocket hob。加工链轮的滚刀。按被加工链轮的种类分为滚子链滚刀、齿形链轮滚刀等。

7）锯齿滚刀 serration hob。加工锯齿的滚刀。

8）棘轮滚刀 ratchet hob。加工棘轮的滚刀。一种保证被加工棘轮齿根无过渡圆弧的定装滚刀（single hob，切齿时需要特定安装位置的滚刀）。

9）右旋滚刀 right hand hob。刀齿齿面螺旋线顺时针方向旋转，沿轴向方向离开观察者的滚刀。

10）左旋滚刀 left hand hob。刀齿齿面螺旋线逆时针方向旋转，沿轴向方向离开观察者的滚刀。

11）头数 number of threads；number of starts。滚刀的螺旋线数。有单头、双头、三头等，双头以上称为多头。

12）切削锥 starting portion of a hob。滚刀外圆上的锥度部分（图 1-45）。

13）槽数 number of gashes。容屑槽的数量。

14）逆向切齿法（逆滚、逆铣）conventional hobbing 或 conventional cutting。在刀具和工件接触处，滚刀（或切齿铣刀）的旋转方向和滚刀（或切齿铣刀）相对工件的进给方向相同的切齿方法。

图 1-45　滚刀切削锥示意图

15）顺向切齿法（顺滚、顺铣）climb hobbing；climb cutting。在刀具和工件接触处，滚刀（或切齿铣刀）的旋转方向和滚刀（或切齿铣刀）相对工件的进给方向相反的切齿方法。

16）径向进给法 radial feed。滚刀沿工件径向进给加工蜗轮的方法。（GB/T 6477—2008）

17）切向进给法 tangential feed。滚刀沿工件切向进给加工蜗轮的方法。（GB/T 6477—2008）

18）对角滚齿 diagonal hobbing。滚刀沿工件切向进给与轴向进给同时进行的滚齿方法。（GB/T 6477—2008）

19）套式滚刀 arbor type hob；shell type hob。具有安装孔的滚刀（图 1-46）。该类型滚刀通用性好，广泛用于工业齿轮制造领域。

20）柄式滚刀 shank type hob。安装部分为直柄或锥柄的滚刀（图 1-47）。

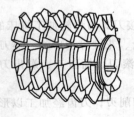

图 1-46　套式滚刀

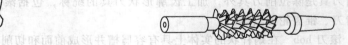

图 1-47　柄式滚刀

21）整体滚刀 solid hob。用同一种材料并制成一体的滚刀。

22）镶齿滚刀 inserted blade hob；clamped blande hob。用机械连接方法把刀片安装在刀体上的滚刀（图 1-48）。一般有两种安装方式：一种是将整体刀片直接安装在刀体上；另一种是将焊接或装夹有切削部分的刀片安装在刀体上。

23）装配式滚刀 built-up hob。将刀片磨削成形后，装配在刀体上，不再铲齿的镶齿滚刀（图 1-49）。

24）组合式滚刀 multi-section hob。由几段环状刀体组合而成的滚刀（图 1-50）。

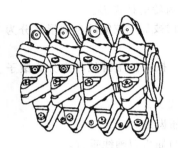
图 1-48　镶齿滚刀

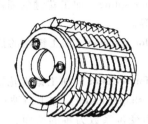
图 1-49　装配式滚刀

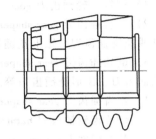
图 1-50　组合式滚刀

25）焊齿滚刀 tipped hob。将切削部分焊接在刀体上的滚刀。

26）焊柄滚刀 butt welded hob。将不同材料的刀体和刀柄焊接成一体的滚刀。

27）直槽滚刀 straight gash hob。容屑槽平行于滚刀轴线的滚刀。

28）螺旋槽滚刀 helical gash hob。容屑槽为螺旋的滚刀。

29）铲磨滚刀 ground hob。齿面经过铲磨的滚刀。

30）不铲磨滚刀 unground hob。齿面不铲磨的滚刀。

31）前角滚刀 raked hob。前角不为零的滚刀。一般分为正前角滚刀和负前角滚刀。

32）错齿滚刀 alternate tooth hob。刀齿左、右切削刃沿螺旋线交错排列的滚刀。

33）半切顶滚刀 semi-topping hob。具有半切顶齿廓的滚刀。

34）切顶滚刀 topping hob。具有切顶齿廓的滚刀。

35）修形滚刀 modified teeth profile hob。齿廓经过修形的滚刀。

36）切顶齿廓 topping tooth profile。为在切齿时，齿轮外圆也同时被切削，使刀齿齿根参加切削的齿廓。

37）凸角 protuberance。为对齿轮进行挖根，在靠近刀齿齿顶的齿面上凸起的部分。

38）触角 lug。在刀齿齿顶上凸起的部分。

39）特形滚刀 hob for special profile。加工特殊齿廓形状的滚刀。

40）高精度齿轮滚刀 high precision gear hob。加工高精度的大直径齿轮滚刀。

41）小压力角滚刀 gear hob cutter with small pressure angle。在保证法向压力角相等，用减小压力角的方法制造滚刀。

42）倒棱滚刀 chamfering hob。对齿轮的齿面进行倒棱的定装滚刀（图 1-51）。

43）粗切滚刀 roughing hob。用于粗加工的滚刀。

44）精切滚刀 finishing hob。用于精加工的滚刀。

45）磨前滚刀 pro-grinding hob。齿轮磨齿加工前用的滚刀。

46）剃前滚刀 pro-shaving hob。齿轮剃齿加工前用的滚刀。

47）硬质合金滚刀 carbide hob。切削部部分或整体采用硬质合金的滚刀。一般分为用于淬火后齿轮齿面精加工的硬质合金刮削滚刀和用于高速滚齿的硬质合金高速滚刀。

被切齿轮
图 1-51　倒棱滚刀

48）齿轮齿端倒角滚刀 chamfering the gear teeth edge hob。加工变速齿轮齿端倒角的滚刀。

49）小模数齿轮滚刀 fine pitch gear hob。模数小于或等于 1mm 的滚刀。

（7）插齿刀 gear shaper cutter；pinion type cutter　在齿轮状的实体上，以刀齿的前面和后面形成切削刃的切齿刀具。

1）摆线齿轮插齿刀 gear shaper cutter for cycloidal gear。加工摆线齿轮的插齿刀。

2）花键插齿刀 gear shaper cutter for spline。加工花键的插齿刀。按被加工花键的齿廓形状分为渐开线花键插齿刀、矩形花键插齿刀等。

3）链轮插齿刀 gear shaper cutter for sprocket。加工链轮的插齿刀。按被加工链轮种类分为滚子链轮插齿刀、齿形链插齿刀等。

4）锯齿插齿刀 gear shaper cutter for serration。加工锯齿花键的插齿刀。

5）谐波齿轮插齿刀 harmonic gear shaper cutter。加工谐波齿形的插齿刀。

6）基本截面 basic section。插齿刀变位系数为零的截面，该截面与插齿刀轴线垂直。

7）凹面深度 depth of counter bore。过插齿刀顶刃最高点且垂直于轴线的平面至内支承面的距离（图 1-52）。

8）钝边 obtuse。斜齿插齿刀（或斜齿梳齿刀）刀齿齿面分度曲面螺旋角（或倾斜角）较小的一边。

9）锐边 acute。斜齿插齿刀（或斜齿梳齿刀）刀齿齿面分度曲面螺旋角（或倾斜角）较大的一边。

10）刃磨方式 1 sharpening-type 1。将插齿刀前面刃磨成与其轴线同轴的圆锥面，主要用于刃磨直齿插齿刀。

11）刃磨方式 2 sharpening-type 2。将斜齿插齿刀（或斜齿梳齿刀）的前面刃磨成和分度曲面上螺旋线相垂直。主要用于刃磨加工斜齿轮的插齿刀（图 1-53、图 1-54、图 1-55、图 1-56）。

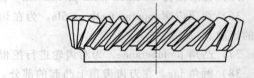

图 1-53　斜齿插齿刀外形

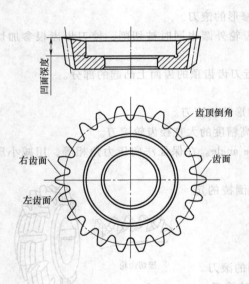

图 1-52　插齿刀图示

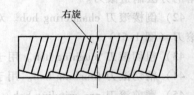

图 1-54　右旋刃磨方式 2

12）刃磨方式 3 sharpening-type 3。将斜齿插齿刀（或斜齿梳齿刀）刀齿锐边切削刃进行倒角刃磨，刀齿钝边切削刃附近磨出凹槽。主要用于刃磨加工人字齿轮的插齿刀（或斜齿梳齿刀），如图 1-57 所示。

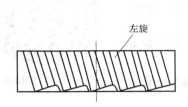

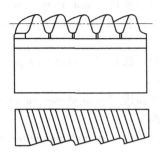

图 1-55　左旋刃磨方式 2　　　　　　　　图 1-56　斜齿梳齿刀刃磨方式 2

13）盘形插齿刀 gear shaper cutter-disk type。呈圆盘状，且具有安装孔，凹面深度小于齿宽的插齿刀（图 1-58）。

14）碗形插齿刀 gear shaper cutter-counter-bore type。具有安装孔，凹面深度大于齿宽的插齿刀（图 1-59）。

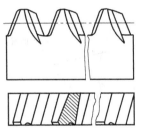

图 1-57　刃磨方式 3　　　　　图 1-58　盘形插齿刀　　　　　图 1-59　碗形插齿刀

15）筒形插齿刀 gear shaper cutter-hub type。安装部分带有孔和同心内螺纹的插齿刀（图 1-60）。

16）柄式插齿刀 gear shaper cutter-shank type。安装部分为直柄或锥柄的插齿刀（图 1-61）。

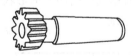

图 1-60　筒形插齿刀　　　　　　　　　图 1-61　柄式插齿刀

17）整体插齿刀 solid gear shaper cutter。用同一种材料并制成一体的插齿刀。

18）焊接式插齿刀 tipped gear shaper cutter。将切削部分焊接在刀体上的插齿刀。

19）焊柄插齿刀 butt welded gear shaper cutter。将不同材料的刀体和刀柄焊接成一体的插齿刀。

20）半顶切插齿刀 semi-topping gear shaper cutter。具有半顶切齿廓的插齿刀。

21）顶切插齿刀 topping gear shaper cutter。具有顶切齿廓的插齿刀。

22）凸角插齿刀 protuberance type gear shaper cutter。具有凸角的插齿刀。

23）修形插齿刀 modified tooth profile gear shaper cutter。齿廓经过修形的插齿刀。

24）特殊插齿刀 gear shaper cutter for special profile。加工特殊齿廓的插齿刀。

25）直齿插齿刀 spuer type gear shaper cutter。加工直齿轮的插齿刀。

26）斜齿插齿刀 helical type gear shaper cutter。加工斜齿轮的插齿刀（图 1-62）。

27）外插齿刀 gear shaper cutter（for external gear）。加工外齿轮和外花键的插齿刀。

28）内插齿刀 gear shaper cutter for internal gear。加工内齿轮和内花键的插齿刀。

图 1-62　斜齿插齿刀

29）小模数插齿刀 fine pitch gear shaper cutter。加工钟表、仪器等所用的小模数齿轮的插齿刀。

30）粗切插齿刀 roughing gear shaper cutter。用于粗加工的插齿刀。

31）精切插齿刀 finishing gear shaper cutter。用于精加工的插齿刀。

32）磨前插齿刀 pre-grinding gear shaper cutter。齿轮磨齿加工前用的插齿刀。

33）剃前插齿刀 pre-shaving gear shaper cutter。齿轮剃齿加工前用的插齿刀。

34）硬质合金插齿刀 carbide gear shaper cutter。切削部分采用硬质合金的插齿刀。一般分为用于淬火后齿轮齿面精加工的硬质合金刮削插齿刀和用于高速插齿的硬质合金高速插齿刀。

（8）剃齿刀 shaving cutter　在齿轮、齿条或蜗杆状实体的齿面上具有切削刃和容屑槽的切齿刀具。

1）梳形齿 serration。剃齿刀刃带和容屑槽的总称（图 1-63）。一般分为沿螺旋线排列的梳形齿、交错排列的梳形齿和环形排列的梳形齿。

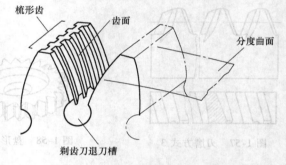

图 1-63　剃齿刀梳形齿

2）剃齿刀容屑槽 slot。在剃齿刀齿根到齿顶的齿面上制成的沟槽。

3）剃齿刀刃带 land。剃齿刀梳形齿相邻小槽间的齿面（图 1-64）。

4）剃齿刀退刀槽 clearance groove；clearance hole。在剃齿刀齿根处开的沟槽（图 1-63）。

5）齿向修形 lead modification。沿齿向方向对剃齿刀齿面进行微量修形。齿面修成中间鼓起状称为鼓形；齿面修成中间凹入的形状称为反鼓形（图 1-65）。

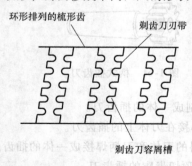

图 1-64　环形排列的梳形齿

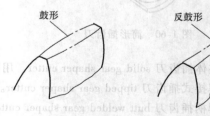

图 1-65　剃齿刀齿向修形

6）齿廓修正 profile correction。为防止齿轮剃削时产生齿廓畸变，将剃齿刀齿廓作相应的修削，使齿廓形状偏离理论齿廓。

7）轴交角 crossed axes angle。剃齿刀和被加工齿轮啮合时，刀具轴线和工件轴线的交角。

8）对角剃齿。剃齿刀的进给方向与被加工齿轮的轴线成一定角度的剃齿方法（图1-66）。

9）切向剃齿 diagonal shaving; angular traverse shaving。剃齿刀的进给方向与被加工齿轮的轴线垂直的剃齿方法。

10）径向剃齿 plunge feed shaving。剃齿刀沿着被加工齿轮径向进给的剃齿方法。

11）剃削余量 shaving stock。剃削的加工余量（图1-67）。

12）盘形剃齿刀 rotary gear shaving cutter。分度曲面为圆柱状的剃齿刀（图1-68）。

13）筒形剃齿刀 rotary gear shaving cutter with hub。带有轴台的盘型剃齿刀，主要用于剃削内齿轮。结构如图1-69所示。

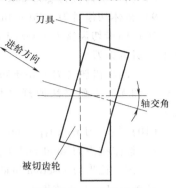

图 1-66　对角剃齿

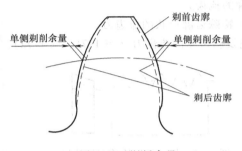

图 1-67　剃削余量

图 1-68　盘形剃齿刀

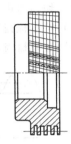

图 1-69　筒形剃齿刀

14）齿条形剃齿刀 rack type gear shaving cutter。分度曲面为平面的剃齿刀。

15）外齿轮剃齿刀 external gear shaving cutter。剃削外齿轮的剃齿刀。

16）内齿轮剃齿刀 internal gear shaving cutter。剃削内齿轮的剃齿刀。

17）齿向修形用剃齿刀 shaving cutter for lead modification。对齿轮进行齿向修形，仅在一侧齿面上有梳形齿的剃齿刀（图1-70）。

18）蜗轮剃齿刀 worm wheel shaving hob。加工蜗轮的蜗杆状剃齿刀。

图 1-70　齿向修形用剃齿刀

（9）切齿铣刀 milling cutter for gear cutting　用于切齿加工的铣刀的统称，但不包括加工锥齿轮的铣刀。

1）齿轮铣刀 milling cutter for involute gear cutting。加工渐开线圆柱齿轮的切齿铣刀。

2）蜗杆铣刀 worm milling cutter。加工蜗杆的切齿铣刀。

3）摆线齿轮铣刀 cycloidal gear milling cutter。加工摆线齿轮的切齿铣刀。

4）花键铣刀 spline milling cutter。加工花键的切齿铣刀。按被加工花键的齿廓形状分为渐开线花键铣刀、矩形花键铣刀等。

5）链轮铣刀 sprocket milling cutter。加工链轮的切齿铣刀。按被加工链轮种类分为滚子链轮铣刀、齿形链轮铣刀等。

6）锯齿铣刀 serration milling cutter。加工锯齿花键的切齿铣刀。

7）盘形切齿铣刀 rotary milling cutter for gear cutting。具有安装孔的切齿铣刀。

8）指形切齿铣刀 gear cutting end mill。安装部分为直柄或锥柄的切齿铣刀。

9）整体切齿铣刀 solid milling cutter for gear cutting。用同一种材料并制成一体的切齿铣刀。

10）镶齿切齿铣刀 inserted blade milling cutter for gear cutting。用机械连接方法把刀片安装在刀体上的切齿铣刀。

11）圆柱齿轮铣刀 cylindrical milling cutter for involute gear cutting。按仿形原理（加工直齿圆柱齿轮）和无瞬心包络法原理（加工斜齿圆柱齿轮）进行工作的刀具，包括盘型切齿铣刀和指形铣刀。

（10）梳齿刀 rack type cutter。在齿条实体上，具有切削刃的切齿刀具。

1）整体梳齿刀 solid rack type cutter。用同一种材料并制成一体的梳齿刀。

2）镶齿梳齿刀 inserted blade rack type cutter；clamped blade rack type cutter。用机械连接方法把刀片安装在刀体上的梳齿刀。

3）半切顶梳齿刀 semi-topping rack type cutter。具有半切顶齿廓的梳齿刀。

4）切顶梳齿刀 topping rack type cutter。具有切顶齿廓的梳齿刀。

5）特形梳齿刀 rack type cutter for special profile。加工特殊齿廓形状的梳齿刀。

6）直齿梳齿刀 spur type rack type cutter。加工直齿轮及斜齿轮的梳齿刀（图1-71、图1-72）。

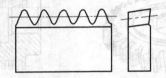

图 1-71　加工直齿轮的直齿梳齿刀

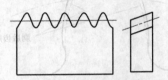

图 1-72　加工斜齿轮的直齿梳齿刀

7）斜齿梳齿刀 helical type rack type cutter。加工斜齿轮和人字齿轮的梳齿刀（图1-73、图1-74）。

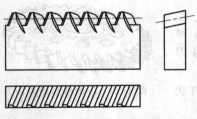

图 1-73　加工斜齿轮的斜齿梳齿刀

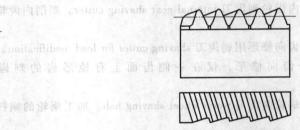

图 1-74　加工人字齿轮的斜齿梳齿刀

8）粗切梳齿刀 roughing rack type cutter。用于粗加工的梳齿刀。

9）精切梳齿刀 finishing rack type cutter。用于精加工的梳齿刀。

10）磨前梳齿刀 pro-grinding rack type cutter。齿轮磨齿加工前用的梳齿刀。

11）剃前梳齿刀 pro-shaving rack type cutter。齿轮剃齿加工前用的梳齿刀。

（11）蜗轮飞刀 worm wheel flying cutter　在专用的刀杆上装一把切刀来代替蜗轮滚刀，可视为单齿的蜗轮滚刀。

（12）锥齿轮刀具 bevel and hypoid gears cutters　加工锥齿轮和准双曲面齿轮的切齿刀具的统称。

1）直齿锥齿轮成形铣刀 milling cutter for straight bevel gear。采用成形法加工直齿锥齿轮的铣刀。

2）直齿锥齿轮展成铣刀 circular interlocking cutter for straight bevel gear。采用展成法加工直齿锥齿轮的成对盘形铣刀。

3）直齿锥齿轮展成刨刀 reciprocating cutter for straight bevel gear。采用展成法加工直齿锥齿轮的成对刨刀（图 1-75）。

4）直齿锥齿轮圆盘拉铣刀 circular broach-type cutter for straight bevel gear。采用无瞬心包络法加工直齿锥齿轮的刀具。

5）曲线齿锥齿轮铣刀 spiral bevel gear cutter。加工弧齿锥齿轮和摆线齿锥齿轮的铣刀的统称。

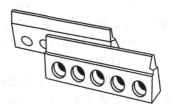

图 1-75　直齿锥齿轮展成刨刀

6）整体曲线齿锥齿轮铣刀 solid spiral bevel gear cutter。用同一种材料并制成一体的曲线齿锥齿轮铣刀（图 1-76）。

7）镶齿曲线齿锥齿轮铣刀 inserted blade spiral bevel gear cutter。用机械连接方法把刀片安装在刀体上的曲线齿锥齿轮铣刀（图 1-77）。

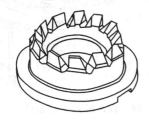

图 1-76　整体曲线齿锥齿轮铣刀

图 1-77　镶齿曲线齿锥齿轮铣刀

8）弧齿锥齿轮铣刀 gleason spiral bevel gear cutter。加工弧齿锥齿轮的曲线齿锥齿轮铣刀。一般可分为单面、双面和三面弧齿锥齿轮铣刀。单面弧齿锥齿轮铣刀又可分为内切和外切弧齿锥齿轮铣刀。

9）粗切弧齿锥齿轮铣刀 roughing gleason spiral bevel gear cutter。用于粗加工的弧齿锥齿轮铣刀。

10）精切弧齿锥齿轮铣刀 finishing gleason spiral bevel gear cutter。用于精加工的弧齿锥齿轮铣刀。

11）摆线齿齿轮铣刀 oerlikon spiral bevel gear cutter。加工摆线齿锥齿轮的曲线齿锥齿轮铣刀。一般可分为 TC 型、EN 型、FS 型摆线齿锥齿轮铣刀以及万能摆线齿锥齿轮铣刀等。

1.6.3　齿轮加工机床名称及其定义（GB/T 6477—2008）

（1）小模数齿轮加工机床 fine pitch gear cutting machines　主要用于加工仪器、仪表等小模数齿轮齿面的齿轮加工机床。

1）小模数齿轮滚齿机 fine pitch gear hobbing machines。用滚刀按滚切法加工齿轮齿面的小模数齿轮加工机床。

2）小模数轴齿轮自动滚齿机 fine pitch automatic pinion shaft hobbing machines。用滚刀按滚切法加工手表轴齿轮或类似齿轮齿面的自动小模数齿轮加工机床。

3）小模数端面齿轮自动滚齿机 fine pitch automatic crown gear hobbing machines。用滚刀按滚切法加工手表端面齿轮或类似齿轮齿面的小模数齿轮加工机床。

4）小模数齿轮铣齿机 fine pitch gear milling machines。用齿轮铣刀按单齿分度加工圆柱齿轮齿面的小模数齿轮加工机床。

5）小模数齿轮自动铣齿机 fine pitch automatic gear milling machines。可自动加工齿轮齿面的小模数齿轮铣齿机。

6）小模数齿轮刨齿机 fine pitch bevel gear planning machines。用刨齿刀具按展成法加工小模数直齿锥齿轮齿面的小模数齿轮加工机床。

7）小模数齿轮插齿机 fine pitch gear shaping machines。用插齿刀按展成法加工齿轮齿面的小模数齿轮加工机床。

8）小模数弧齿锥齿轮铣齿机 fine pitch spiral bevel gear milling machines。用铣刀盘按滚切双面法加工小模数弧齿锥齿轮的齿轮加工机床。

（2）锥齿轮加工机床 bevel gear cutting machines
用于加工锥齿轮齿面的齿轮加工机床。

1）直齿锥齿轮粗切机 straight bevel gear roughers。用于粗切直齿锥齿轮齿面的锥齿轮加工机床。

2）直齿锥齿轮刨齿机 straight bevel gear planning machines。用直齿锥齿轮刨刀加工直齿锥齿轮齿面的锥齿轮加工机床。一般用滚切法，也可用切入法或靠模法等。直齿锥齿轮刨齿机外貌如图1-78所示。

3）直齿锥齿轮铣齿机 straight bevel gear milling machines。用两把交错齿圆盘铣刀按滚切法加工直齿锥齿轮齿面的齿轮加工机床。

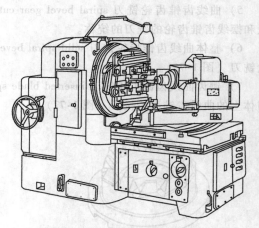

图1-78　直齿锥齿轮刨齿机

4）直齿锥齿轮拉齿机 straight bevel gear broaching machines。用直齿锥齿轮圆盘拉刀拉削直齿锥齿轮齿面的锥齿轮加工机床。

5）弧齿锥齿轮研齿机 bevel gear lapping machines。用于研磨锥齿轮硬齿面，以改善齿面接触区的锥齿轮加工机床。

6）弧齿锥齿轮粗切机 spiral bevel gear roughers。用于粗切弧齿锥齿轮齿面的锥齿轮加工机床。

7）弧齿锥齿轮铣齿机 spiral bevel gear milling machines。用端面盘铣刀或其他形状的刀具加工弧齿锥齿轮齿面的锥齿轮加工机床。

① 万能弧齿锥齿轮铣齿机 universal spiral bevel gear milling machines。可按成形法或滚切法加工大、小齿轮齿面的弧齿锥齿轮铣齿机。

② 数控滑板式弧齿锥齿轮铣齿机 slide-type CNC spiral bevel gear milling machines。用数控系统控制机床的全部或部分运动，通过直线合成运动实现滚切法加工弧齿锥齿轮的数控弧齿锥齿轮铣齿机。

③ 数控摇台式弧齿锥齿轮铣齿机 cradle type NC spiral bevel gear milling machines。用数控系统控制机床的全部或部分运动，通过摇台转动实现滚切法加工弧齿锥齿轮的数控弧齿锥齿轮铣齿机。

8）弧齿锥齿轮拉齿机 spiral bevel gear broaching machines。用端面盘形拉刀按成形法精切弧齿锥齿轮大齿轮齿面的锥齿轮加工机床。

万能弧齿锥齿轮拉齿机 universal spiral bevel gear broaching machines。既可粗切，又可精拉弧齿锥齿轮大齿轮齿面的弧齿锥齿轮拉齿机。

9）弧齿锥齿轮磨齿机 spiral bevel gear grinding machines。用于磨削弧齿锥齿轮齿面的锥齿轮加工机床。

① 数控滑板式弧齿锥齿轮磨齿机 slide-type CNC spiral bevel gear grinding machines。用数控系统控制机床的全部或部分运动，通过直线合成运动实现滚切法磨削弧齿锥齿轮的数控弧齿锥齿轮磨齿机。

② 数控摇台式弧齿锥齿轮磨齿机 cradle type NC spiral bevel gear grinding machines。用数控系统

控制机床的全部或部分运动，通过摇台转动实现滚切法磨削弧齿锥齿轮的数控弧齿锥齿轮磨齿机。

10）摆线齿锥齿轮铣齿机 oerlikon bevel gear cutting machines。用端面滚齿刀盘加工摆线齿锥齿轮和准双曲面齿轮的机床，加工齿轮时采用连续滚铣的端面滚齿法。机床的内部结构与弧齿锥齿轮铣齿机的结构不同，两者不能通用。

（3）滚齿机 gear hobbing machines　主要用滚刀按滚切法加工圆柱齿轮、蜗轮等齿面的齿轮加工机床。

1）摆线齿轮滚齿机 cycloidal gear hobbing machines。用铣刀按摆线形成原理加工摆线齿轮齿面的滚齿机。

2）卧式滚齿机 horizontal gear hobbing machines。工件主轴为水平布置的滚齿机。

3）蜗轮滚齿机 worm wheel hobbing machines。用蜗轮滚刀或飞刀专门加工蜗轮齿面的滚齿机。

4）数控高速干切滚齿机 CNC high speed dry-cutting gear hobbing machines。用数控系统控制机床的全部或部分运动，不采用切削液，进行高速干式切削的滚齿机。

（4）剃齿机 gear shaving machines　按螺旋齿轮啮合原理，剃齿刀与工件同步旋转，剃削圆柱齿轮齿面的齿轮加工机床。

1）万能剃齿机 universal gear shaving machines。能进行多种剃齿加工的剃齿机。

2）立式剃齿机 vertical gear shaving machines。具有水平回转工作台，工件主轴垂直布置的剃齿机。

3）径向剃齿机 plunge shaving machines。只采用径向剃齿法的剃齿机。

（5）珩齿机 gear honing machines　按螺旋齿轮啮合原理，用齿轮或蜗杆形状的珩轮带动工件自由旋转，珩磨圆柱齿轮硬齿面的齿轮加工机床。通常工件主轴水平布置。

1）蜗杆珩轮珩齿机 gear honing machines with worm-shaped hone。用蜗杆形状的珩轮磨圆柱齿轮硬齿面的珩齿机。

2）内珩轮珩齿机 gear honing machines with internal toothed hone。用内珩轮珩磨圆柱齿轮硬齿面的珩齿机。

（6）插齿机 gear shaping machines　用插齿刀按展成法插削内、外圆柱齿轮齿面的齿轮加工机床。通常工件主轴为垂直布置。

1）齿条插齿机 rack gear shaping machines。用于插削齿条齿面的插齿机。

2）扇形齿轮插齿机 sector gear shaping machines。用于插削扇形齿轮齿面的插齿机。

3）卧式插齿机 horizontal gear shaping machines。工件主轴为水平布置的插齿机。

4）万能齿条插齿机 universal gear rack shaping machines。用插齿刀按展成法插削直齿、斜齿齿条齿面的插齿机。

（7）花键铣床 spline milling machines　用滚刀按滚切法加工花键轴花键的铣床。

1）花键轴铣床 spline shaft miHing machines。采用滚铣法加工直槽花键轴的花键铣床。

2）万能花键轴铣床 universal spline shaft milling machines。可加工直、斜齿花键和轴齿轮的花键铣床。

（8）圆柱齿轮磨齿机 cylindrical gear grinding machines　用于磨削圆柱齿轮齿面的齿轮加工机床。

1）碟形砂轮磨齿机 gear grinders with dish-shaped grinding wheels。用两个碟形砂轮同时在一个齿轮上分别磨削两个齿轮的异侧齿面的圆柱齿轮磨齿机。其传动特点为用分度盘单齿分度，用钢带带动滚圆盘实现展成运动。

2）锥形砂轮磨齿机 gear grinders with cone-shaped grinding wheels。用锥形砂轮磨削齿轮齿面的圆柱齿轮磨齿机。锥形砂轮的轴截面相当于产形齿条的一个齿。其传动特点一般是用蜗轮蜗杆副实现展成运动并与分度交换齿轮配合进行单齿分度。

3）蜗杆砂轮磨齿机 gear grinders with worm-shaped grinding wheels。用蜗杆砂轮的左、右螺旋面按滚切原理连续分度磨削齿轮齿面的圆柱齿轮磨齿机。

4）数控成形砂轮磨齿机 numeral control gear grinders with forming grinding wheel。采用数字系统控制，进给和传动运动采用伺服电动机驱动，用成形砂轮磨削齿轮齿面的圆柱齿轮磨齿机。

5）大平面砂轮磨齿机 gear grinders with flat-faced grinding wheels。用大平面砂轮主要磨削圆柱齿轮刀具的圆柱齿轮磨齿机。其结构特点为：用凸轮板展成，分度盘单齿分度，工件一次装夹只磨削其单侧齿面。

6）内齿轮磨齿机 internal gear grinders。用成形法磨削内齿轮齿面的圆柱齿轮磨齿机。

7）摆线齿轮磨齿机 cydoidal gear grinders。用展成法磨削摆线齿轮齿面的圆柱齿轮磨齿机。砂轮外圆修整为半径等于针轮半径的圆弧面。

（9）其他齿轮加工机床

1）齿轮倒角机 gear chamfering machines。用于将齿轮的轮齿端部倒角或倒圆的齿轮加工机床。

2）齿轮倒棱机 gear deburring machines。用于将齿轮齿廓渐开线棱边及齿根圆弧进行倒角的齿轮加工机床。

3）锥齿轮倒角机 bevel gear chamfering machines。主要用于弧齿锥齿轮齿端倒角的齿轮倒角机。

4）锥齿轮滚动检查机 bevel gear rolling testers。用于检验锥齿轮接触区和接触区位置的机床。

5）锥齿轮淬火机 bevel gear quenching machines。用于锥齿轮淬火的机床。

6）锥齿轮倒棱机 bevel gear deburring machines。用于锥齿轮齿顶沿齿宽方向倒角的机床。

7）人字齿轮铣齿机 herringbone gear milling machines。用于铣削人字齿轮齿面的齿轮加工机床。

8）人字齿轮刨齿机 herringbone gear planning machines。用齿轮刨刀按滚切法刨削人字齿轮齿面的齿轮加工机床。

9）蜗杆珩轮修磨机 sharpening machines for worm-shaped hone。用于修磨蜗杆珩轮齿面的齿轮加工机床。

10）冷滚轧齿机 gear rolling machines。利用模具齿冷挤压成形技术，对渐开线花键、小模数齿轮等进行滚轧加工的机床。

11）弧面蜗杆副铣齿机 arc-contact worm gear pair milling machines。按连续分度原理，在工作台上安装车刀加工弧面蜗杆、在刀架主轴安装飞刀加工球面蜗轮的机床。

12）圆柱齿轮铣齿机 cylindrical gear milling machines。用盘形铣刀或其他形状的刀具加工圆柱直齿、斜齿的齿轮加工机床。

第2章 齿轮材料和热处理

齿轮是传递动力的重要机械零件之一，飞机、轮船、火车、汽车、拖拉机、柴油机、机床、建筑机械、矿山机械以及精密机械等都用齿轮。齿轮材料种类很多，规格不一，工程塑料、陶瓷、有色金属及黑色金属均可作为齿轮材料。齿轮的直径从几毫米至十几米，模数从 0.05 ~40mm 乃至更大，工况情况不尽相同，失效形式多种多样，齿轮材料的选择尤为重要。

2.1 常用调质、表面淬火齿轮用钢选择

常用调质、表面淬火齿轮用钢见表 2-1。

表 2-1 常用调质、表面淬火齿轮用钢

齿轮种类		钢牌号选择	备注
汽车、拖拉机及机床中非重要齿轮		45	调质
中速、中载机床变速器次要齿轮及高速、中载磨床砂轮齿轮			调质+表面淬火
中速、中载并带一定冲击性的机床变速器齿轮及高速、重载并要求齿面硬度高的机床齿轮		40Cr、42SiMn、35SiMn、45MnB	调质
中速、中载较大断面机床齿轮			调质+表面淬火
起重机械、运输机械、建筑机械、水泥机械、冶金机械、矿山机械、工程机械、石油机械等设备中的低速重载齿轮	I 一般载荷不大、断面尺寸也不大，要求不太高的齿轮	35、45、55	1）少数直径大、载荷小、转速不高的末级传动大齿轮可采用 SiMn 钢正火 2）根据齿轮端面尺寸大小及重要程度，分别选用各类钢材（从 I 到 V，淬透性逐渐提高）3）根据设计，要求表面硬度大于 40HRC 的齿轮应采用调质+表面淬火
	II	40Mn、50Mn₂、40Cr、42SiMn、35SiMn	
	III 断面尺寸较大，承受较大载荷，要求比较高的齿轮	35CrMo、42CrMo、40CrMnMo、45CrMnSi、40CrNi、40CrNiMo、45CrNiMoV	
	IV 断面尺寸很大，承受载荷大，并要求有足够韧性重要齿轮	35CrNiMo、40CrNi2Mo	
	V	30CrNi3、30CrNi3Mo、37SiMn2MoV	

2.2 渗氮齿轮用钢

渗氮齿轮用钢见表 2-2。

表 2-2 渗氮齿轮用钢

齿轮种类	性能要求	选择钢牌号
一般齿轮	表面耐磨	20Cr、20CrMnTi、40Cr
在冲击载荷下工作的齿轮	表面耐磨，心部韧性高	18CrNiWA、18Cr2Ni4WA、30CrNi3、35CrMo
在重载荷下工作的齿轮	表面耐磨，心部强度高	30CrMnSi、35CrMoV、25Cr2MoV、42CrMo
在重载荷及冲击下工作的齿轮	表面耐磨，心部强度高、韧性高	30CrNiMoA、40CrNiMoA、30Cr2Ni2Mo
精密耐磨齿轮	表面高硬度、变形小	38CrMoAlA、30CrMnA

2.3　各国常用渗碳、淬火钢种选择及其应用范围

我国常用渗碳、淬火钢种选择见表2-3。

表2-3　我国常用渗碳、淬火钢种选择

齿轮种类的应用	选择钢牌号
汽车变速器、分动箱、起重机及驱动桥的各类齿轮	20Cr、20MnVB
拖拉机动力传动机的各类齿轮	20CrMnTi、20CrMo
机床变速箱、龙门铣床电动机及立车等机械中的高速、重载、受冲击的齿轮	20CrMnMo
起重、运输、矿山、通用、化工、机床等机械变速器中的小齿轮	25MnTiB
化工、冶金、电站、宇航、海运等设备中的汽轮发电机、工业汽轮机、燃气轮机、高速鼓风机、透平压缩机等高速齿轮、要求长时间、安全稳定地运行	12Cr2Ni4、20Cr2Ni4
大型轧钢机减速器、人字机座轴齿轮、大型带式输送机传动轴齿轮、锥齿轮、大型挖掘机传动箱主动齿轮、井下采煤机传动齿轮、坦克齿轮等低速重载并受冲击载荷的传动齿轮	20CrNi2Mo、18Cr2Ni4W 20Cr2Mn2Mo、20CrNi3 17Cr2Ni2Mo

国外常用的齿轮渗碳钢见表2-4。

表2-4　国外常用的齿轮渗碳钢

国别、标准	钢牌号	化学成分（质量分数，%）						
		C	Si	Mn	P、S	Ni	Cr	Mo
美国 AISI SAE	4118H	0.17~0.23	0.20~0.35	0.60~1.00	<0.040	—	0.30~0.70	0.08~0.15
	4320H	0.16~0.23	0.20~0.35	0.40~0.70	<0.040	1.50~2.00	0.35~0.65	0.20~0.30
	4620H	0.17~0.24	0.20~0.35	0.40~0.70	<0.040	1.50~2.00	—	0.20~0.30
	4720H	0.17~0.24	0.20~0.35	0.45~0.75	<0.040	0.85~1.25	0.30~0.60	0.15~0.25
	4820H	0.17~0.24	0.20~0.35	0.45~0.75	<0.040	3.20~3.80	—	0.20~0.30
	8620H	0.17~0.24	0.20~0.35	0.60~0.95	<0.040	0.35~0.75	0.35~0.65	0.15~0.25
	8720H	0.17~0.24	0.20~0.35	0.60~0.95	<0.040	0.35~0.75	0.35~0.65	0.20~0.30
	8822H	0.19~0.25	0.20~0.35	0.70~1.05	<0.040	0.35~0.75	0.35~0.65	0.30~0.40
	9310H	0.07~0.14	0.20~0.35	0.40~0.70	<0.040	2.95~3.55	1.00~1.45	0.08~0.15
日本 JIS	SCr420H	0.17~0.23	0.15~0.35	0.55~0.90	<0.030	—	0.85~1.25	—
	SCM420H	0.17~0.23	0.15~0.35	0.55~0.90	<0.030	—	0.85~1.25	0.15~0.35
	SCM822H	0.19~0.25	0.15~0.35	0.55~0.90	<0.030	—	0.85~1.25	0.35~0.45
	SNC815H	0.12~0.18	0.15~0.35	0.60~0.85	<0.030	3.00~3.50	0.70~1.00	—
	SNCM220H	0.17~0.23	0.15~0.35	0.60~0.95	<0.030	0.35~0.75	0.35~0.65	0.15~0.30
	SNCM420H	0.17~0.23	0.15~0.35	0.40~0.70	<0.030	1.55~2.00	0.35~0.65	0.15~0.30
英国 BS	En35A	0.20~0.25	0.10~0.35	0.30~0.60	<0.050	1.05~2.00	—	0.20~0.30
	En353	<0.20	<0.35	0.50~1.00	<0.050	1.00~1.50	0.75~1.25	0.08~0.15
	En352	<0.20	<0.35	0.50~1.00	<0.050	0.85~1.25	0.60~1.00	<0.10
	En361	0.13~0.17	<0.35	0.70~1.00	<0.050	0.40~0.70	0.55~0.80	0.06~0.15
德国 DIN	16MnCr5	0.14~0.19	0.15~0.35	1.00~1.30	<0.035	—	0.80~1.10	—
	20MnCr5	0.17~0.22	0.15~0.35	1.00~1.40	<0.035	—	1.00~1.30	—
	20MoCr4	0.17~0.22	0.15~0.35	0.60~0.90	<0.035	—	0.30~0.50	0.40~0.50
	25MoCr4	0.23~0.29	0.15~0.35	0.60~0.90	<0.035	—	0.40~0.50	0.40~0.50
	18CrNi8	0.15~0.20	0.15~0.35	0.40~0.60	<0.035	1.80~2.10	1.80~2.00	—
	17CrNiMo6	0.14~0.19	0.15~0.35	0.40~0.60	<0.035	1.40~1.70	1.50~1.80	0.25~0.35

（续）

国别、标准	钢牌号	化学成分（质量分数，%）						
		C	Si	Mn	P、S	Ni	Cr	Mo
法国 NF	20NC6	0.16~0.22	0.10~0.40	0.60~0.90	<0.040	1.20~1.60	0.85~1.20	—
	18CD4	0.15~0.22	0.10~0.40	0.60~0.90	<0.040	—	0.85~1.15	0.15~0.30
	16NCD6	0.12~0.18	0.10~0.40	0.60~0.90	<0.040	1.20~1.60	0.85~1.15	0.15~0.30
	16NCD13	0.12~0.18	0.10~0.40	0.40~0.70	<0.040	3.00~3.50	0.70~0.90	0.15~0.30

齿轮用钢的热处理特性见表 2-5。

表 2-5 齿轮用钢的热处理特性

特　性	含　义	设计时考虑要点
淬透性	指钢接受淬火而获得马氏体的能力，不同钢种接受淬火的能力不同 淬透性不同的钢，淬火后得到的淬透层深度不同，从而沿断面分布着的金相组织以及力学性能也不同。淬透层深度是指由淬火表面马氏体到50%马氏体层的深度。全部淬透的工件通常表面残留着拉应力，容易产生变形和开裂，同时对工件的疲劳性能也不利	1）零件尺寸越大内部热容量越大淬火时零件的冷却速度越慢，因此淬透层越薄，性能越差，这种现象叫作"钢材的尺寸效应"。所以，查阅手册时不能根据小尺寸的性能数据用于大尺寸零件的强度计算，而必须考虑钢材的淬透性 2）大断面或结构复杂的齿轮采用多元合金钢，保证足够而适当的淬透性，保证沿整个断面有良好的综合力学性能，同时，减少变形，防止开裂 3）对碳钢齿轮，由于碳钢的淬透性低，在设计大尺寸时，正火和调质效果相似，而正火可降低成本，所以不必要求调质 4）大模数调质齿轮由于受到钢材淬透性的限制，应当先开齿后调质
淬硬性	指钢在正常淬火条件下，以超过临界冷却速度所形成马氏体组织能够达到的最高硬度	淬硬性与淬透性不同，它主要取决于钢中的碳含量。钢中碳含量越高，淬火后硬度越高，而与合金元素关系不大。所以，淬火硬度高的钢不一定就淬透性高，而硬度低的钢，也可能具有高的淬透性
过热敏感性	指钢淬火加热时奥氏体晶粒发生长大的敏感性	奥氏体晶粒长大往往使钢材的力学性能降低，特别是冲击韧度变坏，淬火时也容易形成裂纹。本质粗晶粒钢的过热敏感性大，本质细晶粒钢只有加热到930~950℃以上时晶粒才显著长大
回火稳定性	指回火时减慢钢的组织和性能的变化，使钢的淬火硬度能保持到较高的回火温度而不下降	回火稳定性好的钢可在较高的温度回火，使韧性提高，内应力消除完善。合金钢的回火稳定性比碳素钢好，因此要达到同一回火硬度时，合金钢的回火温度可以比碳钢高，故合金钢的内应力比碳钢小，韧性比碳钢好
变形开裂倾向	指钢在加热和冷却过程中产生热应力和组织应力，其综合作用超过钢的屈服强度或抗拉强度而产生变形开裂的倾向	加热或冷却速度太快、加热和冷却不均匀都容易造成工件变形甚至开裂，因此应注意以下事项 1）设计齿轮时，在结构上应尽量避免尖角和厚薄断面的突然变化 2）采用缓和的淬火介质或淬火方法
尺寸稳定性	指零件在长期存放或使用中尺寸稳定不变的性能。这对精密齿轮是很重要的	引起尺寸变化的主要原因是内应力的存在及组织中残余奥氏体的分解，因此设计精密齿轮时应当要求稳定化处理，如淬火后进行冷处理或低温时效，使马氏体趋于稳定并减少内应力，以使齿轮尺寸稳定

（续）

特　性	含　义	设计时考虑要点
回火脆性	指钢在某一温度范围回火所发生的冲击韧性降低现象 产生回火脆性的钢，不仅室温下的冲击韧性较正常钢为低，而且使钢的冷脆温度大为提高	合金结构钢在 250~400℃ 回火时引起冲击韧性及断裂韧性下降，这种现象一般称为第一类回火脆性，它不能通过热处理方法来消除，设计时应考虑到这一点 某些合金结构钢（如 Cr 钢、Cr-Ni 钢及 Cr-Mn 钢）在 375~575℃ 回火后缓慢冷却时也会产生脆性，一般称为第二类回火脆性，快冷可以予以消除。对于断面较大的齿轮，可选用含有 Mo 或 W 的钢，以消除或减小回火脆性

2.4　齿轮的预先热处理工艺

2.4.1　预备热处理

预备热处理的目的是为了消除热加工应力，改善可切削性，提高基体强度，细化组织。除形状简单、尺寸较小、性能要求不高的齿轮可采用供货状态的冷、热轧材下料，机加工成形外，其他均需经过锻后正火或退火处理，调质等预备热处理。例如：表面淬火件一般采用调质预处理，渗碳件一般采用正火（齿圈）或调质（齿轴、齿轮）预处理。

2.4.2　常用渗碳齿轮钢的预备热处理

常用渗碳齿轮钢的预备热处理工艺见表 2-6。

表 2-6　常用渗碳齿轮钢的预备热处理工艺

钢　牌　号	预备热处理工艺规范	显　微　组　织	硬度 HBW
15Cr 20Cr	淬火：880~940℃ 回火：600~650℃	回火索氏体	190~220
12CrNiA 12Cr2Ni4	正火：850~870℃ 回火：650~680℃	均匀分布的粒状珠光体+铁素体	200~240
20CrMnTi 20CrMn2TiB 20CrMo 20CrV	正火：950~970℃ 空冷	均匀分布的片状珠光体+铁素体	190~220
20CrMnMo 20CrNi3 20Cr2Ni4A 18Cr2Ni4WA	正火：880~940℃ 回火：650~680℃	均匀分布的粒状珠光体+少量铁素体	180~230 220~280
20Cr2Ni4A 18Cr2Ni4WA （消除粗晶）	正火：（920±20）℃ 回火：640~680℃	均匀分布的粒状珠光体+少量铁素体	220~280

2.5　调质齿轮的热处理工艺

常用齿轮的调质热处理工艺见表 2-7。

表 2-7　常用齿轮的调质热处理工艺

| 钢牌号 | 淬火温度/℃ | 硬度　HBW | | | 有无回火脆性 |
| | 冷却方式 | 180~220 | 220~260 | 260~300 | |
	水/油	回火温度/℃			
35	860±10 水淬	560±10	550±10	—	无
40	850±10 水淬	570±10	560±10	—	无
45	840±10 水淬	580±10	570±10	—	无
50	830±10 水淬	610±10	580±10	520±10	无
55	820±10 水淬	—	600±10	540±10	无
40Cr	850±10 油淬		600±10	570±10	有
50Cr	840±10 油淬		590±10	560±10	有
55Cr	830±10 油淬		600±10	570±10	有
35CrMo	860±10 油淬		590±10	550±10	无
35SiMn	870±10 油淬		590±10	550±10	无
34CrMoA	860±10 油淬		620±10	580±10	无
42CrMo	850±10 油淬		600±10	560±10	无
42SiMn	850±10 油淬		600±10	560±10	有
40CrSi	860±10 油淬		680±10	630±10	有
40CrNi	860±10 油淬		600±10	570±10	有
38SiMnMo	860±10 油淬		680±10	660±10	有
38CrSiMnMo	860±10 油淬		690±10	670±10	有
35Cr2MnMo	870±10 油淬		630±10	610±10	有
37SiMn2MoV	870±10 油淬		680±10	600±10	稍有

调质齿轮常见缺陷、产生原因及防止措施见表 2-8；检验项目、内容及要求见表 2-9。

表 2-8　调质齿轮常见缺陷、产生原因及防止措施

序号	缺陷名称	产生原因	防止措施
1	硬度偏低	齿轮钢材碳含量偏低；淬火加热规范不当；表面脱碳；淬火冷却不足；回火温度偏高；材料选择不当	检查钢材化学成分；调整加热淬火规范；降低回火温度；更换钢材
2	淬硬和淬透深度不足	选材不当，钢材碳含量或合金含量偏低；淬火规范不当	根据齿轮模数和尺寸选用合适淬透性钢材；检查钢材化学成分；调整加热冷却规范；大模数齿轮采用开齿调质
3	硬度不均匀	钢材原始组织不良；淬火冷却不均匀；淬火回火加热不均匀	检查钢材质量；重新进行一次正火或退火；加强冷却液循环；改善淬火回火加热均匀性

表 2-9　调质齿轮检验项目、内容及要求

序号	检验项目	检验内容和要求
1	钢材质量	用试样检查：化学成分、低倍组织、晶粒度
2	力学性能	一般检验布氏硬度，应该以加工成形后的齿面硬度为准 用试棒检查：要求较高的齿轮按图样检查 R_m、R_{eL}、A_5、Z、a_K
3	无损检测	用齿轮检查：对要求较高的齿轮，应在机加工后的齿部裂纹、气孔、缩孔、白点等
4	显微组织	用试棒检查：齿部基本上为索氏体
5	脱碳层	用试棒检查：一般不超过加工余量的 1/3

2.6　齿轮火焰淬火

把需要淬火的区域加热到要求的温度是工艺的一个重要步骤。必须严格控制喷嘴结构、热量输出及加热时间。欠热会导致淬硬和深度不足，而过热则会导致淬火开裂。火焰温度太高还可能使齿面过烧甚至熔化。

2.6.1　齿轮的火焰淬火方法

1. 全齿旋转火焰淬火

全齿淬火主要用于小模数齿轮。全齿淬火后的硬化层深度主要取决于加热温度和加热时间。

2. 单齿连续火焰淬火

单齿淬火主要应用于大模数齿轮，分沿齿腹淬火法和沿齿沟淬火法。单齿连续淬火后的硬化层深度与氧气压力、喷嘴或工件的移动速度、火孔与水孔的距离以及工件预热温度等有关。不同材质对应的火孔与水孔行间距离关系见表 2-10。

沿齿沟淬火时，由于齿根处的热量流失比齿腹要多，所以喷嘴上加热齿根用的火孔要适当多布置一些。此外，相邻的两个齿腹应采用水管通水喷冷，避免已淬硬部分受热回火而硬度下降。

表 2-10　各种材质对应的火孔与水孔行间距离

钢　牌　号	火孔与水孔行间距离/mm
35、35Cr、40、45	10
40Cr、45Cr、50、ZG30Mn、ZG430Mn、ZG45Mn	15
55、50Mn、50Mn2、55CrMo、40CrNi、ZG55	20
35CrMnSi、40CrMnMo	25

3. 几种典型火焰淬火方法示意图（图 2-1）。

2.6.2　齿轮火焰淬火工艺

火焰淬火齿轮一般采用调质作为预备热处理，要求不高的齿轮也可采用正火。齿轮火焰淬火推荐工艺参数见表 2-11。

套圈式火焰淬火

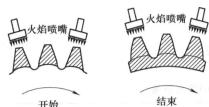

齿面火焰淬火法

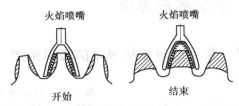

沿齿槽火焰淬火

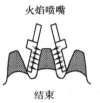

沿齿槽火焰淬火

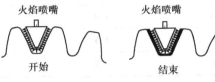

图 2-1　典型火焰淬火方法

表 2-11　齿轮火焰淬火推荐工艺参数

工艺参数	推荐数值			说　明
加热温度	$Ac_3+(30\sim50℃)$			根据齿轮钢材确定
火焰强度	乙炔　　　$(0.5\sim1.5)\times10^5\mathrm{Pa}$ 氧　　　　$(3\sim6)\times10^5\mathrm{Pa}$ 乙炔∶氧　$1\colon1.1\sim1\colon1.5$			乙炔∶氧一般取 $1\colon1.15\sim$ $1\colon1.25$，这种比例火焰强度大，温度高，稳定性好，并呈蓝色中性火焰
焰心距工件距离	套圈淬火　　 $8\sim15\mathrm{mm}$			焰心与齿顶距离
	齿面淬火　　 $5\sim10\mathrm{mm}$ 沿齿沟淬火　 $2\sim3\mathrm{mm}$			焰心与齿面距离
烧嘴或工件的移动速度	旋转加热　　 $50\sim300\mathrm{mm/min}$			要求淬火温度高，淬硬层深，采用低的速度；反之，采用高的速度
	单齿加热			
	模数/mm	>20	11~20	5~10
	移动速度/ （mm/min）	<90	90~120	120~150
火孔与水孔行间距离	水孔角度 10°~30°			连续加热淬火时，要防止水花飞溅影响加热效果
冷却介质	碳钢可采用自来水，一般压力为 $(1\sim1.5)\times10^5\mathrm{Pa}$；合金钢常采用聚乙烯醇、聚醚水溶液及乳化液、压缩空气等			温度、压力等参数要保持稳定
回火	硬度	40~50HRC	50~55HRC	一般回火保温时间为45~90min
	回火温度	200~250℃	180~220℃	

2.7　齿轮感应淬火

2.7.1　常用感应加热频率的适用范围（表 2-12）

表 2-12　常用感应加热频率的适用范围

频率/kHz	硬化层深度/mm			齿轮模数 m/mm
	最小	适中	最大	
250~300	0.8	1~1.5	2.5~4.5	1.5~5（2~3 最佳）
30~80	1.0	1.5~2	3~5	3~7（3~4 最佳）
8	1.5	2~3	4~6	5~8（5~6 最佳）
2.5	2.5	4~6	7~10	8~12（9~11 最佳）

2.7.2　感应加热功率确定

齿轮加热时所需总功率可按下式估算：

$$P_{齿} = \Delta P \cdot S$$

式中　$P_{齿}$——齿轮加热时所需总功率（kW）；

ΔP——比功率（kW/cm^2）；

S——齿轮受热等效面积（cm^2）。

比功率 ΔP 与齿轮模数、受热面积及硬化层深度有关，可参考表 2-13~表 2-15。

表 2-13　齿轮模数与比功率、单位能量的关系

模数/mm	比功率 ΔP/（kW/cm^2）	单位能量 ΔQ/（kJ/cm^2）
3	1.2~1.8	7~8
4~4.5	1.0~1.6	9~12
5	0.9~1.4	11~15

表 2-14　100kW 高频设备上齿轮表面积和比功率、单位能量的关系

齿轮表面积/cm^2	比功率 ΔP/（kW/cm^2）	单位能量 ΔQ/（kJ/cm^2）
20~40	1.5~1.8	6~10
45~65	1.4~1.5	10~12
70~95	1.3~1.4	12~14
100~130	0.9~1.2	13~16
140~180	0.7~0.9	16~18
90~240	0.53~0.63	16~18
250~300	0.4~0.5	16~18
310~450	0.3~0.4	16~18

表 2-15　中频感应加热淬火硬化层深度与比功率的关系

频率/kHz	硬化层深度/mm	比功率/(kW/cm²)		
		低值	最佳值	高值
8	1.0~3.0	1.2~1.4	1.6~2.3	2.5~4.0
	2.0~4.0	0.8~1.0	1.5~2.0	2.5~3.5
	3.0~6.0	0.4~0.7	1.0~1.7	2.0~2.8
2.5	2.5~5.0	1.0~1.5	2.5~3.0	4.0~7.0
	4.0~7.0	0.8~1.0	2.0~3.0	4.0~6.0
	5.0~10.0	0.8~1.0	2.0~3.0	3.0~5.0

2.7.3　感应加热常用冷却介质及其冷却方式（表2-16）

表 2-16　感应加热常用冷却介质及其冷却方式

冷却介质	介质温度/℃	所用钢牌号	
		喷　冷	浸　冷
水	20~50	45	45
5%~15%乳化液	<50	40Cr、45Cr、42SiMn、35CrMo	—
油	40~80	55	20Cr、20CrMo、20CrMnTi 渗碳后直接浸冷
0.2%~0.3%聚乙烯醇水溶液	10~40	35CrMo、42CrMo、42SiMn、38SiMnMo、55Ti、60Ti、70Ti	40Cr、45Cr、42SiMn、38SiMnMo

2.7.4　表面淬火的检验项目、内容和要求（表2-17）

表 2-17　表面淬火的检验项目、内容和要求

序号	检验项目	检验内容及要求
1	钢材	试样：1. 化学分析　2. 低倍组织　3. 晶粒度
2	心部硬度	齿块：齿根中心处要达到要求
3	表面质量	目检：齿部不能有过烧 无损检测：齿部裂纹，小批量100%检查，大批量按规定比例检查
4	表面硬度	齿轮：小批量100%检查，大批量按规定比例检查，一般要求硬度为45~50HRC，承载力大的硬度为50~55HRC
5	表面组织	齿块：按相关标准（JB/T 9204—2008）
6	有效硬化层深度	齿块：用维氏硬度计，在齿宽中部齿的截面上，自表至里检测硬度，硬化层终点硬度值按以下规定： 临界硬度（HV_{HL}）＝ 0.80×设计规定的最低表面硬度（HV_{MS}）

2.8　常用齿轮钢的气体渗氮工艺

　　齿轮的气体渗氮温度通常为500~600℃，渗氮温度的选择取决于齿轮材料、渗层深度、齿面硬度要求等因素。渗氮时间取决于所要求的氮化层厚度及氮化时间。常用齿轮钢的气体渗氮工艺如表2-18及图2-2所示。

表 2-18 常用齿轮钢的气体渗氮工艺

材料	渗氮工艺参数				渗层深度 /mm	表面硬度
	阶段	温度/℃	时间/h	氨分解率（%）		
38CrMoAlA	1	510±10	10~12	15~30	0.50~0.80	>700HV
	2	550±10	48~58	35~65		
35CrMo	1	505±10	25	18~30	0.50~0.60	650~700HV
	2	520±10	25	30~50		
12Cr2Ni3A	1	500±10	53	18~40	0.50~0.70	500~600HV
	2	540±10	10	100		
30CrMnSi	—	500±10	25~30	20~30	0.20~0.30	>58HRC
40Cr	—	500±10	15~35	20~30	0.20~0.30	>550HV
	1	520±10	10~15	25~35	0.50~0.70	>50HRC
	2	540±10	52	35~50		
18CrNiWA	—	490±10	30	25~30	0.20~0.30	>600HV
40rNiMoA	1	520±10	20	25~35	0.40~0.70	>50HRC
	2	545±10	10~15	35~50		

图 2-2 38CrMoAlA 齿轮钢的渗氮工艺曲线

2.9 常用渗碳钢的渗碳淬火工艺

渗碳技术经历了从固体渗碳、液体渗碳到气体渗碳的发展过程，随着碳势控制、检测设备的不断完善，已实现了由单参数控制向多参数、多模式精密控制的转变。气体渗碳技术以其节能、环保，质量稳定、可控，综合性能好等优势，在齿轮加工行业得到广泛应用。常规的气体渗碳按气氛的制备形式分为吸热式与滴注式两种。吸热式是将有机渗剂（气体或液体）通入炉外的气氛发生装置中进行高温或低温裂解生成保护气氛（也称为稀释气氛），与富化气（如甲烷、丙烷）混合后通入渗碳炉中；滴注式是将有机渗剂（稀释剂：甲醇、乙醇，富化剂：丙酮、异丙醇、煤油）直接滴入渗碳炉中高温裂解生成渗碳气氛。

2.9.1 常用渗碳剂（表 2-19~表 2-21）

表 2-19 常用渗碳剂裂解后的产气量

渗碳剂名称	产气量/（L/mL）	渗碳剂名称	产气量/（L/mL）	渗碳剂名称	产气量/（L/mL）
苯	0.42	甲醇	1.66	丙酮	1.23
煤油	0.73	乙醇	1.55	异丙醇	0.64

表 2-20　常用渗碳剂的碳当量

渗碳剂	分子式	相对分子质量	反应式	碳当量/g
甲醇	CH_3OH	32	$CH_3OH \rightarrow CO+2H_2$	—
乙醇	C_2H_5OH	46	$C_2H_5OH \rightarrow [C]+CO+3H_2$	46
异丙醇	C_3H_7OH	60	$C_3H_7OH \rightarrow 2[C]+CO+4H_2$	30
丙酮	CH_3COCH_3	58	$CH_3COCH_3 \rightarrow 2[C]+CO+3H_2$	29

注：碳当量是产生1mol活性炭（12g）所需有机液体的质量。碳当量越小，渗碳所需滴量越少。

表 2-21　常用渗碳剂的分解产物组成

渗碳剂	温度/℃	气体组成（%）					分解率（%）
		CO_2	CO	H_2	CH_4	CmHn	
甲醇	950	0.20	32.4	66.2	0.60	0.60	98.8
	850	0.60	31.4	64.2	1.74	1.44	<97
	750	1.8	29.5	61.4	3.37	3.94	<93
	650	3.8	27.8	57.9	5.18	5.32	<90
乙醇	950	1.0	30.7	53.7	11.7	0.3	—
	850	1.5	29.3	49.3	14.3	0.7	—
	750	1.7	26.2	48.8	14.2	0.9	—
	650	1.9	24.2	47.8	15.3	1.3	—
异丙醇	950	0.8	28.2	48.8	18.5	3.2	78.3
	850	1.0	24.5	44.3	20.8	7.3	72.9
	750	1.5	21.6	40.5	22.6	8.8	<70
	650	1.8	16.9	39.8	21.3	12.4	<67

2.9.2　常用渗碳气氛碳势对照表（表 2-22、表 2-23）

表 2-22　氮-甲醇气氛（20%CO+40%H_2+40%N_2）碳势对照表

工艺温度/℃	790			810			830		
碳势（%）	露点/℃	氧势/mV	CO_2（%）	露点/℃	氧势/mV	CO_2（%）	露点/℃	氧势/mV	CO_2（%）
0.4	21.3	1068	1.386	18.7	1072.1	1.101	16.1	1076.2	0.877
0.5	17.7	1079	1.108	15.1	1083.4	0.874	12.5	1087.9	0.693
0.6	14.7	1088.3	0.913	12.1	1092.9	0.718	9.5	1097.7	0.567
0.7	12.1	1096.4	0.77	9.5	1101.3	0.604	6.9	1106.3	0.476
0.8	9.9	1103.7	0.661	7.2	1108.8	0.517	4.7	1113.9	0.406
0.9	—	—	—	—	—	—	2.7	1120.8	0.352
工艺温度/℃	850			870			890		
碳势（%）	露点/℃	氧势/mV	CO_2（%）	露点/℃	氧势/mV	CO_2（%）	露点/℃	氧势/mV	CO_2（%）
0.4	13.6	1080.5	0.7	11.2	1084.9	0.562	8.9	1089.3	0.454
0.5	10	1092.4	0.552	7.7	1097.1	0.442	5.4	1101.8	0.355
0.6	7.1	1102.5	0.45	4.7	1107.4	0.36	2.4	1112.3	0.289
0.7	4.5	1111.3	0.377	2.2	1116.4	0.301	0	1121.5	0.241
0.8	2.3	1119.1	0.322	0	1124.8	0.256	-2	1129.6	0.206
0.9	0.3	1126.2	0.278	-1.8	1131.6	0.222	-3.7	1137	0.178
1.0	-1.4	1132.7	0.244	-3.4	1138.2	0.194	-5.3	1143.8	0.155
工艺温度/℃	910			930			950		
碳势（%）	露点/℃	氧势/mV	CO_2（%）	露点/℃	氧势/mV	CO_2（%）	露点/℃	氧势/mV	CO_2（%）
0.4	6.7	1093.8	0.368	4.5	1098.3	0.3	2.5	1102.9	0.246
0.5	3.2	1106.5	0.288	1.1	1111.3	0.234	-0.8	1116.1	0.192
0.6	0.3	1117.3	0.234	-1.6	1122.3	0.19	-3.3	1127.3	0.156
0.7	-1.9	1126.6	0.195	-3.7	1131.8	0.158	-5.5	1136.9	0.13
0.8	-3.8	1134.9	0.166	-5.6	1140.2	0.135	-7.3	1145.6	0.11
0.9	-5.6	1142.4	0.143	-7.3	1147.9	0.116	-9	1153.4	0.095
1.0	-7.1	1149.3	0.125	-8.9	1154.9	0.102	-10.6	1160.5	0.083
1.1	-8.5	1155.7	0.111	-10.3	1161.4	0.09	-12.6	1167.1	0.073
1.2	-9.9	1161.7	0.098	-11.6	1167.5	0.08	-13.9	1173.3	0.065

表 2-23　甲醇-异丙醇（丙酮）气氛（33.3%CO+66.7%H₂）碳势对照表

工艺温度/℃	790			810			830		
碳势（%）	露点/℃	氧势/mV	CO_2（%）	露点/℃	氧势/mV	CO_2（%）	露点/℃	氧势/mV	CO_2（%）
0.4	37.2	1046.5	3.548	34.5	1049.8	2.861	31.9	1053.2	2.307
0.5	33.5	1057.1	2.878	30.8	1060.8	2.301	28.1	1064.6	1.843
0.6	30.4	1066.2	2.399	27.6	1070.1	1.907	24.9	1074.3	1.52
0.7	27.6	1074.1	2.04	24.8	1078.3	1.614	22.1	1082.7	1.282
0.8	25.2	1081.2	1.761	22.4	1085.7	1.389	19.6	1090.3	1.1
0.9	—	—	—	—	—	—	17.5	1097.1	0.56

工艺温度/℃	850			870			890		
碳势（%）	露点/℃	氧势/mV	CO_2（%）	露点/℃	氧势/mV	CO_2（%）	露点/℃	氧势/mV	CO_2（%）
0.4	29.2	1056.9	1.862	26.7	1060.6	1.507	24.2	1064.4	1.224
0.5	25.4	1068.6	1.48	22.9	1072.6	1.192	20.4	1076.8	0.965
0.6	22.2	1078.5	1.215	19.7	1082.8	0.976	17.2	1087.2	0.788
0.7	19.5	1087.2	1.022	17	1091.7	0.819	14.5	1096.3	0.66
0.8	17	1094.9	0.875	14.5	1099.6	0.7	12.1	1104.4	0.563
0.9	14.9	1101.9	0.76	12.4	1106.8	0.607	10	1111.7	0.488
1.0	12.9	1108.4	0.666	10.4	1113.4	0.532	8	1118.4	0.427

工艺温度/℃	910			930			950		
碳势（%）	露点/℃	氧势/mV	CO_2（%）	露点/℃	氧势/mV	CO_2（%）	露点/℃	氧势/mV	CO_2（%）
0.4	21.8	1068.4	0.998	19.5	1072.4	0.817	17.3	1076.4	0.672
0.5	18	1081	0.784	15.8	1085.2	0.641	13.6	1089.5	0.526
0.6	14.9	1091.6	0.639	12.6	1096.1	0.521	10.5	1100.6	0.427
0.7	12.2	1100.9	0.535	10	1105.6	0.435	7.8	1110.3	0.357
0.8	9.8	1109.2	0.456	7.6	1114	0.371	5.5	1118.8	0.304
0.9	7.7	1116.7	0.394	5.5	1121.6	0.321	3.4	1126.6	0.262
1.0	5.8	1123.5	0.345	3.6	1128.6	0.28	1.5	1133.8	0.229
1.1	4	1129.9	0.305	1.9	1135.1	0.248	-0.2	1140.4	0.202
1.2	2.4	1135.9	0.271	0.2	1141.2	0.22	-1.5	1146.5	0.18

2.9.3　渗碳气氛产生炭黑的温度与碳浓度的关系（表2-24）

表 2-24　渗碳气氛产生炭黑的温度与碳浓度的关系

温度/℃	碳浓度（%）	温度/℃	碳浓度（%）	温度/℃	碳浓度（%）
800	0.87	875	1.08	950	1.24
825	0.95	900	1.16	975	1.26
850	1.02	925	1.2	1000	1.28

2.9.4　氮-甲醇渗碳工艺（图2-3、表2-25）

表 2-25　渗碳层深度与强渗、扩散时间的关系

渗碳层深/mm	强渗时间/h	扩散时间/h	渗碳层深/mm	强渗时间/h	扩散时间/h
1.5~2.0	14	2	4.0~4.5	78	14
2.0~2.5	24	4	4.5~5.0	97	17
2.5~3.0	35	6	5.0~5.5	118	21
3.0~3.5	48	8	5.5~6.0	141	25
3.5~4.0	62	10	6.0~6.5	166	28

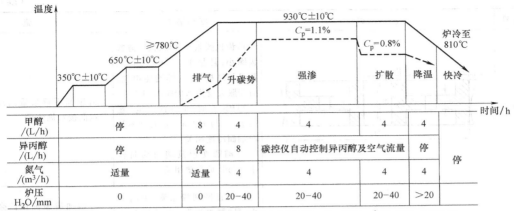

甲醇 /(L/h)	停		8	4	4	4	4	
异丙醇 /(L/h)	停		停	8	碳控仪自动控制异丙醇及空气流量		停	停
氮气 /(m³/h)	适量		适量	4	4	4	4	
炉压 H₂O/mm	0		0	20~40	20~40	20~40	>20	

注：渗剂参数为 $\phi1.6m\times3m$ 渗碳炉，炉膛容积 $7m^3$。其他炉型按甲醇(L/h)：氮气(m³/h) =1:(1~1.1)比例通入炉膛，每小时置换炉气次数根据吸碳表面积确定。

图 2-3　氮-甲醇渗碳工艺曲线

2.9.5　高温回火及淬、回火工艺（图 2-4）

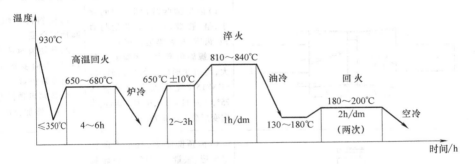

图 2-4　高温回火及淬、回火工艺曲线

2.9.6　大型渗碳淬火件的变形规律及预防措施（表 2-26）

表 2-26　大型渗碳淬火件变形规律及预防措施

序号	工件	图　示	状态描述	措　施
1	薄壁齿圈		1）齿顶圆、内孔胀大。胀大量与材料的淬透性、壁厚、淬火工艺及次数相关。直径胀大量为 0.1%~0.2% 2）$H>2W$ 时单件淬火，齿顶圆、内孔呈两端大，中间小的"腰鼓形"。与 $H:W$ 的倍率及齿圈两端面冷速相关 3）椭圆变形、端面翘曲。与装炉支垫、加热、冷却的均匀性相关	1）增加内孔预留余量，按1‰胀量计算相应减少（内齿圈增加）公法线余量。齿顶圆不留余量或负留余量 2）齿顶圆余量，纠正"腰鼓形"变形 3）淬火前采用悬空支垫，上压重物纠正端面翘曲；采用专用支撑热装定型或淬火后矫形纠正椭圆

（续）

序号	工件	图　示	状态描述	措　施
2	齿轮	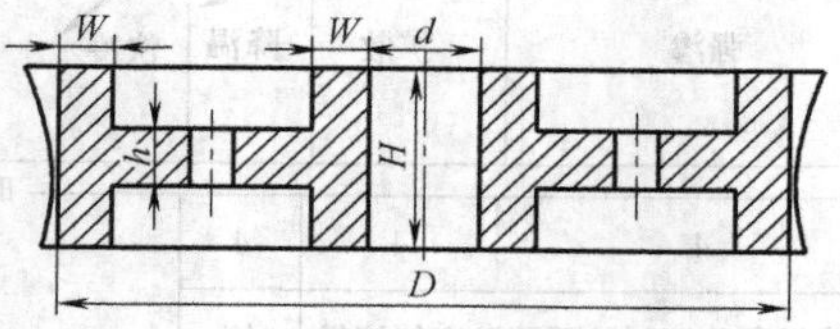	1) 齿顶圆胀大，但胀量比薄壁齿圈小，且呈上大、下小趋势。胀量与结构尺寸、淬透性相关。直径胀大量为 0.05%~0.1% 2) $H>3h$ 时，单件淬火呈"腰鼓形"。与 $H:W:h$ 的倍率及两端面冷速相关 3) 椭圆变形及端面翘曲较小。与装炉支垫相关	齿顶圆不留余量，公法线及端面按常规余量
3	斜齿轮轴	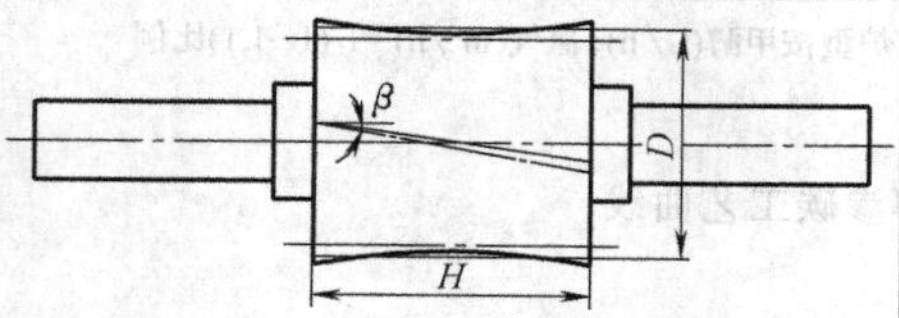	1) 齿顶圆两端微胀，中间缩小，呈"腰鼓形"。直径越大、$H>D$、淬透性越好，变形幅度越大 2) 螺旋角增大。与直径、齿宽尺寸、螺旋角度、材料淬透性相关 3) 轴颈弯曲。装炉、吊装不垂直，加热、冷却不均匀所致	1) 增加齿顶圆预留余量，补偿齿顶圆的收缩 2) 预切齿时适当减小螺旋角，抵消淬火后螺旋角的增大量 3) 增加轴颈部位余量或返工机械校正
4	人字齿轴	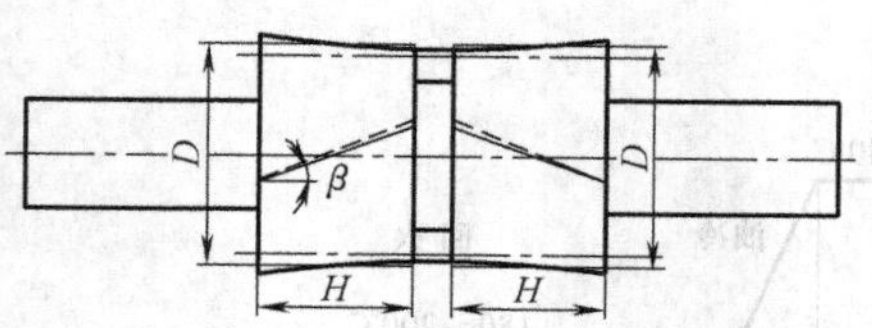	1) 齿顶圆两端微胀，中间缩小，呈"腰鼓形"。变形量与直径、齿宽、材料淬透性相关 2) 螺旋角增大。因螺旋角较大，齿向变形较一般斜齿轴大。SCN815H 轧机人字齿轴 β 为 25°，D 为 1130mm，H 为 650mm，齿向变形最大达 0.75mm	1) 同斜齿轮轴，增加齿顶圆预留余量 2) 预切齿时适当减小螺旋角，按齿向变形量的 1/2 换算角度修正量 3) 兼顾齿顶圆与齿向变形量，适当增加公法线余量
5	三件叠装淬火齿轮	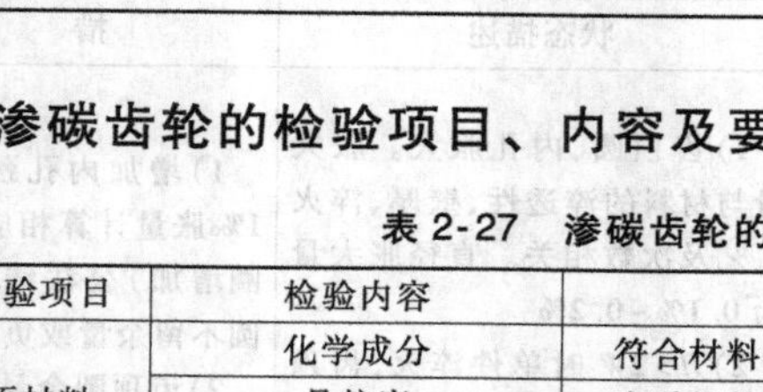	1) 齿顶圆胀大，且上下两件呈锥形，胀量大，中间的齿轮胀量小。与装炉状态的外表面积与体积的比值大小相关 2) 端面翘曲。与吊具强度及支垫相关 3) 椭圆变形、齿向变形受端面翘曲度影响	齿顶圆少留余量，端面增加余量。公法线按模数正常留出余量

2.9.7　渗碳齿轮的检验项目、内容及要求（表 2-27）

表 2-27　渗碳齿轮的检验项目、内容及要求

序号	检验项目	检验内容	要　　求
1	原材料	化学成分	符合材料标准，保证淬透性，粗化温度 ≤950℃
		晶粒度	本质细晶粒，细于 5 级
		纯度及冶炼	夹杂物及氧含量按 ISO 6336—5 或 AGMA 923—B05 相应级别
2	层深	有效硬化层深度	按 ISO 6336—5 或 AGMA 923—B05 规定的界限值检测显微硬度
		渗碳层深度	金相法检测 1/2 过渡区到表面距离
3	硬度	表面硬度	按图样要求
		心部硬度	按图样或 ISO 6336—5 或 AGMA 923—B05 相应级别
		有效硬化层硬度梯度	按相关标准绘制有效硬化层硬度变化曲线

（续）

序号	检验项目	检验内容	要　　　求
4	金相组织	马氏体、碳化物级别	按 JB/T 6141.3 或其他行业标准
		残余奥氏体含量	
		心部铁素体含量	
		表面碳含量	按 JB/T 6141.2 表面距表面 0.15mm 处的
5	外观	齿面 MT、PT 无损检测	无裂纹显示

2.10　齿轮激光表面淬火

　　激光热处理是一种表面热处理技术。激光热处理包括表面硬化（表面淬火）、表面合金化、表面涂敷、冲击硬化、激光"上釉"等。自 20 世纪 70 年代以美国通用公司等为代表，成功进行激光热处理试验以来，该项技术在许多工业领域得到了越来越广泛的应用，尤以激光表面淬火工艺推广应用最为迅速。

　　激光表面淬火是一项金属材料及零件表面快速强化的技术，可以提高表面硬度、强度、耐磨性，同时又使心部仍保持较好的综合力学性能。由于该工艺过程在局部快速加热及自淬火条件下完成，可极大地减少被淬火件的变形。与常规的热处理手段相比，激光表面淬火具有以下优点：

　　1）加热区域小、速度快，工件变形极小。

　　2）易于计算机控制，加工柔性好，质量稳定。

　　3）通用性强，适用面广。激光焦深大，对工件尺寸大小、表面平整性无严格要求。

　　4）可实行自淬火，且适应材料范围广泛。

　　5）处理层和基体结合强度高，质量好。

　　6）能效高，可不用冷却介质，无污染，绿色环保。

　　有关激光热处理工艺方面，公开的国内外标准很少。我国现行有效的相关国家标准目前仅有一个——GB/T 18683—2002《钢铁件激光表面淬火》，它是齿轮激光表面淬火目前可以唯一参照的国家标准，该标准规定了较详细的工艺细节和操作规范，对实际生产具有一定的指导意义。

2.10.1　GB/T 18683—2002《钢铁件激光表面淬火》主要内容介绍

　　GB/T 18683—2002《钢铁件激光表面淬火》规定了钢铁件激光表面淬火设备的特殊要求，激光表面淬火常用钢铁件的原始状态，以及激光表面淬火的工艺控制、质量控制、质量检验与劳动保护的基本要求。该标准适用于钢铁件激光表面淬火。

1. 术语和定义

　　（1）激光表面淬火（激光相变硬化）laser surface hardening；laser transformation hardening　采用高功率激光束为能源以极快速度加热工件表面并以自冷硬化为主的淬火工艺。

　　（2）激光功率密度　power density of laser　激光束作用于工件表面的单位面积上的激光功率。

　　（3）扫描速度 scanning speed　单位时间内激光光斑相对于工件移动的距离。

　　（4）相变硬化区 transformation hardening zone　钢铁件在激光辐照下发生组织变化，其组成相与普通淬火所获得的相相似且硬度得到提高的区域。

　　（5）热影响区 heat affecting zone　受激光辐照影响，在相变硬化区周围组织发生部分转变的区域。它既不同于相变硬化区，又不同于未发生相变的基体。

　　（6）表面最低硬度（$HV_{最低}$）the lowest hardness　工件表面所要求的最低硬度。

　　（7）硬度极限（$HV_{极限}$）hardness limit　表面最低硬度的函数，与表面最低硬度的关系为

$$HV_{极限} = 0.7\, HV_{最低}$$

经有关各方协商，也可以采用其他的硬度极限值。

（8）有效硬化层深度 effective depth of hardening　从工件表面到硬度等于硬度极限处的最大垂直距离。

（9）有效硬化层宽度 effective width of hardening　单道激光扫描后，与扫描方向垂直的截面上，工件被处理表面硬度等于硬度极限的两点间的距离。

（10）总硬化层深度 total depth of hardening　从工件表面到显微硬度或显微组织相对于基体材料无明显变化处的最大垂直距离。

（11）总硬化层宽度 total width of hardening　单道激光扫描后，与扫描方向垂直的截面上工件被处理表面显微硬度或显微组织相对于基体材料无明显变化的两点间的距离。

2．工件材质及原始状态

工件材质范围广泛，凡能发生马氏体相变的材质均适合激光表面淬火。

原始状态要求：工件激光淬火前表面应无油污、无锈蚀、无毛刺、无氧化皮等；工件的原始组织应均匀、细小；根据材料的种类、成分、用途和性能要求选择退火、正火及淬火－回火等预先热处理。

在标准资料性附录 A 中注明：在相同的激光表面淬火工艺参数下，原始组织为淬火态时可获得最大的硬化层深度，其硬度也较高；退火态时硬化层深度最浅，硬度也较低。

标准资料性附录 A 列出了常用材质，几乎包括了所有常见钢种：

1）结构钢：20、30～60、16Mn、20CrMnTi、40Cr、50Cr、35CrMo、42CrMo、40CrMnMo、50CrNi。

2）轴承钢：GCr6、GCr9、GCr15、GCr9SiMn、GCr15SiMn。

3）弹簧钢：65、65Mn、70Mn、55Si2Mn、50CrVA、55CrMnA、55SiMnVB。

4）工具钢：T7、T8、T8Mn、T9～Tl3、9SiCr、CrWMn、5CrNiMo、3Cr2W8V、4SiCrV、4Cr5MoV1Si、Crl2MoV、Wl8Cr4V、W9Cr4V2、W6Cr5Mo4V2、W12Cr4V4Mo。

5）不锈钢：20Crl3、30Crl3、40Crl3、32Crl3Mo、14Crl7Ni2、95Cr18、Y25Crl3Ni2、90Crl8MoV。

6）球 墨 铸 铁：QT400—17、QT450—10、QT500—7、QT600—3、QT700—2、QT800—2、QT900—2。

7）灰口铸铁：HT200、HT250～HT350。

8）可 锻 铸 铁：KTH300—06、KTH350—10、KTZ450—06、KTZ550—04、KTZ650—02、KTZ700—02。

9）蠕墨铸铁：RuT260、RuT300～RuT420。

3．基本技术要求及操作规范

（1）对设备的要求　用于激光表面淬火的激光设备包括：产生激光束的激光器，引导光束传输的导光聚焦系统，承载工件并使其运动的激光加工机，以及其他辅助装置。

1）激光器方面。不论是 CO_2 激光器还是 YAG（yttrium aluminum garnet，钇铝石榴石）激光器，其输出功率、光束模式、扫描速度及光斑尺寸必须满足淬火工件的技术要求。

激光输出功率稳定性及激光光束模式对激光表面淬火效果影响很大，必须安装功率监控装置，并定期校验。用于激光表面淬火的 CO_2 激光器宜选用能输出多模光束的型号，或对光束模式进行处理，使其能量分布均匀。YAG 激光器的功率应能连续输出。

2）导光聚焦系统。应包括光闸、可见光同轴瞄准、光束传输及转向、聚焦（必要时还需配置扩束望远镜）等装置。

聚焦头中需有保护气体传输及水冷系统。

3）激光加工机方面。根据处理工件的形状选择二维、多维的自动或数控加工机床，以及适宜的其他设备。

4）激光器的辅助装置。屏蔽装置为防止激光直接辐射或经工件反射、漫反射到工作人员身体及眼内造成伤害，加工场所必须设置适当的屏蔽装置。

对准装置激光表面淬火时需确定扫描光束在被处理工件表面的行走路径，可用 He-Ne 激光器产生的红光或其他装置产生的可见光进行对准。

（2）工件的表面预处理要求　为增强工件对激光辐射能量的吸收，在激光表面淬火前需在其表面形成一层对激光有较高吸收能力的覆层，一般采用磷化处理或涂覆含有各种吸光物质的涂料。

覆层的选择应满足下列要求：

1）能提高工件对激光能量的吸收率。

2）具有良好的热传导性能，处理前与工件附着性好，具有良好的化学稳定性。

3）对激光表面淬火层的成分、组织结构无影响。

4）覆层材料应不易诱发被处理材料表面裂纹。

5）涂覆工艺简便，覆层均匀。

6）有良好的防锈作用，对工件表面不腐蚀。

7）处理后容易清洗、去除或无须清洗即可装配使用。

8）易于存放、无毒害、无污染、无刺激。

无论预处理采用磷化还是喷刷涂料，均要求表面覆层均匀，厚薄控制适当，且全部覆盖需激光硬化部位。

（3）工艺规范的制定要求

1）工艺制订原则。工件的材质、预处理条件、技术要求（硬度、相变硬化区及热影响区深度、处理前后的金相组织等）均应适合激光表面淬火的工艺特点。

2）工艺参数及相互关系。激光表面淬火主要工艺参数包括激光器输出功率 P、作用于工件表面的光斑面积 S、扫描速度 v 等。激光淬火硬化层深度 H 与主要工艺参数的关系如下：

$$H \propto \frac{P}{Sv}$$

3）当激光表面淬火面积较宽时，需采用扫描带搭接方式处理。搭接系数宜取为 5%～20%，其计算公式为：

$$搭接系数 = \frac{搭接量}{光斑宽度} \times 100\%$$

有条件时可采用宽光束淬火，以减少搭接次数。

4）工艺参数的确定。

① 根据被加工工件的材料特性、形状及尺寸、表面质量、设备条件、激光光束性质、预处理方法等具体条件确定工艺参数（激光功率、扫描速度、光斑尺寸等）。

② 根据工件自身特点，参考已有实验数据确定工艺参数范围，通过验证后确定工艺参数。

③ 在确定工艺参数的过程中要充分考虑表面预处理及保护气体的影响。

4. 质量及检测方面要求

检验人员应按技术要求、工艺文件、取样方式及数量进行检验。

（1）外观

1）用肉眼或低倍放大镜观察，激光表面淬火表面不得有裂纹、伤痕、蚀坑及其他影响使用的缺陷。

2）用手触摸淬火表面的扫描带可有微凸感觉。

3）激光表面淬火作为最后工序的工件，表面不得有熔化现象。激光表面淬火后需进行磨削加工的工件，其激光表面淬火熔化层深度不得超过后序加工余量。

（2）表面粗糙度的检测　按 GB/T 1031—2009 和 GB/T 3505—2009 评定激光表面淬火工件的表面粗糙度。

激光表面淬火作为最后工序的工件，经激光表面淬火后表面粗糙度等级降低不得超过一个级别。

（3）硬度检测

1）表面硬度。表面硬度测量应采用 9.8～98N 负荷的维氏硬度计测量或小负荷维氏硬度计（GB/T 4340.1—2009）测量；当硬化层深度在 0.2mm 以下时，硬度计负荷不超过 49N（对铸铁等基体存在不均匀组织的材料，激光表面淬火后的表面硬度可用负荷不大于 1.96N 的显微硬度法测量）。采用其他硬度法测量所得数值仅供参考。

2）硬度分布。应用显微硬度法（GB/T 4340.1—2009 及 GB/T 9790—1988）测量激光表面淬火后硬化层的硬度分布。

显微硬度试样制备按 GB/T 18683—2002 进行。

测量中加载荷时应平衡均匀，不得有冲击和振动，测量时所得压痕应为轮廓清晰的菱形，以保证检验结果的准确性。

（4）金相检测

1）取样。所选取的金相试样必须具有典型性。要充分考虑到试样切取部位和被检测面的取向。若要观察激光表面淬火硬化层的深度、硬化区的显微组织及晶粒度，应取垂直于试样表面的横截面作为观察面。

某些不能直接取样的工件，可用具有与工件相同材料、相同原始状态、相同预处理方法及相同激光表面淬火条件的试样代替，但试样厚度不得小于 10 mm，用切割机取样时要不断喷水冷却，避免因受热和外力作用引起金相组织发生较大变化。

2）制样。根据工件的形状和尺寸，选择不同的方法制作金相试样（镶嵌或夹板夹持），并根据不同材料采用适当的化学侵蚀剂显示其金相组织。

当采用砂轮切割机取样时，切口断面应先磨削去除不少于 0.5 mm 厚度的表层，然后制备金相磨面。

试样在制备过程中不得改变原有的金相组织及硬度，应尽可能减少硬化层表面的磨削量，不得使边缘形成圆角。

3）显微组织。激光表面淬火后，在材料的硬化区中应具有和常规淬火处理相似的组织结构和组成相，但组织更加细小、弥散。

（5）硬化层深度的测量　激光表面淬火硬化层深度分为总硬化层深度和有效硬化层深度。

采用的测量方法有显微硬度测量法及显微组织测量法。应根据图样要求在指定部位或指定试样表面按 GB/T 18683—2002 所述方法进行硬化层深度测量。

1）显微硬度测量法。

① 测量原理。根据垂直于试样表面的横截面上的硬度分布确定硬化层深度。以硬度值为纵坐标，测量点至表面距离为横坐标，绘制硬度随距离变化的曲线，根据曲线上硬度极限出现的坐标值以及开始达到基体硬度的点的坐标值，确定有效硬化层深度和总硬化层深度。

② 测量方法按该标准附录 B。

2）显微组织测量法。

① 测量原理。根据零件激光表面淬火后所引起工件表面至心部显微组织的变化，测定激光表面淬火后硬化层深度。

② 测量面的制备。一般用质量分数为 2%~4% 的硝酸酒精溶液或其他适当的侵蚀剂显示试样的显微组织（侵蚀剂与普通淬火时相同）。

③ 测量方法。如图 2-5 所示，在试样的横截面上，从表面垂直测至月牙形热影响区顶端的距离（δ）为激光表面淬火层总硬化层深度；从表面垂直测至月牙形底部方向的热影响区 1/2 处的距离（δ_1）为激光表面淬火层有效硬化层深度。

该标准中附录 B（硬化层深度与宽度的显微硬度测量方法）规定如下所述：

显微硬度法检测硬化层深度时，硬度压痕应在以硬化层横截面的月牙形底部与表面垂线为中心的指定宽度为 0.5mm 的范围内垂直于试样表面的一条或多条平行线上进行（图 2-6）。除有关各方有特殊协议外，硬度试验的载荷一般应为 0.98~1.96N。

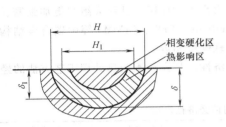

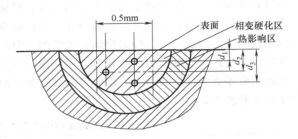

图 2-5　激光表面淬火硬化层　　　　图 2-6　激光表面淬火硬化层深度与宽度显微硬度的测量

最靠近表面的压痕中心与试样表面的距离应近似于压痕对角线长的 2 倍，从表面到各逐次压痕中心之间的距离增加量每次不得超过 0.1 mm，且两相邻压痕之间的距离应不少于压痕对角线长度的 2.5 倍，由绘制的硬度—深度曲线确定硬化层深度，即从工件表面到硬度值等于硬度极限的测量点的距离为有效硬化层深度，从工件表面到硬度值等于基体硬度开始点的距离为总硬化层深度。在每一位置处，需至少测量 3 点硬度，以硬度的平均值作为该点的硬度值。

在检测硬化层宽度时，也应遵从上述原则。

（6）硬化层宽度的测量

1）显微硬度测量法。

① 测量原理。根据被处理表面硬度分布确定硬化层宽度。在被处理表面区域中与激光扫描方向垂直的方向上，以硬度值为纵坐标，基体至测量点的距离为横坐标，绘制硬度随距离变化的曲线，根据曲线上硬度极限点的坐标值及开始达到基体硬度点的坐标值，确定有效硬化层宽度和总硬化层宽度。

② 测量方法按该标准中附录 B。

2）显微组织测量法。

① 测量原理。根据激光表面淬火处理后工件相变硬化区、热影响区及基体组织之间的差异，测定硬化层宽度。

② 测量方法。如图 2-5 所示，在与激光扫描方向相垂直的横截面上，月牙形热影响区的最宽处为总硬化层宽度（H），热影响区两端 1/2 处之间的距离为有效硬化层宽度（H_1）。

（7）质量仲裁方法　在有争议的情况下，以显微硬度测量法作为测定硬化层深度和宽度的仲裁方法。

5. 安全防护方面要求

操作人员为防止激光辐射或散射，需使用个人防护用品。

根据激光曝光周期、波长及输出功率（辐射功率）或输出能量（辐射能量）等选择合适的防护眼镜、防护手套及防护服。

其他安全防护按激光装备、作业现行相关国家标准包括：GB/T 10320—2011《激光设备和设施的电气安全》、GB/T 7247.1—2012《激光产品的安全　第 1 部分：设备分类、要求》、GB 10435—1989《作业场所激光辐射卫生标准》（2017 年 3 月废止）规定执行。

2.10.2　激光淬火的经济性

随着齿轮激光表面淬火技术研究的持续不断进行，其技术日趋成熟、完善。多轴联动专用设备的出现和应用，使处理工艺水平得到大幅度提高。齿轮激光表面淬火在很多场合（如薄壁件，无法磨齿的特型件、异形件应用等）替代渗碳淬火、感应淬火、离子渗氮等并已取得成功。

激光表面淬火的实用有效硬化层深度范围一般为 0.3 ~ 2.0mm，其硬化层深度指标优于表面渗氮、碳氮共渗等工艺，质量稳定性优于火焰淬火、感应淬火等表面淬火工艺。

工件采用中碳钢时，激光淬火表面硬度比采用感应淬火高 1 ~ 3HRC，且淬火组织更加细密，耐磨性更好，疲劳强度更高。工件采用调质处理的 CrMo、CrMnMo、CrNi、CrNiMo 等中碳合金结构钢时，激光淬火处理表面硬度与低碳合金结构钢渗碳淬火处理硬度相近。

激光表面淬火替代渗碳淬火、感应淬火具有良好的经济性。某齿轮不同热处理工艺方法的经济性指性对比见表 2-28。

表 2-28　某齿轮不同工艺方法制造经济性对比

序号	项　目	渗碳淬火	中频淬火	激光淬火
1	淬火装机容量/kV·A	300	300	100
2	实际消耗功率/kW	250	100	60
3	齿轮材料	20CrMoTi	42CrMo	42CrMo
4	毛坯成本/万元	≈7.2	≈8.0	≈8.0
5	淬火前齿厚加工余量/mm	2.1	0.9	0.05 ~ 0.08
6	淬火时间/h	50	4	16.8
7	淬火能量消耗/kW·h	12500	400	1008
8	淬火能耗成本/万元	0.875	0.028	0.0706
9	超硬滚时间/h	24	0	0
10	超硬滚成本/万元	0.50	0	0
11	磨齿时间/h	96	72	10
12	磨齿成本/万元	9.60	7.20	1.00
13	淬火+超硬滚+磨齿时间/h	170	76	26.8
14	淬火+超硬滚+磨齿成本/万元	10.975	7.228	1.071
15	生产工艺	毛坯锻造+退火+粗车+正火（调质）+精车+滚齿		
		+渗碳淬火+超硬滚+磨齿	+中频淬火+磨齿	+磨齿+激光淬火
16	淬火表面硬度　HRC	58 ~ 62	50 ~ 55	58 ~ 62
17	有效硬化层深度/mm	2.2 ~ 2.8	2.2 ~ 2.8	0.8 ~ 1.2

注：齿轮的外径 $d_a = 2181mm$，法向模数 $m_n = 20mm$，螺旋角 $\beta = 10°$，齿宽 $b = 520mm$，齿轮精度 6 级。42CrMo 齿轮调质预处理硬度为 241 ~ 286HBW。

2.10.3　齿轮表面激光淬火主要工艺参数

激光表面淬火的主要指标有：硬化层深度、宽度和表面硬度等。影响这些指标的基本工艺参数有：光斑尺寸、激光器输出功率、扫描速度、扫描方式等。另外的影响因素还有材料对光的吸收率等。

1. 激光器输出功率

通过调节激光器工作电流等激光器参数可调节激光器的输出功率。一般在激光淬火过程中激光器输出功率保持不变。

2. 光斑尺寸

对于某种型号的激光器，其聚焦后的光斑尺寸 d 由聚焦镜焦距和聚焦量 x 决定。聚焦量是指从淬火工件表面至激光聚焦后最小光腰平面之间的距离。在聚焦镜焦距一定的情况下，聚焦量 x 可代替光斑尺寸 d 作为另一个激光工艺参数。

3. 扫描速度

加热时间与扫描速度 v 有关。v 影响淬火的最高加热温度及温度分布。利用非熔化临界方程式可做出非熔化临界面，它把熔化区与非熔化区明确分开。

4. 扫描方式

为获得均匀一致的硬化层，对不同模数齿轮应采取不同的扫描方式。

（1）周向连续扫描　通过齿轮连续转动，激光束轴向移动，在齿面上形成螺旋形间隔硬化带。该方法一般适合于模数<5mm 的中小模数的齿轮。

（2）轴向分齿扫描　激光沿齿轮做轴向往复运动，轮齿同一侧的扫描工作完成后，激光束移到另一选定位置，重复上述运动。该方法适合于中、大模数齿轮。

2.10.4　激光表面淬火试验案例

（1）低碳钢激光淬火　低碳钢、低碳合金钢，淬火硬度可达 40HRC 左右。例如，20 钢采用常规淬火方法很难淬硬，而经激光淬火后硬化层深度可达 0.45 mm 左右，表层硬度达 420~465HV（43~47HRC），金相组织为板条马氏体，过渡区组织为马氏体+细化铁素体。

案例 1：采用 2kW 的 HJ-4 型 CO_2 激光器。被处理材料为 20 钢，其主要组成成分（质量分数）% 为 C0.20；Si0.18、Mn0.45。试样尺寸为 10mm×10mm×10mm。表面经喷涂石墨黑化预处理后，用不同的工艺参数进行激光热处理，使材料表面达到不熔或微熔状态。然后用金相砂纸由粗到细打磨，再进行抛光处理，用显微硬度计测其显微硬度，用金相显微镜观察表面金相组织，并沿硬化带横向线切割，观察断面情况及硬化深度等。

未处理前的钢样为正火状态，其硬度<10HRC。由于金属材料对 10.6μm 的 CO_2 激光的吸收率较低，在激光处理前要喷涂 0.1mm 的石墨涂层进行预处理以增加吸收。选定离焦量使扫描到试样表面的光斑大小为 2.3mm×2.3mm，同时保持扫描速度为 12.4mm/s，改变激光功率，沿光轴方向喷吹气体，测定显微硬度（三次），结果如下：

① 硬化截面呈半月形，硬化层深度（由表面至半马氏体区）为 0.5mm。

② 相变区组织为板条马氏体，表层组织较基体更为细化；

③ 激光输出功率为 600W 时，表面硬度范围为 473~548HV，平均值为 498HV（相当于 49.3HRC）；

④ 激光功率调整为 550W 时，表面硬度范围为 490~508HV，平均值为 485HV（相当于 48.5HRC）。

（2）中碳钢激光淬火　淬火后硬度与淬火前硬度有关。一般来讲，对于中碳钢表面淬火硬度可达 57 HRC 左右。

经调质处理的 45 钢激光淬火层组织以细化板条马氏体为主，过渡区为马氏体+托氏体的混合物，表面硬度为 650~800HV（相当于 57~63HRC）。

40Cr、40CrNiMo 等合金结构钢激光淬火后第一层表层为完全淬硬层，由隐晶马氏体+少量残余奥氏体组成；第二层过渡层为马氏体+碳化物组成；第三层为高温回火区，由回火索氏体组成。硬化层硬度为 670~780 HV（相当于 58~62HRC）。

激光淬火加热速度极高（可达 1000℃/s 以上），相变温度停留时间不到 0.1 s，因此热影响区很小，一般不会使原齿轮加工精度等级降低。激光淬火后齿轮的疲劳强度比调质齿轮的高得多，寿命可提高几倍乃至十几倍，并且耐磨性极好。

必要时（如高功率宽带淬火），激光表面淬火可采用辅助冷却，硬化表面硬度可能更高，组织更加致密。

案例 2：齿轮材料为 40Cr，激光处理前调质处理，基体硬度 320~395HV。

齿轮的制造参数：模数 $m=6$mm，齿数 $z=13$，压力角 $\alpha=20°$，齿宽 $b=20$mm。

激光处理前，为提高对激光的吸收率，齿面需进行磷化处理。辅助冷却采用重铬酸钾水溶液。齿轮宽带激光处理采用自行研制的 CGJ-93 型的 5kW 五轴四联动 CO_2 激光加工系统，齿轮宽带激光处理工艺参数：激光功率 $P=3$kW，光斑尺寸为 25mm×2mm，扫描速度为 220（齿顶）/100（齿廓）mm/s

最终结果：有效硬化层深度（表面至 HV550 处）为 1.40mm；0~0.35mm 的硬度为 920~800HV；0.35~1.10mm 的硬度 $\geq$670HV；1.10~1.40mm 的硬度 $\geq$550HV；表层显微组织为隐晶马氏体。

案例 3：试验材料为 40CrNiMoA，主要化学成分（质量分数，%）为：C0.37~0.44、Si0.20~0.40、Mn0.50~0.80、Cr0.60~0.90、Ni1.25~1.75、Mo0.15~0.25。

激光淬火处理在 CGJ-93 型的 5kW 五轴四联动 CO_2 激光加工系统上进行。利用 GJ-3 型宽带扫描转镜将激光束变为宽带模式，激光淬火工艺参数：激光输出功率 $P=2.8$kW；光斑尺寸为 25mm×2mm；扫描速度为 110~220mm/s。

激光淬火后，有效硬化层深度为 1.5mm；表面硬度为 720~780HV（心部硬度 340HV）。

用 AMRAY-1000B 扫描电子显微镜和 H-800 透射电子显微镜观察试样显微组织。其淬硬层为细小板条状马氏体组织，过渡区为马氏体与回火索氏体的混合组织，越靠近心部马氏体所占比例越小，而回火索氏体所占比例越大，从表层到心部其组织呈均匀的梯度分布，而心部则完全为回火索氏体组织。

案例 4：目标修复齿轮（某齿汽轮机轴齿轮）。齿数为 26，齿顶圆直径为 59.58mm，齿宽为 60mm，斜齿变位齿轮。材质为 34CrNiMo6，调质处理平均硬度为 35.3HRC，原表淬硬度为 45~50HRC。要求激光淬火层深达 0.5mm。

试验材料为 34CrNiMo6（DIN），主要化学成分（质量分数,%）：C0.30~0.38、Si0.15~0.40、Mn0.40~0.70、Cr1.40~1.70、Ni1.40~1.70、Mo0.15~0.30。

将试样表面清洗后，为了降低工件表面对 CO_2 激光的反射率，对表面进行黑化处理；采用 WKD 型的 5kW CO_2 横流激光器进行加工。激光输出功率 $P=2.0~3.0$kW，扫描速度 $v=1000~2000$mm/min。

34CrNiMo6 试样激光淬火处理后，淬火区组织明显细化，硬化层组织为板条马氏体，表面硬度一般在 590~620HV，最大可达到 670HV。硬度、硬化层深试验数据见表 2-29。

表 2-29 所呈现规律：在功率不变的情况下，随着扫描速度的增加，激光淬火层的深度变浅，但硬度将上升；在扫描速度不变时，随着激光输出功率的增加，激光淬火层的深度将增加，激光淬火的硬度呈现先增加后降低的趋势，这表明激光硬化层的硬度不能随着功率的提高而无限制的提高，有一个阀值。

由表 2-29 明显可以看出，当扫描速率为 1000mm/min 时，随着淬火功率的增大，淬硬层深度增加明显；当扫描速率为 1500~2000mm/min 时，淬火功率变化时淬硬层深度变化并不是很明显；当扫描功率一定时，扫描速率增加，淬硬层深度减小。根据要求，扫描速率可以选择 1000mm/min 或者稍大些，但不宜过高。

表 2-29　34CrNiMo6 试样硬度、硬化层深试验数据

试样编号	激光输出功率 /kW	扫描速度 /(mm/min)	有效硬化层深度 /mm	平均硬度(据表面 0.1mm 处)	
				HV(0.49N,10~15s)	HRC
1	2.0	1000	0.50	592	54.8
2	2.0	1500	0.40	602	55.3
3	2.0	2000	0.37	621	56.3
4	2.5	1000	0.60	668	58.6
5	2.5	1500	0.38	670	58.8
6	2.5	2000	0.35	611	55.7
7	3.0	1000	0.64	595	54.9
8	3.0	1500	0.46	610	55.7
9	3.0	2000	0.40	603	55.4

实际修复工件，兼顾处理硬度、变形等因素，选择工艺参数：激光输出功率为 1.5kW，扫描速度为 1500mm/min（25mm/s）。

（3）不锈钢激光淬火　不锈钢激光淬火硬度比普通淬火硬度要高出不少，耐磨性优良。某试验利用 2kW 的横流 CO_2 激光器对 30Cr13 不锈钢制作的计数器棘轮的齿部进行激光淬火，硬化层深度达 1.0mm，表面最高硬度达 680HV。

2.11　齿轮的新材料和新工艺

2.11.1　齿轮的新材料

对齿轮寿命及质量要求的提高，促进了齿轮材料及材料生产工艺的发展。

近些年来国内外齿轮材料发展的趋势如下：

1）降低使渗碳层表面氧化倾向变大的合金元素含量，适当添加使渗碳层表面氧化倾向减弱的合金元素。

2）开发窄淬透性的齿轮钢，对材料化学成分的控制是冶炼窄淬透性齿轮钢的重要环节，同时，开发窄淬透性的齿轮钢也对材料组织的均匀性提出了更高的要求。通常可以通过建立化学成分和淬透性之间相关的方法，借助计算机等现代化辅助工具检测材料的成分变化，从而严格的控制化学成分。

3）研究开发比较容易切削的齿轮钢。目前，硫易切削钢、钙易切削钢、铅易切削钢和复合易切削钢被广泛地应用于各工业领域。但随着切削加工自动化程度的提高，对材料的切削性能以及人们对环保的要求日趋提高，低硫和控制硫化物形态的多元易切削钢是以后重要的发展方向。

4）研发渗层高韧性齿轮钢。既要求增加重载齿轮的齿面静载强度，又要求提高其承受冲击的强度。在基体具有高的强度和韧性的前提下，防止渗层形成裂纹可以达到提高渗层韧性的目的。具体的方法诸如降低 S、P 元素含量而提高 Ni、Mo 元素含量，采用超低氧、低氢钢等。

5）研发低氧含量齿轮钢，通过降低齿轮钢中氧的含量提高钢的纯度，进而使齿轮的疲劳寿命大大地提高。其原因是随着齿轮钢中氧含量的降低，氧化物会伴随氧含量的降低而减少，从而抑制了夹杂物对疲劳寿命的反向作用。

6）研发精密锻造和冷挤压齿轮钢，使用近净成形技术。例如，精密锻造和冷挤压技术，不仅能够有效地减少材料切削加工的成本，而且大大提高了生产效率和材料的利用率。

7）研发轻量化齿轮材料，可以通过使用高强度钢、多元合金、碳复合材料、复合塑性材料、玻璃纤维增强材料，以及采用新的成形工艺和新型材料结合的方法来实现齿轮材料的轻量化。现

在，金属基复合材料已经在齿轮制造行业中有一定程度的研究和应用，比如颗粒增强金属基复合材料和碳纤维增强型复合材料等。

8）研发新型奥贝球铁齿轮材料。

我国在齿轮材料开发方面有了较大的突破，先后研发出了一系列新的齿轮材料，并且国内齿轮钢的品种以及相应产品的种类和数量日益丰富。以下是对几种材料的具体介绍。

连铸球墨铸铁（ADI）已经运用到齿轮的生产。ADI 属于传统认知的铸铁一类脆性材料，使得人们在选取工程材料的时候常常忽视了它。实际上，ADI 具有良好的综合力学性能，具有高强度的同时还具有刚塑性、高韧性，其抗拉强度最高可达到 900MPa 以上，尤其是经过热处理以后，最高可达到 1600MPa 以上。其次球墨铸铁中具有球状石墨，其吸振性比钢好，弹性模量要比钢低，阻尼系数比钢大，同时，球状石墨具有一定的润滑作用，减少了齿轮传动过程中的摩擦力。ADI 的出现使得齿轮材料的选取更为经济和优质，并且使用 ADI 材料加工齿轮，使得成本降低 30% 左右。因此，ADI 材料由于良好的热处理性和抗磨耐磨性成了生产分配齿轮、油泵齿轮及凸轮轴齿轮等的首选材料。

17Cr2Mn2TiH 作为一种新的齿轮材料也已经投入使用，其化学成分见表 2-30。与 20CrMnTi 相比较而言，其 Cr、Mn 的含量得到了提高，而 C 的含量降低了。Cr 是碳化物的形成元素，不仅改变了奥氏体等温转变的位置和形状，提高了过冷奥氏体的稳定性，而且形成的碳化物在促使晶粒长大的同时还起到了弥散强化的作用，使材料的淬透性和强韧性显著提高。Mn 一方面增大过冷奥氏体的稳定性，使材料的淬透性、强韧性得到了显著地提高；另一方面又增大了奥氏体晶粒长大的倾向，并增大了氧化物、硫化物等非金属夹杂的危害性。但是提高锰碳比使前者起到主导作用，这也是 17Cr2Mn2TiH 适当降低 C 的含量而提高 Mn 含量的原因之一。17Cr2Mn2TiH 保留了 Ti 的含量，一方面是因为 Ti 可以与 C、N 结合形成化合物，形成的化合物有细晶强化的作用，另一方面 Ti 还可以与 S 作用形成硫化钛，其塑性要比硫化锰高得多，从而改善了材料的塑性，抵消了 Mn 元素的副作用。由于 Mn、Ni 对钢强韧性的提高都有显著地作用，Mn 对材料的强化机理与 Cr 的类似，但是 Mn 的化合物沉淀相不沿晶界析出，也不与基体共格，因此 Mn 在强化材料的同时材料韧性不明显恶化，具有明显的二次强化效果。通过对 17Cr2Mn2TiH 中合金含量的优化组合，17Cr2Mn2TiH 可以代替一些与之功能相近的齿轮材料，这早已在重型汽车驱动桥锥齿轮等齿轮件上成功应用。17Cr2Mn2TiH 淬透性指标：$J9 = 39 \sim 42HRC$、$J15 = 35 \sim 41HRC$、$J25 = 33 \sim 39HRC$。17Cr2Mn2TiH 的使用大大降低了钢材成本及重型汽车驱动桥锥齿轮的制造成本。

表 2-30　17Cr2Mn2TiH 钢化学成分（质量分数，%）

C	Si	Mn	Cr	Ti	S	P	Cu	[O]
0.14~0.20	≤0.12	1.20~1.60	1.30~1.80	0.04~0.10	0.015~0.04	≤0.03	≤0.20	≤0.015

18Cr2Ni4WA 是国内高强渗碳齿轮材料之一。可以制造行星轮、太阳轮等直齿轮和斜齿圆柱齿轮等。Ni 对材料的作用：一方面使奥氏体等温转变位置右移，同时也使得马氏体相变点 Ms 下降，大大提高了过冷奥氏体的稳定性，不仅提高了马氏体的强化能力，而且有利于钢中沉淀相的均匀形核长大，实现细小而均匀分布，从而改善了钢的强韧性；另一方面，Ni 不仅降低了位错运动抗力，而且还减小了位错与间隙元素的相互作用能，促进应力松弛，降低钢的脆裂倾向。18Cr2Ni4WA 经渗碳、淬火、低温回火后，在 R_m、R_{eL}、硬度、疲劳强度、内部组织结构和表面耐磨性等方面都优于传统的 20CrMnTi 和 30CrMnTi，因此可以替代传统齿轮材料用于高冲击、复杂载荷等高要求的特殊场合。其化学成分见表 2-31。使用 18Cr2Ni4WA 材料制作工件时的一般工序为：毛坯正火→粗车→滚齿→渗碳→车削+其他加工工序→淬火→磨齿。毛坯正火阶段：因为 18Cr2Ni4WA 的淬透性较好，所以在正火后必须进行高温回火，否则会由于硬度较高而不能进行机加工。实际生产过程中，采用 680℃ 保温 12~15h，随炉降温至 350℃ 后出炉。这种高温回火热处理规范，其硬度一般在 220~

269HBW，保证了机械加工的可行性；渗碳后的空冷也会因其好的淬透性而导致硬度提高，如果在淬火前需要进行机加工，就需要采取高温回火长时间保温的工艺来达到降低硬度的目的。淬火阶段：由于 18Cr2Ni4WA 的合金含量高，这一特点降低了马氏体相变点 Ms，淬火冷却至室温后，组织中会保留大量的残留奥氏体，从而降低了表面的硬度和耐磨性，达不到最终的要求，因此必须想办法促使残留奥氏体进行转变，一般采用 850℃油淬+冷处理+低温回火工艺来解决硬度降低的问题。

表 2-31 18Cr2Ni4WA 钢化学成分（质量分数，%）

C	Si	Mn	S	P	Cr	Ni	W	Cu
0.13~0.19	0.17~0.37	0.30~0.60	≤0.025	≤0.025	1.35~1.65	4.00~4.50	0.80~1.20	≤0.025

16Cr3NiWMoVNbE 是一种应用在航天发动机上的新材料。该材料是一种合金化程度较高的结构钢，属于热强钢系列。该材料具有良好的常温和高温性能，并且该材料的淬透性好、热加工性好，既可用于渗碳，也可用于渗氮等多种工艺，其化学成分见表 2-32。钢中含有 W、Mo、V 等元素，这些元素可以形成细小的碳化物，从而提高了钢的强度。16Cr3NiWMoVNbE 材料还加入了少量的 Si、Ni，不仅可以降低钢的过饱和倾向，还可以使钢在回火后仍能保持较高的热强性。加入的少量 Nb 和稀土元素 Ce（铈），这两种元素起到了细化晶粒和强化固溶体的作用。16Cr3NiWMoVNbE 适用于制造工作温度在 350℃以下的重要承载齿轮以及其他复杂载荷条件下工作的零件。

表 2-32 16Cr3NiWMoVNbE 钢化学成分（质量分数，%）

C	Si	Mn	S	P	Ni	Cr	W	Mo	V	Cu	Nb	Ce
0.14~0.19	0.60~0.90	0.40~0.70	≤0.01	≤0.015	1.00~1.50	2.60~3.00	1.00~1.40	0.40~0.60	0.35~0.55	≤0.20	0.10~0.20	0.01~0.20

2.11.2 齿轮的精密成形

精密成形是指采用锻压、流动成形、回转成形、闭塞锻造、挤压等各类金属塑性成形技术，将坯料在模具中一次或多次成形为最终产品的过程。精密成形技术是未来先进制造技术的重要的发展方向。当今，提高产品竞争力的主要手段之一是直接生产零件成品的净成形技术，或者是生产零件最终形状的近净成形技术。这种技术在国内外得到了迅速的发展，它建立在材料科学、塑性力学、润滑技术、电子技术、信息技术、自动化技术以及无损检测技术等多种高新技术的基础上，通过对传统成形技术的改造，使之由粗糙、低效的成形变为高精度、高效、低成本的成形。按照金属成形时的温度可将精密成形方法分为热精锻（热挤压）、温精锻（温挤压）、冷精锻（冷挤压）。

1. 齿轮的冷精锻

冷精锻是将坯料在室温下直接锻造成形的方法。因为冷精锻工艺不需要对毛坯加热，所以没有材料氧化的问题，虽然在剧烈变形过程中，机械能转换成热能将锻件的温度加热到 200℃以上，但是这个温度对锻件的表面质量和尺寸精度几乎没有影响，因此可以得到良好的表面质量和较高的尺寸精度，它是真正的净成形技术。但是冷精锻变形抗力大，所以对模具的要求较高，需要大吨位的设备。因此，如何保证锻件充满型腔，生产满足尺寸精度的锻件，以及提高模具的寿命，一直是研究冷精锻的成形技术的难点和重点。

（1）冷精锻加工齿轮的优点

1）与切削加工相比，材料的利用率可提高 30%~50%，在不破坏金属的前提下金属材料做塑性转移，从而达到没有经过切削而使金属成形，大大减少齿轮原材料的消耗的目的。

2）冷精锻成形的齿轮内部晶粒细化、组织致密，并且其金属流线完整，表面硬度高，其抗拉强度与疲劳强度分别提高 25% 和 45%。同时，由于金属材料经冷加工产生加工硬化，使得齿轮零件的强度大大提高。

3) 冷精锻成形的齿轮具有较高的精度，其尺寸精度可高于 IT7 级，表面粗糙度 Ra 可达到 $0.8 \sim 0.2 \mu m$。

4) 与机加工相比，齿轮冷精锻工艺具有较高的生产效率，并且成本低，效益好。

5) 由于锥形齿轮的测量非常困难，因此冷精锻减少了昂贵的批量精密刨齿加工设备的投资。

6) 冷精锻方法属于无少切削工艺，因此场地比较干净，没有铁屑和油污，减少了污染，改善了车间的环境。

7) 冷精锻成形的齿轮，不仅形成致密、均匀的组织，还形成表面加工硬化层以及圆角圆滑过渡的齿根，从而大大地提高了齿轮的耐磨性、耐蚀性和根部的弯曲强度，明显地改善了齿轮的疲劳性能。

（2）冷精锻的缺点

1) 模具寿命低。冷精锻过程中，模具要受到很大的压力而容易被磨损和破坏，因此要采用优质的模具材料与合理的热处理工艺。

2) 需要大吨位的精锻设备。要求设备具有较高的强度、良好的刚度和可靠的加工精度，因此精锻设备十分昂贵。

（3）应用　下面以轿车直齿锥齿轮闭式冷精锻为例，具体介绍一下冷精锻工艺在齿轮成形中的应用。

精锻齿轮是指齿轮的齿形部分甚至更多的部分通过模锻成形而不需要过多的切削加工的齿轮。直齿锥齿轮，因其几何形状的可锻性以及其机加工难度大，模锻难度低的特点，成为研究人员的首选对象，因此，直齿锥齿轮成为研究最早、发展最快的精锻零件。直齿锥齿轮的传统制造工艺是在齿轮及机床上将处理过的齿轮毛坯通过插齿、刨齿或者铣削加工出齿形，冷精锻工艺则是用模具直接成形齿轮齿形，然后再在车床上加工其他部分。

1) 锻件工艺分析。锻件的工艺分析主要包括锻件的几何形状、材料、表面质量和尺寸精度及生产批量和生产设备等。

① 锻件材料和处理。轿车直锥齿轮的材料一般用低碳合金钢 20CrMo，其供应状态下的抗拉强度 $\geqslant 885 MPa$，屈服强度 $\geqslant 685 MPa$，伸长率 $\geqslant 12\%$，断面收缩率 $\geqslant 50\%$。因此，该材料不能进行变形量大的冷精密模锻。但是，毛坯经过软化退火处理后，其硬度将降低，可低于 140HBW，从而大大提高了材料的塑性，并且大大地降低了材料的变形抗力，使得材料满足了冷精锻成形工艺的要求。另外，为了解决冷精锻的润滑问题，在材料的退火处理以后，还要对毛坯进行表面的磷化和皂化处理。

② 锻件形状。检验一个零件是否可应用锻造的方法来生产，其中最重要的一点就是锻件能否顺利的出模。如果一个零件不能顺利地出模，不管它的成形多么的理想，应用精锻成形方法都是行不通的。即使形状非常复杂的零件，只要成形后可以顺利地出模，并且锻造工艺可以满足其他性能方面的要求，那么这个零件就可以采用锻造成形方法生产。轿车直齿锥齿轮从小端到大端都具有一定的锥度，可以顺利出模，因此满足闭式精密模锻的要求。

③ 锻件尺寸精度和表面质量。影响锻件表面质量和尺寸精度的因素很多，而且各个影响因素之间的关系复杂，很难从理论上准确地计算出来其等级。但是，冷精锻工艺具有一定的规律，锻件的尺寸精度要低于模腔精度 1~2 级。而且，冷精锻成形零件的表面粗糙度 Ra 可以达到 $0.8 \sim 0.2 \mu m$，完全可以满足轿车直齿锥齿轮的表面质量要求。

2) 闭式冷精锻近净成形原理。闭式锻造成形是通过凸模对坯料施加一个或多个方向的压力，从而使毛坯在封闭的型腔内流动进而充满型腔，得到所需形状尺寸零件的成形工艺。这一工艺过程不仅可以在双动压力机上实现，也可以在单动压力机上实现。在双动压力机上进行闭式模锻的过程中，先将上、下模闭合，然后施加一定的工作力压紧模具。此时，毛坯在封闭的型腔内已经产生一定的变形，再由复动式凸模从一个或者两个方向对毛坯施加挤压力，使毛坯产生多向流动，在一道工序中完成齿轮零件的塑性变形。在闭式锻造这一过程中，锻造的总载荷等于合模力与挤压力之和。直齿锥齿轮冷精锻原理如图 2-7 所示，首先将坯料置于下凹模中，上凹模与下凹模合模后形成封闭的型腔，然后通过作用力 p_1 压紧，然后上、下冲头以相同或者不同的速度对坯料施加作用力 p_2、p_3，使坯料充满型腔，成形为齿轮。

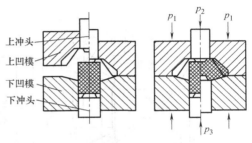

图 2-7　锥齿轮闭式冷精锻原理

单动压力机通过专用液压闭式模架来实现闭式冷精锻工艺的原理与图 2-7 所示的相似，其差别在于模具中的下凹模是支撑在专用液压模架的活塞上的，上凹模与上冲头无相对运动。其工作过程：首先将坯料放入下凹模和下冲头形成的模腔内，然后开动压力机，压力机的滑块下行，使得整体凹模与固定在压力机工作台上的下冲头产生相对运动，迫使坯料充满整体凹模型腔，进而成形为直齿锥齿轮精密锻件。

3）金属流动规律。在冷精锻过程中，金属的流动具有很大的不均匀性，并且金属的流动性受外部摩擦、工具结构、零件各种复杂的几何形状、材料的硬化等的影响，使得金属的流动规律非常复杂。

冷精锻过程中，金属流过模腔表面时，将会呈现出两种形态和性质不同的流动：一种流动非常不规则，叫紊流；另外一种流动平滑规则，叫层流。如图 2-8 所示，冷精锻过程不使用润滑剂时，外部的摩擦会对金属流动产生阻碍，导致外层金属流动缓慢，同时外层金属被明显拉长，并且紧贴着模腔内壁。此时，坯料的中心由于受到压力而流动速度较快，但是外层金属不能流向中心，所以中心部位没有金属补充，结果锻件的断面塌下，形成一个锥窝的形状。同时，在余料部分的转角会出现材料的聚集现象，金属流动非常缓慢，甚至出现了停滞的现象。显然，在无润滑剂进行精锻时，变形区分布在全长上，材料的流动和变形非常的不均匀，并且没有规律性，出现种种紊乱的金属流动。

层流时，金属是逐层、平行地进行流动的，沿毛坯全长的流动情况基本相同，毛坯的外表面变成锻件的外表面。同时，由于摩擦因数较小，坯料的外表面的流动速度与中心金属的流动速度基本相同。在冷精锻时，我们希望得到层流。在精锻过程中，为了得到层流状态，即为了使金属能够发生层流，就必须最大限度地减小金属与模腔内壁的摩擦。不仅可以采用理想的几何模腔和理想的毛坯形状，为金属内部产生平滑流动建立良好的变形条件，还可以提高模具表面的表面质量，采用性能良好的润滑剂。

图 2-8　紊流与层流

a）不使用润滑剂的紊乱流动　b）使用润滑剂的层状流动

4）闭式冷精锻锻件图设计。

① 分模面位置的确定。确定闭式模锻分模面的原则：使得锻件能够从模腔里取出；使模腔能够顺利充满；有利于模具的加工；尽量减少分模面对锻件质量的影响。由于齿轮零件的齿形较复杂，使得金属的流动比较困难，因此，采用以镦粗和挤压两者复合的方式成形。根据选取分模面的

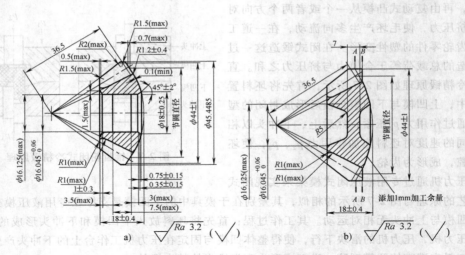

图 2-9　行星齿轮工作图

a) 行星齿轮零件图　b) 行星齿轮锻件图

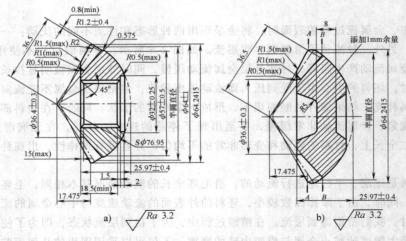

图 2-10　半轴齿轮工作图

a) 半轴齿轮零件图　b) 半轴齿轮锻件图

原则和直锥齿轮的特点，将分模面设置在如图 2-9b 所示的 A—A 位置，但是，采用这种分模方法，齿形凹模其齿轮的大端齿尖部分将高出分模面，这种情况下进行冷精锻，很容易将露出分模面的齿尖部分压塌甚至断裂，因此，将齿轮大端沿齿向延伸一段，如图 2-9b、图 2-10b 虚线所示，B—B 为分模面的位置。

②　机械加工余量。通过闭式模锻生产出的齿轮，其齿形部分表面质量，尺寸精度，以及齿轮小端完全符合要求，不需要再进行机械加工。因此，不需要留机械加工余量。中心孔锻成后会使一个中间有连皮的盲孔，大端背锥球面留有 1mm 的加工余量。

③　圆角半径。模锻过程中，锻件的圆角半径对金属的流动充型、模锻力、模具的磨损及锻件转角处的流线等有着很大的影响，尤其是内圆角半径 R。其外、内圆角半径的设计公式为

$$r = 余量 + a$$

$$R = (2 \sim 3) \times r$$

式中　　a——零件上相应处的圆角半径或倒角。

在齿轮冷精锻过程中，由于齿轮的齿形部分以及小端部分为净成形，因此圆角部分也不留加工余量。

5) 坯料和预成形件的优化设计。根据等体积原则来确定毛坯的尺寸，用三维造型软件设计锻件的三维图，然后计算出体积，然后根据坯料的高径比 $H_0/D_0 \geqslant 1$ 确定毛坯尺寸。

在轿车直齿锥齿轮图的最小直径和端部凸肩之间选择一个尺寸作为毛坯的直径。这个尺寸不仅满足许用变形程度的要求，而且还要作为毛坯在型槽中的定位尺寸，如图 2-11a 所示。对于带有杆部的半轴齿轮，由于锻件尺寸较大，因此可以有两种坯料，一种是与行星齿轮相同的毛坯。另外一种，当锥角 β 很大，同时齿轮外径也非常大时，采用图 2-11b 所示得到预锻毛坯。预锻件与终锻件的尺寸关系：d_1、d_2 和 d_3 比终锻件对应的杆径和孔径小 0.1~0.2mm，β 角等于终锻件的锥角。设计成一种预锻件的原因，主要是对于带有杆部，并且杆部直径 d_1 远比齿轮最大外径小，同时锥角 β 很大的半轴齿轮。在闭式精锻时，通常毛坯直径 D_0 按杆径 d_1 选择，这样就会导

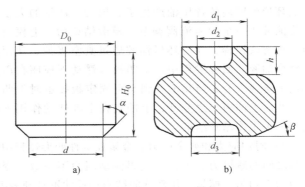

图 2-11　齿轮试验毛坯形状图
a) 行星齿轮毛坯　b) 半轴齿轮毛坯

致原毛坯的高径比远远大于 1。这种细长的毛坯在镦挤成形后，比较容易在锻件内部产生裂纹。当增加一道预成形工序，所得到的预成形件，再进行球化退火和磷化皂化处理成形后就不会出现裂纹了。

6) 分流腔设计。

① 分流锻造原理。在闭式锻造过程中由于多种因素的影响，毛坯体积刚好等于闭式模腔容积的情况很难实现，要解决这一问题，可采取两条途径：一是提高下料的精度，保证毛坯体积的波动小，这一方法增加了下料的成本；二是在模具上设置分流腔，即多余金属分流降压腔，当金属将模型充满后，多余的金属就会被挤入分流腔，这种方法会有飞边形成，从而造成一定的材料损耗。但与开式模锻相比，这种方法的材料损耗要小得多。加了分流腔后对下料精度的要求会小很多，同时降低了模、腔内的压力，提高了模具的寿命。分流腔的设置原则如下：

a. 只有在模腔中所有难以充型的部位都被充满之后，金属才能被挤入分流腔，换句话说，分流腔是最后充满的部位。

b. 当多余金属被挤入分流腔时，不能引起变形阻力的急剧升高，设置分流腔形式和大小时，应保证多余金属分流时在模腔里产生的压力不能比模腔刚充满时的压力大或者可以大一点点，避免增加总的模锻力，或者避免造成模具的磨损。

c. 锻造完成后，由于分流腔的设置，零件会产生飞边，为了便于这些飞边的后续加工，应当将分流腔设置在分模面周围。

② 直齿锥齿轮闭式冷精锻分流腔设计。根据分流腔设置原则，此零件的分流腔应设置在大端型腔齿形最后充满位置：一是当金属充满型腔后，多余金属就会挤入分流腔，并且锻件的大端齿形和背锥球面还会由后续的机械加工完成精加工；二是可以有效地降低精锻的成形力。原因：若不设置分流腔，则成为完全闭式模锻，模锻结束时，理论上其成形力会急剧增至无穷大，从而导致模具寿命大大地降低，严重时会导致模具损坏，并且还会导致模锻设备的损坏。分流腔如图 2-12 所示。

7) 闭式冷精锻液压模架结构与运动原理。闭式冷精锻模架结构如图 2-13 所示，一共分为上下

两个部分，上部由零件1~8组成，下部由零件9~16组成。

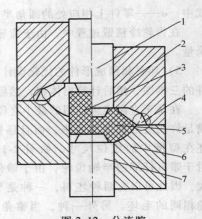

图2-12　分流腔
1—上冲头　2—齿形凹模　3—坯料
4—分流腔　5—锻件　6—下凹模
7—下冲头

工作原理：当模具和模架上半部分处于上限位置时将坯料放入下凹模，开动压力机使滑块带动模架和模具的上半部分做下行运动，上下凹模合闭并压紧。随着滑块的继续下行。闭合的整体凹模与浮动下模座15与固定在下模板16上的下冲头14产生相对运动，迫使坯料变形充满整个凹模型腔。下模座15下面的环形油腔内的背压油产生了合模力。油压的大小可以通过进排油液压系统的溢流阀调节。模锻结束后，上模与上模架随压力机滑块回程，同时环形油腔通过真空吸油，从而使油液充满整个油腔。回程过程中，下凹模与浮动下模座在压缩弹簧的作用下迅速上升，当其上升到与下固定板接触时下凹模停止上升。此后上凹模与之分开，上冲头在上推杆的作用下将锻件顶出，一个工作循环结束。

8）附加应力和残余应力。金属在塑性变形过程中存在着与模具之间的摩擦力、各部分金属流动阻力不一致、变形金属组织结构不均匀、模具工作部分的结构和尺寸不合理等因素，从而使金属内部产生相互作用的附加应力。另外，当使金属产生塑性变形的外力消失后，金属内部产生的附加应力不会消失，它仍然存在，形成残余应力。残余应力的存在会缩短锻件的使用寿命、引起积压件尺寸以及形状的改变，同时还会降低金属的耐蚀性。所以，需要防止和消除附加应力和残余应力。具体措施如下：

① 减小摩擦阻力的影响，提高模具内表面的表面质量，同时使用合适的润滑剂。

② 合理设计模具工作部分的结构和尺寸，保证在冷精锻过程中变形压力均匀分布。

③ 尽量使金属的组织均匀，在冷锻前对坯料进行均匀化处理。

④ 在冷精锻后对零件进行热处理，以消除残余应力。

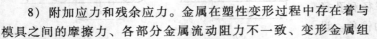

液压油

进/排油孔

图2-13　模架结构设计及运动原理
1—上推杆　2—上模板　3—上冲头　4—上模座　5—上凹模
6—上模预应力内圈　7—上模预应力外圈　8—上模固定圈
9—线固定圈　10—下模预应力外圈　11—下模预应
力内圈　12—凹模　13—固定板　14—下冲头
15—浮动模座　16—下模板

2. 齿轮的温精锻成形工艺

将坯料加热到室温以上、再结晶温度以下的某个合适的温度进行的锻造技术。钢铁材料的温精锻成形温度一般介于650~950℃。温精锻有着与热精锻相似的成形性能，但又由于温度不是特别高，氧化现象不明显，因此可以得到与冷精锻产品接近的高品质加工表面。所以，温精锻技术发展也比较迅速。特别是对一些形状复杂零件的精密成形，温精锻工艺有着非常大的优势。

（1）温精锻温度的选择原则

1）温精锻温度选择范围是使得材料的变形抗力显著下降的温度。

2）所选温度应该是金属材料开始有较强烈氧化的温度之前的温度，从而保证金属材料无氧化或者极少氧化。

3）金属材料变形时与相应的润滑剂之间具有最小摩擦因数的温度范围为温精锻所选温度。

目前，对于汽车工业中常用的碳素钢和合金钢，温精锻温度的大致范围为 650~850℃。

（2）温精锻对润滑剂性能的要求

1）为了使润滑剂较好地黏附于摩擦表面，则需要润滑剂对摩擦表面具有最大的活性和足够的黏度，不会因为接触到大的应力也被挤走，从而使坯料顺利的发生塑性变形。

2）温精锻时，润滑剂的工作温度比较高，为了避免因温度过高引起润滑剂性能发生变化，因此润滑剂需要有一定的热稳定性、耐热性和绝热性。

3）润滑剂需要具有良好的化学稳定性，在温精锻过程中不发生分解，不会氧化变质，同时，润滑剂不能对模具具有腐蚀作用。

4）在温精锻成形条件下，润滑剂需要具有良好的温润性，能均匀地扩散到毛坯与模具表面形成一层润滑膜，同时，也要求润滑剂具有一定的冷却功能。

5）在温精锻过程中，润滑剂应该有效地覆盖在所有的新生表面上，防止金属质点黏附到模具型腔上，从而引起模具的损坏。

（3）温精锻工艺特点

1）温精锻生产出的齿轮的表面质量和尺寸精度接近于冷精锻出的齿轮，并且成形温度越低，齿轮的表面质量越好，尺寸精度越高。

2）温精锻时，金属材料的塑性提高，变形抗力下降。原因是，温精锻是将坯料加热到再结晶温度以下的温度，在这个温度范围内金属材料的塑性较好、变形抗力较低，因此温精锻每道工步的变形量要比冷精锻的大，从而减少了工步数，提高了生产率。

3）温精锻对模具要求较高，温精锻时不仅要对模具进行润滑处理，还要使模具充分冷却。

下面以半轴齿轮温精锻成形为例具体介绍一下温精锻在齿轮生产过程中的应用。

图 2-14a 所示为半轴齿轮的零件图，该齿轮的模数大，带有小模数内齿，锻件体积较大，齿轮下端杆部高度较高，内齿齿根圆直径大，型腔较深，锻件成形困难。为了降低其成形难度，设计锻件图时，将齿轮的内部设计成圆孔，在上端齿形部分留有一定的连皮厚度，对内直齿和冲孔连皮采用机械加工方法成形，最终锻件图如图 2-14b 所示。

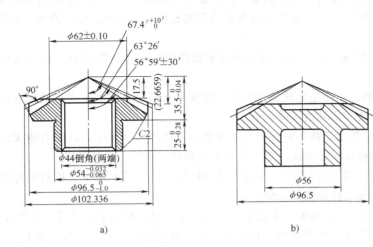

图 2-14　半轴齿轮的零件图和锻件图

a）半轴齿轮的零件图　b）半轴齿轮的最终锻件图

图 2-15 所示为半轴齿轮的精锻模，模具中斜压块 2 与拉杆 16 呈 90°分别固定在双动液压机外滑块上，上模板 23 固定在内滑块上。首先，内滑块在上始点，外滑块下行。拉杆带着凹模压板 18 与下凹模下行，通过导套 12、导柱 13 准确导向，从而使上下凹模准确的闭合，形成了齿轮的型腔，然后斜压块 2 与压板接触，从而压死凹模。坯料从压板孔口落入型腔，依靠背锥模块 11 的型腔孔自然定位，随后内滑块带动凸模 21 下行，镦挤坯料，从而使金属充满型腔。其中凸模行程靠凹模压板 18 与凸模压板 19 接触与否确定。取件时，内外滑块动作顺序和上面描述的相反。上下凹模完全分开后，顶杆将锻件从齿模 10 中顶出，完成一次成形。

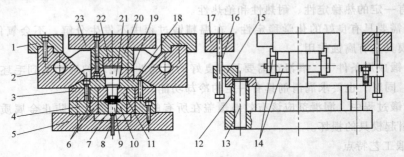

图 2-15　半轴齿轮的精锻模
1—斜压块固定板　2—斜压块　3、4—上下凹模外圈　5—下模板　6—上下凹模中圈
7—下垫板　8—下顶杆　9—上顶杆　10—齿模　11—背锥模块　12—导套
13—导柱　14—斜压块拉板机构　15—提升板　16—拉杆　17—拉杆固定板
18—凹模压板　19—凸模压板　20—凸模限位圈　21—凸模
22—凸模垫板　23—上模板

3. 齿轮的热精锻工艺

将坯料加热到再结晶温度以上进行的精密锻造称为热精锻。材料在再结晶温度以上具有良好的塑性，并且具有良好的流动性，所以热精锻适用于所有钢种，可以生产出各种形状的零件。但是热精锻也有一些缺点，由于温度较高再加上过程中氧化反应比较强烈，表面性能差，从而导致了尺寸的误差较大，需要留有较大的加工余量。

目前，国内外对直齿锥齿轮的冷精锻、热精锻工艺技术已经很成熟，但是直齿圆柱齿轮的冷精锻工艺还没应用到实际生产中，这是因为齿轮角部的充型比较困难，成形力大，对模具的设计和制造精度更为严格。

（1）工艺特点　目前，直齿圆柱齿轮的精密塑性成形工艺一般采取正向热挤压工艺方法，此工艺具有以下特点：

1）成形比较容易。采用正向热挤压工艺，之间的齿形由凹模的齿形形状来确定，成形比较容易，并且不受齿轮模数大小和数量的影响。

2）变形抗力小。采用正挤压时，毛坯的变形程度较径向挤压小，且应力球张量远小于镦挤时的封闭挤压状态；热挤压时，金属的塑性变形大大提高，而抗力显著下降。

3）模具寿命高。正向热挤压时，模具所承受的变形抗力明显减少，模具的容料腔部分，应力集中现象少，因而提高了模具使用寿命。

4）优质高效节材。与切削加工工艺相比，生产率、材料利用率和承载能力都有显著提高。

（2）注意事项　采用正向热挤压直齿圆柱齿轮，其模具设计的注意事项如下：

1）为使模具结构简单，加工方便，凸模设计成较为简单的形式，采用台阶定位。

2）为防凸模松动，凸模与上压板之间采用较紧的过渡配合。

3）为防止材料被反挤出来，凸模工作带与凹模之间采用较小的间隙配合。

4）为提高凹强度，设计单层预紧结构，凹模与预紧圈之间采用大过盈量配合，使模具具有一定的预应力。

5）由于先挤出较长的齿轮棒材，再按需要截成所需的长度，为使出料方便，设置合适的出料装置。

6）为防止模具预热使大量热能顺模具向下散失，在适当位置加入隔热棉。

7）为保证制件顺利成形，避免应力集中对凹模的整体破坏，又使带有工作带的那一部分拆换方便，还能让两部分准确定位，将凹模巧妙地分割成两部分，考虑到由于温度的影响，材料热胀冷缩，必须先进行模拟试验，掌握其成形规律，以确定凹模腔的合理尺寸；再用精整工序来提高制件的表面质量，达到所需的精度和使用要求。

4. 精冲工艺

精冲就是精密冲裁技术的简称，包括强力压边精冲、对凹模精冲、平面压边精冲等。强力压边精冲是目前应用最广泛的精冲成形工艺。图 2-16 所示为采用精冲工艺制造的齿轮零件。

（1）主要优点　精冲具有许多优点，主要体现以下四个方面：

1）精冲生产出的零件质量较高，并且其生产出的零件精度可达到 IT7 级，表面完好率一般可以达到 Ⅱ～Ⅲ 级。若精冲性能较好或者较薄的零件，则表面完好率更高。表面粗糙为 $Ra2.5～0.63\mu m$。

图 2-16　精冲工艺制造的齿轮零件

2）精冲技术的生产率高，对于复杂形状的零件，仅用一次冲压就可以完成成形，大大减少了机械加工工序，提高了生产率。

3）与机械加工相比较，精冲技术不仅节省了机械加工所造成的材料和能量消耗，同时由于精冲成型速度快，使得剪切面的材料产生冷作硬化现象，可以省去后续热处理工艺，可大大降低生产成本。

4）精冲工艺应用广泛，其不仅广泛地应用于钟表、计算机、照相机、打字机、仪器仪表等精密机械工业，而且在家用电器、汽车工业、航空航天和办公室设备等工业部门的应用也在日益扩大。随着精冲技术的日益发展和成熟，许多复杂零件，如复杂齿形零件等也可以采用精冲成形工艺。

（2）与普冲裁的区别　精冲技术是在普通冲裁的基础上发展起来的一种新技术，与普通冲裁相比具有以下特点：

1）精冲零件质量更好。

① 精冲件的尺寸精度可达到 IT7～IT11，断面的表面粗糙度 Ra 为 $0.4～1.6\mu m$，而普通冲裁件的尺寸精度只能达到 IT11～IT13，断面的表面粗糙度为 $Ra>6.3\mu m$。

② 精冲件的平面度、垂直度都大于普通冲裁件。

③ 精冲件的毛刺较小，而且单向分布，塌角只占到板厚的 10%～20%，普通冲裁件的毛刺较大，而且为双向分布，塌角占到板厚的 20%～30%。

2）模具结构不同。普通冲裁的凸、凹模间隙较大，单边间隙为板料厚度的 5%。

（3）应用　以下为直齿轮闭式精冲工艺在齿轮成形中的应用概况。

闭式精冲工艺的原理是利用大的静水压应力抑制工件产生早期裂纹。该工艺采取特殊的模具结构，将坯料约束与主、副凹模及凸模和反顶板形成的封闭型腔内，在精冲过程中通过调节模具元件作用力使坯料获得强大的静水压应力，从而提高材料的精冲性能。

　　闭式精冲工艺具有两种结构：平面式、凸台式，如图2-17所示。凸台式适用于零件外形复杂、皮料的体积难以精确计算时的情况，但使用凸台式将会降低材料的利用率。

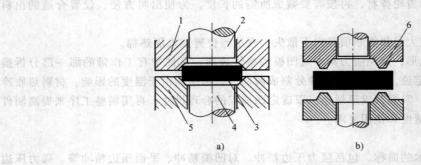

图 2-17　闭式精冲模具结构
a) 平面式　b) 凸台式
1—副凹模　2—凸模　3—坯料　4—反顶块　5—主凹模　6—凸台

第3章 齿轮的几何尺寸计算

3.1 渐开线直齿圆柱齿轮的几何尺寸计算

3.1.1 渐开线标准直齿圆柱齿轮的基本参数

决定渐开线齿轮尺寸的基本参数是齿数 z、模数 m、压力角 α、齿顶高系数 h_a^* 和顶隙系数 c^*。

1. 分度圆、模数和压力角

齿轮上作为齿轮尺寸基准的圆称为分度圆，分度圆直径以 d，半径以 r 表示。相邻两齿同侧齿廓间的分度圆弧长称为齿距，以 p 表示，$p = \pi d/z$，z 为齿数。齿距 p 与 π 的比值 p/π 称为模数，以 m 表示。模数是齿轮的基本参数，有国家标准。由此可知：

齿距：
$$p = \pi m \tag{3-1}$$

分度圆直径：
$$d = mz \tag{3-2}$$

渐开线齿廓上与分度圆交点处的压力角 α 称为分度圆压力角，简称压力角，国家规定标准压力角 $= 20°$。

由式（3-1）和式（3-2）可推出基圆直径：
$$d_b = d\cos\alpha = mz\cos\alpha \tag{3-3}$$

2. 齿距、齿厚和齿槽宽

齿距 p 分为齿厚 s 和齿槽宽 e 两部分（图3-1），即
$$s + e = p = \pi m \tag{3-4}$$

标准齿轮的齿厚和齿槽宽相等，即
$$s = e = \pi m/2 \tag{3-5}$$

齿距、齿厚和齿槽宽都是分度圆上的尺寸。

3. 齿顶高、顶隙和齿根高

由分度圆到齿顶的径向高度称为齿顶高，用 h_a 表示：
$$h_a = h_a^* m \tag{3-6}$$

两齿轮装配后，两啮合齿沿径向留下的空隙距离称为顶隙，以 c 表示：
$$c = c^* m \tag{3-7}$$

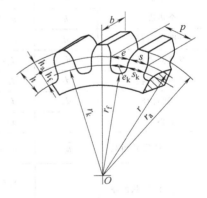

图 3-1 齿轮各部分代号

由分度圆到齿根圆的径向高度称为齿根高，用 h_f 表示：
$$h_f = h_a + c = (h_a^* + c^*)m \tag{3-8}$$

式中 h_a^*、c^*——齿顶高系数和顶隙系数，GB/T 1356—2001 标准规定 $h_a^* = 1$、$c^* = 0.25$（必要时可以选择 $c^* = 0.4$）。

由齿顶圆到齿根圆的径向高度称为全齿高，用 h 表示：
$$h = h_a + h_f = (2h_a^* + c^*)m \tag{3-9}$$

齿顶高、齿根高、全齿高及顶隙都是齿轮的径向尺寸。

3.1.2　渐开线标准直齿圆柱齿轮的几何尺寸计算常用公式

渐开线标准直齿圆柱齿轮（外啮合）几何尺寸计算公式见表3-1。压力角 $\alpha = 20°$ 的标准直齿轮的齿厚测量尺寸见表3-2～表3-4。

表3-1　渐开线标准直齿圆柱齿轮（外啮合）几何尺寸计算公式

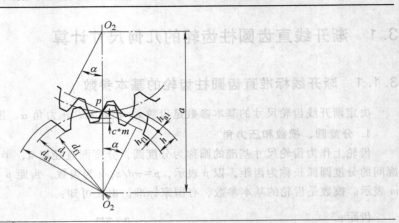

名　称	代　号	计　算　公　式
齿距	p	$p = \pi m$
齿厚	s	$s = 0.5p = \pi m/2$
齿槽宽	e	$e = \pi m/2$
齿顶高	h_a	$h_a = h_a^* m$
齿根高	h_f	$h_f = h_a + c = (h_a^* + c^*)m$
全齿高	h	$h = h_a + h_f = (2h_a^* + c^*)m$
分度圆直径	d	$d = mz$
齿顶圆直径	d_a	$d_a = d + 2h_a = m(z + 2h_a^*)$
齿根圆直径	d_f	$d_f = d - 2h_f = m(z - 2h_a^* - 2c^*)$
基圆直径	d_b	$d_b = d\cos\alpha = mz\cos\alpha$
中心距	a	$a = m(z_1 + z_2)/2$
齿厚测量尺寸 固定弦齿高	$\overline{h}_c$	$\overline{h}_c = h_a - \dfrac{\pi}{8}m\sin 2\alpha$
固定弦齿厚	$\overline{s}_c$	$\overline{s}_c = \dfrac{\pi}{2}m\cos^2\alpha$ 注：固定弦齿厚是指齿轮的轮齿与基本齿廓对称相切时，两切点间的距离
分度圆弦齿高	$\overline{h}$	$\overline{h} = h_a + \dfrac{mz}{2}\left(1 - \cos\dfrac{90°}{z}\right)$
分度圆弦齿厚	$\overline{s}$	$\overline{s} = mz\sin\dfrac{90°}{z}$
跨齿数	k	$k = \dfrac{\alpha}{180°}z + 0.5$　（4舍5入取整）
公法线长度	w	$w = m\cos\alpha[\pi(k - 0.5) + z\,\mathrm{inv}\alpha]$ 式中　$\mathrm{inv}\alpha$——渐开线函数（也就是分度圆上齿廓点的渐开线展角 θ，单位为 rad），$\mathrm{inv}\alpha = \tan\alpha - \alpha$ 当 α 以角度（DEG）代入计算时，$\mathrm{inv}\alpha = \tan\alpha - \alpha\pi/180°$，$\alpha = 20°$ 时：$\mathrm{inv}\alpha = 0.0149044$

表 3-2　α=20°的标准直齿圆柱齿轮固定弦齿高和弦齿厚的数值　　　（单位：mm）

模数 m	固定弦齿厚 $\overline{s}_c$	固定弦齿高 $\overline{h}_c$	模数 m	固定弦齿厚 $\overline{s}_c$	固定弦齿高 $\overline{h}_c$	模数 m	固定弦齿厚 $\overline{s}_c$	固定弦齿高 $\overline{h}_c$
1	1.3871	0.7476	4.25	5.8950	3.1772	12	16.6446	8.9709
1.25	1.7338	0.9344	4.5	6.2417	3.3641	13	18.0316	9.7185
1.5	2.0806	1.1214	4.75	6.5885	3.5510	14	19.4187	10.4661
1.75	2.4273	1.3082	5	6.9353	3.7379	15	20.8057	11.2137
2	2.7741	1.4951	5.5	7.6288	4.1117	16	22.1928	11.9612
2.25	3.1209	1.6820	6	8.3223	4.4854	18	24.9669	13.4564
2.5	3.4677	1.8689	6.5	9.0158	4.8592	20	27.7410	14.9515
2.75	3.8144	2.0558	7	9.7093	5.2330	22	30.5151	16.4467
3	4.1611	2.2427	7.5	10.4029	5.6068	24	33.2892	17.9419
3.25	4.5079	2.4296	8	11.0964	5.9806	25	34.6762	18.6895
3.5	4.8547	2.6165	9	12.4834	6.7282	28	38.8373	20.9322
3.75	5.2017	2.8034	10	13.8705	7.4757	30	41.6114	22.4273
4	5.5482	2.9903	11	15.2575	8.2233	32	44.3855	23.9225

注：1. 表中数据也可以用于斜齿轮，模数按法向值（m_n）查取。

　　2. 计算式：$\overline{s}_c = 1.387048m$，$\overline{h}_c = 0.747578m$。

表 3-3　$m=1\text{mm}$、α=20°的标准直齿圆柱齿轮分度圆弦齿高和弦齿厚的数值

（单位：mm）

齿数 z	分度圆弦齿厚 $\overline{s}$	分度圆弦齿高 $\overline{h}$	齿数 z	分度圆弦齿厚 $\overline{s}$	分度圆弦齿高 $\overline{h}$	齿数 z	分度圆弦齿厚 $\overline{s}$	分度圆弦齿高 $\overline{h}$
11	1.5655	1.0560	29	1.5700	1.0213	47	1.5705	1.0131
12	1.5663	1.0513	30	1.5701	1.0205	48	1.5705	1.0128
13	1.5669	1.0474	31	1.5701	1.0199	49	1.5705	1.0126
14	1.5673	1.0440	32	1.5702	1.0193	50	1.5705	1.0124
15	1.5679	1.0411	33	1.5702	1.0187	51	1.5705	1.0121
16	1.5683	1.0385	34	1.5702	1.0181	52	1.5706	1.0119
17	1.5686	1.0363	35	1.5703	1.0176	53	1.5706	1.0116
18	1.5688	1.0342	36	1.5703	1.0171	54	1.5706	1.0114
19	1.5690	1.0324	37	1.5703	1.0167	55	1.5706	1.0112
20	1.5692	1.0308	38	1.5703	1.0162	56	1.5706	1.0110
21	1.5693	1.0294	39	1.5704	1.0158	57	1.5706	1.0108
22	1.5694	1.0280	40	1.5704	1.0154	58	1.5706	1.0106
23	1.5695	1.0268	41	1.5704	1.0150	59	1.5706	1.0104
24	1.5696	1.0257	42	1.5704	1.0146	60	1.5706	1.0103
25	1.5697	1.0247	43	1.5705	1.0143	61	1.5706	1.0101
26	1.5698	1.0237	44	1.5705	1.0140	62	1.5706	1.0100
27	1.5698	1.0228	45	1.5705	1.0137	63	1.5706	1.0098
28	1.5699	1.0220	46	1.5705	1.0134	64	1.5706	1.0096

注：对于其他模数的齿轮，则将表中的数值乘以模数。

表 3-4　m=1mm、α=20°的标准直齿圆柱齿轮的公法线长度（单位：mm）

齿轮齿数 z	跨齿数 k	公法线公称长度 W	齿轮齿数 z	跨齿数 k	公法线公称长度 W	齿轮齿数 z	跨齿数 k	公法线公称长度 W
15	2	4.6383	27	4	10.7106	39	5	13.8308
16	2	4.6523	28	4	10.7246	40	5	13.8448
17	2	4.6663	29	4	10.7386	41	5	13.8588
18	3	7.6324	30	4	10.7526	42	5	13.8728
19	3	7.6464	31	4	10.7666	43	5	13.8868
20	3	7.6604	32	4	10.7806	44	5	13.9008
21	3	7.6744	33	4	10.7946	45	6	16.8670
22	3	7.6884	34	4	10.8086	46	6	16.8881
23	3	7.7024	35	4	10.8226	47	6	16.8950
24	3	7.7165	36	5	13.7888	48	6	16.9090
25	3	7.7305	37	5	13.8028	49	6	16.9230
26	3	7.7445	38	5	13.8168	50	6	16.9370

注：对于其他模数的齿轮，则将表中的数值乘以模数。

3.2　渐开线斜齿圆柱齿轮的几何尺寸计算

3.2.1　斜齿轮齿廓的形成

如图 3-2a 所示，直齿圆柱齿轮的齿廓实际上是由与基圆柱相切作纯滚动的发生面 S 上一条与基圆柱轴线平行的任意直线 KK 展成的渐开线曲面。

当一对直齿圆柱齿轮啮合时，轮齿的接触线是与轴线平行的直线，如图 3-2b 所示，轮齿沿整个齿宽突然同时进入啮合和退出啮合，所以易引起冲击、振动和噪声，传动平稳性差。

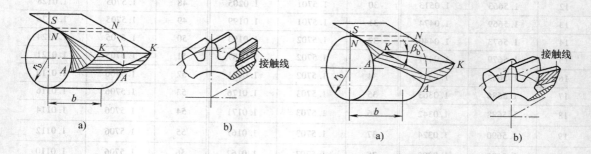

图 3-2　直齿轮齿面形成及接触线　　　　　图 3-3　斜齿轮齿面形成及接触线

斜齿轮齿面形成的原理和直齿轮类似，所不同的是形成渐开线齿面的直线 KK 与基圆轴线偏斜了一角度 β_b（图 3-3a），KK 线展成斜齿轮的齿廓曲面，称为渐开线螺旋面。该曲面与任意一个以轮轴为轴线的圆柱面的交线都是螺旋线。由斜齿轮齿面的形成原理可知，在端平面上，斜齿轮与直齿轮一样具有准确的渐开线齿形。

如图 3-3b 所示，斜齿轮啮合传动时，齿面接触线的长度随啮合位置而变化，开始时接触线长度由短变长，然后由长变短，直至脱离啮合，因此提高了啮合的平稳性。

3.2.2　斜齿圆柱齿轮的主要参数

斜齿轮与直齿轮的主要区别是：斜齿轮的齿向倾斜，如图 3-4 所示。虽然端面（垂直于齿轮轴线的平面）齿形与直齿轮齿形相同均为渐开线，但斜齿轮切制时刀具是沿螺旋线方向切齿的，其法向（垂直于轮齿齿线的方向）压力角与刀具标准压力角相一致，端面压力角与刀具压力角是不同的。图 3-5 所示为端面压力角和法向压力角。

因此对斜齿轮来说，存在端面参数和法向参数两种表征齿形的参数，两者之间因为螺旋角 β（分度圆上的螺旋角）而存在确定的几何关系。

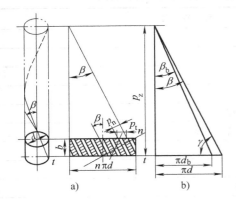 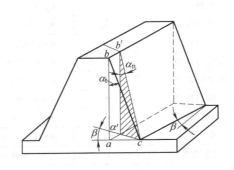

图 3-4　斜齿圆柱齿轮分度圆柱面展开图　　　　　　图 3-5　端面压力角和法向压力角

1. 法向参数与端面参数间的关系

1）法向齿距 p_n 与端面齿距 p_t 的关系为

$$p_n = p_t \cos\beta \tag{3-10}$$

2）法向模数 m_n 与端面模数 m_t 的关系为

$$m_n = m_t \cos\beta \tag{3-11}$$

3）法向压力角 α_n 与端面压力角 α_t 的关系为

$$\tan\alpha_n = \tan\alpha_t \cos\beta \tag{3-12}$$

由于切齿刀具齿形为标准齿形，所以斜齿轮的法向基本参数也为标准值，设计、加工和测量斜齿轮时均以法向为基准。

2. 斜齿轮的螺旋角 β

如图 3-4 所示，由于斜齿轮各个圆柱面上的螺旋线的导程 p_z 相同，因此斜齿轮分度圆柱面上的螺旋角 β 与基圆柱面上的螺旋角 β_b 的计算公式为

$$\tan\beta = \pi d / p_z \tag{3-13}$$

$$\tan\beta_b = \pi d_b / p_z \tag{3-14}$$

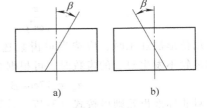

从式（3-13）和式（3-14）可知，$\beta_b < \beta$，因此可推知，各圆柱面上直径越大，其螺旋角也越大，基圆柱螺旋角最小，但不等于零。如图 3-6 所示，斜齿轮按其齿廓渐开线螺旋面的旋向，可分为右旋（图 3-6a）和左旋（图 3-6b）两种。

图 3-6　斜齿轮的旋向

3.2.3　渐开线标准斜齿圆柱齿轮的几何尺寸计算常用公式

渐开线标准斜齿圆柱齿轮（外啮合）几何尺寸常用计算公式见表 3-5。斜齿轮传动的中心距与螺旋角 β 有关，当一对齿轮的模数、齿数一定时，可以通过改变螺旋角 β 的方法来配凑中心距。

3.2.4　斜齿轮的当量齿数

用仿形法加工斜齿轮时，盘状铣刀是沿螺旋线方向切齿的。因此，刀具需按斜齿轮的法向齿形

来选择。如图3-7所示，用法截面截斜齿轮的分度圆柱得一椭圆，椭圆短半轴顶点 C 处被切齿槽两侧为与标准刀具一致的标准渐开线齿形。工程中为计算方便，特引入当量齿轮的概念。当量齿轮是指按 C 处曲率半径 ρ_c 为分度圆半径 r_v，以 m_n、α_n 为标准齿形的假想直齿轮。当量齿数 z_v 由式 (3-15) 求得

表 3-5　渐开线标准斜齿圆柱齿轮(外啮合)几何尺寸常用计算公式

名称	代号	计算公式
齿顶高	h_a	$h_a = h_{an}^* m_n$
齿根高	h_f	$h_f = (h_{an}^* + c_n^*) m_n$
全齿高	h	$h = (2h_{an}^* + c_n^*) m_n$
分度圆直径	d	$d = m_t z = (m_n / \cos\beta) z$
齿顶圆直径	d_a	$d_a = d + 2h_a = m_n (z/\cos\beta + 2h_{an}^*)$
齿根圆直径	d_f	$d_f = d - 2h_f = m_n (z/\cos\beta - 2h_{an}^* - 2c_n^*)$
基圆直径	d_b	$d_b = d\cos\alpha_t$
中心距	a	$a = m_n (z_1 + z_2)/2\cos\beta$
当量齿数	z_v	$z_v = z/\cos\beta_b \cos^2\beta \approx z/\cos^3\beta$
齿厚测量尺寸 固定弦齿高	$\overline{h}_{cn}$	$\overline{h}_{cn} = h_a - \dfrac{\pi}{8} m_n \sin2\alpha_n$
固定弦齿厚	$\overline{s}_{cn}$	$\overline{s}_{cn} = \dfrac{\pi}{2} m_n \cos^2\alpha_n$
分度圆弦齿高	$\overline{h}_n$	$\overline{h}_n = h_a + \dfrac{m_n z_v}{2}\left(1 - \cos\dfrac{90°}{z_v}\right)$
分度圆弦齿厚	$\overline{s}_n$	$\overline{s} = m_n z_v \sin\dfrac{90°}{z_v}$
跨齿数	k	$k = \dfrac{\alpha_n}{180°} z' + 0.5$ 　(4 舍 5 入取整) 式中　z'——假想齿数，$z' = z \mathrm{inv}\alpha_t / \mathrm{inv}\alpha_n$（跨齿数计算中可近似以当量齿数 z_v 替代）。 $k \approx \dfrac{\alpha_n}{180°\cos^3\beta} z + 0.5$ 　(4 舍 5 入取整)
公法线长度	w	$w = m_n \cos\alpha_n [\pi(k-0.5) + z \mathrm{inv}\alpha_t]$

$$z_v = \frac{z}{\cos^3\beta} \tag{3-15}$$

用仿形法加工时，应按当量齿数选择铣刀号码。在计算标准斜齿轮不发生根切的齿数时，可根据螺旋角近似求得

$$z_{min} \approx 17\cos^3\beta \tag{3-16}$$

对非标准齿轮则可按式 (3-17) 计算最小不根切齿数：

$$z_{min} = \frac{2h_a^*}{\sin^2\alpha_n}\cos^3\beta \tag{3-17}$$

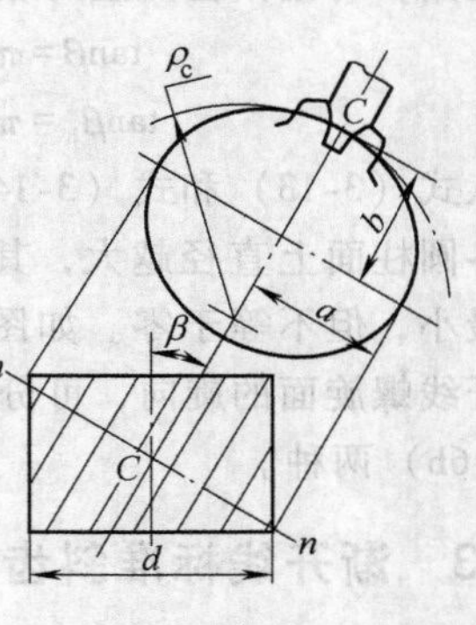

图 3-7　斜齿轮的当量齿数

3.3　内齿轮的几何尺寸计算

3.3.1　标准直齿内齿轮

内齿轮传动几何图如图3-8所示。

内齿轮与外齿轮相比较有下列不同点：

1）内齿轮的轮齿相当于外齿轮的齿槽，内齿轮的齿槽相当于外齿轮的轮齿。所以外齿轮的齿廓是外凸的，而内齿轮的齿廓是内凹的。

2）内齿轮的齿根圆大于齿顶圆，这与外齿轮正好相反。

3）为了使内齿轮齿顶的齿廓全部为渐开线，则其齿顶圆必须大于基圆。

4）为了使内齿轮齿顶齿廓不与相啮合的外齿轮齿根过渡曲线发生干涉，内齿轮的齿顶高应当适当减小。

渐开线标准直齿内齿轮几何尺寸计算公式见表 3-6。

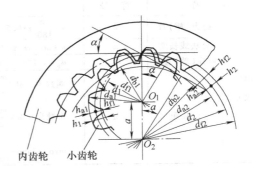

图 3-8　内齿轮传动几何图

表 3-6　渐开线标准直齿内齿轮几何尺寸计算公式

名　称	符　号	计　算　公　式
齿距	p	$p = \pi m$
齿厚	s	$s = \pi m / 2$
槽宽	e	$e = \pi m / 2$
齿顶高	h_a	$h_a = h_a^* m - \Delta h_a$ 式中　Δh_a——避免齿顶与相配外齿轮齿根过渡曲线干涉的齿顶高缩短量： $$\Delta h_a = h_a^* m / z \tan^2 \alpha$$ $\alpha = 20°$ 时，$\Delta h_a = 7.55 h_a^* m / z$。实际中也常定值选取 $\Delta h_a = 0.1 \sim 0.2m$
齿根高	h_f	$h_f = (h_a^* + c^*) m$
全齿高	h	$h = h_a + h_f$
分度圆直径	d	$d = mz$
齿顶圆直径	d_a	$d_a = d - 2h_a \quad d_a > d_b$
齿根圆直径	d_f	$d_f = d + 2h_f = m(z + 2h_a^* + 2c^*)$
基圆直径	d_b	$d_b = d \cos\alpha = mz\cos\alpha$
中心距	a	$a = m(z_2 - z_1)/2$
齿厚测量尺寸　固定弦齿高	$\overline{h}_c$	$\overline{h}_c = h_a - \dfrac{\pi}{8} m \sin 2\alpha + \Delta h$ 式中　Δh——内齿轮的齿顶圆弧弓高，可根据下式计算 $$\Delta h = \dfrac{d_a}{2}(1 - \cos\delta_a)$$ $$\delta_a = \dfrac{\pi}{2z} - \mathrm{inv}\alpha + \mathrm{inv}\alpha_a$$ $$\alpha_a = \arccos\left(\dfrac{d\cos\alpha}{d_a}\right)$$
固定弦齿厚	$\overline{s}_c$	$\overline{s}_c = \dfrac{\pi}{2} m \cos^2\alpha$
分度圆弦齿高	$\overline{h}$	$\overline{h} = h_a + \dfrac{mz}{2}\left(1 - \cos\dfrac{90°}{z}\right) + \Delta h$ 式中　Δh——内齿轮的齿顶圆弧弓高（同前）
分度圆弦齿厚	$\overline{s}$	$\overline{s} = mz\sin\dfrac{90°}{z}$

（续）

名　称		符　号	计　算　公　式
齿厚测量尺寸	跨齿（槽）数	k	$k = \dfrac{\alpha}{180°}z + 0.5$　　（4 舍 5 入取整）
	公法线长度	w	$w = m\cos\alpha[\,\pi(k-0.5) + z\mathrm{inv}\alpha\,]$
	量棒（球）直径	d_p	$d_p = 1.65m$　　（定值量棒，量棒与齿廓切于分度圆附近）
	跨棒距	M	偶数齿：$M = \dfrac{mz\cos\alpha}{\cos\alpha_y} - d_p$
			奇数齿：$M = \dfrac{mz\cos\alpha}{\cos\alpha_y}\cos\dfrac{\pi}{2z} - d_p$
			$\mathrm{inv}\alpha_y = \mathrm{inv}\alpha - \dfrac{d_p}{mz\cos\alpha} + \dfrac{\pi}{2z}$

3.3.2　标准斜齿内齿轮

渐开线标准斜齿内齿轮几何尺寸计算公式见表 3-7。

表 3-7　渐开线标准斜齿内齿轮几何尺寸计算公式

名　称		符　号	计　算　公　式
齿厚测量尺寸	齿顶高	h_a	$h_a = h_{an}^* m_n - \Delta h_a$ 式中　Δh_a—避免齿顶与相配外齿轮齿根过渡曲线干涉的齿顶高缩短量 $\Delta h_a = h_a^* m_n \cos^3\beta / z\tan^2\alpha$ 实际中也常定值选取 $\Delta h_a = 0.1 \sim 0.2m$
	齿根高	h_f	$h_f = (h_{an}^* + c_n^*)m_n$
	全齿高	h	$h = h_a + h_f$
	分度圆直径	d	$d = m_t z = (m_n / \cos\beta)z$
	齿顶圆直径	d_a	$d_a = d - 2h_a$　　$d_a > d_b$
	齿根圆直径	d_f	$d_f = d + 2h_f = m_n(z/\cos\beta + 2h_{an}^* + 2c_n^*)$
	基圆直径	d_b	$d_b = d\cos\alpha_t$
	中心距	a	$a = m_n(z_2 - z_1)/2\cos\beta$
	固定弦齿高	$\bar{h}_{cn}$	$\bar{h}_{cn} = h_a - \dfrac{\pi}{8}m_n\sin2\alpha_n + \Delta h$ 式中　Δh—内齿轮的齿顶圆弧弓高，可根据下式计算 $\Delta h = \dfrac{d_a}{2}(1 - \cos\delta_a)$ $\delta_a = \dfrac{\pi}{2z} - \mathrm{inv}\alpha_t + \mathrm{inv}\alpha_{at}$ $\alpha_{at} = \arccos\left(\dfrac{d\cos\alpha}{d_a}\right)$
	固定弦齿厚	$\bar{s}_{cn}$	$\bar{s}_{cn} = \dfrac{\pi}{2}m_n\cos^2\alpha_n$
	分度圆弦齿高	$\bar{h}_n$	$\bar{h}_n = h_a + \dfrac{m_n z_v}{2}\left(1 - \cos\dfrac{90°}{z_v}\right) + \Delta h$ 式中　Δh—内齿轮的齿顶圆弧弓高（同前）
	分度圆弦齿厚	$\bar{s}_n$	$\bar{s}_n = m_n z_v \sin\dfrac{90°}{z_v}$
	量棒（球）直径	d_p	$d_p = 1.65m_n$　（定值量棒，量棒与齿廓切于分度圆附近）
	跨棒距	M	偶数齿：$M = \dfrac{m_t z\cos\alpha_t}{\cos\alpha_y} - d_p$ 奇数齿：$M = \dfrac{m_t z\cos\alpha_t}{\cos\alpha_y}\cos\dfrac{\pi}{2z} - d_p$ $\mathrm{inv}\alpha_y = \mathrm{inv}\alpha_t - \dfrac{d_p}{m_t z\cos\alpha_t} + \dfrac{\pi}{2z}$

3.4　齿条的几何尺寸计算公式

当齿轮的直径为无穷大时即得到齿条（图 3-9），各圆演变为相互平行的直线，渐开线齿廓演变为直线，同侧齿廓相互平行。因此齿条的特点是所有平行直线上的齿距 p、压力角 α 相同，都是标准值。齿条的压力角等于压力角。齿条各平行线上的齿厚、齿槽宽一般都不相等，标准齿条分度线上齿厚和齿槽宽相等，该分度线又称为中线。

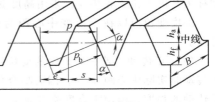

图 3-9　齿条

齿条几何尺寸计算公式见表 3-8。

表 3-8　齿条几何尺寸计算公式

名　　称	符　　号	计 算 公 式 直齿	斜齿
齿距	p	$p = \pi m$	$p_n = \pi m_n$
齿厚	s	$s = \pi m / 2$	$s_n = \pi m_n / 2$
齿槽宽	e	$e = \pi m / 2$	$e_n = \pi m_n / 2$
齿顶高	h_a	$h_a = h_a^* m$	$h_a = h_{an}^* m_n$
齿根高	h_f	$h_f = h_a + c = (h_a^* + c^*) m$	$h_f = h_a + c = (h_{an}^* + c_n^*) m_n$
全齿高	h	$h = h_a + h_f = (2h_a^* + c^*) m$	$h = h_a + h_f = (2h_{an}^* + c_n^*) m_n$

3.5　变位直齿圆柱齿轮的几何尺寸计算

当用展成法加工齿数较少的齿轮，会出现轮齿根部的渐开线齿廓被部分切除的现象，这种现象称为根切。严重的根切，不仅削弱轮齿的弯曲强度，也将减小齿轮传动的重合度，应设法避免。为避免根切，应使所设计直齿轮的齿数大于最少齿数 z_{min}。

当被加工齿轮齿数小于 z_{min} 时，为避免根切，可以采用将刀具移离齿坯，使刀具顶线低于极限啮合点 N_1 的办法来切齿。这种采用改变刀具与齿坯位置的切齿方法称作变位。刀具中线（或分度线）相对齿坯移动的距离称为变位量（或移距）X，常用 xm 表示，x 称为变位系数。刀具移离齿坯称正变位，$x>0$；刀具移近齿坯称负变位，$x<0$。变位切制所得的齿轮称为变位齿轮。

与标准齿轮相比，正变位齿轮分度圆齿厚和齿根圆齿厚增大，轮齿强度增大，负变位齿轮齿厚的变化恰好相反，轮齿强度削弱。

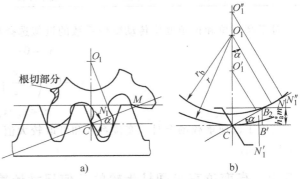

图 3-10　根切现象与切齿干涉的参数关系

变位系数选择与齿数有关，对于 $h_a^* = 1$ 的标准直齿轮，最小变位系数可用式（3-18）计算：

$$x_{min} = \frac{17 - z}{17} \tag{3-18}$$

对其他齿轮非标准齿轮，可将最小不根切齿数代替式（3-18）中的"17"进行计算。

3.5.1　齿轮变位类型及方法选择

按照一对齿轮的变位系数之和 $x_\Sigma = x_1 + x_2$ 的取值情况不同，可将变位齿轮传动分为三种基本类型。

（1）零传动 若一对齿轮的变位系数之和为零（$x_1+x_2=0$），则称为零传动。零传动又可分为两种情况。一种是两齿轮的变位系数都等于零（$x_1=x_2=0$）。这种齿轮传动就是标准齿轮传动。为了避免根切，两轮齿数均需大于 z_{min}。另一种是两轮的变系数绝对值相等，即 $x_1=-x_2$。这种齿轮传动称为高度变位齿轮传动。采用高度变位必须满足齿数和条件：$z_1+z_2 \geqslant 2z_{min}$。

高度变位可以在不改变中心距的前提下合理协调大小齿轮的强度，有利于提高传动的工作寿命。

（2）正传动 若一对齿轮的变位系数之和大于零（$x_1+x_2>0$），则这种传动称为正传动。因为正传动时实际中心距 $a'>a$，因而啮合角 $\alpha'>\alpha$，因此也称为正角度变位。正角度变位有利于提高齿轮传动的强度，但使重合度略有减少。齿轮的变位系数推荐按照等滑动比条件选择。

（3）负传动 若一对齿轮的变位系数之和小于零（$x_1+x_2<0$），则这种传动称为负传动。负传动时实际中心距 $a'<a$，因而啮合角 $\alpha'<\alpha$，因此也称为负角度变位。负角度变位使齿轮传动强度削弱，只用于安装中心距要求小于标准中心距的场合。为了避免根切，其齿数和条件为：$z_1+z_2>2z_{min}$。

齿轮变位类型及性能、特点汇总于表 3-9。

表 3-9 齿轮变位类型及性能、特点

传动类型	高度变位传动，又称零传动	角度变位传动	
		正传动	负传动
齿数条件	$z_1+z_2 \geqslant 2z_{min}$	$z_1+z_2<2z_{min}$	$z_1+z_2>2z_{min}$
变位系数要求	$x_1+x_2=0$，$x_1=-x_2 \neq 0$	$x_1+x_2>0$	$x_1+x_2<0$
传动特点	$a'=a$，$\alpha'=\alpha$，$y=0$	$a'>a$，$\alpha'>\alpha$，$y>0$	$a'<a$，$\alpha'<\alpha$，$y<0$
主要优点	小齿轮取正变位，允许 $z_1<z_{min}$，减小传动尺寸。提高了小齿轮齿根强度，减小了小齿轮齿面磨损，可成对替换标准齿轮	传动机构更加紧凑，提高了抗弯强度和接触强度，提高了耐磨性能，可满足 $a'>a$ 的中心距要求	重合度略有提高，满足 $a'<a$ 的中心距要求
主要缺点	互换性差，小齿轮齿顶易变尖，重合度略有下降	互换性差，齿顶变尖，重合度下降较多	互换性差，抗弯强度和接触强度下降，轮齿磨损加剧

对于高变位和正角变位传动变位系数的近似选择与分配方法：

$$x_\Sigma = 0 \sim 0.7$$

$$x_1 \approx 0.4\left(1-\frac{z_1}{z_2}\right)+\frac{z_1}{2z_2}x_\Sigma \tag{3-19}$$

$$x_2 = x_\Sigma - x_1$$

当用于低速重载场合时，变位系数和可取较大值：$x_\Sigma = 0.5 \sim 0.7$；追求平稳性时，变位系数和可取较小值。

3.5.2 高变位直齿圆柱齿轮的几何尺寸计算公式（表 3-10）

表 3-10 高变位直齿圆柱齿轮（外啮合）几何尺寸计算公式

名 称	符 号	计 算 公 式	
		小齿轮	大齿轮
变位系数	x	x_1	$x_2=-x_1$
齿厚	s	$s_1=\pi m/2+2x_1 m\tan\alpha$	$s_2=\pi m/2-2x_1 m\tan\alpha$
齿顶高	h_a	$h_{a1}=(h_a^*+x_1)m$	$h_{a2}=(h_a^*-x_1)m$
齿根高	h_f	$h_{f1}=(h_a^*+c^*-x_1)m$	$h_{f2}=(h_a^*+c^*+x_1)m$
全齿高	h	$h_1=h_2=h=(2h_a^*+c^*)m$	
分度圆直径	d	$d_1=mz_1$	$d_2=mz_2$

（续）

名　称	符　号	计　算　公　式	
		小齿轮	大齿轮
齿顶圆直径	d_a	$d_{a1} = d_1 + 2h_{a1} = m(z_1 + 2h_a^* + 2x_1)$	$d_{a2} = d_2 + 2h_{a2} = m(z_2 + 2h_a^* - 2x_1)$
齿根圆直径	d_f	$d_{f1} = d_1 - 2h_{f1} = m(z_1 - 2h_a^* - 2c^* + 2x_1)$	$d_{f2} = d_2 - 2h_{f2} = m(z_2 - 2h_a^* - 2c^* - 2x_1)$
基圆直径	d_b	$d_{b1} = d_1\cos\alpha = mz_1\cos\alpha$	$d_{b2} = d_2\cos\alpha = mz_2\cos\alpha$
中心距	a	$a = m(z_1 + z_2)/2$	
齿厚测量尺寸 固定弦齿高	$\overline{h}_c$	$\overline{h}_c = h_a - \dfrac{\pi}{8}m\sin2\alpha + xm\sin^2\alpha$	
固定弦齿厚	$\overline{s}_c$	$\overline{s}_c = \dfrac{\pi}{2}m\cos^2\alpha + xm\sin2\alpha$	
分度圆弦齿高	$\overline{h}$	$\overline{h} = h_a + \dfrac{mz}{2}\left[1 - \cos\left(\dfrac{\pi}{2z} + \dfrac{2x\tan\alpha}{2}\right)\right]$	
分度圆弦齿厚	$\overline{s}$	$\overline{s} = mz\sin\left(\dfrac{\pi}{2z} + \dfrac{2x\tan\alpha}{2}\right)$	
跨齿数	k	$k \approx \dfrac{\alpha}{180°}z - \dfrac{2x}{\pi\tan\alpha} + 0.5$　（4 舍 5 入取整）	
公法线长度	W	$W = m\cos\alpha[\pi(k-0.5) + z\mathrm{inv}\alpha] + 2xm\sin\alpha$	

3.5.3　角变位直齿圆柱齿轮的几何尺寸计算公式

角变位直齿圆柱齿轮（外啮合）几何尺寸计算公式见表 3-11。齿厚测量尺寸计算公式同表 3-10。

表 3-11　角变位直齿圆柱齿轮（外啮合）几何尺寸计算公式

名　称	符　号	计　算　公　式	
		小齿轮	大齿轮
变位系数	x	x_1	$x_2 = x_\Sigma - x_1$
齿厚	s	$s_1 = \pi m/2 + 2x_1 m\tan\alpha$	$s_2 = \pi m/2 + 2x_2 m\tan\alpha$
啮合角	α'	$\mathrm{inv}\alpha' = \mathrm{inv}\alpha + 2x_\Sigma\tan\alpha/(z_1 + z_2)$	
标准中心距	a	$a = m(z_1 + z_2)/2$	
啮合中心距	a'	$a' = a\cos\alpha/\cos\alpha'$	
中心距变动系数	y	$y = (a' - a)/m$	
齿顶高减低系数	Δy	$\Delta y = x_\Sigma - y$	
齿顶高	h_a	$h_{a1} = (h_a^* + x_1 - \Delta y)m$	$h_{a2} = (h_a^* + x_2 - \Delta y)m$
齿根高	h_f	$h_{f1} = (h_a^* + c^* - x_1)m$	$h_{f2} = (h_a^* + c^* - x_2)m$
全齿高	h	$h_1 = h_2 = h = (2h_a^* + c^* - \Delta y)m$	
分度圆直径	d	$d_1 = mz_1$	$d_2 = mz_2$
齿顶圆直径	d_a	$d_{a1} = d_1 + 2h_{a1} = m(z_1 + 2h_a^* + 2x_1 - 2\Delta y)$	$d_{a2} = d_2 + 2h_{a2} = m(z_2 + 2h_a^* + 2x_2 - 2\Delta y)$
齿根圆直径	d_f	$d_{f1} = d_1 - 2h_{f1} = m(z_1 - 2h_a^* - 2c^* + 2x_1)$	$d_{f2} = d_2 - 2h_{f2} = m(z_2 - 2h_a^* - 2c^* + 2x_2)$
基圆直径	d_b	$d_{b1} = d_1\cos\alpha = mz_1\cos\alpha$	$d_{b2} = d_2\cos\alpha = mz_2\cos\alpha$

3.6　圆弧齿轮的几何尺寸计算

圆弧齿轮在端面的啮合属于瞬间点啮合，其端面重合度为 0，必须采用斜齿轮形式。圆弧齿轮不存在根切和变位的概念。单圆弧齿轮的大小齿轮需要配对加工（凸凹齿分别需要采用不同的刀具），目前的应用趋于减少。双圆弧齿轮的大小齿轮的基本齿廓相同，可以采用同一种刀具加工，应用相对普遍一些。

3.6.1　单圆弧齿轮的几何尺寸计算（表 3-12）

表 3-12　单圆弧齿轮（67 型）几何尺寸计算

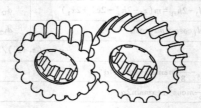

名　称	代　号	计　算　公　式	
		小齿轮（凸齿）	大齿轮（凹齿）
压力角	α_n	$\alpha_n = 30°$	
模数	m_n	根据需要按标准系列选择	
螺旋角	β	根据需要选择，准确值计算：$\cos\beta = m_n(z_1+z_2)/2a$	
中心距	a	$a = m_n(z_1+z_2)/2\cos\beta$	
齿宽	b	根据需要选择，$b \geqslant 3.5m_n/\sin\beta$	
分度圆直径	d	$d_1 = m_n z_1/\cos\beta$	$d_2 = m_n z_2/\cos\beta$
齿顶高	h_a	$h_{a1} = 1.2m_n$	$h_{a2} = 0$
齿根高	h_f	$h_{f1} = 0.3m_n$	$h_{f2} = 1.36m_n$
全齿高	h	$h_1 = h_{a1} + h_{f1} = 1.5m_n$	$h_2 = h_{f2} = 1.36m_n$
齿顶圆直径	d_a	$d_{a1} = d_1 + 2h_{a1} = d_1 + 2.4m_n$	$d_{a2} = d_2$
齿根圆直径	d_f	$d_{f1} = d_1 - 2h_{f1} = d_1 - 0.6m_n$	$d_{f2} = d_2 - 2h_{f2} = d_2 - 2.72m_n$

3.6.2　双圆弧齿轮的几何尺寸计算（表 3-13）

表 3-13　双圆弧齿轮几何尺寸计算

名　称	代　号	计　算　公　式	
		小齿轮	大齿轮
压力角	α_n	$\alpha_n = 24°$	
模数	m_n	根据需要按标准系列选择	
螺旋角	β	根据需要选择，准确值计算：$\cos\beta = m_n(z_1+z_2)/2a$	
中心距	a	$a = m_n(z_1+z_2)/2\cos\beta$	
齿宽	b	根据需要选择，$b \geqslant 3.5m_n/\sin\beta$	
分度圆直径	d	$d_1 = m_n z_1/\cos\beta$	$d_2 = m_n z_2/\cos\beta$
齿顶高	h_a	$h_{a1} = h_{a2} = h_a = 0.9m_n$	
齿根高	h_f	$h_{f1} = h_{f2} = h_f = 1.1m_n$	
全齿高	h	$h_1 = h_2 = h_a + h_f = 2m_n$	
齿顶圆直径	d_a	$d_{a1} = d_1 + 2h_a = d_1 + 1.8m_n$	$d_{a2} = d_2 + 2h_a = d_2 + 1.8m_n$
齿根圆直径	d_f	$d_{f1} = d_1 - 2h_f = d_1 - 2.2m_n$	$d_{f2} = d_2 - 2h_f = d_2 - 2.2m_n$

3.7　直齿锥齿轮的几何尺寸计算

直齿锥齿轮几何尺寸计算见表 3-14。

表 3-14　直齿锥齿轮几何尺寸计算

名　称	代　号	计　算　公　式	
		小齿轮	大齿轮
轴交角	Σ	正交传动 $\Sigma = 90°$	
传动比	i	$i = z_2 / z_1$	
大端模数	m	由强度计算或根据需要决定，按标准系列选择	
压力角	α	通常 $\alpha = 20°$（格里森齿制 $\alpha = 20°$、$14.5°$ 或 $25°$）	
齿顶高系数	h_a^*	通常 $h_a^* = 1$	
顶隙系数	c^*	通常 $c^* = 0.2$（格里森齿制 $c^* = 0.188 + 0.05/m$）	
分度圆直径	d	$d_1 = mz_1$	$d_2 = mz_2$
高变位系数	x	按选定的变位制确定，$x_1 = x$　　$x_2 = -x$	
切向变位系数	x_τ	按选定的变位制确定，$x_{\tau 1} = x_\tau$　　$x_{\tau 2} = -x_\tau$	
齿顶高	h_a	$h_{a1} = (h_a^* + x)m$	$h_{a2} = (h_a^* - x)m$
齿根高	h_f	$h_{f1} = (h_a^* + c^* - x)m$	$h_{f2} = (h_a^* + c^* + x)m$
全齿高	h	$h_1 = h_2 = h = (2h_a^* + c^*)m_n$	
分锥角	δ	$\tan\delta_1 = \sin(180° - \Sigma)/[i - \cos(180° - \Sigma)]$ $\Sigma = 90°$ 时，$\tan\delta_1 = 1/i = z_1/z_2$	$\delta_2 = \Sigma - \delta_1$
锥距	R	$R = d_1/2\sin\delta_1 = d_2/2\sin\delta_2$	
齿根角	θ_f	$\tan\theta_{f1} = h_{f1}/R$	$\tan\theta_{f2} = h_{f2}/R$
齿顶角	θ_a	不等顶隙收缩齿 $\tan\theta_{a1} = h_{a1}/R$ 等顶隙收缩齿 $\theta_{a1} = \theta_{f2}$	不等顶隙收缩齿 $\tan\theta_{a2} = h_{a2}/R$ 等顶隙收缩齿 $\theta_{a2} = \theta_{f1}$
顶锥角	δ_a	$\delta_{a1} = \delta_1 + \theta_{a1}$	$\delta_{a2} = \delta_2 + \theta_{a2}$
根锥角	δ_f	$\delta_{f1} = \delta_1 - \theta_{f1}$	$\delta_{f2} = \delta_2 - \theta_{f2}$
齿顶圆直径	d_a	$d_{a1} = d_1 + 2h_{a1}\cos\delta_1$	$d_{a2} = d_2 + 2h_{a2}\cos\delta_2$
冠顶距	A_d	$A_{d1} = R\cos\delta_1 - h_{a1}\sin\delta_1$	$A_{d21} = R\cos\delta_2 - h_{a2}\sin\delta_2$
当量齿数	z_v	$z_{v1} = z_1/\cos\delta_1$	$z_{v2} = z_2/\cos\delta_2$
分度圆弧齿厚	s	$s_1 = m(\pi/2 + 2x\tan\alpha + x_\tau)$	$s_2 = m(\pi/2 - 2x\tan\alpha - x_\tau)$
分度圆弦齿厚	$\bar{s}$	$\bar{s}_1 \approx s_1 - s_1^3/6d_1^2$	$\bar{s}_2 \approx s_2 - s_2^3/6d_2^2$
分度圆弦齿高	$\bar{h}$	$\bar{h}_1 \approx h_{a1} - s_1^2\cos\delta_1/4d_1$	$\bar{h}_2 \approx h_{a2} - s_2^2\cos\delta_2/4d_2$

收缩齿图例

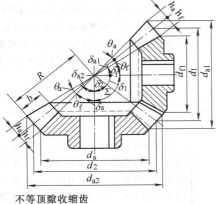

不等顶隙收缩齿
顶锥顶点、节锥顶点和根锥顶点三者重合。齿根圆角小，不利于齿根强度和切齿刀具的寿命。目前不推荐应用

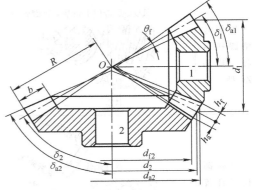

等顶隙收缩齿
顶锥母线与相啮合齿轮齿的根锥母线相平行，由大端到小端齿顶间隙相等

3.8　蜗轮和蜗杆的几何尺寸计算

3.8.1　蜗杆传动的几何尺寸计算

普通圆柱蜗杆类型见表 3-15，几何尺寸计算见表 3-16。

表 3-15　普通圆柱蜗杆类型

类　型	图　例	说　明
阿基米德蜗杆传动 ZA 型		1) 端面为阿基米德螺旋线，轴截面内的轴向齿廓为直线，齿面为阿基米德齿面 2) 与阿基米德蜗杆啮合的蜗轮齿在中间平面内为渐开线齿形 3) 阿基米德蜗杆传动在中间平面内相当于齿条与斜齿圆柱齿轮啮合 4) 蜗杆齿面难于精确磨削，故难以采用硬齿面。因此用蜗轮滚刀加工的蜗轮齿面精度不高，以致阿基米德蜗杆传动的强度和效率都较低
法向直廓蜗杆传动 ZN 型		1) 蜗杆齿廓在法截面中为直线，在轴截面内为曲线形齿廓，在端面内为延伸渐开线 2) 由于刀具法向放置，故易于加工导程角大的多头蜗杆（三头以上或 γ>15°），但由于磨削困难而难以得到精确的蜗轮滚刀，以致影响了蜗轮的齿面精度
渐开线圆柱蜗杆传动 ZI 型		1) 端面为渐开线，齿面为渐开线螺旋面，在基圆柱的轴向截面内，齿廓的一侧为直线，另一侧为曲线 2) 可精确磨削加工，故蜗杆可采用硬齿面，同时可以得到较精确的蜗轮滚刀而提高蜗轮齿面精度，得到好的啮合性能。一般可用于较大载荷和较高速度的场合
锥面包络圆柱蜗杆传动 ZK 型		1) 蜗杆齿面是由锥面盘状铣刀或砂轮包络而成的螺旋面是非线性的。齿廓在各个截面内均为曲线形状 2) 齿形曲线的形状与刀盘的直径有关，因此加工时要求对刀盘直径作严格控制。但是在加工时刀具难免磨损，因而加大了加工的难度 3) 一般用于导程角比较大的场合效果较好
圆弧圆柱蜗杆传动 ZC 型		与普通圆柱蜗杆比，齿廓形状不同，蜗杆的螺旋齿面是用刃边与凸圆弧形刀具切制，所在中间平面内，蜗杆齿廓是凹圆弧形，而配对蜗轮的齿廓为凸弧形。接触应力小，精度高，承载能力大，结构紧凑，传动效率高，适于重载

表 3-16　蜗杆传动几何尺寸计算

名　称	代号	计算关系式	说　明
中心距	a	$a = (d_1 + d_2 + 2x_2 m)/2$	按规定选取
蜗杆头数	z_1		按规定选取
蜗轮齿数	z_2		按传动比确定
压力角	α	$\alpha_x = 20°$ 或 $\alpha_n = 20°$（对 ZC 型蜗杆 $\alpha_x = 20° \sim 24°$，通常取 $\alpha_x = 23°$）	按蜗杆类型确定
模数	m	$m = m_a = m_n/\cos\gamma$	按规定选取
传动比	i	$i = n_1/n_2$	蜗杆为主动，按规定选取
齿数比	u	$u = z_2/z_1$ 当蜗杆主动时，$i = u$	
蜗轮变位系数	x_2	$x_2 = a/m - (d_1 + d_2)/2m$	
蜗杆直径系数	q	$q = d_1/m$	
蜗杆轴向齿距	p_x	$p_x = \pi m$	
蜗杆导程	p_z	$p_z = \pi m z_1$	
蜗杆分度圆直径	d_1	$d_1 = mq$	按规定选取
蜗杆齿顶圆直径	d_{a1}	$d_{a1} = d_1 + 2h_{a1} = d_1 + 2h_a^* m$	
蜗杆齿根圆直径	d_{f1}	$d_{f1} = d_1 - 2h_{f1} = d_a - 2(h_a^* m + c)$	
顶隙	c	$c = c^* m$	按规定选取，通常取 $c^* = 0.2$
渐开线蜗杆齿根圆直径	d_{b1}	$d_{b1} = d_1 \cdot \tan\gamma/\tan\gamma_b = m z_1/\tan\gamma_b$	
蜗杆齿顶高	h_{a1}	$h_{a1} = h_a^* m = (d_{a1} - d_1)/2$	按规定选取，通常取 $h_a^* = 1$
蜗杆齿根高	h_{f1}	$h_{f1} = (h_a^* + c^*) m = (d_1 - d_{f1})/2$	
蜗杆齿高	h_1	$h_1 = h_{f1} + h_{a1} = (d_{a1} - d_{f1})/2$	
蜗杆导程角	γ	$\tan\gamma = m z_1/d_1 = z_1/q$	
渐开线蜗杆基圆导程角	r_b	$\cos\gamma_b = \cos\gamma \cdot \cos\alpha_n$	
蜗杆齿宽	b_1	$z_1 = 1$，2 时 $b_1 \geqslant (12 \sim 13 + 0.1 z_2) m$ $z_1 = 3$，4 时 $b_1 \geqslant (13 \sim 14 + 0.1 z_2) m$	由设计确定，对 ZC 型蜗杆取较大值
蜗轮分度圆直径	d_2	$d_2 = m z_2 = 2a - d_1 - 2x_2 \cdot m$	
蜗轮喉圆直径	d_{a2}	$d_{a2} = d_2 + 2h_{a2}$	
蜗轮齿根圆直径	d_{f2}	$d_{f2} = d_2 - 2h_{a2} - 2c^* m$	
蜗轮齿顶高	h_{a2}	$h_{a2} = (d_{a2} - d_2)/2 = m(h_a^* + x_2)$	
蜗轮齿根高	h_{f2}	$h_{f2} = (d_2 - d_{f2})/2 = m(h_a^* - x_2 + c^*)$	
蜗轮齿高	h_2	$h_2 = h_{a2} + h_{f2} = (d_{a2} - d_{f2})/2$	
蜗轮咽喉母圆半径	r_{g2}	$r_{g2} = a - d_{a2}/2$	
蜗轮外圆直径	d_{e2}	$d_{e2} \leqslant d_{a2} + (0.8 \sim 1) m$（取整）	
蜗轮齿宽	b_2	$b_2 \geqslant 0.65 d_{a1}$	由设计确定
蜗轮齿宽角	θ	$\theta = 2\arcsin(b_2/d_1)$	
蜗杆轴向齿厚	s_x	$s_x = \pi m/2$ 对 ZC 型蜗杆 $s_x = 0.4\pi m$	
蜗杆法向齿厚	s_n	$s_n = s_a \cdot \cos\gamma$	
蜗轮齿厚	s_t	按蜗杆节圆处轴向齿槽宽 e_a' 确定	
蜗杆节圆直径	d_{w1}	$d_{w1} = d_1 + 2x_2 m = m(q + 2x_2)$	
蜗轮节圆直径	d_{w2}	$d_{w2} = d_2$	

3.8.2　计算常用数表（表 3-17～表 3-19）。

表 3-17　模数 m 和直径系数 q 的匹配（摘自 GB/T 10085—1988）

模数 m/mm	直径系数 q	模数 m/mm	直径系数 q
1	18	6.3	(7.936)　10　(12.698)　17.778
1.25	16　17.92	8	(7.875)　10　(12.5)　17.5
1.6	12.5　17.5	10	(7.1)　9　(11.2)　16
2	(9)　11.2　(14)　17.75	12.5	(7.2)　8.96　(11.2)　16
2.5	(8.96)　11.2　(14.2)　18	16	(7)　8.75　(11.25)　15.625
3.15	(8.889)　11.27　(14.286)　17.778	20	(7)　8　(11.2)　15.75
4	(7.875)　10　(12.5)　17.75	25	(7.2)　8　(11.2)　16
5	(8)　10　(12.6)　18		

注：括号中的数字尽可能不采用。

表 3-18　z_1、q 与 γ 的对应值

z_1	q					z_1	q				
	16	12	10	9	8		16	12	10	9	8
1	3°34′35″	4°45′49″	5°42′38″	6°20′25″	7°07′30″	3	10°37′11″	14°02′10″	16°41′57″	18°26′06″	20°33′22″
2	7°07′30″	9°27′44″	11°18′36″	12°31′44″	14°02′10″	4	14°02′10″	18°26′06″	21°48′05″	23°57′45″	26°33′54″

表 3-19　各种传动比时推荐的 z_1、z_2 值

$i=z_2/z_1$	z_1	z_2
5～6	6	29～31
7～15	4	29～61
14～30	2	29～61
29～82	1	29～82

3.8.3　蜗杆副精度等级及应用范围

　　GB/T 10089—1988 中，将普通圆柱蜗杆传动精度等级分为 12 级。1～12 级精度依次降低，其中常用的精度等级为 6～9 级。其适用性大致如下：

　　1～3 级——超精密运动机构，如个别机床制造厂高精度工作母机中的分度蜗轮机构。

　　4～5 级——精密分度、运动机构，如各大机床制造厂工作母机中的分度蜗轮机构。

　　6 级——中等精度机床分度机构（插齿机、滚、齿机），读数装置精密传动机构，中高速传动（滑动速度 $v_2>5\text{m/s}$）。

　　7 级——适于一般精度要求的动力传动，中等速度（$v_2<7\text{m/s}$）。

　　8 级——短时工作低速传动（$v_2\leqslant3\text{m/s}$）。

　　9 级——低速、低精度，简易机构中。

　　10～11 级——很少转动的闭锁机构，手动简易机构中。

　　12 级——不推荐使用，只能应用于平常极少使用的手动简易机构或类似不重要的场合。

3.9 特殊齿制齿轮的几何尺寸计算

3.9.1 端面参数为基本值的外啮合渐开线圆柱齿轮

对某些采用特定工艺方法加工的斜（人字）齿轮，将齿轮的端面参数作为基本值是一种特殊的习惯与约定。它的特点是齿轮端面齿形（角度、齿高）相对固定，齿轮名义螺旋角可根据需要选择，螺旋角的变化很少影响齿轮的径向尺寸。端面参数为基本值的刀具同样适应于加工齿数不同的齿轮。而将齿轮的法向参数修改为基本值，也不会改变齿轮螺旋角选择的局限性，也不能减少刀具的品种、数量等，因而端面参数为基本值的齿制至今一直沿用着，并可能长期存在着。

我们知道，基本型插齿机一般不能加工斜齿轮，采用梳齿刀或轮形插齿刀等对斜齿轮、人字齿轮进行齿形加工时，一般要用到万能型插齿机床等。为了确保这类齿轮加工刀具有最好的通用性（一种模数的刀具可以加工不同齿数的齿轮，刀具品种数量最少），对端面参数为基本值齿轮，设计者一般要遵守以下特定的规则：

1）齿轮工件的螺旋角公称值必须参照相应的齿形加工机床选取。如 SYKES-5E（英国的赛克斯）插齿机加工斜（人字）齿轮公称螺旋角有三种：15°、20°、30°；Sunderland 305DH（英国的桑德兰）、Y87315 人字齿轮刨齿机加工公称螺旋角只有一种：30°

2）齿轮的模数、齿高系数、径向间隙系数一般以端面值作为设计基本值。

3）齿轮的压力角视刀具类型而定。一般采用梳齿刀加工，端面压力角为基本参数（一般 $\alpha_t = 20°$）；采用轮形插齿刀加工，则法向压力角为基本参数（通常 $\alpha_n = 17.5°$）。

4）刀具及工件的实际螺旋角，对梳齿刀加工，一般螺旋角实际值=公称值；对轮形插齿刀，刀具的分度圆公称直径规格有限，分度圆实际螺旋角与模数有关，由插齿刀分度圆直径、机床螺旋导轨导程等决定。

1. 采用齿条形梳齿刀加工的人字齿轮

通常情况下，较高精度的窄空刀槽人字齿轮依据现有的加工机床能力来设计。该类齿轮加工机床没有专门的国家标准，由于机床原理、工件特点、外文名称（可意译为：齿条刀插齿机）近似的缘故，通常综合性手册、文献等多将该类机床与插齿机列到一起（本书也如此）。该类机床在行业内也有约定成俗的中文称谓，例如瑞士马格（MAAG）生产的 Gear shaper SH-100、SH-180 等系列机床经常称作"梳齿机"；英国桑德兰（Sunderland）生产的 Gear cutting machine G250DH 等机床则称作"（人字齿轮）刨齿机"，这类机床通常加工人字齿轮最常用的螺旋角为30°，且大部分仅配备加工 30°螺旋角齿轮的附件。

（1）常见基本参数 该类齿轮有模数制、径节制、周节制三种（周节制采用较少），几乎全部采用零传动（齿轮不变位或高变位），常用参数如下：

1）端面模数 m_t、径节 DP_t 为标准值（或特定系列值）。

2）端面压力角 $\alpha_t = 20°$、分度圆螺旋角 $\beta = 30°$。

3）全齿高 $h = 1.9m_t$、齿顶高 $h_a = 0.8m_t$、齿根高 $h_f = 0.3m_t$，即齿顶高系数 $h_{at}^* = 0.8$、径向间隙系数 $c_t^* = 0.3$。

4）变位系数（端面值）$x_{t1} = -x_{t2} = 0 \sim 0.45$。

（2）齿厚测量尺寸计算 根据渐开线斜齿轮的成形原理（端面齿廓为渐开线），对于类似上述端面参数为基本值的渐开线圆柱齿轮，对其进行径向尺寸的几何计算可以直接由已知的端面参数值计算得到（与螺旋角无关），计算方法与直齿轮完全相同。齿厚测量尺寸等法向参数的确定，可以由端面值通过（螺旋角等参数）换算得到。

1）公法线长度。齿轮公法线的换算关系为

公法线长度（法向值）=公法线长度端面计算值×基圆螺旋角余弦值

即

$$W_k = W_{kt}\cos\beta_b \qquad (\tan\beta_b = \tan\beta\cos\alpha_t)$$

$$W_k = m_t\cos\alpha_t\cos\beta_b[\pi(k-0.5)+z\operatorname{inv}\alpha_t+2x_t\tan\alpha_t] \tag{3-20}$$

可以证明式（3-20）与通常渐开线齿轮公法线的计算式完全等价。

公法线的跨测齿数 k 可由式（3-21）近似计算：

$$k = \frac{1}{\cos^2\beta}\left(\frac{\alpha_t}{180°}z+\frac{2}{\pi\tan\alpha_t}x_t\right)+0.5 \qquad (4舍5入取整) \tag{3-21}$$

当端面压力角 $\alpha_t = 20°$、分度圆螺旋角 $\beta = 30°$ 时：

$$W_k = m_t[2.594845(k-0.5)+0.0123105z+0.601253x_t] \tag{3-22}$$

$$k = \frac{4}{27}z+\frac{7}{3}x_t+0.5 \qquad (4舍5入取整)$$

2）任意圆齿厚测量尺寸的计算。可由齿顶圆直径 d_a、任意圆直径 d_y、端面齿厚半角 ψ_{yt}、任意圆螺旋角 β_y 等参数计算得到。

① 任意圆端面压力角 α_{yt}

$$\cos\alpha_{yt} = \frac{d_b}{d_y} = \frac{m_t z}{d_y}\cos\alpha_t \tag{3-23}$$

② 任意圆螺旋角 β_y

$$\tan\beta_y = \tan\beta\cos\alpha_t/\cos\alpha_{yt}$$

$$\tan\beta_y = \frac{d_y}{d}\tan\beta = \frac{d_y}{m_t z}\tan\beta \tag{3-24}$$

③ 端面齿厚半角 ψ_{yt}

$$\psi_{yt} = \frac{\pi}{2z}+\frac{2x_t}{z}\tan\alpha_t+\operatorname{inv}\alpha_t-\operatorname{inv}\alpha_{yt} \tag{3-25}$$

④ 当量齿轮齿厚半角 ψ_{yn}

$$\psi_{yn} = \psi_{yt}\cos^3\beta_y \tag{3-26}$$

⑤ 任意圆弦齿厚 $\bar{s}_{yn}$、弦齿高 $\bar{h}_{yn}$

$$\bar{s}_{yn} = \frac{d_y}{\cos^2\beta_y}\sin\psi_{yn} \tag{3-27}$$

$$\bar{h}_{yn} = 0.5(d_a-d_y)+\frac{0.5d_y}{\cos^2\beta_y}(1-\cos\psi_{yn}) \tag{3-28}$$

端面参数为基本值的高变位圆柱齿轮几何计算见表3-20（在进行工程实际量棒跨距控制值计算时，应将齿厚减薄量换算成相应的附加负变位）。

表 3-20　端面参数为基本值的高变位圆柱齿轮几何计算（单位：mm）

名　称	符号	计　算　公　式	举例（结果）	
			小齿轮	大齿轮
端面　模数	m_t	$m_t = \dfrac{25.4}{DP_t}$		8.466667
径节	DP_t	$DP_t = \dfrac{25.4}{m_t}$		3

（续）

名 称		符号	计 算 公 式	举例（结果）	
				小齿轮	大齿轮
端面	压力角	α_t	给定	20°	
	齿顶高系数	h_t^*		0.8	
	顶隙系数	c_t^*		0.3	
	变位系数	x		0.4	-0.4
螺旋角		β	选择或给定	30°	
齿数		z		21	114
齿宽		b		134.6×2	134.6×2
中心距		a	$a=0.5m_t(z_1+z_2)$	571.5	
齿顶高		h_a	$h_a=(h_{at}^*+x_t)m_t$	10.1600	3.3867
齿根高		h_f	$h_f=h_a+c=(h_{at}^*+c_t^*-x_t)m_t$	5.9267	12.7000
全齿高		h	$h=(2h_{at}^*+c_t^*)m_t$	16.0867	16.0867
分度圆直径		d	$d=m_t z$	177.8000	965.2000
基圆直径		d_b	$d_b=d\cos\alpha_t=m_t z\cos\alpha_t$	167.0773	906.9913
齿顶圆直径		d_a	$d_a=d+2h_a=(z+2h_{at}^*+2x_t)m_t$	198.120	971.973
齿根圆直径		d_f	$d_f=d-2h_f=(z_1-2h_a^*-2c_t^*+2x_t)m_t$	165.9	939.8
基圆螺旋角		β_b	$\tan\beta_b=\tan\beta\cdot\cos\alpha_t$	28°28′52″	
当量齿轮齿厚半角（rad）		ψ_n	$\psi_n=\left(\dfrac{\pi}{2z}+\dfrac{2x_t}{z}\tan\alpha_t\right)\cos^3\beta$	0.0575898	0.0072907
分度圆弦齿厚		$\bar{s}_n$	$\bar{s}_n=\dfrac{d}{\cos^2\beta}\sin\psi_n$	13.645	9.383
分度圆弦齿高		$\bar{h}_n$	$\bar{h}_n=h_a+\dfrac{0.5d}{\cos^2\beta}(1-\cos\psi_n)$	10.357	3.404
跨测齿数		k	$k=\dfrac{1}{\cos^2\beta}\left(\dfrac{\alpha_t}{180°}z+\dfrac{2}{\pi\tan\alpha_t}x_t\right)+0.5$ （4舍5入取整） 当端面压力角 $\alpha_t=20°$、分度圆螺旋角 $\beta=30°$ 时：$k=$ $\dfrac{4}{27}z+\dfrac{7}{3}x_t+0.5$（4舍5入取整）	4.54→取5	16.46→取16
公法线长度		w_k	$w_k=m_t\cos\alpha_t\cos\beta_b[\pi(k-0.5)+z\,\text{inv}\alpha_t+2x_t\tan\alpha_t]$ 当端面压力角 $\alpha_t=20°$、分度圆螺旋角 $\beta=30°$ 时： $w_k=m_t[2.594845(k-0.5)+0.0123105z+0.601253x_t]$ 校验可检测性： $b-w_k\sin\beta_b\geqslant 2\sim5$	103.089 校验： $b-w_k\sin\beta_b$ $=85.4>5$ 可检测	（350.376） 校验： $b-w_k\sin\beta_b$ $=-32.5<0$ 不可检测

（续）

名 称	符号	计 算 公 式	举例（结果）	
			小齿轮	大齿轮
量棒（球）直径	D_M	选择或给定 常用定值 $D_M = 1.728 m_t \cos\beta$		给定 12.67
量棒中心所在圆压力角	α_{Mt}	$\mathrm{inv}\alpha_{Mt} = \mathrm{inv}\alpha_t + \dfrac{D_M}{d_b \cos\beta_b} - \dfrac{\pi}{2z} + \dfrac{2x_t \tan\alpha_t}{z}$	$\mathrm{inv}\alpha_{Mt1}$ $= 0.0402447$ $\alpha_{Mt1} = 27°25'28''$	$\mathrm{inv}\alpha_{Mt2}$ $= 0.0144640$ $\alpha_{Mt2} = 19°48'27''$
量棒跨距	M_d	偶数齿：$M_d = \dfrac{d_b}{\cos\alpha_{Mt}} + D_M$ 奇数齿：$M_d = \dfrac{d_b}{\cos\alpha_{Mt}} \cos\left(\dfrac{90°}{z}\right) + D_M$	200.375 （奇数齿）	976.697

2. 盘形斜齿插齿刀加工的圆柱齿轮

与前述梳齿刀加工的区别在于：斜齿插齿刀分度圆的压力角的法向值 α_n 为基本值，端面压力角 α_t 不是恒定值，它随实际螺旋角 β 的变动发生微小变化（α_t 变化一般在 ±1° 内）。

斜齿插齿刀使用条件如下：

1）刀具的导程必须与机床（斜齿插齿机）的导程相同。

2）刀具的旋向必须与机床螺旋导轨的旋向相同，与被加工工件旋向相反。

3）刀具的压力角、螺旋角与被加工齿轮一致（刀具几何修正角度除外）。

该类齿轮的几何计算见表 3-21。其中齿厚测量尺寸计算公式与表 3-20 所列的一致。

表 3-21　除压力角外端面参数为基本值的圆柱齿轮几何计算　（单位：mm）

名 称		符号	计 算 公 式	举例（结果）	
				小齿轮	大齿轮
端面	模数	m_t	$m_t = \dfrac{25.4}{DP_t}$	10	
	径节	DP_t	$DP_t = \dfrac{25.4}{m_t}$		
	齿顶高系数	h_{at}^*	给定	0.8	
	顶隙系数	c_t^*		0.3	
法向压力角		α_n	给定	17°30′	
螺旋角		β	必须根据机床及刀具参数验算	34°17′25″	
齿数		z	给定	34	143
变位系数		x_t	给定或计算得到	0.2061	0.2
齿宽		b	给定	215×2	215×2
分度圆直径		d	$d = m_t z$	340.000	1430.000
机床螺旋导程		P	机床给定	机床型号 SHN12 $P = 829.275$	
插齿刀	法向压力角	α_{n0}	$\alpha_{n0} = \alpha_n$	17°30′	
	端面模数	m_{t0}	$m_{t0} = m_t$	10	
	齿数	z_0	与刀具名义直径及模数等有关	18	
	分度圆直径	d_0	$d_0 = m_t z_0$	180	
	变位系数	x_{t0}	由刀具设计决定，新旧刀具数值不同	0.125	
	齿顶高	h_{a0}	$h_{a0} = (h_{at}^* + c_t^* + x_{t0}) m_t$	12.25	
	齿顶圆直径	d_{a0}	$d_{a0} = d_0 + 2h_{a0}$	204.50	

（续）

名称	符号	计算公式	举例(结果) 小齿轮	举例(结果) 大齿轮
插齿刀 螺旋角	β_0	β_0取决于刀具分度圆直径及机床导程：$\tan\beta_0=\dfrac{\pi m_{t0}z_0}{p}$	34°17′25″	
插齿刀 端面压力角	α_{t0}	$\tan\alpha_{t0}=\dfrac{\tan\alpha_{n0}}{\cos\beta_0}$	20°53′18″	
端面压力角	α_t	$\alpha_t=\alpha_{t0}$	20°53′18″	
端面啮合角	α'_t	$\mathrm{inv}\alpha'_t=\mathrm{inv}\alpha_t+\dfrac{2(x_{t1}+x_{t2})}{z_1+z_2}\tan\alpha_t$	$\mathrm{inv}\alpha'_t=0.0188106$ $\alpha'_t=21°33'13''$	
标准中心距	a	$a=0.5m_t(z_1+z_2)$	885.000	
啮合中心距	a'	$a'=\dfrac{\cos\alpha_t}{\cos\alpha'_t}a$	888.999≈889(35in)	
插齿端面啮合角	α'_{t0}	$\mathrm{inv}\alpha'_{t0}=\mathrm{inv}\alpha_t+\dfrac{2(x_t+x_{t0})}{z+z_0}\tan\alpha_t$	$\mathrm{inv}\alpha'_{t0}=0.0219193$ $\alpha'_{t0}=22°38'03''$	$\mathrm{inv}\alpha'_{t0}=0.0186001$ $\alpha'_{t0}=21°28'34''$
插齿中心距	a'_0	$a'_0=\dfrac{\cos\alpha_t}{\cos\alpha'_{t0}}\dfrac{m_t(z+z_0)}{2}$	263.182	808.207
齿根圆直径(理论值)	d_f	$d_f=2a'_0-d_{a0}$ (工程图样中一般不标注,或为参考尺寸)	321.864 (321.2)	1411.914 (1411.9)
齿顶圆直径	d_a	$d_{a1,2}=2a'-d_{f2,1}-2c_t^* m_t$ 最大值限制：$d_a \ngtr d+2(h_{at}^*+x_t^*)m_t$	$d_{a1}=360.086$ <360.122 取 360.086	$d_{a2}=1450.136$ >1450.000 取 1450.000
		其他计算方法：实际工程图中标注的该尺寸还可能采用下列计算法得到		
		其他计算方法：1)插齿刀径向尺寸按基本截面考虑。 $x_{t0}=0$、$d_{a0}=d_0+2(h_{at}^*+c_t^*)m_t$ α'_{t0}、a'_0 等计算方法同前	(360.034)	(1449.982)
		其他计算方法：2)同滚齿加工计算法。 $\Delta y_t=(x_{t1}+x_{t2})-\dfrac{a'-a}{m_t}$ $d_a=d+2(h_{at}^*+x_t^*-\Delta y_t)m_t$	(360.000)	(1449.878)
齿顶高	h_a	$h_a=\dfrac{d_a-d}{2}$	10.043	10.000
基圆直径	d_b	$d_b=d\cos\alpha_t=m_t z\cos\alpha_t$	317.6542	1336.0162
基圆螺旋角	β_b	$\tan\beta_b=\tan\beta\cdot\cos\alpha_t$ 或 $\sin\beta_b=\sin\beta\cdot\cos\alpha_n$	32°30′03″	
当量齿轮齿厚半角	ψ_n	$\psi_n=\left(\dfrac{\pi}{2z}+\dfrac{2x_t}{z}\tan\alpha_t\right)\cos^3\beta$	0.0286640	0.00679686
分度圆弦齿厚	$\bar{s}_n$	$\bar{s}_n=\dfrac{d}{\cos^2\beta}\sin\psi_n$	14.276	14.239
分度圆弦齿高	$\bar{h}_n$	$\bar{h}_n=h_a+\dfrac{0.5d}{\cos^2\beta}(1-\cos\psi_n)$	10.145	10.024
其他齿厚测量尺寸		见表 3-20	(略)	

3.9.2 双压力角齿轮的齿厚测量尺寸计算

双压力角齿轮是指轮齿左右齿形模数相同、压力角不等的非对称渐开线圆柱齿轮。

该类齿轮不能采用通用刀具精加工，需要用到定制刀具。双压力角齿轮一般不采用角变位制，其公称压力角可根据需要选择，大小齿轮弯曲强度等可通过合适的径向高变位来调节。其齿轮径向尺寸的计算方法与普通高变位齿轮完全一致，齿厚测量尺寸计算见表 3-22。

由于左右齿形基圆直径不同，双压力角齿轮两侧齿廓没有公法线，齿厚测量尺寸中没有公法线测量一项。

量棒跨距需要采用迭代法计算，手工计算较复杂，表 3-22 量棒跨距求解（牛顿迭代法）过程如下：

......

量棒中心所在圆展角之和 $\theta_{d\Sigma} = 0.1001674$

基圆直径比 $C = \dfrac{d_{bL}}{d_{bR}} = 0.95078975$

1）量棒中心所在圆压力角初值：

$$\cos\alpha_{MtR0} = \frac{d_{bR}}{d + 2x_n m_n} = \frac{87.1333}{90 + 2 \times 0.5 \times 6} = 0.9076385 \qquad \alpha_{MtL} = \alpha_{MtR0} = 0.4331728$$

$$\cos\alpha_{MtL0} = 0.95078975 \times 0.9076385 = 0.8629734 \qquad \alpha_{MtL0} = 0.5296709$$

2） $\alpha_{MtR1} = \alpha_{MtR0} - \dfrac{inv\alpha_{MtR0} + inv\alpha_{MtL0} - \theta_{d\Sigma}}{\tan^2\alpha_{MtR0} + C \dfrac{\sin\alpha_{MtR0}}{\sin\alpha_{MtL0}} \tan^2\alpha_{MtL0}}$

$$= 0.4331728 - \frac{inv0.4331728 + inv0.5296709 - 0.1001674}{\tan^2 0.4331728 + 0.95078975 \times \dfrac{\sin 0.4331728}{\sin 0.5296709} \times \tan^2 0.5296709}$$

$$= 0.4331728 - \frac{-0.015069304}{0.48463827} = 0.4331728 + 0.0310939 = 0.4642667$$

$$\cos\alpha_{MtL1} = 0.95078975 \times \cos 0.4642667 = 0.8501488 \qquad \alpha_{MtL1} = 0.5545285$$

3） $\alpha_{MtR2} = \alpha_{MtR1} - \dfrac{inv\alpha_{MtR1} + inv\alpha_{MtL1} - \theta_{d\Sigma}}{\tan^2\alpha_{MtR1} + C \dfrac{\sin\alpha_{MtR1}}{\sin\alpha_{MtL1}} \tan^2\alpha_{MtL1}}$

$$= 0.4642667 - \frac{inv0.4642667 + inv0.5545285 - 0.1001674}{\tan^2 0.4642667 + 0.95078975 \times \dfrac{\sin 0.4642667}{\sin 0.5545285} \times \tan^2 0.5545285}$$

$$= 0.4642667 - \frac{0.0011648612}{0.56093083} = 0.4642667 - 0.00207666 = 0.4621900$$

$$\cos\alpha_{MtL2} = 0.95078975 \times \cos 0.4621900 = 0.85103109 \qquad \alpha_{MtL2} = 0.5528506$$

4） $\alpha_{MtR3} = 0.4621900 - \dfrac{inv0.4621900 + inv0.5528506 - 0.1001674}{\tan^2 0.4621900 + 0.95078975 \times \dfrac{\sin 0.4621900}{\sin 0.5528506} \times \tan^2 0.5528506}$

$$= 0.4621900 - \frac{0.00000553996}{0.55557632} = 0.4621900 - 0.00000997 = 0.4621800$$

$$\cos\alpha_{MtL3} = 0.95078975 \times \cos0.4621800 = 0.85103533 \quad \alpha_{MtL3} = 0.5528425$$

5) $\alpha_{MtR4} = 0.4621800 - \dfrac{inv0.4621800 + inv0.5528425 - 0.1001674}{\tan^2 0.4621800 + 0.95078975 \times \dfrac{\sin0.4621800}{\sin0.5528425} \times \tan^2 0.5528425}$

$$= 0.4621800 - \frac{-0.0000000257}{0.55555060} = 0.4621800 + 4.6 \times 10^{-8} = 0.4621800$$

$|\alpha_{MtR4} - \alpha_{MtR3}| < 10^{-7}$ 满足精度要求

$\alpha_{MtR} = 0.4621800 = 26.48096°$

......

表 3-22　双压力角齿轮齿厚测量尺寸计算　　　　　　　（单位：mm）

名　称		符号	计算公式	举　例
法向模数		m_n	已知	6
分度圆螺旋角		β	已知	0
分度圆法向 压力角	左	α_{nL}	已知	23°
	右	α_{nR}	已知	14.5°
齿数		z	给定	15
变位系数		x_n	给定	0.5
分度圆直径		d	$d = \dfrac{m_n z}{\cos\beta} d$	90
齿顶高		h_a	$h_a = (h_{an}^* + x_n)\,m_n$	($h_{an}^* = 0.8$) 7.80
齿顶圆直径		d_a	$d_a = d + 2h_a$	105.60
端面压力角	左	α_{tL}	$\tan\alpha_{tL,R} = \dfrac{\tan\alpha_{nL}}{\cos\beta}$	23°
	右	α_{tR}		14.5°
基圆直径	左	d_{bL}	$d_{bL,R} = d\cos\alpha_{tL,R}$	82.8454
	右	d_{bR}		87.1333
基圆螺旋角	左	β_{bL}	$\sin\beta_{bL,R} = \sin\beta_{L,R}\cos\alpha_{nL,R}$	0
	右	β_{bR}		0
任意圆直径		d_y	选择或给定	96.00
任意圆端面压 力角	左	α_{ytL}	$\cos\alpha_{ytL,R} = \dfrac{d_{bL,R}}{d_y}$	30.34796°
	右	α_{ytR}		24.81899°
任意圆螺旋角		β_b	$\tan\beta_b = \dfrac{d_y}{d}\tan\beta$	0
端面齿厚角		$\psi_{yt\Sigma}$	$\psi_{yt\Sigma} = \psi_{ytL} + \psi_{ytR} = \dfrac{1}{z}\left[\pi + 2x_n(\tan\alpha_{nL} + \tan\alpha_{nR})\right] + inv\alpha_{tL}$ $+ inv\alpha_{tR} - inv\alpha_{ytL} - inv\alpha_{ytR}\ (rad)$	0.1984745
当量齿轮齿厚角		$\psi_{yn\Sigma}$	$\psi_{yn\Sigma} = \psi_{yt\Sigma}\cos^3\beta_y$	0.1984745
任意圆弦齿厚		$\bar{s}_{yn}$	$\bar{s}_{yn} = \dfrac{d_y}{\cos^2\beta_y}\sin\left(\dfrac{\psi_{yt\Sigma}}{2}\right)$	9.511
分度圆弦齿高		$\bar{h}_{yn}$	$\bar{h}_{yn} = 0.5(d_a - d_y) + \dfrac{0.5d_y}{\cos^2\beta_y}\left[1 - \cos\left(\dfrac{\psi_{yt\Sigma}}{2}\right)\right]$	5.036
量棒（球）直径		D_M	选择或给定 常用定值 $D_M = 1.728m_n$	10.368,取 10.000
量棒中心所在圆 直径		d_d	$d_d = \dfrac{d_{bL}}{\cos\alpha_{MtL}} = \dfrac{d_{bR}}{\cos\alpha_{MtR}}$	97.347
量棒中心所 在圆压力角	左	α_{MtL}	$\cos\alpha_{MtL} = \dfrac{d_{bL}}{d_d},\cos\alpha_{MtR} = \dfrac{d_{bR}}{d_d}$	31.67554°
	右	α_{MtR}	$\dfrac{\cos\alpha_{MtL}}{\cos\alpha_{MtR}} = \dfrac{d_{bL}}{d_{bR}} = C$	26.48096°

（续）

名　称		符号	计 算 公 式	举　例
量棒中心所 在圆展角	左	θ_{dL}	$\theta_{dL} = \text{inv}\alpha_{MtL}$	
	右	θ_{dR}	$\theta_{dR} = \text{inv}\alpha_{MtR}$	
量棒中心所在圆 展角之和		$\theta_{d\Sigma}$	$\theta_{d\Sigma} = \text{inv}\alpha_{MtL} + \text{inv}\alpha_{MtR}$ $= \text{inv}\alpha_{tL} + \text{inv}\alpha_{tR} + \dfrac{D_M}{d_{bL}\cos\beta_{bL}} + \dfrac{D_M}{d_{bR}\cos\beta_{bR}}$ $- \dfrac{1}{z}\left[\pi - 2x_n(\tan\alpha_{nL} + \tan\alpha_{nR})\right]$	0.1001674
迭代法解方程组			解方程组可得 α_{MtL}、α_{MtR}： $\cos\alpha_{MtL} = C \cdot \cos\alpha_{MtR}$ $\text{inv}\alpha_{MtR} + \text{inv}\alpha_{MtL} - \theta_{d\Sigma} = 0$ α_{MtR} 初值：$\cos\alpha_{MtR0} = \dfrac{d_{bR}}{d + 2x_n m_n}$ 牛顿迭代方程 $\alpha_{MtR1} = \alpha_{MtR0} - \dfrac{\text{inv}\alpha_{MtR0} + \text{inv}\alpha_{MtL0} - \theta_{d\Sigma}}{\tan^2\alpha_{MtR0} + C\dfrac{\sin\alpha_{MtR0}}{\sin\alpha_{MtL0}}\tan^2\alpha_{MtL0}}$	
量棒跨距		M_d	偶数齿： $M_d = d_d + D_M$ 奇数齿： $M_d = d_d\cos\left(\dfrac{90°}{z}\right) + D_M$	106.813

3.9.3　角变位锥齿轮的几何尺寸计算

角变位锥齿轮一般采用正传动，它等价于节圆参数（模数、压力角）相同的的高变位齿轮。它具有不少突出的优点，在不改变机床及刀辅具要求的前提下，通过合理选择变位系数，可明显改善齿轮副的疲劳强度，而几乎不增加制造成本。

角变位锥齿轮的设计基于"节锥角恒等于分锥角"，即仅改变锥距，不改变锥角。变位的计算基于当量齿轮。

角变位直齿锥齿轮几何尺寸计算见表 3-23。

对斜齿、弧齿锥齿轮可按大端（或中点）等其他特征部位数据，按端截面参数参照直齿轮的方法计算。其中，当量齿数仍按直齿锥齿轮的方法计算（此时当量齿轮在几何上指与计算端截面等螺旋角的当量斜齿圆柱齿轮）。

表 3-23　角变位直齿锥齿轮的几何尺寸计算

名称	符号	计 算 公 式	
		小齿轮	大齿轮
轴交角	Σ	正交传动 $\Sigma = 90°$	
传动比	i	$i = z_2/z_1$	
大端模数	m	一般按标准系列选择	
压力角	α	通常 $\alpha = 20°$、$25°$	
齿顶高系数	h_a^*	通常 $h_a^* = 1$	
顶隙系数	c^*	通常 $c^* = 0.2$	
分度圆直径	d	$d_1 = m z_1$	$d_2 = m z_2$
变位系数和	x_Σ	根据需要调整的啮合角等参数选择	

（续）

名称	符号	计 算 公 式	
		小齿轮	大齿轮
变位系数	x	$0.3 \sim 0.6$	$x_2 = x_\Sigma - x_1$
切向变位系数	x_τ	据需要，$x_{\tau 1} = -x_{\tau 2}$ 通常 $x_\tau = 0$	
分锥角	δ	$\tan\delta_1 = \sin(180°-\Sigma)/[i-\cos(180°-\Sigma)]$ $\Sigma = 90°$ 时，$\tan\delta_1 = 1/i = z_1/z_2$	$\delta_2 = \Sigma - \delta_1$
锥距	R	$R = d_1/2\sin\delta_1 = d_2/2\sin\delta_2$	
节锥角	δ_w	$\delta_w = \delta$	
当量圆柱齿轮齿数	z_v	$z_{v1} = z_1/\cos\delta_1$	$z_{v2} = z_2/\cos\delta_2$
当量齿数和	$z_{v\Sigma}$	$z_{v\Sigma} = z_{v1} + z_{v2}$	
啮合角	α'	$\text{inv}\alpha' = \text{inv}\alpha + \dfrac{2x_\Sigma}{z_{v\Sigma}}\tan\alpha$	
锥距变动比	k_R	$k_R = \cos\alpha/\cos\alpha'$	
节锥距	R_w	$R_w = k_R R = \dfrac{mz_1\cos\alpha}{2\sin\delta_1\cos\alpha'}$	
齿顶高变动系数	Δy	$\Delta y = x_\Sigma - 0.5(k_R - 1)z_{v\Sigma}$	
齿顶高	h_a	$h_{a1} = (h_a^* + x_1 - \Delta y)m$	$h_{a2} = (h_a^* + x_2 - \Delta y)m$
齿根高	h_f	$h_{f1} = (h_a^* + c^* - x_1)m$	$h_{f2} = (h_a^* + c^* - x_2)m$
全齿高	h	$h_1 = h_2 = h = (2h_a^* + c^* - \Delta y)m_n$	
齿根角	θ_f	$\tan\theta_{f1} = h_{f1}/R$	$\tan\theta_{f2} = h_{f2}/R$
齿顶角	θ_a	不等顶隙收缩齿 $\tan\theta_{a1} = h_{a1}/R$ 等顶隙收缩齿 $\theta_{a1} = \theta_{f2}$	不等顶隙收缩齿 $\tan\theta_{a2} = h_{a2}/R$ 等顶隙收缩齿 $\theta_{a2} = \theta_{f1}$
顶锥角	δ_a	$\delta_{a1} = \delta_1 + \theta_{a1}$	$\delta_{a2} = \delta_2 + \theta_{a2}$
根锥角	δ_f	$\delta_{f1} = \delta_1 - \theta_{f1}$	$\delta_{f2} = \delta_2 - \theta_{f2}$
齿顶圆直径	d_a	$d_{a1} = d_1 + 2h_{a1}\cos\delta_1$	$d_{a2} = d_2 + 2h_{a2}\cos\delta_2$
节圆直径	d_w	$d_{w1} = k_R d_1$	$d_{w2} = k_R d_2$
冠顶距	A_d	$A_{d1} = R'\cos\delta_1 - 0.5(d_{a1}-d'_1)\tan\delta_1$	$A_{d2} = R'\cos\delta_2 - 0.5(d_{a2}-d'_1)\tan\delta_2$
分度圆弧齿厚	s	$s_1 = m(\pi/2 + 2x_1\tan\alpha + x_\tau)$	$s_2 = m(\pi/2 + 2x_2\tan\alpha - x_\tau)$
分度圆弦齿厚	$\bar{s}$	$\bar{s}_1 \approx s_1 - s_1^3/6d_1^2$	$\bar{s}_2 \approx s_2 - s_2^3/6d_2^2$
分度圆弦齿高	$\bar{h}$	$\bar{h}_1 \approx h_{a1} - s_1^2\cos\delta_1/4d_1$	$\bar{h}_2 \approx h_{a2} - s_2^2\cos\delta_2/4d_2$

必要时，也可将角变位锥齿轮转化为与之工作齿廓完全等同的非标参数（模数、压力角）的高切变位制锥齿轮。例子见表3-24。

表3-24 角变位锥齿轮转化为高切变位锥齿轮举例 （单位：mm）

名 称	符号	角变位齿轮（原方案）	高切变位齿轮
轴交角	Σ	$\Sigma = 90°$	
齿数	z	$z_1 = 11$、$z_2 = 16$	
传动比	i	$i = z_2/z_1 \approx 1.454545$	
大端模数	m	7	$7 \times 1.044463 = 7.31124$
压力角	α	25°	$29.8045° = 29°48'16''$
齿顶高系数	h_a^*	1.0	0.91653
顶隙系数	c^*	0.157	0.15032
分度圆直径	d	$d_1 = 77$、$d_1 = 112$	$d_1 = 80.424$、$d_1 = 116.980$
变位系数和	x_Σ	1.01	0
变位系数	x	$x_1 = 0.55$、$x_2 = 0.46$	$x_1 = -x_2 = 0.2016$
切向变位系数	x_τ	0	$x_{\tau 1} = -x_{\tau 2} = -0.0204$
分锥角	δ	$\delta_1 = 34.5085°$、$\delta_2 = 55.4915°$	

（续）

名　　称	符号	角变位齿轮（原方案）	高切变位齿轮
锥距	R	67.958	70.980
节锥角	δ_w	$\delta_{w1} = 34.5085°$、$\delta_{w2} = 55.4915°$	
当量圆柱齿轮齿数	z_v	$z_{v1} = 13.3488$、$z_{v2} = 28.2422$	
当量齿数和	$z_{v\Sigma}$	41.5910	
啮合角	α_w	$inv\alpha_w = 0.0526231$ $\alpha_w = 29.8045°$	$29.8045° = 29°48'16''$
锥距变动比	k_R	1.044463	1
节锥距	R_w	70.980	70.980
齿顶高变动系数	Δy	0.08537	0
齿顶高	h_a	$h_{a1} = 10.252$、$h_{a2} = 9.622$	$h_{a1} = 8.175$、$h_{a2} = 5.227$
齿根高	h_f	$h_{f1} = 4.249$、$h_{f2} = 4.879$	$h_{f1} = 6.326$、$h_{f2} = 9.274$
全齿高	h	14.501	14.501
齿顶圆直径	d_a	$d_{a1} = 93.897$、$d_{a2} = 122.902$	
节圆直径	d_w	$d_{w1} = 80.424$、$d_{w1} = 116.980$	
冠顶距	A_d	$A_{d1} = 53.718$、$A_{d2} = 35.905$	
当量齿轮节圆直径	d_{wv}	$d_{wv1} = 97.597$、$d_{wv1} = 206.486$	
节圆弧齿厚	s_w	$s_w = d_{wv}\left(\dfrac{\pi}{2z_v} + \dfrac{2x\tan\alpha + x_\tau}{z_v} + inv\alpha - inv\alpha_w\right)$ $s_{w1} = 13.024$、$s_{w1} = 9.945$	

3.9.4　正交直齿面齿轮传动的几何计算

如图 3-11 所示，面齿轮传动是锥齿轮传动的一种特殊变型，当小齿轮锥距变为无穷大时，小齿轮演变为圆柱齿轮，而大齿轮变为冠状齿轮，即面齿轮。从运动学的角度来讲，面齿轮传动的啮合节线的延长线必须汇交于圆柱齿轮、面齿轮中心轴线的交点，以保证同一构件旋转角速度一致，啮合点线速度相同的关系。

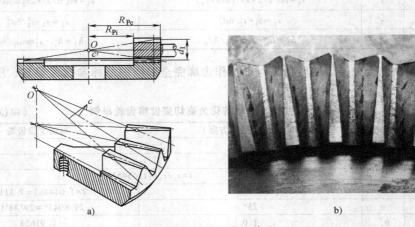

图 3-11　面齿轮传动

a）原理简图　b）面齿轮轮齿实物概貌

啮合节线与小齿轮轴线夹角 δ'_1、与面齿轮轴线夹角 δ'_2 与传动比 i 相关：

$$\tan\delta'_1 = \frac{z_1}{z_2} = 1/i; \quad \delta'_2 = 90° - \delta'_1 \tag{3-29}$$

据基节相等的渐开线齿轮啮合原理，面齿轮外径 d_{2e}、内径 d_{2i} 上的啮合角 α_{wi}、α_{we} 为

$$\cos\alpha_{wi} = \frac{d_2}{d_{2i}}\ ; \quad \cos\alpha_{we} = \frac{d_2}{d_{2e}} \tag{3-30}$$

面齿轮沿齿向的齿廓的形状连续变化，其变化情况与小齿轮参数有关，因而它的传统展成加工刀具参数要依照小齿轮参数来确定。当然，在掌握平面齿轮齿廓空间坐标的前提下也完全可以用数控仿形法加工。当知道近似齿廓形状后，也可以为工件的齿形粗加工方案策划提供重要参考。

目前在工程中运用的面齿轮传动中，圆柱齿轮几乎都采用渐开线齿轮。根据渐开线啮合的特点可知，当面齿轮齿数无穷多时（呈齿条状），其端面齿廓将是压力角与相配齿轮相同的梯形直廓。

在近似确定面齿轮各直径处的齿廓形状时，可以将面齿轮轮齿某横截面看成是平面弯曲齿条齿廓的投影，由于轮齿半厚度相对弯曲半径是很小的，所以面齿轮轮齿的各横截面的齿形仍近似为直廓，从许多工程实物中也可以看出这一点来。

作为近似计算，可将面齿轮沿齿宽工作齿廓各截面的齿形视为直廓（假想齿条截面形状）；据啮合原理，啮合角的余弦与啮合点所在圆直径呈线性关系，啮合角 = 假想齿条压力角。

更进一步的参数计算，可以先从啮合节点处参数着手。

（1）面齿轮齿宽 b 的限制　面齿轮齿宽选择受到小端切齿压力角 $\alpha_{2min} \geqslant 0$、大端齿顶变尖 $s_{a2min} > 0$ 的制约。

最大外径 d_{2emax}、最小内径 d_{2imin} 的限制决定了最大齿宽。

以基本直径 d_2（对应标准齿距的直径，直径 = 齿数×模数）作为参照，则有

$$d_{2i} > d_2\cos\alpha$$

$$h_a^*\tan[\arccos(d_2\cos\alpha/d_{2e})] - \frac{k\pi}{4} > 0 \quad \text{即} \quad d_{2e} < d_2\cos\alpha\sqrt{\left(\frac{k\pi}{4h_a^*}\right)^2 + 1} \tag{3-31}$$

因此，有

$$b < 0.5d_2\cos\alpha\left[\sqrt{\left(\frac{k\pi}{4h_a^*}\right)^2 + 1} - 1\right] \quad （k \text{ 为大端中线齿厚增加比例，略大于 } 1） \tag{3-32}$$

对 $\alpha = 20°$、$h_a^* = 1$ 的齿制：

$$d_{2i} > 0.94d_2\ ; \quad d_{2e} < 1.2d_2 \tag{3-33}$$

$$b < d_2/8 \tag{3-34}$$

以上小端直径最小值限制只是从几何原理要求的，事实上当小端直径减小到一定程度时，小端齿面就会出现过多非工作过渡曲面区，通常 $d_{2i} > (0.95 \sim 0.96)d_2$，$b < d_2/10$（典型值 $b \approx d_2/14$）。

对 $\alpha = 25°$、$h_a^* = 1$ 的齿制：

$$d_{2i} > 0.91d_2\ ; \quad d_{2e} < 1.15d_2 \tag{3-35}$$

$$b < 0.12d_2 \tag{3-36}$$

采用较大压力角小齿轮，可以选择稍小的面齿轮直径，对提高小齿轮强度具有一定的作用，但齿轮副的重合度会随之减小。

（2）面齿轮齿厚

1）基本直径上的齿厚 s_2。在与面齿轮基本直径圆柱相切的端截面中，啮合角与标准压力角相同 $\alpha' = \alpha$；节圆与分度圆重合 $d_1' = d_1$。面齿轮上的节点高度与小齿轮的变位系数 x 有关，与假想齿条中线（齿厚为 $0.5\pi m$、至齿顶 h_a^*m 处）的距离 $y = xm$。

基本直径上，齿厚 s_{w2} 与小齿轮的分度圆齿厚之 s_1 和等于 πm（一个标准齿距）。

$$s_{w2} = \pi m - s_1 = 0.5\pi m - 2xm\tan\alpha \tag{3-37}$$

假想齿条中线上的齿厚 $s_{2j} = s_{w2} + 2xm\tan\alpha = 0.5\pi m$

由此可见，基本直径上的面齿轮的假想齿条完全等同齿轮的基本齿廓，与小齿轮齿数、变位等无关。

2）任意直径上的齿厚 s_{2y}。面齿轮任意直径 d_{2y} 处的啮合角 α_{w2y} 为

$$\cos\alpha_{w2y} = \frac{d_2}{d_{2y}}\cos\alpha \tag{3-38}$$

小齿轮对应直径处的压力角 α_{w1y} 与 α_{w2y} 相等。小齿轮对应直径处的直径 d_{w1y}、齿厚 s_{w1y} 分别为

$$d_{w1y} = \frac{\cos\alpha}{\cos\alpha_{w2y}}mz_1 \tag{3-39}$$

$$s_{w1y} = \frac{\cos\alpha}{\cos\alpha_{w2y}}m[0.5\pi + 2x\tan\alpha + z_1(\mathrm{inv}\alpha - \mathrm{inv}\alpha_{2y})] \tag{3-40}$$

d_{2y} 处节点齿厚为

$$s_{w2y} = \frac{\cos\alpha}{\cos\alpha_{w2y}}\pi m - s_{w1y} = \frac{\cos\alpha}{\cos\alpha_{w2y}}m[0.5\pi - 2x\tan\alpha - z_1(\mathrm{inv}\alpha - \mathrm{inv}\alpha_{2y})] \tag{3-41}$$

节点弦齿高（至齿顶的高度）为

$$\bar{h}_{2y} = (h_a^* - x)m + 0.5\left(\frac{\cos\alpha}{\cos\alpha_{w2y}} - 1\right)mz_1 \tag{3-42}$$

直径 d_{2y} 处齿顶厚度 s_{a2y} 可按式（3-43）计算：

$$s_{a2y} = s_{w2y} - 2\bar{h}_{2y}\tan\alpha_{w2y} \tag{3-43}$$

对 $\alpha = 20°$、啮合角为 0 的极端情况：

$$s_{w2y} = 0.5\pi m\cos\alpha - 2xm\sin\alpha - mz_1\cos\alpha \cdot \mathrm{inv}\alpha = (1.476 - 0.684x - 0.014z_1)m \tag{3-44}$$

从式（3-44）可知，面齿轮沿齿向的变化与小齿轮参数选择有关。随着小齿轮齿数的增加（传动比的减小）、变位系数的增大，面齿轮小端的齿厚逐渐减小。换言之，对小传动比、小齿轮正变位情况，应该选择较大的面齿轮内径、较小的齿宽。

（3）面齿轮工作区域高度 面齿轮齿根啮合界点，决定了齿顶以下工作高度 h_{2g} 与小齿轮参数有关，各直径处的工作齿高可按式（3-45）计算：

$$h_{2g}/m = h_a^* - x + 0.5z_1\left[\frac{\cos\alpha}{\cos\alpha_{a1}}\cos(\alpha_{a1} - \alpha_{w2y}) - 1\right] \tag{3-45}$$

计算举例见表 3-25。

表 3-25 正交直齿面齿轮计算举例 （单位：mm）

设计方案：正交传动

参数：模数 $m = 5$，压力角 $\alpha = 20°$，传动比 $i = 3.45$；小齿轮齿数 $z_1 = 20$，变位系数 $x_1 = 0.4$，齿顶圆直径 $d_{a1} = 114$；面齿轮齿数 $z_2 = 69$，内径 $d_{2i} = 338$，外径 $d_{2e} = 388$

名　称	符号	计算（结果）
基本直径	d_2	$d_2 = 5\times69 = 345$
基本直径啮合角	α_{w2}	$\alpha_{w2} = \alpha = 20°$
基本直径齿顶厚	s_2	$s_2 = 0.5\pi m - 2h_a^* m\tan\alpha = 0.5\pi\times5 - 2\times1\times5\tan20° = 4.214$
小端啮合角	α_{w2i}	$\alpha_{w2i} = \arccos\dfrac{345\cos20°}{338} = 16.4325°$
中径啮合角	α_{w2m}	$\alpha_{w2m} = \arccos\dfrac{345\cos20°}{0.5\times(338+388)} = 26.7351°$
大端啮合角	α_{w2e}	$\alpha_{w2e} = \arccos\dfrac{345\cos20°}{388} = 33.3267°$
小端节点弦齿高	$\bar{h}_{2i}$	$\bar{h}_{2i} = (1 - 0.4)\times5 + 0.5\times\left(\dfrac{\cos20°}{\cos16.4325°} - 1\right)\times100 = 1.986$

（续）

设计方案：正交传动

参数：模数 $m = 5$，压力角 $\alpha = 20°$，传动比 $i = 3.45$；小齿轮齿数 $z_1 = 20$，变位系数 $x_1 = 0.4$，齿顶圆直径 $d_{a1} = 114$；面齿轮齿数 $z_2 = 69$，内径 $d_{2i} = 338$，外径 $d_{2e} = 388$

名　称	符号	计算（结果）
中径节点弦齿高	$\bar{h}_{2m}$	$\bar{h}_{2m} = (1 - 0.4) \times 5 + 0.5 \times \left(\dfrac{\cos 20°}{\cos 26.7351°} - 1 \right) \times 100 = 5.609$
大端节点弦齿高	$\bar{h}_{2e}$	$\bar{h}_{2e} = (1 - 0.4) \times 5 + 0.5 \times \left(\dfrac{\cos 20°}{\cos 33.3267°} - 1 \right) \times 100 = 9.232$
小端节点齿厚	s_{w2i}	$s_{w2i} = \dfrac{\cos 20°}{\cos 16.4235°} \times 5 \times \left[0.5\pi - 2 \times 0.4\tan 20° - 20 \times (\text{inv } 20° - \text{inv } 16.4235°) \right] = 5.603$
中径节点齿厚	s_{w2m}	$s_{w2m} = \dfrac{\cos 20°}{\cos 26.7351°} \times 5 \times \left[0.5\pi - 2 \times 0.4\tan 20° - 20 \times (\text{inv } 20° - \text{inv } 26.7351°) \right] = 9.067$
大端节点齿厚	s_{w2e}	$s_{w2e} = \dfrac{\cos 20°}{\cos 33.3267°} \times 5 \times \left[0.5\pi - 2 \times 0.4\tan 20° - 20 \times (\text{inv } 20° - \text{inv } 33.3267°) \right] = 14.054$
小端齿顶厚	s_{a2i}	$s_{a2i} = 5.603 - 2 \times 1.986\tan 16.4235° = 4.450$
中径齿顶厚	s_{a2m}	$s_{a2m} = 9.067 - 2 \times 5.609\tan 26.7351° = 3.416$
大端齿顶厚	s_{a2e}	$s_{a2e} = 14.054 - 2 \times 9.232\tan 33.3267° = 1.913$ $s_{a2e}/m = 1.913/5 \approx 0.38$，齿顶厚度尚可
小齿轮齿顶压力角	α_{a1}	$\alpha_{a1} = \arccos\left(\dfrac{100 \times \cos 20°}{114} \right) = 34.4832°$
小端工作齿高	h_{2gi}	$h_{2gi}/m = 1 - 0.4 + 0.5 \times 20 \times \left[\dfrac{\cos 20°}{\cos 34.4832°}\cos(34.4832° - 16.4235°) - 1 \right] = 1.438$ $h_{2gi} = 1.438 \times 10 = 14.38$
大端工作齿高	h_{2ge}	$h_{2ge}/m = 1 - 0.4 + 0.5 \times 20 \times \left[\dfrac{\cos 20°}{\cos 34.4832°}\cos(34.4832° - 33.3267°) - 1 \right] = 1.998$ $h_{2ge} = 1.998 \times 10 = 19.98$　　工作齿高已接近极限

（4）插齿刀具参数对面齿轮齿形的影响　面齿轮传动在啮合原理上，与锥齿轮传动是一样的。面齿轮与配对小齿轮齿形参数一一对应，没有互换性。为实现理论无误差啮合，面齿轮采用插齿加工时，插齿刀主要参数——压力角 α_0、模数 m_0、齿数 z_0、变位系数 x_0 等必须与配对小齿轮完全一致；插齿刀最终精加工轴线中心须与小齿轮的安装轴线位置重合；为形成工件齿轮的啮合侧隙，插齿刀需要有一定齿厚增量（正切变位），或最终展成加工增加定轴距下的圆周方向单侧进刀修切。当精插齿刀参数不满足前述要求时，面齿轮各直径上将产生不同的齿廓误差。

由面齿轮传动特殊的啮合形式，据渐开线啮合原理可知：面齿轮的轮齿由平面弯曲的直廓叠加而来，各直径上的啮合角与该直径与基本直径之比 d_{2y}/d_2、小齿轮分度圆压力角 α 有关。因而，插齿刀压力角误差将直接复制到面齿轮工件上。插齿时啮合节线的偏移会引起面齿轮齿厚的改变。

插齿时，面齿厚齿顶厚度可按式（3-46）~式（3-48）计算：

$$s'_{2y} = \frac{\cos\alpha}{\cos\alpha'_{2y}} m \left[0.5\pi - 2x_0\tan\alpha - z_0(\text{inv}\alpha - \text{inv}\alpha'_{2y}) \right] \tag{3-46}$$

$$\bar{h}_{2y} = (h_a^* - x_0) m + 0.5 \left(\frac{\cos\alpha}{\cos\alpha'_{2y}} - 1 \right) m z_0 \tag{3-47}$$

$$s_{a2y} = s'_{2y} - 2\bar{h}_{2y}\tan\alpha'_{2y} \tag{3-48}$$

对式（3-46）~式（3-48）求偏导可得插齿刀参数误差对面齿轮齿顶厚度的影响。

$$\frac{\partial s_{a2y}}{\partial x_0} = \frac{2m}{\cos\alpha'_{2y}} (\sin\alpha'_{2y} - \sin\alpha) \tag{3-49}$$

$$\frac{\partial s_{a2y}}{\partial z_0}=\frac{m}{\cos\alpha'_{2y}}\left[(inv\alpha'_{2y}-inv\alpha)\cos\alpha-\left(\frac{\cos\alpha}{\cos\alpha'_{2y}}-1\right)\sin\alpha'_{2y}\right] \tag{3-50}$$

对应的加工原理性齿廓总偏差 $F_{\alpha y}$ 约为齿顶厚度偏差的 $0.5\cos\alpha'_{2y}$ 倍，即

$$\frac{\partial F_{\alpha y}}{\partial x_0}=m(\sin\alpha'_{2y}-\sin\alpha) \tag{3-51}$$

$$\frac{\partial F_{\alpha y}}{\partial z_0}=0.5m\left[(inv\alpha'_{2y}-inv\alpha)\cos\alpha-\left(\frac{\cos\alpha}{\cos\alpha'_{2y}}-1\right)\sin\alpha'_{2y}\right] \tag{3-52}$$

也就是

$$F_{\alpha y}=m(\sin\alpha'_{2y}-\sin\alpha)\Delta x_0+0.5m[\sin\alpha'_{2y}-\sin\alpha-(\alpha'_{2y}-\alpha)\cos\alpha]\Delta z_0 \tag{3-53}$$

函数 $F(\alpha'_{2y})=\sin\alpha'_{2y}-\sin\alpha$ 为正弦函数，其1阶导数 $F'(\alpha'_{2y})=\cos\alpha'_{2y}>0$，$F(\alpha'_{2y})$ 在（0，$\pi/2$）范围内单调增加。说明 Δx_0 对齿廓偏差的影响，沿面齿轮小端到大端呈单调增加。当 Δx_0 为正值时，影响曲线呈中凸状；当 Δx_0 为负值时，影响曲线呈中凹状。

函数 $F_1(\alpha'_{2y})=\sin\alpha'_{2y}-\sin\alpha-(\alpha'_{2y}-\alpha)\cos\alpha$ 的1、2阶导数分别为 $F'_1(\alpha'_{2y})=\cos\alpha'_{2y}-\cos\alpha$（由正→零→负），$F''_1(\alpha'_{2y})=-\sin\alpha'_{2y}<0$，$F_1(\alpha'_{2y})$ 在正常取值范围内呈类抛物线型。在 $\alpha'_{2y}=\alpha$ 的前提下：当 Δz_0 为正值时，影响曲线呈中凸状；当 Δz_0 为正值时，影响曲线呈中凹状。

在表3-25给出的例子中，如果用标准插齿刀（$\alpha_0=20°$、$z_0=20$、$x_0=0.09$）完全径向进刀完成面齿轮精加工（只控制基本直径处齿厚），将会在面齿轮的大端、中部、小端分别产生-0.77mm、-0.37mm、+0.19mm的端面齿厚偏差，对应的齿廓总偏差分别达-0.32mm、-0.17mm、+0.09mm，齿向出现达1°左右的附加倾斜角，齿轮副装配后不可能有正常接触区，接触点为面齿轮的小端。变位系数为正偏差时，接触斑点移向大端。

如果插齿刀变位系数与小齿轮相同，齿数增加1个（$z_0=21$、$x_0=0.4$）则会在面齿轮的大端、中部、小端分别产生-0.028mm、-0.0065mm、-0.0016mm的齿廓总偏差，接触斑点集中在基本直径附近（基本直径处不产生切齿原理性齿廓偏差，成为接触区凸起点）。反之，齿数减少1个（$z_0=19$、$x_0=0.4$），会在面齿轮的大端、中部、小端分别产生+0.028mm、+0.0065mm、+0.0016mm的齿廓总偏差，接触斑点集中在大端附近。

从上述情况可以总结出以下几点：

1）面齿轮插齿刀（与小齿轮）变位系数差异，会引起面齿轮齿向的非线性扭曲，变位系数差异对齿轮副接触影响很大，其偏差量级远远大于把面齿轮轮齿端面当成完全直廓的计算偏差。变位系数为负偏差时，装配后接触区快速聚集于小端；变位系数为正偏差时，接触区偏向大端。无论怎样改变插齿刀的变位系数，都不能使所加工的面齿轮呈"中鼓"状接触。

插齿刀磨损修磨后，必须考虑其参数（主要是 x_0）的变化。按面齿轮插齿刀实际参数修配小齿轮（小齿轮的半精加工安排到面齿轮精加工以后，据情况调整精加工参数，一般要避免出现负值 Δx_0 情况），也是一种解决配对齿轮接触区变差问题的折中方法。

面齿轮是一种特型锥齿轮，对配对加工参数具有一定的要求。数控仿形加工将是以后面齿轮高精加工的发展方向，美国格里森公司最新的 CNC Free-form 型机床——凤凰Ⅱ系列螺旋锥齿轮磨齿机（Gleason PHOENIX Ⅱ 275G、600G等）上已推出了用蝶形砂轮磨削面齿轮的 CONIFACE 加工方法与软件（万能运动设计原理软件 UMC 的模块之一）。

2）面齿轮插齿刀（与小齿轮）齿数的差异，会引起齿向变化。齿数正偏差时，基本直径附近呈鼓形；齿数为负偏差时，基本直径附近为中凹腰鼓形，齿宽中部接触区可能会消失，接触斑点一般会集中在大端附近（这种接触一般是不允许的）。插齿刀齿数采用负偏差一般是不允许的。

3）为补偿各类制造误差，形成齿向较有利的接触，可以通过酌情增加插齿刀齿数1~3个的措施来实现，但应严格进行计算验证（包括实际 x_0 的影响）。

一般来讲，插齿刀齿数正偏差 $1 \sim 3$ 个在以下情况下可予以考虑，但必须通过接触区位置控制区域预测及鼓形量验算等。

① 齿宽很窄（啮合角变化较小）的杯口状面齿轮。

② 基本直径位于中径附近的大传动比面齿轮。

③ 磨损失效占主导的面齿轮等。

3.9.5 双导程蜗杆传动的几何计算

双导程蜗杆传动的工作原理与普通圆柱蜗杆传动本质上是相同的。对轴向直廓型蜗杆，在沿蜗杆轴的中心剖面内，蜗杆齿形相当于齿条，蜗轮相当于与它啮合的齿轮。双导程蜗杆传动与普通圆柱蜗杆传动的区别在于：双导程蜗杆（包括蜗轮）的左右齿面具有不相等的导程，而同一侧齿面的导程则相等。由于导程的改变，使蜗杆沿轴向各齿的齿厚渐次线性变小（或变大），因而当双导程蜗杆沿轴向移动时，蜗轮蜗杆之间的啮合侧隙会随之变化。当一对双导程蜗轮副运转很长时间后，因磨损造成齿面啮合侧隙加大而改变了运动精度或平稳性要求时，可通过将双导程蜗杆沿齿厚减薄的方向位移一段轴向距离，啮合侧隙则随之减小或完全消除，从而重新满足运动要求。

双导程蜗杆也称变齿厚蜗杆。它主要用于需要精确调整啮合间隙的蜗杆传动机构中，如机床镗铣头、分度头等，双导程蜗杆通常仅采用圆柱形蜗杆。蜗杆齿形类型有轴向直廓、法向直廓、渐开线齿廓、弧面齿廓等，主要参数计算方法一致。

双导程蜗杆左右齿面的轴向（或法向）压力角通常相同，但左右齿面的模数、导程不相等，因而在公称分度圆柱上左右齿面的螺旋线升角不相等。在加工蜗杆螺旋面时，必须分别按两齿面的导程计算选配挂轮。在磨削螺旋面时，也应按公称分度圆柱上左右齿面的螺旋升角分别调整砂轮的安装角度。

双导程蜗杆传动的模数一般不为标准值，公称模数通常由蜗轮中径（公称分度圆直径）上的齿距决定，几何计算式及举例见表 3-26。

表 3-26 双导程蜗杆传动的几何尺寸计算 （单位：mm）

名 称	代 号	计 算 关 系 式	举 例
中心距	a	$a=(d_1+d_2)/2$	200
传动比	i	$i=z_2/z_1$	10.25
蜗杆头数	z_1	$z_1=1\sim4$，据传动比选择	4
蜗轮齿数	z_2	$z_2=30\sim80$，据传动比等确定	41
蜗杆压力角（压力角）	α	根据需要选取轴向或法向值，通常 α_{x1} 或 $\alpha_{n1}=14°\sim25°$。 $\tan\alpha_{x1}=\tan\alpha_{n1}/\cos\gamma$ 蜗轮端面压力角与蜗杆轴向压力角相等：$\alpha_{t2}=\alpha_{x1}$	ZN 型蜗杆，$\alpha_{n1}=20°$
蜗杆分度圆直径	d_1	$d_1=0.25\sim0.55a$，常取 $d_1\approx0.4a$ 已知 d_2 时：$d_1=mq=2a-d_2$	80
蜗轮公称分度圆直径	d_2	$d_2=mz_2=2a-d_1$	320
公称模数	m	$m=d_2/z_2$ 公称模数是蜗轮蜗杆直径计算的特征参数，它介于左右齿面模数之间。对蜗轮指端面模数，对蜗杆指轴向模数	7.804878 （$\pi m\approx24.5$）
蜗杆直径系数	q	$q=d_1/m$	10.25
蜗杆齿厚增量系数	K_s	$K_s=\dfrac{|m_L-m_R|}{m}$ 根据蜗杆轴向移动距离、齿厚调整量确定	$1/25=0.04$（预定值）

（续）

名　称		代　号	计　算　关　系　式	举　例	
左、右齿面模数差		Δm	$\Delta m = \mid m_L - m_R \mid$	≈ 0.31 取 0.30	
左、右齿面节距差		Δp_x	$\Delta p_x = \pi \cdot \Delta m$	≈ 0.98 取 1.00	
蜗杆模数	左齿面	m_L	$m_L = m \mp (0.3 \sim 0.7) \Delta m$	7.7	7.63944
	右齿面	m_R	$m_R = m_L \pm \Delta m$	8	7.95775
蜗杆轴向齿距	公称	p_x	$p_x = \pi m$	24.5197	
	左齿面	p_{xL}	$p_{xL} = \pi m_L$	24.1903	24.0000
	右齿面	p_{xR}	$p_{xR} = \pi m_R$	25.1327	25.0000
蜗杆导程	公称	p_z	$p_z = \pi m z_1$	98.0790	
	左齿面	p_{zL}	$p_{zL} = \pi m_L z_1$	96.7611	96.0000
	右齿面	p_{zR}	$p_{zR} = \pi m_R z_1$	100.5310	100.0000
蜗杆导程角	公称	γ	$\tan\gamma = m z_1 / d_1 = z_1 / q$	21°19′04″	
	左齿面	γ_L	$\tan\gamma_L = m_L z_1 / d_1$	21°03′24″	20°54′20″
	右齿面	γ_R	$\tan\gamma_R = m_R z_1 / d_1$	21°48′05″	21°41′49″
蜗杆齿顶高		h_{a1}	$h_{a1} = (0.8 \sim 1) m$ 多头蜗杆，经常采用较小的齿高系数	7.00	7.00
蜗杆齿根高		h_{f1}	$h_{f1} = h_{a1} + (0.15 \sim 0.25) m$	8.60	8.60
蜗杆齿顶圆直径		d_{a1}	$d_{a1} = d_1 + 2 h_{a1}$	94	94
蜗杆齿根圆直径		d_{f1}	$d_{f1} = d_1 - 2 h_{f1}$	62.8	62.8
蜗轮喉圆直径		d_{a2}	$d_{a2} = d_2 + 2 h_{a1}$	334.00	334.00
蜗轮齿根圆直径		d_{f2}	$d_{f2} = d_2 - 2 h_{f1}$	302.80	302.80
蜗轮外圆直径		d_{e2}	平齿顶：$d_{e2} = d_{a2}$ 普通型式：$d_{e2} = d_{a2} + h_{a1}$	302.8	302.8
蜗轮咽喉母圆半径		r_{g2}	$r_{g2} \geqslant a - d_{a2}/2 = d_1/2 - h_{a1}$		
蜗轮变位系数	配偶蜗杆齿面 左	x_{tL}	$x_{tL} = 0.5 \left(\dfrac{m}{m_L} - 1 \right) z_2$	0.27922	0.44395
	配偶蜗杆齿面 右	x_{tR}	$x_{tR} = 0.5 \left(\dfrac{m}{m_R} - 1 \right) z_2$	−0.5	−0.39381
蜗轮加工根切验算（ZN、ZA、ZI、ZK 等轴向近似直廓蜗杆传动）		x_{tmin}	近似为 $x_t \geqslant h_{at}^* - 0.5 z_2 \sin^2 \alpha_t$ 一般验算负变位较大（模数较大）的齿面即可。较小压力角、较少齿数时才可能会出现根切	$x_{tR} > -1.8$，不根切	
蜗杆齿顶变尖验算		s_{a1min}	$s_{a1min} \geqslant 0.3m$ 齿厚增量系数 1/15 以下，不需验算		
蜗杆齿宽		b_1	采用平顶蜗轮时：$b_1 \approx \sqrt{8 d_2 h_{a1}}$ 采用普通形式的蜗轮时：$b_1 \approx \sqrt{10 h_{a1} (d_2 + 0.5 h_{a1})}$ 可以采用更小的齿宽，但需要验算	≈ 134，取 130 （平顶蜗轮）	

（续）

名　称	代　号	计 算 关 系 式	举　例	
蜗轮齿宽	b_2	$b_2 \leqslant b_{2max}$ 采用平顶蜗轮时： $b_{2max} = 2\sqrt{h_{a1}(d_1 - h_{a1})}$ 采用普通型式的蜗轮时： $b_{2max} = \sqrt{6h_{a1}(d_1 - 1.5h_{a1})}$	≈ 45，取 42	
单齿距侧隙调整量	ΔC_n	$\Delta C_n \approx K_s p_x \cos\gamma\cos\alpha_n \approx |p_{xL} - p_{xR}|\cos\gamma\cos\alpha_n$ 根据需要确定	0.83	0.87
蜗杆分度圆标准齿轴向齿厚理论值	s_{x1}	轴向近似直廓蜗杆： $s_{x1} = \pi m/2$ ZC 型等圆弧面圆柱蜗杆： $s_{x1} = (0.4 \sim 0.5)\pi m$	12.260	

（续）

第 4 章 滚 齿 加 工

4.1 滚齿机规格、型号

4.1.1 滚齿概述

滚齿是一种应用最广的齿形加工方法，具有生产效率高、精度高等特点。滚齿表面粗糙度 Ra 可达 $3.2\mu m$，对于中等模数的齿轮，滚齿精度为 GB/T 10095.1—2008 和 GB/T 10095.2—2008 的 7~8 级，对于小模数的齿轮，滚齿精度可达 5~6 级。滚齿加工法不但能加工直齿和斜齿圆柱齿轮，而且还可以加工蜗轮。用高速钢滚刀滚齿，切削速度可达 $100~200m/min$，被加工齿面的硬度达 300~400HBW；硬质合金滚刀切齿，切削速度达 $300m/min$，滚切齿轮齿面硬度高达 62HRC。涂层硬质合金滚刀的硬度和耐用度更高，陶瓷合金刀片的切削速度可达 $2000m/min$。

滚齿是利用螺旋齿轮啮合原理进行切削的，滚刀相当于一个螺旋角很大而齿数极少的斜齿圆柱齿轮，其实质就是一个蜗杆，工件就是与之相啮合的齿轮。由这种蜗杆组成的滚刀，沿平行于轴线方向或垂直于螺旋线方向开一些容屑槽，刀齿后面经过铲磨加工，只有切削刃在正确的螺旋面上。滚齿时，滚刀与被加工齿轮如同蜗轮蜗杆一样做对滚啮合运动，滚刀的转动形成切削运动，同时滚刀切削刃形成的假想齿条连续的平行移动。当这个假想齿条是梯形齿条时，滚刀与工件在一定的速比下展成运动，同时相对于工件全齿宽作轴向进给运动，就切出了渐开线齿轮。用不同齿形的滚刀，可加工花键、链轮、摆线齿轮等各种齿形的齿轮。

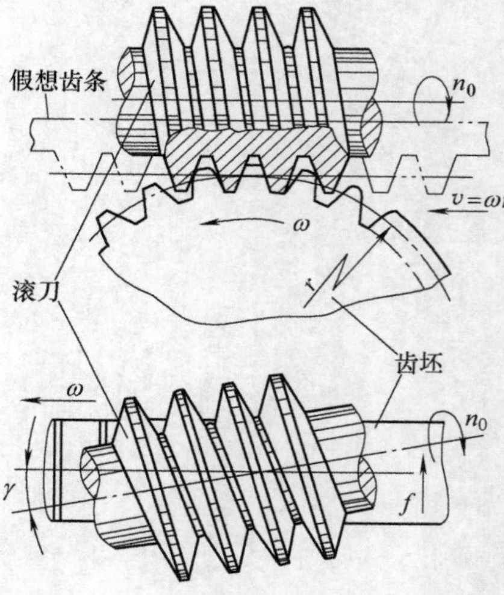

渐开线圆柱齿轮与滚刀的啮合，实质上是一对交错轴渐开线圆柱齿轮的啮合，滚刀与被加工齿轮的基节相等即可，而不必要求分度圆上的法向模数、法向压力角一定相等（如小压力角滚刀滚齿），图 4-1 所示为滚齿原理。

加工渐开线齿轮的滚刀，理论上相当一个法向直廓的蜗杆，经开槽和铲背后形成切削刃。这些切削刃在滚齿过程中相当于基本齿条与被加工齿轮相啮合。随着滚刀旋转，这些分布在螺旋面上的切削刃便沿着工件的切向方向移动，只要调整机床使滚刀与工件转速比等于工件齿数与滚刀头数的比，转向符合螺旋齿轮啮合原理，那么切削刃所形成的切向移动速度就等于工件分度圆圆周的线速度，在切削刃切入齿坯的全齿深后，每一切削刃便顺序地从齿坯圆周上进行各自的切削。由于每个切削位置不同，各切削刃相对齿坯圆周上的切削位置不同，各自的切屑形状和大小也不同，这些直线切削刃便在齿坯上包络切削出渐开线齿形（图 4-2）。理论上，只要滚刀齿形

图 4-1 滚齿原理

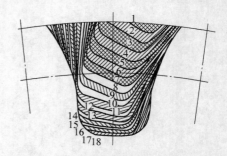

图 4-2 渐开线齿形的包络形成图

与工件齿形共轭，滚齿法可以加工任何齿形的零件。

由于被滚切齿轮的实际齿形是由若干直线切削刃与理论渐开线相切的切线组成，参与滚切一个齿的切削刃越多，实际齿形越接近理论渐开线。但实际上滚刀的切削刃是有限的，因而齿形在原理上就存在一定误差。滚刀切削时形成的齿形误差如图 4-3 所示。

图 4-3a 所示的两相邻切削刃 A、B 之间所出现的误差 f 可按式（4-1）近似计算：

$$f = \frac{\pi^2 m z_0^2 \sin\alpha_{n0}}{4 z z_k^2} \tag{4-1}$$

式中　m——模数；

　　　z_0——滚刀头数；

　　　z——齿轮齿数；

　　　z_k——滚刀槽数。

此外，由于滚刀的轴向进给，齿面在轴向剖面上也会出现波痕。图 4-3b 所示的滚刀顶刃在齿根圆柱上产生的波痕高度 f_i 和滚刀侧刃在齿面纵向剖面上所引起的波痕高度 f_σ 可按式（4-2）近似计算：

$$f_i \approx f_\sigma = \frac{f_x^2 \sin\alpha_{n0}}{4 d_{a0}} \tag{4-2}$$

式中　α_{n0}——滚刀法向齿形角；

　　　f_x——工件每转的轴向进给量（mm/r）；

　　　d_{a0}——滚刀外径（mm）。

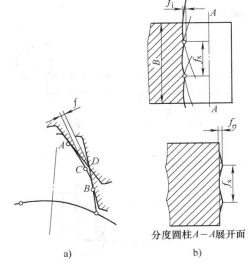

图 4-3　滚刀切削时形成的齿形误差

目前滚齿的先进技术有如下一些：

1）多头滚刀滚齿。采用多头滚刀，一般双头滚刀可提高效率 40%，三头滚刀可提高效率约 50%，且头数越多前刀面磨损越小，但滚刀各头之间的偏差影响齿轮的精度。

2）硬齿面滚齿技术。硬齿面滚齿扩展了滚齿领域，也称刮削加工。刮削可作为大型齿轮磨前予加工工序，去掉淬火变形量，直到留有合理的磨削余量，以减少磨齿时间，降低成本。当前采用硬质合金负前角滚刀超硬滚齿，如与蜗杆珩齿结合可部分代替传统的磨齿工艺，费用仅为磨齿的 1/3，效率比普通磨齿提高 1～5 倍，模数越大，齿数越多，效果越明显，且没有磨齿烧伤或裂纹，还可适当提高齿面的疲劳强度。用超硬滚切代替齿轮的粗磨或半精磨的趋势日益明显，滚切精度可以达到 6 级，对大模数硬齿面齿轮可达到 7 级。

3）滚齿机数控化或普通滚齿机安装数显装置。在汽车齿轮加工中，滚齿时在机床上采用数控、数显装置，可缩短调整时间 80%，使加工精度提高 1 级。

4）不使用切削液的超硬滚刀干式滚切。在加工汽车硬齿面齿轮时，发展一种不使用切削液的超硬滚刀干式滚切工艺，不仅可以提高生产率，减少加工费用，而且可减轻环境污染。

5）大型齿轮滚齿。大型齿轮由于体积大，质量重，装夹不便，所以大型齿轮滚齿设备的发展趋势是综合性加工。如德国 HURTH 公司的 WF3500 滚齿机，将滚齿、插齿、磨齿和齿轮检测集于一体，避免多次装卸。此外用工件交换工作台在机床外预装待加工齿轮，然后用上料装置送到机床上加工，以减少装机时间。对于滚齿刀、插齿刀、砂轮头和测量头的更换用快速刀具交换装置。目前大型滚齿机已能加工 12m 以上的齿轮。

在滚齿加工时，粗滚齿一般用顺滚，精滚齿一般用逆滚。各种滚切方法的特点见表 4-1。

表 4-1 各种滚切方法的特点

滚 切 方 法	特 点
轴向滚切法 顺滚　　　　逆滚	1)逆滚。在开始切削以后直接形成齿形。切削厚度在切削开始时从零逐渐增加,刀尖吃刀多而压力很大。刀尖既有摩擦又有滑动,磨损较大。切削过程平稳,表面粗糙度值小,适宜于精滚齿 2)顺滚。与逆滚相反,开始切削时有较大的切削力,刀齿上会形成刀瘤,表面质量和切削平稳性不如逆滚,多用于粗滚齿。高速切削及切削高硬度齿轮时滚刀磨损比逆滚小 3)顺滚需具有消除进给间隙的机构,对刀不及逆滚方便,滚切大螺旋角($\beta>20°$)齿轮时刀具磨损比逆滚大
轴向分段进给法 	1)切入进给量f'由大渐小直至全齿深,切出进给量f''当加工普通钢时逐渐增大,加工脆性材料时逐渐减小,加工韧性材料时等于f 2)可提高工效,机床需无级变速机构,合理选择进给量可延长刀具寿命
径向进给法 	1)适于大直径滚刀加工齿宽较窄的工件 2)缩短切入时间,切削厚度和长度变化较小,刀具磨损均匀 3)刀齿负载大,进给量需减小,一般取$f_r=\left(\dfrac{1}{2}\sim\dfrac{1}{3}\right)f$,可缩短机动时间 15%~30%,提高效率 20%~30%
径向-轴向进给法 	1)先径向切入全齿深后改为轴向进给 2)缩短切入时间,可使用一般滚刀 3)特点介于轴向进给法和径向进给法之间
对角滚齿法 	1)滚刀沿工件轴线进给的同时,还沿滚刀轴向进给,滚刀切削刃作用部位逐渐变化,刀具磨损均匀,耐用度高 2)齿面切削纹倾斜于齿向呈网状花纹,齿面粗糙度小,齿形精度好 3)齿向精度较差,机床需具有对角进给机构,调整麻烦 4)适于大直径或较宽齿轮的加工
切向移位法 	1)可提高刀具的耐用度,保持刀具锋利,可增大切削用量,缩短换刀和调整的辅助时间 2)机床需具有手动或自动窜刀机构

　　齿轮的传动质量取决于切齿精度，而切齿精度与齿坯的精度密切相关。以内孔和端面定位的齿轮，作为定位基准和测量基准的定位孔应达到一定的要求，其尺寸偏差和几何公差都会造成安装间隙，引起齿坯安装偏心，导致齿距累积误差加大。定位基准面要求见表 4-2，几何公差（圆度、圆柱度等）不大于尺寸偏差的一半，孔的表面粗糙度要求应与孔的精度相适应。一般情况下，当粗滚齿后该定位孔不再进行加工，则孔的尺寸偏差和几何公差满足表中要求即可，当粗滚齿后该定位孔还需精加工，则粗滚齿前孔的尺寸偏差和几何公差可适当降低。

表 4-2　不同精度等级齿轮的定位基准面要求

基　准　类　型		齿轮精度等级		
		6	7	8
定位孔	尺寸精度	H6、K6、H7、K7	H7、K7	H8
	表面粗糙度 $Ra/\mu m$	1.6	1.6(3.2)	1.6(3.2)
定位轴径	尺寸精度	k5	h6、k6	h7
	表面粗糙度 $Ra/\mu m$	1.6	1.6(3.2)	3.2

　　以轴径作为定位基准时，对轴径除有相应的加工精度与表面粗糙度要求外，轴径还有同轴度的要求。此外，若以齿部外圆为滚齿时的校正基准或测量基准时，则外圆的径向圆跳动将影响零件的齿圈径向跳动，外圆的尺寸将影响测量结果的精确性，故对齿坯外圆的跳动量应加以限制。齿轮毛坯的精度要求见表 4-3。

表 4-3　齿轮毛坯的精度要求

齿轮精度等级		1	2	3	4	5	6	7	8	9	10	11	12
孔	尺寸公差	IT4	IT4	IT4	IT4	IT5	IT6	IT7		IT8		IT8	
	形状公差	IT1	IT2	IT3									
轴	尺寸公差	IT4	IT4	IT4	IT4	IT5	IT5	IT6		IT7		IT8	
	形状公差	IT1	IT2	IT3									
齿顶圆直径		IT6			IT7			IT8			IT9	IT11	
基准面径向圆跳动		0.10a			0.25a			0.40a			0.63a	1a	
基准面轴向圆跳动		0.10a			0.25a			0.40a			0.53a	1a	

　　注：1. 当三个公差组的精度等级不同时，按最高的精度等级确定公差值。
　　　　2. 当齿顶圆不作为齿厚测量的基准时，尺寸公差按 IT11 给定，但不大于 0.1mm。
　　　　3. 表中 IT 为标准公差相应等级的单位，$a = 0.04d + 25$（μm）；d 为齿轮分度圆直径（mm）。

齿轮基准面的径向圆跳动和轴向圆跳动也可查表 4-4。

表 4-4　齿轮基准面的径向圆跳动和轴向圆跳动　　　　　　　　（单位：μm）

分度圆直径/mm		齿　轮　精　度　等　级				
大于	到	1~2	3~4	5~6	7~8	9~12
—	125	2.8	7	11	18	28
125	400	3.6	9	14	22	36
400	800	5	12	20	32	50
800	1600	7	18	28	45	71
1600	2500	10	25	40	63	100
2500	4000	16	40	63	100	160

4.1.2　滚齿机概况

　　滚齿机是使用最广泛的齿轮加工机床，其数量占整个齿轮加工机床的 45% 左右。滚齿机通常主要用来加工渐开线齿形的直齿、斜齿和人字齿轮，只要工件的齿数、压力角与滚刀一致，通过机床的调整便可以加工不同齿数和不同螺旋角的齿轮。实际上，只要滚刀与工件齿形共轭，就可以加工其他齿形的工件，如圆弧齿轮、摆线齿轮、链轮、棘轮等。大型滚齿机除按展成法工作外，尚有分度铣齿装置，用盘铣刀或指状铣刀作仿形铣齿；或附设内齿滚刀架，用特定的内齿轮滚刀，按展成法滚切内齿轮。

滚齿机既适合于高效率的齿形粗加工，又适宜于高精度的齿形精加工，适应范围大，调整简易，操作方便。滚齿机尺寸规格范围宽，直径从不足 1mm、模数不足 0.1mm（仪表齿轮）至直径超过 12m、模数 40mm（大型齿轮）的工件部可以滚齿。滚齿机适用于加工目前已得到应用的各种齿轮材料，包括各种软齿面的金属材料和非金属材料。随着滚齿技术的进步，近年来已生产出多种型号的滚齿机，可以使用硬质合金滚刀半精滚或精滚淬过火的硬齿面齿轮，可减少磨齿余量甚至部分代替磨齿，其生产费用远低于磨齿。

滚齿机的局限性在于不能加工窄空刀槽的齿轮、中小尺寸的内齿轮和齿条，不能加工节曲线不封闭或凹形节曲线的非圆齿轮等。

滚齿机的种类较多，按照机床的加工精度分，主要有普通滚齿机和精密滚齿机两种。精密滚齿机是在普通型滚齿机（如 Y38 型等）的基础上发展的，如精密滚齿机（如 Y3150E 型等）及高精度滚齿机（如 YGA31125 型等）。一般普通滚齿机的加工精度可达 7 级，轮齿表面粗糙度 Ra 为 3.2μm；精密滚齿机的加工精度可达 5 级，轮齿表面粗糙度 Ra 为 1.6μm；高精度滚齿机的加工精度可达 4 级，轮齿表面粗糙度 Ra 为 1.25μm。按机床部件的布置形式滚齿机可分为立式滚齿机（如 Y38 型等）和卧式滚齿机（如 Y3663 型等）两种。此外，从加工性能上发展了 PC 控制的 YB3150E/PC 型等滚齿机、YWA3180 型等万能滚齿机、采用硬质合金滚刀滚切硬齿面如 YC3150 型等滚齿机、四轴联动的如 YKQ3180 型等数控滚齿机、YBA3120 型等半自动滚齿机及 YZ3132 型等全自动滚齿机。

国产滚齿机的统一名称和组、系的划分见表 4-5。

表 4-5　国产滚齿机的统一名称和组、系

组		系			主参数	
代号	名称	代号	名称	折算系数	名称	
3	滚齿及铣齿机	0 1 2 3 4 5 6 7 8 9	滚齿机 摆线齿轮铣齿机 非圆齿轮铣齿机 非圆齿轮滚齿机 双轴滚齿机 卧式滚齿机 蜗轮滚齿机 球面蜗轮滚齿机	1/10 1/10 1/10 1/10 1/10 1/10 1/10	最大工件直径 最大工件直径 最大工件直径 最大工件回转直径 最大工件直径 最大工件直径 最大工件直径 最大工件直径	

国产滚齿机型号示例：

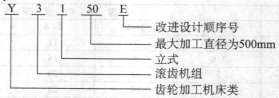

　　　　　　改进设计顺序号
　　　　　　最大加工直径为500mm
　　　　　　立式
　　　　　　滚齿机组
　　　　　　齿轮加工机床类

机床型号在类代号"Y"之后加通用特性结构特性代号（用汉语拼音字母）表示机床不同功能和结构性能，如 G 表示高精度，M 表示精密，B 表示半自动，Z 表示自动，K 表示数控，Q 表示轻型，J 表示简式，S 表示高速，X 表示高效等。

图 4-4 是工作性能最齐全的万能滚齿机所具备的各种基本工作循环示意图，在数控滚齿机上可将这些基本循环加以组合，实现多种复合自动循环。

4.1.3　滚齿机的类型和主要特点

各类滚齿机的类型及其主要特点见表 4-6。

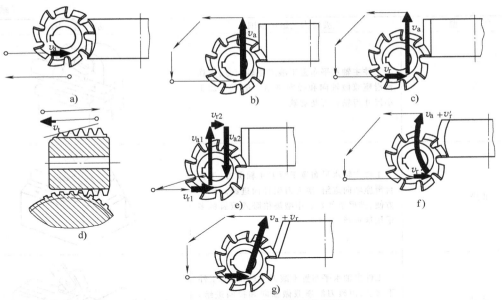

图 4-4　万能滚齿机的基本工作循环

a)径向进给循环　b)轴向进给循环　c)径向-轴向进给循环　d)切向进给循环

e)两次径向-轴向进给循环　f)仿形加工鼓形齿循环　g)加工小锥度齿循环

表 4-6　各类滚齿机的类型和主要特点

类　　型		主要特点及适用范围	示　意　图
立式	工作台径向移动刀架轴向移动	工作台移动。工件直径为 125~1250mm 的通用中型滚齿机多数是这种形式	
	立柱径向移动刀架轴向移动	工作台固定。≥2m 规格的滚齿机都是这种形式。容易实现自动装卸。高效滚齿机也大都采用这种形式	
	立柱径向移动工作台轴向移动	结构紧凑,占地面积小,但刚性相对较差,只适用于较小规格的滚齿机	

（续）

类　　型		主要特点及适用范围	示　意　图
卧式	Ⅰ型	工件主轴水平布置于滚刀主轴前方,工作台滑座兼做轴向和径向进给。适宜于加工小尺寸齿轮和短花键轴	
	Ⅱ型	工件主轴水平布置于滚刀主轴前方,工作台滑座轴向进给,滚刀刀架径向进给。操作方便,排屑条件好。中型规格卧式滚齿机多采用这种形式	
	Ⅲ型	工件主轴水平布置于滚刀主轴前方,工件不移动,由滚刀滑座兼做轴向和径向进给。可以设置两个刀架同时加工。大型卧式滚齿机和花键铣床都采用这种形式	
	Ⅳ型	滚刀主轴水平布置于工件主轴的上方或下方,滚刀架做轴向进给,工件做径向进给。多数小模数齿轮滚齿机采用这种形式,但其轴向和径向进给的方式则各不相同	

4.1.4　滚齿机的性能特点与适用范围

各种滚齿机的性能特点与适用范围见表4-7。

表4-7　各种滚齿机的性能特点与适用范围

种类		性能特点与适用范围
中型滚齿机	普通型	使用广泛,只具备基本性能,如一次方框工作循环,顺、逆铣滚齿。适用于一般齿轮加工,加工精度7~6级
	万能型	比普通型备有更多的功能,如多种自动工作循环。可作轴向、径向、切向和对角进给加工,可加工鼓形齿和小锥度齿,可单分度铣齿,可无级调速和速度预选,带自动排屑装置等。更适合于小批量及单件生产,加工精度7~6级
	高效型	可满足高速、大进给量的滚齿要求,滚刀主轴最高转速达 600~1000r/min,进给量可达 4~6mm/r。机床驱动功率和重量有显著增加。工作台极限转速可达 150~300r/min。机床带有自动排屑器、油雾处理装置和专门的工件夹具。适用于大批量生产的齿轮加工,加工精度7~6级
	精密型	在普通型的基础上采取措施,将工作精度提高一级,达到6~5级。其余与普通型相同
大型滚齿机		一般都用于单件、小批生产,故设计成性能齐备的万能型。除普通刀架外,设有切向刀架、指状刀架、盘状铣刀架、内齿轮刀架等。有的机床设置差动反向机构,加工人字齿轮。工作台承重量可达10~80t。也有普通型的,加工精度为7~6级
		大型高精度滚齿机主要用来加工高精度大型齿轮及高速重载齿轮,精度可达5~4级。电器、液压、润滑和冷却系统都有恒温措施
数控滚齿机		用计算机数字控制系统,控制工作循环、运动速度、内联运动、位置调整等,实现柔性自动加工,万能性强,加工精度为7~6级

（续）

种类	性能特点与适用范围
硬齿面滚齿机	使用硬质合金滚刀精滚淬硬齿轮，工件硬度可达60HRC左右，加工精度为7~6级，可用作硬齿面齿轮的精加工或半精加工，是校正齿轮淬火变形和提高齿面光洁度的有效设备。设有对刀装置和齿向修正装置，加工精度为7~6级
大模数、少齿数滚齿机	用于加工模数大而齿数少的齿轮，如螺杆压缩机的螺杆转子齿轮及某些油泵齿轮，汽车轴齿轮等。一般兼设单分度铣齿机构。机床刚度高，功率大，加工精度为7~6级
双轴滚齿机	实际上是两台"连体"的立式滚齿机，同时加工两个工件。占地面积小，特别适合加工对象单一的大量生产流水线上使用，加工精度为7~6级
斜向进给滚齿机	滚刀轴向进给的导轨可转动一个角度，加工斜齿轮时，轴向进给方向相对工件轴线倾斜一个等于工件螺旋角的角度。不需差动运动补偿。加工较宽的斜齿轮时，滚刀长度要相应加长。只适用于加工窄齿面的中、小型齿轮。这种滚齿机中国没有生产，加工精度为6级
蜗轮滚齿机	主要用途是加工齿轮机床的分度蜗轮和其他高精度蜗轮，加工精度可达4~3级以上。一般不设轴向进给运动，设置传动链精度修正装置。多头蜗杆传动的高精度蜗轮的滚齿，需要带切向进给系统的高精度母机
非圆齿轮滚、铣齿机	滚齿机——使用齿轮滚刀，滚刀转动、工作台转动、工作台径向移动三个坐标联动连续展成加工非圆齿轮。由CNC或NC系统控制实现 铣齿机——使用专用的环状齿条或铣齿刀，按断续展成法加工。铣刀切向移动、工作台转动、工作台径向移动三个坐标联动构成展成运动，由CNC或NC系统控制 显然，两种机床都不能加工凹形非圆齿轮
摆线齿轮滚齿机	使用专用铣刀，按展成法加工摆线齿轮
齿轮联合加工机床	滚、插联合——使用一把滚刀和一把插齿刀同时展成加工双联齿轮的大、小齿圈的高效机床。性能范围较窄，适宜于如汽车齿轮这种类型的大量生产，加工精度为7~6级 滚、剃联合——在大型滚齿机上附设剃齿装置，以便滚齿后不卸下工件，在同一次装夹下剃齿。一般用于单件生产大型齿轮时提高工件精度和齿面表面粗糙度，加工精度为6~5级 滚、磨联合——在大、中型滚齿机上附设成形磨齿装置，代替昂贵的大、中型磨齿机。硬齿面精密齿轮加工精度为7~5级

4.1.5 滚齿机的主要技术参数

1. 国产滚齿机产品主要技术参数

国产滚齿机产品主要技术参数见表4-8。

表4-8 国产滚齿机产品主要技术参数

生产厂家	重庆机床厂						
名称及型号	普通滚齿机						
	YBA3120	Y3150E	YA3150E	YB3150E/PL	YA3150	Y3180H	YB3180H
最大工件直径/mm	200	500	500	500	500	800	800
最大模数/mm	4	8	8	8	8	10	10
单头滚刀最少加工齿数	5	6	6	6	6	8	8
主轴与工作台最小中心距/mm	10	30	30	30	30	50	50
主轴至工作台面最小距离/mm	120	235	235	235	275	235	235
刀架滑板最大轴向行程/mm	170	300	300	300	315	350	350
工作台直径/mm	210	510	510	510	540	650	650
工作台孔径/mm	40	80	80	80	120	80	80
最大主轴转速/(r/min)	63~315	40~250	40~250	40~250	50~315	40~200	40~200
滚刀心轴直径/mm	16、22、27、32、40	22、27、32	32	22、27、32	27、32、40、50	22、27、32、40	22、27、32、40

（续）

生产厂家	重庆机床厂						
名称及型号	普通滚齿机						
	YBA3120	Y3150E	YA3150E	YB3150E/PL	YA3150	Y3180H	YB3180H
最大滚刀安装直径/mm	110	160	160	160	160	180	180
电动机总容量/kW	3.525	6.35	6.35	6.35	10	8.25	8.25
机床质量/t	1.95	4.3	4.4	4.3	7	5.5	5.5
备注	—	—	—	—	—	—	—

生产厂家	重庆机床厂						
名称及型号	普通滚齿机			万能滚齿机		高效滚齿机	
	YA3180	Y31125F	Y31200H	YW3150	YW3180	YBS3112	YB3120
最大工件直径/mm	800	1250	2000	500	800	125	200
最大模数/mm	10	12(16)	20	8	10	3	6
单头滚刀最少加工齿数	8	12	12	6	8	5	4(12)
主轴与工作台最小中心距/mm	50	100	220	30	50	10	60
主轴至工作台面最小距离/mm	280	200	600	275	280	120	260
刀架滑板最大轴向行程/mm	400	500	700	315	400	170	170
工作台直径/mm	690	950	1650	540	690	180	300
工作台孔径/mm	130	240	280	120	130	40	65
最大主轴转速/(r/min)	45~280	16~125	12.7~91.2	50~315	45~280	400	80~503
滚刀心轴直径/mm	27、32、40、50	27、32、40、50	32、40、50、60	27、32、40、50	27、32、40、50	22、27、32	32、40、50
最大滚刀安装直径/mm	200	220	280	160	200	110	140
电动机总容量/kW	10.28	17.70	30.8	10	16.30	4.22	10.57
机床质量/t	8	13	34	7.5	8.5	1.95	3.5
备注	—	—	—	—	—	—	—

生产厂家	重庆机床厂						
名称及型号	高效滚齿机			大模数少齿数滚齿机		精密、高精度滚齿机	
	YX3120	YBA3132	YX3132	YD3140	Y30100	YM3603	YM3150E
最大工件直径/mm	200	320	320	400	1000	32	500
最大模数/mm	6	4(8)	8	12	12(16)	0.5(0.8)	6
单头滚刀最少加工齿数	6	7	6	6	7	10	7
主轴与工作台最小中心距/mm	40	60	60	25	60	8~42	30
主轴至工作台面最小距离/mm	260	280	280	235	200	—	235
刀架滑板最大轴向行程/mm	200	250	250	400	500	—	300
工作台直径/mm	320	320	320	510	950	—	510
工作台孔径/mm	80	100	100	80	200	—	80
最大主轴转速/(r/min)	127~504	200~700	125~500	32~200	23~180	700~3010	40~250
滚刀心轴直径/mm	32、40、50	32、40、50	40、50、60	32、40、50	27、32、40、50	8	22、27、32
最大滚刀安装直径/mm	140	160	160	185	220	25 长度 8~12	160
电动机总容量/kW	16.72	17.87	17.87	8.45	18.75	0.65 (0.85)	6.35
机床质量/t	9.5	8	—	5	13	0.6	4.3
备注	—	—	—	—	—	卧式仪表齿轮滚齿机	—

生产厂家	重庆机床厂					
名称及型号	精密、高精度滚齿机					
	YMA3150	YM3180H	YMA3180	YM31125E	YGA31125	YM31200H
最大工件直径/mm	500	800	800	1250	1250	2000
最大模数/mm	8	8	10	8(12)	8	16

（续）

生产厂家	重庆机床厂					
名称及型号	精密、高精度滚齿机					
	YMA3150	YM3180H	YMA3180	YM31125E	YGA31125	YM31200H
单头滚刀最少加工齿数	6	12	8	12	55～300	24
主轴与工作台最小中心距/mm	30	50	50	100	100	220
主轴至工作台面最小距离/mm	275	235	280	200	450	600
刀架滑板最大轴向行程/mm	315	350	400	500	650	700
工作台直径/mm	540	650	690	950	1020	1650
工作台孔径/mm	120	80	130	240	200	280
最大主轴转速/(r/min)	44～280	40～200	40～250	16～125	10～100	12.7～91.2
滚刀心轴直径/mm	32、40、50、60	22、27、32、40	32、40、50、60	27、32、40、50	—	32、40、50、60
最大滚刀安装直径/mm	160	180	200	220	250	280
电动机总容量/kW	10	8.25	8.28	17.75	17.10	31.5
机床质量/t	7	5.5	8	13	17	34
备注	—	—	—	—	高精度滚齿机加工精度4—5—6	—

生产厂家	重庆机床厂						
名称及型号	硬齿面滚齿机			数控滚齿机			
	YC3150	YC3180	YC31125	YKJ3150	YKJ3180	YK8320	YK3480
最大工件直径/mm	500	800	1250	500	800	200	800
最大模数/mm	8	10	12	8	10	4	6
单头滚刀最少加工齿数	6	8	12	6	8	6	8
主轴与工作台最小中心距/mm	30	50	100	30	50	10	40
主轴至工作台面最小距离/mm	275	280	275	235	235	120	285
刀架滑板最大轴向行程/mm	315	400	500	300	350	170	400
工作台直径/mm	540	690	950	510	650	210	650
工作台孔径/mm	120	130	240	80	80	40	80
最大主轴转速/(r/min)	55～350	50～320	22～184	40～250	40～200	200	240
滚刀心轴直径/mm	—	32、40、50、60	27、32、40、50	22、27、32	27、32、40	22、27、32	27、32、40、50
最大滚刀安装直径/mm		200	180	140	180	110	160
电动机总容量/kW	10	16.03	18.75	6.54	8.04	3.525	12
机床质量/t	7	8	13	5	6	3.7	9.5
备注	—	—	—	经济型数控滚齿机，编程加工鼓形齿和小锥度齿		非圆齿轮铣齿机	非圆齿轮滚齿机

生产厂家	重庆机床厂					
名称及型号	数控滚齿机		其他滚齿机			
	YK3120	YK3180	YG3780	Y3280	Y3150E/1	Y3180H/2
最大工件直径/mm	200	800	800	800	500	800
最大模数/mm	6	10	6	偏心距8	8	8
单头滚刀最少加工齿数	4	8	60～720	9	6	8
主轴与工作台最小中心距/mm	30	50	100～500	80	30	—
主轴至工作台面最小距离/mm	135	285	400（固定）	138	235	140
刀架滑板最大轴向行程/mm	160	400	—	200	300	350
工作台直径/mm	200	650	1000	650	510	650
工作台孔径/mm	70	80	—	80	80	80
最大主轴转速/(r/min)	100～600（无极）	240	11.2～63	73～142.5	40～250	40～200

（续）

生产厂家	重庆机床厂					
名称及型号	数控滚齿机		其他滚齿机			
	YK3120	YK3180	YG3780	Y3280	Y3150E/1	Y3180H/2
滚刀心轴直径/mm	32、40、50	27、32、40、50	—	40	22、27、32	27、32、40
最大滚刀安装直径/mm	140	200	150	140	160	160
电动机总容量/kW	40	15	8.75	10.45	6.35	7.95
机床质量/t	11	9.5	10	5.5	4.3	5.7
备注	6 轴 CNC 滚齿机	5 轴 CNC 滚齿机	蜗轮母机加工精度 2～3 级	小锥度齿轮滚齿机		—

生产厂家	南京第二机床厂						
名称及型号	YN3616	YN3116	YN3120	YXN3120	YN3130	YX3132	YN3150
最大工件直径/mm	160	160	200	200	320	320	500
最大模数/mm	2.5	4	4	6	6	8	10
单头滚刀最少加工齿数	5	5	5	5	5	10	6
主轴与工作台最小中心距/mm	6	10	30	30	30	60	25
主轴至工作台面最小距离/mm	85	120	250	200	250	225	270
刀架滑板最大轴向行程/mm	420	170	250	200	250	250	320
工作台直径/mm	120	170	380	250	380	320	440
工作台孔径/mm	70	50	80	80	80	100	100
最大主轴转速/(r/min)	850	315	315	500	315	500	315
滚刀心轴直径/mm	8、13、16、22、27、32	22、27、32、40	22、27、32、40	22、27、32、40	22、27、32、40	22、27、32、40	22、27、32、40
最大滚刀安装直径/mm	90	110	140	140	140	160	200
电动机总容量/kW	5.27	4.87	6.47	12.75	6.47	11.68	9.12
机床质量/t	2	2.5	4	7	4	7.5	7.5
备注	卧式滚齿机	—	—	—	—	—	—

生产厂家	南京第二机床厂				上海第一机床厂		
名称及型号	YLN3150	YN3180	YMN3180	YN3180B	Y3150/3	Y3150D	YB3112/2
最大工件直径/mm	500	800	800	800	500	500	125
最大模数/mm	10	10	8	10	6	8	2
单头滚刀最少加工齿数	6	7	12	7	20	7	6
主轴与工作台最小中心距/mm	25	50	50	50	30	30	15
主轴至工作台面最小距离/mm	270	230	230	230	170	205	70
刀架滑板最大轴向行程/mm	320	320	320	320	240	300	110
工作台直径/mm	440	660	660	660	320	500	120
工作台孔径/mm	100	80	80	80	75	135	50
最大主轴转速/(r/min)	315	200	200	200	275	315	560
滚刀心轴直径/mm	22、27、32、40	22、27、32、40	22、27、32、40	22、27、32、40	22、27、32、40	27、32、40、50	13、22
最大滚刀安装直径/mm	200	160	160	160	120	160	160
电动机总容量/kW	9.49	7.52	6.02	7.52	3	5.5	1.1

（续）

生产厂家	南京第二机床厂				上海第一机床厂		
名称及型号	YLN3150	YN3180	YMN3180	YN3180B	Y3150/3	Y3150D	YB3112/2
机床质量/t	7.8	5.8	5.8	5.8	2.4	5.5	1.35
备注	—	—	—	—	—	—	—

生产厂家	武汉重型机床厂						
名称及型号	Y31200A Y31200B	Y31315A Y31315B	YQ31315A YQ31315B	Y31400	YQ31400	Y31500A	Y31800A
最大工件直径/mm	2000	3150	3150	4000	4000	5000	8000
最大模数/mm	24	30/40	24	30/40	30/40	30/40	30/40
单头滚刀最少加工齿数	15	20	15	20	20	50	50
主轴与工作台最小中心距/mm	100	300/200	100	300	200	700	700
主轴至工作台面最小距离/mm	680	880/750	680	880	750	750	750
刀架滑板最大轴向行程/mm	1200	1000/1800	1200	1000	1800	1800	1800
工作台直径/mm	1800	2550	1800	2550	2550	3700	3700
工作台孔径/mm	450	400/1000	430	400	1000	950	950
最大主轴转速/(r/min)	77	60/40	85	60	40	40	40
滚刀心轴直径/mm	32、40、50、60、80	40、50、60、80	32、40、50、60、80	40、50、60、80	40、50、60、70、80	40、50、60、70、80	40、50、60、70、80
最大滚刀安装直径/mm	310	360/400	310	360	400	400	400
电动机总容量/kW	22.4	48.2/45	22.4	48.2	45	43.5	43.5
机床质量/t	33	70/99.6	38	70.8	105.2	108.7	137.2
备注	—	—	—	—	—	—	—

生产厂家	武汉重型机床厂	齐齐哈尔第一机床厂			陕西第二机床厂	
名称及型号	Y36100	Y3663A	Y36100A	Y36160	Y3150E	Y3180E
最大工件直径/mm	1000	630	1000	1600	500	800
最大模数/mm	25/30	16/20	24/30	30/40	8	10
单头滚刀最少加工齿数	—	—	—	—	5	7
主轴与工作台最小中心距/mm	100	105	150	195	235	235
主轴至工作台面最小距离/mm	450	455	800	1050	155	145
刀架滑板最大轴向行程/mm	4250	2200	2800	4500	300	350
工作台直径/mm	700	600	900	1300	500	650
工作台孔径/mm	380	200	400	400	80	80
最大主轴转速/(r/min)	54	6.3~80	6.3~63	5~50	250	200
滚刀心轴直径/mm	32、40、50、60、80	32、40、50、60	60、80	80、100、150	22、27、32	22、27、32、40
最大滚刀安装直径/mm	340	280	360	420	160	180
电动机总容量/kW	60.5	15	22	30	6.45	8.45
机床质量/t	60	26	60	80	4.37	5.5
备注		卧式滚齿机			—	—

2. 国产数控滚齿机产品主要技术参数

国产数控滚齿机产品主要技术参数见表4-9。

表 4-9　国产数控滚齿机产品主要技术参数

名称、型号		筒式数控滚齿机			数控滚齿机		
技术参数		YKA3120	YKJ3150E	YKJ3180H	YK3120	YK3180	YK3480
最大工件直径/mm	无外支架	200	500	800	200	800	800
	有外支架	200	500	550	200	—	—
最大工件模数/mm		6	8	10	6	10	6
最少加工齿数		6	6	8	4	8	8
滚刀滑板最大行程/mm	轴向	200	300	350	250	400	400
	切向	150	70	90	120	160	100
滚刀最大直径/mm		140	140	180	140	200	160
主轴至工作台面最小距离/mm		260~460	235~535	235~585	140~390	285~685	285~685
主轴与工作台最小中心距/mm		40~175	30~330	50~520	30~190	40~510	40~510
工作台直径/mm		320	510	650	200	650	650
工作台孔径/mm		80	80	80	70	80	80
后立柱支架端面至工作台面距离/mm		360~610	380~630	—	280~640	—	—
滚刀主轴转速/(r/min)		127~504	40~250	40~200	100~600	80~240	40~250
进给量范围/(mm/r)	轴向	无级 0.6~5	0.4~4	0.4~4	0.5~5	0.4~1500mm/min	0.4~3
	径向		0.05~2mm/min		0.5~4	0.4~1500mm/min	—
	切向					0.4~600mm/min	—
电动机总容量/kW		—	—	—	51	—	—
主电动机容量/kW		11	4	5.5	12.5	9	6.5
外形尺寸（长×宽×高）/mm		2820×2810×2140	2470×1510×1885	2770×1490×1970	2912×1555×2431	3530×2390×2260	3530×2390×2260
机床质量/t		9000	4600	5500	10000	9000	9000
工作精度/齿面粗糙度		6-6-7 级/Ra3.2	7 级/Ra3.2	7 级/Ra3.2	6—6—7 级/Ra3.2	6—6—7 级/Ra3.2	—
控制及联动轴数		X、Y、Z 轴数控，2 轴联动	X 轴数控，可实现 X 轴与 Z 轴联动	X 轴数控，可实现 X 轴与 Z 轴联动	X、Y、Z、A、B、C 6 轴数控，4 轴联动	X、Y、Z、B、C 5 轴数控，4 轴联动	X、Z、B、C 4 轴数控，4 轴联动
生产厂家		重庆机床厂					
备注		X 轴—水平进给轴；Y 轴—滚刀滑板切向移动轴；Z 轴—滚刀垂直进给轴；A 轴—刀架回转轴；B 轴—滚刀旋转轴；C 轴—工作台旋转轴					

3. 国外滚齿机产品主要技术参数

国外滚齿机产品主要技术参数见表 4-10。

表 4-10　国外滚齿机产品主要技术参数

生产厂家	型号		最大工件（直径×模数）/mm	滚刀最大轴向行程/mm	滚刀主轴转速/(r/min)	主电动机容量/kW	机床质量/t
				主要技术参数			
德国 PFAUTER	PA100		100×4	120	180~400	5.5	3.6
	PA210		200×6	250	65~315	—	—
	PA320		350×8	250	65~315	15	8.8
	SHOBBER 210①	滚	220×6	250	65~315	—	—
		插	220×4	75	500~1000 次/min	—	—
	SHOBBER 320①	滚	300×8	250	65~315	—	—
		插	300×4	75	500~1000 次/min	—	—
	P253		250×6	250	125~400	—	—
	P403		500×8	310	52~325	11	7
	P750		750×12	500	40~235	15	11.5
	P1000		1000×14	500	30~180	15	12.5
	P1503		1500×18	600	25~150	15	22.7
	P2001		2000×25	1000	12~120	30	50
	P3001		3000×30	1200	10~100	37	62
德国 LIEBHER	L200		200×6	200	75~375	18	9.8
	L350N		350×10	260	75~400	18	12
	L402		400×8	260	40~640	8.5	9.5
	L652		650×10	300	32~512	12	11.2
	L902		900×10	500	29~464	12	11.5
	L1202		1250×16	600	12~150	16	15
	L1502		1500×16	600	12~150	16	22
	L1802		1800×25	800	12~150	21	35
	L2402		2400×25	800	12~150	21	37
	L2502		2500×30	1050	10~120	30	40
	L3002		3000×30	1050	10~120	30	43
德国 MODUL	ZFWZ250/3		250×6	275	50~400	7.5	5
	ZFWZ315		315×8	380	56~500	15	8
	ZFWZ630		630×10	400	50~400	—	9.2
	ZFWZ800/3		800×10	410	40~280	8.5	10
	ZFWZ1250/3		1250×14	630	28~200	8.5	16.3
	ZFWZ2000/3		2100×22	850	12.5~140	21	38
	ZFWZ3150/3		3150×25	1200	12.5~140	21	50
	ZFWZ50		5000×40	1750	8~80	30	—
德国 SCHIESS	RF30S		3000×12	最大齿轮宽度	2000	9~100	24	工作台最大载重	25
	RF30/40S		4000×12		2000	9~100	24		40
	RF30/50S		5000×12		2000	9~100	24		65
	RF30/60S		6000×12		2500	9~100	24		100
	RS40S		4000×12		2500	9~100	24		40
	RF40/50S		5000×12		2500	9~100	24		65
	RF40/60S		6000×12		2500	9~100	24		100
捷克 TOS	OFA16A		160×4	160	112~450	16	4
	OFA32A		320×7	250	71~450	18.5	6.2
	OFA71A		710×10	450	35~355	22	13.5
	OFA125		1250×16	630	14~220	40	28
美国 GLEASON	775		200×6.35	215	100~680	—	8.845
	780		255×6.35	215	76~520	—	8.845
	785		355×10	292	—	—	11.35

（续）

生产厂家	型号	主要技术参数				
		最大工件（直径×模数）/mm	滚刀最大轴向行程/mm	滚刀主轴转速/(r/min)	主电动机容量/kW	机床质量/t
美国 BARBER COLMEN	16-15	406×8.5	450	50~300		11.1
	25-15	635×10	450	50~300		11.565
	40-15	1016×10	450	50~300		12.272
前苏联共青团	5K310	200×4	—	63~400	4	4.335
	5B312	320×6	—	100~500	7.5	5.15
	5M324A	500×8	—	50~315	7.5	7.7
	5M32A	800×10	—	50~315	7.5	8.4
	5K328A	1250×12	—	32~200	10	14
	5A342	2000×20	—	8~100	13	27
	5343	3200×20	—	10~60	25	81
	5345	5000×40	—	10~60	25	131.6
	5346	8000×40	—	10~60	25	158.3
日本樫藤	KS-150	150×4	380	140~440	5.5	5.5
	KS-150HD	150×3	300	300~1800	18.7~37.5	5
	KS-300	300×6	250	100~400	11	7.5
	KS-300HD	300×6	250	300~1800	22~37	7.5
	KS-14	360×6	300	94~425	7.5	5.5
	KR-601	450×5	300	70~255	3.7	3.5
	KS-600	600×8	400	40~250	7.5	8
	KR-1000	700×10	450	40~160	5.5	6
日本东芝	HHC-150C	1500×25	600	12.5~150	15	24
	HHC-200A	2000×25	600	12.5~150	15	28
	HHC-250A	2500×25	1000	12.5~150	15	32
	HHA-500B	5000×35	2000	6~90	24	125
	HHA-600B	6000×35	2000	6~90	30	145
	HHA-700A	7000×35	2300	6~90	30	190
	HHA-750A	7500×35	2300	6~90	30	210
美国 CHURCHILL	RH8	178×6	203	70~500	5.6	3.81
	HDS5[2]	203×6	127	100~430	5.6	4.1
	PH1612	406×8	305	65~300	5.6	6.6
	PH2415	610×8	380	50~200	7.5	10.68
	PH3615	915×8	380	50~200	7.5	11.36

① 滚插齿联合机床。

② 斜向进给滚齿机。

4. 国外主要 CNC 滚齿机技术参数

国外主要 CNC 滚齿机技术参数见表 4-11。

表 4-11　国外主要 CNC 滚齿机技术参数

生产厂家	德国 PFAUTER					德国 LIEBHER
名称及型号	PE150	PE300	PE500	PE750	PE1000	LC82HSC
数控坐标数/个	5	5	5	5	5	—
最大工件直径/mm	150	300	500	750	1000	80
最大工件模数/mm	3(5)	6(8)	10(12)	12(16)	14(18)	—
最大滚刀(直径×长度)/mm	130×220	170×250	210×240	210×240	210×240	90
滚刀主轴转速/(r/min)	150~600	115~480	80~340	55~340	55~340	3000
工作台最高转速/(r/min)	80(150)	50(110)	22(44)	—	—	450

（续）

生产厂家	德国 PFAUTER					德国 LIEBHER
滚刀最大轴向行程/mm	150	400(600)	400(600)	700(900)	700(900)	—
轴向进给量/(mm/min)	1~3000	1~1500	1~1500	1~1500	—	—
滚刀最大切向行程/mm	170	—	200	200	200	—
切向进给量/(mm/min)	1~3000	1~1500	1~1500	1~1500	1~1500	—
轴向快速运动速度/(mm/min)	3000	3000	3000	3000	3000	—
切向快速运动速度/(mm/min)	3000	1500	1500	3000	3000	—
主电动机功率/kW	7.5	11(15)	15(22)	22	22	18
机床质量/kg	5500	12000	12000	13000	13500	—
备注	多数配用 Siemens 的控制系统,部分也用 AllenBradley 产品					可用陶瓷滚切作干式高速滚齿

生产厂家	德国 LIEBHER				德国 MODUL	
名称及型号	LC152	LC255	LC502	LC1002	ZFWZ03	ZFWZ05
数控坐标数/个	6	6	6	6	6	6
最大工件直径/mm	150	250	500	1000	315	500
最大工件模数/mm	5	6	10	14(18)	8	10
最大滚刀(直径×长度)/mm	130×180	145×280	170×230	240×300	160×200	200×250
滚刀主轴转速/(r/min)	60~600	26~260	36~360	25~250	50~400	50~400
工作台最高转速/(r/min)	150	—	—	—	25(50)	25(50)
滚刀最大轴向行程/mm	250	250	400(600)	800	280	360
轴向进给量/(mm/min)	0.1~20	0.1~12	0.1~20	0.1~20	0~10	0~10
滚刀最大切向行程/mm	180	170		250	160	225
切向进给量/(mm/min)	0.1~5	0.1~5	0.1~5	0.1~5	0~5	0~5
轴向快速运动速度/(mm/min)	4000	4000	2000	2000	1400	1400
切向快速运动速度/(mm/min)	3000	3000	1000	1000	700	700
主电动机功率/kW	9.8	8.5	17.5	30.8	13.6	18
机床质量/kg	6500	6800	9800	16000	8500	10000
备注	部分采用 Siemens 系统,部分自家研制,而且滚、插、磨齿机都属同一类型系统				采用原东德 H-646CNC 系统,现也采用 Siemens 系统	

生产厂家	意大利 CIMA			美国 GLEASON		
名称及型号	CE160CNC6	CE200CNC6	CE350CNC6	775CNC	780CNC	785CNC
数控坐标数/个	6	6	6	6	6	4
最大工件直径/mm	160	220	350	152	254	335
最大工件模数/mm	4	6	8	6.35	6.35	10
最大滚刀(直径×长度)/mm	120×120	135×220	170×220	127×216	127×216	191×254
滚刀主轴转速/(r/min)	100~700	100~800	90~700	150~680	—	—
工作台最高转速/(r/min)	200	最少齿数 $z_{min}=4$	$z_{min}=4$	—	—	—
滚刀最大轴向行程/mm	250	220	290	292	216	292
轴向进给量/(mm/min)	1~300	0.01~20mm/r				
滚刀最大切向行程/mm	—	170	200	190.5	—	—
切向进给量/(mm/min)						
轴向快速运动速度/(mm/min)	—	3000	3000	3000	—	—
切向快速运动速度/(mm/min)	—	3000	3000	—	—	—
主电动机功率/kW	5.5	16.5	20.5	11	—	—
机床质量/kg	5000	7000	10500	7256	8845	11350
备注	Siemens、Osa、Num、Fannc、AllenBradley 等系统都有选用			AllenBradley 控制系统		

（续）

| 生产厂家 | 日本三菱重工 | | | | | | 日本樫藤 |
名称及型号	GB10CNC	GB15CNC	GB25CNC	GB40CNC	GB63CNC	GB100CNC	KS300CNC
数控坐标数/个	3/5	4/5	3/4/5	3/4/5	5	5	5
最大工件直径/mm	100	150	250	400	630	1000	300
最大工件模数/mm	3	4	8	10	14	14	8
最大滚刀(直径×长度)/mm	100×150	120×180	130×200	130×200	210×240	210×240	150×180
滚刀主轴转速/(r/min)	150~1500	150~1000	100~600	100~600	40~400	40~400	120~400
工作台最高转速/(r/min)	—	—	—	—	—	—	—
滚刀最大轴向行程/mm	250	250	270	270	250	280	300
轴向进给量/(mm/min)	1~400	1~400	1~300	1~300	1~300	1~300	0.1~3000
滚刀最大切向行程/mm	100	130	150	150	200	200	130
切向进给量/(mm/min)	—	—	—	—	—	—	—
轴向快速运动速度/(mm/min)	—	1250	—	—	—	—	3000
切向快速运动速度/(mm/min)	—	—	—	—	—	—	—
主电动机功率/kW	5.5	5.5	7.5	7.5	15	15	11
机床质量/kg	5000	6000	8000	8500	13000	13000	8500
备注	一般都用日本 Fannc 控制系统，并开发专利技术，如前馈控制等						

4.2　滚齿机传动系统

4.2.1　滚齿机传动运动

滚齿机必须具备的传动运动如图 4-5 所示。

滚齿机必须具备的传动运动如下：

1）切削运动，即滚刀的回转运动。为了得到合理的切削速度，滚刀转速应能在一定范围内调整。

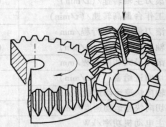

图 4-5　滚齿机的传动运动

2）展成运动，即分齿运动。它是联系刀具与齿坯使它们按一定速比转动的运动，是决定切齿精度的运动。

3）垂直进给运动。滚刀沿齿坯轴线方向所做的走刀运动，切出全齿宽。

4）差动运动。在加工斜齿圆柱齿轮时，当滚刀沿垂直方向移动的长度等于齿轮的螺旋线导程时，齿坯必须正好附加转动一转，因此除上述三种运动外，还有依靠差动机构实现的差动运动。

滚齿机加工时展成传动链的运动误差直接影响工件精度。

图 4-6 所示为一台中型滚齿机的主要部件和工作示意图。其中 n_0 为滚刀的旋转运动，n_w 为工件的旋转运动，n_0-n_w 为展成运动，n_w' 为加工斜齿轮或切向进给加工蜗件时工件的补充转动，f_r' 为仿形加工的径向伺服运动，n_w'' 为分度铣齿时工件的断续分度运动。

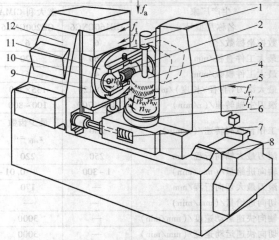

图 4-6　滚齿机的主要部件和工作示意图

1—支臂　2—滚刀　3—工件齿轮　4—小立柱
5—夹具　6—工作台　7—分度蜗杆副　8—床身
9—滑板　10—主轴　11—刀架　12—立柱

4.2.2 Y38 型滚齿机传动系统

1. Y38 型滚齿机的主要技术参数

Y38 型滚齿机的主要技术参数见表 4-12。

表 4-12　Y38 型滚齿机的主要技术参数

序号	规格名称		数值	序号	规格名称		数值
1	最大工件模数/mm	标准时	6	9	滚刀心轴与工件中心线间的距离/mm	最小	30
		低速切削时	8			最大	470
2	加工直齿轮时最大工件直径/mm	有外支架时	450	10	滚刀心轴直径/mm		22、27、32
		无外支架时	800	11	滚刀转速/(r/min)	最低	47
3	加工斜齿轮时最大工件直径/mm	$\beta=30°$时	500			最高	192
		$\beta=60°$时	190			级数	7
4	最大工件宽度/mm		240	12	滚刀垂直进给量/(mm/r)	最小	0.5
5	最大滚刀直径/mm		120			最大	3
6	工作台直径/mm		550	13	主电动机参数	功率/kW	2.8
7	工作台孔径/mm		80			转速/(r/min)	1430
8	刀架最大回转角度/(°)		±60	14	机床净质量/kg		4500

2. Y38 型滚齿机的传动系统

Y38 型滚齿机的传动系统如图 4-7 所示。

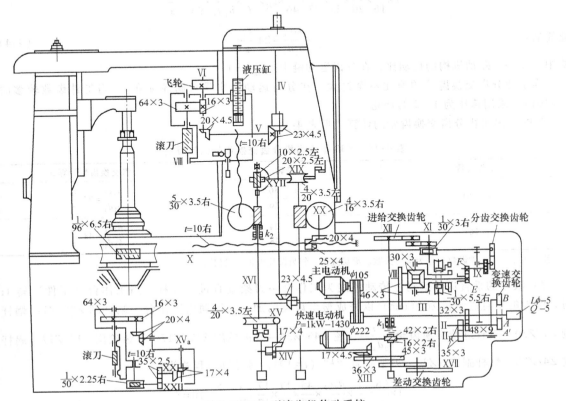

图 4-7　Y38 型滚齿机传动系统

Y38 型滚齿机的传动系统主要由四个传动链组成：

1) 滚刀的切削运动。传动路线为主电动机→滚刀。运动传动链由主电动机→带轮 $\phi105/\phi222$→齿轮 $Z32/Z48$→速度交换齿轮 A/B（i_0）→锥齿轮副 $Z23/Z23$→锥齿轮副 $Z23/Z23$→锥齿轮副 $Z20/Z20$→斜齿轮 $Z16/Z64$→滚刀 n_0。其运动方程式为

$$1430 \times \frac{105}{222} \times \frac{32}{48} \times \frac{A}{B} \times \frac{23}{23} \times \frac{23}{23} \times \frac{20}{20} \times \frac{16}{64} = n_0$$

化简后得
$$i_0 = \frac{A}{B} = \frac{n_0}{113} \tag{4-3}$$

在 Y38 型滚齿机上，变速交换齿轮 A 和 B 的中心距是固定的，两交换齿轮的齿数和是个常数，$A+B=60$。Y38 型滚齿机转速交换齿轮共有 8 只，可搭配成 7 种滚刀转速，见表 4-13。

表 4-13　Y38 型滚齿机滚刀转速交换齿轮表

交换齿轮速比 $i_0 = \dfrac{A}{B}$	$\dfrac{18}{42}$	$\dfrac{22}{38}$	$\dfrac{25}{35}$	$\dfrac{28}{32}$	$\dfrac{32}{28}$	$\dfrac{35}{25}$	$\dfrac{38}{22}$
滚刀转速 $n_0/(\text{r/min})$	47	64	79	97	127	155	192

2) 工件的分齿运动。传动路线为滚刀→工作台（工件）。分齿运动必须保证滚刀转速 n_0 和工件转速 n 之间满足当滚刀转 1r，则工件转过 $z_0/z(\text{r})$ 的传动关系。运动由滚刀转 1r→斜齿轮 $Z64/Z16$→锥齿轮副 $Z20/Z20$→锥齿轮副 $Z23/Z23$→锥齿轮副 $Z23/Z23$→齿轮 $Z46/Z46$→差动机构 $i_差$→跨轮 e/f→分齿交换齿轮 $\dfrac{a_1 \times c_1}{b_1 \times d_1}$→蜗杆副 $Z1/Z96$→工作台（工件）$z_0/z(\text{r})$。其运动方程式为

$$1 \times \frac{64}{16} \times \frac{20}{20} \times \frac{23}{23} \times \frac{23}{23} \times \frac{46}{46} \times i_差 \times \frac{e}{f} \times \frac{a_1 c_1}{b_1 d_1} \times \frac{1}{96} = \frac{z_0}{z}$$

化简后得
$$\frac{e}{f} \times \frac{a_1 c_1}{b_1 d_1} = 24 \frac{z_0}{z} \tag{4-4}$$

式中　$i_差$——差动机构的传动比，在分齿运动链上，$i_差 = -1$。

为了使分齿交换齿轮的速比不至过大，在分齿运动链中设置跨轮 e 和 f，当工件齿数较多时（$z>161$），采用速比为 $1:2$ 的跨轮。

Y38 型滚齿机分齿交换齿轮的计算式见表 4-14。

表 4-14　Y38 型滚齿机分齿交换齿轮的计算式

工件齿数	跨轮	分齿交换齿轮计算式
$z \leqslant 161$	$\dfrac{e}{f} = \dfrac{36}{36}$	$\dfrac{a_1 c_1}{b_1 d_1} = 24 \dfrac{z_0}{z}$
$z > 161$	$\dfrac{e}{f} = \dfrac{24}{48}$	$\dfrac{a_1 c_1}{b_1 d_1} = 48 \dfrac{z_0}{z}$

注：表中 z 为工件齿数；z_0 为滚刀头数。滚切直齿、斜齿圆柱齿轮公式相同。

3) 滚刀的垂直进给运动。传动路线为工作台→刀架垂直进给丝杠。当工作台（工件）转 1r 时，滚刀的垂直进给量为 $f_a(\text{mm})$ 以完成整个齿宽的加工。运动由工作台→蜗杆副 $Z96/Z1$→蜗杆副 $Z1/Z30$→垂直进给交换齿轮 $\dfrac{a_2 c_2}{b_2 d_2}$→齿轮 $Z45/Z36$→锥齿轮副 $Z17/Z17$→锥齿轮副 $Z17/Z17$→蜗杆副 $Z4/Z20$→蜗杆副 $Z5/Z30$→刀架垂直丝杠（$t=10$）。其运动方程式为

$$1 \times \frac{96}{1} \times \frac{1}{30} \times \frac{a_2 c_2}{b_2 d_2} \times \frac{45}{36} \times \frac{17}{17} \times \frac{17}{17} \times \frac{4}{20} \times \frac{5}{30} \times 10 = f_a$$

化简后得
$$\frac{a_2 c_2}{b_2 d_2} = \frac{3}{4} f_a \qquad (4-5)$$

4) 工件的附加运动（差动运动）。传动路线为刀架垂直进给丝杠→工作台（工件）。滚切斜齿圆柱齿轮时，当滚刀沿工件轴线垂直进给一个工件导程 P_z 时，工件必须附加转动 1r。运动由刀架垂直进给丝杠（$t=10$）→蜗杆副 $Z30/Z5$→蜗杆副 $Z20/Z4$→锥齿轮副 $Z17/Z17$→锥齿轮副 $Z17/Z17$→齿轮 $Z36/Z45 \xrightarrow{\frac{a_3 c_3}{b_3 d_3}}$ 蜗杆副 $Z1/Z30 \to i_差 \to$ 跨轮 $e/f \xrightarrow{\frac{a_1 c_1}{b_1 d_1}}$ 工作台蜗杆副 $Z1/Z96$。其运动方程式为

$$\frac{P_z}{10} \times \frac{30}{5} \times \frac{20}{4} \times \frac{17}{17} \times \frac{17}{17} \times \frac{36}{45} \times \frac{a_3 c_3}{b_3 d_3} \times \frac{1}{30} \times i_差 \times \frac{e}{f} \times \frac{a_1 c_1}{b_1 d_1} \times \frac{1}{96} = 1$$

式中 $i_差$——差动机构的传动比，在差动运动链上，$i_差 = 2$。

斜齿圆柱齿轮的导程计算公式为 $P_z = \dfrac{\pi m_n z}{\sin\beta}$

将 $i_差$ 及 P_z 代入运动方程式，经化简后得

$$\frac{a_3 c_3}{b_3 d_3} = \frac{7.95775 \sin\beta}{m_n z_0} \qquad (4-6)$$

式中　m_n——工件法向模数；

　　　β——工件分度圆上的螺旋角；

　　　z_0——滚刀头数；

7.95775——称为滚齿机的差动常数（差动定数）。

除以上主要的四个传动运动之外，Y38 型滚齿机还有一些其他运动：

5) 刀架（滚刀沿工件轴线）垂直方向的快速运动。传动路线为快速行程电动机→刀架垂直进给丝杠。刀架垂直方向的快速运动由快速行程电动机驱动，运动由快速行程电动机→螺旋齿轮 $Z16/Z42$→齿轮 $Z45/Z36$→锥齿轮副 $Z17/Z17$→锥齿轮副 $Z17/Z17$→蜗杆副 $Z4/Z20$→蜗杆副 $Z5/Z30$→刀架垂直进给丝杠（$t=10$）。其运动方程式为

$$1430 \times \frac{16}{42} \times \frac{45}{36} \times \frac{17}{17} \times \frac{17}{17} \times \frac{4}{20} \times \frac{5}{30} \times 10 = f_a'$$

化简后得
$$f_a' = 3.78 \approx 4 。 \qquad (4-7)$$

式中　f_a'——刀架快速垂向移动量。

6) 滚刀的径向进给运动。传动路线为工作台→刀架立柱进给丝杠。采用自动径向进给时，当工作台（工件）回转 1r，则滚刀沿工件径向进给量为 f_r（mm）。运动由工作台（工件）→蜗杆副 $Z96/Z1$→蜗杆副 $Z1/Z30$→垂直进给交换齿轮 $\dfrac{a_2 c_2}{b_2 d_2}$→齿轮 $Z45/Z36$→锥齿轮副 $Z17/Z17$→锥齿轮副 $Z17/Z17$→蜗杆副 $Z4/Z20$→螺旋齿轮 $Z10/Z20$→蜗杆副 $Z4/Z20$→蜗杆副 $Z4/Z16$→锥齿轮副 $Z20/Z25$→刀架立柱进给丝杠（$t=10$）。其运动方程式为

$$1 \times \frac{96}{1} \times \frac{1}{30} \times \frac{a_2 c_2}{b_2 d_2} \times \frac{45}{36} \times \frac{17}{17} \times \frac{17}{17} \times \frac{4}{20} \times \frac{10}{20} \times \frac{4}{20} \times \frac{4}{16} \times \frac{20}{25} \times 10 = f_r$$

化简后得
$$\frac{a_2 c_2}{b_2 d_2} = \frac{25}{4} f_r \qquad (4-8)$$

7) 切向进给运动。在 Y38 型滚齿机上，更换切向进给刀架后可采用切向进给法滚切蜗轮或用对角滚齿法滚切圆柱齿轮，更换时将切向刀架后端的花键轴 XVa 用联轴器与机床上的 XV 轴相连接。它由两条传动路线组成：

① 切向进给运动。传动路线为工作台→切向刀架的进给丝杠。若采用"飞刀"或专用蜗轮滚

刀以切向进给方法滚切蜗轮时，当工作台（工件）回转 1r，则滚刀沿其本身轴线移动量为 f_t(mm)。运动由工作台（工件）→蜗杆副 $Z96/Z1$→蜗杆副 $Z1/Z30$→垂直进给交换齿轮 $\dfrac{a_2c_2}{b_2d_2}$→齿轮 $Z45/Z36$→锥齿轮副 $Z17/Z17$→锥齿轮副 $Z17/Z17$→切向刀架上的锥齿轮副 $Z17/Z17$→齿轮 $Z35/Z35$→蜗杆副 $Z1/Z50$→切向刀架进给丝杠（$t=10$）。其运动方程式为

$$1\times\frac{96}{1}\times\frac{1}{30}\times\frac{a_2c_2}{b_2d_2}\times\frac{45}{36}\times\frac{17}{17}\times\frac{17}{17}\times\frac{17}{17}\times\frac{35}{35}\times\frac{1}{50}\times10=f_t$$

化简后得

$$\frac{a_2c_2}{b_2d_2}=\frac{5}{4}f_t \tag{4-9}$$

② 工件的附加运动。传动路线为切向刀架进给丝杠→工作台（工件）。当滚刀沿本身轴线（切向）移动 f_t(mm) 时，工作台（工件）应附加转动 $\pm f_t/\pi m_n z$ 角度以补偿切向进给所引起的错位，这一附加转动由附加运动传动链完成，并用差动交换齿轮进行调整。运动由切向刀架进给丝杠（$t=10$）—蜗杆副 $Z50/Z1$→齿轮 $Z35/Z35$→锥齿轮副 $Z17/Z17$→锥齿轮副 $Z17/Z17$→锥齿轮副 $Z17/Z17$→齿轮 $Z36/Z45$→$\dfrac{a_3c_3}{b_3d_3}$→蜗杆副 $Z1/Z30$→$i_差$→跨轮 e/f→$\dfrac{a_1c_1}{b_1d_1}$→蜗杆副 $Z1/Z96$→工作台（工件）。其运动方程式为

$$\frac{f_t}{10}\times\frac{50}{1}\times\frac{35}{35}\times\frac{17}{17}\times\frac{17}{17}\times\frac{17}{17}\times\frac{36}{45}\times\frac{a_3\times c_3}{b_3\times d_3}\times\frac{1}{30}\times i_差\times\frac{e}{f}\times\frac{a_1c_1}{b_1d_1}\times\frac{1}{96}=\pm\frac{f_t}{\pi m_n z}$$

式中　$i_差$——差动机构的传动比，$i_差=2$。

化简后得

$$\frac{a_3c_3}{b_3d_3}=\pm\frac{4.774648}{m_n z} \tag{4-10}$$

3. 应用举例

【例 1】　在 Y38 型滚齿机上滚切一直齿圆柱齿轮，齿数 $z=50$，模数 $m_n=4$，右旋，选用单头右旋齿轮滚刀。试确定各组交换齿轮。

1）速度交换齿轮：$i_0=\dfrac{A}{B}=\dfrac{n_0}{113}$

根据合理的切削速度，选取 $n_0=79$r/min，代入后得　$i_0=\dfrac{A}{B}=\dfrac{79}{113}\approx\dfrac{25}{35}$

2）分齿交换齿轮：

当 $z\le161$ 时，$\dfrac{e}{f}=\dfrac{36}{36}$，$\dfrac{a_1c_1}{b_1d_1}=24\dfrac{z_0}{z}$，（得　$\dfrac{a_1c_1}{b_1d_1}=\dfrac{24\times1}{50}=\dfrac{48}{100}$

3）进给交换齿轮：$\dfrac{a_2c_2}{b_2d_2}=\dfrac{3}{4}f_a$

选取垂直进给量 $f_a=0.5$r/min，代入后得

$$\frac{a_2c_2}{b_2d_2}=\frac{3}{4}\times0.5=\frac{1.5}{4}=\frac{15}{40}=\frac{3\times5}{5\times8}=\frac{30}{50}\times\frac{25}{40}$$

【例 2】　在 Y38 型滚齿机上滚切一斜齿圆柱齿轮，齿数 $z=50$，模数 $m_n=4$，螺旋角 $\beta=15°$，右旋，选用单头右旋齿轮滚刀。试确定各组交换齿轮。

1）速度交换齿轮：$i_0=\dfrac{A}{B}=\dfrac{n_0}{113}$

根据合理的切削速度，选取 $n_0=79$r/min，代入后得　$i_0=\dfrac{A}{B}=\dfrac{79}{113}\approx\dfrac{25}{35}$

2) 分齿交换齿轮：

当 $z \leqslant 161$ 时，$\dfrac{e}{f} = \dfrac{36}{36}$，$\dfrac{a_1 c_1}{b_1 d_1} = 24 \dfrac{z_0}{z}$，得　$\dfrac{a_1 c_1}{b_1 d_1} = \dfrac{24 \times 1}{50} = \dfrac{48}{100}$

3) 进给交换齿轮：$\dfrac{a_2 c_2}{b_2 d_2} = \dfrac{3}{4} f_a$

选取垂直进给量 $f_a = 0.4 \text{r/min}$，代入后得

$$\frac{a_2 c_2}{b_2 d_2} = \frac{3}{4} \times 0.4 = \frac{1.2}{4} = \frac{12}{40} = \frac{3 \times 4}{5 \times 8} = \frac{3}{5} \times \frac{1}{2} = \frac{45}{75} \frac{35}{70}$$

4) 差动交换齿轮：$\dfrac{a_3 c_3}{b_3 d_3} = \dfrac{7.95775 \times \sin\beta}{m_n \times z_0}$

得　$\dfrac{a_3 c_3}{b_3 d_3} = \dfrac{7.95775 \times \sin 15°}{4 \times 1} = 0.5149043$

查通用交换齿轮表得　$\dfrac{a_3 c_3}{b_3 d_3} = \dfrac{23 \times 60}{67 \times 40} = 0.5149253$

交换齿轮比误差　$0.5149253 - 0.5149043 = 2.1 \times 10^{-5}$

差动交换齿轮比的误差直接影响斜齿轮的齿向误差，通常加工 7 级精度的齿轮时，交换齿轮比误差应精确到小数点后第 5 位。

【例 3】　在 Y38 型滚齿机上滚切一材料为 45 钢的斜齿圆柱齿轮，齿数 $z = 60$，模数 $m_n = 3$，螺旋角 $\beta = 20°15'$，右旋，选用单头右旋齿轮滚刀。试确定各组交换齿轮。

1) 速度交换齿轮：$i_0 = \dfrac{A}{B} = \dfrac{n_0}{113}$

根据合理的切削速度，选取 $n_0 = 79 \text{r/min}$，代入后得　$i_0 = \dfrac{A}{B} = \dfrac{79}{113} \approx \dfrac{25}{35}$

2) 分齿交换齿轮：

当 $z \leqslant 161$ 时，$\dfrac{e}{f} = \dfrac{36}{36}$，$\dfrac{a_1 c_1}{b_1 d_1} = 24 \dfrac{z_0}{z}$，得　$\dfrac{a_1 c_1}{b_1 d_1} = \dfrac{24 \times 1}{60} = \dfrac{24}{60}$

3) 进给交换齿轮：$\dfrac{a_2 c_2}{b_2 d_2} = \dfrac{3}{4} f_a$

选取垂直进给量 $f_a = 1 \text{r/min}$，代入后得　$\dfrac{a_2 c_2}{b_2 d_2} = \dfrac{3}{4} \times 1 = \dfrac{3}{4} = \dfrac{30}{40}$

4) 差动交换齿轮：$\dfrac{a_3 c_3}{b_3 d_3} = \dfrac{7.95775 \sin\beta}{m_n z_0}$

得　$\dfrac{a_3 c_3}{b_3 d_3} = \dfrac{7.95775 \sin 20°15'}{3 \times 1} = 0.9181043$

查通用交换齿轮表得　$\dfrac{a_3 c_3}{b_3 d_3} = \dfrac{41 \times 58}{37 \times 70} = 0.9181468$

交换齿轮比误差　$0.9181468 - 0.9181043 = 4.25 \times 10^{-5}$ 在误差允许范围内。

4.2.3　滚齿机中常用的差动机构及其常数

差动机构是滚齿机中的典型机构和关键部位，在结构上，它主要有以四个齿数相等的锥齿轮组成的叉架类差动机构、T 轴类差动机构和由六个齿数相等的圆柱齿轮组成的星系类差动机构三种结

构形式。

1. 叉架类差动机构

Y38 型滚齿机采用了以四个齿数相等的锥齿轮组成的叉架类差动机构，见表 4-15。

表 4-15　叉架类差动机构（Y38 型滚齿机采用）

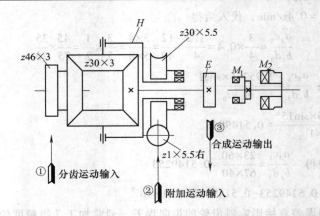

用途	离合器	在分齿运动链上		在附加运动链上	
		输入-输出	差动常数 $i_差$	输入-输出	差动常数 $i_差$
滚直齿	M_1	①-③	$n_3/n_1 = 1$	—	—
滚斜齿	M_2	①-③	$n_3/n_1 = -1$	②-③	$n_3/n_2 = 2$

2. T 轴类差动机构

Y3150 型滚齿机采用了 T 轴类差动机构，见表 4-16。

表 4-16　T 轴类差动机构（Y3150 型滚齿机用）

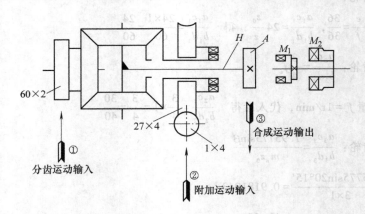

用途	离合器	在分齿运动链上		在附加运动链上	
		输入-输出	差动常数 $i_差$	输入-输出	差动常数 $i_差$
滚直齿	M_1	①-③	$n_3/n_1 = 1$	—	—
滚斜齿	M_2	①-③	$n_3/n_1 = 1/2$	②-③	$n_3/n_2 = 1/2$

3. 圆柱齿轮组成的星系类差动机构

Y3150E 型滚齿机采用了由圆柱齿轮组成的星系类差动机构，见表 4-17。

表 4-17 由圆柱齿轮组成的星系类差动机构（Y3150E 型滚齿机用）

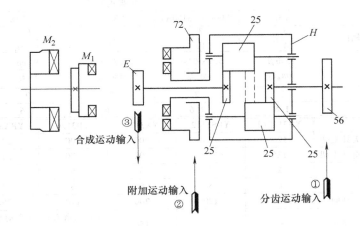

用途	离合器	在分齿运动链上		在附加运动链上	
		输入-输出	差动常数 $i_{差}$	输入-输出	差动常数 $i_{差}$
滚直齿	M_1	①-③	$n_3/n_1 = 1$	—	—
滚斜齿	M_2	①-③	$n_3/n_1 = -1$	②-③	$n_3/n_2 = 2$

4. 常见国产滚齿机的分齿、差动常数

常见国产滚齿机的分齿、差动常数见表 4-18。

表 4-18 常见国产滚齿机的分齿、差动常数

项 目		滚齿机型号				
		Y38	Y38-1 (Y3180A)	Y3150	Y3150E	YG3612
最大工件直径/mm		800	800	500	500	125
最大工件模数/mm		10	8	6	8	1.5
最大加工宽度/mm		300	250	240	250	125
最大螺旋角/(°)		±60	±60	±45	±45	±90
滚刀主轴转速/(r/min)		40~250	47.5~192	50~275	40~250	90~1200
滚刀进给量/(mm/r)		0.4~4	0.25~3	0.24~4.25	0.4~4	0.05~1.5
滚刀心轴直径/mm		22、27、32、40	22、27、32	22、27、32	22、27、32	8、13、16、22
最大滚刀安装直径/mm		160	125	120	160	50
工作台直径/mm		625	550	320	510	—
滚刀与工作台中心距/mm		40~480	60~500	25~320	30~330	—
主电动机功率/kW		5.5	3	3	5.5	0.8
滚刀转速的交换齿轮比 $i = \dfrac{A}{B}$		$\dfrac{A}{B} = \dfrac{n_0}{113}$	$\dfrac{A}{B} = \dfrac{n_0}{110.9}$	$\dfrac{A}{B} = \dfrac{n_0}{117.6}$	$\dfrac{A}{B} = \dfrac{n_0}{125 i_n}$ ($i_n = 0.65$、0.8、1)	—
分齿交换齿轮	直齿	$z \leqslant 161 (e/f = 1)$ $\dfrac{24 z_0}{z}$ $z > 161 \left(e/f = \dfrac{1}{2}\right)$ $\dfrac{48 z_0}{z}$	$e/f = 1$ $\dfrac{24 z_0}{z}$ $e/f = \dfrac{1}{2}$ $\dfrac{48 z_0}{z}$	$e/f = 1$ $\dfrac{24 z_0}{z}$ $e/f = \dfrac{1}{2}$ $\dfrac{48 z_0}{z}$	$e/f = 1$ $\dfrac{24 z_0}{z}$ $e/f = \dfrac{1}{2}$ $\dfrac{48 z_0}{z}$	—
	斜齿	$z \leqslant 161 (e/f = 1)$ $\dfrac{24 z_0}{z}$	$\dfrac{48 z_0}{z}$	$\dfrac{48 z_0}{z}$	$\dfrac{48 z_0}{z}$	

（续）

项　目		滚齿机型号				
		Y38	Y38-1(Y3180A)	Y3150	Y3150E	YG3612
进给交换齿轮	轴向	$\dfrac{3}{4}f_n$	$\dfrac{3}{10}f_n$	f_n	$\dfrac{f_n}{1.45i_f}$	—
差动交换齿轮		$\dfrac{25\sin\beta}{\pi m_n z_0}$	$\dfrac{6.96301\sin\beta}{m_n z_0}$	$\dfrac{26.25\sin\beta}{\pi m_n z_0}$	$\dfrac{9\sin\beta}{m_n z_0}$	—
精度等级		7	7	7	7	5
表面粗糙度 $Ra/\mu m$		1.6	1.6	1.6	1.6	0.8

型　号		YB3112/2	YBS3112	YX3120	YB3120	YBA3132	YXA3132
最大工件直径/mm	无外支架	125	125	200	200	320	320
	有外支架	125	125	200	200	320	320
最大工件模数/mm		2	3	6	6	6	8
最少加工齿数		6	5	6	6	7	6
滚刀滑板最大行程/mm	轴向	110	120	200	170	250	250
	切向	—	—	150	（自动窜刀）100	（自动窜刀）90	—
最大滚刀直径/mm		60	80	140	140	160	160
主轴至工作台面距离/mm		70~180	120~240	360~610	260~430	205~455	205~455
主轴与工作台中心距/mm		15~100	10~135	40~175	60~175	60~250	60~250
工作台直径/mm		120	180	320	320	320	320
工作台孔径/mm		23	40	80	57	100	100
后立柱支架端面至工作台面距离/mm		200~300	200~360	360~610	310~510	327~707	327~707
滚刀主轴转速/(r/min)		100~560	80~400	152~605	80~500	200~720	125~500
进给量范围/(mm/r)	轴向	0.10~1.20	0.2~2	0.6~5	1~5	1~4	1~4
	径向	0.05~0.60			4mm/min（最低）	—	—
电动机总容量/kW		1.77	3.125	16.72	10.62	17.87	17.87
主电动机容量/kW		1.1	3	11	7.5	8.5/13	8.5/13
外形尺寸(长×宽×高)/mm		1180×750×1490	1673×1218×1565	2750×2550×2140	2120×1470×1720	2830×2800×2120	2700×2695×2120
机床质量/kg		1350	1950	9500	3500	8000	8000
精度等级/表面粗糙度 $Ra/\mu m$		7/3.2	7/3.2	6-6-7/3.2	6-6-7/3.2	6-6-7/3.2	6-6-7/3.2
交换齿轮计算公式	分度	$\dfrac{15z_0}{z}$	$\dfrac{24z_0}{z}$	$\dfrac{18z_0}{z}$	$\dfrac{16z_0}{z}$	$\dfrac{18z_0}{z}$	$\dfrac{18z_0}{z}$
	差动　加工斜齿轮	$\dfrac{2.03718\sin\beta}{m_n z_0}$	$\dfrac{1.006944\sin\beta}{m_n z_0}$	$\dfrac{305\sin\beta}{18\pi m_n z_0}$	$\dfrac{27\sin\beta}{4m_n z_0}$	$\dfrac{61\sin\beta}{12m_n z_0}$	$\dfrac{61\sin\beta}{12m_n z_0}$
	差动　切向进给加工蜗轮	—	—				
生产厂家		上海第一机床厂		重庆机床厂			
备注		YBA3132型滚齿机可使用硬质合金滚刀高速滚齿					

型　号		YX3132	YN3150	Y3150E	YB3150E	YA3150	Y3180H
最大工件直径/mm	无外支架	320	500	500	500	500	800
	有外支架	320	500	—	—	500	550
最大工件模数/mm		8	10	8	8	8	10
最少加工齿数		10	6	6	6	6	8~250
滚刀滑板最大行程/mm	轴向	250	320	300	300	320	350
	切向	210	40	230	（自动窜刀）70	160	230
最大滚刀直径/mm		160	200	160	140	160	180

（续）

型 号		YX3132	YN3150	Y3150E	YB3150E	YA3150	Y3180H
主轴至工作台面距离/mm		225~475	270~590	235~535	235~535	275~595	235~585
主轴与工作台中心距/mm		60~235	25~340	30~330	30~300	30~330	50~550
工作台直径/mm		320	440	510	510	540	650
工作台孔径/mm		100	100	80	80	120	80
后立柱支架端面至工作台面距离/mm		340~690	—	380~630	380~630	—	400~800
滚刀主轴转速/(r/min)		100~500	32~315	40~250	40~250	50~315	40~200
进给量范围/(mm/r)	轴向	0.6~6.3	0.48~6	0.4~4	0.4~4	0.43~5.9	0.4~4
	径向	—	—	0.13~1.3	—	—	0.13~1.3
电动机总容量/kW		11.68	9.12	6.35	7.97	10	8.45
主电动机容量/kW		7.5	8.5	4	5.5	5.5	5.5
外形尺寸(长×宽×高)/mm		3192×1820×1941	2537×1435×2024	2439×1272×1770	2439×1272×1770	3050×2080×2150	2765×1420×1850
机床质量/kg		7000	7500	4300	4300	7000	5500
精度等级/表面粗糙度 Ra/μm		7/3.2	7/3.2	5-6-7/3.2	5-6-7/3.2	5-6-7/3.2	5-6-7/3.2
交换齿轮计算公式	分度	$\dfrac{12z_0}{z}$		$\dfrac{24z_0}{z}$	$\dfrac{24z_0}{z}$	$\dfrac{24z_0}{z}$	$\dfrac{24z_0}{z}$
	差动 加工斜齿轮	$\dfrac{6\sin\beta}{m_n z_0}$		$\dfrac{9\sin\beta}{m_n z_0}$	$\dfrac{9\sin\beta}{m_n z_0}$	$\dfrac{6\sin\beta}{m_n z_0}$	$\dfrac{9\sin\beta}{m_n z_0}$
	差动 切向进给加工蜗轮	—		$\dfrac{3}{m_n z_0}$	—	—	$\dfrac{3}{m_n z_0}$
生产厂家		南京第二机床厂		重庆机床厂			
备注							

型 号		YB3180H	YN3180	YA3180	YW3180	Y3180E	Y31125E	Y31125A
最大工件直径/mm	无外支架	800	800	800	800	800	1250	1250
	有外支架	550	600	600	600	550	1000	1000
最大工件模数/mm		10	10	10	10	10	16(钢12)	16
最少加工齿数		8	7	8	8	7	12	12
滚刀滑板最大行程/mm	轴向	350	320	400	400	350	500	480
	切向	(窜刀)90	—	200	200	—	300	300
最大滚刀直径/mm		180	160	200	200	180	220	220
主轴至工作台面距离/mm		235~585	220~550	280~680	280~680	235~585	200~700	220~700
主轴与工作台中心距/mm		50~550	50~500	50~520	50~520		100~750	120~750
工作台直径/mm		650	660	690	800	650	950	950
工作台孔径/mm		80	80	130	130	80	240	175
后立柱支架端面至工作台面距离/mm		400~600		520~800		400~600	510~900	710~790
滚刀主轴转速/(r/min)		40~200	40~200	45~280	45~280	40~200	16~125	16~125
进给量范围/(mm/r)	轴向	0.4~4	0.32~3.15	0.43~5.9	0.43~5.9	0.4~4	0.39~4.4	0.39~4.39
	径向	—	—		0.1~25.5mm/min		0.08~0.93	—
	切向	0.13~1.3	—	0.14~1.96	0.14~1.96	—	0.13~1.46	0.39~4.39
电动机总容量/kW		8.25	7.27	11.28	11.65	8.45	17.75	18.40
主电动机容量/kW		5.5	5.5	7.5	7.5	5.5	10	11
外形尺寸(长×宽×高)/mm		2765×1420×1870	2770×1425×1926	3050×1825×2100	3050×1825×2100	2700×1420×1850	3595×2040×2400	3590×2018×2306
机床质量/kg		5500	5800	8500	8500	5500	13000	13000
精度等级/表面粗糙度 Ra/μm		5-6-7/3.2	7/3.2	5-6-7/3.2	5-6-7/3.2	7/3.2	5-6-7/3.2	7/3.2

（续）

			YB3180H	YN3180	YA3180	YW3180	Y3180E	Y31125E	Y31125A
交换齿轮计算公式		分度	$\frac{24z_0}{z}$	$\frac{24z_0}{z}$	$\frac{24z_0}{z}$	$\frac{24z_0}{z}$	$\frac{24z_0}{z}$	$\frac{48z_0}{z}$	$\frac{84z_0}{z}$
	差动	加工斜齿轮	$\frac{9\sin\beta}{m_n z_0}$	$\frac{9\sin\beta}{m_n z_0}$	$\frac{6\sin\beta}{m_n z_0}$	$\frac{6\sin\beta}{m_n z_0}$	$\frac{9\sin\beta}{m_n z_0}$	$\frac{10\sin\beta}{m_n z_0}$	$\frac{10\sin\beta}{m_n z_0}$
		切向进给加工蜗轮	—	—	$\frac{2}{m_t z_0}$	$\frac{2}{m_t z_0}$	—	$\frac{10}{3m_t z_0}$	$\frac{10}{3m_t z_0}$
生产厂家			重庆机床厂	南京第二机床厂	重庆机床厂		陕西第二机床厂	重庆机床厂	南京机床厂
备注			万能滚齿机，设仿形加工鼓形齿机构、对角滚齿机构、自动排屑器，并可精滚硬齿面齿轮						

		YM3150E	YM3180H	YM3180	YMA3180	YM31125E	YGA31125E	YM31200H
最大工件直径/mm	无外支架	500	800	800	800	1250	1250	2000
	有外支架	—	550	600	600	1000	1000	1500
最大工件模数/mm		6	8	8	10	12	8	16
最少加工齿数		10~250	12~250	12~400	8~300	12（最少）	55~300	24~400
滚刀滑板最大行程/mm	轴向	300	350	320	400	500	650	700
	切向	230	230	—	200	200	—	350
最大滚刀直径/mm		160	180	160	200	220	250	280
主轴至工作台面距离/mm		235~535	235~585	230~550	280~680	200~700	450~1100	600~1300
主轴与工作台中心距/mm		30~330	50~550	50~500	50~520	100~750	100~770	220~1200
工作台直径/mm		510	650	600	590	950	1020	1650
工作台孔径/mm		80	80	80	110	240	220	280
后立柱支架端面至工作台面距离/mm		380~630	400~500	400~925	520~800	510~900	750~1220	—
滚刀主轴转速/(r/min)		40~250	40~200	40~200	40~250	16~125	10~100	12.7~91.2
进给量范围/(mm/r)	轴向	0.4~4	0.4~4	0.6~2.5	0.43~5.9	0.39~4.4	0.16~2	0.19~3.82
	径向				0.1~26.5mm/min	0.08~0.93	0.08~1	0.14~2.78
	切向	0.13~1.3	0.13~1.3	—	0.14~1.96	0.13~1.46	—	0.06~1.27
电动机总容量/kW		6.35	8.45	5.77	9.28	17.75	17.10	31.5
主电动机容量/kW		4	5.5	4	5.5	10	10	13/19
外形尺寸（长×宽×高）/mm		2139×1272×1770	2765×1120×1850	2770×1425×1926	3050×1825×2100	3595×2040×2400	4835×2000×2945	7223×3263×3300
机床质量/kg		4300	5500	5800	8500	13000	17000	34000
精度等级/表面粗糙度 Ra/μm		4-5-6/3.2		6/3.2	4-5-6/3.2		4/1.6	
交换齿轮计算公式	分度	$\frac{36z_0}{z}$	$\frac{36z_0}{z}$		$\frac{24z_0}{z}$	$\frac{48z_0}{z}$	$\frac{60z_0}{z}$	$\frac{24z_0}{z}$
	加工斜齿轮	$\frac{9\sin\beta}{m_n z_0}$	$\frac{9\sin\beta}{m_n z_0}$		$\frac{6\sin\beta}{m_n z_0}$	$\frac{10\sin\beta}{m_n z_0}$	$\frac{15\sin\beta}{m_n z_0}$	$\frac{7\sin\beta}{m_n z_0}$
差动	切向进给加工蜗轮	$\frac{3}{m_t z_0}$	$\frac{4.5}{m_t z_0}$		$\frac{2}{m_t z_0}$	$\frac{10}{3m_t z_0}$		$\frac{21}{10m_t z_0}$
生产厂家		重庆机床厂			南京第二机床厂	重庆机床厂		—
备注		高精度滚齿机，加工精度4级，适于加工高速齿轮						

		Y31200H	Y31200G	YQ31315G	YQ31315	Y31315B	Y31500A	Y31800A
最大工件直径/mm	无外支架	2000	2000	3150	3150	3150	5000	8000
	有外支架	1500	1500	—	1600	2000	—	—
最小工件直径/mm		—	300	300	130	300	1400	1400

（续）

型号		Y31200H	Y31200G	YQ31315G	YQ31315	Y31315B	Y31500A	Y31800A
最大工件模数/mm	滚刀	20	20	20	24	30(40)	30(40)	30(40)
	指形铣刀	—	25	25	36	50(65)	50(65)	50(65)
	内齿指形铣刀	—	16	16	36	40(45)	40(45)	40(45)
最大滚刀直径/mm		280	280	280	310	400	400	400
滚刀滑板最大行程/mm	轴向	700	950	950	1200	1800	1800	1800
	切向	350	—	—	—	—	—	—
工作台最大载质量/kg		—	10000	10000	15000	40000	65000	65000
主轴与工作台中心距/mm		200~1200	200~1325	200~1925	100~1750	200~2350	700~2950	700~4450
工作台直径/mm		1650	1600	1600	1800	2550	3700	3700
工作台孔径/mm		280	330	330	430	1000	950	950
滚刀主轴转速/(r/min)		12.7~91.2	13~141	13~141	6.5~85	5.5~40	5.5~40	5.5~40
进给量范围/(mm/r)	轴向	0.21~4.08	0.25~14.1	0.25~14.1	0.16~4.2	0.186~3.68	0.23~4.6	0.23~4.6
	径向	0.10~2.04	0.27~6.8	0.27~6.8	0.09~1.75	0.34~6.8	0.43~8.6	0.43~8.6
	切向	0.6~1.22	—	—	0.11~1.58	0.124~2.4	0.155~3.07	0.155~3.07
电动机总容量/kW		31.5	24.3	24.3	22.4	45	43.5	43.5
主电动机容量/kW		13/19	15	15	13	22	22	22
外形尺寸(长×宽×高)/mm		7225×3262 ×3200	6100×2355 ×3260	6800×2355 ×3260	8400×2550 ×3370	11450×5070 ×5220	10700×5070 ×5500	17600×5070 ×5500
机床质量/kg		34000	25600	26100	38000	99600	108700	137000
交换齿轮计算公式	分度	$\dfrac{24z_0}{z}$	$\dfrac{20z_0}{z}$	$\dfrac{20z_0}{z}$	$\dfrac{20z_0}{z}$	$\dfrac{40z_0}{z}$	$\dfrac{50z_0}{z}$	$\dfrac{50z_0}{z}$
	差动 加工斜齿轮	$\dfrac{10\sin\beta}{m_n z_0}$	$\dfrac{15\sin\beta}{m_n z_0}$	$\dfrac{15\sin\beta}{m_n z_0}$	$\dfrac{15\sin\beta}{m_n z_0}$	$\dfrac{15\sin\beta}{m_n z_0}$	$\dfrac{15\sin\beta}{m_n z_0}$	$\dfrac{15\sin\beta}{m_n z_0}$
	切向进给加工蜗轮	$\dfrac{3}{m_t z_0}$	$\dfrac{15}{2m_t z_0}$	$\dfrac{15}{2m_t z_0}$	$\dfrac{7.5}{2m_t z_0}$	$\dfrac{10}{m_t z_0}$	$\dfrac{10}{m_t z_0}$	$\dfrac{10}{m_t z_0}$
生产厂家		重庆机床厂	武汉重型机床厂					
备注								

型号		Y3663A	Y36100	Y36100	Y36160
工件直径/mm		150~630	150~1000	150~1000	150~1600
最大工件模数/mm(滚齿)		16	24	25	40
最大工件齿宽/mm		3150	4000	4000	6300
最大工件质量/kg		6000	26000	15000	40000
工件齿数		21~198	21~198	21~198	21~198
主轴与工作台中心距/mm		55~455	150~800	100~700	260~1010
最大滚刀直径/mm		280	360	340	420
花盘(外径×孔径)/(mm×mm)		600×200	900×400	1000×380	1300×400
工件床身中心高/mm		500	750	750	900
滚刀主轴转速/(r/min)		6.3~80	6.3~63	5.5~54	5~50
轴向进给量范围/(mm/r)		0.16~8	0.13~645mm/min	0.17~8.25	0.08~1170mm/min
电动机总容量/kW		27.5	87.7	60.5	83
主电动机容量/kW		13	22	22	30
外形尺寸(长×宽×高)/mm		7450×2700×2380	9800×4120×2740	10400×4150×2950	12300×4250×3350
机床质量/kg		26000	60000	60000	80000
分度副:蜗杆头数/蜗轮齿数		1/165	1/162	1/165	—
交换齿轮计算公式	分度	$\dfrac{20z_0}{z}$	$\dfrac{20z_0}{z}$	$\dfrac{15z_0}{z}$	
	差动 加工斜齿轮	$\dfrac{25\sin\beta}{m_n z_0}$	$\dfrac{25\sin\beta}{m_n z_0}$	$\dfrac{30\sin\beta}{m_n z_0}$	
	切向进给加工蜗轮	—	—	—	—

（续）

型　号		Y3663A	Y36100	Y36100	Y36160
生产厂家		齐齐哈尔第一机床厂		武汉重型机床厂	齐齐哈尔第一机床厂
备注					
型　号		小锥度滚齿机	小锥度滚齿机	摆线齿轮铣齿机	分度蜗轮母机	卧式高精度蜗轮滚齿机

		Y3150E/01	YB3180H/01	Y3280	YG3780	YG3720
最大工件直径/mm	无外支架	500	800	800	800	200
	有外支架	—	550	550	—	—
最大工件模数/mm		8	10	—	6	2.5
加工齿数		—	—	9~89	60~720	50~200
滚刀滑板最大行程/mm	轴向	300	350	200	只有径向进给	—
	切向(窜刀)	(70)	(90)	—		—
最大滚刀直径/mm		140	180	140	150	
主轴至工作台面距离/mm		235~535	235~585	138~338	400(固定)	
主轴与工作台中心距/mm		30~300	50~550	80~500	100~500	
工作台直径/mm		510	650	650	1000	
工作台孔径/mm		80	80	80		
后立柱支架端面至工作台面距离/mm		380~630	400~600	400~600	(无后立柱)	
滚刀主轴转速/(r/min)		40~250	40~200	73~142.5	11.2~63	
轴向进给量/(mm/r)		0.4~4	0.4~4	0.4~4	—	
电动机总容量/kW		7.85	7.97	8	8.75	3.84
主电动机容量/kW		5.5	5.5	2.2	5.5	3
外形尺寸(长×宽×高)/mm		2439×1272×1770	2765×1420×1876	2765×1420×1850	2714×2335×2112	1664×1485×1535
机床质量/kg		4300	5700	5500	10000	2000
精度等级/表面粗糙度 Ra/μm		5-6-7/3.2	5-6-7/3.2	Ra6.3	3-4/1.25	3/0.63
交换齿轮计算公式	分度	$\dfrac{24z_0}{z}$	$\dfrac{24z_0}{z}$	$\dfrac{18}{z}$	$\dfrac{60z_0}{z}$	—
	差动 加工斜齿轮	$\dfrac{9\sin\beta}{m_n z_0}$	$\dfrac{9\sin\beta}{m_n z_0}$	—	—	—
	差动 小锥度交换齿轮	$\dfrac{6\pi}{5}\tan\dfrac{\alpha}{2}$	$\dfrac{12\pi}{5}\tan\dfrac{\alpha}{2}$	—	—	—
生产厂家				重庆机床厂		宁江机床厂
备注		α为工件锥角				

型　号		大模数滚齿机		硬齿面滚齿机		
		YD3140	Y30100	YC3150	YC3180	YC31125
最大工件直径/mm	无外支架	400	1000	500	800	1250
	有外支架	400	—	500	600	1000
最大工件模数/mm		12	16	8	10	12
最少加工齿数		6	7	6	8	12
滚刀滑板最大行程/mm	轴向	400	500	315	400	500
	切向	—	—		100	—
最大滚刀直径/mm		185	260		200	230
主轴至工作台面距离/mm		—	200~700		280~680	200~700
主轴与工作台中心距/mm		—	60~650		50~520	80~710
工作台直径/mm		510	950	540	690	950
工作台孔径/mm		80	200	120	130	240
后立柱支架端面至工作台面距离/mm			510~900		520~800	510~900

（续）

型　号		大模数滚齿机			硬齿面滚齿机	
		YD3140	Y30100	YC3150	YC3180	YC31125
滚刀主轴转速/(r/min)		32~200	23~180	55~350	45~200	22~184
进给量范围 /(mm/r)	轴向	—	0.39~4.39	—	0.43~5.9	0.39~4.39
	径向	—	0.08~0.93	—	0.2~180mm/min	—
电动机总容量/kW		8.45	18.75	10	16.03	18.75
主电动机容量/kW			11		7.5	11
外形尺寸(长×宽×高)/mm		2531×1400×2000	3595×2040×2400	2475×1670×1880	3050×1825×2100	3595×2040×2400
机床质量/kg		5000	13000	7000	8000	13000
精度等级/表面粗糙度 $Ra/\mu m$		6-7-7/3.2	6-6-7/3.2	6-6-7/3.2	6-6-7/3.2	6-6-7/3.2
交换齿轮计算公式	分度	—	$\dfrac{12z_0}{z}$	—	$\dfrac{24z_0}{z}$	$\dfrac{24z_0}{z}$
	差动 加工斜齿轮	—	$\dfrac{\Omega\sin\beta b_2}{m_n z_0 \alpha_3}$	—	$\dfrac{6\sin\beta}{m_n z_0}$	$\dfrac{10\sin\beta}{m_n z_0}$
	差动 切向进给加工蜗轮	—	$\dfrac{3}{m_n z}$	—	$\dfrac{10}{3 m_n z}$	
生产厂家			重庆机床厂			
备注		a_3, b_3：对角进给交换齿轮			加工齿面硬度45~62HRC	

4.3　常用滚齿机连接尺寸

　　不同生产厂家生产的同类机床，其规格尺寸是有差异的，在确定滚齿机的连接尺寸时，最好到现场测量。常见的滚齿机与工、夹具的连接尺寸见表4-19。

表4-19　常见滚齿机与工、夹具的连接尺寸　　　　　　（单位：mm）

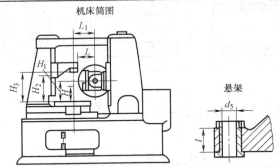

机床简图　　　　　　　　　　　悬架

机床型号	最大加工范围			滚刀轴线至工作台面的距离		滚刀轴线至工作台中心线距离		工作台面至悬架下面尺寸		悬架尺寸		可安装最大滚刀直径
	直径	模数	宽度	H	H_1	L	L_1	H_2	H_3	d_5	l	
Y31	125	1.5	80	50	150	15	85	60	210	12	40	55
Y32B	200	4	180	110	300	30	160	150	365	35	65	80
Y3150	500	6	240	170 110	350	25	320	280	500	25	71	120
Y38	800	8	240	205	275	30	470	420	780	25	80	120
Y38-1 (Y3180A)	800	8	220	195	465	60	500	495	660	22.7	76	125
Y310	1000	12	300	210	590	90	605	310	650	35	105	200

（续）　　　　　　　　　　　　　　　　　　　　　　　　　　　　　　　　　（续）

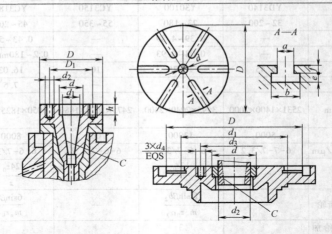

工作台尺寸

刀架及尾架尺寸

机床型号	工作台尺寸						工件心轴座孔锥度 C	工作台尺寸									
	D	D_1	d	d_1	d_2	h		D	d	d_1	d_2	d_3	d_4	a	b	e	f
Y31	90	72	50	23.825	M8	15	莫氏 3 号	—	—	—	—	—	—	—	—	—	—
Y32B	150	72	65	31.267	M8	20	莫氏 4 号	—	—	—	—	—	—	—	—	—	—
Y3150	—	—	—	—	—	—	65（直孔）	330	85	156	65	100	M8	14	24	11	15
Y38	—	—	—	—	—	—	莫氏 5 号	475	100	195	80	145	M12	18	30	14	20
Y38-1	—	—	—	—	—	—	莫氏 5 号	570	100	272	80	145	M12	18			
Y310	—	—	—	—	—	—	莫氏 5 号	670	170	282	140	205	M8	22			

机床型号	刀架最大垂直行程	刀架最大回转角度 /(°)	主轴孔锥度 C_1	主轴尺寸				尾架尺寸		尾架孔锥度 C_2
				d_6	d_7	l_1	b_1	d_8	l_2	
Y31	100	360	莫氏 2 号	17.780	12	7	32	13	30	1:5
Y32B	200	±60	莫氏 4 号	31.267	16	15	32	22、27、32	50	1:5
Y3150	260	±90	莫氏 4 号	31.267	16	—	32	22、27、32	65	1:5
Y38	270	360	莫氏 5 号	44.399	20	16	45	22、27、32	65	1:5
Y38-1	270	360	莫氏 4 号	31.267	16	12	32	22、27、32	60	1:5
Y310	280	240	莫氏 5 号	44.399	20	16	48	27、32、40	95	1:5

注：表中有两个数据系不同厂家生产的同一型号产品的有关参数。

4.4　滚齿机夹具及齿轮的安装

　　滚齿夹具的结构与齿坯的形状和生产效率有关，其制造精度直接影响被切齿轮的加工精度，应根据生产纲领及齿轮精度要求综合考虑。

4.4.1　滚齿机典型夹具及齿坯的安装

常见滚齿机典型夹具及齿坯的安装如图 4-8 所示。

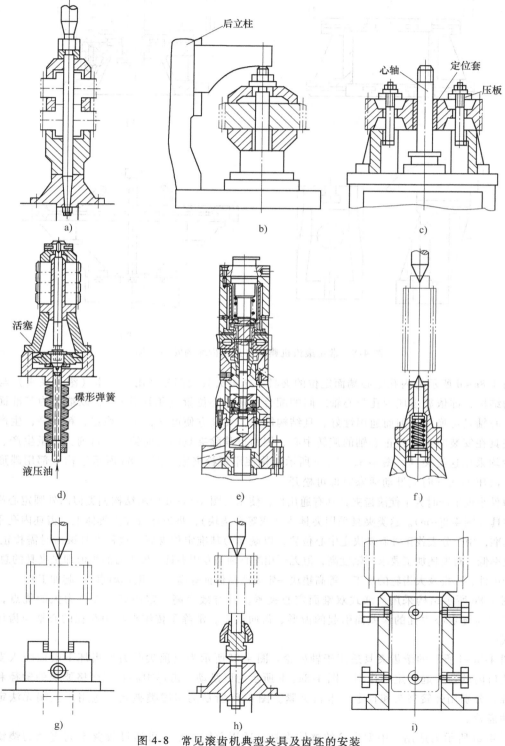

图 4-8　常见滚齿机典型夹具及齿坯的安装

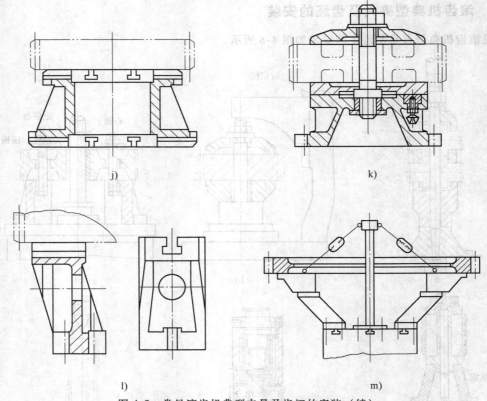

图 4-8　常见滚齿机典型夹具及齿坯的安装（续）

图 4-8a～d 所示为内孔定心端面定位的夹具。这类夹具大部分采用夹具体（滚齿底座）与心轴组合的结构，即依靠齿坯内孔与心轴之间的配合决定中心位置（不用找正），以端面为基准面定位夹紧。心轴是可换的，因而通用性好，且结构简单，夹紧方便可靠，质量稳定，精度高，生产效率高。夹具在安装时可以校正心轴的旋转中心，因而可消除夹具的几何偏心。目前大批量生产、中小型齿轮均采用这类夹具。图 4-8a、b、c 所示结构使用螺栓夹紧，图 4-8d 所示结构下部用碟形弹簧夹紧，液压油从下向上推动活塞时即可松开。

单件小批生产时为了使滚齿夹具具有通用性，使用与图 4-8a～d 所示结构相类似的外圆定心端面定位的夹具（图 4-8j～m）。这类夹具采用夹具体（或等高垫块），将齿坯放在夹具体上，齿坯内孔不作为定位基准，用千分表找正外圆来决定中心位置，以端面为基准定位夹紧。这种夹具滚齿时需找正齿坯，生产效率低，对齿坯加工要求同轴度高，但无须相配心轴与专用夹具，校正后的表值即是夹具的总误差。适用于单件、小批及大齿轮的加工。等高垫块一定要严格保证等高（一组几块同时一起加工）。

图 4-8e 所示结构采用内涨式双锥面定心夹紧，具有效率高、定心好、夹持力大的优点，同时减少了因齿坯定心内孔的误差而引起的齿形、齿向误差，消除了传统夹具中存在的心轴与齿坯内孔间的误差。

图 4-8f～i 所示的滚齿夹具适用于轴齿轮。图 4-8f 所示为上顶尖受力使齿坯下端面咬入支撑棱口，棱口内的顶尖起自定心作用，图 4-8g、h 所示为以跳动对齿坯中心孔有严格要求的轴径和端面为基准，分别用弹簧夹头和自定心卡盘夹紧。图 4-8i 所示为卡罐类夹具，适用于上端无法定位的超长轴齿轮。

图 4-8j 所示为适用于中型齿轮的整体夹具，适用范围较小，可通过放置不同直径的垫铁来扩

大其适用范围。

　　图 4-8k 所示为端面可调式夹具，在使用时齿轮的基准端面朝上放置，通过调整夹具上的螺钉来保证基准端面的跳动，内孔不定心，加工时必须保证工件外圆找正带与内孔同心。

　　图 4-8l 所示为移动式夹具，适用于大齿轮，适用范围大。

　　图 4-8m 所示为加工直径大于 5m 的齿轮所用的伞形支架。为加强滚齿时的刚性，在装夹上采取了一定的措施：一是在工作台上安装了一个固定胎具，目的是增大工作台直径；二是根据齿轮直径大小在其上放置长条形等高垫铁。伞形支架可使工作台负荷比较均匀，有利于加工时运转平稳。

4.4.2　齿坯的安装要求

　　为了保证齿轮的加工精度，必须正确安装齿坯和心轴。齿坯的安装要求见表 4-20，心轴的安装要求见表 4-21。齿坯和夹具安装时须注意以下几点：①齿坯安装前必须先检查夹具及齿坯定位面，若发现毛刺应用油石将突起磨平，然后将夹具及齿坯定位面仔细擦拭干净。②安装齿坯时，必须将工件的基准面贴于夹具的定位端面，其间不得垫纸或铜皮。③夹具支撑面应尽量靠近切削力作用处，最好支撑在轮缘靠近齿根圆处。④敲打齿坯找正时，必须采用铜棒或镶铜头的锤棒，不得在压紧螺栓紧固的状态下硬性敲打。⑤齿坯的夹紧必须牢固、可靠，但夹紧力不应过大，以防造成齿坯变形。⑥齿轮轴的夹紧，当 $m_n < 14mm$ 时，夹爪与轴径间须垫铜皮，以防精加工成的轴径被夹伤。当 $14 \leq m_n \leq 20mm$ 时，夹紧部位轴径必须留余量，表面粗糙，夹爪与轴径间不得垫铜皮，以利夹紧。当 $m_n > 20mm$ 时，夹紧部位轴径必须留余量并铣扁，夹爪直接夹紧扁部，防止因切削力过大致使齿坯相对夹爪转动。滚切轴齿轮采用夹罐时，必须采用镶铜头的紧固螺钉，以防精加工成的轴径被顶伤。

表 4-20　齿坯的安装要求

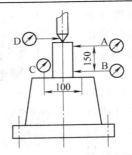

径向跳动	$\leq (0.4 \sim 0.5) F_r$
端面跳动	$\leq 0.5 \dfrac{d_r}{b} F_\beta$

　　注：F_r 为齿圈径向跳动公差；F_β 为齿向公差；d_r 为端面测量点的直径；b 为齿宽。

表 4-21　心轴的安装要求

齿轮精度等级	允许偏差/mm			
	A	B	C	D
6 级及以上	0.005 ~ 0.010	0.003 ~ 0.005	0.003 ~ 0.005	≤ 0.010
7 级及以下	0.015 ~ 0.025	0.010 ~ 0.015	0.005 ~ 0.010	≤ 0.015

　　轴齿轮需在互成 90°的两个方向检查齿部外圆与滚刀刀架垂
直移动的平行度，其允许偏差为 100：0.01，如图 4-9 所示。

4.4.3　滚齿机夹具设计时的注意事项

　　滚齿夹具一般都采用组合形式，其主要的关键在于定位的
心轴和端面。在设计滚齿夹具时，应考虑以下原则：

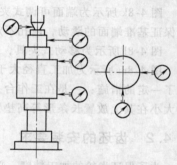

图 4-9　轴齿轮齿坯的校正

　　1）设计夹具时应尽可能以齿轮的使用基准面作为加工基准
面，定位基准面要求精确可靠，夹具、齿坯及机床工作台的旋转
轴线应重合，心轴与工件孔的配合间隙要适宜，过大的几何偏心
会增加被加工齿轮的周节累积偏差和齿形误差。心轴的径向跳动
一般不大于 0.005mm，定位端面和心轴的垂直度不大于 0.005mm。

　　2）若心轴以夹具体锥孔为安装基准，心轴定心轴径有较高的同轴度要求，心轴定位轴径与锥
孔的同轴度要求一般不大于 0.005mm，且锥度必须与夹具体锥孔配磨。

　　3）夹具的各工作平面、夹紧用的垫圈及压板的两端面应平行，一般平行度为 0.005mm，且直
径应小于工件齿根圆。

　　4）夹紧用螺纹以细牙螺纹为佳，心轴螺纹应磨削，螺母的螺纹必须与端面保持垂直，否则齿
坯夹紧后将产生心轴的歪斜，从而引起被加工齿轮的齿向误差。

　　5）夹具不宜过高，略高于机床刀架的最低行程即可。夹具要有足够的刚性和夹紧力，以保证
装夹时不致变形和加工过程中不产生振动、错位，这就要求支撑面应尽量靠近工作台和工件齿根
圆。若刚性不足，在加工过程中产生振动，影响齿面粗糙度。

　　6）定位基准面要耐磨，以免过早丧失精度，一般淬硬 60HRC，保证使用寿命。

　　7）超重夹具要有起吊装置（一般用吊环），以免磕、碰、撞、击。

　　8）夹具结构要简单，便于制造，并能保证安装时易于校正和更换。

4.5　滚刀的选择及使用

4.5.1　齿轮滚刀的种类和精度

　　齿轮滚刀是按螺旋齿轮啮合原理加工齿轮
的。在理论上，滚刀的形状应是开出容屑槽、
具有一定前角（或等于 0°）和后角的渐开线斜
齿圆柱齿轮。但由于一般齿轮滚刀的齿数（头
数）较少（1~4 齿），螺旋角较大，其外形像
是开了槽的渐开线蜗杆（蜗杆头数即是该渐开
线斜齿圆柱齿轮的齿数）。

　　渐开线基本蜗杆的端截面齿形是渐开线，
轴向截面齿形是凸起的曲线。所以，渐开线齿
轮滚刀没有齿形设计偏差，加工精度较高，但
制造比较困难，目前应用较少。大多采用近似
的蜗杆，轴向截面为直线形的阿基米德蜗杆
（图 4-10a）或法向截面为直线形的法向直廓蜗
杆（图 4-10b、c）。这两种近似蜗杆与理论渐

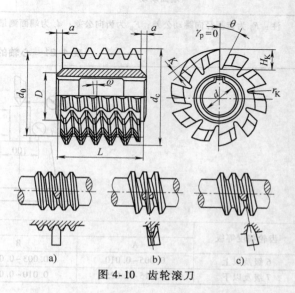

图 4-10　齿轮滚刀

开线蜗杆比较，在轮齿的形状上有误差，但随着刀具螺旋角的增大（刀具的螺旋升角减小），其误差亦减小。

阿基米德基本蜗杆的轴向截面齿形是直线，端截面齿形是阿基米德螺旋线，设计阿基米德齿轮滚刀时，若对阿基米德基本蜗杆的齿形角进行修正，可以得到很近似于渐开线基本蜗杆的齿轮滚刀。由于阿基米德齿轮滚刀的制造和测量容易，刃磨时齿形精度比较容易控制。所以，目前我国凡模数在 10mm 以下的精加工齿轮滚刀均规定为阿基米德齿轮滚刀。

法向直廓基本蜗杆的法向截面齿形是直线，端截面齿形是延长渐开线，法向直廓齿轮滚刀设计时，若对基本蜗杆齿形角进行修正，也可以得到近似于渐开线基本蜗杆的齿轮滚刀。但由于加工精度低，一般用于粗加工和大模数的齿轮滚刀。

齿轮滚刀通常制成单头、右旋、零度前角、容屑槽为轴向直槽。

同一模数的齿轮滚刀可制成不同直径。滚刀直径越大，滚刀分度圆直径越大，分度圆柱的螺旋升角越小，可使滚刀因近似造型而产生的理论造型误差减小，所以滚刀的外径可按加工齿轮的精度有所不同，加工高精度齿轮时滚刀外径应大些，同时还可增加滚刀的容屑槽数目，使刀齿数目增多，改善被加工齿轮的齿面粗糙度，延长滚刀的使用寿命。采用大直径的齿轮滚刀，可使用更粗的滚刀心轴，使刚度增加，采用较大的切削速度。但滚刀直径加大后将增大滚刀材料的消耗，在采用同样的切削速度和进给量时，滚刀外径越大，生产率越低。

齿轮滚刀的容屑槽大都采用直槽，能显著地提高制造精度，同时使制造大为简化。由于容屑槽与滚刀轴线平行，加工和刃磨时均不会产生干涉现象，只要铣刀或砂轮的工作面通过滚刀轴心线，滚刀前面的径向性偏差就容易保证。滚刀前面对轴心线的平行性主要由机床导轨平直度保证，只要机床两顶针调整正确就可以保证精度。容屑槽的等分性误差完全由分度盘精度和滚刀的安装保证，没有其他的附加误差。在铣槽和刃磨时，机床调整方便，铲磨时不必搭配差动交换齿轮，不需专用的滚刀刃磨机床，齿形设计和滚刀的检查也较方便，切削过程较平稳。但直槽滚刀左右两侧刃的工作前角不相等，一般用于螺旋升角不超过 5° 的滚刀。

采用合理的前角，能改善切削条件，提高切削速度，增加刀具的耐用度。但增加前角又受到齿形畸变的限制。一般滚刀的前角大都采用 0°，但是如果正确地计算以修正齿形，采用正前角也是可以的。粗滚齿滚刀、剃前滚刀采用正前角。

齿轮滚刀按结构不同，可分为整体滚刀和镶片滚刀两种；按滚刀所采用的材料，可分为高速钢滚刀和硬质合金滚刀；按滚刀螺纹头数多少，可分为单头滚刀和多头滚刀；按使用的目的不同，滚刀有粗滚刀、精滚刀、磨前滚刀、剃前滚刀、高精度齿轮滚刀几种。此外，根据被加工工件的特点，还可对齿轮滚刀的结构和滚刀齿形几何形状做出各种各样的改进，典型的有小压力角滚刀、波形刃滚刀、不等齿高滚刀、全切式滚刀等。

常用齿轮滚刀的种类见表 4-22。

表 4-22　常用齿轮滚刀的种类

齿轮滚刀种类	说　明
整体高速钢齿轮滚刀 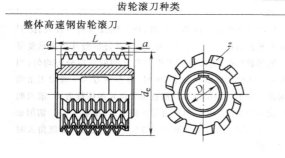	中、小模数滚刀都做成整体结构。整体高速钢齿轮滚刀基本形式分为两种：I 型适用于 JB/T 3227—2013《高精度齿轮滚刀　通用技术条件》所规定的 AAA 级滚刀及 GB/T 6084—2016《齿轮滚刀　通用技术条件》所规定的 2A 级滚刀；II 型适用于 GB/T 6084 所规定的 2A、A、B、C 四种精度的滚刀。整体高速钢齿轮滚刀通常做成单头、右旋、零度前角、直槽

(续)

齿轮滚刀种类	说　明
镶片齿轮滚刀（零度前角） 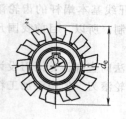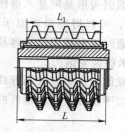 a) 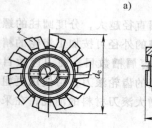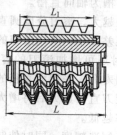 b)	大、中模数滚刀可做成镶片结构，一方面节省高速钢，同时还可保证刀片的热处理性能，使滚刀耐用度提高。由于锻造和热处理工艺的不断改进，模数 20mm 以下的镶片齿轮滚刀逐步被整体高速钢齿轮滚刀替代 　　左图是模为 9~40mm 的镶片齿轮滚刀，通常做成单头、右旋、零度前角、直槽，精度等级为 2A、A、B，其齿形检验应采用渐开线基本蜗杆 　　图 a 所示为带轴向键槽型，图 b 所示为带端面键槽型
镶片齿轮滚刀（正前角） 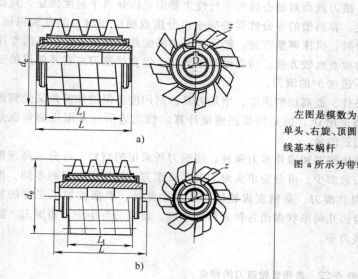 a) b)	左图是模数为 9~40mm 的正前角镶片齿轮滚刀，通常做成单头、右旋、顶圆处前角为 +7°、直槽，其齿形检验应采用渐开线基本蜗杆 　　图 a 所示为带轴向键槽型，图 b 所示为带端面键槽型
带切削锥滚刀	切削螺旋角较大的斜齿轮时，滚刀轴线倾斜角较大，滚刀在水平面的投影长度缩短，滚刀切入齿坯的前几个齿承受很大的过载负荷，为使滚刀工作刀齿之间的负荷分配均匀，当被加工齿轮的螺旋角大于 20° 时，应在滚刀的一端加工出切削锥。切削锥的部位应根据被加工齿轮的螺旋方向、滚刀的螺旋方向及滚切齿轮时的进给方向而定，见表 4-33。切削锥长 4~6 模数，切削锥斜角 8°~12°，齿轮直径大、螺旋角大时取大值

（续）

齿轮滚刀种类	说　明
波形刃高效率粗切齿轮滚刀 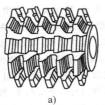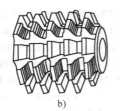 a)　　　　　b)  c)	粗滚齿时切屑形状变化大,切削力变化大造成机床振动,限制了生产效率。滚刀齿形铲磨成波形刃后可把切屑分段切下,切削形状变化小,切削力变化小,机床振动小,可提高切削用量,尤其在切削硬齿面齿轮时效果更加显著。通常波深0.8~1.2mm,波距7~12mm,波纹和直面圆滑连接,避免尖角 　　图a所示为全波纹型,波纹前后交错 　　图b所示为隔排有波纹型,波纹不交错 　　图c所示为带修光齿型,波纹前后不交错
机夹、黏结大模数齿轮滚刀 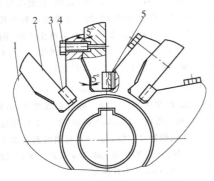 1—刀体　2—刀片　3—夹紧块 4—螺钉　5—合缝销	大模数镶片齿轮滚刀刀片质量大,需用大截面的高速工具钢锻造,而高速工具钢原材料的碳化物偏析随着截面的增加而增高,碳化物偏析高时,不但用它制造的刀片寿命低,而且在锻造、热处理、磨削加工,以及在使用过程中很容易出现裂纹,故使大模数镶片齿轮滚刀价格昂贵,质量不高。机夹、黏结大模数齿轮滚刀克服了上述缺点,把一排一条刀片改变成一齿一个刀片,可用小截面高速工具钢制造大模数齿轮滚刀
多头齿轮滚刀	使用多头齿轮滚刀可明显地提高滚齿生产率,特别在滚切齿数多的斜齿轮时效果更加明显。使用与齿轮螺旋方向一致的多头滚刀时,刀架的转角比用相近直径的单头滚刀要小,所以滚刀边齿的负荷也会减轻,因此中、小模数的多头滚刀在粗滚齿中广泛应用。在加工模数较大、齿数较少的齿轮时使用多头滚刀,由于机床工作不平稳,会使刀齿的切削厚度急剧变化,是不恰当的。滚刀头数通常采用2~4头。滚切时齿轮齿数与滚刀头数互为质数时,滚刀圆周的容屑槽数与头数也应互为质数;滚刀的制造误差不会全部反映到齿轮上,对提高齿轮精度有利。当齿轮齿数与滚刀头数有公因数时,滚刀圆周的容屑槽数与头数也应除尽或有公因数,否则一个头的某个齿对准中心,其余头的任何齿都不能对中,滚切时产生的不对称性误差往往甚为可观,这个问题要引起使用者的重视

（续）

齿轮滚刀种类	说　明
剃前齿轮滚刀 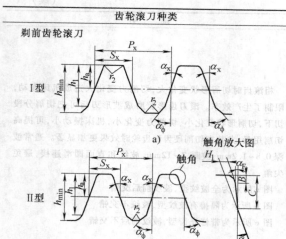 a) 触角放大图 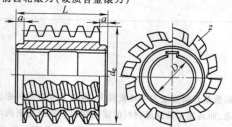　触角 b)	剃前齿轮滚刀通常做成单头、右旋、零度前角、直槽，精度等级分为A、B两级。剃前齿轮滚刀的轴向齿形分为两种形式：Ⅰ型（图a）为修缘形，该形滚刀滚切工件，当工件齿数小于（等于）20时工件齿顶有修缘，齿根有沉割；当工件齿数大于20时仅齿顶有修缘而齿根无沉割。推荐优先选用Ⅰ型。Ⅱ型（图b）为凸角修缘形，该形滚刀齿形做成凸角、修缘形式，不管轮齿齿数多少，切出的工件齿顶都有修缘，齿根都有沉割，适用于模数大于（等于）2mm且齿数大于20的齿轮。该形滚刀加工的齿轮对剃齿加工有利，但滚刀易磨损，制造困难
磨前齿轮滚刀（硬质合金滚刀） 	磨前齿轮滚刀用于磨齿前的粗加工，加工质量对齿轮的最终精度影响不大。磨前滚刀的齿顶在加工过程中不宜参加切削，通常做成单头、右旋、零度前角、直槽，精度等级B级。大批量生产时，同一模数相同齿数的齿轮使用一种专用的磨前滚刀能达到最理想的加工效果；单件小批生产时，同一模数设计制造两种磨前滚刀，一种用于加工齿数小于24的齿轮，一种用于加工齿数大于（等于）24的齿轮
高速滚齿用硬质合金滚刀 	焊接式高速滚齿用硬质合金滚刀通常做成单头、右旋、零度前角、直槽，精度等级分为2A、A两级，加工工件硬度一般为170～210HBW，模数2～10mm。刀片材料根据被加工工件材料而定，加工钢件时，推荐用758、726等刀片牌号；加工铸铁时，推荐用YG6、YG8等刀片牌号
硬齿面刮削硬质合金滚刀 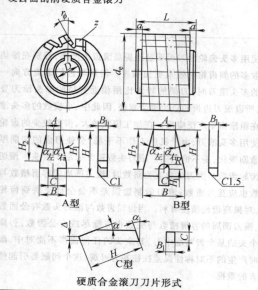 硬质合金滚刀刀片形式	硬齿面刮削硬质合金滚刀用来对硬齿面齿轮进行精加工和齿轮磨前的半精加工，齿面硬度为45～64HRC，加工精度可达7级，轮齿表面粗糙度Ra为0.63～1.25μm。硬质合金刀片硬度高，抗压强度高，但抗拉强度和抗冲击强度低。根据刀片的性能，滚刀的刀齿前面设计为大负前角，使滚刀的刀齿能够由齿根部逐渐向齿顶进行切削。由于硬质合金刀片性脆，不抗振等因素，要求在加工硬齿面齿轮时使用有较好刚性的滚齿机，滚刀设计时尽量使孔径大，以便选择粗大的滚刀刀杆，增加滚刀的安装刚性。在加工时，尽可能采用顺铣，以减轻刀齿切入时的挤压现象。硬齿面刮削一般为干切，不采用切削液，也可采用专门配制的低黏度、大流量的切削液。由于硬质合金滚刀齿顶不宜参加切削，故其齿顶高系数一般取为1.15。中、大模数的硬质合金刮削齿轮滚刀均为非整体结构，其形式主要有焊接式、机夹式等

（续）

齿轮滚刀种类	说　明
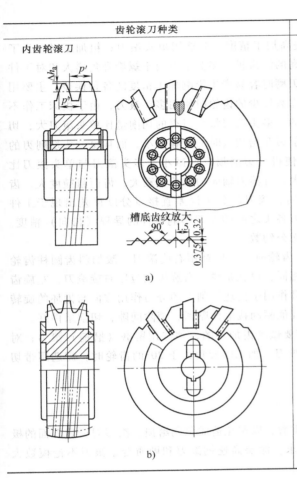	直径大、齿幅长、模数大、精度要求高的内齿轮很难用插齿方法加工。用内齿轮滚刀滚削内齿轮，基节、周节偏差小，容易实现内斜齿的加工，切削余量分配合适时，刀具寿命也较高 图 a 所示为按成形滚切法工作的成形内齿轮滚刀，一般做成单头，而且只有一圈，只有一个精切齿，其余为粗切齿，使用时，精切齿对中心。精切齿的法向齿形和被加工齿轮端截面槽形完全相同。加工斜齿轮时，精切齿的齿形应按无瞬心包络法原理求出。在切削过程中没有齿形的啮合作用，只是由粗切齿逐渐切去槽中的金属，精切齿最后成形。粗切齿的齿形曲线可和精切齿的齿形曲线相近似，但齿高必须逐渐降低，齿厚必须逐渐减薄 图 b 所示为按展成法工作的球形内齿轮滚刀，按假想小齿轮设计。加工内齿轮可以看成是小齿轮和大内齿轮的啮合过程，同一把刀可加工相同模数齿数在一定范围的内齿轮，有一定的通用性。但制造困难，需要改装现有的铲齿车床

　　滚刀的精度等级分为 3A、2A、A、B、C 五个等级。滚切齿形的精度很大程度上取决于滚刀的精度，要滚切高精度齿轮，必须选用高精度滚刀。加工不同精度齿轮时，滚刀精度等级的选择见表 4-23。

表 4-23　加工不同精度齿轮时，滚刀精度等级的选择

齿轮精度等级	6 及更高	7	8	9	10 及更低
滚刀精度等级	3A	2A	A	B	C

注：此处齿轮精度等级主要指影响工作平稳性的偏差项目（旧标准称第 II 公差组）如 f_i'、f_i''、F_α、$\pm f_{pt}$ 等。

　　使用硬质合金滚刀刮削滚齿时，刮削滚刀的精度等级见表 4-24。

表 4-24　刮削滚刀精度等级

刮削滚刀精度等级	被加工齿轮精度（45~62HRC 各种淬硬齿轮）
A	一般精度齿轮的精加工或高精度齿轮的半精加工
2A	7、8 级的淬硬齿轮，齿面表面粗糙度 $Ra0.63~1.25\mu m$，每次刃磨后的刀具寿命为 50~80min

　　加工不同硬度的齿轮时，滚刀的选取见表 4-25。

表 4-25　加工不同硬度的齿轮时，滚刀的选取

齿轮材料	碳素钢、合金钢	合金钢	低碳合金钢
齿轮热处理硬度	调质 280HBW 以下	调质 280~400HBW	渗碳淬火 52HRC 以上
滚刀材料	普通高速钢滚刀	钴、铝高速钢滚刀	硬质合金滚刀

4.5.2　齿轮滚刀的选用

1）齿轮滚刀头数的选用。精加工时，为了提高加工精度，应选用单头滚刀；粗加工时，为了提高加工效率，宜选用多头滚刀，但需采用刚度高的滚齿机。多头滚刀由于螺旋升角增大和对工件每个齿面切削的刀齿数目减少的缘故，在制造和刃磨时容易产生影响加工精度的各种误差，主要用于中、小模数齿轮的粗加工。在加工模数较大、齿数较少的齿轮时使用多头滚刀，由于机床工作不平稳，会使刀齿的切削厚度急剧变化，是不恰当的。多头滚刀每个刀刃的切削量比单头滚刀大，切削载荷增加，应适当减小进给量，但由于各个切削刃开始切入时的滑移减小，而且每一头切削刃的切削次数只是单头滚刀切削次数的头数分之一，使得刀刃磨损反而减小。多头滚刀与单头滚刀比较，参与展成齿形的切削次数很少，齿形误差增大，且滚刀轴向的载荷变动大，齿面粗糙度大，齿形齿向精度低。当工件齿数与滚刀头数成整数倍时，滚刀的分头误差直接以分度误差出现于工件上；当工件齿数与滚刀头数为质数齿数比时，滚刀各头之间的偏差影响工件的导程（齿向）精度。用多头滚刀精滚齿时，希望滚刀头数和工件齿数无公约数。

2）齿轮滚刀螺旋方向的选用。滚切直齿圆柱齿轮时，一般都用右旋滚刀。滚切斜齿圆柱齿轮时，滚刀的螺旋方向宜与被加工齿轮的螺旋方向相同，也就是说，右旋齿轮应用右旋滚刀，左旋齿轮应用左旋滚刀。这样的好处是滚刀的安装角小且作用于齿坯切削力的分力作用方向与齿坯的旋转方向相反，使驱动工作台的蜗杆副的齿面，以及其他驱动接触面贴紧，消除间隙，切削条件好。

3）根据工艺要求选用。例如，对于滚齿后需要做磨齿加工的，须选用留磨（磨前）滚刀；对于滚齿后需要剃齿加工的，须选用留剃（剃前）滚刀；加工螺旋角大于 20°的齿轮时，需选用带切削锥滚刀。

4.5.3　齿轮滚刀的刃磨

滚刀刀齿后刀面达到极限磨损量后必须换刀重磨，以避免造成急剧磨损。滚刀刀齿后刀面的极限磨损量见表 4-26。粗加工滚刀按 C 级磨损量要求，涂层高速钢滚刀和硬质合金滚刀不论模数大小，其刀齿后刀面的最大磨损量不得超过 0.25mm。

表 4-26　滚刀刀齿后刀面的极限磨损量　　　　　　　　　　（单位：mm）

滚刀精度 等级	滚刀模数						
	1~2	>2~3.5	>3.5~6	>6~10	>10~16	>16~25	>25~40
2A	0.1	0.15	0.2	0.3	0.4	0.5	0.6
A	0.2	0.25	0.3	0.4	0.5	0.6	0.8
B、C	0.3	0.35	0.4	0.5	0.6	0.7	1.0

滚刀的刃磨质量将会直接影响被加工齿轮的精度。刃磨质量差的滚刀，其刀齿部分的精度已大部丧失。滚刀刃磨后刃磨表面及其周围不得出现黄斑或烧伤现象，否则，将会大大降低滚刀的使用寿命和加工精度。为了保证刃磨精度，滚刀安装在刃磨机床上滚刀凸台的径向跳动量必须达到表 4-27 的要求。

表 4-27　滚刀凸台重磨时允许的径向跳动量　　　　　　　　（单位：mm）

滚刀性质	滚刀模数						
	1~2	>2~3.5	>3.5~6	>6~10	>10~16	>16~25	>25~40
粗加工	0.040	0.045	0.050	0.070	0.090	0.100	0.120
精加工	0.022	0.025	0.030	0.040	0.045	0.050	0.055

滚刀刃磨时建议选用的砂轮见表 4-28。

表 4-28　滚刀刃磨时建议选用的砂轮

滚刀种类	砂 轮 特 性			
	磨料	粒度	硬度	结合剂
普通高速钢滚刀	WA	60~70	H~J	V
铝、钴高速钢滚刀	SA	60~70	H~J	V

　　滚刀经刃磨后，渐开线齿轮滚刀按 GB/T 6084 检查，双圆弧齿轮滚刀按 GB/T 14348 检查，其他类型滚刀可参考上述标准，也可按有关的企业标准和工厂标准检查。需检查的精度项目有：①滚刀容屑槽的相邻齿距差和累积误差—用来评定滚刀刀齿的等分性精度。②刀齿前面的非径向性—用来评定刀齿前面的径向性精度。③对于直槽滚刀，应检查刀齿前面与内孔轴线的平行度误差；对于螺旋槽滚刀，应检查刀齿前面的螺旋槽导程误差。

　　上述各检查项目见表 4-29。

表 4-29　齿轮滚刀刃磨质量的检查项目　　　　　　　　（单位：μm）

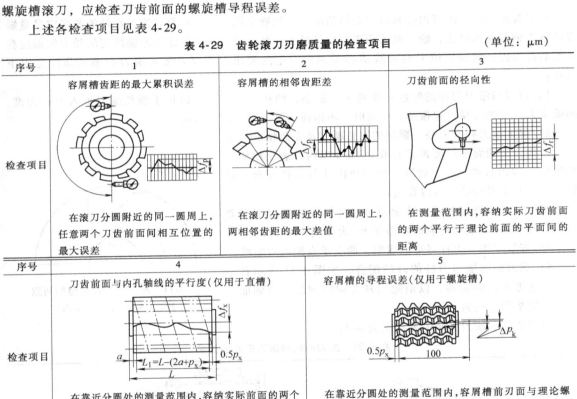

序号	1	2	3
检查项目	容屑槽齿距的最大累积误差 在滚刀分圆附近的同一圆周上，任意两个刀齿前面间相互位置的最大误差	容屑槽的相邻齿距差 在滚刀分圆附近的同一圆周上，两相邻齿距的最大差值	刀齿前面的径向性 在测量范围内，容纳实际刀齿前面的两个平行于理论前面的平面间的距离

序号	4	5
检查项目	刀齿前面与内孔轴线的平行度（仅用于直槽） 在靠近分圆处的测量范围内，容纳实际前面的两个平行于理论前面的平面间的距离	容屑槽的导程误差（仅用于螺旋槽） 在靠近分圆处的测量范围内，容屑槽前刃面与理论螺旋面的偏差

4.5.4　齿轮滚刀的刃磨方法

　　齿轮滚刀一般在滚刀刃磨机上进行刃磨。刃磨时，应注意如下事项：

　　1）安装砂轮时，须认真做好静平衡。

　　2）滚刀在刃磨时需仔细地进行调整，其径向跳动应达到表 4-27 的要求，垫圈应研磨平整，平行度总和不大于 0.010mm，紧固端需采用球面垫圈，心轴外径与滚刀内孔的配合间隙不大于 0.005mm。

　　3）滚刀刃磨机上的分度板须事先清洗，分度板装上后，分度时应保持分度灵活、自然。

　　4）开始磨削时，机床调整以火花作为鉴别依据，待滚刀试磨火花均匀后，才能进行正常磨削。

5）磨削结束前，需空行几圈，以降低刃磨表面的粗糙度值，并可消除磨削过程中的让刀所引起的误差。刀齿前刀面的表面粗糙度值，应达到表 4-30 的要求。

表 4-30　齿轮滚刀刀齿前刀面的表面粗糙度

齿轮滚刀精度等级	3A	2A	A	B	C
刀齿前刀面的表面粗糙度 $Ra/\mu m$	0.2		0.4		0.8

4.6　滚刀心轴和滚刀安装的要求

4.6.1　滚刀心轴和滚刀安装的要求

在安装滚刀时，滚刀内孔和滚刀心轴的配合应精确牢固、安装可靠。滚刀心轴的长度应尽量短以增强心轴的支承刚度，轴承间的距离也应尽量小一些。滚刀键槽与滚刀心轴的键的受力侧面应在接触后再紧固，紧固后滚刀的圆跳动必须达到一定的要求。将滚刀装入滚刀心轴时须注意以下几点：

1）滚刀与滚刀刀杆的配合间隙要尽可能小，约在几个微米，以用手能把滚刀推入刀杆为准。间隙太大，切削时易引起振动。安装时，不得锤击滚刀以免刀杆弯曲。

2）保证滚刀杆、刀垫、螺母的制造精度及安装精度要求。

刀垫：两端面平行度误差在 0.003mm 以内，表面粗糙度 $Ra0.8\mu m$ 以内且须经淬火处理。当刀垫内孔与刀杆配合间隙较小时，要求刀垫端面与内孔垂直。

螺母：拧在刀杆上后，其端面对刀杆轴线的垂直度误差不大于 0.01mm，端面的表面粗糙度 Ra 为 $1.6\mu m$ 以内。

3）安装坚固，刀杆尽可能短粗，两支承点距离应短些。

4）滚刀的键槽与刀杆的键的配合，如图 4-11 所示将滚刀沿回转方向反向旋转，以消除回转方向的间隙。两侧面贴紧后，边按紧边夹紧。

滚刀心轴和滚刀安装的要求见表 4-31。

图 4-11　滚刀与刀杆的键的间隙
注：n 为滚刀的回转方向。

表 4-31　滚刀心轴和滚刀安装的要求

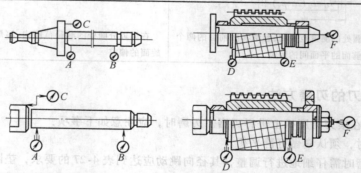

齿轮精度等级	模数 /mm	径向和轴向圆跳动允许误差/mm					装配后的轴向圆跳动 F
		滚刀心轴			滚刀台肩		
		A	B	C	D	E	
5~6	≤2.5	0.003	0.006	0.003	0.005	0.007	0.005
	>2.5~10	0.005	0.008	0.005	0.010	0.012	

（续）

齿轮精度等级	模数/mm	径向和轴向圆跳动允许误差/mm					装配后的轴向圆跳动 F
		滚刀心轴			滚刀台肩		
		A	B	C	D	E	
7	≤1	0.005	0.008	0.005	0.010	0.012	0.010
	>1~6	0.010	0.015	0.010	0.015	0.018	
	>6	0.020	0.025	0.020	0.020	0.025	
8	≤1	0.010	0.015	0.010	0.015	0.020	0.015
	>1~6	0.020	0.025	0.020	0.025	0.040	
	>6	0.030	0.035	0.025	0.030	0.040	
9	≤1	0.015	0.020	0.015	0.025	0.030	0.020
	>1~6	0.035	0.040	0.030	0.040	0.050	
	>6	0.045	0.050	0.040	0.050	0.060	

4.6.2　滚刀安装角的调整

滚齿时为了使滚刀的螺旋方向和被切齿轮切于一假想齿条，必须使滚刀轴线与齿轮端面倾斜一 $\gamma_{安}$（安装角）的角度，这个角度的大小根据滚刀和工件的螺旋角的大小和方向来确定。

在滚切直齿圆柱齿轮时

$$\gamma_{安} = \gamma_0 \qquad (4\text{-}11)$$

在滚切斜齿轮时

$$\gamma_{安} = \beta \pm \gamma_0 \qquad (4\text{-}12)$$

式中　γ_0——滚刀的名义导程角（°）；

　　　β——齿轮的分度圆螺旋角（°）。

加工变位齿轮时，当滚刀的导程角大于 4°且工件的变位系数超过 ±0.4 时，应对滚刀导程角进行修正，并按修正后的导程角调整滚刀架安装角。修正后的滚刀导程角按式（4-13）计算：

$$\tan\gamma_0' = \cfrac{1}{\cot\gamma_0 + 2x_n\cos\gamma_0} \qquad (4\text{-}13)$$

式中　γ_0——滚刀的名义导程角（°）；

　　　x_n——齿轮的法向变位系数。

γ_0' 的数值也可查图 4-12。

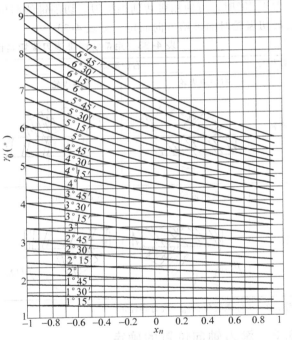

图 4-12　修正后的滚刀导程角 γ_0'

表 4-32　滚刀安装角的调整

滚刀旋向	直齿轮	与滚刀异旋向斜齿轮	与滚刀同旋向斜齿轮	
			$\beta > \gamma_0$	$\beta < \gamma_0$
	直齿轮	左旋斜齿轮	右旋斜齿轮	右旋斜齿轮
右旋滚刀	γ_0	$\gamma_0 + \beta$	$\beta - \gamma_0$	$\gamma_0 - \beta$

（续）

滚刀旋向	直齿轮	与滚刀异旋向斜齿轮	与滚刀同旋向斜齿轮	
			β>γ₀	β<γ₀
	直齿轮	右旋斜齿轮	左旋斜齿轮	左旋斜齿轮
左旋滚刀	γ_0	$\gamma_0+\beta$	$\beta-\gamma_0$	$\gamma_0-\beta$

注：β 为工件螺旋角，γ_0 为滚刀导程角。

滚切斜齿轮时，滚刀与工件的螺旋方向相同时取 "－" 号，相反时取 "＋" 号。滚刀的安装角应与滚刀的导程角、工件的分度圆螺旋角的大小及方向相适应，见表 4-32，其角度应精确到 6′～10′。

切削螺旋角较大的斜齿轮时，滚刀轴线倾斜角较大，滚刀在水平面的投影长度缩短，滚刀切入齿坯的前几个齿承受很大的过载负荷，为使滚刀工作刀齿之间的负荷分配均匀，当被加工齿轮的螺旋角大于 20°时，可使用带切削锥滚刀。切削锥的部位根据被加工齿轮的螺旋方向、滚刀的螺旋方向及滚切齿轮时的进给方向而定，见表 4-33。

表 4-33　用带切削锥滚刀滚切斜齿轮时滚刀切削锥的部位

滚切方式	右旋滚刀		左旋滚刀	
	右旋斜齿轮	左旋斜齿轮	右旋斜齿轮	左旋斜齿轮
逆滚	$\beta-\gamma_0$	$\beta+\gamma_0$	$\beta+\gamma_0$	$\beta-\gamma_0$
	右旋斜齿轮	左旋斜齿轮	右旋斜齿轮	左旋斜齿轮
顺滚	$\beta-\gamma_0$	$\beta+\gamma_0$	$\beta+\gamma_0$	$\beta-\gamma_0$

注：β—工件螺旋角，γ_0—滚刀导程角。

4.6.3　滚刀轴向位置的确定

滚刀的每一齿或齿槽和工件对中与否，对工件齿形误差的大小无影响，但对齿形误差的形状有影响（特别是滚切少齿数工件时），由于滚齿展成的齿形不是连续的曲线，而是切削刃形成的包络面，因此，在滚刀不对中心时，展成齿形的切削刃的左右位置不对称，多角形误差、齿根圆角形状及根切都左右不对称。在通常情况滚刀没有必要对刀。

滚刀安装位置如图 4-13 所示，为了保证滚刀完整地展成齿形及合理利用端部的粗切削部分，

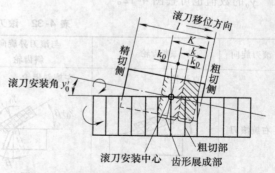

图 4-13　滚刀安装中心位置和轴向移位范围

采用滚刀轴向移位来使滚刀全长尽量有效使用。将与粗切削端部距离 K 的位置定为中心位置，滚切大直径齿轮和斜齿轮时，应保证从中心至精切削端距离大于齿形展成区域 k_0。

在滚切过程中，滚刀切削刃参与一次切削部分长度如图 4-13 所示的长度 K，$l-K$ 部分不参与切削，K 部分切削刃磨损最严重处是粗切削部分的几个切削刃，因此每滚切完几个齿轮，将滚刀适量进行轴向移位，使磨损严重的切削刃离开切削区。精滚齿时，使滚刀展成部位向粗切部位移动，见表 4-34。粗滚齿时，滚刀移位的方向与表 4-34 所示方向相反。

表 4-34　滚刀粗切部位置和移位方向

被切齿轮	滚刀种类	逆　滚	顺　滚
直齿轮	右旋	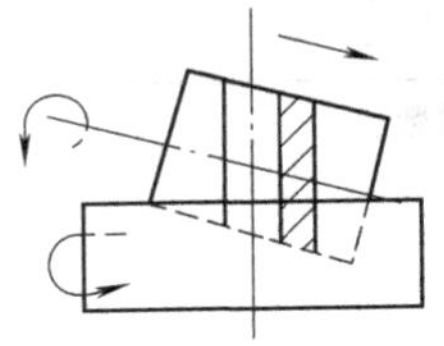	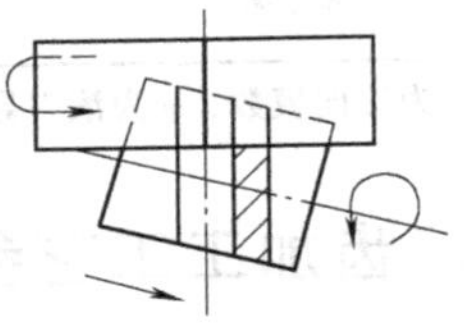
	左旋	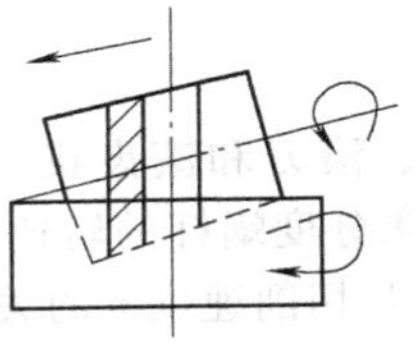	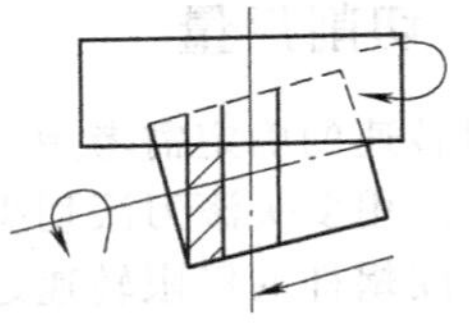
斜齿轮 右旋	右旋		
	左旋		
斜齿轮 左旋	右旋	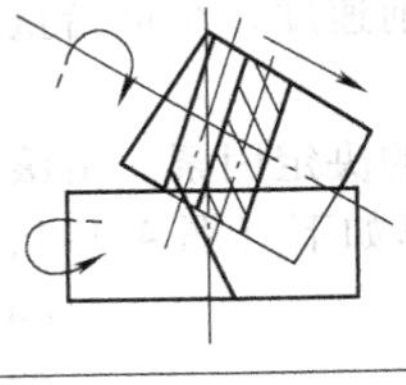	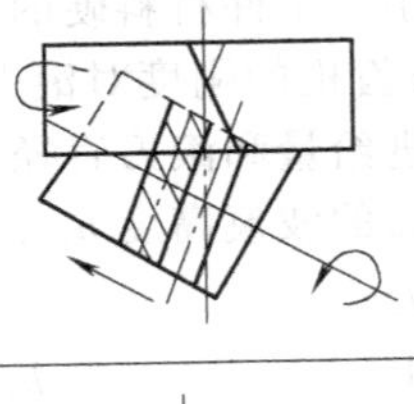
	左旋		

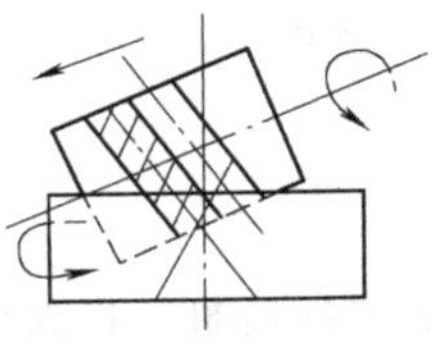

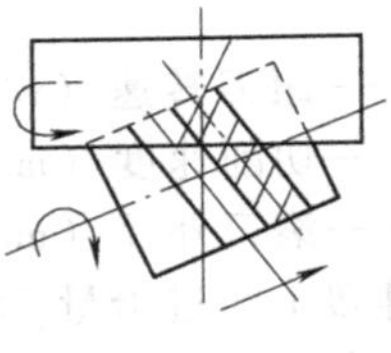

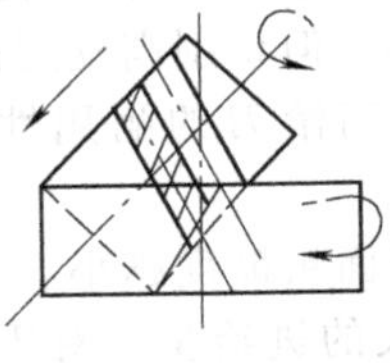

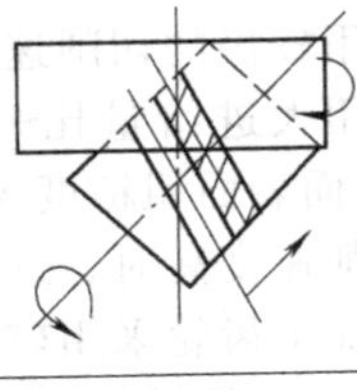

▨▨▨ 粗切部　　　▭—— 展成范围　　　◄—— 移位方向

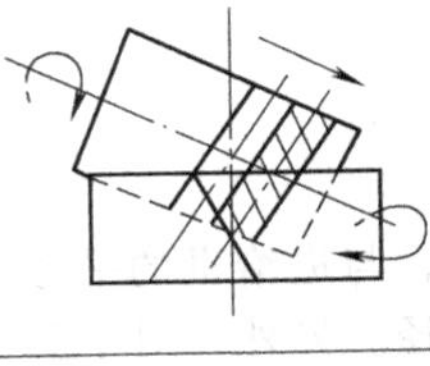

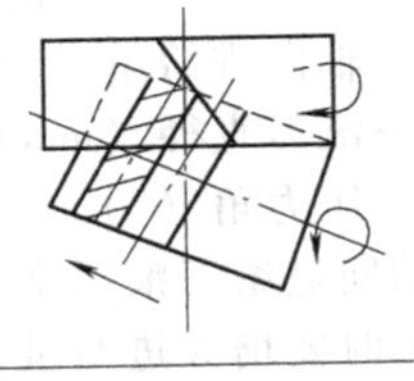

滚刀移位量要根据滚刀材质、切削用量、齿坯的切削性、切削长度（齿数、切削宽度）、模数

及螺旋角等因素，并考虑滚刀的磨损状态和磨损量凭经验或用试切法确定，通常是零点几毫米到十几毫米，大模数齿轮达几十毫米。要求切削刃对中时，移位后滚刀仍需对中，此时的最小移位量用表 4-35 的公式计算，或取其整数倍即可。

表 4-35　滚刀的最小移位量

滚刀容屑槽	滚刀容屑槽槽数	
	偶　数	奇　数
直　槽	$\dfrac{\pi m_n}{z_k \cos\gamma}$	$\dfrac{\pi m_n}{2 z_k \cos\gamma}$
螺旋槽	$\dfrac{\pi m_n \cos\gamma}{z_k}$	$\dfrac{\pi m_n \cos\gamma}{2 z_k}$

注：m_n 为法向模数，γ 为滚刀导程角，z_k 为切削刃槽数。

4.7　滚齿加工工艺参数的选择

4.7.1　切削用量

滚刀转速的确定需考虑工件的材料、大小、滚刀和滚齿机的刚度，还应注意滚切齿数少的齿轮，特别是用多头滚刀滚切少齿数齿轮时，机床分度蜗杆的转速将很高，因此滚刀的转速应限制在滚齿机分度蜗杆的极限转速之内。滚刀转速 n_0 与切削速度 v 的关系为

$$n_0 = \frac{1000v}{\pi d_{a0}} \tag{4-14}$$

式中　　n_0——滚刀转速（r/min）；

v——切削速度（m/min）；

d_{a0}——滚刀外径（mm）。

切削速度 v 与进给量 f 的选用，应当以保证工件质量、提高生产率、延长滚刀寿命为前提，根据机床、工件、刀具系统的刚度、工件的模数、齿数、材料及精度要求综合考虑。

1）选用较慢的切削速度可使滚刀磨损减小，但切削高硬度齿轮时，进给量过小反而不好。

2）采用大进给量比采用高切削速度对提高滚刀的耐用性更有利，但加工面表面粗糙度大。

3）切削速度高时，进给量越小则加工面表面粗糙度越小。

4）粗加工齿轮采用较小的切削速度，较大的进给量。对于精度高、模数小、工件材料硬的齿轮，宜采用高切削速度、小进给量。

5）滚齿机的刚度对滚刀寿命的影响很大。

轴向进给量和滚刀直径是进给刀痕深度 h 的决定因素。由滚切所产生的齿面的波痕高度 h_f（单位为 μm）的计算如下（图 4-14）：

齿根处　　　　　　　　$h \approx f^2/4d_a$　　　　　　(4-15)

齿面上　　　　　　　　$h_f \approx (f^2/4d_a)\sin\alpha$　　　(4-16)

式中　　f——轴向进给量（mm/r）；

d_a——滚刀直径（mm）；

α——压力角（°）。

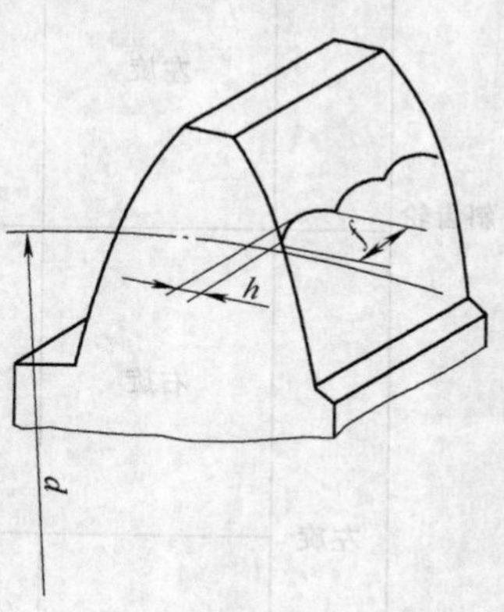

图 4-14　齿面的波痕

齿面轴向进给刀痕深度与滚刀直径成反比，与进给量的平方成正比。精滚时，进给量要受到限制。精滚齿时要增大进给量，必须加大滚刀直径。另外，对于斜齿轮，轴向进给量是 f 时，则齿向方向进给量为 $f/\cos\beta$。所以，螺旋角越大，就必须减小进给量 f。

采用高性能高速钢普通滚刀，每天工作 8h、最大磨损宽度约 0.4mm 的经济切削速度如图 4-15 所示。轮坯材料可加工性如图 4-16 所示。

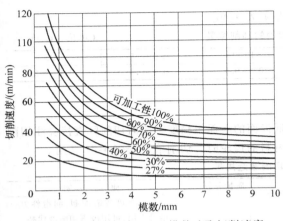

图 4-15　按齿坯可加工性和模数选取切削速度

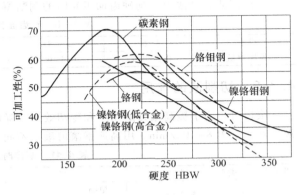

图 4-16　按材料布氏硬度确定材料可加工性

普通高速钢滚刀切削 45 钢齿轮常用切削用量见表 4-36。

表 4-36　普通高速钢滚刀切削用量

模数/mm	粗　滚		精　滚	
	v/(m/min)	f/(mm/r)	v/(m/min)	f/(mm/r)
≤10	25~30	1.5~3.0	30~40	1.0~2.0
>10	12~20	1.2~2.5	15~25	1.0~1.5

滚切不同材质的齿轮时切削速度可参考表 4-37。

表 4-37　滚切不同材质的齿轮时切削速度　　　　（单位：m/min）

工件材料	粗　滚	精　滚
钢　件	28~38	32~45
铸　铁	20~28	22~35

滚切不同材质的齿轮时的进给量可参考表 4-38。

表 4-38　滚切不同材质的齿轮时的进给量　　　　（单位：mm/r）

加工性质	钢　件			铸　铁		
	$m_n \leq 5$	$m_n > 5~8$	$m_n > 8~12$	$m_n \leq 5$	$m_n > 5~8$	$m_n > 8~12$
粗滚	1.25~2.0	1.50~2.5	2.0~3.50	1.5~2.25	1.75~2.75	2.50~4.0
精滚	0.60~0.8	0.70~0.9	0.8~1.20	0.7~1.20	1.0~1.50	1.20~2.0

大批量生产时应根据上述切削用量，通过试验获得经济的切削速度和进给量。

滚齿时的滚切余量可按表 4-39 分配。

表 4-39　滚切余量分配表

模数/mm	走 刀 次 数	余 量 分 配
≤3	1（精滚）	切至全齿深
>3~12	2（粗滚—精滚）	留精滚余量 0.5~1mm
>12~22	3（粗滚—半精滚—精滚）	第一次切去 0.7 倍全齿深 第二次留余量 0.5~1mm
>22~36	4（粗滚—粗滚—半精滚—精滚）	第一次切去 0.5 倍全齿深 第二次切去 0.7 倍全齿深 第三次留余量 0.5~1mm
>36	4（指形铣刀—指形铣刀—半精滚—精滚）	第一次切去 0.3 倍全齿深 第二次切去 0.5 倍全齿深 第三次留余量 0.8~1.6mm

使用硬质合金滚刀刮削硬齿面齿轮时的刮削留量见表4-40。

表 4-40 硬齿面齿轮的刮削留量 （单位：mm）

模数	2~6	>6~10	>10~16	>16~25	>25
齿厚留量	0.3~0.4	0.4~0.5	0.5~0.6	0.6~0.8	1.0~1.5

4.7.2 切削液的选用

滚齿时，为了提高滚刀耐用度和冷却效果、降低齿面的表面粗糙度，应向切削区直接浇注切削液，其流量为 8~10L/min。用高速钢滚刀滚切不同材料的齿轮时，切削液可按表4-41选用。

表 4-41 滚齿时切削液选用表

齿坯材料	类型	属性	成分	质量分数(%)	使用说明
碳素钢合金钢不锈钢耐热合金钢	切削液	复合油	植物油	—	百分比可按需配制,润滑性好,
			矿物油	—	尽量少用,可用极压切削液代替
		含硫、含氯的极压切削液	硫化切削液	—	百分比可按需配制
			10号或20号全损耗系统用油	—	
			硫化鲸鱼油	2	加工后需进行清洗防锈
			10号全损耗系统用油	98	
			硫化切削液	30	
			煤油	15	以上四种切削液可用于铜及铜合金,铝及铝合金
			油酸	30	
			10号或20号全损耗系统用油	25	
		含硫氯、氯磷、硫氯磷的极压切削液	氯化石蜡	20	加工后需进行清洗防锈
			二烷基二硫代磷酸锌	1	
			5号或7号高速机油	79	
			环烷酸铅	6	
			氯化石蜡	10	
			石油磺酸钡	0.5	—
			7号高速机油	10	
			20号全损耗系统用油	73.5	
碳素钢合金钢不锈钢耐热合金钢	切削液	含硫氯、氯磷、硫氯磷的极压切削液	氯化石蜡	20	
			二烷基二硫代磷酸锌	1	
			硫化棉子油	3	
			石油磺酸钠	2	—
			2,6-二叔丁基对甲酚	0.3	
			硅油	0.0005	
			煤油	4	
			7号高速机油	余量	
			氧化石油脂钡皂	4	
			二烷基二硫代磷酸锌	4	
			石油磺酸钙	4	—
			石油磺酸钡	4	
			5号高速机油	83.5	
			二硫化钼	0.5	
铜及铜合金铝及铝合金		普通切削液	10号或20号全损耗系统用油	95~98	—
			石油磺酸钡	2~5	
			煤油	98	清洗性好
			石油磺酸钡	2	
			油酸	2.5	—
			松香	7	
			煤油	90.5	

（续）

齿坯材料	类型	属 性	成 分	质量分数（%）	使 用 说 明
铸铁	乳化油	普通乳化油	油酸	10	—
			松香	10	
			氢氧化钠	15	
			乙醇	4.5	
			甘油	2.5	
			水	3	
			20 号全损耗系统用油	55	
			石油磺酸钡	11.5	可稀释成质量分数为 2%～3% 的乳化液使用
			环烷酸锌	11.5	
			磺化油 DAH	12.7	
			三乙醇胺油酸皂（10:7）	3.5	
			10 号全损耗系统用油	余量	
			石油磺酸钠	10	—
			磺化油	10	
			三乙醇胺	10	
			油酸	2.4	
			氢氧化钾	0.6	
			水	3	
			5 号高速机油	64	
			石油磺酸钠	36	—
			蓖麻油钠皂	19	
			三乙醇胺	6	
			苯骈三氮唑	0.2	
			5 号高速机油	余量	

注：滚切铸铁齿轮可不用切削液。

4.8 滚齿加工的调整

4.8.1 交换齿轮的调整

1. 交换齿轮的调整

滚切直、斜齿轮交换齿轮调整公式见表 4-42。

表 4-42 滚切直、斜齿轮交换齿轮调整公式

交换齿轮名称	速度交换齿轮 i	分度交换齿轮 i_1	轴向进给交换齿轮 i_2	差动交换齿轮 i_3
公式	$i = An_0$	$i_1 = \dfrac{A_1 z_0}{z}$	$i_2 = A_2 f$	$i_3 = \dfrac{A_3 \sin\beta}{z_0 m_n}$

注：n_0 为滚刀转速（r/min）；$n_0 = \dfrac{1000v}{\pi d_{a0}}$；$v$ 为切削速度（m/min）；d_{a0} 为滚刀外径（mm）；A 为机床速度交换齿轮定

数；A_1 为机床分度交换齿轮定数；A_2 为机床轴向进给交换齿轮定数；A_3 为机床差动交换齿轮定数；z_0 为滚刀头

数；z 为工件齿数；f 为轴向进给量（mm/r）；β 为齿轮的分度圆螺旋角（°）；m_n 为齿轮的法向模数。

2. 差动交换齿轮的允许误差

滚齿机差动交换齿轮的计算误差直接影响斜齿轮的螺旋角误差（即齿向误差），一般要求差动交换齿轮误差应精确到小数点后五位以上。差动交换齿轮的允许误差 Δi 也可按式（4-17）验算：

$$\Delta i \leqslant \frac{0.1\Delta F_\beta C\cos^2\beta}{m_n k b} \tag{4-17}$$

式中 ΔF_β——齿轮的齿向公差（mm）；

β——齿轮的分度圆螺旋角（°）；

C——滚齿机的差动定数；

m_n——齿轮的法向模数；

k——滚刀头数；

b——齿轮的齿宽（mm）。

3. 惰轮的使用

惰轮用来改变交换齿轮的转动方向，不影响交换齿轮比值。分齿交换齿轮的惰轮是用来保证滚刀与工件的转向符合一对螺旋齿轮的旋转方向。当滚刀转动方向如图 4-17 所示，采用右旋滚刀滚切齿轮时，工件必须逆时针方向（从工件上方向下看）转动；采用左旋滚刀时，工件须按顺时针方向转动。

速度交换齿轮的惰轮用来改变滚刀的旋转方向。垂直进给交换齿轮的惰轮用来改变进给运动方向，以实现"顺滚"或"逆滚"。差动交换齿轮的惰轮用来改变附加运动方向，保证用右旋滚刀滚切

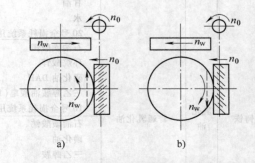

图 4-17　滚刀的旋向与工作台旋转方向的关系
a）右旋　b）左旋

右旋斜齿轮时工件的附加运动是增值，即使工件多转一点，附加运动与分齿运动同向回转；滚切左旋斜齿轮时，工件的附加运动是减值，即使工件少转一点，附加运动和分齿运动异向回转。反之，用左旋滚刀滚切右旋斜齿轮时工件的附加运动是减值；滚切左旋斜齿轮时工件的附加运动是增值。

检查分齿、进给、主轴旋转方向时，均开空车进行。

4. 交换齿轮、惰轮的安装和调整

交换齿轮和惰轮的齿面质量、啮合间隙都会影响加工齿轮的质量。如分齿交换齿轮齿面严重磕碰或啮合间隙太大都会影响公法线长度的变动量。因此在安装调整交换齿轮和惰轮之前，要检查齿面有无严重磕碰现象，交换轮轴、轴套、键、垫圈和螺母是否完好，特别是交换齿轮、惰轮的轴套要安装灵活，否则会造成脱轮现象，以致引起工件突然乱齿、打刀等情况。交换齿轮啮合间隙应保持在 0.10~0.20mm。

交换齿轮齿数关系为（图 4-18）：

$$a+b>c+交换齿轮轴直径/m+2.5 \tag{4-18}$$

$$c+d>b+交换齿轮轴直径/m+2.5 \tag{4-19}$$

装好交换齿轮以后，一般先开空车试转，检查滚刀、工件、滚刀架、差动交换齿轮的主动轮和被动轮的运动方向是否正确，否则要增加或减少一个惰轮来调整。

图 4-18　交换齿轮的配置

5. 滚切齿数大于 100 的质数直、斜齿轮的交换齿轮调整（计算方法见 4.10 节）

滚切小螺旋角斜齿轮时，由于差动交换齿轮的比值较小，选择交换齿轮困难，亦可用此原理加工。

6. 交换齿轮的计算

滚切斜齿轮、大质数齿轮（包括选不到所需要的分齿交换齿轮）和切向进给加工蜗轮时，都需要差动交换齿轮。差动交换齿轮的速比直接影响被加工齿轮的精度，必须精确地选取交换齿轮，以满足加工要求。确定交换齿轮有多种方法，查表法可参考通用交换齿轮表（或类似有关书籍）直接查出，这里介绍三种用计算法确定交换齿轮的方法。

（1）单纯加减法　当分子和分母都很大时，在分子或分母上加（或减）一个很小的数后，仍与原来的分数值相近似。应用这一原理即可将分数约简或分解。单纯加减法计算简单，但处理不好

准确度较低。

【例1】 在Y38型滚齿机上用单头右旋滚刀滚切一斜齿圆柱齿轮，齿数$z = 60$，模数$m_n = 5mm$，螺旋角$\beta = 18°14'$，试确定差动交换齿轮。

Y38型滚齿机差动交换齿轮计算式为 $\dfrac{a_3 c_3}{b_3 d_3} = \dfrac{7.95775\sin\beta}{m_n z_0}$，得

$$\frac{a_3 c_3}{b_3 d_3} = \frac{7.95775 \times \sin 18°14'}{5 \times 1} = \frac{7.95775 \times 0.312887537}{5} = 0.497976159$$

$$\approx 0.49798 \approx \frac{49798+2}{100000} = \frac{49800}{100000} = \frac{498}{1000} = \frac{249}{500} = \frac{83 \times 3}{50 \times 10} = \frac{83 \times 30}{50 \times 100}$$

$$(= 0.498000)$$

交换齿轮比误差 $0.498000 - 0.497976159 = 2.3841 \times 10^{-5}$ 在误差允许范围内。

【例2】 若在滚齿机上加工斜齿圆柱齿轮时求得差动交换齿轮速比为0.86403，试确定差动交换齿轮。

$$\frac{a_3 c_3}{b_3 d_3} = 0.86403 = \frac{86403}{100000} \approx \frac{86403-3}{100000} = \frac{86400}{100000} = \frac{864}{1000} = \frac{108}{125}$$

$$= \frac{6 \times 18}{25 \times 5} = \frac{24 \times 90}{100 \times 25}(= 0.864000)$$

交换齿轮比误差 $0.86403 - 0.86400 = 3 \times 10^{-5}$ 在误差允许范围内。

（2）辗转相除法 利用繁分数略去最末尾的分数后仍与原来的分数值相近似的道理，并用数学规律归纳出简便的计算步骤。辗转相除法计算繁琐，但能达到需要的准确度。

【例3】 若在滚齿机上加工斜齿圆柱齿轮时求得差动交换齿轮速比为0.536509，试确定差动交换齿轮。

差动交换齿轮速比为 $0.536509 \approx \dfrac{1}{1.8639} = \dfrac{10000}{18639}$

第一步：辗转相除。辗转相除后的商，记入如下表格。

①	②	③	④	⑤	⑥	⑦	⑧	⑨	…

计算步骤：

1）以分子10000为除数，以分母18639为被除数，$18639 - 10000 \times 1 = 8639$，商为1，余数为8639。表格中①处记录商1。

2）以余数8639为除数，以10000为被除数，$10000 - 8639 \times 1 = 1361$，商为1，余数为1361。表格中②处记录商1。

3）以余数1361为除数，以8639（上次计算所得的余数）为被除数，$8639 - 1361 \times 6 = 473$，商为6，余数为473。表格中③处记录商6。

4）以余数473为除数，以1361（上次计算所得的余数）为被除数，$1361 - 473 \times 2 = 415$，商为2，余数为415。表格中④处记录商2。

5）以余数415为除数，以473（上次计算所得的余数）为被除数，$473 - 415 \times 1 = 58$，商为1，余数为58。表格中⑤处记录商1。

6）以余数58为除数，以415（上次计算所得的余数）为被除数，$415 - 58 \times 7 = 9$，商为7，余数为9。表格中⑥处记录商7。

7）以余数9为除数，以58（上次计算所得的余数）为被除数，$58 - 9 \times 6 = 4$，商为6，余数为4。表格中⑦处记录商6。

8）以余数4为除数，以9（上次计算所得的余数）为被除数，$9 - 4 \times 2 = 1$，商为2，余数为1。

表格中⑧处记录商 2。

9）以余数 1 为除数，以 4（上次计算所得的余数）为被除数，4－1×4＝0，商为 4，余数为 0。表格中⑨处记录商 4。

余数为 0，计算完毕。辗转相除的次数视计算精度而定，不必计算到余数为 0。计算后的表格如下：

①	②	③	④	⑤	⑥	⑦	⑧	⑨	…
1	1	6	2	1	7	6	2	4	…

第二步：划简分数。划简结果记入如下表格。

		①	②	③	④	⑤	⑥	⑦	⑧	⑨	…
		1	1	6	2	1	7	6	2	4	…
1	0	a	b	c	d	e	f	g	h	i	…
0	1	A	B	C	D	E	F	G	H	I	…

表格中左边两列的数字是固定的，表中最上一行即是第一步（辗转相除）的计算结果。

计算步骤：

过程 1：计算第二行每格的数字。

1）a 格的数字是 a 格上边一格的商①乘以 a 格左边第一格的数字 0，再加 a 格左边第二格的数字 1：a＝1×0＋1＝1。

2）b 格的数字是 b 格上边一格的商②乘以 b 格左边第一格的数字 a，再加 b 格左边第二格的数字 0：b＝1a＋0＝1×1＋0＝1。

3）c 格的数字是 c 格上边一格的商③乘以 c 格左边第一格的数字 b，再加 c 格左边第二格的数字 a：c＝6b＋a＝6×1＋1＝7。

4）d 格的数字是 d 格上边一格的商④乘以 d 格左边第一格的数字 c，再加 d 格左边第二格的数字 b：d＝2c＋b＝2×7＋1＝15。

5）e 格的数字是 e 格上边一格的商⑤乘以 e 格左边第一格的数字 d，再加 e 格左边第二格的数字 c：e＝1d＋c＝1×15＋7＝22。

6）f 格的数字是 f 格上边一格的商⑥乘以 f 格左边第一格的数字 e，再加 f 格左边第二格的数字 d：f＝7e＋d＝7×22＋15＝169…（按同样的规律可以计算其他数字 g、h、i，计算次数视计算精度而定，不必计算完毕）。计算结果如下：

		a	b	c	d	e	f	g	h	i	…
1	0	1	1	7	15	22	169	…	…	…	…

过程 2：计算第三行每格的数字。

1）A 格的数字是 A 格上边一格的商①乘以 A 格左边第一格的数字 1，再加 A 格左边第二格的数字 0：A＝1×1＋0＝1。

2）B 格的数字是 B 格上边一格的商②乘以 B 格左边第一格的数字 A，再加 B 格左边第二格的数字 1：B＝1A＋1＝1×1＋1＝2。

3）C 格的数字是 C 格上边一格的商③乘以 C 格左边第一格的数字 B，再加 C 格左边第二格的数字 A：C＝6B＋A＝6×2＋1＝13。

4）D 格的数字是 D 格上边一格的商④乘以 D 格左边第一格的数字 C，再加 D 格左边第二格的数字 B：D＝2C＋B＝2×13＋2＝28。

5）E 格的数字是 E 格上边一格的商⑤乘以 E 格左边第一格的数字 D，再加 E 格左边第二格的数字 C：E = 1D+C = 1×28+13 = 41。

6）F 格的数字是 F 格上边一格的商⑥乘以 F 格左边第一格的数字 E，再加 F 格左边第二格的数字 D：F = 7E+D = 7×41+28 = 315……（按同样的规律可以计算其他数字 G、H、I，计算次数视计算精度而定，不必计算完毕）。计算结果如下：

	A	B	C	D	E	F	G	H	I	…
0	1	1	2	13	28	41	315	…	…	…

过程 3：合并以上两个过程的计算结果，记入表格中。

	①	②	③	④	⑤	⑥	⑦	⑧	⑨	…
	1	1	6	2	1	7	6	2	4	…
1	0	1	1	7	15	22	169	…	…	…	…
0	1	1	2	13	28	41	315	…	…	…	…

第三步：得出计算结果。第二步计算结果的表格中第二行与第三行对应的数值之比值 $\left(\dfrac{1}{1}、\dfrac{1}{2}、\dfrac{7}{13}、\dfrac{15}{28}、\dfrac{22}{41}、\dfrac{169}{315}…\right)$ 就是我们所需要的近似分数值，越靠右边的比值越精确。

例如取 $\dfrac{7}{13}$，则 $\dfrac{a_3 c_3}{b_3 d_3} = \dfrac{7}{13} = \dfrac{7×5}{13×5} = \dfrac{35}{65}$ （ = 0.538461538）

交换齿轮比误差 = 0.538461538 - 0.536509 = 1.9525×10⁻³，在误差允许范围之外。

如果取 $\dfrac{22}{41}$，则 $\dfrac{a_3 c_3}{b_3 d_3} = \dfrac{22}{41} = \dfrac{11×2}{41} = \dfrac{55×2}{41×5} = \dfrac{55×20}{41×50}$ （ = 0.536585365）

交换齿轮比误差 = 0.536585365 - 0.536509 = 7.6366×10⁻⁵，在误差允许范围内。

【例 4】 在 Y38 型滚齿机上滚切一右旋大质数斜齿圆柱齿轮，模数 $m_n = 2\,\mathrm{mm}$，螺旋角 $\beta = 30°$，齿数 $z = 103$，用单头右旋滚刀逆铣加工，刀架垂直进给量 $f_a = 1\,\mathrm{mm/r}$。试确定差动交换齿轮。

取 $\Delta z = -\dfrac{1}{25}$，得：$\dfrac{a_3 c_3}{b_3 d_3} = -0.988664902 = -\dfrac{988664902}{1000000000}$。

第一步：辗转相除。辗转相除后的商，记入如下表格。

①	②	③	④	⑤	⑥	⑦	⑧	⑨	…

计算步骤：

1）以分子 988664902 为除数，以分母 1000000000 为被除数，1000000000 - 988664902×1 = 11335098，商为 1，余数为 11335098。表格中①处记录商 1。

2）以余数 11335098 为除数，以 988664902 为被除数，988664902 - 11335098×87 = 2511376，商为 87，余数为 2511376。表格中②处记录商 87。

3）以余数 2511376 为除数，以 11335098（上次计算所得的余数）为被除数，11335098 - 2511376×4 = 1289594，商为 4，余数为 1289594。表格中③处记录商 4。

4）以余数 1289594 为除数，以 2511376（上次计算所得的余数）为被除数，2511376 - 1289594×1 = 1221782，商为 1，余数为 1221782。表格中④处记录商 1。

5）以余数 1221782 为除数，以 1289594（上次计算所得的余数）为被除数，1289594 - 1221782×1 = 67812，余数为 67812。表格中⑤处记录商 1……按同样的规律可以继续辗转相除，相除次数视计算精度而定。计算后的表格如下：

①	②	③	④	⑤	⑥	⑦	⑧	⑨	…
1	87	4	1	1	…	…	…	…	…

第二步：划简分数。划简结果记入如下表格。

		①	②	③	④	⑤	⑥	⑦	⑧	⑨	…
		1	87	4	1	1	…	…	…	…	…
1	0	a	b	c	d	e	f	g	h	i	…
0	1	A	B	C	D	E	F	G	H	I	…

表格中左边两列的数字是固定的，最上一行即是第一步（辗转相除）的计算结果。

过程 1：计算第二行每格的数字，按【例 3】规律计算结果如下：

		a	b	c	d	e	f	g	h	i	…
1	0	1	87	349	436	785	…	…	…	…	…

过程 2：计算第三行每格的数字，按【例 1】规律计算结果如下：

		A	B	C	D	E	F	G	H	I	…
0	1	1	88	353	441	794	…	…	…	…	…

过程 3：合并以上两个过程的计算结果，记入表格中。

		①	②	③	④	⑤	⑥	⑦	⑧	⑨	…
		1	87	4	1	1	…	…	…	…	…
1	0	1	87	349	436	785	…	…	…	i…	…
0	1	1	88	353	441	794	…	…	…	…	…

第三步：得出计算结果。第二步计算结果的表格中第二行与第三行对应的数值之比值 $\left(\dfrac{1}{1}、\dfrac{87}{88}、\dfrac{349}{353}、\dfrac{436}{441}、\dfrac{785}{794}…\right)$ 就是我们所需要的近似分数值，越靠右边的比值越精确。

例如取 $\dfrac{87}{88}$，则

$$\frac{a_3 c_3}{b_3 d_3} = -\frac{87}{88} = -\frac{29 \times 3}{11 \times 8} = -\frac{29 \times 3 \times 30}{11 \times 8 \times 30} = -\frac{29 \times 2 \times 3 \times 15}{11 \times 5 \times 8 \times 6} = -\frac{58 \times 45}{55 \times 48}(=-0.988636363)$$

交换齿轮比误差 $= 0.988664902 - 0.988636363 = 2.8539 \times 10^{-5}$，在误差允许范围内。

（3）整数小数法　将差动交换齿轮速比分成整数部分和小数部分，小数部分的倒数继续分解。

【例 5】　若在滚齿机上加工斜齿轮时求得差动交换齿轮速比为 0.5741239，试确定差动交换齿轮。

$\dfrac{a_3 c_3}{b_3 d_3} = 0.5741239$，整数部分 $a = 0$，小数部分 $a' = 0.5741239$

$\dfrac{1}{a'} = \dfrac{1}{0.5741239} = 1.7417843$，整数部分 $b = 1$，小数部分 $b' = 0.7417843$

$\dfrac{1}{b'} = \dfrac{1}{0.7417843} = 1.3481008$，整数部分 $c = 1$，小数部分 $c' = 0.3481008$

$\dfrac{1}{c'} = \dfrac{1}{0.3481008} = 2.8727311$，整数部分 $d = 2$，小数部分 $d' = 0.8727311$

$$\frac{1}{d'}=\frac{1}{0.8727311}=1.1458283,\text{ 整数部分 }e=1,\text{ 小数部分 }e'=0.1458283$$

$$\frac{1}{e'}=\frac{1}{0.1458283}=6.8573795,\text{ 整数部分 }f=6,\text{ 小数部分 }f'=0.8573795$$

$$\frac{1}{f'}=\frac{1}{0.8573795}=1.1663446,\text{ 整数部分 }g=1,\text{ 小数部分 }g'=0.1663446$$

$$\frac{1}{g'}=\frac{1}{0.1663446}=6.0116168,\text{ 整数部分 }h=6,\text{ 小数部分 }h'=0.0116168\cdots\cdots$$

按同样的规律可以继续计算，计算所取项数由要求的精度来确定，取各次计算所得整数部分即可计算差动交换齿轮速比：

$$\frac{a_3c_3}{b_3d_3}=0.5741239\approx a+\cfrac{1}{b+\cfrac{1}{c+\cfrac{1}{d+\cfrac{1}{e+\cfrac{1}{f+\cfrac{1}{g+\cfrac{1}{h}}}}}}=0+\cfrac{1}{1+\cfrac{1}{1+\cfrac{1}{2+\cfrac{1}{1+\cfrac{1}{6+\cfrac{1}{1+\cfrac{1}{6}}}}}}}$$

$$=\frac{213}{371}=\frac{3\times71}{7\times53}=\frac{30\times71}{70\times53}(=0.574123989)$$

交换齿轮比误差 $=0.574123989-0.5741239=8.9\times10^{-8}$，在误差允许范围内。

4.8.2　刀具的安装

1. 滚刀心轴和滚刀的安装要求

滚刀安装前要检查刀杆和滚刀的配合，以用手能把滚刀推入刀杆为准。间隙如果太大，会引起滚刀的径向圆跳动。安装时不准锤击滚刀，以免刀杆弯曲。目前，滚刀的拆卸和安装采用滚刀和心轴一体式装拆，消除了因心轴引起的误差，具有操作简单，精度易保证的特点。刀杆支架外锥垫的内孔与刀杆的配合间隙，外锥垫与支架孔的配合间隙都要适当。太松了将在滚切过程中产生滚刀振动，影响工件质量；太紧了则会使外锥垫和支架孔研伤。滚刀安装好后，要在滚刀的两端凸台处检查滚刀的径向和轴向圆跳动量。滚刀安装时须注意以下几点。

1）机床主轴孔、滚刀、刀杆、刀垫、刀杆支承套、夹具在每次安装前均须仔细检查安装面，若发现毛刺应用油石将突起磨平，仔细擦拭干净。

2）安装滚刀前应检查滚刀刀杆，滚刀刀杆在顶尖上检查时允许的最大圆跳动量见表 4-31。滚刀刀杆应定期进行精度检查，若超差应及时更新。发生打刀事故时应检查滚刀刀杆是否丧失精度。

3）安装滚刀后应检查滚刀两端台肩，允许的最大圆跳动量见表 4-31。滚刀台肩圆跳动量超差时，应在滚齿机上悬空检查滚刀刀杆的径向和轴向圆跳动，允许的最大圆跳动量见表 4-43。达不到时应根据检查结果进行具体分析，找出原因加以解决。

表 4-43　滚刀刀杆悬空检查时允许的最大圆跳动量

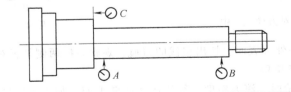

（续）

齿轮精度等级	法向模数/mm	允许跳动量/mm		
		A	B	C
7	1～20	0.020	0.025	0.020
8	≤8	0.020	0.025	0.020
	>8	0.030	0.035	0.025
9	≤8	0.035	0.040	0.030
	>8	0.045	0.055	0.040

注：齿轮精度等级可按第Ⅱ公差组。

2. 滚刀安装角的调整

滚齿时必须使滚刀轴线和工件轴线符合一定的轴交角，这个角度的大小和方向是根据工件和滚刀的螺旋角的大小和方向来确定的（见4.6.2节），安装角大小的误差不得大于6′～10′。安装角的调整误差与齿厚的关系按式（4-20）计算：

$$\Delta s = -\frac{m_n}{2}\cot\alpha\tan^2\gamma_0\left(z+\frac{z_0}{\sin^3\gamma_0}\right)(\Delta\gamma)^2 \qquad (4\text{-}20)$$

式中　γ_0——滚刀的名义导程角（°）；

　　　$\Delta\gamma$——滚刀安装角的调整误差；

　　　z——被加工齿轮齿数，斜齿轮以 $z'=\dfrac{z}{\cos^3\beta}$ 代入；

　　　z_0——滚刀头数。

当 $\alpha=20°$ 时，Δs 与 $\Delta\gamma$ 变化关系如图4-19所示。

3. 滚刀的对中

滚刀不对中将影响被切齿轮左右齿面的齿形不对称，特别滚切齿数较少的工件时，尤其要注意滚刀的对中。通过对中保证滚刀一个刀齿或齿槽的对称中心线与工件的中心线重合，就能加工出齿形对称的工件。滚刀对中通常有以下三种方法。

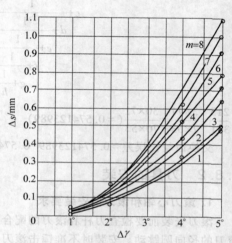

图4-19　$\alpha=20°$ 时 Δs 与 $\Delta\gamma$ 的关系

（1）对刀规法　把对刀规固定在机床上一定位置，移动滚刀或滚刀架，使滚刀的一个刀齿或齿槽对正对刀架上的对刀样板，如图4-20所示。

（2）刀印法　将滚刀的前刀面转到水平位置，在刀齿和工件之间放一张薄纸，将纸压紧在工件上，观察滚刀中间槽相邻两刀刃的左、右侧是否同时在薄纸上落有刀痕，如图4-21所示。

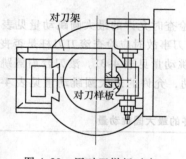

图4-20　用对刀样板对中

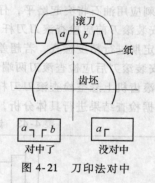

图4-21　刀印法对中

（3）试滚法　在工件外圆表面上切出很浅的刀痕，观察刀痕两侧是否对称。

4. 滚刀使用时的注意事项

1）加工不同精度齿轮时，滚刀精度等级的选择见表4-23。加工不同硬度的齿轮时，滚刀的选择见表 4-25。

2）磨齿前齿形的预加工，必须采用磨前滚刀，剃齿前齿形的预加工，必须采用剃前滚刀。

3）滚刀在搬运过程中严防碰伤。

4）滚刀在装卸时禁止用锤子、榔头等物敲打。尤其镶片滚刀的端面禁止敲打，以防刀片移位。

5）必须注意滚刀的轴向安装位置是否正确。粗铣时，必须避免边牙切削负荷过大；精铣时，必须保证齿形充分展成。

6）当滚刀达到极限磨损量后，必须及时换刀重磨，不得勉强加工，以防造成滚刀过度磨损。滚刀刀齿后面的极限磨损量见表 4-26。滚刀重磨后必须检查重磨精度及是否烧伤，合格者方可使用。

7）整体滚刀磨耗达新刀齿厚的 60% 时应予以报废，镶片滚刀磨耗达新刀片厚度的 2/3 时应予以报废。

4.8.3 齿坯和夹具的安装

齿坯和夹具的安装要求见 4.4.2 节。齿坯和夹具安装时须注意以下几点。

1）安装滚齿夹具时，应找正其定位轴向圆跳动及定位心轴的径向圆跳动。

定位轴向圆跳动的允许误差 E_t 为

$$E_t \leqslant \frac{F_\beta d}{5b} \tag{4-21}$$

式中　F_β——齿轮的齿向公差（mm）；

d——齿轮的分度圆直径（mm）；

b——齿轮的齿宽（mm），人字齿轮为半人字齿齿宽。

定位心轴径向圆跳动的允许误差 E_r 为

$$E_r = \frac{F_r}{4} \tag{4-22}$$

式中　F_r——齿轮的齿圈径向圆跳动公差（mm）。

若定位轴向圆跳动超差，应在滚齿机刀架上安装车削装置，精车定位端面，不得在夹具底面垫纸或铜皮。

2）齿坯安装前必须先检查夹具及齿坯定位面，若发现毛刺应用油石将突起磨平，然后将夹具及齿坯定位面仔细擦拭干净。

3）安装齿坯时，必须将工件的基准面贴与夹具的定位端面，其间不得垫纸或铜皮。

4）夹具支承面应尽量靠近切削力作用处，最好支承在轮缘靠近齿根圆处。

5）敲打齿坯找正时，必须采用铜棒或镶铜头的锤棒，不得在压紧螺栓紧固的状态下硬性敲打。

6）齿坯的夹紧必须牢固、可靠，但夹紧力不应过大，以防造成齿坯变形。

7）齿轮轴的夹紧，当 $m_n < 14$mm 时，夹爪与轴径间须垫铜皮，以防精加工成的轴径被夹伤。当 $14 \leqslant m_n \leqslant 20$mm 时，夹紧部位轴径必须留余量，表面应粗糙，夹爪与轴径间不得垫铜皮，以利于夹紧。当 $m_n > 20$mm 时，夹紧部位轴径必须留余量并铣扁，夹爪直接夹紧扁部，防止因切削力过大致使齿坯相对夹爪转动。滚切轴齿轮采用卡罐类夹具时，必须采用镶铜头的紧固螺钉，以防完成精加工的轴径被顶伤。

8）齿轮轴应按两端基准轴径找正，齿轮应按基准端面及辅助工艺基准找正。

当两端基准轴径，或一端基准轴径与辅助工艺基准面的径向圆跳动相位相同时，两径向圆跳动的允许误差 $E_r \leqslant \frac{F_r}{3}$ [F_r 为齿轮的齿圈径向圆跳动公差（mm）]。当两端基准轴径，或一端基准轴径与辅助工艺基准面的径向圆跳动相位相反时，两径向圆跳动之和的允许误差 E_r' 为

$$E'_r \leqslant \frac{F_\beta l}{2b} \tag{4-23}$$

式中　F_β——齿轮的齿向公差（mm）；

　　　　l——齿轮轴两端基准轴径的距离（mm），或齿轮一端基准轴径与辅助工艺基准面之间的距离；

　　　　b——齿轮的齿宽（mm），人字齿轮为半人字齿齿宽。

4.8.4　斜齿轮的无差动滚切

在没有差动机构的滚齿机上滚切斜齿轮，或者在有差动机构的滚齿机上滚切 $\beta < 3°$ 或 $\beta > 45°$ 的斜齿轮和齿数大于 100 的质数斜齿轮均可用无差动滚齿法。其调整特点是不用差动机构，而利用分度传动链的特殊计算法来实现工件和滚刀间的相对运动，所需附加运动由分度传动链和进给传动链相互配合实现，即

工件转 1r 时，滚刀的转数为 $\dfrac{z}{z_0}\left(1 + \dfrac{f}{p_z}\right)$ 　　　　　　　　(4-24)

式中　z——工件的齿数；

　　　　z_0——滚刀头数；

　　　　f——滚刀的垂直进给量；

　　　　p_z——斜齿圆柱齿轮的导程，$p_z = \dfrac{\pi m_n z}{\sin\beta}$。

将式（4-24）代入分度交换齿轮的计算式得

$$i_1 = \frac{A_1 z_0}{z \mp \dfrac{f\sin\beta}{\pi m_n}} \tag{4-25}$$

式中　A_1——机床分度交换齿轮定数。

用无差动法加工斜齿轮时，工作台从分度传动链得到的运动包括两部分：一部分是与齿数有关的基本转动，其方向与加工直齿圆柱齿轮时相同，仅与刀具的旋向有关；另一部分是加工斜齿所必需的附加转动，与工件和刀具的旋向有关。若采用逆铣法，当工件与刀具的旋向相同时，附加运动的方向与基本转动方向相同，i_1 的数值应增大，公式中分母的后一项用"−"号；当工件与刀具的旋向相反时，附加运动的方向与基本转动方向相反，i_1 的数值应减小，公式中分母的后一项用"+"号。若采用顺铣法，与上述情况相反。

用无差动法加工斜齿轮时，分度交换齿轮与轴向进给量有密切关系，因此进给交换齿轮必须严格按照选择的进给量 f 进行计算，不能任意改变。若要改变，则分度交换齿轮必须重新计算。此外，无差动滚切法在第一次走刀完毕反向退回刀具时，工件因无补偿运动会造成乱牙，解决办法与滚切齿数大于 100 的质数直、斜齿轮的解决办法相同。

用无差动法加工斜齿轮时，去掉了差动机构的影响，机床的传动精度高。此外，每台机床配备的交换齿轮数量有限，当差动交换齿轮比超过一定数值时，往往很难搭配交换齿轮。在此情况下，若用无差动调整法，且搭配交换齿轮合适，能保证较高的加工精度。

用无差动法加工斜齿轮时，分度交换齿轮速比的误差应精确到小数点后六位，也可按式（4-26）验算：

$$\Delta i \leqslant \frac{A_1 \Delta F_\beta z_0 P_z \cos\beta}{z^2 b \pi m_n} \tag{4-26}$$

式中　ΔF_β——齿轮的齿向公差（mm）；

b——齿轮的齿宽（mm）。

【例】 在 Y38 型滚齿机上用单头右旋滚刀采用无差动法滚切一左旋斜齿轮，逆铣，齿数 $z = 63$，模数 $m_n = 2.5\text{mm}$，螺旋角 $\beta = 20°22'$，刀架垂直进给量 $f_a = 1\text{mm/r}$。试确定各组交换齿轮。

1）进给交换齿轮的确定。垂直进给量 $f_a = 1\text{mm/r}$，得进给交换齿轮为

$$\frac{a_2 c_2}{b_2 d_2} = \frac{3}{4} f_a = \frac{3}{4} \times 1 = \frac{3}{4} = \frac{30}{40} \left(\frac{60}{80} = \frac{75}{100} = \frac{60 \times 35}{40 \times 70} \right)$$

2）分齿交换齿轮的确定。查表 4-14，当 $z \leqslant 161$ 时，$\dfrac{e}{f} = \dfrac{36}{36}$，分度交换齿轮定数 $A_1 = 24$。采用逆铣加工，工件与刀具的旋向相反，公式中分母的后一项用 "+" 号。

$$i_1 = \frac{a_1 c_1}{b_1 d_1} = \frac{A_1 z_0}{z \mp \dfrac{f \sin\beta}{\pi m_n}} = \frac{24 \times 1}{63 + \dfrac{1 \times \sin 20°22'}{\pi \times 2.5}} = 0.380684619$$

查通用交换齿轮表得 $\dfrac{a_1 c_1}{b_1 d_1} = \dfrac{92 \times 24}{58 \times 100} = 0.380689655$

交换齿轮比误差 $= 0.380689655 - 0.380684619 = 5.036 \times 10^{-6}$，在误差允许范围内。

4.8.5 切齿深度差值 Δh 的确定

滚齿时滚刀的径向切深应是全齿高（标准齿轮为 $2.25 m_n$），但一般齿顶圆的精度不高，若以齿顶圆为基准，按 $2.25 m_n$ 进刀只能做参考，最终尺寸应以测量公法线长度、齿厚或量球（柱）距为准。切齿时首次切入深度控制在比正常切入深度少 $0.3 \sim 1\text{mm}$（因模数而异）而进行试切，测定试切后的齿厚用以确定切齿深度差值 Δh，切齿深度差值和齿厚余量的关系式见表 4-44。进行两次滚齿时，第二次滚齿的加工余量少到不留下第一次粗滚的刀纹即可加工出光洁的齿面。

表 4-44 切齿深度差值 Δh 的计算公式

	固定弦齿厚	分度圆弦齿厚	公法线长度	量球（柱）距
齿厚测量方式				
关系式	$\Delta h = \dfrac{\Delta \bar{s}_c}{2\tan\alpha}$	$\Delta h = \dfrac{\Delta \bar{s}}{2\tan\alpha}$	$\Delta h = \dfrac{\Delta W}{2\sin\alpha}$	$\Delta h = \dfrac{\Delta M}{2}$

α	14.5°	15°	17.5°	20°	25°	30°
Δh	$1.93 \Delta \bar{s}_c$	$1.87 \Delta \bar{s}_c$	$1.58 \Delta \bar{s}_c$	$1.37 \Delta \bar{s}_c$	$1.07 \Delta \bar{s}_c$	$0.87 \Delta \bar{s}_c$
	$1.99 \Delta W$	$1.93 \Delta W$	$1.66 \Delta W$	$1.46 \Delta W$	$1.18 \Delta W$	$1.00 \Delta W$

在选择测量方法时应注意以下事项：

1）用公法线长度测量时，不以齿顶圆为基准，可以放宽齿顶圆的公差及径向圆跳动。在单件及小批量生产中可利用普通的精密卡尺来测量，在大批量生产中可用极限量规进行检查。

2）固定弦齿厚和它到分度圆的距离同齿轮的齿数无关，而只与原始齿形角、模数及变位系数有关，特别是用于测量斜齿圆柱齿轮时，可以省去当量齿数的换算。测量固定弦齿厚是以齿顶圆为基准的，齿顶圆直径及其径向圆跳动量的公差应严格控制。固定弦齿厚对于斜齿圆柱齿轮，应在法

面上进行测量。

4.8.6　短齿齿轮的滚切

使用短齿的目的是为了提高轮齿的强度。短齿齿轮的齿顶高系数 $h_a^* = 0.8$，顶隙系数 $c^* = 0.3$（齿根高系数为 $h_f^* = h_a^* + c^* = 0.8 + 0.3 = 1.1$）其他参数与标准圆柱齿轮相同。与标准圆柱齿轮相比，短齿齿轮的齿高较标准齿轮短，分度圆直径不变，齿厚和齿间不变，齿顶圆和齿根圆分别向分度圆接近，径向间隙比标准齿轮大。在滚齿机上加工短齿齿轮有两种方法：①用短齿滚刀滚齿；②用标准滚刀进行径向、切向变位滚切。

由于短齿圆柱齿轮的齿高为 $1.9m_n$，用标准滚刀滚切时，滚刀对齿坯的径向切深为 $1.9m_n$，而不是 $2.25m_n$，但短齿齿轮与标准齿轮在分度圆上的齿厚是相同的，因此用标准滚刀不经附加调整，切出的齿厚比要求的齿厚大。消除齿厚差通常有四种方法。

（1）滚刀轴向移位法　滚刀径向切深至 $1.9m_n$ 时，滚切后（此时齿轮在固定弦齿厚上留下 $\Delta \bar{s}_c$ 的余量）下一次进给滚齿前，将滚刀沿垂直进给相反方向退至合适位置（退刀时分齿传动链不能脱开），然后将滚刀轴向移动一 Δl 的距离，仍在 $1.9m_n$ 的切深情况下，对齿轮的一个齿侧进行滚切，切削完后仍按上述方法，再在滚刀轴向的相反方向移动 $2\Delta l$ 的距离，在 $1.9m_n$ 的切深情况下对齿轮的另一齿侧进行滚切。滚刀轴向移动距离按式（4-27）计算：

$$\Delta l = \frac{0.35 m_n \tan\alpha}{\cos\gamma_0} \tag{4-27}$$

式中　Δl——滚刀轴向移位量（mm）；

　　　　α——齿轮的法向压力角（°）；

　　　　m_n——齿轮的法向模数（mm）；

　　　　γ_0——滚刀的名义导程角（°）。

（2）转动滚刀法　滚刀径向切深至 $1.9m_n$ 时，滚切后（此时齿轮在固定弦齿厚上留下 $\Delta \bar{s}_c$ 的余量）下一次进给滚齿前，将滚刀沿垂直进给相反方向退至合适位置（退刀时分齿传动链不能脱开），然后将分齿传动链脱开（但不能使分齿打乱），单独将滚刀绕其轴心线转动一角度 θ，仍在 $1.9m_n$ 的切深情况下，对齿轮的一个齿侧进行滚切，切削完后仍按上述方法，再单独将滚刀绕其轴心线相反方向转动一角度 2θ，在 $1.9m_n$ 的切深情况下对齿轮的另一齿侧进行滚切。应用这种方法需有转动角度的读数装置。滚刀转动的角度 θ 按式（4-28）计算：

$$\theta = \frac{0.35 \times 360 \tan\alpha}{z_0 \pi} \tag{4-28}$$

式中　θ——滚刀转动的角度（°）；

　　　　α——齿轮的法向压力角（°）；

　　　　z_0——滚刀头数。

（3）改变滚刀安装角法　标准滚刀的齿顶高 $h_{a0}^* m$ 大于短齿齿轮的齿根高 $(h_a^* + c^*) m$，当滚刀切至全齿深时，滚刀中线与工件分度圆不相切，相当于滚切正变位系数为 $x' = h_a^* - (h_a^* + c^*)$ 的齿轮，可以通过改变滚刀安装角来达到滚刀中线与工件分度圆相切的目的。滚刀径向切深至 $1.9m_n$ 时，滚切后（此时齿轮在固定弦齿厚上留下 $\Delta \bar{s}_c$ 的余量）下一次进给滚齿前，将滚刀沿垂直进给相反方向退至合适位置（退刀时分齿传动链不能脱开），然后将滚刀安装角增加或减少 $\Delta\gamma_{z0}$，仍在 $1.9m_n$ 的切深情况下，对齿轮的两侧同时进行滚切即可。滚刀安装角增加或减少的角度 $\Delta\gamma_{z0}$ 按式（4-29）计算：

$$\Delta\gamma_{z0} = \arcsin\frac{0.35 m_n \tan\alpha}{\sqrt{1.9 m_n \times (D_{刀} - 1.9 m_n)}} \tag{4-29}$$

式中　$\Delta\gamma_{z0}$——滚刀安装角增加或减少的角度（°）；

　　　　α——齿轮的法向压力角（°）；

　　　　m_n——齿轮的法向模数（mm）；

　　　　$D_刀$——滚刀外径（mm）。

（4）工件转角法　滚刀径向切深至 $1.9m_n$ 时，滚切后（此时齿轮在固定弦齿厚上留下 $\Delta\bar{s}_c$ 的余量）下一次进给滚齿前，将滚刀沿垂直进给相反方向退至合适位置（退刀时分齿传动链不能脱开），然后参见图 4-22，将分度交换齿轮中 c、d 两轮脱开啮合，d 轮相对 c 轮转动 Δz_d 个齿与 c 轮啮合，滚切一侧余量后，按同样的方法，使 d 轮反转过 $2\Delta z_d$ 个齿，切去另一侧余量。Δz_d 的计算式为：

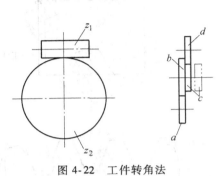

图 4-22　工件转角法

$$\Delta z_d = \frac{z_1 z_d}{z_2 z} \times \frac{0.15\tan\alpha}{\pi} \qquad (4\text{-}30)$$

式中　z_1、z_2——滚齿机分度蜗杆、蜗轮的头数和齿数；

　　　　z_d——分齿交换齿轮 d 轮的齿数；

　　　　z——工件的齿数；

　　　　α——齿轮的法向压力角（°）。

【例】　用标准滚刀滚切短齿圆柱齿轮，齿数 $z=30$，模数 $m_n=4\text{mm}$，压力角 $\alpha=20°$，滚刀外径 $D_刀=95\text{mm}$，滚刀的名义导程角 $\gamma_0=2°41'50''$，单头右旋。用不同的方法加工，试确定滚刀轴向移位量、滚刀绕其轴心线转动的角度、滚刀安装角法的变化量各是多少？

1）滚刀轴向移位法。滚刀第一次轴向移位量为

$$\Delta l = \frac{0.35 m_n \tan\alpha}{\cos\gamma_0} = \frac{0.35 \times 4\tan20°}{\cos2°41'50''}\text{mm} = 0.5101\text{mm}$$

滚刀第二次轴向移位量为　　$2\Delta l = 2 \times 0.5101\text{mm} = 1.0202\text{mm}$

2）转动滚刀法。滚刀第一次转动的角度：

$$\theta = \frac{0.35 \times 360\tan\alpha}{z_0\pi} = \frac{0.35 \times 360\tan20°}{1\pi} = 14°35'52''$$

滚刀第二次转动的角度：

$$2\theta = 2 \times 14°35'52'' = 29°11'44''$$

3）改变滚刀安装角法。滚刀安装角增加或减少的角度：

$$\Delta\gamma_{z0} = \arcsin\frac{0.35 m_n\tan\alpha}{\sqrt{1.9 m_n \times (D_刀 - 1.9 m_n)}} = \arcsin\frac{0.35 \times 4\tan20°}{\sqrt{1.9 \times 4 \times (95 - 1.9 \times 4)}} = 1°7'58''$$

4.8.7　对角滚齿法

对角滚齿法需要机床具有对角滚齿机构。在整个滚切过程中，滚刀沿工件轴向进给的同时，还沿滚刀轴线连续移位，即切向进给（图 4-23）。

对角滚齿法的加工特点如下：

1）整个切齿过程中，滚刀上的全部刀刃都依次通过啮合区域，故刀具磨损均匀（图 4-24）。

2）对角滚齿加工的齿轮，其工作平稳性精度高。这是因为采用合适的进给比（即切向进给 f_t 和轴向进给 f 之比 f_t/f）可使走刀痕迹在齿面上从齿顶到齿根成对角线（图 4-25）。

3）由于差动链和差动交换齿轮的计算误差及刀具安装角误差的影响，对角滚齿的齿向精度较差。

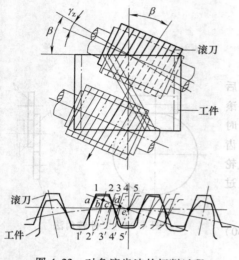

图 4-23　对角滚齿法的切削过程

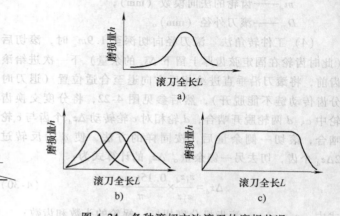

图 4-24　各种滚切方法滚刀的磨损状况
a）轴向进给滚齿法　b）切向移位滚齿法　c）对角滚齿法

4）滚齿机需具有组合刀架和斜进给机构，所用滚刀应比轴向进给滚切所用滚刀长 30%。调整时，其速度、分齿和进给交换齿轮计算均与轴向滚切法相同。不同的是，为满足轴向进给 f 和切向进给 f_t 的组合，需根据进给比调整斜向进给交换齿轮。另外，为满足切向进给需计算调整差动交换齿轮。

图 4-25　对角滚齿法走刀痕迹

5）进给比的选择将影响 ΔF_p、Δf_{pt}、ΔF_β、$\Delta f_i''$ 等精度与表面粗糙度，应使进给比符合式（4-31）：

$$\left(\frac{f_t}{f}\right)_{\min} \geqslant \frac{\pi m_n}{b(\beta \pm \gamma_0)} \qquad (4-31)$$

式中　　m_n——工件的法向模数（mm）；

　　　　b——工件的齿宽（mm）；

　　　　β——工件的分度圆螺旋角（°）；

　　　　γ_0——滚刀的导程角（°）。

大量试验证明，进给比选择 0.33 最佳。

4.9　切齿加工

4.9.1　渗碳齿轮齿形预加工

1. 渗碳齿轮齿形预加工的形式

渗碳齿轮齿形预加工是指渗碳前的齿形加工。渗碳淬火后齿形的精加工通常采用两种工艺：对于齿轮精度为 7 级或 7 级以下的齿轮，采用硬质合金滚刀精滚而成（刮削滚齿）；对于齿轮精度为 6 级或高于 6 级的齿轮，先采用硬质合金滚刀半精滚齿（磨前滚齿）后磨齿或直接磨齿。根据硬质合金滚刀的使用要求和磨齿时避免根部参与磨削，渗碳齿轮齿形预加工的齿形应如图 4-26 所示。

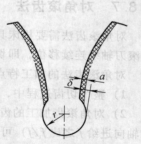

图 4-26　渗碳齿轮齿形
预加工齿形

2. 渗碳齿轮齿形预加工余量

（1）影响齿形预加工余量的因素

1）齿形预加工精度。渗碳前齿形预加工精度，对其余量的影响程度较之其他影响因素不居主导地位。因此，过分提高齿形预加工精度实际意义不大。硬质合金滚刀半精滚齿的精度直接影响磨齿余量，因此应适当提高半精滚齿的精度。齿形预加工精度可按表 4-45 选取。

表 4-45 渗碳齿轮齿形预加工精度

工 序	第 I 公差组精度	第 II 公差组精度	第 III 公差组精度
渗碳前轮齿预加工	8	8	8
淬火后的磨前滚齿	7	8	7

注：第 I 公差组、第 II 公差组、第 III 公差组分别指运动精度（周期性偏差）、平稳性精度、接触精度。

2）基准面的加工精度，包括磨齿定位找正基准面及装配基准面。淬火后齿轮的内孔及轴齿轮轴径的加工，直齿轮应按齿部两端齿圈找正，斜齿轮可按齿顶圆两端外圆找正，并尽量使各齿面余量分布均匀。若以外圆找正带为磨齿时的找正基准，工艺上应确保外圆找正带与内孔的同心度，以及基准端面与内孔的垂直度。为了提高基准面的加工精度及降低表面粗糙度数值，应尽可能以磨代车。

3）热处理变形。热处理变形的大小，是确定余量的关键因素。齿轮的几何参数确定后，热处理变形主要取决于齿轮的钢种、热处理工艺及齿轮的结构。热处理变形包括齿距、齿形、齿向、齿顶圆、内孔等的变形及尺寸的变化，以及轴齿轮轴线的弯曲等，在考虑所有这些变化时都应适当加大余量。

（2）减小齿形预加工余量的途径。由于余量加大，为了保证图样要求的渗碳层深度，必须加大实际的渗碳层深度，这样必然会增加磨前半精滚齿和磨齿的走刀次数，还会导致齿面硬度下降。为了提高生产效率、降低成本、提高质量，应该尽可能减小余量。

1）采用磨前半精滚齿。磨前采用硬质合金滚刀半精滚齿，可以切除大部分余量。该工序生产率高、费用低。由于大幅度地减小了留磨余量，节省了磨齿工时，显著降低了昂贵的磨齿费用，同时避免了留磨余量过大，为了追求生产率而加大磨削用量造成的磨齿烧伤和裂纹。实践证明，采用磨前半精滚齿，可取得显著的技术经济效果。

2）应用变形规律。热处理变形是不可避免的，如果通过实践掌握了变形规律就可以利用变形规律。可以采用反变形原理，在齿坯及齿形预加工时，有意识地造成与变形方向相反的等量误差，以期热处理后大致变至正确位置。例如，对于齿廓压力角、齿向的变形以及齿顶圆的涨缩等，均可采用此法，从而可大幅度压缩余量。对于某些大型渗碳齿轮，还必须采用此法，否则由于与变形相应的余量太大，造成经济上极不合理，以至根本无法加工。

3. 齿形预加工余量标准

齿形预加工余量与企业的热处理水平密切相关。这里介绍几种典型的留磨余量标准，各企业可根据本企业的热处理水平及生产实践适当调整。

（1）瑞士 MAAG 留磨余量标准 区分不同的热处理方式由模数决定留磨余量，如图 4-27 所示。

（2）俄罗斯留磨余量标准 由模数和直径决定留磨余量范围，再根据不同的热处理方式取值，见表 4-46。

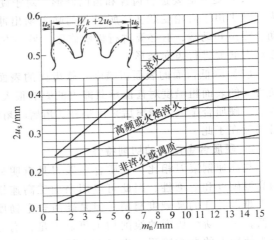

图 4-27 瑞士 MAAG 留磨余量标准

表 4-46　俄罗斯留磨余量标准

齿轮模数	加工齿轮直径/mm				
	≤100	>100~200	>200~500	>500~1000	>1000
	推荐的法向齿厚留量/mm				
≤3	0.15~0.20	0.15~0.25	0.18~0.30	—	—
>3~5	0.18~0.25	0.18~0.30	0.20~0.35	0.25~0.45	0.30~0.50
>5~10	0.25~0.40	0.30~0.50	0.35~0.60	0.40~0.70	0.50~0.80
>10~12	0.35~0.50	0.40~0.60	0.40~0.70	0.50~0.70	0.60~0.80
齿厚余量偏差	0.065~0.080	0.100	0.120	0.150	0.180

注：在加工淬火齿轮或表面淬火齿轮时，余量按上限选取；在加工渗碳齿轮时，余量按下限选取。

（3）德国 RENK 留磨余量标准　区分不同的渗碳钢钢种、不同结构的齿轮，在充分地掌握了该厂热处理规范条件下的变形规律的基础上，按模数和直径给出留磨余量。同时根据齿顶圆涨量，给出齿坯加工时齿顶圆直径的减小量。显然，这种留磨余量标准是最符合实际情况的，因此就有可能将留磨余量减小到最低程度。

4.9.2　硬质合金滚刀滚齿

硬质合金滚刀的出现，突破了长期以来磨齿是硬齿面齿轮精加工唯一有效工艺方法的局面。它具有不需专用设备、效率高、成本低等一系列优点。它的出现是齿轮制造技术中的一项重大革新。硬齿面的刮削滚齿可以代替粗磨，也可以对无法磨齿的齿轮或退刀区和进刀区很小的轴齿轮进行精加工，加工的质量主要由工件预加工、机床质量、刀具质量以及采用的工艺参数确定。

1. 硬齿面齿轮的工艺特点

（1）强调高精度　硬齿面齿轮的齿面接触疲劳强度和齿根抗弯强度都很高，但是接触应力和弯曲应力的大小和精度是密切相关的。齿轮和箱体等的制造和装配误差，以及安装误差均会引起齿面和齿根的局部过载，从而影响齿轮的实际承载能力。硬齿面齿轮只有在高精度的条件下，其承载能力强的特点才能充分地发挥。由于硬齿面齿轮的跑合性能比软齿面齿轮差得多，所以由于精度低造成硬齿面齿轮承载能力下降，其后果要比软齿面齿轮要严重得多。硬齿面齿轮加工工艺的研究重点，旨在提高制造精度。

（2）更有必要进行齿廓和齿向修形　对于硬齿面齿轮，由于其弹性变形很大，跑合性能极差，为了减少由于齿轮受载变形所引起的啮入啮出冲击，改善啮合过程中齿面载荷分配特性，减少振动、噪声和动载，有必要进行齿廓修形。另一方面，为了使系统受载变形后载荷沿齿宽均匀分布，亦更有必要进行齿向修形。

（3）降低齿面的表面粗糙度　软齿面的表面粗糙度对齿面承载能力的影响是微不足道的，而硬齿面的表面粗糙度对齿面承载能力的影响很大。因此要求硬齿面较软齿面具有更低的表面粗糙度数值。硬质合金滚刀精滚后采用蜗杆式珩磨轮珩齿，甚至磨齿后珩齿，进一步降低表面粗糙度，其目的就在于此。

2. 硬质合金滚刀的切削特性

与高速钢滚刀相比，硬质合金滚刀具有明显的高温硬度和耐磨性，因此可以用来加工高速钢滚刀难以胜任的高硬度材料。但是硬质合金韧度较低，对于断续切削的滚削加工更显不足，崩刃成为使用上的严重障碍。为了实现硬齿面的滚削加工，除了选用特殊的硬质合金材料外，在滚刀的几何参数上还采用了径向大负前角的特殊设计，以提高切削刃的抗冲击性能。图 4-28 所示为普通

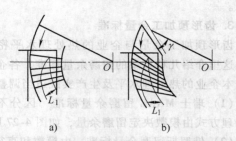

图 4-28　零度前角滚刀和大负前角滚刀的切削特性
a）零度前角滚刀　b）大负前角滚刀

滚刀（零度前角）和大负前角滚刀的切削特性。

切齿时，参加切齿的各个刀齿在预切过的齿面上形成各自的切削区。对于零度前角滚刀，位于径向平面中的刀齿前刀面与切削速度方向相垂直，侧刃上的工作部分几乎同时进入切削区，切削刃受到的冲击较大，切屑呈片状。对于大负前角滚刀，与径向平面形成负前角的刀齿前刀面与切削速度方向斜交成一定角度，侧刃上的工作部分由根部开始切入，并逐步向顶部扩展，形成一种斜角切削过程，从很硬的齿面上刮下一薄层金属（因此这种滚刀又称刮削滚刀，这种加工方法又称刮削滚齿）。斜角切削对切削刃的冲击较小，侧刃的工作长度也较长，切屑卷成螺旋状。

径向大负前角滚刀形成的斜角切削，降低了切削振动，提高了切削刃的抗冲击能力，减小了崩刃的可能性，同时使排屑非常顺利，不致因切刃夹屑而崩刃。由于切屑刃的工作长度相对扩大，刀刃的磨损相应减小。

就切屑性能而言，负前角越大越好，但是，负前角越大制造越困难，齿形的精度也不易保证，实际负前角的确定应权衡各方面的利弊综合考虑。日本阿兹米公司 $m_n \leqslant 20$mm 时采用 $-30°$ 前角，$m_n > 20$mm 时采用 $-25°$ 前角；德国 KLINGELNBERG 公司滚刀前角一般为 $-10° \sim -15°$。

3. 硬质合金滚刀对滚齿机的要求

硬质合金滚刀除了用于加工硬齿面齿轮外，还可用于调质钢的高速高效（高速、大进给量）滚齿。高速高效滚齿要求滚齿机电动机功率大、主轴转速高、机床刚度高。高速滚齿会产生大量切屑，应有切屑自动排除机构。因为硬质合金的韧性差，承受冲击载荷的能力弱，一旦切削时产生振动，容易产生崩刃。因此，滚齿机必须具备较高的动、静刚度。

1) 随着被加工齿轮齿面硬度的提高，沿滚刀轴向（工件切向）的切削分力增加较快，当硬度大于 55HRC 时，其值就超过了主切削力；此外，滚刀切入、切出时齿面是单边切削，随着齿面硬度的提高，切削分力也随之加大。因此，要求滚刀轴向和工作台分度蜗杆副切向系统的刚度要高，滚刀主轴推力轴承和工作台分度蜗杆的推力轴承的轴向间隙要小，工作台分度蜗杆副的间隙要小，最好是采用能消除间隙的双蜗杆副传动机构。

2) 机床传动链的扭振要小，传动齿轮的间隙（尤其是电动机至滚刀主轴传动链）要小，进给丝杆系统的间隙要小。

3) 滚刀刀杆的刚度要高，以减小切削时的振摆。最好采用端面键，尽可能加大滚刀孔径，从而加大刀杆直径。大型滚齿机应使用短刀杆，使轴承尽可能靠近刀杆。

硬质合金滚刀切削硬齿面齿轮的切削力比普通滚刀粗切同模数的调质齿轮切削力小。这是因为虽然齿面硬度很高，但切削很浅，齿底不吃刀的缘故。实践表明，符合一定条件的普通滚齿机是可以适应硬齿面切削的，这为硬质合金滚刀的推广应用创造了极为有利的条件。

4. 硬质合金滚刀的滚齿精度

表 4-47 所列为在高刚度，正常精度的滚齿机上采用 2A 级硬质合金滚刀滚齿的精度。

表 4-47　硬质合金滚刀的滚齿精度（摘自 DIN 3962）

齿轮参数：$m_n = 6$mm, $z = 40$, $b = 100$mm, $\alpha = 20°$, $\beta = 0°$
切削用量：$v = 80$m/min, $f = 1.8$mm/r

精度项目	ΔF_p	Δf_{pt}	ΔF_r	Δf_f	ΔF_β	$Ra/\mu m$
精度等级	5	2	5	7	3	$0.8 \sim 1.3$

注：ΔF_p 为齿距累积误差；Δf_{pt} 为齿距偏差；ΔF_r 为齿圈径向跳动；Δf_f 为齿形误差；ΔF_β 为齿向误差（齿面的表面粗糙度不属于精度项目）。

通常，ΔF_p、Δf_{pt}、ΔF_r、ΔF_β 主要取决于机床的精度和齿坯在滚齿时的安装找正精度。因此，只要滚齿机精度高、操作仔细，上述精度项目均可达到较高的精度。在高精度滚齿机上滚齿时，齿形精度主要取决于滚刀的精度及其安装精度。即使是调质齿轮，在高精度滚齿机上，采用 2A 级甚至精度更高的齿轮滚刀，齿形误差要达到 6 级也是较为困难的。从表中看出，除齿形精度为 7 级外，其他精度都较高。实践证明，对于较小模数的齿轮，齿形误差可以达到 7 级，对于大模数的齿轮，齿形误差要达到 7 级需采取非常手段。日本普遍将硬质合金滚刀的滚齿精度定为 JIS3 级（相当于我国的 7 级），我国将硬质合金滚刀的滚齿精度定为不高于 7 级。图 4-29 所示为硬质合金滚刀滚齿误差的主要来源。

5. 硬质合金滚刀的使用

（1）硬质合金滚刀的安装　安装滚刀前应检查刀具主轴锥孔的径向圆跳动，其值应不大于 0.005mm。滚刀装在刀杆上以后，使键的受力一侧与槽面贴紧，固紧螺母以免在切齿过程中产生松动而引起刀齿崩刃。检查滚刀两端轴台径向圆跳动，其值控制在表 4-48 的范围内。

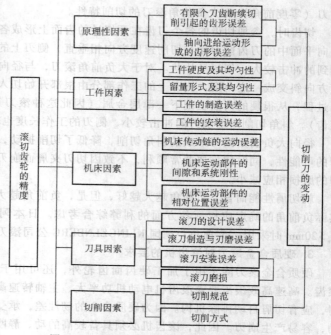

图 4-29　硬质合金滚刀滚齿误差的主要来源

表 4-48　硬质合金滚刀两端轴台径向圆跳动　　　　（单位：μm）

模数/mm	被切齿轮精度等级			
	6	7	8	9
1～3.5	5	6	10	16
>3.5～6	6	8	12	20
>6～10	7	10	16	25
>10～16	8	12	20	30
>16～25	10	16	25	40

（2）齿坯的装夹　为了避免硬质合金滚刀切削时由于齿坯的振动造成崩刃，夹具的刚性要好，定位面精度要高，工件支承面着力点应接近齿根圆，夹具必须牢固、可靠地支承并夹紧在齿槽底部附近且不使工件变形，以防切齿时有振动而使刀齿崩刃。

为了减少安装误差，安装工件心轴时，要测量工件心轴远近两端的径向圆跳动，其值应不大于 0.005mm。齿坯的安装精度要求见表 4-49。

表 4-49　齿坯基准面径向和轴向圆跳动的公差值　　　　（单位：μm）

分度圆直径/mm	被切齿轮精度等级	
	5～6	7～8
≤125	6	9
>125～400	7	11
>400～800	10	16
>800～1600	14	23
>1600～2500	20	32
>2500～4000	30	50

从这里我们可以看出，硬质合金滚刀对滚刀、工件的安装要求明显高于普通高速钢滚刀。

（3）对刀　热处理后不可避免会造成轮齿变形，为了防止由于刀齿切削负荷不均引起振动而造成崩刃，要求仔细对刀，尽可能使切削负荷均匀。由于热处理变形和对刀误差会引起齿面上切除的余量不均等，其后果可能会造成有的轮齿没有被精切成形，在切入和切出处的齿向误差很大，齿面的硬度有差异，齿面的齿廓长度不同，齿根处出现凸台等。

硬质合金滚刀滚齿时必须注意使滚刀相对于工件齿槽尽量精确定位，以使滚刀磨损均匀，工件两侧面切去的余量一致，取得良好的加工质量。可采用手动对刀和对刀装置对刀。

1) 手动对刀。把工件齿槽与滚刀刀齿大致对准后夹紧在心轴上，工件齿面上涂红丹粉，起动机床，径向缓慢进刀，根据接触情况反复进行调整，直到齿槽两侧被均匀接触为止。也可用窜刀机构轴向移动滚刀位置或在分齿交换齿轮中脱开 c 轮，转动 d 轮使工件分度的方法使齿槽两侧均匀接触。手动对刀必须逐件对刀。

2) 对刀装置对刀。在小批量生产时利用一个带球形或楔形的装置，使工件的齿槽装夹位置一致。这种方法只需对首件手动对刀就可以了。

(4) 齿形的预加工　滚刀的刀尖圆角部分切削条件恶劣，最易磨损，尤其是硬质合金滚刀采用径向大负前角，其顶刃切削条件更为恶劣，如果硬质合金滚刀顶刃和侧刃同时参加切削，刀齿崩刃的可能性将明显增加。为了改善硬质合金滚刀的切削条件，避免崩刃，提高寿命，滚齿前齿形的预加工必须采用带触角的磨前滚刀（刮前滚刀），预切的齿形应保证其齿槽略深于标准齿深，槽底过渡圆弧处切出适量沉割，以保证顶刃及刀尖圆角部分不参与切削，而且两侧齿面应留有适量的精加工余量。

1) 刮前滚齿。刮削滚刀的顶刃具有很大的负前角对切削过程非常不利。为了防止顶刃产生显著的磨损和崩刃，一般把刮削滚刀顶刃取 $1.15m_n$，使刮削滚齿仅只加工齿形而不加工齿底，因此在热处理前的刮前滚齿时，应按不同齿数的工件设计带触角的专用刮前滚刀。为了减轻硬齿面齿轮齿根部的应力集中现象，刮前滚齿的齿顶也可是圆头形的，使得切出的齿槽略深于零件图样所规定的齿高，槽底两侧具有适量的沉割。刮前滚齿的留量根据模数和热处理变形的大小来确定。一般的硬齿面齿轮，当模数为 2~10mm 时，其齿厚精加工留量为 0.2~0.6mm。

2) 磨前滚齿。磨前滚齿与刮前滚齿一样，要求磨前滚刀切出的齿槽底部两侧有适量的沉割，精磨齿后，齿根处不留下台阶，以免产生应力集中，还要保证精磨齿后齿轮的渐开线有效长度不会减短。磨前滚齿的留量应考虑热处理后齿轮的变形量和磨削次数，一般模数为 2~10mm 时的齿厚留量为 0.3~0.5mm。进给量可以选得大一些。

(5) 切削油　硬质合金滚刀的切削机理与普通滚刀不同，其前刀面和后刀面表面粗糙度低，所以切屑流动抗力小，被切齿面的表面温升低，因此通常情况下可以不采用切削液。采用一般的高黏度切削液，会使刃口打滑而崩刀，除非采用专用的切削油。至今国内外硬质合金滚刀仍普遍采用干切的方式。

为了改善冷却条件、减少刀齿磨损、提高加工质量、并有利于排除切屑，采用合适的切削油是可以获得一定效果的。日本相浦正人曾研制了黏度约 $9mm^2/s$，含有有机钼极压添加剂的 F 切削油。采用 F 切削液，滚刀的寿命比干切时延长了 2 倍。德国 KLINGELNBERG 公司研制了黏度约 $15mm^2/s$，含有氯化石蜡和特殊脂肪的切削油，获得了很好的效果。目前出现了一种 EC-2 硬齿面切削油，由精制基础油、多种抗磨极压添加剂、防锈剂、渗透剂按科学配方组成，具有极好的流动性、渗透性、润滑性及耐磨损性能。在滚削加工中，能保证有充足的 EC-2 硬齿面切削油进入切削区，在刀齿和被加工齿轮接触表面形成极薄的润滑膜，起边界润滑作用，以减小刀齿后面与工件的摩擦，降低后刀面的磨损，同时，也防止了前刀面粘屑，避免了因切屑挤嵌前刀面引起的崩刃。EC-2 硬齿面切削油还具有良好的导热性，能迅速带走切削热，减小刀齿的热冲击和崩刃，比干滚延长硬质合金滚刀寿命 1.6~2.4 倍，有利于加工精度和表面质量的提高。

(6) 极限磨损量　滚刀磨损对切齿精度的影响，主要不是由于刀齿磨损前、后尺寸变化造成的，而是由于在硬齿面滚齿时，刀齿磨损将明显地影响切削分力的变化。当刀齿后面磨损达 0.2mm 时，滚刀轴向分力将比主切削力大一倍以上。在刚件不足、间隙较大的普通滚齿机上滚齿时，将对被切齿轮的精度带来较大的影响。

硬质合金滚刀滚齿时，齿面上切除的金属厚度很小，一般为 0.10～0.30mm。若刀齿磨损太大，刃口就会打滑不易切入。此外，由于硬质合金滚刀刃磨比较困难，而且刀片厚度较薄、重磨次数不多，考虑种种因素的影响，通常硬质合金滚刀的极限磨损量定为 0.25mm。这样小的磨损量，在机床上比较难确定，实际生产中可以通过试验确定磨损量为极限磨损量时的切削长度（齿宽×齿数），通过限制切削长度来控制极限磨损量。

目前我国生产的硬质合金滚刀与国外相比寿命较短，相同磨损量的切削长度尚有较大的差距。这主要是由于硬质合金刀片材料的质量较差，尤其是耐磨性差，其次是刀具的制造和使用上还存在着一些问题尚待解决。

（7）切削用量规范　硬齿面滚削的切削用量规范，应根据工件的材质、硬度、规格、加工性质、机床条件及刀具性能等因素进行综合性的考虑。一般范围及选择的原则如下：

1）切削速度。切削速度一般可以在 20～80m/min 较宽的范围内选择。在上述范围内硬度高、模数大、齿数多时应选择较低的切削速度，在滚切大模数、少齿数的齿轮时，滚刀转速的提高往往受工作台转速的限制。超出上述范围的过低的切削速度，反而会加剧滚刀的磨损。目前，国产的硬质合金刀片耐磨性差，影响刀具的耐用度，一般情况下，切削速度一般限制在 20～40m/min。

2）进给量。进给量可以在 1.5～6mm/r 的范围内选择。超出上述范围的过低的进给量，会加剧切削过程的挤压，并增加切削路程，反而会加剧滚刀的磨损。精滚齿时，为了减少走刀波动，进给量一般不宜大于 2mm/r。精滚后若采用蜗杆式珩磨轮珩齿，可有效地去除走刀波动，并大大地降低齿面的表面粗糙度数值，精度也会有所提高。用于磨前半精滚齿时，若机床刚性好，可以加大进给量，从而提高刀具的耐用度和生产效率。常用的进给量范围为 1.5～4mm/r。

3）切削深度。切削深度可以在 0.3～1mm 范围内选择。切削深度过小，切屑厚度小，刃口挤压不易切入，会加剧刀刃的磨损；切削深度过大，切削负荷大，会因此而崩刃。通常切削深度限制在 0.3～0.8mm。日本阿兹米公司硬质合金滚刀滚齿的切削实例见表 4-50；KLINGELNBERG 公司硬质合金滚刀滚齿的切削实例见表 4-51；中信重型机械公司硬质合金滚刀滚齿的切削实例见表4-52。

表 4-50　日本阿兹米公司硬质合金滚刀滚齿的切削实例

| | 被切齿轮技术条件 | | | | | | 切削条件 | | | 滚刀寿命 | | |
序号	模数 /mm	齿数	螺旋角 /（°）	齿宽 /mm	材料	硬度 HRC	滚刀速度 /（m/min）	进给量 /（mm/r）	切削长度 /m	磨损量 /mm	每磨损 0.1mm 时的切削长度/（m/0.1mm）
1	5	36	15	50	S45C	57	75	1.0	50	0.03	167
2	5	152	25	80	SMC22	57	60	2.0	110	0.10	110
3	6	40	29	100	16MnCr5	53	80	1.5	100	0.10	100
4	7	30	0	40	ScM21	53	75	2.0	90	0.06	150
5	8	24	15	50	ScM21	57	75	2.0	50	0.04	126
6	9	98	13	100	SNC21	57	75	2.5	30	0.015	200
7	10	72	0	120	SNC21	60	76	2.0	98	0.10	98
8	12	93	13	290	SNC21	60	67	1.0	80	0.10	80
9	14	120	0	130	ScSiMn2B	60	63	2.0	90	0.12	75
10	16	77	9	380	SNC22	60	50	3.0	60	0.07	86
11	16	19	23	300	SNCM26	48	27.5	2.6	80	0.12	67
12	16	158	28	400	SNCM26	49	28	2.0	72	0.13	55
13	18	51	10	500	SNC22	56	35	3.0	78	0.12	50
14	18	31	22	395	SNC22	63	30	5.0	60	0.13	46
15	20	59	21	240	SNC22	56	33.7	2.2	76	0.15	51
16	25	49	19	250	SNC22	57	31	1.5	65	0.15	43

表 4-51 KLINGELNBERG 公司硬质合金滚刀滚齿的切削实例

序号	被切齿轮技术条件						切削条件			滚刀寿命	
	模数/mm	齿数	螺旋角/(°)	齿宽/mm	材料	硬度HRC	滚刀转速/(r/min)	切削速度/(m/min)	进给量/(mm/r)	切削长度/m	磨损量/mm
1	5	94	10	110	17CrNiMo6	60	228	90	4.0	31.5	0.10
2	5	94	10	110	17CrNiMo6	60	278	110	2.0	31.5	0.05
3	8	92	15	150	42CrMo4	58	140	79	2.0	57	0.10
4	10	41	0	118	17CrNiMo6E	59	140	70	1.6	97	0.30
5	10	213	30	160	17CrNiMo6	60	100	60	2.5	118	0.30
6	12	140	20	250	17CrNiMo6	59	130	70	2.5	112	0.35
7	14	82	0	300	16MnCr5	59	85	67	2.3	73.8	0.25
8	14	82	0	300	16MnCr5	59	85	67	1.8	24.6	0.15
9	16	25	11	390	16MnCr5	60	90	68	2.0	30	0.20
10	18	82	11	355	17CrNiMo6	60	90	80	4.0	118	0.40
11	18	41	27	520	16MnCr5	57	80	70	2.0	96	0.25
12	18	61	25	160	16MnCr5	61	90	71	2.0	32	0.20
13	20	73	11	380	17CrNiMo6	59	70	66	2.0	85	0.30
14	20	73	11	380	17CrNiMo6	59	70	66	1.8	28	0.13
15	22	76	10	450	16MnCr5	61	70	65	2.0	104	0.40

表 4-52 中信重型机械公司硬质合金滚刀滚齿的切削实例

序号	被切齿轮技术条件						切削条件			滚刀寿命	
	模数/mm	齿数	螺旋角/(°)	齿宽/mm	材料	硬度HRC	滚刀转速/(r/min)	切削速度/(m/min)	进给量/(mm/r)	切削长度/m	磨损量/mm
1	4	88	20°40′	135.7	18CrMnTi	61	90	43.8	2.1	60	0.35
2	6	140	8°6′	252.5	20CrNi2MoA	58	60	30	2.2	35.4	0.25
3	12	31	8°6′	414	20CrNi2MoA	58	36	16.6	3.2	12.8	0.30
4	16	28	9°44′	567	20CrNi2MoA	58	30	14.1	4.0	15.8	0.20
5	16	92	28°	240	20CrNi2MoA	60	70	55	3.0	25	0.20
6	18	64	22°	250	20CrNi2MoA	59	60	47	3.0	17	0.20
7	20	50	10°30′	360	20CrNi2MoA	60	40	31	2.5	18	0.30
8	25	111	0°	600	20CrNi2MoA	60	36	34	3.5	67	0.35
9	28	98	0°	500	20CrNi2MoA	59	36	34	4.0	49	0.45
10	30	25	26°	760	20CrNi2MoA	59	24	16	3.5	21	0.55
11	31.174	26	23°	725	15CrNi3MoA	54	15	14.1	3.0	21	0.50

6. 硬质合金滚刀的刃磨

（1）磨钝标准 对于磨前半精滚加工用的滚刀（磨前滚刀）磨钝标准可限定在 0.2~0.3mm；对精滚用的滚刀（刮削滚刀）磨钝标准应限定在 0.1~0.2mm 以内。

（2）刃磨的技术要求 硬质合金滚刀刃磨以后，应达到规定的精度和质量要求，滚刀的刃磨公差可按 GB/T 6084—2001 标准规定。滚刀刃磨后，应对刃口进行强化处理，前刀面的表面粗糙度应不大于 $Ra0.63\mu m$。常用的刃口修整方法如下：

1）用细粒度碳化硅油石沿刀齿侧刃轻微而均匀地研磨 1~2 次，即可形成 0.01~0.03mm 的倒棱，研磨后刃口具有一定的钝圆形状。

2）用金刚石油石沿齿侧刃研磨 1~2 次，可获得比较平直的刃口。

（3）刃磨机床 硬质合金滚刀应在高刚度的滚刀刃磨机床上利用金刚石砂轮进行刃磨。对于模数较小的滚刀可在 M6025F 型或 MM6416 型工具磨床上进行刃磨。对于大模数硬质合金滚刀，可在刚度较好的经改装后的磨床上刃磨，如将 M7130 型机床改为硬质合金滚刀刃磨机床。

（4）刃磨夹具　在 M7130 型机床上安装如图 4-30 所示的刃磨夹具，可刃磨模数为 15～20mm 的滚刀。在夹具中采用 TF5 型光学分度头，其分度精度为 10″。该夹具调试精度可达 0.001mm。砂轮轴经调整后，其端面圆跳动不大于 3～5μm，径向圆跳动不大于 5～10μm。

（5）刃磨用砂轮　硬质合金滚刀刃磨时可采用粒度为 0.08mm 或 0.125mm 用树脂结合剂，金刚石浓度为 70%～100% 的 BW_1 金刚石砂轮，如图 4-31 所示。砂轮直径根据模数的大小，可在 75～200mm 内选用。

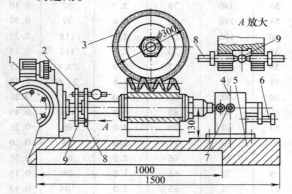

图 4-30　硬质合金滚刀刃磨夹具
1—TF5 型光学分度头　2—微调球形拨爪
3—金刚石砂轮　4—后顶尖　5—辅助支承板　6—调整螺钉
7—固定螺钉　8—微调螺钉　9—球形拨爪

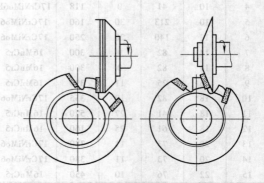

图 4-31　硬质合金滚刀的刃磨方式

（6）刃磨条件　为了改善刃磨质量，提高刃磨效率，降低砂轮消耗，可采用湿式刃磨，切削液可采用水溶性切削液，或低黏度的煤油、菜油及 7 号全损耗系统用油。切削液的流量应稍大，一般为 0.5～1L/mm。对于缓进给深磨法，更应加大压力和流量。

安装砂轮时应进行校正，工作面的圆跳动不大于 0.01～0.02mm，并保证砂轮端面与工作台运动方向平行。当砂轮磨钝时，可用碳化硅油石进行适当修整，以恢复砂轮的磨削性能。硬质合金滚刀的刃磨条件见表 4-53。

表 4-53　硬质合金滚刀的刃磨条件

刃磨方法	刃磨工序	砂轮线速度/(m/s)	纵向进给速度/(mm/min)	横向进给量/mm	刃磨行程数
缓进给深磨法	粗磨	25～30	50～100	0.2～1.0	1 次
	精磨	~35	100～150	微量进给或不进刀	1～2 次
普通磨削法	粗磨	15～25	800～1000	0.01～0.03	多次进刀
	精磨	比粗磨稍高	—	微量进刀或不进刀	1～2 次

7. 硬质合金滚刀滚齿的经济效益

硬齿面切削中，用生产效率高、价格相对低廉的硬质合金滚刀滚齿代替生产效率低、价格昂贵的磨齿，或是将硬质合金滚刀滚齿作为磨齿前的半精加工，借以消除热处理变形，从而减少留磨余量，节省磨齿工时，两者都能取得显著的经济效益。

4.9.3　高速高效滚齿

在大批量齿轮生产中，采用高速高效滚齿是目前的发展趋势。高速高效滚齿要求机床自动化程度高，有足够的静、动刚度，抗振性好，热变形小，冷却充分及与高速高效滚齿相适应的夹具和刀具。

1. 高速钢滚刀高速高效滚齿

（1）多头滚刀　使用多头滚刀是提高切齿效率最有效的手段之一，在大批量齿轮生产中几乎都使用多头滚刀。滚刀头数的增多，不但可提高切齿效率，而且由于切削刃工作次数减少，切削厚度变大使得切削刃滑动变小，有利于切削刃切入，还可减少了滚刀磨损，提高刀具寿命。目前，高刚度滚齿机的发展使得采用 3~4 头滚刀、切削速度达 120m/min 的高速滚齿技术得到应用。

使用多头滚刀必须使用高刚度滚齿机。此外，滚刀头数的增加会影响加工齿轮的精度和齿形的多边形误差，所以采用这种滚刀要综合考虑各方面的条件。

（2）特殊齿形滚刀　滚刀磨损主要是圆角磨损。通过理论分析和实践证明，圆角磨损主要是与切削流出时造成的干涉有关。为了防止切削的干涉让其分削，使切削流出容易，需要改变滚刀刀齿的形状。图 4-32a 和 b 所示为沿齿螺旋方向做前后交替变化而进行分削，从而改变切削流出方向的交错

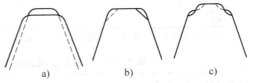

图 4-32　特殊齿形滚刀的齿形

刃滚刀刀齿齿形，图 4-32c 所示为在齿顶圆附近，做成前后交错的特殊波形而起到断削作用的滚刀刀齿齿形。这些形状对中模数齿轮滚刀特别有效，不过由于增加了各切削刃载荷，容易产生异状磨损、崩刃等现象，因此必须选用合适的切削用量。

（3）涂层滚刀　在滚刀切削表面上涂覆一层高硬度的 TiN 等硬化合物的涂层滚刀，其应用日益广泛。滚刀涂覆多采用处理温度在 500° 以下，不会影响高速钢基体硬度和尺寸的 PVD 法。涂层滚刀表面有一层耐热、耐磨的含 Ti 化合物，而且基体的韧性又非常好，所以它具有非常好的耐磨和防崩刃的性能。图 4-33 和图 4-34 所示为涂层和无涂层滚刀的磨损比较。

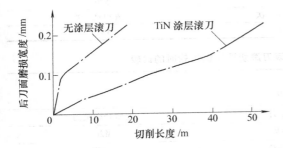

图 4-33　涂层和无涂层滚刀的磨损比较
（$m_n = 3mm$，$z = 36$，$b = 25mm$，$\beta = 27°$，S45C，180HBW，$v = 120m/min$，$f = 3mm/r$）

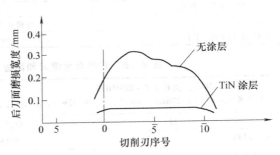

图 4-34　各切削刃磨损宽度的比较
（$m_n = 3mm$，$z = 50$，$b = 60mm$，$\beta = 0°$，S45C，180HBW，$v = 125m/min$，$f = 4mm/r$）

涂层滚刀刃磨后，前刀面的涂层就没有了，容易产生月牙洼磨损，致使后刀面上的涂层产生微小的剥落，从而使后刀面磨损加速发展。因此，滚刀基体材质一定要选择耐磨性和热处理性能良好的高速钢。图 4-35 所示为高速钢基体材料与后刀面磨损的关系。

（4）滚削方法　高速滚齿时推荐的切齿方法见表 4-54。滚切直齿轮采用顺滚，滚切斜齿轮采用工件和滚刀螺旋方向相反的逆滚。

2. 硬质合金滚刀高速高效滚齿

1）由于硬质合金滚刀的高速滚齿

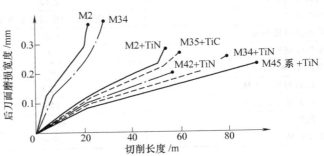

图 4-35　高速钢基体材料对后刀面磨损的影响
注：M2 国内对应牌号为 W6Mo5Cr4V2；
　　M34 国内对应牌号为 W2Mo8Cr2V2Co8；
　　M35 国内对应牌号为 W6Mo5Cr4V2Co5；
　　M42 国内对应牌号为 W2Mo9Cr4VCo3；
　　M45 国内无对应牌号

工艺及其装备等成套技术的发展，硬质合金滚刀高速滚齿在中模数齿轮的大批量生产中已开始应用。硬质合金滚刀和高速钢滚刀滚切相同工件时的比较见表 4-55 和表 4-56。

表 4-54　高速高效滚齿推荐的滚削方法

工件	直齿圆柱齿轮		右旋斜齿圆柱齿轮		左旋斜齿圆柱齿轮	
滚刀	右旋	左旋	右旋	左旋	右旋	左旋
逆滚	×	×	××	○	○	××
顺滚	○	○	×	×	×	×

注：○为推荐采用；×为不宜采用；××为不可采用。

表 4-55　硬质合金滚刀和高速钢滚刀滚切夹布胶木齿轮时的比较

工件材料：夹布胶木

工件参数：$m_n = 2.54$mm，$z = 56$，$b = 28$mm，$\alpha = 14.5°$，$\beta = 25°18'7''$（右）

项　目	高速钢滚刀	硬质合金滚刀
滚刀材料	W18Cr4V	YG6X
滚刀硬度	63~66HRC	>91HRA
滚刀转速/(r/min)	250	350
切削速度/(m/min)	40	55
切削方式	干式逆滚，一次切至全齿深	干式顺滚，一次切至全齿深
进给量/(mm/r)	3.5	3.5
单件滚切时间/min	3.5	2.5
班产量/件	90	160
一次刃磨加工工件数	30	500
刃磨周期	每班刃磨 3~4 次	三班刃磨一次
刀具消耗/(把/年)	70~80	3~5

表 4-56　硬质合金滚刀和高速钢滚刀滚切调质钢齿轮时的比较

工件材料：30Cr，调质 240~285HBW

工件参数：$m_n = 2.076$mm，$z = 30$，$b = 29.32$mm，$\alpha = 30°$，$\beta = 0°$

项　目	高速钢滚刀	硬质合金滚刀
滚刀材料	W18Cr4V	M20
滚刀硬度	63~66HRC	>91HRA
滚刀转速/(r/min)	95	400
切削速度/(m/min)	35.8	150.8
进给量/(mm/r)	2.62	2.0
切削方式	逆滚，一次切至全齿深	逆滚，一次切至全齿深
齿面波峰值/mm	0.007	0.004 以下
单件滚切时间/min	4	1.35
班产量/件	80	150
一次刃磨加工工件数	120	360~420
一把刀加工总件数	1400	12000
切削液	硫化油	干式
使用机床	FO-6	Y3120

在许多情况下，把硬质合金滚刀滚切的零件质量和高速钢滚刀滚切的零件质量相对比，结果发现硬质合金滚刀滚切的零件因切削力低、螺纹头数少、轴向进给少、切削速度高而优越性显著。

2）干滚技术（即不用切削液的高速滚齿技术）已越来越受到齿轮制造业的重视。高速干滚可提高生产率 2.5 倍左右。干滚切削禁止切削液进入切削区域，避免了因切削液造成的切屑流动困难的情况发生，此外还有取消冷却系统、简化机床机构、有利于环保等优点。

4.9.4　剃前滚齿

剃前滚齿要求齿轮的运动精度达到图样规定的精度等级，工作平稳性精度和齿向精度允许低一级。剃齿后还需淬火的齿轮，其滚齿精度视淬火变形的大小及淬火后选用的精整加工方法而定，一般要求剃前滚齿的运动精度比图样的规定提高半级左右。剃前滚刀的齿形见表 4-57。

表 4-57　剃前滚刀的齿形

简　图		说　明
剃前滚刀齿形	剃前齿轮齿形	
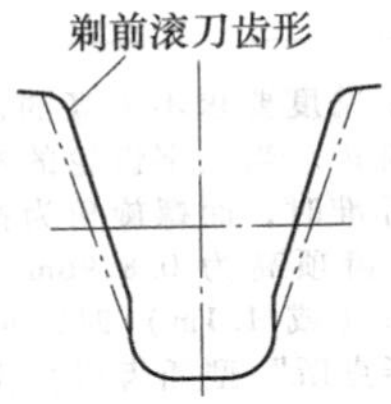 剃前滚刀齿形	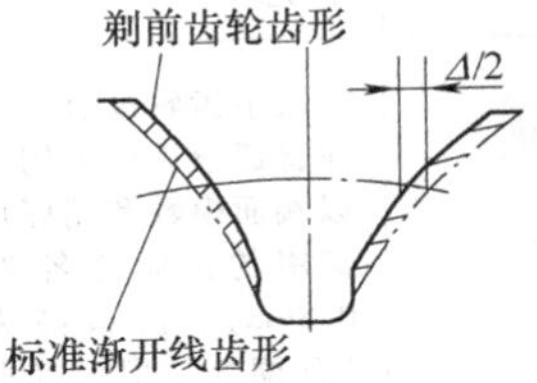 剃前齿轮齿形 标准渐开线齿形	1）滚出的齿轮齿顶处有修缘（倒角），使剃齿后齿轮齿顶处没有毛刺；齿根有适量沉割，使剃齿刀齿顶不参加工作，改善剃齿刀齿顶的工作条件，有利于剃齿质量和刀具使用寿命 2）留剃余量沿齿高均匀分布，剃前精度易于检测 3）滚刀齿形复杂，设计、制造较麻烦，主要适用于大批量生产
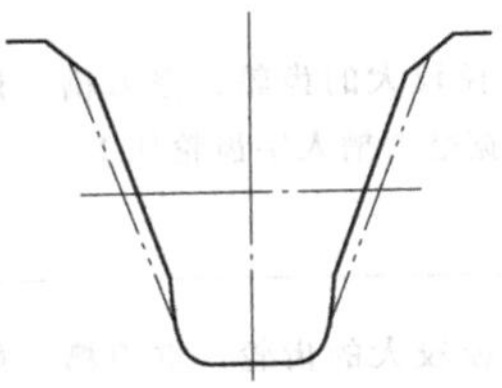	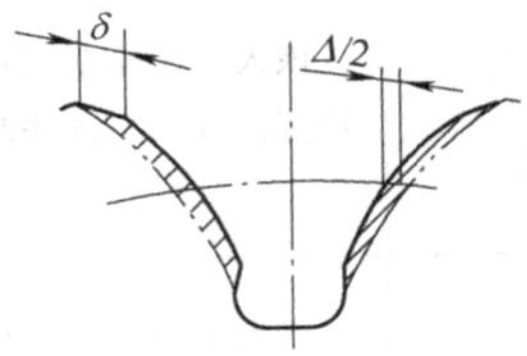	1）滚出的齿轮齿顶处有倒角，齿根有适量沉割，留剃余量沿齿高均匀分布 2）可排除齿轮外圆磕碰和剃齿毛刺对传动质量的影响 3）在减小剃齿余量的情况下，目前倾向于采用这种剃前滚刀，可不影响剃齿效果，又降低滚刀成本 4）滚刀齿形复杂，适用于大批量生产
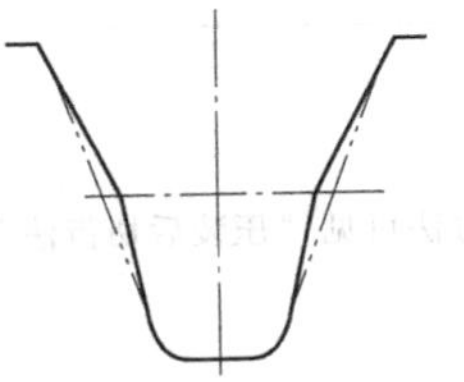	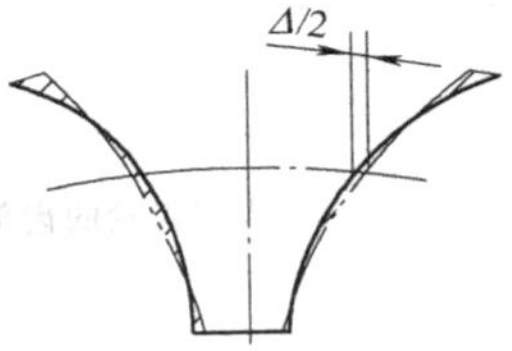	1）留剃余量沿齿高分布不均匀，分度圆处最大，齿顶处有倒角，齿根有少量沉割 2）剃齿时工作不平稳，剃前精度检测困难 3）滚刀制造容易 4）不适于大批量生产
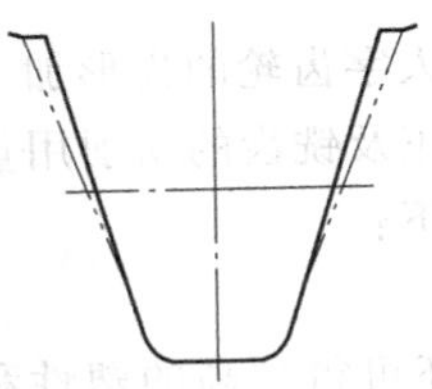	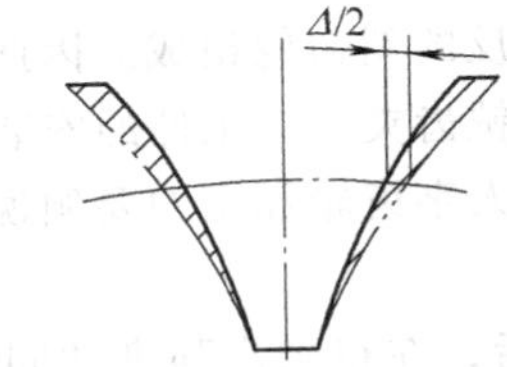	1）滚刀压力角较齿轮压力角小 1°～2°，使滚出的齿轮在齿根处有少量沉割，以满足剃齿要求 2）齿轮外圆处留剃余量最大 3）多用于 $m_n < 2mm$ 齿轮的剃前滚齿

4.9.5　人字齿轮加工

1. 人字齿轮的结构型式

人字齿轮可视为由两个螺旋角相同而旋向相反的斜齿轮组成，它除具有斜齿轮的特点外，还能够自相平衡传动过程产生的轴向力，从而可以采用大的螺旋角，因此具有承载能力高、工作平稳性好的显著优点，在重型机械中广泛应用。常用的人字齿轮结构见表 4-58。

表 4-58 常用的人字齿轮结构型式

结构型式	简　图	特点和齿部加工方法
宽空刀槽人字齿轮		人字齿轮的空刀槽较宽，加工容易，便于提高精度。一般在滚齿机和磨齿机上进行，加工精度较高
小空刀槽人字齿轮		人字齿轮的空刀槽较窄，加工受到一定的限制，一般可在英国的"孙德兰"型刨齿机、美国的"赛克斯"型插齿机及瑞士的"马格"型插齿机上插出。加工精度比较高。对于加工精度要求不高的小空刀槽人字齿轮，可用小直径滚刀或用指形铣刀在普通滚齿机上铣出
无空刀槽人字齿轮		人字齿轮没有空刀槽，对于精度要求不太高的，可在普通滚齿机上用指形铣刀铣齿。当人字齿轮的参数以端面模数和端面压力角为标准时，而螺旋角为按所选用的机床的名义螺旋角、齿顶高为 0.8796m（或 0.89m）、齿根高为 1.0053m（或 1.1m）时，可在"孙德兰"型刨齿机（或"赛克斯"型插齿机）上加工，加工精度较高
斜齿装配式人字齿轮	热装齿圈式人字齿轮		该人字齿轮多适用于直径较大的齿轮，空刀槽一般较宽。其加工方法基本同宽空刀槽人字齿轮加工
	拼合式人字齿轮		该人字齿轮多适用于直径较大的齿轮，空刀槽一般较窄。精度要求较高。其加工方法基本同宽空刀槽人字齿轮加工
组合式人字齿轮		该人字齿轮的齿部加工方法可见"压装后切齿法"

2. 人字齿轮的切齿加工

人字齿轮可视为由两个螺旋角相同而旋向相反的斜齿轮组成。因此，对人字齿轮的齿形加工所选用的机床、刀具和刀杆的选择、安装、找正，铣齿夹具、工件的安装、找正及铣齿的切削用量等与加工斜齿圆柱齿轮相同，这里不作说明。现就人字齿轮加工的要领说明如下：

（1）齿形粗加工

1）齿轮的开槽调质。齿轮经过热处理调质后，在得到高强度的同时，还可得到高的塑性和韧性等最佳的综合力学性能。调质处理工艺方法简单，齿轮的质量稳定可靠，有利于切削加工，成本低。正因为调质齿轮具有很多独特的优越性，至今仍然被普遍采用，特别是制造难度较大的大型重载齿轮，调质齿轮用的更多。

当齿轮的模数较大时，若采用整体毛坯调质，由于受到钢材淬透性的限制，往往在齿根部位不能获得要求的调质组织和硬度。因此，当齿轮模数较大时，为了提高齿轮的齿根力学性能，通常在模数 $m_n \geq 16\text{mm}$（日本某企业为模数 $m_n \geq 12\text{mm}$）时，应采用先开槽后调质的工艺。开槽调质前粗滚齿齿厚余量应慎重选择。表 4-59 所列为对一般结构、热处理变形控制稳定的条件下的齿厚余量，仅供参考，企业应根据轮缘材料的淬透性、轮缘厚度、热处理水平等条件规定各自企业的内部标准。

表 4-59 开槽调质齿轮的起始模数与粗滚齿加工余量 （单位：mm）

工厂	大阪制锁造机	费城齿轮公司	P&H公司（美）	国内某企业
起始模数	$m_n \geq 12$	$m_n \geq 25$	$m_n \geq 12.7$	$m_n \geq 16$
粗滚齿加工余量	—	≈12	—	7~10

对于人字齿轮，在粗开齿时，应使左、右旋齿的人字交点处于齿宽的中点，在齿厚上一般留 8~15mm 余量；齿根圆角半径要适当增大，表面粗糙度不大于 $Ra = 6.3\mu m$，齿的各部棱角倒圆，圆角半径为 $R3 ~ R5mm$。

对于渗碳淬火的人字齿轮，一般不进行开槽调质或粗加工调质。如在渗碳前增加了调质热处理，其目的是为了改善齿坯材料内部的组织，从而得到质量稳定可靠的综合力学性能。

2）滚切渐开线人字齿轮的最小空刀槽。

① 用非标准滚刀切制人字齿轮的最小空刀槽 W_{min}，可按式（4-32）近似计算：

$$W_{min} = \cos\omega \times \sqrt{h(d_{a0} - h)} + l\sin\omega + \alpha_k \sin\omega \qquad (4-32)$$

式中　ω——滚刀的安装角（°）；

　　　h——齿全高（mm）；

　　　l——滚刀有效长度的一半（mm）；

　　　$\alpha_k \dfrac{h_{a0}}{\tan\alpha_{n0}}$；

　　　α_{n0}——滚刀压力角（°）；

　　　h_{a0}——滚刀的齿顶高（mm）。

② 采用模数 $m_n = 4 ~ 10mm$ 的整体滚刀、$m_n = 12 ~ 30mm$ 的标准镶片滚刀和 $m_n = 32 ~ 36mm$（$h = 2.167m_n$）的镶片滚刀时，滚切人字齿轮的最小空刀槽 W_{min} 可从表 4-60 查得。

表 4-60 滚切人字齿轮的最小空刀槽 W_{min} （单位：mm）

m_n	W_{min}			m_n	W_{min}		
	$15°\leq\beta\leq25°$	$25°<\beta\leq35°$	$35°<\beta\leq45°$		$15°\leq\beta\leq25°$	$25°<\beta\leq35°$	$35°<\beta\leq45°$
4	50	55	60	20	200	215	230
5	60	65	70	22	215	230	250
6	70	75	80	24	230	250	270
7	75	80	85	26	250	275	290
8	85	90	95	28	290	310	325
9	95	105	110	30	315	325	350
10	100	110	115	32	320	330	350
12	125	135	145	34	325	340	360
14	140	155	175	36	330	360	380
16	155	175	185	40	360	405	420
18	175	195	205				

3）画人字齿加工线。一般调质人字齿轮的精切齿、开槽调质及粗切齿渗碳和表淬时，在铣完一半人字齿轮轮齿后，在机床上由划线工准确画划出另一半人字齿轮轮齿位置线，并按位置线准确对刀，再铣出另一半人字齿。人字齿的画线可采取以下两种方法：

① 当人字齿轮的一侧人字齿铣完后，可在机床上借助于工作台或齿轮端面用弯尺划出 $A—A$、$B—B$、$C—C$ 和 $D—D$ 线，并用钢尺划另一侧齿向线，如图 4-36 所示。

② 当人字齿轮的一侧人字齿轮铣完后，可在机床上以中心线 $X—X$ 为基准，在 $X—X$ 线左右两侧截取相等距离 $L_1 = L'$ 和 $L_2 = L_2'$，如图 4-37 所示，再通过已铣齿的 a_1 和 a_2 点划水平线交于 a_1' 和 a_2' 点，利

用钢尺划另一侧齿向线。

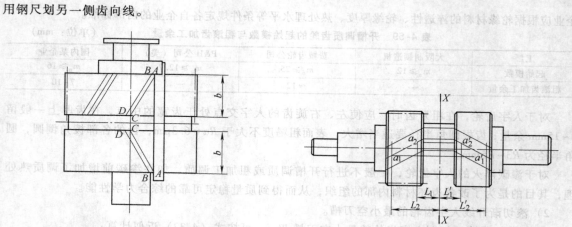

图 4-36　人字齿轮画线方法之一　　　　　图 4-37　人字齿轮画线方法之二

4）渗碳淬火齿轮的粗铣螺旋角。由于渗碳淬火人字齿轮（或螺旋角较大的宽斜齿轮）的热处理变形量较大，一般情况下螺旋角普遍增大，因此，对螺旋角较大的宽斜齿或人字齿轮在渗碳淬火前的粗滚齿时，要把齿轮的螺旋角按变形规律统计的数据进行修正，通常减小 4′~6′，以抵消热处理时角度的增大量，使螺旋角接近公称数值。显然这种方法可使齿面的淬硬层均匀，并有效地减少磨齿余量。

5）对于渗碳淬火变形较大的齿轮，最好在渗碳后淬火前增加一道半精滚齿工序（用磨前滚刀），以免两次热处理变形量叠加。

（2）齿形精加工

1）齿形精加工的原则。人字齿轮的制造原则是要优先保证齿轮的精度、人字齿轮人字交点对中、人字齿左右旋齿厚的一致性等。制造人字齿轮（或宽斜齿轮）的关键就是要保证齿面接触精度，尤其是对硬齿面齿轮更为重要。

在制造一对相啮合的人字齿轮时，以在同一机床上在同一次调整中加工出为宜。

铣人字齿轮时应先铣切左旋齿，然后铣切右旋齿，因为左旋齿齿面的表面粗糙度不易控制。在铣右旋人字齿前，应以左旋齿为基准划右旋齿加工线并铣出右旋齿，以保证齿面的表面粗糙度和人字齿对中等技术要求。

精切人字齿轮（或宽斜齿轮）时，刀具在两端切入和切出处只切齿面的一侧，从而产生让刀现象，使入口和出口的一侧齿面由于让刀而突出高于正常齿面，特别是铣切大螺旋角齿轮时更加突出。它将直接影响齿轮的正常啮合。为了削除高出齿面的部分以保证齿面的接触精度，精切齿后应在机床上进行修切，修切量要根据高出齿面的大小而定，一般修切应低于齿面 0.10~0.20mm。

2）人字齿轮左右旋齿厚不一致性允差。可双向运转的人字齿轮，其左右旋人字齿的相对齿厚偏差，对传动质量影响甚大。为使其偏差尽量减小，在车或磨齿坯时要求其左右人字齿的齿顶圆误差在允许范围内尽可能一致，且锥度要小。齿顶圆的实际尺寸应打印在空刀槽内，以便校核测量弦齿高，从而使人字齿轮的左右旋齿厚保持一致。人字齿轮左右旋齿厚不一致性允差见表 4-61。

表 4-61　人字齿轮左右旋齿厚不一致性允差　　　　　　　　　（单位：mm）

齿轮精度	7				8				9				
直径	模　数												
	≤5	>5~10	>10~16	>16	≤10	>10~16	>16~24	>24	≤16	>16~24	>24~36	>36~50	>50
≤500	0.03	0.04	0.05	0.06	0.06	0.08	0.10	0.12	0.10	0.15	0.20	0.25	—
>500~1500	0.04	0.05	0.06	0.07	0.08	0.10	0.12	0.14	0.15	0.20	0.25	0.30	0.40

（续）

齿轮精度	7				8				9				
直径	模 数												
	≤5	>5~10	>10~16	>16	≤10	>10~16	>16~24	>24	≤16	>16~24	>24~36	>36~50	>50
>1500~3000	0.05	0.06	0.07	0.08	0.10	0.12	0.14	0.16	0.20	0.25	0.30	0.35	0.45
>3000	—	—	—	—	0.12	0.14	0.16	0.18	0.25	0.30	0.35	0.40	0.50
齿条	—	—	—	—	—	—	—	—	0.10	0.15	0.20	0.25	0.30

注：沿齿长方向的齿厚偏差不超过本表偏差值的一半；齿轮精度根据运动精度（第Ⅰ公差组）。

3）人字齿轮的人字齿交点对中方法。斜齿装配式和组合式人字齿轮的人字齿交点对中，一般常采用以下几种方法，目的在于如何保证人字齿交点的中心位移最小。

① 做假轴试装划键法。人字齿轮的左旋齿轮全部按图加工，右旋齿轮除键槽不插外，其余全部按图加工完成。将左旋齿轮和右旋齿轮在滑动配合座的专用假轴上试装，经过齿轮啮合对准中心，检查齿轮啮合侧隙均匀一致。按假轴上已做出的键槽位置引出并划在右旋齿轮端面上，拆下右旋齿轮并按其画线插成键槽。

② 同插键槽法。将人字齿轮的左右旋齿轮除键槽不加工外，其余全部按图加工。按图 4-38 所示位置摆好，用弯尺或胎具使内孔同心，然后调整人字齿交点位于 A—A 平面内，同时插出键槽。

③ 配划切齿法。将人字齿轮的左旋齿轮全部按图加工，右旋齿轮除轮齿不铣出外，其余按图加工，按图 4-38 所示位置摆好，使内孔对准并严格控制两键槽的位置一致，按已加工的齿画另一件齿的加工线，按线切齿。

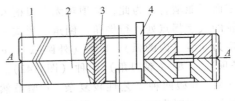

图 4-38　同插键槽法
1—右旋齿轮　2—左旋齿轮　3—胎具　4—弯尺

④ 压装后切齿法。压装后切齿法如图 4-39 所示。轴齿轮 2 全部按图加工，齿轮 1 也全部按图加工，齿轮 3 除轮齿暂不切出外，其余全部按图加工。将其压装在一起，使两边的 l 相等，按齿轮 1 的齿画齿轮 3 的齿加工线并按线对刀切齿。

⑤ 人字齿交点严格对中法。当人字齿轮要求人字齿交点严格对中时，可采用以下方法。

切齿前，在数控镗床上按人字齿轮的基准面找正，并在齿顶圆划齿轮中心线。然后，在齿顶圆上分别距齿宽两端面 L 处各钻一个 $\phi5H7$ 的孔，如图 4-40 所示，保证 $2 \times \phi5H7$ 孔的轴线与齿轮轴线在一个平面内。按 $2 \times \phi5H7$ 孔的轴心为准画人字齿对刀线。

切齿时，先按对刀线对刀试切一刀，齿厚适当留出余量，然后用量仪测定齿的对称性，如图 4-41 所示。测量时量具以 $\phi5H7$ 孔定位，对该齿的相邻齿的齿面 A、B 面分别打表，使其误差尽量一致。否则，根据两数值差值的一半窜刀，进行修切。然后再打表检查，直至达到要求为止。这样，加工出的人字齿轮，其人字齿交点严格对中。

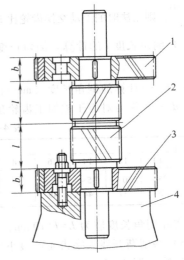

图 4-39　组合式人字齿轮压装后切齿法
1—左旋齿轮　2—人字齿齿轮轴
3—右旋齿轮　4—切齿夹具

4）无空刀槽人字齿轮倒角。

① 无空刀槽人字齿轮通常用指形铣刀铣制，铣齿后在人字齿的拐点处，一侧是尖角另一侧是

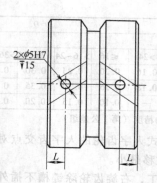

图 4-40　人字齿交点对中

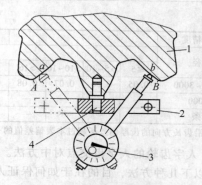

图 4-41　用量仪测定齿的对称性
1—人字齿轮　2—夹块　3—千分表　4—定位销

圆角，如图 4-42 所示。当一对人字齿轮啮合时，一齿轮之尖角与另一齿轮的圆角必然产生干涉而不能啮合，为此，必须对无空刀槽人字齿轮的人字拐点处进行倒角。倒角的形式一般规定为 a 型（内圆弧），b 型（外圆弧），c 型（平顶），d 型（双斜角）四种（图4-42）。由于 a 型、b 型两种工艺性较复杂，c 型虽然工艺性简单但对齿轮强度稍有影响，因此，一般推荐采用 d 型倒角。

② d 型例角法的差动交换齿轮比。一般取 $i_倒 = i/2$。例如，加工某人字齿轮时，差动交换齿轮 $i = \dfrac{50}{40}$，则角法时的差动交换齿轮比 $i_倒 = \dfrac{50}{80}$。

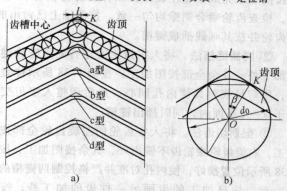

图 4-42　无空刀槽人字齿轮倒角
a）倒角形式　b）倒角长度的计算

③ 倒角长度 l 的计算。倒角长度 l 值的计算如下：

$$l = 2\,\overline{OK}\sin\beta = d_0\sin\beta$$

式中　l——计算的倒角长度（mm）；

　　　d_0——铣刀对应于被加工齿轮顶圆处的铣刀直径（mm），按表 4-62 选取。

表 4-62　计算倒角长度 l 时 d_0 的选取　　　　（单位：mm）

齿数	模　　数													
	10	12	14	16	18	20	22	24	26	28	30	36	42	45	50
130~12	25~32	30~37	35~44	40~49	42~55	47~63	53~67	57~72	61~79	65~83	70~92	88~108	98~125	105~135	120~150

实际倒角长度应为 $L = l + 10\text{mm}$，实际倒角长度应在齿轮轮齿根部进行测量。

5）磨削渐开线人字齿轮的最小空刀槽。磨削渐开线人字齿轮的最小空刀槽 W_{min} 可按式（4-33）近似计算（图4-43）：

$$W_{min} = \cos\beta(l_1 + \Delta_1) + 2.3m_n\sin\beta \qquad (4-33)$$

式中　l_1——由 r_a、r_f、d_0 的几何尺寸，由图 4-44 查出（mm）；

　　　d_0——砂轮直径，推荐按最大直径进行计算（mm）；

　　　r_a——齿顶圆半径（mm）；

　　　r_f——齿根圆半径（mm）；

　　　Δ_1——砂轮的超越行程长度，一般取 $\Delta_1 = 15\sim25\text{mm}$。

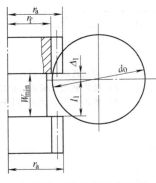

图 4-43　磨削渐开线人字齿轮的最小空刀槽

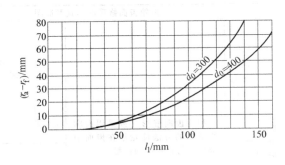

图 4-44　l_1 与 r_a、r_f、d_0 的关系

6) 齿轮齿面的修形。对于高速重载条件下的传动齿轮，必要时应进行齿廓修形和齿向修形，这样在啮合过程中修整部分不发生接触，就可以消除由于制造、安装时的误差、工作受力状态下的轮齿热变形（包括齿顶部受力的弹性变形）及齿端接触而引起的接触应力和齿根应力过大，使之传动平稳噪声小，延长齿轮的使用寿命。齿轮齿面修形的形式及方法见表 4-63。

表 4-63　齿轮齿面修形的形式及方法

齿轮齿面修形的形式及简图			加 工 方 法
齿廓修形	修缘	在齿顶附近对齿廓形状进行有意识的修缘，使齿廓形状偏离理论齿廓	1）磨齿改变节圆展成法 2）磨齿利用模板修整砂轮法 3）利用修形滚刀法 4）利用修形指形铣刀法 5）利用软片砂轮手工修整法
	修根	在齿根曲面附近对齿廓形状进行有意识的修缘，使齿廓形状偏离理论齿廓	1）磨齿改变节圆展成法 2）磨齿利用模板修整砂轮法 3）利用修形滚刀法 4）利用修形指形铣刀法
齿向修形	齿端修形	对轮齿一端或两端在一小段齿宽范围内，朝齿端方向齿厚进行逐渐减薄的修整	1）磨齿利用靠模板法 2）利用切齿刀具改切齿径向进刀深度法 3）改变螺旋角利用切齿刀具进行二次切削法
	鼓形修形 齿向鼓形修形	利用齿向修形（或采用齿廓修形）的方法使轮齿在齿面中部区域与相啮齿面接触	1）利用修形切齿刀具法 2）电跟踪仿形法 3）利用机床液压仿形法

（续）

齿轮齿面修形的形式及简图			加 工 方 法
鼓形修形	齿廓鼓形修形		1）利用修形切齿刀具法 2）磨齿利用模板修整砂轮法 3）磨齿利用改变展成节圆法
	利用齿向修形（或采用齿廓修形）的方法使轮齿在齿面中部区域与相啮齿面接触		
	齿向齿廓同时修形		见齿廓、齿向的鼓形修形法

7）齿根的修磨。用于重型机械传动的齿轮，在加工后不允许在齿根部位留有残余的凸台，应具有适当的表面粗糙度，尤其是硬齿面齿轮，齿根是最薄弱的环节。磨齿时在齿根留有凸台更容易引起应力集中，影响齿轮的使用寿命。因此，应对齿轮的齿根进行修整，方法如下：

① 在齿轮半精加工或精加工时，采用带触角的磨前滚刀或大圆角滚刀。

② 因为大型齿轮经渗碳淬火后变形一般难以控制，使用磨前滚刀也难以避免精加工后在齿根部位出现凸台。在这种情况下应在磨齿前将砂轮顶部尖角倒成适当圆角，在磨齿时齿轮齿廓和齿根圆角同时磨出（齿底见圆即可）。

③ 用手砂轮修磨抛光。

4.9.6　鼓形齿加工

1. 鼓形齿加工原理

滚切鼓形齿时，要求滚刀轴线按一定的圆弧曲线运动。滚齿机进行滚切时，工作台每旋转一周，滚刀轴线沿工件轴向走一个垂直进给量的距离 f_a。f_a 的值由垂直进给交换齿轮决定，在加工过程中是一个常量。加工鼓形齿时，是在正常加工中插入一个滚刀的径向进给。若工作台每旋转一周，滚刀径向进给量是 f_r，并保持

$$(x+f_r)^2+(y+f_a)^2=R^2 \tag{4-34}$$

式中　x、y——滚刀轴心坐标；

　　　　R——滚刀移动的圆弧半径，即鼓形齿齿根圆半径与滚刀齿顶圆半径之和。

则滚刀轴线沿一段圆弧轨迹移动，如图 4-45 所示，这样就加工出了鼓形齿。

在滚齿机上加工鼓形齿，还可以采用刀架垂直运动和立柱（或工作台）水平移动复合而成。可以通过多种途径改装机床或增加附件来实现。加工鼓形齿的仿形法多采用此原理。

2. 鼓形齿加工方法

（1）仿形法

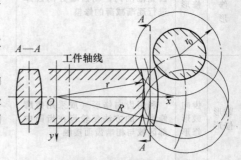

图 4-45　加工鼓形齿时滚刀的运动

1）液压仿形机构。加工原理如图4-46所示。刀架垂直运动，刀架立柱的水平移动通过液压仿形机构来实现。机床改造简单，但液压元件质量稳定性欠佳，实际应用受到限制。

2）机电仿形机构。加工原理如图4-47所示。该装置由电路、机械传动和模板三部分组成。在刀架垂直进刀时，以模板弧面触动电感侧头，通过电感比较仪和继电器控制装置，使继电器接触装置发生动作，控制电动机起闭，从而通过减速器带动立柱作间歇性前后移动。

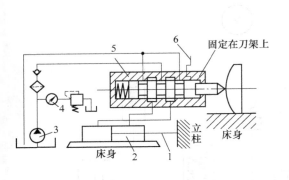

图4-46　液压仿形系统原理图

1—活塞杆　2—液压缸　3—液压泵　4—压力表

5—伺服阀　6—快速送进曲柄

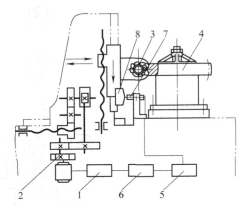

图4-47　电跟踪仿形系统原理图

1—接触装置　2—行星减速器　3—滚刀　4—工件

5—电感测微仪　6—继电器接触装置　7—电感测量头　8—模板

3）机械仿形机构。这种方法现在已较少应用。

（2）数控加工法　采用计算机控制、直流伺服驱动系统，用光栅尺测距形成全闭环系统。整个装置以附件的形式装在滚齿机上，实现鼓形齿加工的自动操作。数控加工法的优越性在于不需要设计制作控制模板，节省了工装费用。由于采用了闭环系统，有效地控制了立柱的爬行现象，降低了工件的表面粗糙度，同时消除了径向进给传动链间隙造成齿宽中部有一段圆柱齿的现象。

现介绍一种为大型滚齿机解决鼓形齿加工和进行齿向修形的装置。它还可用于在加工圆柱齿轮时立柱径向位置的显示，为切深调整和对刀提供了方便。

1）控制系统软件及硬件配置：

① 硬件配置如图4-48所示。

② 服务软件与控制软件。大致由以下五部分组成：

a. 人机对话式的功能选择、工艺参数输入及数据预处理，机床加工调整所需要参数的提供和为对刀提供的点动立柱移动。

b. 鼓形齿加工与齿向修形差补计算数学模型及加工工序管理。

c. 位置闭环控制软件。

d. 错误检测、错误自动纠正及纠正失败的停机报警，以及程序运行的超时保护。

e. 子程序。

③ 晶闸管供电的直流伺服装置，如图4-49所示。

④ 光栅数显表组成的位置反馈模块及立柱位置的数据取样接口，如图4-48所示。

⑤ 驱动装置。由直流电动机、行星摆线针轮减速器及爪形离合器组成，该装置与机床的手动调整手柄连接，如图4-50所示。

2）控制系统功能与参数。CNC系统的功能如图4-51所示，具体说明如下：

① 机床进刀量设定。在开机前对计算机设置滚刀垂直进给量。此值在系统初始化时被读入计算机，作为以后工艺参数预处理和差补计算的依据。

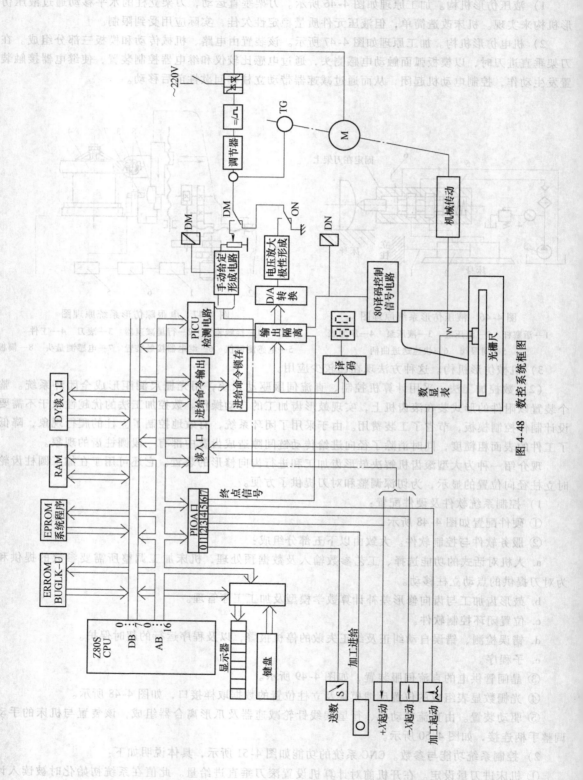

图4-48　数控系统框图

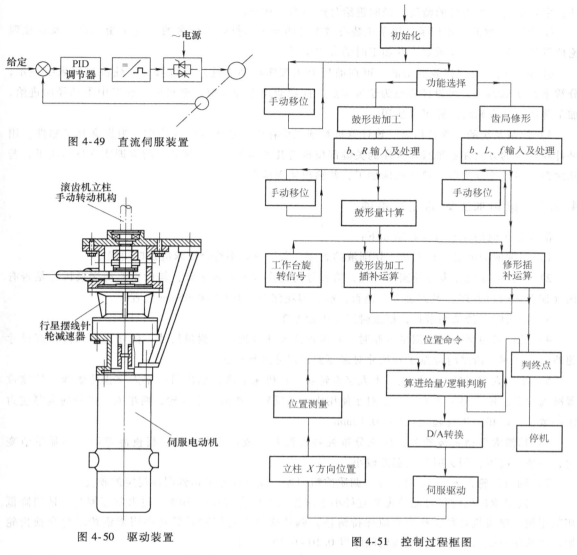

图 4-49 直流伺服装置

图 4-50 驱动装置

图 4-51 控制过程框图

② 功能选择。可在面板上按计算机提示，选择鼓形齿加工或齿向修形的功能。选定一种功能后另一种功能被封锁。

③ 工艺参数输入。按计算机提示，用面板上的键盘输入工件的特征参数。加工鼓形齿的参数：H 为齿宽，单位为 mm；R 为滚刀进给圆弧的起点 X 坐标值，单位为 mm（$R<5000$mm）。

④ 鼓形量提供。鼓形量即加工鼓形齿时，滚刀中心轨迹所形成的弓形的高。参数输入计算机后计算机自动算出该值，供机床操作者对刀用。

⑤ 工自动控制。在面板上启动系统，系统启动后除复位键以外，所有数字键全被封锁，计算机按选定的功能与输入的工艺参数，对加工全过程进行管理和控制，直到加工完毕，不需要机床操作者干预。加工过程中数显表显示进给累计长度，计算机显示 X 与 Y 坐标值。

⑥ 立柱位置全闭环控制。计算机算出立柱应在的位置，发出指令，再由计算机按全闭环位置反馈的原则控制伺服装置实现进给，晶闸管可逆系统向直流电动机供电进行驱动，光栅尺测定立柱实际位置，计算机采样算出位置误差并进行逻辑判断后决定下一步伺服系统如何动作。光栅测位全闭环控制可以自动补偿滚齿机径向进给传动链中所有间隙，其控制精度除受机床本身几何精度影响

外，主要取决于光栅尺的精度。径向进给分辨率为 0.01mm。

⑦ 加工参数的打印记录。该系统装有微型打印机可以打印工作台的 X 与 Y 坐标值以及立柱理论位置与实际位置，作重要工件加工时的参数记录。

⑧ 立柱点动及位移数显功能。可在面板上用按钮控制立柱点动位移，立柱位移用数字显示，分辨率为 0.005mm，可设任意点为位置零点。此功能用于加工前调整机床，加工中手动径向进给，加工普通圆柱齿轮时同样可以使用。

3）控制系统的可靠性措施。该计算机系统工作在强工业干扰的环境中，为提高其可靠性，用硬件和软件的方法在系统操作程序的关键部位设置几处检测点，发现错误时立即实现自动纠正，若几次自动纠正连续失败，停止机床加工，并输出错误信息。

4.9.7　滚齿加工时的注意事项

滚齿加工时的注意事项归纳如下：

1）切削液的液量必须充足，切削液的黏度、杂质等若不符合要求应及时更换。

2）切齿前应先在齿坯外圆啃刀花，检查分齿交换齿轮是否正确，斜齿轮差动交换齿轮是否有误（误差大时可发现）及螺旋方向是否正确，刀花深度以 0.02~0.05mm 为宜。

3）滚齿时严禁啃伤卡具，精滚时严禁中途停车。

4）凡以齿顶圆为基准测量齿厚时，若齿顶圆尺寸合格，则测量尺寸不做修正。当齿顶圆尺寸超差时，在测量齿厚时应按实际尺寸对齿厚测量尺寸进行修正。

5）滚制人字齿轮时，滚完一半人字齿轮后，在机床上准确划出另一半人字齿位置线，按该位置准确对刀，铣出另一半人字齿。对于使用中须正反转工作的人字齿轮，两半人字齿轮的齿厚应力求一致，一般相差不得超过 0.03~0.10mm。

6）精滚大型精密齿轮时，应充分重视昼夜温差造成的齿向误差。昼夜温差的大小随季节变化，一般情况下，阴天时昼夜温差较小。

7）调质齿轮在 $m_n \geq 16$ 时，应在调质前粗切齿，以确保轮齿达到图样规定的硬度。

8）选用滚齿机时尽可能使齿坯直径小于滚齿机工作台直径的 80%，超出此范围时应适当降低切削用量。滚齿机各种交换齿轮应保持清洁，调整交换齿轮间隙时只允许用紫铜棒敲打交换齿轮架，严禁敲打交换齿轮，交换齿轮间隙以 0.10~0.15mm 为宜。

9）齿坯找正时严禁在卡紧螺栓紧固的情况下，用重锤猛力敲打。齿坯的卡紧螺栓严禁以梯形螺母拉紧工作台梯形槽进行紧固。

10）硬质合金滚刀、钴高速钢滚刀严禁粗加工中使用，使用硬质合金滚刀精加工时，每次走刀齿面单面切削厚度不能超过 0.20mm。

4.9.8　粗滚齿余量

1. 软齿面及中硬齿面齿轮粗滚齿余量

软齿面及中硬齿面齿轮粗滚齿余量见表 4-64。

2. 渗碳淬火齿轮粗滚齿余量

渗碳淬火齿轮粗滚齿余量与诸多因素有关，如钢种、齿轮结构、热处理条件等。其粗滚齿余量可参考表 4-65。

3. 剃齿余量

剃齿余量见表 4-66。

表 4-64　软齿面及中硬齿面齿轮粗滚齿余量　　　　　　（单位：mm）

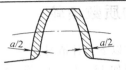

软齿面及中硬齿面齿轮粗滚齿余量可按下式计算：

当 $3 \leqslant m_n \leqslant 12$ 时　$a = 0.55 + 0.05(m_n - 3)$

当 $14 \leqslant m_n$ 时　$a = 1.20 + 0.05(m_n - 14)$

法向模数 m_n	3	4	5	6	7	8	9	10	11	12	14	16	18	20	22	25	28	30
余量 a	0.55	0.60	0.65	0.70	0.75	0.80	0.85	0.90	0.95	1.00	1.20	1.30	1.40	1.50	1.60	1.75	1.90	2.00
公差余量（+）	0.10										0.15				0.20			

表 4-65　渗碳淬火齿轮粗滚齿余量　　　　　　（单位：mm）

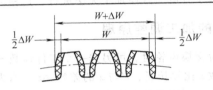

余量大小可用下列公式进行计算：

当 $m_n \leqslant 10$ 时　$\Delta W = 0.42 + 0.03 m_n$

当 $m_n > 10$ 时　$\Delta W = 0.72 + 0.012(m_n - 10)$

法向模数 m_n	3	4	5	6	7	8	9	10	11	12	14	16	18	20
公法线长度余量 ΔW	0.51	0.54	0.57	0.60	0.63	0.66	0.69	0.72	0.73	0.74	0.77	0.79	0.82	0.84
公差余量（+）	0.10								0.15					

注：1. 若磨齿前采用硬质合金滚刀半精滚，则磨齿余量为本表余量的 1/4，余量公差同本表。

　　2. 当用原始齿廓位移、固定弦齿厚等方法测量齿厚时，其对应余量可按以上公法线长度余量 ΔW 来换算。

　　3. 在下列情况下，余量应酌情加大：

　　　　1）齿轮结构较单薄。

　　　　2）齿轮直径较大。

　　　　3）齿轮齿宽较宽。

　　　　4）所用钢材热处理变形较大。

4. 珩齿余量

珩齿余量见表 4-67。

表 4-66　剃齿余量　　　　　　（单位：mm）

法向模数 m_n	≥3～5	>5～8	>8～10	>10～12
余量 a	0.07～0.11	0.08～0.13	0.09～0.15	0.11～0.18

注：表中给出的余量是一般情况下的数值，在保证能将剃前齿轮上的各项误差修正到所要求的数值的前提下，剃齿余量

　　应尽可能小。

表 4-67　珩齿余量　　　　　　（单位：mm）

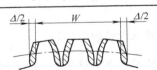

珩齿类型	盘式珩轮珩齿	蜗杆式珩轮珩齿
余量 Δ	0.01～0.03	0.03～0.06

注：齿轮模数大时取大值。

4.10 滚切齿数大于 100 的质数齿轮

当被加工齿轮的齿数为质数时，有以下三种情况：

1）齿数在 20 以下的质数齿轮，例如 13、17、19 等。加工时，分齿交换齿轮的搭配取它的整数倍即可。

2）齿数在 20~100 范围内的质数齿轮共有 18 个，即 23、29、31、37、41、43、47、53、59、61、67、71、73、79、83、89、91、97。加工时，机床附件中通常已备有相应齿数的交换齿轮，能满足加工要求。

3）齿数在 100 以上的质数齿轮例如 101、103、107、109、113、127 等，加工时因无法选取到上述分齿交换齿轮，又不能作因子分解而致使加工无法进行，这种齿轮常称为大质数齿轮。

4.10.1 滚切大质数齿轮的加工调整原理

在加工大质数齿轮计算分齿交换齿轮时，可另选一个工件齿数 z'，这个 z' 既能选取到分齿交换齿轮，同时又与被加工齿轮齿数 z 比较接近，z' 与 z 的差数 Δz（称为齿数差数），用机床中的附加运动进行补偿。附加运动的大小，利用差动交换齿轮的速比进行调整。附加运动的方向，则利用加置介轮与否进行控制。

4.10.2 滚切大质数直齿圆柱齿轮的调整计算方法

1. 分齿交换齿轮的计算

因为工件齿数 z 不能作因子分解，所以另选一个 z'，它等于：$z' = z \pm \Delta z$。Δz 是一个任意取定的小于 1 的分数值，但必须使 $z + \Delta z$ 或 $z - \Delta z$ 可以与机床分齿交换齿轮相约或化简，从而能够在现有机床附件的交换齿轮中找到相应的分齿交换齿轮。

分齿交换齿轮的计算式为

$$\frac{e}{f} \times \frac{a_1 c_1}{b_1 d_1} = K \frac{z_0}{z \pm \Delta z} \tag{4-35}$$

通常，采用单头滚刀加工大质数齿轮，所以式（4-35）变为

$$\frac{e}{f} \times \frac{a_1 c_1}{b_1 d_1} = K \frac{1}{z \pm \Delta z} \tag{4-36}$$

式中 K——所用滚齿机的分齿常数：Y38 型滚齿机，$K = 24$；Y3150 型滚齿机，$K = 48$。

2. 差动交换齿轮的计算式

为了使加工后的工件齿数仍保持成原来齿数 z，z 与 z' 的差数 Δz 依靠机床附加运动进行补偿纠正，其补偿量大小应该符合一定的传动关系。因为分齿交换齿轮调整为加工 z' 齿，所以每切削一个齿（单头滚刀旋转一整圈），工作台多转或少转圈数为

$$\frac{1}{z'} - \frac{1}{z} = \frac{z - z'}{zz'} = \frac{\mp \Delta z}{zz'} \tag{4-37}$$

在工作台转动一圈的时间内，多转或少转的圈数为 $\quad z \times \dfrac{\mp \Delta z}{zz'} = \dfrac{\mp \Delta z}{z'} = \dfrac{\mp \Delta z}{z \pm \Delta z}$ (4-38)

在工作台转动一圈的时间内滚刀的垂直进给量为 f_a，这个附加运动的传动关系是：滚刀垂直进给 f_a，工作台附加转动 $\dfrac{\mp \Delta z}{z \pm \Delta z}$。传动路线为垂直进给丝杠—工作台。以 Y38 型滚齿机为例，其传动运动方程式（详见 Y38 型滚齿机传动系统一节的附加运动传动链）为

$$\frac{f_a}{10}\times\frac{30}{5}\times\frac{20}{4}\times\frac{17}{17}\times\frac{17}{17}\times\frac{36}{45}\times\frac{a_3c_3}{b_3d_3}\times\frac{1}{30}\times i_{差}\times\frac{e}{f}\times\frac{a_1c_1}{b_1d_1}\times\frac{1}{96}=\frac{\mp\Delta z}{z\pm\Delta z}$$

其中，$i_{差}=2$，$\dfrac{e}{f}\times\dfrac{a_1c_1}{b_1d_1}=24\dfrac{z_0}{z\pm\Delta z}$，代入上述传动平衡方程式化简后得　　　$\dfrac{a_3c_3}{b_3d_3}=25\times\dfrac{\mp\Delta z}{z_0f_a}$

在常用滚齿机上，滚切大质数直齿圆柱齿轮时机床各组交换齿轮的计算式见表 4-68。

表 4-68　滚切大质数直齿圆柱齿轮时机床各组交换齿轮的计算式

使用机床	工件齿数	分齿交换齿轮		进给交换齿轮	差动交换齿轮
		$\dfrac{e}{f}$	$\dfrac{a_1c_1}{b_1d_1}$	$\dfrac{a_2c_2}{b_2d_2}$	$\dfrac{a_3c_3}{b_3d_3}$
Y38	$z\leqslant161$	$\dfrac{36}{36}$	$\dfrac{24z_0}{z\pm\Delta z}$	$\dfrac{3}{4}f_a$	$25\times\dfrac{\mp\Delta z}{z_0f_a}$
	$z>161$	$\dfrac{24}{48}$	$\dfrac{48z_0}{z\pm\Delta z}$		
Y3150	$z\leqslant161$	$\dfrac{36}{36}$	$\dfrac{48z_0}{z\pm\Delta z}$	f_a	$\dfrac{105}{4}\times\dfrac{\mp\Delta z}{z_0f_a}$
	$z>161$	$\dfrac{24}{48}$	$\dfrac{96z_0}{z\pm\Delta z}$		

附加运动的方向取决于 Δz 的符号，当取用 $+\Delta z$ 时，工件齿数被增大，调整分齿交换齿轮后工作台转速被放慢，用差动运动附加运动补偿时应加快工作台转速，差动交换齿轮公式前应使用"$-$"号，以使附加运动与分齿运动的转向相同；反之，取用 $-\Delta z$，工件齿数减小，工作台转速被加快，差动交换齿轮公式前应使用"$+$"号，以使附加运动的转向与分齿运动的转向相反。附加运动的方向，用加置介轮与否进行控制，它根据差动交换齿轮的计算结果所带符号，按表 4-69 选定。

表 4-69　滚切大质数齿轮时差动交换齿轮中的介轮

z' 的大小	差动交换齿轮计算结果所带符号	滚切方式	差动交换齿轮中的介轮	
			由两轮组成时	由四轮组成时
$z+\Delta z$	"$-$"号	逆滚	+	0
		顺滚	0	+
$z-\Delta z$	"$+$"号	逆滚	0	+
		顺滚	+	0

注：1. 表中内容适合于用右旋滚刀加工齿轮时。
　　2."+"号表示加置介轮，"0"号表示不加置介轮。

滚切大质数齿轮时各组交换齿轮的搭配方式可按表 4-70 所列内容进行复查和校核。

表 4-70　滚切大质数齿轮时各组交换齿轮的搭配形式

滚刀旋向	z' 的大小	滚切方式	差动交换齿轮的搭配形式
右旋	$z+\Delta z$	逆滚	与右旋滚刀滚切右旋斜齿轮相同
		顺滚	与右旋滚刀滚切左旋斜齿轮相同
	$z-\Delta z$	逆滚	与右旋滚刀滚切左旋斜齿轮相同
		顺滚	与右旋滚刀滚切右旋斜齿轮相同
左旋	$z+\Delta z$	逆滚	与左旋滚刀滚切右旋斜齿轮相同
		顺滚	与左旋滚刀滚切左旋斜齿轮相同
	$z-\Delta z$	逆滚	与左旋滚刀滚切左旋斜齿轮相同
		顺滚	与左旋滚刀滚切右旋斜齿轮相同

4.10.3　滚切大质数斜齿圆柱齿轮的调整计算方法

滚切大质数斜齿圆柱齿轮通常有两种方法。

（1）方法一　利用滚齿或插齿先加工一只齿数与被加工大质数斜齿轮齿数相同的直齿轮（交换齿轮），再利用这只质数交换齿轮来滚切所要加工的大质数斜齿圆柱齿轮。

（2）方法二　直接利用滚齿机中的差动机构切出。此时，分齿交换齿轮的计算方法与前述相同，但机床的附加运动应有两部分组成：

1）为补偿 Δz 的附加运动。

2）为形成螺旋齿所需的附加运动。

差动交换齿轮的计算式为

$$\frac{a_3 c_3}{b_3 d_3} = Q\left[\frac{\sin\beta}{\pi m_n z_0} \mp \frac{\Delta z}{z_0 f_a}\right] \tag{4-39}$$

式（4-39）中：垂直进给量 f_a 通常取整数值；Q 为计算滚切大质数斜齿圆柱齿轮差动交换齿轮的系数，$Q =$ 滚齿机差动常数 $\times \pi$，Y38 型滚齿机的 $Q = 7.95775 \times \pi = 25$，Y3150 型滚齿机的 $Q = 8.3556346 \times \pi = \frac{105}{4}$。

在常用滚齿机上，滚切大质数斜齿圆柱齿轮时机床各组交换齿轮的计算式见表4-71。

表 4-71　滚切大质数斜齿圆柱齿轮时机床各组交换齿轮的计算式

使用机床	工件齿数	分齿交换齿轮		进给交换齿轮	差动交换齿轮
		$\dfrac{e}{f}$	$\dfrac{a_1 c_1}{b_1 d_1}$	$\dfrac{a_2 c_2}{b_2 d_2}$	$\dfrac{a_3 c_3}{b_3 d_3}$
Y38	$z \leqslant 161$	$\dfrac{36}{36}$	$\dfrac{24 z_0}{z \pm \Delta z}$	$\dfrac{3}{4} f_a$	$\pm \dfrac{7.9577472 \sin\beta}{m_n z_0}$ $\mp \dfrac{25 \Delta z}{z_0 f_a}$
	$z > 161$	$\dfrac{24}{48}$	$\dfrac{48 z_0}{z \pm \Delta z}$		
Y3150	$z \leqslant 161$	$\dfrac{36}{36}$	$\dfrac{48 z_0}{z \pm \Delta z}$	f_a	$\pm \dfrac{8.3556346 \sin\beta}{m_n z_0}$ $\mp \dfrac{105 \Delta z}{4 z_0 f_a}$
	$z > 161$	$\dfrac{24}{48}$	$\dfrac{96 z_0}{z \pm \Delta z}$		

差动交换齿轮计算公式中，当工件与滚刀螺旋方向相同时，第一项前面用"-"号；方向相反时，第一项前面用"+"号。当取用 $+\Delta z$ 时，差动交换齿轮计算公式中的第一项也用 $+\Delta z$，此时第二项前面用"-"号；当取用 $-\Delta z$ 时，差动交换齿轮计算公式中的第一项也用 $-\Delta z$，此时第二项前面用"+"号。

上面公式若记为一般形式，则成为 $\dfrac{a_3 c_3}{b_3 d_3} = Q(A \pm B)$，式中的正负号及各组交换齿轮的搭配形式见表4-72。

表 4-72　滚切大质数斜齿轮时差动交换齿轮的调整

滚刀旋向	工件旋向	z' 的大小	滚切方式	差动交换齿轮计算公式
右旋	右旋	$z + \Delta z$	逆滚	$Q(A+B)$
			顺滚	$Q(A-B)$
		$z - \Delta z$	逆滚	$Q(A-B)$
			顺滚	$Q(A+B)$
	左旋	$z + \Delta z$	逆滚	$Q(A-B)$
			顺滚	$Q(A+B)$
		$z - \Delta z$	逆滚	$Q(A+B)$
			顺滚	$Q(A-B)$

（续）

滚刀旋向	工件旋向	z'的大小	滚切方式	差动交换齿轮计算公式
左旋	右旋	$z+\Delta z$	逆滚	$Q(A-B)$
			顺滚	$Q(A+B)$
		$z-\Delta z$	逆滚	$Q(A+B)$
			顺滚	$Q(A-B)$
	左旋	$z+\Delta z$	逆滚	$Q(A+B)$
			顺滚	$Q(A-B)$
		$z-\Delta z$	逆滚	$Q(A-B)$
			顺滚	$Q(A+B)$

4.10.4 滚切大质数圆柱齿轮时的注意事项

1）在滚切过程中，机床的分齿运动、进给运动和附加运动传动链是相互关联的，在加工过程中不能随便断开，否则将会造成"破头"而又得重新对刀。滚齿时如分粗精加工，粗加工完毕后只能采用手动使刀架作上下垂向移动，然后将手动重新恢复到机动位置，进行第二刀精加工，不得开动刀架的垂直方向快速电动机将滚刀快速返回切削行程的起始点。

2）如果快速退回滚刀，必须重新对刀，或使快速退导的返回行程长度为被加工斜齿轮轴向齿距的整倍数即可。

3）在加工过程中，不能变更垂直进给量的大小，如果必须变换垂直进给量时，应重新计算并调整差动交换齿轮。

4.10.5 Δz 的选取

在加工大质数齿轮时，通常使 Δz 值满足 $\Delta z=\pm\dfrac{1}{5}\sim\pm\dfrac{1}{50}$。$\Delta z$ 的选取可查表4-73。

简化后乘以适当因数，就可得到所需的分齿交换齿轮。

4.10.6 应用实例

【例1】 在Y38型滚齿机上滚切一大质数直齿圆柱齿轮，模数 $m_n=2mm$，齿数 $z=139$，用单头右旋滚刀逆铣加工，刀架垂直进给量 $f_a=1mm/r$。试确定分齿、进给、差动交换齿轮及其介轮。

1）分齿交换齿轮的确定。查表4-14，当 $z\leqslant 161$ 时，$\dfrac{e}{f}=\dfrac{36}{36}$。选取 $\Delta z=+\dfrac{1}{40}$。

$$\frac{a_1 c_1}{b_1 d_1}=24\times\frac{z_0}{z+\Delta z}=\frac{24\times 1}{139+\dfrac{1}{40}}=\frac{24\times 40}{5560+1}=\frac{24\times 40}{5561}=\frac{24\times 40}{67\times 83}$$

查表4-69，用右旋滚刀逆铣滚切直齿轮，分齿交换齿轮由四轮组成时，分齿交换齿轮中不加介轮。

2）进给交换齿轮的确定。垂直进给量 $f_a=1mm/r$，得进给交换齿轮为

$$\frac{a_2 c_2}{b_2 d_2}=\frac{3}{4}f_a=\frac{3}{4}\times 1=\frac{3}{4}=\frac{30}{40}\left(=\frac{60}{80}=\frac{60\times 35}{40\times 70}\right)$$

查表4-69，用逆铣加工时，刀架垂直进给交换齿轮由两轮 $\left(\dfrac{30}{40}\right)$ 或 $\left(\dfrac{60}{80}\right)$（单式轮系）组成时，应该加置一个介轮；由四轮 $\left(\dfrac{60\times 35}{40\times 70}\right)$（复式轮系）组成时，分齿交换齿轮中不要加介轮。

表 4-73 Δz 及计算分齿交换齿轮因数表

齿数 z	$\dfrac{1}{\Delta z}$	$\dfrac{z}{\Delta z}+1$	齿数 z	$\dfrac{1}{\Delta z}$	$\dfrac{z}{\Delta z}+1$	齿数 z	$\dfrac{1}{\Delta z}$	$\dfrac{z}{\Delta z}+1$
101	−17	33×52	139	+25	44×79	181	−15	46×59
	+20	43×47		+30	43×97		+20	51×71
	−23	43×54		−35	64×76		+25	62×73
	−35	57×62		+40	67×83		−30	61×89
	−45	64×71		+45	68×92		+35	64×99
103	−20	29×71	149	+15	43×52	191	+17	56×58
	−23	37×64		−25	49×76		−20	57×67
	+25	46×56		+25	54×69		−23	61×72
	−35	53×68		−35	66×79		−25	62×77
	+45	61×76		−39	70×83		−39	76×98
107	+15	22×73	151	+20	53×57	193	−17	41×80
	−20	31×69		−23	56×62		+20	39×99
	−23	41×60		−25	51×74		+23	60×74
	−35	39×96		+25	59×64		−25	67×72
	+45	56×86		−45	79×86		−40	83×93
109	−15	38×43	157	+15	38×62	197	−17	54×62
	+25	47×58		+17	30×89		+17	50×67
	+35	53×72		−20	43×73		−29	68×84
	+40	49×89		+23	43×84		+40	71×111
	+50	69×79		−35	67×82		−50	67×147
113	+15	32×53	163	−15	47×52	199	+17	47×72
	+23	40×65		+23	50×75		−23	52×88
	+34	61×43		−25	42×97		−34	41×165
	+35	43×92		+30	67×73		+35	81×86
	−45	62×82		−35	62×92		−39	80×97
127	−15	34×56	167	+17	40×71	211	+17	39×92
	+17	45×48		−20	53×63		−20	63×67
	−23	40×73		−23	60×64		+29	72×85
	−25	46×69		+25	58×72		−35	71×104
	+35	57×78		+35	74×79		−40	87×97
131	−20	27×97	173	+15	44×59	223	−15	38×88
	+25	52×63		−17	49×60		+17	48×79
	−34	61×73		−23	51×78		+20	49×91
	+45	67×88		−25	47×92		+23	54×95
	−50	59×111		+43	80×93		+25	68×82
137	−15	26×79	179	+15	34×79	227	−20	51×89
	−20	33×83		−23	42×98		−23	58×90
	−23	45×70		+23	58×71		+25	66×86
	−35	47×102		−35	72×87		+37	84×100
	−45	67×92		+45	53×152		−41	94×99

注: 1. $\Delta z = \pm\dfrac{1}{5} \sim \pm\dfrac{1}{50}$。

2. $\dfrac{z}{\Delta z}+1$ 栏内的因数为绝对值。

3. $i_1 = \dfrac{a_1 c_1}{b_1 d_1} = K\dfrac{z_0}{z\pm\Delta z} = \dfrac{Kz_0 \times \dfrac{1}{\Delta z}}{\dfrac{z}{\Delta z}+1}$。

3）差动交换齿轮的确定。

由表 4-68 可知，分齿交换齿轮公式中使用 $z+\Delta z$，则差动交换齿轮中使用"−"号。

$$f_a = 1\text{mm/r}, \quad \frac{a_3 c_3}{b_3 d_3} = 25 \times \frac{-\Delta z}{z_0 f_a} = -\frac{25 \times \dfrac{1}{40}}{1 \times 1} = -\frac{25}{40}$$

计算结果带"−"号，查表 4-69，逆铣加工时，差动交换齿轮由两轮（单式轮系）组成时，应加置一介轮。

滚齿时其余调整方法与通常滚齿时基本相同，并按滚齿工艺守则所规定的要求进行。

【例 2】 在 Y38 型滚齿机上用单头右旋滚刀滚切右旋大质数斜齿轮，模数 $m_n = 2\text{mm}$，齿数 $z = 103$，螺旋角 $\beta = 30°$，逆铣，刀架垂直进给量 $f_a = 1\text{mm/r}$。试确定分齿、进给、差动交换齿轮。

1）分齿交换齿轮的确定。查表 4-14，当 $z \le 161$ 时，$\dfrac{e}{f} = \dfrac{36}{36}$。选取 $\Delta z = -\dfrac{1}{25}$。

$$\frac{a_1 c_1}{b_1 d_1} = 24 \frac{z_0}{z - \Delta z} = \frac{24 \times 1}{103 - \dfrac{1}{25}} = \frac{24 \times 25}{2575 - 1} = \frac{24 \times 25}{2574} = \frac{24 \times 25}{2 \times 3 \times 3 \times 11 \times 13}$$

$$= \frac{24 \times 25}{6 \times 33 \times 13} = \frac{4 \times 25}{33 \times 13} = \frac{20 \times 25}{33 \times 65}$$

2）进给交换齿轮的确定。垂直进给量 $f_a = 1\text{mm/r}$，得进给交换齿轮为

$$\frac{a_2 c_2}{b_2 d_2} = \frac{3}{4} f_a = \frac{3}{4} \times 1 = \frac{3}{4} = \frac{30}{40} \left(= \frac{60}{80} = \frac{60 \times 35}{40 \times 70} \right)$$

3）差动交换齿轮的确定。因工件与滚刀的螺旋线方向相同，故公式第一项前面用"−"号。当取用 $-\Delta z$ 时，差动交换齿轮计算公式中的第一项用 $-\Delta z$，第二项前面用"+"号。

$f_a = 1\text{mm/r}$，

$$\frac{a_3 c_3}{b_3 d_3} = \pm \frac{7.9577472 \sin\beta}{m_n z_0} \mp \frac{25 \Delta z}{z_0 f_a} = -\frac{7.9577472 \sin 30°}{2 \times 1} + \frac{25 \times \dfrac{1}{25}}{1 \times 1}$$

$$= -\frac{7.9577472 \times \dfrac{1}{2}}{2 \times 1} + 1 = -\frac{7.9577472}{4} + 1$$

$$= -1.9894368 + 1 = -0.9894368 \approx -\frac{94}{95} = -\frac{47 \times 2}{19 \times 5}$$

$$= -\frac{47 \times 2 \times 3 \times 10}{19 \times 5 \times 30} = -\frac{47 \times 60}{57 \times 50} \quad (= -0.9894737)$$

（由 0.9894368 转化为 $\dfrac{94}{95}$ 的过程可参考 4.8.1 节的例 4）

计算结果带"−"号，使用两对交换齿轮时不加介轮。

交换齿轮比误差 $= 0.9894737 - 0.9894368 = 3.69 \times 10^{-5}$，在误差允许范围内。

4.10.7 滚切齿数大于 100 的非质数齿轮

在滚切齿数为 121、169、202、214、218、226、243、254 等齿轮时，这些齿轮虽然不是质数齿，但计算分齿交换齿轮时仍然无法选到所需的分齿交换齿轮。这是因为把这些齿数分解因数，有的因数仍是大于 100 的质数，有的因数虽然小于 100，但根据这些因数，无法选到所需的分齿交换齿轮。滚切这种齿数的齿轮时，需采用滚切大于 100 的质数齿轮的方法。

【例 1】　在 Y38 型滚齿机上滚切一直齿圆柱齿轮，模数 $m_n = 2\text{mm}$，齿数 $z = 121$，用单头右旋滚刀逆铣加工，刀架垂直进给量 $f_a = 1\text{mm/r}$。试确定分齿、进给、差动交换齿轮。

1）分齿交换齿轮的确定。查表 4-14，当 $z \leqslant 161$ 时，$\dfrac{e}{f} = \dfrac{36}{36}$。选取 $\Delta z = -\dfrac{1}{10}$。

$$\frac{a_1 c_1}{b_1 d_1} = 24 \times \frac{z_0}{z - \Delta z} = \frac{24 \times 1}{121 - \dfrac{1}{10}} = \frac{24 \times 10}{1210 - 1} = \frac{24 \times 10}{1209} = \frac{24 \times 10}{31 \times 39} = \frac{8 \times 10}{31 \times 13} = \frac{40 \times 20}{62 \times 65}$$

2）进给交换齿轮的确定。垂直进给量 $f_a = 1\text{mm/r}$，得进给交换齿轮为

$$\frac{a_2 c_2}{b_2 d_2} = \frac{3}{4} f_a = \frac{3}{4} \times 1 = \frac{3}{4} = \frac{30}{40} \left(= \frac{60}{80} = \frac{60 \times 35}{40 \times 70} \right)$$

3）差动交换齿轮的确定。由表 4-69 可知，分齿交换齿轮公式中使用 $z - \Delta z$，则差动交换齿轮中使用"+"号。

$$f_a = 1\text{mm/r}, \frac{a_3 c_3}{b_3 d_3} = 25 \times \frac{+\Delta z}{z_0 f_a} = -\frac{25 \times \left(-\dfrac{1}{10} \right)}{1 \times 1} = -\frac{25}{10} = -\frac{50}{20}$$

【例 2】　在 Y38 型滚齿机上滚切一直齿圆柱齿轮，模数 $m_n = 2$，齿数 $z = 202$，用单头右旋滚刀逆铣加工，刀架垂直进给量 $f_a = 1\text{mm/r}$。试确定分齿、进给、差动交换齿轮。

1）分齿交换齿轮的确定。查表 4-14，当 $z > 161$ 时，$\dfrac{e}{f} = \dfrac{24}{48}$。选取 $\Delta z = +\dfrac{1}{10}$。

$$\frac{a_1 c_1}{b_1 d_1} = 48 \times \frac{z_0}{z - \Delta z} = \frac{48 \times 1}{202 + \dfrac{1}{10}} = \frac{48 \times 10}{2020 + 1} = \frac{48 \times 10}{2021} = \frac{48 \times 10}{43 \times 47} = \frac{24 \times 20}{43 \times 47}$$

2）进给交换齿轮的确定。垂直进给量 $f_a = 1\text{mm/r}$，得进给交换齿轮为

$$\frac{a_2 c_2}{b_2 d_2} = \frac{3}{4} f_a = \frac{3}{4} \times 1 = \frac{3}{4} = \frac{30}{40} \left(= \frac{60}{80} = \frac{60 \times 35}{40 \times 70} \right)$$

3）差动交换齿轮的确定。由表 4-69 可知，分齿交换齿轮公式中使用 $z + \Delta z$，则差动交换齿轮中使用"-"号。

$$f_a = 1\text{mm/r}, \frac{a_3 c_3}{b_3 d_3} = 25 \times \frac{-\Delta z}{z_0 f_a} = -\frac{25 \times \left(\dfrac{1}{10} \right)}{1 \times 1} = -\frac{25}{10} = -\frac{50}{20}$$

4.10.8　查表法及其应用实例

虽然上述计算方法应用较多，但对于初学者来说，在取用 Δz 值时往往感到困难，甚至算错而造成废品。为此，现编制了一份便查表，见表 4-74。利用查表法计算，既简捷正确，又易于掌握。应说明的是对于每一个大质数，可以取用的 Δz 值往往不止一个，所以机床各组交换齿轮的调整方案也有好几个，表 4-74 所列数值只是其中的一个。

1. 查表法的计算原理

（1）分齿交换齿轮　由前述可知，滚切大质数直齿圆柱齿轮时，分齿交换齿轮的计算式为

$$\frac{e}{f} \times \frac{a_1 c_1}{b_1 d_1} = K \frac{z_0}{z \pm \Delta z} \tag{4-40}$$

通常，采用单头滚刀加工大质数齿轮，即 $z_0 = 1$，所以式（4-40）变为 $\dfrac{e}{f} \times \dfrac{a_1 c_1}{b_1 d_1} = K \dfrac{1}{z \pm \Delta z}$ （4-41）

式（4-41）中，K 是所用滚齿机的分齿常数：Y38 型滚齿机，$K=24$；Y3150 型滚齿机，$K=48$。

取 $R=\dfrac{1}{z_0}$，代入式（4-41）则得 $\quad \dfrac{e}{f}\times\dfrac{a_1c_1}{b_1d_1}=K\dfrac{1}{z\pm\dfrac{1}{R}}=\dfrac{KR}{zR\pm1}=\dfrac{KR}{y_1y_2}$

式中分母的因数分解 y_1、y_1 在表 4-74 中可直接查到。

（2）差动交换齿轮 由前述可知，对 Y38 型滚齿机，差动交换齿轮的计算式为

$$\frac{a_3c_3}{b_3d_3}=25\times\frac{\mp\Delta z}{z_0f_a} \tag{4-42}$$

取 Q 为计算滚切大质数圆柱齿轮差动交换齿轮的系数，$Q=$ 滚齿机差动常数×π。Y38 型滚齿机的 $Q=7.95775\times\pi=25$，Y3150 型滚齿机的 $Q=8.3556346\times\pi=\dfrac{105}{4}$，则式（4-42）可写为

$$\frac{a_3c_3}{b_3d_3}=Q\times\frac{\mp\Delta z}{z_0f_a} \tag{4-43}$$

通常，采用单头滚刀加工大质数齿轮，即 $z_0=1$，将 $R=\dfrac{1}{z_0}$ 代入式（4-43）得

$$\frac{a_3c_3}{b_3d_3}=Q\times\frac{\mp\dfrac{1}{R}}{1f_a}=\mp\frac{Q}{Rf_a} \tag{4-44}$$

式中各项在表 4-74 中可直接查到。

表 4-74 大质数直齿轮调整计算便查表

工件齿数 z	差数 Δz	倒数 R	分解因数 $zR\pm1=y_1y_2$	分齿交换齿轮 $\dfrac{a_1c_1}{b_1d_1}$	差动交换齿轮 $\dfrac{a_3c_3}{b_3d_3}$
101	$+\dfrac{1}{37}$	37	$3788=42\times89$	$\dfrac{K\times37}{42\times89}$	$-\dfrac{Q}{37\times f_a}$
103	$+\dfrac{1}{38}$	38	$3915=45\times87$	$\dfrac{K\times38}{45\times87}$	$-\dfrac{Q}{38\times f_a}$
107	$+\dfrac{1}{37}$	37	$3960=60\times66$	$\dfrac{K\times37}{60\times66}$	$-\dfrac{Q}{37\times f_a}$
109	$+\dfrac{1}{31}$	31	$3380=52\times65$	$\dfrac{K\times31}{52\times65}$	$-\dfrac{Q}{31\times f_a}$
113	$+\dfrac{1}{34}$	34	$3843=61\times63$	$\dfrac{K\times34}{61\times63}$	$-\dfrac{Q}{34\times f_a}$
127	$-\dfrac{1}{31}$	31	$3936=41\times96$	$\dfrac{K\times31}{41\times96}$	$-\dfrac{Q}{31\times f_a}$
131	$-\dfrac{1}{31}$	31	$4060=58\times70$	$\dfrac{K\times31}{58\times70}$	$-\dfrac{Q}{31\times f_a}$
137	$-\dfrac{1}{35}$	35	$4794=51\times94$	$\dfrac{K\times35}{51\times94}$	$-\dfrac{Q}{35\times f_a}$
139	$+\dfrac{1}{30}$	30	$4171=43\times97$	$\dfrac{K\times30}{43\times97}$	$-\dfrac{Q}{30\times f_a}$
149	$-\dfrac{1}{35}$	35	$5241=66\times79$	$\dfrac{K\times35}{66\times79}$	$-\dfrac{Q}{35\times f_a}$
151	$-\dfrac{1}{31}$	31	$4680=52\times90$	$\dfrac{K\times31}{52\times90}$	$-\dfrac{Q}{31\times f_a}$
157	$+\dfrac{1}{32}$	32	$5025=67\times75$	$\dfrac{K\times32}{67\times75}$	$-\dfrac{Q}{32\times f_a}$
163	$+\dfrac{1}{30}$	30	$4891=67\times73$	$\dfrac{K\times30}{67\times73}$	$-\dfrac{Q}{30\times f_a}$

（续）

工件齿数 z	差数 Δz	倒数 R	分解因数 $zR\pm1=y_1y_2$	分齿交换齿轮 $\dfrac{a_1c_1}{b_1d_1}$	差动交换齿轮 $\dfrac{a_3c_3}{b_3d_3}$
167	$-\dfrac{1}{33}$	33	$5510=58\times95$	$\dfrac{K\times33}{58\times95}$	$-\dfrac{Q}{33\times f_a}$
173	$+\dfrac{1}{37}$	37	$6420=66\times97$	$\dfrac{K\times37}{66\times97}$	$-\dfrac{Q}{37\times f_a}$
179	$-\dfrac{1}{30}$	30	$5369=59\times91$	$\dfrac{K\times30}{59\times91}$	$\dfrac{Q}{30\times f_a}$
181	$-\dfrac{1}{30}$	30	$5429=61\times89$	$\dfrac{K\times30}{61\times89}$	$\dfrac{Q}{30\times f_a}$
191	$-\dfrac{1}{31}$	31	$5920=74\times80$	$\dfrac{K\times31}{74\times80}$	$\dfrac{Q}{31\times f_a}$
193	$-\dfrac{1}{16}$	16	$3087=49\times63$	$\dfrac{K\times16}{49\times63}$	$\dfrac{Q}{16\times f_a}$
197	$-\dfrac{1}{17}$	17	$3348=54\times62$	$\dfrac{K\times17}{54\times62}$	$\dfrac{Q}{17\times f_a}$
199	$+\dfrac{1}{16}$	16	$3185=49\times65$	$\dfrac{K\times16}{49\times65}$	$-\dfrac{Q}{16\times f_a}$
211	$-\dfrac{1}{16}$	16	$3375=45\times75$	$\dfrac{K\times16}{45\times75}$	$\dfrac{Q}{16\times f_a}$
223	$-\dfrac{1}{15}$	15	$3344=44\times76$	$\dfrac{K\times15}{44\times76}$	$\dfrac{Q}{15\times f_a}$
227	$-\dfrac{1}{15}$	15	$3404=46\times74$	$\dfrac{K\times15}{46\times74}$	$-\dfrac{Q}{15\times f_a}$
229	$-\dfrac{1}{16}$	16	$3663=37\times99$	$\dfrac{K\times16}{37\times99}$	$\dfrac{Q}{16\times f_a}$
233	$+\dfrac{1}{15}$	15	$3496=46\times76$	$\dfrac{K\times15}{46\times76}$	$-\dfrac{Q}{15\times f_a}$
239	$-\dfrac{1}{15}$	15	$3584=56\times64$	$\dfrac{K\times15}{56\times64}$	$\dfrac{Q}{15\times f_a}$
241	$-\dfrac{1}{24}$	24	$5785=65\times89$	$\dfrac{K\times24}{65\times89}$	$\dfrac{Q}{24\times f_a}$
251	$-\dfrac{1}{16}$	16	$4015=55\times73$	$\dfrac{K\times16}{55\times73}$	$\dfrac{Q}{16\times f_a}$
257	$-\dfrac{1}{15}$	15	$3854=47\times82$	$\dfrac{K\times15}{47\times82}$	$\dfrac{Q}{15\times f_a}$
263	$+\dfrac{1}{16}$	16	$4209=61\times69$	$\dfrac{K\times16}{61\times69}$	$-\dfrac{Q}{16\times f_a}$
269	$-\dfrac{1}{19}$	19	$5112=71\times72$	$\dfrac{K\times19}{71\times72}$	$\dfrac{Q}{19\times f_a}$
271	$-\dfrac{1}{16}$	16	$4335=51\times85$	$\dfrac{K\times16}{51\times85}$	$\dfrac{Q}{16\times f_a}$
277	$-\dfrac{1}{15}$	15	$4154=62\times67$	$\dfrac{K\times15}{62\times67}$	$\dfrac{Q}{15\times f_a}$
281	$+\dfrac{1}{15}$	15	$4216=62\times68$	$\dfrac{K\times15}{62\times68}$	$-\dfrac{Q}{15\times f_a}$
283	$-\dfrac{1}{17}$	17	$4810=65\times74$	$\dfrac{K\times17}{65\times74}$	$\dfrac{Q}{17\times f_a}$
293	$+\dfrac{1}{17}$	17	$4982=53\times94$	$\dfrac{K\times17}{53\times94}$	$-\dfrac{Q}{17\times f_a}$

（续）

工件齿数 z	差数 Δz	倒数 R	分解因数 $zR \pm 1 = y_1 y_2$	分齿交换齿轮 $\dfrac{a_1 c_1}{b_1 d_1}$	差动交换齿轮 $\dfrac{a_3 c_3}{b_3 d_3}$
307	$+\dfrac{1}{15}$	15	$4606 = 49 \times 94$	$\dfrac{K \times 15}{49 \times 94}$	$-\dfrac{Q}{15 \times f_a}$
311	$-\dfrac{1}{15}$	15	$4664 = 53 \times 88$	$\dfrac{K \times 15}{53 \times 88}$	$-\dfrac{Q}{15 \times f_a}$
313	$-\dfrac{1}{17}$	17	$5320 = 56 \times 95$	$\dfrac{K \times 17}{56 \times 95}$	$-\dfrac{Q}{17 \times f_a}$
317	$+\dfrac{1}{15}$	15	$4756 = 58 \times 82$	$\dfrac{K \times 15}{58 \times 82}$	$-\dfrac{Q}{15 \times f_a}$
331	$-\dfrac{1}{15}$	15	$4964 = 68 \times 73$	$\dfrac{K \times 15}{68 \times 73}$	$\dfrac{Q}{15 \times f_a}$
337	$+\dfrac{1}{15}$	15	$5056 = 64 \times 79$	$\dfrac{K \times 15}{64 \times 79}$	$\dfrac{Q}{15 \times f_a}$
347	$-\dfrac{1}{16}$	16	$5551 = 61 \times 91$	$\dfrac{K \times 16}{61 \times 91}$	$-\dfrac{Q}{16 \times f_a}$
349	$+\dfrac{1}{15}$	15	$5236 = 68 \times 77$	$\dfrac{K \times 15}{68 \times 77}$	$\dfrac{Q}{15 \times f_a}$
353	$-\dfrac{1}{17}$	17	$6000 = 75 \times 80$	$\dfrac{K \times 17}{75 \times 80}$	$-\dfrac{Q}{17 \times f_a}$
359	$-\dfrac{1}{18}$	18	$6461 = 71 \times 81$	$\dfrac{K \times 18}{71 \times 81}$	$\dfrac{Q}{18 \times f_a}$
367	$-\dfrac{1}{15}$	15	$5504 = 64 \times 86$	$\dfrac{K \times 15}{64 \times 86}$	$-\dfrac{Q}{15 \times f_a}$
379	$-\dfrac{1}{19}$	19	$7200 = 80 \times 90$	$\dfrac{K \times 19}{80 \times 90}$	$\dfrac{Q}{19 \times f_a}$
383	$-\dfrac{1}{17}$	17	$6512 = 77 \times 88$	$\dfrac{K \times 17}{77 \times 88}$	$-\dfrac{Q}{17 \times f_a}$
389	$-\dfrac{1}{16}$	16	$6225 = 75 \times 83$	$\dfrac{K \times 16}{75 \times 83}$	$-\dfrac{Q}{16 \times f_a}$
397	$-\dfrac{1}{16}$	16	$6351 = 73 \times 87$	$\dfrac{K \times 16}{73 \times 87}$	$\dfrac{Q}{16 \times f_a}$

注：表列数值仅适用于采用单头滚刀滚切大质数直齿圆柱齿轮。

2. 查表法的应用实例

【例 1】　在 Y38 型滚齿机上，滚切一大质数直齿圆柱齿轮，齿数 $z = 349$，选用单头右旋齿轮滚刀，顺铣加工，刀架垂直进给量 $f_a = 1\text{mm/r}$。试确定各组交换齿轮及其介轮。

1）分齿交换齿轮的确定。查表 4-14，当 $z > 161$ 时，$\dfrac{e}{f} = \dfrac{24}{48}$，$K = 48$。查表 4-74，$\Delta z = +\dfrac{1}{15}$，$R = \dfrac{1}{\Delta z} = 15$，分齿交换齿轮为

$$\frac{a_1 c_1}{b_1 d_1} = \frac{48 \times 15}{68 \times 77} = \frac{24 \times 30}{68 \times 77}$$

查表 4-69 选用单头右旋齿轮滚刀滚切直齿圆柱齿轮，分齿交换齿轮由四轮（复式轮系）组成

时，分齿交换齿轮中要加介轮。

2）进给交换齿轮的确定。垂直进给量 $f_\mathrm{a}=1\mathrm{mm/r}$，得进给交换齿轮为

$$\frac{a_2 c_2}{b_2 d_2}=\frac{3}{4}f_\mathrm{a}=\frac{3}{4}\times 1=\frac{3}{4}=\frac{30}{40}\left(=\frac{60}{80}=\frac{60\times 35}{40\times 70}\right)$$

查表 4-69，用顺铣加工时，刀架垂直进给交换齿轮由两轮 $\left(\dfrac{30}{40}\right)$ 或 $\left(\dfrac{60}{80}\right)$（单式轮系）组成时，不必加置一个介轮；由四轮 $\left(\dfrac{60\times 35}{40\times 70}\right)$（复式轮系）组成时，分齿交换齿轮中要加置介轮。

3）差动交换齿轮的确定。采用 $f_\mathrm{a}=1\mathrm{mm/r}$，直接查表 4-74 得

$$\frac{a_3 c_3}{b_3 d_3}=-\frac{Q}{Rf_\mathrm{a}}=-\frac{25}{15\times 1}=-\frac{75}{45}$$

查表 4-69 因 Δz 取正值，差动计算结果应带负号，采用顺铣加工时，差动交换齿轮由两轮（单式轮系）组成，不必加置介轮。

【例2】　在 Y38 型滚齿机上，滚切一大质数右旋斜齿圆柱齿轮，齿数 $z=103$，模数 $m_\mathrm{n}=2\mathrm{mm}$，螺旋角 $\beta=15°$，选用单头右旋齿轮滚刀，逆铣加工，刀架垂直进给量 $f_\mathrm{a}=1\mathrm{mm/r}$。试确定各组交换齿轮及其介轮。

1）分齿交换齿轮的确定。查表 4-14，当 $z\leqslant 161$ 时，$\dfrac{e}{f}=\dfrac{36}{36}$，$K=24$。查表 4-74，$\Delta z=+\dfrac{1}{38}$，$R=\dfrac{1}{\Delta z}=38$，分齿交换齿轮为

$$\frac{a_1 c_1}{b_1 d_1}=\frac{24\times 38}{45\times 87}$$

查表 4-69 选用单头右旋齿轮滚刀逆铣加工右旋斜齿圆柱齿轮，分齿交换齿轮由四轮（复式轮系）组成时，分齿交换齿轮中不必加置介轮。

2）进给交换齿轮的确定。垂直进给量 $f_\mathrm{a}=1\mathrm{mm/r}$，得进给交换齿轮为

$$\frac{a_2 c_2}{b_2 d_2}=\frac{3}{4}f_\mathrm{a}=\frac{3}{4}\times 1=\frac{3}{4}=\frac{30}{40}\left(=\frac{60}{80}=\frac{60\times 35}{40\times 70}\right)$$

查表 4-68，用逆铣加工时，刀架垂直进给交换齿轮由两轮 $\left(\dfrac{30}{40}\right)$ 或 $\left(\dfrac{60}{80}\right)$（单式轮系）组成时，应加置介轮；由四轮 $\left(\dfrac{60\times 35}{40\times 70}\right)$（复式轮系）组成时，分齿交换齿轮中不必加置介轮。

3）差动交换齿轮的确定。采用 $f_\mathrm{a}=1\mathrm{mm/r}$，则

$$\frac{a_3 c_3}{b_3 d_3}=Q(A+B)=25\left[\frac{(z+\Delta z)\sin\beta}{\pi m_\mathrm{n} z_0 z}+\frac{\Delta z}{z_0 f_\mathrm{a}}\right]=25\left[\frac{\left(103+\dfrac{1}{38}\right)\sin 15°}{\pi\times 2\times 1\times 103}+\frac{\dfrac{1}{38}}{1\times 1}\right]$$

$$=25\times[0.041202854+0.026315789]=1.687966087$$

查通用交换齿轮表得 $\dfrac{a_3 c_3}{b_3 d_3}=\dfrac{72\times 55}{46\times 51}=1.68797954$

交换齿轮比误差 $=1.68797954-1.687966087=1.267\times 10^{-5}$，在误差允许范围内。

查表 4-69，用逆铣加工时，差动交换齿轮由四轮（复式轮系）组成时，不必加置介轮。

4.11　大模数齿轮的滚切

大模数齿轮通常是指模数大于 10mm 的齿轮。大模数圆柱齿轮主要用滚刀和指状铣刀加工。滚

刀加工模数范围受滚齿机刀架装刀空间的限制；用指状铣刀加工时，受铣刀制造条件的限制，模数不宜小于 10mm。大型内齿圈通常在插齿机上加工，也可在立式滚齿机上用指状铣刀加工，但精度较低。用蜗杆形滚刀在立式滚齿机上加工大型内齿圈这一新工艺，是一种很有前途的方法。

4.11.1　大模数齿轮的结构

大模数齿轮的典型结构见表 4-75。

表 4-75　大模数齿轮的典型结构

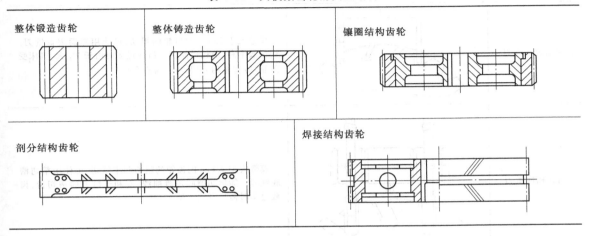

4.11.2　大模数齿轮粗切齿方法的选择

大模数齿轮粗切齿所需工时约占整个切齿工时的 60%～80%，合理选择粗切齿方法对提高切齿效率具有重要意义。大模数齿轮粗切齿方法可按表 4-76 进行选择。

表 4-76　大模数齿轮粗切齿方法

刀　具	简　图	应用范围与加工特点
带锥度大直径多头滚刀	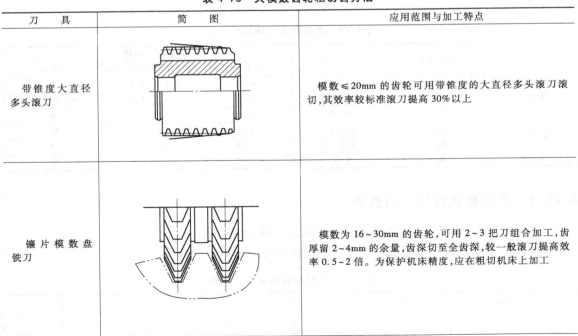	模数 ≤20mm 的齿轮可用带锥度的大直径多头滚刀滚切，其效率较标准滚刀提高 30% 以上
镶片模数盘铣刀		模数为 16～30mm 的齿轮，可用 2～3 把刀组合加工，齿厚留 2～4mm 的余量，齿深切至全齿深，较一般滚刀提高效率 0.5～2 倍。为保护机床精度，应在粗切机床上加工

（续）

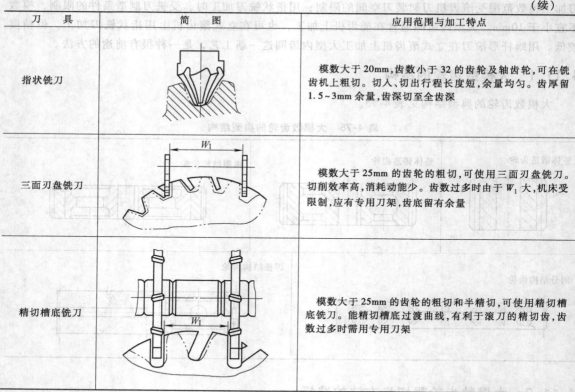

刀　具	简　图	应用范围与加工特点
指状铣刀		模数大于20mm，齿数小于32的齿轮及轴齿轮，可在铣齿机上粗切。切入、切出行程长度短，余量均匀。齿厚留1.5~3mm余量，齿深切至全齿深
三面刃盘铣刀		模数大于25mm的齿轮的粗切，可使用三面刃盘铣刀。切削效率高，消耗动能少。齿数过多时由于 W_1 大，机床受限制，应有专用刀架，齿底留有余量
精切槽底铣刀		模数大于25mm的齿轮的粗切和半精切，可使用精切槽底铣刀。能精切槽底过渡曲线，有利于滚刀的精切齿，齿数过多时需用专用刀架

4.11.3　大模数齿轮精切齿方法的选择

　　根据大模数齿轮的齿轮精度、齿部形式和机床、刀具情况，大模数齿轮精切齿方法可按表4-77选择。

表4-77　大模数齿轮精切齿方法

机床	切齿方法	精加工刀具	被加工齿轮		
			精度等级	齿面粗糙度 $Ra/\mu m$	空刀槽
滚齿机	铣齿	盘铣刀	8~10	6.3~1.6	宽
		指形铣刀	8~10	6.3~1.6	宽、窄、无
	滚齿	滚刀	7~10	6.3~1.6	宽
插齿机	插齿	插齿刀	6~8	6.3~1.6	窄
	梳齿	梳齿刀	6~8	6.3~1.6	窄
磨齿机	磨齿	砂轮	3~7	1.6~0.4	宽

4.11.4　大模数齿轮滚刀的选用

　　根据齿轮的精度等级，大模数齿轮滚刀可按表4-78选择。
　　根据齿轮的材质和热处理状态，大模数齿轮滚刀可按表4-79选择。

表4-78　大模数齿轮滚刀的选择

齿轮精度等级	6	7	8	9
滚刀精度等级	2A	2A	A	B

表 4-79 不同材质和热处理状态大模数齿轮滚刀的选择

齿轮特性	材质	碳素钢、合金碳素钢	合金碳素钢	低碳合金钢
	热处理	调质 286HBW 以下	调质 302~340HBW	渗碳淬火 58~64HRC
滚刀材料		钨系高速钢滚刀	钼系高速钢滚刀	硬质合金刮削滚刀

4.11.5 大模数齿轮插齿刀的选用

根据齿轮的精度等级，大模数齿轮插齿刀可按表 4-80 选择。

表 4-80 大模数齿轮插齿刀的选择

齿轮精度等级	6	7	8
插齿刀精度等级	2A	A	B

4.11.6 大模数齿轮滚齿机刀杆的精度和滚刀的安装要求

滚齿机刀杆的典型结构如图 4-52 所示。

与大模数齿轮滚刀相配合的直径 d_1 应选用 h5 公差，直径 d_1 的径向圆跳动和 B 面的端面圆跳动按表 4-81 确定。

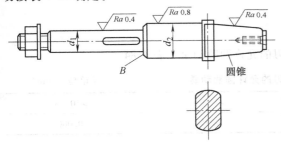

图 4-52 滚齿机刀杆的典型结构

表 4-81 滚刀杆的允许圆跳动量

（单位：mm）

d_1	32~60	80~100
直径 d_1 的径向圆跳动	0.010	0.015
B 面的端面圆跳动	0.005	0.010

滚刀杆安装在刀架上，其允许的圆跳动量见表 4-82。

表 4-82 滚刀杆安装后的允许圆跳动量

（单位：mm）

齿轮精度	齿轮模数	A	B	C
6	>8	0.015	0.020	0.010
7	>8	0.020	0.025	0.015
8	≤8	0.020	0.025	0.015
	>8	0.030	0.035	0.020
9	≤8	0.035	0.040	0.025
	>8	0.040	0.050	0.030

安装齿轮滚刀时，必须将刀杆、垫圈和滚刀擦拭干净。滚刀与垫圈的端面不允许有刻痕，垫圈两端面平行度允许误差不大于 0.005mm。滚刀安装后必须检查滚刀轴台的径向圆跳动，其允许误差值见表 4-83，并将两端凸台的最大跳动点尽量调整在同一轴剖面上。

表 4-83　　滚刀轴台的径向圆跳动量允许误差值　　　　　　（单位：mm）

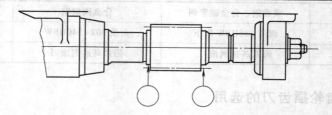

滚刀精度	齿　轮　模　数				
	8~10	11~14	15~20	21~24	25~30
2A	0.020	0.025	0.030	0.040	0.045
A	0.030	0.035	0.040	0.045	0.050
B	0.040	0.050	0.055	0.060	0.065
C	0.060	0.080	0.090	0.100	0.120

4.11.7　大模数齿轮盘铣刀的安装要求

齿轮盘铣刀的安装要求与滚刀相同。

4.11.8　大模数齿轮指形铣刀的安装要求

指形铣刀安装在滚齿机专用刀架上，共圆周刀刃的允许圆跳动量见表 4-84。

表 4-84　　指形铣刀刀刃的允许圆跳动量　　　　　　（单位：mm）

齿轮模数	>10~16	>16~30	>30~60
允许圆跳动量	0.040	0.050	0.060

4.11.9　滚齿机胎座的结构和精度要求

　　大模数圆柱齿轮滚齿时所用的胎座多为成组分离式的，一组胎座可以用来支承不同直径的齿轮，有利于单件、小批生产。常见的胎座结构型式如图 4-53a 所示。对于批量大、精度要求高的齿轮或易变形、要求全面支承和多点夹紧的大齿圈，也可制作专用的整体胎座。常见的整体胎座的结构型式如图 4-53b 所示。成组胎座和整体胎座通常采用高强度铸铁制成，以减小切齿时的振动。

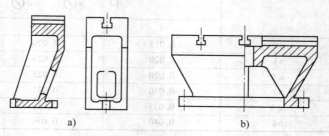

图 4-53　滚齿机胎座

　　成组胎座个数根据滚齿机工作台 T 形槽的等分槽数确定，要求同一组各胎座的高度尽量一致，可采用同一次装夹加工。一般大型滚齿机同组胎座的高度差不得大于 0.04mm。当整体胎座或成组胎座不能满足工件的精度要求时，可在滚齿机工作台上利用立柱进给精车胎座上平面，如图 4-54 所示。

4.11.10 大模数齿轮齿坯的要求

单件生产大模数圆柱齿轮，要求将齿轮外圆、基准端面与齿轮内孔在一次装夹中精车，以保证齿轮外圆与内孔同轴及基准端面与内孔的垂直度的要求。此外，在基准端面上分度圆处应车出深度和宽度分别为 0.5mm 的 V 形槽线作为标记，切齿时则以齿轮外圆和基准端面作为找正基准。齿坯外圆的径向圆跳动和基准端面的端面跳动见表 4-85。

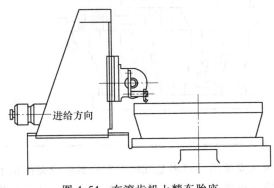

图 4-54 在滚齿机上精车胎座

对于 7 级和 7 级精度以上的铸钢件齿轮，应在精切齿之前进行静平衡，以避免焊接平衡块时造成齿部变形。铸钢件齿轮在齿部补焊后必须经退火处理，并重新精车后方可精切齿。

表 4-85 齿坯外圆的径向圆跳动和基准端面的端面跳动

齿坯外圆的径向圆跳动	$\leqslant (0.4\sim 0.5)F_r$
基准端面的端面圆跳动	$\leqslant 0.5\times\dfrac{d_y}{b}F_\beta$

注：F_r 为齿圈径向圆跳动公差；F_β 为齿向公差；d_y 为端面测量点的直径；b 为齿宽。

4.11.11 大模数齿轮齿坯在滚齿机上的装夹和找正

大模数齿轮在滚齿机上装夹，一般不利用齿轮内孔定位，而是用百分表找正齿坯外圆和基准端面来保证齿坯的安装精度。齿坯装夹在工作台上常用的夹具为心轴、整体胎座和成组胎座。齿坯装夹和找正的典型示例见表 4-86。

表 4-86 齿坯的装夹和找正

用心轴装夹小直径齿轮	用整体胎座装夹大齿轮

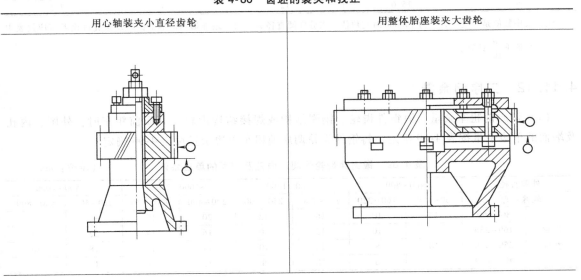

（续）

用成组胎座装夹大齿轮	大型精密齿轮的装夹和找正
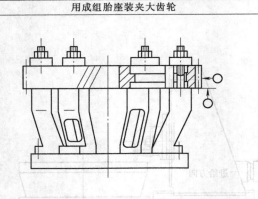	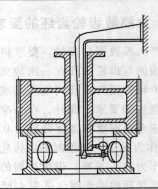

齿坯安装前必须将基准端面和夹具定位面擦拭干净，使齿坯基准端面向下与夹具定位面严密贴合，防止齿坯装夹变形。齿坯安装后应找正其齿顶圆和基准端面，其径向圆跳动量和端面圆跳动量不得超过表 4-87、表 4-88 所列数值。

表 4-87　齿顶圆（基准圆）的径向圆跳动量　　　　　　　（单位：μm）

分度圆直径/mm		400～1600			>1600～2500			>2500～4000		
法向模数/mm		>10～16	>16～25	>25～40	>10～16	>16～25	>25～40	>10～16	>16～25	>25～40
齿轮精度等级	6	28	36	45	32	40	50	36	40	50
	7	40	50	64	45	56	72	50	56	72
	8	50	64	80	56	72	90	64	72	90
	9	64	80	100	72	90	112	80	90	112

表 4-88　基准端面的轴向圆跳动量　　　　　　　（单位：μm）

齿轮精度等级	齿轮宽度或人字齿半人字齿宽度			
	100～160	>160～250	>250～400	>400～630
6	5	3.8	3	2.2
7	6.3	4.8	3.5	2.7
8	10	7.6	5.6	4.4
9	15.6	12	9.4	7.1

注：表中数值是分度圆直径为 100mm 时的数值，当分度圆直径为 d 时，基准端面的端面圆跳动量允许误差值应按表中数值乘 $\dfrac{d}{100}$ 计算。

4.11.12　工序间余量

（1）调质前粗车余量　锻钢件齿轮、镶圈结构或焊接结构齿轮在调质前粗车时，外圆、内孔及端面的单边余量按表 4-89 确定。铸钢件齿轮调质前粗车单边余量按表 4-90 确定。

表 4-89　锻钢件齿轮外圆、内孔及端面的单边余量　　　　　（单位：mm）

外圆直径		400～800		>800～1600		>1600～2500		>2500～4000	
轮缘壁厚		60～160	160～320	120～250	250～500	200～400	400～630	320～500	500～800
齿轮宽度	80～160	12	10	16	12	20	16	—	—
	160～250	10	10	12	10	16	14	22	18
	250～400	10	8	10	10	14	12	18	16
	400～630	8	6	10	8	12	10	16	14

表 4-90 铸钢件齿轮调质前粗车单边余量 （单位：mm）

外圆直径	≤1250	>1250~2500	>2500
单边余量	7.5	10	15

（2）调质前粗切齿余量 为了使大模数齿轮沿全齿高获得较均匀的热处理力学性能，可在调质前粗切齿。用齿轮滚刀粗切齿时，可在粗车余量基础上再浅切一定数值，该数值可按表 4-91 选定。用片铣刀和指状铣刀粗切齿的余量也可参照此表确定。

表 4-91 粗切齿齿深余量 （单位：mm）

齿轮外圆直径		≤1250	>1250~2500	>2500~5000
齿轮模数	16~22	5	6	8
	>22~30	6	8	10
	>30	8	10	12

4.11.13 大模数齿轮切削规范

大模数齿轮切齿加工的切削规范应根据使用刀具的种类和性能、齿轮的材料和热处理状态，以及切齿机床和工艺装备的刚度等因素决定。在单件生产情况下，工艺规程上往往难于做出明确的规定，而是根据操作工人的实践经验自行确定切削规范。以下表格的数值供选择切削规范时参考。

（1）走刀次数 切齿工序通常按模数大小决定走刀次数，走刀次数按表 4-92 选定。

表 4-92 粗、精切齿走刀次数

齿轮模数	盘铣刀	滚刀			指形铣刀		
	粗铣	粗切	半精切	精切	粗切	半精切	精切
12~16		1		1	1		1
18~20	1		1	1	1		1
22~30	1		1	1	1	1	1
32~40	2		1	1	2	1	1
>40					2	1	1

（2）切削速度 用高速钢滚刀滚切大模数碳素钢和合金钢齿轮时，常用的切削速度见表 4-93。此表是刀具耐用度为 10h 的数值 v_{10}。当加工大型齿轮时，要求刀具耐用度远远超过 10h，故必须根据刀具所需的耐用度按表 4-94 对切削速度进行修正。

表 4-93 滚齿切削速度 v_{10} （单位：m/min）

齿轮模数	≤18	20	22	24	26	28	30~40
切削速度	≈16	14.7~15.3	14.5	13.6	13	12.5	11

表 4-94 滚齿切削速度的修正系数

刀具耐用度 T/h	15	20	25	30	35	40	45	>50
修正系数 K_T	0.92	0.89	0.87	0.80	0.78	0.75	0.74	0.73

注：实际选用的切削速度 $v_T = v_{10} K_T$。

（3）轴向进给量 用标准齿轮滚刀滚切大模数齿轮时，一般粗滚齿进给量可取为 0.5~1mm/r。精滚齿进给量根据所要求的齿面表面粗糙度按表 4-95 选用。

表 4-95 精滚齿进给量

齿面粗糙度 $Ra/\mu m$	2.5~1.6	5.0~3.2	10~6.3
进给量/(mm/r)	0.8~1.5	1.5~2.5	3~5

（4）切削深度和齿厚留量　用盘铣刀和齿轮滚刀切齿时，切削深度和齿厚留量如下：

1）采用两次进给时，粗切后齿厚留 0.2~0.8mm 的精切余量。

2）采用三次进给时，第一次粗切齿深为 $(1.4~2.0)m_n$，第二次半精切后齿厚留 0.4~1.2mm 的精切余量。

用指形铣刀铣齿时，精切余量推荐采用表 4-96 所列数值。

表 4-96　指形铣刀精切齿厚余量　　　　　　　（单位：mm）

齿轮法向模数	10~18	20~36
法向齿厚余量	1	1.5~2.0

4.11.14　大模数齿轮的滚切特点

（1）大模数齿轮的对刀　若要求齿两侧面的齿形误差对称，精滚时应使滚刀中部的一个齿（或齿槽）的对称线通过工件轴线，即"对刀"。大模数齿轮的对刀可使用对刀规及对刀样板，如图 4-55 所示，或凭经验看刀花。

（2）滚刀轴向位置的调整　在用不带切削锥部的标准滚刀粗切齿数较多的大齿轮时，滚刀轴向位置应逆齿轮转动方间偏离中心，以减轻滚刀切入端边刃的负荷，防止打刀。

在精滚特大变位系数的大齿轮时，由于标准齿轮滚刀长度的限制，不能在一次走刀中形成轮齿两侧完整的齿形，而必须使滚刀左右偏离中心位置，以两次走刀分别精切出齿的两侧齿形。滚刀刃部端面在轴向偏离中心的尺寸 l 可按下式近似计算，如图 4-56 所示。

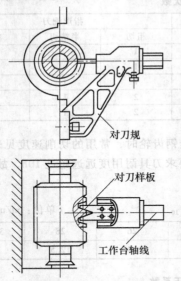

图 4-55　滚刀对刀规及对刀样板

图 4-56　加工特大变位系数的大齿轮时滚刀的轴向偏离位置

$$l = \left(\frac{h_a^* + |\xi_n|}{\tan\alpha_0} + \frac{\pi}{4} \right) m_n$$

当 $h_a^* = 1$，$\alpha = 20°$ 时，偏离尺寸 l 可按表 4-97 选取。

（3）调整滚齿机工作台卸载机构　重型立式滚齿机均有工作台卸载机构，其作用是保证工作台稳定旋转和保持分度机构的精度。工作台卸载机构有自动和人工调整两种，在安装夹具和工件后，先调整工作台卸载机构才能起动机床。卸载机构调整数值由工件重量确定，粗滚时卸载机构调

整质量 m 为

$$m = m_1 + m_2 + m_m$$

表 4-97 加工特大变位系数的大齿轮时滚刀的轴向偏离尺寸 l （单位：mm）

齿轮模数	变 位 系 数								
	0.5	0.75	1.00	1.25	1.50	1.75	2.00	2.25	2.50
10	49	56	63	70	77	83	90	97	104
12	59	67	75	84	92	100	108	117	125
14	69	78	85	98	107	117	126	136	146
16	79	89	99	111	122	133	144	155	166
20	98	112	126	139	153	167	181	194	208
22	108	123	138	153	168	184	199	214	229
25	123	140	157	174	191	209	226	243	260
30	147	168	188	209	230	250	271	291	312

式中　m_1——滚齿前工件质量（毛坯质量）（kg）；

　　　m_2——夹具质量（kg）；

　　　m_m——工作台质量（kg）。

精滚时卸载机构调整质量 m 为

$$m = m_1 + m_2 - \Delta m + m_m$$

式中　Δm——粗滚时铁屑质量（kg），$\Delta m = \dfrac{245 m_n^2 bz}{10^7 \cos\beta}$。

（4）短齿齿轮的滚切方法　在滚齿机上加工短齿齿轮有三种方法：

1）用短齿滚刀滚切。

2）用标准滚刀进行径向、切向移位滚切。径向滚切至全齿深（$1.9 m_n$），所剩余量用滚刀切向移位的方法切除，这时务必向两个方向各移动余量的 1/2。此法适用于没有短齿滚刀时的单件生产。

3）用标准滚刀进行径向与轴交角变位滚切。加工时先径向滚切至全齿深（$1.9 m_n$），接着对所剩齿厚余量（$\Delta s = 2 \times 0.15 m_n \tan\alpha$）用改变滚刀安装角的办法切除。此法可用于精度较低的齿轮，且相啮齿轮应用同一方法加工。当 $\alpha = 20°$，滚切短齿齿轮时，安装角附加调整量（单位为 rad）为

$\Delta\gamma_0 \approx \sqrt{0.0794 \sin\gamma_0}$。

滚刀实际安装角为（$\gamma_0 + \beta$）$- \Delta\gamma_0$

滚切时只需将滚刀按计算的实际安装角调整，再径向进给至全齿深（$1.9 m_n$）即可。

滚切短齿直齿轮时刀具的安装角可参考表 4-98。

表 4-98 滚切短齿直齿轮（$\beta = 0°$）时刀具的安装角

模数/mm	10	12	14	16	20	22	25	30
刀具分度圆导程角 γ_0	3°42′	4°27′	5°21′	5°15′	5°44′	5°09′	5°48′	6°16′
安装角附加量 $\Delta\gamma_0$	4°06′	4°30′	4°56′	4°53′	5°06′	4°50′	5°08′	5°20′
实际安装角（$\gamma_0 - \Delta\gamma_0$）	-0°24′	-0°03′	0°25′	0°22′	0°38′	0°19′	0°40′	0°56′

4.11.15　大型轴齿轮的加工

（1）大型轴齿轮对齿坯的要求

1）轴齿轮两端的长度要适合于在切齿机床上装夹和切齿，必要时应预留夹头。

2）如需进行力学性能试验，应预留试样。

3）精切齿前，要求将齿部外圆和两端轴径进行磨削，使之与两端中心孔同轴。

4）较细长的轴齿轮在卧式滚齿机上切齿时，要考虑在适当部位加工出支撑架（中心架）所需

的架口直径。

（2）轴齿轮在卧式滚齿机上的装夹

1）轴齿轮在卧式滚齿机上常见的装夹方法见表4-99。

表4-99　大型轴齿轮在卧式滚齿机上的装夹方法

说　　明	装夹简图
床头端用花盘装夹,另一端用尾架顶尖	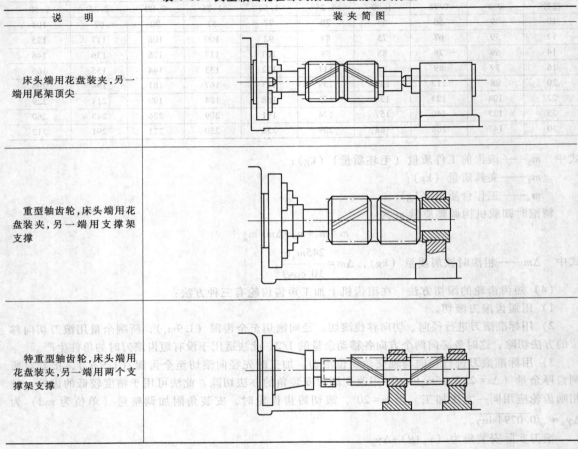
重型轴齿轮,床头端用花盘装夹,另一端用支撑架支撑	
特重型轴齿轮,床头端用花盘装夹,另一端用两个支撑架支撑	

2）支撑架的衬套内径应与轴齿轮相应架口部位直径保持0.02~0.04mm的间隙,衬套内孔中必须加工出油沟,并供应充分的润滑油。衬套的外径应与支撑架壳体内孔有约0.1mm的过盈。为保证支撑架衬套内孔与机床轴线同轴,衬套内孔的精加工应在本机床上进行,如图4-57所示。

（3）轴齿轮在立式滚齿机上的装夹　轴齿轮在立式滚齿机上常见的装夹方法见表4-100。

（4）轴齿轮在切齿时的找正　轴齿轮在切齿机床上的找正,主要是检查两端安装轴承的定位轴颈外圆的径向圆跳动。如果轴齿轮的齿顶圆经过磨削,也可检查齿顶圆的径向圆跳动,允许的径向圆跳动值可按表4-101选取。

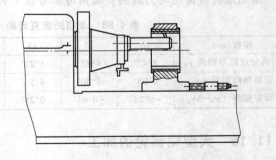

图4-57　在卧式滚齿机上精镗支撑架衬套内孔

（5）工序间的余量

1）调质前粗车时直径上的余量按表4-102选取。

表 4-100 大型轴齿轮在立式滚齿机上的装夹方法

说　明	装夹简图	说　明	装夹简图
下端用四爪卡盘装夹，上端用尾架顶尖		下端用卡罐装夹，上端用尾座衬套与轴齿轮的轴径配合进行定位	

表 4-101 大型轴齿轮精切齿时的径向圆跳动允许误差 （单位：μm）

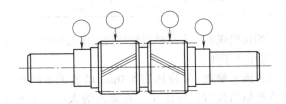

被加工轴齿轮的分度圆直径 /mm	齿轮的精度等级			
	6	7	8	9
	允许数值			
125～250	12	15	20	30
>250～500	15	20	30	40
>500～800	20	25	35	50
>800～1600	25	30	40	60

表 4-102 大型轴齿轮调质前粗车时直径上的余量 （单位：mm）

轴齿轮直径	轴 齿 轮 长 度				
	125～500	>500～1000	>1000～2500	>2500～4000	>4000～6000
125～250	14	16	18	—	—
>250～500	10	12	14	18	22
>500～800	—	—	16	16	18
>800～1000	—	—	18	18	20
>1000～1200	—	—	—	18	22
>1200～1600	—	—	—	—	22

2）调质前粗切齿余量取决于轴齿轮的模数大小和长度与直径之比。在轴齿轮的长度与直径之比小于 6 的条件下，用标准齿轮滚刀粗切齿时，齿根圆半径余量可按表 4-103 选取。若用其他刀具粗切齿，可参照此表选取余量。

表 4-103 大型轴齿轮调质前粗切齿齿根圆半径余量 （单位：mm）

法向模数	>12～16	>16～20	>20～30	>30
齿根圆半径余量	6	7～9	9～12	12～15

3）渗碳前粗车时，非渗碳部位最小余量按表4-104选取。渗碳后车去非渗碳部位的渗碳层再进行淬火。

表4-104　轴齿轮非渗碳部位最小余量　　　　　　　　（单位：mm）

渗碳层深度	0.3~0.8	0.9~1.4	1.5~2.0	2.1~2.5	2.6~3.0	3.1~4.0	4.1~5.0	5.1~6.0
单边余量	1~1.8	2~2.5	2.6~3	3~3.5	3.5~4	4~5	5~6	6~7

4）由于渗碳淬火会产生齿部变形，所以渗碳前粗切齿时，齿厚要留足够的余量，以便精切齿时消除变形。齿部变形的大小取决于渗碳层深度、齿部长度和模数，并与轴齿轮的材质和渗碳淬火的工艺方法等因素有关。在轴齿轮的长度与直径之比小于5的条件下的渗碳前粗切齿余量，可参考表4-105所列数值。

表4-105　轴齿轮渗碳前粗切齿余量　　　　　　　　（单位：mm）

齿部总长度	渗碳层深度							
	0.3~0.8	0.9~1.4	1.5~2.0	2.1~2.5	2.6~3.0	3.1~4.0	4.1~5.0	5.1~6.0
	法向齿厚单边余量							
125~250	0.20	0.25	0.30	0.35	0.40	0.45	—	—
250~500	—	0.30	0.35	0.40	0.45	0.50	0.55	—
500~750	—	—	0.40	0.45	0.50	0.55	0.60	—
750~1000	—	—	—	0.55	0.60	0.65	0.70	0.80

（6）大型轴齿轮切齿工序的切削规范　　大型轴齿轮切齿工序的切削规范可参考4.11.13节有关内容。

（7）大型轴齿轮加工时的注意事项

1）调质前粗车各表面的表面粗糙度 Ra 应达到5.0μm以便无损检测。

2）人字齿轴齿轮在调质前粗切齿时，应使左、右旋齿的人字中心处于齿宽总长的中点，偏移量一般不应大于0.5mm。调质后半精车和精车时，要求两端面及空刀槽两侧面均匀地车去余量。

3）人字齿轴齿轮粗切齿调质后半精车和精车时，要求按左旋和右旋齿长中部齿顶圆同时找正。径向跳动量一般控制在1~1.5mm，重修两端中心孔后再车，以免由于弯曲变形造成精切齿余量不够。

4）人字齿轴齿轮（或人字齿轮）左、右旋齿的齿厚应力求一致，允许误差值见表4-106。

表4-106　人字齿轴齿轮左、右旋齿的齿厚允许误差值　　　　　（单位：mm）

精度等级	7				8				9				
直径	模　数												
	≤5	>5~10	>10~16	>16	≤10	>10~16	>16~24	>24	≤16	>16~24	>24~36	>36~50	>50
≤500	0.03	0.04	0.05	0.06	0.06	0.08	0.10	0.12	0.10	0.15	0.20	0.25	—
>500~1500	0.04	0.05	0.06	0.07	0.08	0.10	0.12	0.14	0.15	0.20	0.25	0.30	0.40
>1500~3000	0.05	0.06	0.07	0.08	0.10	0.12	0.14	0.16	0.20	0.25	0.30	0.35	0.45
>3000	—	—	—	—	0.12	0.14	0.16	0.18	0.25	0.30	0.35	0.40	0.50

5）用指状铣刀加工人字齿（或斜齿）齿轮时，在齿长两端的切入和切出部分，由于指状铣刀是单面切削，切削力不平衡造成"让刀"，在一侧齿面上形成凸起。可以采用手工方法打磨掉，也可以在精铣齿以后采用变换差动交换齿轮的办法铣去。

4.11.16　无空刀槽人字齿轮（或轴齿轮）的倒角

无空刀槽人字齿轮（或轴齿轮）用指状铣刀在滚齿机上铣齿时，铣齿后在人字齿轮拐点处一侧形成尖角，另一侧形成圆角。一对人字齿轮啮合时，一齿轮之尖角与另一齿轮的圆角必然造成干涉，因此必须对人字齿轮拐点处之尖角进行倒角。

人字齿轮齿根部的倒角长度取决于相啮合人字齿轮齿顶部拐点处圆角部分的长度 l_0（图 4-58），它可按式（4-45）计算：

$$l_0 = e_{an} \sin\beta_a \tag{4-45}$$

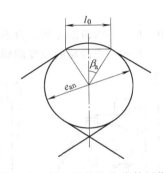

式中　e_{an}——相啮合人字齿轮齿顶圆上的法向槽宽，可按表4-107 选取；

β_a——相啮合人字齿轮齿顶圆螺旋角，$\beta_a = \arctan\left(\dfrac{d_a}{d}\tan\beta\right)$；

β——相啮合人字齿轮分度圆螺旋角；

d_a——相啮合人字齿轮齿顶圆直径；

d——相啮合人字齿轮分度圆直径。

图 4-58　无空刀槽人字齿轮用指状铣刀加工时圆角部分的长度 l_0

被加工人字齿轮齿根部的倒角长度 l 应大于 l_0，可按式（4-46）计算：

$$l = l_0 + (3 \sim 8\text{mm}) \tag{4-46}$$

表 4-107　当 $m_n = 10$mm 时人字齿轮齿顶圆上的法向槽宽　　（单位：mm）

当量齿数	12	14	17	21	26	35	55	135
法向槽宽	30.2	29.2	28.2	27.4	26.6	25.7	24.7	23.7

注：当 $m_n \neq 10$mm 时，表中槽宽数值应乘以 $m_n/10$mm。

4.11.17　大型内齿轮的切齿加工

1. 大型内齿轮切齿方法的选择

大型内齿轮的切齿方法，应根据所拥有的切齿设备的性能及其附件情况，以及内齿轮的模数、直径和精度要求等来决定。一般可按表 4-108 选择。

表 4-108　大型内齿轮切齿方法的选择

切齿方法	机床	刀具	切齿原理	分度方法	使用范围		优点	缺点
					模数	精度		
插齿	插齿机	插齿刀	展成法	连续分度	≤20	6~8	不需专用刀具	需大型插齿机
滚齿	滚齿机	内齿滚刀			≤20	7~8	效率高	需专用刀具
铣齿		盘形铣刀	成形法	单独分度	≤25	9	专用刀具，费用不高	效率低
		指形铣刀			≥10	9		

2. 大型内齿轮的成形铣削

内齿轮的成形铣削分为盘形铣刀铣削与指形铣刀铣削两种，分别使用内齿滚刀架和内齿指形铣刀架。

（1）成形铣削的工艺特点

1）用盘形铣刀加工内齿轮如图 4-59a 所示。滚齿机上分齿交换齿轮和差动交换齿轮的计算均与用单独分齿法加工外齿轮时相同。

在加工斜齿内齿轮时，机床滚刀架需调整一个等于内齿轮分度圆螺旋角的角度，使盘形铣刀刀刃的切削方向与内齿轮的齿向一致。如果刀架在调整之前的水平位置时，盘形铣刀是通过工作台中心的，在调整角度之后，为使盘形铣刀不偏离工作台中心，内齿滚刀架还必须沿机床滚刀架上滚刀轴线方向移动一个距离 l（图 4-60）：

$$l = h\tan\beta \qquad\qquad (4\text{-}47)$$

式中　h——内齿滚刀架上盘形铣刀中心与机床滚刀架回转中心的垂直距离；

　　　β——内齿轮的分度圆螺旋角。

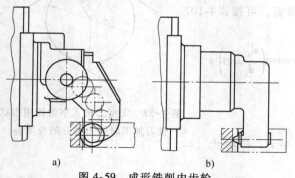

图 4-59　成形铣削内齿轮

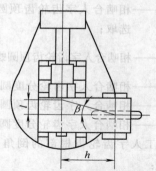

图 4-60　内齿刀架调整角度后的轴向移动距离

2）用指形铣刀加工内齿轮如图 4-59b 所示。分齿交换齿轮与差动交换齿轮的计算均与用单独分齿法加工外齿轮时相同。无论加工直齿轮或斜齿轮，刀架均不用扳转角度。

（2）加工可能性的校核　采用内齿刀架铣削内齿轮必须要进行以下三个方面的校核，以判断内齿轮铣削的可能性和所需要采取的措施。

1）内齿刀架是否能进入内齿轮孔中。如果不能，应改用插齿。

2）在达到切齿深度时，内齿刀架两侧是否与内齿顶圆相碰。如果相碰，可以用加大盘形铣刀外径或加长指形铣刀柄部的办法来解决。

3）内齿刀架进入内齿轮以后及切削到最低位置时，工件、压板、螺栓及胎座等是否与内齿刀架外壳或机床其他部分相碰。如果相碰，可根据不同情况将内齿刀架做径向或轴向接长，如图4-61所示。

3. 大型内齿轮的滚切加工

在缺少大型插齿机的情况下，为提高大型内齿轮的切齿精度，可以在滚齿机上采用滚切法加工内齿轮。

（1）滚切内齿轮时机床的调整

1）滚切内齿轮时，分齿交换齿轮应根据机床和内齿滚刀架的传动系统图所推导的计算公式计算。一般滚齿机所附带的内齿滚刀架，在设计时已使其传动链的传动比等于外齿滚刀架的传动比。所以滚切内、外齿轮的分齿交换齿轮的计算公式相同。滚切内齿轮的差动交换齿轮的计算公式与滚切外齿轮时相同。

2）滚切内齿轮之前，内齿滚刀架需调整一角度 φ，使内齿滚刀刀刃的切削方向与内齿轮齿向一致。φ 的计算公式为

接长部分　　　接长部分

图 4-61　内齿刀架的接长

$$\varphi = \beta \pm \gamma_0 \qquad\qquad (4\text{-}48)$$

式中　β——内齿轮分度圆螺旋角；

　　　γ_0——内齿滚刀的导程角。

式（4-48）中：当内齿轮的旋向与内齿滚刀的旋向相同时，用正号；当旋向相反时，用负号。

刀架调整角度后，还须沿机床滚刀架移动一距离，以保持滚刀精切刀齿通过机床工作台中心，如图 4-60 所示，移动的距离 $l = h\tan\beta$。

有些滚齿机的内齿滚刀架其滚刀中心与刀架回转轴线重合，如图 4-62 所示，这样的刀架在扳

转角度之后，滚刀中心的位置不变，所以就不必再移动了。

　　内齿滚刀安装在内齿滚刀架上，要求滚刀的精切刀齿通过刀架中心。一般内齿滚刀架的装刀部位的中心位置即为刀架中心，所以当滚刀厚度等于装刀位置宽度时，只要使精切刀刃严格通过滚刀厚度对称线即可。

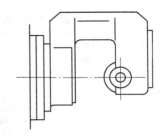

图 4-62　滚刀中心与刀架回转
轴线重合的内齿刀架

　　（2）内齿滚刀的工作原理和设计方案的选择

　　1）工作原理。常用的内齿滚刀是"蜗形"滚刀，它属于定装滚刀范围。用它加工内齿轮时，虽然是连续切削，但并无展成作用，而是成形加工出内齿槽形。一般内齿蜗形滚刀由一圈到两圈沿着螺旋线分布的许多刀齿组成。除有一个刀齿是完全符合内齿槽形的精切校正刀齿外，其余均为粗切刀齿。精切刀齿要求对准工件中心线，粗切刀齿则分布在其一侧，且依次减薄和缩短，目的是使粗切刀齿不破坏工件齿形和使各粗切刀齿切削量大致均匀。

　　2）滚刀的设计方案及选择。根据滚刀刀齿螺旋线的旋向和粗、精切刀齿的先后次序，可将内齿滚刀的设计方案分为四种，详见表 4-109。

表 4-109　内齿滚刀的设计方案

设计方案	Ⅰ	Ⅱ	Ⅲ	Ⅳ
示意图				
滚刀螺旋线方向	右旋	右旋	左旋	左旋
按滚刀旋转方向哪个刀齿在前	粗切刀齿	精切刀齿	粗切刀齿	精切刀齿

　　不同设计方案的滚刀加工相同参数的内齿轮会产生不同的效果，可根据内齿轮的旋向和机床工作台蜗杆副间隙大小按表 4-110 选择。

　　加工直齿内齿轮时，选择方案Ⅰ或方案Ⅱ的滚刀均可取得较满意的效果。

　　3）单件生产条件下顺滚方法的采用。在单件生产条件下，若有一对参数相同的左、右旋内齿轮，可不必设计制造两把专用的内齿滚刀，而只需制作一把，分别采用逆滚和顺滚方法（把滚刀反装）来加工右旋和左旋齿轮。图 4-63a 所示为方案Ⅰ的滚刀用逆滚法加工右旋齿轮，图 4-63b 所示为同一把滚刀用顺滚法加工左旋齿轮。用一把滚刀进行粗、精铣，只需在粗铣时将精切刀齿取下，以保护精切刀齿，并在齿深上留一定余量，而精铣时再装上精切刀齿并切到所需的齿深。

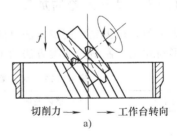

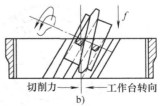

图 4-63　用一把滚刀加工不同
旋向的内齿轮

表 4-110　　内齿蜗形滚刀滚切斜齿内齿轮时不同工艺方案的比较

序号	工件旋向	滚刀设计方案	示意图	参与切削粗切刀头数目	圆周切削力方向与工作台转向的关系	推荐使用范围
1	右旋	I	切削力 ← → 工作台转向	最多	相同。当机床工作台蜗杆副间隙较大时切削易产生振动	成批生产时适于粗加工。机床工作台蜗杆副间隙小时可用于精加工
2		II	切削力 ← → 工作台转向	无		不应采用
3		III	切削力 ← → 工作台转向	少	相反。切削平稳	不推荐采用
4		IV	切削力 ← → 工作台转向	多		适用于精加工

4.11.18　扇形齿轮的加工

　　大模数扇形齿轮的制造方法可分为两类：一类为先按整圈齿轮加工，最后切开。另一类为用单个扇形齿轮毛坯制造。两类方法的工艺特点及适用范围见表 4-111。

表 4-111　　大模数扇形齿轮两类制造方法的工艺特点及适用范围

毛坯类型	多件整体毛坯	单件扇形毛坯
加工简图	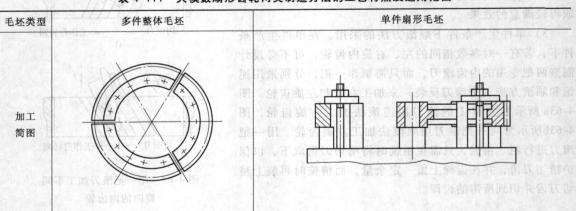	

（续）

毛坯类型	多件整体毛坯	单件扇形毛坯
工序简述	1）整体粗车 2）粗切齿 3）人工时效 4）精车 5）精切齿 6）切开 7）钻孔	1）加工上、下端面 2）工件和基准块画线 3）将工件和基准块装夹在立式车床上，按线找正并测量分布直径，然后夹紧 4）粗精车（需翻面），测量工件和基准块外圆直径是否符合图样要求 5）将工件和基准块安装在滚齿机（或插齿机）上，按外圆找正，并测量外圆直径是否符合图样要求 6）粗、精切齿
优点	工艺简单	1）变形小 2）单件生产时节省毛坯材料
缺点	易变形	工艺、操作复杂
适用范围	1）多件生产时 2）精度较低的扇形齿轮	1）单件生产时 2）中心部位有定位孔的扇形齿轮

4.11.19　大模数齿条的加工

1. 切齿方法及其选择

（1）切齿方法分类及选择　大型齿条的切齿方法有插齿、铣齿和刨齿等，应根据齿条的模数大小、结构形状、精度和设备条件来决定采用何种方法。表 4-112 列出了几种切齿方法可供参考。

表 4-112　大型齿条切齿方法比较

切齿方法	机床	特殊附件或专用工装	成形原理	示　意　图	适用范围
插齿	插齿机	插齿条附件	连续分度展成法	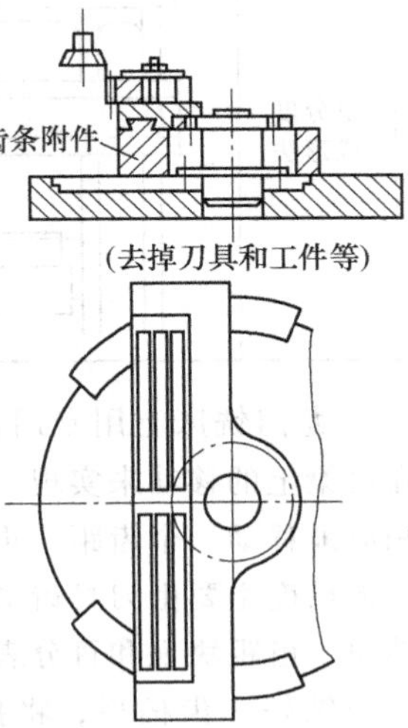 插齿条附件 （去掉刀具和工件等）	模数≤10mm 精度 7~8 级 长度≤1200mm

（续）

切齿方法	机床	特殊附件或专用工装	成形原理	示意图	适用范围
铣齿	万能铣床	直角铣头齿条盘铣刀分度装置	单分度成形法		模数≤10mm 精度9级
铣齿	龙门铣床	齿条指形铣刀齿距块规挡块	单分度成形法		模数>10mm 精度9级
刨齿	龙门刨床	齿距块规挡块	单分度成形法		模数≥20mm 精度9~10级 长度小于龙门刨床允许的最大宽度,适用于多件加工

（2）在龙门铣床上铣齿条　在龙门铣床上用专用齿条指形铣刀加工齿条，是大型齿条最主要的切齿方法。进给运动由铣头在横梁上的移动来实现，切深由横梁上下移动来控制。每铣完一个齿槽，工作台连同齿条工件必须相应地移动一个齿距，再铣下一个槽。齿条齿距的精度主要由工作台移动齿距准确与否来决定，而齿形精度主要由刀具齿形精度决定。

工作台精确移动齿距是用挡块、齿距块规和百分表来控制的。挡块和齿距块规安放在工作台适当部位，百分表固定在床身上。当铣好一齿槽后，将挡块移至百分表处，记下读数（图4-64a）。移动工作台约一齿距时，将齿距块规放在挡块前并使严密接触，微动工作台，使百分表达原读数（图4-64b），锁紧工作台后即可开始铣削下一个齿槽。

齿距块规的长度应严格按齿条的理论齿距加工，允许误差在±0.01mm 内。各平面之间的平行度和垂直度误差均不得超过上述误差范围。

2. 工序间余量

大模数齿条因为齿深比较深，切齿后往往产生很大的变形，因此，粗切齿后进行自然时效或人工时效是大模数齿条加工中非常重要的环节。一般大型齿条的工艺流程如下：锻件（或铸件）毛坯—正火—粗刨（或铣）—调质—半精刨—粗切齿—人工时效（或自然时效）—精刨—精切齿。

1）粗刨（铣）余量。齿条调质前粗加工余量可按表 4-113 选取。

2）时效前粗铣齿余量。齿条在人工时效（或自然时效）前粗铣齿时齿厚和齿深余量按表 4-114 选取。

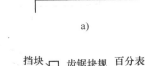

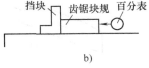

图 4-64 用齿距块规来控制齿距

表 4-113 大型齿条调质前粗加工余量（双边） （单位：mm）

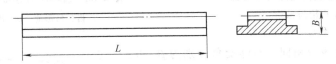

齿条宽度 B	齿 条 长 度 L					
	300~600	600~1000	1000~1600	1600~2500	2500~4000	4000~6300
50~80	10	14	14	18	—	—
80~125	8	12	14	16	20	—
125~200	7	10	12	14	18	22
200~315		10	10	12	16	20
315~450	—	—	10	12	16	18

表 4-114 大型齿条时效前粗铣齿余量 （单位：mm）

粗铣齿余量	齿 条 模 数									
	14	18	20	24	30	33	36	40	45	65
齿厚余量	5	6	7	10	12	14	16	18	20	25
齿深余量	3	4	5	6	8	10	11	13	14	17

4.11.20 低速重载齿轮的修形

低速重载齿轮通常采用图 4-65 所示的直线端部修形。所谓直线端部修形（以下简称齿长修形）是在齿长端部对一小部分齿厚进行逐渐减薄的修整。在啮合过程中，修整部分不发生接触。齿长修形可以消除因啮合轮齿相对倾斜所引起的齿端接触，避免了轮齿端部的齿产生过大的齿根应力。图 4-66 为齿长修形前后齿根应力分布图。一对相啮合齿轮只对小齿轮进行齿长修形，人字齿轮只在两侧部分进行修形。修形长度 l 和修形量 δ 应像图 4-67 那样标示在图样中。

通常，修形量 $\delta = 0.1 \sim 0.2$mm，手工打磨时 $\delta = 0.5 \sim 0.8$mm，修形长度 $l = 10 \sim 20$mm。动载系数大时可稍大于上述推荐值。齿轮加工完后的齿长修形方法通常有两种。

1. 用指形铣刀二次切削

由图 4-68 可以看出，齿长修形实际上是该部位螺旋角发生了变化。A、D 部位螺旋角增量相

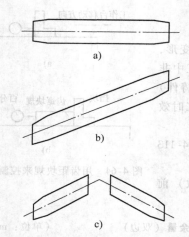

图 4-65　低速重载齿轮经直线端部
修形后的轮齿截形
a）直齿　b）斜齿　c）人字齿

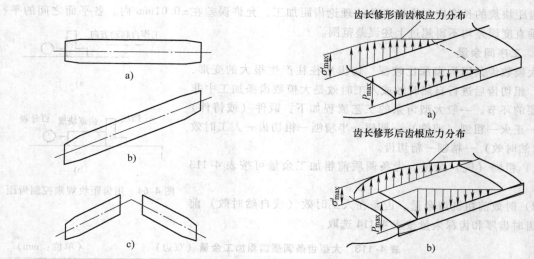

图 4-66　齿根应力分布（$\sigma_{max} > \sigma'_{max}$）
a）齿长修形前　b）齿长修形后

同，B、C 部位螺旋角增量相同。新螺旋角分别为 β_1 和 β_2，它们可近似写为

$$\beta_1 \approx \beta - \arctan\frac{\delta}{l} \qquad (4\text{-}49)$$

$$\beta_2 \approx \beta + \arctan\frac{\delta}{l} \qquad (4\text{-}50)$$

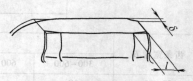

图 4-67　齿长修形的图样表示

修形时分别按 β_1、β_2 挂差动交换齿轮，用指形铣刀修形。修形时应注意以下各点：

1）斜齿轮按当量齿数选用指形铣刀。

2）由齿宽内部向两端走刀，便于控制 l、δ 值。

3）应将指状铣刀铲磨窄些，以防调整初切位置时切伤另一侧齿面。

4）齿底接刀要光滑，以防齿根产生应力集中。

2. 手工修整

用松软的碟形砂轮修整修形部分，最后用 120 号砂布缠在砂轮轴上打光。经手工修整的齿轮比二次切削修整的齿轮噪声大些。

大齿轮和小齿轮切齿后轮齿部分应当用具有螺旋刃的小型指状铣刀进行手工倒角。倒角量应在图样中注明，如图 4-69 所示。每个齿轮的倒角量应当均匀。

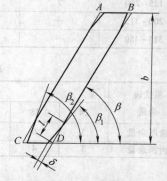

图 4-68　修形部位螺旋角的变化

4.11.21　齿轮副螺旋角的配对加工

齿轮副的齿长接触精度对传动质量影响很大，按齿轮副接触精度检验的齿轮，可以用螺旋角配对加工的方法控制对啮齿轮螺旋角的一致性，保证齿长接触要求。

配对加工可以采用将大齿轮加工完，小齿轮留有余量，在啮合台上进行对滚啮合，根据接触区位置和大小调整差动交换齿轮，重

倒角 1～2

图 4-69　轮齿倒角量及其
在图样中的标注

新修切小齿轮，如此反复直至符合要求；也可按图4-70所示的方法在滚齿机上对滚，对滚前大齿轮应留有余量，根据对滚时接触区位置修切大齿轮。

4.12 圆弧齿轮的滚切

圆弧齿轮是具有圆弧齿形的斜齿轮或人字齿轮，它与渐开线齿轮的制造工艺不尽相同，目前多采用滚齿工艺，其他加工方法如插齿、磨齿、珩齿等也有应用，但生产中尚未广泛推广。圆弧齿轮与渐开线齿轮滚齿工艺的对比见表4-115。

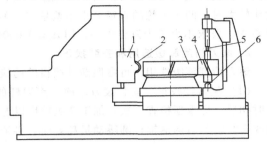

图 4-70 用已加工的小齿轮校验加工中
大齿轮齿向相对误差
1—滚齿机刀架 2—滚刀 3—加工中的大齿轮
4—已加工完的小齿轮（序号4和序号3在使用中相互啮合）
5—上顶尖 6—下顶尖

4.12.1 圆弧齿轮的工艺要求

影响圆弧齿轮传动质量和承载能力的主要因素是轴向齿距、齿向和齿形精度。

表 4-115 圆弧齿轮与渐开线齿轮滚齿工艺的对比

齿形	单圆弧	双圆弧	渐开线
刀具	凹、凸齿形两种滚刀	一种滚刀	一种滚刀
切齿深度	严格控制	严格控制	—
齿向线	斜齿或人字齿	斜齿或人字齿	直齿、斜齿或人字齿
安装后磨合	必须磨合	必须磨合	—

（1）轴向齿距误差控制要严 因为圆弧齿轮只有纵向重合度，运转时接触点沿螺旋线轴向移动，必须保证轴向齿距才能使齿轮副连续平稳地啮合。滚齿时要求刀架导轨与工作台轴线的平行度误差要小，工件找正要严格，差动交换齿轮的计算误差要小。

（2）齿向误差控制要严 圆弧齿轮的螺旋角误差将导致轴向齿距不等，降低齿宽方向的接触长度，造成啮合不平稳和偏载。

（3）齿形误差控制要严 齿形误差包括齿形本身的精度，以及齿形的径向位移。这两个因素都影响接触点在齿高方向的位置。刀具齿形直接影响齿轮的齿形精度，精加工时不允许使用丧失齿形精度的刀具。切齿深度主要影响齿形径向位移。切深值大时相当于中心距偏大，两接触点靠近节线，凸齿接触点偏齿根，凹齿接触点偏齿顶；切深值小时相当于中心距偏小，两接触点远离节线，凸齿接触点偏齿顶，凹齿接触点偏齿根。这两种情况都不利于跑合，对齿轮副的传动质量和承载能力影响较大。圆弧齿轮对中心距变动及切深偏差均较敏感。

鉴于圆弧齿轮的这些技术特性，当采用成形法加工圆弧齿轮时，分度精度和齿向精度一定要保证，不论采用展成法还是成形法，刀具的齿形都要严格控制。

4.12.2 圆弧齿轮的滚切

圆弧齿轮的滚齿原理、滚切方法和机床调整与加工渐开线圆柱齿轮一样，包括机床分度交换齿轮、差动交换齿轮的计算和调整；滚刀刀杆装夹找正；滚刀的装夹找正；夹具的装夹找正和齿坯的装夹找正。

1. 机床交换齿轮的调整

滚切圆弧齿轮，需要调整机床的速度、走刀、分齿和差动四组交换齿轮。其方法和滚切渐开线斜齿轮基本相同，不同之处是：圆弧齿轮的螺旋角影响轴向齿距，它直接影响圆弧齿轮工作的平稳性，所以，差动交换齿轮计算的相对精度要求较高。对传动比不大的齿轮，相啮合的大、小齿轮应在同一台机床上用同样的交换齿轮比值来加工，以保证相啮合的一对齿轮的螺旋角相对一致。当传动比较大时，两个齿轮的直径大小相差悬殊，不可能在同一台机床上加工时，差动交换齿轮的计算误差 Δ_i，要求不大于十万分之一，即 $\Delta_i \leqslant 0.00001$。

2. 滚刀精度等级选用和安装找正

滚刀精度等级选用，可参照渐开线齿轮的滚刀精度等级选用部分。

（1）滚刀杆找正 安装滚刀之前，滚刀杆的端面和径向圆跳动应严格检查找正，刀杆使用一定时期后，应重新检查一次。加工7级精度以上的齿轮时，每次安装滚刀均须检查。发生啃刀、打刀或安装滚刀后两端轴台圆跳动量超差时，必须重新检查，检查部位和允许误差见表4-116。

表4-116 滚刀刀杆允许误差值 （单位：mm）

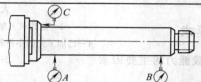

齿轮精度	法向模数	检查部位及允许误差值		
		A	B	C
5级	—	0.003	0.006	0.003
6级	≤8	0.003	0.006	0.003
	>8	0.005	0.008	0.005
7级	≤8	0.010	0.015	0.010
	>8	0.020	0.025	0.020
8级	≤8	0.020	0.035	0.025
	>8	0.035	0.040	0.030

需要强调的是，图中部位 C 的圆跳动，应包括滚刀轴的轴向定位松动窜量，窜量的大小可以通过对刀杆施加轴向力，反复作用之后观察 C 部表针的摆动而得知。力的大小以能使滚刀杆在径向定位轴承中轴向滑动为限。

（2）滚刀的装夹找正 滚刀安装找正部位和允许误差见表4-117，误差的方向应当相同。

表4-117 滚刀安装找正允许误差 （单位：mm）

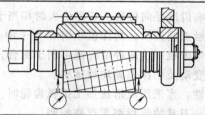

滚刀精度	法向模数			
	≤4	>4~10	>10~18	≥18
	允许误差值			
2A	0.03	0.03	0.04	—
A	0.03	0.04	0.05	—
B	0.04	0.05	0.06	0.07
C	0.05	0.06	0.08	0.09

3. 齿坯的基面、安装和找正原则

齿坯的基面、安装和找正必须遵循下列原则：

1）与孔一次装夹中车出的齿轮端面，应在齿的分度圆附近刻出深 0.1~0.2mm 的圆线，作为齿加工基面的标记，滚齿时齿轮的基准面向下。

2）用工作台上的 T 形槽压紧工件时，压紧螺钉使工作台受拉力，齿坯和压板的支持点使工作台受压力，这两种力的作用点必须尽量靠近，否则，工作台就会产生较大的受力变形，造成与工作台相连的分度蜗轮及其回转导轨损坏。

齿坯径向和端面圆跳动的检查方法和渐开线圆柱齿轮基本相同，如图 4-71 所示。不同之处在于齿轮基准面的端面圆跳动公差要求比齿轮基准面的径向圆跳动公差高一级。齿轮基准面的端面圆跳动公差和齿轮基准面的径向圆跳动公差见表 4-118 和表 4-119。

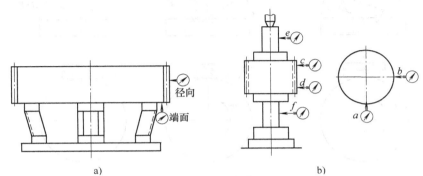

图 4-71　齿坯的找正

a）齿轮的找正　b）轴齿轮的找正

表 4-118　齿轮基准面的轴向圆跳动公差　（单位：μm）

分度圆直径/mm		精 度 等 级		
大于	到	4	5 和 6	7 和 8
—	125	7	11	18
125	400	9	14	22
400	800	12	20	32
800	1600	18	28	45
1600	2500	25	40	63
2500	4000	40	63	100

表 4-119　齿轮基准面的径向圆跳动公差　（单位：μm）

分度圆直径/mm		精 度 等 级		
大于	到	4	5 和 6	7 和 8
—	125	2.8	7	11
125	400	3.6	9	14
400	800	5	12	20
800	1600	7	18	28
1600	2500	10	25	40
2500	4000	16	40	63

如图 4-71b 所示的轴齿轮装夹方式，当顶尖与工作台不同轴时，检查时 c、d、e、f 四处的径向圆跳动可能在允许范围之内。但是，被加工齿轮在滚齿过程中，由于顶尖与工作台不同轴，被加工齿轮每回转一周，夹紧力就会周期变化一次，严重时会使被加工齿轮转位，造成齿向偏差。为防止上述找正失误，在被加工齿轮齿坯安装夹紧之后，应进行齿坯轴心线相对滚刀架轴向移动导轨的平行度检查，如图 4-71b 中的 a 和 b 处。

4. 滚刀架角度的调整

滚齿加工时，滚刀和被加工齿轮相当于一对交错轴斜齿轮的等速比传动。滚刀和被加工齿轮的轴心线在空间交错，两轴心线之间的最短距离 a（中心距）等于滚刀节圆半径与被加工齿轮节圆半径之和。滚刀轴心线和被加工齿轮端面的夹角 θ 等于滚刀节圆螺旋升角 γ_z 与被加工齿轮分度圆螺旋角 β 之差或和，当滚刀和被加工齿轮螺旋方向相同时取差值，旋向相反时取和值。滚刀架角度的计算如图 4-72 和图 4-73 所示。

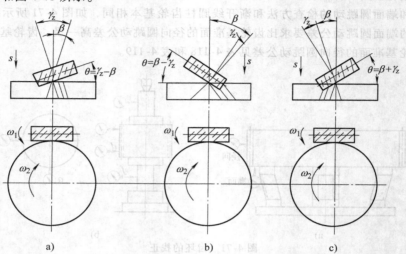

图 4-72　左旋滚刀加工齿轮时滚刀的安装角

a）加工左旋齿轮（$\gamma_z > \beta$）　b）加工左旋齿轮（$\gamma_z < \beta$）　c）加工右旋齿轮

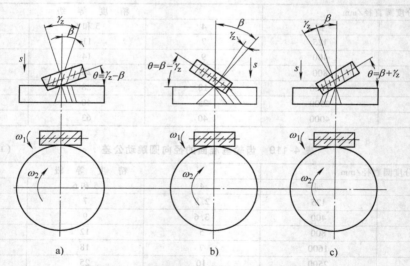

图 4-73　右旋滚刀加工齿轮时滚刀的安装角

a）加工右旋齿轮（$\gamma_z > \beta$）　b）加工右旋齿轮（$\gamma_z < \beta$）　c）加工左旋齿轮

由图 4-72 和图 4-73 可以看出，加工右旋齿轮用右旋滚刀滚齿，加工左旋齿轮用左旋滚刀滚齿，滚刀安装角 θ 较小，对切削有利。

5. 滚齿对刀

圆弧齿轮齿面是由滚刀刀齿切削刃包络成形的，为保证齿轮轮齿齿廓中心线对准齿轮回转轴心，使两侧的齿廓对称，齿形误差不至于偏向一侧齿廓，在滚切前应进行对刀，即调整滚刀的轴向位置，使刀齿（或刀槽）的中心线对准工作台中心。滚切双圆弧齿轮，常用刀齿对刀；滚切单圆弧齿轮副时，凸齿齿轮用刀具齿槽对刀，凹齿齿轮用刀具刀齿对刀。

　　常用的对刀方法有两种。一种是在滚齿机刀架上装上对刀样板进行对刀，对刀时检查刀齿（或刀齿槽）与样板的对中程度。另一种是用"试切"法看刀花对刀，即在齿坯外圆柱面上切出深度小于 0.5mm 的刀花，查看刀花的对称度。在滚切双圆弧齿轮或单圆弧凹齿齿轮的齿坯上，每个齿位有一个刀花，外形为椭圆并以螺旋线的切线为轴线两边对称，如图 4-74a 所示。在滚切单圆弧凸齿齿轮的齿坯上，每个齿位有两个以螺旋线的切线为轴线两边对称的刀花，如图 4-74b 所示。

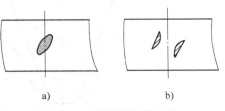

a)　　　　　　　　b)

图 4-74　圆弧齿轮的刀花

a) 双圆弧齿轮或单圆弧凹齿齿轮的刀花
b) 单圆弧凸齿齿轮的刀花

6. 大模数圆弧齿轮的粗滚齿

　　由于圆弧齿轮和渐开线齿轮滚切过程的运动方式相同，只是两者的基准齿形不同，所以大模数圆弧齿轮调质前开槽或粗滚齿都可使用价格相对便宜的相同模数的渐开线齿轮滚刀。用渐开线齿轮滚刀粗滚齿可以提高粗滚齿的生产效率，并有利于保持圆弧齿轮滚刀的精度，但用渐开线齿轮滚刀粗切圆弧齿轮时，必须使渐开线滚刀的齿条齿廓被圆弧齿轮滚刀的齿条齿廓所包容，不允许出现公共点（相交或相切点）。用图解法可确定出渐开线滚刀粗切圆弧齿轮时最小允许的切深余量。

　　图 4-75 所示为用渐开线齿轮滚刀代替"67"型圆弧齿轮滚刀粗切凸齿齿轮的情况。两者的公共点为渐开线齿条的尖点。由图 4-75 可知，粗切凸齿齿轮其最小允许切深余量 $\Delta_{\min}$ 为

$$\Delta_{\min} = r_{g1} - \sqrt{r_{g1}^2 - \left(\frac{s_a}{2}\right)^2} \qquad (4-51)$$

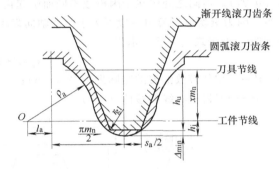

图 4-75　用渐开线齿轮滚刀代替"67"型圆弧齿轮滚刀粗切凸齿齿轮时的齿深余量

式中　r_{g1}——滚刀齿顶圆弧半径（mm）；

　　　s_a——渐开线齿轮滚刀齿条齿顶厚

　　　（mm），如不考虑渐开线齿条齿顶倒角，则 $s_a = 0.6608m_n$。按渐开线齿轮滚刀基准齿形标准，规定齿顶圆角为 $0.3m_n$，实际渐开线滚刀齿顶厚 $s_a = (0.3 \sim 0.35)m_n$。

　　图 4-76 所示为用渐开线齿轮滚刀代替"67"型圆弧齿轮滚刀粗切凹齿齿轮的情况。由于凹齿基准齿形参数随齿轮模数的大小而变化，故最小允许切深余量 $\Delta_{\min}$，需要按圆弧齿轮的齿廓圆弧半径 ρ_f、齿廓圆角半径 r_{g1} 以及滚刀的刀顶厚 s_a 等进行计算。由图 4-76 可知，齿廓圆弧半径 ρ_f 和齿廓圆角半径 r_{g1} 连接点齿厚 $s_a = \dfrac{2l_f r_{g1}}{\rho_f - r_{g1}}$。

　　当 $s_1 > s_a$ 时（图 4-76a），有　　　$\Delta_{\min} = r_{g1} - \sqrt{r_{g1}^2 - \left(\dfrac{s_a}{2}\right)^2}$

　　当 $s_1 < s_a$ 时（图 4-76b），有　　　$\Delta_{\min} = h_f - (\rho_f \sin\alpha_e - x_f)$　　　$\Bigg\}\,(4-52)$

式中　h_f——齿根高，$h_f = 1.1m_n$；

　　　α_e——交点压力角，$\alpha_e = \arccos\dfrac{\dfrac{s_a}{2} + l_f}{\rho_f}$；

　　　s_a——渐开线滚刀齿条齿顶厚，$s_e = 0.6608m_n$；

　ρ_f、x_f、l_f——齿形参数，见 GB/T 12759—1991《双圆弧圆柱齿轮 基本齿廓》。

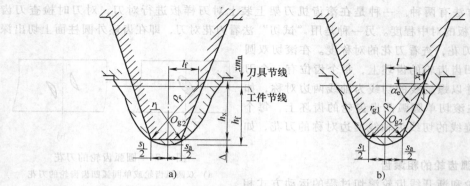

图 4-76　用渐开线齿轮滚刀代替 "67" 型圆弧齿轮滚刀粗切凹齿齿轮时的齿深留量

a) $s_1 > s_a$　b) $s_1 < s_a$

一般情况下，应尽可能采用相同模数的渐开线齿轮滚刀粗滚齿。如没有相同模数的滚刀，也可用相邻模数的滚刀进行粗切，其基本原则仍是渐开线齿轮滚刀齿条齿廓被圆弧齿轮滚刀齿条齿廓包容（图4-77）。不同之处仅在于因模数不同而引起齿条的齿距不同。在计算时要考虑滚刀轴向的两个齿距，因为滚切成形刀刃一般不大于两个轴向齿距。计算时仍可使用以上公式，但用作计算的滚刀齿顶厚 s_a 可按式（4-53）求出：

$$s_a = s_a' + 2e \tag{4-53}$$

式中　　s_a'——相邻模数滚刀的实际齿顶厚（mm）；

　　　　e——刀齿中心线偏移值（mm）。

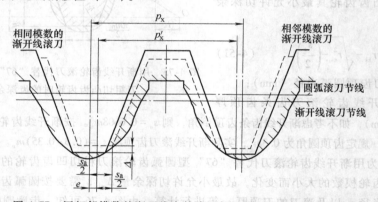

图 4-77　用相邻模数的渐开线齿轮滚刀粗切圆弧齿轮时的齿深余量

刀齿中心线偏移值 e 可在图 4-77 求出。图中有剖面线的部分为圆弧齿轮滚刀齿条齿廓，实线为同模数渐开线齿轮滚刀齿条齿廓，虚线为相邻模数渐开线齿轮滚刀齿条齿廓。设圆弧齿轮滚刀模数为 m_n，代用渐开线齿轮滚刀模数为 m_n'，则：$2e = p_x - p_x' = \pi(m_n - m_n')$。

用片铣刀代替圆弧齿轮滚刀粗切齿，代用原则与使用同模数渐开线齿轮滚刀的原则相同，当被加工齿轮的螺旋角 $\beta > 20°$ 时，用片铣刀比用滚刀粗切齿生产效率显著提高。

7. 圆弧齿轮的齿向修形

在滚齿机上进行圆弧齿轮齿端修形有三种方法，即切向窜刀法、切深法和改变螺旋角（改变交换齿轮）法。切向窜刀法即在精滚齿后，在需修端处，以与修形量相等的值切向进给滚齿，该方法可实现单齿面修形，修形长度易保证，但在齿面上有明显的台阶；切深法即在精滚齿后，在需修端处，依修形量换算的切深值径向进给滚齿，并保证修形长度，该方法不受滚齿机的限制，简便易行，但效果不及其他方法；改变螺旋角（改变交换齿轮）法即在精滚齿后，通过调整差动交换齿轮改变螺旋角达到齿端修形的目的，该方法修形效果好，但实际修形长度不宜控制。修形所需的螺旋角 β' 可按式（4-54）计算：

$$\beta' = \beta \pm \arctan \frac{\delta_e \cos\beta}{L} \qquad (4-54)$$

式中　β ——齿轮公称分度圆螺旋角；

　　　　δ_e ——齿端修形量；

　　　　L ——修形长度。"+"号用于主动轮（或被动轮）啮入端（啮出端）工作齿面的修形；

　　　　"-"号用于主动轮（或被动轮）啮出端（啮入端）工作齿面的修形。

8. 滚刀的窜刀

　　滚刀上有很多刀齿，实际滚齿时用于成形切削的刀齿，只需要很少几个。GB/T 12759—1991 规定的双圆弧圆柱齿轮齿形如图 4-78 所示，图中线段 AB 和 DE 对称于直线 CC，线段 IJ 和 FG 对称于直线 HH，假设模数等于 8mm，计算可得有关尺寸见表 4-120。

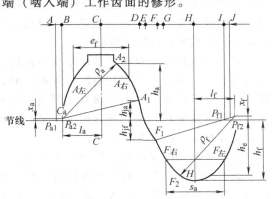

图 4-78　滚刀法向齿廓

　　如在滚刀圆周上开十个容屑槽，滚齿时，滚刀转一圈，就出现类似图 4-78 所示的十个轴向位置不同的滚刀齿排列，如图 4-79 所示。图中横线表示滚刀刃面的位置，它们按十等分排列在螺旋线上，每齿轴向距离为 $\pi m_t/10$。图中对中齿指滚刀的一个刀齿对中，即图 4-78 中刀齿中线 HH 与被加工齿轮轴心线相交。按图 4-78 和表 4-120 所列计算结果，滚刀凸齿，其齿廓法线恰巧与滚齿啮合节线相交，有比较理想的瞬时成形；滚刀凹齿，齿廓的理想成形位置没有刀齿，不能瞬时切削成形。

表 4-120　图 4-78 中的有关尺寸

部位	ρ_a	ρ_f	h_a	h_f	x_a	x_f	l_a	l_f	h_{ja}	h_{jf}
数值	10.4mm	11.16mm	7.2mm	8.8mm	0.13mm	0.18mm	5.03mm	5.57mm	1.28mm	1.6mm

部位	α_{A1}	α_{A2}	$P_{a1}P_{a2}$	α_{F1}	α_{F2}	$P_{f1}P_{f2}$	BC	HI	AC	HJ
数值	6.35°	42.33°	1.03mm	9.173°	46.9°	0.94mm	5.17mm	4.46mm	6.2mm	5.4mm

　　上述滚削成形的分析说明，圆弧齿轮滚齿大都是近似的瞬时成形，即一个理想的圆弧段由一个，最多两个相近的圆弧段代替，如图 4-80 所示，AB 段被 $A_1'B_1'$ 段和 $A_2'B_2'$ 段代替。计算可知，近似圆弧与理想的圆弧之间误差很小，完全可以忽略不计。

　　由图 4-78、图 4-79 及表 4-120 的分析和计算可知，在满足切削成形的前提下，双圆弧滚刀的轴向长度为 $l_s = \frac{1}{2}\pi m_t + AC + HJ \approx \pi m_t$；单圆弧滚刀满足切削成形的轴向长度为 $l_d \approx \frac{1}{2}\pi m_t$。

　　滚刀齿的成形切削范围说明，圆弧齿轮滚刀有较大的窜刀使用范围。切齿时，在滚刀的全部刀齿中，除边齿外，几乎所有的刀齿都参加预切齿，只有中部少数几个刀齿参加精滚齿（即成形齿滚切）。参加切齿的刀齿中，不都是整个刀刃都参加切削，切削刃分布在刀齿的顶部和左右两侧，预切齿和精切齿使用的切削刃部位不同。因此，应当重视滚刀轴向窜刀的使用。滚刀轴向窜刀一次，刀齿的切削部位变化一次。未窜动前刀刃的主切削部位已经磨损，窜刀使主切削位置变化到少切削或不切削的位置。相反，刀刃磨损较轻或未磨损的部位变化到主切削的位置，这样可有效地延长刀具使用寿命。滚刀每次轴向窜刀量一般为半个或一个轴向齿距，当窜动一个轴向齿距时，滚刀与工件的对刀关系不变，当窜动半个轴向齿距时，要相应调整分度交换齿轮。

9. 圆弧齿轮滚齿时尺寸的控制

为了保证圆弧齿轮啮合的接触位置和啮合侧隙，必须控制好切齿深度和齿厚。在圆弧齿轮的滚齿过程中，可通过测量齿根圆直径和弦齿深来控制切齿深度，测量弦齿厚和公法线长度控制齿厚。在理想情况下，齿根圆直径加工到理论值后，齿厚也应是理论值。但滚刀重磨后其顶圆直径和刀齿厚度都发生变化，引起齿根圆直径和齿厚不对应。机床运动间隙和滚刀轴向窜动间隙也会导致上述结果。所以，必须同时控制切齿深度和齿厚。

若齿根圆直径在齿根圆千分尺量程范围内，应尽量测量齿根圆直径，当齿根圆直径超出量程范围时，可测量弦齿深，此时应考虑齿顶圆直径误差对测量值的修正。若公法线长度在量具量程以内，并且齿宽满足跨测范围时，应测量公法线长度，否则测量弦齿厚。

圆弧齿轮对切齿深度要求精确，滚齿时，要考虑滚刀与齿坯表面刻印（刀花）深度和齿坯外圆误差等各种因素的影响。如果齿轮全齿高为 h，啃刀花深度为 Δ_1，齿坯外圆误差为 Δ_2，则实际切齿深度应为：$t = h - \Delta_1 + \Delta_2$。控制切深的方法，一般用机床进刀刻度控制，若机床的进刀运动不平稳（有爬行现象），可用百分表靠在机床进刀托板上来校核进刀深度的准确值。

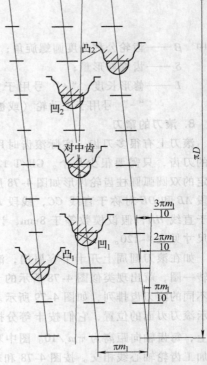

图 4-79　滚刀齿平面展开图

精滚齿时的最终走刀量，以齿根圆直径实测值与理论值的差值为准。公法线长度（齿厚差值）与切齿深度的近似关系式为

$$\Delta h = \frac{\Delta \bar{s}}{2\tan\alpha} = \frac{\Delta W}{2\sin\alpha} \qquad (4\text{-}55)$$

式中　Δh——切齿深度差值；

　　　$\Delta \bar{s}$——齿厚差值；

　　　ΔW——公法线长度差值；

　　　α——压力角。

10. 圆弧齿轮滚齿时切削用量的选择

圆弧齿轮滚刀的切削负荷比渐开线齿轮滚刀大，切削用量与渐开线齿轮有所不同。

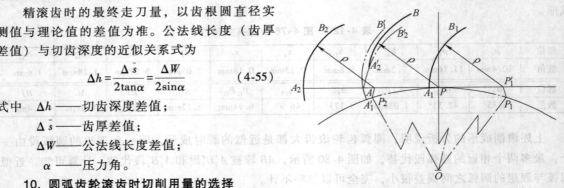

图 4-80　近似的瞬时成形图

（1）切削次数及精切齿余量的选择　单圆弧齿轮的切削次数及精切齿余量，与被加工齿轮的模数、材料、装夹稳固状况、刀具刃磨和机床刚性等因素有关，可参照表 4-120 选用。双圆弧齿轮切深较大，可按表 4-121 酌减。

表 4-121　圆弧齿轮切削次数及精切齿余量　　　　　（单位：mm）

齿轮模数	≤3	>3~9	>9
切削次数	1	2	3
精切齿余量	0	0.2~0.4	0.4~1.0

（2）切削速度和进给量的选择　滚齿的切削速度和进给量，与被加工齿轮的模数、材料、装夹稳固状况、刀具材料和机床刚性等因素有关，可参照表 4-122 选用。

表 4-122　圆弧齿轮切削速度和进给量

齿轮模数/mm	<20	≥20
切削速度/(m/min)	10~20	10~15
进给量/(mm/r)	0.6~1.2	1.0~1.6

4.12.3　圆弧齿轮齿形切削误差

根据图 4-79 的分析，被加工齿轮在法截面上切削成形的切齿顺序如图 4-81 所示，滚刀按图 4-79 对中齿起转动一圈，它在被加工齿轮上切出 1、2、3 和 4 四个齿形圆弧，滚刀再转一圈，切出另外四个齿形圆弧 5、6、7 和 8。这种法截面上的切削成形特点是：

图 4-81　切削成形的切齿顺序

1）组成轮齿的四个主要弧段，分别在不同的时间，由不同的刀齿瞬时成形。

2）滚刀切削受力的轴向分力，按右、右和左、左循环往复。

由于上述的切削特点和不可避免的机床运动间隙，必然导致产生切削成形误差。误差的大小随机床的运动间隙和切削力的大小而变化，误差的方向指向齿厚增加的方向。如果不发生刀具的非成形面的不正常切削（由于机床振动发生啃刀现象），则正常切削的齿形总是比理想状况大些，齿槽相对小一些。这种误差在生产实践中检查，一般为 0.03~0.08mm，有的也可达到 0.2mm，这样大的切齿误差，将会影响啮合侧隙。

基于上述的分析，为了把握圆弧齿轮的啮合侧隙，在严格保证切齿深度的前提下，还必须进行公法线长度尺寸的测量。如果发现公法线长度尺寸偏大，影响啮合侧隙时，它说明机床运动间隙或者刀具的轴向窜动太大，这时应当调整机床运动间隙，或者调整刀具的轴向窜动间隙，甚至临时用切向进给的办法，使被加工齿轮的公法线尺寸大小正确。反之，如果发现公法线长度尺寸偏小而影响啮合侧隙时，这说明滚齿过程中必有我们所讨论的切削误差之外的原因。当这种情况出现时，需要根据具体情况，做具体的分析和处理。

4.13　滚齿加工常见缺陷和解决方法

在滚齿加工中，经常会出现工件精度指标超差或工件齿面存在某些缺陷。滚齿加工中常见的缺陷产生原因和解决方法列于表 4-123。

表 4-123　滚齿加工中常见缺陷产生原因和解决方法

序号	误差项目		产生误差的主要原因	采取的措施
1	齿距误差	齿距累积误差过大，同时，齿圈径向圆跳动，公法线长度变动都超差	1）机床分度蜗轮精度过低 2）工作台圆形导轨磨损 3）加工时,工件安装偏心	1）提高机床分度蜗轮的精度或装置校正机构 2）修理工作台圆形导轨,并精滚（或珩）一次分度蜗轮 3）提高夹具或顶尖精度;提高齿坯精度;安装工件时需仔细校正

（续）

序号	误差项目		产生误差的主要原因	采取的措施
2	齿距误差	齿距累积误差超差,但是齿圈径向圆跳动不超差	1）机床分度蜗轮精度过低 2）工作台圆形导轨磨损或与分度蜗轮不同轴 3）分齿交换齿轮精度低,啮合太松或存在磕碰现象	1）提高机床分度蜗轮的精度或装置校正机构 2）修刮导轨,并以此为基准,精滚（或珩）一次分度蜗轮 3）检查分齿交换齿轮的精度、啮合紧松和运转状况
3		齿距累积误差不超差,但齿圈径向圆跳动超差	主要是由于工件轴线与工作台回转轴度不重合,即出现几何偏心 1）有关机床、夹具方面: ① 工件心轴的径向圆跳动误差大 ② 心轴磨损或径向圆跳动大 ③ 上下顶针有摆差或松动 ④ 夹具定位端面与工作台回转轴线不垂直 ⑤ 工件装夹元件,例如垫圈和螺母的精度不够 2）有关工件方面: ① 工件内孔直径超差 ② 以工件外圆作为找正基准时,外圆与内孔的同轴度超差 ③ 工件夹紧形式不合理或刚性差	着重于工件的正确安装和检查工作台的回转精度 1）有关机床、夹具方面: ① 检查并修复 ② 合理使用和保养工件心轴 ③ 修复后立柱及上顶针的精度 ④ 校正夹具定位端面的圆跳动,定位端面只准内凹 ⑤ 装夹元件、垫圈两平面应平行,螺母端面应与螺纹轴线垂直 2）有关工件方面 ① 控制工件定位内孔的尺寸精度 ② 控制工件外圆与内孔的同轴度误差 ③ 改进夹紧方法,夹紧力应施加于工件刚性较好的部位;定位元件与夹紧分离
4		齿距偏差超差（误差呈周期性分布）	1）机床分度蜗杆误差大,或存在装配偏心 2）滚刀安装误差过大 3）滚刀主轴的回转精度太低 4）多头滚刀的分头误差大	1）提高分度蜗杆的精度,修复并纠正误差 2）复查滚刀的安装精度 3）修复滚刀主轴的回转精度,并按表4-125 "滚齿工艺守则"中刀杆与滚刀装夹要求进行检查 4）选用合格滚刀,或提高滚刀的精度,详见表4-125
5		齿距偏差超差（误差分布无周期性）	机床分度蜗杆副的精度低	提高机床分度蜗杆副的精度
6		基节偏差超差	1）滚刀的齿距误差大,多头滚刀的分头误差大 2）滚刀的压力角误差大 3）滚刀的安装误差大 4）滚刀的刃磨质量差	1）选用合格滚刀,或提高滚刀的精度,详见表4-125 2）选用合格滚刀,或提高滚刀的精度,详见表4-125 3）复查滚刀的安装精度 4）控制滚刀刃磨质量
7	齿形误差	压力角不对 	1）滚刀的压力角误差大 2）滚刀刃磨后,刀齿前面的径向性误差大 3）滚刀安装角的误差大	1）合理选用滚刀或提高精度 2）控制滚刀刃磨质量 3）重新调整滚刀的安装角

（续）

序号	误差项目		产生误差的主要原因	采取的措施
8		齿形不对称	1)滚刀安装不对中 2)滚刀刃磨后,螺旋槽导程误差大 3)直槽滚刀刃磨后,前刀面与轴线的平行度超差 4)滚刀安装角的调整误差太大或安装歪斜	1)用"啃刀花"方法或用对刀规对刀 2)控制滚刀刃磨质量 3)控制滚刀刃磨质量 4)复查,并重新调整滚刀的安装角或两端轴台的径向圆跳动
9	齿形误差	齿面出棱	1)滚刀刃磨后,容屑槽的齿距累积误差大 2)滚刀安装后,轴向窜动大 3)滚刀安装后,径向圆跳动大 4)滚刀用钝	1)控制滚刀刃磨质量 2)复查滚刀主轴的轴向窜动;修复调整机床主轴的前后轴承,尤其是止推垫圈;保证滚刀的安装精度 3)复查机床主轴精度并修复之;保证滚刀的安装精度 4)窜刀;刃磨滚刀;更换新刀
10		齿形周期性误差	1)滚刀安装后,径向圆跳动和轴向窜动大 2)机床分度蜗杆的径向圆跳动和轴向窜动大 3)机床分齿交换齿轮安装偏心或齿面有磕碰 4)刀架滑板有松动	1)控制滚刀的安装精度 2)修复分度蜗杆的装配精度 3)检查分齿交换齿轮的安装及运转状况 4)调整刀架滑板的塞铁
11	齿向误差	齿向误差超差（对于直齿圆柱齿轮）	1)机床立柱导轨对工作台回转轴线的平行度及歪斜度超差 2)上、下顶针不同心,使工件轴线歪斜 3)工件安装歪斜: ① 滚齿心轴歪斜 ② 垫圈两端面平行度超差或平面不平 ③ 齿坯定位端面的轴向圆跳动误差大	1)修复立柱精度,控制机床热变形 2)修复后立柱支架的精度,控制上、下顶针的制造与安装精度 3)针对病因解决: ① 检查滚齿心轴精度,并修复或更换 ② 研磨两平面,并控制平行度误差 ③ 控制齿坯的制造精度
12		齿面螺旋线波度误差超差或轴向齿距偏差超差（对于斜齿圆柱齿轮）	1)差动交换齿轮的计算误差大 2)机床垂直进给丝杆的螺距误差大 3)差动交换齿轮的安装误差大 4)机床分度蜗杆副的啮合间隙大	1)重算交换齿轮,并控制计算误差 2)使用时久,因磨损而丧失精度,应更换 3)检查差动交换齿轮的安装,并纠正 4)合理调整分度蜗杆副的啮合间隙
13	齿面缺陷	撕裂	1)齿坯材质不均匀 2)齿坯热处理方法不当 3)切削用量选用不当,产生积屑瘤 4)切削液效能不高 5)滚刀用钝,不锋利	1)控制齿坯材料质量 2)正确选用热处理方法,尤其是应控制调质处理的硬度,一般推荐正火处理 3)正确选用切削用量,避免产生积屑瘤 4)正确选用切削液,尤其要注意它的润滑性能 5)窜刀、刃磨或更换新刀

（续）

序号	误差项目		产生误差的主要原因	采取的措施
14		啃齿	由于滚刀与工件的相互位置发生突然变化而造成 　1）刀架滑板移动导轨太松，造成垂直进给有突变；或者是太紧，由于爬行造成突变 　2）刀架斜齿轮副的啮合间隙大 　3）油压不稳定	寻找和消除造成突变的因素 　1）调整移动导轨的塞铁，要求紧松适当 　2）使用时久而磨损，应更换 　3）合理保养机床，应保持油液清洁、油路畅通
15	齿面缺陷	振纹	由于振动造成 1）机床内部某传动环节的间隙大 2）工件的安装刚度不足 3）滚刀的安装刚度不足 4）刀轴后托座安装后，存在较大间隙	寻找和消除振动源 1）对于使用时久而磨损严重的机床，应及时大修 2）提高工件的安装刚度，例如：尽量加大支承端面；支承端面（包括工件）只准内凹；缩短上下顶针间的距离等 3）提高滚刀的安装刚度，例如：尽量缩小支承间距离；带柄滚刀尽量加大轴径尺寸等 4）正确安装刀轴后托座
16		鱼鳞	齿坯热处理方法不当，其中，在加工调质处理后的钢件时比较多见	1）酌情控制调质处理的硬度 2）建议采用正火处理作为齿坯的预先热处理

4.14　滚齿工艺守则

4.14.1　齿轮加工通用工艺守则的适用范围和一般要求

齿轮加工通用工艺守则的适用范围和一般要求见表 4-124。

表 4-124　齿轮加工通用工艺守则的适用范围和一般要求

主题内容与适用范围	本标准规定了齿轮加工应遵守的基本规则，适用于各企业的齿轮加工
引用标准	GB/T 4863—2008《机械制造工艺基本术语》 JB/T 9168.1—1998《切削加工通用工艺守则　总则》 GB/T 10095.1—2008《圆柱齿轮　精度制 第 1 部分：轮齿同侧齿面偏差的定义和允许值》 GB/T 10095.2—2008《圆柱齿轮　精度制 第 2 部分：径向综合偏差与径向跳动的定义和允许值》
一般要求	1）齿坯装夹前应检查其编号和实际尺寸是否与工艺规程要求相符合 2）装夹齿坯时应注意查看其基面标记，不得将定位基面装错 3）计算齿轮加工机床滚比交换齿轮时，一定要计算到小数点后有效数字第五位

4.14.2　滚齿工艺守则

滚齿工艺守则见表 4-125。

表 4-125　滚齿工艺守则

准备工作	1) 本守则适用于滚切法加工的 7、8、9 级精度渐开线圆柱齿轮 2) 滚齿前的准备： ① 加工斜齿或人字齿轮时，必须验算差动交换齿轮的误差，一般差动交换齿轮应计算到小数点后有效数字第五位。差动交换齿轮误差应按下列公式计算：$\delta \leqslant \dfrac{KC}{mNB}$ 式中：δ 为差动交换齿轮误差；m 为齿轮模数；N 为滚刀头数；B 为齿轮齿宽；K 为齿轮精度系数（对 7 级齿轮，$K=0.001$；对 8 级齿轮，$K=0.002$；对 9 级齿轮，$K=0.002$）；C 为滚齿机差动定数 ② 加工有偏重的齿轮时，应在相应处安置适当的配重

齿坯的装夹

1) 在滚齿机上滚齿夹具安装中的调整：

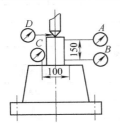

齿轮精度等级	检查部位			
	A	B	C	D
	圆跳动误差/mm			
7	0.015	0.010	0.005	
8	0.020	0.012	0.008	0.015
9	0.025	0.015	0.010	

2) 在滚齿机上齿坯的装夹。在滚齿机上装夹齿坯时，应将有标记的基准面向下，使其与支承面贴合，不得垫纸或铜皮等物。压紧前用千分表检查齿坯外圆径向圆跳动和基准端面跳动，其跳动公差不得大于下列所规定数值。压紧后需再次检查，以防压紧时产生变形。齿坯装夹压紧时，压紧力应通过支撑面，不得压在悬空处，压紧力应适当

齿轮精度等级	齿轮分度圆直径/mm					
	≤125	>125~400	>400~800	>800~1600	>1600~2500	>2500~4000
	齿坯外圆径向跳动和基准端面跳动误差/mm					
7	0.018	0.022	0.032	0.045	0.063	0.100
8	0.018	0.022	0.032	0.045	0.063	0.100
9	0.028	0.036	0.060	0.071	0.100	0.160

3) 在滚齿机上齿轮轴的装夹：
① 在滚齿机上装夹齿轮轴时，应用千分表检查其两基准轴颈（一个基准轴颈及顶圆）的径向圆跳动，其跳动误差应按下列公式计算：$t \leqslant \dfrac{L}{B}K$
式中：t 为跳动公差（mm）；L 为两测量点的距离（mm）；B 为齿轮轴的齿宽（mm）；K 为精度系数（对 7 级和 8 级精度齿轮轴，$K=0.008\sim0.010$；对 9 级精度齿轮轴，$K=0.011\sim0.013$）
② 在滚齿机上装夹齿轮轴时，应用千分表在 90° 方向检查齿顶圆母线与刀架垂直移动的平行度，在 100mm 长度内不得大于 0.01mm

刀杆与滚刀的装夹

1) 粗、精加工刀杆、刀垫必须严格分开，精加工用刀垫两端面平行度误差不得大于 0.005mm
2) 刀杆及滚刀装夹前，刀架主轴孔及所有垫圈、支承轴套、滚刀内孔端面都必须擦净
3) 滚刀应轻轻推入刀杆中，严禁敲打
4) 刀杆装夹后，悬臂检查刀杆径向和轴向圆跳动，其跳动公差不得大于下面规定的数值

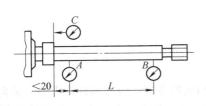

齿轮精度等级	圆跳动公差/mm		
	A	B	C
7	0.005	0.008	0.005
8	0.008	0.010	0.008
9	0.010	0.015	0.010

注：1. 精度等级按第Ⅱ公差组要求。
　　2. 表中 B 点跳动是指 L 小于或等于 100mm 时的数值，L 每增加 100mm，B 点跳动允许增加 0.01mm。

（续）

刀杆与滚刀的装夹	5）滚刀安装后必须检查滚刀轴台径向圆跳动，其跳动误差不得大于下面规定，且要求两轴台径向圆跳动方向一致				

	齿轮模数/mm	齿轮精度等级		
		7	8	9
		跳动公差/mm		
	≤10	0.015	0.020	0.040
	>10	0.020	0.030	0.050

注：精度等级按第Ⅱ公差组要求。

滚刀选择及磨钝标准	1）滚刀选择根据被加工齿轮的精度要求选择滚刀		

齿轮精度等级	滚刀精度等级	
	粗滚齿	精滚齿
7	B 或 C	2A
8	B 或 C	A
9	C	B

注：精度等级按第Ⅱ公差组要求。

2）滚刀磨钝标准。在滚齿时，如发现齿面有光斑、拉毛、粗糙度变坏等现象时，必须检查滚刀磨损量，其磨损量不得大于下面的规定

滚刀模数		2~8	>8~14	>14~25	>25~30
磨损量 /mm	粗滚刀	0.4	0.6	0.8	1.0
	精滚刀	0.2	0.3	0.4	0.5

3）精滚刀每次刃磨后均需检查容屑槽齿距累积误差、容屑槽相邻周节误差、刀齿前面的非径向性、齿面表面粗糙度和刀齿前面与内孔轴线的平行度等，并要有检查合格证方可使用

机床调整	1）为了保证滚齿机在加工过程中的平稳性，分齿交换齿轮、差动交换齿轮啮合间隙应为 0.10~0.15mm 2）在大型滚齿机上加工大型齿轮时，必须根据齿坯的实际重量和夹具重量，调整机床的卸载机构，并检查其可靠性 3）根据被加工齿轮的技术参数、精度要求、材质和齿面硬度等情况决定切削用量。用单头滚刀时推荐采用以下加工规范： 滚切次数：模数在 20mm 以下时，粗滚、精滚各一次；模数在 20~30mm 时，粗滚、半精滚、精滚各一次 切削深度：采用两次滚切时，粗滚后齿厚需留有 0.50~1.00mm 余量；采用三次滚切时，第一次粗滚深度为全齿深的 70%~80%，第二次半精滚齿厚需留有 1.00~1.50mm 的精滚余量 切削速度在 15~40m/min 范围内选取 进给量：粗滚进给量在 0.5~2.0mm/r 范围内选取，精滚进给量在 0.6~5.0mm/r 范围内选取

滚齿加工	1）机床调整后用啃刀花进行试切检查分齿、螺旋方向是否与设计要求相符 2）粗精滚齿应严格分开，有条件时，粗、精滚应分别在两台滚齿机上进行 3）在滚切人字齿轮时，左右方向实际齿厚之差不得大于 0.10mm

4.15 展成加工蜗轮

4.15.1 概述

展成加工蜗轮的刀具，必须具有与工作蜗杆完全相同的参数，包括蜗杆的类型、轴向模数、分圆直径、压力角、蜗杆螺纹头数、方向和升角等均须一致。因此，加工每一种蜗轮要用单独的刀具，不像齿轮滚刀可以加工法向模数、压力角相同而齿数和螺旋角不同的许多齿轮。

　　展成加工蜗轮，按进给方式分为径向进给和切向进给；按使用的刀具分为蜗轮滚刀和蜗轮飞刀。蜗轮的齿形是蜗轮加工刀具切削刃的连续位置的包络线形成的。由于刀具圆周的齿数不可能太多，所以径向进给滚刀加工的蜗轮齿面波纹度大。而切向进给刀具加工时因刀具本身有轴向移动，故当蜗轮转过一周后再被切削时，刀齿的切削痕迹不再重复，蜗轮齿廓由较多的切削次数所形成，所以蜗轮齿面波纹度小，提高了齿面的接触质量。

　　在选择蜗轮加工进给方式时，除了考虑机床有无切向进给机构、蜗轮滚刀是否有切削锥外，还应考虑到蜗杆副的装配条件。因为对阿基米德蜗杆副来说，当蜗杆螺纹升角较大，而蜗杆轴向剖面中的压力角又较小时，若蜗轮是用切向进给加工的，只有符合下述条件时才能达到径向装配的目的：

$$\tan\alpha_x \geq \tan\gamma \frac{\sqrt{d_{a1}^2 - d_1^2}}{d_{a1}} \tag{4-56}$$

式中　α_x——蜗杆轴向剖面压力角（°）；

　　　γ——分圆上的螺纹升角（°）；

　　　d_{a1}——蜗杆外圆直径（mm）；

　　　d_1——蜗杆分圆直径（mm）。

4.15.2　展成加工蜗轮

1. 径向进给展成加工蜗轮

　　（1）单头蜗轮滚刀滚切单头蜗轮　单头蜗轮滚刀和单头蜗杆相似，蜗杆类型、分圆直径、螺旋方向、压力角和蜗杆一样，齿顶高增加一个齿顶间隙，分圆齿厚比蜗杆多一个 Δs（Δs 取决于给定的啮合侧隙）。

　　滚切时滚刀轴线与被切蜗轮轴线的夹角与蜗杆蜗轮工作时轴线的夹角相等，上刀至理论中心距后加工出蜗杆、蜗轮啮合时所需的齿顶间隙和齿侧间隙。机床调整很简单，只挂一套分齿交换齿轮。

　　（2）多头蜗轮滚刀滚切加工多头蜗轮　多头蜗轮滚刀滚切加工多头蜗轮必须注意以下问题：

　　1）分齿交换齿轮必须把头数考虑进去。

　　2）滚刀螺旋方向、螺旋角、头数、压力角、齿形类型应和蜗杆相同。

　　3）蜗轮齿数和蜗杆头数、蜗轮滚刀的容屑槽数的关系应按以下原则选择：

　　① 当蜗轮齿数 z_2 与蜗杆头数 z_1 互为质数时，蜗轮滚刀容屑槽数 z_k 与蜗杆头数 z_1 也应互为质数。这样，蜗轮在加工时，蜗轮滚刀本身的制造误差就不会全部反映在蜗轮上去，对提高蜗轮的加工精度是有利的。

　　② 当蜗轮齿数 z_2 与蜗杆头数 z_1 有公因数时，滚刀容屑槽数与头数也得整除或有公因数，这是因为当蜗轮齿数和蜗杆头数有公因数时，若滚刀容屑槽数与头数没有公因数时，一个头的一个齿对准蜗轮中心后，则其他头的任何一个齿都不能对准蜗轮中心，结果造成其他齿滚出来的蜗轮齿形不对称，由于多头滚刀滚出的齿形包络次数少，这种不对称性产生的影响往往很可观。

　　（3）用单头蜗轮滚刀滚切多头蜗轮　在实践中常遇到蜗轮齿数较少的多头蜗杆传动，用多头滚刀和飞刀切向加工，机床允许的最小加工齿数不能满足，迫使人们想办法加工。

　　根据渐开线螺旋齿轮啮合原理可知，在一对渐开线齿轮传动中，如果能使两者的法向齿距和法向压力角相等，就能够保证两者正确啮合，为了使加工出的蜗轮能与多头蜗杆正确啮合，首先必须使单头蜗轮滚刀的法向齿距 p_{n0} 等于多头蜗杆的法向齿距 p_{n1}，单头蜗轮滚刀的法向压力角 α_{n0} 等于多头蜗杆的法向压力角 α_{n1}，这样在蜗轮滚刀分圆直径 d_0 选定的情况下（一般接近或略大于多头蜗杆的分圆直径 d_1），就可以算出单头滚刀的分圆螺旋升角 γ_{z0}，并可导出其他参数了。单头蜗轮滚刀的螺旋方向可以和多头蜗杆的螺旋方向相同，也可以不同。因为现在已经是螺旋齿轮啮合原理滚切齿形了。现以实例说明计算和调整。

今有一蜗杆副，蜗杆还好，蜗轮轮齿全部没有了。经测量和计算：

1）蜗杆。轴向模数 $m_x = 3\text{mm}$，轴向压力角 $\alpha_x = 17°$，头数 $z_1 = 6$，外径 $d_{a1} = 70\text{mm}$，分度圆直径 $d_1 = 64\text{mm}$，螺旋升角 $\gamma = 15°42'31''$。

法向压力角 α_{n1}：

$$\alpha_{n1} = \arccos\left(\frac{\cos\alpha_x}{\cos\gamma}\right) = \frac{\cos 17°}{\cos 15°42'31''}$$

$$= 16.399787°$$

法向齿距 $p_{n1} = \pi m_x \cos\gamma = 9.07277\text{mm}$。

2）蜗轮。轴向模数 $m_x = 3\text{mm}$，轴向压力角 $\alpha_x = 17°$，齿数 $z_2 = 33$，左旋，中点螺旋升角 $\beta_m = 15°42'31''$，径向修正系数 $x_2 = 0.12$，节圆直径 $d_2' = 99.72\text{mm}$，外径 $d_{a2} = 105.72\text{mm}$。

3）实测箱体中心距 $a = 81.86\text{mm}$

4）选用 II 型 m_3 右旋旧的齿轮滚刀改制的单头蜗轮滚刀。

修改成的单头蜗轮滚刀参数：外径 $d_{a0} = 75.5\text{mm}$，齿顶高 $h_{a0} = 1.3m_{x0} = 3.9\text{mm}$，全齿高 $h_0 = 2.5m_{x0} = 7.5\text{mm}$，分圆直径 $d_0 = d_{a0} - 2h_{a0} = 67.7\text{mm}$，$\gamma_{z0} = \arctan\left(\frac{m_{x0}}{d_0}\right) = 2°32'14''$。

以下计算就不是按蜗轮滚刀的常规设计了，要遵循渐开线螺旋齿轮的啮合原理：滚刀的法向齿距等于蜗杆的法向齿距 $p_{n0} = p_{n1}$；滚刀的法向压力角等于蜗杆的法向压力角 $\alpha_{n0} = \alpha_{n1}$。

滚刀加工和检查都需要轴向数值，轴向数据计算如下：

滚刀轴向齿距：

$$p_{x0} = \frac{p_{n0}}{\cos\gamma_{z0}} = \frac{p_{n1}}{\cos\gamma_{z0}} = 9.0817\text{mm}$$

滚刀轴向压力角：

$$\cot\alpha_0 = \cot\alpha_{n0}\cos\gamma_{z0} = \cot\alpha_{n1}\cos\gamma = 3.394424$$

$$\alpha_0 = 16.415015°\ (= 16°24'54'')$$

修改好的单头右旋专用蜗轮滚刀简图如图 4-82 所示。

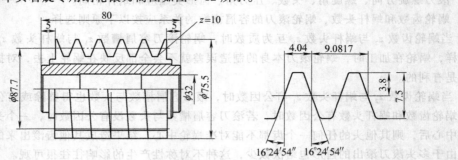

图 4-82　单头右旋专用蜗轮滚刀

5）用修改好的右旋单头蜗轮滚刀，滚切加工六头蜗轮。

① 选用机床 Y38。

② 分齿交换齿轮 $\dfrac{a}{d} = \dfrac{24}{33}$。

③ 安装调试简图如图 4-83 所示。

本例中的 $\psi = \beta_m + \gamma_{z0} = 15°42'31'' + 2°32'14'' = 18°14'45''$，但扳到这个数值时的接触斑点很不好，

如图 4-84a 所示。逐渐减小 ψ，接触斑点向喉径中心偏移；直到 $\psi = 17°38''$ 时，接触斑点才接近喉径中心，如图 4-84b 所示。本例中减少的 $\Delta\psi = 18°14'45'' - 17°38' = 36'45''$。

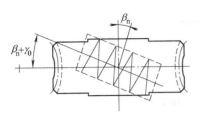

图 4-83　单头蜗轮滚刀滚六头蜗轮

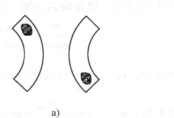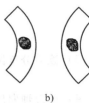

图 4-84　接触斑点
a) 偏离喉径中心　b) 接近喉径中心

用单头专用蜗轮滚刀滚切加工多头蜗轮时，仍按 $\psi = \beta_m \mp \gamma_{z0}$，同向为 "–"，异向为 "+"。随着头数增加，$\beta_m$ 增加，$\Delta\psi$ 值也增加。

单头蜗轮滚刀滚切的多头蜗轮与多头蜗杆的啮合斑点位置可以通过调整安装角得到理想的位置，但接触面积不大，齿长约 35%，齿高约 40%，通过跑合或修磨蜗杆齿形、齿高接触面积可以增加，齿长改善很少。现在这样用单头滚刀加工出的多头蜗轮因齿长接触斑点较短，用于重载是不合适，还待进一步的研究。

（4）用标准齿轮滚刀替代蜗轮滚刀加工蜗轮　为了经济、快捷，在强度合适的情况下，人们常用同精度等级的齿轮滚刀代替蜗轮滚刀加工蜗轮。设计蜗杆副的时候也是以使用的这把滚刀为基准计算，其设计原则也是渐开线啮合原理，法向齿距和法向压力角相等，就能正确啮合。现举例说明。

今有一对蜗杆副，蜗杆、蜗轮参数见表 4-126，这是一对新设计齿轮加工机床的分度蜗杆副，由于时间紧迫传动比可以少量的改变，精度不能降低。

表 4-126　蜗杆、蜗轮参数

蜗　　杆			蜗　　轮		
传动类型		ZA	传动类型		ZA
端面模数	m_x	6mm	端面模数	m_x	6mm
头数	z_1	1	头数	z_0	1
轴向压力角	a_x	20°	轴向压力角	a_x	20°
齿顶高系数	h_a^*	1	齿顶高系数	h_a^*	1
顶隙系数	c^*	0.2	顶隙系数	c^*	0.2
导程角	γ	2°51'45''	导程角	β_m	2°51'45''
螺旋方向		右	螺旋方向		右
精度等级		GB/T 10089—1988　6f	齿数	z_2	85
中心距	a	315mm	精度等级		GB/T 10089—1988　6f
轴向齿距极限偏差	f_{pxL}	±0.009mm	中心距	a	315mm
轴向齿距累积公差	f_{px}	0.016mm	齿距极限偏差	f_{pt}	±0.014mm
蜗杆齿形公差	f_{fl}	0.014mm	齿距累积公差	f_p	0.08mm

从表 4-126 中看，这是一对较普通的蜗杆副，若有蜗轮滚刀，很快就能加工出来，新制造蜗轮滚刀时间就长了，又不经济。若用接近的相同精度等级的齿轮滚刀代替蜗轮滚刀，稍加修改就能满足要求，既能保证质量，省时省钱，又能快捷地完成加工。

现用 I 型、$m_n = 6mm$、$\alpha_n = 20°$、$\gamma_{z0} = 2°48'$ 的 2A 级标准齿轮滚刀，代替蜗轮滚刀，修改计算

如下：

1）齿轮滚刀是渐开线型，传动类型应改成 ZI 型。

2）齿轮滚刀是法向模数，蜗轮滚刀是轴向模数：

$$m_{x0} = \frac{m_n}{\cos\gamma_{z0}} = \frac{6mm}{\cos 2°48'} = 6.0071717mm$$

3）滚刀分度圆直径：$d_0 = \frac{m_{n0}}{\sin\gamma_{z0}} = 122.826mm$

4）滚刀轴向压力角：$\alpha_{x0} = \arctan\frac{\tan_{\alpha n}}{\cos\gamma_{z0}} = \arctan\frac{\tan 20°}{\cos 2°48'} = 20°1'19''$

5）滚刀法向齿距：$p_{n0} = \pi m_n = 18.8496mm$

6）滚刀轴向齿距：$p_{x0} = \frac{p_{n0}}{\cos\gamma_{z0}} = 18.8721mm$

7）蜗杆分度圆直径：$d_1 = d_0 = 122.826mm$

8）蜗杆顶圆直径：$d_{a1} = d_1 + 2m_x = d_0 + 2m_{x0} = 134.84mm$

9）蜗杆分圆螺旋升角：

$$\gamma = \arctan\left(\frac{m_{x0}}{d_1}\right) = \arctan\left(\frac{6.0071717}{122.826}\right) = 2°48'$$

10）蜗杆轴向齿距：$p_x = p_{x0} = 18.8721mm$

11）蜗轮齿数 z_2 取 84 试算。因为 m_x 增加，蜗轮齿数应适当减少变位系数为正值，对轮齿强度有利。

12）蜗轮分圆直径：$d_2 = m_x \times z_2 = 6.0071717mm \times 84 = 504.602mm$

13）蜗轮节圆直径：$d'_{w2} = \left(a - \frac{d_1}{2}\right) \times 2 = \left(315mm - \frac{122.826}{2}mm\right) \times 2 = 507.174mm$

14）变位系数：$x_2 = \frac{d'_2 - d_2}{2m_x} = 0.21404mm$

15）蜗轮喉圆外径：$d_{a2} = d'_2 + 2m_x = 519.188mm$

16）蜗轮外圆直径：$d_{e2} = d_{a2} + 2m_x = 531.2mm$

17）蜗轮分圆弧齿厚：

$$s_{t2} = m_x\left(\frac{\pi}{2} + 2x_2\tan\alpha_{x0}\right) = 10.373149mm$$

18）蜗轮在轴截面弦齿厚：

$$s_{x2} = s_{t2} - \frac{s_{t2}^3}{6d_2^2} = 10.373149mm - \frac{10.373149^3}{6 \times 504.602^2}mm = 10.3724mm$$

19）蜗轮在法截面的弦齿厚：

$$s_{n2} = s_{x2}\cos\gamma = 10.3724mm \times \cos 2°48' = 10.36mm$$

20）蜗轮分圆弦齿高：

$$h_{xa2} = \frac{d_{a2} - d_2}{2} + \frac{s_{t2}^2}{4d_2} = \frac{519.188 - 504.602}{2}mm + \frac{10.373149^2}{4 \times 504.602}mm = 7.3463mm$$

21）蜗轮分圆法向弦齿高：

$$h_{na2} = \frac{d_{a2} - d_2}{2} + \frac{s_{t2}^2\cos^4\gamma}{4d_2} = \frac{519.188 - 504.602}{2}mm + \frac{10.373149^2}{4 \times 504.602}mm = 7.3461mm$$

22）修改后的蜗杆、蜗轮参数列于表 4-127。

表 4-127　修改后的蜗杆、蜗轮参数

蜗　　杆			蜗　　轮		
传动类型		ZI	传动类型		ZI
端面模数	m_x	6.007mm	端面模数	m_x	6.007mm
头数	z_1	1	头数	z_0	1
轴向压力角	α_x	20°01′19.2″	轴向压力角	α_x	20°01′19.2″
齿顶高系数	h_a^*	1	齿顶高系数	h_a^*	1
顶隙系数	c^*	0.2	顶隙系数	c^*	0.25
导程角	γ	2°48′	导程角	γ	2°48′
螺旋方向		右	螺旋方向		右
精度等级		GB/T 10089—1988　6f	齿数	z_2	84
中心距	a	315mm	变位系数	x_2	0.214
轴向齿距极限偏差	f_{pxL}	±0.009mm	精度等级		GB/T 10089—1988　6f
轴向齿距累积公差	f_{px}	0.016mm	中心距	a	315mm
蜗杆齿形公差	f_{f1}	0.014mm	齿距极限偏差	f_{pt}	±0.014mm
			齿距累积公差	F_{p2}	0.08mm
$9.41_{-0.3}^{-0.2}$　6			$10.36_{-0.12}^{-0.06}$　7.35		
蜗杆法向齿形			蜗轮法向齿形		

注：1. 蜗杆、蜗轮齿厚公差是设计要求的。

　　2. 蜗杆设计是可以调整齿侧间隙的。

2. 切向进给展成加工蜗轮

（1）用切向进给蜗轮滚刀展成加工蜗轮　切向进给加工蜗轮用的蜗轮滚刀，不像径向进给那样受蜗轮齿数、蜗杆头数、滚刀容屑槽数等的限制，只要滚刀的模数、头数、压力角、旋向、螺旋升角与蜗轮相啮合的蜗杆相等，满足径向装配条件或允许轴向装配，就可以应用。切向进给加工蜗轮时，滚刀本身有轴向移动，刀齿的切削位置不重合，多次包络出蜗轮齿形，齿形精度和粗糙度都比径向进给加工的好。尤其是多头蜗杆的加工，优点更为明显。蜗杆、蜗轮装配后的磨合也容易，啮合情况和接触斑点都优于径向进给加工的蜗轮。

切向进给使用的蜗轮滚刀，为了改善切削条件和减轻切入齿的负荷，必须在切入端加工出切削锥，如图 4-85 所示。切削锥斜角 $\varphi = 8° \sim 12°$，锥长 $L_2 = (1.5 \sim 2)p_{x0}$，圆柱长 $L_1 = (2.5 \sim 3)p_{x0}$，切削锥方向，最好是右旋滚刀在右端，左旋滚刀在左端。这样进给产生的轴向力和分度蜗杆与分度蜗轮的作用力相对，切削平稳减少振动。

（2）用蜗轮飞刀展成加工蜗轮　由于每把蜗轮滚刀只能用来加工符合其参数的一种蜗轮，在单件小批生产中制造专用的滚刀很不经济，尤其是多头、大模数大直径的蜗轮，更显出用飞刀的展成加工的优越性。

所谓飞刀，就是取出蜗轮滚刀上的一个齿，想办法制造出来，装在刀杆上，或飞刀体上，用它来展成加工蜗轮。它的工作原理、机床调整与和它相等的切向进给蜗轮滚刀相同，只是刀齿数目很少，如图 4-86 所示。

飞刀的主要优点是制造简单，成本低；缺点是生产效率低。用飞刀加工蜗轮，需要有切向进给机构的滚齿机，因为它只能用切向进给加工蜗轮。在粗切时先不挂差动轮，刀齿先对准蜗轮中心，

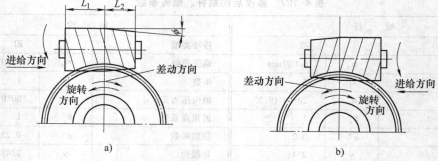

图4-85　用切向进给蜗轮滚刀加工蜗轮简图

a）用右旋切向进给蜗轮滚刀加工右旋蜗轮　b）用左旋切向进给蜗轮滚刀加工左旋蜗轮

手动径向进给到距离齿全深1~2mm，退出刀来轴向移动齿距的整数倍，挂上差动交换齿轮一边切向进给，一边手动径向进给到一定深度，走到一定的距离时还需对刀。对好刀后继续切向加工，在加工时飞刀每转一圈蜗轮转过的齿数等于蜗杆的头数，这是分齿运动。为了切出蜗轮的正确齿形，还必须有展成运动，这又需刀杆沿其本身轴线进给，而蜗轮则有相应的附加转动。当刀杆轴向移动 Δl 距离时，蜗轮附加转动的角度 θ 为

图4-86　杆式蜗轮飞刀简图

$$\tan\theta = \frac{\Delta l}{r_{\alpha 2}} \qquad (4-57)$$

式中　$r_{\alpha 2}$——蜗轮分度圆半径。

蜗杆头数 z_1 和啮合蜗轮齿数 z_2 没有公因数，飞刀不需窜刀，就可以切出蜗轮所有头数的齿来，蜗轮每转交换一齿。如果蜗杆 z_1 和蜗轮齿数 z_2 有公因数，加工好一个头的蜗轮齿槽后，还需把飞刀沿轴线准确地移动一个齿距，重新切另一个头的蜗轮齿槽，飞刀需移动 (z_1-1) 次才能切好这个蜗轮。

用飞刀加工蜗轮时，如果飞刀制造的准确，使用的正确，不比用蜗轮滚刀加工的差，尤其是多头大模数、多齿数的蜗轮加工，优越性更加明显。

4.15.3　蜗轮刀具的设计

1. 阿基米德蜗轮滚刀的设计及计算

实例列于表4-128。

表4-128　阿基米德蜗轮滚刀的设计计算步骤及实例

蜗杆副的基本参数及加工条件					
序号	项　目	数　值	序号	项　目	数　值
1	蜗杆类型	阿基米德	8	蜗杆的分度圆螺旋导程角	$\gamma_{z1}=6°29'$
2	蜗杆的轴向模数	$m_x=5\text{mm}$			
3	蜗杆的轴向压力角	$\alpha=20°$	9	蜗杆的螺旋方向	右
4	蜗杆的螺纹头数	$z_1=1$	10	蜗杆的轴向齿距	$p_{x1}=15.708\text{mm}$
5	蜗杆的外圆直径	$d_{a1}=54\text{mm}$	11	蜗杆的轴向导程	$p_{z1}=15.708\text{mm}$
6	蜗杆的分度圆直径	$d_1=44\text{mm}$	12	蜗杆的螺纹部分长度	$l_1=56\text{mm}$
7	蜗杆的根圆直径	$d_{f1}=32\text{mm}$	13	蜗杆齿廓的全齿高	$h_1=10\text{mm}$

（续）

蜗杆副的基本参数及加工条件

序号	项目	数值	序号	项目	数值
14	蜗轮齿数	$z_2 = 24$	18	蜗杆副的侧隙	0.07
15	蜗轮的精度等级	8 级	19	蜗杆的装配方向	径向
16	蜗杆副的啮合中心距	$a = 82mm$	20	使用的滚齿机	Y3150
17	蜗杆副的顶隙	$c = 1.0mm$			

蜗轮滚刀参数的确定

序号	项目	代号	计算公式或确定方法	计算精度	计算实例
21	进刀方向	—	视装配要求和加工条件而定，当采用切向进刀而又需径向装配时，应满足下列条件： $\tan\alpha_x \geqslant \tan\gamma \dfrac{\sqrt{d_{a1}^2 - d_1^2}}{d_{a1}}$		径向
22	外径	d_{a0}	$d_{a0} = d_{a1} + 2(c^* + 0.1)m_x$	0.1	$d_{a0} = 57.0mm$
23	分度圆直径	d_0	$d_0 = d_1$	0.01	$d_0 = 44.00mm$
24	根圆直径	d_{f0}	$d_{f0} = d_{f1}$ 强度不足时可取：$d_{f0} = d_{f1} + 0.2m_x$	0.01	$d_{f0} = 32.00mm$
25	头数	z_0	$z_0 = z_1$	—	$z_0 = 1$
26	螺旋方向	—	与工作蜗杆相同	—	右
27	分度圆螺旋导程角	γ_{z0}	$\tan\gamma_{z0} = \dfrac{m_x z_0}{d_0}$ $\gamma_{z0} = \gamma_{z1}$	1×10^{-7} 或 0.00001°	$\gamma_{z0} = 6°29'$
28	容屑槽数	Z_k	采用径向进刀时，应使 Z_k 与 z_0 无公因数 加工 6 级精度蜗轮时，$Z_k \geqslant 12$ 加工 7 级精度蜗轮时，$Z_k \geqslant 10$ 加工 8 级精度蜗轮时，$Z_k \geqslant 8$ 加工 9 级精度蜗轮时，$Z_k \geqslant 6$	整数	$Z_k = 8$
29	径向铲背量	K K_1	$K = \dfrac{\pi d_{a0}}{Z_k}\cos^3\gamma_{z0}\tan\alpha_a$ 式中 $\alpha_a = 10° \sim 12°$（滚刀端剖面齿顶后角）	根据铲齿车床常用凸轮升量圆整	$K = 3mm$ $K_1 = 0.8 \sim 0.9mm$
30	容屑槽深度	H	对于 I 型铲背形式 $H = h_0 + K + K_1 + (0.5 \sim 1.5mm)$ 对于 II 型铲背形式 $H = \dfrac{d_{a0} - d_{f0}}{2}h_0 + \dfrac{K + K_1}{2} + (0.5 \sim 1.5mm)$ 计算 H 值后，应校验刀齿强度，保证加工 6、7 级精度蜗轮时： $b/H \geqslant 0.35$ 加工 8、9 级精度蜗轮时： $b/H \geqslant 0.45$ 式中 $b \approx \dfrac{2.5(d_{a0} - 2H)}{Z_k}$	0.1	$H = 16.0mm$ $(b/H = 0.49)$
31	容屑槽底圆角半径	r_k	$r_k = \dfrac{\pi(d_{a0} - 2H)}{10Z_k}$	0.5	$r_k = 1$
32	容屑槽角	θ	22°、25° 或 30°	—	$\theta = 30°$

（续）

<table>
<tr><td colspan="6" align="center">蜗轮滚刀参数的确定</td></tr>
<tr><td>序号</td><td>项目</td><td>代号</td><td>计算公式或确定方法</td><td>计算精度</td><td>计算实例</td></tr>
<tr>
<td>33</td>
<td>容屑槽螺旋导程</td>
<td>P_k</td>
<td>$P_k = \pi d_0 \cot\gamma_{z0}$
$\gamma_{z0} \leqslant 5°$时做成直槽</td>
<td>1</td>
<td>$P_k = 1016\text{mm}$</td>
</tr>
<tr>
<td>34</td>
<td>轴向齿距</td>
<td>p_{x0}</td>
<td>$p_{x0} = \pi m_x$</td>
<td>0.001</td>
<td>$p_{x0} = 15.708\text{mm}$</td>
</tr>
<tr>
<td>35</td>
<td>轴向导程</td>
<td>p_{z0}</td>
<td>$p_{z0} = p_{x0} z_0$</td>
<td>0.001</td>
<td></td>
</tr>
<tr>
<td>36</td>
<td>法向齿距</td>
<td>p_{n0}</td>
<td>$p_{n0} = \pi m_x \cos\gamma_{z0}$</td>
<td>0.001</td>
<td>$p_{n0} = 15.608\text{mm}$</td>
</tr>
<tr>
<td>37</td>
<td>轴向齿厚（直槽滚刀）</td>
<td>s_{x0}</td>
<td>对于精切滚刀：
$s_{x0} = \dfrac{\pi m_x}{2} + \Delta s_1$
式中　Δs_1——齿厚增量，$\Delta s_1 = \dfrac{1}{2}\Delta_m s$
$\Delta_m s$——蜗杆副啮合侧隙，由蜗杆传动标准选取
对于粗切滚刀：
$s_{x0} = \dfrac{\pi m_x}{2} - \Delta s_2$
式中　Δs_2——齿厚减薄量，约为 m_x 的 0.1 倍</td>
<td>0.01</td>
<td>—</td>
</tr>
<tr>
<td>38</td>
<td>法向齿厚（螺旋槽滚刀）</td>
<td>s_{n0}</td>
<td>对于精切滚刀：
$s_{x0} = \dfrac{\pi m_x}{2}\cos\gamma_{z0} + \Delta s_1$
对于粗切滚刀：
$s_{x0} = \dfrac{\pi m_x}{2}\cos\gamma_{z0} - \Delta s_2$</td>
<td>0.01</td>
<td>$s_{n0} = 7.54\text{mm}$</td>
</tr>
<tr>
<td>39</td>
<td>齿顶高</td>
<td>h_{a0}</td>
<td>$h_{a0} = \dfrac{d_{a0} - d_0}{2}$</td>
<td>0.01</td>
<td>$h_{a0} = 6.50\text{mm}$</td>
</tr>
<tr>
<td>40</td>
<td>全齿高</td>
<td>h_0</td>
<td>$h_0 = \dfrac{d_{a0} - d_{f0}}{2}$</td>
<td>0.01</td>
<td>$h_0 = 12.25\text{mm}$</td>
</tr>
<tr>
<td>41</td>
<td>齿顶圆角半径</td>
<td>r_c</td>
<td>$r_c = 0.2 m_x$</td>
<td>0.1</td>
<td>$r_c = 1.0\text{mm}$</td>
</tr>
<tr>
<td>42</td>
<td>齿根圆角半径</td>
<td>r_c'</td>
<td>$r_c' = 0.2 m_x$</td>
<td>0.1</td>
<td>$r_c' = 1.0\text{mm}$</td>
</tr>
<tr>
<td>43</td>
<td>轴向齿顶斜角</td>
<td>ϕ</td>
<td>$\tan\varphi = \dfrac{K Z_k}{P_k}$</td>
<td>1×10^{-7}</td>
<td>$\varphi = 1°08'$</td>
</tr>
<tr>
<td>44</td>
<td>轴向压力角（左右侧）</td>
<td>α_{x0L}
α_{x0R}</td>
<td>对于螺旋槽滚刀：
$\cot\alpha_{x0L} = \cot\alpha_x \pm \tan\varphi$
$\cot\alpha_{x0R} = \cot\alpha_x \pm \tan\varphi$
上面的符号用于右旋滚刀；下面的符号用于左旋滚刀
对于直槽滚刀：
$\alpha_{x0L} = \alpha_{x0R} = \alpha_x$</td>
<td>1×10^{-7}</td>
<td>$\alpha_{x0L} = 19°52'$
$\alpha_{x0R} = 20°08'$</td>
</tr>
<tr>
<td>45</td>
<td>孔式滚刀的孔径</td>
<td>D</td>
<td>对于轴向键槽形式应满足
$\dfrac{d_{a0}}{2} - H - \left(t_j + \dfrac{D}{2}\right) \geqslant 0.3D$
式中　t_j——键槽深度测量值
对于端面键槽形式应满足
$\dfrac{d_{a0}}{2} - H - \dfrac{D_2}{2} \geqslant 0.3D$
式中　D_2——内孔空刀直径
不满足上述条件时应做成杆式结构</td>
<td>—</td>
<td>做成杆式</td>
</tr>
</table>

（续）

| | | | 蜗轮滚刀参数的确定 | | |
序号	项目	代号	计算公式或确定方法	计算精度	计算实例
46	孔式滚刀的轴台尺寸直径及长度	D_1 a	$D_1 = d_{a0} - 2H - (2 \sim 5mm)$ $a = 4 \sim 6mm$	1	—
47	滚刀长度	1）径向进刀孔式		$L_0 = l_1 + \pi m + 2a$	1	$L_0 = 90mm$
		2）切向进刀孔式 3）杆式	L_0	$L_0 = (4.5 \sim 5)p_{x0} + 2a$ 包括切入锥长度 $L_k = (2.5 \sim 3)p_x$（切入锥角 $\varphi_k = 11° \sim 13°$），滚刀全长应在所用滚齿机的刀杆长度范围内，并考虑滚刀的制造、检验和加工条件而定		$L_0 = 390mm$

2. 其他类型蜗轮滚刀的设计

其他类型蜗轮滚刀常见的有 ZN、ZI 等，这些类型蜗轮滚刀的设计除压力角不同外，其余都和阿基米德蜗轮滚刀相同。

3. 蜗轮飞刀的设计

蜗轮飞刀就是取出蜗轮滚刀的一个齿或几个齿，想办法制造出来，装在刀杆或刀体（孔式飞刀体）上，尽量简单、好算、好加工、好用就行。

（1）ZA 类型蜗轮飞刀　ZA 类型齿形轴向是直线，前刃面安装在轴向平面简单好加工。

1）$\gamma_{z0} \leqslant 8°$ 设计成前刃为平面的，右旋蜗轮飞刀的简图如图 4-87a 所示，左侧刃为负前角，右侧刃为正前角。因为在加工右旋蜗轮时右侧刃是切进刃，绝大部分的金属是切进侧刃切去的，所以突破过去常规的一点是可行的。

2）$\gamma_{z0} > 8° \sim 12°$ 时把飞刀的前刀面仍安装在轴向剖面，右旋蜗轮飞刀的左侧刃磨个 $8° \sim 12°$ 的侧刃法向前角，切削刃留 $0.3 \sim 0.5mm$ 白刃。如图 4-87b 所示。

3）$\gamma_{z0} > 12°$ 时把飞刀的前刀面安装在法向剖面，如图 4-87c 所示。阿基米德法向齿形是较复杂的曲线，通常都不计算。

① 可在滚刀检查仪上按阿基米德齿形刮点检查，合格后磨各后角时前刃面留白刃。这种方法准确可行，但仍然是麻烦不很方便。

② 近似计算阿基米德蜗轮飞刀法向压力角：

$$\alpha_{n0} = \alpha_{n1} - \frac{90° \sin^3 \gamma_{z0}}{z_1} \tag{4-58}$$

$$\tan\alpha_{n1} = \tan\alpha_x \times \cos\gamma_{z0} \tag{4-59}$$

式中　α_x——蜗杆轴向压力角；

　　　γ_{z0}——蜗杆分度圆螺旋升角；

　　　z_1——蜗杆头数。

③ 计算法向齿厚：

$$s_{n0} = \frac{\pi m_x}{2} \cos\gamma_{z0} \tag{4-60}$$

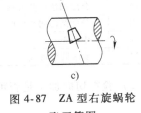

图 4-87　ZA 型右旋蜗轮
飞刀简图

（2）ZN 和 ZI 类型蜗轮飞刀　ZN 和 ZI 类型蜗轮飞刀从它们的形成原理看只有切于准圆和切于基圆的线为直线，其他位置是由直线形成的螺旋面。但通常人们都把加工 ZN、ZI 类型蜗轮飞刀齿形加工成蜗杆法向齿形，齿形中心安装在通过刀杆中心的法面上，不管单头、多头都装成法向的，这样最简单。

（3）ZA 型蜗轮飞刀计算和应用实例

1）蜗杆副基本参数列于表 4-129。

表 4-129　蜗杆副基本参数

序号	名　称	代　号	数　值
1	蜗杆类型	ZA	
2	轴向模数	m_x	20mm
3	轴向压力角	α_x	20°
4	头数	Z_1	2
5	齿顶圆直径	d_{a1}	220mm
6	分度圆直径	d_1	180mm
7	齿根圆直径	d_{f1}	132mm
8	分度圆螺旋升角	γ_{z1}	12°31′43″
9	螺旋方向		右
10	轴向齿距	p_x	62.832mm
11	轴向导程	p_z	125.664mm
12	螺纹部分长度	l_1	250mm
13	啮合蜗轮齿数	Z_2	41
14	分度圆直径	d_2	820mm
15	喉径外圆直径	d_{a2}	860mm
16	齿根圆直径	d_{f2}	772mm
17	全齿高	h_2	44mm
18	精度等级		GB/T 10089—1988　8 级
19	分度圆法向弦齿高	h_{en2}	20.26mm
20	分度圆法向弦齿厚	S_{n2}	$30.65^{-0.16}_{-0.23}$mm
21	中心距	a	500mm
22	要求装配形式		径向

2）验算切向加工是否可以径向装配：

$$\tan\alpha_x \geqslant \tan\gamma_{z1}\frac{\sqrt{d_{a1}^2-d_1^2}}{d_{a1}} \tag{4-61}$$

0.364>0.128，切向加工可以满足径向装配，可选用蜗轮飞刀切向加工。

3）蜗轮飞刀的设计。根据蜗杆副的参数，飞刀可以设计成套式的，飞刀头法向安装。

① 飞刀外径：

$$d_{a0} = d_1 + 2m_x(1+0.2+0.1) = 232\text{mm}$$

② 飞刀头法向压力角：

$$\alpha_{n0} = 19°6′3.36″$$

③ 飞刀工作图如图 4-88 所示。

④ 选用机床型号：Y31200E。Y31200E 规格参数列于表 4-130。

⑤ 安装找正滚切加工。安装找正蜗轮，找平 ϕ50mm 刀杆，刀杆中心对准喉径中心，挂分齿交换齿轮。

$$\text{分齿交换齿轮}\frac{a}{d} = \frac{24K}{Z_2} = \frac{24\times2}{41} = \frac{48}{41}$$

a、d 轮之间加个介轮即可。挂好分齿轮后上飞刀,飞刀头对准蜗轮中心。

粗切,手动径向进给,工作台转两圈后上一次刀,切槽深到 43mm 后,退出飞刀。按 πm_x 的整数倍把飞刀移动到蜗轮的左侧,如图 4-89 所示。

轴向进给精切:挂切向进给差动交换齿轮,

$$\frac{a_1 c_1}{b_1 d_1} = \frac{3}{m_x k} = \frac{24 \times 25}{80 \times 100}$$

挂好轮后,手柄扳到切向进给。进给差动交换齿轮的搭配如图 4-90 所示。

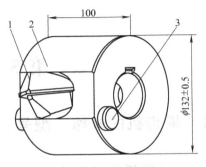

图 4-88 飞刀工作图

1—飞刀头 2—刀体 3—拉销

表 4-130 Y31200E 规格

序号	名　称	数　值
1	最大加工工件外径/mm	2000
2	最大模数/mm	20
3	(滚刀最大外径/mm)×(长度/mm)	$\phi 280 \times 320$
4	刀架回转角度	$\pm 60°$
5	滚刀转速范围/(r/min)	12.7~91.2
6	工作台外径/mm	1650
7	刀杆中心到工作台中心距离/mm	220~1200
8	刀杆中心到工作台面距离/mm	600~1300
9	滚切允许最小齿数(单头滚刀)	12
10	切向移动量/mm	≤500
11	生产厂	重庆机床厂

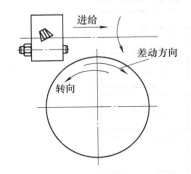

图 4-89 右旋飞刀切向加工右旋蜗轮工作台
转向、差动方向、飞刀进给方向

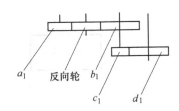

图 4-90 进给差动交换齿轮搭配

一边切向进刀,一边径向手动进刀,进到一定深度后还需重新微调一次刀,因为轴向移动误差,切向差动交换齿轮间隙等误差都存在。飞刀位置调整好后,视切屑情况适当径向进刀。$m_x = 20mm$ 的蜗轮一般需三次切向进给可完成。

使用飞刀时最常出现的问题是后角高出,抗刀,只要蜗轮齿形发现卷边,就需马上卸刀头,重新修磨。

第 5 章 插 齿 加 工

5.1 插齿机的规格、型号、基本参数和工作精度

5.1.1 我国插齿机分类

插齿机分类方法有许多种。插齿机按其工件轴线的位置分为立式插齿机和卧式插齿机。立式插齿机又可分为工件（工作台）让刀插齿机和插齿刀（刀架）让刀插齿机两种。卧式插齿机又可分为单插齿刀插齿机和双插齿刀插齿机两种。插齿机按其刀具形状分为齿条刀插齿机和圆盘刀插齿机两种。从工件的加工类别，可分为普通插齿机、斜齿插齿机、齿条插齿机等。从机床的加工效率、自动化程度及机床精度又可分为普通插齿机、精密插齿机、高速插齿机、轻型插齿机、专用插齿机、数控插齿机等。

我国金属切削机床制造行业对插齿机分类如图 5-1 所示。

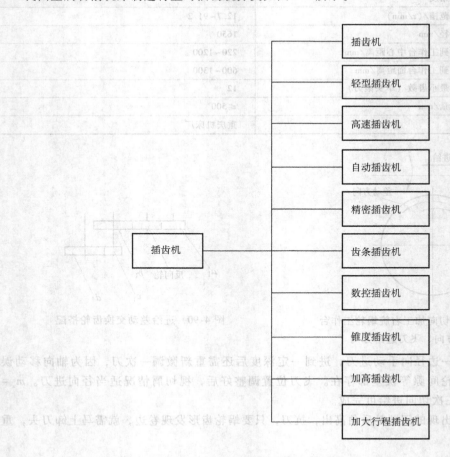

图 5-1 插齿机分类

（1）插齿机　这里指通常的普通插齿机，也就是基型系列。机床适用于机械制造业的单件、小批及成批生产内、外啮合的圆柱齿轮。机床的精度应符合 GB/T 4686—2008 的规定，机床为 JB/T 9871—1999 中规定的Ⅴ级精度机床。适应的齿轮精度为 6~7 级。

1）机床具有下列性能特征：①在加工过程中能根据粗切或精切的要求，自动变换切削用量；②带有工件液压夹紧装置。

2）根据用户特殊订货，可提供下列扩大机床性能的特殊附件：①加工斜齿用的螺旋导轨；②加工齿条用的附件；③加工轴齿轮用的尾架顶尖；④刀具上停功能装置。

（2）轻型插齿机　轻型插齿机是由基型加大工作台直径和床身长度派生出来的变型机床。

（3）高速插齿机　高速插齿机是由基型提高切削速度派生出来的变型机床。适用于机械制造业大批量生产，可加工内、外啮合的圆柱齿轮。

（4）自动插齿机　自动插齿机是由基型加自动上、下料机构派生出来的变型机床。适用于机械制造业大批量生产，可单机自动加工或列入自动线生产，用于加工内、外啮合的圆柱齿轮。

（5）精密插齿机　精密插齿机是由基型提高精度派生出来的变型机床。机床除加工精度高于基型外，其他均与基型相同。机床精度应符合 JB/T 8358.2—2006 的规定，机床为 JB/T 9871—1999 中规定的Ⅳ级精度机床。适应的齿轮精度为 5~6 级，如 YM5132、YM5150 型等。

（6）齿条插齿机　齿条插齿机是由在基型上更换工作台派生出来的齿条插齿机的变型机床。适用于机械制造业单件、小批和成批生产加工齿条，如 Y58125 型等。

机床除最大工件直径改为最大工件长度及无工件液压夹紧装置外，其他性能与基型相同。

机床精度应符合 JB/T 6343.1—2006 的规定，机床为 JB/T 9871—1999 中规定的Ⅴ级精度机床。

（7）数控插齿机　数控插齿机是由基型装上数控系统派生出来的变型机床。机床适用于机械制造业的单件、小批和成批生产。可加工内、外啮合的圆柱齿轮，非圆柱齿轮和凸轮。机床除具备基型系列的性能特征外，还应具备下列性能特征：主要运动具备计算机数字控制系统，可实行多轴联合运动及各自独立运动。

机床精度应符合 JB/T 6342.1—2006 的规定，机床为 JB/T 9871—1999 中规定的Ⅴ级精度机床。适应的齿轮精度为 6~7 级，如 YK51125 型等。

（8）锥度插齿机　锥度插齿机是在基型上安装可倾斜工作台派生出来的变型机床。机床除具备基型的性能特征外，还可以通过工作台倾斜，加工锥度齿轮。

（9）加高插齿机　加高插齿机是由在基型加高立柱派生出来的变型机床。机床的其他结构及零部件均与基型相同。

（10）加大行程插齿机　加大行程插齿机是由在基型上加大刀具行程派生出来的变型机床。机床除加高立柱、加大刀具行程外，其他与基型相同。

5.1.2　我国插齿机的型号命名方法

GB/T 15375—2008 中规定了金属切削机床型号编制方法，其中插齿机属于齿轮加工机床类（代号 Y）五组，组下各系列代号分别为：1——插齿机（基本型）；2——端面插齿机；3——非圆齿轮插齿机；4——万能斜齿插齿机；5——人字齿轮插齿机；6——扇形齿轮插齿机；8——齿条插齿机。如 Y51×× 表示插齿机（普通型），Y58×× 表示齿条插齿机。插齿机基本型号命名规则见表5-1。

如果插齿机为精密型、高速型等，则分别在类别代号"Y"后标志字母：M——精密型、S——高速型、Z——自动型、Q——轻型、K——数控型……，如 YM51125 表示加工直径规格为 1250mm 的精密插齿机、YK51125 表示加工直径规格为 1250mm 的数控插齿机。

我国机床型号的编制是根据 GB/T 15375—2008《金属切削机床　型号编制方法》的规定进行

的，早期生产的插齿机型号可能与以上规则不符，如 Y52（俄 5A12），Y54、Y514（俄 514），Y58（俄 5A150）等。

表 5-1　插齿机基本型号命名规则

组		系		折算系数	主 参 数
代号	名称	代号	名称		
5	插齿机	0	（预留）	—	
		1	插齿机	1/10	最大工件直径
		2	端面插齿机		最大工件直径
		3	非圆齿轮插齿机		最大工件回转直径
		4	万能斜齿插齿机		最大工件直径
		5	人字齿轮插齿机		最大工件直径
		6	扇形齿轮插齿机		最大工件直径
		7	（预留）	—	
		8	齿条插齿机	1/10	最大工件长度
		9	（预留）	—	

注：对插齿机"最大工件直径"一般指加工外齿轮的最大公称外径，加工内齿轮的实际直径要比公称参数大一些。

5.1.3　插齿机的工作精度检验概况

1. 普通插齿机

1）现行标准：GB/T 4686—2008《插齿机　精度检验》。

2）试件材料：铸铁或 45 钢（正火）。

3）试件规格：直径≥公称规格的 1/2~2/3；模数≥公称规格的 2/3；宽度≥公称规格 1/2；齿数由制造厂核定。

4）切削条件：AA 级插齿刀，切削规范及其他条件由制造厂确定。

5）试件检验要求（GB/T 10095.1—2008）：

① 齿距累积总偏差不超过 6 级精度许用值的 120%。

② 单个齿距偏差不超过 6 级精度许用值的 120%。

③ 螺旋线总偏差不超过 6 级精度许用值的 84%。

2. 精密插齿机

1）现行标准：JB/T 8358.2—2006《精密插齿机　第 2 部分：精度》。

2）试件检验要求（GB/T 10095.1—2008）：

① 齿距累积总偏差不达到 5 级精度要求（普通插齿机允许误差的 63%）。

② 单个齿距偏差达到 6 级精度要求（普通插齿机允许误差的 80%）。

③ 螺旋线总偏差达到 5 级精度要求（普通插齿机允许误差的 80%）。

3. 其他插齿机精度检验标准

1）数控插齿机精度检验现行标准：JB/T 6342.1—2006《数控插齿机　第 1 部分：精度检验》。

2）数控扇形齿轮插齿机精度检验现行标准：GB/T 21945—2008《数控扇形齿轮插齿机精度检验》。

3）齿条插齿机精度检验现行标准：JB/T 6343.1—2006《齿条插齿机　第 1 部分：精度检验》。

5.1.4　插齿机机床参数

国内外一些插齿机参数见表 5-2。国内主要生产厂家插齿机技术规格参数见表 5-3。

表 5-2 国内外一些插齿机参数

国别	制造厂	型号	直径 D /mm	模数 m /mm	齿宽 B /mm	行程数 /(次/min)	功率 P /kW	质量 /kg	备注
中国	天津第一机床厂	Y5130	300	6	60	800	3.5/5.5	3500	—
		Y5145	450	6	105	400	3	3700	—
		Y54	500	6	105	359	2.2	3500	—
		Y54A	500	6	105	240	2.2	3500	—
		Y54B	500	4	105/75	80~400	3	3500	—
		Y5150A	500	8	100	538	4	5500	—
		YM5150A	500	8	100	538	4	5500	—
		Y58	800	12	170	25~150	7.5	5400	—
		Y58A	800	12	170	25~150	7.5	5400	—
		YT54	500	6	90	240	2.2	3500	齿条插齿机
		Y58125A	1250	8	100	538	4	6000	齿条插齿机
		YK5332	300	3	90	700	3	3000	数控非圆齿轮插齿机
		YK58	600	6	255	120	7.5	8500	数控非圆齿轮插齿机
		YM5150H	500	8	100	79~704	4/5.5	7500	—
		YZ5125	250	6	60	250~900	3/4	5000	—
		YZX5125	250	6	60	250~1350	3/4	5000	高速插齿机
		YKD5130	300	6	60	100~800	4	3000	—
		YKD5180	800	6	270	20~120	7.5	7500	—
		YBJ5612	120	6.5	40	125~350	3.3/4.5	4500	齿扇插齿机
		KD501	160	10	75	80~240	3/4.5	4000	数控齿扇插齿
	宜昌长江机床厂	YS5120	200	6	50	1050	2.2/3.6	4000	—
		Y5132C	320	6	80	700	3/4	4000	—
		Y5132D	320	6	80	115~700	3/4	4000	—
		YS5132	320	6	80	1000	3/4	4000	—
		YM5132	320	6	80	115~700	3/4	4000	—
		Y5150	500	8	100	65~540	4.5/6.5	7500	—
		YM5150	500	8	100	65~540	4.5/6.5	7500	—
		Y5150A	500	8	100	65~540	4.5/6.5	7500	—
		Y5180	800	8	100	64~540	4.5/6.5	7500	—
		YM5180	800	8	100	64~540	4.5/6.5	7500	—
		Y51125	1250	12	160	250	10	17000	—
		Y51125A	1250	12	200	45~262	9/12	18000	—
		YM51125	1250	12	200	45~262	9/12	18000	—
		Y51160	1600	16	330	13~65	11	30000	—
		YM51160	1600	16	330	13~65	11	30000	—

（续）

国别	制造厂	型号	直径 D /mm	模数 m /mm	齿宽 B /mm	行程数 /(次/min)	功率 P /kW	质量 /kg	备 注
中国	宜昌长江机床厂	YQ51250	2500	12	250	250	10	27000	—
		Y51250B	2500	16	250	23~125	11	28000	—
		YM51250	2500	20	320	23~125	11	30000	—
	南京第二机床厂	Y5120A	200	4	30	600	1.7	1700	—
		YS5120	200	4	50	1250	3/4	6000	—
		Y5150	500	8	100	500	3/3.5	6000	—
		Y5150A	500	8	125	80~700	3/3.5	6500	—
		YKS5120	200	4	30	300~1500	7.5	6000	单轴数控高速型
		YK5132	320	6	70	160~800	3.5/5	6500	—
	上海仪表机床厂	HY-014A	160	1	25	185~475	1.1/1.5	1200	—
		Y5120A	200	4	50	200~600	2.1	1700	—
	营口机床厂	Y5150	500	8	115	443	2.8/3.5	5500	—
	宁江机床厂	YM5116	160	1.5	25	830	1.1	1260	—
德国	劳伦茨 (LORENZ)	SN4	180	4	50	900	—	—	—
		SN5	500	5	90	424	4	4100	—
		S81630	630	8	180	300	—	—	—
		LS150	150	4	30	1250	3/4.2	5700	—
		LS150R	150	3	16	2040	7.5	5700	—
		LS200	200	4	50	1250	3/4	6000	—
		LS302	300	6	70	1000	5/7	7500	取代 LS300
		LS302R	300	5	24	1800	6.5	7500	取代 LS300R
		LS400	400	6	70	1000	5/7	6500	—
		LS422	420	7	100	560	5/7	7500	取代 LS420
		LS630	630	10	200	510	15	11000	—
		LS1000	1000	10	200	510	15	11000	轻型插齿机
		LS1250	1250	10	200	510	15	11000	轻型插齿机
		SHN6	600	6	300	200	6	7000	卧式插齿机
		SHM12	2000	12	500	125	8	20000	卧式插齿机
		SZA	1850	3	160	315	10.3	8500	齿条插齿机
	利勃海尔 (LIEBHERR)	WS1	150	4	40	2000	4.1	5200	—
		WS201	250	6	50	2060	—	7100	—
		WS401	400	8	70	1000	—	7500	—
		WS501	500	8	100	500	—	7650	—
		LS1200/1500	1200/1500	15	190	175	25	15500/1650	滚齿机上加插头
		LS2000	2000	15	250	175	34	25000	—
		LS2500	2500	15	250	175	34	40000	—

（续）

国别	制造厂	型号	直径 D /mm	模数 m /mm	齿宽 B /mm	行程数 /(次/min)	功率 P /kW	质量 /kg	备 注
德国	席士 (SCHIESS)	RS20	2000	15	270	150	14	—	双刀式
		RS25	2500	15	270	150	—	—	
	莫杜尔 (MODUL)	ZSTWZ250	250	4	50	600	1.5	2100	
		ZSTWZ500	500	6	—	—	—	—	
		ZSTWZ1000	1000	10	140	280	5	8100	
		SSM3	3000	14	140	158	17.1	18500	—
俄罗斯	共青团工厂	5B12	200	4	50	600	1.7	1850	
		514	500	6	105	359	2.8	3500	—
		5140	500	8	105	500	4.5	4100	—
		5A150	800	12	170	188	7	10000	—
		5B150	800	12	180	188	7.5	10200	—
		5B161	1250	12	170	150	7	10400	—
		E3-15	2500	12	170	150	7	18000	—
英国	赛克斯 (SYKES)	V6	152	2.1	22	1500	1.1	2500	—
		V10B	267	6.5	50	720	3.35	3000	—
		V250	250	6	90	1000	3	3850	—
		HS-200	200	6	64	2500	—	—	—
		V400	400	6	100	1000	3	3920	—
		455H	432	10	70	405	3.75	4700	卧式插齿机
		1000H	1016	10	190	314	3.75	7100	卧式插齿机
		5E	1500	12	240	—	—	—	卧式插齿机
		VR72B/1	L1900	6.5	95	500	3.75	4050	齿条插齿机
	德拉蒙特 (DRUMOND)	3A	457	6.5	127	300	2.2	3400	—
		HD	200	8.5	60	1500	4	7900	—
瑞士	马格 (MAAG)	SH-10	108	4	50	480	3.7	2250	—
		SH-20	200	5	80	300	6.2	3600	—
		SH-45	450	6	120	235	6.2	3600	—
		SH-75	750	10	200	150	6.2	5800	—
		SH-100	1200	15	300	120	9	7300	—
		SH-180	1800	20	425	125	11	13200	—
		SH-300	3000	20	430	85	13	22000	—
		SH-250	2500	30	660	—	34	38000	—
		SH-450	4500	30	660	—	—	60000	—
		SH-600/735	7350	40	850	—	—	104000	—
		SH-1200	12000	40/70	1280	3.2~40m/min	95	165000	—

（续）

国别	制造厂	型号	直径 D /mm	模数 m /mm	齿宽 B /mm	行程数 /(次/min)	功率 P /kW	质量 /kg	备　注
美国	费洛斯 （FELLOWS）	No. 4CS	152	5	50	635	—	—	—
		10-2	254	6	51	1300	4	5000	—
		20-4	508	6	102	800	4	7300	—
		20-8	508	8. 5	203	500		8200	—
		36-6	1015	8. 5	152	300		6100	—
		48-8	1220	12. 7	203	190		7500	—
		50-8	1270	12. 7	203	500	18	11800	—
		70-15	1778	12. 7	381	—	15	40800	—
		66-16	2235	12. 7	405	—		47200	—
捷克	托斯 （TOS）	OH4	200	4	40	635	0. 9	1500	—
		OH6	500	6	90	315	3	2500	—
		OHA12A	125	4	35	1120	4	3000	—
		OHA32A	320	6	70	1000	7. 5	4300	—
		OHA50A	500	8	125	560	7. 5	5200	—
意大利	德姆 （DEMM）	SRI80	210	4. 5	50				
		SRI250	270	6	75	600	2. 2		
		SRI6/550	550	6	75	453	2. 2	3600	
		SRI8/750	750	8	130	240	3. 7	4350	
		SR250-50	250	6	50	1300	4	5000	
		SR500-100	500	6	100	800	4	7300	
		DS160CNC	160	4	—	—	—	—	
		DS180CNC	180	4	—	—	—	—	
		DS300CNC	300	6	—	—	—	—	
日本	东京机械	HGS-18	220	5	60	925	2. 2	4200	—
	YUTAKA	GPB-35	340	5. 5	70	584	2. 2	4200	
	唐津	GSM-25	250	6	60	1200	5. 5	6500	
	三菱	SH250	250	6	60	1350	3. 7/5. 5	5000	
		SH630	630	8	200	500	11	8500	—
		SH1000	1000	8	200	500	11	9500	—

注：表中直径、模数、齿宽、行程数分别指最大加工直径、最大加工模数、最大加工齿宽、最高行程数。

表 5-3　国内主要生产厂家插齿机技术规格参数

生 产 厂 家		天津第一机床厂					
机 床 型 号		YZ5125	YZX5125	Y54B	YM5150A	YM5150H	Y58A
最大工件直径/mm	外齿轮	250			500		800
	内齿轮	120+刀径		550	500		1000
最大模数/mm		6				8	12
最大齿宽/mm		60		105（内 75）	100		170

（续）

生产厂家	天津第一机床厂					
机床型号	YZ5125	YZX5125	Y54B	YM5150A	YM5150H	Y58A
插齿刀轴线至工作台中心线距离/mm	-60~220		左330/右160	0~330		0~700
插齿刀安装端面至工作台面距离/mm	160~230		30~155	125~250	140~265	150~350
插齿刀最大行程长度/mm	70			125		200
插齿刀行程位置调整量/mm	—	—	—	—	—	—
插齿刀安装轴颈直径/mm	31.75					31.75、88.9、101.6
插齿刀主轴行程数/(次/min)	250~900	250~1350	80~400	83~538	79~704	25~150
插齿刀圆周进给量/(mm/min)或(mm/行程)	0.04~2.263		0.11~0.49	0.10~0.60		0.17~1.5
工作台（或立柱）径向进给量/(mm/min)或/(mm/行程)	0.011~0.051		0.024~0.096	0.02~0.1		0.03~0.057
工作台直径/mm	340		400	360	400	800
工作台孔径/mm	100		40	100		—
主电动机功率/kW	3/4		3	4	4/5.5	7.5
机床总功率/kW						
机床尺寸（长×宽×高）/mm	2510×2230×2210		1750×1300×2060	2100×1650×2520	2220×2110×2706	3552×1763×3792
机床净质量/kg	5000	5000	3500	5500	7500	9600
备 注	—	高速插齿机				

生产厂家		天津第一机床厂					
机床型号		T₁-Y51200	Y58125A	YKD5130	YBJ5612	YJ5620	KD-501
最大工件直径/mm	外齿轮	2000	1250	300	120	125	150
	内齿轮	—	—	250	—	—	—
最大模数/mm		16	8	6	6	10	10
最大齿宽/mm		200	100	60	40	80	75
插齿刀轴线至工作台中心线距离/mm		250~1160	—	0~225	0~330	—	0~700
插齿刀安装端面至工作台面距离/mm		480~2400	55~180	80~155	50~150	—	—
插齿刀最大行程长度/mm		230		75	—	—	85
插齿刀行程位置调整量		—	—	—	—	—	—
插齿刀安装轴颈直径/mm		101.6	31.75		—	—	—
插齿刀主轴行程数/(次/min)		—	83~538	100~800	125/250、175/350	80/160、200/400	80/160、120/240
插齿刀圆周进给量/(mm/min)或/(mm/行程)		0.10~1.02	0.15~0.60	0.006~2.0	0.16~0.64	0~0.75	0.15~0.45
工作台（或立柱）径向进给量/(mm/min)或/(mm/行程)		0.03~0.307	—	0.002~0.2	0.6	0.01~0.1	0.01~0.1
工作台直径/mm		1400	—	240	—	—	320
工作台孔径/mm		—	—	60	110	100	100
主电动机功率/kW		18.5	4	4.4	3.3/4.5	3/4.5	3/4.5
机床总功率/kW		26.5	—	9	—	—	12
机床尺寸（长×宽×高）/mm		—	1700×2500×2520	2100×941×1916	2000×1600×2000	1900×1250×2000	2664×2500×2135
机床净质量/kg		—	5500	3000	4500	4000	4000
备 注		齿条插齿机	数控插齿机	齿扇插齿机			数控齿扇插齿机

（续）

生产厂家		宜昌长江机床厂					
机床型号		YS5120A	YS5120	YSM5120	YS5132	YSM5132	YM5150
最大工件直径 /mm	外齿轮	200			320		500
	内齿轮	100+刀径			220+刀径		600
最大模数/mm		4			6		8
最大齿宽/mm		50			80		100
插齿刀轴线至工作台中心线距离/mm		55~175			110~230		0~365
插齿刀安装端面至工作台面距离/mm		100~190		110~200		80~200	90~260
插齿刀最大行程长度/mm		60			90		120
插齿刀行程位置调整量/mm		30					50
插齿刀安装轴颈直径/mm		31.743					
插齿刀主轴行程数/(次/min)		255~1050					65~540
插齿刀圆周进给量/(mm/min)或/(mm/行程)		34~660(刀径=100)					4.75~333（刀径=100）
工作台（或立柱）径向进给量/(mm/min)或/(mm/行程)		3~60					0.65~37.8
工作台直径/mm		200		300			400
工作台孔径/mm		100		70			100
主电动机功率/kW		—		—		—	—
机床总功率/kW		7.8					11
机床尺寸（长×宽×高）/mm		1815×1060×1950			1965×1060×1950		2730×1800×2930
机床净质量/kg		5500	5500	5500	6000	6000	6000
备　注		高速插齿机					

生产厂家		宜昌长江机床厂					
机床型号		YM5180	YM51125A	Y51160	YK51160	Y51250B	YM51250
最大工件直径 /mm	外齿轮	800	1250	1600		2500	
	内齿轮	800	1800	2100		2700	2800
最大模数/mm		8	12	14	16	16	20
最大齿宽/mm		100	200	300		250	320
插齿刀轴线至工作台中心线距离/mm		0~515	175~800	0~950		350~1400	210~1355
插齿刀安装端面至工作台面距离/mm		180~350	240~520	350~750		200~610	350~750
插齿刀最大行程长度/mm		230	—	330		310	350
插齿刀行程位置调整量/mm		50	60	50		100	50
插齿刀安装轴颈直径/mm		31.743		88.9			101.6
插齿刀主轴行程数/(次/min)		65~540	45~262	13~65	25~150	23~125	13~65
插齿刀圆周进给量/(mm/min)或/(mm/行程)		4.75~333（刀径=100）	4.59~291.6（刀径=200）	5.48~30.16（刀径=200）	—	5.48~30.16（刀径=200）	
工作台（或立柱）径向进给量/(mm/min)或/(mm/行程)		0.65~37.8	1~3	1~3		2~6	2~6
工作台直径/mm		400	1200	1400		1800	
工作台孔径/mm		100	200	320		350	
主电动机功率/kW							
机床总功率/kW		11	16.2~19.2	17.4	26	20.3	21.1
机床尺寸（长×宽×高）/mm		3600×1570×2955	4540×2260×4000	4750×2260×3610	4440×2260×4000	4750×2260×3610	4750×2260×4000
机床净质量/kg		6500	18000	30000	36000	28000	30000
备　注		—	—	—	—	—	—

（续）

生产厂家		南京第二机床厂					
机 床 型 号		Y5120A	YS5120	YK95120	Y5132	YK5132	YP5150
最大工件直径 /mm	外齿轮	200			320		500
	内齿轮	220	250		400		600
最大模数/mm		4			6		8
最大齿宽/mm		50	30		70		125
插齿刀轴线至工作台中心线距离/mm		—					
插齿刀安装端面至工作台面距离/mm		68～132	115～185	110～185	120～230		120～300
插齿刀最大行程长度/mm		—					
插齿刀行程位置调整量/mm		—					
插齿刀安装轴颈直径/mm		—					
插齿刀主轴行程数/(次/min)		200～600	265～1250	300～1500	160～800		100～600
插齿刀圆周进给量/(mm/min)或/(mm/行程)		20～276	40～1256	40～1500	20～460		0.17～1.5
工作台（或立柱）径向进给量/(mm/min)或/(mm/行程)		—	2.65～40	1～80	2～16	2～60	2～20
工作台直径/mm		160	250		380		550
工作台孔径/mm		70	100		120		160
主电动机功率/kW		1.5	3.5/5	7.5	3.5/5		3/4
机床总功率/kW		2.14	16.77	16	9.59	11.59	8.19
机床尺寸（长×宽×高）/mm		1343×966 ×1830	2275×1580 ×2045		2370×1670 ×2483		2100×1320 ×2110
机床净质量/kg		1700	6000	6000	6500	6500	6000
备 注		—	高速插齿机		—	—	—

5.2 插齿机的传动系统

插齿加工是在插齿机上进行的，图 5-2 所示为插齿加工的原理。插齿刀做上下往复主运动。插齿刀与工件按一对圆柱齿轮啮合传动的关系转动，即做展成运动。插齿机主要用于加工内、外啮合的圆柱齿轮，尤其适用于加工在滚齿机上不能加工的多联齿轮、内齿轮和齿条。

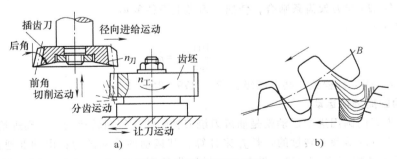

图 5-2 插齿加工的原理

图 5-3 所示为 Y5132 型插齿机外形。它由床身 1、立柱 2、刀架 3、插齿刀主轴 4、工作台 5、工作台溜板 7 等部件组成。

插齿机的基本传动原理如图 5-4 所示。图 5-4 中示出了三个成形运动的传动链："电动机 M→1→2→u_v→3→4→5→曲柄偏心盘 A→插齿刀主轴"为主运动传动链（插齿刀的往复运动传动链），u_v 为调整插齿刀每分钟往复行程数的换置机构；由"曲柄偏心盘 A→5→4→6→u_f→7→8→9→蜗杆副 B→插齿刀主轴"为圆周进给运动传动链，其中 u_f 为调整插齿刀圆周进给量大小的换置机构；"由插齿刀主轴（插齿刀转动）→蜗杆副 B→9→8→10→u_x→11→12→蜗杆副 C→工作台"为展成运动传动链，其中 u_x 为调整插齿刀与工件轮坯之间传动比的换置机构，用于适应插齿刀和工件齿数的变化。除了这三个传动链以外，还有一些其他传动链，如让刀运动等，图 5-4 中未示出。

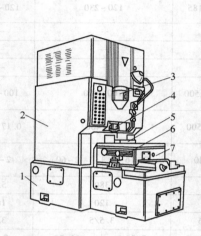

图 5-3　Y5132 型插齿机外形

1—床身　2—立柱　3—刀架　4—插齿刀主轴
5—工作台　6—挡块支架　7—工作台溜板

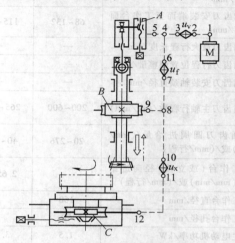

图 5-4　插齿机的基本传动原理

目前数控插齿机应用逐渐增多，但其传动系统比传统的机械式插齿机更加简单，在此不做介绍，现以 Y54（Y514、514）型插齿机为例介绍一下典型的机械传动式插齿机传动系统。

Y54 型插齿机的传动系统由七个传动链组成，如图 5-5 所示。

1. 插齿刀的往复运动

插齿刀沿主轴轴线做上下往复运动，行程长度可根据被插齿轮的齿宽进行调整。其运动传动链为：主电动机（2.8kW，1430r/min）经带轮 $\phi101/\phi283$→轴 Ⅰ，通过变速齿轮 i_v，$z22/z88$、$z37/z73$、$z29/z81$、$z46/z64$→轴 Ⅱ，由轴 Ⅱ 左端的偏心圆盘、曲柄摇杆上的齿条与齿轮 $z26$ 啮合→轴 Ⅲ，由轴 Ⅲ 右端的齿轮 $z26$ 与刀架齿条啮合，使插齿刀做上下往复运动。

其运动平衡方程式为

$$1430\times\frac{101}{283}\times i_v = n \tag{5-1}$$

式中　n——插齿刀往复行程数，共有四级：125、179、253、359。

2. 插齿刀的圆周进给运动

插齿时，插齿刀的圆周进给运动就是插齿刀绕刀轴轴线进行回转运动，圆周进给量以插齿刀每一往复行程，在刀具的节圆上转过的弧长 f_c 来计算，其运动的传动链为：由轴 Ⅱ 通过链轮 $z28/z28$→轴 Ⅳ，经轴 Ⅳ 上的蜗杆副 $z3/z23$→轴 Ⅴ，通过锥齿轮副 $z28/z42$→轴 Ⅵ（它可按正向或反向旋转），经圆周进给交换齿轮 i_c→轴 Ⅶ，通过蜗杆副 $z1/z100$ 使插齿刀进行圆周进给运动。

其运动平衡方程式为

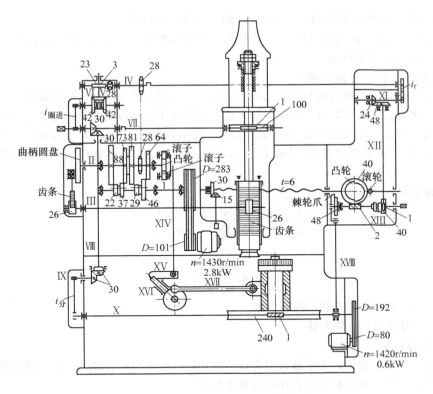

图 5-5　Y54 型插齿机的传动系统

$$1 \times \frac{28}{28} \times \frac{3}{23} \times \frac{28}{42} \times i_{\mathrm{c}} \times \frac{1}{100} = \frac{f_{\mathrm{c}}}{\pi d_0}$$

化简后得

$$i_{\mathrm{c}} = 366 \frac{f_{\mathrm{c}}}{d_0} = \frac{a}{b} \tag{5-2}$$

式中　d_0——插齿刀的公称分度圆直径，通常 $d_0 = 100\mathrm{mm}$；

　　　　a、b——圆周进给交换齿轮齿数；$a/b = 34/55$、$39/50$、$42/47$、$47/42$、$50/39$、$55/34$；

　　　　f_{c}——圆周进给量，$f_{\mathrm{c}} = 0.17 \sim 0.44\mathrm{mm}$（按 $d_0 = 100\mathrm{mm}$）。

3. 插齿刀的径向进给运动

插齿刀通过径向进给凸轮的控制，使刀架进行水平方向移动，并自动切入工件，直至所需的深度，完成切削后自动停机。机床备有一次、二次、三次径向进给凸轮，根据被插齿轮的要求，选择不同的径向进给，换用不同的凸轮。其运动传动链由轴 Ⅱ 上曲柄圆盘转 1r，经链轮 $z28/z28$ 轴 Ⅳ → 径向进给交换齿轮 i_{r} → 轴 Ⅺ，通过锥齿轮副 $z24/z48$ → 轴 Ⅻ，经蜗杆副 $z1/z40$ → 轴 ⅩⅢ，再经蜗杆副 $z2/z40$，将运动传至径向进给凸轮，由此推动固定丝杠右端的滚轮，使刀架进行水平移动。

其运动平衡方程式为

$$1 \times \frac{28}{28} \times i_{\mathrm{r}} \times \frac{24}{48} \times \frac{1}{40} \times \frac{2}{40} \times \delta = f_{\mathrm{r}}$$

化简后得

$$i_{\mathrm{r}} = 21 f_{\mathrm{r}} = \frac{a_1}{b_1} \tag{5-3}$$

式中　δ——径向进给凸轮的升程（mm），$\delta = 76.2\mathrm{mm}$；

a_1、b_1——径向进给交换齿轮齿数，a_1/b_1 = 25/50、40/40、50/25；

　　　f_r——插齿刀的径向进给量（插齿刀每一行程的平均径向进给量），f_r = 0.024mm、0.048mm、0.095mm。

4. 工作台回转运动（分齿运动）

插齿时，工作台带动被插齿轮与插齿刀同时进行回转运动，通过调整分齿交换齿轮，并严格保持插齿刀转过一个齿，工件亦转过一个齿。分齿运动是影响工件精度最重要的运动，其运动传动链为：插齿刀转过一个齿，经由蜗杆副 $z100/z1$ →轴Ⅶ，经由锥齿轮副 $z30/z30$ →轴Ⅷ，经由锥齿轮副 $z30/z30$ →轴Ⅸ，经由分齿交换齿轮 $i_f(a_2/b_2、c_2/d_2)$ →轴Ⅹ，轴Ⅹ经蜗杆副 $z1/z240$ 带动工作台旋转。

其运动平衡方程式为

$$\frac{1}{z_0} \times \frac{100}{1} \times \frac{30}{30} \times \frac{30}{30} \times i_f \times \frac{1}{240} = \frac{1}{z}$$

化简后得

$$i_f = 2.4 \frac{z_0}{z} = \frac{a_2}{b_2} \times \frac{c_2}{d_2} \tag{5-4}$$

式中　　z_0、z——分别为插齿刀和工件的齿数；

a_2、b_2、c_2、d_2——分齿交换齿轮齿数。

5. 工作台让刀运动

为了避免擦伤已加工表面，防止插齿刀齿面的磨损，在插齿刀回程时，工作台将带动被插齿轮自动退离插齿刀，而在工作行程时又自动回到原来位置。

轴Ⅱ转一转，其左端的偏心圆盘转一整圈，即插齿刀往复行程一次；同时，轴Ⅱ右端的凸轮也转一整圈，使工作台让刀一次。其运动传动链为：由轴Ⅱ右端的凸轮→轴Ⅶ→摇杆ⅩⅤ→摇杆ⅩⅡ，经偏心轮→摇杆ⅩⅦ，带动工作台让刀。

6. 自动计数装置运动

轴ⅩⅡ上的离合器向左移动后，脱开右端蜗轮同时棘爪自动落在棘轮 $z48$ 上，计数装置就起作用。此时，运动不再由蜗杆副 $z1/z40$ 传入，而是由轴Ⅹ传入。

在轴Ⅹ的右端装有偏心轮，轴Ⅹ每转 1r 连杆ⅩⅦ往复动作 1 次，使轴ⅩⅡ上的棘轮被棘爪拨动 1 齿，通过轴上蜗杆副 $z2/z40$，使径向进给凸轮转动，对于一次径向进给凸轮来说，一个工作循环毕后，滚轮在丝杠左端弹簧的作用下掉入凸轮的凹部，插齿刀退离工件，并自动停机。

7. 工作台快速回转运动

工作台快速回转主要用于工件的装夹校正及试切削（碰面核对工件齿数）。工作台快速回转有如下两种形式。

（1）工作台快速回转（用于工件的装夹校正）　脱开机床的分齿交换齿轮，运动由辅助电动机（0.6kW，1420r/min），经带轮 $\phi 80/\phi 192$ →轴Ⅹ，经工作台蜗杆副 $z1/z240$ 带动工作台做快速回转。

其工作台快速回转的转速 $n_f(r/min)$ 为

$$n_f = 1420 \times \frac{80}{192} \times \frac{1}{240} = 2.47$$

（2）工作台快速回转（用于碰面核对工件齿数）　轴Ⅵ上的离合器处在空档位置。此时，工作台快速回转的传动链与分齿运动的传动链相连，但运动由辅助电动机经带轮 $\phi 80/\phi 192$ 直接传至轴Ⅹ，经工作台蜗杆副 $z1/z240$ 带动工作台快速回转，同时，由分齿 a_2 轮→轴Ⅷ→轴Ⅶ→蜗杆副 $z1/z100$ 使刀具主轴转动。此运动可快速地检查和找正插齿刀的安装情况等，可减少调整的辅助时间，提高工作效率。

5.3 常用插齿机的连接尺寸

JB/T 3193.1—1999《插齿机 参数》标准中规定了插齿机工作台孔径、T 形槽形式、插齿刀主轴尺寸等参数，插齿机详见表 5-4。国内各家生产的插齿机有所不同，表 5-4 数据仅供参考。一些常见插齿机的连接尺寸见表 5-5。

表 5-4 插齿机参数

最大工件直径 D/mm		200	320	500(800)	1250(2000)	3150
最大模数 m/mm		4	6	8	12	16
最大加工齿宽/mm		50	70	100	160	240
插齿刀主轴	轴径 d/mm	31.743				80
	锥孔	莫氏 3 号	—	—	—	1 : 20
工作台	孔径 d_2/mm	60	80	100	180	240
	T 形槽槽数		4	4	8	16
	T 形槽槽宽/mm		12	14	22	36

注：1. 括号内主要参数用于变形产品。
　　2. 当 $D=1250$mm 时，刀轴应增加轴颈直径为 88.9mm、101.6mm 的接套；当 $D=3150$mm 时，刀轴应增加轴颈直径为 31.743mm、88.9mm、101.6mm 的接套。

表 5-5 常见插齿机的连接尺寸

型　　号			Y5120A	Y54	Y58	5B12
插齿刀主轴	轴径/mm		31.751	31.751	44.399	31.751
	轴颈长度/mm		25	20	23	25
	挡肩直径/mm		60	85	82	45
	螺纹直径/mm		M24	M24	M39×3	M14
	螺纹长度/mm		15	26	22	15
	锥孔		莫氏 3 号	莫氏 4 号	—	莫氏 3 号
工作台	外径/mm		160	240	800	250
	孔径/mm		—	—	130	—
	心轴孔小端直径 d_2/mm		40	40	—	40
	心轴孔锥度		1 : 10	1 : 10	—	1 : 10
	凸缘直径/mm		140	140	—	140
	凸缘高度/mm		8	15	—	6
	三个均布螺纹孔直径/mm		M10	M16	—	M10
	螺纹分布圆直径 /mm	外圈	—	185	—	205
		内圈	100	—	—	100
	T 形槽槽数		—	—	8	—
	T 形槽槽宽/mm		—	—	22	—

5.4 插齿刀的装夹和调整

5.4.1 插齿刀的装夹形式

1. 插齿刀直接安装在插齿机主轴的锥孔中

锥柄插齿刀是以柄部锥体为基准。圆锥合适时，可安装在插齿机主轴的锥孔中，然后用拉杆在主轴顶端拉紧。

2. 插齿刀通过插齿刀接套安装在插齿机主轴上

JB/T 9163.9—1999《插齿刀接套　尺寸》中规定了插齿刀接套的形式和尺寸，适用于装夹用螺柱压紧的盘形插齿刀。插齿刀接套的形式尺寸及使用方法分别如图5-6、图5-7所示。

JB/T 9163.8—1999《锥柄插齿刀接套　尺寸》中规定了锥柄插齿刀接套的形式和尺寸，适用于装夹莫氏短圆锥柄插齿刀，如图5-8、图5-9所示。

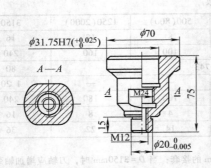

图 5-6　插齿刀接套的形式尺寸

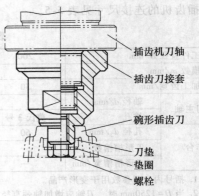

图 5-7　插齿刀接套的使用方法示意图

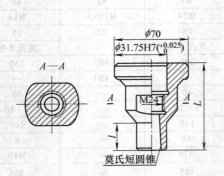

图 5-8　锥柄插齿刀接套的形式

莫氏短圆锥 B18　$L=85mm$，$l=28mm$；

莫氏短圆锥 B24　$L=95mm$，$l=38mm$

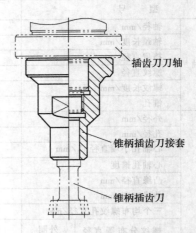

图 5-9　锥柄插齿刀接套使用方法示意图

5.4.2　插齿刀的安装与调整方法

1. 插齿刀的选取与校验

插齿刀的选取是根据被加工工件的精度等级，并按被加工工件与所选用插齿刀在插齿过程中是否会产生插齿的根切或顶切现象进行校验后确定。

2. 插齿刀的安装

（1）盘形、碗形、锥柄插齿刀的安装　安装插齿刀前，必须将插齿刀的内孔、支撑端面及机床刀具主轴的配合部位擦拭干净,不应有脏物和锈斑。安装时,刀具主轴不要处在最低位置,并用手将刀具轻轻地装上主轴,切勿用别的东西敲击,以免损伤刀具或影响主轴的精度。

在安装盘形与碗形插齿刀时,上、下刀垫的两平面平行度误差为 0.002mm,表面粗糙度 Ra 为 1.25μm。如不用下刀垫也可直接用带肩的六角螺母,注意拧紧螺母时,不要用力过大,更不允许在专用扳手上加接长的套筒来加大力矩,以免使刀具主轴产生弯曲。

在安装锥柄插齿刀时,先安装刀具的过渡套,才能再安装锥柄插齿刀,并在刀具下面(工作台面上)垫上一木块,且用扳手拨动偏心圆盘,使刀具主轴上、下移动,以施加适当的压力来压紧刀具即可。切忌用锤子或其他有损刀具的东西敲打。

(2)插齿刀安装后的检验　插齿刀安装后,应采用千分表检验其安装精度,如图 5-10 所示。

当插削一般精度齿轮时,如采用公称分度圆直径 ϕ100mm、中等模数的盘形或碗形插齿刀时,安装后,应保证其前刀面的端面斜向圆跳动及齿顶圆跳动不大于 0.025mm。当插削精度较高的齿轮时,则以上两项跳动应不大于 0.01mm(其要求见表 5-6)。但当其安装精度超差时,在跳动最高点上用粉笔作上标记,然后松开螺母,转动插齿刀进行调整,直至符合要求时为止。每次更换插齿刀都要重复进行检查。

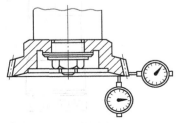

图 5-10　插齿刀安装后的检验

表 5-6　插齿刀安装要求

齿轮精度	插齿刀公称分度圆直径 /mm	检查项目	
		前刀面圆跳动/mm	外圆圆跳动/mm
6	≤75	0.013	0.008 ~ 0.010
	>75 ~ 125	0.013 ~ 0.016	0.010 ~ 0.013
	>125 ~ 200	0.020	0.016 ~ 0.020
7	≤75	0.016 ~ 0.020	0.013 ~ 0.016
	>75 ~ 125	0.020 ~ 0.025	0.016 ~ 0.020
	>125 ~ 200	0.032	0.025 ~ 0.032

5.5　插齿用夹具及其调整

5.5.1　常用插齿夹具结构及装夹方法

JB/T 9163.6—1999《插齿心轴　尺寸》规定了插齿心轴的形式和尺寸,适用于机床型号为 Y54、Y54A,加工定位直径为 12 ~ 40mm 的齿轮,如图 5-11 所示。JB/T 9163.5—1999《插齿夹具　尺寸》规定了插齿夹具的形式和尺寸,适用于机床型号为 Y54、Y54A,加工定位直径为 20 ~ 40mm 的齿轮,如图 5-12 所示。

常用插齿夹具结构及装夹方法见表 5-7。

另外,还有几种夹具结构:

1)加工轴齿轮用的塑料夹具,如图 5-13 所示。该夹具用在插齿机上加工轴类齿轮,工件以外圆柱面及轴肩为基准安装在薄壁套筒 1 内,拧动调节螺钉 2,套筒壁产生均匀的弹性变形,将工件定心并夹紧。

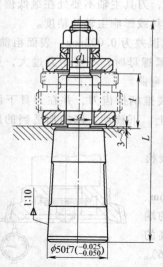

图 5-11　插齿心轴的形式

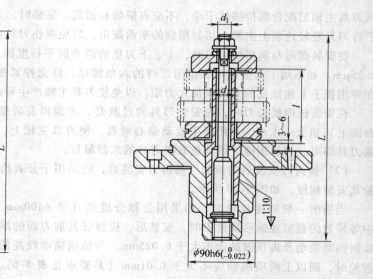

图 5-12　插齿夹具的形式

表 5-7　常用插齿夹具结构及装夹方法

		外齿轮夹具			
夹具装夹简图					
适用情况	一般齿轮的装夹	大直径齿圈的装夹	两个齿轮同时装夹	大直径齿轮的装夹	轴齿轮装夹
		内齿轮夹具			
夹具装夹简图					
适用情况	轴齿轮装夹	带凸肩齿轮的装夹		用内凸缘定位的齿圈	用法兰定位的齿圈

注：1 为心轴；2 为支座；3 为被切齿轮；4 为上压盘或垫圈；5 为夹紧螺母；6 为定位夹紧锥套；7 为弹性夹紧锥；8 为齿轮柄部；9 为夹紧圆螺母；10 为压板；11 为弹性夹头。

2）加工齿条用夹具，Y54 型插齿机的齿条夹具结构如图 5-14 所示。其中工件 5 以底面和侧面在滑动导轨 2 上定位，由七块压板 6 夹紧，滑动导轨 2 与固定导轨之间的配合间隙由压板导轨 4 通过侧面的调节螺钉 3 进行调节，底座 10 安装于机床工作台上，心轴 1 和机床工作台主轴相连接。当工作台主轴回转时，工作台上工件 5 与固定在滑动导轨 2 上的齿条 9 啮合。这时，滑动导轨沿固定导轨作直线移动，定位销 11 用于夹具在工作台上的定位。齿条插削原理如图 5-15 所示。插削时，它就像一个齿轮（插齿刀）与齿条（工件）做无间隙啮合传动一样。

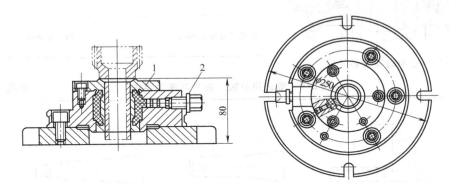

图 5-13　加工轴齿轮用塑料夹具
1—薄壁套筒　2—调节螺钉

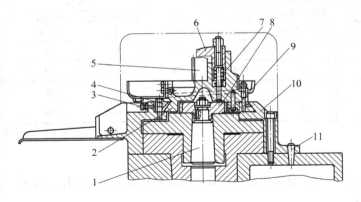

图 5-14　齿条夹具
1—心轴　2—滑动导轨　3—调节螺钉　4—压板导轨
5—工件　6—压板　7—弹簧　8—工作台齿轮　9—齿条
10—底座　11—定位销

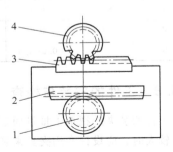

图 5-15　齿条插削原理图
1—工作台齿轮　2—夹具齿条
3—工件　4—插齿刀

5.5.2　心轴的安装与检查

安装时，将心轴及工作台的锥孔擦干净，并把心轴安装于机床的工作台上，心轴的安装和检验如图 5-16 所示。检查时，用千分表按下列要求进行：

1）在离工作台面约 200mm 处（a 处），心轴的径向圆跳动差为 0.01mm。

2）在临近工作台面处（b 处），心轴的径向圆跳动差为 0.008mm。

3）心轴法兰平面 c 处的轴向圆跳动为 0.005~0.03mm。

心轴安装的要求见表 5-8。

心轴、夹具的技术要求见表 5-9。

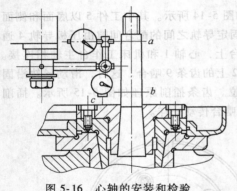

图 5-16　心轴的安装和检验

表 5-8　心轴安装的要求

检查项目	a 处 （配合柱面首部）	b 处 （配合柱面根部）
径向跳动/mm	≤0.010	≤0.008
c 点端面跳动/mm	0.005～0.030	

表 5-9　插齿用心轴、夹具的技术要求　　　　　　（单位：μm）

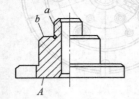 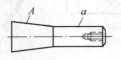 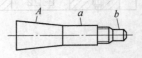

齿轮精度	径向跳动	定位轴颈表面粗糙度 Ra	支撑端面圆跳动	a、b 面对 A 面的同轴度或垂直度公差	倒锥部分		中心孔	
					表面粗糙度 Ra	接触区（%）	表面粗糙度 Ra	接触区（%）
6	3～5	0.2	6	3	0.2	80	0.1	80
7	5～10	0.4	10	5	0.4	75	0.1	70
8	15	0.8	12	10	0.8	70	0.4	65
9	20	0.8～1.6	15	15	0.8～1.6	70	0.8	60

5.5.3　工件的安装与检查

工件的装夹应视加工批量而定。单件生产时，可选用通用心轴和合适的平垫来装夹工件；加工批量较大时，应设计专用夹具来装夹工件。

（1）夹具安装　安装夹具时，应检查夹具有无磕碰或划伤等缺陷，并清除毛刺，擦去污物，对于机床工作台面也应擦拭干净，不应有切屑和污物等，以保证夹具在工作台上定位的精确性。

校正夹具时，应将分齿交换齿轮脱开，开动辅助电动机使工作台转动，其调整精度视工件的加工精度要求而定，详见表 5-10。当夹具调整完毕后，拧紧夹具各紧固螺钉，然后用千分表再复查一次。

（2）工件装夹　在工件安装于夹具（或心轴）之前，应将工件及夹具等的定位孔和定位端面擦拭干净（对于采用带上、下顶尖的轴类插齿夹具时，应将工件的顶尖孔及夹具顶尖擦拭干净后方可安装）。工件装夹之后，夹紧力大小，应视切削用量、工件模数与直径大小、夹紧和定位形式等因素来确定，以保证工件装夹的稳固，不得引起工件和心轴的强迫变形。

在单件生产的情况下，通常工件的装夹以基准端面定位，内孔或外径空套在心轴或夹具上，这时必须保证被插齿轮的外径与基准内孔同轴度及定位端面与内、外径的垂直度。

工件装夹精度要求，应视被插齿轮的精度等级及其直径大小而定。对于插削一般精度的齿轮时，其工件装夹后的径向及轴向圆跳动为 0.02～0.05mm。以上调整详见表5-11。

插削外齿轮时，一般以心轴作为定心基准，用心轴、垫圈、螺母等来装夹工件，如图 5-11 所示。但心轴的外锥体与机床的内锥体应有良好的配合，安装工件的心轴精度应按表 5-9 的要求进行调整。

在插削内齿轮时，一般以外径作为定位基准，但有时外径无公差要求，就将原设计基准转换到外径上，并增加外径工艺要求，以外径作为加工的工艺基准。

根据情况，对于大直径齿轮也可以将齿顶圆作为工艺基准（此时应保证齿顶圆与设计基准的相对位置精度）。

表 5-10　夹具的选择及调整要求

序号	夹具形式	调整要求	加工要求	适用范围	备　注
1	带锥度柄的心轴插齿夹具	1）机床主轴锥孔径向圆跳动为 0.005~0.01mm 2）机床工作台面圆跳动为（0.005~0.012mm）/φ150mm 3）卡具带锥度柄部与主轴锥孔的接触面应为 75% 4）夹具装入后，其心轴定位圆跳动为 0.01~0.015mm 5）心轴定位圆轴线与刀具轴线平行度误差为（0.005~0.01mm）/100mm	分度圆径向圆跳动为（0.03~0.10mm）/φ100mm	用于单件小批生产；当配以一定衬套，托盘，压板后也可用于大批量生产带孔类零件	—
2	带有底盘座的专用插齿夹具	1）定位圆径向圆跳动为 0.005~0.015mm 2）定位端面轴向圆跳动为（0.01~0.02mm）/φ150mm		多用于各种批量带孔类零件和齿轮轴类零件	可用过渡盘以适应于各种机床和零件
3	可胀式且带底盘座的专用插齿夹具	1）定位圆径向跳动为 0.005~0.015mm 2）定位端面轴向圆跳动为（0.01~0.02mm）/φ150mm		适用于各种齿轮加工	—
4	带上、下顶尖的轴类插齿夹具	1）上、下顶尖的锥面径向圆跳动为 0.01~0.015mm 2）上、下顶尖的同轴度误差为 0.01~0.015mm（用标准圆棒测量）	分度圆径向圆跳动为 0.02~0.06mm	适用于轴类零件的加工	对 Y54 插齿机，要对其进行改装，以装配有上顶尖支架

表 5-11　插齿工艺守则（摘自 JB/T 9168.9—1998）

一般要求	1）齿坯装夹前应检查其编号和实际尺寸是否与工艺规程要求相符合 2）装夹齿坯时应注意查看其基面标记，不得将定位基面装错 3）计算齿轮加工机床滚比交换齿轮时，一定要计算到小数点后有效数字第五位
准备工作	本守则适用于用齿轮型插齿刀加工 7、8、9 级精度渐开线圆柱齿轮 1）调整分齿交换齿轮的啮合间隙在 0.1~0.15mm 内 2）按加工方法和工件模数、材质、硬度进行切削速度交换齿轮、进给交换齿轮的选择与调整
插齿心轴及齿坯的装夹	1）心轴装夹后，其径向圆跳动应不大于 0.005mm 2）装夹齿坯时应将有标记的基面向下，使之与支承面贴合，不得垫纸或铜皮等物。压紧前要用千分表检查外圆的径向圆跳动和基准轴向圆跳动，其跳动公差不得大于以下数值

（续）

	齿坯外圆径向圆跳动和基准轴向圆跳动公差					
插齿心 轴及齿坯 的装夹	齿轮精度 等级	齿 轮 分 度 圆 直 径/mm				
		≤125	>125 ~400	>400 ~800	>800 ~1600	>1600 ~2500	>2500 ~4000
		齿坯外圆径向圆跳动和基准端面轴向圆跳动公差/mm					
	7、8	0.018	0.022	0.032	0.045	0.063	0.100
	9	0.028	0.036	0.050	0.071	0.100	0.160

注:当三个公差组的精度等级不同时,按最高的精度等级确定公差值;当以顶
圆作基准时,表中的数值就指顶圆的径向圆跳动

3)在装夹直径较大或刚性较差易受振动的齿坯时,应加辅助支撑

1)插齿刀的精度选择情况如下:

齿轮精度等级	7	8	9
插齿刀精度等级	2A、A	A	B

2)刀垫的两端面平行度公差应不大于 0.005mm,刀杆和螺母的螺纹部分与其端面垂直度公差应不大
于 0.01mm

3)装夹插齿刀前应用千分表检查装刀部位的径向圆跳动、轴向圆跳动及外径 d 的磨损极限偏差,其值不得
超过以下数值

插齿刀
的选用与
装夹

齿轮精度等级	7	8	9
轴向圆跳动/mm	0.005	0.005	0.006
径向圆跳动/mm	0.008	0.008	0.009
磨损量/mm	0.01	0.02	0.02

1)根据齿轮模数、齿数、材质、硬度选择适当的切削速度。一般切削速度可在 8~20m/min 内选取

2)调整插齿刀的行程次数,计算式为

$$n = \frac{1000v_c}{2(B+\Delta)}$$

机床
调整

式中　n ——插齿刀每分钟行程次数;
　　　v_c ——切削速度(m/min);
　　　B ——被加工齿轮的宽度(mm);
　　　Δ ——插齿刀切入、切出长度之和(mm)

3)插齿过程中,应随时注意刀具的磨损情况,当刀尖磨损达到 0.15~0.30mm 时,应及时换刀

5.6　常用插齿机交换齿轮计算

常见的插齿机交换齿轮计算见表 5-12。

对于 Y54 等插齿机,加工内齿轮时,分齿交换齿轮中必须要加中介轮。

表 5-12　常见的插齿机交换齿轮计算

技术参数		插齿机型号			
		Y5120	Y5132	Y54	Y5150A
最大工件 直径/mm	外齿	200	320	500	500
	内齿	200	500	550	500
加工齿轮模数/mm		1~4	8	2~6	8
最大加工齿宽/mm		50	80	105	100

（续）

技术参数		插齿机型号			
		Y5120	Y5132	Y54	Y5150A
插齿刀往复行程数/（往复/min）		200、315、425、600	115~780（12 级）	125、179、253、359	83~538（12 级）
插齿刀最大行程/mm		63	120	125	
每行程圆周进给量/mm		0.1~0.46（8 级）	0.097~0.526（26 级）	0.17~0.44（6 级）	0.1~0.6（32 级）
每行程径向进给量/mm		三次进给	0.02~0.07	0.024~0.095	0.02~0.10
让刀量/mm		0.50	>0.50	>0.50	>0.40
交换齿轮计算公式	切削主运动 $i_v = Cn_0$	$\dfrac{n_0}{940}$	$\dfrac{n_0}{518}$ 或 $\dfrac{n_0}{345}$	$\dfrac{n_0}{514}$	$\dfrac{n_0}{480}$
	滚切分度运动 $i_f = C_1\dfrac{z_0}{z} = \dfrac{a}{b} \times \dfrac{c}{d}$	$\dfrac{z_0}{z}$	$\dfrac{z_0}{z}$	$2.4\dfrac{z_0}{z}$	$\dfrac{z_0}{z}$
	圆周进给运动（f_c） $i_c = C_2\dfrac{f_c}{d_0} = \dfrac{a_1}{b_1}$	$358\dfrac{f_c}{d_0}$ （计算直径 d_0 = 75mm）	$263\dfrac{f_c}{d_0}$ 或 $327\dfrac{f_c}{d_0}$ （计算直径 d_0 = 100mm）	$366\dfrac{f_c}{d_0}$ （计算直径 d_0 = 100mm）	$190\dfrac{f_c}{d_0}$ （计算直径 d_0 = 100mm）
	径向进给运动（f_r） $i_r = C_3 f_r = \dfrac{a_2}{b_2}$	凸轮进给	液压系统操纵	凸轮进给 $2/f_r$	凸轮进给 $f_r/8$
	让刀运动	工作台让刀	刀具主轴摆动让刀	工作台让刀	刀具主轴摆动让刀

5.7 插削余量和插削用量的选择

5.7.1 切削用量的选择

1. 插齿刀行程长度根据刀位和超越量选取

插齿刀的行程长度 L 应为被加工齿轮齿宽 b 加上超越量 Δ（插齿刀切入、切出长度之和），$L = b + \Delta$，如图 5-17 所示。

Δ 值可按图 5-17 根据被加工齿轮齿宽 b，用比例法求得（$\Delta \approx b/7 + 1.3 \, mm$）。一般在插齿加工中，插齿刀切入长度 l_1 取 5mm 以上；插齿刀切出长度 l_2 取 3~4mm。

插齿刀行程长度，可通过调整曲柄摇杆机构来实现。

2. 插齿走刀次数 k

插齿走刀次数 k 可按表 5-13 选取。

3. 圆周进给量

圆周进给量推荐按表 5-14 选取。

4. 径向进给量 f_r

径向进给量 f_r 推荐按圆周进给量 f_c 的 0.1~0.3 倍确定。

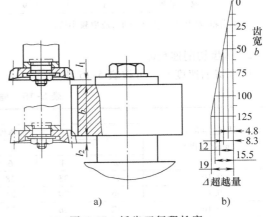

图 5-17 插齿刀行程长度
a) 插齿刀行程长度
b) 插齿刀切入、切出长度与齿宽的关系

表 5-13　插齿走刀次数 k（硬度 ≤220HBW 结构钢齿轮）

齿轮模数 /mm	走刀次数			
	粗切	半精切	精切	合计
≤3	—	—		1
>3~6	1	—		2
>6~12	1	1		3
>12~20	2	1	1	4
>20~30	3	1		5
>30~40	4	1		6

注：1. 插削 $m>12$mm 的齿轮，第一次粗切时，背吃刀量取为 1~1.5mm。对各种模数的齿轮，精切时，背吃刀量均取为 0.5~0.8mm；半精切时，取 2~5mm（模数越大，则背吃刀量也越大）。

　　2. 当用盘状铣刀或指状铣刀粗切时，插齿刀只是完成半精加工和精加工。

表 5-14　圆周进给量 f_c 选择表

加工性质	齿轮模数 /mm	机床传动功率/kW			
		<1.5	1.5~2.5	2.5~5	>5
		圆周进给量 f_c/（mm/行程）			
粗切齿	2~4	0.35	0.45	—	—
	5	0.25	0.40	—	—
	6	0.2	0.35	0.45	—
	8			0.35	0.45
	10			0.25	0.35
	12			0.15	0.25
精切齿	2~12	0.25~0.35			

注：1. 表中参数适合工件材质为 45 钢正火或 HT200 铸铁，当材料不同时，圆周进给量 f_c 材料修正系数参考值如下：

材质硬度 HBW	≤190	>190~220	>220~240	>240~290	>290~320
修正系数	1	0.9	0.8	0.7	0.6

　　2. 当粗、精加工的 f_c 不同时，应取较小值。

5. 插齿切削速度 v_c

插齿切削速度 v_c，可按表 5-15 选取。

表 5-15　插齿切削速度 v_c

圆周进给量 f_c /（mm/行程）	切削速度 v_c/（m/min）						开槽后精插齿
	实体齿坯粗、精插齿						
	模数/mm						2~12
	2	4	6	8	10	12	
0.10	41	33	28	25	23	21	—
0.13	36	29	24	22	20	19	—
0.16	32	26	22	20	18	17	44
0.20	29	23	20	18	17	16	39
0.26	25	21	17	16	15	14	34
0.32	23	18	15	14	13	13	31
0.42	20	16	14	13	12	12	25
0.52	18	14	12	11	10	10	—
刀具寿命 γ/h　粗插	5			7			
刀具寿命 γ/h　精插	4						5

注：插削铝制齿轮：$v_c=60$m/min；插削青铜齿轮 $v_c=24$m/min；插削灰铸铁齿轮 $v_c=18$m/min。

6. 插齿刀的往复行程数 n_0

插齿刀的往复行程数 n_0 由切削速度 v_c 和行程长度 L 计算，计算式为

$$n_0 = \frac{500v_c}{L} \tag{5-5}$$

式中 v_c——切削速度（m/min）；

L——行程长度（mm）。

5.7.2 精插齿的加工余量

精插齿的加工余量见表 5-16。

表 5-16 精插齿的加工余量　　　　　（单位：mm）

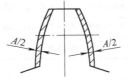

模数	2	3	4	5	6	7	8	9	10	11	12
余量 A	0.6	0.75	0.9	1.05	1.2	1.35	1.5	1.7	1.9	2.1	2.2

5.7.3 插齿机动时间的计算

插齿机动时间 t_m 按式（5-6）计算：

$$t_m = \frac{\pi m z}{n_0 f_c} k + \frac{h}{n_0 f_r} \tag{5-6}$$

式中 z——被切齿轮的齿数；

h——被切齿轮的全齿高（mm）；

k——插削时走刀次数；

t_m——插齿机动时间（min）；

m——模数（mm）；

n_0——插齿刀每分钟往复行程数；

f_c——圆周进给量（mm/min）；

f_r——径向进给量（mm/min）。

5.7.4 切削力、切削功率的计算

插齿切削力 F 和切削功率 P 一般是用最大切削总面积 $\sum A_{max}$ 和平均切削面积 A_m 进行计算的。

1. 切削力

切削力的计算公式为

$$F_z = A_m p \tag{5-7}$$

$$A_m = \frac{0.475 m^2 f_c}{z^{0.09}}$$

式中 z——工件齿数；

F_z——切削力（N）；

A_m——平均切削面积（mm²）；

m——工件模数（mm）；

p——单位切削力，见表 5-17；

f_c——圆周进给量（mm/行程）。

最大切削力按式（5-8）计算：

$$F_{zmax} = A_{max} p \qquad\qquad (5\text{-}8)$$

$$A_{max} = \frac{0.609 m^2 f_c}{z^{0.11}}$$

式中　A_{max}——最大切削面积（mm²）。

表 5-17　插齿的单位切削力

工件材料	力学性能	单位切削力 $p/(\text{N/mm}^2)$
结构钢	$R_m = 590 \sim 690\text{MPa}$（$170 \sim 200\text{HBW}$）	$1668 \sim 1766$
	$R_m = 780 \sim 980\text{MPa}$（$225 \sim 285\text{HBW}$）	$3139 \sim 3433$
灰铸铁	200HBW	$1177 \sim 1374$

2. 切削功率

切削功率的计算公式为

$$P_m = \frac{F_z v_c}{60000} \qquad\qquad (5\text{-}9)$$

5.7.5　硬齿面的插削加工

硬齿面齿轮的应用越来越广。由于硬齿面的内齿轮、双联三联或带台肩齿轮的齿部精加工，既不能采用传统的磨齿工艺，也不能采用硬质合金滚刀进行刮削加工，而硬齿面插齿加工可以解决此类难题。

1. 插齿刀特点

和硬齿面加工用的硬质合金刮削滚刀一样，硬齿面加工用的硬质合金插齿刀也做成顶刃负前角的形式，使得两侧切削刃获得相应的负刃倾角，插齿过程便具有斜角切削的特性。这种切削特性不仅在硬齿面滚齿加工中获得成功，在硬齿面插齿加工中也同样有效。试验结果表明随着顶刃负前角的增大，刀齿后面的磨损减小。

根据硬齿面插齿试验的结果和硬齿面滚齿的经验，硬齿面加工用的硬质合金插齿刀应当采用较大的顶刃负前角。但是，与硬质合金刮削滚刀不一样，为了保证插齿刀切削刃的形状精度，插齿刀的制造与检验条件不允许采用较大的顶刃前角。为了兼顾硬质合金插齿刀的齿形精度与切削性能，顶刃前角一般选用−5°。

2. 硬齿面插齿加工的条件

（1）工件热处理淬火前需采用带凸角的插齿刀进行预加工　硬齿面插齿加工一般都是精加工，插齿刀的顶刃原则上不应参加切削。因此，需要进行硬齿面插齿的齿轮，热处理前应采用专门的插齿刀进行粗插齿，以保证被切齿轮的齿槽略深于标准全齿高、槽底两侧具有适量的根切、两侧齿面具有合适的精加工留量。这种粗切插齿刀的齿形可参照剃前插齿刀进行设计。但其齿厚应根据热处理的变形量做出相应的减薄，以形成必要的精加工留量。留量不宜过小或过大。过小则不足以纠正热处理的变形过大则表面淬硬层切除过多，并将增大切削负荷和刀齿磨损。中等模数淬硬齿轮的精加工留量，一般可为齿厚上 0.3 ~ 0.5mm。

（2）尽可能选择刚性好的插齿机，并适当减小传动链的间隙　插齿机的性能对于硬齿面插齿的效果有很大影响。但是，目前尚无专门用于硬齿面加工的插齿机。由于硬齿面插齿过程的负荷不大，采用的行程次数也不高，因此现有的普通插齿机也可用作硬齿面插齿，这样就为推广硬齿面插齿新工艺创造了有利条件。但是，现有普通插齿机的运动部件应适当调整，尽可能地减小运动间隙，并对工作台和刀具轴的两套蜗杆副进行精化，以提高硬齿面插齿的精度。

（3）硬齿面插齿加工通常不用切削液　为了避免硬质合金刀齿产生意外崩刃，要注意避免切屑溅入切削区，而且要防止行程导轨上的润滑油滴入切削区，并应擦干被加工齿面上残留的水性或油性切削液。

3. 切削用量

硬齿面插齿的切削规范没有特殊规定。所选用的行程次数和圆周进给量，与软齿面精插加工的规范相同。根据工件硬度、规格大小、加工要求和机床性能等条件，切削速度可选用 15～30m/min，圆周进给量 0.15～0.25mm/行程。切削厚度的选定则取决于精加工余量。对于低于级精度的齿轮，齿面上的精加工余量（0.3～0.5mm）原则上可以一次切除。对于 6、7 级精度的齿轮，最好分成粗、精切两次加工。粗切时切去热处理造成的不规则变形层，精切时就能获得较高精度。

4. 加工实例

加工实例见表 5-18。

表 5-18　硬齿面加工实例

项　目		1	2	3
工件参数	工件类型	薄壁渐开线花键	薄壁内齿圈	机床齿轮
	模数/mm	2.5	3.25	3
	齿数	43	56	36
	压力角	30°	20°	20°
	齿宽/mm	37	26	20
	材料	20CrMnTi	20CrMnTi	45
	硬度　HRC	58～62	58～62	48～52
	精度要求	8	8	6
刀具参数	结构型式	焊接式碗形插齿刀		
	公称分度圆直径/mm	75	100	100
	齿数	31	—	—
	顶刃前角	−5°	−5°	−5°
	刀片材料	材 22	材 22	材 22
	精度等级	A	A	AA
切削条件	插齿机型号	Y54A	Y54	514
	行程次数/（次/min）	169	179	179
	行程长度/mm	55	55	35
	切削速度/（m/min）	18.6	19.7	12.5
	圆周进给量/（mm/次）	0.21	0.24	0.17
	径向切入量/mm	0.15	0.20～0.30	0.25～0.30
	切削次数	1	1	2
	冷却条件	干切	干切	干切
	单件机动时间/min	10	12	16
测实	加工精度	优于 8	优于 8	6
	齿面粗糙度 Ra/μm	0.45～0.60		0.70～0.85

注：机床的蜗杆副经过精化（成都工具研究所资料）。

5. 硬质合金直齿插齿刀规格

Q/HYG 2083—1991《硬质合金盘形直齿插齿刀》（企标）中规定了规格范围模数 1～6mm，公称分圆直径 100mm 的硬质合金盘形直齿插齿刀的形式和尺寸。插齿刀的精度等级分为 A、B 级两种。插齿刀规格尺寸见表 5-19。

表 5-19　硬质合金盘形直齿插齿刀规格尺寸（摘自 Q/HYG 2083—1991）

产品编号 25301-	模数 m/mm	分圆直径 d/mm	齿数 z	孔径 D/mm	厚度 B/mm
001	1	100	100		18
002	1.25	100	80		18
003	1.5	102	68		18
004	1.75	101.5	58		18
005	2	100	50		22
006	2.25	101.25	45		22
007	2.5	100	40		22
008	2.75	99	36	31.743	22
009	3	102	34		22
010	3.25	100.75	31		22
011	3.5	101.5	29		22
012	3.75	101.25	27		22
013	4	100	25		24
014	4.5	99	22		24
015	5	100	20		24
016	5.5	104.5	19		24
017	6	108	18		24

（1）适用条件　适宜淬硬内齿轮、双联或三联及带台肩齿轮齿面的精加工，被加工件硬度为 45~60HRC。

（2）结构特点　盘形直齿结构，基准压力角为20°，前角-5°。

（3）刀具标记及示例　订货时注明：名称、产品编号、公称分圆直径、模数、精度等级、标准号。

【例】硬质合金盘形直齿插齿刀　25301-005　φ100　m2　A　Q/HYG 2083—1991

淬火前预加工，可采用加大留量的剃前插齿刀，标准盘形剃前插齿刀规格尺寸见表 5-20。

表 5-20　盘形剃前插齿刀规格尺寸（摘自 Q/HYG 2083—1991）

产品编号 25301-	模数 m/mm	分圆直径 d/mm	齿数 z	孔径 D/mm	厚度 B/mm
301	1.25	100	80		18
302	1.5	102	68		18
303	1.75	101.5	58		18
304	2	100	50		22
305	2.25	101.25	45		22
306	2.5	100	40		22
307	2.75	99	36		22
308	3	102	34	31.743	22
309	3.25	100.75	31		22
310	3.5	101.5	29		22
311	3.75	101.25	27		22
312	4	100	25		24
313	4.5	99	22		24
314	5	100	20		24
315	5.5	104.5	19		24
316	6	108	18		24

注：1. 用途：盘形剃前插齿刀适用于齿高系数为1的标准齿形的正常齿轮的剃前加工。

　　2. 特点及精度：模数 1.25~1.75mm 的插齿刀采用不带凸角的 I 型齿形，模数 2~6mm 的插齿刀采用带凸角的 II 型齿形。精度为 B 级。

5.8　插削加工中常出现的缺陷和解决方法

在插齿加工中,影响插齿加工误差的因素很多,除外界因素如温度、振动及安装基础变形等外,主要有以下几个方面:①插齿刀几何形状的误差;②插齿刀及工件装夹的误差;③在插齿加工中,机床、刀具、夹具、工件,即整个工艺系统的振动、热变形及受力变形等造成的误差;④机床几何精度的误差;⑤机床传动链精度的误差等。

总之,影响插齿加工误差的原因很多,情况亦较复杂,插齿操作工的主要任务,在于找出影响插齿加工误差的主要因素,通过分析和研究,正确地找出消除其误差的相应方法,以求生产更多的合格产品。

齿轮插齿加工中常出现的缺陷及解决方法见表 5-21。

Y54 型插齿机在插齿加工中常见的误差产生原因及消除方法,列于表 5-22 供参考。

表 5-21　齿轮插齿加工中常出现的缺陷及解决方法

超差项目	主要原因	解决方法
公法线长度的变动量	刀架系统,如蜗轮偏心、主轴偏心等误差 刀具本身制造误差和安装偏心或倾斜 径向进给机构不稳定 工作台的摆动及让刀不稳定	修理恢复刀架系统精度,检查修理径向进给机构,调整工作台让刀,检验刀具安装情况
相邻齿距误差	工作台或刀架体分度蜗杆的轴向窜动过大	调整工作台或刀架人体的分度蜗杆的轴向窜动
	精切时余量过大	适当增加粗切次数,使精切时余量较小
齿距累积误差	工作台或刀架体分度蜗轮蜗杆有磨损、啮合间隙过大	调整工作台或刀架分度窜轮窜杆的啮合间隙,必要时修复蜗杆副
	工作台有较大的径向圆跳动	仔细刮研工作台主轴及工作台壳体上的圆锥接触面
	插齿刀主轴轴向圆跳动(安装插齿刀部分)超差	重新安装插齿刀的位置,使误差相互抵消,必要时修磨插齿刀主轴端面
	进给凸轮轮廓不精确	修磨凸轮轮廓
	插齿刀安装后有径向与轴向圆跳动	修磨插齿刀的垫圈
	工件安装不符合要求	工件定位心轴须与工作台回转轴线重合 工件孔与工件定位心轴的配合太松 工件的两端面须平行,安装时工件端面须与安装孔垂直 工件垫圈的两平面须平行,并不得有铁屑及污物黏着
	工件定位心轴本身精度不合要求	检查工件定位心轴的精度,并加修正或更换新件
齿形误差	分度蜗杆轴向窜动过大或其他传动链零件精度太差	检查与调整分度蜗杆的轴向窜动。检查与更换链中精度太差的零件
	工作台有较大的径向圆跳动	仔细刮研工作台主轴及工作台壳体上的圆锥接触面
	插齿刀主轴轴向圆跳动(安装插齿刀部分)超差	重新安装插齿刀的位置,使误差相互抵消,必要时修磨插齿刀主轴端面
	插齿刀刃磨不良	重磨刃口
	插齿刀安装后有径向与轴向圆跳动	修磨插齿刀垫圈
	工件安装不合要求	工件定位心轴须与工作台回转轴线重合 工件孔与工件定位心轴的配合太松 工件的两端面须平行,安装时工件端面须与安装孔垂直 工件垫圈的两平面须平行,并不得有铁屑及污物黏着

（续）

超差项目	主　要　原　因	解　决　方　法
齿向误差	插齿刀主轴中心线与工作台轴线间的位置不正确	重新安装刀架工进行校正
	插齿刀安装扣有径向轴向面圆跳动	修磨插齿刀垫圈
	工件安装不合要求	工件定位心轴须与工作台回转轴线重合
		工件孔与工件定位心轴的配合太松
		工件的两端面须平行，安装时工件端面须与安装孔垂直
		工件垫圈的两平面须平行，并不得有铁屑及污物黏着
表面粗糙度	机床传动链的精度不高，某些环节在运转中出现振动或冲击，以致影响机床传动平稳性	找出环节，加以校正或更换件
	工作台主轴与工作台壳体圆锥导轨面接触情况不合要求，圆锥导轨面接触过硬，工作台转动沉重，运转时产生振动	修刮圆锥导轨面，使其接触面略硬于地平面导轨，并要求接触均匀
	分度蜗杆的轴向窜动或分度蜗杆副的啮合间隙过大，运转中产生振动	修磨调整垫片纠正分度蜗杆的轴向窜动 调整分度蜗杆支座以校正分度蜗杆副的间隙大小
	让刀机构工作不正常，回刀刮伤工件表面	调整让刀机构
	插齿刀刃磨质量不良	修磨刃口
	进给量过大	选择适当的进给量
	工件安装不牢靠，切削中产生振动	合理安排工件
	切削液脏或者冲入切削齿槽	更换切削液，将切削液对准切削区

表 5-22　Y54 型插齿加工中常见误差产生原因及消除方法

项目	产　生　原　因	消　除　方　法
	属于机床方面	
齿距累积误差较大	工作台和刀架体的蜗杆副的蜗杆轴向窜动过大	重新调整蜗杆的轴向窜动，使窜动量保持在 0.003 ~ 0.008mm
	工作台和刀架体的蜗杆副由于长期使用，齿面已磨损，啮合间隙过大	配磨调整垫片，使蜗杆副的啮合间隙在 0.02 ~ 0.05mm，必要时修复蜗轮，重配蜗杆
	径向进给中的丝杠、弹簧在切削加工时，弹力不够	调整弹簧弹力
	工作台和刀架体的蜗杆副中，尤其蜗轮的齿面有研损现象或齿面有磕碰毛刺	用油石修磨或用刮刀刮削。如损伤较大，可考虑重新滚齿、研齿，以恢复蜗轮的精度，这时应重新配制蜗杆
	工作台主轴与工作台的 1：20 的圆锥导轨接触过松，工作台主轴在转动时有浮动现象，定心不好	修刮圆锥导轨面，使圆锥导轨面的接触情况略硬于平面导轨，且要求接触均匀。修刮要求以 100N 左右的力用 500mm 的撬杆转动工作台主轴时，在旋转一转中应无过轻或过重的感觉
	让刀不稳定	调整让刀机构，使让刀量在 0.3 ~ 0.5mm，并且每次让刀的复位误差不大于 0.02mm
	刀架体齿条套筒的镶条松动	调整镶条
	自动径向进给凸轮的等半径部分（$R79mm \pm 0.005mm$）径向圆跳动超差	重新修磨凸轮使其误差在 ±0.005mm 内
	插齿刀刀轴伸 $\phi31.743mm$ 圆柱面上有拉毛现象，插齿刀在紧固后歪斜或定心不正	用油石磨去拉毛毛刺
	机床传动链中的零件尤其是工作台蜗轮和刀架蜗轮的精度已丧失	重新修复蜗轮，滚齿或研齿，严重丧失精度时，应考虑更换蜗轮
	机床的几何精度项目中有关项目超差，其中影响较大的有：①工作台面的轴向圆跳动；②工作台锥孔中心线的径向圆跳动；③刀架体刀具主轴定心轴径的径向圆跳动	修复工作台或刀架体的有关零件

（续）

项目	产生原因	消除方法
	属于刀具方面	
	插齿刀刀齿刃部已钝或有磕碰	重新刃磨插齿刀
	插齿刀刀齿本身精度不合格	插齿刀刀齿本身精度，对被插齿轮精度有直接影响，应重新更换插齿刀
	插齿刀的基准孔及端面精度超差	更换合格插齿刀
	属于安装方面	
齿距累积误差较大	插齿刀安装后的径向圆跳动与轴向圆跳动太大	重新检查插齿刀的定心轴径、定位孔、刀垫等，安装时应清洗干净
	齿坯安装不好：①齿坯的安装偏心；②工件两定位端面不平行，安装后产生歪斜，使心轴或夹具产生变形、弯曲等现象；③工件的上、下的平垫两端面不平行或有毛刺、切屑、污物等；④插齿心轴本身精度不高或刚性不好	正确安装齿坯：①检查齿坯的定心表面与插齿心轴或夹具之间的配合间隙，一般插削 7 级精度齿轮时，其配合不能低于 H7/h6 精度要求；②应保证齿坯端面与基准孔的垂直度公差不大于 0.02mm，两端面的平行度公差不大于 0.03mm（视工件的精度要求而定）；③安装工件时，应将两端面擦拭干净，应保证两端面的平行度公差小于 0.01mm；④检查插齿心轴的精度，如超差或刚性不够，应修磨或重新制造
	属于机床方面	
	工作台或刀架体的分度螺杆的轴向窜动过大	重新调整蜗杆或更换轴承，使轴向窜动在 0.003 ~ 0.008mm
	分度传动链中的传动元件尤其是工作台、刀架体的蜗杆精度丧失严重	应对工作台的蜗杆和蜗轮，两对锥齿轮；刀架体的蜗杆和蜗轮等零件进行检查，如果超差，应修复或更换新件
齿距极限偏差或齿形误差较大	刀架体的固定导轨和滑动导轨的滑动面，由于磨损不均匀（经常插削一定宽度范围内齿轮）而出现平面度或与 φ165mm 外径母线平行度超差，致使插齿时刀齿运动轨迹不正确	对固定导轨和滑动导轨，镶条应予修磨或刮研，磨损严重时更换新件
	工作台主轴与工作台 1∶20 锥度的圆锥导轨接触面过硬，运转时产生摩擦发热，插齿时工作台主轴产生颤动	圆锥导轨的 1∶20 圆锥体，刮研应合适，一般以 100N 左右的力用 500mm 长的撬杠转动工作台时应无过重或过轻感觉
	工作台或刀具主轴有过大的径向圆跳动，致使切削不均匀	检查机床的几何精度，并及时地进行修复
	属于刀具方面	
	插齿刀刀齿本身精度不合格	插齿刀刀齿本身精度对工件的齿距极限偏差及齿形误差影响很大、如插齿刀精度超差时，应予修磨或更换合格新刀
	插齿刀基准孔或基准端面的精度超差	应更换合格新刀
	插齿刀刀齿刃口已变钝或有磕碰，刃磨质量差、烧伤等现象	应重新进行刃磨，并进行充分冷却，以提高插齿刀前刀面的刃磨质量
	属于安装方面及操作方面	
	插齿刀安装与齿坯安装不合要求	重新安装，并严格按工艺与技术要求操作
	切削规范选择不适当	对于插削不同材料和工件模数时，应选择不同的切削规范，请参照机床说明书和结合实践经验，一般当插削模数大于 2mm 时，应适当增加粗插次数
	属于机床方面	
齿向误差较大	机床刀具主轴轴线对工作台主轴轴线平行度的精度超差，产生原因有以下几个方面：①刀架体的固定导轨与滑动导轨是用镶条来调整，如配合不好或间隙过大，对齿向均有影响；②刀架体内，蜗轮上的环与刀具主轴线不重合；③刀架体支撑蜗轮端面或支撑环的端面与刀具主轴轴线不垂直	严格控制机床刀具主轴轴线对工作台主轴轴线平行度的精度超差，具体措施是：①根据齿向超差情况，调整镶条位置使滑动导轨与蜗轮孔的间隙不大于 0.005mm；②找正后，紧固螺钉，并重新配铰定位销；③修刮这两个端面，使其垂直度在 0.01mm 范围以内

(续)

项目	产　生　原　因	消　除　方　法
齿向误差较大	插齿机的让刀不稳定	调整让刀机构,使复位精度达 0.01mm
	属于操作、齿坯精度和安装方面	
	插齿心轴、夹具等安装不正	按心轴和夹具安装要求及安装后的检验要求重新安装
	齿坯上、下的平垫两端面不平行或有切屑、污物等	应将两端面擦干净,并保持两端面平行度误差在 0.01mm 以内
	齿坯的安装基面与基准孔的误差过大	应使齿坯的加工精度视工件的加工要求相适应
	插齿刀行程的超越量选择过小,插齿时在齿宽上尚未切削完毕时,工作台带动工件即已让刀	重新调整超越量(按规定合理选取超越量)
	属于机床方面	
	机床传动链中零件如刀具主轴、工作台主轴等精度已丧失或磨损,传动件之间的间隙变大,在切削时产生松动和冲击	找出精度丧失严重的零件,予以修复、校正。对于不能修复的,应换新件
	工作台主轴与工作台圆锥导轨面接触过硬,工作台转动沉重,因而在旋转时摩擦发热,产生振动;或接触过松,运转时工作台产生晃动	修刮圆锥导轨面,使圆锥导轨面的接触情况略硬于平面导轨,而且要保持接触均匀,在旋转一周内无轻重感觉
齿面粗糙度不好	刀架体及工作台两分度蜗杆在运转时轴向窜动过大,或蜗杆与蜗轮的啮合间隙过大,运转时引起跳动	修磨调整垫片并更换轴承后,重新调整,保证其轴向窜动在 0.005mm 左右,且保持蜗杆副之间的合理啮合间隙
	机床的让刀机构工作不正常,插齿刀回程时将工件的已加工表面擦伤	重新调整让刀机构,尤其应注意当加工模数大于 4mm 或较小模数时,这种现象出现比较多
	属于刀具方面	
	插齿刀刃部已磨钝,使被插齿轮的轮齿表面出现撕裂等情况	重新刃磨插齿刀,使刃部锋利,并在刃磨时充分冷却,以提高前刀面的刃磨质量
	插齿刀在插削过程中,产生积屑瘤并黏结在刀刃上,刃磨时未将黏结部分磨掉,提高了刀齿表面粗糙度	重新刃磨插齿刀,将粘结部分磨掉,并适当提高插削速度(即插齿刀的往复冲程数,以抑制积屑瘤的产生)
	插齿刀前角应适应被插齿轮的材料,如插削调质处理后的合金钢材料时,仍采用前后的合金钢材料时仍采用前角为 5°的插齿刀,则插削时易产生积屑瘤	适当增大插齿刀的前角,但一般插齿刀的前角不应大于 10°
	插齿刀安装后未紧固好,插削时产生位移和振动	重新安装并紧固插齿刀
	属于安装、冷却、工件材质及热处理方面	
	插削钢质材料时,切削液选择不当或太脏	加工 45 钢时可选用 L-AN32 号润滑油,加工经调质处理的合金钢件时,可选用硫化油或防腐乳化油。对于太脏的切削液应予及时更换
	齿坯安装不牢固,插削时产生位移和振动	应重新安装并紧固齿坯
	材料硬度过高,使被插齿轮的齿面产生撕裂、鱼鳞等缺陷	对 45 钢或中碳合金钢,一般推荐采用正火处理。根据被插齿坯的材料和硬度,应通过切削工艺试验和生产实践经验,以选用合适的切削用量与精加工余量

5.9　大型齿轮梳齿加工实践

5.9.1　梳齿法

利用齿条刀按展成原理加工圆柱齿轮的梳齿法已问世 100 余年,大约在 20 世纪 80 年代起被推广应用。在很多情况下梳齿的效率不输于滚齿,其加工质量和经济性方面更具优越性。一些研究结果和生产实践表明,当齿轮模数较大(大约 $m_n > 10 \sim 12$mm)时,梳齿的效率比滚齿要高,随着齿轮材料硬度的提高,梳齿在生产效率方面的优势更为显著。梳齿加工没有原理误差(轴向截面或法向截面为直线齿廓的滚刀滚齿加工都存在原理误差，其随着模数的增大而增大），圆周给量（包络次数）可人为选择，其展成运动不受切削力影响（切削冲程时停止展成）。梳齿刀具结构简单可获得很高的制造精度和刃磨质量，因而梳齿的加工质量有更好的保障条件，尤其在平稳性、接触精度及齿面粗糙度方面普遍优于滚齿。梳齿加工获得 6～7 级（DIN）精度的齿轮是相对容易的事情。梳齿刀在切齿工序中，所占的费用比例相对很低（制造、刃磨费用低，重复使用次数多达 50 次以上），工艺经济性优良，加工单件大模数齿轮时更具优势。

5.9.2 大型齿轮梳齿加工特点

瑞士 MAAG 公司生产的梳齿刀插齿机，也称作马格梳齿机。其最大直径规格达 12m。这种机床大部分用来加工大直径、较高精度的齿轮。尽管这类机床现已鲜有新品制造生产，但目前在世界范围内，不少老型（有些已局部改造过）的梳齿刀插齿机仍然在现实齿轮生产中发挥着作用，其精度维持耐久性、独具特色的加工特性（如窄空刀槽双联斜齿轮的加工）是其久未被淘汰的根本原因。笔者所在单位就有这种特大型机床（图 5-18），因此在生产实际中总结出一些经验供同行参考。

机床参数

加工齿轮规格范围：直径为1500（带中间板直径为700mm）～12000mm，模数为2～70mm，齿数为12～2000，最大齿宽为1280mm。

工作台参数：直径为3000mm（辅助工作台直径为6000mm/9000mm/12000mm），承载量112t/200t（带托辊），中心孔为ϕ1000mm×3000mm。

刀具尺寸限制：最大长度为326（355）mm，夹紧厚度为65mm（含刀垫厚），夹紧宽度为67mm。

机床轮廓尺寸：19.2m×12.4m×5.7m。机床质量：165t。

图 5-18　SH-1200 MAAG 梳齿机

MAAG 梳齿机加工特点：

1）梳齿刀结构简单，可以制造得很准确。做一套简单的通用胎具，在慢走丝线切割机床上一次装夹，按数控程序一次切割多次修割就可以完成。所以定位基准、齿形、齿距、各种角度，误差都能控制在 0.01mm 之内，并且一批刀都一样。

2）精梳齿轮时，刀刃稍磨损一点就可以换刀，不用对刀，不影响齿轮的加工精度。不存在刀刃磨损影响齿轮加工精度这一项；不像齿轮滚刀那样精滚齿不能换滚刀，开始加工精度好，随着刀刃的磨损被加工齿轮的齿形、齿向误差越来越大。

3）梳齿刀不像齿轮滚刀那样要求有一定的啮合长度，它的啮合线长是由梳齿机的刀架走出来的，梳刀齿数多刀架可少走一些，梳刀齿数少刀架可以多走一些。

4）机床附件多，可加工盘形齿轮、轴齿轮、空刀槽小的人字齿轮、塔形双联齿轮等。

5）加工范围大，如在 SH-1200 梳齿机上成功加工过模数 m_n = 14～62.667mm，直径为 1.0（轴齿轮）～12m 的齿轮。

6）对大型齿轮，加工轮齿表面质量好，齿轮精度稳定。齿面粗糙度可达 $Ra3.2\mu m$，齿形、齿向、齿距精度等都能达到 7 级。

7）齿形修形容易实现而且准确，因为是数控程序走出来的，不像加工滚刀那样，砂轮修整是近似的，就算砂轮修整得准确，磨损也是不均匀的。

8）梳齿齿轮（小齿轮多数是磨齿）安装后的接触状况优良。若能进行适量的齿廓修缘，把齿轮齿顶多梳去一点，接触部位能明显改善。

9）刀具表面涂覆处理方便，实际生产中，高速钢梳齿刀表面涂覆 TiAlN，可以显著提高其寿命，经济性良好。

5.9.3　大型齿轮梳齿修形实例

齿轮修形是提高齿轮承载能力，改善传动特性的重要手段之一。

梳齿刀结构简单，可轻易通过修正梳齿刀齿廓实现对齿轮预定齿廓段的齿廓修形。

由齿轮啮合原理可知，齿轮的加工可以看作是刀具与齿轮的啮合：刀具的齿根与齿轮的齿顶啮合，刀具齿顶与齿轮的齿根啮合，故通过对刀具齿廓进行修正即可实现对被加工齿轮齿廓的修形。如图 5-19 所示，修正梳齿刀齿根部位的齿形 AD 段即可实现对齿轮齿顶 $A_m D_m$ 段的修形。

大型齿轮齿面硬度一般为 200～240HBW，为保证加工质量，梳齿刀材料一般选用高性能高速钢（如 W6Mo5Cr4V2Al）或粉末冶金高速钢（如 S390），这些材料具有较高的淬硬性、耐磨性和热硬性及良好的韧性。

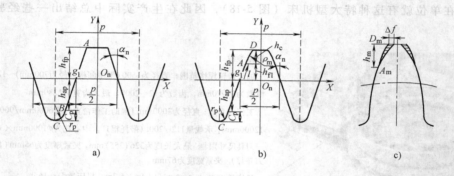

图 5-19　齿廓修形示意图

a）标准齿条梳齿刀　b）修正后梳齿刀齿形　c）修形后的齿轮轮齿

某开式大齿轮基本参数见表 5-23。

表 5-23　某开式大齿轮参数

齿数	模数 /mm	压力角 /(°)	齿高系数	螺旋角 /(°)	变位系数	齿顶圆直径 /mm	最大修形量 /mm	修形起始圆半径/mm
144	50	20	1/1.25	0	0	7300	0.84	3618.4

根据大齿轮最大修形量和修形高度设计了修形梳齿刀端面修形参数，并根据该参数设计了修形梳齿刀法向参数，该梳齿刀材质为 W6Mo5Cr4V2Al，热处理硬度 64～66HRC，前刃面、侧刃涂层 TiAlN。所设计的精修形梳齿刀如图 5-20 所示。

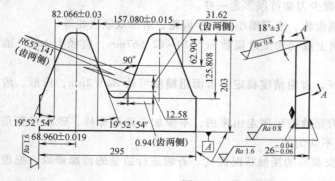

图 5-20　修形梳齿刀（模数 $m = 50$mm）

采用图 5-20 修形梳齿刀，在 SH-1200 梳齿机上对该开式大齿轮进行精加工（精梳齿时，修形梳齿刀齿顶不参加切削），梳齿刀装夹如图 5-21 所示。

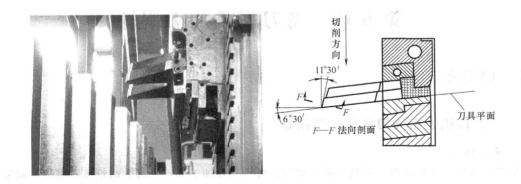

图 5-21　梳齿刀装夹示例（模数 m = 50mm）

精加工后，对大齿圈圆周呈 90°分布的四个轮齿的齿顶厚度和修形高度进行了测量，测量结果见表 5-24。

表 5-24　开式大齿轮修形参数测量结果

测点	1	2	3	4
修形高度/mm	31.5	31.46	31.42	31.35
齿顶厚度/mm	37.55	37.59	37.51	37.63
齿顶减薄量/mm	0.93	0.91	0.95	0.89
齿顶修形量/mm	0.86	0.84	0.88	0.82
齿厚/mm	74.96	75	74.98	75.04

注：考虑侧隙后，齿顶未修理论厚度为 39.41mm，齿顶压力角为 22.056°。

由表 5-24 可知，齿轮实际修形高度、修形量分别为（31.4±0.1）mm、（0.85±0.03）mm，对比表 5-23 中设计值（修形高度、修形量分别为 31.6mm、0.84mm），是与预期要求吻合的。

采用图5-20 操作指引[7]，在 SH-1200 插齿机上对线齿轮进行精加工（精插齿）。装夹和插齿加工示意图，按照刀具安装图5-21 所示。

第6章　飞刀展成加工蜗轮

6.1　切削方法

6.1.1　滚齿机上用飞刀展成加工蜗轮

1. 原理特点

单件小批量生产蜗轮时，若缺少蜗轮滚刀，可用飞刀加工蜗轮轮齿。蜗轮飞刀实际上就是在专用刀杆上装了一把（或几把）切刀，相当于一把单齿（或少齿数）蜗轮滚刀，如图6-1 所示。

飞刀相当于蜗轮滚刀的一个刀齿。加工时，飞刀旋转并同时沿刀杆轴线做切向进给运动，蜗轮做相应的分度旋转和附加旋转运动。由于飞刀刀齿的相对运动轨迹与滚刀刀齿所在的螺旋面等效，因此能切出正确的蜗轮轮齿。

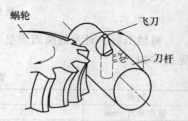

图 6-1　用飞刀加工蜗轮

在滚齿机上用飞刀加工蜗轮时，应选择具有切向刀架的滚齿机，并将刀轴与被加工蜗轮的中心距调整至蜗杆与蜗轮的啮合（理论）中心距。飞刀一边回转，一边沿蜗轮切向做进给（切削）运动。飞刀每转一圈，蜗轮转过的齿数等于蜗杆的头数，这就是分度运动。为了切出蜗轮轮齿的齿形，飞刀还需沿其轴向（即蜗轮切向）做进给运动，此时，蜗轮就必须随着刀具的移动方向相应地转过一定角度，即为附加运动。在单刀切削时，如蜗杆的头数和蜗轮齿数无公因数，则一次走刀就能切出蜗轮的所有轮齿；否则，一次进给只能切出间隔相同的齿数，待一次进给完毕后，采用分度方法，才能切出蜗轮的全部轮齿。

采用飞刀加工蜗轮，其工作原理与采用切向进给方法加工蜗轮时相同。但由于飞刀只有一个刀齿，在切削过程中的包络线同蜗轮滚刀相比要少得多，为了保证齿面具有较小的粗糙度值，应选取较小的切向进给量。

加工时刀杆位于蜗杆与蜗轮啮合时蜗杆的位置上。飞刀的前刀面可安装在刀杆的轴截面内，此时刀刃形状应与蜗杆轴截面齿形一致。为了改善飞刀的切削条件，可把飞刀转过一个角度安装，使前面相对于刀杆轴线倾斜一个蜗轮螺旋角，此时刀刃的形状应与蜗杆齿体法截面齿形一致。

当蜗杆在法截面内齿形为直线齿廓（称为延长渐开线蜗杆）时，飞刀的安装，其前刀面对于刀轴轴心线应倾斜一个角度，即蜗轮螺旋角 β，如图6-2 所示。

当蜗杆在轴向截面内的齿形为直线齿廓（称为阿基米德蜗杆），而法向截面内齿形为曲线齿廓时，飞刀的安装，其前刀面应通过刀轴的中心平面。如若按图6-2 所示安装，则应将飞刀齿形制成曲线形状，否则当被加工蜗轮螺旋角大于7°时，齿形的误差就更为明显。

此外，飞刀回转半径 R、安装距 L 的测量，如图6-3 所示。

$$R = 0.5d_a$$
$$L = R - 0.5D_0$$

式中　d_a——飞刀外径（mm）；

D_0——飞刀刀轴直径（mm）。

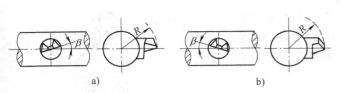

图 6-2　飞刀的安装　　　　　　　　　　图 6-3　飞刀安装的回转半径示意
a）切削右旋蜗轮时　b）切削左旋蜗轮时

实际安装时，一般 L 允许比上述计算值略大一些（如 0.05～0.10mm）。

2. 优缺点

蜗轮飞刀的刀齿数目少，所以加工效率低，并且要求滚齿机备有切向刀架。但是如果飞刀设计合理、制造准确和使用得当，加工出的蜗轮精度不亚于滚刀加工出的蜗轮；而且飞刀结构简单、制造方便、成本低廉，因此在单件和小批生产（特别是大模数蜗轮加工）中经常使用。

采用刀轴上安装多刀头加工蜗轮，可以明显提高加工效率，但对刀头的安装调整精度要求比较苛刻，加工精度与单刀头加工相比具有一定的差距，尤其是对齿距精度影响较为明显。对于精度要求不高的蜗轮，多刀头加工仍然具有一定的可取之处。随着测量技术的进步，多刀头加工也将是发展方向。

6.1.2　在万能铣床上用飞刀展成加工蜗轮

1. 加工原理及特点

当蜗轮与蜗杆啮合传动时，沿蜗杆轴向剖面内，相当于齿轮和齿条啮合。蜗杆转动一圈，相当于齿条沿轴向移动一个齿距（单头蜗杆）或几个齿距（多头蜗杆），蜗轮也相应地转过一个齿或几个齿。蜗杆继续转动，蜗轮也继续转过相应的齿数。滚刀就相当于具有刀齿的蜗杆，通过滚刀旋转带动工件（蜗轮）旋转并进行切削。如果把滚刀做成单齿的刀头，并使它边旋转边沿着轴向做相应的移动，也就可把蜗轮的齿槽铣出来，飞刀展成法就是利用这个原理，在万能铣床上使铣刀做旋转运动，而安装在工作台上的工件（蜗轮）通过交换齿轮传动，一方面绕自己轴心旋转，一方面由工作台带动又做相应的纵向移动（即展成运动）。当蜗轮齿坯转过 $1/z$ 转时（z 为蜗轮齿数），使工作台移动一个齿距，即可铣出蜗轮的齿槽。

在万能铣床上用飞刀以工作台纵向连续移动的方式展成加工蜗轮时，由于缺少工作台差动运动，并不能切出准确的螺旋齿槽，刀头沿工件分度圆螺旋线方向的铣削是一种近似的替代形式，会产生一定的误差。这种方法，不适合加工精度要求高的蜗轮。对于螺旋角较大、齿宽较宽的蜗轮，这种误差不容忽视。

这种方法的优点如下：

1）可以替代滚齿机加工精度不高的蜗轮，不需要准备专用滚刀。

2）加工效率可以显著提高　由于工作台的展成运动与刀具的切削速度无关，因而刀具的切削速度的提高不受展成运动的限制，采用多刀头甚至是盘铣刀用来批量粗加工蜗轮具有十分显著的优势，其加工效率可以远高于普通的滚齿机。

2. 调整要点

（1）展成运动　工件相对飞刀的轴向移动相当于齿轮在齿条上滚动，模拟蜗轮-蜗杆的啮合关系运动。通过交换齿轮实现：蜗轮转过一个齿时，工作台要相应地在纵向移动一个蜗轮齿距。

实际操作中要注意分度头的润滑和发热情况，主轴转速不宜过高，否则分度头磨损过快而丧失精度。一般分度头蜗杆的转速不超过 80r/min。

（2）分齿运动　用单式分度法进行分度。

（3）铣头扳度和对刀　如图 6-4 所示，加工时须使飞刀刀杆与蜗轮喉部的齿向线垂直（铣头扳动角度与蜗轮的螺旋角相等）。初始对刀时，刀头的刀尖应位于蜗轮喉部的最近点位置。

3. 加工步骤

1）将分度头安装在工作台上适当的位置，并将分度头主轴转至垂直位置，然后把蜗轮毛坯用心轴安装在自定心卡盘内，并校正。

2）将飞刀刀头紧固在刀杆上，然后再将刀杆装入万能铣床主轴孔内，用拉杆拉紧。

3）把万能铣头扳动一个角度，使刀杆的轴线与工作台平面的夹角等于蜗轮的螺旋角 β（万能铣头扳动角度的方向，与工件螺旋线方向保持一致。铣头扳动角度应尽可能准确）。

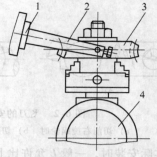

图 6-4　铣床飞刀展成铣
蜗轮示意图
1—铣床主轴　2—飞刀刀杆
3—蜗轮毛坯　4—分度头

4）调整刀头前刀面中心线，使其位于蜗轮中心平面内。实用方法：可用手转动刀杆，当刀尖能均匀接触蜗轮齿坯外缘上 A、B 两点即可，如图 6-5 所示。

5）核对展成运动交换齿轮和分齿计算工艺数据。

6）安装展成运动交换齿轮（应注意蜗轮齿坯旋转方向和工作台运动方向，确定是否加中间轮）。

7）检查交换齿轮齿数和安装位置是否正确。在蜗轮坯及工作台纵向手轮的刻度盘上，各作一个记号，然后转动纵向手轮，使工作台纵向移动蜗轮圆周长度（πmz），检查蜗轮是否转一整圈，若不是一整圈，则交换齿轮齿数或安装有误。

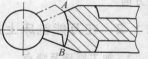

图 6-5　刀杆对中心示意

8）试铣。用飞刀法铣蜗轮时，由于螺旋角受飞刀旋转与齿坯旋转的展成运动的影响，而产生一定的转角误差。因此在试切时使飞刀稍微切到齿坯，得到一条浅刀痕，先检查一下刀痕螺旋方向是否正确，再用万能角度尺测量刀痕的螺旋角也是否正确，如果误差较大，可转动万能铣头加以调整。

9）铣削。每铣完一齿后应停车，横向退出一定距离，分度后铣第二齿。吃刀次数可根据具体情况而定，但至少分粗精两次吃刀。

10）检验。铣完第一个齿后，可用齿厚游标卡尺测量弦齿厚，根据测量结果，调整飞刀刀杆中心到蜗轮中心的距离，待合格后再铣出其他各齿。

6.2　交换齿轮的计算

6.2.1　机床的调整计算

1. 用飞刀在滚齿机上加工蜗轮

在装有切向刀架的机床上用飞刀加工蜗轮的调整与用滚刀切向进给法加工蜗轮时相同。在 YW3180 型滚齿机上滚切蜗轮时的交换齿轮计算公式见表 6-1。

2. 用飞刀在万能铣床上加工蜗轮时的调整计算

（1）展成运动计算　飞刀展成铣蜗轮时，根据展成原理，蜗轮转过一个齿，工作台要相应地在纵向移动一个蜗轮齿距 $p（p = \pi m）$ 的距离。从而可以导出交换齿轮的计算公式为

表 6-1　在 YW3180 型滚齿机上滚切蜗轮时的交换齿轮计算公式

分度交换齿轮 $i_1 = \dfrac{a_1}{b_1}\dfrac{c_1}{d_1}$	进给交换齿轮		差动交换齿轮 $i_3 = \dfrac{a_2}{b_2}\dfrac{c_2}{d_2}$	
	径向进给	切向进给	径向进给	切向进给
当 $z_2 = 21 \sim 161$ 时 $i_1 = \pm \dfrac{24K}{z}$	手动	无级调速 $f_i = 0.134 \sim 2\text{mm/r}$	$i_3 = \pm \dfrac{6\tan\beta}{Km}$	$i_3 = \pm \dfrac{2}{Km}$

注：K—滚刀头数；z—工件齿数；m—蜗轮端面模数（mm）。
　　YW3180 型滚齿机能力参数：直径 800mm，模数 10mm，齿宽 400mm，螺旋角 ±55°，最少齿数 >8，滚刀主轴转速 45~280r/min（9 级），主电动机功率 7.5kW。

$$\frac{z_1 z_3}{z_2 z_4} = \frac{40S}{\pi mz} = \frac{40S}{\pi d}$$

式中　S ——工作台纵向进给丝杠螺距（mm）；
　　　m ——蜗轮端面模数（mm）；
　　　z ——蜗轮齿数；
　　　d ——蜗轮分度圆直径（mm）；
　　　40 ——分度头定数；
　　　π ——圆周率，近似分数 22/7；
　　z_1、z_3 ——主动交换齿轮齿数（丝杠侧为主动）；
　　z_2、z_4 ——被动交换齿轮齿数。

（2）分度计算　单分齿断续操作，分度手柄转数 n 为

$$n = \frac{40}{z}$$

式中　z ——蜗轮齿数。

　　加工质数蜗轮时，因为分度头侧轴已装有交换齿轮，所以不能用差动分度法分度。这时可采用近似分度法分度。

　　常用万能分度头定数、分度盘孔数及交换齿轮齿数见表 6-2。

表 6-2　分度头定数、分度盘孔数及交换齿轮齿数

分度头形式	分度头定数	分度盘孔数		交换齿轮齿数
带一块 分度盘	40	正面 24、25、28、30、34、37、38、39、41、42、43 反面 46、47、49、51、53、54、57、58、59、62、66		25、25、30、35、40、50、55、60、70、80、90、100
带两块 分度盘	40	第 1 块	正面 24、25、28、30、34、37 反面 38、39、41、42、43	25、25、30、35、40、50、55、60、70、80、90、100
		第 2 块	正面 46、47、49、51、53、54 反面 57、58、59、62、66	

6.2.2　加工实例

　　【例 1】　单刀头飞刀切削铸铁蜗轮，其端面模数 $m = 3.5\text{mm}$，齿数 $z_2 = 61$，与其配合的蜗杆头数 $z_1 = 3$，顶圆直径 $d_{a1} = 56\text{mm}$，传动角为 90°。在 YW3180 型滚齿机上加工。

　　解：

　　切向进给量：取 $f_t = 0.4\text{mm/r}$（按滚齿进给量的 1/4 左右选取，因 YW3180 滚齿机的切向进给传动链为无级调速，所以无须计算进给交换齿轮）。

　　切削速度：取 $v = 12\text{m/min}$（单刀加工按滚齿速度的 60% 左右选取）。

　　分度交换齿轮的调整：

$$i_1 = \frac{a_1 c_1}{b_1 d_1} = \frac{24z_1}{z_2} = \frac{24 \times 3}{61} = \frac{72}{61} = \frac{60}{61} \times \frac{90}{75}$$

选取 $a_1 = 60$、$b_1 = 61$、$c_1 = 90$、$d_1 = 75$。

校验：60+61>90+20，90+75>61+20，满足条件，可用。

切向进给时差动交换齿轮的调整：

$$i_3 = \frac{a_2 c_2}{b_2 d_2} = \frac{2}{z_1 m} = \frac{2}{3 \times 3.5} = \frac{4}{21} = \frac{20}{30} \times \frac{20}{70}$$

选取 $a_2 = 20$、$b_2 = 30$、$c_2 = 20$、$d_2 = 70$。

校验：20+30>20+20，20+70>30+20，可用。

速度交换齿轮的调整：

取飞刀直径：$d_{a0} = 56mm$。

主轴转速：

$$n_0 = \frac{1000v}{\pi d_{a0}} = \frac{1000 \times 12}{\pi \times 56} r/min = 68.2 r/min$$

该机床是由变速箱变速，取近似值 $n_0 \approx 70 r/min$。

【例2】　铣床上加工一个模数 $m = 3mm$、齿数 $z = 49$ 的蜗轮，蜗杆头数 $z_1 = 1$。已知铣床分度头定数为40，工作台纵向进给丝杠螺距 $P = 6mm$，求展成交换齿轮及单齿分度手柄转数。

解：

计算展成交换齿轮：

$$\frac{z_1 z_3}{z_2 z_4} = \frac{40P}{\pi mz} \approx \frac{7 \times 40 \times 6}{22 \times 3 \times 49} = \frac{10 \times 4}{11 \times 7} = \frac{50}{55} \times \frac{40}{70}$$

即交换齿轮分别可选 $z_1 = 50$、$z_2 = 55$、$z_3 = 40$、$z_4 = 70$。

计算分度手柄转数：

$$n = \frac{40}{z} = \frac{40}{49}$$

即分度手柄转数为：40/49（在分度盘上沿圆周孔数为49的孔，手柄转过40孔间隔后锁定）。

6.3　铣头扳转角度方向和工件旋转方向的确定

在万能铣床上飞刀展成铣蜗轮时，铣头扳转角度方向和工件旋转方向见表6-3。

表6-3　铣头扳转角度方向和工件旋转方向

刀具位置	铣头扳转角度方向		工作台运动方向	工件旋转方向	两对交换齿轮	三对交换齿轮
	右旋蜗轮	左旋蜗轮		右旋蜗轮和左旋蜗轮一致		
在工件外边	顺时针	逆时针	←	逆时针	不加中间轮	加中间轮
在工件里边	逆时针	顺时针	←	顺时针	加中间轮	不加中间轮

6.4　飞刀各部分尺寸的计算

6.4.1　飞刀的齿形设计

1. 滚齿机上用飞刀展成加工蜗轮时飞刀的齿形设计

从原理上，飞刀刀头的齿形设计与蜗轮滚刀的齿形是完全一致的，飞刀刀头相当于蜗轮滚刀的一个刀齿。

　　和蜗轮滚刀一样，飞刀的侧切削刃也应在基本蜗杆的螺旋面上，因此加工不同类型的蜗轮，飞刀的齿形设计也不一样。

　　加工法向直廓蜗杆传动的蜗轮时，飞刀的齿形相当于工作蜗杆的法向截形，切削刃为直线，压力角等于蜗杆的法向压力角。飞刀装在刀杆上后，其前面应位于蜗杆的法向界面中。

　　加工阿基米德蜗杆传动的蜗轮时，如果蜗杆的导程角 $\gamma_z \leqslant 5°$，飞刀的前面可安置在刀杆的轴向截面中，如图 6-6a 所示。这时，飞刀相当于只有一个刀齿的直槽蜗轮滚刀，两侧切削刃也是直线，压力角相当于阿基米德蜗杆的轴向压力角。如果蜗杆的导程角较大，为了改善滚刀两侧的工作条件，刀齿的前面应采用特殊刃磨，使得两侧切削刃具有相同的前角，如图 6-6b 所示。特殊刃磨前刀面的办法比较麻烦，通常只用于大模数蜗轮飞刀上。对于中、小模数的蜗轮加工，可将刀齿的前面按法向安装，图 6-6c 所示。这时，刀齿的两侧刃前角都为 0°，但其齿形不是直线，应与阿基米德蜗杆的法向截形相同。

　　阿基米德蜗杆的法向截形方程，可按图 6-7 所示的坐标关系，由阿基米德螺旋面的基本方程转换求得，即

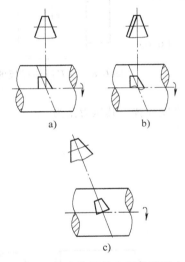

图 6-6　阿基米德蜗轮飞刀的安装方式

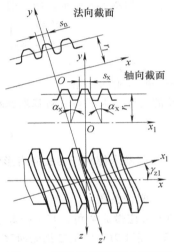

图 6-7　阿基米德螺旋面的坐标

$$x_1 = -\rho\,\frac{\sin\theta}{\sin\gamma_{z1}} \left.\begin{array}{c}\\[1.2em]\end{array}\right\} \tag{6-1}$$
$$y_1 = \rho\cos\theta$$

式中　ρ——飞刀侧切削刃上计算点的半径。

$$\rho = r_1\,\frac{k_2 - \theta}{k_1 + k_3\sin\theta} \tag{6-2}$$

$$\left.\begin{array}{l} k_1 = \dfrac{\tan\alpha_{x1}}{\tan\gamma_{z1}} \\[1em] k_2 = \dfrac{s_{n0}}{2r_1\sin\gamma_{z1}} \\[1em] k_3 = \cot^2\gamma_{z1} \end{array}\right\} \tag{6-3}$$

式中　r_1——蜗杆分度圆半径；

s_{n0}——飞刀的法向齿厚;

$$s_{n0} = \frac{\pi m_x}{2} \cos\gamma_{z1} \tag{6-4}$$

θ——参数角,其取值范围应使计算的 y_1 值在 r_a 和 r_{f1} 范围内,可近似地按式(6-5)确定。

$$\left.\begin{array}{l} \theta_{\max} = \dfrac{r_1 k_2 - r_{a0} k_1}{r_{a0} k_3 + r_1} \\[2mm] \theta_{\min} = \dfrac{r_1 k_2 - r_{f0} k_1}{r_{f0} k_3 + r_1} \end{array}\right\} \tag{6-5}$$

式中 r_{a0}、r_{f0}——飞刀的顶圆和根圆半径。

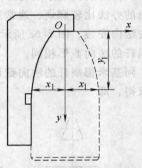

图6-8　飞刀齿形样板的坐标

计算飞刀的法向齿形时,先算出 s_{n0}、k_1、k_2、k_3,然后在 $\theta_{\max} \sim \theta_{\min}$ 范围内给定一系列值,求出对应的 θ 值,求出对应的 ρ 值就可求得相应的齿形坐标 x_1、y_1。飞刀的法向齿形是对称的,只要计算一侧齿形的坐标即可。

制造飞刀时,需要齿形样板的坐标。这时应将坐标原点移到刀齿顶刃的中点,如图6-8所示。新、旧坐标的关系为

$$\left.\begin{array}{l} x_1' = x_1 \\ y_1' = r_{a0} + c \end{array}\right\} \tag{6-6}$$

式中 r_{a0}——$r_{a0} = r_{a1} + c$。

c——蜗杆副的顶隙。

在蜗轮的精度要求不高时阿基米德蜗杆的法向截形可用直线代替,其压力角为

$$\alpha_{n0} = \alpha_{n1} - \frac{(\sin^3\gamma_{z1}) \times 90°}{z_1} \tag{6-7}$$

式中 α_{n1}——阿基米德蜗杆的法向齿形角,有

$$\tan\alpha_{n1} = \tan\alpha_{x1}\cos\gamma_{z1} \tag{6-8}$$

z_1——蜗杆头数。

飞刀的刀尖应做成圆角,其半径等于蜗杆副的顶隙 c。

2. 铣床上用飞刀展成加工蜗轮时飞刀的齿形设计

切削刃通常位于齿廓的法线方向,飞刀刀头齿廓应与滚刀刀齿的法向齿廓一致,其他与滚齿机上用飞刀展成加工蜗轮相同。

6.4.2　飞刀的结构

(1)刀头　飞刀的刀头一般做成圆柱形柄部刀齿的前刀面通过柄部圆柱的轴线。根据被加工蜗轮模数的大小,刀头要做成不同的形式。图6-9~图6-11分

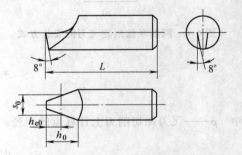

图6-9　$m = 2\sim6$mm 的蜗轮飞刀刀头

别适用于 $m = 2\sim6$mm、$m>6\sim12$mm、$m>12\sim30$mm 的蜗轮加工。第一种刀头的柄部为简单的圆柱形,它在刀杆上可以转动,以适应不同的导程角。第二、第三种刀头的圆柱形柄部都有一个平面,装上刀杆后由拉紧销定位压紧。该平面与刀齿前面的夹角为 φ,其值为

$$\varphi = \gamma_{z1} \mp \varphi_1 \tag{6-9}$$

式中 φ_1——拉紧销斜面的斜角,通常 $\varphi_1 = 5°$。

"-"号用于右旋飞刀;"+"用于左旋飞刀。

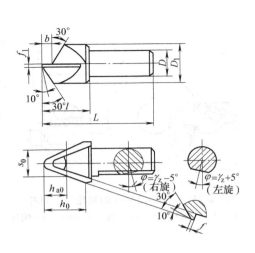

图 6-10　$m = 6 \sim 12\text{mm}$ 的蜗轮飞刀刀头

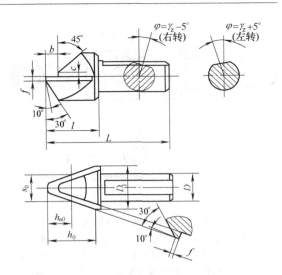

图 6-11　$m = 12 \sim 30\text{mm}$ 的蜗轮飞刀刀头

刀齿的顶刃前角为 $0°$；顶刃后角和侧刃后角为 $5° \sim 10°$。重磨时只磨后面。

刀头的齿形公差、齿厚极限偏差和装上刀杆后的外径极限偏差见表 6-4。

表 6-4　蜗轮飞刀齿形、齿厚和外径公差　　　　　　　　（单位：μm）

项　目	模数/mm						
	$2 \sim 2.25$	$>2.25 \sim 4$	$>4 \sim 6$	$>6 \sim 8$	$>8 \sim 10$	$>10 \sim 14$	$>14 \sim 20$
齿形公差	12	15	18	25	30	40	50
齿厚极限偏差	±20	±25	±30	±40	±50	±60	±70
外径极限偏差	+150 -100	+250 -100	+250 -100	+300 -200	+300 -200	+300 -200	+500 -300

（2）刀杆　刀头的安装精度和夹紧的可靠性对蜗轮的加工精度有很大影响。刀杆的结构应保证刀头安装准确、夹紧可靠。

飞刀刀杆的结构形式较多，图 6-12 ~ 图 6-14 所示两种刀头相应的刀杆结构。

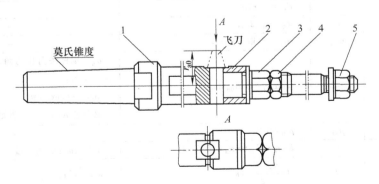

图 6-12　$m = 2 \sim 6\text{mm}$ 的蜗轮飞刀刀杆

1—刀杆　2—压紧套　3、5—螺母　4—锁紧螺母

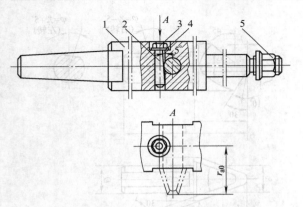

图 6-13　$m>6\sim12mm$ 的蜗轮飞刀刀杆

1—刀杆　2—拉紧销　3、5—螺母　4—垫圈

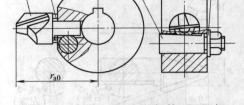

图 6-14　$m>12\sim30mm$ 的蜗轮飞刀刀杆

1—刀垫　2—拉紧销　3—刀体　4—垫圈　5—螺母

注：1. 飞刀孔与轴线的位移和垂直度误差不大于 0.02mm。

　　2. 拉紧销孔与刀孔的垂直度误差不大于 0.03mm。

　　3. 莫氏锥度与 d 的同轴度误差不大于 0.01mm。

6.4.3　飞刀各部分尺寸的计算公式（表 6-5）

表 6-5 所列公式适用于铣床上连续展成，断续分度加工蜗轮的方式，压力角修正适用于以直廓刀具加工与阿基米德蜗杆配对蜗轮的情况。

表 6-5　飞刀各部分尺寸的计算公式

名　称	代号	计 算 公 式	说　明
端面模数	m	—	—
飞刀节圆直径	d_0	$d_0 = \dfrac{d_1}{\cos\beta} + (0.1\sim0.3)m$	d_1—蜗杆节圆直径 β—蜗轮螺旋角
齿顶高	h_{a0}	$h_{a0} = (h_a^* + c^*)m + 0.1m$	h_a^*—蜗轮齿顶高系数 c^*—标准径向间隙系数 $0.1m$—刃磨量
齿根高	h_{f0}	$h_{f0} = (h_a^* + c^*)m$	
全齿高	h_0	$h_0 = h_{a0} + h_{f0}$	
飞刀节圆齿厚	s_0	$s_0 = \dfrac{\pi}{2}m$	
飞刀外径	d_{B0}	$d_{B0} = d_0 + 2h_{a0}$	—
飞刀根径	d_{f0}	$d_{f0} = d_0 - 2h_{f0}$	—
飞刀顶刃后角	α_{0B}	α_{0B} 一般取 $10°\sim12°$	
侧刃法向后角	α_{0B1}	$\tan\alpha_{0B1} = \tan\alpha_{0B}\sin\alpha_n$	α_n—蜗杆法向压力角，与端面压力角 α 的关系为： $\tan\alpha_n = \tan\alpha_n\cos\beta$ 必须使 $\alpha_{0B1} \geqslant 3°$，否则应增大顶刃后角
刀齿顶刃圆角半径	ρ_{a0}	$\rho_{a0} = 0.2m$	
飞刀宽度	b	$b = s_0 + 2h_{f0}\tan\alpha_n + (0.5\sim2)$	$0.5\sim2mm$ 为加宽量
刀齿深度	H	$H = \dfrac{d_{a0} - d_{f0}}{2} + K$	$K = \dfrac{\pi d_{B0}}{z}\tan\alpha_{0B}$
压力角	α_0	$\alpha_0 = \alpha_n - \dfrac{\sin^3\beta}{z_1} \times 90°$	z_1—蜗杆头数 当 $\beta \leqslant 20°$ 时，可取 $\alpha_0 = \alpha_n$

6.5　飞刀加工的缺陷和解决办法

6.5.1　接触区的问题

1. 铣床上飞刀加工的原理误差

蜗杆及蜗轮滚刀的齿廓是沿圆柱面呈螺旋线分布的，铣床上飞刀切削刃运行轨迹与它们的位置差异（齿高方向的进刀不一致性），自然也会引起被加工蜗轮齿向线形状的变化，产生齿向误差。

进刀深度超过理论值，齿槽变宽；进刀深度小于理论值，齿槽变窄。进刀深度由小变大时齿向线向齿体中心偏移；进刀深度由大变小时齿向线向齿槽中心偏移。

实际中仔细检查可以发现，用飞刀加工出的蜗轮齿根柱面的母线并不是与滚刀加工形状一致的圆弧线，而是椭圆线。

由加工原理可知，滚刀滚切加工时，滚刀的轴线与蜗轮毛坯的轴线是始终保持垂直的，由此所加工出的蜗轮齿根柱面的母线为半径与滚刀顶圆半径 r_{a0} 相等的圆弧线。

以切向进刀的方式用飞刀加工蜗轮时，刀杆的轴线与蜗轮毛坯的轴线的相对垂直方向扳动了与蜗轮螺旋角 β 相同的角度，因而所生成蜗轮齿根柱面的母线形状为椭圆线。该椭圆线的方程形式为

$$\frac{x^2}{r_{a0}^2}+\frac{y^2}{(r_{a0}\cos\beta)^2}=1$$

不难求得以上曲线变化的曲率半径为

$$\rho=\frac{r_{a0}}{\cos\beta}\left(1-\frac{\sin^2\beta}{r_{a0}^2}x^2\right)^{3/2}$$

$$\rho_{max}=\frac{r_{a0}}{\cos\beta}$$

$$\rho_{min}=r_{a0}\cos^2\beta$$

蜗轮齿根柱面的母线喉部处的曲率半径为

$$\rho_f=\rho_{min}=r_{a0}\cos^2\beta$$

同理，节线处的曲率半径为 $\rho'=r_0\cos^2\beta$（r_0 为飞刀节圆半径）。

取 $d_0=\dfrac{d_1}{\cos\beta}$ 时，$\rho'=r_0\cos^2\beta=\dfrac{d_1}{2}\cos\beta<\dfrac{d_1}{2}$，喉部曲率半径比理论值小，接触区域形状可能呈哑铃形（或 ∞ 形）。

取 $d_0=\dfrac{d_1}{\cos^2\beta}$ 时，$\rho'=r_0\cos^2\beta=\dfrac{d_1}{2}$，喉部曲率半径与理论值相等，但其他部位的曲率半径偏大，接触区域趋向喉部集中，随着螺旋角的增大这种情况更加明显。

由以上分析可知，飞刀的节圆半径不论如何选取，总不能加工出与专用蜗轮滚刀加工完全一致的蜗轮来。

2. 对策

根据飞刀直径减小接触区向喉部两侧扩散、飞刀直径增大接触区向喉部集中的原理，飞刀的节圆直径设计要适当灵活掌握。传递动力与传递运动为主的蜗轮要分别对待，传递动力的蜗轮要考虑接触区具有足够的面积，传递运动为主的蜗轮（包括受力较小的部分动力蜗轮）则不需要太大的接触面积。

通常接触区域控制在齿宽 1/2~3/4 中部区域，啮入、啮出端口应留有适当的非接触区。当蜗轮的齿宽包角较小，或蜗轮的螺旋角较大时，应选择稍大一点的飞刀节圆直径。反之，应选择稍小

一点的飞刀节圆直径。

如果实际接触区大小不理想，可以适当调整飞刀直径进行修正（啮合侧隙会随之增大，但接触良好更加重要）。

6.5.2　齿距偏差与齿向偏差

1. 齿距偏差

相邻齿距偏差较大会反映在相邻齿的接触区域忽大忽小，通过蜗杆在蜗轮上进行多方位的自由晃动等简单的测试即能得到证实。

齿距偏差与机床的精度和传动链的间隙有关，当齿距误差较大时，应检查相关机械部分的间隙。为了减小分度误差，在铣床上加工蜗轮分度时分度头主轴的旋转方向与铣削时分度头主轴旋转方向要保持一致。

齿距累积偏差过大则可能是由于近似分度、工件安装偏心等原因引起。

2. 齿向偏差

齿向偏差较大一般出现在铣床上飞刀加工的蜗轮上。齿向偏差的产生原因多种多样，要根据具体情况进行分析，采取相应的对策。

如果齿向角度偏差方向一致，多数是由于铣头扳度误差引起，机床的扳度误差能在事先校验一下最为妥当。

如果齿向角度偏差方向呈规律性逐渐变化，多数是由于工件的找正误差（工件端面轴向圆跳动偏大）导致。

如果齿向角度偏差方向无规律性变化，基本上可以确定是机床方面的问题。机床刚性下降、铣头轴承磨损、分度蜗轮严重磨损、交换齿轮齿距偏差过大、润滑不良等都有可能形成展成加工过程中的不良扰动，影响正常的展成运动。在这种情况下，往往也会引起工件的齿面状况不良，手感较差等情况。此时对机床应进行逐项细致的检查，并采取相应的措施。

6.5.3　齿廓偏差

齿廓偏差与刀具的实际齿形机展成方式有关，采用与蜗轮滚刀齿形一致的飞刀在滚齿机上以合适的切向进给量加工时，一般不会产生过大的偏差。如果齿廓波度较大，则应适当降低切向进给速度。

在铣床上加工蜗轮时，展成交换齿轮的速比误差对展成蜗轮压力角具有一定的影响，但一般情况下可以忽略不计。如展成计算中以分数 22/7 代替无理数圆周率 π（3.14159…） 所引起的齿距变化也仅为 +0.04%（对模数为 8mm 的齿轮齿距影响大约为 +0.010mm），折算到对蜗轮压力角的影响仅约为 -0.06°。齿廓偏差主要来自刀具的设计制造误差，多出现在铣削多头蜗轮，刀头齿廓以直线替代曲线的情况（以直线代替凸度不大的曲线，会是蜗轮的齿顶和齿根被修切掉一些，会使沿齿高的接触趋于中间部位，具有一定的正面作用）。此时应注意刀头角度的修正（相关计算公式参见表 6-5）。另外，在缺少滚齿机的情况下，在铣床上采用蜗轮滚刀或用开槽淬硬的蜗杆（带动蜗轮一起旋转）精整蜗轮齿形也具有明显作用，它能修整掉蜗轮齿廓上局部过量的凸起及飞刀切削残留金属，明显改善蜗轮的啮合性能。当然，对精度要求较高的蜗轮，还是应该选择在滚齿机上精加工的制造工艺。

第7章 磨齿机精加工齿轮

7.1 磨齿机的规格、型号

7.1.1 磨齿机的类型及性能特点

磨齿机按加工齿轮的类别可分为：圆柱齿轮磨齿机、弧齿锥齿轮磨齿机等。弧齿锥齿轮磨齿机仅用于加工齿向线为圆弧形的锥齿轮，以美国格里森的弧齿锥齿轮磨齿机为代表，本章不叙述。

圆柱齿轮磨齿机最常见的是渐开线圆柱齿轮磨齿机，其他还有摆线齿轮磨齿机等。我们通常讲的磨齿机，多指渐开线外齿圆柱齿轮磨齿机，以下叙述也简称其为磨齿机。

磨齿机按切削运动原理（有无展成运动）分为两大类：成形类、展成类。无展成运动、使用成形砂轮磨削齿廓的磨齿机，即称为成形磨齿机。利用砂轮的点、线、面，依靠展成运动将齿面包络成形的磨齿机都划归展成磨齿机一类，如碟形砂轮磨齿机、锥面砂轮磨齿机、蜗杆砂轮磨齿机、大平面砂轮磨齿机。

1. 成形磨齿机

成形磨齿法的砂轮是由金刚石笔或金刚石滚轮依照标准模板修整成与齿轮的齿槽形状完全一样，最终依靠成形砂轮来磨削渐开线齿轮的。成形法的磨削过程是线接触，这是成形磨齿法显著的特点。成形法磨齿过程中，砂轮与齿槽两侧的齿面能够同时全齿高的啮合，故砂轮磨损慢，磨削效率高。所有成形磨齿机都采用单齿分度，磨削轴向走刀来实现全齿宽的磨削。机床的主运动有砂轮的转动和工件的轴向进给及分度运动。

成形磨齿机主要特点如下：

1）机床结构相对简单，操作和调整容易。

2）砂轮与工件齿面接触面大（沿整个齿面），单位面积承受的磨削力较小，均载。

3）磨削冲程慢，大磨削量。

4）砂轮和工件磨削接触线和啮合线不重合（呈交叉），传动时平稳，噪声低。

5）成形磨齿比展成磨削效率一般高 3~5 倍。

6）成形磨齿机可提高磨齿精度，齿面粗糙度较展成磨齿有明显的提高。

7）适用范围广。

成形磨齿机可各配备不同轴颈的主轴，安装不同规格的砂轮，既能加工一般的齿轮，也能加工带有台阶的齿轮。对于少齿数，特别是少于 10 齿的齿轮在成形磨齿机上很容易解决。

渐开线修形和齿向修形在成形磨齿机上很容易实现，并能满足高精度修形要求。成形磨齿法能够实现众多的齿面修形的可能性，是这种现代先进方法一个重要优势。在展成磨齿机上虽然有不同的机构来实现修形，但调整麻烦、困难，修形曲线圆滑性也不如成形磨齿机。

成形磨齿机适合于单件小批量生产，又适合大批量生产，加工效率较高，在各类磨齿机中仅低于蜗杆砂轮磨齿机。成形砂轮磨齿机结构简单，效率高，精度可达 4 级，适用于成批生产，对齿数少（例如少于 10）的齿轮尤为合适。

2. 展成磨齿机

齿轮齿形渐开线的形成是通过齿轮（工件）和砂轮，经过分齿交换齿轮和展成交换齿轮，工件和砂轮互为包络，形成渐开线齿形。

展成磨齿机的砂轮都是通过金刚石笔和金刚滚轮把砂轮修成一面或双面齿条。磨齿法是依靠展成来获得工件齿形的，渐开线齿形的精度依赖于机床展动运动的精度。展成磨削过程是点接触，砂轮易磨损，磨削效率低（蜗杆砂轮磨齿机除外），展成法磨齿机机床主要运动有砂轮的旋转、展成运动、分度运动和轴向进给。

（1）展成磨齿机的特点　展成磨齿机主要特点如下：

1）砂轮与工件接触呈点、线接触，单位面积承受的磨削力较大，且不均载。

2）行程快，磨削量小。

3）砂轮和工件的磨削接触线和啮合线重合（叠加），传动时易产生噪声和振动。

4）砂轮通用性好。

5）相对成形磨齿机，环境及工件的温度的变化对齿轮的加工精度影响较小。

（2）展成磨齿机的类型　展成磨齿法的机床根据砂轮形状可分为以下四种类型：

1）碟形砂轮磨齿机。两个旋转的碟形砂轮的窄边相当于齿条的两个齿面，工件通过滚圆盘和钢带做展成运动，工作台沿工件轴向作往复运动以磨出整个齿宽。每磨完一齿后由分度头架通过分度盘分齿。这种机床还可利用附加装置磨削斜齿。若用一个砂轮伸入内齿轮中，就可磨削内齿轮。这种机床一般为卧式布局，加工直径大于1m时用立式布局，精度可达4级，适用于磨削高精度齿轮。

2）锥面砂轮磨齿机。砂轮的轴向剖面修整成齿条的一个齿形，并沿齿向做直线往复运动。工件通过蜗轮、丝杠和交换齿轮完成展成和分度运动，但也有用滚圆盘和钢带做展成运动，利用蜗杆副或分度盘做分度运动的，砂轮架按工件螺旋角转过一个角度时可磨削斜齿轮。这种机床调整方便，通用性好，适用于单件成批生产，应用较广。

3）蜗杆砂轮磨齿机。原理与滚齿机相似，砂轮为大直径单头蜗杆（见蜗杆传动）形状，砂轮每转一转，工件转过一齿，其传动比准确，有的用机械传动，有的用同步电动机分别驱动，有的用光栅和伺服电动机传动。磨削时工件沿轴向作进给运动，以磨出整个齿面。砂轮用金刚石车刀车削或用滚压轮滚成蜗杆形。机床为立式布局，连续分度，磨削效率高，适用于成批生产中加工中等模数的齿轮，对齿数多的齿轮尤为合适，精度可达4级。

4）大平面砂轮磨齿机。砂轮的工作平面相当于齿条的一个齿面，用渐开线样板（也有用钢带和滚圆盘的）产生展成运动。砂轮和工件都不做工件轴向往复运动，磨出一侧齿面后利用分度盘分齿，依次磨出所有齿面。然后工件调头，再磨出另一侧齿面　机床为卧式布局，结构简单，性能稳定，精度可达3级，主要用于磨削插齿刀、剃齿刀和计量用的测量齿轮等。

各类渐开线圆柱齿轮应根据其精度要求和生产批量合理地选用恰当的磨齿方法和磨齿机，才能收到良好的技术经济效益，这是采用磨齿工艺首先要考虑的问题，表7-1列出了磨齿机性能比较及其适用场合。

表7-1　磨齿机性能比较及其适用场合

磨齿机类型	工作精度/一般适用精度等级	生产率系数	适用场合
碟形砂轮型	3～4/3～6	0.3～0.7	低噪声齿轮的小批、成批生产，高精度齿轮及刀具的单件小批生产
锥面砂轮型	5/5～7	1	小批、成批及单件生产
蜗杆砂轮型	4～5/5～7	3～5	中、小模数的小批、成批生产
大平面砂轮型	3/3～5	0.5～1	齿轮刀具的批量生产，高精度齿轮及刀具的单件生产
成形砂轮型	4～6/5～7	3～5	成批生产

7.1.2　磨齿机产品规格和型号

1. 国产磨齿机编号规则

目前我国生产的磨齿机，按使用的砂轮类型来分，主要有下面几大类：大平面砂轮型、碟形双砂轮型、锥面砂轮型、蜗杆砂轮型、成形砂轮型。此外，还有加工内齿轮的磨齿机，以及摆线齿轮磨齿机等。

磨齿机的型号是用代号和数字联合表示的，如 Y7132、Y7432 等，它们的意义如下：

代号 Y——齿轮加工机床（数控齿轮加工机床为 YK）。

第一位数字 7——磨齿机。

第二位数字——磨齿机的类型，它又有下面几种：

0——碟形双砂轮型；1——锥面砂轮型；2——蜗杆砂轮型；3——成形砂轮；4——大平面砂轮型；5——内齿轮磨齿机；6——摆线齿轮磨齿机（现有的个别类型磨齿机，其型号的第二位数字与规定的有所不同，如 Y7125 型磨齿机是大平面砂轮型的，又如 YA7063A 和 Y7020C 型磨齿机是锥面双砂轮型的）。

第三、四位数字——机床能加工的齿轮的最大直径（单位为 mm）的十分之一。

例如，Y7132 说明是锥面砂轮型磨齿机，最大加工直径是 320mm。Y7132 说明是大平面砂轮磨齿机，最大加工直径是 320mm。

另外，还有一些特种磨齿机，其型号没有统一规定，它可以用设计制造单位的代号及设计序号组成。

2. 国内外磨齿机主要产品及技术参数

部分国内外磨齿机主要产品及技术参数见表 7-2～表 7-7。

表 7-2　碟形砂轮磨齿机

典型机床型号	规格参数	精度等级	特　点	适用范围	生产厂
Y7032A、YP7032A	$D_{max} = 320mm$ $m_n = 1 \sim 12mm$ $z = 10 \sim 180$ $\beta = \pm 45°$ $b = 200mm$	3～5	1）采用 0° 磨削法 2）具有精密齿形齿向修形功能 3）带有差动（X）机构 4）自动磨削循环 5）主要附件为分度盘、滚圆盘中装置 6）高速较复杂	小批、成批磨削高精度齿轮、精密修形齿轮和修磨剃齿刀	秦川机床厂
SD-32-X					
SD-36-X	$D_{max} = 360mm$ $m_n = 1 \sim 12mm$ $z = 10 \sim 180$ $\beta = \pm 45°$ $b = 200mm$	3～4	1）备有 CNC 拓扑修形系统 2）可采用 CBN 砂轮	小批、成批磨削高精度齿轮、精密修形齿轮和修磨剃齿刀修磨剃齿刀时可采用 CBN 砂轮	瑞士马格公司（MAAG）
SD-65	$D_{max} = 650mm$ $m_n = 1.5 \sim 15mm$ $z = 10 \sim 200$ $\beta = \pm 45°$ $b = 330mm$	3～5	无差动（X）机构	磨削中档规格精密直斜齿轮和精密修形齿轮，用于小批成批生产	

（续）

典型机床型号	规格参数	精度等级	特　　点	适用范围	生产厂
SD-62/82	$D_{max} = 820mm$ $m_n = 1.5 \sim 15mm$ $z = 12 \sim 260$ $\beta = \pm 45°$ $b = 240(400)mm$	3~5	无差动（X）机构	磨削中档规格精密直斜齿轮和精密修形齿轮，用于小批成批生产	瑞士马格公司（MAAG）
HSP-80	$D_{max} = 820mm$ $m_n = 2 \sim 15mm$ $z = 10 \sim 260$ $\beta = \pm 30°$ $b = 490mm$				
HSP-90	$D_{max} = 950mm$ $m_n = 20mm$				
HSS-90S	$D_{max} = 900mm$ $m_n = 2 \sim 20mm$ $z = 12 \sim 260$ $\beta = \pm 30°$ $b = 900mm$				
JHSS-90	$D_{max} = 950mm$ $m_n = 2.5 \sim 10mm$ $z = 12 \sim 260$ $\beta = \pm 30°$ $b = 150mm$		采用钢带滚圆盘，以展成法磨削内齿轮	磨削内齿轮	
SHS-150	$D_{max} = 1500mm$ $m_n = 16mm$	4~6	—		
SHS-180/240	$D_{max} = 2400mm$ $m_n = 16(24)mm$ $z = 12 \sim 450$ $\beta = \pm 30°$ $b = 500mm$				
SHS-460-S	$D_{max} = 4750mm$ $m_n = 6 \sim 40mm$ $z = 20 \sim 780$ $\beta = \pm 30°$ $b = 1500mm$			小批、成批生产	
5A851	$D_{max} = 360mm$ $m_n = 12mm$ $z = 5 \sim 120$ $\beta = \pm 45°$ $b = 280mm$	3~5	—		俄罗斯莫斯科磨床厂
5A853	$D_{max} = 800mm$ $m_n = 12mm$ $z = 6 \sim 260$ $\beta = \pm 45°$ $b = 280mm$				

表 7-3　锥面砂轮磨齿机

典型机床型号	规格参数	精度等级	特　点	适用范围	生产厂
Y7132A Y7132C	$D = 30 \sim 320$mm $m_n = 1 \sim 6$mm $z = 9 \sim 120$ $\beta = \pm 45°$ $b = 100$mm	5	1）卧式布局 2）采用蜗杆副+交换齿轮分度 3）采用钢带滚圆盘展成机构，并备有差动机构 4）Y7132C 可作齿形齿向修形	单件、小批、成批生产	秦川机床厂
YM7132A	$D = 30 \sim 320$mm $m_n = 1 \sim 6$mm $z = 9 \sim 120$ $\beta = \pm 45°$ $b = 100$mm	4～5	1）卧式布局 2）采用分度盘分度 3）采用钢带滚圆盘展成机构，并备有万能滚圆盘机构 4）可作齿形齿向修形		
Y7163A	$D = 50 \sim 630$mm $m_n = 2 \sim 12$mm $z = 12 \sim 140$ $\beta = \pm 45°$ $b = 215$mm	5	1）立式布局 2）采用蜗杆副、丝杆副和交换齿轮传动链实现展成和分度运动 3）可进行齿形和齿向修形 4）采用 PC 可编程控制器 5）可作双面磨削		
YK7163	$D = 50 \sim 630$mm $m_n = 2 \sim 12$mm $z = 12 \sim 300$ $\beta = \pm 45°$ $b = 215$mm	4～5	1）立式布局 2）用 CNC 控制系统，控制展成和分度运动链实现展成和分度运动 3）可进行齿形齿向修形 4）参数编程，操作方便		
Y7180	$D_{max} = 800$mm $m_n = 2 \sim 12$mm $\beta = \pm 45°$ $b = 215$mm		同 Y7163A		
YP7163D	$D = 65 \sim 630$mm $m_n = 2 \sim 12$mm $\beta = \pm 45°$ $b = 160$mm	5	1）立式布局 2）采用蜗杆副，丝杆副和交换齿轮传动链，实现展成和分度运动 3）可进行齿形和齿向修形 4）采用 PLC 可编程序控制器		上海第一机床厂
ZSTZ 315C3 315C3N	$D = 30 \sim 315$mm $m_n = 1 \sim 10$mm $z = 5 \sim 140$ $\beta = \pm 45°$ $b = 160$mm	5	1）ZSTZ 系列均为立式布局 2）采用蜗杆副，丝杆副和交换齿轮传动链，实现展成和分度运动 3）可进行齿形和齿向修形 4）采用传统的继电器、接触器控制 5）315C3N 可磨削锥形齿轮	单件、小批、成批生产 ZSTZ315C3N 可磨削锥形齿轮	德国 Niles
ZSTZ 630C3	$D = 50 \sim 630$mm $m_n = 1 \sim 10$mm $z = 5 \sim 140$ $\beta = \pm 45°$ $b = 215$mm			单件、小批、成批生产	

（续）

典型机床型号	规格参数	精度等级	特　点	适用范围	生产厂
ZSTZ 06/CNC（06/N-CNC）	$D=50\sim630$mm $m_n=2\sim14$mm $z=5\sim315$ $\beta=\pm45°$ $b=265(145)$mm	4	1）采用模块化设计 2）CNC系统控制展成、分度，进给以及调整辅助运动等 3）CNC修整器可以修整、修形齿形、齿顶倒圆或倒角以及齿根过渡曲线形状 4）齿向修形仍采用样板和传统机械机构 5）操作调整方便 6）ZSTZ06/N-CNC可磨削插齿刀	单件、小批、成批生产 ZSTZ06/N-CNC可磨削插齿刀	
ZSTZ 08/CNC	$D=50\sim800$mm $m_n=2\sim14$mm $z=5\sim140$ $\beta=\pm45°$ $b=215$mm				
ZSTZ 10	$D=80\sim1250$mm $m_n=2\sim25$mm $z=5\sim400$ $\beta=\pm45°$ $b=430$mm				
ZSTZ 15	$D=150\sim1500$mm $m_n=2\sim25$mm $z=12\sim600$ $\beta=\pm45°$ $b=430$mm	4~6	1）立式布局，采用Niles传统的"丝杠-蜗杆副-交换齿轮"传动链实现展成和分度运动 2）采用可编程序控制器（PLC）控制 3）机动调整运动 4）采用样板实现齿形齿向修整 5）广泛采用静压技术	单件、小批、成批磨削大中规格的精密直斜齿轮	德国 NiLes
ZSTZ 25	$D=250\sim2500$mm $m_n=4\sim25$mm $z=16\sim600$ $\beta=\pm35°$ $b=950$mm				
ZSTZ 35	$D=350\sim3500$mm $m_n=4\sim25$mm $z=16\sim600$ $\beta=\pm35°$ $b=1200$mm				
ZSTZ 35/CNC	$D=30\sim315$mm $m_n=1\sim10$mm $z=5\sim140$ $\beta=\pm45°$ $b=160$mm	4~5	1）立式布局 2）CNC系统和两个伺服电动机通过丝杠副和蜗杆副，实现展成和分度运动 3）CNC修整器可以实现齿顶齿根修整、齿顶倒圆倒棱和过渡曲线圆角 4）广泛采用静压技术 5）操作调整方便	单件、小批、成批生产 ZSTZ315C3N可磨削锥形齿轮	
ZSTZ 40/CNC	$D=50\sim630$mm $m_n=1\sim10$mm $z=5\sim140$ $\beta=\pm45°$ $b=215$mm			单件、小批、成批生产	

（续）

典型机床型号	规格参数	精度等级	特　点	适用范围	生产厂
H400	$D_{max} = 400mm$ $m_n = 1 \sim 12mm$ $z = 6 \sim 300$ $\beta = \pm 45°$ $b = 230mm$	4			
H500	$D_{max} = 500mm$ $m_n = 14mm$ $b = 275mm$		1）立式布局 2）可作单面和双面磨削以及单齿槽连续磨削至要求齿深 3）具有砂轮线速度恒速控制装置 4）采用分度-展成原理工作，展成运动是基于滚圆盘原理，滚圆盘可快速无级调整和数字显示 5）齿向行程运动由伺服控制液压缸驱动，保持整个向上恒速 6）新型砂轮自动补偿机构 7）采用 PC 控制 8）广泛采用静压技术		
H630	$D_{max} = 630mm$ $m_n = 14mm$ $b = 275mm$				
H800	$D_{max} = 800mm$ $m_n = 14°$ $b = 275mm$				
H1000	$D_{max} = 1000mm$ $m_n = 14mm$ $b = 275mm$				
H801	$D_{max} = 800mm$ $m_n = 18mm$ $b = 530mm$				
H1001、 H1002	$D_{max} = 1000mm$ $m_n = 25mm$ $b = 530mm$	4 ~ 5			
H1250	$D_{max} = 1250mm$ $m_n = 25mm$ $b = 530mm$				
H1601	$D_{max} = 1000mm$ $m_n = 25mm$ $b = 530mm$			单件、小批、成批生产	德国 HÖFLER
H1600、 H2000、 H2500、 H3500、 H4000	$D_{max} = 1600mm$、 2000mm、 2500mm、 3500mm、 4000mm $m_n = 32mm$ $b = 1550mm$				
H803、 H1003、 H1253、 H1603	—		1）砂轮修整器采用 CNC 控制，不需要样板 2）采用直流伺服闭环控制系统，配有 DNC 接口 3）恒速磨削 4）广泛采用静压技术		
Nova1000	$D_{max} = 1000mm$ $m_n = 25mm$ $\beta = \pm 40°$ $b = 980mm$				
Mega1250、 Mega1600、 Mega2500、 Mega3500	$D_{max} = 1250mm$、 1600mm、 2500mm、 3500mm $\beta = \pm 35°$ $m_n = 25mm$ $b = 980mm$	3 ~ 5	H 系列改进型，继承 H 系列优点，自动化程度进一步提高，加工精度及生产效率等有所提高		
Maxima 2500、 Maxima 3500、 Maxima 4000	$D_{max} = 2500mm$、 3500mm、 4000mm $\beta = \pm 35°$ $m_n = 32mm$ $b = 1550mm$				

（续）

典型机床型号	规格参数	精度等级	特　　点	适用范围	生产厂
5M841	$D = 30 \sim 320mm$ $m_n = 1.5 \sim 8mm$ $z = 6 \sim 200$ $\beta = \pm 45°$ $b = 160mm$	5	1）立式布局 2）采用传统的丝杆副-蜗杆副-交换齿轮传动链 3）可进行齿形齿向修形 4）采用传统的电气控制	单件、小批、成批生产	俄罗斯莫斯科磨床厂
5843	$D = 80 \sim 800mm$ $m_n = 1 \sim 10mm$ $z = 6 \sim 300$ $\beta = \pm 45°$ $b = 220mm$				
M441	$D = 500 \sim 1250mm$ $m_n = 2 \sim 12mm$ $z = 50 \sim 300$ $b = 220mm$				

表7-4　蜗杆砂轮磨齿机

典型机床型号	规格参数	精度等级	特　　点	适用范围	生产厂
YE7232	$D = 20 \sim 320mm$ $m_n = 1 \sim 6mm$ $z = 12 \sim 130$ $\beta = \pm 45°$ $b = 170mm$	$4 \sim 5$	1）同步电轴传动 2）PC控制，能实现自动磨削循环 3）自动切向位移 4）径向进给采用NC控制实现粗精磨变量进给 5）可进行齿形齿向修形 6）砂轮修整采用金刚石滚轮装置 7）可采用双线砂轮磨削 8）调整三组交换齿轮		秦川机床厂
YK7232	$D = 20 \sim 320mm$ $m_n = 1 \sim 6mm$ $z = 10 \sim 256$ $\beta = \pm 45°$ $b = 170mm$	$3 \sim 5$	1）分齿传动和差动传动用电子变速箱控制 2）径向进给采用NC控制实现粗精磨变量进给 3）自动切向位移 4）工件轴向行程由比例阀控制，不同行程可设置不同速度 5）砂轮和工件电子对中指示和手动按钮校正 6）砂轮随机动平衡监视和平衡 7）自动磨削循环 8）参数编程，过程参数显示，操作方便，仅需调整一组模数交换齿轮	小批、成批、大批量高效率生产精密齿轮	
H215	$D_{min} = 320mm$ $m_n = 6mm$ $z = 10 \sim 256$ $\beta = \pm 45°$ $b = 170mm$	$4 \sim 5$	1）分齿传动由电子变速器控制 2）采用斜进给原理磨削斜齿轮 3）自动磨削循环 4）可进行齿形齿向修整 5）采用金刚石滚轮修整装置 6）具有砂轮、工件手动按钮电子对中装置 7）调整一组模数交换齿轮		上海机床厂

（续）

典型机床型号	规格参数	精度等级	特　点	适用范围	生产厂
NZA	$D = 10 \sim 300mm$ $m_n = 0.5 \sim 6mm$ $z = 12 \sim 130$ $\beta = \pm45°$ $b = 170mm$	3 ~ 5	1) 同步电轴传动 2) 自动磨削循环 3) 手动切向位移 4) 可进行齿形齿向修整 5) 要配备金刚石滚轮修整器 6) 调整三组交换齿轮	小批、成批、大批量高效率生产精密齿轮，可磨削插齿刀	瑞士莱斯豪尔公司（Reishauer）
AZA	$D = 10 \sim 330mm$ $m_n = 0.5 \sim 5mm$ $z = 12 \sim 260$ $\beta = \pm45°$ $b = 170mm$		1) 同步电轴传动 2) 自动磨削循环 3) 自动切向位移 4) 可采用双线砂轮磨削 5) 可进行齿形齿向修整 6) 采用金刚石滚轮修整装置 7) 调整三组交换齿轮		
RZ150	$D = 10 \sim 150mm$ $m_n = 1 \sim 3mm$ $z = 5 \sim 999$ $\beta = \pm40°$ $b = 170mm$	3（DIN）	1) 复合工件主轴带有 C 轴驱动 2) 不停机实现砂轮自动对刀、多头蜗杆砂轮自动修整和磨削功能 3) 采用西门子 840D 控制系统 4) 可配备自动上/下料装置，实现全自动高效磨削 （新一代 CNC 蜗杆砂轮磨齿机）		
RZ400	$D = 10 \sim 400mm$ $m_n = 0.5 \sim 8mm$ $z = 5 \sim 999$ $\beta = \pm45°$ $b = 270mm$				
RZ300E	$D = 10 \sim 300mm$ $m_n = 0.5 \sim 5mm$ $z = 7 \sim 256$ $\beta = \pm45°$ $b = 170mm$	3 ~ 4	1) 分齿传动和差动传动采用电子变速器控制 2) 自动磨削循环 3) 可进行齿形齿向修整 4) 采用金刚石滚轮修整装置 5) 调整一组修整交换齿轮 6) 工件和砂轮手动按钮电子对中装置	小批、成批、大批量高效率生产精密齿轮	
RZ301S	$D = 10 \sim 330mm$ $m_n = 0.5 \sim 6mm$ $z = 10 \sim 600$ $\beta = \pm45°$ $b = 170mm$		1) 分齿传动和差动传动均由电子变速器控制 2) 工件沿砂轮轴向连续位移，进行深切缓进给磨削 3) 可实现包括砂轮修整的自动磨削循环 4) 可储存 80 种工件用程序供调用 5) 通过金刚石滚轮作齿形修形，通过 CNC 控制作齿向修形 6) 砂轮和工件的自动啮合系统保证齿坯精密对中 7) 调整一组模数交换齿轮 8) 故障诊断功能强 9) 操作调整方便		

（续）

典型机床型号	规格参数	精度等级	特　　点	适用范围	生产厂
ZB	$D = 34 \sim 700mm$ $m_n = 0.5 \sim 7mm$ $z = 16 \sim 280$ $\beta = \pm 30°$ $b = 280mm$		1) 同步电轴传动 2) 自动磨削循环 3) 可进行齿形齿向修整 4) 机下修整砂轮 5) 备有砂轮工件手动对中校正装置	小批、成批、大批量高效生产较大规格的精密齿轮	瑞士莱斯豪尔公司（Reishauer）
RZ801	$D = 40 \sim 800mm$ $m_n = 0.5 \sim 8mm$ $z = 10 \sim 600$ $\beta = \pm 30°$ $b = 290mm$	3 ~ 4	1) 分齿传动和差动传动采用电子变速器控制 2) 自动磨削循环 3) 通过金刚石滚轮实现齿形齿向修形 4) 工件和砂轮手动按钮电子对中装置 5) 借助 CNC 系统, 操作调整方便 6) 故障诊断功能强 7) 机下修整砂轮		
RZP200	$D = 55 \sim 220mm$ $m_n = 0.6 \sim 3mm$ $z = 13 \sim 80$ $\beta = \pm 40°$ $b = 52mm$	5	1) 采用球面蜗杆砂轮连续成形磨齿法磨削 2) 每齿磨削时间为 1s, 砂轮修整周期为 15 ~ 30 个工件, 修整时间为 60s 3) CNC 控制, 操作调整方便 4) 采用金刚石滚轮修整砂轮 5) 具有自动上下料装置	成批、大批量高效生产	
FKP326-10	$D = 10 \sim 320mm$ $m_n = 0.5 \sim 6mm$ $z = 16 \sim 260$ $\beta = \pm 45°$ $b = 170mm$	4 ~ 6	1) 同步电轴传动 2) 自动磨削循环 3) 自动切向位移 4) 可进行齿形齿向修整 5) 采用金刚石滚轮修整装置 6) 可采用双线砂轮磨削 7) 机下修整砂轮	小批、成批、大批量高效生产精密齿轮	匈牙利切佩尔机床厂（CSEPEL）
5B833	$D = 40 \sim 320mm$ $m_n = 0.5 \sim 6mm$ $z = 12 \sim 200$ $\beta = \pm 45°$ $b = 170mm$	5 ~ 6	1) 同步电轴传动 2) 自动磨削循环 3) 采用斜进给原理磨削斜齿轮 4) 可进行齿形齿向修整 5) 可采用双线砂轮磨削 6) 采用传统电气控制 7) 采用金刚石滚轮修整装置	小批、成批、大批量生产	俄罗斯伊戈尔耶夫共青团机床厂
G300CNC	$D = 10 \sim 320mm$ $m_n = 0.5 \sim 6mm$ $z = 12 \sim 600$ $\beta = \pm 45°$	3 ~ 4	1) 8 轴 CNC 控制, 无须交换齿轮 2) 砂轮修整由 CNC 系统和摄像系统控制 3) 连续切向位移磨削 4) 可采用多线砂轮 5) 备有可自动上下机构 6) 操作调整方便, 自动化程度高	小批、成批、大批量高效率生产精密齿轮	瑞士米克朗公司（MIKRON）

（续）

典型机床型号	规格参数	精度等级	特　　点	适用范围	生产厂
TAG400	$D = 10 \sim 450mm$ $m_n = 0.5 \sim 8mm$ $z = 6 \sim 100$	3 ~ 4	1）采用 FANUC 15MB CNC 系统，可控制 8 轴 2）可自动磨削循环 3）可自动砂轮修整装置 4）砂轮修整系统由闭环伺服控制，带有尺寸补偿，适合各种齿形修整 5）可采用多线砂枪 6）砂轮无级调速，最高转速为 2500r/min 7）装有砂轮运转平衡和监控装置	小批、成批、大批量高效率生产精密齿轮	美国格里森公司（Gleason）
160TWG	$D = 10 \sim 160mm$ $m_n = 1 \sim 3mm$ $\beta = \pm 45°$		1）采用西门子控制系统，集成了格里森集团的磨削技术软件 2）集成自动上下料系统，可实现零件的快速装卸 3）采用直接驱动主轴，具有良好的可靠性和宽的速度和转速范围 4）具有两套砂轮修整系统，一是电镀金刚石齿轮修整砂轮，另一个是 CNC 常规修整装置		
GG300-2	$D = 10 \sim 300mm$ $m_n = 0.5 \sim 5mm$ $z = 8 \sim 200$ $\beta = \pm 45°$ $b = 170mm$	4 ~ 5	1）分齿传动由电子变速箱控制（脉冲控制装置） 2）自动磨削循环 3）可进行齿形齿向修整 4）砂轮转速可在 1300 ~ 1900r/min 之间无级变速		日本津上株式会社（TSUGAMI）
KF220CNC	$D = 10 \sim 220mm$ $m_n = 0.5 \sim 4mm$ $\beta = \pm 40°$ $b = 170mm$		1）采用五轴 CNC 控制 2）采用专用机械手，自动上下料 3）采用 CBN 蜗杆砂轮磨削齿轮 4）砂轮转速可达 6000r/min	成批、大批量高效率生产精密齿轮	日本塘津公司（KASHIFIJI）
KF400CNC	$D_{max} = 400mm$ $m_n = 0.5 \sim 5mm$ $\beta = \pm 45°$ $b = 350mm$				

表 7-5　成形砂轮磨齿机

典型机床型号	规格参数	精度等级	特　　点	适用范围	生产厂
YK7332	$D_{max} = 320mm$ $m_n = 10mm$ $\beta = \pm 45°$ $b = 100mm$	4 ~ 5	—	小批、成批、大批量高效率生产精密齿轮	秦川机床厂
YK7332A	$D_{max} = 320mm$ $m_n = 10mm$ $\beta = \pm 45°$ $b = 100mm$		1）机床选用 NUM1050 数控系统，4 轴 CNC 控制 2）磨具电动机选用电主轴，最高转速可达 24000r/min		
YK7363、 YK7370	$D_{max} = 630mm$、 　　　　700mm $m_n = 16mm$ $\beta = \pm 45°$ $b = 400mm$		—		

（续）

典型机床型号	规格参数	精度等级	特　　点	适用范围	生产厂
YK73100	$D_{max} = 1000mm$ $m_n = 16mm$ $\beta = \pm 30°$ $b = 400mm$				
YK73125	$D = 240 \sim 1500mm$ $m_n = 3.5 \sim 20mm$ $\beta = \pm 35°$ $b = 710mm$	4~5	1)6轴CNC闭环控制 2)采用恒流式静压导轨技术 3)配备有随机测量系统	小批、成批、大批量高效率生产精密齿轮	秦川机床厂
YK73150	$D_{max} = 1500mm$ $m_n = 24mm$ $\beta = \pm 30°$ $b = 800mm$				
YK7550	$D_{max} = 500mm$ $m_n = 8mm$ $\beta = \pm 30°$ $b = 200mm$	5	内齿磨削		
YK75100	$D_{max} = 1000mm$ $m_n = 12mm$ $\beta = \pm 30°$ $b = 200mm$				
VAS531	$D_{max} = 500mm$ $m_n = 16mm$ $z \leqslant 999$ 磨削行程=700mm 导程 = 0.1 ~ 1000mm		1)5轴CNC控制,交流伺服驱动,带有DNC接口 2)变频调速的主轴电动机可以驱动两个砂轮主轴 3)采用成形CBN砂轮,粒度从25~600μm,可以重镀20次		
VAS51	$D_{max} = 250mm$ $m_n = 10mm$ $z = \sim 999$ 磨削行程=320mm	3~4	4轴CNC控制	小批、成批、大批量高效率生产精密齿轮	德国卡普公司（KAPP）
	$D_{max} = 150mm$ $m_n = 5mm$ $z \leqslant 999$ 磨削行程=200mm				
VAS55P	$D_{max} = 200(350)mm$ $m_n = 10mm$ $z \leqslant 999$ 磨削行程=700mm 导程 = 0.1~1000mm		1)5轴CNC控制,交流伺服驱动 2)采用可修整砂轮,也可用电镀CBN砂轮 3)机床具有齿形检测功能,数据反馈CNC砂轮修整系统 4)磨头上可安装两个磨削主轴		

（续）

典型机床型号	规格参数	精度等级	特 点	适用范围	生产厂
VUS	—	3~4	在 VAS531 基础发展的万能型磨床。可磨削内外齿轮,内外螺纹和蜗杆	小批、成批、大批量高效率生产精密齿轮	德国卡普公司（KAPP）
VIG	—		磨削内直齿轮	成批、大批量高效率生产精密内齿轮	
VIS	—		磨削内斜齿轮		
OPAL420	$D = 90 \sim 500mm$ $m_n = 1 \sim 12mm$ $\beta = \pm45°$ $b = 330mm$ $D = 90 \sim 1000mm$ $m_n = 1 \sim 16mm$ $\beta = \pm45°$ $b = 630mm$	2~4	1）五轴 CNC 系统控制,其中两轴控制砂轮成形 2）可采用可修整砂轮、CBN 砂轮 3）磨削高精度齿轮时,可进行砂轮半径补偿和转角补偿 4）采用缓进给磨削法 5）能实现径向—圆周方向联合进给 6）单面磨削时,可实现拓扑修形 7）加上内齿磨削附件,可以磨削内齿轮	成批、大批量高效率生产精密内外齿轮	瑞士奥利康（Oerlikon）
SGL12in	$D_{max} = 530mm$ 磨削直径 $d = 305$（内齿 330）mm $z = \sim 220$ $\beta = \pm40°$	5	1）采用精密分度板分度 2）自动砂轮修整 3）采用卧式正弦尺机构实现斜齿轮的磨削 4）可进行齿形齿向修形 5）自动磨削循环 6）磨削速度无级变速 7）万能性好,能磨削直、斜、内、外齿轮	小批、成批、大批量高效率生产内外齿轮	美国 Natioanal Broach& Machine Division
SGL18in	$D_{max} = 610mm$ 磨削直径 $d = 457$（内齿 406）mm $z = \sim 220$ $\beta = \pm40°$	5	1）采用精密分度板分度 2）自动砂轮修整 3）采用卧式正弦尺机构实现斜齿轮的磨削 4）可进行齿形齿向修形 5）自动磨削循环 6）磨削速度无级变速 7）万能性好,能磨削直、斜、内、外齿轮	小批、成批、大批量高效率生产内外齿轮	
SGL24in	$D_{max} = 787mm$ 磨削直径 $d = 609$（内外齿）mm $z = \sim 260$ $\beta = \pm45°$				
R1-370	$D = 375 \sim 1000mm$ $\beta = \pm90°$	3~5	1）5 轴 CNC 控制 2）调整修整循环程序即可改变齿形 3）带有连续监控的砂轮平衡装置	小批、成批、大批量高效率生产	意大利桑浦坦斯利公司（Samputensili）
GP200G、GP300G	$D_{max} = 200mm$、300mm 磨削深度 $t = 15mm$ $\beta = \pm45°$ 砂轮直径 = 160mm 砂轮宽度 = 50mm 轴向行程 = 250/400mm	3~5	1）采用 CBN 砂轮磨削 2）砂轮转速可达 18000r/min	成批、大批量高效率生产	德国格里森-普法特公司（Gleason-PFAUTER）

（续）

典型机床 型号	规格参数	精度等级	特　　　点	适用范围	生产厂
P400G、 P600G	$D_{max}=400mm$、 600（800）mm 磨削深度 $t=35mm$ $\beta=\pm45°$ 砂轮直径= 350mm 砂轮宽度= 50mm 轴向行程= 400/600mm		1）采用西门子 840D 控制系统 2）自动砂轮修整 3）自动余量分配 4）可进行齿形齿向修形 5）自动磨削循环 6）磨削速度无级变速，砂轮转速最高 6000r/min		
P800G、 P1200G、 P1600G、 P2000G、 P2400G、 P2800G、 P3200G	$D_{max}=800mm$、 1200mm、 1600mm、 2000mm、 2400mm、 2800mm、 3200mm 磨削深度 $t=$ 80mm $\beta=\pm45°$ 砂轮直径= 400mm 砂轮宽度= 80mm 轴向行程= 700/1000 /1300/1600mm	3～5	1）采用西门子 840D 控制系统 2）自动砂轮修整 3）自动余量分配 4）可进行齿形齿向修形 5）自动磨削循环 6）磨削速度无级变速 7）可选内齿磨削附件	小批、 成批、大 批量高 效率生 产精密 齿轮	德国格里森- 普法特公司 （Gleason- PFAUTER）
P4000G、 P5000G	$D_{max}=4000mm$、 5000mm 磨削深度 $t=$ 100mm $\beta=\pm45°$ 砂轮直径= 500mm 砂轮宽度= 120mm 轴向行程= 1400/2000mm				
ZP06	$D_{max}=650mm$ 磨削深度 $t=$ 36mm $\beta=\pm45°$ 砂轮直径= 350mm 轴向行程= 750mm		1）采用 CNC 控制 2）自动砂轮修整，连续轨迹控制修整砂轮 3）蠕动进给磨削 4）可进行齿形齿向修形 5）自动磨削循环 6）可以磨削内齿轮	小批、 成批、大 批量高 效率生 产精密 齿轮	德国 KAPP-Niles
ZP08、 ZP10、 ZP12	$D_{max}=800mm$、 1000mm、 1250mm 磨削深度 $t=75mm$ $\beta=\pm45°$ 砂轮直径= 400mm 轴向行程= 750/1000mm	3～5			

（续）

典型机床 型号	规格参数	精度等级	特　　点	适用范围	生产厂
ZP16、 ZP20	$D_{max} = 1600mm$、 2000mm 磨削深度 $t = 75mm$ $\beta = \pm 35°$ 砂轮直径 = 400mm 轴向行程 = 750/1000mm	3 ~ 5	1）采用西门子 840D 控制系统 2）自动砂轮修整，连续轨迹控制修整砂轮 3）蠕动进给磨削 4）可进行齿形齿向修形 5）自动磨削循环 6）可以磨削内齿轮	小批、 成批、大 批量高 效率生 产精密 齿轮	德国 KAPP-Niles
ZP25、 ZP30、 ZP35、 ZP40、 ZP50	$D_{max} = 2500mm$、 3000mm、 3500mm、 4000mm、 5000mm 磨削深度 $t = 100mm$ $\beta = \pm 35°$ 砂轮直径 = 500mm 轴向行程 = 1250/1550mm				
Helix 400、 （Promat 400）	$D_{max} = 400mm$ $m_n = 0.5 \sim 10mm$ $\beta = \pm 45°（0°）$	3 ~ 5	—	小批、 成批、大 批量高 效率生 产	德国 HÖFLER
Helix 700	$D_{max} = 700mm$ $m_n = 1 \sim 15mm$ $\beta = \pm 45°$				
Rapid 1000、 Rapid 1250	$D_{max} = 1000mm$、 1250mm $m_n = 1 \sim 18mm$ $\beta = \pm 45°$ $b = 630mm$				
Porta 2000、 Porta 3000	$D_{max} = 2000mm$、 3000mm $m_n = 1.5 \sim 25mm$ $\beta = \pm 45°$ $b = 650/900mm$				

注：D 为加工直径；m_n 为法向模板；β 为螺旋角；b 为宽度；z 为齿数。

表 7-6　大平面砂轮磨齿机

典型机床 型号	规格参数	精度等级	特　　点	适用范围	生产厂
Y7125A	$D = 25 \sim 250mm$ $m_n = 1 \sim 8mm$ $z = 8 \sim 120$ $\beta = \pm 45°$ $b = 50mm$		1）采用精密分度盘分度 2）采用渐开线凸轮获得正确的展成运动 3）可以磨削齿形齿向修形齿轮	单件、 小批、成 批生产 精密齿 轮、插齿 刀、剃齿 刀、标准 齿轮	秦川机 床厂
Y7425	$D = 25 \sim 250mm$ $m_n = 1 \sim 8mm$ $z = 8 \sim 120$ $\beta = \pm 45°$ $b = 50mm$	3	采用 CNC 修整器，磨削齿形修形齿轮，调整方便；其余同 Y7125A		
YK7432	$D = 150 \sim 320mm$ $m_n = 1 \sim 16mm$ $z = 12 \sim 160$ $\beta = \pm 35°$ $b = 80mm$		1）采用 CNC 修整器 2）CNC 控制分度动作，分度板精定位 3）采用钢带滚圆盘获得展成运动 4）具有滚回盘偏心调整装置，可磨径向剃齿刀		

（续）

典型机床型号	规格参数	精度等级	特　　点	适用范围	生产厂
SRS402	$D = 64 \sim 400$mm $m_n = 0.6 \sim 14$mm $z = 13 \sim 300$ $b = 75$mm	2 ~ 3	1）采用分度展成法磨削带有分度盘的分度机构分度，钢带滚圆盘展成 2）CNC 自动砂轮修整装置 3）滚圈盘可调偏心以磨径向剃齿刀 4）随机砂轮动平衡监控和手动按钮平衡	单件、小批、成批生产精密齿轮、插齿刀、剃齿刀、标准齿轮	德国卡尔·胡尔特公司（Hurth）
SRS460	$D = 100 \sim 460$mm $m_n = 1 \sim 6$mm $z = 19 \sim 300$ $b = 75$mm				
SRS403			1）六轴 CSC 控制 2）修整器采用四轴 CNC 控制		
RSB-14/CNC	$D = 64 \sim 400$mm $m_n = 0.75 \sim 15$mm z 不限 $b = 60$mm	3	1）CNC 系统控制砂轮修整，工件分度和机床工作循环 2）可储存五种不同剃齿刀的曲线 3）砂轮安排在工件下方 4）无须分度盘，采用滚圆盘展成 5）操作调整方便，可磨径向剃齿刀		意大利桑浦坦斯利公司（Samputensili）

表 7-7　摆线齿轮磨齿机

典型机床型号	规格参数	精度等级	特　　点	适用范围	生产厂
Y7654A	$D = 70 \sim 540$mm 偏心距 A $= 0.75 \sim 8$mm $z = 9 \sim 87$ 工作台行程=90mm	—	1）以连续分度展成原理磨削 2）台面运动采用交流变频调速 3）采用偏心套和十字滑块机构实现台面偏心运动	成批、大批生产摆线齿轮	秦川机床厂
Y7663	$D = 70 \sim 540$mm 偏心距 A $= 1 \sim 8$mm $z = 11 \sim 87$ 工作台行程=230mm	—	1）以连续分度展成原理磨削 2）台面上装有电火花机构		

7.2　磨齿机的传动系统

　　磨齿机传动系统正在向传动简捷的伺服驱动型发展，大型机床的分度蜗轮也逐渐由高精度伺服控制的力矩电动机替代，机床的全部运动均可采用程序控制，主要运动全部可实现联动。图 7-1 所示为齿轮机床（滚齿机）传动系统演变示意。对 CNC 磨齿机传动结构同样也是十分简洁的，可参阅有关资料，不再赘述。

　　机械传动型的磨齿机，以 Y7432 型磨齿机为例进行简单介绍。

　　Y7432 型磨齿机以采用钢带和滚圆盘形成展成运动的代表性机床。

　　Y7432 机床上采用的砂轮直径为 800mm。可以磨削的齿轮规格：模数为 1 ~ 12mm，齿数为 12 ~ 120，直径为 50 ~ 320mm，螺旋角为 0° ~ ±45°，砂轮架磨削角的调整范围是 6° ~ 23°。它可以用来磨削高精度的齿轮，也可以磨削剃齿刀等。

　　图 7-2 所示为 Y7432 型磨齿机磨削直齿轮的原理。为了使砂轮工作端面的位置相当于"假想直齿条"（图中的虚线）的一个侧面，要把砂轮的轴线倾斜一个磨削角 α（节）（图 7-2a、b）。磨齿时，砂轮的位置固定不动，而由被磨齿轮做严格的展成运动，以磨出齿轮的正确渐开线齿形。

　　被磨齿轮的展成运动是由钢带和滚圆盘来实现的。它的基本原理是（图 7-2c）：在被磨齿轮的轴线上装一个滚圆盘，滚圆盘的外圆表面上绕着左右两根钢带。钢带的一头紧固在滚圆盘上，另一

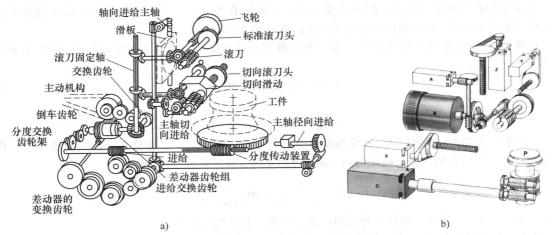

图 7-1　齿轮机床传动系统示意图

a) 传统滚齿机　b) CNC 滚齿机

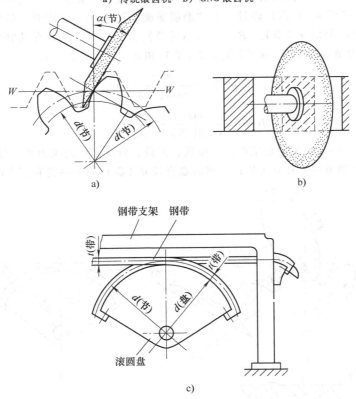

图 7-2　Y7432 型磨齿机磨削直齿轮的原理

头则装在钢带支架上，并利用钢带支架上的调整装置把钢带水平张紧。磨齿时，钢带支架是固定不动的，因此当滚圆盘及齿轮的轴线左右移动时，钢带就迫使滚圆盘转动，从而形成展成运动（纯滚动）。由此可见，在这个机构中，滚圆盘相当于节圆、钢带则相当于节线。

这里要注意这样一个问题，就是在滚圆盘和钢带的展成运动中，它们做纯滚动的节圆和节线位置究竟在哪里？由于钢带本身有一定的厚度 t（带），根据材料力学的分析，钢带绕在滚圆盘外圆上时，它的外层是伸长的，内层是缩短的，而中间层（就是钢带厚度的中间处）的长度则基本上是不变的。所以，平常把水平张紧的钢带厚度的中间处作为纯滚动的节线，而把和这条节线相切的圆（也就是绕在滚圆盘外圆面上的钢带厚度的中间处）作为节圆。在磨齿工作中，常常把这个节圆叫作"磨削节圆"，有时候也叫作滚圆，它的直径用 d（节）表示。

这样，设所用的滚圆盘的直径是 d（盘），它和磨削节圆直径 d（节）以及钢带厚度 t（带）的关系可以由图 7-2 得出：

$$d（节）= d（盘）+ t（带）$$

或

$$d（盘）= d（节）- t（带）$$

为了磨出正确的渐开线齿形，砂轮倾斜的磨削角 α（节）（也就是"假想直齿条"的压力角）应该等于被磨齿轮的磨削节圆上的压力角。α（节）和 d（节）的关系为

$$d（节）= \frac{d_j}{\cos\alpha（节）} = mz\frac{\cos\alpha}{\cos\alpha（节）}$$

式中　m、z、α——分别为被加工齿轮的模数、齿数、分度圆压力角。

图 7-3 所示为 Y7432 型磨齿机磨削斜齿轮的原理。为了使砂轮工作端面的位置符合"假想斜齿条"（图中的虚线）的一个齿侧面，在这台磨齿机上，是把砂轮随同立柱在水平面内（也就是在"假想斜齿条"的节平面 $W-W$ 内）转过一个"磨削螺旋角" β（节），同时，砂轮架又在法向截面 $n-n$ 内转过一个法向磨削角 α（节）$_n$。β（节）、α（节）$_n$ 又分别等于被磨在其磨削节圆柱上的螺旋角 β（节）和法向压力角 α（节）$_n$。α（节）$_n$、β（节）和 d（节）的关系为

$$\sin\beta（节）= \frac{\cos\alpha_n}{\cos\alpha（节）_n}\sin\beta$$

$$d（节）= \frac{mz}{\cos\beta（节）} \cdot \frac{\cos\alpha_n}{\cos\alpha（节）_n}$$

式中　m、z、α_n、β——分别为被加工齿轮的模数、齿数、分度圆法向压力角、分度圆螺旋角。

磨斜齿轮时，磨削节圆直径 d（节）和滚圆盘直径 d（盘）的关系仍和磨直齿轮一样。

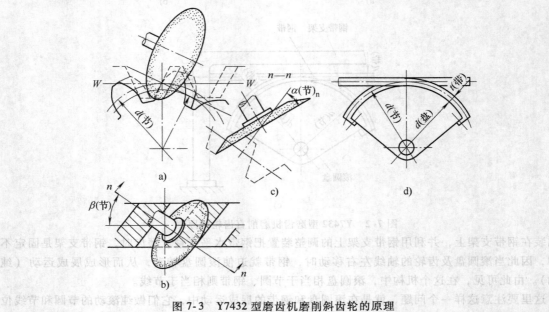

图 7-3　Y7432 型磨齿机磨削斜齿轮的原理

Y7432 型磨齿机由工件头架、银带支架、砂轮架、摆动机构、砂轮修整器、床身、立柱等组成，外形如图 7-4 所示。

图 7-5 所示为 Y7432 型磨齿机的传动系统。在磨齿时，机床的运动如下：

1）砂轮的旋转运动。砂轮由电动机 M1（0.5kW，750r/min）直接驱动。磨头的主轴和电动机轴是同一根轴，不用传动带做中间传动，这种传动形式称为电主轴式。

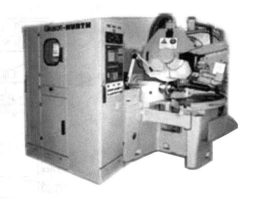

图 7-4　Y7432 型磨齿机外形

2）工件头架的往复运动及被磨齿轮的展成运动。工件头架 25 的往复运动，是由电动机 M2（7.5kW，3000r/min）带动的。电动机经带轮 1 传至带轮 3，当电磁离合器 2 吸上时，运动即由带轮 3 经离合器 2 传到蜗杆 4、蜗轮 5 使调节轮 6 转动，调节轮上装有 T 形轴头 8，当它随同调节轮一起转动时，就通过滑块 9 推动工件头架做往复运动。转动螺杆 7，可以改变 T 形轴头 8 相对调节轮的偏心距离，而头架的冲程距离则是偏心距的两倍。蜗杆 4 另一端装有电磁离合器 38，它是起制动作用的，当需要停止头架的往复运动时，把离合器 2 松开，而把离合器 38 吸上，由于离合器 38 的一组摩擦片装在固定的蜗轮箱壳体上，因而能使蜗杆 4 迅速停住。

电动机 M2 是由晶闸管无级调速的直流电动机，使头架每分钟的行程数可在 10~30 次的范围内任意选择。

工件头架往复运动时，滚圆盘 33 的轴线跟着移动，而钢带支架的位置是固定的，因此钢带 32 就迫使滚圆盘带着工件转动，使工件得到严格的展成运动。

3）分度运动。工件头架往复一次，砂轮就磨削工件一个齿的一个侧面。为了磨削下一个齿，需要把工件转过一齿，这个运动叫分度运动。

为了实现分度运动，Y7432 型磨齿机采用新颖的重锤分度机构，它的简单原理如下：

工件头架 25 中有两根轴：前轴 I 与后轴 II。前轴 I 的前端安装被磨齿轮，轴上则装着分度盘 28（与轴固连）和重锤板 26（空套在轴上）；后轴 II 的后端安装滚圆盘 33，轴上则固连一展成臂 34。在展成臂上装了一根小轴 37，小轴上装有四样东西：抬爪 36、定位爪 10、弯杆 27 及撑爪 11。当工件头架平移，滚圆盘转动时，通过展成臂 34、小轴 37（此时它绕后轴轴线转动）及插在分度盘一个槽中的定位爪 10 迫使分度盘及被磨齿轮以滚圆盘相同的速度一起转动，再加上工件头架的平移，就使被磨齿轮获得必要的展成运动。

分度时，也就是当展成臂 34 转到一定位置时，凸轮 35 将抬爪 36 抬起，使小轴 37 绕自己的轴线转动，从而使装在同一根轴上的定位爪 10 和撑爪 11 也跟着抬起。与此同时，通过弯杆 27 的作用，将辅助爪 29 插入分度盘的一个槽中。撑爪 11 抬起后，重锤板 26 就在不平衡重块 12 的作用下迅速转动，并借助辅助爪 29 带动分度盘及被磨齿轮转过一齿，完成分度动作。

工件头架 25 反向移动时，滚圆盘 33 及展成臂 34 反向转动，于是抬爪 36 就沿着凸轮 35 滑下，定位爪 10 就插入分度盘 28 的另一个槽中（与此同时，辅助爪 29 在弯杆 27 带动下脱离分度盘），并带着分度盘和被磨齿轮做反方向的展成运动。工件头架 25 再度反向移动时，撑爪 11 重新把重锤板 26 撑起，以备下一次分度。

除了上述磨齿时需要的运动外，机床还需要一些调整运动，如：

砂轮架 47 装在立柱拖板 17 上，立柱拖板则装在立柱 16 上，用手柄 43 可使砂轮架绕轴心 46 在立柱拖板上转动，以调整磨削角 α（节）。

链条 40 是固定在台面上的，转动链轮 39，就可以使整个立柱绕传动轴 15 在台面上转动，以调整磨削螺旋角 β（节）。

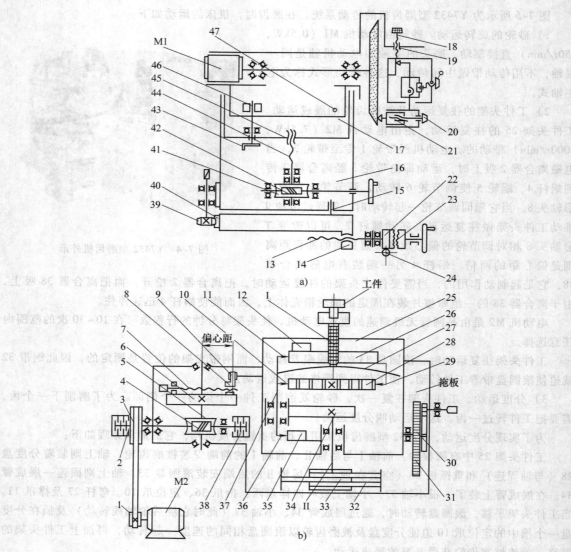

图 7-5　Y7432 型磨齿机的传动系统图

1、3—带轮　2、23、38—离合器　4—蜗杆　5—蜗轮　6—调节轮　7—螺杆
8—T 形轴头　9—滑块　10—定位爪　11—撑爪　12—不平衡重块
13、18、20—丝杆　14、19、21、45—螺母　15—传动轴
16—立柱　17—立柱拖板　22—离合器齿轮　24—蜗杆轴　25—工件头架
26—重锤板　27—弯杆　28—分度盘　29—辅助爪
30—小齿轮　31—齿条　32—钢带　33—滚圆盘　34—展成臂
35—凸轮　36—抬爪　37—小轴　39—链轮　40—链条
41、42—蜗杆副　43—手柄　44—滚动丝杆　46—轴心　47—砂轮架

　　在磨削直径大小不同的齿轮时，砂轮架要上下移动。此外，砂轮修整之后，直径变小了，也要
把它向下调节。这一运动是这样得到的：用手柄经蜗杆副 42、41，滚动丝杆 44、螺母 45，使立柱
拖板随同砂轮架一起上下。

　　砂轮调整了 β（节）和 α_n（节）后，砂轮的下端就相对被磨齿轮偏过了一个距离（图 7-6a 中的
双点画线所示），为了使砂轮下端仍能对准被磨齿轮，砂轮应在横向做调节运动。这一运动是用手

轮经丝杆 13、螺母 14 使台面及立柱横向运动而实现的。

横向移动还可以用微进刀机构进行微调,此时应推上离合器 23,并转动与蜗杆轴 24 相连的捏手,于是运动就由蜗杆轴 24、离合器齿轮 22(它空套在轴上)、离合器 23、丝杆 13、螺母 14 而使立柱得到微小的移动。

工件头架及钢带支架装在同一个拖板上,如果工件的轴向位置不在合适的磨削位置,如图 7-6b 中的双点画线所示,那么,就必须把工件头架纵向移动(即沿着被磨齿轮的轴线方向移动),以调整齿轮和砂轮的相对位置。这一运动是由手柄经一对齿轮传动后带动小齿轮 30,而使装在拖板下的齿条 31 带着拖板移动来实现的。

图 7-6a 的右上方是砂轮修整器。丝杆 18、螺母 19 用来调整修

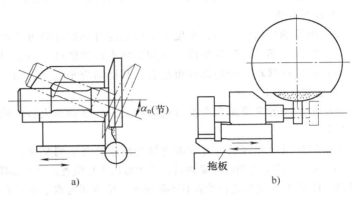

图 7-6 磨齿时的两个调整运动
a) 砂轮的横向运动 b) 工件头架的纵向运动

整器相对砂轮的径向位置,丝杆 20 及螺母 21 则是使金刚钻向砂轮表面进刀用的。

用大平面砂轮磨齿时,由于砂轮不沿齿轮的轴向移动,所以以沿工件齿面宽度方向磨出的齿形高度是不一致的,因而可能使两端面的工作齿形磨不完整。对于一定直径的砂轮,为了使两端面能够磨出足够的齿形工作部分,齿轮的宽度就不能太大,且有一定的限制。

通常齿宽中部的许用过磨深度 h_i 为齿轮法向模数 m_n 的 $1/4$,即 $h_i = 0.25m_n$,最大磨削齿宽 b_{max} 可由砂轮直径 D(砂轮)、齿轮法向模数 m_n、磨削螺旋角 β(节)(对 Y7125 等磨齿机为基圆螺旋角)计算:

$$b_{max} = m_n \cos\beta(\text{节}) \sqrt{\frac{D(\text{砂轮})}{m_n} - 0.25}$$

7.3 磨齿机的安装、调试

磨齿机类型较多,安装方式和要求有所差异,一般应遵循磨齿机制造厂商所提供的说明书要求,在厂商相关人员的指导下进行安装和调试。

说明书未涉及的通用规范,可参照 GB/T 50271—2009《金属切削机床安装工程施工及验收规范》"第二章 一般规定"执行,相关规定如下:

(1)机床的垫铁和垫铁组 应符合下列要求:

1)垫铁的形式、规格和布置位置应符合设备技术文件的规定;当无规定时,应符合下列要求:①每一地脚螺栓近旁,应至少有一组垫铁;②垫铁组在能放稳和不影响灌浆的条件下,宜靠近地脚螺栓和底座主要受力部位的下方;③相邻两个垫铁组之间的距离不宜大于 800mm;④机床底座接缝处的两侧,应各垫一组垫铁;⑤每一垫铁组的块数不应超过三块。

2)每一垫铁组应放置整齐、平稳且接触良好。

3)机床调平后,垫铁组伸入机床底座底面的长度应超过地脚螺栓的中心,垫铁端面应露出机床底面的外缘,平垫铁宜露出 10~30mm,斜垫铁宜露出 10~50mm,螺栓调整垫铁应留有再调整的余量。

(2)调平机床 应使机床处于自由状态,不应采用紧固地脚螺栓局部加压等方法,强制机床变形使之达到精度要求。

（3）检验机床　所用检验工具的精度应高于被检对象的精度要求，检具偏差应小于被检验项目公差的 25%。

（4）组装机床的部件和组件　应符合下列要求：

1）组装的程序、方法和技术要求应符合设备技术文件的规定，出厂时已装配好的零件、部件，不宜再拆装。

2）组装的环境应清洁，精度要求高的部件和组件的组装环境应符合设备技术文件的规定。

3）零件、部件应清洗洁净，其加工面不得被磕碰、划伤和产生锈蚀。

4）机床的移动、转动部件组装后，其运动应平稳、灵活、轻便、无阻滞现象，变位机构应准确可靠地移到规定位置。

5）平衡锤的升降距离应符合机床相关部件移动最大行程的要求，平衡锤与钢丝绳或链条应连接牢固。

6）组装重要和特别重要的固定结合面应符合下列要求：

① 重要固定结合面应在紧固后，采用塞尺进行检查，且不得插入。特别重要固定结合面，应在紧固前和紧固后均采用塞尺进行检查且不得插入。结合面与水平面垂直的特别重要固定结合面，应在紧固后检查。采用塞尺的厚度不大于 0.03mm，对工作精度达 4 级及更精密的磨齿机塞尺的厚度取 0.02mm。

② 当采用规定厚度的塞尺检查时，允许一至两处插入：其插入深度应小于结合面宽度的 1/5，但不得大于 5mm；插入部位的长度应小于或等于结合面长度的 1/5，但每处不得大于 100mm。

7）滑动、移置导轨应采用 0.04mm 塞尺检查，移置导轨按工作状态检验。塞尺在导轨、镶条、压板端部的滑动面间的插入允许深度为：对机床质量 ≤10t 的普通工作精度的磨齿机、工作精度达 4 级及更精密的磨齿机插入允许深度分别为 20mm、10mm；对机床质量 >10t 的磨齿机插入允许深度可在前述基础上增加 5mm。

8）滚动导轨面与所有滚动体均应接触，其运动应轻便、灵活和无阻滞现象。

9）多段拼接的床身导轨在接合后，相邻导轨导向面接缝处的错位量应符合以下规定：对机床质量 ≤10t 的磨齿机接缝处的错位量 ≤0.003mm；对机床重量 >10t 的磨齿机接缝处的错位量 ≤0.005mm。

10）镶条装配后应留有调整的余量。

11）定位销与销孔应接触良好，重要的定位锥销的接触长度不得小于工作长度的 60%，并应均匀分布在接缝的两侧；销装入孔内的深度应符合销的规定，并能顺利取出；销装入后需要重新调整连接件时，应将销取出后方可调整。

（5）有恒温要求的机床进行精度检验　必须在规定的恒温条件下进行检验；所用检具应先放在检验机床的场所，待检具与机床的场所等温后方可使用。

（6）机床在空负荷运转前　应符合下列要求：

1）机床应组装完毕并清洗洁净。

2）与安装有关的几何精度，经检验应合格。

3）应按机床设备、技术文件的要求加注润滑剂。

4）安全装置调整应正确、可靠，制动和锁紧机构应调整适当。

5）各操作手柄转动应灵活，定位应准确，并应将手柄置于"停止"位置上。

6）液压、气动系统运转应良好。

7）砂轮应无裂纹和碰损等缺陷。

8）电动机的旋转方向应与机床标明的旋转方向相符。

（7）机床的空负荷运转试验　应符合下列要求：

1）空负荷运转的操作程序和要求应符合设备技术文件的规定。一般应由各运动部件至单台机床，由单台机床至全部自动线，并应先手动，后机动。当不适于手动时，可点动或低速机动，从低速至高速地进行。

2）安全防护装置和保险装置应齐备和可靠。

3）机床的主运动机构应符合下列要求：①应从最低速度起依次运转，每级速度的运转时间不得少于 2min。②采用交换齿轮、带传动变速和无级变速的机床，可作低、中、高速运转；对于由有级和无级变速组合成的联合调速系统，应在有级变速的每级速度下，作无级变速的低、中、高速运转。③机床在最高速度下运转的时间，应为主轴轴承或滑枕达到稳定温度的时间；在最高速度下连续试运转应由建设单位会同有关部门制定安全和监控措施。

4）进给机构应作低、中、高进给量或进给速度的试验。

5）快速移动机构应作快速移动的试验。

6）主轴轴承达到稳定温度时（机床经过一定时间的运转后，其温度上升每小时不超过 5℃时，可认为已达到了稳定温度），其温度和温升不应超过以下规定：主轴轴承的温度和温升对滑动轴承分别不超过 60℃、30℃；对滚动轴承分别不超过 70℃、40℃。

7）机床的动作试验应符合下列要求：①选择一个适当的速度，检验主运动和进给运动的起动、停止、制动、正反转和点动等应反复动作 10 次，其动作应灵活、可靠；②自动和循环自动机构的调整及其动作应灵活、可靠；③应反复交换主运动或进给运动的速度，变速机构应灵活、可靠，其指示应正确；④转位、定位、分度机构的动作应灵活、可靠；⑤调整机构、锁紧机构、读数指示装置和其他附属装置应灵活、可靠；⑥其他操作机构应灵活、可靠；⑦数控机床除应按上述①~⑥项检验外，尚应按有关设备标准和技术条件进行动作试验。

8）具有静压装置的机床，其节流比应符合设备技术文件的规定；"静压"建立后，其运动应轻便、灵活；"静压"导轨运动部件四周的浮升量差值，不得超过设计要求。

9）电气 、液压、气动、冷却和润滑系统的工作应良好、可靠。

10）测量装置的工作应稳定、可靠。

11）整机连续空负荷运转的时间应符合以下规定：对机械控制、电液控制、一般数控机床、加工中心机床连续空负荷运转的时间分别为 4h、8h、16h、32h。运转过程不应发生故障和停机现象，自动循环之间的休止时间不得超过 1min。

（8）当需用的专用检具未随设备带来，而现场又没有规定的专用检具　检验机床几何精度可采用与本规范规定同等效果的检具和方法代替。

（9）磨齿机的精度检验　应符合以下一般规定：

1）应参照 GB/T 17421.1—1998《机床检验通则　第 1 部分：在无负荷或精加工条件下机床的几何精度》的有关规定。尤其是检验前的安装、主轴及其他部件的空运转升温、检验方法和检验工具的精度。

2）参照 GB/T 17421.1—1998 中 3.1 的规定调整安装水平，水平仪在纵向和横向的读数均不超过 0.02/1000。

3）机床精度检验时，环境温度应保持在基准温度 $T\pm2$℃（基准温度 $T=17\sim25$℃）。

4）检验前一般可按装拆工具和检验方便、热检项目的要求安排实际检验次序。

5）当实测长度与标准规定的长度不同时，允差应根据 GB/T 17421.1—1998 中 2.3.1.1 的规定按能够测量的长度折算。折算结果小于 0.001 mm 时，仍按 0.001 mm 计。

6）具体检验项目按产品结构由制造厂在合格证明书中列清，用户需增加的其他验收内容，应在订货合同中另行规定。

下面分别介绍各类磨齿机精度检验要求。

7.3.1　大平面砂轮磨齿机 精度检验（JB/T 3989.5—2014）

1. 几何精度检验要求

几何精度检验要求见表 7-8。

表 7-8　大平面砂轮磨齿机几何精度检验要求

序号	简　图	检验项目	公差/mm	检验工具
G1		砂轮主轴的轴向窜动	0.0012	指示器、钢球
G2		砂轮主轴定心锥面的径向跳动	0.002	指示器
G3	a)　　　b)	头架主轴的旋转精度（用于圆柱定位）： a) 端面圆跳动 b) 径向圆跳动	a) 0.002 b) 0.0015	指示器
G4		头架主轴轴向窜动	0.0015	指示器、检验棒和钢球
G5	a)　　　b) 200	头架主轴锥孔轴线的径向跳动： a) 靠近主轴端面 b) 距主轴端面 200 处	a) 0.002 b) 0.004	检验棒和指示器
G6	a) b) Y Z	头架移动的直线度： a) 在 XY（垂直）面内 b) 在 XZ（水平）面内	在 200 测量长度上为 0.002	指示器、平尺

2. 工作精度检验

试件磨削精度达到3级。试件采用斜齿轮，直径、模数分别达到最大磨削直径、最大模数的3/4，齿宽为最大加工齿宽的0.3~0.5倍，螺旋角为最大值的1/2~3/4。

7.3.2 碟形砂轮磨齿机精度检验（JB/T 3988—1999）

1. 几何精度检验要求

几何精度检验要求见表7-9。

表7-9 碟形砂轮磨齿机几何精度检验要求

序号	简 图	检验项目	公差/mm	检验工具
G1	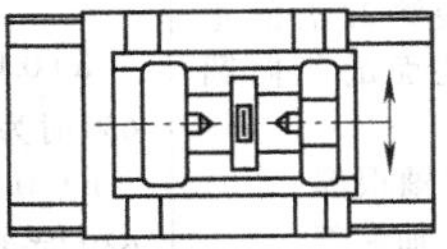	上工作台移动在垂直平面内的直线度（用于卧式机床）	0.01/1000	水平仪、平尺
G2	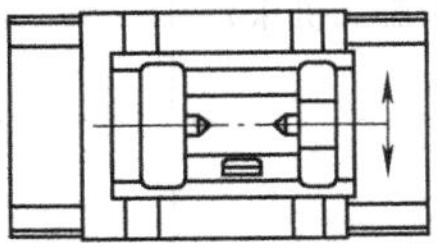	上工作台移动的倾斜（用于卧式机床）	0.01/1000	水平仪
G3	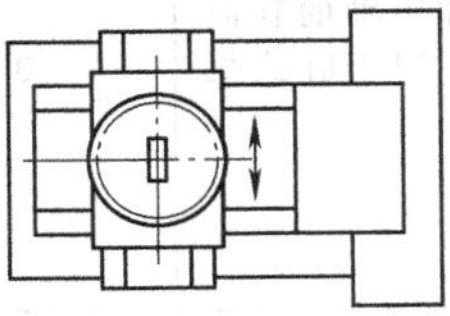	上工作台移动在垂直平面内的直线度（用于立式机床）	0.015/1000（平或凹）	水平仪
G4	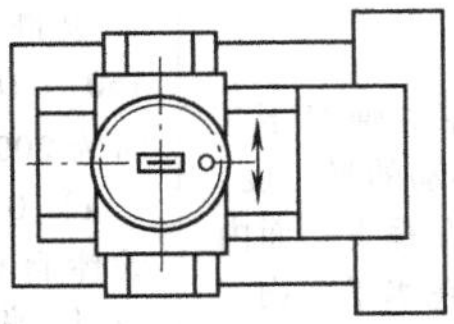	上工作台移动的倾斜（用于立式机床）	0.015/1000	水平仪
G5	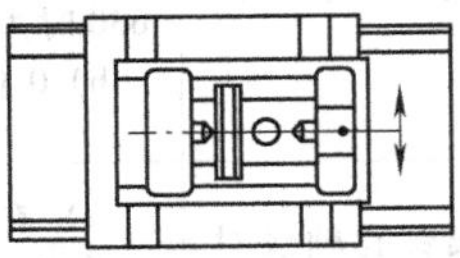	上工作台移动在水平面内的直线度（用于卧式机床）	0.003	平尺、指示器
G6	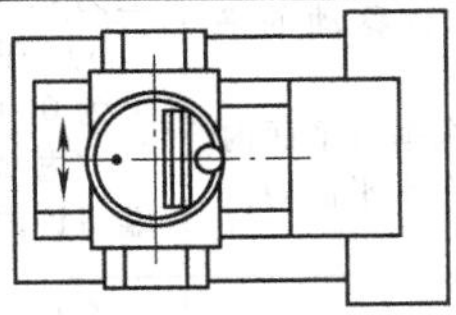	上工作台移动在水平面内的直线度（用于立式机床）	在任意300测量长度上为0.003；在全长上为0.005	平尺、指示器
G7	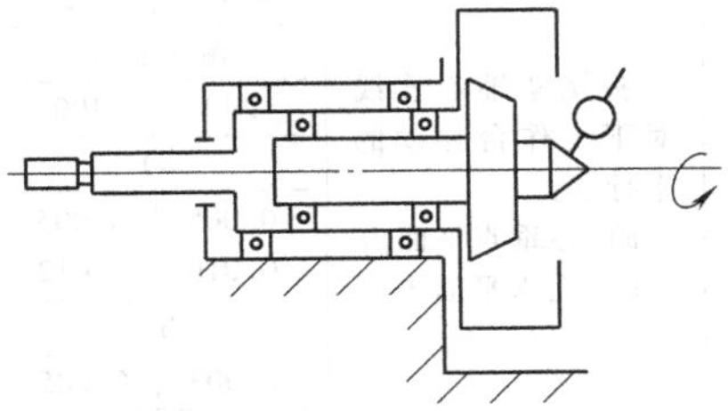	工件头架主轴顶尖锥面的径向圆跳动：a)转动工件主轴时 b)转动展成轴套时（用于卧式机床）	a)0.003 b)0.005（最大工件直径 $D_{max} >$ 320 时为 0.06）	指示器

（续）

序号	简　图	检验项目	公差/mm	检验工具
G8		安装分度盘的定心锥面的径向圆跳动（用于卧式机床）	0.003	指示器
G9		安装滚圆盘的定心圆柱面的径向圆跳动： a）近轴根部 b）近轴端部 （用于卧式机床）	a）0.002（D_{max} > 630 时为 0.03） b）0.003（D_{max} > 630 时为 0.04）	指示器
G10		工件主轴的轴向窜动（用于卧式机床）	0.003	指示器、专用检具
G11		工件主轴对下工作台移动的平行度： a）在垂直平面内 b）在水平面内 （用于卧式机床）	测量长度 L = 150（D_{max} > 630 时为 200） a）0.004（检验棒自由端只许向上偏，D_{max} > 630 时为 0.005） b）0.003	指示器、检验棒
G12		尾架锥孔轴线对下工作台移动的平行度： a）在垂直平面内 b）在水平面内	a）在 65 长度上为 0.003 b）在 65 长度上为 0.002 （检验棒自由端只许向上偏）	指示器、检验棒

序号	简　图	检验项目	公差/mm		检验工具
G13		头尾架轴心连线对下工作台移动的平行度： a）在垂直平面内 b）在水平面内	最大工件直径		指示器、检验棒
			≤320	>320	
			测量长度		
			240	400	
			a）		
			0.005	0.005	
			0.010	0.012	
			b）		
			0.003	0.005	
			（尾架只许高）		

（续）

序号	简　图	检验项目	公差/mm	检验工具
G14		左、右磨头的磨削面对展成中心的对称度（用于卧式机床）	± 0.005（$D_{max} >$ 630 时为± 0.01）	专用检具、检验棒、塞尺
G15		圆工作台面的平面度（用于立式机床）	0.015（平或凹）	平尺、等高块、量块、塞尺
G16		圆工作台面定心锥孔的径向圆跳动（用于立式机床）	0.008	指示器
G17		圆工作台面的端面跳动（用于立式机床）	0.015	指示器、量块
G18		圆工作台面对上工作台移动的平行度（用于立式机床）	全行程上为 0.012	平尺、指示器
G19		圆下作台面对下工作台移动的平行度（用于立式机床）	全行程上为 0.015	平尺、指示器

（续）

序号	简　图	检验项目	公差/mm	检验工具
G20		砂轮滑座移动对工作台轴线的平行度： a)在正向平面内 b)在侧向平面内 （用于立式机床）	a)在全行程上为 0.010 b)在全行程上为 0.008	指示器、检验棒、专用检具
G21		砂轮滑座回转平面对圆工作台轴线在工作台移动方向形成的平面的平行度 （用于立式机床）	在全部测量长度上为 0.015	指示器、检验棒、专用检具
G22		工件头架装滚圆盘的定位轴向圆跳动（用于 $D_{max} = 1000mm$ 的机床）	0.005	指示器
G23		左、右砂轮主轴定心锥面的径向圆跳动	0.002	指示器
G24		左、右砂轮主轴的轴向窜动	0.0015	指示器、钢球
G25		左、右补偿机构触验金刚占的触验面对砂轮磨削平面的平行度	0.002	指示器、专用检具
G26		左、右砂轮磨损补偿机构对固定点的定位精度	0.001	指示器

（续）

序号	简　图	检验项目	公差/mm	检验工具
G27	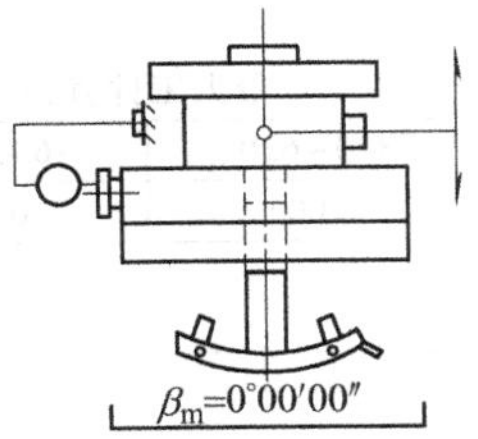 $\beta_m=0°00'00''$	导向滑块移动对下工作台移动的平行度（用于卧式机床）	在全行程上 0.002（$D_{max}>630$ 时为 0.003）	指示器
G28	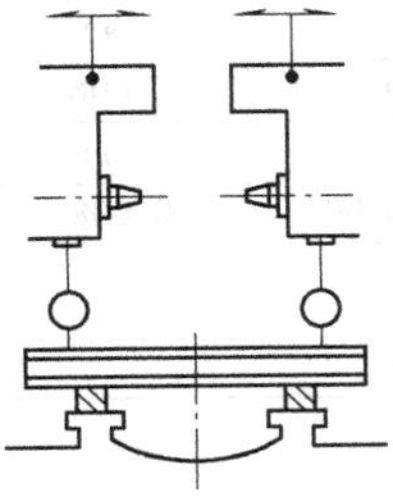	左、右磨头切向移动对展成平面的平行度 a）磨头磨削螺旋角在0°时 b）磨头磨削螺旋角在左右30°时 （用于卧式机床）	a）在全行程上为 0.03 b）在全行程上为 0.04	平尺、指示器、可调垫块

注：该标准虽已废止，但仍有部分企业在用，仅供参考。

2. 工作精度检验

试件磨削精度达到4级，直齿轮齿距、齿形、齿向误差可达到3级。试件采用直、斜齿轮，模数达到最大模数的60%，齿宽为不小于直径的10%，斜齿轮螺旋角为最大值的1/2。

7.3.3　锥形砂轮磨齿机精度检验（JB/T 3991—1999）

1. 几何精度检验要求

几何精度检验要求见表7-10。

表 7-10　锥形砂轮磨齿机几何精度检验要求

序号	简　图	检验项目	公差/mm			检验工具
G1		圆工作台面的平面度	最大工件直径			平尺、等高块、量块、塞尺
			320~630	>630~1250	>1250~2000	
	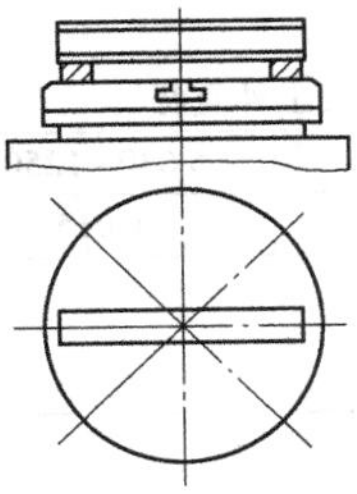		0.010	0.015	0.020	
			（平或凹）			
G2		圆工作台面的轴向圆跳动	最大工件直径			指示器、量块
			320~630	>630~1250	>1250~2000	
	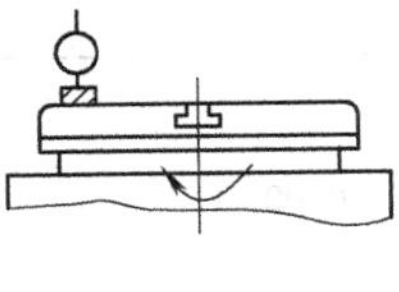		0.010	0.015	0.020	

（续）

序号	简　图	检验项目	公差/mm			检验工具

序号	简　图	检验项目	公差/mm	检验工具
G3		圆工作台顶尖锥面的径向圆跳动	**最大工件直径** 320~630 ｜ >630~1250 0.005 ｜ 0.008	指示器、顶尖盘
G4		圆工作台回转轴线的径向圆跳动： a）近专用检具端面处 b）距专用检端面300mm 处	**最大工件直径** ≤630 ｜ >630~1250 ｜ >1250~2000 a） 0.004 ｜ 0.006 ｜ 0.008 b） 0.006 ｜ 0.008 ｜ 0.012	指示器、检验棒、专用检具
G5		安装分度盘的定心锥面的径向圆跳动（用于最大工件直径320~630mm 用分度盘的分度机床）	0.005	指示器
G6		圆工作台面对展成工作台移动的平行度	**最大工件直径** ≤320 ｜ >320~630 ｜ >630~1250 ｜ >1250~2000 在全行程上为 0.008 ｜ 0.010 ｜ 0.012 ｜ 0.015	指示器、平尺、等高块
G7		工件尾架顶尖轴线对圆工作台回转轴线的重合度	**最大工件直径** 320~630 ｜ >630~1250 0.010 ｜ 0.015	指示器
G8		砂轮主轴定心锥面的径向圆跳动	0.003	指示器、检验棒、专用检具
G9		砂轮主轴的轴向窜动	0.002	指示器、钢球

（续）

序号	简　　图	检验项目	公差/mm	检验工具
G10		砂轮滑座移动对工件尾架和圆工作台轴心连线的平行度： a) 在正向平面内 b) 在侧向平面内	a) 在任意 100 测量长度上为 0.004 b) 在任意 100 测量长度上为 0.003 （立柱上端只许向后倾）	指示器、检验棒
G11		砂轮滑座移动对工作台轴线的平行度： a) 在正向平面内 b) 在侧向平面内 （用于无工件尾架的机床）	a) 在任意 100 测量长度上为 0.004 b) 在任意 100 测量长度上为 0.003 （立柱上端只许向后倾）	指示器、检验棒、专用检具
G12		砂轮滑座回转平面对下件尾架和圆工作台轴心连线在工作台移动方向形成的平面的平行度	在任意 100 测量长度上为 0.005（立柱上端只许向后倾）	指示器、检验棒
G13		安装滚圆盘的定心圆柱面的径向圆跳动： a) 近轴根部 b) 近轴端部 （用于卧式机床）	a) 0.005 b) 0.008	指示器
G14		头架主轴顶尖锥面的径向圆跳动（用于卧式机床）	0.005	指示器
G15		尾架顶尖轴线对头架回转轴线的重合度（用于卧式机床）	0.015 （尾架只许高）	指示器
G16		砂轮滑座移动对头、尾架轴心连线的平行度： a) 在垂直平面内 b) 在水平平面内	a) $^{+0.006}_{+0.001}$ （只许尾架高） b) 0.003	指示器、检验棒

（续）

序号	简　　图	检验项目	公差/mm	检验工具
G17	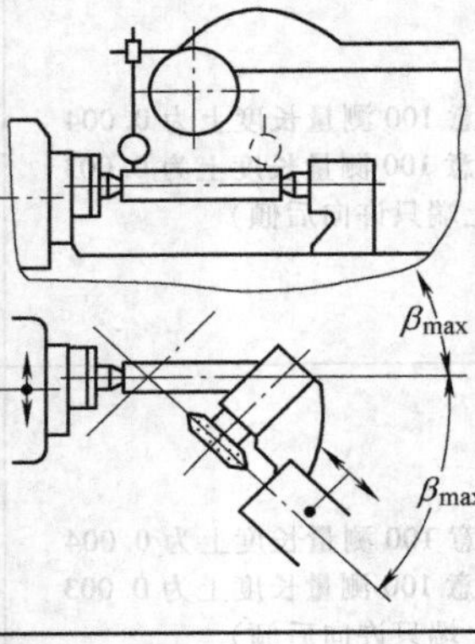	砂轮滑座的回转平面对头、尾架轴心连线在工作台移动方向形成的平面的平行度（用于卧式机床）	在全部测量长度上为 +0.008 -0.004 （以近头架测量点为基准）	指示器、检验棒

2. 工作精度检验

试件磨削精度达到 5 级。试件采用斜齿轮，直径、模数分别达到最大磨削直径、最大模数的 3/4，齿宽为最大加工齿宽的 0.3~0.5 倍，螺旋角为最大值的 0.5~0.7 倍。

7.3.4　蜗杆砂轮磨齿机精度检验（JB/T 3993—1999）

1. 几何精度检验要求

几何精度检验要求见表 7-11。

表 7-11　蜗杆砂轮磨齿机几何精度检验要求

序号	简　　图	检验项目	公差/mm			检验工具
G1		工件主轴锥孔轴线的径向圆跳动： a）近主轴端部 b）距主轴端部 L 处	最大工件直径			指示器、检验棒
			≤200	>200~320	>320	
			a)			
			0.002	0.003	0.004	
			b）在长度 L 上			
			100		200	
			0.004	0.005	0.006	
G2		工件主轴的轴向窜动	最大工件直径			指示器、钢球
			≤320		>320	
			0.002		0.003	
G3		尾架主轴锥孔轴线对工件主轴回转轴线的重合度： a）靠近尾架主轴端 b）距主轮端部 L 处	最大工件直径			指示器、检验棒、专用检具
			≤200	>200~320	>320	
			a)			
			0.006		0.008	
			b）在长度 L 上			
			80		100	
			0.008		0.010	

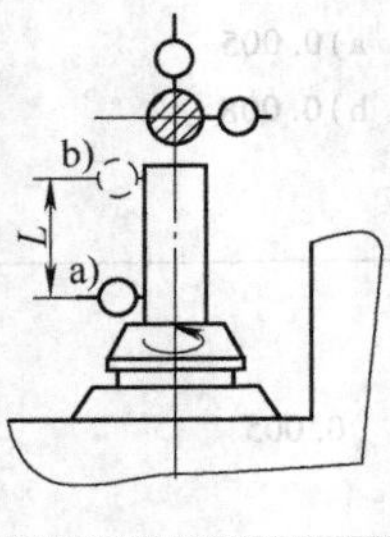

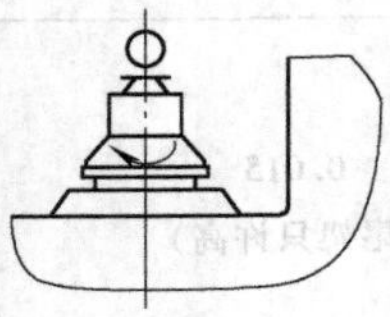

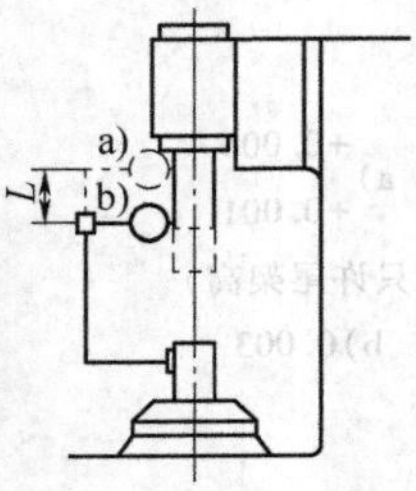

（续）

序号	简 图	检验项目	公差/mm			检验工具
G4		工件架（或砂轮架）移动对工件主轴和尾架轴心连线的平行度： a) 在垂直砂轮主轴的平面内 b) 在平行砂轮主轴的平面内（用于具有差动机构的机床）	最大工件直径			指示器、检验棒
			≤200	>200~320	>320	
			测量长度 L			
			80	160	220	
			a)			
			0.005	0.008	0.010	
			b)			
			0.003	0.005	0.007	
G5		工件主轴和尾架轴心连线的径向圆跳动： a) 夹头松开时 b) 夹头夹紧时	最大工件直径			指示器、检验棒
			≤200	>200~320	>320	
			a)			
			0.002	0.003	0.004	
			b)			
			0.003	0.004	0.005	
G6		工件主轴和尾架轴心连线的回转平面对平行于工件架（或砂轮架）垂直移动和砂轮架（或立柱）切向移动的平面的平行度	最大工件直径			指示器、检验棒
			≤200	>200~320	>320	
			测量长度 L			
			80	160	220	
			0.005	0.008	0.010	
G7		砂轮主轴定心锥面的径向圆跳动	最大工件直径			指示器
			≤320		>320	
			0.002		0.003	
G8		砂轮主轴的轴向窜动	最大工件直径			指示器、钢球
			≤320		>320	
			0.0015		0.002	
G9		砂轮架（或立柱）切向移动对砂轮主轴轴线的平行度： a) 在垂直平面内 b) 在水平面内	最大工件直径			指示器、检验环
			≤200	>200~320	>320	
			测量长度			
			50	100	120	
			无差动机构机床			
			a)			
			0.010	0.020	0.025	
			b)			
			0.003	0.006	0.008	
			有差动机构机床			
			a)、b)			
			0.010	0.020	0.025	
			（检验环伸出端只许高）			

（续）

序号	简　　图	检验项目	公差/mm			检验工具
G10		修正机构拖板移动对砂轮主轴轴线的平行度： a) 在垂直平面内 b) 在水平面内	最大工件直径			指示器、检验环
			≤200	>200~320	>320	
			测量长度			
			50	100	120	
			a)			
			0.005	0.010	0.012	
			b)			
			0.003	0.006	0.008	
			（检验环伸出端只许高）			

2. 工作精度检验

试件磨削精度达到 4~5 级（齿距精度为 4 级）。试件采用直、斜齿轮，模数达到最大模数的 1/2~3/4，齿宽为不小于直径的 10%，斜齿轮螺旋角为最大值的 0.4~0.6 倍。

7.3.5　成形砂轮磨齿机精度检验（JB/T 3989.3—2014）

1. 几何精度检验要求

几何精度检验要求见表 7-12。

表 7-12　成形砂轮磨齿机几何精度检验要求

序号	简　　图	检验项目	公差/mm					检验工具
G1	 a)　　　　b)	砂轮主轴定心基准面的径向跳动： a) 圆锥定心 b) 圆柱定心	a)、b) 0.002					指示器
G2	 a)　　　　b)	砂轮主轴轴向窜动及端面跳动： a) 圆锥或圆柱定心的轴向窜动 b) 圆柱定心的端面跳动	a)、b) 0.0015					a) 指示器、钢球 b) 指示器
G3		圆工作台面的平面度（用于立式机床）	最大工件直径					平尺、等高块、量块、塞尺
			≤1000	>1000~2000	>2000~3000	>3000		
			0.015	0.020	0.025	0.030		
			（只许中凹）					
G4		圆工作台面的端面跳动（用于立式机床）	最大工件直径					指示器、量块
			≤1000	>1000~2000	>2000~3000	>3000		
			0.012	0.015	0.018	0.020		
G5		圆工作台回转轴线的径向跳动（用于立式机床）： a) 靠近专用检具端面处 b) 距专用检具端面 L 处	最大工件直径					指示器、检验棒、专用检具
			≤500	>500~1000	>1000~2000	>2000~3000	>3000	
			0.003	0.004	0.005	0.006	0.008	
			测量长度 L					
			300	300	500	700	700	
			0.005	0.006	0.008	0.010	0.012	

（续）

序号	简　图	检验项目	公差/mm		检验工具
G6		工件主轴锥孔轴线的径向跳动（用于卧式机床）： a）靠近主轴端部处 b）距主轴端部200mm 处	最大工件直径		指示器、检验棒
			≤400	>400	
			a)		
			0.004	0.005	
			b)		
			0.006	0.008	
G7		工件主轴的轴向窜动（适用于卧式机床）	最大工件直径		指示器、检验棒
			≤400	>400	
			0.0015	0.0020	
G8		工件主轴轴线对工件轴向移动的平行度（用于卧式机床）： a）YZ 平面内 b）XZ 平面内	a）在 200 测量长度上为 0.006（检验棒自由端只许高） b）在 200 测量长度上为 0.005（检验棒自由端只许偏向砂轮方向）		指示器、检验棒
G9		尾架锥孔轴线对工件轴向移动的平行度（用于卧式机床）： a）在 YZ 平面内 b）在 XZ 平面内	a）在任意 100 测量长度上为 0.006（检验棒自由端只许高） b）在任意 100 测量长度上为 0.005（检验棒自由端只许偏向砂轮方向）		指示器、检验棒
G10		头架、尾架顶尖轴心连线对工作轴向移动的平行度（用于卧式机床）： a）在 YZ 平面内 b）在 XZ 平面内	a）在任意 400 测量长度上为 0.008（尾架只许高） b）在任意 400 测量长度上为 0.006		指示器、检验棒
G11		立柱拖板移动对工作台回转轴线的平行度（用于立式机床）： a）在 XZ（正向）平面内 b）在 YZ（侧向）平面内	a）在任意 300 测量长度上为 0.004，在任意 500 测量长度上为 0.005 b）在任意 300 测量长度上为 0.003，在任意 500 测量长度上为 0.004		指示器、检验棒、专用检具
G12		砂轮修整主轴的径向跳动	0.002		指示器
G13		砂轮修整轴定位基准面的端面跳动	0.002		指示器

2. 工作精度检验

试件磨削精度达到4~6级，直齿轮齿距、齿形、齿向误差可达到5级，齿距累积误差可达到4级；斜齿轮齿距、齿距累积齿形、齿向误差达到5级，齿形误差达到6级。试件采用直、斜齿轮，模数达到最大模数的3/4，齿宽为最大加工齿宽0.3~0.5倍，斜齿轮螺旋角为最大值的1/2~3/4。

7.4　磨齿切削余量

7.4.1　磨齿余量的形式

由于粗切齿工序有较大的误差，以及热处理变形造成的误差，所以为了在磨齿时能把齿面全部磨光，必须有适当的磨齿余量。

根据被磨齿轮的技术要求和磨齿工艺的实际需要，磨齿余量一般有三种形式，其优缺点及适用场合见表7-13。

表7-13　磨齿余量的形式

磨齿余量的形式	形式示意图	优缺点及适用场合
齿面及齿槽底部均留余量		优点:齿面及齿槽底部同时磨光,适用于要求槽底深度及容积一致的齿轮,如计量泵齿轮等,预切时不需要特殊滚刀 缺点:磨齿负荷大,生产率低;槽底淬硬层磨去,硬度下降,同时槽底的磨削条件差,易造成磨削裂纹及烧伤,这都使疲劳强度和弯曲强度降低
齿面留余量,但磨齿后齿根部有凸台		优点:预切刀具简单,避免了上述磨齿负荷大等缺点 缺点:齿根部留有磨齿凸台,此处易造成应力集中,使疲劳强度和弯曲强度下降;磨齿时砂轮外圆的尖角处仍需参加工作,磨损很快
齿面留余量,齿根部挖根		优点:是较理想的磨齿余量形式,砂轮寿命可比上两种提高10%~15% 缺点:需采用专用的磨前滚刀进行预切

7.4.2　磨齿余量的选择

磨齿余量应尽可能小，这样不仅有利于提高磨齿生产率，而且可减小从齿面上磨去的淬硬层厚度，提高齿轮承载能力。当预切齿轮误差和热处理变形过大时，虽可选用较大的磨齿余量，但它们使被磨齿轮上各个齿面的磨削余量不均匀，一般有表7-14所列的几种情况。

表7-14　磨削余量不均匀的几种情况

磨齿余量不均匀情况	示意图	原因
沿圆周方向,各齿面余量不均匀		1)预加工时的运动误差 2)热处理后,工件基准孔精磨所造成的齿圈偏心 3)热处理造成的齿圈不圆

（续）

磨齿余量不均匀情况	示　意　图	原　　因
沿齿形方向上余量不均匀		预切和热处理变形所造成的齿形误差和基节偏差
齿宽方向余量不均匀		预切和热处理变形所造成的齿向误差

表 7-15 所列是普通渗碳齿轮的磨齿余量概略值，这些数值只能作为制定磨齿工艺时的参考，磨齿余量的合理数值，应根据齿轮规格、结构型式和材料，齿坯精度（包括磨前齿轮的基准孔精度和齿部精度），热处理变形情况等决定。以下经验供参考：

1）对于非渗碳淬火齿轮，余量可以较小。

2）具有渗碳淬火变形控制或补偿措施时，余量可以减小。

3）斜齿轮的磨齿余量应比直齿轮取大一些。

4）对长齿宽的工件，余量要相应大些。

5）预切精度较差时，余量要大些。

6）螺旋角、齿宽均较大的渗碳淬火轴齿轮，要考虑预切齿时的螺旋角修正。

表 7-15　磨齿余量表（公法线余量）　　　　　　（单位：mm）

模数	加 工 齿 轮 的 直 径					
	≤100	>100~200	>200~500	>500~1000	>1000~2000	>2000
≤2.5	0.15~0.25 (0.15~0.20)	0.25~0.35 (0.15~0.20)	0.35~0.45 (0.18~0.30)	—	—	—
>2.5~4	0.20~0.30 (0.18~0.25)	0.30~0.40 (0.18~0.30)	0.40~0.50 (0.20~0.35)	0.50~0.65 (0.25~0.45)	—	—
>4~6	0.25~0.35	0.30~0.40	0.40~0.50	0.50~0.65	0.65~0.80	—
>6~10	0.30~0.40	0.35~0.45	0.45~0.60	0.60~0.75	0.70~0.90	0.80~1.0
>10~18	—	0.40~0.50	0.50~0.65	0.60~0.75	0.70~0.90	0.80~1.0
>18~25	—	—	0.60~0.75	0.70~0.90	0.80~1.0	0.90~1.1
>25			0.70~0.90	0.80~1.0	0.90~1.1	1.0~1.2

注：括号中的数值用于有效渗层不深（例不大于模数的 0.2 倍），变形控制措施得力，预切精度较高的齿轮生产时参考。

7.4.3　磨齿切削用量

1. 磨削速度

磨齿的切削作用是由砂轮工作表面随机密布的磨料颗粒的刃口相对于工件表面高速运动而形成的，因此磨削速度 v（m/s）就是高速旋转着的砂轮工作表面的线速度。

$$v = \frac{\pi D n}{1000}$$

式中　D ——砂轮直径（mm）；

　　　n ——砂轮转速（r/min）。

磨削速度（砂轮线速度）一般为 25~35m/s。速度太高时可能产生振动，使已加工表面的表面粗糙度值增大并引起表面烧伤。如果机床刚度和冷却条件好，则可以提高线速度。线速度在可能范围内越高，则单位时间内参加切削的磨粒数量越多，则已加工表面的表面粗糙度值越小。磨削淬硬的合金钢齿轮时，因为材料的导热性差，磨削时产生热量多，散热慢，宜采用较小的磨削速度，以避免表面烧伤。

2. 磨削深度和进给量

磨削深度 a_p 是指一次进刀下，砂轮磨去金属层的厚度。对于各种展成法磨齿来说，磨削深度 a_p 是指砂轮相对于渐开线法线方向的切入深度，只有在成形砂轮磨齿法磨齿时，a_p 是指砂轮在工件半径方向的切入深度。

各种磨齿机的进给方向是不同的，因此进给量的数值不等于磨削深度，在磨齿操作时要进行折算。各种磨齿机的进给量与磨削深度的关系见表 7-16。

表 7-16　各种磨齿机的进给量与磨削深度的关系

磨齿机品种及磨齿法	进给方式及示意图	进给量 f 与磨削深度 a_p、公法线长度减小量 ΔW 的关系
碟形双砂轮磨齿机	0°磨削法 双面磨削，基圆切线方向进给	$a_p = f$ $\Delta W = 2f$ $a_p = \Delta W/2$
碟形双砂轮磨齿机	15°及20°磨削法 双面磨削，水平方向进给	$a_p = f\cos\alpha$ $\Delta W = 2f\cos\alpha$ $a_p = \Delta W/2$ 式中　α—磨削角 $\alpha = 15°$时，$a_p = 0.97f$ $\alpha = 20°$时，$a_p = 0.94f$
锥面砂轮磨齿机[①]		$a_p = f\sin\alpha$ $\Delta W = 2f\sin\alpha$ $a_p = \Delta W/2$ 式中　α—磨削角 $\alpha = 20°$时，$a_p = 0.342f$，$\Delta W = 0.684f$
蜗杆形砂轮磨齿机	 双面磨削，径向进给	$a_p = f\sin\alpha$ $\Delta W = 2f\sin\alpha$ $a_p = \Delta W/2$ 式中　α—磨削角 $\alpha = 15°$时，$a_p = 0.259f$，$\Delta W = 0.518f$ $\alpha = 20°$时，$a_p = 0.342f$，$\Delta W = 0.684f$

（续）

磨齿机品种及磨齿法	进给方式及示意图	进给量 f 与磨削深度 a_p、公法线长度减小量 ΔW 的关系
大平面砂轮磨齿机 Y7125	单面磨削,基圆切向进给	$a_p = f$ $\Delta W = f$ $a_p = \Delta W$
大平面砂轮磨齿机 Y7432	单面磨削,水平方向进给	$a_p = f\cos\alpha$ $\Delta W = f\cos\alpha$ $a_p = \Delta W$ 式中　α——磨削角 $\alpha = 15°$ 时，$a_p = 0.97f$ $\alpha = 20°$ 时，$a_p = 0.94f$

① 对于 Y7131 型磨齿机，采用切向进给磨齿时，其进给量与磨削深度的计算可按双面磨削，水平方向进给的关系式计算。

　　磨削深度规范的选择与砂轮、被加工齿轮材料、磨齿精度要求、表面质量要求及生产批量等因素有关，较小的磨削深度有利于提高加工精度和降低已加工表面的表面粗糙度值。磨削模数较大的齿轮，工件不易变形和产生振动时可用较大的磨削深度。

　　一般情况下，各种磨齿机的磨削深度规范见表 7-17。

表 7-17　各种磨齿机的磨削深度规范　　　　　　　　（单位：mm）

磨齿工况	碟形双砂轮磨齿机		锥面砂轮磨齿机		蜗杆形砂轮磨齿机		大平面砂轮磨齿机		成形砂轮磨齿机	
	粗磨	精磨	粗磨	精磨	粗磨	精磨	粗磨	精磨	粗磨	精磨
普通碳素钢	0.03~0.05	0~0.02	0.05~0.10	0.01~0.02	0.005~0.02	0~0.001	0.03~0.04	0~0.01	0.10~0.15	0.02~0.04
合金钢（硬度 48HRC 以上）	0.02~0.03	0~0.02	0.03~0.06	0~0.01	0.003~0.015	0~0.005	0.02~0.003	0~0.01	0.05~0.10	0.02~0.03

3. 磨齿纵向进给量

　　磨齿纵向进给量 v_f 一般是指砂轮在工件轴线方向的进给速度，单位为 mm/min。但不同的磨齿机表示进给速度的方法不尽相同，如锥面砂轮磨齿机多以每分钟的双行程次数（次/min）表示。对锥面砂轮磨齿机，砂轮每分钟往复行程次数越多则砂轮沿工件齿线的移动速度越高。这一速度太低时，工件表面易烧伤；太高时，机床可能产生振动。纵向进给量的选择应遵循机床说明书有关规范。

　　各种磨齿机的纵向进给量表示方法及选用参考值见表 7-18。

表 7-18　磨齿机的纵向进给量选用表

磨齿机类别	磨齿纵向进给量表示方法	选用范围
碟形双砂轮磨齿机	每次展成双行程中,工件沿其轴线移动的距离	粗磨:6~8mm/展成往复 精磨:4~6① mm/展成往复

（续）

磨齿机类别	磨齿纵向进给量表示方法	选用范围
锥面砂轮磨齿机	单位时间内，砂轮沿工件轴线移动的双行程次数	80~170 次/min
	单位时间内，砂轮沿工件轴线移动的距离	8~10[②] m/min
蜗杆形砂轮磨齿机	工件每转砂轮的轴向进给量	粗磨：≤2mm/r 精磨：0.3~0.6mm/r
	单位时间内，砂轮沿工件轴线移动的距离	20~100mm/min
成形砂轮磨齿机	单位时间内，工件沿其轴向移动的距离	7~11m/min

① 此为 Y7032A 推荐的数据，一般精磨时可进一步减小到 1~2.5mm/展成往复。
② 此为 Y7132A 推荐的数据，在立式磨齿机上可提高到 11~18m/min。

4. 展成进给量

展成进给量是指工件在展成方向上的移动速度（也就是被磨齿轮与产形齿条啮合时节圆的线速度），可用单位时间内展成移动的距离来表示，单位为 mm/min。也可用单位时间内的展成往复次数来表示，即展成往复次数/min。不同型号的磨齿机可根据说明书推荐的图表查取，在实际工作中，还应进一步结合磨削深度和纵向进给量等磨削规范综合考虑对磨齿效率和磨齿精度的影响进行修正。

对于锥面砂轮磨齿机，若将工件取定为某一转速，此时展成进给量也可用砂轮每次往复行程中工件的移动量（圆周进给量）来表示，单位为 mm/往复行程。表 7-19 所列为锥面砂轮磨齿机的圆周进给量供参考（磨削渗碳淬火齿轮时进给量还应减少 20% 左右）。

表 7-19　锥面砂轮磨齿机的圆周进给量　　　　　（单位：mm/往复行程）

齿厚磨齿余量/mm	加工性质	分度圆直径/mm			
		≤40	>40~80	>80~160	>160
0.12	粗磨、半精磨	2.7	3.4	4.3	5.4
	精　磨	0.5	0.65	0.8	1.0
0.15	粗磨、半精磨	2.0	2.5	3.2	4.0
	精　磨	0.5	0.65	0.8	1.0
0.20	粗磨、半精磨	1.7	2.1	2.7	3.3
	精　磨	0.5	0.9	1.1	1.4
0.25	粗磨、半精磨	2.3	2.9	3.7	4.6
	精　磨	0.5	0.65	0.8	1.0
0.30	粗磨、半精磨	2.0	2.5	3.2	3.9
	精　磨	0.5	0.65	0.8	1.0

对于碟形双砂轮磨齿机来说，展成进给量的选择由下列因素决定：滚圆盘直径、展成行程长度、工件和夹具的惯性、夹具的抗扭刚性、基圆直径、工件材料、砂轮性质和磨齿精度要求等。图 7-7 所示为 Y7032A 型磨齿机说明书推荐的根据已知基圆直径 d_b、滚圆盘直径 d_{rG}、展成行程长度 HG 和齿宽 b 决定展成进给量的坐标图。例如：已知齿轮基圆直径 $d_b = 160$mm，滚圆盘直径 $d_{rG} = 200$mm，展成行程长度 $HG = 28$mm，齿宽 $b = 110$mm。根据坐标图可查得展成进给量为 92 次展成往复/min。

5. 磨齿切削用量对表面质量的影响

磨齿切削用量的选择除考虑磨齿精度和生产率外，应考虑保证工件的表面质量，因为单位时间内切去的金属量多，工件烧伤层也就越深，表面质量越差。表 7-20 列出了磨齿中影响烧伤的因素及简要说明。

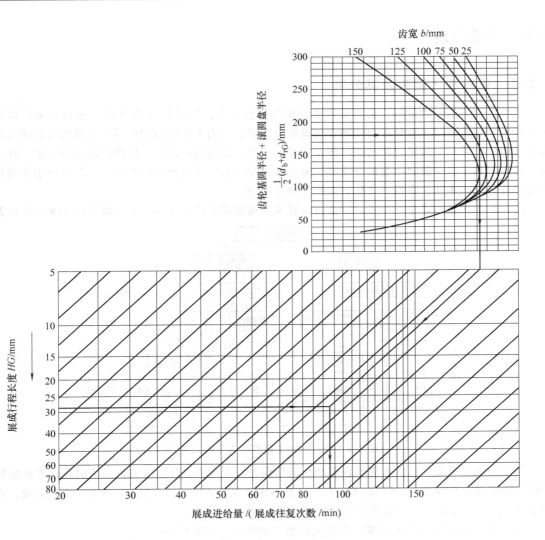

图 7-7　Y7032A 型磨齿机展成进给量的确定

表 7-20　磨齿中影响烧伤的因素及简要说明

影响烧伤的因素	简要说明
齿形上渐开线各点的曲率半径（展成法磨齿时）	在同样的磨削深度下,齿顶部曲率半径大,砂轮在单位时间内切去金属量大,易烧伤
磨削深度	磨削深度大,烧伤层深
纵向进给量	碟形砂轮磨齿时纵向进给量对烧伤影响大,而锥面砂轮磨齿的影响较小,因为后者是快速纵向进给,砂轮与工件的接触时间短,产生的热量由切屑带走
展成进给量	碟形砂轮磨齿为快展成、慢进给,因此提高展成进给量,对烧伤影响较小。而锥面砂轮磨齿则为慢展成;快进给,所以效果相反
磨齿方法	成形磨齿法最易烧伤,因砂轮与工件整个齿形同时磨削,热量大,散热差蜗杆形砂轮磨齿法,连续展成,单位时间内切除金属量大,也较易烧伤

7.5　磨齿精度

7.5.1　齿轮加工误差及其分类

　　展成法加工齿轮的过程，实质是两个齿轮的啮合过程，即刀具（或磨具）本身也可以比拟为一个齿轮，它和被加工齿轮各自按啮合关系要求运动，而由各连续相邻位置的刀具齿形包络成齿轮齿形。因此，刀具与齿轮之间的瞬时传动关系的变化、刀具与齿轮转轴的瞬时相对位置的变化，以及刀具齿廓的形状及瞬时位置的变化等，都将引起加工过程中共扼条件的变异，并进而引起被加工齿轮的几何形状和几何参数的变化，即产生加工误差。

　　齿轮加工误差信息十分丰富，分类方法较多。按照误差的表现形式，可以按图 7-8 进行分类。

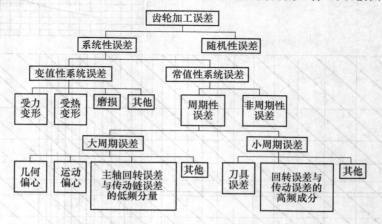

图 7-8　按齿轮加工误差的表现形式分类图

　　周期性误差成分中包括大周期误差和小周期误差。在前人工作中，有人认为周期误差在齿轮每转的谐波次数 $k \leqslant 4$ 时为大周期误差，$k > 4$ 时为小周期误差。应该指出的是，k 可以为非整数，也可以小于 1，如滚齿机工作台轴系误差引起的双周晃动，$k = 1/2$。

　　（1）引起大周期误差的因素　　引起大周期误差的工艺因素可以包括：

　　1）工件孔与夹具心轴的间隙误差。

　　2）夹具心轴的径向跳动。

　　3）工件端面与孔轴线的垂直度误差。

　　4）工作台下顶尖径向圆跳动。

　　5）工作台分度蜗轮的制造与安装误差。

　　6）工作台上顶尖偏移等。

　　上述因素中，1）～4）的共同特点是加工中工件孔轴线相对于刀具轴线的距离作周期性变化，形成了切齿（磨齿）时工件回转轴线相对于工件孔轴线的偏心。切齿后，工件左右齿廓基圆相对工件孔轴线产生偏心，即几何偏心。因素 5）、6）的特点是工作台回转轴线与工件孔轴线同轴，但切齿（磨齿）时工件回转角速度不均匀，使得切齿后左右齿廓基圆轴线与孔轴线产生偏心，但偏心方向不同，即运动偏心。

　　（2）引起小周期误差的因素　　引起被加工齿轮产生小周期误差的因素很多，其中包括：

　　1）主轴回转误差，其中包括刀具主轴回转误差和工作台主轴回转误差的高次分量。

　　2）传动链误差，即传动链中间齿轮误差及分度蜗轮误差的高次分量。

3）刀具误差，其中包括刀具压力角误差、蜗旋线误差、齿距误差等。

按加工过程中刀具与工件之间的啮合特性及其变异规律，可以将引起齿轮加工误差的工艺因素分为传动误差、主轴回转位置误差、刀具误差等，如图7-9所示。

在齿轮加工过程中，刀具与齿轮之间啮合关系的变化是齿轮产生加工误差的实质。传动链误差、主轴回转误差，以及刀具误差等在加工过程中所引起的啮合关系的变化

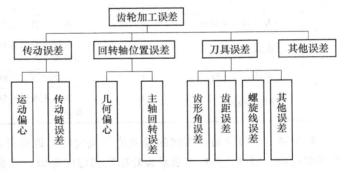

图 7-9　齿轮加工误差按啮合性质分类图

是不同的，在分析齿轮误差成因，进行误差补偿与消减时应区别对待。由于齿轮元件的复杂性，影响齿轮加工误差的因素也十分复杂，除以上误差因素外，还有机床立柱导轨误差以及加工过程中的受力变形、受热变形、切削过程中的振动等。

7.5.2　齿轮精度指标

ISO1328：1997《圆柱齿轮 ISO 精度制》误差项目和精度指标采用同一符号，即误差与公差不加区别；按齿轮同侧齿面的位置、形状、方向规定了齿距偏差、齿廓偏差和螺旋线偏差三大类、九个项目；按齿轮单面啮合传动特征，规定切向综合偏差；按齿轮径向误差特征，规定径向综合偏差和径向圆跳动，见表7-21。

表 7-21　ISO1328：1997 齿轮精度指标定义及代号

序号	名称	代号	定义
1	齿距偏差	f_{pt}	在端平面上，在接近齿高中部的一个与齿轮轴线同轴的圆上，实际齿距与理论齿距的代数差
2	齿距累积偏差	F_{pk}	任意 k 个齿距的实际弧长与理论弧长的代数差。理论上它等于这 k 个齿距的各单个齿距偏差的代数和
3	齿距累积总偏差	F_p	齿轮同侧齿面任意弧段（$k=1$ 至 $k=z$）的最大齿距系积偏差。它表现为齿距累积偏差曲线的总幅值
4	齿廓总偏差	F_α	在评定范围内，包容实际齿廓线的两条设计齿廓线间的距离。在齿廓法线方向计量
5	齿廓形状偏差	$f_{f\alpha}$	在评定范围内，包容实际齿廓线的两条与平均廓线完全相同的曲线间的距离，且两条曲线与平均齿廓线的距离为常数
6	齿廓斜率偏差	$f_{H\alpha}$	在评定范围两端处与平均齿廓线相交的两条设计齿廓线间的距离
7	螺旋线总偏差	F_β	在评定范围内，包容实际螺旋线的两条设计螺旋线间的距离。在端面基圆切线方向计量
8	螺旋线形状偏差	$f_{f\beta}$	在评定范围内，包容实际螺旋线的两条与平均螺旋线完全相同的曲线间的距离，且两条曲线与平均螺旋线的距离为常数
9	螺旋线斜率偏差	$f_{H\beta}$	在评定范围的两端与平均螺旋线相交的两条设计螺旋线间的距离
10	切向综合总偏差	F_i'	被测齿轮与测量齿轮单面啮合检验时，被测齿轮一转内，齿轮分度圆上实际圆周位移与理论圆周位移的最大差值

（续）

序号	名　称	代号	定　义
11	一齿切向综合偏差	f_i'	在一个齿距内的切向综合偏差
12	径向综合总偏差	F_i''	在径向双面综合检验时，被侧齿轮一转内中心距最大值和最小值之差
13	一齿径向综合偏差	f_i''	被测齿轮一齿距（$360°/z$）的径向综合偏差值
14	径向圆跳动	F_r	测头相继置于每个齿槽内时，测头相对于齿轮轴线的最大变动量

齿轮的精度等级是通过实测的偏差值与规定的允许值进行比较后确定的。以 f_{pt}、F_p、F_α、F_β 作为强制性检验项目，其精度表示齿轮精度相应的等级。其余误差项目，不作为强制性检验项目，主要用于齿轮加工工艺分析，齿轮制造质量控制，从而改善齿轮使用性能。

7.5.3　磨齿精度等级

磨齿是获得高精度齿轮最可靠的方法之一。磨齿不仅能加工淬硬的直齿、斜齿圆柱齿轮，而且能纠正齿形预加工时的各项误差。磨齿是用于淬硬齿轮的精加工的主要工艺方法。

随着科学技术的发展，磨齿机床已经从机械传动发展到数控，从氧化铝砂轮到 CBN 砂轮，使机床精度、性能和加工效率不断提高，操作日趋简捷方便。磨齿加工的发展趋势是高效率和高精度。主要从三个方面入手：一是采用 CNC 技术，提高自动化程度；二是采用新型磨削材料 CBN；三是采用新的磨削原理。如采用 CBN 砂轮磨齿，其寿命提高 50~100 倍，CBN 砂轮具有良好的锋利度，产生的磨削热较小，可提高磨削用量，减少磨削时间，实现高效率，磨削后齿面组织无变化，因此磨削精度容易保证。采用数控技术及 CBN 砂轮的数控成形砂轮磨齿，其磨削精度可达 2 级。总之，不断采用新的磨齿工艺和方法，以及新型数控磨齿机的开发，使磨齿变得更有效、普遍和具有生命力。

磨齿精度与磨齿工艺、装夹找正、机床类别及状态等因素有关。以下所述各类机床的磨齿精度指合理工艺参数、正确装夹找正、机床状态良好情况下的概略值，仅作为安排工艺和选购机床时参考。

（1）碟形砂轮磨齿　采用碟形双砂轮磨齿，是磨齿机中的高精度产品。采用展成磨削原理，点接触方式，高精度缺口分度机构分度。通过钢带滚圆的摆动产生渐开线齿形，并不断对砂轮端面位置进行检测，补偿进给，保证砂轮与工件的相对位置。这种磨齿方法加工精度高，但生产效率较低，需要配备合适的滚圆盘。滚圆盘制造精度是影响磨齿精度的因素之一。

其最高加工精度为 2~3 级；一般加工精度为 3~5 级。

（2）大平面砂轮磨齿　这种磨削方法适于磨削中小直径、窄齿面的高精度齿轮。磨削原理是采用大平面砂轮的工作端面来代表假想齿条的一个齿侧面，沿被磨齿轮展成运动。由于砂轮直径很大，不必沿轴线往复运动，机床结构简单，加工精度高，用来磨削插齿刀、剃齿刀、标准齿轮等。

其最高加工精度为 1~2 级（代表机床德国 Hurth 公司的 SRS 系列磨齿机，部分精化处理后的 Y7125A 机床）；一般加工精度为 2~4 级。

（3）锥面砂轮磨齿　磨齿砂轮为锥面，相当于假想齿条的一个齿，其展成运动靠本身的运动链和交换齿轮实现，特点是机床通用性强。

其最高加工精度为 3 级（代表机床德国 HZÖFLER 公司 Nova、Mega、Maxima 系列磨齿机）；一般加工精度为 4~6 级。

（4）蜗杆砂轮磨齿　其磨削原理与滚齿基本相同。砂轮相当于渐开线蜗杆，其法向基节等于被磨齿轮的法向基节，砂轮是单头的话，其每转一转，工件转过一个齿。蜗杆砂轮磨齿是连续分度的，磨削效率较高，最适用于品种少、批量大的生产方式。

其最高加工精度为 3~4 级（代表机床瑞士 Reishauer 公司 RZ 系列磨齿机）；一般加工精度为 4~6 级。

（5）成形砂轮磨齿　成形砂轮磨齿属于成形法。其关键在于砂轮修形技术。随着数控技术的应用，成形磨齿在近年来已经很成熟，与蜗杆砂轮磨齿一样，越来越受到重视。成形磨齿具有效率较高、精度也较高的特点，适用于大批量生产。磨削原理也决定了成形砂轮磨齿质量受更多因素的影响，如砂轮特征位置相对工件坐标位置的控制精度（温度变化会引起空间坐标的变化）对工件的实际加工精度影响较大，从而揭示了环境温度、工件温度的变化均是影响成形砂轮磨齿加工精度的主要因素。

其最高加工精度为 2 级（代表机床瑞士 Oerlikon 公司 OPAL420 磨齿机）；一般加工精度：3~6 级。

7.6　磨齿用夹具

7.6.1　工件装夹应具备的条件

工件的装夹精度和可靠性直接影响磨齿精度。为确保工件装夹质量，工件和夹具必须具备一定的条件。

（1）工件的要求

1）齿轮设计应保证它便于牢靠地夹紧在机床上，并应考虑可能采用的检查方法和必须的检查附件。

2）齿轮的定位基准（中心孔、内孔、外圆及端面等）必须能保证精确定位，在无以上定位基准的齿轮上，必须有准确的校正基准面（外圆及端面），以便利用它进行找正，把工件准确地夹持在机床上。

3）成批磨削齿轮，夹紧表面应淬硬处理。

4）在不影响强度的前提下，应考虑采取减轻工件质量的措施。

（2）对夹具的要求

1）夹具设计应尽可能简单和使用较少的零件使工件获得精确而牢靠的夹紧定位。

2）夹紧位置应尽量选择工件的最大有效直径上，以保证用最小的夹紧力获得较大的传递转矩。

3）应注意减轻夹具质量，以减轻转动时的惯性力矩。

4）除单件生产的夹具衬套外，一般夹紧元件的夹紧表面须经淬硬处理。

5）选用和设计夹具应考虑机床结构和砂轮的工作范围。

6）夹具的刚度对加工精度有较大影响，应根据精度的要求设计合适的夹具刚度。

7.6.2　工件的安装、夹紧方式

按机床结构布局形式的不同以及工件规格的不同，工件在机床上的安装有三种形式：

1）水平轴线安装，如 Y7032A 型和 Y7132A 型磨齿机。

2）垂直线安装，如 YA7231B 型和 Y7131 型磨齿机。

3）较大的工件直接安装在机床工作台上，一般在大型磨齿机上采用。

碟形双砂轮磨齿机的夹紧方式示例见表 7-22，它们可作为一般水平轴线安装的典型代表；垂直轴线安装的蜗杆形砂轮磨齿机的夹紧方式示例见表 7-23；直径在 320mm 以上的工件，采用罐形夹具直接安装夹紧在工作台上的实例见表 7-24；常用磨齿夹具的选用见表 7-25。

表 7-22　碟形双砂轮磨齿机的夹紧方式示例

夹紧方式及图例	说　明
(1)工件夹紧在顶尖之间，用拨杆传动	
	轴齿轮直接夹紧在机床头、尾架顶尖之间，用拨杆传动
	采用 1∶20 锥度心轴和开槽锥套夹持内孔较大的工件，锥度心轴夹紧在头、尾架顶尖之间，用拨杆传动
	采用开槽锥套和带中心孔的 1∶20 圆锥塞，支撑一端具有轴承孔的轴齿轮
	采用专用心轴、定位套、垫圈和螺母支撑带长孔的齿轮，齿轮内孔两端的倒角必须精磨
	利用主轴加长件 1 和特别的拨叉 2 把短轴齿轮支撑在两顶尖之间。注意主轴加长件 1 和拨叉 2 已保证砂轮具有足够的轴向行程位置
(2)工件夹紧在卡盘和尾顶尖之间	
	齿轮右端轴承孔较短，可采用主轴接长件夹持左端，右端用带中心孔的柱塞轻压配合，以尾顶尖支撑。柱塞端面留两个螺孔，用以取出柱塞
	工件形状同上。以带 1∶20 锥度的短轴夹紧在头架卡盘中，通过锥套夹持工件左端，右端以尾架顶尖支撑
	较大的带有直孔的工件，可用 1∶20 锥度心轴和开槽胀套夹持，夹紧于卡盘和滚动尾架之间

（续）

夹紧方式及图例	说　明
（2）工件夹紧在卡盘和尾顶尖之间 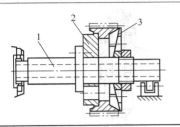	大齿圈左端有尺寸精确的大孔及内端面，用心轴 1、圆盘 2、圆盘 3 和圆螺母夹持工件。以上夹紧零件均加工有减重孔，以减轻夹具质量

表 7-23　蜗杆形砂轮磨齿机的夹紧方式示例

夹紧方式及图例

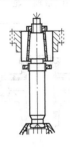

通过 1∶20 锥度心轴和开缝锥套装夹于上、下 顶尖之间，并由工件头架的弹簧夹爪夹紧传动

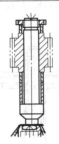

由圆柱心轴定心，并通过垫圈支承工件端面和调节工件轴向位置

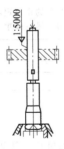

采用 1∶5000 的小锥度心轴装夹圆柱孔工件

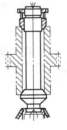

用专用心轴及定心套支撑带孔的轴齿轮。轴孔两端倒角必须精磨

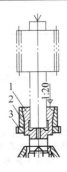

采用特制的弹性夹套夹持轴齿轮的一端，开槽弹性夹套 1 靠外锥套 2 和螺母 3 收紧

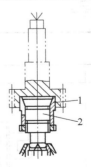

一端带轴承孔的轴齿可用图示的反胀套 1 和特制心轴 2 夹持

（续）

夹 紧 方 式 及 图 例	
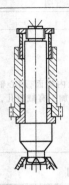	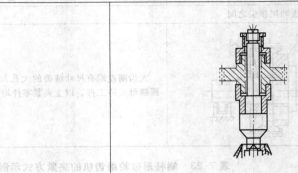
一端有基准内孔的套筒齿轮可用过渡套定心、夹紧	一端有基准近的有孔、带轴齿轮可用过渡套定心、夹紧—
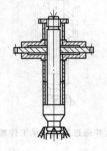	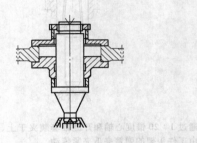
薄片齿轮在以内孔定心下,还应用法兰盘支撑接近工件外圆的端面	带孔的大齿轮通过法兰盘的止口定心,并以端面夹紧。心轴及法兰盘等夹紧零件均应尽量减重

表 7-24 直接安装在工作台上的大齿轮夹紧方式示例

夹 紧 方 式 及 图 例	说　明
	直径大于 300mm 的齿轮,在带工作台的立式磨齿机上加工,夹具以机床工作台中心孔定心,工件以夹具上的止口和端面定心,以压紧盘和螺母夹紧

表 7-25 常用磨齿夹具的选用

夹具类型	简　图	夹具选用说明
圆柱心轴		内孔定位式:如果内孔公差大,则定位精度低,这时可在公差范围内将心轴分成若干档次 外圆找正式:要求保证外圆找正带与内孔同心

（续）

夹具类型	简 图	夹具选用说明
锥度心轴		定位精度高,一般常用锥度范围1:3000~1:4000,但当工件内孔公差大时,工件在心轴上轴向位置变化大,机床调整麻烦,故适用于单件生产
密珠心轴		定位精度高、装卸方便,适用于批量生产。但在制造时对心轴中钢球直径的选配要求严格
液性塑料心轴		定位精度高,装卸方便,适用于批量生产,要求心轴薄壁套的壁厚均匀
整体夹具		适用于中型齿轮,适用范围较小,可通过放里不同直径的垫铁,来扩大其适用范围
端面可调夹具		在使用时,齿轮的基准端面朝上放置,通过调整夹具上的螺钉来保证齿轮基准端面的跳动,内孔不定心,所以要求保证工件外圆找正带与内孔同轴
移动式夹具		适用于大型齿轮,适用范围大
卡罐式夹具		适用于超长轴齿轮,即上端无法定位的长轴齿轮

7.7 磨齿砂轮材料的选择

7.7.1 砂轮的组成和特性

砂轮是由磨料和粘结剂组成的多孔体。砂轮的特性包括磨料、结合剂、硬度、组织及形状等内容。在磨削时，应该根据具体条件选用合适的砂轮。

（1）磨料　组成砂轮磨粒的材料，称为磨料。磨料直接担负着切削工作，经常受到剧烈的摩擦、挤压和高温的作用。因此，必须具有高的硬度、耐热性及一定的韧性，同时还必须具备能形成切削刃的棱角。

常用磨料的种类有氧化铝、碳化硅及超硬类三大类。氧化铝（Al_2O_3），也叫刚玉。刚玉类磨料韧性较好，硬度较低，适合于磨削强度高、韧性大的材料。碳化硅类（SiC）硬度高，磨粒锋利，脆性大而强度较低，适用于磨削脆性材料。超硬类是指金刚石类的磨料。

各种常用磨料的性能见表 7- 26。

表 7- 26　常用磨料的性能

类别	磨料名称	代号		显微硬度	特　　　点	应用范围
		新	旧	HV		
氧化铝类	棕刚玉	A	GZ	1800～2200	呈棕色或灰白色，硬度适中，韧性好。弯曲强度为 880MPa	磨削各种未经淬硬钢及其他韧性材料
	白刚玉	WA	GB	2200～2300	呈白色，硬度比棕刚玉略高，韧性也略差，但磨粒锋利。弯曲强度为 780MPa	磨削各种淬硬钢
	微晶刚玉	MA	GW	2000～2200	颜色与棕刚玉相似，由微晶组成，韧性与自锐性好	磨削各种不锈钢、轴承钢、特种球墨铸铁
	单晶刚玉	SA	GD	2200～2400	呈浅黄色和乳白色，硬度和韧性较白刚玉高，不易破碎	磨削不锈钢、高钒高速钢和其他难加工材料
	铬刚玉	ZA	GG	2200～2300	呈玫瑰红色或紫红色，硬度和白刚玉相似，韧性较高，磨削表面光洁好	磨削淬硬的高速钢、高强度钢、特别用于成形磨削及刀具的刃磨
碳化硅类	黑色碳化硅	C	TH	3100～3280	呈黑色，带有光泽，为片状，硬度为新莫氏 13，比刚玉高，韧性较白刚玉差。弯曲强度为 100～150MPa	磨削铸铁、黄铜等脆性材料及铝、玻璃、陶瓷、岩石、皮革及硬橡胶等
	绿色碳化硅	GC	TL	3280～3400	呈绿色，硬度和脆性比黑色碳化硅略高	磨削硬质合金、宝石、玻璃等
超硬类	人造金刚石	SD	JR	8000～9000	呈黑色、淡绿色或白色，是已知最硬的物质，硬度为新莫氏 15，具有天然金刚石的主要性能	磨削硬质合金、光学玻璃、宝石、陶瓷和玛瑙等高硬度材料
	立方氮化硼	DL	CBN	6000～7000	硬度仅次于金刚石，是一种新型磨料	磨削高硬度、高韧性的不锈钢、高钒高速钢等

磨齿机上最常用的磨料是刚玉类磨料。

棕刚玉又称普通氧化铝，用它制成的陶瓷结合剂砂轮通常为蓝色或浅蓝色。棕刚玉抗弯强度高，能承受较大的磨削力、价格低、应用广泛，适用于磨削碳素钢、合金钢、可锻铸铁等。

白刚玉含氧化铝的纯度极高，呈白色，因此又称白色氧化铝，白刚玉比棕刚玉硬而脆，磨粒锋利。在磨削过程中，磨粒不易磨钝，磨钝的磨粒也较易崩碎而形成新的锋利的刃口。白刚玉的磨削性能较强，磨削热少，磨削力小，可减小工件变形和避免磨削表面产生烧伤、裂纹，适用于精磨各种淬硬钢、高速钢、高碳钢及容易变形的工件。因此，白刚玉常用于刃磨各种高速钢刀具。白刚玉价格高于棕刚玉，不宜用于粗磨。

单晶刚玉的颜色因含杂质的不同而呈浅黄色或白色。单晶刚玉的每颗磨粒基本上是球状多面体的氧化铝单晶体，锋利多棱。在制造过程中，不像其他磨料需要经过机械粉碎，因此磨粒内部不存在伤痕和残余应力，硬度和强度都比白刚玉略高，且砂轮有较高的耐用度。用它制造的砂轮在磨削不锈钢、高钒高速钢等韧性较大、硬度较高的钢材能获得较好的效果。

铬刚玉其硬度与白刚玉相近，而弯曲强度比白刚玉好。用它磨削韧性好的材料，如不锈钢、高钒高速钢时，砂轮的寿命和磨削效率比白刚玉高。同时，这种砂轮能较长久地保持砂轮表面磨粒的等高性，即在同一圆柱面或端平面的面积上有较多的切削刃，在相同条件下磨削表面的表面粗糙度值较小。铬刚玉价格较高，不宜用于粗磨。适于磨削量具、高速钢刀具及成形磨削，是目前磨齿机中应用较广泛的一种磨料。

（2）粒度　粒度是指磨料的粗细程度。粒度是用来表示磨料颗粒几何尺寸的大小。

传统的粒度有两种标记方法（GB/T 2477—1983）：①用筛选法来这分较大的磨粒（制造砂轮用），以每英寸长度上的筛孔数目标记，如 60#粒度是指可以通过每英寸长度上 60 个筛孔的筛网，但不能通过 70 个筛孔的筛网。因此，用这种方法标记的粒度号数越大，颗粒越细。②用显微镜测量来区分微细的磨粒（称微粉，主要供研磨用），以其最大尺寸（μm）前缀代号 W 标记。因此，用这种方法标记的粒度号数越小，则磨粒越细。

现行国家标准 GB/T 2481.1—1998《固结磨具用磨料　粒度组成的检测和标记　第 1 部分：粗磨粒 F4—F220》（eqv ISO 8486-1：1996）标记方法与以上第一种方法一致，如 F60 粒度对应老标准的 60#粒度。GB/T 2481.2—1998《固结磨具用磨料　粒度组成的检测和标记　第 2 部分：微粉 F230-F1200》（eqv ISO 8486-2：1996）微粉粒度分级采用沉降法检验，粒度号数越大，颗粒越细。由于检验方法、等级划分和判别界限发生较大变化，新的"F"微粉系列标号与传统的"W"微粉系列标号含义完全不同，没有准确的对应关系。

通常粒度选择主要依据是工件所需的表面粗糙度（一般情况下，砂轮粒度号与可以达到的表面粗糙度见表 7-27），同时也需要考虑其他一些因素（如磨削效率、材料特性等）。选用小的粒度号（粗粒度）可以提高磨削效率，但磨削表面粗糙度增大。小粒度号的砂轮经过特殊的修整也可磨出低的表面粗糙度，但经济性不及采用大粒度号（细粒度）砂轮。

表 7-27　表面粗糙度与砂轮粒度的近似关系

粒　度	旧标号	30#~36#	46#~60#	80#~120#	150#~W40	W28~W10
	新标号	F30~F36	F46~F60	F80~F120	F150~F280	F320~F800
磨粒基本粒度尺寸范围/μm		710~500	425~250	212~106	106~28	28~7
粗糙度 Ra/μm		2.5~5	0.32~1.25	0.04~0.16	0.04~0.08	Ra0.02~0.04

注：GB/T 2481.1—1998"F"粗磨粒粒度分为 26 个粒度号，即 F4、F5、F6、F7、F8、F10、F12、F14、F16、F20、F22、F24、F30、F36、F40、F46、F54、F60、F70、F80、F90、F100、F120、F150、F180、F220（与 GB/T 2477—1983 中磨粒粒度 4#~220#对应）；GB/T 2481.2—1998"F"微粉系列分为 11 个粒度号，即 F230、F240、F280、F320、F360、F400、F500、F600、F800、F1000、F1200（磨粒粒度范围大致对应 GB/T 2477—1983 中 W50~W3.5）。

1）粗粒度砂轮适用于以下场合：

①材质较软，延伸率大及类似软铁和有色金属等韧性材料。

②进刀量大的场合。

③表面粗糙度要求不高的场合。

④磨削接触面大的场合。

2）细粒度砂轮适用于以下场合：

①材质较硬，脆性较大的材料，如硬质工具钢、玻璃等。

②表面粗糙度要求高的场合。

③ 磨削接触面小的场合。

④ 工件半径或弧度小的场合，如螺纹工具磨削。

（3）结合剂 结合剂的功能是将分散的磨粒黏在一起，黏结成具有一定形状和足够强度的砂轮。砂轮能否耐腐蚀、承受冲击和能否在高速下工作而不致碎裂，以及能否耐磨等特性，都取决于结合剂的性质和使用数量。

目前磨齿机上用的砂轮的结合剂，基本上都是陶瓷结合剂（代号 V，旧代号 A）。

陶瓷结合剂是由耐火黏土、水玻璃等配制而成的一种无机结合剂，它的性能稳定，耐热、耐蚀性好（不怕水、油、普通的酸和碱），砂轮气孔率大、不易为切屑所堵塞，能很好地保持砂轮的廓形，可用于干磨，而且价格低。陶瓷结合剂的缺点是：脆性大、弹性差，不能承受大的冲击力和大的侧面推力。所以不能经受剧烈的震动。一般陶瓷结合剂在 35m/s 以内的速度下使用。再高的速度，需要用特殊的陶瓷结合剂。

除了陶瓷结合剂外，还有树脂结合剂（代号 B，旧代号 S）、橡胶结合剂（代号 R、旧代号 X）等，它们在磨齿机上使用不多。

树脂结合剂山苯酚及甲酸溶液制成的有机结合剂。强度高，弹性、自砺性好，耐热、耐蚀性差。一般用于高速、精磨、抛光的场合，有时也用于珩磨。树脂结合剂砂轮的线速度可用到 45m/s 左右。其存放时间，从出厂日起以一年为限，过期可能变质，要重新检查方可使用。

橡胶结合剂多采用人造橡胶。与树脂结合剂相比，具有更好的弹性和强度，但耐热性差。多用于制作无心磨导轮和切割，开槽用砂轮，砂轮线速度可用至 65m/s 左右。

菱苦土结合剂也是一种无机结合剂。砂轮自砺性好，磨削热少。用于磨削导热性差的材料。

（4）硬度 砂轮的硬度是指砂轮在工作时，磨粒受切削力的作用，从砂轮表面上脱落的难易程度（也就是指结合剂黏结磨粒的牢固程度，砂轮的硬度和磨粒的硬度是两个完全不同的概念）。

砂轮的硬度大，表示磨粒不容易从砂轮上脱落；相反，砂轮的硬度小，表示磨粒容易从砂轮上脱落。砂轮的硬度直接影响砂轮的磨削质量和生产率，如果砂轮太硬，磨钝的磨粒不易脱落，磨削效率低且磨削的齿面粗糙，容易烧伤。如果砂轮太软，则磨粒容易脱落，砂轮损耗大，形状不易保持，影响加工精度。我国规定的砂轮硬度等级与代号见表 7-28。

表 7-28 砂轮的硬度等级与代号

硬度等级名称		代 号
大级	小级	
超软	超软	A、B、C、D、E、F
软	软1	G
	软2	H
	软3	J
中软	中软1	K
	中软2	L
中	中1	M
	中2	N
中硬	中硬1	P
	中硬2	Q
	中硬3	R
硬	硬1	S
	硬2	T
超硬	超硬	Y

正确选择砂轮硬度的原则如下：

1）加工软材料时，要选较硬的砂轮；加工硬材料时，要用较软的砂轮。

这是因为软材料容易磨削，砂轮工作表面的磨粒不易磨钝，为了不使砂轮上的砂粒在未磨钝前就脱落，砂轮就要选硬一点。而工件材料硬时，砂粒容易磨钝，这时为了保持砂轮的切削性能和不烧伤工件，需要使磨钝的砂粒较快脱落而突出新的锋利砂粒（这种性质，称为砂轮的自锐性），砂轮的硬度就要软些。例如，磨淬硬的合金钢和高速钢可选用软 2 ~ 中软 1 （H、J、K），未淬火的钢常用中软 2 ~ 中 2 （L、M、N）。但在磨削特别软而韧的材料时，由于切屑特别容易堵塞砂轮，砂轮的硬度又要选软一些。

2）磨削热导率低的合金钢时，工件磨削区域的热量不容易散出，容易使工件烧伤，因此要选软的和组织松的砂轮。

3）砂轮与工件的接触面积大时，工件容易发热变形，砂轮也应选软些。

4）磨削用量大时，磨粒受力较大，应该选用较硬的砂轮，以免磨粒过早脱落。

5）精磨或成形磨削时，为了保持砂轮外形不变，也要用较硬的砂轮。

6）高速强力磨削时，磨粒容易磨钝，应该选择较软的砂轮。

（5）组织　砂轮的组织是指砂轮结构的疏密程度，如图7-10所示。

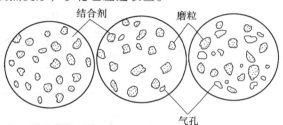

图 7-10　砂轮的组织

根据磨粒在整个砂轮中所占体积的比例，将砂轮的组织分成紧密、中等及疏松三大类 13 级，见表 7-29。

表 7-29　砂轮组织分类及分级

分　类	紧　密					中　等				疏　松		
分　级	0	1	2	3	4	5	6	7	8	9	10	11	12
磨粒占砂轮体积(%)	62	60	58	56	54	52	50	48	46	44	42	40	38

组织号大表示磨粒占有体积百分数小，其中的气孔就多。砂轮中的气孔可以容纳切屑，使砂轮不易堵塞，又可以将冷却液或空气带入磨削区域，从而使磨削区域的温度降低，减少工件的发热变形，避免产生烧伤及裂纹。因此，对于质软的有色金属及非金属等的粗精磨常采用大气孔砂轮，它和一般砂轮的区别是其中有较大的气孔（气孔尺寸约 0.7 ~ 1.4mm）。同时，在磨削一些热敏性大的材料、薄壁工件和干磨工序中（如刃磨硬质合金刀具和机床导轨等），也有良好的效果。在国产 Y7550 等内齿轮磨床上使用大气孔砂轮，效果也不错。但过分疏松的砂轮，其磨粒含量少，容易磨钝，增大砂轮消耗，且使工件表面粗糙度值增大。

组织号小表示磨粒占有体积百分数大，组织紧密，故砂轮易被切屑堵塞，磨削效率低，但可承受较大的磨削压力，砂轮廓形易于保持不变，磨削表面的粗糙度较小。

一般说来，紧密组织的砂轮适用于磨削精度较高和砂轮对工件压力大的情况，中等组织的砂轮进行一般的磨削，松组织的砂轮则适用于接触面较大及材料较软的工件，以及砂轮对工件压力较小的情况。

7.7.2　砂轮的名称、形状、尺寸、代号及用途

因为被磨削工件的形状和大小不同，所以需要制作成各种不同形状和尺寸的砂轮，但也不可能是一种砂轮只能磨削一种规格的工件。常用的砂轮有平形、筒形、碗形和薄片等，可分别用于磨削

内外圆、平面、刀具刃磨及开槽、切割等，有时还可用于清理工件表面的飞边、毛刺，磨齿机砂轮的形状和代号见表 7-30。砂轮主要尺寸部分系列见表 7-31。

表 7-30　磨齿机砂轮的形状和代号

砂轮名称	代号 新(旧)	断　面　图	使　用　场　合
平形砂轮	1 (P)		成形磨齿机 （特殊磨削，如磨削矩形花键）、 蜗杆砂轮磨齿机
单斜边砂轮	3 (PDX)		成形磨齿机 （特殊单面磨削情况）
双斜边砂轮	4 (PSX)		锥面砂轮磨齿机、 成形砂轮磨齿机
碟形一号砂轮	12a (D_1)		大平面砂轮磨齿机
碟形三号砂轮	(D_3)		碟形砂轮磨齿机
蜗杆砂轮 （PMC 型）	—		蜗杆砂轮磨齿机 （专用陶瓷结合剂砂轮 JB/T 8373—2012）

砂轮的特性是用国家规定的统一代号标注在砂轮端面上，其代号次序如下：

砂轮形状—尺寸—磨料—粒度—硬度—组织—结合剂—最高使用圆周速度

例如：4—400×80×127—A 60 L5 V—35 GB2485，表示该砂轮为：双斜边砂轮（旧代号则标注PSX），外径 400mm，厚度 80mm，孔径 127mm，棕刚玉磨料，粒度 F60，中软 2 硬度，中等 5 级组织，陶瓷结合剂，最大磨削速度为 35m/s。

表 7-31　砂轮主要尺寸部分系列 （单位：mm）

外　径		厚　度		孔　径	
系列 1	系列 2	系列 1	系列 2	系列 1	系列 2
25		2.0		16	
	30	2.5		20	
32			3	25	
	35	3.2		32	
40		4		40	
	45	5			50
50		6		50.8	
	60	8			75
63		10		76.2	
	70	13		127	
80		16			203
	90	20		203.2	
100		25		304.8	
125		32			305
150		40		508	
	175	50			
200		63			
250			75		
300		80			
350		100			
400		125			
450		150			
500		200			
600					

注：系列 1 为优先系列；系列 2 为过渡系列。

7.7.3　磨齿机使用的砂轮选择

选择砂轮是磨齿加工中的一个重要环节。砂轮对磨齿过程的影响涉及加工精度、表面质量和磨齿效率，选择时要考虑下列因素：工件材料的强度、硬度、韧性、导热性；工件的热处理方法，如正火、调质、表淬、渗碳淬火等；工件的精度、表面粗糙度要求；工件的形状和尺寸、磨齿余量；磨齿方法和磨床结构；切削液的种类等。

（1）磨料的选择　主要与工件材料及其热处理方法有关。

1）未经淬硬或调质的碳素钢、一般合金钢、可锻铸铁的齿轮粗磨，选择棕刚玉磨料。

2）经过淬硬或调质的碳素钢、合金钢的齿轮精磨，高速钢齿轮刀具的刃磨，选择白刚玉磨料。

3）成形法磨齿、技术要求高的齿轮刀具的刃磨，选择铬刚玉磨料。

4）采用高性能高速钢制造的齿轮刀具的刃磨，选择单晶刚玉磨料。

5）铸铁齿轮选用黑色碳化硅磨料。

（2）粒度的选择

1）粗磨允许齿面表面粗糙度大，为了提高磨齿效率，选择较小的粒度号。

2）精磨和齿轮刀具的刃磨，允许齿面表面粗糙度小，选择较大的粒度号。

3）成形法磨齿时磨削接触面积大，要求选择较小的粒度号，但为了保持砂轮廓形，又要求选择较大的粒度号。在这两种互相矛盾的要求中，一般以后者为主。

4）磨削韧性大或导热性能差的材料时选用较小的粒度号。

5）干磨比湿磨选用较小的粒度号。砂轮粒度的选择见表7-32。

表 7-32　砂轮粒度的选择（F系列粒度）

工　　件	粗　　磨	精　　磨	精细刃磨
齿　轮	F36、F40、F46	F46、F54、F60	—
齿轮刀具	F60、F70、F80	F100、F120、F150	F230、F240、F280

（3）硬度的选择　主要与加工材料的性质有关。磨削材料强度高的齿轮，磨粒容易磨钝，为了保持砂轮的自砺性，选用较软的砂轮；磨削强度低的齿轮，磨粒不易脱落，为了提高磨齿效率，选用较硬的砂轮。硬度等级推荐按表7-33选择。

表 7-33　砂轮硬度的选择

齿轮或 刀具材料	未淬硬钢	调质钢	淬硬钢 渗碳淬火	高速钢 插齿刀	高速钢 剃齿刀	铸铁
粗　磨	N～M	M～L	K～H	K～H	H	N～L
精　磨	L～K	M～K				M～K

（4）组织的选择　一般选用中等组织号，常用4～7号，疏松组织（9～12号）的砂轮一般较软，加工表面粗糙度较大，故适用于粗磨。对于软性金属如铝，非金属软材料如橡胶，塑料等宜选择很疏松（10～12号）的砂轮以改善容屑排屑条件，避免砂轮堵塞。

（5）结合剂的选择　除非特殊需要选用树脂结合剂外，磨齿一般都采用陶瓷结合剂。

表7-34是几种典型磨齿机使用的砂轮选择表，可供参考。

表 7-34　几种典型磨齿机使用的砂轮

磨齿机类型	代表性机床	齿轮模数/mm	使用的砂轮（旧代号）
大平面砂轮	Y7125、 Y7432、 5892A（俄）	2～12	WA（WA/ZA）F46～F60（46#～60#）R2～3AD₁
			WA（WA/ZA）F80～F150（80#～150#）R2～3AD₁
碟形双砂轮型	MAAG（瑞士）	4～16	WA（WA/ZA）F46～F60（46#～60#）R1～3AD₃
	Y7032、 Y70160	2～12	WA（WA/ZA）F46～F60（46#～60#）R3～ZR3AD₃
锥面砂轮型	Y7131、 Y7132	1.5～6	WA（WA/ZA）F60～F80（60#～80#）ZR2～Z1APSX₁
蜗杆砂轮型	Y7215、 Y7120K、 5832（俄）	1.25～2	WAF120～F150（120#～150#）ZR2AP
		0.5～1	WAF120～W40（120#～W40）ZR2AP
		0.3～0.4	WAW40Z1AP
		0.1～0.3	WAW20～28Z1AP

（续）

磨齿机类型	代表性机床	齿轮模数/mm	使用的砂轮（旧代号）
成形砂轮型	Y7550、586（俄）	>2	WAF60~F80(60#~80#)ZR1~2A

注：1. 刀的材料通常是 W18Cr4V，淬火硬度为 63~66HRC，所以应用的磨料大多是白刚玉 WA。表中的 WA/ZA 是白刚玉和铬刚玉的混合磨料，它兼有两种磨料的优点，能获得较好的磨削效果。

2. 表中的粒度、硬度有一个范围，可以照前面所说的选择原则，按工件材料、切削条件等选用，如精磨时粒度应比粗磨时细些，磨硬材料时砂轮选软些等。

3. 用成形砂轮磨削时，砂轮与工件的接触面积大，发热大，容易造成烧焦，所以砂轮最好选得软些。但是软的砂轮磨损快，在磨削齿数多的齿轮时，会影响齿轮的精度。这是一个矛盾，所以选择砂轮硬度要综合各种因素来考虑。

4. 干磨时（如大平面砂轮型、碟形双砂轮型等机床都是用干磨），散热条件较差，所以砂轮的硬度要软些，组织要松些，粒度要粗些。但是，粒度太粗，又可能使工件表面粗糙度达不到要求，这一点也要注意。

5. 锥面砂轮型磨齿机上，砂轮磨损后，不像碟形双砂轮那样可以自动补偿。同时，它又可以湿磨，散热条件较好。所以，选用的砂轮硬度可以比碟形双砂轮的稍硬一点，以免它很快磨损。

6. 蜗杆砂轮磨小模数齿轮时，粒度要细（模数越小，粗度越细），硬度稍高并且砂轮的粒度和硬度要均匀，否则不容易保证齿形的精度。

7. 磨齿机上使用的砂轮，必须经过仔细的平衡，否则磨削时会有振动，影响磨齿光洁程度。有些试验表明，大平面砂轮、锥面砂轮和碟形砂轮，只要经过静平衡就可以了。而蜗杆砂轮，由于它的宽度大，最好要经过动平衡。例如，在莱斯豪威尔 ZB 型蜗杆砂轮磨齿机上磨削模数 1.5mm、齿数 80 的齿轮，砂轮经静平衡后，磨出的齿形误差为 4~7μm，而经过动平衡后，齿形误差可以减少到 2~3μm。

7.7.4 砂轮的安装、平衡、存放

砂轮属于高速旋转物体，其线速度很高，尤其是高速切削下的线速度极高，因此在使用前必须仔细地检查安装是否正确、牢固，以免发生振动与破裂，造成人身和设备事故，且影响加工质量。

（1）砂轮的安装 安装前要仔细检查有无裂纹。将砂轮吊起用木槌轻敲，听其声音，声音清脆和有回音的，是没有裂纹的砂轮；声音嘶哑的、有裂纹及受潮的砂轮，严禁使用。

磨齿机的砂轮一般用法兰盘装夹，砂轮孔与法兰盘轴颈的间隙要适当，一般为 0.1~0.5mm。如果砂轮孔与法兰盘轴颈配合过紧，可以修刮砂轮内孔而不可用力将砂轮压入，以免砂轮碎裂。如果配合过松，则砂轮与法兰盘将存在安装偏心，应在法兰盘轴颈上垫一层纸片；如果配合间隙很大，则应重新配制法兰盘。砂轮两端与法兰盘的接触面积要相等，并在法兰盘与砂轮之间两侧都垫上 0.5~2mm 厚的衬垫。衬垫可用厚纸板，其直径比法兰盘外径略大。

砂轮在法兰盘上装夹后装上磨齿机主轴后，法兰盘锥孔与主轴应有可靠的接触面。

（2）砂轮的平衡 由于砂轮是高速旋转件，且其内部组织的密度可能会存在不一致，外形也不一定是正圆形，为了使砂轮平稳地工作，一般直径较大的砂轮都夹固在法兰盘上，在法兰盘上的砂轮必须经过平衡，才能装到磨齿机上。否则将会引起机床振动，严重影响机床精度和磨削质量。

砂轮的平衡一般采用静平衡。如图 7-11 所示，静平衡

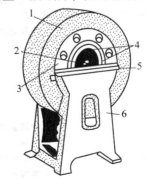

图 7-11 砂轮的平衡
1—砂轮 2—心轴 3—法兰盘
4—平衡块 5—平衡轨道 6—平衡架

是在平衡架上调节装在法兰盘上的平衡块的位置实现的（在砂轮法兰盘的环形槽内装入几块平衡块，通过调整平衡块的位置使砂轮重心与它的回转轴线重合）。

新砂轮必须经过两次平衡。第一次平衡后，将砂轮装在磨齿机主轴上，利用砂轮修整器将砂轮工作表面全部修整后，再拆下进行第二次平衡。有时，砂轮工作一段时间后会发现工件齿面出现多角形振痕，这时须将砂轮拆下重新平衡后再使用。

（3）砂轮的存放　砂轮的存放对砂轮的使用寿命有很大影响。存放砂轮一定要防止受腐蚀、受潮、受压。砂轮受腐蚀后，会使结合剂黏结牢度降低；受潮，特别是局部受潮后，砂轮很难平衡；受压后，砂轮会变形。砂轮应分类、分规格存放，以免用错。

7.8　磨齿缺陷和解决方法

各种磨齿机的结构上的差异，特别是展成元件和分度元件的不同，所以它们经常出现的加工误差和所采用的校正方法也不尽相同。

（1）蜗杆砂轮磨齿机（YE7272、AZA）　齿形误差见表7-35，齿向误差见表7-36。

表 7-35　蜗杆砂轮磨齿机齿形误差

齿形形状	原因及纠正措施	齿形形状	原因及纠正措施
	压力角偏小（-）或压力角偏大（+） 重新调整金刚石滚轮修整器装置的角度整规块值		齿顶塌入 金刚石滚轮顶端磨损或修整进给量及修整次数不当 重新更换滚轮或改变修整参数
	齿顶凸出 砂轮齿形有效深度不足；对于用滚压轮预开齿槽的砂轮，开槽太宽或中心偏移也会引起此类误差 采取相应措施		大波齿形 检查砂轮动平衡；检查砂轮上轴的一次误差；检查砂轮法兰与主轴的接触情况；检查砂轮上的冷却水是否甩干
	不规则齿形 金刚石滚轮不均匀磨损；砂轮粒度不当 更换金刚石滚轮，采用较细粒度的砂轮		中凹齿形 少齿数齿轮、正变位系数较大或采用凸头滚刀预切齿时，均会产生较大的中凹齿形 采用此种滚刀预切齿，在磨齿时改变磨削用量参数，最终精磨行程采用夹紧磨削
	中波齿形（改变齿数模数时，节距不变） 修整丝杆轴向窜动；传动齿轮与交换齿轮安装误差 检查并修复相应部位		齿形一致性差 加工中心与测量重心不一致；心轴中心孔接触差；工件夹头脏或有缺陷；阻尼压力的调整不当；交换齿轮轴向窜动 采取相应纠正措施，仔细安排最终精磨行程

表 7-36　蜗杆砂轮磨齿机齿向误差

齿向曲线形状	原因及纠正措施	齿向曲线形状	原因及纠正措施
（曲线图）	上端行程长度不足 重新调整	（曲线图）	阻尼压力太大 检查和调整阻尼压力
（曲线图）	下端行程出头量过长 重新调整	（曲线图）	头尾架对中精度差 调整尾架
（曲线图）	工件架回转角不当 重新调整	（曲线图）	精磨时进给量太大,走刀速度太快 减小磨削用量
（曲线图）	差动交换齿轮比不当 进行小调整	（曲线图）	阻尼泵压太低 增大阻尼压力
（曲线图）左　右　下	阻尼泵压力太小 检查和调整阻尼压力		

（2）锥面砂轮磨齿机　锥面砂轮磨齿机的缺陷项目、原因及纠正措施见表 7-37、表 7-38。

表 7-37　锥面砂轮磨齿机（Y7132A）的缺陷项目

缺陷项目	原因及纠正措施	缺陷项目	原因及纠正措施
压力角偏大	1）砂轮修正器修正杆夹角偏大,致使砂轮压力角偏大 2）钢带滚盘直径偏小 3）钢带附加运动速度偏大 4）钢带附加运动方向错误 需检查调整	齿形不规则,有中凸或中凹现象	1）砂轮修整器修整杆导轨直线性不符合要求,楔铁螺钉偏松 2）金刚钻运动轨迹未通过砂轮轴线,致使砂轮廓形中凸 3）砂轮架滑座冲击大 4）头架导轨润滑油太多,有飘浮现象 需做相应的检查调整
压力角偏小	1）砂轮修正器修正杆夹角偏小,致使砂轮压力角偏小 2）钢带滚盘直径偏大 3）钢带附加运动速度偏小 4）钢带附加运动方向错误 需检查调整	齿距偏差超差	1）蜗杆轴向跳动大于 0.002mm 2）蜗杆副啮合侧隙大 0.015mm 3）蜗杆、蜗轮表面拉毛或不洁 4）定位爪与单槽定位盘的槽接触不良 5）蜗杆、蜗轮自身的齿距偏差不符合要求 6）分度交换齿轮侧隙偏大,齿面有毛刺 7）分度交换齿轮键槽配合偏松 需做相应的检查调整
齿顶塌角	1）换向阀未调好,台面换向冲击大 2）四根钢带不同面,松紧程度不一致 3）修整砂轮时,金刚钻行程长度不足 4）修整器燕尾导轨未塞紧 5）钢带滚盘圆度不符合要求 6）砂轮磨损不均匀(开齿坯时更易产生) 需做相应的检查调整(修整)	齿距累积误差超差	1）头尾架顶尖同轴度误差大于 0.015mm 2）头架顶尖跳动大于 0.002mm 3）头尾架顶尖敲毛 4）尾架主轴体壳配合间隙偏大 5）工件心轴夹头装夹螺钉拧得太紧 6）工件心轴跳动偏大,中心孔不圆,与顶尖接触不良 7）分度蜗轮外圆径向圆跳动偏大 8）磨前齿轮齿距累积误差偏大 需做相应的检查调整
齿根凹入	1）修整砂轮时,金刚钻行程长度不足 2）砂轮磨损不均匀 需做相应的检查调整和修整	齿线直线性差	1）砂轮架滑座振动 2）滑座、立柱导轨直线性差,接触不良 3）润滑油太多,台面有飘浮现象 4）滑座行程长度太短 需做相应的检查调整

（续）

缺陷项目	原因及纠正措施	缺陷项目	原因及纠正措施
齿面两侧齿有方向相同的齿向误差	立柱回转角度有误差需做相应的检查调整	齿面两侧的齿向误差相反	工件轴线与滑座的运动方向在垂直面内不平行需做相应的检查,提高安装精度

表 7-38　锥面砂轮磨齿机（Y7163、ZSTZ630C2）的缺陷项目

缺陷项目	原因及纠正措施	缺陷项目	原因及纠正措施
齿形误差	1)展成长度调整太短 2)进给量太大 3)砂轮每双行程冲程运动展成进给太大 4)展成丝杆、蜗杆轴向窜动,蜗杆副磨损 5)修整器金刚笔磨损,或修整参数调整不当 6)台面直线运动阻尼松弛或不均匀 需重新调整有关参数或更换有关零件	齿圈径向圆跳动误差	1)工件安装偏心 2)测量中心与加工中心不一致 需校正加工时的安装定位基准和测量基准
		齿距误差	1)砂轮进退重复定位精度降低 2)砂轮磨损 3)工作台回转阻尼松弛 4)分度装置故障 5)展成丝杆和蜗杆轴向窜动 6)工件安装偏心 7)砂轮主轴精度降低 8)进给位置不当 需做相应的检查、测量调整或更换及修整有关零部件
基节误差	1)砂轮磨削角偏大或偏小 2)金刚笔变钝 3)磨斜齿轮时,交换齿轮搭配不当 需重新调整,更换金刚笔,重新计算交换齿轮	齿面质量问题（表面粗糙度、波纹度等）	1)砂轮平衡欠佳 2)砂轮驱动传动带松弛或磨损 3)砂轮主轴精度降低 4)砂轮选用不当 5)滑座行程驱动块中有间隙 6)滑座导轨间隙过大 需做相应的检查调整,包括更换有关的零部件
齿向误差	1)转臂调整不当 2)滑座行程速度太高 3)滑座导轨间隙太大 4)磨斜齿轮时,交换齿轮搭配不当 需重新调整有关环节,重新计算交换齿轮		

（3）大平面砂轮磨齿机　大平面砂轮磨齿机的缺陷项目、原因及纠正措施见表 7-39。

表 7-39　大平面砂轮磨齿机的缺陷项目

缺陷项目	原因及纠正措施
压力角误差	小幅调整滑座导轨的安装角
齿形的齿根部凸起	1)展成长度不足或展成位置调整不当 2)砂轮离开工件中心太远 3)齿根部余量过大,砂轮让刀及磨损 需重新调整,减小根部余量
齿形的齿根部凹坑	1)砂轮离工件中心太近 2)不允许自由通磨条件下进行通磨 需把砂轮移远工件中心,改变磨削角或调整工件展成长度
齿形的齿根高部分上增厚	1)渐开线凸轮磨损 2)砂轮修整器导轨有问题 需检查和调整修整器导轨,修磨渐开线凸轮

（续）

缺陷项目	原因及纠正措施
齿形的齿顶部分上增厚	展成长度不够或展成位置不当,使齿顶部没有磨完全 需做相应的调整
齿顶塌角	由于磨到接近齿顶时,磨削面积和磨削力减小,而此时砂轮部位厚度和刚性增加,故而容易多磨去一些余量。在磨齿根部时,情况相反,磨去余量减小 纠正措施如下: 1)正确调整分度位置,待分度爪插入分度板后,开始磨削齿顶部 2)减小进给量,并多次光刀 3)调整展成位置,用展成不完全来补偿齿顶坍角 4)用砂轮修形的办法,补偿坍角误差
齿形表面波浪形	1)砂轮没有平衡好 2)砂轮主轴轴向、径向跳动超差 3)工件主轴轴承磨损 需做相应检查和修整,平衡好砂轮
齿距误差	1)分度盘、工件、滚圆盘安装误差 2)分度机构的调整和动作缺陷 3)工件主轴轴承磨损 需做相应的检查和修整,提高安装精度
牙齿两侧面齿向同方向倾斜	小幅调整磨削螺旋角
180°方向上牙齿两侧面齿向产生相反方向的偏斜	工件轴线与工件主轴旋转轴线不重合 需提高工件安装精度,检查调整主轴偏摆
牙齿齿向成鼓形或凹形	砂轮工作面不是平面,而修整成内凹锥面或外凸锥面 需调整修整位置,使修整器运动轨迹垂直砂轮轴线
齿面表面粗糙度值大	1)选用砂轮的硬度和粒度不当 2)磨削用量和磨削循环组合不当 3)砂轮平衡不好 4)修整器磨钝 需采用相应纠正措施

　　（4）碟形砂轮磨齿机（Y7032A、SD32X、HSS30BC）　碟形砂轮磨齿机的缺陷、原因及纠正措施见表 7-40。

表 7-40　碟形砂轮磨齿机的缺陷项目

缺陷项目	磨削方式	原因及纠正措施
压力角偏大或偏小	15°、20°	1)砂轮磨削角大 2)滚圆盘直径小 3)"X"机构的差动行程调整不当 需重新调整
	0°	1)滚圆直径偏小或偏大 2)当砂轮外圆高于基圆时,产生压力角偏大 需做相应调整
齿面塌角	0°、15°、20°	砂轮刚性差。需采取措施如下: 1)减少磨削深度 2)保持砂轮锋利,经常进行修整 3)多次光刀

（续）

缺陷项目	磨削方式	原因及纠正措施
齿根凹入	0°	展成长度太长 需适当减小展成长度
	15°、20°	砂轮切入齿槽太深 需减小切入深度
齿顶凸出	0°、15°、20°	展成长度太短,造成不完全展成 需适当加大展成长度
齿根凸出	15°、20°	1)砂轮切入齿槽不够深 2)展成长度太短 需做相应调整
	0°	展成长度太短 需适当加大展成长度
螺旋角偏大或偏小	0°、15°、20°	导向机构角度调整不当 需重新调整
齿向直线性差	0°、15°、20°	1)导向机构磨损或有间隙 2)切削用量过大 需修整导向机构,选择适当的切削用量
齿距误差	0°、15°、20°	1)分度板精度超差 2)砂轮自动补偿失灵 3)砂轮轴向窜动 需做相应的修理调整,更换分度板
累积误差	0°、15°、20°	1)分度板安装偏心 2)头架顶尖振摆大 3)头尾架顶尖不同心 4)工件安装偏心 需做相应检查和修整

（5）成形砂轮磨齿机　成形砂轮磨齿机的缺陷项目、原因及纠正措施见表7-41。

表 7-41　成形砂轮磨齿机的缺陷项目

缺陷项目	原因及纠正措施
压力角偏小	砂轮径向坐标位置偏差(机床原因) 利用标定过的标准齿轮修正坐标
压力角偏大	工件温升过大 检查切削液及供给情况、砂轮修整频率,合理控制磨削功率
左右齿面压力角偏差方向相反	砂轮轴向坐标位置偏差(机床原因) 利用标定过的标准齿轮修正坐标
齿形的齿根部凸起	磨削深度不足或齿根部余量过大 核算渐开线起始圆,减小根部余量
齿形的齿顶部分上增厚	砂轮修整曲线不完全(砂轮厚度不足),使齿顶部没有磨完全 需增加砂轮厚度
齿形表面波浪形	1)砂轮没有平衡好 2)砂轮主轴轴向、径向跳动超差 需做相应检查和修整,平衡好砂轮
齿距误差	1)分度机构的调整和动作缺陷 2)工件安装偏心 需做相应的检查和修整,提高安装精度
牙齿两侧面齿向同方向倾斜	1)小幅调整磨削螺旋角 2)机床立柱倾斜,检查调整机床

（续）

缺陷项目	原因及纠正措施
牙齿两侧面齿向反方向倾斜	1）工件安装倾斜（端面跳动超差），提高安装精度 2）精磨余量过大，增加磨削次数 3）机床立柱倾斜，检查调整机床
180°方向上牙齿两侧面齿向产生相反方向的偏斜	工件轴线与工件主轴旋转轴线不重合 需提高工件安装精度，检查调整主轴偏摆
齿面表面粗糙度差	1）选用砂轮的硬度和粒度不当 2）磨削用量和磨削循环组合不当 3）砂轮平衡不好 4）金刚滚轮磨钝 需采用相应纠正措施

7.9　磨齿技术的新发展

7.9.1　磨齿机发展趋势

尽管现代加工装备的生产工效与传统老装备相比，已经发生了重大的跨越，但人们对加工装备生产效率、生产质量等指标的追求总是无穷尽的。近十年间，齿轮磨齿机的发展呈现在以下几个趋势。

（1）全数控化　为了提高磨齿效率，除了缩短加工时间，采用高速加工方法外，在机床调整、工件装夹、砂轮修整、砂轮自动对刀、磨头更换等辅助加工时间的节约方面也做得越来越好，磨齿机的数控坐标轴数越来越多。

瑞士奥利康-马格（Oerlikon-Maag）公司的 OPAL 系列 CNC 成形磨齿机数控轴数为 11 个；莱斯豪尔（Reishauer）公司 RZ150 的 CNC 蜗杆砂轮磨齿机数控轴数达 13 个；格里森-胡尔特（Gleason-HURTH）公司的 245TWG 高速数控蜗杆砂轮磨齿机数控坐标轴（含修整器的 6 根）更达 14 个之多。格林森-普法特（Gleason-Pfauter）公司的新一代 CNC 磨齿机，借助功能扩展智能软件，还可实现：①纠偏磨削（补偿找正误差）——可将找正时间省掉 80% 以上；②逐齿智能磨削（据工件余量分布情况）——明显节约粗磨时间，对热处理后直接磨削的齿轮尤为适合。

（2）高精度化　数控砂轮修整器、伺服系统、数字检测系统等制造技术的提高，为现代磨齿机加工精度的提高奠定了基础。2~4 级的机床保证精度不再是先进水平的标杆。

（3）高速、高效化　随着 CNC 水平的快速提高及电子齿轮箱、滚动导轨、高速陶瓷轴承、高速电主轴、力矩电动机等伺服系统制造技术的飞速发展，机床不断向高速、高效化发展。

采用带有冷却装置的陶瓷球轴承支承的磨头转速可高达 20000r/min，如意大利桑浦坦斯利（Sanputensili）公司 S-G 系列磨齿机，磨头主轴最高转速 18000r/min（选项 25000r/min），工作台转速最高达到了 2000r/min 以上；格林森-普法特公司的 P60 滚-磨齿复合机床工作台转速达到了 3000r/min，采用 CBN 砂轮时磨削速度最高可超过 100m/s。

格林森公司 245TWG 型数控蜗杆砂轮磨齿机采用高速多线蜗杆砂轮，磨齿效率高于普通单线蜗杆砂轮 5~10 倍，磨削一个典型轿车末级减速齿轮齿圈只需 1min 左右。

在 2014 年德国国际磨削技术与设备展览会上参展的陶瓷普通固结磨具（包括磨齿砂轮）的许用工作线速度普遍达到 80~100m/s。

（4）功能复合化及自动化上下料装置即将成为磨齿机的标准配置　Reishauer 公司的 RZF 磨-珩复合磨齿机、Kapp 公司的 KX300 磨齿中心、Samputensili 公司的 S400GT 以及 Liebherr 公司的

LCS280 蜗杆-成形磨齿机可先用 CBN 蜗杆大砂轮进行粗磨，再用 CBN 小成形砂轮精磨齿轮。Gleason-Pfauter 集团的 P60 滚-磨齿复合机床，先用铣刀加工双头蜗杆，再用 CBN 砂轮磨削蜗杆，并具有去除蜗杆端面毛刺的功能，机床还配备由自动对刀机构和工件自动上下料、料仓。

国内的重庆机床集团在 CCMT 2012 及 CIMT 2013 展出了具有 10 轴数控、5 轴联动的 YW7232CNC 数控万能磨齿机，如图 7-12 所示。YW7232CNC 型磨齿机同时具有蜗杆砂轮磨和成形砂轮磨两种功能，此项技术填补了国内空白。该磨齿机加工精度可达 GB/T10095.1—2008 中 3 ~ 4 级。与传统磨齿机相比，其加工效率是传统机型的 5~10 倍。机床通过控制系统的多通道平台，柔性控制 10 个数控轴，实现工件自动装夹、自动砂轮修整、高速自动对刀、AE 自动磨削工艺监控、自动分配磨削余量、自动磨削等整个加工过程的全自动控制。

（5）CNC 蜗杆砂轮、成形砂轮磨齿机成为无争议的主流产品　CNC 蜗杆砂轮磨齿机、成形砂轮磨齿机已是目前圆柱齿轮齿面精加工的最主流的机床。

从磨齿机的发展来看，数控成形磨齿机较高的生产效率、良好的万能性和不断提高的磨削精度，在中等模数（模数在 20mm 以下）领域已完全取代了碟形双砂轮磨齿机。随着磨削精度的不断提高和价格的逐步下降，数控成形磨齿机也将部分取代大平面砂轮磨齿机及摆线磨齿机。因此，数控成形磨齿机与高效的蜗杆砂轮磨齿机已快速成为齿轮精加工的主流设备。

图 7-12　YW7232CNC 型磨齿机（重庆机床集团）

注：最大加工直径为 320mm；最大加工模数为 6mm；砂轮最高转速为 10000r/min；工作台最高转速为 1000r/min。

7.9.2　几种国内外新型复合机床简介

（1）Gleason titan 1200G（1500G）磨齿机（德国 Gleason-PFAUTER 产）　大型展成、成形磨削复合磨齿机，具有全自动换刀功能（2~4 片砂轮）。蜗杆砂轮展成磨削，一般作为高效粗加工工序。粗加工时，也可同时使用 2 片砂轮进行高效加工（图 7-13）。

1）Gleason titan 1200G 主要技术参数：公称工件直径为 1200mm；中心距（砂轮中心至工作台中心）为 100~950mm；最大轴向行程，标准为 700mm，可选 1000mm、1300mm；快速进给速度，轴向为 12m/min（可选 20m/min），径向为 12m/min；砂轮至工作台面最小距离为 350mm；工作台中心孔直径为 250mm；工作台直径为 800mm；工作台面标高为 1100mm。

2）强力磨削——蜗杆砂轮磨削时的参数：最大模数为 14mm；工作主轴动力为 24kW（90N·m）；工作主轴最高转速为 5500r/min；蜗杆砂轮最大外径为 350mm；蜗杆砂轮最大宽度为 160mm。

3）成形磨削时的参数：最大磨削齿度为 80；砂轮最大宽度为 100mm；工作主轴动力为 24kW（90N·m）；工作主轴最高转速为 5500r/min；砂轮最大外径为 450mm；砂轮最小可修整直径为 175mm；砂轮孔径

2 片及多片砂轮磨削

图 7-13　Gleason titan 1200G 磨齿机

为 127mm。

机床质量（不含冷却系统）为 40000kg；机床轮廓尺寸（长 × 宽 × 高）为 8070mm × 5020mm×4000mm。

4）Gleason titan 1500G 参数：公称工件直径为 1500mm；中心距（砂轮中心至工作台中心）为 100~1100mm；其他参数与 1200G 一致。

另外，Gleason 300TWG 高速数控蜗杆砂轮磨齿机也具备成形磨削功能。

（2）霍夫勒 VIPER 500W 磨齿机　霍夫勒 VIPER 500 型号磨齿机为直径至 500mm 的工件而设计，如图 7-14 所示。适用于中小尺寸工件的批量生产。为了适用于特殊的要求，该机床拥有三种型号供用户选择：

成形磨削（标准型）；特殊工件以及多砂轮磨削技术应用（K 型号）；蜗杆砂轮磨削（W 型号）。

VIPER 500W 机型可一机实现成形磨和蜗杆砂轮磨功能，刀具更换方便省时。采用干式磨削，无须磨削油泵站。更换磨削功能时，只需更换砂轮、法兰以及修整滚轮即可。机床可以配置不同尺寸型号的内磨臂，可以实现外齿加工到内齿加工的转换。

VIPER 500W 磨齿机主要规格参数：工件直径为 500mm；模数范围为 0.5~13mm；砂轮架角度范围为 −45° ~ +180°；砂轮最大直径为 350~221mm；砂轮最大宽度为 150mm；最大快速进给速度为 20m/min。

图 7-14　霍夫勒 VIPER 500W 磨齿机

第 8 章　内齿轮加工

8.1　切齿机床的选择

8.1.1　直齿内齿轮的加工

几乎所有的立式插齿机都可以加工内齿轮，然而并不是所有的内齿轮都可以在任意一台插齿机上加工，因为机床的规格性能是多种多样的。

同类型插齿机的布局和结构型式大体相同，即使有些差别，只是机床所采用的结构不一样而已。

装夹被加工内齿轮时，首先要认清基准面，然后仔细找正。对于薄壁内齿圈要轻夹或尽量不用夹紧的方法，然而端面压紧的办法较妥，如图 8-1 所示。

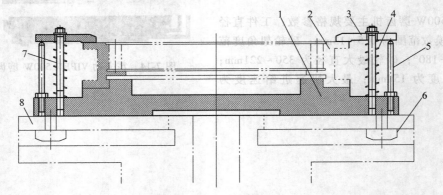

图 8-1　夹紧内齿轮的夹具

1—夹具　2—内齿圈　3—压板　4—弹簧　5—支撑杆　6—T 形螺钉　7—双头螺栓　8—机床工作台

加工内齿轮时，插齿刀位于轮坯齿圈内侧，要做到相切，考虑到插齿刀刀齿的修磨影响。精确的对刀，应该让插齿刀刀尖跟轮坯齿顶圆之间留有 0.1mm 左右间隙，这一间隙也考虑到轮坯齿顶圆的实际尺寸。在机床测量公法线长度（或量柱距 M）以后，根据其值的大小再进行适当的调整，直至加工到尺寸为止。

在修理使用上，单件的内齿圈也可以用成形刀在一般插床上插削加工。

8.1.2　斜齿内齿轮的加工

1. 在插齿机上的加工方法

斜齿内齿轮是用斜齿插齿刀来加工的。这种插齿刀由于齿的齿向不同，分为右旋斜齿插齿刀和左旋斜齿插齿刀两种。我们可以把斜齿插齿刀看成是个磨有切削刀刃的斜齿轮。右旋斜齿轮只能跟右旋斜齿内齿轮啮合，所以加工右旋斜齿内齿轮的时候，应用右旋斜齿插齿刀。同理，应该用左旋斜齿插齿刀加工左旋斜齿内齿轮。

在插齿机上加工直齿内齿轮的方法、机床调整的程序，也可适用于加工斜齿内齿轮。不过有一点是不同的，即加工斜齿轮的时候，不管是外齿轮，还是内齿轮，都必须把刀架内的直线形导轨改为螺旋导轨，除使插齿刀进行往复运动外，还要进行附加的旋转运动来形成斜齿（图 8-2）。

直线形的或者螺旋形的导轨都有两个：一个是固定导轨，它跟刀架的蜗轮连在一起，蜗轮转动，它也跟着转动；另一个是活动导轨，它跟插齿刀的主轴连在一起，主轴进行往复运动，它也跟着运动，同时也带着主轴进行附加的螺旋运动。为了消除导轨之间磨损所产生的间隙，在固定导轨和活动导轨之间装有一根镶条，它的形状有点像燕尾形导轨内的镶条（即塞铁）。这种镶条长而薄，容易弯曲变形，现代机床用的导轨镶条做成厚的，不易变形，对精度有好处。

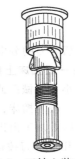

图 8-2　刀轴上装有斜齿
插齿刀与螺旋导轨

导轨形状如图 8-3a 所示。加工右旋斜齿内齿轮应用右螺旋导轨；加工左旋斜齿内齿轮应用左旋导轨。成对的内齿轮和外齿轮最好采用同一组（除旋向相反外其余参数一致的）斜齿插齿刀和同一导程的螺旋导轨进行加工。这样加工出来的内、外齿轮的螺旋角总是一致的，即使插齿刀的螺旋角不是公称度数，也应这样来处理。这点对左、右旋插齿刀都是一样的。因为被加工齿轮的螺旋角应由螺旋导轨的导程大小来确定的，根本不会影响成对齿轮的啮合。下面列出的是螺旋导轨与斜齿插齿刀配用以加工出相对应的内外斜齿的法则：

右旋螺旋导轨→用右旋插齿刀→加工右旋内齿轮（左旋外齿轮）。

左旋螺旋导轨→用左旋插齿刀→加工左旋内齿轮（右旋外齿轮）。

2. 螺旋角的选择

在插齿机上加工不同螺旋角的内齿轮，需要更换不同螺旋角的螺旋导轨，还要制作不同螺旋角的插齿刀。在这里，更换一套螺旋导轨是很麻烦的，制作一把斜齿插齿刀也是不容易的。因此，在设计内、外齿轮参数时，如能根据模数大小来选择螺旋导轨所规定的螺旋角，则使用同一螺旋导轨，只要更换插齿刀，就可以加工一定范围不同螺旋角的内齿轮。这样，就可以大大缩短跟换螺旋导轨的辅助时间，具有良好的经济性。

螺旋角 β、端面模数 m_t、插齿刀齿数 z_0 和导轨的导程 H 的关系为

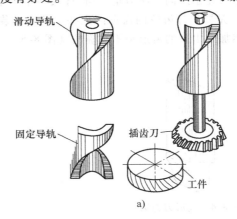

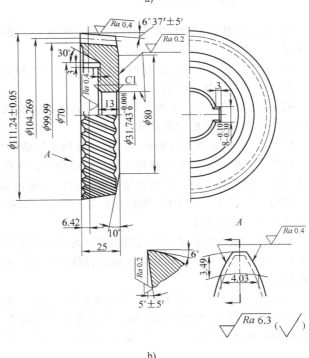

图 8-3　斜齿轮插齿图例

a）插削斜齿轮的螺旋导轨

b）专用斜齿插齿刀（$m_n = 2.25\text{mm}$，$\beta_0 = 25°$，$z_0 = 42$，右旋）

$$\tan\beta = \frac{m_t z_0 \pi}{H} \tag{8-1}$$

$m_t z_0$ 等于插齿刀的分度圆直径，$m_t z_0 = d_0$。

3. 在一般插床上插削的方法

在中小型机械厂或者修理车间里，有时需要制造几个或者一个内齿轮，要是厂里没有插齿机，可以利用一般的插床，加上一些分度和滚动装置，来插削直齿内齿轮。

在插床上加工内齿轮有两种方法：用成形刀按仿形法插齿；用单刀按展成法插齿。

（1）用成形刀按仿形法插齿　在一般插床上，利用成形刀可以插削内齿轮，步骤如下：

1）安装成形刀。成形刀刀刃（图 8-4）的形状相当于内齿轮齿间的齿形，齿形曲线是渐开线的。这种成形刀完全跟同一压力角、同一模数和同一齿数的外齿轮轮齿齿形相仿，不过刀刃的齿顶高（刀尖）总是要比外齿轮的齿顶高大些。把刀具装在插头内，让刀尖向外，刀刃向下。刀具要装得正，不然加工出来的齿形是不准确的（图 8-5）。

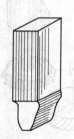

图 8-4　成形刀刀刃

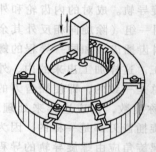

图 8-5　安装刀具示例

2）安装轮坯。把轮坯落在插床的圆工作台上，用螺钉把它紧固。安装的时候，必须用千分表来找正。

3）对刀。手动工作台的横向和纵向丝杆，让成形刀的对称中线与轮坯中线的连线重合。对刀的时候，使用对刀规来校验。

4）选择切削用量。根据被切内齿轮的材料与模数，选择切削速度、径向进给量和切入深度，并结合插床本身具备的切削性能加以选定。

5）调整行程长度和行程位置。要结合插床的结构性能来调整。

用成形刀插内齿轮的调整程序是比较简单的，一旦调整好之后，就可以开机加工。插削工作的循环：插头做往复运动，工作台做横向进给；当轮坯达到所需要齿深的时候，工作台便迅速地返回，利用分度装置（图 8-6）把轮坯分过一个齿，以后工作台又作横向进给，周而复始，直到轮坯上所有牙齿都插完为止。

工作台的横向进给是从曲线槽进给凸轮经棘轮轮擎和一些齿轮，而传给横向进给丝杆的。当插头进行往复行程一次，工作台便断续地做横向移动。进给的大小和方向，可以在凸轮上面调节连杆和轮擎来变更。

用仿形法插内齿，分度装置不与别的传动装置联系，可把它看作分度头的简单分度法。从图 8-6 中可以看出分齿的传动情况，把手臂 3 上的插销 4 从分度盘 2 的孔中拔出而摇转时，蜗杆 5 就带动蜗轮使工作台转动了。要使轮坯转过一个齿，手臂应转动 N 转，用公式来表示是：

$$N = \frac{i}{z}$$

式中　i——蜗杆副的传动比；

　　　z——被切齿轮的齿数。

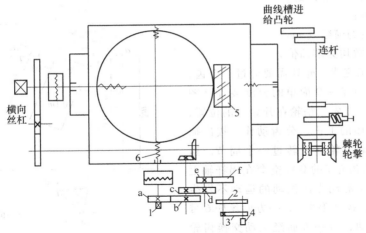

图 8-6　插床的分度和进给传动

1—手把　2—分度盘　3—手臂　4—插销　5—蜗杆　6—丝杠

横向进给和轮坯的分齿要求极小的间隙，不然插出来的轮齿很容易产生压形不准确、齿节不均匀和齿厚有大小等问题。

用仿形法插内齿，最好把粗插和精插分开来进行。粗插的时候，切入深度多一点，往复行程数少一点，甚至就用手摇横向进给丝杆和使用直线齿形的单齿粗插刀就可以了。精插的时候，必须使用成形刀，为了不使刀具过分磨损，降低齿面的表面粗糙度值，选用较小的切入深度和较高的往复行程数。这里，齿形的精确度是与正确控制切入深度有很大关系，为此在横向进给丝杆方面应设置定位挡块。

由于成形刀的齿形很难制造得很准确，而且在测量上也很困难，所以这种方法用得很少。同时，由于用仿形法插内齿对于每种齿形都必须有一把成形刀，这样就需要很多种的刀具，这是因为每把刀具只能适合某几种齿数和某一种模数的内齿轮的缘故。

（2）用单刀按展成法插内齿　用这种方法插削出来的齿形比较正确，而且同一模数的刀具形状不受齿数多少的限制，制造和修磨也比较容易。因此，这种方法值得推荐。

使用齿条跟齿轮展成法的原理来加工内齿轮看来是行不通的。因为内齿轮毕竟不是外齿轮它的基圆不能跟齿条的母线相切。不过，使用一把单刀情况并不是那样，让单刀切削刃很窄的一上与内齿轮发生接触，仍用展成法原理，内齿轮被单刀切出许多波纹形折线，使有一面形成齿形，然后重新安装单刀，再加工另一面的齿形，结果还是能够插成渐开线的齿形来。

用上述方法加工的时候，轮坯要围绕着它本身的轴心线回转，并向刀具移近（图8-7），这两者运动之间的关系，决定于成形渐开线的特性。

为了在插床上完成这种滚动运动，必须在纵向进给丝杆与工作台蜗杆之间配置滚动交换齿轮。当轮坯沿纵向移过一个基节后，轮坯恰好转过 $1/zr$。交换齿轮的调整公式为

$$L_1 = m \sqrt{\left(\frac{z}{2}+x-1\right)^2 - \left(\frac{z}{2}\cos\alpha\right)^2} \quad (8\text{-}2)$$

式中　x ——变位系数（mm）；

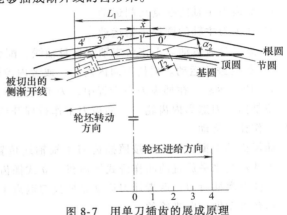

图 8-7　用单刀插齿的展成原理

z ——被切内齿轮的齿数；

α ——压力角；

m ——内齿轮的模数（mm）。

（以上各参数均为端面值）

有一面齿形加工完毕，轮坯需要分过一个齿，应在工作台蜗杆轴端装一套简单的分度装置（图8-6）。分齿的时候，首先让蜗轮在开始切的位置，其次让切刀升到轮坯的上面。分齿动作：拔出插销4，摇转手臂N转，轮坯就转过一个周节。这时，分度盘2、带有齿轮f的套筒空套在蜗杆轴上是不转的，所以分齿的动作跟滚动的运动不发生干扰。滚动的时候，摇转手把1，一方面丝杆6带动工作台做纵向移动，另一方面经滚动交换齿轮

$\dfrac{a}{b} \cdot \dfrac{c}{d}$，齿轮$\dfrac{e}{f} = 1$，借助插销在分度盘孔内，使

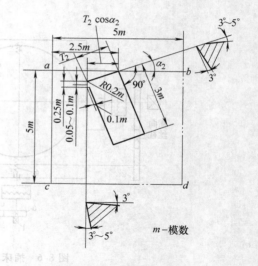

图8-8　切刀形状

分度盘2和手臂3连同蜗杆5一起转动，使工作台产生回转运动。这种分齿和滚动装置并不复杂，附在插床上是特别适宜的。

图8-8所示为投影在被切内齿轮端面上的切刀：$abcd$ 是刀体的轮廓，切削刃应该跟切刀轮廓相配合；T_2 是用来加工内齿轮凹部齿形的切屑刃。切刀要切入到凹部的这样尺寸，并且它不许碰到相邻的轮廓。开始切入的时候，轮坯应该移过一段等于 $L_1 - n$ 的距离（图8-7，其中 $n = T_2 \cos\alpha_2$）。

至于轮坯的安装、行程长度和行程位置的调整可以参照上面所介绍的方法进行。

8.1.3　插齿机的种类和用途

用插齿刀工作的插齿机，都是以两个齿轮无间隙啮合的展成原理为基础，按展成法进行加工的。加工内齿轮的切削原理与加工外齿轮一样。在切削过程中，插齿刀和被切削齿轮进行无间隙啮合，像一个小齿轮和一个内齿轮那样啮合，结果内齿轮的齿形被插齿刀切出许多波纹折线，它的形状就是从插齿刀切削刃连续位置的包络线（图8-9）。

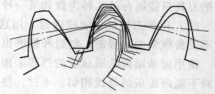

图8-9　插齿刀切削刃连续位置
的包络线

为了实现这种切削过程，插齿刀一般具备以下五种运动：

1）插齿刀主轴的往复切削运动。

2）插齿刀主轴的圆周进给运动。

3）滚切分齿运动。工作台主轴绕自身轴线，配合插齿刀主轴做慢速回转运动。

4）径向进给运动。插齿刀向内齿轮，或者内齿轮向插齿刀在半径方向上做切入运动。

5）让刀运动。在插齿刀空行程中，为了避免插齿刀插伤已加工的齿面，不是内齿轮退离插齿刀，便是插齿刀退离内齿轮。在插齿刀工作行程开始前，内齿轮或者插齿刀又自动回到原位，这种动作叫作让刀运动。

插齿机的类型：插齿机按照插齿刀主轴轴线位置来划分，主轴轴线垂直放置的叫作立式插齿机，主轴轴线水平放置的叫作卧式插齿机。立式插齿机有横向布置和纵向布置两种：前者的让刀运动是工件退离插齿刀；后者让刀运动是插齿刀退离工件，这种插齿机有立柱移动做径向进给的，也有工作台移动做径向进给的。

卧式插齿机有两种：一种是用一把插齿刀工作的，另一种是用两把插齿刀工作的。

8.2　切内齿最少齿数

插内齿轮时，插齿刀与内齿轮实际上可看作是一对内啮合齿轮副。当插齿刀与内齿轮的齿数差少时，容易产生内齿轮的齿顶干涉，即被顶切，如图 8-10 所示。由图 8-10 可见，与插齿刀基圆以内的切削刃相啮合时，内齿轮齿顶的理论渐开线部分被切去。插内齿与内啮合齿轮副不同之处为插齿刀要有径向切入运动，当刀具与工件齿数差少时，在开始切入时还会发生干涉，造成顶齿，如图 8-11 所示。此外，还要保证内齿轮齿根部位与相配齿轮啮合时发生过渡曲线干涉。

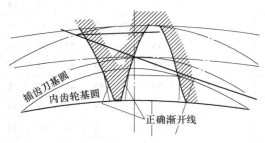

图 8-10　内齿轮与插齿刀的干涉（顶切现象）

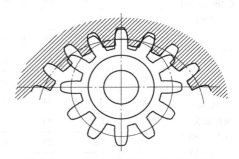

图 8-11　内齿插齿刀切入时产生顶切

为了避免顶切现象，内齿轮与插齿刀齿数之差不宜少于 12。表 8-1 为内齿轮插齿刀可加工工件的最少齿数限制（直齿插齿刀的形式和尺寸标准 GB/T 6081—2001 在 1985 年版的基础上做了修订，删除了模数为 3.25mm、3.75mm、6.5mm 的插齿刀尺寸）。

表 8-1　内齿轮插齿刀可加工工件的最少齿数限制

插齿刀形式及标准号	插齿刀的基本参数						内齿轮变位参数 x						
	分度圆直径 d_0 /mm	模数 m_n /mm	齿数 z_0	变位系数 x_0	齿顶圆直径 d_a /mm	齿顶高系数 h_a^*	0	0.2	0.4	0.6	0.8	1.0	1.2
							内齿轮最少齿数						
公称分度圆 $\phi26$mm 锥柄插齿刀 （GB/T 6081 —2001）	26	1	26	0.1	28.72	1.25	46	41	38	35	33	31	30
	25	1.25	20	0.1	28.36		40	35	32	29	26	25	24
	27	1.5	18	0.1	31.04		38	33	29	27	24	23	22
	26.25	1.75	15	0.08	30.89		35	30	26	23	21	19	18
	26	2	13	0.06	31.24		34	28	24	21	19	17	16
	27	2.25	12	0.06	32.90		34	27	23	20	18	16	13
	25	2.5	10	0	31.26		34	27	20	17	15	14	13
	27.5	2.75	10	0.02	34.48		34	27	20	17	15	14	13
公称分度圆 $\phi38$mm 锥柄插齿刀 （GB/T 6081 —2001）	38	1	38	0.1	40.72	1.25	58	54	50	47	45	13	42
	37.5	1.25	30	0.1	40.88		50	46	42	39	37	35	34
	37.5	1.5	25	0.1	41.54		45	40	37	34	32	30	29
	38.5	1.75	22	0.1	43.24		42	37	34	31	28	27	26
	38	2	19	0.1	43.40		39	34	31	28	25	24	23
	36	2.25	16	0.08	41.98		36	31	27	24	22	21	19

（续）

插齿刀形式及标准号	分度圆直径 d_0 /mm	模数 m_n /mm	齿数 z_0	变位系数 x_0	齿顶圆直径 d_a /mm	齿顶高系数 h_a^*	0	0.2	0.4	0.6	0.8	1.0	1.2
							内齿轮最少齿数						
公称分度圆 φ38mm 锥柄插齿刀 （GB/T 6081 —2001）	37.5	2.5	15	0.1	44.26	1.25	35	30	26	23	21	20	18
	38.5	2.75	14	0.09	43.88		34	29	25	22	20	19	17
	36	3	12	0.04	43.74		34	27	23	20	18	16	15
	39	3.25	12	0.07	47.58		34	27	23	20	18	16	15
	38.5	2.5	11	0.04	47.52		34	27	22	19	17	15	14
	37.5	3.75	10	0	46.88		34	27	20	17	15	14	13
公称分度圆 φ50mm 碗形插齿刀 （GB/T 6081 —2001）	50	1	50	0.1	52.72	1.25	70	56	62	58	57	55	54
	50	1.25	40	0.1	53.38		60	56	52	49	47	45	44
	51	1.5	34	0.1	55.04		54	50	46	43	41	39	38
	50.75	1.75	29	0.1	55.49		49	45	41	38	36	34	33
	50	2	25	0.1	55.4		45	40	37	34	32	30	29
	49.5	2.25	22	0.1	55.56		42	37	34	31	28	27	26
	50	2.5	20	0.1	56.76		40	35	32	26	25	24	
	43.5	2.75	18	0.1	56.92		38	34	29	27	24	23	33
	51	3	17	0.1	59.14		37	32	28	25	23	22	20
	48.76	3.25	15	0.1	57.53		35	30	26	23	21	20	18
	49	3.5	14	0.1	58.44		31	29	23	22	20	19	17
公称分度圆 φ75mm 碗形插齿刀 （GB/T 6081 —2001）	76	1	76	0.1	78.72	1.25	96	92	22	85	83	81	89
	75	1.25	60	0.1	78.38		80	76	85	69	67	65	64
	75	1.5	50	0.1	79.04		70	66	69	59	57	55	54
	75.25	1.75	43	0.1	79.99		63	59	59	52	50	48	47
	76	2	38	0.1	81.4		58	54	52	47	45	43	42
	76.5	2.25	34	0.1	82.56		54	50	47	44	41	39	38
	75	2.5	30	0.1	81.76		50	45	45	39	37	35	34
	77	2.75	28	0.1	84.42		48	43	40	37	36	33	42
	75	3	25	0.1	83.1		45	40	37	34	32	30	39
	78	3.25	24	0.1	86.78		44	39	36	33	30	29	28
	77	3.5	22	0.1	86.44		42	37	34	31	28	27	25
	75	3.75	20	0.1	86.14		40	35	32	29	26	25	24
	76	4	19	0.1	86.80		39	34	31	28	25	24	23
公称分度圆 φ75mm 盘形插齿刀 （GB/T 6081 —2001）	76	1	74	0	76.5	1.25	94	90	87	84	82	81	76
	75	1.25	60	0.18	78.56		82	77	76	70	68	65	61
	75	1.5	50	0.27	79.56		74	69	66	61	59	56	55
	75.25	1.75	43	0.31	80.71		68	63	58	55	52	50	48

（续）

插齿刀形式及标准号	插齿刀的基本参数						内齿轮变位参数 x						
	分度圆直径 d_0 /mm	模数 m_n /mm	齿数 z_0	变位系数 x_0	齿顶圆直径 d_a /mm	齿顶高系数 h_a^*	0	0.2	0.4	0.6	0.8	1.0	1.2
							内齿轮最少齿数						
公称分度圆 $\phi75mm$ 盘形插齿刀（GB/T 6081 —2001）	76	2	38	0.31	82.24	1.25	63	58	53	50	47	45	43
	76.5	2.25	34	0.30	83.45		59	53	49	45	43	40	39
	76	2.5	30	0.22	82.34		53	48	44	40	38	36	34
	77	2.75	28	0.19	84.92		50	45	41	38	35	34	32
	75	3	25	0.14	83.34		46	41	37	34	32	30	29
	78	3.25	24	0.13	86.96		45	40	36	33	31	29	28
	77	3.5	22	0.1	86.44		42	37	34	31	28	27	26
	75	3.75	20	0.07	84.90		40	35	31	28	26	25	23
	76	4	19	0.04	86.32		38	33	30	27	23	23	22
公称分度圆 $\phi100mm$ 插齿刀（GB/T 6081 —2001）	100	1	100	0.06	102.62	1.25	119	115	112	109	107	105	104
	100	1.25	80	0.33	103.94		106	101	96	90	90	87	85
	102	1.5	68	0.46	107.14		97	92	87	83	49	76	74
	102.5	1.75	58	0.5	107.62		88	82	77	73	70	67	65
	100	2	50	0.5	107.80		80	74	69	65	61	59	57
	101.25	2.25	45	0.19	109.09		73	69	64	60	56	54	51
	100	2.5	40	0.42	108.36		68	62	57	53	50	48	46
	99	2.75	36	0.36	107.86		62	57	52	48	45	43	41
	102	3	34	0.34	111.54		60	54	50	46	43	41	39
	100.75	3.25	31	0.28	110.7		55	50	46	42	39	37	36
	101.5	3.5	29	0.26	112.08		53	47	43	40	37	35	34
	101.25	3.75	27	0.23	112.35		50	45	41	37	35	33	31
	100	4	25	0.18	111.46		47	42	38	35	32	30	29
	99	4.5	22	0.12	111.78		43	38	34	31	29	27	26
	100	5	20	0.09	113.90		40	35	32	29	27	25	24
	104.5	5.5	19	0.08	119.68		39	34	31	25	24	23	
	108	6	18	0.08	124.56		38	33	29	27	24	23	22
	124	4	31	0.3	136.8	1.3	56	50	46	42	40	37	36
	126	4.5	28	0.27	140.14		52	47	43	39	36	34	33
	125	5	25	0.22	140.20		48	43	39	35	33	31	29
	126.5	5.5	23	0.2	143.00		45	40	36	33	31	29	27
	126	6	21	0.16	143.52		43	38	34	31	28	26	25
	123.5	6.5	19	0.12	141.96		40	35	31	28	26	24	23
	126	7	18	0.11	145.74		39	34	30	27	25	23	22
	126	8	16	0.07	149.92		36	31	27	24	22	21	20

8.3　用标准插齿刀插制短齿

8.3.1　圆周进给方法

当临时需要加工短齿制齿轮，而又缺少相应的短齿刀具时，可用相应的具有标准齿高的标准插齿刀来加工短齿制齿轮。方法如下：

1）根据短齿齿轮的齿深利用径向进给的方法将齿深加工到所需要的深度，并测量齿厚余量（此时齿轮的齿厚尺寸还有较大的加工余量）。

2）根据齿厚余量，采用拨齿（圆周进给）的方法将齿厚加工到所需要的尺寸。

当切深达到要求后，使工作台（工件）相对插齿刀回转一角度，齿的一面就切去相应的齿厚（弧长）$\Delta \hat{s}$

拨齿的计算公式为

$$\Delta z_{b0} = \frac{\Delta \hat{s} z_{b0} i}{\pi d} \tag{8-3}$$

式中　z_{b0}——分齿交换齿轮被动齿轮的齿数；

　　　Δz_{b0}——分齿交换齿轮被动齿轮的拨动齿数；

　　　$\Delta \hat{s}$——被加工齿轮分度圆上弧齿厚变化量（mm）；弧齿厚变化量 $\Delta \hat{s}$ 与弦齿厚变化量 $\Delta \bar{s}$ 近似相等，即 $\Delta \hat{s} \approx \Delta \bar{s}$；弧齿厚变化量 $\Delta \hat{s}$ 与公法线变化量 Δw 的换算可按：

$$\Delta \hat{s} = \pm \frac{\Delta w}{\cos \alpha} \quad (\alpha \text{ 为分度圆压力角，"}\pm\text{" 号内齿为 "}-\text{"})$$

　　　d——被加工齿轮的分度圆直径（mm）；

　　　i——分齿交换齿轮被动轴至工作台的传动比（也就是在同一时间内，分齿交换齿轮被动轴与工作台的转动角度之比）。

用计算方法确定分度交换齿轮所拨过的齿数 Δz_{b0} 原理如下：

图 8-12 中所示的为齿轮的公法线大小的变动情况，虚线位置表示齿廓径向变位终了的齿形。

由图 8-12 可知：

$$\delta_1 = \frac{\overline{A'C}}{r_b} = \frac{w'}{2r_b} = \frac{w'}{d_b}$$

$$\delta_2 = \frac{\overline{A'C}}{r_b} = \frac{w}{2r_b} = \frac{w}{d_b}$$

$$\theta = \delta_2 - \delta_1 = \frac{1}{d_b}(w - w') = \frac{\Delta w}{d_b}$$

式中　w'——径向进刀终了时的公法线长度；

　　　w——零件图上给定的公法线长度；

　　　Δw——公法线长度余量，$\Delta w = w - w'$；

　　　d_b——被加工齿轮基圆直径。

要达到图样上所规定的公法线长度，必须让齿坯相对于刀具向左、右分别转动角度 θ 或向左或右转动角度 2θ。现以 Y54A 型插齿机为例，说明其角度的计算。

在图 8-13 中，设交换齿轮的齿数 z_1、z_2、z_3 和 z_4，被拨交换齿

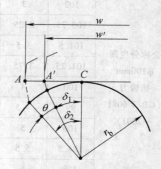

图 8-12　齿轮公法线变动

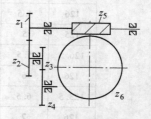

图 8-13　Y54A 型插齿机有关传动部分

轮为 z_2，则有

$$\theta = \frac{\pi}{z_2} \cdot \Delta z_{b0} \cdot \left(\frac{z_2}{z_1} \cdot \frac{z_5}{z_6} \right) = \frac{\pi}{z_1} \cdot \Delta z_{b0} \cdot \frac{z_5}{z_6}$$

$$\Delta z_{b0} = \frac{\theta z_1}{\pi} \cdot \frac{z_6}{z_5}$$

$$\Delta z_{b0} = \frac{\Delta w \cdot z_1}{\pi d_b} \cdot \frac{z_6}{z_5} = \frac{\Delta \hat{s} \cdot z_1}{\pi d} \cdot \frac{z_6}{z_5}$$

式中　　z_1——与机床工作台分度蜗杆相连的交换齿轮的齿数；

　　　　z_5——机床分度蜗杆的头数；

　　　　z_6——机床分度蜗轮的齿数；

　　　　Δz_{b0}——保证齿坯相对于刀具转动 θ 角时，所拨动交换齿轮的齿数。

其他符号意义同前。

从以上结果可以看出，拨动 z_2 或 z_1 的齿数是相同的。同理，拨动 z_4 或 z_3 的齿数也是相同的。可以推导出，当拨动 z_4 或 z_3 时，拨齿数为

$$\Delta z_{b0} = \frac{\Delta w \cdot z_3}{\pi d_b} \cdot \left(\frac{z_1}{z_2} \cdot \frac{z_6}{z_5} \right) = \frac{\Delta \hat{s} \cdot z_3}{\pi d} \cdot \left(\frac{z_1}{z_2} \cdot \frac{z_6}{z_5} \right)$$

8.3.2　拨齿加工注意事项

1. 注意事项

1）用普通插齿刀插制短齿的加工方法使用具有局限性，它不适合用刀顶带较大圆角的刀具来加工齿根圆角较小内齿轮（如齿轮联轴器的内齿套）。它会由于加工生成的过渡弧段偏多，导致所需要的渐开线长度不足。

2）用普通插齿刀插制较大模数的短齿内齿轮时，径向进刀至需要的齿深后可能齿厚留量较大，应注意齿轮的精度、齿面粗糙度等情况，确定合理的拨齿加工方案。为了保证齿面的粗糙度等要求可能需要左右齿面分别拨齿精加工。

3）拨齿加工尽量选用机床传动链间隙较小、刀杆刚度较高、运行状态较好的插齿机，否则容易出现加工过程中振刀、加工精度不足、齿面粗糙度差等问题。

2. 拨齿加工余量估算

齿厚余量 $\Delta \hat{s}$ 取决于插齿刀的齿顶高系数 h_{a0} 与被加工齿轮的齿根高 h_f 的差值 Δh_f、齿轮的压力角 α：

$$\Delta \hat{s} = 2\tan\alpha \cdot \Delta h_f \approx \begin{cases} 0.52\Delta h_f & (\alpha = 14.5°) \\ 0.63\Delta h_f & (\alpha = 17.5°) \\ 0.73\Delta h_f & (\alpha = 20°) \\ 0.83\Delta h_f & (\alpha = 22.5°) \\ 0.93\Delta h_f & (\alpha = 25°) \end{cases}$$

若要预估公法线余量 ΔW（也就是齿厚法线方向余量的 2 倍），则可用式（8-4）计算：

$$\Delta W = 2\sin\alpha \cdot \Delta h_f \approx \begin{cases} 0.50\Delta h_f & (\alpha = 14.5°) \\ 0.60\Delta h_f & (\alpha = 17.5°) \\ 0.68\Delta h_f & (\alpha = 20°) \\ 0.77\Delta h_f & (\alpha = 22.5°) \\ 0.85\Delta h_f & (\alpha = 25°) \end{cases} \tag{8-4}$$

8.4 插齿时齿轮最小空刀槽

用直齿插齿刀切出时空刀槽的最小宽度见表 8-2。用斜齿插齿刀插削斜齿轮时的空刀槽宽度见表 8-3。

表 8-2 用直齿插齿刀切出时空刀槽的最小宽度 （单位：mm）

齿轮模数 m	<1.5	2~3	3.5~4.5	5~6	7	8	10	12	14~20	>20
空刀槽宽度	5	6	7	8	9	10	11	12	15	18

表 8-3 用斜齿插齿刀插削斜齿轮时空刀槽宽度 （单位：mm）

刀齿螺旋角（°）	模 数 m								
	≤2	>2~3	>3~4	>4~6	>6~8	>8~10	>10~14	>14~20	>20
15	5.5	7	8.5	10	12	15	18	22	28
23	6.5	8	10	12	15	18	22	30	40
30	7.5	10	12	15	18	22	28	36	50

8.5 刃辅具有关尺寸

8.5.1 内齿轮插齿刀的尺寸

GB/T 6081—2001《直齿插齿刀 基本型式和尺寸》中规定了模数 1~12mm，分圆压力角为 20°的盘形直齿插齿刀、碗形直齿插齿刀和锥柄直齿插齿刀三种。盘形直齿插齿刀主要用于加工大直径的内齿轮、外齿轮和齿条等，其公称分圆直径有 75mm、100mm、125mm、160mm 和 200mm 五种，精度等级分为 AA、A、B 三种；碗形直齿插齿刀多用于加工多联齿轮和带凸肩的齿轮，也可加工盘形插齿刀能加工的各种齿轮、齿条等，其公称分圆直径为 50mm、75mm、100mm、125mm 四种，精度等级分为 AA、A、B 三种；锥柄直齿插齿刀主要用于加工齿数少的内齿轮，其公称分圆直径为 25mm、38mm 两种，精度等级分为 A、B 两种。直齿插齿刀的形式和尺寸见第 11.2.2 节。

另外，JB/T 7967—2010《渐开线内花键插齿刀 型式和尺寸》规定了模数 1~10mm，标准压力角 30°，用于加工 GB/T 3478.1—2008、GB/T 3478.2—2008 所规定的平齿顶内花键的渐开线内花键插齿刀的基本形式和尺寸。精度等级分 A 级和 B 级。插齿刀有锥柄和碗形两种形式，锥柄插齿刀公称分圆直径为 25mm、38mm；碗形插齿刀公称分圆直径为 50mm、75mm、100mm、125mm。锥柄渐开线花键插齿刀的形式和尺寸见表 8-4；碗形渐开线花键插齿刀形式和尺寸如图 8-14~图 8-15 所示及见表 8-5。在插齿刀的原始截面中分度圆弧齿厚均为 $\pi m/2$。

表 8-4 锥柄渐开线花键插齿刀的形式和尺寸 （摘自 JB/T 7967—2010） （单位：mm）

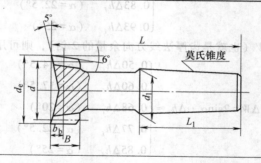

（续）

公称分圆直径	模数 m	齿数 z_0	d	d_e	b_b	B	齿顶高系数 h_{a0}^*	d_1	L_1	L	莫氏短圆锥号
25	1	25	25	26.48	-0.5	10	0.790	17.981	40	75	2
	1.25	20	25	26.48	-0.6	10	0.790			75	
	1.5	16	24	26.22	-0.7	10	0.790				
	1.75	14	24.5	27.48	1.0	12	0.790			80	
	2	12	24	27.40	1.1	12	0.790			80	
	2.5	10	25	29.22	1.4	12	0.785				
	3	10	30	35.06	1.7	12	0.785				
38	1.75	22	38.5	41.48	1.0	15	0.790	24.051	50	90	3
	2	19	38	41.80	3.0	15	0.790				
	2.5	15	37.5	42.22	3.8	15	0.785				
	3	13	39	44.68	4.6	15	0.785				
	3.5	11	38.5	43.64	-1.7	15	0.780				
	4	10	40	46.72	2.3	15	0.780				

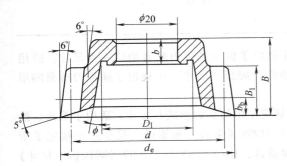

图 8-14 φ50mm 碗形渐开线花键插齿刀

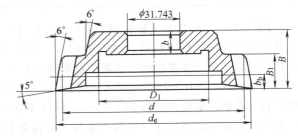

图 8-15 φ75~φ125mm 碗形渐开线花键插齿刀

表 8-5 碗形渐开线花键插齿刀尺寸（JB/T 7967—2010） （单位：mm）

公称分圆直径	模数 m	齿数 z_0	d	d_e	ϕ	D_1	b	b_b	B_1	B	齿顶高系数 h_{a0}^*
50	3	16	48	53.68	10°	30	10	4.6	20	27	
	3.5	14	49	54.92				2.0			
	4	13	52	59.52				6.1			
	5	11	55	62.32				-2.3			
75	3.5	21	73.50	80.10		50	10	5.3	20	32	
	4	19	76	83.52				6.1			
	5	15	75	84.38				7.6			
	6	13	78	86.71				-2.8			
100	5	20	100	109.40	—	63	10	7.6	24	36	
	6	17	102	113.22				9.1			
	8	12	96	109.37				4.6			
	10	10	100	116.60				5.7			
125	8	16	128	142.92		80	13	12.0	28	40	
	10	12	101.25	109.09							

注：按用户需要插齿刀的内孔直径可做成44.443mm。

8.5.2　插齿辅具

JB/T 9163.5—1999《插齿夹具　尺寸》中规定了插齿夹具的形式和尺寸，适用于机床型号为 Y54、Y54A，加工定位直径为 20～40mm 的齿轮；JB/T 9163.6—1999《插齿心轴　尺寸》中规定了插齿心轴的形式和尺寸，适用于机床型号为 Y54、Y54A，加工定位直径为 12～40mm 的齿轮。

JB/T 9163.7—1999《插齿刀垫　尺寸》中规定了插齿刀垫的形式和尺寸，适用于装夹盘形插齿刀。尺寸见表 8-6。刀垫可以根据需要在插齿刀内外端面处使用。

表 8-6　插齿刀垫尺寸（摘自 JB/T 9163.7—1999）　　　　　　（单位：mm）

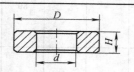

标记示例：

$D = 67mm$、$H = 15mm$ 的插齿刀垫的标记：

刀垫 67×15 JB/T 9163.7—1999

D	H		d	
	基本尺寸	偏差	基本尺寸	偏差
28	7		20	+0.021 0
48、62	17	±0.10		
67、80	15		31.75	+0.025 0
85	17、20			

JB/T 9163.8—1999《锥柄插齿刀接套　尺寸》中规定了锥柄插齿刀接套的形式和尺寸，适用于装夹莫氏短圆锥柄插齿刀。JB/T 9163.9—1999《插齿刀接套　尺寸》中规定了插齿刀接套的形式和尺寸，适用于装夹用螺柱压紧的盘形插齿刀。

另外，JB/T 9163.16—1999《中间套　尺寸》中规定了中间套的形式和尺寸，适用于滚齿、插齿夹具和心轴，定位直径为 30～80mm；JB/T 9163.17—1999《带肩六角螺母　尺寸》中规定了带肩六角螺母的形式和尺寸，适用于滚齿、插齿夹具和辅具；JB/T 9163.18—1999《圆压板　尺寸》中规定了圆压板的形式和尺寸，适用于滚齿、插齿夹具；JB/T 9163.19—1999《支承垫　尺寸》中规定了支承垫的形式和尺寸，适用于滚齿、插齿夹具和心轴。

8.6　内齿轮加工缺陷和解决方法

内齿轮加工主要是由机床、刀具和工件间的相对运动切削形成的。所以，机床的精度和机床工作精度误差、机床运动误差、刀具和刀具的安装误差、工件与工件的安装误差，以及切削过程中切削力造成的弹性变形引起切齿误差，都是影响切齿加工的误差源。内齿轮加工精度有时受其中一种误差源的影响，有时也受其中几种误差源的影响。分析出产生误差的原因，从而采取有效的措施。

8.6.1　机床因素产生加工误差的原因及其对策

机床精度和机床工作精度的依据是机床的合格证。应当指出，国外进口机床合格证填写的实测误差，是允许差的同一数值，但实际上复验一下误差，比允许差小得多。因为，一方面表明它具有足够的储备量；另一方面唯恐验收时，由于时间、地点与条件和出厂交验时不同，而得到不同的实测结果，避免发生争执。

插齿机的刀轴实现直线运动，刀架与工作台的传动件实现回转运动，这些展成运动的精度误差会导致齿面形状误差和分度误差。为此,插齿机装配后最好使用转动差测量仪器检查传动链的动态精度。通过检查并用两个精度悬殊不同的分齿交换齿轮作对比测试,可知传动链中的交换齿轮精度对加工精度影响并不十分明显,而刀架与工作台分度蜗轮的精度则直接影响工件的精度。

传动链的精度对工作展成误差的影响,可由式(8-5)计算:

$$\delta_d = \Delta F_r' \cdot \frac{d}{d'} \cdot \frac{z_1}{z_2} \qquad (8\text{-}5)$$

式中　　δ_d——分度圆直径为 d 的工件展成回转误差(μm);

　　　　$\Delta F_r'$——交换齿轮的径向跳动量(mm);

　　　　z_1——分度蜗杆头数;

　　　　z_2——分度蜗轮齿数;

　　　　d——工件分度圆直径(mm);

　　　　d'——分齿交换齿轮直径(mm)。

机床运动误差对切齿精度的影响如下:

1)齿距偏差 f_{pt}。主要是工作台或刀架的分度蜗杆轴向窜动过大;分度蜗杆副啮合间隙过大;停刀相邻误差。消除方法:调整分度蜗杆的轴向窜动和分度蜗杆副的啮合间隙;选用与工件齿数互为质数的插齿刀。

2)齿距累积偏差 F_p。主要是工作台或者刀架分度蜗杆副有磨损,啮合间隙过大;工作台有较大的径向跳动;刀轴端面(装插齿刀的部分)跳动过大。消除办法:调整分度蜗杆副的啮合间隙,必要时修复蜗杆副;修刮工作台与其底座接触面。使定心部分比上平面接触"硬"一些;刀轴端面修磨,或重新安装插齿刀,使误差相互抵消。

3)齿廓偏差 $F_α$。主要是分度蜗杆轴向窜动过大;传动链精度过低;工作台端面有较大的径向跳动;刀轴轴向圆跳动过大。消除方法:检查与调整分度蜗杆的轴向窜动,更换传动链精度过低的零件。

4)齿向偏差 $F_β$。主要影响是机床的主轴中心线对工作台中心线的不平行度,其误差源有可能来自直的固定导轨和活动导轨。消除方法:重新检查这项机床精度,必要时拆卸刀架,检查导轨滑动面对母圆的不平行度,如超差要修刮,并配刮镶条,以形成良好导向精度条件。

8.6.2　刀具误差和刀具安装误差

刀具误差和刀具安装误差,以及刀具与工件齿数比不适当等,都会影响切齿精度。

1)齿距偏差 f_{pt}。在刀具与工件齿数比不适当的情况下,插齿刀的径向圆跳动误差或偏心装夹刀具,都会导致齿距误差,这种误差最大值几乎等于刀具最大径向圆跳动,严重时还会出现齿面带台阶现象,造成最后停刀的那个齿距偏差较大。消除方法:在条件允许的情况下,选用与工件齿数互为质数的插齿刀。此外,注意插齿刀配合轴颈尺寸,过紧和过松均不可取,要求正确安装插齿刀。

2)齿距累积偏差 F_p。插齿刀的齿距累积偏差和装夹误差完全传到工件,直接影响工件的周节累积误差。通常在工件周节累积误差图解中可以发现,周期性误差变动常常与刀具齿数巧合,这样可以判定误差源来自插齿刀。消除方法:重新安装插齿刀,必要时更换精度高的新插齿刀。

3)齿廓偏差 $F_α$。插齿刀本身的齿廓偏差对工件的齿廓偏差影响很大。此外插齿刀刃磨不良、插齿刀安装后有径向圆跳动与端面跳动,对工件齿廓偏差也有影响。消除方法:除了正确安装插齿刀以外,重新检查插齿刀的齿廓偏差,必要时重磨刃口。

4)基节偏差 f_{pb}。插齿刀的基节误差和装夹偏心误差直接影响工件的基节误差,其消除方法同齿廓偏差。

8.6.3 工件误差和工件安装误差

齿轮加工精度在很大程度上取决于工件夹紧面的预加压力和工件的安装精度。夹具不好，端面跳动过大，无疑会增加工件的轴向圆跳动量和径向圆跳动。因此，在切齿之前，仔细地用千分表找正工件，检查轮坯的径向圆跳动和轴向圆跳动是必不可少的工序。

1) 齿距偏差 f_{pt}。主要是由于工件的径向跳动过大，其误差源来自工件加工偏差和工件安装误差。消除方法：自工作台、夹具到工件安装后，层层检查其定心安装基准的径向圆跳动量，并加以修正。

2) 齿向偏差 F_β。工件和夹具的轴向圆跳动都直接影响齿向偏差，其接触线误差关系可用式 (8-6) 表示：

$$\Delta F_b = \frac{\Delta F_T \cdot b}{D} \tag{8-6}$$

式中 ΔF_T ——在直径 D 处的轴向圆跳动量；

b ——齿宽。

如果说，支撑面的直径 D 跟齿宽 b 一样，则工件的齿向偏差就是工件的轴向圆跳动误差。

加工窄而薄的内齿轮时要特别注意到安装误差，夹紧压力过大会引起工件变形。切完齿，已变形的工件恢复原状，测量该齿轮圆周上互成 $90°$ 的四个齿的齿向，发现齿向有交替的锥形与斜形。消除方法：夹紧点分布多一些，夹紧力适度，夹紧后检查齿圈的轴向圆跳动。

工件误差和工件安装误差对齿距偏差、齿廓偏差和基节误差的影响较小，不在此叙。

8.6.4 机床、刀具和工件的综合误差

在加工过程中，由于机床、刀具和工件系统刚性不足，切削力所引起的弹性变形，又称为静态不稳定性，结果导致齿廓偏差。

由于工件安装不当，同时插齿的切削力总是周期性频繁起变化，因此引起自激振动，又称为动态不稳定性，结果导致齿面出现波纹度。消除方法：可以改变切削速度，或改变工件安装方式来解决。

机床、工具、工件的静态、动态和热态不稳定性，影响切齿精度显著的是工件的齿廓偏差、齿向偏差和齿距累积偏差。而齿距偏差和基节误差，则影响较小。此外，由于机床动态的不稳定性，在切齿过程中出现振动或冲击，会影响齿面的表面粗糙度。

8.6.5 加工过程中引起的工件误差

有一些材料在切齿加工中容易出现齿面拉毛，原因在于材料不能被刀具切削刃正确切削去。一旦刀具切削刃面上出现刀瘤，即使切削刃的位置很准确，但由于被刀瘤挤去齿面上一些材料，结果引起了工件的齿廓偏差和齿向偏差，并增加了工件的表面粗糙度值。

刀具的刀瘤的形状与被加工工件的材质有关，例如插削灰口铸铁和易切削钢的工件，不会出现刀瘤，而插削调质钢和渗碳钢工件，情况就不佳了。通常在热处理上采取一定的措施。例如，将 40Cr 钢由调质处理改为正火处理，情况就大为好转。用一般常用的高速钢插齿刀，至今还没有好的办法来防止刀瘤的产生。除非采用粉末冶金高速钢插齿刀或研究制成硬质合金插齿刀，在高效插齿机上，提高切削速度至 130m/min，加大圆周进给量，增大切削厚度，才有可能抑制刀瘤的产生。

总之，影响内齿轮加工误差因素很多，上述分析尚不能概括全部。遇到具体问题还需要结合实际，逐一排除非主要因素，弄清问题的根源所在，并采取针对性的卓有成效的措施，将齿轮的加工缺陷尽可能消除彻底，将加工质量提高到新的层次上来。

第 9 章 锥齿轮加工

9.1 刨齿加工

9.1.1 刨齿的工作原理

按照滚切法原理加工直齿锥齿轮时，通常采用两把直线形刨刀作为刀具，使被加工工件——齿坯与产形齿轮，在两锥顶重合的情况下绕各自的轴心转动，相当于一对锥齿轮做无侧隙的啮合运动，产形齿轮—刨齿刀与被加工工件——齿坯之间的速比应保持如下关系，如图 9-1 所示。

$$i = \frac{\omega}{\omega_0} = \frac{\sin\delta_0'}{\sin\delta'} = \frac{z_0}{z} \tag{9-1}$$

式中　ω_0——产形齿轮（刀具）角速度；

$\quad\quad\omega$——工件（齿坯）角速度；

$\quad\quad\delta'$——工件节锥角；

$\quad\quad\delta_0'$——产形齿轮节锥角；

$\quad\quad z$——工件齿数；

$\quad\quad z_0$——产形齿轮齿数。

按照产形齿轮原理设计机床可分为两个基本系列或类型，如图 9-2 所示。

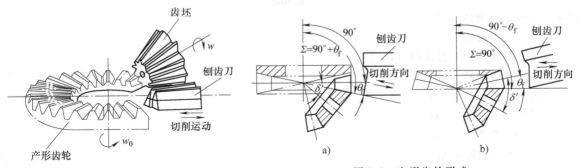

图 9-1　刨齿工作原理

图 9-2　产形齿轮形式
a) 平面齿轮　b) 平顶齿轮

第一类机床，产形齿轮是平面齿轮，其节锥角 δ_0 为 90°，产形齿轮的轴心线与切削方向之间的夹角 Σ，如图 9-2a 所示。

$$\Sigma = 90° + \theta_f$$

如 26H、60HS3 型刨齿机就是按照这种平面产形齿轮原理设计的。

第二类机床，产形齿轮是平顶齿轮，其节锥角 δ_0' 为 90°-θ_f，顶锥角为 90°，产形齿轮的轴心线与切削方向之间的夹角 Σ，如图 9-2b 所示。

$$\Sigma = 90°$$

如 Y236、Y2350、Y5A26 型等刨齿机都是根据这种平顶产形齿轮原理设计的。

综上所述，按照平面产形齿轮原理设计的机床，刨齿时，刨齿刀顶刃是沿着被加工工件的根锥角进行切削。由于工件齿根角 θ_f 的变化，刨齿刀刀架相对于摇台轴线也需要相应转过一个 θ_f 角度，所以按照这一原理设计机床结构比较复杂，且刀架部位的刚性也比较差。

按照平顶产形齿轮原理进行刨齿时，刨齿刀的切削方向始终与摇台轴线垂直，这样就可以使机床结构简单，进刀架刚性也比较好。

从理论上讲，锥齿轮的齿形曲线应该是球面渐开线，但由于球面渐开线刀具不易制造，在实际生产中，用锥齿轮背锥面上的渐开线作近似来替代。因为，平面产形齿轮或平顶产形齿轮就相当于一个环形齿条或者说是个圆齿条，严格来说，环形齿条或圆齿条的齿形也不是直线齿形，但为了便于刀具的制造和刃磨，所以仍将刨齿刀刀刃制成直线形状。这样虽然存在误差，但由于工件齿根角 θ_f 很小，对加工精度的影响极其微小。

9.1.2　刨齿加工工艺守则

本守则适用于用展成法加工7、8、9级精度直齿锥齿轮。

（1）刨齿前的准备

1）按加工方法和齿轮模数、材质、硬度进行速度交换齿轮、进给交换齿轮的选择与调整。

2）调整分齿交换齿轮和滚切交换齿轮，其啮合间隙应保证在 0.1~0.15mm。

3）根据粗、精刨齿要求准确调整鼓轮的滚柱位置。

4）分齿交换齿轮调整后，开动机床，以主轴座分度盘刻线验证分齿交换齿轮的正确性。

5）刀架角和滚切交换齿轮的滚切比分别按式（9-2）和式（9-3）计算：

$$\omega = \frac{57.296 \times \left(\dfrac{s}{2} + h_f \tan\alpha \right)}{R} \tag{9-2}$$

$$i = \frac{z\cos\theta_f}{K_g \sin\delta'} \tag{9-3}$$

式中　ω ——刀架角（°）；

　　　i ——滚切比；

　　　s ——分度圆上弧齿厚（mm）；

　　　h_f ——齿根高（mm）；

　　　θ_f ——齿根角（°）；

　　　δ' ——节锥角（°）；

　　　R ——外锥距（mm）；

　　　α ——齿轮压力角（°）；

　　　z ——齿轮齿数；

　　　K_g ——机床系数。

当刨刀齿形角 α_0 不等于齿轮压力角 α 时：

$$i = \frac{z\cos\theta_f}{K_g \sin\delta'} \cdot \frac{\cos\alpha_0}{\cos\alpha} \tag{9-4}$$

夹具（或心轴）装入主轴锥孔后，应校正其径向圆跳动和轴向圆跳动，其径向圆跳动应不大于齿坯基准面径向圆跳动公差的三分之一，轴向圆跳动应小于 0.005mm。

齿坯的装夹应保证轮位、床位的正确性。刨齿刀的装夹应使用本机床的长度和高度对刀规对刀，以保证刨齿刀的正确位置。在精刨相啮合的齿轮副时，应选用同一副刨齿刀，以保证工件齿形角一致。装夹齿坯时，应保证锥顶和机床中心重合，并根据齿坯定位基面至其锥顶的距离调整刨齿刀行程长度，调整时应避免刀具与鞍架相碰。

（2）刨齿刀的使用和刃磨

1）粗刨时，刨齿刀磨损量应不超过 0.2mm。

2）精刨时，刨齿刀磨损量应不超过 0.1mm。刨齿刀刃磨后的前角与前面的倾角应符合刀具标准有关规定。

3）精刨齿刀刃磨后刀刃的直线度应不大于 0.01mm，前面的表面粗糙度 Ra 值应不大于 1.6μm，并不得有裂纹烧伤和退火现象。

刨锥齿轮副时，应先刨大齿轮，然后配对加工小齿轮，并做配对标记。

9.1.3　刨齿刀与刨齿心轴

1. 刨齿刀的基本尺寸

刨齿刀可分为各种啮合角的精刨刀、标准粗刨刀及双分齿法专用粗刨刀等。在通常情况下当没有所需粗刨刀时，可利用相当的精刨刀来代替。

国产的直齿锥齿轮精刨刀已经标准化，并制成四种类型，现介绍如下：

Ⅰ型刨齿刀（表 9-1），外形尺寸为 27mm×40mm，适用于 Y2312 型刨齿机，精加工模数为 0.3~3.25mm 的直齿锥齿轮。

表 9-1　直齿锥齿轮刨齿刀（Ⅰ型）　　　　　　　（单位：mm）

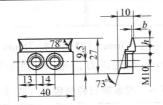

模数 m	高度 b	高度 h	模数 m	高度 b	高度 h
0.3~0.4	0.12	1.0	1.5~1.75	0.60	4.5
0.5~0.6	0.20	1.5	2~2.25	0.80	5.6
0.7~0.8	0.28	2.0	2.5~2.75	1.00	6.6
1~1.25	0.40	3.2	3~3.25	1.20	8.0

Ⅱ型刨齿刀（表 9-2），外形尺寸为 33mm×75mm，适用于 15KH 型（德国）刨齿机上，精加工模数为 0.5~5.5mm 的直齿锥齿轮。

表 9-2　直齿锥齿轮刨齿刀（Ⅱ型）　　　　　　　（单位：mm）

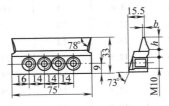

模数 m	高度 b	高度 h	模数 m	高度 b	高度 h
0.5~0.6	0.20	1.5	3~3.25	1.20	8.0
0.7~0.8	0.28	2.0	3.5~3.75	1.40	9.4
1~1.25	0.40	3.2	4	1.60	11.0
1.5~1.75	0.60	4.5	4.5	1.80	11.0
2~2.25	0.80	5.6	5~5.5	2.00	12.5
2.25~2.75	1.00	6.6			

Ⅲ型刨齿刀（表 9-3），外形尺寸为 43mm×100mm，适用于 Y236 型刨齿机，如果用于 25KH 或 50KH 型刨齿机上，则应加厚度 5.64mm 的垫片，精加工模数为 1～10mm 的直齿锥齿轮。

表 9-3　直齿锥齿轮刨齿刀（Ⅲ型）　　　　　　　　（单位：mm）

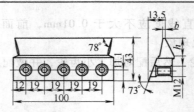

模数 m	高度 b	高度 h	模数 m	高度 b	高度 h
1～1.25	0.4	3.2	4.5	1.8	11.0
1.5～1.75	0.6	4.5	5～5.5	2.0	12.5
2～2.25	0.8	5.6	6～6.5	2.4	15.0
2.5～2.75	1.0	6.6	7	2.8	17.5
3～3.25	1.2	8.0	8	3.2	20.0
3.5～3.75	1.4	9.4	9	3.6	22.5
4	1.6	11.0	10	4.0	25.0

Ⅳ型刨齿刀（表 9-4），外形尺寸有 60mm×125mm 和 75mm×125mm 两种，适用于 Y2380 型或 75KH 型刨齿机，精加工模数为 3～20mm 的刨齿刀，使用时需加厚度为 9.66mm 的垫片。

表 9-4　直齿锥齿轮刨齿刀（Ⅳ型）　　　　　　　　（单位：mm）

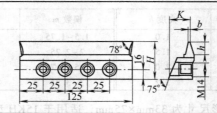

模数 m	H	K	宽度 b	高度 h	模数 m	H	K	高度 b	高度 h
3～3.25	60	20.5	1.2	8.0	10	60	20.5	4.0	25.0
3.5～3.75	60	20.5	1.4	9.4	11	60	20.5	4.4	27.5
4	60	20.5	1.6	11.0	12	60	20.5	4.8	30.0
4.5	60	20.5	1.8	11.0	13	75	30.5	5.2	30.0
5～5.5	60	20.5	2.0	12.5	14	75	30.5	5.6	33.5
6～6.5	60	20.5	2.4	15.0	15	75	30.5	6.0	36.0
7	60	20.5	2.8	17.5	16	75	30.5	6.4	38.5
8	60	20.5	3.2	20.0	18	75	30.5	7.2	42.2
9	60	20.5	3.6	22.5	20	75	30.5	8.0	48.0

以上刨齿刀均由两把组成一套，压力角制成 20°，刨齿刀的顶刃后角和侧刃后角靠安装在机床上后形成，刃倾角为 12°，前角根据被加工工件的材料而定，一般加工钢件时采用 20°～25°，加工青铜或黄铜时采用 10°左右。

刨齿刀的刃倾角和前角需刃磨后制成。

2. 双分齿法粗刨齿刀的特点

粗刨齿刀不同于精刨齿刀的地方不仅在于切削部分的形态上，同时，它是为每一种被加工工件的粗切而专门设计的。粗刨齿刀的刀齿形状不但和压力角、模数有关，而且也和其他因素即工件齿数、节锥角、齿顶高和齿高及齿宽的尺寸等有关。

双分齿法刨齿刀是按工件齿沟对称安装的。这样才能切出对称齿形来，所以粗刨齿刀的形状和精刨齿刀不同。

双分齿法粗刨齿刀与对称轴线相差 $\Delta\alpha$，对于刀齿来说，一面减去 $\Delta\alpha$，而另一面加上 $\Delta\alpha$，如图 9-3 所示。

所以有

$$\alpha_1 = \alpha + \Delta\alpha$$

$$\alpha_2 = \alpha - \Delta\alpha$$

$\Delta\alpha$ 等于垂直于被加工工件的根锥母线剖面上的齿距角的一半。

$$\Delta\alpha = \frac{180°}{z_v} \qquad (9\text{-}5)$$

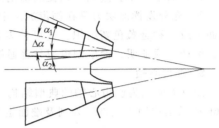

图 9-3　双分齿法粗刨计算图

式中　　z_v——工件背锥面上展开有当量齿轮的齿数。

而

$$z_v = \frac{z}{\cos\delta'}$$

所以有

$$\Delta\alpha = \frac{180°\cos\delta'}{z} \qquad (9\text{-}6)$$

式中　　z——工件的齿数；

　　　　δ'——工件的节锥角。

根据生产批量的不同和被加工工件大端背锥上公称模数的大小，也可将粗刨齿刀作为切槽刨刀，切出的齿就仿形出一定的齿槽，如图 9-4 所示。

3. 刨齿刀的刃磨及检查

刨齿刀的磨钝标准是根据实际磨损情况而定。一般粗刨齿刀和精刨齿刀的刀尖允许磨损量应按照刨齿工艺守则规定的要求进行，但在实际刨齿过程中，刀具要不要刃磨，还应根据被加工工件的材料、精度等级及轮齿表面的粗糙度要求而定。

刨齿刀刃磨后，除表面不应黄斑、退火、烧焦、龟裂和崩刃等明显缺陷外，还应检查刃倾角的正确性和刀刃刃口的直线性误差，并采用专用的对刀规进行检查。磨得正确的切削刃，应该与对刀规相吻合，如图 9-5 所示。

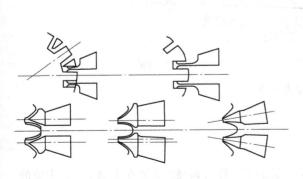

图 9-4　粗刨齿刀形式

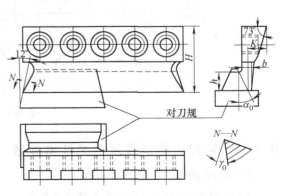

图 9-5　刨齿刀刃磨后的检查

4. 延长刨齿刀使用寿命的方法

刨齿刀的切削速度虽不高，但在刨削过程中，刀具和工件的摩擦压力却较大，这不仅使刀刃过早磨损，而且会直接影响刨齿精度和轮齿表面粗糙度。使用过钝刨齿刀，不但一次刃磨要磨去几毫米，造成刀具浪费，而且又增加刃磨时间。

通常刨齿刀是在工具磨床上利用碗形砂轮的端面进行磨削的，由于没有使用切削液，因此影响了刨齿刀的刃磨质量。因此，为延长刀具使用寿命及减少刃磨次数等方面建议如下：

1）刨齿刀的刃磨应采用平形砂轮的周边在平面磨床上进行磨削，刃磨时还应保证刀具的充分冷却，且磨削量不宜过大，以提高切削刃和前刀面质量。

2）充分发挥涂层刀具在刨齿加工中的作用，刨齿刀表面如经过 TiC 或 TiN 涂层处理后，刀具表面形成一种金黄色新组织，这可使刀具的耐磨性、耐蚀性、表面强度等方面均有不同摆度的提高，生产实践证明，涂层刨齿刀与普通刨齿刀相比，可延长使用寿命约 0.5~5 倍。

5. 刨齿心轴

图 9-6 所示为刨齿心轴的典型结构。图 9-6a 所示结构用于工件以内孔和后端面为基准者；图 9-6b 所示结构用于工件以外圆及端面定位者。

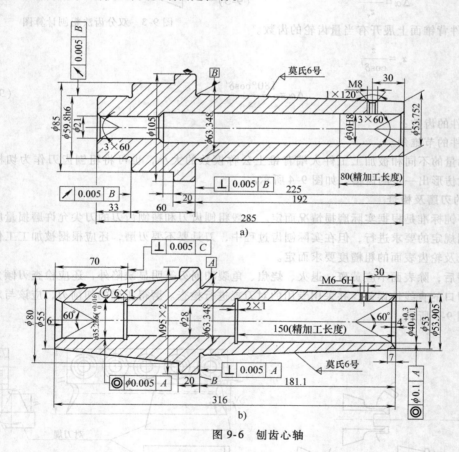

图 9-6　刨齿心轴

9.1.4　刨齿机的型号及主要技术参数

1. Y236 型刨齿机的工作原理

Y236 型刨齿机的工作原理如图 9-7 所示。其中，被加工工件（齿坯）2 装在主轴 1 上，主轴的轴线 OF 能围绕 O 点回转，即按被加工工件的要锥角回转一角度，它的大小从 AE 标尺上读出，安装在摇台 4 上的一副刨齿刀 3，除了按 a 方向做往复切削运动外，还能绕摇台轴线 OB 转动（即相当于平顶产形齿轮的一个轮齿），工件绕轴线 OF 转动，而且还应按 b 方向移动，以便使它的节锥顶点 O 和机床中心 C 相重合时进行刨削。

机床的工作循环（精刨时）：①床鞍连同分齿箱移至工作位置；②摇台自上而下回转时进行半精刨；③床鞍移至切削深度（机床中心）；④摇台自下而上回转时进行精加工；⑤床鞍退出；⑥工件分齿，并进入下一个循环。

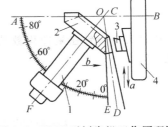

图 9-7　Y236 型刨齿机工作原理图
1—主轴　2—齿坯　3—刨齿刀　4—摇台

粗刨时，机床还可用切入法对齿坯进行粗加工（开槽），其工作循环为：床鞍连同分齿箱工作进给，摇台和工件不转动，刨齿刀逐渐向齿坯切入，床鞍连同分齿箱退出，工件分齿，并进入下一个循环。

2. Y236 型刨齿机的主要技术规格（表 9-5）

表 9-5　Y236 型刨齿机的主要技术规格

序　号	规　格　名　称		数　值
1	工件最大模数/mm		8
2	工件最大节锥距/mm		305
3	工件最大直径/mm		610
4	工件最大齿宽/mm		90
5	工件节锥角		5°42′~84°18′
6	工件齿数范围		10~200
7	轴交角为 90°齿轮的最大传动比		1：10
8	传动比为 1：1 时，工件的最少齿数	$\alpha=20°$时	12
		$\alpha=15°$时	13
9	刨齿刀滑板的最大调整角		8°
10	分齿箱主轴端面至机床中心距离/mm		65~380
11	刨齿刀每分钟往复冲程数（15 级）		85~442
12	加工每一齿所需要的时间（15 级）/s		7.6~86.5
13	分齿箱主轴孔的锥度（莫氏）		6 号
14	摇台最大摆角	零线以上	38.7°
		零线以下	21.1°
15	刨齿刀行程长度/mm		13~100
16	主电动机	功率/kW	2.8
		转速/(r/min)	1430

3. Y236 型刨齿机的传动系统（图 9-8）

Y236 型刨齿机适用于加工外啮合直齿锥齿轮、鼓形齿及各种不同齿形角的直齿锥齿轮。它是按照平顶产形齿轮原理，用展成法加工的半自动齿轮刨床。在汽车及拖拉机制造、机器制造及航空航天等工业得到了广泛应用。

在大量生产的条件下，为保持机床的精度，轮齿的粗加工，宜在专用机床上进行，刨齿机只作精加工。在小批生产或单件生产时，轮齿的粗、精加工都可在 Y236 型刨齿机上完成。

Y236 型刨齿机的传动系统主要由五条传动链组成。

（1）刨齿刀的往复运动传动链　由主电动机→锥齿轮副 z15/z43→轴 I 经锥齿轮副 z34/z34→锥齿轮副 z34/z34→切削速度交换齿轮 A_1/B_1→锥齿轮副 z19/z43→摇台中心轴，经曲柄连杆机构使刨齿刀获得往复运动。

其运动平衡方程式为

$$1430 \times \frac{15}{43} \times \frac{34}{34} \times \frac{34}{34} \times \frac{A_1}{B_1} \times \frac{19}{43} = n$$

化简后得

$$\frac{A_1}{B_1} = \frac{n}{220}$$

刨齿刀每分钟往复冲程数共分 15 级，从表 9-6 中可直接查到相应的切削速度交换齿轮齿数比。

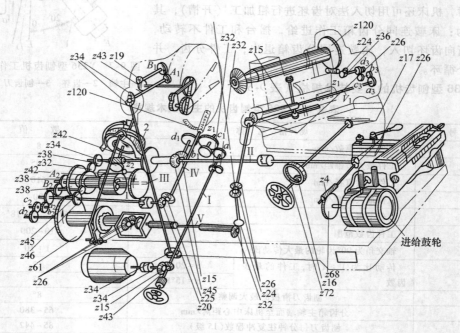

图 9-8　Y236 型刨齿机的传动系统

表 9-6　Y236 型刨齿机切削速度交换齿轮表

刨齿刀每分钟往复冲程数	交换齿轮齿数		刨齿刀每分钟往复冲程数	交换齿轮齿数	
	A_1	B_1		A_1	B_1
85	20	52	221	36	36
97	22	50	247	38	34
110	24	48	276	40	32
125	26	46	309	42	30
141	28	44	347	44	28
158	30	42	391	46	26
177	32	40	442	48	24
198	34	38			

（2）进给运动传动链　运动自轴 I →进给交换齿轮 $a_1/b_1 \times c_1/d_1$ →锥齿轮副 $z15/z45$ →轴 II →锥齿轮副 $z26/z26$ →蜗杆副 $z4/z68$ →进给鼓轮。

设 t 为单分齿时加工 1 齿时间（s）或双分齿时加工 2 齿时间（s），在此时间内主电动机回转 $(1430/60) \times t(r)$，而进给鼓轮回转 1r。也就是说，主电动机 $(1430/60) \times t(r)$ →进给鼓轮转 1r，其运动平衡方程式为

$$\frac{1430}{60} \times t \times \frac{15}{43} \times \frac{a_1 c_1}{b_1 d_1} \times \frac{15}{45} \times \frac{26}{26} \times \frac{4}{68} = 1$$

化简后得

$$\frac{a_1}{b_1} \times \frac{c_1}{d_1} = \frac{6.13}{t}$$

加工一齿所需时间 t 应根据被加工工件材料、加工方法、刨齿刀每分钟冲程数、齿宽及模数而定。可从表 9-7 中查得加工一齿时间和相应的进给速度交换齿轮齿数比。

表 9-7　Y236 型刨齿机进给速度交换齿轮表

加工一齿的时间/s	a_1	b_1	c_1	d_1
	主动	被动	主动	被动
86.5	21	79	22	83
76	21	79	25	83
60.5	21	79	30	83
53.6	30	70	21	79
45	30	70	25	79
39.2	37	63	21	79
32.9	37	63	25	79
27.4	37	63	30	79
23.7	42	58	25	70
19.7	42	58	30	70
16	42	58	37	70
13.3	58	42	21	63
11.2	58	42	25	63
9.3	58	42	30	63
7.6	58	42	37	63

（3）滚切运动传动链　运动自摇台蜗杆副 $z120/z1$→锥齿轮副 $z25/z20$→滚切交换齿轮→（a_2/b_2）×（c_2/d_2）→差动机构锥齿轮 $z26$（差动机构壳体在工作行程时不动）→轴Ⅴ→锥齿轮副 $z32/z24$→锥齿轮副 $z26/z26$→锥齿轮副 $z26/z26$→伸缩轴Ⅵ→分齿交换齿轮（a_3/b_3）×（c_3/d_3）→锥齿轮副 $z36/z24$→蜗杆副 $z1/z120$→分齿箱主轴。

摇台 1r→工件转 z_0/zr。

其运动平衡方程式为

$$1(摇台\ 1r) \times \frac{120}{1} \times \frac{25}{20} \times \frac{a_2}{b_2} \times \frac{c_2}{d_2} \times \frac{32}{24} \times \frac{26}{26} \times \frac{a_3}{b_3} \times \frac{c_3}{d_3} \times \frac{36}{24} \times \frac{1}{120} = \frac{z_0}{z}$$

其中

$$\frac{a_3}{b_3} \times \frac{c_3}{d_3} = \frac{30}{z}$$

化简后得

$$\frac{a_2}{b_2} \times \frac{c_2}{d_2} = \frac{z_0}{75}$$

式中　z_0——产形齿轮齿数；

　　　z——工件齿数。

（4）分齿运动传动链　运动自轴Ⅲ→齿轮 $z38/z61$→差动机构→轴Ⅴ附加回转→锥齿轮副 $z32/z24$→锥齿轮副 $z26/z26$→锥齿轮副 $z26/z26$→分齿交换齿轮（a_3/b_3）×（c_3/d_3）→锥齿轮副 $z36/z24$→蜗杆副 $z1/z120$→被加工工件分齿

当差动机构的壳体回转 1r 时，轴Ⅴ旋转 2r，在此时间内，被加工工件应转过 1 个齿（$1/z$r），在双分齿时应转过 2 个齿（$2/z$r）。

其运动平衡方程式为

$$2(轴Ⅴ\ 2\ 转) \times \frac{32}{24} \times \frac{26}{26} \times \frac{26}{26} \times \frac{a_3}{b_3} \times \frac{c_3}{d_3} \times \frac{36}{24} \times \frac{1}{120} = \frac{1}{z}$$

化简后得

$$\frac{a_3}{b_3} \times \frac{c_3}{d_3} = \frac{30}{z} \quad （单分齿时）$$

$$\frac{a_3}{b_3} \times \frac{c_3}{d_3} = \frac{60}{z} \quad （双分齿时）$$

（5）摇台摆动角度传动链 运动自轴Ⅲ→摇台摆动角交换齿轮 A_2/B_2→齿轮 $z45/z36$→锥齿轮副 $z20/z25$→蜗杆副 $z1/z120$→摇台。

在轴Ⅱ的左端装有齿轮 $z42$ 与齿轮 $z38$，齿轮 $z42$ 与轴Ⅲ上的齿轮 $z42$ 相啮合，齿轮 $z38$ 则经过中间齿轮 $z32$ 与轴Ⅲ上的齿轮 $z38$ 相啮合，液压离合器 1 由凸轮 2 操纵，凸轮 2 的运动从轴Ⅱ经蜗杆副 $z2/z34$ 传入，并在进给鼓轮旋转 1r 的时间内旋转 1r。这一转的前半周是接通轴Ⅲ上的齿轮 $z38$，后半周接通 $z42$，从而使轴Ⅲ得到方向相反的运动。

当进给鼓轮转 1/2r 时，轴Ⅲ旋转 1/2r×34/2 = 8.5r。这 8.5r 中，换向时消耗量 1/2r，以液压离合器缓冲装置又消耗 1/3r，所以轴Ⅲ向每一方向旋转时实际只转了 81/2r−1/3r−1/2r = 23/3r，因此，可视为轴Ⅲ转 23/3r 时，摇台应回转 $\theta/360$r。

其运动平衡方程式为

$$\frac{23}{3} \times \frac{A_2}{B_2} \times \frac{45}{36} \times \frac{20}{25} \times \frac{1}{120} = \frac{\theta}{360}$$

化简后得

$$\frac{A_2}{B_2} = \frac{\theta}{23}$$

式中 θ——摇台的总摆角（°），θ 由两部分组成：$\theta = \theta_1 + \theta_2$；

θ_1——摇台在零线以下的摇角（°）；

θ_2——摇台在零线以上的摇角（°）。

在实际生产中 θ_1 可按式（9-7）和式（9-8）计算：

当 $\alpha = 20°$ 时：

$$\theta_1 = \left[\frac{355.3 \dfrac{h_f}{m} + 90}{z} - 0.8 \right] \sin\delta' \qquad (9\text{-}7)$$

当 $\alpha = 15°$ 或 $\alpha = 14.5°$ 时：

$$\theta_1 = \left[\frac{458.4 \dfrac{h_f}{m} + 90}{z} - 0.4 \right] \sin\delta' \qquad (9\text{-}8)$$

为了方便起见，可直接从表 9-8 中查得摇台摆角数值及相应的交换齿轮齿数比。

表 9-8 Y236 型刨齿机摇台摆角交换齿轮表

摇 台 摆 角			齿 数	
θ_2 零上摆角/(°)	θ_1 零下摆角/(°)	θ 总摆角/(°)	A_2 主动	B_2 被动
6.6	3.5	10.1	22	50
7.5	4.0	11.5	24	48
8.4	4.6	13.0	26	46
9.5	5.1	14.6	28	44
10.6	5.8	16.4	30	42
11.9	6.5	18.4	32	40
13.4	7.2	20.6	34	38

（续）

摇 台 摆 角			齿 数	
θ_2	θ_1	θ	A_2	B_2
零上摆角/(°)	零下摆角/(°)	总摆角/(°)	主动	被动
14.9	8.1	23.0	36	36
16.7	9.0	25.7	38	34
18.7	10.1	28.8	40	32
20.9	11.3	32.2	42	30
23.5	12.7	36.2	44	28
26.4	14.3	40.7	46	26
29.8	16.2	46.0	48	24
33.9	18.4	52.3	50	22
38.7	21.1	59.8	52	20

9.1.5　刨齿机切齿前的调整

1. 刨齿刀的安装及刀架齿角的计算

（1）刨齿刀的安装与校准　刨齿刀安装时必须满足以下要求：

1）在刨削过程中刨齿刀的刀尖要在通过机床中心、并垂直于摇台中心线的平面内移动。

2）刨齿刀刀尖的运动轨迹应通过摇台中心线。

为了达到上述要求，机床上备有用于专门检查刨齿刀安装情况的两种对刀规，长度对刀规及高度对刀规。长度对刀规是用于满足刨齿刀安装时的第一点要求。高度对刀规是用于满足刨齿刀安装时的第二点要求，如图9-9所示。

刨齿刀安装及调整的质量好坏，将直接影响工件轮齿齿形及齿面接触区的位置等，所以刨齿刀安装时还应注意如下事项：①刨齿刀的安装和调整，必须在调整好刨齿刀刀架齿角之后进行，以免产生机床重复调整误差；②在调整高度对刀规时，要看准对刀规上的压表值，当转移到刨齿刀上测量时要注意轻拿轻放，保证对刀规上压表值与刨齿刀上压表值相一致，以达到校刀正确性；③在调整长度对刀规及高度对刀规时，刨齿刀应处于切削工作位置上（即抬刀位置），并按刨齿工艺守则规定的要求进行。

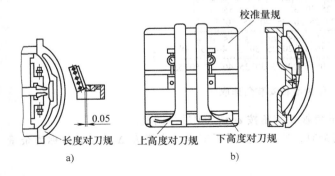

图 9-9　检查刨齿刀安装的对刀规

a）长度对刀规　b）高度对刀规及校准量规

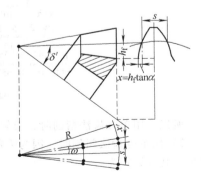

图 9-10　刨齿刀滑板安装角计算原理图

（2）刀架齿角的计算　由 Y236 型刨齿机的工作原理可知（图 9-10）刨齿刀滑板安装角（单分齿法精刨）的计算公式为

$$\omega = \frac{57.296 \times \left(\dfrac{s}{2} + h_f \tan\alpha \right)}{R}　\text{（9-9）}$$

式中　ω——刨齿刀滑板安装角（°）；

　　　s——工件分度圆上的弧齿厚（mm）；

　　　h_f——工件的齿根高（mm）；

　　　α——工件压力角（°）；

　　　R——工件的锥距（mm）。

【例 1】　在 Y236 型刨齿机上加工一对标准直齿锥齿轮，其轴交角 $\Sigma = 90°$，模数 $m = 4mm$，压力角 $\alpha = 20°$，齿顶高系数 $h_a^* = 1$，顶隙系数 $c^* = 0.2$，齿面宽 $b = 30mm$，小齿轮齿数 $z_1 = 20$，大齿轮齿数 $z_2 = 40$，小齿轮节锥角 $\delta'_1 = 26°34'$，大齿轮节锥角 $\delta'_2 = 63°26'$，节锥距 $R = 89.44mm$。试求刨齿刀上、下滑板安装角及各组交换齿轮。

解：

1）用单分齿法精刨时，计算刨齿刀滑板安装角 ω。

① 计算法：

$$\omega = 57.296 \times \left(\frac{s}{2} + h_f \tan\alpha \right) \times \frac{1}{R}$$

$$= 57.296° \times \left(\frac{6.283}{2} + 4.8 \times \tan20° \right) \times \frac{1}{89.44} = 3°08'$$

② 图表法：为了减少计算时间，当加工标准直齿锥齿轮时，根据被加工工件的齿根角 θ_f 制成如图 9-11 所示选取图，由齿根角 θ_f，可直接查得刨齿刀滑板安装角 ω。按示例当 $\theta_f = 3°04'$ 时，对应下面的刀架滑板安装角 ω 为 $3°08'$。

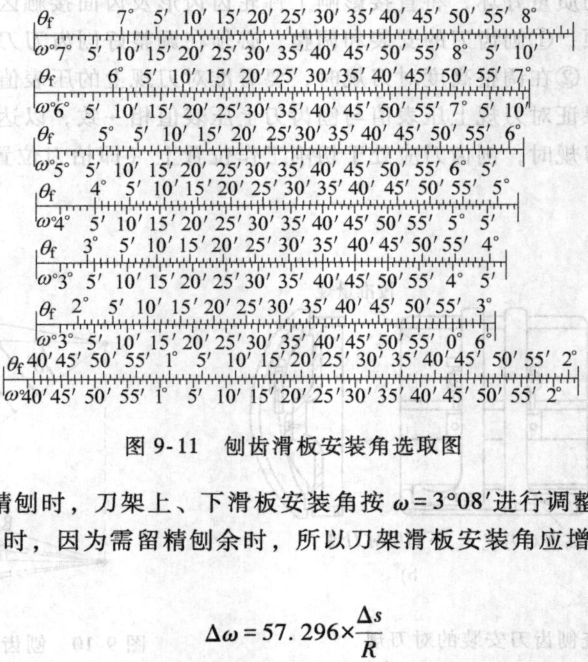

图 9-11　刨齿滑板安装角选取图

所以，用单分齿法精刨时，刀架上、下滑板安装角按 $\omega = 3°08'$ 进行调整。

2）用单分齿法粗刨时，因为需留精刨余时，所以刀架滑板安装角应增大 $\Delta\omega$，$\Delta\omega$ 角称为余量增角，其计算式为

$$\Delta\omega = 57.296 \times \frac{\Delta s}{R}$$

为减少计算，$\Delta\omega$ 角的大小也可直接查表 9-9 得到。

表 9-9 用单分齿法粗刨时的余量增角 Δω

锥距 R /mm	轮齿大端每边的精刨余量/mm					
	0.25	0.50	0.75	1.00	1.25	1.50
25	0°35′	1°9′	1°43′	2°18′	2°52′	3°26′
50	0°17′	0°35′	0°52′	1°9′	1°26′	1°43′
75	0°12′	0°23′	0°35′	0°46′	0°57′	1°9′
100	0°9′	0°17′	0°26′	0°35′	0°43′	0°52′
125	0°7′	0°14′	0°21′	0°28′	0°35′	0°41′
150	0°6′	0°12′	0°17′	0°23′	0°29′	0°35′
175	0°5′	0°10′	0°15′	0°20′	0°25′	0°30′
200	0°4′	0°9′	0°13′	0°17′	0°22′	0°26′
225	0°4′	0°8′	0°12′	0°15′	0°19′	0°23′
250	0°4′	0°7′	0°11′	0°14′	0°17′	0°21′
275	0°3′	0°6′	0°10′	0°13′	0°16′	0°19′
300	0°3′	0°6′	0°9′	0°12′	0°15′	0°17′

按示例中已知条件，选取轮齿大端每边精刨余量为 0.5mm 时，查表 9-9 得粗刨时的余量增角为 17′，所以用单分齿法粗刨时的刀架滑板安装角为精刨时刀架滑板安装角加上余量增角 Δω，即：

$$\omega + \Delta\omega = 3°08′ + 17′ = 3°25′$$

待粗刨结束后，精刨时刀架滑板安装角仍按 3°08′进行调整。

2. 工件的装夹及安装角的确定

（1）工件的装夹 刨齿加工时，工件的装夹应保证如下要求：①被加工工件的中心线应与机床分齿箱主轴中心线重合；②被加工工件的锥顶应与机床中心重合（详见刨齿工艺守则的要求）。

为满足上述要求，当刨齿心轴安装之后，应检查其径向圆跳动和轴向窜动、工件和心轴之间的配合间隙应符合被加工工件的精度要求。

工件的轴向安装位置（常称轮位），必须使被加工工件的锥顶与机床中心重合。为此，工件安装前，必须正确测得机床中心至分齿箱主轴端面、实际使用心轴以及被加工工件锥顶至支承端面距离等有关尺寸，不能盲目进行或粗略估计。

（2）工件安装角的确定

1）精刨时，工件安装角（也就是分齿箱回转板的安装角）等于被加工工件的根锥角 δ_f。

2）粗刨时，为了使工件齿槽底部切深 Δh，如图 9-12 所示，试件安装角应减小 $\Delta\delta_f$。但必须指出，粗刨时的工件安装角 $\delta_f′$ 的计算方法，将随切削方法而异。

① 用单分齿法粗刨时，工件安装角 $\delta_f′$ 的计算式为

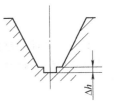

图 9-12 粗刨后的工件齿槽底部

$$\delta_f′ = \delta_f - \Delta\delta_f$$

$$\Delta\delta_f = 3340 \times \frac{\Delta h}{R}$$

为了减少计算，$\Delta\delta_f$ 角的大小也可直接查表 9-10 得到。

表 9-10 用单分齿法粗刨时，工件安装角的减小量 $\Delta\delta_f$（′）

锥距 R /mm	齿底节深时 Δh/mm			锥距 R /mm	齿底节深时 Δh/mm		
	0.1	0.2	0.3		0.1	0.2	0.3
25	13.76	27.52	41.28	175	1.97	3.93	5.90
50	6.88	13.76	20.64	200	1.72	3.44	5.16
75	4.59	9.17	13.76	225	1.53	3.06	5.59
100	3.44	6.88	10.32	250	1.38	2.75	4.13
125	2.75	5.50	8.26	275	1.25	2.50	3.57
150	2.29	4.59	6.88	300	1.15	2.29	3.44

② 用双分齿法粗刨时，工件安装角 δ_f' 的计算式为

$$\tan\delta_f' = \tan\delta_f \cdot \cos\frac{180°}{z}$$

按示例中已知条件，选齿底切深量 Δh 为 0.2mm 时（已知小齿轮根锥角）δ_{f1} 为 23°30′，大齿轮根锥角 δ_{f2} 为 60°22′。

用单分齿法粗刨时，工件安装角的减小量 $\Delta\delta_f$ 为

$$\Delta\delta_f = 3440 \times \frac{0.2}{89.44} = 7'41''（取 8'）$$

则

$$\delta_{f1}' = 23°30' - 8' = 23°22'$$
$$\delta_{f2}' = 60°22' - 8' = 60°14'$$

用双分齿法粗刨时：

$$\tan\delta_{f1}' = \tan\delta_{f1} \cdot \cos\frac{180°}{z} = \tan23°30' \times \cos\frac{180°}{20} = 0.429459$$

则 $\delta_{f1}' = 23°14'$。

$$\tan\delta_{f2}' = \tan\delta_{f2} \cdot \cos\frac{180°}{z_2} = \tan60°22' \times \cos\frac{180°}{40} = 1.752517$$

则 $\delta_{f2}' = 60°17'$。

精刨时，工件安装角仍等于工件根锥角即 δ_f。

3. 轮齿齿厚余量与工件轴向移动量的关系

当工件齿厚尚有余量时，为达到图样所要求的齿厚，工件应沿其轴线移动量 Δx 计算式为

当 $\alpha = 20°$ 时：

$$\Delta x = 1.3737 \cdot \frac{\Delta\bar{s}}{\sin\delta'}$$

式中 δ'——工件的锥角。

当 $\alpha = 20°$，$\Delta\bar{s} = 0.10$mm 时，工件沿其轴线移动时 Δx，可按工件的节锥角从表 9-11 中直接查得。

表 9-11 当 $\alpha = 20°$，$\Delta\bar{s} = 0.10$mm 时，分齿箱轴线移动量 Δx

节锥角 δ'	轴线移动量 Δx/mm	节锥角 δ'	轴线移动量 Δx/mm	节锥角 δ'	轴线移动量 Δx/mm
5°	1.57620	9°	0.87820	13°	0.61068
6°	1.31420	10°	0.79110	14°	0.56785
7°	1.12720	11°	0.71996	15°	0.53077
8°	0.98710	12°	0.66073	16°	0.49839

（续）

节锥角 δ'	轴线移动量 Δx/mm	节锥角 δ'	轴线移动量 Δx/mm	节锥角 δ'	轴线移动量 Δx/mm
17°	0.46986	39°	0.21829	61°	0.15707
18°	0.44455	40°	0.21372	62°	0.15559
19°	0.42195	41°	0.20939	63°	0.15418
20°	0.40165	42°	0.20530	64°	0.15284
21°	0.38333	43°	0.20143	65°	0.15158
22°	0.36672	44°	0.19776	66°	0.15037
23°	0.35158	45°	0.19428	67°	0.14924
24°	0.33775	46°	0.19097	68°	0.14816
25°	0.32505	47°	0.18784	69°	0.14715
26°	0.31337	48°	0.18485	70°	0.15619
27°	0.30259	49°	0.18202	71°	0.14529
28°	0.29261	50°	0.17933	72°	0.14444
29°	0.28637	51°	0.17677	73°	0.14365
30°	0.27475	52°	0.17433	74°	0.14291
31°	0.26673	53°	0.17201	75°	0.14222
32°	0.25924	54°	0.16980	76°	0.14158
33°	0.25223	55°	0.16770	77°	0.14099
34°	0.24566	56°	0.16570	78°	0.14044
35°	0.23950	57°	0.16380	79°	0.13995
36°	0.23371	58°	0.16199	80°	0.13949
37°	0.22827	59°	0.16027		
38°	0.22313	60°	0.15863		

4. Y236 型刨齿机各组交换齿轮的确定

Y236 型刨齿机各组交换齿轮的计算公式汇总见表 9-12。

表 9-12　Y236 型刨齿机各组交换齿轮计算公式汇总

项　目	计　算　公　式	备　注
切削速度交换齿轮	$\dfrac{A_1}{B_1}=\dfrac{n}{220}$，其中 $n=\dfrac{500v_c}{L}$，$L=b+(7\sim10\text{mm})$ 式中　n——刨齿刀每分钟冲程数；v_c——刨齿刀的平均速度（m/min）； 　　　L——刨齿刀行程长度（mm）；b——工件的齿宽（mm）	切削速度交换齿轮查表 9-6（mm）
进给交换齿轮	$\dfrac{a_1}{b_1}\times\dfrac{c_1}{d_1}=\dfrac{6.13}{t}$ 式中　t——加工一个齿的时间（s）	进给交换齿轮查表 9-7
滚切交换齿轮	$\dfrac{a_2}{b_2}\times\dfrac{c_2}{d_2}=\dfrac{z_0}{75}$，其中 $z_0=\dfrac{z}{\sin\delta'}$ 式中　z——工件齿数；δ'——工件的节锥角；z_0——产形齿轮的齿数对 　　　于轴交角 $\Sigma=90°$ 的正交传动 $z_0=\sqrt{z_1^2+z_2^2}$	滚切交换齿轮借助有关工具书确定
分齿交换齿轮	单分齿时：$\dfrac{a_3}{b_3}\times\dfrac{c_3}{d_3}=\dfrac{30}{z}$；双分齿时：$\dfrac{a_3}{b_3}\times\dfrac{c_3}{d_3}=\dfrac{60}{z}$ 式中　z——工件齿数	单分齿法用于粗、精刨；双分齿法用于粗刨
摇台摆角交换齿轮	$\dfrac{A_2}{B_2}=\dfrac{\theta}{23}$ 式中　θ——摇台的总摆角（°）；$\theta=\theta_1+\theta_2$；θ_1——摇台在零线以下摆角 　　　（°）；θ_2——摇台在零线以上摆角（°）	摇台在零线以下摆角 θ_1 查表 9-8

（1）切削速度齿轮的确定　确定切削速度交换齿轮的依据是所采用的切削用量，Y236型刨齿机推荐的切削用量见表9-13。

表 9-13　Y236 型刨齿机推荐的切削用量

机床工作规范表

材料	加工方法	刨齿刀每分钟冲程数	齿长/mm	模数/mm											
				1.5	1.75	2	2.5	2.75	3	3.5	4.25	5	6.5	7.25	8
				刨一齿整个循环所需的时间/s											
15钢	双分齿法粗刨	442	13	7.6	9.3	11.2	13.3	16							
		391	20	9.3	11.2	13.3	16.0	16	19.7	23.7	27.4				
		309	25	11.2	13.3	16.0	19.7	19.7	23.7	27.4	27.4	27.4	32.9		
		247	32	13.3	16.0	19.7	19.7	23.7	27.4	27.4	32.9	32.9	39.2		
		198	38			19.7	23.7	27.4	27.4	32.9	32.9	39.2	45.0		
		158	50					27.4	32.9	32.9	39.2	45.0	53.6		
		125	63						32.9	39.2	45.0	53.6	60.5		
		97	82							45.0	53.6	60.5	72.6		
灰铸铁（170~200HBW）		442	13	7.6	7.6	9.3	11.2	13.3							
		391	20	7.6	9.3	11.2	13.3	16.0	16.0	19.7	19.7				
		247	25	9.3	11.2	13.3	16.0	16.0	19.7	23.7	23.7	27.4	32.9		
		198	32	11.2	13.3	16.0	16.0	19.7	23.7	27.4	27.4	27.4	32.9		
		158	38			16.0	19.7	23.7	27.4	27.4	32.9	32.9	39.2		
		125	50					23.7	27.4	32.9	32.9	39.2	45.0		
		110	63						32.9	32.9	39.2	45.0	53.6		
		85	82							39.2	45.0	53.6	60.5		
15钢	单分齿法粗刨	442	13	7.6	7.6	9.3	11.2	13.3							
		391	20	7.6	9.3	11.2	13.3	13.3	16.0	16.0	19.7				
		309	25	9.3	9.3	13.3	16.0	16.0	19.7	19.7	23.7	27.4	32.9		
		247	32	93	11.2	13.3	16.0	19.7	23.7	27.4	27.4	32.9	39.2	45.0	53.6
		198	38			16.0	19.7	23.7	27.4	32.9	32.9	39.2	45.0	53.6	60.5
		158	50					23.7	27.4	32.9	39.9	45.0	53.6	53.6	60.5
		125	63						32.9	39.2	45.0	53.6	60.5	60.5	72.6
		97	82							45.0	53.6	60.5	72.6	72.5	86.5
灰铸铁（170~200HBW）		442	13	7.6	7.6	7.6	9.3	11.2							
		309	20	7.6	7.6	9.3	11.2	13.3	13.3	16.0	19.7				
		247	25	7.6	9.3	11.2	13.3	13.3	16.0	19.7	19.7	23.7	27.4		
		198	32	9.3	11.2	13.3	13.3	16.0	16.0	19.7	23.7	27.4	32.9	32.9	39.2
		158	38			13.3	16.0	16.0	19.7	23.7	27.4	32.9	39.2	39.2	45.0
		125	50					19.7	23.7	23.7	27.4	32.9	39.2	45.0	53.6
		97	63						23.7	27.4	32.9	39.2	45.0	53.6	60.5
		85	82							32.9	39.2	45.0	53.6	60.5	72.6

（续）

机床工作规范表

材料	加工方法	刨齿刀每分钟冲程数	齿长/mm	模数/mm											
				1.5	1.75	2	2.5	2.75	3	3.5	4.25	5	6.5	7.25	8
				刨一齿整个循环所需的时间/s											
15 钢	精刨	442	13	7.6	9.3	9.3	11.2	13.2							
		442	20	9.3	11.2	11.2	13.3	13.3	16.0	16.0	19.7				
		391	25	11.2	11.2	13.3	13.3	16.0	16.0	19.7	23.7	43.7	27.4		
		309	32	11.2	13.3	16.0	16.6	19.7	19.7	23.7	23.7	27.4	32.9	45.0	53.6
		276	38				19.7	19.7	23.7	23.7	27.4	32.9	39.2	53.6	60.5
		198	50					23.7	27.4	27.4	32.9	39.2	45.9	60.5	39.2
		158	63						27.4	32.9	39.2	46.0	53.6	39.2	45.0
		125	82							39.2	45.0	53.6	60.5	40.5	53.6
灰铸铁（170~200HBW）		442	13	7.6	7.6	7.6	7.6	9.3							
		442	20	7.6	7.6	7.6	9.3	11.2	13.3	16.0	19.7				
		347	25	7.6	9.3	9.3	11.2	13.3	16.0	19.7	19.7	23.7	27.3		
		276	32	7.6	9.3	11.2	13.3	16.0	19.7	23.7	23.7	27.4	32.9	32.9	39.2
		247	38				16.0	19.7	19.7	23.7	27.4	32.9	32.9	39.2	45.0
		177	50					19.7	23.7	27.4	27.4	32.9	89.2	45.0	53.6
		141	63						27.4	27.4	32.9	39.2	45.0	53.6	60.5
		97	82							32.9	39.2	45.0	53.6	60.5	72.6

切削用量选择具体步骤如下：

1）确定切削速度 v_c。但切削速度 v_c 应根据工件材料、加工要求、齿轮参数、刀具状况等进行选定，一般 $v_c = 15 \sim 20 \mathrm{m/min}$。

2）是确定刨齿刀每分钟冲程数 n。计算式为

$$n = \frac{500 v_c}{L}$$

式中　L——刨齿刀行程长度（mm），$L = b + 10\mathrm{mm}$；

　　　b——工件齿宽（mm）。

3）根据刨齿加工［例 9-1］，则切削速度交换齿轮确定如下：

刨齿刀的行程长度　　　　$L = b + 10\mathrm{mm} = 30\mathrm{mm} + 10\mathrm{mm} = 40\mathrm{mm}$

取切削速度 $v_c = 15\mathrm{m/min}$。

刨齿刀每分钟冲程数　　$n = \frac{500 v_c}{L} = \frac{500 \times 15}{40}$ 冲程/min = 188 冲程/min

切削速度交换齿轮齿数的确定查表 9-6，$n = 188$ 冲程/min 的邻近值为 $n = 198$ 冲程/min，所以切削速度交换齿轮齿数比为

$$\frac{A_1}{B_1} = \frac{34}{38}$$

（2）进给交换齿轮的确定　进给交换齿轮应根据进给量而定。Y236 型刨齿机的刨齿进给量是用刨削一个齿所需的时间 t 来表示的。t 值越大，进给量越小；反之则越大。

进给量的大小是根据工件材料、加工方法、刨齿刀每分钟冲程数、齿宽等选定的。如果工件模数较大，齿面较宽、材料强度和硬度较高，则宜选用较小的进给量；反之，则宜选用较大的进

给量。

根据示例，已知模数 $m = 4\text{mm}$，齿宽 $b = 30\text{mm}$，刨齿刀每分钟冲程数 $n = 188$ 冲程/min，加工方法为单分齿法粗刨及精刨等条件，参照表 9-13，选取单齿加工时间 t 为 39.2s，查表 9-12 得进给交换齿轮的齿数比为

$$\frac{a_1}{b_1} \times \frac{c_1}{d_1} = \frac{37}{63} \times \frac{21}{79}$$

（3）滚切交换齿轮的确定

1）平顶产形齿轮的计算。平顶产形齿轮齿数 z_0，对于锥齿轮传动的几何计算和切削加工都是一个重要参数。平顶产形齿轮的计算式为

$$z_0 = \frac{z\cos\theta_f}{\sin\delta'} \quad \text{（精确值）} \tag{9-10}$$

通常，工件齿根角 θ_f 在 $2° \sim 6°$ 范围内，可认为 $\cos\theta_f \approx 1$。此外，在同一台机床上加工出来的一对互相啮合的锥齿轮，其偏差也是一样的，由于锥齿轮要求成对性，不像圆柱齿轮那样要求互换性，因此在实际生产中不考虑由齿根角 θ_f 带来的差异，而将平顶产形齿轮齿数计算式以近似来替代为

$$z_0 = \frac{z}{\sin\delta'} \quad \text{（近似值）} \tag{9-11}$$

式（9-11）得到的计算值虽是近似的，但误差对加工精度影响极小，可略去不计，且对于非正交（轴交角 $\Sigma \neq 90°$）锥齿轮传动也是适用的。对于正交（轴交角 $\Sigma = 90°$）锥齿轮传动，其平顶产形齿轮齿数还可按式（9-12）计算：

$$z_0 = \sqrt{z_1^2 + z_2^2} \tag{9-12}$$

2）根据示例，已知 $z_1 = 20$，$z_2 = 40$，且成正交传动的条件，计算该以锥齿轮的平顶产形齿轮的齿数：

$$z_0 = \sqrt{z_1^2 + z_2^2} = \sqrt{20^2 + 40^2} = 44.721359$$

然后，查表 9-12，确定滚切交换齿轮齿数比：

$$\frac{a_2}{b_2} \times \frac{c_2}{d_2} = \frac{z_0}{75} = \frac{44.721359}{75} = 0.59628479$$

则滚切交换齿轮的齿数，用"交换齿轮选取表"等有关工具书确定为

$$\frac{a_2}{b_2} \times \frac{c_2}{d_2} = \frac{58}{75} \times \frac{64}{83}$$

（4）分齿交换齿轮的确定

1）用单分齿法粗加工小齿轮时：

$$\frac{a_3}{b_3} \times \frac{c_3}{d_3} = \frac{30}{z_1} = \frac{30}{20} = \frac{75}{60} \times \frac{60}{50}$$

2）用单分齿法粗加工大齿轮时：

$$\frac{a_3}{b_3} \times \frac{c_3}{d_3} = \frac{30}{z_2} = \frac{30}{40} = \frac{60}{48} \times \frac{54}{90}$$

精刨时，分齿交换齿轮的调整与此相同。

（5）摇台摆角交换齿轮的确定　摇台在零线以下摆角 θ_1 公式为

$$\theta_1 = \left(\frac{516.36}{z} - 0.8\right)\sin\delta'$$

1）加工小齿轮时摇台在零线以下摆角：

$$\theta_1 = \left(\frac{516.36}{z} - 0.8\right)\sin\delta_1{}'$$

$$= \left(\frac{516.36}{20} - 0.8\right)\sin 26°34'$$

$$= 11.19°$$

2）加工大齿轮时摇台在零线以下摆角：

$$\theta_1 = \left(\frac{516.36}{z} - 0.8\right)\sin\delta_2{}'$$

$$= \left(\frac{516.36}{40} - 0.8\right)\sin 63°26'$$

$$= 10.83°$$

本例 θ_1 计算结果虽不同，但在通常刨齿时以小齿轮在零线以下摆角为准，在刨削一对大小齿轮时，可以不必更换该组交换齿轮。

然后，查图 9-13，按表取 θ_1 的较大值 $\theta_1 = 11.3°$，则得

$$\theta_1 = 11.3° \qquad \theta_2 = 20.9° \qquad \theta = 32.2°$$

当 $\theta_1 = 11.3°$ 时，则摇台摆角交换齿轮为

$$\frac{A_2}{B_2} = \frac{42}{30}$$

为了减少机床调整计算时间，根据被加工工件的不同分锥角 δ 及齿数 z 制成图 9-13，由分锥角 δ 及齿数 z 直接可查得 θ_1，既方便又可靠。

5. 粗刨花时滚切运动的断开

前面已经说过，粗刨时不需要滚切运动，所以应该把滚切运动断开。

调整时，开动机床（摇台自下而上摆动），使摇台停在中间位置（摇台零线对齐），然后取下摇台摆角交换齿轮 A_2/B_2，再将固定套杆装在两轮的轴上，以取代取下的摆角交换齿轮，如图 9-14 所示。该固定套杆是用来固定被动轴 II，因而使滚切运动断开（即摇台摆动运动停止）。当主动轴 I 继续转动时，使控制机构照常工作（花键套装在固定套杆的下面），注意切不可将固定套杆倒置，以免发生设备事故。同时滚切交换齿轮上应装有准备精刨时的滚切交换齿轮，以防止刨齿时，受到分齿动作的作用而产生回转运动。

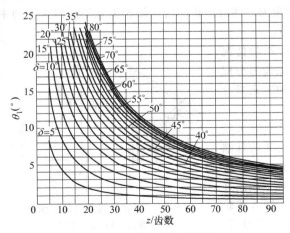

图 9-13　摇台摆角选取图

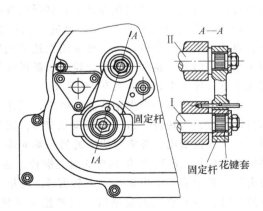

图 9-14　固定杆的安装

6. 进给深度（床鞍行程量）的调整

床鞍行程量的大小，应等于被加工工件全齿高 h 加上一附加量 a。a 是为了使被加工工件从刨齿刀处退离后进行分齿，以工件不至碰到刨齿刀所必须增加的值。a 的数值可根据被加工齿轮模数的大小在 $0.8 \sim 1.5\mathrm{mm}$ 内选取。按示例，当模数 $m = 4\mathrm{mm}$，a 值选取为 $1\mathrm{mm}$，则床鞍行程量 $= h + a = (8.8 + 1)\mathrm{mm} = 9.8\mathrm{mm}$。

7. 进给鼓轮的调整

从分析机床的传动系统中已知道，进给鼓轮转一整圈，就完成一个工作循环，也就是刨削成一个轮齿。在进给鼓轮上带有两条 T 形槽，其中一条用作轮齿的精切，而另一条为粗加工时应用。

图 9-15 所示为鼓轮上 T 形槽的展开形状。上面是精切用槽的形状；下面是粗切用槽的形状。

在粗切用槽的 A 段上，使带有齿坯的床鞍慢慢地向刨齿刀进给，以便切削到一定的齿深。而在 B 段上时，轮坯就从刨齿刀处退出，然后进行分齿，也就是使轮坯转过一个齿或两个齿。

在精切用槽的 C 段上，装有轮坯的床鞍向刨齿刀做进给运动，D 段是半精切，E 段是床

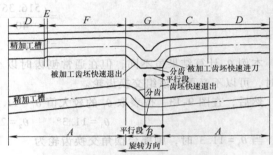

图 9-15　进给鼓轮 T 形槽展开图

鞍快速进给到轮齿的全部深度，F 段是轮齿做最后的精加工，G 段是床鞍快速从刨齿刀中退出，并进行分齿，即转过一个齿。

调整时，如果机床调配成粗刨，现要把它调配成精刨时，开动机床，当进给机构的摇臂处在最外端（平行线中段）的时候，停止机床，将粗切 T 形槽中的滚柱退出，然后把另一滚柱进入精切 T 形槽即可。

在鼓轮外端面上刻有零线，是在调整机床时用于确定鼓轮位置。另外，在摇臂上也装有刻线指示器。

8. 加工余量的分配

（1）利用刨齿刀分配加工余量　为了使轮齿上加工余量分配均匀，精刨时必须正确地分配加工余量。开动机床，当摇台由下而上摆动到中间位置（摇台刻度尺的零线对正摇台座上零线）时停止机床，用手转动手轮，使两刨齿刀的刀刃位于同一垂直面内，并使两刨齿刀处在工作位置上（即抬刀位置）。移动床鞍将粗切过的齿坯送向刨齿刀，同时，转动齿坯使轮齿置于两刨齿刀的中心位置，然后把齿坯固定在心轴上，移开床鞍即可。

（2）用余时分配规调整加工余量　在成批生产的情况下，当精加工第一个齿轮时，可采用上述的利用刨齿刀分配加工余量，但对于精加工其余齿轮时，就可应用加工余量分配规来分配加工余量，如图 9-16 所示。

调整时，当第一个齿轮精刨完毕后，机床由终点开关控制自动停止，将转臂 3 放下，转动支架 2，使量块 4 的球端插入邻近的齿槽内，并将量块 4 的另一端对准零刻线，旋转手柄 1，紧固支架 2，并把转臂 3 向上推开，然后取下精刨好的齿轮，装上第二个齿坯，放下转臂 3，将量块 4 插入轮轮齿的齿槽，如不能进入齿槽时，只要把齿坯转动一下即可，随即拧紧螺母 5，然后开动机床进行刨齿。

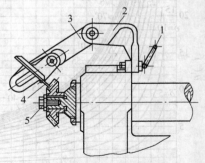

图 9-16　用分配规调整加工余量
1—旋转手柄　2—支架
3—转臂　4—量块　5—螺母

在刨齿过程中，应注意刨削时，刨齿刀是否处于工作位置（即抬刀位置）上，以及刨齿刀在轮齿小端的冲出量是否足够等情况，如机床运转一切都正常，就可继续进行刨削，直至被加工齿轮的齿规尺寸达到图样规定的要求时为止。

9.1.6　几种典型锥齿轮的加工

1. 刨鼓形齿

（1）在具有刨鼓形齿装置的刨齿机上加工　在这种机床上加工鼓形齿，只要按机床说明书调整机床，使刨刀做弧线运动，很容易刨出鼓形齿。

（2）在没有刨鼓形齿装置的刨齿机上加工　我国机床行业使用的刨齿机，绝大多数不具有刨鼓形齿装置，要在此种机床上刨鼓形齿，必须对机床做些特殊调整。其原理是改变滚切时的节锥，使其形成局部接触：也就是使安装距减小（即轮位前进），床鞍后退，同时改变滚比（即改变冠轮齿数）、刀架安装角和使刨刀切向位移。其修正值可按表 9-14 计算。其余调整与刨削普通直齿锥齿轮一样。

表 9-14　刨鼓形齿的机床修正值

修正项目	计 算 公 式	说　　明
锥距修正 ΔR	$0<\Delta R<0.1R$	R——外锥距，ΔR 值越大，接触区越短
轮位修正 ΔX	$\Delta X=\Delta R\cos\theta_f/\cos\delta_f$	θ_f——齿根角； δ_f——根锥角
床位修正 ΔX_B	$\Delta X_B=\Delta X\sin\delta_f$	可用专用垫块垫于床鞍按铁处
冠轮齿数 z_c	$z_c=z\cos(\theta_f+\Delta\varphi)/\sin(\delta_f+\Delta\varphi)$ $\Delta\varphi=\arctan\dfrac{\Delta R\tan\delta'}{R_m(1+\tan\delta'\tan\theta_f)-\Delta R}$	z——被加工齿轮齿数； δ'——切锥角； R_m——中点锥距
刨刀切各位移量 Δs	$\Delta s=\Delta R\cos\theta_f\tan\alpha$	α——齿形角
刀架安装角 τ	$\tau=\arctan\dfrac{\dfrac{s}{2}+(R_m-\Delta R)\sin\theta_f\tan\alpha}{(R_m-\Delta R)\cos\theta_f}$	s——中点弦齿厚

2. 刨削压力角非 20°的直齿锥齿轮

一般说来，刨刀的齿形角应与被加工齿轮的齿形角一致。但是，我国的标准齿形角为 20°，因此一般工厂也只备有 20°齿形角的刨刀。若遇到非 20°的直齿锥齿轮，也可用这种刨刀加工，只需改变冠轮齿数（即改变滚比交换齿轮）即可。冠轮齿数 z_c'可用式（9-13）计算：

$$z_c'=z_c\frac{\cos\alpha}{\cos\alpha'} \tag{9-13}$$

式中　　z_c——刨刀齿形角与被加工齿轮齿形角一致时的冠轮齿数（$z_c=\dfrac{z\cos\theta_f}{\sin\delta'}$）；

　　　　α——刨刀齿形角；

　　　　α'——被加工齿轮的齿形角。

3. 斜齿锥齿轮刨齿法

斜齿锥齿轮的刨齿原理如图 9-17 所示，图中圆心 O 是刨刀滚切回转中心，OP 是工艺圆半径，直线 P_iM_i 是齿向线，它们分别与工艺圆相切。刨齿时，上下（或内外）刨刀夹角顶处于切锥面齿线的交点处。被加工锥齿轮和刨刀的滚切回转如图 9-18 所示，沿被加工锥齿轮的节锥线 OP 滚动，刨刀切削往复运动平行于工件齿底，即刨刀相对滚动面 OP 调整一个齿根角 θ_f。

从图 9-17 可以看出，图中刨刀夹角顶 Q 到产形轮大端节圆齿厚 M_1M_2 的距离不相等，刨齿时分度圆当量齿厚角 $\psi=\psi_v$。刨齿滚切运动将造成上下两个刨刀相对节锥圆面上的齿线产生不同的偏移，因此，刨齿时需将上下（内外）刨刀做相应的位移 ΔB，使得刨刀刃与齿线重合。刨刀的最大

齿顶宽度 s_f 是锥齿轮的小端法向齿底槽宽度。锥齿轮齿厚 s 是模数和修正系数都相同的圆柱齿轮固定弦齿高和齿厚的法向尺寸。斜齿锥齿轮齿形加工的有关机床调整和齿厚测量计算实例见表 1-15。

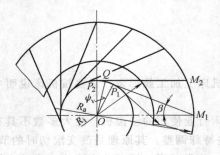

图 9-17　斜齿锥齿轮刨齿原理

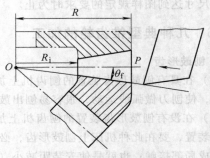

图 9-18　滚切回转示图

表 9-15　斜齿锥齿轮计算实例

序号	名　称	代号	算　式	$m_t = 14\text{mm}$, $z = 29$, $\beta = 10°$, $\alpha = 20°$, $R = 410.76\text{mm}$, $b = 150\text{mm}$, $x = 0$
1	齿根高	h_f	$h_f = (1.2 - x) m_t$	$h_f = 1.2 \times 1.4\text{mm} = 16.8\text{mm}$
2	齿根角	θ_f	$\theta_f = \arctan \dfrac{h_f}{R}$	$\theta_f = \arctan \dfrac{16.8}{410.76} = 2.342°$
3	分度圆当量齿厚半角	ψ_v	$\psi_v = \dfrac{57.29578 m_t}{4R} (\pi + 4x\tan\alpha)$	$\psi_v = \dfrac{57.29578 \times 14}{4 \times 410.76} (\pi + 0)$ $= 1.5337°$
4	齿根厚半角变化量	$\Delta\gamma$	$\Delta\gamma = 57.29578 \sin\theta_f \times \tan\alpha\cos g$	$\Delta\gamma = 57.29578 \sin 2.342° \times \tan 20° \times \cos 10° = 0.8392°$
5	当量齿底半角	θ	$\theta = \psi_v + \Delta\gamma$	$\theta = 1.5337° + 0.8392° = 2.3729°$
6	偏移距	V_e	$V_e = \dfrac{R\sin\beta}{\cos\theta}$	$V_e = \dfrac{410.76 \times \sin 10°}{\cos 2.3729°} = 71.39$
7	刀垫厚度变量	$\Delta B_{内}^{外}$	$\Delta B_{内}^{外} = h_f\tan\alpha(1-\cos\beta) \mp \sin\beta\tan\theta$	$\Delta B_{内}^{外} = 16.8\text{mm} \times \tan 20° \times (1 - \cos 10°)$ $\mp \sin 10°\tan 2.3729 = \dfrac{0.05}{0.14}\text{mm}$
8	大端齿槽底宽	S_f	$S_f = \pi m_t - 2R\sin\psi_v - 2h_f\tan\alpha$	$S_f = \pi \times 14\text{mm} - 2 \times 410.76\text{mm} \times \sin 1.5337 - 2 \times 16.8\text{mm} \times \tan 20° = 9.76\text{mm}$
9	最大刀顶宽	S_a'	$S_a' = \dfrac{S_f\sqrt{(R-b)^2 - V_e^2}}{R}$	$S_a' = \dfrac{9.76 \times \sqrt{(410.76-150)^2 - 71.39^2}}{410.76}\text{mm}$ $= 5.96\text{mm}$
10	测量齿厚	S_i	$S_i = m_t\left(\dfrac{\pi}{2}\cos^2\alpha + x\sin 2\alpha\right)\cos(\beta + \psi_v)$	$S_i = 14\text{mm} \times \left(\dfrac{\pi}{2}\cos^2 20° + 0\right)\cos(10° + 1.5337°)$ $= 19.03\text{mm}$
11	测量齿高	h_i	$h_i = (1+x) m_t - \dfrac{s_i}{2}\tan\alpha$	$h_i = 14\text{mm} - \dfrac{19.03\text{mm}}{2}\tan 20° = 10.56\text{mm}$

4. 仿形法刨齿

仿形法刨直齿锥齿轮，其原理如图 11-22 所示，齿形依靠仿形模板控制，刀具用单刃圆头刨刀，刨完一个齿后，机床自动分度刨第二个齿。当 $m_t > 16\text{mm}$ 时，这种刨齿方法生产效率较低，用于精切齿较好。

（1）仿形模板设计原理　仿形模板曲线形状，相似于放大的被加工锥齿轮一侧齿形，并有一定范围的通用性，如图 9-19 和图 9-20 所示，同一分度圆，可以加工压力角相同，齿数和模数不相同的三种或多种齿轮。它们的渐开线基圆相同，仅是各自的齿形曲线长度不同，即各种齿轮的渐开线起点和终点位置不同。

综合图 9-19 和图 9-20 分析可知，仿形模板曲线就是图 9-20 中齿形曲线放大后的等距曲线。距离的大小就是图 9-19 中在模数上滚动的滚轮半径。

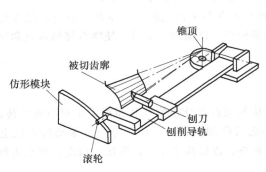

图 9-19　仿形法加工原理示意

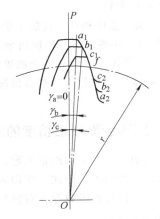

图 9-20　同一分度圆不同齿形变化关系

（2）仿形模板的定位　图 9-20 中，渐开线 a_1a_2、b_1b_2、c_1c_2 相对齿中心线 OP 有三种不同的角度。因此，仿形模板曲线必须绕圆心 O 转动角度 γ 才能满足一块仿形模板加工多种齿轮的需要：

$$\gamma = \left(\frac{1}{z_{\min}} - \frac{1}{z}\right)\cos\delta \times 90°$$

式中　δ——被加工齿轮的分度锥角；

$\quad\quad$ z——被加工齿轮齿数；

$\quad\quad$ $z_{\min}$——模板加工锥齿轮的最小齿数。

（3）齿根圆角仿形　图 9-20 中 a_1a_2、b_1b_2、c_1c_2 三种齿形，它们的齿根过渡曲线曲率各不相同，仿形模板曲线应当不同，但考虑到齿根圆根角不是工作面，可通用一块或两块齿根过渡曲线模板，以避免齿面受力后出现齿根应力集中的尖点。

（4）实例

【例 2】$m_t = 22\text{mm}$，$z = 32$，$\alpha = 20°$，$R = 417.2\text{mm}$，$b = 160\text{mm}$，$\delta = 57°32'$。加工机床为 K_{4a} 刨齿机（瑞士产）。

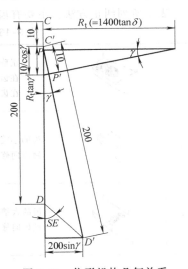

图 9-21　仿形机构几何关系

解：1）机床仿形机构调整和仿形模板的选用：

① 机床仿形机构调整。K_{4a} 刨齿机仿形机构的几何关系如图 9-21 所示，图中 R_t 相当于仿形模板的分圆半径，$C'D'$ 直线与仿形模板定位面相关，调整角度 SE 可以控制直线 $C'D'$ 与 CD 的夹角 γ，使之满足用同一块模板加工多种齿轮的仿形要求。

由图 9-21 可知

$$\tan SE = \frac{\sin\gamma}{\cos\gamma + 7\tan\delta\tan\gamma - 0.95 - \dfrac{0.05}{\cos\gamma}}$$

② 仿形模板选用。K_{4a} 刨齿机备有 35 块标准仿形模板，为方便使用，用图表列出了按被加工锥

齿轮节锥角 δ 选用模板号数的关系，指出了每块模板加工锥齿轮的最小齿数 z_{min} 和模板控制角 SE。本例 $\delta = 57°32'$，查表应当选用 24 号模板，$z_{min} = 29$，$SE = 5°10'$。理论计算的结果，$SE = 5°11'$，两者相近。

2）刨刀的选用。应考虑两个方面：一是粗切齿的切削效率；二是精切齿的仿形精度。为提高粗切齿效率，可以用台阶式直刃切刀；为保证仿形精度，刨刀的圆头半径必须小于被加工锥齿轮的小端齿形曲率半径。

3）齿加工工序和精刨齿加工余量。为提高粗切齿效率，本例用指形刀粗铣齿，齿深留精刨齿余量 1~2mm，小端齿厚留精刨齿余量 2~3mm，大端留精刨齿余量 6~8mm。

4）对研修齿。一对相啮合的锥齿轮，小锥齿轮在精刨齿之前，齿厚留有适当余量进行齿形预加工和对研啮合，根据对研啮合情况，调整仿形模板，修整加工齿形，使啮合接触斑点和接触位置符合要求。

9.1.7　提高齿面接触精度的方法

一对互通有无相啮合的锥齿轮，齿面之间接触斑点的分布位置和面积大小对齿轮的传动质量、使用寿命的影响很大。因此，在刨齿加工（小轮首件加工）后，应在专门的滚动检查机上做对滚检查，然后根据检查机数据，对刨齿机作相应调整，以提高工作齿面的接触精度，直至达到图样要求时为止。

齿面接触状况的常见形式见表 9-16。

表中所列纠正方法，主要有齿向修正和齿廓修正两种，或者是两种修正需同时进行。

表 9-16　齿面接触斑点的分布形式及其纠正方法

		正确接触斑点的分布状况：在齿高方向：位于齿高中部　在齿长方向：小端接触较强，大轮接触较弱			
1		齿的小端接触较强　做齿向修正	6		齿的大端和齿根接触较强　做齿向与齿廓修正
2		齿的大端接触较强　做齿向修正	7		齿的小端和齿根接触较强　做齿向与齿廓修正
3		齿根接触　做齿廓修正	8		齿的大端和齿根接触较强　做齿向与齿廓修正
4		齿顶接触　做齿廓修正	9		交错接触　做齿向修正齿的一侧，大端齿顶接触；齿的另一侧，小端齿顶接触
5		齿的小端和齿根接触较强　做齿向与齿廓修正	10		不对称接触　做齿廓修正齿的一侧，齿顶接触；齿的另一侧，齿根接触

（1）齿向修正方法 为叙述方便，刨齿加工时，刀具与工件的相对位置、移动方向及各部分名称，规定为如图 9-22 所示。

齿向修正，实质上是沿工件齿长方向，对接触斑点的分布位置进行纠正，从而获得良好的接触精度。具体方法如下：在滚动检查机上，上下移动小轮位置，同时观察齿面的接触状况，直至获得正确的接触位置为止，此时记下这一位移量 ΔH。然后，在刨齿机上升高或降低刨齿刀的位置。同时，为了使工件轮齿的大端尺寸不至于切去太多，再相应改变上刀架或下刀架的齿角 ω，即增大或减小 $\Delta \omega$，详见表 9-17。

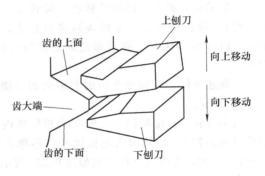

图 9-22 刨齿加工时的各部位名称

表 9-17 齿向修正的方法

接触斑点的位置	项 目	分布位置及其纠正方法
位于齿的大端	分布形状	
	纠正方法	修正齿的上面时,刨齿刀升高 ΔH,上刀架齿角减小 $\Delta \omega$;修正齿的下面时,刨齿刀下降 ΔH,下刀架齿角减少 $\Delta \omega$
	有关计算	$$\Delta \omega = \frac{\Delta H}{R} \times 3500$$ 式中　ΔH—刨齿刀上升或下降的距离(mm); 　　　$\Delta \omega$—齿角的改变量('); 　　　R—工件的锥距(mm)
位于齿的小端	分布形状	
	纠正方法	修正齿的上面时,刨齿刀下降 ΔH,上刀架齿角增大 $\Delta \omega$;修正齿的下面时,刨齿刀升高 ΔH,下刀架齿角增大 $\Delta \omega$
	有关计算	$\Delta \omega$ 的计算方法接触斑点位与齿的大端相同
交错分布	分布形状	
	纠正方法	齿两侧的修正,分别进行,方法同上列

注：1. 表列纠正方法仅在齿的单侧进行。

2. 若两轮齿数相等，且两轮同时作修正时，其修正量等于表列数据的一半。

3. 表列纠正也适用于刨削非正交锥齿轮传动时。

（2）齿廓修正方法 齿廓修正，实质上是沿工件齿廓方向，对接触斑点的分布位置进行修正，最终达到良好的接触精度。具体方法如下：

在滚动检查机上，沿轴线移动一齿轮（一般移动小齿轮），待获得满意的齿面接触斑点后止，此时记下这一位移量。这一位移量即是调整刨齿机的依据，记为 Δ。

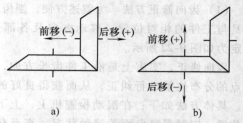

为叙述方便，对移动方向的名称做如下规定，如图 9-23 所示。

用小齿轮进行配刨时，小轮向大轮锥体内位移称前移（负方向）；小轮向大轮锥体外位移称后移（正方向）。同理，大轮的位移方向如图 9-23b 所示，但正负号与小轮相反。

图 9-23　在检查机上的齿轮位移方向

齿廓修正方法有改变分齿箱位置、改变滚切传动比和倾斜刨齿刀三种，详见表 9-18。

表 9-18　齿廓修正方法

a) 齿根接触	b) 齿顶接触	c) 两侧齿顶	d) 两侧齿根	e) 两侧交错

方法名称	纠正方法	修正量的数值
改变工件箱的位置	接触斑点位于齿根时,工件箱退离机床中心,刨齿刀移近机床中心；接触斑点位于齿顶时,工件箱移近机床中心,刨齿刀退离机床中心	工件箱位移量 Δ（工）和刨齿刀位移量 Δ（刀）查表并按有关说明计算后求得
改变滚切传动比	配刨小轮时： 小轮前移，滚切传动比减小 小轮后移，滚切传动比增大 配刨大轮时： 大轮前移，滚切传动比增大 大轮后移，滚切传动比减小	滚切传动比的修正量 Δ（切）为 $$\Delta（切）= \Delta \cdot \frac{z\cot\delta'}{75R}$$ 此式也适用于加工非正交锥齿轮时
倾斜刨齿刀改变压力角	适用于接触斑点在两侧呈交错分布时（图 e） 修正分布在齿顶的一侧时，将刨齿刀的压力角增大；修正分布在齿根的一侧时，将刨齿刀的压力角减小	刨齿刀压力角的修正量可查表并按有关说明计算后求得

对表 9-18 所列内容说明如下：

1）改变分齿箱位置。在改变分齿箱位置的同时，需改变刨齿刀的位置，其目的是为了使切深不变，位移量大小的确定方法有两种情况。

① 配刨小轮时，在检查机上移动小轮，若记下的移动量 $\Delta_1 = 0.25$mm 时，分齿箱位移量 Δ（分）和刨齿刀位移量 Δ（刀），见表 9-19。

表 9-19　检查机上小轮移动 0.25mm 时的机床修正量

被加工的齿轮传动比 i	分齿箱位移量 Δ（分）/mm	刨齿刀位移量 Δ（刀）/mm
1：1	0.25	0.18
1.5：1	0.25	0.15
2：1	0.25	0.10
3：1	0.25	0.075
4：1	0.25	0.05

若记下的小轮移动量 $\Delta_1 \neq 0.25\text{mm}$，则折算式为

$$\Delta(\text{分}) = \frac{\Delta_1}{0.25} \times (\text{表值})$$

$$\Delta(\text{刀}) = \frac{\Delta_1}{0.25} \times (\text{表值})$$

表 9-10 所列数据适用于加工正交锥齿轮传动。对于非正交锥齿轮传动，折算式为

$$\Delta(\text{分}) = \Delta_1 \cdot \sin\delta_1'$$

$$\Delta(\text{刀}) = \frac{\Delta_1}{0.25} \times (\text{表值}) \times \sin\delta_1'$$

② 配刨大轮时，在检查机上移动大轮，若记下的移动量 $\Delta_2 = 0.25\text{mm}$ 时，分齿箱位移量 $\Delta(\text{分})$ 和刨齿刀位移量 $\Delta(\text{刀})$ 见表 9-20 所列。

表 9-20 检查机上大轮移动 0.25mm 时的机床修正量

被加工的齿轮传动比 i	分齿箱位移量 $\Delta(\text{分})$/mm	刨齿刀位移量 $\Delta(\text{刀})$/mm
1∶1	0.25	0.18
1.5∶1	0.25	0.15
2∶1	0.25	0.10
3∶1	0.25	0.075
4∶1	0.25	0.05

同理，若记下的大轮移动量 $\Delta_2 = 0.25\text{mm}$，则折算式为

$$\Delta(\text{分}) = \frac{\Delta_2}{0.25} \times (\text{表值})$$

$$\Delta(\text{刀}) = \frac{\Delta_2}{0.25} \times (\text{表值}) \times \sin\delta_2'$$

表 9-20 所列数据也适用于加工非正交锥齿轮传动，对于非正交锥齿轮传动，则为

$$\Delta(\text{分}) = \Delta_2 \cdot \frac{\cos\delta_1'}{\cos\delta_2'}$$

$$\Delta(\text{刀}) = \Delta_2 \cos\delta_1' \tan\delta_2'$$

式中 δ_1'、δ_2'——分别为两轮的节锥角。

2）改变滚刀传动比。当修正量较大，用改变齿箱位置方法而无法纠正时，宜采用改变滚切传动比的方法。

滚切传动比的修正量计算式为

$$\Delta(\text{切}) = \Delta \cdot \frac{z\cot\delta'}{K_g R}$$

式中 Δ——滚动检查机上所记下的位移量；

z——被加工工件的齿数；

δ'——被加工工件的节锥角；

R——被加工工件的锥距；

K_g——刨齿机滚切运动链常数，对于 Y236 型机床，$K_g = 75$。

【例 3】在 Y236 型刨齿机上，加工一对正交锥齿轮。今大轮已刨制完成，开始刨削小轮，小轮齿数 $z_1 = 15$，节锥角 $\delta' = 17°21'$，锥距 $R = 130\text{mm}$，刨削时的滚切传动比 $i = 0.670588$。

首件刨成后，在滚动检查机上，与大轮做啮合对滚，测得小轮需前移 $\Delta_1 = 0.75\text{mm}$ 才能获得满

意的接触斑点。试求修正后的滚切传动比及滚切交换齿轮。

解：今配刨小轮，用 Δ_1、z_1、δ' 代入计算则得

$$\Delta(切) = \Delta \cdot \frac{z\cot\delta'}{K_g R} = 0.75\text{mm} \times \frac{15 \times \cot 17°21'}{75 \times 130} = 0.003693\text{mm}$$

由表 9-18 可知，配刨小轮时，小轮前移，滚切传动比减小，所以修正传动比为

$$i' = 0.670588 - 0.003693 = 0.666895$$

滚切交换齿轮，经修正后应为

$$\frac{a_2}{b_2} \times \frac{c_2}{d_2} = \frac{50}{74} \times \frac{76}{77}$$

这种计算方法，也适用于非正交锥正交锥齿轮的刨削加工。

3）倾斜刨齿刀、改变压力角。这一方法主要用于接触斑点在轮齿的两侧呈交错分布时，修正时，调整刨齿刀下面的楔铁，使刨齿刀的压力角得到少量变化，从而达到纠正之目的。

调整的依据仍然是检查机上所记下的小齿轮移动量 Δ_1 和大齿轮的移动量 Δ_2，若 $\Delta_1 = 0.25\text{mm}$，则压力角修正量 Δ_a（′）为

$$\Delta_a = 2360 \times \frac{\cos\delta_1'}{R}$$

若 $\Delta_2 = 0.25\text{mm}$，则压力角修正量 Δ_a（′）为

$$\Delta_a = 2360 \times \frac{\cos\delta_2'}{R}$$

刨齿刀压力角的修正量也可直接查表 9-21 及表 9-22 得到。若在滚动检查机上记下的移动量不等于 0.25mm 时，仍按比例折算。

在加工非正交锥齿轮时，表 9-21 及表 9-22 仍适用。但在查表时，应直接按照工件的节锥角进行取值，与第一栏的传动比无关。

表 9-21　检查机上小轮移动 0.25mm 时的压力角修正量

被加工齿轮		工件锥距 R/mm											
传动比	节圆锥角	25	38	50	63	76	89	102	115	127	152	203	254
1 : 1	45°	67′	45′	33′	27′	22′	19′	17′	15′	13′	11′	8′	7′
1.5 : 1	33°41′	79′	52′	39′	31′	26′	22′	20′	18′	16′	13′	10′	8′
2 : 1	26°34′	84′	56′	42′	34′	28′	24′	21′	19′	17′	14′	10′	8′
3 : 1	18°26′	90′	60′	45′	36′	30′	26′	22′	20′	18′	15′	11′	9′
4 : 1	14°2′	92′	61′	46′	37′	31′	26′	23′	20′	18′	15′	11′	9′

表 9-22　检查机上大轮移动 0.25mm 时的压力角修正量

被加工齿轮		工件锥距 R/mm											
传动比	节圆锥角	25	38	50	63	76	89	102	115	127	152	203	254
1 : 1	45°	67′	44′	33′	27′	22′	19′	17′	15′	13′	11′	8′	7′
1.5 : 1	56°19′	52′	34′	26′	21′	17′	15′	13′	11′	10′	9′	6′	5′
2 : 1	63°26′	42′	28′	21′	17′	14′	12′	10′	9′	8′	7′	5′	4′
3 : 1	71°34′	30′	20′	15′	12′	10′	8′	7′	7′	6′	5′	4′	3′
4 : 1	75°58′	23′	15′	11′	9′	8′	6′	6′	5′	5′	4′	3′	2′

当被加工齿轮的参数与表列数据不相同时，可用内插法取值。

表 9-21 及表 9-22 所列数据适用于被加工齿轮的压力角 $\alpha = 20°$ 时。

9.1.8　刨齿加工中常出现的缺陷及消除措施

表 9-23 中列出了刨齿加工时经常出现的一些问题、存在原因及消除措施，读者可在加工时参考。

表 9-23　刨齿加工中常见误差的产生原因及消除方法

序号	误差内容	产生原因	消除方法
1	齿槽底两刀痕深浅不一样	1) 使用长度对刀规的方法不正确 2) 对刀时刨齿刀没抬起 3) 刨齿刀紧固不牢, 刨齿时向后退缩	改进操作方法
2	齿被突然刨掉	1) 滚切交换齿轮或分齿交换齿轮的扇形板未固紧, 加工过程中突然跳开 2) 分齿交换齿轮 d_3 轴上的细齿离合器未啮合或受力后脱开	改进操作方法
3	轮齿小端齿根有根切现象	1) 刨齿刀的刀顶宽度太宽 2) 工件的齿宽大于 1/3 锥距	1) 可修磨刨齿刀背面, 使刀顶宽小于被刨齿轮小端的齿底宽又不得小于大端齿底宽的一半 2) 不能采用增大刀架齿角的方法来取得精刨余量
4	轮齿被逐渐刨偏且第一齿与最后一齿的分度明显不对	1) 工件装夹不牢, 加工过程中产生逐渐转动所致 2) 刨齿心轴与工件定位基准面之间配合过松, 定位精度差 3) 分齿交换齿轮挂错	改进操作方法
5	轮齿表面的表面粗糙度值大	1) 齿坯材料的切削性能不好, 有"黏刀"现象 2) 刨齿刀已磨损或用钝 3) 刨齿刀的前角选用不合理 4) 切削速度的选用合理 5) 切削液性能不好	1) 改进齿坯的热处理工艺, 控制齿坯的调质硬度 2) 合理确定刨刀的钝化标准 3) 合理前角通常为 $10° \sim 20°$, 加工塑性材料时可增至 $30°$ 4) 在许可的条件下, 提高切削速度, 可改善齿面粗糙度 5) 更换切削液, 以提高其润滑性能, 效果较好
6	精刨时不能把粗刨刀痕都刨出	1) 精刨余量较小 2) 余量分配规使用不当或机床的准停精度不好 3) 采用刨齿刀分配精加工余量时, 刨齿刀未抬起 4) 余量分配规的小球不通过心轴轴线	1) 适当增加精刨余量 2) 改进操作方法或提高机床的准停精度 3) 改进操作方法 4) 按机床说明书要求, 重新检查调整至要求
7	轮齿的一面表面粗糙度值小, 另一面表面粗糙度值大, 差的一面齿底有一条线, 并且齿距偏差超差	由于, 从滚切交换齿轮到分度蜗轮为止的滚切传动链的间隙过大(包括轴与轴承间隙, 齿轮传动, 尤其是锥齿轮传动间隙)造成摇台与工件作上下对滚时不同步, 结果使齿面表面粗糙度值大的一面只经过半精加工而未被精切过	1) 更换滚切运动链各环节的轴套和锥齿轮端面调整垫片, 调整摇台蜗杆副及分度蜗轮副间隙 2) 若仅是摇台与分齿箱回转的同步精度超差时, 按机床说明书规定方法, 调整摇台与滚切机构的单齿离合器, 以消除间隙

（续）

序号	误差内容	产生原因	消除方法
8	齿深错误	1) 长度对刀规保养不善,精度丧失,或者是日久失修,磨损严重 2) 齿坯设计尺寸或制造有误,造成轮位不对 3) 分齿箱安装角错误,或者是分齿箱滑板游滑板游标尺定位不准 4) 工件心轴的基准尺寸错误 5) 刀架齿角的调整不正确或计算有误	1) 修正长度对刀规至要求 2) 复核齿坯尺寸 3) 复查分齿箱安装角 4) 核对工件心轴的基准尺寸 5) 复算刀架齿角的计算值,并检查调整的正确性
9	齿圈径向圆跳动超差和齿距累积误差超差	1) 属于刨齿心轴方面:①心轴日久失修,精度丧失;②心轴定位轴颈与工件定位孔径的配合太松;③心轴定位端面与心轴线垂直度不好或不平整、不清洁;④并紧螺母的端面垂直度差,一旦拧紧后,心轴发生弯曲 2) 属于齿坯方面:①定位孔径超差过大;②定位端面垂直度差;③定位端面不平整、不清洁 3) 属于机床方面:①分齿箱主轴回转精度差,主轴锥孔的径向圆跳动和轴向窜动大;②分度蜗轮本身累积误差大	1) 提高刨齿心轴的精度,并注意合理使用与保养 2) 控制齿坯加工精度,合理使用工位器具 3) 机床精度应定期检查,及时维修和调整,合理使用与保养
10	轮齿的压力角明显错误	1) 滚切交换齿轮交换齿错或滚切比例不对 2) 齿坯外径尺寸不对或计算有误 3) 高度对刀规使用不当	改进操作及计算方法
11	粗刨节锥角大于50° 的中、大模数齿轮时,有剧烈振动现象	1) 工件或刨齿心轴的刚性差 2) 分齿箱回转板的螺母未紧固 3) 摇台与摇台座的间隙较大,或摇台底面的接触面积太少,接触不好	1) 改善工件或刨齿心轴的安装刚性 2) 改进操作方法 3) 检修机床
12	第一齿与最后一齿的齿距偏差超差	这是由于机床内部某些部分处于工作不稳定状态所造成,常见的有以下几种: 1) 床鞍与进给机构的杠杆之间有打滑现象,使工件最后一齿的齿厚比第一齿小。这现象在加工小模数时,较容易出现 2) 机床热变形:①在加工小模数小直径齿轮时,选用了较大的刨齿刀往复冲程数和进给速度后造成了机床中心的变形;②在加工大直径及大锥距齿轮时,造成了滚切运动链的变形 3) 在加工过程中,刨齿刀已磨损或变钝 4) 在停车一段时间后,立即开车切削(精刨),机床又处于不稳定状态	1) 除对机床作必要的修复调整外,在装拆工件时,采用不松开床鞍手柄,改用移开分齿箱的方法进行装拆,使床鞍与杠杆间的打滑现象处于平衡状态,可减小此类误差 2) 机床应空转一段时间,然后再进行精刨,当机床处于热平衡状态下切削,工件误差可减小 3) 控制刨齿刀的刃磨质量,刃磨时,不应发生退火,烧伤和龟裂等现象 4) 机床应空转 10~30min,待机床处于稳定状态时进行精加工
13	除首末两齿外,其余齿的齿距偏差超差,并伴有轮齿表面粗糙度值大的现象	1) 机床内部的分齿运动链和滚切运动链精度已丧失,各传动机构和传动件之间的间隙过大或已磨损等因素 2) 刨齿心轴及工件安装的刚性不足等	1) 及时安排机床大修 2) 改善工件和刨齿心轴的安装刚度

（续）

序号	误差内容	产生原因	消除方法
14	精刨时,齿面有振纹且振纹与刨削方向垂直	这主要由于振动所造成。振动分强迫振动和自激振动两种： 1)强迫振动：①刨齿刀开始切入工件的一端,空行程长度不够(摇角过小),以致刨齿刀还未抬起已切入工件,此时齿大端产生振纹；②两刨齿刀在行程途中交错时相擦,此时,在齿的中部产生振纹；③刨齿刀在齿大端切入时,切削力突然增加,引起振动,此时,振纹从大端渐向小端减弱 2)自激振动：①工件的安装刚性差,尤其在定位端面小,定位轴径细长的情况下；②刨齿刀的安装刚性差,如刀夹与刨齿刀接触不平整,有切屑或污物存在,夹刀板与滑枕的间隙增大,夹刀板的锥销配合太松,抬刀力量不够等；③刀架导轨的间隙大,活动关节已磨损,换向时产生振动	1)在强迫振动时：①和②改进操作方法；③检查刨齿刀、工件及刨齿心轴的安装刚性后,用较小的安装刚性后,用较小的余量再精刨一遍 2)在自激振动时：①改善工件的安装刚性；②改进操作方法及调整和修复磨损零件；③检修机床,更换磨损严重零件。调整刀架导轨间隙时,塞铁松紧位置的确定是以手用力来回拉动刀架时为准的
15	刀架换向时振动大	1)带动刀架运动的摇盘上的 2)驱动刀架的曲柄连杆机构和摇盘滑块机构的综合间隙增大	1)重新配作摇盘与曲柄间的连接键和旋紧圆螺母 2)更换磨损严重的零件
16	机床的噪声较大	1)抬刀的噪声 2)摇台泵凸轮曲线不平滑 3)机床内部锥齿轮的制造精度或安装精度差,传动时引起噪声	1)按刀架工艺说明,调整抬刀量 2)将凸轮外形接线处整修圆滑。检查制动块在滑枕和刀座之间的间隙 3)按摇台工艺说明,重新调整锥齿轮副的啮合间隙及调整垫片或更换不合格的锥齿轮
17	精刨时摇台掉下来	1)换向轴未能将棘爪的尾部压下,使棘爪脱钩 2)定位销的尖端未对准棘爪的角状突起 3)棘爪的爪尖和齿轮上的钩子磨损,受力后脱开	1)和2)两种情况按滚切机构与摇台的拼装工艺说明,检查和调整液压离合器 3)按机床说明书上附图,修磨棘爪工件面,在内圆磨床上用小砂轮修磨齿轮上的钩子工件面
18	摇台自上向下回转时有抖动现象	摇台扇形蜗杆副的齿侧间隙过大或过小	按机床说明书上要求对刨齿机摇台蜗杆副间隙重新调整

9.2　弧齿锥齿轮的铣削

9.2.1　弧齿锥齿轮的切齿原理与刀号选择

　　弧齿锥齿轮的切齿是按照假想冠轮的原理进行的，而采用的切齿方法要根据具体情况而定。

　　收缩齿弧齿锥齿轮通常采用平顶齿轮原理进行加工，就是在切齿的过程中，假想有一个平顶齿轮与机床摇台同心，它通过机床摇台的转动而与被切齿轮做无隙的啮合。这个假想平顶齿轮的轮齿表面由安装在机床摇台上的铣刀盘刀片切削刃的相对于摇台运动的轨迹表面所代替，如图 9-24 中所示。在这个运动过程中，代表假想平顶齿轮轮齿的刀片切削刃就在被切齿轮的轮坯上逐渐地切出齿形。YS2250（Y225）和 Y2280 等机床就是按"假想平顶齿轮"原理设计的。

　　在调整切齿机床的时候，必须使被切齿轮的节锥面与假想平顶齿轮的节锥面相切并做纯滚动。而切齿时刀顶旋转平面则需和被切齿轮的根锥相切，也就是说，刀盘轴线与根锥母线垂直，而非与节锥母线垂直，如图 9-25 所示。所以铣刀盘轴线与被切齿轮的节锥面倾斜了一个大小等于被切齿轮齿根角 θ_f 的角度，使被切齿轮两则齿面的压力角出现了误差，这样就产生了刀号修正问题。

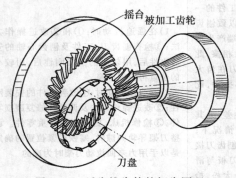

图 9-24　弧齿锥齿轮的切齿原理

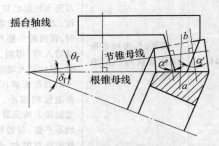

图 9-25　刀盘齿形角对轮齿压力角的影响

　　如图 9-25 所示，用螺旋角接近 90°时的极限情况予以说明刀号与压力角的关系。由于在切齿时采用了"平顶产形轮"原理，工件是按照根锥角进行安装的，铣刀盘轴线垂直于根锥母线，因而和节锥母线倾斜一个齿根角 θ_f。这样，当外切刀片与内切刀片使用相同的压力角时，切出来的齿轮凹面与凸面在节锥上的压力角是不相等的（$\alpha'' \neq \alpha'$）。如果要使轮齿中点处的两侧压力角相等，就需要对刀具的两个侧刃的压力角进行修正。修正时，外侧刃齿形角减少 $\Delta\alpha$，内侧刃增加 $\Delta\alpha$。$\Delta\alpha$ 的确定可按式（9-14）计算：

$$\Delta\alpha \approx \theta_f \sin\beta \qquad (9\text{-}14)$$

　　由于大轮与小轮具有不同齿根角 θ_f，所以从严格意义上来讲，在加工大轮与小轮时，相应的切齿刀盘的刀刃修正量 $\Delta\alpha$ 也应不同。

　　按照现有的刀号制度，将 $\Delta\alpha$ 的单位设置为分，并规定 10 分为一号，则刀号的计算公式如下：

　　小轮理论刀盘刀号为

$$c_1^* = \frac{\Delta\alpha_1}{10} = \frac{60\theta_{f1}\sin\beta}{10} = 6\theta_{f1}\sin\beta \qquad (9\text{-}15)$$

　　大轮理论刀盘刀号为

$$c_2^* = \frac{\Delta\alpha_2}{10} = \frac{60\theta_{f2}\sin\beta}{10} = 6\theta_{f2}\sin\beta \qquad (9\text{-}16)$$

　　所以，在用双面法分别加工大轮与小轮时，应该用不同刀号的刀盘。

　　但是，制造各种刀号的刀盘，也不太现实。为了简化刀具规格，制定了标准刀号规格。常用刀号及其对应的齿形角见表 9-24。选择时应尽量选择与理论刀号相近的刀盘。

表 9-24　常用刀号及其对应的齿形角

刀号	3.5		4.5		5.5		6		7.5		9		12	
	内	外	内	外	内	外	内	外	内	外	内	外	内	外
齿形角	20°35′	19°25′	20°45′	19°15′	20°55′	19°05′	21°	19°	21°45′	18°45′	21°30′	18°30′	22°	18°

　　例如，压力角 $\alpha = 20°$，刀号 $c_2^* = 12$ 的刀盘，其内刀齿形角为 22°，外刀齿形角为 18°。对于弧齿锥齿轮内刀齿形角总是大于外刀齿形角（绝对值）。

　　刀盘直径根据齿轮的中点锥距确定，选取的合适与否将影响被加工齿轮的轮齿的收缩方式。刀盘直径计算公式为

$$D_0 = \frac{2R\sin\beta}{1 - \dfrac{\Sigma\theta_s z_0 \tan\alpha\cos\beta}{180}} \qquad (9\text{-}17)$$

由式（9-17）可以看出，在螺旋角35°附近，刀盘公称直径与中点锥距相近。刀盘的旋向的选择，应该使得在加工时形成顺铣。

刀尖圆角半径可以查表选择。刀顶距的确定见9.2.4节。

9.2.2 弧齿锥齿轮的切齿方法

弧齿锥齿轮的单齿切削方法分为成形法和展成法两大类。

1. 成形法

用成形法加工的大齿轮齿廓与刀具切削刃的形状一样。

渐开线齿廓的曲率和它的基圆大小有关，基圆越大，齿廓曲率就越小，渐开线就直些；当基圆足够大时，渐开线就接近于直线。而齿轮的基圆大小是由模数 m、齿数 z 和压力角 α 的余弦大小来决定的。模数和压力角一定时，齿数越多，基圆直径就越大，相应的齿廓曲率越小，也就是齿廓越接近于直线。对于螺旋锥齿轮，传动比也是影响因素之一，当传动比大一些时，大轮的齿廓就更直一些。

小轮齿数（z_1）一定时，传动比越大，大轮齿数也就越多，这时大轮的当量圆柱齿轮的基圆直径也越大，其齿廓接近于直线形，采用成形加工比较方便。

当锥齿轮传动比大于2.5时，大轮的节锥角往往在70°以上，大轮就可采用成形加工。同时，为了保证其正确啮合，相配小轮的齿廓应加以相应的修正，用展成法加工。这种组合切齿方法叫半滚切法或成形法。

此法生产效率较高，适于大批量生产。

半滚切法用以下三种方法加工：

1）用普通铣刀盘加工，齿廓为直线形，用于被切齿轮节角大于45°的粗切或传动比大于2.5，节角大于70°的大轮的精切，如图9-26所示。

2）在专用机床上以圆盘拉刀加工，简称拉齿，齿廓是直线形的，粗、精拉可一次完成，适用于传动比大于2.5的大轮。

3）螺旋成形法是半滚切法的特殊形式。在专用机床上，用特殊的圆拉刀盘，精加工传动比大于2.5齿轮副中的大轮，齿廓是直线形的。如图9-27所示。切齿时，刀盘安装轴线垂直于被切齿轮的面锥母线，刀盘除具有圆周方向的旋转运动外，还沿其自身轴向做往复运动，每个刀片通过齿槽的同时，刀盘轴向往复一次，而使刀齿顶刃始终沿着被切齿轮齿根切削。由于大齿轮的顶锥母线与小齿轮的根锥母线平行，所以大轮圆盘拉刀与小轮铣刀盘的轴线平行。

螺旋成形法切出的轮齿纵向曲面是一个有规则的、可展的和同向弯曲的渐开螺旋面，它得到的

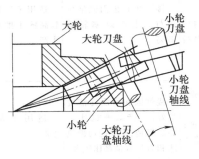

图 9-26 成形法刀盘位置图

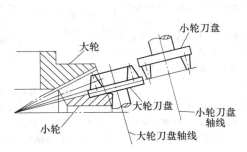

图 9-27 螺旋成形法刀盘位置图

是收缩齿。采用螺旋成形法加工的大、小齿轮，不仅在齿宽中点处，而且在齿宽任意一点处，相啮合的凸凹面的压力角都相等，这样就提高了大小齿轮的啮合质量，并且对载荷变化、安装误差不敏感。载荷增加时，接触区长度不变，其位置移向大端。螺旋成形法是当前弧齿锥齿轮和双曲线齿轮切齿方法中较完善的一种，但由于螺旋成形法拉齿设备调整较复杂，目前实际生产中并没有大规模应用。

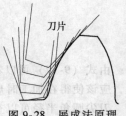

图 9-28　展成法原理

2. 展成法（滚切法）

展成法是被切齿轮与旋转着的铣刀盘（摇台）按照一定的比例关系进行滚切运动，加工出来的齿廓是渐开线形的，它是由刀片切削刃顺序位置的包络线形成的，如图 9-28 所示。在切齿过程中刀片的顺序位置如图 9-29 所示。切削时，先切一面的齿顶和另一面的齿根，然后逐渐移向上侧面的齿根和下侧面的齿顶，最后脱离切削，如同一对轮齿的啮合运动一样。用此法加工的有以下两种常用的齿线形状：

1）在 YS2250、Y2280 或格利森 16 号等机床上，用刀片切削刃为直线的铣刀盘，齿长方向曲线是圆弧的一部分。

2）在奥利康 2 号等机床上用刀片切削刃为直线的铣刀盘用连续切削法加工，齿长方向曲线是延伸外摆线的一部分。

3. 弧齿锥齿轮的加工方法

弧齿锥齿轮的切齿方法组合很多，粗切多数是用双面刀盘同时切齿槽的两侧齿面。精切常用三种方法，单面切削法、双面切削法和双重双面法。这些方法的特性、优缺点和适用范围见表 9-25。

选择切齿方法时，应按具体情况，诸如根据现有的切齿机床和刀盘的数量及被加工齿轮的精度要求等，做出符合客观实际的决定。齿轮的加工精度要求较高、产量较大、机床与刀盘齐全采用固定安装法比较合适；精度要求不太高的齿轮可用单刀号单面切削法；半滚切和螺旋成形法适宜于大批量生产。

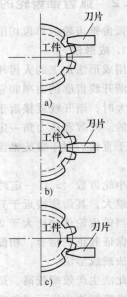

图 9-29　刀片的顺序位置
a）切削开始位置　b）切削中
间位置　c）切削修正位置

表 9-25　弧齿锥齿轮切齿方法

切齿方法		加工特性	需要机床	需要刀盘	优缺点	适用范围
单面切削法		大轮和小轮轮齿两侧表面，粗切一起切出，精切单独进行。小轮按大轮配切	至少需要一台万能切齿机床	一把双面刀盘	接触区不太好，效率低；但可以解决机床和刀具数量不够的困难	适用于产品质量要求不太高的单件和小批生产
双面切削法	单台双面切削法	大轮的粗切和精切使用单独的粗切刀盘和精切刀盘同时切出齿槽两侧表面　小轮粗切使用一把双面粗切刀盘；小轮精切分别用一把外精切刀盘和内精切刀盘切出齿槽的两侧面	至少需要一台万能切齿机床	大轮：粗切一把；精切一把　小轮：粗切一把；外精切一把；内精切一把	接触区和齿面光洁度较好。生产效率较前者高	适用于质量要求较高的小批和中批生产
	固定安装法	加工特性和单台双面切削法相同，但每道工序都在固定的机床上进行	大轮：粗切一台；精切一台　小轮：粗切一台；外精切一台；内精切一台	大轮：粗切一把；精切一把　小轮：粗切一把；外精切一把；内精切一把	接触区和齿面光洁度均好，生产效率也比较高。但是，需要的切齿机床和刀盘数量都比较多	适用于大批量生产

（续）

切齿方法		加工特性	需要机床	需要刀盘	优缺点	适用范围
双面切削法	半滚切法	加工特性和固定安装法相同，但大轮采用成形法切出，小齿轮轮齿两侧表面分别用展成法切出	和固定安装法相同	和固定安装法相同	优缺点和固定安装法相同，但大轮精切比用成形法的效率可以成倍地提高	适用于 $i>2.5$ 的大批量流水生产
	螺旋成形法	加工特性和半滚切法相同，但在大轮精切时，刀盘还具有轴向的往复运动，即每当一个刀片通过一个齿槽时，刀盘就沿其自身轴线前后往复一次，刀盘每转一转，就切出一个齿槽	和固定安装法相同	和固定安装法相同	接触区最理想，齿面光洁度好，生产效率很高，是目前比较先进的新工艺	和半滚切法相同
双重双面法		大轮和小轮均用双面刀盘同时切出齿槽两侧表面	大轮、小轮粗精切各一台，共用四台	大轮、小轮粗精切各一把，共需四把	生产率比固定安装法高，但接触区不易控制，质量较差	模数小于 2.5mm 及传动比为 1：1 的大批量生产适用

9.2.3　加工参数与机床的调整参数

对于螺旋锥齿轮加工，固定安装法有以下几种组合：大轮用成形法加工，小轮用刀倾法加工，称为 SFT、HFT 法；大轮用滚切法加工，小轮用变性法加工，称为 HGM、HGM 法。

三个英文字母表示的含义如下：

第一个字母表示被加工齿轮的类型，S 表示弧齿锥齿轮（Spiral Bevel Gears），H 表示准双曲面齿轮（Hypoid Gears）。

第二个字母表示大轮的加工方法，G 表示展成法加工（Generated），F 表示成形法加工（Formate）。

第三个字母表示小轮的加工方法，T 表示刀倾法（Tite），M 表示变性法（Modified Roll）。

把上述两种方法做一下调整，重新组合，则可构成 SGT、HGT、SFM、HFM 两类四种方法。这里要说明的是：通常在应用刀倾的时候，不应用变性；在应用变性的时候，不应用刀倾。

针对不同的加工方法，加工参数上也有一些差别。在机床上对应的有不同的调整位置（以下用"加工参数"指代锥齿轮加工所对应的基本参数，这些参数与机床类型无关，"调整参数"指代针对各类机床的调整位置的参数，是加工参数在机床上的具体体现）。机床调整参数图例如图 9-30 所示，小轮、大轮加工参数与机床调整参数对应关系见表 9-26、表 9-27。

（1）刀盘的位置参数——刀位　刀盘的位置由径向刀位 S_r 与角向刀位 q 两个参数确定，两者统称为刀位。这是一种极坐标表示方法。也可以用直角坐标系垂直刀位 V、水平刀位 H 表示，但本质上是一致的。两种刀位表示方法之间的关系如下：

$$S_r = \sqrt{V^2 + H^2} \qquad (9-18)$$

$$q = \arctan \frac{V}{H} \qquad (9-19)$$

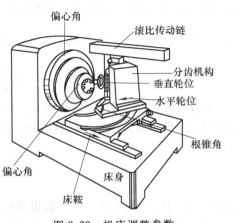

图 9-30　机床调整参数

表 9-26　小轮加工参数

加工参数名称	机床调整参数	备　注
径向刀位 S_{r1}	偏心角 ε_1	
角向刀位 q_1	摇台角 Q_1	
基本刀倾角 i	机床刀倾角(I_x)	在 SGT/HFT 法中应用
基本刀转角 j	机床刀转角(J)	在 SGT/HFT 法中应用
轮坯安装角 δ_{m1}	安装角 δ_{m1}	
垂直轮位 E_{m1}	垂直轮位 E_{01}	
轴向轮位修正值 X_{G1}	水平轮位 X_1	$X_1 = X_{G1}$＋安装距＋夹具心轴尺寸
床位 X_{B1}	床位 X_{B1}	
滚比 i_{01}	滚比交换齿轮值 m_a	
二阶变性系数 $2C$	变性凸轮	在 SGM/HGM 法中应用,弧齿可不使用
分度参数	分齿交换齿轮值 m_i	通常分度不算作为加工参数

表 9-27　大轮加工参数

加工参数名称	机床调整参数	滚切法		成形法
		弧齿	准双曲面	
径向刀位 S_2	偏心角 ε_2	√	√	×
角向刀位 q_2	摇台角 Q_2	√	√	×
垂直刀位 V_2	线性量规	×	×	√
水平刀位 H_2	线性量规	×	×	√
轮坯安装角 δ_{m2}	安装角 δ_{m2} 或线性量规	√	√	√
垂直轮位 E_{m2}	垂直轮位 E_{02}	√	√	√
轴向轮位修正值 X_{G2}	水平轮位 X_2	×	√	√
床位 X_{B2}	床位 X_{B2}	√	√	√
滚比 i_{02}	滚比交换齿轮值 m_a	√	√	×
分度参数	分齿交换齿轮值 m_i	通常分度不算作为加工参数		

不同的机床有着不同的设定方法,但是都要实现刀盘与工件间正确的相对位置关系。例如,No. 116、Y2280 等机床通过偏心鼓轮的偏心角调整径向刀位 S_r,通过摇台角体现角向刀位 q,如图 9-31、图 9-32 所示。而 No. 607、No. 609 拉齿机则通过量棒尺寸控制垂直刀位 V、水平刀位 H。

以 Y2280 偏心机构为例,如图 9-32 所示,O_m 为机床摇台中心。O_e 为偏心鼓轮中心,$O_d(O_d')$ 为刀盘中心。在初始位置 O_d 与 O_m 重合,当偏心鼓轮旋转 ε 角后,可使刀盘中心处于 O_d 的位置,实现径向刀位 S_d,即 $O_m O_d = S_d$。在 $\Delta O_m O_e O_d$ 中,$\sin\dfrac{\varepsilon}{2} = \dfrac{S_d}{K}$,所以偏心角

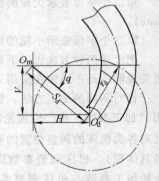

图 9-31　刀位的表示

$$\varepsilon = 2\arcsin\frac{S_r}{K} \qquad (9\text{-}20)$$

K 为机床常数,对于 Y2280 机床,$K = 340$。偏心鼓轮旋转角后,刀位中心位于 O_d 的位置,要想得到正确的角向刀位 q,还需使摇台旋转一个角度 Q 到达 O_d' 的位置,即为摇台角 Q,由图中可以看出

$$Q = \frac{\varepsilon}{2} \pm q \qquad (9\text{-}21)$$

式（9-21）中,左旋用加号,右旋用减号。

(2) 水平轮位 X_{G1}　摇台中心到工件箱主轴端面的距离,为图样中的安装距。

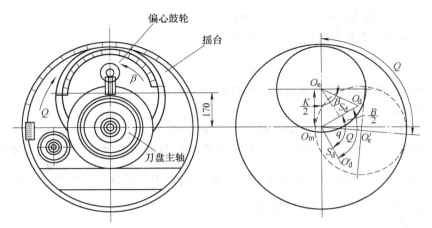

图 9-32　Y2280 刀位与偏心角、摇台角的关系

（3）垂直轮位 E_{m1}　被切齿轮的中心线相对于摇台中心线的垂直偏置量。

（4）床位 X_{B1}　控制切齿时的深度。

（5）轮坯安装角 δ_{m1}　此外，对于 No.116 等机床还有刀倾角 I_x、刀转角 J。

（6）二阶变性系数与变性凸轮　变性法是指小轮的滚切过程中，摇台与被切小轮之间的滚比是瞬时变化的。通过瞬时滚比变化对齿面进行修正。瞬时滚比变化通过变性凸轮实现，凸轮变性机构通常可实现 4 到 5 阶滚比加速度，对齿面进行高阶修正。这种方法机床调整比较烦琐，除了磨齿外，在铣齿加工中较少应用。

（7）滚比交换齿轮值　实现产形轮与被加工齿轮间的展成传动比。

（8）分齿交换齿轮值　加工完一个齿槽后分度实现连续加工。

以上个参数确定了在加工机床上刀具和工件的空间相对位置，并确定了产形轮与工件间的传动比。这些是加工齿槽的全部机床调整数据。除了分齿交换齿轮比外，其他量的变化会对加工时的齿形产生影响。

9.2.4　刀顶距与齿规尺寸

大轮的刀顶距 W_2 是大轮刀盘的内刀和外刀刀尖半径的差，它的大小决定了大轮和小轮的尺厚。齿规尺寸则是测量齿厚时用到的法向弦齿高和法向弦齿厚。

1. 刀顶距的计算

（1）准双曲面齿轮　大轮刀顶距 W_2 根据要控制的弧齿厚来取，其理论值为

$$W_2 = 0.5p_n - (0.5h + c)(\tan\alpha_{f1} - \tan\alpha_{f2}) \tag{9-22}$$

式中　p_n——齿轮中点法向周节，$p_n = \dfrac{2\pi r_2\cos\beta_{f2}}{z_2}$。实际采用的刀顶距是将 W_2 的值向上圆整到 0.25
　　　　的整数倍。

小轮粗切刀顶距 W_{1r} 为

$$W_{1r} = 0.5p_{ni} - W_2 - h_i(\tan\alpha_{f1} - \tan\alpha_{f2}) + j_{min} - \Delta s_1 \tag{9-23}$$

式中　p_{ni}——齿轮内端法向周节，$p_{ni} = \dfrac{2\pi r_i\cos\beta_i}{z_2}$；

　　　h_i——齿轮内端全齿高 $h_i = h_t - b_2(\tan\theta_{a2} - \tan\theta_{f2}) + c$；

　　　j_{min}——两齿轮最小侧隙；

Δs_1——小轮精切余量，一般取 0.7~1.0mm。

（2）弧齿锥齿轮　大轮刀顶距 W_2 理论值为

$$W_2 = \frac{R}{R_e} s_{e1} \cos\beta - 2h_{f2}\tan\alpha \tag{9-24}$$

实际采用的刀顶距是将 W_2 的值向上圆整到 0.25 的整数倍。

小轮粗切刀顶距

$$W_{1r} = \min(w_{1e},\ w_{1m},\ w_{1i}) - W_2 + j_{min} - \Delta s_1 \tag{9-25}$$

其中：$w_{1e} = p\cos\beta_e - 2(h_{fe1} + h_{fe2})\tan\alpha$，$p$ 为大端周节，β_e 为大端螺旋角，h_{fe1}、h_{fe2} 为大端齿根高；$w_{1m} = \dfrac{R}{R_e}p\cos\beta - 2(h_{f1} + h_{f2})\tan\alpha$，$\beta$ 为中点螺旋角，h_{f1}、h_{f2} 为中点齿根高；$w_{1i} = \dfrac{R_i}{R_e}p\cos\beta_i - 2(h_{fi1} + h_{fi2})\tan\alpha$，$\beta_i$ 为小端螺旋角，h_{fi1}、h_{fi2} 为小端齿根高。

2. 齿规尺寸的计算

齿规尺寸是齿轮加工时控制齿厚的工艺尺寸。为了便于用齿规卡尺测量，通常都给出齿轮在某中点法截面的法向弦齿高和法向弦齿厚。在实际加工中，被加工大轮的实际齿厚只能用外端的齿深和刀盘的刀顶距来控制，小轮的实际齿厚则用外端齿深和与大轮的啮合侧隙来控制。对于大批量生产来说，用标准齿轮来控制齿轮的齿厚比较理想。

小轮中点法向弦齿高 $\bar{h}_1$ 为

$$\bar{h}_1 = h_{a1} + \frac{s_{n1}^2}{8r'_1} \tag{9-26}$$

小轮中点法向弦齿厚 $\bar{s}_1$ 为

$$\bar{s}_1 = s_{n1} - \frac{s_{n1}^3}{24r'^2_1} \tag{9-27}$$

式中　s_{n1}——小轮中点法向弧齿厚，$s_{n1} = W_2 + h_{f2}(\tan\alpha_{f1} - \tan\alpha_{f2}) - j_{min}$；

r'_1——小轮当量齿轮半径，$r'_1 = \dfrac{R_1\tan\delta_1}{\cos^2\beta_{a1}}$。

大轮中点法向弦齿高 $\bar{h}_2$ 为

$$\bar{h}_2 = h_{a2} + \frac{s_{n2}^2}{8r'_2} \tag{9-28}$$

小轮中点法向弦齿厚 $\bar{s}_2$ 为

$$\bar{s}_2 = s_{n2} - \frac{s_{n2}^3}{24r'^2_2} \tag{9-29}$$

式中　s_{n2}——大轮中点法向弧齿厚，$s_{n2} = p_n - W_2 - h_{f2}(\tan\alpha_{f1} - \tan\alpha_{f2})$；

r'_2——小轮当量齿轮半径，$r'_2 = \dfrac{R_2\tan\delta_2}{\cos^2\beta_{f2}}$。

对于大轮用成形法加工，则小轮中点法向弦齿厚 $\bar{s}_1$ 为

$$\bar{s}_1 = s_{n1}$$

大轮外端测量齿深 h'_t 为

$$h'_t = h_t - \frac{b_2^2}{8\cos^2\beta_{f2}}\left(\frac{\sin^2\beta_{f2}}{R_{f2}\tan\delta_2} + \frac{\tan\Delta\alpha_2}{r_0}\right) \tag{9-30}$$

式中　$\Delta\alpha_2$——大轮刀盘实际齿形角与理论齿形角的差值。

对于弧齿锥齿轮，则

$$h'_t = h_t - \frac{b^2}{8\cos^2\beta}\left(\frac{\sin^2\beta}{R\tan\delta_2} + \frac{\tan\Delta\alpha_2}{r_0}\right) \tag{9-31}$$

对于展成法大轮，外端测量齿深 h'_t 就等于设计齿深 h_t，即 $h'_t = h_t$。而小轮总是使用展成法加工，其外端的测量齿深与设计值总是一致的。

9.2.5　单号双面法切齿的计算

对于小规模的弧齿锥齿轮切齿，单号单面法就显得效率较低，若刀盘选得不合适，还容易出现倒缩、接触质量差等现象。针对单号单面法加工的缺陷，提出了一种改进方法。该方法将加工与设计结合起来，采用合理的设计与机床切齿调整，将大轮的粗切与精切合并为一道工序，一次将大轮的齿槽切出。对于这一过程，编制了计算机程序。计算过程中，程序将会提供需要修改的轮坯尺寸值，最终生成利用此方法加工的切齿调整卡，卡中将提供基本的机床调整数据及修正数据。

1. 切齿分析

用双面刀盘一次性将大轮齿槽切出，可能出现的问题是齿厚达不到要求或轮齿可能不正常收缩。首先对这两个问题进行分析。

要保证齿厚，首先计算出大轮中点理论精切错刀距 W'_2，此错刀距要保证轮齿中点处的侧隙。由于双面刀盘的刀顶宽 S 与刀盘错刀距 W 的关系为：$S = (0.55 \sim 0.65)W$。如果实际使用的错刀距 W_2 与齿轮要求的错刀距 W'_2 满足 $0 \leqslant W'_2 - W_2 \leqslant 0.3$，为防止齿槽底部出现凸台或刀具的非切削刃参与切削，不宜调整刀盘的垫片来满足错刀距，可以增加大轮的齿根高，相应增加小轮的齿顶高，此时并不影响齿轮的强度，重新计算理论错刀距，直至两者相等。相反，如果 $0 \leqslant W_2 - W'_2 \leqslant 0.3$，可通过调整刀盘上的垫片来达到错刀距的要求。最后计算出满足此错刀距的齿根角或刀号。

针对轮齿可能出现不正常收缩，根据实际选用的刀号与理论刀号的差距，可能有两种情况：

1）实际刀号与理论刀号相差不大（小于 4 号），则可选择合适的切齿刀盘半径，并算出小端、大端所需的错刀距，比较错刀距来判断轮齿是否正常收缩。若轮齿收缩情况满足要求，则用当前的刀盘。否则，重新选择刀盘半径，计算错刀距，并判断轮齿是否正常收缩。

2）实际刀号与理论刀号相差太大（超过 4 号），且机床无刀倾刀转机构，此种条件下就必须用齿根倾斜的方法来满足刀号，否则可能出现对角接触等不良情况。刀号满足后，判断轮齿收缩情况的过程与第一种情况完全相同。齿根倾斜后，轮坯参数发生了变化，相应的图样上的数据需要修改，切齿机床的滚比与水平轮位也需要修正。

2. 切齿计算

根据以上的切齿分析，切齿计算需考虑齿根不倾斜和齿根倾斜两种情况。

（1）齿根不倾斜　在大轮齿宽中点处，先计算出大轮切齿刀盘理论错刀距 W'_2，并保证侧隙 c。

$$W'_2 = \frac{R}{R_e}S_{t1}\cos\beta - 2h'_{f2}\tan\alpha + c \tag{9-32}$$

式中　R——中点锥距；

　　　R_e——外锥距；

　　　β——中点螺旋角；

　　　α——刀盘齿形角根据。

W'_2 来选择实际使用的刀盘错刀距 W_2。若 $0 \leqslant W'_2 - W_2 \leqslant 0.3$，由式（9-33）求出错刀距为 W_2 时的大轮实际齿根高 h_{f2}：

$$h_{f2} = \frac{1}{2\tan\alpha}\left(\frac{R}{R_e}S_{t1}\cos\beta - W_2\right) \tag{9-33}$$

由于错刀距 W_2 小于理论错刀距 W'_2，齿根高增加，相应的齿根角也随之增加为 θ_{f2}（对于标准收缩）：

$$\theta_{f2} = \arctan\frac{h_{f2}}{R} \tag{9-34}$$

根据算出的 θ_{f2}，可求出满足实际中点错刀距 W_2 的大轮刀盘刀号 N_0：

$$N_0 = 6\theta_{f2}\sin\beta \tag{9-35}$$

对于另一种情况：$0 \leqslant W_2 - W_2' \leqslant 0.3$，则可选择一大轮刀盘通过调整垫片厚度使得 $W_2 = W_2'$。

以上两种情况，若刀盘刀号 N_0' 与 N_0 相差不大（$|N_0' - N_0| \leqslant 4$），不需要倾斜齿根来保证刀号，此刀盘是否能用取决定于轮齿的收缩情况。

下面分析轮齿收缩情况：首先计算大轮大端螺旋角 β_e 和小端螺旋角 β_i，再根据 h_{f2}，按轮齿标准收缩算出大端齿根高 h_{f2e} 和小端齿根高 h_{f2i}，计算大轮大端错刀距 W_{2e} 和小端错刀距 W_{2i}：

$$W_{2e} = \frac{R}{R_e}S_{t1}\cos\beta_e - 2h_{f2e}\tan\alpha \tag{9-36}$$

$$W_{2i} = \frac{R}{R_e}S_{t1}\cos\beta_i - 2h_{f2i}\tan\alpha \tag{9-37}$$

比较式（9-36）和式（9-37），若 $\left|\dfrac{W_{2e} - W_{2i}}{W_{2e}}\right| \leqslant 0.2$，则可用当前选择的刀盘；否则，改变刀盘半径，重新计算 W_{2e} 和 W_{2i}，再检查轮齿收缩是否合适。

（2）齿根倾斜　由于齿根倾斜后，齿坯参数需要修改，机床调整数据也需要修正，这一过程比较烦琐。但是，在现有刀盘刀号无法满足要求的情况下，就需要倾斜齿根来满足刀号的要求。用双面法加工大轮易引起轮齿的不正常收缩，可用齿根倾斜的方法来弥补这一不足。齿根倾斜后由于齿根角的改变，又引起切齿刀盘刀号的变化，因此倾斜的程度需统筹考虑刀号和收缩的要求。

当刀盘名义半径与错刀距已经确定，而现有的刀盘刀号与理论刀号相差太大，利用现有刀号 N_0，求满足该刀号的齿根角 θ_{f2}'。为了得到 θ_{f2}'，同时保证中点错刀距不变，可沿齿宽中点倾斜齿根，齿宽中点处的齿根高 h_{f2} 不变。齿根倾斜后的齿根角 θ_{f2}'、大端齿根高 h_{f2e}' 分别为

$$\theta_{f2}' = \frac{N_0}{6\sin\beta} \tag{9-38}$$

$$h_{f2e}' = h_{f2} + \frac{b}{2}\tan\theta_{f2}' \tag{9-39}$$

将齿根倾斜后的齿根高代入式（9-36）、式（9-37）计算大端、小端的错刀距，判断轮齿的收缩情况。如果此时出现不正常的收缩，则需要调整刀盘半径或改变倾斜程度（允许计算刀号与实际使用的刀号相差 4 号），重新计算。

经过以上的调整与计算，若无可选择的刀盘来满足切齿要求，则不能用双面法来加工，同时也说明现有的刀盘可选择的余地太小。

需要特别指出的是，以上的计算过程与刀盘调整可能会有多次，每一次刀盘调整与选择，都需要重新计算来验证轮齿的收缩情况，显然手算不合适。用编制的计算程序来实现，以上过程变得方便快捷。

程序从输入齿轮的基本参数开始，一系列的运算之后，产生理论切齿刀盘错刀距，根据初始的刀盘参数，经验证收缩情况之后，确定实际使用的刀盘直径、错刀距、刀号，将这些值带回初始参数输入窗口，重新运算，直到生成切齿调整卡。

在最后生成的调整卡中，如果采用了齿根倾斜的方式，将会增加两个机床调整项，即床位后退量 X_{B2} 和修正后的滚比 R_{a2}：

$$X_{B2} = R_e\tan\theta_{f2} - h_{fe2} \tag{9-40}$$

$$R_{a2} = \frac{\cos\theta_{f2}}{\sin\delta_2} \qquad\qquad (9\text{-}41)$$

9.2.6　双面法与固定安装法

双面法是用一个刀盘同时切出齿槽的两侧面的加工方法，常用于切大轮。切小轮时用单面法。这种方法包括简单双面法、单号双面法或固定安装法。这里主要介绍固定安装的双面法。

固定安装法在切制大轮时，齿槽的两侧面是用一个刀盘同时精切成的，采用双面刀盘加工。这种方法广泛用于模数为 2.5~17mm 的齿轮。

固定安装双面法切制小轮的齿侧两面时，分别用内外精切刀盘加工。用不同的机床调整，分别精切齿的两侧面。利用对齿规控制余量分配及齿厚的一致性。

固定安装法的优点表现在对于齿的凸凹两面接触区完全是单独的控制的。这个方法尤其适合于生产高精度的锥齿轮。

固定安装双面法与单刀号单面法的主要区别：大轮的粗切和精切各采用一把双面刀盘加工而成，小轮的粗切采用一把刀盘加工，小轮凸面和凹面的精切各采用一把单面刀盘加工，共需五把刀盘。

而在单刀号单面法加工齿轮时，大小轮的粗精切均可采用一把刀盘加工。但错刀距必须小于大轮或小轮最小的齿槽宽，从而使加工效率降低。

固定安装双面法通常需要五台机床。分别用于大轮粗切、大轮精切、小轮粗切、小轮凸面精切和小轮凹面精切。这样可以减少调整时间，从而提高加工效率。因此，固定安装双面法广泛用于大批量生产中。而单刀号单面法可在一台机床上完成大、小轮的粗、精切加工，但每完成一道工序都要调整机床，生产效率较低，适合单件小批量生产。

此外，由于双面法采用的刀盘多，接触区容易控制，所以采用双面法加工的齿轮接触区比用单号单面法加工的好。

9.2.7　弧齿锥齿轮的接触区修正

1. 弧齿锥齿轮的正常接触区

弧齿锥齿轮接触质量好坏通常通过滚动检验，观察齿面接触区（俗称印痕）状况来判断。良好的接触区在轻负荷下集中在齿面中部偏小端处，呈近似椭圆形或圆角矩形，接触区长度约占齿面全长的 25%~

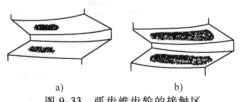

图 9-33　弧齿锥齿轮的接触区
a) 无载荷或轻载　b) 满载下接触区

45%，如图 9-33a 所示。实际工作后，由于负荷加大，齿面接触区将逐渐向四周伸展，基本上布满整个齿面，但不会发生边缘接触，如图 9-33b 所示。除此之外，良好的接触区还应符合以下条件：

1）接触区移到大端或小端时勿严重的对角接触，尤其是外对角接触。

2）无齿顶、齿根接触。

3）长宽合适，无轻重现象。

4）大小端的接触区不跑出齿面。

5）$\Sigma V/\Sigma H$（齿长/齿高接触率）的比值在 1.0~1.4 之间。

2. 常见不良接触区情况

由于接触区的位置、大小和形状分别与齿面方程在计算点处泰勒展开式中的一阶、二阶、三阶展开式有关，所以可以根据加工参数对接触区的影响将修正分为一阶修正、二阶修正、三阶修正。

（1）螺旋角误差引起的接触区不良　螺旋角的误差会引起接触区偏离齿长方向中心，靠近小端或大端，如图 9-34 所示。该种不良属一阶缺陷，需进行一阶修正。

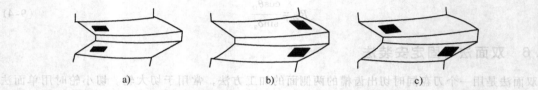

图 9-34　螺旋角误差引起接触区齿长方向的偏离

a) 小端接触　b) 大端接触　c) 大小端接触

（2）压力角误差引起的接触区不良　接触区偏离齿高方向中心，靠近齿顶或齿根，如图 9-35 所示。该种由压力角误差引起，需进行一阶修正进行校正。

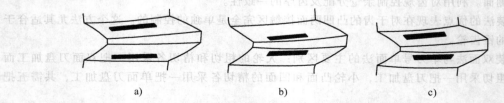

图 9-35　压力角误差引起的接触区齿高方向的偏离

a) 齿根接触　b) 齿顶接触　c) 顶根接触

（3）接触区宽度不良　图 9-36a、b 所示为过宽、过窄接触，由齿廓曲率不正确引起，需进行二阶修正来校正。图 9-36c 所示为齿廓方向桥式接触，接触区间断或中间发虚、轻重不一，需进行四阶修正来校正。这种修正一般来讲比较困难。

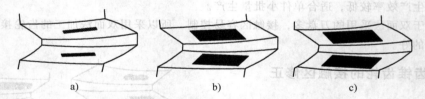

图 9-36　接触区宽度不良

a) 窄接触　b) 宽接触　c) 齿廓桥式接触

（4）接触区长度不良　图 9-37a、b 所示为齿高方向过长、过短接触，由纵向曲率不正确引起，需进行二阶修正进行校正。图 9-37c 所示为齿廓方向桥式接触，接触区中间间断或发虚、轻重不一，需进行四阶修正进行校正。

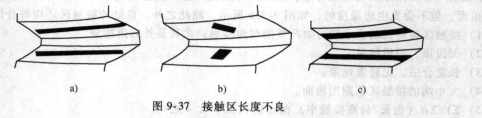

图 9-37　接触区长度不良

a) 长接触　b) 短接触　c) 纵向桥式接触

（5）对角接触　图 9-38a、b 所示分别为内、外对角接触，无论齿轮螺旋角方向，内对角接触区走向是凹面上由内端齿顶向外端齿根，凸面上由内端齿根向外端齿顶。反之，印痕走向相反的则为外对角。内对角和外对角则是由于齿长方向短程挠率不合适造成，对角接触修正属二阶修正。

（6）菱形接触　菱形接触是指齿顶处短而齿根处长或者齿顶处长而齿根处短的接触区（图

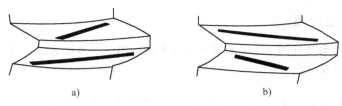

图 9-38　对角接触区

a）内对角接触　b）外对角接触

9-39），其实质是中部接触图形每个瞬时接触椭圆的长轴长短不一致。*V/H* 检验时，内端和外端的接触区是相反的对角接触（图 9-39b）。菱形接触是由于齿高方向法曲率的变化不协调而造成的，其修正属三阶修正，可通过改变刀盘齿形角来修正。

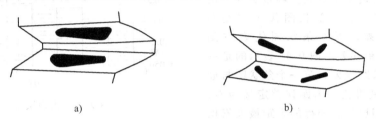

图 9-39　菱形接触

a）印痕长短不一　b）两端对角接触相反

（7）鱼尾形接触　鱼尾形接触的情况，如图 9-40 所示。主要特征是印痕一端窄、一端宽，顾名思义形状上像"鱼尾"，这种形状实质上因为接触轨迹过分弯曲引起。鱼尾形接触是由于齿长方向法曲率的变化不协调而引起的，其修正属三阶修正，可以通过改变垂直轮位 ΔE_m、轮坯安装角 $\Delta \delta_{m1}$ 等来修正。

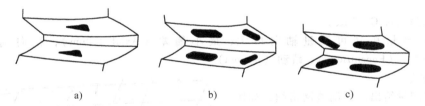

图 9-40　鱼尾形接触

a）印痕宽窄不一　b）小端窄大端短宽　c）小端短宽大端窄

3. 不良接触区的修正

一阶修正主要解决"压力角、螺旋角误差"的修正问题，即修正：①沿齿高方向的"齿顶接触、齿高接触"的不良位置；②沿齿长方向的"小端、大端、交叉接触"的不良位置。

二阶修正主要解决"齿长曲率、齿高曲率、对角接触误差"的修正问题，即修正：①齿高方向的"过宽接触、过窄接触"的不良位置；②沿齿长方向的"过长接触、过短接触"的不良位置；③沿对角方向的"内对角接触、外对角接触"的不良位置。

三阶修正主要解决"菱形接触、鱼尾形接触"的修正问题。弧齿锥齿轮的接触区修正，往往都属于一阶修正和二阶修正的内容，一般不需要进行三阶修正。

接触区修正的一般顺序：①螺旋角修正——使接触区位于齿长中部；②压力角修正——使接触区位于齿高中部；③纵向曲率修正——控制纵向接触区长度；④齿廓曲率修正——调整接触区宽度；⑤对角接触修正——消除外对角，或减轻内对角接触。

9.2.8　锥齿轮误差测量

目前，可通过锥齿轮坐标测量中心对轮齿的误差进行测量，常用的设备为 M&M3525 锥齿轮测量机，国产设备业已批量化生产。

1. 齿距误差

M&M3525 齿轮测量机可测量出每一齿的分度误差，齿距最大误差（Total Index Variation）、相邻齿距最大误差（Worst Pitch Variation）与相邻三齿齿距累积最大误差（Worst Spacing Variation）。如图 9-41 所示，一个条状图代表一个齿面节点处实际位置与理论位置的齿距误差，上面条状图代表左侧面（LEFT）齿距误差，下面条状图代表右侧（RIGHT）齿面齿距误差。图 9-41 表示的是一个七个齿小轮的齿距误差，第一个条状图与最后一个为同一个基准齿，齿距误差定义为零，其他齿都与该齿相比较。测得的齿距最大累积误差如下：

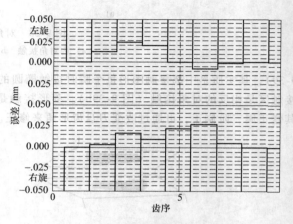

图 9-41　齿距误差图

左侧齿面：齿距最大误差为 0.0302mm（在 4 和 6 齿），公差为 0.0450mm；相邻齿距误差为 0.0198mm（在 4 和 5 齿间），公差为 0.0200mm；相邻三齿累积为 0.0161mm（在 3、4 和 5 齿间），公差为 0.0320mm。

右侧齿面：齿距最大误差为 0.0261mm，公差为 0.0450mm；相邻齿距误差为 0.0209mm（在 6 和 7 齿间），公差为 0.0200mm；相邻三齿累积为 0.0244mm（在 5、6 和 7 齿间），公差为 0.0320mm。

精度等级为国标 GB 7 级。

此外，该测量机还可测量轴向最大、最小偏差（Axial Datum），径向偏差（Radial Datum）——偏心（Eccentricity）、跳动（Runout）。

2. 齿形误差

齿形误差测量给出齿面误差网格图，如图 9-42 所示，共给出 9×5 个结点的误差，实线表示正误差，点画线为负误差。此外还可给出中点处螺旋角误差（spiral angle error）$\Delta\beta$、压力角误差（press angle error）$\Delta\alpha$、齿厚误差（Tooth thickness error）。对于齿面误差修正给出螺旋角误差、压力角误差更具实际意义。

3. 啮合精度

齿形精度反映了真实齿面与理论齿面的接近程度，从理论上讲，齿形精度高轮齿啮合精度就高，轮齿接触性能越接近于预期的设计水

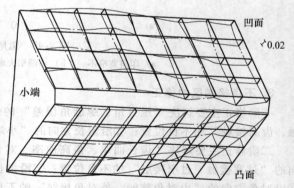

图 9-42　齿形误差测量给出齿面误差网格图

平。但啮合精度是一个相对的概念，即它不仅决定于小轮的齿形精度而且也决定于大轮的齿形精度。当两齿面的误差能相互补偿时，轮齿的啮合精度也能得到提高，这种情况在配齿中大量存在。螺旋角与压力角误差是齿形精度的两项重要指标，大体反映了实际齿面与理论齿面的偏差情况。因此，引用螺旋角相对误差与压力角相对误差来考察轮齿的实际啮合精度与接触状况。

螺旋角相对误差（$d\Delta\beta$）定义为相向啮合齿面大轮螺旋角误差（$\Delta\beta_2$）相对于小轮螺旋角误差（$\Delta\beta_1$）的差值。即，$d\Delta\beta = \Delta\beta_1 - \Delta\beta_2$。

压力角相对误差（$d\Delta\alpha$）定义为相向啮合齿面大轮压力角误差（$\Delta\alpha_2$）相对于小轮压力角误差（$\Delta\alpha_1$）的差值。即，$d\Delta\alpha = \Delta\alpha_1 - \Delta\alpha_2$。

根据以上两项误差的定义，可以看出该两项误差能够近视地反映出两啮合齿面误差相互补偿情况，进而来衡量齿面的实际啮合精度，而且能反映出接触印痕的位置。例如，正车面（左旋小轮）螺旋角相对误差为正表示齿面印痕靠大端，压力角相对误差为正表示接触印痕靠大轮齿顶等，而反车面的情况则相反。

9.3 直齿锥齿轮齿形的数控铣削加工

9.3.1 概述

刨齿加工受刨齿机床的限制，最大锥齿轮直径约 2.5m，最大模数约 32mm。采用数控加工则可突破以上几何参数的限制，可以在任何大型数控龙门铣床、大型铣镗床、大型数控加工中心、大型数控滚齿机等机床上，做一些辅助工装，改变一下数控程序就可以完成齿形加工。

直齿锥齿轮齿形的设计计算与圆柱齿轮略有不同，如图 9-43 所示。图 9-43 所示为一对交角 90° 相啮合的直齿锥齿轮，它们的锥顶交于一点 O，相互以节锥做纯滚动，其相对运动为空间球面运动。当一圆锥在另一圆锥上滚动时，前一圆锥上的点 P，到锥点 O 的距离始终保持不变，而且该点不是始终在同一平面运动，而是空间球面运动。其运动轨迹为球面渐开线。但球面不能展开，设计和制造都有困难。实际生产中，是以 OO_1、OO_2 切面及直角三角形 OO_1P 和 OO_2P 为基础进行齿形加工和计算的（小轮、大轮分别按 $\triangle OO_1P$、$\triangle OO_2P$ 几何关系）。O_1P 是小轮半径的当量值；O_2P 是大轮半径的当量值。

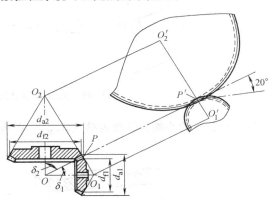

图 9-43 直齿锥齿轮传动几何计算

9.3.2 计算实例

以大齿轮为例介绍成形加工和使用的粗精铣刀参数等。

1. 已知参数

1）大端模数 $m = 32$mm，齿数 $z_1 = 12$、$z_2 = 96$，分圆压力角 $\alpha = 20°$，齿顶高系数 $h_a^* = 1$，顶隙系数 $c^* = 0.2$（不等顶隙收缩齿），轴交角 90°。

2）大轮大端分圆齿顶高和弦齿厚尺寸如图 9-44 所示。

2. 计算参数

1）节锥角 $\tan\delta_2 = z_2/z_1 = 8$，$\delta_2 = 82.87498365°$。

2）大端分圆半径 $r_2 = m \cdot z_2/2 = 32\text{mm} \times 96/2 = 1536\text{mm}$。

3）大端顶圆半径 $r_{a2} = r_2 + m \cdot \cos\delta_2 = 1536\text{mm} + 32\text{mm} \times \cos82.87498365° = 1539.969\text{mm}$。

4）大端根圆半径 $r_{f2} = r_2 - 1.2m \cdot \cos\delta_2 = 1536\text{mm} - 4.763\text{mm} =$

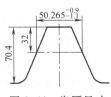

图 9-44 齿厚尺寸

1531.237mm。

5) 锥距 $R = r_2/\sin\delta_2 = 1536\text{mm}/\sin 82.87498365° = 1547.9535\text{mm}$。

6) 齿宽 $b \approx 0.3 \times R = 464.386\text{mm}$，取 $b = 465\text{mm}$。

7) 大轮齿顶角 θ_{a2}、齿根角 θ_{f2}：

$\tan\theta_{a2} = m/R = 0.020672455$，$\theta_{a2} = 1.184275786°$；

$\tan\theta_{f2} = 1.2m/R = 0.024806946$，$\theta_{f2} = 1.421041913°$。

8) 顶锥角 $\delta_{a2} = \delta_2 + \theta_{a2} = 82.87498365° + 1.184275786° = 84.05925944°$。

9) 根锥角 $\delta_{f2} = \delta_2 - \theta_{f2} = 82.87498365° - 1.421041913° = 81.45394174°$。

10) 计算大轮大端分圆弦齿槽宽 $\overline{S}_{大槽大}$ 和弦齿槽根高 $\overline{h}_{大槽根}$，如图 9-45 所示，$\alpha_1 = 180°/z_2 = 1.875°$；$\sin\alpha_2 = 25.13/1536 = 0.016360677$，$\alpha_2 = 0.93743957°$；$\alpha_3 = \alpha_1 - \alpha_2 = 1.875° - 0.93743957° = 0.937560429°$；大端分圆弦齿槽宽 $\overline{S}_{大槽大} = 2r_2\sin\alpha_3 = 2 \times 1536\text{mm} \times \sin 0.937560429° = 50.266\text{mm}$；大端分圆弦齿槽高 $\overline{h}_{大槽大根} = 1.2m = 38.4\text{mm}$。

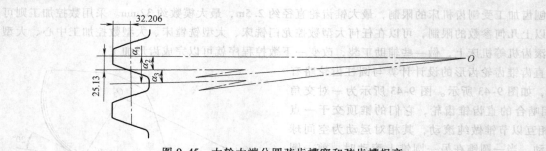

图 9-45　大轮大端分圆弦齿槽宽和弦齿槽根高

11) 计算大轮小端分圆弦齿槽宽 $\overline{S}_{大槽小}$、弦齿槽根高 $\overline{h}_{大槽小根}$。

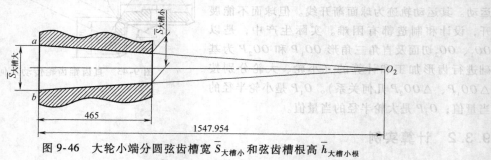

图 9-46　大轮小端分圆弦齿槽宽 $\overline{S}_{大槽小}$ 和弦齿槽根高 $\overline{h}_{大槽小根}$

① 计算大轮小端分圆弦齿槽宽 $\overline{S}_{大槽小}$。

如图 9-46 所示，O_2ab 为等腰三角形，则

$\overline{S}_{大槽小}/\overline{S}_{大槽大} = (1547.9535\text{mm} - 465\text{mm})/1547.9535\text{mm} = 0.699603379$。

$\overline{S}_{大槽小} = 0.699603379 \times \overline{S}_{大槽大} = 0.699603379 \times 50.266\text{mm} = 35.166\text{mm}$。

② 计算大轮小端分圆弦齿槽根高 $\overline{h}_{大槽小根}$。

大轮根锥角 $\theta_{f2} = 1.421041913°$，则

$$\overline{h}_{大槽小根} = \tan\theta_{f2} \times (1547.954\text{mm} - 465\text{mm}) = 0.024674126 \times 1082.954\text{mm} = 26.865\text{mm}$$

3. 按当量齿轮计算各参数及大轮大端齿槽型坐标

根据图 9-43 进行分析，正交 90° 直齿锥齿轮齿小轮是以 OO_1P 为切面进行齿形计算的，大轮以

直角三角形 $\triangle OO_2P$ 中的 O_2P 为基准半径进行计算，O_2P 是当量值。

1）当量齿数 $z_{v2} = z_2/\cos\delta_2 = 96/\cos82.87498365° = 773.977$，取 $z_{v2} = 774$。

2）大轮当量齿轮（模数 m、齿数 z_{v2}）各参数如下：

① 分度圆半径 $r_{v2} = mz_{v2}2 = 32\text{mm} \times 774/2 = 12384\text{mm}$。

② 顶圆半径 $r_{va2} = r_{v2} + m = 12384\text{mm} + 32\text{mm} = 12416\text{mm}$。

③ 根圆半径 $r_{vf2} = r_{v2} - 1.2m = 12384\text{mm} - 38.4\text{mm} = 12345.6\text{mm}$。

④ 基圆半径 $r_{vb2} = r_{v2} \times \cos20° = 12384\text{mm} \times 0.93969262 = 11637.1534\text{mm}$。

⑤ 基圆齿间中心半角 μ_{o2} 为

$$\mu_{o2} = \frac{\pi}{2z_{v2}} - \frac{2x\tan\alpha}{z_{v2}} - \text{inv}\alpha - \frac{\Delta s}{mz_{v2}}$$

$$= 2.029452619 \times 10^{-3} - 0 - 0.014904383 + 4.0374677 \times 10^{-5}$$

$$= -0.012834555\text{rad} = -0.735365873°$$

⑥ 按大轮当量齿轮计算出的坐标值见表 9-28，这是锥齿轮大端球面运动轨迹当量齿轮的齿槽渐开线齿形，不能直接作为加工成形刀具的齿形。

表 9-28 锥齿轮大端（$z_{v2} = 774$）渐开线齿形坐标

序号	X/mm	Y/mm	序号	X/mm	Y/mm	序号	X/mm	Y/mm
1	11.875	0	12	22.685	30.058	23	32.428	56.554
2	12.836	2.703	13	23.693	32.826	24	33.279	58.843
3	13.802	5.413	14	24.706	35.600	25	34.133	61.137
4	14.772	8.128	15	25.723	38.379	26	34.990	63.434
5	15.746	10.849	16	26.551	40.637	27	35.850	65.735
6	16.725	13.575	17	27.382	42.899	28	36.713	68.040
7	17.707	16.308	18	28.215	45.166	29	37.579	70.349
8	18.694	19.046	19	29.052	47.435	30	38.448	72.662
9	19.685	21.790	20	29.892	49.709	31	39.320	74.978
10	20.681	24.540	21	30.734	51.987			
11	21.681	27.296	22	31.579	54.269			

4. 成形精加工指形铣刀的设计

1）成形精加工铣刀的齿形。成形刀具加工的是 $m = 32\text{mm}$、$z_2 = 96$、$\alpha = 20°$ 的锥齿轮，所以需要把表 9-28 根据 $m = 32\text{mm}$、$z_2 = 96$、$\alpha = 20°$ 锥齿轮的小端齿厚 $\overline{S}_{\text{大槽小}} = 35.166\text{mm}$ 和 $\overline{h}_{\text{大槽小根}} = 26.865\text{mm}$ 两个数进行插值计算。$Y_{\text{插}} = \overline{h}_{\text{大槽小根}} = 26.865\text{mm}$、$X_{\text{插}} = \overline{S}_{\text{大槽小}}/2 = 17.583\text{mm}$ 按 Y 值对应于表 9.28 中的序号 10 和序号 11 之间，插值调整计算如下：

① $\tan\alpha_{\text{插}} = (X_{11} - X_{10})/(Y_{11} - Y_{10}) = (21.681\text{mm} - 20.681\text{mm})/(27.296\text{mm} - 24.540\text{mm}) = 0.362844702$，$\alpha_{\text{插}} = 19.94303488°$。

② $\Delta X = X_{11} - [X_{\text{插}} + (Y_{11} - Y_{\text{插}}) \times \tan\alpha_{\text{插}}] = 21.681\text{mm} - (17.582 + 0.156)\text{mm} = 3.943\text{mm}$。

③ 表 9-28 中的 Y 坐标不变，X 坐标中各值分别减去 ΔX，就改变成表 9-29，即成为精成形刀齿形。

2）精加工指形铣刀的定位。精加工指形铣刀的定位部分建议采用 7：24 锥体，常用的四种锥体的尺寸见表 9-30，读者设计时可参考。

表 9-29 $z_{v2} = 774$ 精加工指形铣刀齿形坐标

序号	X/mm	Y/mm	序号	X/mm	Y/mm	序号	X/mm	Y/mm
1	7.932	0	12	18.742	30.058	23	28.485	56.554
2	8.893	2.703	13	19.75	32.826	24	29.336	58.843
3	9.859	5.413	14	20.763	35.6	25	30.19	61.137
4	10.829	8.128	15	21.78	38.379	26	31.047	63.434
5	11.803	10.849	16	22.608	40.637	27	31.907	65.735
6	12.782	13.575	17	23.439	42.899	28	32.77	68.04
7	13.764	16.308	18	24.272	45.166	29	33.636	70.349
8	14.751	19.046	19	25.109	47.435	30	34.505	72.662
9	15.742	21.790	20	25.949	49.709	31	35.377	74.978
10	16.738	24.540	21	26.791	51.987			
11	17.738	27.296	22	27.636	54.269			

表 9-30 几种常用 7:24 铣刀杆尺寸 （单位：mm）

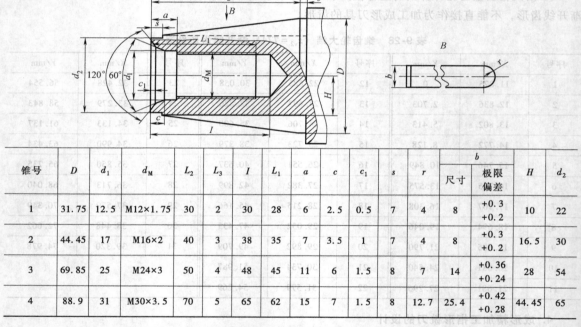

锥号	D	d_1	d_M	L_2	L_3	I	L_1	a	c	c_1	s	r	b 尺寸	b 极限偏差	H	d_2
1	31.75	12.5	M12×1.75	30	2	30	28	6	2.5	0.5	7	4	8	+0.3 +0.2	10	22
2	44.45	17	M16×2	40	3	38	35	7	3.5	1	7	4	8	+0.3 +0.2	16.5	30
3	69.85	25	M24×3	50	4	48	45	11	6	1.5	8	7	14	+0.36 +0.24	28	54
4	88.9	31	M30×3.5	70	5	65	62	15	7	1.5	8	12.7	25.4	+0.42 +0.28	44.45	65

3）精指形铣刀的外径和总长。根据表 9-29，$D = 2 \times 35.377\text{mm} = 70.754\text{mm}$，取 $D_e = 75\text{mm}$。选用表 9-29 中的 7:24、3 号锥定位，总长 $L_{刀精} = 160\text{mm}$。

4）根据以上分析数值，并考虑切削多方面的因素设计出的精指形铣刀的图样如图 9-47 所示。

5. 粗加工指形铣刀的设计

1）对粗加工指形铣刀的基本要求。装卸方便，制造、刃磨容易，具有切削效率较高等特点。

2）设计。根据上面要求，结合加工圆柱齿轮的一些经验，先进行计算，后设计图样。

① 设计定位孔。一般采用直孔定位，常用粗加工直孔指形铣刀尾部连接尺寸见表 9-31，设计时参考。

② 设计铣刀压力角 α。初定为 $\alpha = 20°$，具体计算后，看是否需要调整。

③ 设计余量。粗铣刀给精铣刀在分度圆处单面余量 0.5mm。计算工件大端根圆单面余量 0.62mm；工件大端齿顶圆单面余量 0.77mm，所以 $\alpha = 20°$ 是合适的，不需要调整。

④ 设计最大外径。$D = 69.214\text{mm}$，取 $\phi70\text{mm}$。

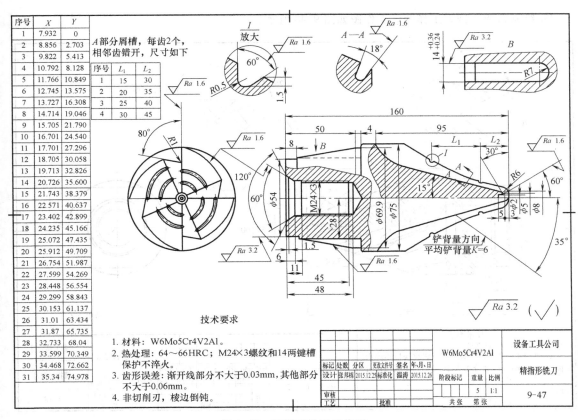

序号	X	Y
1	7.932	0
2	8.856	2.703
3	9.822	5.413
4	10.792	8.128
5	11.766	10.849
6	12.745	13.575
7	13.727	16.308
8	14.714	19.046
9	15.705	21.790
10	16.701	24.540
11	17.701	27.296
12	18.705	30.058
13	19.713	32.826
14	20.726	35.600
15	21.743	38.379
16	22.571	40.637
17	23.402	42.899
18	24.235	45.166
19	25.072	47.435
20	25.912	49.709
21	26.754	51.987
22	27.599	54.269
23	28.448	56.554
24	29.299	58.843
25	30.153	61.137
26	31.01	63.434
27	31.87	65.735
28	32.733	68.04
29	33.599	70.349
30	34.468	72.662
31	35.34	74.978

A 部分屑槽，每齿2个，
相邻齿错开，尺寸如下

序号	L_1	L_2
1	15	30
2	20	35
3	25	40
4	30	45

技术要求

1. 材料：W6Mo5Cr4V2Al。
2. 热处理：64～66HRC；M24×3螺纹和14两键槽
   保护不淬火。
3. 齿形误差：渐开线部分不大于0.03mm，其他部分
   不大于0.06mm。
4. 非切削刃，棱边倒钝。

标记	处数	分区	更改文件号	签名	年、月、日	W6Mo5Cr4V2Al	设备工具公司
设计	张邦栋			2015.12.25	标准化	温涛	2015.12.26	精指形铣刀
审核				阶段标记		重量	比例	
工艺			批准			5	1:1	9-47
				共 张 第 张				

图 9-47　精指形铣刀工作图

表 9-31　常用粗加工直孔指形铣刀尾部连接尺寸　　　　　　　　（单位：mm）

D	S		e	d		a	b	C	d_1	L	H	d_2	d_3
	数值	极限偏差		数值	极限偏差								
40	36	-0.34	16	20	+0.023	7	1.5	0.5	21	25	4	17	M16×2
45～50	41	-0.34	18	25	+0.023	9	2	1	21	30	5	21	M20×2.5
55	46	-0.34	20	30	+0.023	11	2	1	31	40	6	25	M24×3
60～65	50	-0.34	25	30	+0.023	11	2	1	31	40	6	25	M24×3
70	60	-0.4	25	40	+0.027	12	2	1.5	42	45	7	32	M30×3.5
75	65	-0.4	30	40	+0.027	12	3	1.5	42	45	7	32	M30×3.5
80～85	70	-0.4	35	45	+0.027	14	3	1.5	47	50	7	38	M36×4
90～95	80	-0.4	35	45	+0.027	14	3	1.5	47	50	7	38	M36×4
100	90	-0.4	35	50	+0.027	16	3	1.5	52	55	8	44	M42×4.5
115	105	-0.5	35	60	+0.03	18	3	2	62	68	8	44	M42×4.5
120～140	110	-0.5	35	70	+0.03	20	4	3	72	70	9	50	M48×5

注：1. 直径 D 尺寸仅供设计参考。
　　2. 止推端面对中心的不垂直度允许偏差：$d≤30mm$ 时为 0.02mm，$d>30mm$ 时为 0.03mm。

⑤ 绘制粗指形铣刀工作图。工作图如图 9-48 所示。

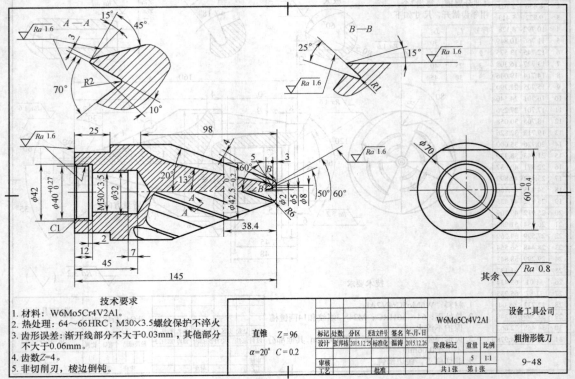

图 9-48　粗指形铣刀工作图

技术要求

1. 材料：W6Mo5Cr4V2Al。
2. 热处理：64～66HRC；M30×3.5螺纹保护不淬火。
3. 齿形误差：渐开线部分不大于0.03mm，其他部分不大于0.06mm。
4. 齿数Z=4。
5. 非切削刃，棱边倒钝。

直锥　Z=96

$\alpha=20°$　$C=0.2$

W6Mo5Cr4V2Al

设备工具公司

粗指形铣刀

9-48

9.3.3　齿形的数控铣削加工

1. 在 TK6513 数控镗铣床上用成形粗精指形铣刀加工齿形

1）大齿轮参数。大端模数 $m=32$mm，齿数 $z_2=96$，压力角 $=20°$，顶隙系数 $c^*=0.2$，齿顶高系数 $h_a^*=1$。大端分度圆弦高和弦齿厚及齿廓计算数据见表 9-32。

表 9-32　工件（大齿轮）齿形坐标

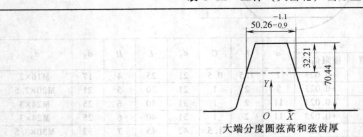

大端分度圆弦高和弦齿厚

序号	X/mm	Y/mm	序号	X/mm	Y/mm
1	38.823	0.000	7	33.667	14.613
2	37.968	2.437	8	32.804	17.047
3	37.110	4.873	9	31.937	19.480
4	36.250	7.308	10	31.068	21.912
5	35.390	9.744	11	30.200	24.344
6	34.529	12.179	12	29.330	26.776

（续）

序号	X/mm	Y/mm	序号	X/mm	Y/mm
13	28.457	29.207	22	20.543	51.062
14	27.583	31.637	23	19.656	53.488
15	26.710	34.068	24	18.768	55.913
16	25.833	36.497	25	17.878	58.338
17	24.954	38.926	26	16.987	60.762
18	24.074	41.354	27	16.095	63.185
19	23.194	43.782	28	15.201	65.608
20	22.313	46.210	29	14.305	68.030
21	21.429	48.636	30	13.406	70.452

2）编程使用的参数，见表 9-33。

表 9-33　工件编程参数

项　目	代号	数　值	备　注
模数	m	32mm	—
齿数（大齿轮）	z_2	96	—
齿数（小齿轮）	z_1	12	—
压力角	α	20°	—
齿宽	b	465mm	—
节圆锥角	δ_2	82.87498365°	—
齿顶高系数	h_a^*	1	—
齿顶高	h_a	32	—
齿顶间隙系数	c^*	0.2	—
齿根高	h_f	38.4mm	—
锥距	R	1547.953488mm	—
齿顶角	θ_a	1.184275786°	—
齿根角	θ_f	1.421041913°	—
根锥角	δ_f	81.453941737°	—
分度圆齿厚	s	（50.265）mm	$s=\pi m/2$
当量齿数	z_v	773.9767437	—
当量齿轮分度圆半径	r_v	12383.6279mm	$r_v=mz_v/2$
当量齿轮分度圆齿厚	s	50.26548246mm	$s=\pi m/2$
当量齿轮基圆半径	r_{vb}	11636.80376mm	—
小端齿根槽宽	—	15.771mm	—
大端齿根槽宽	—	22.5424mm	—
大端齿根厚	—	77.646mm	—

3）用指形成型铣刀铣削、三个线性轴联动加工齿形。

①粗铣刀、精铣刀都为高速钢指形成形铣刀（图 9-49），以大端齿形成形，指形成形铣刀最小直径 D 小于小端齿底宽度，粗铣刀尺寸保证加工后小端齿面单边留量不小于 0.5mm。精铣刀尺寸保证半精加工后齿面单边余量不小于 0.3mm。刀轴垂直于齿根圆（图 9-50），其偏转角度 γ 为

$$\gamma=90°-\delta_{f2}=90°-81.453942°=8.546058°$$

②工件回转中心与机床回转中心重合，铣刀对准工件齿槽中心，从小端向大端走刀规定为 Z，刀向下移动规定为 -Y。机床回转轴为 B 轴，刀具旋转轴为 A（图 9-51）。

③ Z、Y 坐标数值计算，$\Delta Y=\Delta Z\tan\gamma$（当 ΔZ 为 1mm 时，$\Delta Y=0.1502729$mm）。

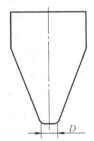

图 9-49　刀具示意图

④ 用粗铣刀加工，粗铣刀最小直径 D 为 13.864mm，小端全齿深 49.252mm，Y、Z 两轴联动，分层加工到深度 48.5mm。刀具转速选 125r/min。

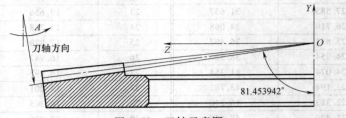

图 9-50　刀轴示意图

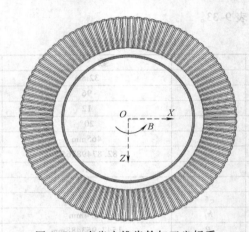

图 9-51　直齿大锥齿轮加工坐标系

以西门子控制系统为例，粗加工程序如下：

```
DEF INT ZNUM                           ;齿轮齿数
DEF INT CURR_NUM = 0                    ;当前加工的齿数
m03    s125
G00    X0 Y0 Z0
G00    A = 8.546058-90
MARK1：
G00    B = CURR_NUM * 360/ZNUM         ;下面为粗加工,共分三层加工,每层余量 =
                                        49.25mm/3 = 16.417mm

G00    X = 0 Y = 0 Z = 1070.929
       Y = -160.932+100
G01    Y = -160.932+16.147 * 2         ;粗加工第一层,小端入刀点
       Z = 1530.766 Y = -230.033+16.147 * 2   ;大端退刀点
       Y = -230.033+10+16.147 * 2
G00    Y = 0
G00    X = 0 Y = 0 Z = 1070.929
       Y = -160.932+100
G01    Y = -160.932+16.147             ;粗加工第二层,小端入刀点
       Z = 1530.766 Y = -230.033+16.147       ;大端退刀点
       Y = -230.033+10+16.147
```

```
G00    Y = 0
G00    X = 0  Y = 0  Z = 1070.929
       Y = -160.932+100
G01    Y = -160.932+0.752                    ;粗加工第二层,小端入刀点,齿根底面余
                                              量 0.752mm
       Z = 1530.766  Y = -230.033+0.752     ;大端退刀点
       Y = -230.033+10
G00    Y = 0
       CURR_NUM = CURR_NUM+1
IF CURR_NUM <ZNUM GOTOB MARK1
M05
M30
```

⑤ 用精铣刀加工,精铣刀最小直径 D 为 15.264mm,刀具转速选 130r/min。采用半精加工、精加工两次进刀完成,半精加工时齿深加工到尺寸,齿面单边余量 0.3mm,采用 X、Y、Z 三轴联动加工两侧齿面,保证大端齿厚公差。以西门子控制系统为例,精加工程序如下:

```
DEF INT ZNUM                            ;齿轮齿数
DEF INT CURR_NUM = 0                     ;当前加工的齿数
m03 s130
G00    X0 Y0 Z0
G00    A = 8.546058-90
MARK1:
G00    B = CURR_NUM * 360/ZNUM
下面为半精加工程序,齿面单边留量 0.3mm,先加工齿槽-X 向齿面,然后加工+X 向齿面
G00    X = 0 Y = 0 Z = 1070.929
       Y = -160.932+100
G01    Y = -160.932
       X = -3.39045 Z = 1530.766 Y = -230.033    ;大端-X 向齿面退刀点
       Y = -230.033+10
G00    Y = 0

G00    X = 0 Y = 0 Z = 1070.929
       Y = -160.932+100
G01    Y = -160.932
       X = 3.39045 Z = 1530.766 Y = -230.033     ;大端+X 向齿面退刀点
       Y = -230.033+10
G00    Y = 0
       CURR_NUM = CURR_NUM+1
IF CURR_NUM <ZNUM GOTOB MARK1
CURR_NUM = 0
MARK2:
下面为精加工程序,先加工齿槽-X 向齿面,然后加工+X 向齿面
G00    X = -0.3 Y = 0 Z = 1070.929
```

```
         Y = -160. 932 +100
  G01    Y = -160. 932
         X = -3. 39045 - 0. 3 Z = 1530. 766 Y = -230. 033
         Y = -230. 033 + 10
  G00    Y = 0

  G00    X = 0. 3 Y = 0 Z = 1070. 929
         Y = -160. 932 + 100
  G01    Y = -160. 932
         X = 3. 39045 + 0. 3   Z = 1530. 766 Y = -230. 033
         Y = -230. 033 + 10
  G00    Y = 0
         CURR_NUM = CURR_NUM + 1
  IF CURR_NUM < ZNUM GOTOB MARK2
  M05
  M30
```

4) 用通用硬质合金圆柱形铣刀, 5 轴联动加工齿形。

① 构建锥齿轮三维数据模型, 利用三维编程软件进行编程及仿真验证。

② 粗铣刀为 ϕ16R4, 可换刀片式机夹刀。精铣刀为 ϕ16 整体硬质合金圆柱精铣刀。

③ 工件回转中心与机床回转中心重合, 从小端向大端走刀规定为 Z, 刀向下移动规定为 -Y, 机床工作台绕 Y 轴回转为 B 轴, 刀具绕 X 轴旋转为 A 轴。

④ 用粗铣刀加工, 转速为 3000r/min, 进给为 1500mm/min, 每齿加工采用层切, 每层切深 1mm, X、Y、Z 三轴联动, 齿面单边余量为 1mm。分齿采用 B 轴回转。程序如下:

```
DEF INT ZNUM                              ;齿轮齿数
DEF INT CURR_NUM = 0                      ;当前加工的齿数
DEF REAL    BDEG = 0                      ;当前齿所处的角度
MARK1:
BDEG = CURR_NUM * 360/ZNUM
TRAORI
G90
G54
G64
G17
M03 S3000
G00 X-0. 006 Y50. 0 Z1585. 444 A-81. 454 B = BDEG+0. 0
Y-159. 716 Z1553. 93
G01 Y-162. 682 Z1553. 484 F300. 0
X-0. 001 Y-160. 424 Z1538. 453
X28. 18 Y-160. 374 Z1538. 122 F1500
X28. 153 Y-160. 546 Z1539. 265
X28. 166 Y-160. 707 Z1540. 341
X28. 342 Y-160. 867 Z1541. 404
```

```
X28.648 Y-161.022 Z1542.438
X29.08 Y-161.171 Z1543.426
X30.315 Y-161.436 Z1545.192
X32.32 Y-161.428 Z1545.139
        …
X-3.012 Y-159.943 Z1064.335
X2.991 Y-159.947 Z1064.358
X3.892 Y-159.854 Z1063.741
X4.864 Y-159.778 Z1063.236
X5.878 Y-159.716 Z1062.822
X8.007 Y-159.639 Z1062.313
X9.305 Y-159.622 Z1062.199
X9.39 Y-159.621 Z1062.192
X10.676 Y-159.606 Z1062.091
X10.306 Y-158.418 Z1054.183F1500
Y-155.451 Z1054.628
G00Y50.0Z1085.502
CURR_NUM = CURR_NUM + 1
IF CURR_NUM <ZNUM GOTOB MARK1

M05
M30
```

粗加工刀路及其仿真如图 9-52 和图 9-53 所示。

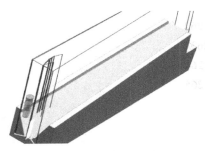

图 9-52　粗加工刀路

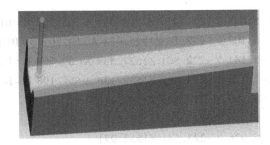

图 9-53　粗加工刀路仿真

⑤ 用精铣刀加工，转速为 4000r/min，进给为 1500mm/min，采用半精加工、精加工两次进刀完成，半精加工时齿深加工到尺寸，齿面单边余量 0.3mm，每齿加工时采用 X、Y、Z、B、A 五轴联动加工，刀轴平行于切削齿面切向，随加工位置的齿面切向而旋转刀轴 A 轴。精加工前换新刀具。分齿采用 B 轴回转。程序如下：

```
DEF INT ZNUM                     ;齿轮齿数
DEF INT CURR_NUM = 0             ;当前加工的齿数
DEF REAL    BDEG = 0             ;当前齿所处的角度
MARK1:
BDEG = CURR_NUM * 360/ZNUM
TRAORI
```

```
G90

G54

G64

G17

M03 S4000

G00 X-18.981 Y-101.099 Z1076.516 A-68.793 B=BDEG-72.564

X-17.877 Y-104.083 Z1076.169

G01 X-16.091 Y-108.906 Z1075.608 F1500

X-16.36 Y-109.005 Z1075.602

X-16.624 Y-109.108 Z1075.646

X-16.878 Y-109.212 Z1075.729

X-17.117 Y-109.314 Z1075.851

X-17.335 Y-109.413 Z1076.008

X-17.529 Y-109.507 Z1076.197

X-17.695 Y-109.594 Z1076.415

X-17.828 Y-109.671 Z1076.657

X-17.927 Y-109.738 Z1076.917

X-18.004 Y-109.832 Z1077.475

X-18.119 Y-110.316 Z1082.099 A-68.788 B=BDEG-72.569

X-18.231 Y-110.799 Z1086.724 A-68.784 B=BDEG-72.573

X-18.287 Y-111.04 Z1089.036 A-68.782 B=BDEG-72.576

X-18.315 Y-111.161 Z1090.192 A-68.78 B=BDEG-72.577

X-18.318 Y-111.176 Z1090.337

          ...

X-5.073 Y-221.419 Z1518.334 A-69.202 B=BDEG-71.262

X-5.107 Y-222.11 Z1522.934 A-69.201 B=BDEG-71.263

X-5.141 Y-222.801 Z1527.534 A-69.199 B=BDEG-71.264

X-5.175 Y-223.492 Z1532.133 A-69.198 B=BDEG-71.265

X-5.169 Y-223.525 Z1532.418

X-5.116 Y-223.54 Z1532.699

X-5.026 Y-223.541 Z1532.971

X-4.9 Y-223.527 Z1533.229

X-4.742 Y-223.499 Z1533.466

X-4.554 Y-223.458 Z1533.679

X-4.34 Y-223.403 Z1533.862

X-4.106 Y-223.337 Z1534.013

X-3.854 Y-223.261 Z1534.128

X-3.322 Y-223.082 Z1534.231

X-27.836 Y-154.945 Z1542.545

G00 X-47.208 Y-101.099 Z1549.115

CURR_NUM=CURR_NUM+1

IF CURR_NUM <ZNUM GOTOB MARK1
```

M05

M30

精加工刀路及其仿真如图 9-54 和图 9-55 所示。

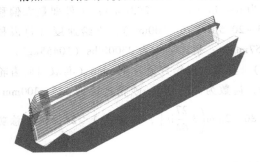

图 9-54　精加刀路

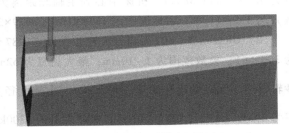

图 9-55　精加工刀路仿真

9.4　弧齿锥齿轮的磨削

　　锥齿轮磨齿机泛指用于弧齿锥齿轮齿面磨削加工的机床。但其通常仅适应于分齿切削法（面铣法）成形的收缩齿弧齿锥齿轮的齿面磨削加工，所用砂轮一般为杯形及类似形状的专用砂轮。

　　连续切削法（面滚法）成形的等高齿弧齿锥齿轮，其齿向线为变曲率弧线（延伸外摆线、准渐开线），不能采用现有任何形式的砂轮进行连续展成磨削，硬齿面淬火后精加工采用超硬刮削连续展成的工艺。直齿、斜齿锥齿轮也由于工艺效率等缘故，鲜有专用展成磨削机床。可实现 6 轴联动的 Free-Form 型机床的出现，使任意齿面的磨削变为现实——电子仿形磨削。这类机床借助强大的多功能软件，利用碟形或指形砂轮实现工件齿面 3D 坐标点的逐点精确构建。近几年国内也已研制出了能磨削多种齿制锥齿轮的大型 CNC 锥齿轮磨齿机。

　　目前国际上在车辆螺旋锥齿轮的批量生产中，收缩齿铣削法+磨齿、等高齿滚切法+研齿，这两类生产工艺为并存的主流工艺。它们具有各自优点，生产线数量几乎各占 1/2。

9.4.1　弧齿锥齿轮磨齿机床

1. 国外产品

　　目前实际生产中使用的锥齿轮磨齿机床，几乎全部用于面铣法成形的弧齿锥齿轮淬火后的精加工。早期的弧齿锥齿轮磨齿机主要由美国格里森（Gleason）公司生产，其中有部分型号机床主要采用 CBN 砂轮成形磨削，有的型号（curvic coupling grinder）专用于联轴器端面弧齿的磨齿，下面介绍其部分机床参数。

　　（1）Gleason No. 463 弧齿锥齿轮磨齿机（1983 年）　其最大节径见表 9-34。

表 9-34　Gleason No. 463 弧齿锥齿轮磨齿机最大节径（90°轴交角）

中点螺旋角	传 动 比	最大节径/in	最大模数/mm
0°	1∶1	15.5	393.7
	3∶1	23	584.2
30°	1∶1	21	533.4
	3∶1	31.5	800.1
40°	1∶1	22.5	571.5
	3∶1	34	863.6

其最大锥距（30°螺旋角，12in 刀盘）为 15in（381mm）；节径（模数）为 2in（12.7mm）；最大齿宽为 3in（76.2mm）；工件主轴，大端直径为 $3\frac{19}{32}$in（91.3mm），锥度为 $\frac{39}{64}$in/ft（1：19.6923）；通孔直径为 6in（152mm）；标准砂轮外径为 6~8in（152.4~203mm）；工件架最大偏移量为 4.5in（114.3mm）；机床中心到主轴端距离为 3~20.5in（76~500mm）；进给速度（每齿秒数）为 1.9~11.8s；占地面积为 $135\times81in^2$（$3429\times2057mm^2$）；机床毛重为 23000lbs（10455kg）。

（2）Gleason No.602 弧齿锥齿轮磨齿机（1987 年）　其最大齿轮直径为 406mm（准双曲面齿轮为 300mm）；模数范围为 1~10mm；最大齿宽为 62mm；齿数为 20~150；砂轮直径为 125~300mm；砂轮转速（无级变速）为 0~1000r/min；主轴孔径为 86.92mm$\left(3\frac{27}{64}in\right)$，锥度为 1：24；机床总功率为 40kW（AC　380V、50Hz）；机床质量约 9300kg。

说明：机床采用 CNC 控制，主要用于 CBN 成形砂轮以可调偏心方式磨削大轮（瓦古里法 WAGURI method），适合批量高效率生产。

（3）Gleason No.633 磨齿机（1987 年）　为四轴 CNC 机床，主要采用 CBN 砂轮磨削零度弧齿锥齿轮及准双面齿轮。工件采用液压夹紧方式，单道次可以去除轮齿单侧 0.13~0.18mm 的加工余量。

其最大齿轮直径为 406mm（螺旋角 35°）；最大齿宽为 66mm；最大模数为 12.7mm（最大齿深为 25.4mm）；最大传动比为 10：1；齿数范围为 5~120；工件主轴，大端直径为 99.22mm$\left(3\frac{29}{32}in\right)$，锥度为 1：19.6850（2in/1000mm）；可使用的砂轮直径为 125mm、160mm、200mm、250mm、320mm；机床总功率为 40kW；主电机功率为 16.5kW（DC）；液压马达功率为 2.5kW；机床质量为 11200kg；机床轮廓尺寸为 4400mm×2700mm×2550mm。

（4）Gleason No.120 端面弧齿磨齿机（1980 年）　其工件最大外径为 1010mm；最大磨削直径为 610mm；齿数为 32~150；最大齿深为 10mm；滑座行程为 216mm；工件最大质量为 500kg；砂轮直径为 152~320mm；砂轮至工件端面距离为 90~430mm；砂轮转速（无级变速）为 0~3600r/min；工件主轴直径为 60mm；功率为 15kW（AC　380V、50Hz）；机床毛重为 9500kg。

（5）Gleason 400PG CNC 螺旋锥齿轮磨齿机　格里森公司于 1988 年开发了采用全新概念设计的 400PG CNC 螺旋锥齿轮磨齿机。它抛弃了传统的摇台、变性等复杂的机构，设立了可联动控制的 3D 坐标结构，如图 9-56 所示。

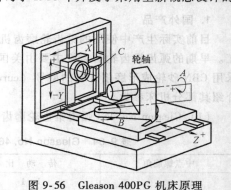

图 9-56　Gleason 400PG 机床原理

注：X 为砂轮轴的水平方向的直线运动；Y 为砂轮轴的垂直方向上的直线运动；Z 为移动台的直线运动；A 为工件轴的旋转；B 为转动（工件轴绕旋转中心）；C 为砂轮的旋转轴；除 C 轴外的各个轴由 AC 伺服驱动。

400PG 底座上安装了移动台和立柱。立柱能沿底座上的导轨左右移动，磨头可沿立柱上的导轨做相对底座的垂直运动。工作台安装在移动台上，并能以移动台上的转动中心作为支点转动。砂轮和工件间的相对运动完全满足了工件齿和所啮合理论齿轮的啮合原理。机床结构简单，使用方便。以前要数小时的准备工作现在以秒为单位就能正确进行。该系列机床磨齿可以用 CBN 砂轮或传统的可修整氧化铝砂轮，系统具有砂轮修整自动补偿功能。

（6）Gleason Phoenix 200HG 磨齿机　其最大齿轮直径为 215mm；最大齿宽为 40.6mm；最大齿深为 16mm；齿数为 5~200；最大传动比为 10：1；砂轮直径为 51~190mm；

砂轮转速为 1000~6000r/min；各轴行程，X 轴（水平）为 152mm，Y 轴（垂直）为 178mm，Z 轴（滑座板）为 304mm；机床中心至工件主轴中心最大距离为 115mm；轴向进给速度为 125mm/s；工件轴转速为 0~30r/min；工件主轴孔径为 99.2mm $\left(3\frac{29}{32}in\right)$；机床总功率为 20kW（AC 380V、50Hz）；重型机床质量为 10000kg；数控系统为 FANUC 150MB 型（7 轴）。

（7）Gleason Phoenix 450 HG 磨齿机　其最大齿轮直径为 450mm；最大齿宽为 50.8mm；最大齿深为 15.24mm；模数为 0.5~6mm；齿数为 5~200；最大传动比为 10∶1；砂轮直径为 51~190mm；砂轮转速为 1000~6000r/min；各轴行程为 X 轴（水平）为 114~178mm，Y 轴（垂直）为 178~190mm，Z 轴（滑座）为 10.16~500mm，B 轴为 3°~90°；机床中心至工件主轴中心最大距离为 165mm；机床总功率为 45kW（AC 380V、50Hz）；重型机床质量为 10980kg；机床轮廓尺寸为 4750mm×3400mm×2540mm。

（8）Gleason Phoenix 800 HG 磨齿机　最大齿轮直径为 800mm；最大节圆直径为 762mm（螺旋角 35°，传动比 5∶1）；最大传动比为 10∶1；最大宽齿为 116.8mm；最大齿深为 31.75mm；最小齿数为 5；各轴坐标，X 轴为 -305/+305mm，Y 轴为 -305/+305mm，Z 轴为 51/+711mm，B 轴为 -5/+90°；机床总功率为 62kW；机床质量为 20000kg；机床轮廓尺寸为 7.00m×6.00m×3.20m。

（9）Gleason Phoenix Ⅱ 600G 磨齿机　其最大齿轮直径为 600mm；最大砂轮直径为 508mm；最大宽齿为 110mm；模数范围为 2~13mm；齿数范围为 1~200（任意）；各轴坐标及推进速度，X 轴（水平）为 25/+550mm、7.5m/min，Y 轴（垂直）为 -375/+300mm、5m/min，Z 轴（砂轮滑座）为 -175/+700mm、7.5m/min，B 轴为 -5/+90°、35°/s；电动机简况，A 轴（工作主轴、工件轴）、C 轴（砂轮主轴）数字直驱，额定转速分别为 630、3000r/min，D 轴（修整轴）、W 轴（偏心轴）数字伺服驱动，额定转速分别为 4000、2240r/min，冷却泵、液压泵全部采用交流感应电动机；机床质量为 26000kg；机床主体轮廓尺寸为 3.90m×3.10m×3.40m。

除格里森公司外，德国克林贝格（Klingelnberg）的子公司瑞士奥利康公司（Oerlikon Geartec AG）也是高档数控锥齿轮磨齿机的主要供应商之一。奥利康公司所产锥齿轮磨齿机规格范围与格里森公司基本相当，其产品在欧、日、美、韩等汽车生产大国都有应用，常用型号 Oerlikon G27、Oerlikon G60。

2. 国产机床

2000 年以来，国内也生产了多种规格的 CNC 弧齿锥齿轮磨齿机。

（1）YK2080G 数控弧齿锥齿轮磨齿机（天津第一机床总厂生产）　YK2080G 型弧齿锥齿轮磨齿机用于加工模数 ≤15mm，直径 ≤800mm 的高精度弧齿锥齿轮及准双曲面齿轮。该机床采用西门子 802D 数控系统，数控分辨率为 0.001mm，具有三个数控轴：摇台（X 轴）、工件（Y 轴）、床鞍（Z 轴），可实现三轴联动。砂轮主轴（S 轴）采用交流变频调速，使机床无任何交换齿轮，运动可程序设定，操作直观、方便、柔性强。可采用对话式编程，使只具有机械铣齿机操作调整经验的人员能简单、直观地操作。用户也可以通过随机提供的软件，将常用 YKT2250（或 Y225）、YKD2280 等机床调整卡有关参数转换为本机床相应参数使用。

图 9-57　YK2080G 数控弧齿锥齿轮磨齿机

主要技术参数见表 9-35。

表 9-35　YK2080G 主要技术参数

被加工工件尺寸				
最大加工模数/mm				15
最大齿宽/mm				100
螺旋角				0°~60°
压力角				20°
最大齿高/mm				33
齿数				4~100
被磨齿轮副轴间角为90°的最大传动比				10:1
工件的节锥角				5°~90°
砂轮直径/mm				152.4、228.6、304.8、457.2
最大节锥母线长/mm	螺旋角		0°	285
			15°	350
			30°	350
被加工齿轮的最大节圆直径/mm	被加工齿轮副传动比	10:1	螺旋角 0°	575
			15°	700
			30°	800
		2:1	螺旋角 0°	520
			15°	635
			30°	750
		1:1	螺旋角 0°	395
			15°	500
			30°	600
工件箱				
从主轴端面至机床中心的距离/mm				125~600
主轴端面至机床中心距离、主轴垂直移动游标尺每一格的读数/mm		直尺		1.0
		游标		0.02
主轴从中心位置的向下垂直移动/mm	主轴端面至机床中心调整位置值/mm	25		125~270
		70		270~330
		90		330~540
主轴从中心位置的向上垂直移动/mm				90
主轴锥孔尺寸/mm		大端直径		153
		锥度		1:20
		锥长		180
主轴通孔直径/mm				125
主轴法兰直径/mm				235
摇台				
摇台安装角				0°~360°
摇台安装角每一刻线值		圆周上		30′
		游标上		1′
摇台偏心调整角				0°~180°
摇台最大摆角				60°
砂轮主轴的相应径向位移				0~340
偏心量调整角每一刻线位		圆周上		20′
		游标上		1′
床鞍				
由中心位置移动最大距离/mm		向前		25
		向后		150
其他				
主驱动交流变频电动机				4kW，2890r/min
摇台伺服电动机				36N·m，3000r/min
工件及床鞍进给伺服电动机				27N·m，3000r/min
机床总功率				38kW，380V，50Hz
机床净质量/kg				13000
机床外形尺寸（长×宽×高）/mm×mm×mm				2900×2750×2200

（2）YK2075A 数控弧齿锥齿轮磨齿机（天津第一机床总厂） 该机床是弧齿锥齿轮及准双曲面齿轮的精加工设备，其最大加工直径为 750mm，最大加工模数为 12mm。

机床主要由床身、立柱、砂轮主轴箱、工件主轴箱、力矩转台及砂轮修整机构等组成。采用横向布局。床身作为基础部件，支撑立柱及工件主轴箱。立柱上安装砂轮主轴箱，工件主轴箱上安装砂轮修整机构。机床采用西门子公司（SIEMENS）840D 数控系统实现 7 轴 5 联动，可实现多种加工方法（滚切法、滚切修正法、刀倾法）进行磨齿加工。

主要技术参数见表 9-36。

表 9-36 YK2075A 主要技术参数

机床规格		B 轴电动机功率/kW	18
最大加工直径/mm	750	工件主轴电动机功率/kW	21.1
最大加工模数/mm	12	砂轮修整机构电动机功率/kW	4.1
加工齿轮节锥角/(°)	5~85	X 轴电动机功率/kW	3.5
最大齿深/mm	31.75	Y 轴电动机功率/kW	3.5
最大齿宽/mm	110	Z 轴电动机功率/kW	3.5
加工齿数范围	5~200	其他	
最大传动比	10:1	机床外形尺寸(长×宽×高)/mm×mm×mm	4490×3500×3310
工件主轴锥度	1:20	机床净质量/kg	24000
工件主轴锥孔深度/mm	180	机床总功率/kV·A	100
工件主轴孔大端直径/mm	153	动力电源参数	380V、50Hz
工件主轴通孔直径/mm	150	气源额定流量/(L/min)	2000
数控系统	西门子 840D	气源压力/MPa	0.6~0.7
砂轮主轴电动机功率/kW	30		

（3）YK2050 数控弧齿锥齿轮磨齿机（湖南中大创远数控装备有限公司） YK2050 磨齿机基本参数参见表 9-37。

表 9-37 YK2050 基本技术参数

最大工件直径/mm	500	工件主轴锥孔大端直径/mm	128.1906
最大工件模数/mm	13	通孔直径/mm	118
最大全齿深/mm	26	过渡套锥孔大端直径/mm	99.2187
最大齿面宽/mm	76	过渡套锥孔锥度	1:19.6923
最大传动比	10:1	机床外形尺寸/mm	4600×5570×2700
加工齿数范围	5~200	机床净质量/kg	14500
使用砂轮直径/mm	152.4~355.6	过滤系统质量/kg	2500
工件主轴锥孔锥度	1:18.2857		

（续）

对直径规格不超过 800mm 的弧齿锥齿轮磨齿机，可参照标准 JB/T 3954.1—1999《弧齿锥齿轮磨齿机　精度检验》、JB/T 3954.2—2013《弧齿锥齿轮磨齿机　第 2 部分：技术条件》进行评估。

JB/T 3954.1—1999 规定了弧齿锥齿轮磨齿机的几何精度和工作精度检验要求及检验方法。JB/T 3954.2—2013 规定了弧齿锥齿轮磨齿机设计、制造、检验与验收的要求。

JB/T 3954.1—1999 标准中机床几何精度和工作精度检验许用值以工件直径 $D \leq 320\text{mm}$、$D > 320\text{mm}$ 分两档，检验方法主要参照 GB/T 17421.1—1998《机床检验通则　第 1 部分：在无负荷或精加工条件下机床的几何精度》。

9.4.2　磨齿精加工余量及齿侧间隙

弧齿锥齿轮的精加工留量与设计结构及尺寸大小，热处理前的加工精度、热处理变形控制水平等工艺因素有关，需根据实际情况酌情确定，见表 9-38，该表仅供没有经验数据时参考。

表 9-38　锥齿轮精加工齿厚余量 Δs

模数 m/mm	3	4	5	6	7	8	10
Δs/mm	0.5	0.57	0.65	0.72	0.8	0.87	1.0

注：表中齿厚余量 Δs 为经验概略值，$\Delta s \approx 0.3m + 0.07\text{mm}$。

当锥齿轮图样中没有齿侧间隙具体要求时，见表 9-39 和表 9-40。

表 9-39　锥齿轮副大端法向齿侧间隙 C_n　　　　　　（单位：mm）

模数 m		3	4	5	6	7	8	10
最小值 $C_{n\min}$		0.14	0.16	0.18	0.20	0.22	0.24	0.28
最大值 $C_{n\max}$	精度等级 4、5	0.35	0.40	0.45	0.50	0.55	0.60	0.70
	6	0.40	0.45	0.50	0.55	0.65	0.70	0.80
	7	0.45	0.55	0.60	0.65	0.75	0.80	0.95

注：表中 $C_{n\min} \approx 0.015m + 0.03\sqrt{m} + 0.04\text{mm}$（$m \leq 25\text{mm}$），$C_{n\min}$ 值主要参照 JIS B 1705—1973 锥齿轮齿侧间隙相关数据整理得来，按该标准单个锥齿轮的最小侧隙分量 $\Delta_n \approx 0.0065m + 0.0025\sqrt{d} + 0.02\text{mm}$，$C_{n\min} \approx 0.013m + 0.0025(\sqrt{d_1} + \sqrt{d_2}) + 0.04\text{mm} \approx 0.013m + (0.025 \sim 0.035)\sqrt{m} + 0.04\text{mm}$。最大间隙根据精度等级高低（JIS 0～4 级精度大致相当于国标 4～9 级）分别不超过最小保证侧隙值的 2.5 倍、3 倍、3.5 倍、4 倍和 5 倍。

表 9-40　锥齿轮副大端最小法向齿侧间隙 $C_{n\min}$　　　　　　（单位：mm）

端面模数 m/mm	AGMA 精度等级		端面模数 m/mm	AGMA 精度等级	
	10～13	4～9		10～13	4～9
1～1.25	0.03	0.05	>5～6	0.15	0.20
>1.25～1.5	0.03	0.05	>6～8	0.20	0.25
>1.5～2	0.05	0.08	>8～10	0.25	0.33
>2～2.5	0.05	0.08	>10～12	0.30	0.41
>2.5～3	0.08	0.10	>12～16	0.38	0.51
>3～4	0.10	0.13	>16～20	0.51	0.69
>4～5	0.13	0.15	>20～25	0.61	0.81

注：本表技术内容摘录自 ANSI/AGMA2005-D03。

9.5 锥齿轮的精密锻造成形

9.5.1 概述

精密锻造是指一种直接将毛坯加热至不同温度段或常温下，在模具内以压力加工的方法制出，锻坯表面只需少量加工或不加工即满足图样要求和使用需求的成形技术，也称净成形技术。

精密锻造成形技术根据毛坯加热温度范围，可分为热精锻成形（锻造温度在再结晶温度之上）、冷精锻成形（室温下进行的精密锻造）、温精锻成形（在再结晶温度之下某个适合的温度下进行的锻造）和等温精锻成形（坯料在趋于恒定的温度下锻造成形）。另外，随着某些精锻件的日趋复杂及精度要求的提高，近几年又兴起复合锻造成形（将冷、温、热锻工艺进行组合，共同完成某个工件的锻造），也是目前及未来精锻工艺发展的一个重要方向。

精密锻造成形技术是一项节能节材的绿色制造技术，也是国家鼓励发展的先进制造技术，精密锻造成形技术在汽车齿轮行业的应用前景十分广阔。目前发达国家生产的一台普通轿车中，精锻件总质量达 40kg 以上，其中齿形类零件占 1/4 以上。

热精锻锥齿轮工艺，最早见于 20 世纪 50 年代德国的拜尔工厂，并在蒂森等公司得到广泛的应用。此项技术开发应用于我国，大约在 20 世纪 70 年代初期，成熟于 80 年代中后期，兴盛于 90 年代中期，目前已广泛应用于汽车、农机及工程机械等差速器齿轮领域。精锻锥齿轮如图 9-58 所示。

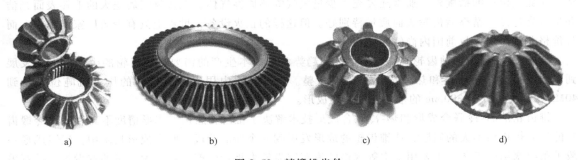

图 9-58　精锻锥齿轮

a) 精锻成形的汽车行星轮、半轴齿轮　b) 热冷联合成形的农机大规格锥齿轮
c) 闭塞冷精锻成形的汽车行星轮　d) 闭塞冷锻成形的锥齿轮

锥齿轮的锻造设备。在国外一般使用热模锻压力机。过去热模锻压力机是价格高昂，国内企业普遍使用的锻造设备是双盘摩擦压力机。该设备结构简单，价格便宜，很快成为齿轮精锻的主力设备。但摩擦压力机技术陈旧，难以控制打击精度，而且能源利用率较低。随着高能螺旋压力机和电动螺旋压力机的出现，落后的摩擦压力机有被取代的趋势。

对于大量生产的汽车行星和差速齿轮，成熟的精锻成形技术是号称"一火两锻"的热精锻工艺技术，也就是齿轮在热锻成形和切边后利用锻件余热进行热精整。通常的设计原则是将成形模和精整模设计为完全相同的尺寸，使精整模用到接近换模极限时充当成形模使用，使齿轮模具的使用寿命得到最大限度的利用。

闭塞锻造是一种先进的无飞边精密成形技术。20 世纪 70 年代，国外在闭塞冷锻应用技术得到突破后，很快用于锥齿轮的精密成形。闭塞冷锻成形的齿轮精度相比热精锻成形可提高半级至一级，闭塞冷锻还有无飞边锻造的特征，使材料利用率得到较大提高。

齿轮闭塞冷锻成形原理如图 9-59 所示，毛坯是在封闭的模腔里，被挤压冲头推入齿轮型腔充填成形。齿轮的成形精度主要决定于型腔的加工精度，并受到模具弹性变形的影响。但在一般精度条件下，模具的弹性变形可忽视不计。

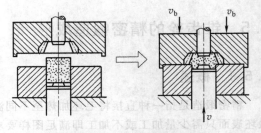

图 9-59　齿轮闭塞冷锻成形原理

通常，较大规格的锥齿轮在专用的大吨位液压闭塞压力机上成形，而较小规格的锥齿轮更多采用在普通冷锻压力机上以专用闭塞模架成形的方法。后一种方法具有生产效率高和成本低的特点。但锻件规格受制于模架的闭塞压力，不能完成大尺寸锥齿轮的成形。

国内汽车齿轮制造的一些骨干企业，在 20 世纪 90 年代初及时引进了锥齿轮的闭塞成形技术和设备，经过多年的消化吸收，锥齿轮闭塞成形技术已日臻成熟。在近几年汽车工业的飞跃发展中，锥齿轮的闭塞成形技术对国内汽车差速器的生产发挥了重要的作用。

闭塞冷锻成形的齿形精度能满足一般汽车的使用要求。对精度有更高要求时，在齿轮闭塞成形后进行等温退火，然后在精密模具内做一次冷精整，可稳定地获得 DIN 7 级精度或更高的齿形精度。由于冷精整变形量小，齿坯精整前只要少量油雾润滑，无须作磷、皂化处理。精整后的齿面粗糙度有很大的改善。由于齿坯进行了等温正火、后续渗碳淬火时齿形变形量较小而且规律性好，因此可根据淬火变形规律对锻造齿形进行修正，达到热处理后精度不降低的目标。由于锥齿轮精整毛坯有无氧化、无脱碳的要求，因此对等温正火设备的技术要求很高，除采用密封炉体的结构和抽真空、充氮气保护的措施外，通常还要充入少量氢气等还原性气体。充入氢气后正火的毛坯表面光洁并呈银亮色泽，精整后齿轮表面质量特别好。但这样的正火设备，世界上只有少数厂家能提供，而且价格非常昂贵，目前国内尚鲜有应用。

随着汽车行星-半轴齿轮规格越来越大的趋势和低成本生产的需要，锥齿轮的生产技术又发展到温锻成形→冷锻精整和热锻成形→冷锻精整。当前，国内用于冷锻精整的压力机吨位已达到 40MN，可完成外径 300mm 的锥齿轮的精整成形。

锥齿轮的温-冷联合成形和热-冷联合成形技术解决了锥齿轮热精锻成形精度不高和闭塞冷锻齿轮的尺寸规格做不大的问题，使锥齿轮的成形发展到一个新的阶段。联合成形技术中，温锻成形一般采用闭塞温锻工艺，主要用于中等规格的汽车锥齿轮大批量生产。对于大规格的锥齿轮，推荐采用热-冷联合成形的方案。热精锻可采用闭塞锻造的方案，但更多采用普通热精锻方案。因为对于大规格的锥齿轮，闭塞锻造的闭塞力已大到难以实现的程度。因此，普通热精锻成为热-冷联合成形的主流。

针对实体金属毛坯模锻成形技术存在模具寿命较短，材料利用率、成形精度及生产效率仍然不够高，成本仍然较高等不足，从 20 世纪 60 年代开始人们又研究粉末锻造工艺技术，到 20 世纪 90 年代该技术已日臻成熟，生产线在近十几年来，得到较广泛的推广，并取得了显著的效益。目前，该项技术在我国也已得到了发展和应用。

与锥齿轮锻造成形工艺相关及可参阅的现行标准有 10 余个，下面简单介绍其中的部分标准。

（1）GB/T 12361—2003《钢质模锻件　通用技术条件》　该标准规定了钢质模锻件的分类、技术要求、试验方法、检验规则和交付条件，适用于模锻锤、热模锻压力机、螺旋压力机、平锻机等锻压设备生产的结构钢模锻件。其他钢种的锻件也可参照使用。该标准作为产品设计部门确定锻件技术要求和供需双方签订技术协议的依据，也可作为锻件的验收依据。

1）引用标准。GB/T 224—2008《钢的脱碳层深度测定法》；GB/T 226—2015《钢的低倍组织及缺陷酸蚀试验法》；GB/T 228—2010《金属材料室温拉伸试验方法》；GB/T 229—2007《金属夏比缺口冲击试验方法》；GB/T 230—2009《金属洛氏硬度试验方法》；GB/T 231—2009《金属布氏硬度试验》；GB/T 321—2005《优先数和优先数系》；GB/T 699—2008《优质碳素结构钢》；GB/T 700—2006《碳素结构钢》；GB/T 2828—2003《逐批检查计数抽样程序及抽样表（适用于连续批的检查）》；GB/T 2829—2002《周期检查计数抽样程序及抽样表（适用于对过程稳定性的检验）》；GB/T 3077—2012《合金结构钢》；GB/T 5216—2004《保证淬透性结构钢技术条件》；GB/T 7232—2012《金属热处理工艺术语》；GB/T 12362—2003《钢质模锻件　公差及机械加工余量》；GB/T 12363—2005《锻件功能分类》；GB/T 6394—2002《金属平均晶粒度测定法》。

2）锻件的分类：锻件根据 GB/T 12363—2005 分类（按重要性程度等从高到低依次分为 I ~ Ⅳ）；锻件类别在产品图及锻件图中标明。未注明者为Ⅳ类。

3）技术要求：

① 验收依据。经供、需双方共同签署的锻件图、技术协议和供货合同为锻件成品检验、交付的主要依据。在锻件图及供货合同上没有提出具体要求时，以 GB/T 12361—2003 作为检验、交付的依据。

② 原材料要求。锻件所选用的钢材应符合 GB/T 699—2008、GB/T 700—2006、GB/T 3077—2012 等标准的规定；对不同的锻件生产厂可以采用企业标准或与钢材供货商所签订的专门技术协议作为附加要求；所选用钢材需经复验合格后方可投入生产，复验项目按钢材检验标准确定。

③ 锻件质量要求。包括锻件结构要素，尺寸公差、几何公差及其他公差，表面缺陷，锻件过烧，锻件热处理，锻件表面清理，锻件质量检测几方面。

4）试验方法。力学、金相等各项检验的试验方法按现行国标进行；各项检验项目的试验部位，试样切取方向和数量，应符合专用技术文件或锻件图规定；当锻件需要增加特殊检验项目而又没有相应国家标准或行业标准时，可以采用有关企业标准，并在技术协议中注明。

5）检验规则：

① 检验验收顺序。锻件成品的检验由供方（生产厂）质量检验部门根据锻件图、技术协议及有关标准进行，并出具质量合格证书。锻件成品的验收由需方质量检验部门根据供方的质量合格证书和有关文件，按 GB/T 2828—2003、GB/T 2829—2002 进行抽查验收。

② 检验组批。锻件检验组批分为两种，其选用由供需双方协商确定。第一种检验组批由同一零件号、同一熔炉号、同一热处理炉次和同一生产批的锻件组成；第二种检验组批由同一零件号、同一钢号、同一热处理规范的锻件组成。

③ 检验项目和数量。I ~ Ⅳ各类锻件的检验项目和数量按标准所列表格规定。I 类锻件（十分重要的锻件）检验项目最多，包含几何尺寸、表面质量、硬度、力学性能、低倍组织、无损检测等；Ⅳ类锻件只要求抽检几何尺寸、表面质量，硬度为抽、免检检验项目，其他项目全部无要求。

④ 判定规则。当某项试验的第一次结果不合格时，按下述原则处理：

a. 低倍试样上发现白点、白斑，应将该熔炼炉号全部锻件报废。

b. 若发现低倍组织呈粗晶粒状态时，允许重新进行热处理后重新组批提交验收。

c. 发现其他冶金缺陷，由供、需双方协商处理。

d. 力学性能不合格时，允许取两倍数量的试样进行重复试验。重复试验有一个试样不合格，则该批锻件为不合格。

因热处理不适当造成力学性能不合格，允许重复热处理。重复热处理次数不得多于两次。但回火次数不限。

（2）GB/T 12362—2003《钢质模锻件　公差及机械加工余量》　该标准规定了钢质模锻件（以下简称锻件）的公差、机械加工余量及其使用原则，适用于模锻锤、热模锻压力机、螺旋压力机和平锻机等锻压设备生产的结构钢锻件。其他钢种的锻件亦可参照使用。该标准适用于质量小于或等于 250kg，长度（最大尺寸）小于或等于 2500mm 的锻件。

1）公差及机械加工余量等级。标准中公差分为两级：普通级和精密级。普通级公差适用于一般模锻工艺能够达到技术要求的锻件，平锻件只采用普通级。精密级公差适用于有较高技术要求，但需要采取附加制造工艺才能达到的锻件。精密级公差可用于某一锻件的全部尺寸，也可用于局部尺寸。机械加工余量只采用一级。

2）确定锻件公差和机械加工余量的主要因素：

① 锻件质量（重量）m_f。锻件质量的估算程序：零件图基本尺寸→估计机械加工余量→绘制锻件图→估算锻件质量，并按此质量查表确定公差和机械加工余量。

② 锻件形状复杂系数 S。锻件形状复杂系数是锻件质量 m_f 与相应的锻件外廓包容体（对圆形锻件为圆柱体，其他形状锻件为长方体）质量 m_N 之比（也等于体积之比）。

$$S = m_f / m_N \tag{9-42}$$

根据 S 值的大小，锻件形状复杂系数分为 4 级：$0.63 < S \leqslant 1$ 的为 S_1 级（简单）；$0.32 < S \leqslant 0.63$ 的为 S_2 级（一般）；$0.16 < S \leqslant 0.32$ 的为 S_3 级（较复杂）；$0 < S \leqslant 0.16$ 的为 S_4 级（复杂）。

形状特殊者，按标准规定折算。

③ 锻件材质系数 M。锻件材质系数分为 M_1 和 M_2 两级。M_1 级为最高碳含量小于 0.65%（质量分数）的碳素钢或合金元素总含量小于 3%（质量分数）的合金钢；M_2 级为最高碳含量大于或等于 0.65%（质量分数）的碳素钢或合金元素总含量大于或等于 3%（质量分数）的合金钢。

④ 锻件分模线形状。锻件分模线形状分为平直分模线或对称弯曲分模线、不对称弯曲分模线两类。

⑤ 零件表面粗糙度。零件表面粗糙度是确定锻件加工余量的重要参数，该标准按轮廓算术平均偏差 Ra 数值大小分为 $Ra \geqslant 1.6\ \mu m$、$Ra < 1.6\mu m$ 两类。

⑥ 锻件加热条件。标准所指锻件加热条件为电、油或煤气（天然气）。采用煤加热或两火加热时，可考虑适当增大公差或余量，其数值由供需双方协商确定。

(3) GB/T 29532—2013《钢质精密热模锻件　通用技术条件》该标准规定了钢质精密热模锻件（简称热精锻件）的要求、试验方法、检验规则和交付条件，适用于采用高精度模具、专用模架及设备生产的、质量在 18kg 以下且外径尺寸不大于 230mm 的回转体热模锻件。

(4) GB/T 29533—2013《钢质模锻件材料消耗工艺定额编制方法》该标准规定了钢质模锻件材料消耗工艺定额的编制方法，适用于批量生产钢质模锻件的材料消耗工艺定额确定。用钢锭在液压机上进行模锻的，可参照使用。

(5) GB/T 30567—2014《钢质精密热模锻件　工艺编制原则》该标准规定了钢质精密热锻件（简称热精锻件）的工艺编制原则，适用于采用高精度模具、专用模架及设备生产的、质量在 18kg 以下且外径尺寸不大于 230mm 的回转体热模锻件。

(6) JB/T 6031—1992《工程机械　钢质模锻件　通用技术条件》该标准规定了工程机械产品中模锻件的技术要求、试验方法、检验规则及标志、包装、运输和贮存等。本标准适用于模锻制造的碳素结构钢、优质碳素结构钢和合金结构钢锻件。

(7) JB/T 9177—1999《钢质模锻件　结构要素》该标准规定了钢质热模锻件"收缩截面、齿轮轮辐、曲轴的凹槽圆角半径""最小底厚""最小壁厚、筋宽及筋端圆角半径""最小冲孔直径、盲孔及连皮厚度"及"最小腹板厚度"的设计参数和模锻尺寸标注及测量法，适用于模锻锤、热模锻压机、螺旋压力机及平锻机上生产的钢质热模锻件。

(8) JB/T 4201—1999《直齿锥齿轮精密热锻件　技术条件》该标准适用于在热模锻压机、模锻锤、螺旋压力机等设备上，采用精密热模锻工艺生产的直齿锥齿轮带齿锻件。它的轮齿表面不再加工，达到 GB/T 11365—1989《锥齿轮和准双曲面齿轮　精度》中 9~12 级精度。该标准适用于质量小于或等于 20kg，最大外径和总厚度均小于或等于 250mm 的精锻件。超过上述范围时，对精锻件的要求由供需双方协商确定。用冷挤压工艺成形的直齿锥齿轮精锻件可参照采用，但齿形精度相应提高一级以上按需选用。

1）引用标准：GB/T 11365—1989《锥齿轮和准双曲面齿轮 精度》；GB/T 12362—2003《钢质模锻件 公差及机械加工余量》。

2）技术要求：

① 原材料。精锻件使用的原材料应为碳含量小于或等于 0.65%（质量分数）的碳素结构钢材或合金元素总含量小于或等于 5.0%（质量分数）的合金结构钢材。

② 机械加工余量按表格规定。

③ 公差及极限值按表格规定。

④ 质量要求：

a. 齿面氧化皮厚度不得大于 0.04mm，应通过表面清理去除干净。表面粗糙度符合技术文件要求，一般应在 Ra6.3 以下（包括 Ra6.3）；不允许存在裂纹、夹杂物、折叠、凸起等缺陷。对不影响齿轮精度的碰伤、微小凹坑等缺陷，极限值作了相应规定。

b. 机械加工表面的缺陷及非机械加工表面的缺陷按 GB/T 12362—2003 的规定。

c. 精锻件表面硬度及其测量位置等可由供需双方协商确定，并在技术文件上注明。

d. 精锻件的晶粒度应达到 3~8 级，视材料而定。

e. 精锻后做渗碳淬火的精锻件，其半脱碳深度不允许超过渗碳深度的 15%。

3）检验规则：规定了检验的抽样方式和检查项目具体要求表格（表 9-41）。也可由供需双方协商选择，注明在技术文件中。

表 9-41 抽样方式和检查项目（摘自 JB/T 4201—1999）

项次	抽样方式	检查项目	
1	每换齿形模腔，必须对首件和第二件，以及之后每锻 300~400 件后的首件和第二件进行检查	1）齿轮精度 2）齿面缺陷 3）有关的圆角半径	1）高度 2）厚度 3）直径 4）错差 5）横向残余毛边 6）切入锻件深度 7）纵向毛刺 8）顶料杆压痕深度
2	每换与齿形模腔相对使用的非齿形模腔，必须对首件和第二件，以及之后每锻 500~600 件后的首件和第二件进行检查	1）拔模角 2）有关的圆角半径 3）有关的表面缺陷 4）表面硬度	

（9）JB/T 9181—1999《直齿锥齿轮精密热锻件 结构设计规范》 该标准规定了钢质直齿锥齿轮精密热锻件的结构要素、尺寸标注及测量，并根据精密热模锻工艺的特点，提出了精密热锻直齿锥齿轮的优化结构型式。

该标准适用于在热模锻压力机、模锻锤、螺旋压力机等设备上，采用精密模锻工艺生产的、质量小于 20kg、最大外径和总厚度均小于 250mm 的直齿锥齿轮精密热锻件。它的轮齿表面不再加工，达到 GB/T 11365—1989《锥齿轮和准双曲面齿轮精度》的 9~12 级精度。

该标准供拟定精密热锻直齿锥齿轮的工艺时使用，产品设计亦可参照使用。

1）引用标准：GB/T 11365—1989《锥齿轮和准双曲面齿轮精度》；JB/T 4201—1999《直齿锥齿轮精密热锻件 技术条件》。

2）术语定义：

① 直齿锥齿轮精密热锻件、精密热锻直齿锥齿轮。采用精密热模锻工艺获得的直齿锥齿轮带齿锻件，其轮齿表面不再进行切削加工，精度达到 GB/T 11365—1989 中所规定的 12 级以上。这类锻件，通称为直齿锥齿轮精密热锻件。

直齿锥齿轮精密热锻件经后续加工得到的成品零件，称精密热锻直齿锥齿轮。

② 轮辐板。精密热锻件上连接轮缘与轮毂之间的环形板称轮辐板。

有关结构要素的规定，包括分模面、拔模斜度及其公差、圆角半径及其公差、轮辐板厚度、余块、飞边或倒角、盲（通）孔和冲孔等方面。

该标准给出的精锻齿轮的优化结构，包括端面封闭结构、组合结构、垂直倒角结构、齿廓修形和齿向修形结构、无前锥结构、无背锥结构。部分常如优化结构如图 9-60 所示。

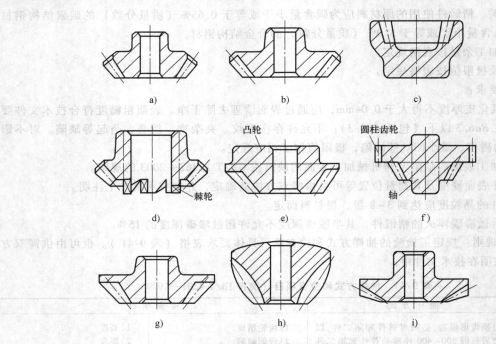

图 9-60　各种优化结构图例

a）千斤顶齿轮　b）增速器齿轮　c）重型机械齿轮　a）~c）端面封闭结构
d）挂浆齿轮　e）纺织机械齿轮　f）坦克齿轮　d）~f）组合结构
g）无前锥面的结构形式　h）差速器齿轮（无背锥结构）　i）半轴齿轮（无背锥结构）

（10）JB/T 11760—2013《直齿锥齿轮精密冷锻件　技术条件》 该标准规定了齿部为冷精密锻造成形的直齿锥齿轮锻件的要求、试验方法、检验规则，以及包装、搬运、贮存、标志等方面的要求。

该标准适用于在压力机上，齿部最终采用精密冷锻工艺成形的直齿锥齿轮锻件，其端面模数≤10，齿部直径≤180mm 的锻件。

（11）GB/T 30569—2014《直齿锥齿轮精密冷锻件　结构设计规范》 该标准规定了齿部为冷精密锻造成形的直齿锥齿轮锻件的结构要素、尺寸标注及测量，并根据冷精锻工艺的特点，提出了冷精锻直齿锥齿轮的优化结构型式。

本标准适用于在压力机上，齿部最终采用精密冷锻工艺成形的直齿锥齿轮锻件，其大端模数≤10mm，齿部直径≤180mm 的锻件。

1）引用标准：GB/T 11365—1989《锥齿轮和准双曲面齿轮精度》；JB/T 4201—1999《直齿锥齿轮精密热锻件　技术条件》；JB/T 9181—1999《直齿锥齿轮精密热锻件　结构设计规范》；QC/T 270—1999《汽车钢模锻造零件未注公差尺寸的极限偏差》。

2）术语定义：直齿锥齿轮精密冷锻件——在室温环境下，齿部采用精密冷锻成形得到的直齿

　　锥齿轮冷锻件，其轮齿表面不再进行切削加工，精度不低于 GB/T 11365—1989 所规定的 8 级。

　　该标准内容范围与 JB/T 9181—1999 大体一致。

9.5.2　热（温）精锻锥齿轮技术

1. 影响工艺稳定性的要素

　　(1) 原材料　对于原材料的要求以下两点是很重要的：

　　1) 表面状况。原材料表面要求无锈蚀，氧化等缺陷。因为齿轮部分锻造成形后不再进行切削加工，为防止原材料的某些缺陷直接影响齿面质量，原材料必须经过喷丸或酸洗，去除表面缺陷。对于腐蚀较严重的缺陷，则要事先经过切削加工的方法来去除。

　　根据 GB/T 30567—2014 "钢质精密热锻件 工艺编制原则" 标准，坯料的直径、长度偏差通常不超过 ±0.1mm。

　　2) 严格控制坯件质量大小。坯料质量包括以下几方面：产品净质量、锻后切边的质量、机械加工要去除的质量、烧损（酌情考虑）等。

　　按 GB/T 30567—2014，选用闭式锻造工艺成形时，坯料质量应符合表 9-42 的规定。

表 9-42　坯料质量公差

坯料质量/kg	质量公差（%）	坯料质量/kg	质量公差（%）
≤0.5	1	>2~6	0.4
>0.5~2	0.7	>6~18	0.3

　　(2) 加热及场地布置　坯料是在少氧化或无氧化的条件下加热至锻造温度的。比较理想的方法是采用中频感应加热方法。采用这种方法可以使零件的温度均匀，加热时间短而且氧化率低，可实现连续生产。但由于加热器的规格限制，比较适用于大批量生产。

　　加热钢坯件（钢件平均比热容约 0.5kJ/(kg·K)，设备能源综合利用率系数约取 0.35），所需的中频感应炉功率 P，可根据炉子小时平均产量 m_h 来估算：

$$P = 0.5 m_h \tag{9-43}$$

式中　P——功率（kW）；

　　　m_h——平均产量（kg/h）。

　　箱式电炉、无氧化煤气炉采取气体保护的措施后，也可以达到少无氧化的目的，但应控制装炉量，最好陆续加料，避免坯料过烧、温度差异等情况发生。

　　工作场地要求紧凑，便于操作，对于减少坯料出炉后温度的降低也有重要意义，在按一火两锻工艺安排时，这一点尤其重要。在某些工厂中，采用两台压力机组成一条生产线，按照加热—粗锻—精锻的顺序安排，必要时在两压力机之间加切边设备。这是目前比较典型的排列顺序。

　　(3) 锻件冷却　为避免齿面氧化皮的产生，精锻件不采用正火工序。为了使锻件缓冷，避免给切削加工带来困难，一般采用保温箱集中冷却。这样做对减少齿面氧化皮的产生也是有好处的。

　　图 9-61 所示为唐山某企业齿轮毛坯精锻生产线，供参考。此生产线共 7 台设备，需 6 名操作者。7 台设备：①棒料剪切机；②中频感应加热炉（两个感应器，针对不同规格料段可快速切换）；③热模锻压力机（2 个工位，镦粗和预锻）；④热模锻压力机（1 个工位成形）；⑤开式压力机（1 个工位冲孔）；⑥余热退火炉（出炉口有大功率风机，快速冷却锻件至 70℃ 以下）；⑦抛丸机（转台式双工位）。

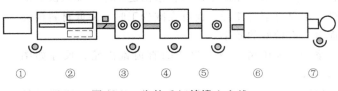

图 9-61　齿轮毛坯精锻生产线

注：▭为传送带；◎为操作者；□为二火料车。

2. 模具方面工艺要点

模具是齿轮精锻工艺的关键装备，模具的精度与锻件的精度有着直接的关系，要保证模具的精度，有两个环节是必须把握住的。

（1）电极制造　电极应在精度较高的刨齿机上加工，根据产品精度的要求，电极应比产品高1~2级。电极与齿轮不同的地方是：电极的设计应考虑到电加工过程中各部耗损量及差异，如齿高、压力角等。例如，通常电加工过程中，电极的面锥与模具的根锥最先接触，从齿顶至齿根与模具的接触时间依次减少，因此电极齿顶的耗损量大于齿根，引起压力角的变化。在电极设计与制造时须考虑到这一因素，将齿顶加厚（减小压力角）。修正量的大小一般要借助试验来确定。

（2）电加工工艺　电加工工艺的确定是保证模具型腔尺寸的关键，确定的原则应当考虑的因素有：电极的耗损量尽可能的小；型腔表面粗糙度值尽可能小；生产周期尽量缩短等。

把模具型腔的加工分为粗、精两部分是比较经济和可靠的，即分别用两个电极来完成。粗加工的电极齿稍瘦一些，给精加工留一定的余量，精加工的电极只起提高和保证精度的作用。使用过的精电极经过重新刨齿后，可改作粗电极用，这样做会降低模具成本。

每块模具平均只消耗一个电极。粗加工的型腔与精电极的齿形应当吻合，即保证在精加工开始，能够使精电极的齿全部接触型腔的齿槽，这对保证精电极的表面均匀耗损是非常重要的。

（3）模腔的特种工艺加工　一般情况下，模腔经电加工之后可以直接用于生产，如果对齿面粗糙度要求较高，则要经过抛光处理，如喷砂、机械或手工抛光、化学铣削等均可使电加工表面的表面质量提高，经抛光的模腔由于锻件在模腔内变形阻力减小，对于提高其寿命及成形质量是有利的。

（4）模具寿命　模具寿命是体现精锻工艺经济效益的重要标志。

模具寿命的含义是指精锻模具（不含粗锻数量）从开始使用至丧失精度时生产齿轮锻件的总数量。一般情况下精锻模具的失效原因，大多因为精度下降至不符合产品精度要求时而报废。可以概括地说，模具的热稳定性是模具寿命的重要因素，在模具制造过程中，几个环节是要特别予以重视：模具材料的选择、模块的锻打工艺、模具结构的设计、热处理工艺等。

除了模具本身的问题之外，锻造过程中的加热、锻压力的大小、润滑等非自身的原因，都不同程度影响模具的寿命。例如，在锻造的节拍比较快的情况下，模具的润滑、冷却如果不得当，不充分，模具就会因温升过高而使其强度下降。再如，模数较小的模腔，相对来讲齿的强度比较小，锻压力就是应当严格控制的因素，否则高于锻件变形所需的力被模具吸收，此时锻压力的过大可能使模具过早失效。

3. 两火两锻、一火两锻工艺

20世纪80年代，我国生产精锻齿轮的传统工艺主要以"两火两锻"的工艺方法为主（即第一次加热后，先进行预锻，经切毛边及清理氧化皮后再第二次加热进行精锻。预锻着眼于变形，终锻则着眼于齿面表面粗糙度和尺寸精度）。从90年代后开始推广发展"一火两锻"新工艺，一次加热即可完成预锻和精锻两道工序。加热次数的减少，不仅可节省能耗，而且在减少工时、降低材料消耗方面也具有较好的效果。

案例：采用精锻技术生产的直齿锥齿轮，尺寸如图9-62所示。

生产基本工艺流程：备料→加热→锻造→清理（酸洗）→机加（钻、车、拉花键）→热处理（渗碳、淬火、

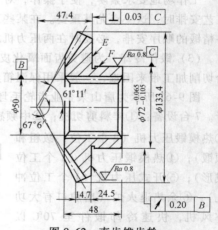

图9-62　直齿锥齿轮

回火)→清理 (抛丸)→机加 (磨削)→成品检验。

4. 热锻成形、冷锻精整工艺

用热锻工艺难以达到其加工要求，而冷锻则需要更大的设备投资。如果采用热锻成形、冷锻精整的工艺，既可达到投资少又能满足工艺要求的良好效果。热锻成形、冷锻精整工艺需要加大终锻压力机吨位，增加精整前的坯件表面清理、钝化 (如磷化、皂化) 等工步。但是它消除了终锻温度波动及高温氧化对产品的影响因素，可提高锻造锥齿轮的精度、降低齿面粗糙度。

例如，某轴式锥齿轮制造工艺，其锻造工艺参数见表 9-43。

表 9-43　轴式锥齿轮锻造工艺参数

材质	轮廓尺寸/mm×mm	坯件烧损系数	坯件计算体积/mm³	坯件尺寸/mm×mm
20CrMnTi	φ100×29/52	1.105	190933	φ50×98
坯件质量/kg	热锻加热温度/℃	材料流动应力/MPa	热锻工艺力/kN	冷锻工艺力/kN
1.505	950±10	190/1080	1606	9128

1) 锻造工艺 (图 9-63)。下料→加热 950℃±10℃ (4000Hz、250kW 感应加热炉，300 件/h)→预锻 (3000kN 摩擦螺旋压力机)→切飞边→料箱内堆冷至室温→喷砂清理→磷化、皂化→终锻 (10000kN 压力机)→切飞边→检验→入库。

若预锻采用温锻，加热温度较低 (850℃±10℃)，由于工件小散热快，温降速度快。经预锻和切飞边后工件温度已降到很低，因而不能进行余热退火。高温预锻后可以利用余热退火，能满足冷锻精整前软化金属的要求，就可少一次加热，减少了加热设备的投资，又节约了能耗。

2) 机加工工艺。精锻的轴式齿轮以锻后的渐开线齿面为基准加工背锥、锥柄、内孔等其他部分。工艺流程如下：钻孔→镗孔、精车背锥→钻油孔→锉刀去毛刺，用 0 号柴油清洗→检查→热处理 (渗碳、淬火和回火)→抛丸强化→磨内孔→清洗→检查→磷化→入库。

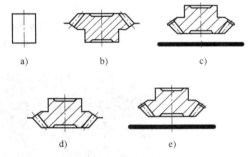

图 9-63　锻造工艺示意图
a) 热锻毛坯　b) 预锻　c) 切飞边
d) 终锻　e) 切飞边

9.5.3　精密冷锻工艺技术

精密塑性加工总的发展趋势——由精化毛坯向直接加工零件。随着精密塑性工艺的进展，闭式 (闭塞) 冷精锻特别适合一些无飞边精密模锻，已成为精密模锻发展方向之一。齿轮精密冷锻工艺是国外 20 世纪 90 年代初开始大量应用的先进的齿轮加工工艺。

冷精锻是一种净成形工艺，是将处理过的坯料在室温下直接锻造成形的方法。因为锻前不需要对毛坯加热，因此有效的克服了氧化问题，虽然在剧烈变形过程，做功可使锻件温度升高到 200℃以上，但是对表面质量和尺寸精度几乎没有影响，因此可以得到高的表面质量和尺寸精度。随着汽车生产 (特别是轿车) 的大规模化，节省材料和能源、降低生产成本、提高生产率及制品精度的需要形成了冷精锻技术发展的巨大驱动力，从而促进了冷精锻技术的快速发展。材料利用率、生产效率的大幅提升，内在质量、尺寸精度、使用寿命的显著提高等巨大优势，是冷精锻工艺持续发展的动力源泉。但是冷精锻对工艺装备、零件原材料等提出了比较高的要求，冷锻变形抗力大，所需压机吨位大，对模具要求高。提高模具的寿命，降低成本一直是多年来持之以恒的研究重点。

(1) 对毛坯原材料的要求　要求材料有良好的冷变形能力。①钢材具有较高的纯净度，严格控制 H、O 含量，一般需采用真空熔炼钢；②坯件组织不能存在偏析和合金元素成分波动；③毛坯锻前一般需采用球化退火热处理 (包括低碳、中碳钢，球化率 80% 以上)，改善塑性指标。

钢材冷锻前理想的组织应为在柔软的铁素体基体上均匀分布着细小的球状碳化物。这样的组织将使钢材具有较低的硬度，较高的塑性，使工件具有最佳的冷态塑性变形能力。

某企业 20CrMnTi、40Cr 冷锻齿轮"固溶预处理 + 快速球化退火"热处理工艺曲线如图 9-64 所示。

1）加热炉。65kW 氮基气氛多用炉。

2）退火周期。加热及冷却整个工艺周期 5~6h。

3）原材料情况。20CrMnTi 钢原材料组织为铁素体 + 少量珠光体，硬度为 220HBW；40Cr 钢原材料组织为铁素体 + 珠光体，硬度为 218HBW。

4）快速球化退火后，金相组织及性能。

① 球化率。20CrMn Ti 钢及 40Cr 钢的球化率均大于 95%。

② 硬度。20CrMnTi 钢为 161~168HBW，40Cr 钢为 173~180HBW。

③ 表面质量。表面光亮，无氧化。

④ 金相组织如图 9-65 所示。

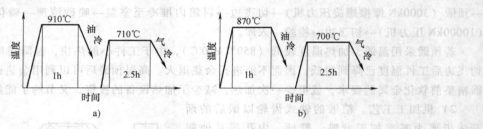

图 9-64　球化退火工艺曲线
a）20CrMnTi　b）40Cr

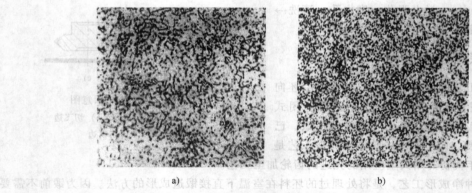

图 9-65　球化组织球化退火组织 400×
a）20CrMn Ti 钢　b）40Cr 钢

（2）模具的型腔修正　齿轮冷锻成形工艺中，工作内压必然引起凹模型腔的弹性变形。同时，齿件出模后的弹性回复也是不可避免的。它们是影响精锻齿轮精度的不可忽视的因素。

利用计算机软件模拟变形进行适当型腔修正，可获得一定效果，但准确地型腔修正须借助具体试验来确定。

9.5.4　粉末锻造成型工艺

传统的普通模锻和机械加工方法已难以满足当今轿车、摩托车等工业生产中高质量、高精度、高效率、低消耗及低成本的要求。20世纪末，国外已研制成功的新型金属塑性成形工艺——粉末锻造，先后锻成汽车差速器行星齿轮和连杆锻件，并建成了粉末锻造生产线。目前已投产的生产线达20余条。它综合了精密锻造和粉末冶金两项先进工艺的特点：①以粉代钢，变废为宝；②一锤成形，效率高，成形精确，强度和韧性都达到或接近密实体钢的水平；③见效快，设备与工装简单，模具寿命长，占用设备、厂房少，投资少，上马快，且劳动条件好，便于机械化、自动化，效益高。

汽车中粉末锻造齿轮件包括：变速器中倒车齿轮、倒车惰轮、变速齿轮、爪销齿轮，差动装置中的内外圆柱齿轮、行星轮、半轴齿轮（直齿锥齿轮、螺旋锥齿轮）。

(1) 典型工艺流程 铁-钼还原粉或其他低合金粉→湿、干氢退火→粉碎、筛分→合批→配料、混料→称料、压制→装盒、烧结→加热、锻造→切边→去毛刺→渗碳热处理→喷砂→磨内孔、磨球面→检验→包装。

(2) 粉末锻造工艺的要求 生产实践表明，要满足技术上要求的粉末锻件，与下列主要工序密切有关。

1) 配料及混料。应根据不同产品对粉末的材质和性能要求选择合适的低合金钢粉，经配料计算和准确称取粉的质量后置于混料机内混合至分布均匀。

2) 压预成形坯。在压制机上将粉料压成预成形坯。对预成形坯的设计应合理，对其密度、质量、质量变化和尺寸要严格控制，以避免超负荷而损坏模具。

3) 烧结。在通有还原性保护气氛的烧结炉中进行，其温度为 1100~1130℃，至完全合金化。然后，将烧结体移入无氧化性气氛的保温炉中进行保温（温度约 1000℃）。

4) 闭式模锻。目前烧结体的锻造工艺有两种：一是利用烧结体余热保温至锻造温度时立即进行锻造，以节约能源；二是在烧结体冷却至室温后，又重新加热，再进行锻造，此法的能源消耗相对增大。烧结体经致密化闭式模锻时，可将 80% 理论密度的烧结体锻造至接近 100% 理论密度。必须指出，在锻造变形中，预成形坯的形状设计要合理，以减少金属的横向流动，以及减轻对锻模的磨损。

第10章 剃齿与珩齿加工

10.1 剃齿的原理和方法

剃齿加工通常是对齿轮在轮齿淬硬前的一种精加工方法。也就是说在剃齿之前应留有剃余量，并不是从齿坯上直接剃出渐开线轮齿来，所以剃齿机是属于齿轮的精加工机床。通常可剃削外啮合直齿圆柱齿轮、斜齿圆柱齿轮，以及鼓形齿轮和小锥度齿等，目前也可对中硬齿面的齿轮进行剃齿加工。

10.1.1 剃齿的基本原理

剃齿加工是根据交错轴斜齿轮副做无侧隙的啮合时，在齿面上产生相对滑动的原理来进行的。在剃削过程中，圆盘剃齿刀与被剃齿轮之间进行双面啮合，并在自由滚动时，由于啮合点的速度方向相反，因此在齿面上产生相对滑动。剃齿过程实质上是挤压和相对滑动的综合过程，因而其不同于一般采用强制运动链的切削加工。

若将用高速钢制成的斜齿轮的齿面上，沿渐开线方向开出许多小槽，便形成了切削刀，淬硬后就成为剃削刀，由于剃齿刀与剃齿轮自由啮合的相对滑动，切削刀将齿轮齿面上的余量切削掉，以达到剃削加工的目的。

图 10-1 中剃齿刀为左旋齿，啮合节点 P 的相对滑动速度为

$$v = v_t \pm v_{0t} \tag{10-1}$$

式中 v_t——工件圆周速度切向分量（m/min）；

v_{0t}——剃齿刀圆周速度切向分量（m/min）。

剃齿刀与被剃齿轮轮齿的螺旋方向相同时用"+"，相反时则用"-"，滑动速度就是切削速度 v，于是就可以写成

$$v = \frac{\pi d_0' n_0}{1000\cos\beta}\sin\Sigma \tag{10-2}$$

式中 d_0'——剃齿刀啮合节点的直径（mm）；

n_0——剃齿刀转速（r/min）；

β——齿轮的螺旋角（°）；

Σ——轴交角，$\Sigma = \beta \pm \beta_0$，剃齿刀与齿轮的螺旋角的螺旋方向相同时用"+"，相反时用"-"。

根据剃齿机的工作原理，其应具备三个基本运动，如图 10-1 所示。

1）剃齿刀的正反方向旋转运动，其转速为 n_0(r/min)。

2）工作台沿工件轴线的往复进给运动，其轴向进给量为 f_x(mm/min)。

3）工作台每次行程后，剃齿刀的径向进治运动，其径向进给量为 f_r(mm/每次行程)

此外，为剃削鼓形齿，剃齿机工作台还应在其垂直平面内做摆动，如图 10-2 所示。

由图 10-2 可知，圆槽 3 上的直槽轮齿鼓形量倾斜一角度，在工作台工件做往复运动同时，将

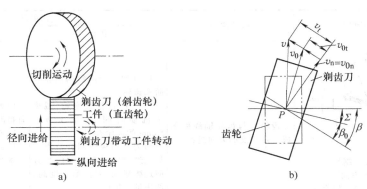

图 10-1　剃齿的工作原理与切削速度

a）剃齿的工作原理　b）剃齿的切削速度

绕摆动中心 1 做摆动，使工件齿宽的两端齿面剃去较多的金属，从而获得沿工件齿宽中部稍凸出的鼓形齿，一般鼓形量 Δs 取 $0.01 \sim 0.03 \text{mm}$。

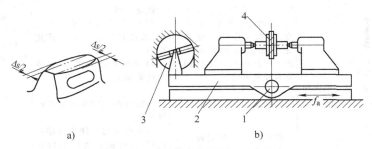

图 10-2　鼓形齿及剃齿机工作台

a）鼓形齿　b）剃齿机工作台

1—摆动中心　2—工作台　3—圆盘　4—工件

10.1.2　剃齿的方法

常用的剃齿的方法有轴向剃齿、对角剃齿、切向剃齿和径向剃齿等四种，见表 10-1。因齿轮结构不同，还有其他剃齿方法。上述四种剃齿方法其工艺特性的比较见表 10-2。

表 10-1　常用剃齿方法原理与应用

剃齿方法	剃齿原理图	运动说明	剃齿的功能	
			优点	缺点
轴向剃齿法	1—齿轮　2—剃齿刀 3—进给方向 b—齿轮宽度　Σ—轴交角	剃齿刀旋转，齿轮沿着本身轴线往复进给，每往复一次行程，做一次径向进给，最后两次行程不进给	1）利用机床摇摆机构可剃削鼓形齿 2）可剃削宽齿轮	1）工作行程较长，所以生产率和刀具耐用度低于其他切齿方法 2）刀具仅在齿轮和刀具交叉点上进行切削，因此剃齿刀局部磨损大，影响刀具使用寿命

（续）

剃齿方法	剃齿原理图	运动说明	剃齿的功能	
			优点	缺点
对角剃齿法	1—齿轮　2—剃齿刀 3—进给方向 b—齿轮宽度　Σ—轴交角 ω—进给方向与齿轮轴线之间的夹角	齿轮沿与齿轮轴线偏斜成一定角度的方向进给	1) 可加工带凸缘的齿轮和阶梯齿轮 2) 工作行程长度短,减少了机动时间,对加工 $b\le$ 50mm 的齿轮有利 3) 刀具与齿轮啮合节点在加工过程中沿剃齿刀齿长方向连续移动,刀具耐用度高,使用批量生产	1) 剃齿刀精度要求比轴向剃齿法高 2) 不宜加工过宽齿轮 3) 齿轮宽度增加时,剃齿刀宽度也要增加
切向剃齿法	1—齿轮　2—剃齿刀 3—进给方向 L—工作行程长度　Σ—轴交角	剃齿刀沿齿轮的切线方向进给,因此剃齿机上须有工作台导轨旋转到90°的机构。当剃削余量不大时,剃齿刀和齿轮中心距不变,一次工作行程即可剃完,当余量较大时,必须几次工作行程才能剃完,同时要有径向进给	1) 可剃削带凸缘的齿轮和多联圆柱齿轮 2) 工作行程长度短,可减少机动时间 3) 啮合节点位置连续变化,所以刀具磨损均匀,耐用度高 4) 切削运动简单,可用通用机床加工	1) 必须用修形剃齿刀进行鼓形齿修整 2) 剃齿刀宽度用大于被剃齿轮宽度 3) 被剃齿轮齿面和加工质量较差
径向剃齿法	1—齿轮　2—剃齿刀 Σ—轴交角	剃齿刀只沿被剃齿轮半径方向进给,而沿轴向无进给,剃齿刀切削槽的排列需做成错位锯齿状	1) 能剃削双联齿轮和带凸缘齿轮 2) 剃齿刀与工件齿向接触面积大,可提高齿向和齿形精度 3) 用较短的时间可剃出整个齿面,生产率高 4) 剃齿时匀速进给,刀齿磨损少	必须用修形剃齿刀进行鼓形齿和小锥度齿的修整

表 10-2　剃齿方法的工艺特性

剃齿方法	轴向剃齿法	对角剃齿法	切向剃齿法	径向剃齿法
进给方向与齿轮轴线之间夹角 ω	0°	>0°~45°[1]	90°	—
轴交角 Σ	10°~15°当剃削带凸缘齿轮时应大于3°			
进给方向与剃齿刀轴线之间夹角 Σ	Σ	当 $b<b_0$,$\omega+\Sigma$ 当 $b>b_0$,$\omega-\Sigma$	90°$-\Sigma$	沿齿深方向
剃齿刀宽度 b_0	与齿轮宽度有关	$\dfrac{b\sin\omega}{\sin(\omega+\Sigma)}$	$\dfrac{b}{\cos\Sigma}$	$\dfrac{b}{\cos\Sigma}$
工作行程长度 L[2]	$b+m_n$	$\dfrac{b\sin\omega}{\sin(\omega+\Sigma)}+m_n$	$b\tan\Sigma$	—
剃齿刀容屑槽的分布	平行于端面	平行于端面	沿螺旋线	沿螺旋线
剃齿刀的利用	不好	较好	较好	较好
鼓形齿修整	使用机床摇摆机构	使用机床摇摆机构	使用修形剃齿刀	使用修形剃齿刀
沿齿轮廓高度修形	使用修形剃齿刀	使用修形剃齿刀	使用修形剃齿刀	使用修形剃齿刀
剃齿时间	较长	较短	很短	很短

① 对角剃齿法的 ω 的计算公式为 $\tan\omega=\dfrac{b_0'\sin\Sigma}{b-b_0'\cos\Sigma}$。$b_0'$ 为剃齿刀的有效宽度,一般 $b_0'\approx 0.75\sim 0.80b_0$。在生产中推荐采用 $\omega=25°\sim 40°$。

② 工作行程长度 L 的计算公式中 m_n 是作为剃齿刀超出长度进行考虑的。

10.2　剃齿机与工具

10.2.1　剃齿机

剃齿机是一种圆柱齿轮精加工机床。齿轮在滚齿或插齿以后，在剃齿机上对其齿面进行精加工，能迅速、经济、有效地降低齿面的表面粗糙度值，修整齿形和改善齿轮转动质量。一般经过剃齿的齿轮精度可提高一级（可达 6 级精度），表面粗糙度 Ra 达到 $0.43 \sim 1.25\mu m$。

剃齿机可加工直齿和斜齿圆柱齿轮，有的机床还可以剃削鼓形齿轮、内齿轮和轴齿轮，以及小锥度齿的齿轮。

目前中等尺寸的剃齿机按布局形式分为三种：

（1）卧式剃齿机　工作轴与剃齿刀刀轴水平分布，而工件位于刀具的前面，如 Y4236 型和 Y4245 型剃齿机。

（2）卧式立面布局的剃齿机　工作轴和剃刀刀轴水平分布，而工件位于刀具之下方，如 YW4232B 型剃齿机。

（3）立式剃齿机　剃齿刀刀轴和工件轴垂直布局的形式，如 Y42125A 型剃齿机。国内外主要厂家生产的剃齿机见表 10-3 和表 10-4。

表 10-3　国产剃齿机型号与技术参数

型号	Y4212	Y4212/D	YW4232	YWA4232	Y4236	Y4250	Y42125A
工件直径/mm	10~125	10~125	320（最大）	320（最大）	50~360	500	200~1250
工件模数/mm	—	—	8（最大）	8（最大），径向剃齿为 4	1.75~8	8	2~12
工件最大宽度/mm	25	25	—	径向剃齿时 40	100	90	200
剃齿刀最大直径/mm	85	180	240	240	250	—	300
剃齿刀孔径/mm	31.743	63.5	63.5	63.5			63.5
剃齿刀最大宽度/mm	—	—	—	50	40	—	—
径向剃齿最大宽度/mm	20	26	—	—	—	—	—
剃齿刀架回转角度/(°)	±30	±30	±30	±20	±30	±30	±20
工作台行程角/(°)	—	—	±90	±90	—	—	—
剃齿刀转速/(r/min)	63、80、100 125、160、200 250、315、400	63、80、100 125、160、200 250、315、400	50、63、80 125、160 200、250	50、63、80 125、160 200、250	118、150 188、234 294	80~250（6 级）	工作台转速 16~200（12 级）
剃齿刀与工件中心距/mm	47.5~105	47.5~105	110~270	110~270	140~360	150~350	140~770
工作台两顶尖距离/mm	220	220	500	500	125~300	500	
工作台行程最大长度/mm	50	50	100，切向行程 20	100，切向行程 20	150	100	
工作台纵向进给速度/(mm/min)	20~300（无级）	20~300（无级）	12.5~315、8~200（15 级）	12.5~315、8~200（15 级）	50~1470（11 级）	液压无级	刀架轴向进给量（mm/r 工件）：0.10、0.16、0.25、0.40、0.63

（续）

型号	Y4212	Y4212/D	YW4232	YWA4232	Y4236	Y4250	Y42125A
径向进给量/mm	0.01(最小)	0.01(最小)	0.01(最小)	0.01(最小)	0.02、0.04 0.06、0.08	—	刀架径向进给量(mm/s)：0.025、0.05、0.075
径向剃齿时径向进给速度/(mm/min)	0.4~3	0.4~3			0.2~1.85 (12级)		
主电动机功率/kW	1.5	1.5	2.2	2.2	2.8	2.2	5.5
外形尺寸(长×宽×高)/mm×mm×mm	1305×1490 ×1375	1305×1490 ×1375	1550×1720 ×2220	1550×1720 ×2220	1510×1550 ×1470	1396×1600 ×2325	2903×1642 ×1878
质量/kg	1650	1700	4800	4800	2500	4000	6800

表 10-4　国外剃齿机型号及主要技术参数

型号	ZSA220	ZSA320	ZSA420	GCY-12in	GCY-18in	ABC-02B-180	5Б702ВФ2-ЧПУ	SV310	GSF
工件直径/mm	20~220	20~220	70~420	300	450	200	320	310	400
工件模数/mm	1~6	1~8	1~8	6	8	4	10	6	8
工件最大宽度/mm	150	150	150	150	150	30	125	150	150
剃齿刀最大直径/mm	260	260	260	177.8~304.8	177.8~304.8	250	240	240	240
剃齿刀架回转角度/(°)	±23	±23	±23	25	25	—	—	±28	—
顶尖间最大距离/mm	730	730	730	600 71~281 (9in 刀架)	578 71~281 (9in 刀架)	—	—	—	—
剃齿刀转速/(r/min)	—	—	—	65~258 (12in 刀架)	65~285 (12in 刀架)	63~500	50~400	70~280	70~280
工作台最大行程长度/mm							140		
工作台回转角度/(°)						—	—	±90	90
主电动机功率/kW	2.2	2.2	2.2			4.0	4.5	2.2	2.2
外形尺寸(长×宽×高)/mm×mm×mm	1600×1600 ×2000	1600×1600 ×2100	1600×1600 ×2200	1041×1416 ×2194	1041×1416 ×2350	2800×1650 ×2400	1900×1600 ×2250	1872×1345 ×2530	1590×2550 ×2250
质量/kg	4800	5500	5700	5080	5307	6000	5000	5000	5300

　　Y4232A 型剃齿机是一种采用圆盘剃齿刀的卧式齿轮精加工机床。其适用于剃削未经淬硬的圆柱直齿、斜齿、鼓形齿和锥形齿的齿面精加工。其主要技术参数见表 10-5。传动系统图如图 10-3 所示。

表 10-5　Y4232A 型剃齿机的主要技术参数

序号	规格名称		数值
1	工作直径/mm	最大	320
		最小	30
2	工件模数/mm	最大	6
		最小	1
3	工件最大齿面宽度/mm		90

（续）

序号	规 格 名 称		数值
4	剃齿刀直径/mm	最大	250
		最小	180
5	剃齿刀孔径/mm		63.5
6	工件与剃齿刀的中心距/mm	最大	314
		最小	130
7	工作台两顶尖之间最大距离/mm		675
8	工作台行程最大长度/mm		100
9	刀架回转角度/(°)		±30
10	剃齿刀转速/(r/min)		111　171
11	工作台每分钟行程数/(次/min)		2、2.8、4、5.6、8
12	工作台径向进给量/(mm/每次行程)		共 8 级 0.005～0.004
13	主电动机	P/kW	0.6/1.0
		n/(r/min)	940/1450
14	机床轮廓尺寸(长×宽×高)/mm×mm×mm		2385×1740×1700

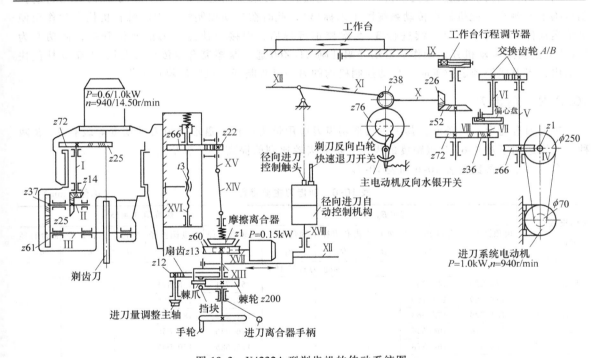

图 10-3　Y4232A 型剃齿机的传动系统图

Y4232A 型剃齿机的传动系统由三个独立的运动链组成（图 10-3）。

（1）剃齿刀的旋转运动链　剃齿机的旋转运动由一个 0.6/1kW、（940/1450）r/min 的双速电动机带动→齿轮 $Z25/Z72$ 传至轴 I →锥齿轮副 $Z14/Z25$ 传至轴 II →齿轮 $Z37/Z61$ 传至轴 III，使剃齿刀获得转动。由于采用双速电动机，因此剃齿刀有两种转速。

其运动平衡方程式为

$n_{01} = 1450\text{r/min} \times (25/72) \times (14/25) \times (37/61) = 171\text{r/min}$

$n_{02} = 940\text{r/min} \times (25/72) \times (14/25) \times (37/61) = 111\text{r/min}$

（2）工作台沿工件轴向的往复进给运动链及剃齿刀的径向进给运动链

1）工作台沿轴向的往进给运动，由一个 1kW、950r/min 的电动机→带轮 $\phi70\text{mm}/\phi250\text{mm}$ 传至轴Ⅳ→蜗杆副 $Z1/Z66$ 传至 V 轴→轴向运动交换齿轮 A/B 传至Ⅵ轴，经过一旋转连杆机构将运动传至轴Ⅶ→齿轮 $Z36/Z72$ 传至轴Ⅷ，轴Ⅷ的顶端为一曲柄连杆机构（其偏心据调节范围为 0～50mm）→工作台，使工作台得到沿工件轴向的往复进给运动。

其运动平衡方程式为

940 行程次数/min×(70/250)×(1/66)×(A/B)×(36/72) ≈ 2A/B 行程次数/min

工作台一次往复即为二次行程，工作台每一次行程结束时，剃齿刀随即改变其旋转方向。剃齿刀反向旋转的控制是由轴Ⅷ经锥齿轮副 $Z52/A26$ 传至 X 轴，使主电动机反向，从传动比的关系可知，工作台每一次行程结束，剃齿刀使反向旋转一次。

2）剃齿刀的径向进给运动链。运动由轴Ⅷ传出→锥齿轮副 $Z52/Z26$ 至轴 X，在轴 X 的顶端有一偏心轴（偏心距为 10mm）将运动传动传至连杆Ⅺ，在经曲柄传至连杆Ⅶ，此时的运动形成已有轴 X 的旋转运动转变为连杆Ⅻ的往复运动，经轴ⅩⅢ上的棘轮机构，使轴ⅩⅢ产生间歇转动，此运动经十字连接轴ⅩⅣ传给轴ⅩⅤ，经齿轮 $Z22/Z66$ 传至丝杆ⅩⅥ，螺母与刀架立柱相连接，因此工作台每次行程结束时剃齿刀使产生径向进给运动。

3）刀架立柱的快速退刀运动链。当剃齿完成时，刀架立柱上的定位器压住了径向进给自动控制机构上的触头（此机构在传动系统图上未标出），此时在自动控制机构内的棘轮机构发生作用使进给运动停止；而工作台继续进行 3～5 次校正行程后，即接通快速退刀的水银开关，使功率为 0.15kW 的快速电动机开始动作。运动经蜗杆副 $Z1/Z60$ 通过摩擦离合器传至轴ⅩⅥ，刀架立柱便快速退出；当退回至预定位置时，自动控制机构的另一触头断开，机床便停止工作。

10.2.2　剃齿刀

剃齿刀有盘形、齿条形，其中以盘形剃齿刀应用最为广泛。盘形剃齿刀的精度等级有 A、B 两种，分别适用于加工 6、7 级精度的齿轮。被剃齿轮比剃前提高 1～2 级精度。

剃齿刀主要参数见表 10-6 和表 10-7。

表 10-6　剃齿刀主要参数　　　　　　　　　（单位：mm）

法向模数 m_n	齿数 z_0	螺旋角 $\beta_0 = 5°$					螺旋角 $\beta_0 = 15°$				
		齿顶圆直径 d_{a0}	分度圆直径 d_0	宽度 B	内孔直径 D_0	轴台直径 d_1	齿顶圆直径 d_{a0}	分度圆直径 d_0	宽度 B	内孔直径 D_0	轴台直径 d_1
剃齿刀直径 180											
1.25	115	149.239	144.299				153.761	148.821			
1.5	115	178.659	173.159				184.085	178.585			
1.75	100	181.728	175.668				187.233	181.173			
2	83	171.714	166.634				176.936	171.856			
2.25	73	170.518	164.878				175.685	170.045			
2.5	67	174.320	168.140				179.590	173.410			
2.75	61	175.131	168.391				180.408	173.668			
3	53	167.307	159.607	20	63.5	120	172.310	164.610	20	63.5	120
3.25	53	181.948	172.908				186.507	178.327			
3.5	47	175.728	165.128				179.763	170.303			
3.75	43	174.006	161.866				178.159	166.939			
4	41	177.726	164.626				181.866	169.786			
4.5	37	182.136	167.136				186.394	172.374			
5	31	173.492	155.592				177.369	160.469			
5.5	29	179.709	160.109				183.827	165.127			
6	27	184.319	162.619				187.856	167.716			

（续）

法向模数 m_n	齿数 z_0	螺旋角 $\beta_0 = 5°$					螺旋角 $\beta_0 = 15°$				
		齿顶圆直径 d_{a0}	分度圆直径 d_0	宽度 B	内孔直径 D_0	轴台直径 d_1	齿顶圆直径 d_{a0}	分度圆直径 d_0	宽度 B	内孔直径 D_0	轴台直径 d_1
剃齿刀直径 240											
2	115	235.818	230.878				243.054	238.114			
2.25	103	238.135	232.635				245.425	239.925			
2.5	91	234.549	228.369				241.705	235.525			
2.75	83	235.862	229.122				243.042	236.302			
3	73	227.536	219.836				234.425	226.725			
3.25	67	226.822	218.582				233.671	225.431			
3.5	61	223.115	214.315				229.831	221.031			
3.75	61	238.964	229.624	25	63.5	120	246.159	236.819	25	63.5	120
4	53	222.710	212.680				229.379	219.479			
4.5	51	241.377	230.377				248.596	237.596			
5	43	229.921	215.821				234.684	222.584			
5.5	41	241.901	226.361				246.655	233.455			
6	37	240.708	222.848				246.471	229.831			
6.5	35	247.989	218.369				253.885	235.525			
7	31	240.189	217.829				245.815	224.655			
8	27	243.445	216.825				249.060	223.620			

注：按用户要求剃齿刀可做成左旋；剃齿刀内孔直径可做成 100，此时内孔可不做键槽。

表 10-7　小模数剃齿刀主要参数　　　　　　　　　　　（单位：mm）

法向模数	齿数	剃齿刀直径 63，螺旋角 $\beta_0 = 15°$					法向模数	齿数	剃齿刀直径 63，螺旋角 $\beta_0 = 10°$				
		齿顶圆直径	分度圆直径	宽度	内孔直径	轴台直径			齿顶圆直径	分度圆直径	宽度	内孔直径	轴台直径
0.2	318	66.284	65.844				（1）	86	89.53	87.327			
0.25	249	64.996	64.446				1.25	67	87.79	85.042			
0.3	212	66.504	65.844	10			1.5	58	91.64	88.342			
0.4	159	66.724	65.844		31.743	0					16	31.734	60
0.5	124	65.287	64.187										
0.6	106	67.164	65.844										
0.7	93	68.936	67.396										
0.8	82	69.674	67.914	15									
1	62	66.387	64.187										

注：按用户要求剃齿刀可做成左旋。

　　用盘形剃齿刀剃削齿轮，只要模数相同，用同一把剃齿刀可加工不同齿数的齿轮。剃齿刀的螺旋角有 5°、10°、15°三种。5°的用于剃削带台肩或多联齿轮。螺旋角方向有左、右旋两种，选用时应与被剃齿轮的螺旋角方向相反。

10.2.3　剃齿心轴

　　剃齿心轴的精度直接影响剃齿后的齿轮精度，一般对心轴精度要求如下：

　　1）心轴径向圆跳动量不大于 0.003mm，轴向圆跳动量不大于 0.005mm。当齿轮安装在心轴上以后，齿轮的径向圆跳动不大于 0.01mm（对精密齿轮不大于 0.005mm）。

　　2）与齿轮孔的配合间隙越小越好。

　　3）心轴在机床上的安装，其松紧要合适，心轴顶尖孔与机床的顶尖研配，以保证接触的良好。

4）齿坯孔径公差为 H6、H7 或 H8，心轴直径公差为 h5。

典型剃齿心轴结构如图 10-4 所示。

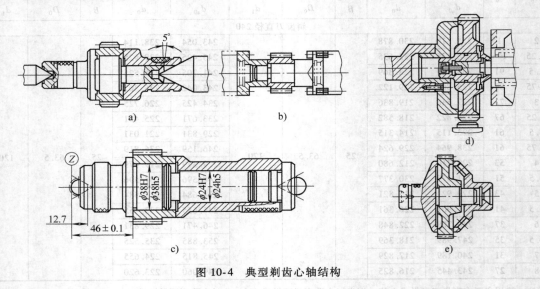

图 10-4　典型剃齿心轴结构

10.3　剃齿工艺守则

剃齿工艺守则见表 10-8。

表 10-8　剃齿工艺守则

齿轮的装夹	1）机床前后（或上下）顶尖的径向圆跳动应不大于 0.005mm，两顶尖中间连线对工作台移动方向的偏移，在 150mm 内不大于 0.01mm			
	2）机床主轴的端面和径向圆跳动应小于 0.005mm，垫圈两端面的平行度误差不大于 0.005mm			
剃齿刀的选择	1）剃齿刀的精度按下面情况选用[①]			
	齿轮精度等级	剃齿刀精度等级	齿轮精度等级	剃齿刀精度等级
	6	A	8	B
	7	A、B		
	2）剃齿刀装夹后，其轴向圆跳动和径向圆跳动应不大于 0.01mm			
	3）剃齿刀的齿数应与被剃齿齿轮齿数无公约数			
机床调整	1）应根据机床刚性、齿轮模数、材质、硬度、剃齿方式、剃齿刀直径等因素选取主轴速度交换齿轮			
	2）根据齿轮模数、齿数、材质、硬度选取进给量，径向进给量一般取 0.005~0.01mm/r，轴向进给量一般取 0.1~0.5mm/r			
	3）调整剃齿刀的超越行程，为保证齿向精度，剃齿刀的超越行程一般应取剃齿刀厚度的 1/3~2/5			
剃齿加工	1. 剃齿时轴交角的选择			
	1）剃直齿轮时，轴交角应取 5° 或 15°			
	2）剃斜齿轮时，轴交角应取 10°~25°			
	3）剃双联或多联齿轮时，轴交角应根据齿轮空刀槽宽度适当选取，保证台肩无干涉			
	2. 机床调整后，应进行齿轮的试剃并检查齿向精度，合格后才能进行剃齿			
	3. 在剃齿过程中发现齿面失去剃刀花纹，出现挤压痕迹，齿面无光泽，齿形端面出现较大毛刺，有啃刀现象，齿形误差增大，公法线长度变动超差或发出异常声音时，应及时换刀			

①　精度等级按第二公差组要求。

10.4　剃齿切削用量

（1）切削速度　剃齿时的切削速度（相对滑动速度）的大小与剃齿刀的转速有关。切削速度越高，齿面表面粗糙度的数值越小，精度不会下降，但剃齿刀的使用寿命会降低，甚至还会引起机床顶尖的烧损。

剃齿刀转速 n_0

$$n_0 = \frac{1000v}{\pi z_0 m} \tag{10-3}$$

被剃齿轮转速 n

$$n = \frac{n_0 z_0}{z} \tag{10-4}$$

式中　z_0——剃齿刀齿数；

　　　z——被剃齿轮齿数；

　　　v——切削速度（r/min）；

　　　m——模数。

（2）纵向进给量　纵向进给量可分为被剃齿轮每转纵向进给量 $f(\text{mm/r})$ 和工作台每分钟纵向进给量 $v_f(\text{mm/min})$ 之间的关系为 $v_f = fn$。当工作台纵向进给量增大时，生产率会随之提高，但齿面加工精度和齿面质量会下降。

（3）径向进给量　径向进给量对修整齿轮剃前误差能力有影响：过小，则剃齿刀切不下金属层，修整不了剃前误差；过大，则切屑过厚，刀具与机床负荷过重，刀具易磨损，易破坏齿轮原有精度。

径向进给量在切削开始时取最大值，然后逐渐减小，最后 2~4 个工作台行程无径向进给，这有利于减小齿面的表面粗糙度和提高加工精度。

（4）行程次数　工作台行程次数可分为切削行程次数和光整行程次数。切削行程次数由剃齿余量和径向进给量决定，而光整行程次数与齿面表面粗糙度有关，视具体情况而定。

以上四个参数可按表 10-9 选取。

表 10-9　剃齿的切削用量（盘形剃齿刀）

剃齿刀的切削速度 v						
工件材料		碳素钢			合金钢	灰铸铁
	15	30	40	20Cr、35Cr、40Cr、20CrMnTi、30CrMnTi		
	20	35	45	12CrNi4A、20CrNiMo、12CrNi3、18CrNiWA		
	25		50	38CrMoAlA、5CrNiMo、6CrNiMo、0CrNi3Mo		
硬度 HBW	170	196	217	285	229	210
$v/(\text{m/min})$	150	140	130	80	105	80

进给量						
齿轮精度等级	齿面的表面粗糙度 $Ra/\mu m$	齿数				单行程径向进给量/mm
		17	25	40	100	
		齿轮每转工作台纵向进给量 $f/(\text{mm/r})$				
6	≥0.63	0.15~0.20	0.20~0.25	0.25~0.30	0.35~0.40	0.02~0.025
	1.25	0.20~0.25	0.25~0.30	0.35~0.40	0.50~0.60	
7	>0.63	0.15~0.20	0.20~0.25	0.25~0.30	0.35~0.40	0.04~0.05
	1.25	0.20~0.30	0.25~0.30	0.35~0.40	0.50~0.60	

注：1. 剃削 6 级精度齿轮时，须增光整行程的单行程数 4~6 次。

　　2. 剃削 7 级精度齿轮时，须增光整行程的单行程数 2~4 次。

（5）剃齿余量的确定　剃齿余量确定的原则：剃齿余量应尽量取得小。过大的剃齿余量会引起剃齿刀磨损，增加剃齿工作量，剃齿后的齿面质量低劣。但必须保证能将剃前齿轮上的各项误差修整到所要求的数值，因此加工余量也不宜取得太小。

剃齿余量可分为齿厚余量 Δs 和径向余量 ΔH，两者的关系为（当 $\alpha = 20°$）

$$\Delta H = 1.37\Delta s$$

剃齿余量见表10-10，小模数齿轮剃齿加工余量见表10-11。也有将齿轮公法线平均长度的上极限偏差作为剃齿余量的。

表 10-10　剃齿加工余量 Δs　　　　　（单位：mm）

模　数	齿　轮　直　径				
	<100	≥100~200	>200~500	>500~1000	>1000
3~5	0.08~0.12	0.10~0.15	0.12~0.18	0.12~0.18	0.15~0.20
5~7	0.10~0.14	0.12~0.16	0.15~0.18	0.15~0.18	0.16~0.20
7~10	0.12~0.16	0.15~0.18	0.18~0.20	0.18~0.22	0.18~0.22

注：1. 当加工直齿轮时，余量可减小10%~25%。

　　2. 当加工螺旋角大于15°的斜齿轮时，余量可增大10%~25%。

表 10-11　小模数齿轮剃齿加工余量 Δs　　　　　（单位：mm）

模　数	加　工　余　量
<1	0.011~0.029
1.5~1.7	0.018~0.037
1.75~2.5	0.029~0.044
2.5~3	0.037~0.066

10.5　剃齿的操作调整

10.5.1　剃齿机的调整计算

1. 切削速度及其交换齿轮

剃齿刀的转速 n_0 为

$$n_0 = \frac{1000v}{\pi z_0 m}$$

对 YW4232 和 YWA4232 型剃齿机的剃齿刀转速 n_0 及交换齿轮见表10-12。

表 10-12　剃齿刀转速

A/B	22/48	25/45	29/41	33/37	37/33	41/29	45/25	48/22
$n_0/(\text{r/min}) \approx$	55	70	90	110	140	175	225	270

2. 工作台纵向进给速度

工件转速为

$$n = \frac{n_0 z_0}{z}$$

根据工件转速 n 选择工作台的进给速度,其交换齿轮见机床使用说明书。

3. 径向进给

只有 YWA4232 型剃齿机在采用径向剃齿时,才会有径向进给交换齿轮的调整,其交换齿轮选择见机床使用说明书。

10.5.2　其他部分的调整

1. 剃齿刀的安装与调整

应达到预定的要求。剃齿刀齿数多为质数,其齿数不应与齿轮的齿数成整数倍。

2. 夹具的安装与调整

应达到预定的要求。

3. 工件的安装

工件安装后应检查定位端面的轴向尺寸,使齿轮宽度的中位线位于工作台的摇摆中心上,这对加工鼓形尤为重要。

4. 轴交角 Σ 的调整

轴交角 $\Sigma = \beta \pm \beta_0$,加减号见表 10-13。

表 10-13　轴交角的调整

齿轮材料		轴交角 Σ	剃齿刀螺旋角 β_0	齿轮螺旋角 β	轴交角 Σ
钢	开式齿轮	10°~15°	左旋	右旋	$\beta-\beta_0$
	内齿轮或多联齿轮	3°~10°	右旋	左旋	$\beta-\beta_0$
			右旋	右旋	$\beta+\beta_0$
铸铁、有色金属		20°	左旋	左旋	$\beta+\beta_0$

（1）试剃法　先粗调轴交角 Σ,经剃后检查剃齿螺旋角,确定螺旋角误差 $\Delta\beta$,然后再根据机床上的游标刻度盘或百分表进行精确调整（图 10-5）。表值 y 可按式（10-5）确定:

$$y = \frac{2R\Delta\beta\cos\beta}{b} \qquad (10-5)$$

式中　R ——百分表表杆回转半径（$R = 200\text{mm}$）;

　　　b ——被剃齿轮宽度（mm）。

如果不测螺旋角误差 $\Delta\beta$,可按齿面接触区试调,最后确定安装的轴交角。

（2）计算法　剃齿刀相当于一个变位的齿轮,因此剃齿过程相当于一对变位交错轴斜齿轮副的啮合。为使剃齿时刀具与工件间的啮合线,通过它们的节点取得"对称"性啮合,以保证齿轮的齿向精度,剃齿时的正确安装轴交角可按表 10-14 中的公式求得。

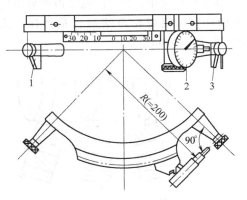

图 10-5　调整轴交角装置
1、3—挡块　2—百分表

5. 工作台行程长度的调整

可调整机床前面挡块,以控制工作台的行程长度,调整时要使啮合节点稍微超出齿轮端面,以保证能剃削齿面全长。

表 10-14　轴交角调整计算

计算项目	齿轮的当量齿数	剃齿刀的当量齿数	系数 k	中心距变动系数	轴交角 Σ
公式	$z_v = \dfrac{z}{\cos^3 \beta}$	$z_{v0} = \dfrac{z_0}{\cos^3 \beta_0}$	根据 $x' = \dfrac{x+x_0}{z_v+z_{v0}}$ 查 图 10-6 线图中的 k	$y = \dfrac{x+x_0}{k}$	$\Sigma = \beta \pm \beta_0 + \dfrac{2y}{z_v+z_{v0}} \times$ $(\tan\beta \pm \tan\beta_0)\dfrac{180°}{\pi}$

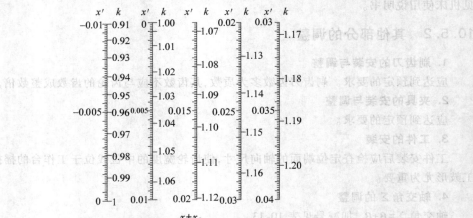

图 10-6　根据 $x' = \dfrac{x+x_0}{z_v+z_{v0}}$ 查系数 k 的线图

10.6　剃齿加工

10.6.1　鼓形齿的剃削

在齿轮传动中，为了降低噪声可采用鼓形齿的齿轮。为了剃削鼓形齿，机床上要有摇摆机构（图10-7）以使齿轮两端加入量加深，从而剃出鼓形齿。一般在齿长 25mm 时，单边鼓量为 0.0075～0.015mm。

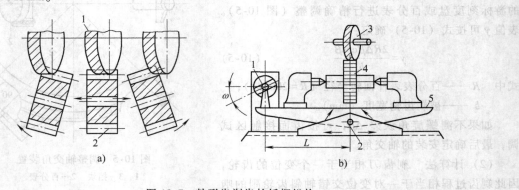

图 10-7　鼓形齿剃齿的摇摆机构

a）鼓形齿剃齿

1—剃齿刀　2—齿轮

b）摇摆工作台

1—滚柱　2—摆动轴　3—剃齿刀　4—齿轮　5—工作台

剃削鼓形齿方法除利用工作台摇摆机构外，还可使用成形剃齿刀（用于切向和径向剃齿）。

鼓形齿剃削时，机床调整步骤如下：

1）断开摇摆机构，检查轴交角。

2）工作台摇摆中心与齿轮宽度中线重合。

3）确定凸轮的摆动角度：

$$\tan\omega = 11\frac{L}{b^2}\Delta \qquad\qquad (10\text{-}6)$$

式中　　b——被加工齿轮宽度（mm）；

　　　　L——工作台倾斜中心至小锥度机构中心距离（mm）；

　　　　Δ——齿轮纵向修形量（mm）。

4）接通摇摆机构，调整齿端的节圆中心距。

10.6.2　内齿轮剃削

内齿轮剃齿可在专用剃齿机（图 10-8）或装有专用夹具的立式剃齿机上加工。在专用剃齿机上加工时，被加工齿轮安装在卡盘上，它除旋转外还向上径向进给，剃齿刀轴线旋转成轴交角，并做往复运动。同时，在这种机床上还可以剃削鼓形齿和锥形齿。

10.6.3　小锥度齿轮剃齿

加工小锥度齿就是使工件的轴线相对于剃齿刀轴线倾斜一个角度，也就是使工作台倾斜一个角度，其原理如图 10-9 所示。根据所需要的锥形量调整小锥度机构角度，以 Y4232 剃齿机为例，小锥度机构角度按式（10-7）计算：

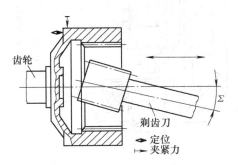

图 10-8　内齿轮剃齿

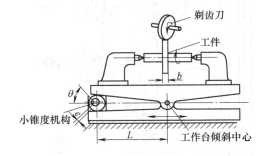

图 10-9　剃小锥度齿机构

$$\sin\theta = \frac{L\Delta a\cos\alpha}{2eb} \qquad\qquad (10\text{-}7)$$

式中　　θ——小锥度齿轮机构角度（°）；

　　　　e——小锥度齿轮机构偏心套的偏心半径（mm）；

　　　　Δa——锥形量（mm）；

　　　　b——被加工齿轮宽度（mm）；

　　　　α——被加工齿轮压力角（°）；

　　　　L——工作台倾斜中心至小锥度机构中心的距离（mm）。

调整方法如图 10-10 所示，调整螺钉 3 和方头 4 使工作台倾斜一个角度，其数值在刻度尺上直接读出。

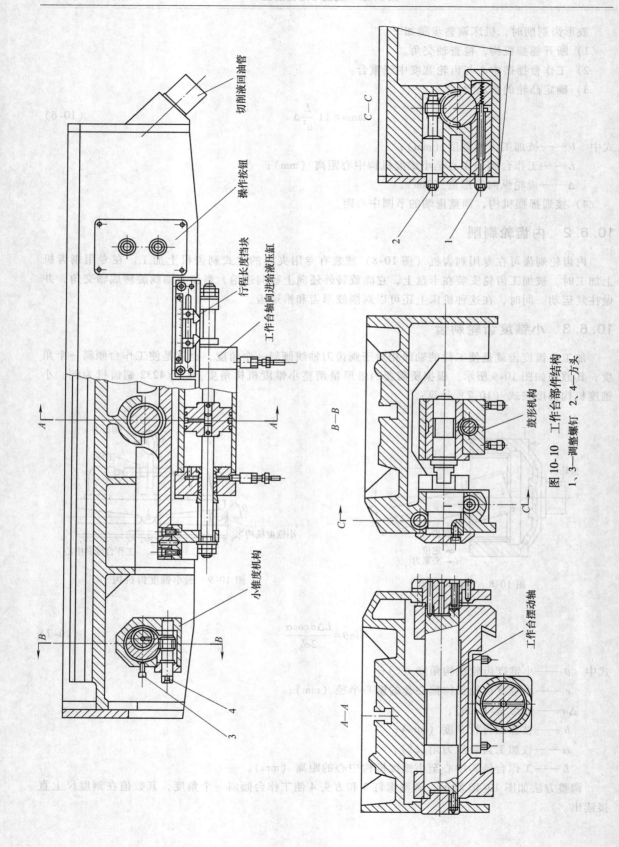

切削液回油管

操作按钮

行程长度挡块

工作台轴向进给液压缸

小锥度机构

4

3

C—C

2

1

B—B

鼓形机构

A—A

工作台摆动轴

图 10-10　工作台部件结构
1、3—调整螺钉　2、4—方头

10.7　剃齿误差分析

轮齿接触区的偏差及其修正方法见表 10-15。剃齿误差的产生原因及其消除方法见表 10-16。

表 10-15　轮齿接触区的偏差及其修正方法

接触区的形式和分布		接触区修正方法	接触区的形式和分布		接触区修正方法
	在齿宽中部接触	这是理想接触区		齿端接触,轮齿有螺旋角误差和锥度	改变轴交角,修正工作轴线对剃齿刀轴线的平行度
	齿顶和齿根接触较宽中间缺口	修正剃齿刀的齿形		沿齿宽接触较长	增大轮齿的鼓形度,调整工作台摇摆机构
	沿齿廓高度接触较窄	修正剃齿刀的齿形		在齿端接触	增大工作台的行程长度
	齿廓顶部接触	修正剃齿刀的齿形		点接触,滚齿表面粗糙	减小滚齿表面粗糙度值
	齿廓根部接触	减小轮齿的鼓形度,调整工作台摇摆机构		在齿顶和齿面上有划痕,齿面的表面粗糙	刃磨剃齿刀,改用切削液,增大周围数度和轴交角,减小纵向进给量
	沿齿宽接触较短	减小轮齿的鼓形度,调整工作台摇摆机构			

表 10-16　剃齿误差的产生原因及其消除方法

齿轮误差	产生原因	预防措施与对策
齿形误差和基节误差超差	1) 剃齿刀齿形误差和基节误差 2) 工件和剃齿刀安装偏心 3) 轴交角调整不准确 4) 齿轮齿根及齿顶余量过大 5) 剃前齿轮齿形和基节误差过大 6) 剃齿刀磨损	1) 提高剃齿刀刃磨精度 2) 仔细安装工件和剃齿刀 3) 正确调整轴交角 4) 保证齿轮剃前加工精度,减小齿根及齿顶余量 5) 及时刃磨剃齿刀
齿距误差超差	1) 剃齿刀的齿距误差较大 2) 剃齿刀的径向圆跳动较大 3) 剃前齿轮齿距偏差和径向圆跳动较大	1) 提高剃齿刀安装精度 2) 保证齿轮剃前的加工精度
齿距累积误差、公法线长度变动及齿圈径向圆跳动误差	1) 剃前齿轮的齿距累积误差、公法线长度变动及齿圈径向圆跳动误差较大 2) 在剃齿机上齿轮齿圈径向圆跳动大(装夹偏心) 3) 在剃齿机上剃齿刀径向圆跳动大(装夹偏心)	1) 提高剃前齿轮的加工精度 2) 对剃齿刀的安装,要求其径向圆跳动量不能过大 3) 提高齿轮的安装精度
在齿高中部形成"坑洼"	1) 齿轮齿数太少(12~18) 2) 重合度不大	保证剃齿时的重合度不小于 1.5
齿向误差超差(两齿面相同)	1) 剃前齿轮齿向误差较大 2) 轴交角调整误差大	1) 提高剃前齿轮的加工精度 2) 提高轴交角的调整精度

（续）

齿轮误差	产生原因	预防措施与对策
齿向误差超差（两齿面异向，呈锥形）	1）心轴线夹具的支撑面相对于齿轮旋转轴线歪斜 2）机床部件和心轴刚性不足 3）在剃削过程中，由于机床部件的位置误差和移动误差，使剃齿刀和齿轮之间的中心矩不等	1）提高工件和刀具的安装精度 2）加强心轴刚性或减小剃齿余量
剃不完全	1）齿形成不完全，余量不合理 2）剃前齿轮精度太低	1）合理选用剃齿余量 2）提高剃前加工余量
齿面的表面粗糙度值过大	1）剃齿刀切削刃的缺陷 2）轴交角调整不准确 3）剃齿刀磨损严重 4）剃齿刀轴线与刀架螺旋轴线不同轴 5）纵向进给量过大 6）切削液选用不对或供给不足 7）机床和夹具的刚性和抗振性不足 8）齿轮夹紧不牢固 9）剃齿刀和齿轮的振动 10）当加工少齿数齿轮时，剃齿刀正变位量偏大和轴交角过大	1）及时刃磨剃齿刀，保持切削刃锋利 2）准确调整机床和提高刀具安装精度 3）合理选择切削用量 4）合理选择切削液 5）正确安装、紧固工件

10.8　珩齿加工

10.8.1　珩齿的原理与加工方法

1. 珩齿原理

珩齿相当于一对交错轴斜齿轮传动，将其中一个斜齿换成珩磨轮，则另一个斜齿轮就是被加工的齿轮。珩齿是自由啮合展成加工的齿轮。珩磨轮本身是一个含有磨料的塑料斜齿轮，其齿形面上均匀密布着磨粒，每一颗磨粒相当于一个刀刃。在珩齿的过程中，当两者以一定的转速旋转时，由于齿面啮合点之间产生相对滑动，粘固在珩磨轮齿轮面上的划过。在外加珩削压力作用下，磨粒切入金属层，磨下极细的切屑，形成切削，最后达到所要求的齿厚和精度。为了珩出整个齿宽，齿轮的轴必须做往复进给运动，如图 10-11a 所示。珩齿时的珩削速度，就是珩磨轮与齿轮齿面啮合点的相对滑动速度，如图 10-11b 所示。

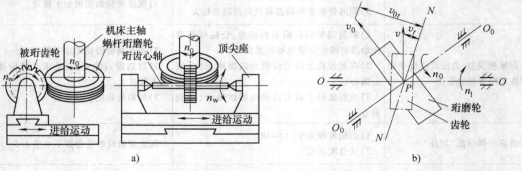

图 10-11　珩齿加工原理及珩削速度
a）珩齿加工原理　b）珩削速度

由于啮合接触点是变化的，所以沿齿廓各点的珩削速度也是变化的。现只分析啮合节点 P 的珩削速度

$$v_P = v_{0t} + v_t = v_0 \sin\beta_0 \pm v \sin\beta$$

$$= v_0 \frac{\sin(\beta_0 \pm \beta)}{\cos\beta} \tag{10-8}$$

$$= v_0 \frac{\sin\Sigma}{\cos\beta}$$

$$\Sigma = \beta_0 \pm \beta \tag{10-9}$$

式中　β_0——珩磨轮螺旋角（°）；

　　　β——被珩齿轮螺旋角（°）；

　　　Σ——珩磨轮与齿轮两轴线的轴交角（°）。

当两轮螺旋方向相同时，取"+"号；相反时，取"-"号。

珩削速度 v_P 是随着轴交角的增大而增大的。当被珩齿轮的螺旋角 β 为一定时，则 v_P 随珩磨轮螺旋角 β_0 的增大而增大。

当珩磨轮的螺旋角 β_0 接近 90°的时候，则珩磨轮变成蜗杆形状，这是斜齿轮的一个特例，蜗杆珩磨轮珩齿就是利用这一原理加工的。此时，珩削速度 v_P 达到最大值。

当 $\beta_0 = \beta = 0°$ 时，是一对直齿圆柱齿轮转动。此时，珩削速度 $v_P = 0$。

当 $\beta_0 = -\beta$ 时，是一对斜齿圆柱齿轮转动。此时，珩削速度 $v_P = 0$。

在选取珩磨轮螺旋角时，应避免使珩削速度等于零。

一般来说，外齿珩磨轮的螺旋角 $\beta_0 = 10° \sim 15°$，内齿珩磨轮的螺旋角 $\beta_0 = 3° \sim 7°$，蜗杆珩磨轮的螺旋角 $\beta_0 = 89° \sim 89°10'$。

2. 珩齿加工方法

珩齿加工相当于一对空间交错斜齿轮传动，由于珩磨轮可以做成内外斜齿轮形状，也可以做成蜗杆形状，而被加工齿轮可以是直齿轮、斜齿轮、内齿轮和外齿轮，珩磨轮与被加工齿轮的不同啮合方式，则形成不同的加工方法，见表 10-17。各种珩磨法的工艺特点见表 10-18。

表 10-17　珩齿加工方法

分类方式	珩磨方法	图　例
按珩磨轮形状	齿轮状珩磨轮珩磨法	 外啮合珩齿 内啮合珩齿

（续）

分类方式	珩磨方法	图　例
按珩磨轮形状	蜗杆状珩磨轮珩磨法	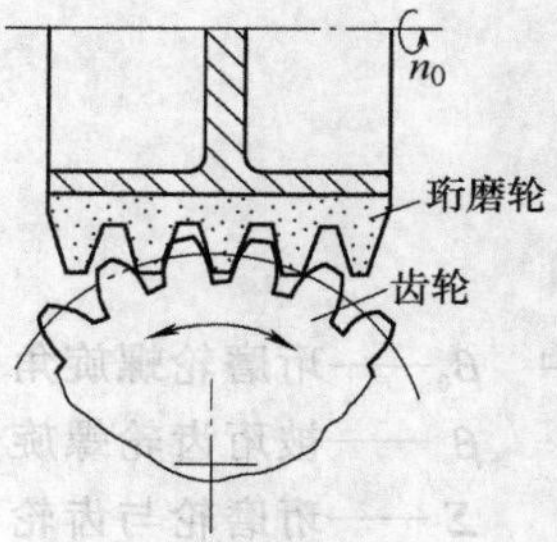
按啮合方式	外啮合珩磨法	
	内啮合珩磨法	
按两轴的状态	平行轴珩磨法 （珩磨时珩磨轴与工件轴平行） 交叉轴珩磨法 （珩磨时珩磨轴与工件轴交叉）	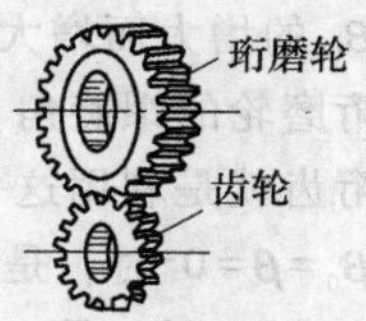 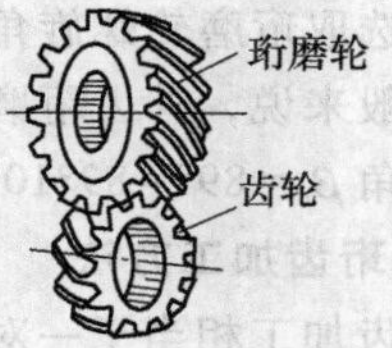
按珩磨时的啮合间隙	单面有隙珩磨法（珩磨时齿侧面留有间隙）	
	双面无隙珩磨法（珩磨时齿侧无间隙）	
按珩磨的压力	定压珩磨法（珩磨时接触面压力一定）	
	变压珩磨法（珩磨时接触表面压力由小到大）	

表 10-18　各种珩磨法的工艺特点

珩磨方法	工 艺 特 点		珩磨交角	用 途
	珩磨轮精度	切削速度		
外齿珩磨	低	低	小	去毛刺及降低表面粗糙度值
内齿珩磨	较高	很低	小（3°~7°）	生产率低，校正齿形齿向误差能力强，精度高
蜗杆珩磨	高达 5~6 级	高达 20~25m/s	大（≈90°）	可较珩磨前提高精度 0.5~1 级，生产率高

10.8.2　珩齿机与工具

1. 珩齿机

典型珩齿机及其技术参数见表 10-19。除专用的珩齿机外，还可利用剃齿机、车床、铣床等旧机床改装成珩齿机。

表 10-19　典型珩齿机及其技术参数

技术参数	外齿珩磨轮珩齿机		内齿珩磨轮珩齿机	蜗杆珩磨轮珩齿机		
	Y4632A	Y4650	Y4820	Y4732	Y4750	KGH300（日本）
最大加工直径/mm	320	500	200	320	500	300
最大加工模数/mm	6	8	4	6	8	6
最大加工齿宽/mm	90	90	—	80	100	100
珩轮架最大回转角/(°)	±30	±30	±30	±45	±45	±45
工作台最大行程/mm	100	100	100	250	250	250
工作台顶尖距离/mm	400	500	500	500	250~550	250~550
主轴转速范围/(r/min)	200~650	200~650	20~500	1000~1500	750	750
轴向进给量/(mm/min)	63~500	30~300	8~300	10~42	8~100	8~100
珩轮最大直径/mm	240	300	260	300	300	300

2. 珩齿夹具

（1）精度要求　珩齿夹具的精度直接影响珩后齿轮的精度，尤其是影响齿向精度。珩齿夹可按磨齿夹具要求精度，定位表面的径向圆跳动应不大于 $5\mu m$，轴向圆跳动应不大于 $3\mu m$。珩齿心轴的中心孔应进行研磨，表面粗糙度要求达到 $Ra0.32\mu m$，着色面积不小于 85%。同时，要求珩齿心轴与齿轮孔的配合间隙要小。

（2）珩齿夹具

1）普通行珩齿夹具。采用螺母压紧的珩齿心轴，为保证螺纹节线与心轴轴线平行，应将螺纹进行磨削。这种夹具制造容易，但装卸工件时间较长，在单件小批生产中应用甚广。

2）快速型珩齿夹具。快速型珩齿夹具是利用珩齿机顶尖座中的液力（或弹簧力）压紧的，如图 10-12 所示。这种夹具制造困难，但可缩短工件的装卸时间，提高生产率，用于大批量生产。

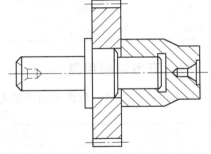

图 10-12　快速型珩齿夹具

3）大型珩齿夹具。比较大而重的盘状齿轮，宜放在立式珩齿机上加工。珩齿夹具安装在珩齿机的工作台上，必须调整找正定位表面的径向圆跳动和轴向圆跳动，使其在允差范围内。

3. 珩磨轮

（1）珩磨轮的结构　珩磨轮的结构由齿部心部组成，齿部用环氧树脂和磨料等混合浇注而成，心部用碳素钢、铸铁或工程塑料制成，如图 10-13 所示。

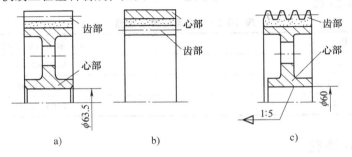

图 10-13　珩磨轮结构

1）齿部的齿形。齿轮状珩磨轮为渐开线齿形，蜗杆状的珩磨轮为法向直廓蜗杆齿形。

2）心部的安装尺寸。外齿珩磨轮为直孔，孔径为 63.5mm。蜗杆状珩磨轮为锥孔，锥度为 1：5，大端直径为 60mm。内齿珩磨轮为外圆定位，直径大小按珩磨轮大小确定。

（2）珩磨轮的材料配方

1）磨料的选择　珩齿属低速磨削、研磨、抛光的综合加工，磨料一般选用硬度高、韧性大的白刚玉（WA）。磨料粒度的选择，是根据模数大小而定的，模数越小，选用粒度越细，见表 10-20。

表 10-20　磨料的选用

模数/mm	蜗杆状珩磨轮	齿轮状珩磨轮
1~2.5	WA150#~180#	WA180#~240#
2.5~4	WA120#~150#	WA150#~180#
4~6	WA100#~120#	WA120#~150#

2）珩磨轮基本配方，见表 10-21。

表 10-21　珩磨轮的基本配方

成分	名称	规格标号	齿轮状珩磨轮（用量比）	蜗杆状珩磨轮（用量比）
结合剂	环氧树脂	6101#	100	100
磨料	刚玉	WA 100#~240#	250~280	230~250
固化剂	乙二胺	95%	7~8	7~8
稀释剂	苯二甲酸二丁酯		10~15	1~15

10.8.3　珩齿切削用量

1）珩齿切削用量，珩齿切削用量见表 10-22。

表 10-22　珩齿切削用量

珩齿方法	蜗杆式珩齿	内啮合珩齿	外啮合珩齿
珩削速度/（m/min）	20 ~25	0.3~1.5	0.7~2
轴向进给量	0.6~1.2mm/r（工件）	1000~3000mm/min	300~500mm/min
径向进给量	0.01~0.03mm/双行程	0.01~0.04mm/min	0.01~0.04mm/min

2）加工余量的确定，珩齿加工已不再以改善齿面的表面粗糙度为目的，而是作为齿形精加工的独立工序而存在，必须留有足够的加工余量。余量太小，齿形误差未能得到修正。余量太大，珩磨时间长，珩磨轮磨损大。由于对珩前的齿轮精度有一定要求的，所以加工余量不宜过大。根据生产实践经验可按表 10-23 选用。

表 10-23　珩齿的加工余量　　　　　　　　　　（单位：mm）

模　数	加工余量（公法线）
1~2.5	0.03~0.06
2.5~4	0.04~0.08
4~6	0.05~0.10

10.8.4　珩齿操作调整

（1）轴交角的调整　根据珩磨轮与被齿轮放入螺旋角调整轴交角，使珩磨轮的螺旋齿向与被珩齿轮的齿向相平行，见表 10-24。

表 10-24　轴交角的调整

珩齿方法	齿轮、珩磨轮的旋向	简　　图	轴交角调整
外啮合珩磨法	齿轮左旋、珩磨轮左旋		$\Sigma = \beta_0 + \beta$
	齿轮右旋、珩磨轮右旋		$\Sigma = \beta_0 + \beta$
内啮合珩磨法	齿轮左旋、珩磨轮右旋		$\Sigma = \beta_0 - \beta$
	齿轮右旋、珩磨轮左旋		$\Sigma = \beta_0 - \beta$
蜗杆珩磨轮珩齿	直齿轮		$\Sigma = \lambda$
	齿轮左旋		$\Sigma = \beta + \lambda$
	齿轮右旋		$\Sigma = \beta - \lambda$

（2）齿宽中心平面与珩磨轮中心共面的调整　将工件定位尺安装在机床的固定位置上，这时定位尺的 0 点对着珩磨轮头架的回转轴线。然后把被珩齿轮安装在左右顶尖上，使定位尺与齿轮的外圆相接近，调整左右顶尖座的位置，使齿宽中心平面对准定位尺的 0 点。这时，齿轮端面所对定位尺的度数，正好等于齿宽的一半，如图 10-14 所示。最后，通过首件试珩，再精调左右顶尖座，使齿宽中心平面与珩磨轮中心精确共面。

（3）齿轮与珩磨轮中心的调整　点动径向进给按钮，使齿轮快速移近珩磨轮，转动齿轮，使齿轮对准珩磨轮齿槽。然后转动径向进给手轮。直至两齿接触无间隙为止。松开刻度盘紧固螺钉，将零位对正指针刻线，并锁紧刻度盘。开车后所需的珩削量进给。若单面珩磨，应保持齿面间隙在 0~0.2mm。

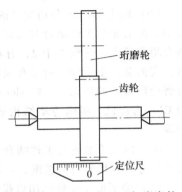

图 10-14　齿宽中心平面与珩磨轮中心共面的调整

（4）轴向进给和行程长度调整　轴向进给量的选择，是通过选择交换齿轮来实现的，从进给量与交换齿轮的关系表，即可找到所需要的交换齿轮。

行程长度根据图 10-15 计算，计算式为

$$L = b + b_1$$

式中　L——行程长度（mm）；

　　　b——宽度（mm）；

　　　b_1——切入、切出长度之和（mm）。

1）齿轮状珩磨轮珩磨法：$b_1 = 4 \sim 6$mm。

2）蜗杆状珩磨轮珩磨法：珩直齿轮 $b_1 = 0$，珩斜齿轮 $b_1 = 3\tan\beta$。

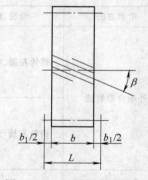

图 10-15　行程长度调整图

点动轴向进给按钮，使齿轮右端面对准定位尺读数等于 $b_1/2$ 的刻线，此时移动左挡块压紧行程开关。再点动轴向进给按钮，这时工作台返回行程，当齿轮左端面所对定位尺的读数等于 H 值时停止，这时移动右挡块压紧行程开关。最后通过首件试行，再精调左右挡块的位置。

（5）齿向修形机构的调整　齿向修形的途径有两种：一是对齿轮的一段或两端进行齿厚修薄；二是对齿轮的整个齿宽进行鼓形修整，如图 10-16 所示。

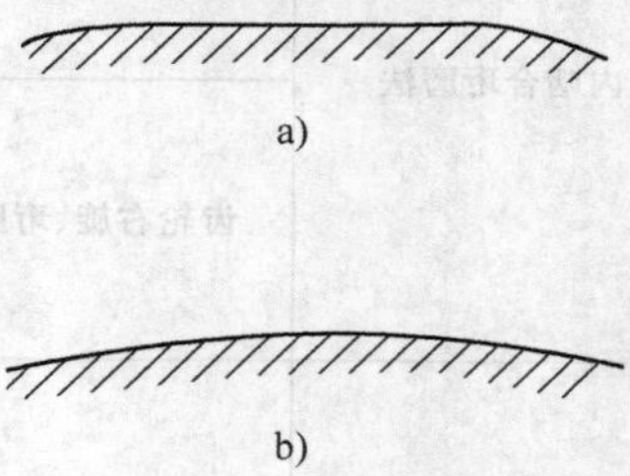

实现齿向修形有三种方法：

1）采用齿向修形靠模，控制工作台在轴向进给运动时，改变珩磨轮与被加工齿轮的中心距。

2）通过工作台摇摆运动机构，控制珩磨轮与齿轮的中心距，这种装置只能进行鼓形修整，而不能进行两端齿厚的齿向修形。

3）采简易控制装置，控制工作台轴向进给阻力大小来实现修形的。

图 10-16　齿向修形图

a）两端齿厚修薄　b）鼓形修整

Y4732 型珩齿机备有一套鼓形齿附件，可实现齿向修形。

齿向修形加工的原理是，当珩磨轮在齿长方向上的不同位置时，用改变阻尼力的大小来控制珩削量的大小。该机床采用磁粉离合器作为阻尼，阻尼力的大小是用简易程控的办法，控制磁粉离合器电源的电压变化来实现的。电压高，阻尼力小，珩削力小，从而珩出两端修薄或鼓形的齿向。

调整的方法是，根据齿轮齿向修形量的大小，选择进步器的步数，同时选择好第一阻尼力的大小，把所需要的步数和电压用插塞插在程控板上，整个程控板可以控制阻尼力的大小来实现的。

（6）瑞士 Fässler 公司生产的内齿珩轮珩齿机　同样以交叉轴空间啮合原理工作，它的主要特点是，珩磨轮与工件啮合时齿面为瞬时线接触，珩削能力强；内齿珩磨轮与工件啮合的重合度比外啮合珩磨轮大，一般大于 2，有利于提高齿形，齿向精度。由于内珩磨轮与工件啮合是非共轭啮合，齿面会产生干涉，所以必须用金刚玉修正轮加以修整，并用来修复珩磨轮精度。在 D-250 内齿珩磨轮珩齿机的基础上，Fässler 公司又开发成刀架径向，工作台轴向进给和刀具驱动三个可控制轴的 CNC 珩齿机。机床传动结构进一步简化，工件和珩磨轮自动定位，珩磨轮磨损自动修整和补偿等。

由于内齿珩磨轮与工件啮合有较大的重合度，而使啮合过程中齿面的接触压力变化小，因而可得到良好的齿形和齿向精度，一般可以达到 DIN6 级。

（7）磨削液　一般选用以煤油为基体的磨削液，其配方如下：

煤油 85% ~ 90%；全损耗系统用油（A-N32）10% ~ 15%。

10.8.5　珩齿误差分析

珩齿时常见的误差产生的原因及其消除方法见表 10-25。

表 10-25　珩齿时常见的误差产生的原因及其消除方法

误差情况		误差简图	产生原因	消除方法
齿形误差	压力角误差		珩磨轮齿形角偏大或珩磨轮螺距偏小	减小珩磨轮齿形角或增大珩磨轮螺距
			珩磨轮齿形角偏小或珩磨轮螺距偏大	增大珩磨轮齿形角或减小珩磨轮螺距
	齿形不对称		珩磨轮齿形面向右偏斜	重修珩磨轮齿形面
			珩磨轮齿形面向左偏斜	重修珩磨轮齿形面
	齿形上齿面局部凹下		珩磨轮下齿面未修准,齿高有效高度不足	精修珩磨轮齿形面
	齿形下齿面局部凸起		珩磨轮齿顶棱角磨损或珩磨轮齿厚太厚,下齿面珩不到	精修珩磨轮齿形面或修薄珩磨轮齿厚
	齿形中凹		齿数少,重合度小	对珩磨轮齿形进行中凹修形
齿向误差	齿向呈锥形		齿轮轴线与轴向进给运动方向不平行(在垂直于展成方向的平面中)	调整两顶尖中心连线对导轨的平行度
	齿向不对称		珩磨轮齿向与齿轮齿向不平行(在平行与展成方向的平面中)	调整轴交角或调整两顶尖中心连线对导轨的平行度
	齿的两端或一端凸起		行程长度不足	调整行程长度
	齿的两端或一端凹下		行程长度超越太大	调整行程长度
	齿向逐齿变化		齿端面与内孔不垂直或珩齿夹具支靠端面不垂直	修磨齿轮或夹具的定位基准
	齿向有规则的大波纹		轴向进给量太大	减小轴向进给量

第 11 章 齿轮刀具的选择

11.1 成形齿轮刀具的选择

11.1.1 盘形齿轮片铣刀

1. 标准盘形齿轮片铣刀的简介和刀号数的划分

标准盘形齿轮片铣刀，主要用于加工精度不高的直齿圆柱齿轮，它是根据齿轮的齿数划分、设计和使用的一种标准刀具，每把刀可加工一定齿数范围的齿轮，刀具齿形是按它加工齿轮齿数中的最少齿数设计的，没有考虑修正系数，加工有修正系数的齿轮，需用专用的片铣刀。每套中的号数越多，加工齿轮齿形的最大误差越小。

一把铣刀可加工的齿数范围（也即齿轮铣刀号数的划分依据），是按照齿廓误差不超过一定数值的原则规定的。JB/T 7970.1—1999《盘形片铣刀 第一部分：基本型式和尺寸》规定：对 $m \leqslant 8mm$ 的通用齿轮片铣刀，规定由 8 把铣刀组成一套；对 $m > 8mm$ 的通用齿轮铣刀，则由 15 把组成一套。在被切齿轮模数较大，且精度要求较高时，一套铣刀可由 26 把组成。每把铣刀都按它加工范围中齿数最少的设计齿形，而按齿数最多的确定齿高，以获得比较合理的切削齿廓。各号铣刀对应的加工直齿轮齿数范围见表 11-1。

表 11-1 齿轮铣刀号数的划分

8 件一套		15 件一套		26 件一套	
铣刀号数	被切齿轮齿数范围	铣刀号数	被切齿轮齿数范围	铣刀号数	被切齿轮齿数范围
1	12~13	1	12	1	12
		1½	13	1½	13
2	14~16	2	14	2	14
		2½	15~16	2½	15
				2¾	16
3	17~20	3	17~18	3	17
		—	—	3¼	18
		3½	19~20	3½	19
		—	—	3¾	20
4	21~25	4	21~22	4	21
				4¼	22
		4½	23~25	4½	23
				4¾	24~25
5	26~34	5	26~29	5	26~27
				5¼	28~29
		5½	30~34	5½	30~31
				5¾	32~34
6	35~54	6	35~41	6	35~37
				6¼	38~41
		6½	42~54	6½	42~46
				6¾	47~54
7	55~134	7	55~79	7	55~65
				7¼	66~79

（续）

8 件一套		15 件一套		26 件一套	
铣刀号数	被切齿轮齿数范围	铣刀号数	被切齿轮齿数范围	铣刀号数	被切齿轮齿数范围
7	55～134	7½	80～134	7½	80～102
				7¾	103～134
8	≥135	8	≥135	8	≥135

加工斜齿轮时，可按斜齿轮的当量齿数 z_v 选取。

$$z_v = z_1 / \cos^3 \beta_1 \qquad (11-1)$$

式中　z_1——被加工斜齿轮的齿数；

　　　β_1——被加工斜齿轮的分度圆螺旋升角。

随着 β_1 的增大，误差增加，一般 $\beta_1 < 30°$。

2. 标准盘形齿轮片铣刀的形式和基本尺寸

标准盘形齿轮片铣刀做成整体高速钢铲齿形式，JB/T 7970.1—1999 规定了 $m = 0.3 \sim 16 \text{mm}$ 整体高速钢片铣刀形式如图 11-1 所示。

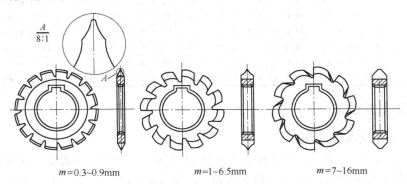

$m=0.3\sim0.9\text{mm}$　　　$m=1\sim6.5\text{mm}$　　　$m=7\sim16\text{mm}$

图 11-1　标准盘形齿轮片铣刀的形式

标准盘形齿轮铣刀的基本尺寸见表 11-2。

表 11-2　标准盘形齿轮铣刀的基本尺寸

模数系列 m/mm		外径 d_{a0} /mm	孔径 D /mm	B/mm 铣刀号数														齿数 Z_k	铣切深度 /mm
1	2			1	1½	2	2½	3	3½	4	4½	5	5½	6	6½	7	7½	8		
0.30		40	16	4		4		4		4		4		4		4		4	20	0.66
	0.35																			0.77
0.40																				0.88
0.50																			18	1.10
0.60																				1.32
	0.70																			1.54
0.80																			16	1.76
	0.90					—												—		1.98
1.00		50																		2.20
1.25				4.8		4.6		4.4		4.2		4.1		4.0		4.0		4.0	14	2.75
1.50		55		5.6		5.4		5.2		5.1		4.9		4.7		4.5		4.2		3.30
	1.75	60	22	6.5		6.3		6.0		5.8		5.6		5.4		5.2		4.9		3.85
2.00		60		7.3		7.1		6.8		6.6		6.3		6.1		5.9		5.5	12	4.40
	2.25			8.2		7.9		7.6		7.3		7.1		6.8		6.5		6.1		4.95
2.50		65		9.0		8.7		8.4		8.1		7.8		7.5		7.2		6.8		5.50
	2.75	70	27	9.9		9.6		9.2		8.8		8.5		8.2		7.9		7.4		6.05

（续）

模数系列		外径	孔径	B/mm															齿数	铣切深度
m/mm		d_{a0}	D	铣刀号数															Z_k	
1	2	/mm	/mm	1	1½	2	2½	3	3½	4	4½	5	5½	6	6½	7	7½	8		/mm
3.00		70	27	10.7		10.4		10.0		9.6		9.2		8.9		8.5		8.1	12	6.60
	3.25	75		11.5		11.2		10.7		10.3		9.9		9.6		9.3		8.8		7.15
	3.50			12.4		12.0		11.5		11.1		10.7		10.3		9.9		9.4		7.70
	3.75			13.3		12.8		12.3		11.9		11.4		11.0		10.5		10.0		8.25
4.00		80		14.1		13.7		13.1		12.6		12.2		11.7		11.2		10.7		8.80
	4.50			15.3		14.9		14.4		13.9		13.6		13.1		12.6		12.0		9.90
5.00		90		16.8		16.3		15.8		15.4		14.9		14.5		13.9		13.2	11	11.00
	5.50	95		18.4		17.9		17.3		16.7		16.3		15.8		15.3		14.5		12.00
6.00		100	32	19.9		19.4		18.8		18.1		17.6		17.1		16.4		15.7		13.20
	6.50	105		21.4		20.8		20.2		19.4		19.0		18.4		17.8		17.0		14.30
	7.00			22.9		22.3		21.6		20.9		20.3		19.7		19.0		18.2		15.40
8.00		110		26.1		25.3		24.4		23.7		23.0		22.3		21.5		20.7		17.60
	9.00	115		29.2	28.7	28.3	28.1	27.6	27.0	26.6	26.1	25.9	25.4	25.1	24.7	24.3	23.9	23.3	10	19.80
10		120		32.2	31.7	31.2	31.0	30.4	29.8	29.3	28.7	28.5	28.0	27.6	27.2	26.7	26.3	25.7		22.00
	11	135		35.3	34.8	34.3	34.0	33.3	32.7	32.1	31.5	31.3	30.7	30.3	29.9	29.3	28.9	28.2		24.20
12		145	40	38.3	37.7	37.2	36.9	36.1	35.5	35.0	34.3	34.0	33.4	33.0	32.4	31.7	31.3	30.6		26.40
	14	160		44.7	44.0	43.4	43.0	42.1	41.3	40.6	39.8	39.5	38.8	38.4	37.7	37.0	36.3	35.5		30.80
16		170		50.7	49.9	49.3	48.7	47.8	46.8	46.1	45.1	44.3	44.0	43.5	42.8	41.9	41.3	40.3		35.20

11.1.2　指形齿轮铣刀

1. 指形铣刀的形式和简单介绍

指形铣刀的形式很多，最常用的几种形式如图 11-2 所示。粗加工用的加工成螺旋槽，螺旋角为20°~45°，直径小的取小值，直径大的取大值，前角为5°~10°，后角为8°~12°，一般是尖齿后

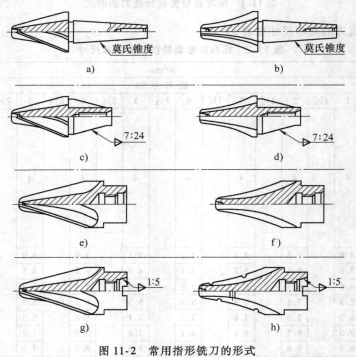

图 11-2　常用指形铣刀的形式

角，容屑槽大，切削性能好，切削效率高。精加工的加工成直槽、0°前角、铲背后角，平均铲背后角为 8°~12°，精度高，易制造。

$m \leq 12mm$ 的，建议采用图 11-2a、b；$m > 12 \sim 30mm$ 的，建议采用图 11-2c、d；$m > 30 \sim 40mm$ 的，建议采用图 11-2e、f；$m > 40mm$ 的，建议采用图 11-2g、h。

图 11-2a、b、c、d、g、h 定位精度高，制造、刃磨、使用方便，刀齿圆周偏摆变化很小。只要使用设备指形刀架主轴易装拉杆的，采用外、内锥定位好。

图 11-2e、f 定位精度差，装卸一次、刀齿圆周偏摆变化一次，在加工特大模数、齿数较少的齿轮时，常出现指形铣刀研死在刀杆上卸不下来，甚至还有指形铣刀、刀杆、指形刀架、主轴全部研合在一起卸不下来的实例。尽管它有很多缺点，但因为制造、装卸方便，仍得到广泛地使用。图 11-2g、h 优于图 11-2e、f，它不但定位精度改善，还增加了两个端面键传递扭矩，克服了扭矩大研死的现象，是特大模数指形铣刀首选的一种形式，也是大功率指形刀架设计者应考虑拉杆松紧方便，易更换铣刀的问题。

指形铣刀的顶端直径小，容屑槽小，切削速度低，且三面切削排屑困难，切削条件最恶劣。指形铣刀顶部必须有端齿，常用的端齿形式有两种，如图 11-3 所示的 A 型和 B 型，A 型用于 $m \leq 16mm$，B 型用于 $m > 16mm$，切削刃与中心对称，2°~5°前角，8°~10°后角，容屑槽圆滑过渡，使卷曲切屑顺利排出。指形铣刀端齿的尺寸见表 11-3。

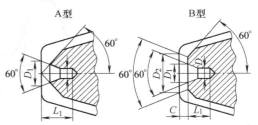

图 11-3 指形铣刀端齿形状

表 11-3 指形铣刀端齿的尺寸 （单位：mm）

模数 m	10	12	14	16	18	20	22	25	28	30	32	36	40	45	50	55	60	70	80
D	1				1.5					2			2.5		3				
D_1	2.5			4						5			6		7.5				
D_2	—			6			7	8		10		12	15		20		25		30
L_1	2.5			4						5			6		7.5				
C	—			1			1.5			2			2.5		3		4		

2. 提高指形铣刀切削效率的途径

1）螺旋分屑等导程粗指形铣刀可以用普通铲床的仿形刀架，挂差动齿轮，铲磨齿形和各种形式的分屑槽。带分屑槽高效粗指形铣刀，可提高切削效率30%以上。带分屑槽高效粗指形铣刀如图 11-4 所示。

2）把直槽半精、精指形铣刀改变成螺旋槽形式的，切

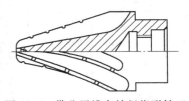

图 11-4 带分屑槽高效粗指形铣刀

削条件改善，效率可以提高25%，但这种指形铣刀的齿形需用靠模磨削。若等导程螺旋槽，坐标点之间的升程不大于30°，可以挂差动齿轮，利用普通铲床的仿形刀架铲磨成形。

3）创造条件，采用硬质合金可转位刀片，制造机夹不重磨硬质合金粗指形铣刀，高速切削。

11.2 展成齿轮刀具的选择

11.2.1 渐开线齿轮滚刀

1. 整体渐开线齿轮滚刀

GB/6083—2001 规定整体渐开线齿轮滚刀的基本形式和尺寸，分为Ⅰ型和Ⅱ型。Ⅰ型尺寸较

大，重型滚齿机使用；Ⅱ型尺寸较小，适于小型滚齿机使用，具体规格尺寸见表 11-4。

表 11-4　整体渐开线齿轮滚刀形式和尺寸（摘自 GB/T 6083—2001）　（单位：mm）

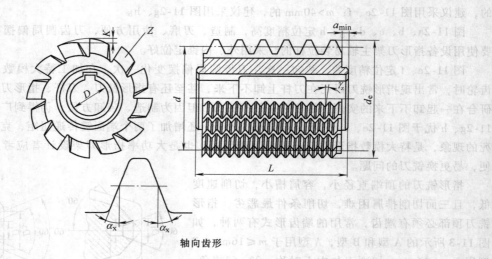

轴向齿形

模数系列		I型						II型					
I	II	d_e	L	D	γ_z	α_x	Z	d_e	L	D	γ_z	α_x	Z
1		63	63	27	57′	20°0′9″	16	50	32	22	1°13′	20°	12
1.25					1°12′	20°0′15″			40		1°33′		
1.5		71	71	32	1°17′	20°0′17″		63	40		1°28′		
	1.75				1°31′	20°0′24″			40		1°44′		
2		80	80		1°33′	20°0′23″	14	71	50	27	1°46′		
	2.25				1°45′	20°0′31″					2°		
2.5		90	90	40	1°44′	20°0′30″		71	63		2°15′		
	2.75				1°55′	20°0′37″					2°30′		
3		100	100		1°53′	20°0′36″		80	71	32	2°24′	20°1′	
	*3.25				2°3′	20°0′42″					2°38′		
3.5					2°13′	20°0′50″					2°51′		
	*3.75				2°24′	20°0′58″					2°43′		
4		112	112	50	2°16′	20°0′52″	12	90	90	40	2°55′		
	4.5				2°35′	20°1′7″					3°20′		
5		125	125		2°35′	20°1′7″		100	100		3°20′	20°2′	
	5.5				2°50′	20°1′21″					3°43′		
6		140	140		2°47′	20°1′18″		112	112		3°37′		10
	*6.5				3°3′	20°1′34″		118	118		3°44′		
	7				3°19′	20°1′51″		118	125		4°4′	20°3′	
8		160	160	60	3°19′	20°1′51″		125	140		4°27′		
	9		180	180		3°19′	20°1′51″		140	140		4°28′		
10		200	200		3°19′	20°1′51″		150	170	50	4°40′	20°4′	

注：前面带 * 的是厂标规格。

2. 镶片渐开线齿轮滚刀

（1）基本形式和尺寸　GB/T 9205—1988，规定了直沟、0°前角，模数为 9~40mm 的镶片渐开线齿轮滚刀的基本形式和尺寸；现行标准 GB/T 9205—2005 中模数和结构做了调整，计算尺寸做了相应变化（模数范围 10~32mm）。镶片齿轮滚刀的形式和尺寸见表 11-5。

表 11-5　镶片齿轮滚刀的形式和尺寸　　　　　　　　　　　（单位：mm）

带端面键槽型

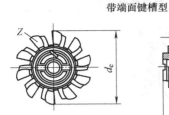
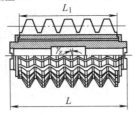

轴向齿形

带轴向键槽型

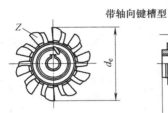
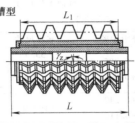

模数系列			带轴向键槽型					带端面键槽型					
I	II	d_e	L	D	γ_z	α_x	Z	d_e	L	D	γ_z	α_x	Z
						GB/T 9205—1988							
	9	185	195	50	3°14′	20°1′46″		185	215	50			
10		190	200		3°32′	20°2′6″		190	220				
	11	195	215		3°50′	20°2′29″		195	235				
12		200	220		4°7′	20°2′51″		200	240				
	14	215	240		4°32′	20°3′28″	10	215	260				
16		235	250	60	4°47′	20°3′52″		235	275	60	同带轴向键槽型	同带轴向键槽型	同带轴向键槽型
	18	255	275		5°	20°4′13″		255	300				
20		265	285		5°26′	20°4′59″		265	310				
	22	300	320		5°14′	20°4′37″		300	350				
25		320	340		5°40′	20°5′25″		320	370	80			
	28	340	360		6°3′	20°6′11″		340	390				
	30	350	380	80	6°23′	20°6′53″		350	410				
32		380	405		6°14′	20°6′34″		380	435				
	36	400*	420*		6°48′	20°7′49″	9	400	455	100			
40		420*	440*		7°19′	20°9′37″		420	475				
						GB/T 9205—2005							
10		205	220	60	3°11′	20°02′		205	245	60	同带轴向键槽型	同带轴向键槽型	同带轴向键槽型
	11	215	235		3°22′			215	260				
12		220	240		3°37′			220	265				
	14	235	260		4°01′	20°03′		235	285				
16		250	280		4°22′		10	250	305				
	18	265	300		4°42′			265	325				
20		280	320		4°59′	20°04′		280	345				
	22	315	335	80	4°51′			315	365				
25		330	350		5°22′	20°05′		330	380	80			
	28	345	365		5°51′	20°06′		345	395				
	30	360	385		6°03′			360	415				
32		375	405		6°14′	20°07′		375	435				

注：1. 带 * 的规格非国标规定品种，属于企业标准规格。

　　2. GB/T 9205—2005 键槽的尺寸和偏差按 GB/T 6132—2006 的规定。

（2）轴向键槽和端面键槽尺寸　镶片齿轮滚刀的轴向键槽和端面键槽尺寸见表11-6、表11-7。

表 11-6　镶片齿轮滚刀的轴向键槽尺寸　　　　　　（单位：mm）

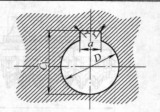

轴向键槽尺寸

D	a		C_1		r	
基本尺寸	基本尺寸	极限偏差	基本尺寸	极限偏差	基本尺寸	极限偏差
50	12		53.5		1.6	
60	14	+0.205	64.2			
80	18	+0.095	85.5	+0.2 0	2.0	0 −0.5
100	25	+0.240 +0.110	107.0		2.5	

表 11-7　镶片滚刀的端面键槽尺寸　　　　　　（单位：mm）

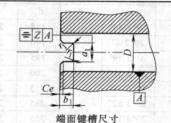

端面键槽尺寸

D	a_1		b_1		r_{1max}	e		Z
基本尺寸	基本尺寸	极限偏差	基本尺寸	极限偏差		基本尺寸	极限偏差	
50	18.4		10.0	+0.220 0	2.0	1.0	+0.3 0	0.20
60	20.5	+0.130 0	11.2					
80	25.5		14.0	+0.270 0	2.5	1.2		0.25
100	25.5		16.0		3.0	1.6	+0.5 0	

11.2.2　直齿插齿刀

1. 直齿插齿刀的形式和尺寸

GB/T 6081—2001《直齿插齿刀　基本型式和尺寸》中规定了模数为 1~12mm，分度圆压力角为 20°的盘形直齿插齿刀、碗形直齿插齿刀和锥柄直齿插齿刀三种。盘形直齿插齿刀主要用于加工大直径的内齿轮、外齿轮和齿条等，其公称分度圆直径有 75mm、100mm、125mm、160mm 和 200mm 五种，精度等级分为 AA、A、B 三种，按照 GB/T 6082—2001 规定的各项标准检查。盘形直齿插齿刀的形式如图 11-5 所示，尺寸见表 11-8。

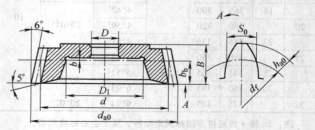

图 11-5　盘形直齿插齿刀的形式

表 11-8　盘形直齿插齿刀尺寸（摘自 GB/T 6081—2001）　　　　　（单位：mm）

公称分度圆直径	模数 m	齿数 z_0	d	d_{a0}	D	D_1	b	b_b	B	h_{a0}	S_0	齿顶高系数 h_{a0}^*
75	1	76	76	78.50		58		0	15	1.25	1.57	
	1.25	60	75	78.56				2.1		1.78	2.12	
	1.5	50	75	79.56				3.9		2.28	2.65	
	1.75	43	75.25	80.67		56		5.0	17	2.71	3.13	
	2	38	76	82.24				5.9		3.12	3.59	
	2.25	34	76.5	83.48				6.4		3.49	4.02	
	2.5	30	75	82.34				5.2		3.67	4.32	
	2.75	28	77	84.92			10	5		3.96	4.70	
	3	25	75	83.34		52		4	20	4.17	5.02	
	*3.25	24	78	86.96		54		4		4.48	5.41	
	3.5	22	77	86.44		52		3.3		4.72	5.75	1.25
	*3.75	20	75	84.90		50		2.5		4.95	6.08	
	4	19	76	86.32				1.5		5.16	6.40	
100	1	100	100	102.62				0.6	18	1.31	1.62	
	1.25	80	100	103.94				3.9		1.97	2.26	
	1.5	68	102	107.14		80		6.6		2.57	2.86	
	1.75	58	101.5	107.62				8.3		3.06	3.38	
	2	50	100	107.00				9.5		3.50	3.87	
	2.25	45	101.25	109.09	31.743			10.5	22	3.92	4.34	
	2.5	40	100	108.36		78		10		4.18	4.69	
	2.75	36	99	107.86			12	9.4		4.43	5.04	
	3	34	102	111.54				9.7		4.77	5.45	
	3.25	31	100.75	110.71				8.7		4.98	5.77	
	3.5	29	101.5	112.08				8.7		5.29	6.16	
	3.75	27	101.25	112.35				8.2		5.55	6.52	
	4	25	100	111.46		72		6.9	24	5.73	6.81	
	4.5	22	99	111.78		68		5.1		6.39	7.46	
	5	20	100	113.90			12	4.3		6.95	8.18	
	5.5	19	104.5	119.68		70		4.2		7.59	8.96	
	6	18	108	124.56				4.6		8.28	9.78	
125	4	31	124	136.8		92		11.4	30	6.4	7.16	
	4.5	28	126	140.14				11.6		7.07	7.96	
	5	25	125	140.2		90		10.5		7.60	8.66	1.3
	5.5	23	126.5	143				10.5		8.25	9.44	
	6	21	126	143.52		86	13	9.1		8.76	10.12	
	6.5	19	123.5	141.96				7.4		9.23	10.78	
	*7	18	126	145.74		82		7.3		9.87	11.55	
	8	16	128	149.92				5.3		10.96	12.97	
160	6	27	162	178.2		120		5.7	35	8.10	9.86	
	*6.5	25	162.5	180.06				6.2		8.78	10.68	
	7	23	161	179.9	88.9	116	18	6.7		9.45	11.51	
	8	20	160	181.6				7.6		10.80	13.15	
	9	18	162	186.3		114		8.6		12.15	14.80	1.25
	10	16	160	187				9.5		13.50	16.43	
200	8	25	200	221.6		150		7.6	40	10.80	13.15	
	9	22	198	222.3		144		8.6		12.15	14.80	
	10	20	200	227	101.6		20	9.5		13.50	16.43	
	11	18	198	227.7		140		10.5		14.85	18.08	
	12	17	204	236.4				11.4	45	16.20	19.72	

表 11-8　高速直插齿刀尺寸　（摘自 GB/T 6081—2001）　　　（续）　（单位：mm）

公称分度圆直径	模数 m	齿数 z0	d	da0	D	D1	b	bb	B	ha0	S0	齿顶高系数 ha0*
240	*14	17	238	275.8	101.6	146	20	13.32	45	18.90	23.01	1.25
	*16	15	240	283.2				15.22		21.60	26.30	

注：前面有 * 插齿刀为国内企业标准规格，GB/T 6081—2001 中不包括这些规格。

　　碗形直齿插齿刀多用于加工多联齿轮和带凸肩空刀槽小的齿轮，也可加工盘形插齿刀能加工的各种齿轮、齿条等。其公称分度圆直径为 50mm、75mm、100mm、125mm 四种，精度等级为 AA、A、B 三种。碗形直齿插齿刀的形式如图 11-6 所示，尺寸见表 11-9。

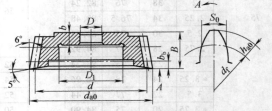

图 11-6　碗形直齿插齿刀

表 11-9　碗形直齿插齿刀尺寸　（摘自 GB/T 6081—2001）　　　（单位：mm）

公称分度圆直径	模数 m	齿数 z0	d	da0	D	D1	b	bb	B	ha0	S0	齿顶高系数 ha0*
50	1	50	50	52.72	20	30		1	25	1.36	1.65	1.25
	1.25	40	50	53.38				1.2		1.69	2.06	
	1.5	34	51	55.04				1.4		2.02	2.46	
	1.75	29	50.75	55.49				1.7		2.37	2.88	
	2	25	50	55.40				1.9		2.70	3.29	
	2.25	22	49.50	55.56				2.1		3.03	3.70	
	2.5	20	50	56.76				2.4		3.38	4.11	
	2.75	18	49.50	56.92				2.6		3.71	4.52	
	3	17	51	59.10				2.9		4.05	4.93	
	*3.25	15	48.75	57.53				3.1	27	4.39	5.34	
	3.5	14	49	58.44				3.3		4.72	5.75	
75	1	76	76	78.72	31.743	50	10	1	30	1.36	1.65	1.25
	1.25	60	75	78.38				1.2		1.69	2.06	
	1.5	50	75	79.04				1.4		2.02	2.46	
	1.75	43	75.25	79.99				1.7		2.37	2.88	
	2	38	76	81.40				1.9		2.70	3.29	
	2.25	34	76.5	82.56				2.1		3.03	3.70	
	2.5	30	75	81.76				2.4		3.38	4.11	
	2.75	28	77	84.42				2.6		3.71	4.52	
	*3	25	75	83.10				2.9		4.05	4.93	
	3.25	24	78	86.78				3.1		4.39	5.34	
	*3.5	22	77	86.44				3.3		4.72	5.75	
	3.75	20	75	85.14				3.6	32	5.07	6.17	
	4	19	76	86.80				3.8		5.40	6.57	
100	1	100	100	102.62		63		0.6	34	1.31	1.62	
	1.25	80	100	103.94				3.9		1.97	2.26	
	1.5	68	102	107.14				6.6		2.57	2.86	
	1.75	58	101.50	107.62				8.3		3.06	3.38	
	2	50	100	107				9.5		3.50	3.87	
	2.25	45	101.25	109.09				10.5		3.92	4.34	
	2.5	40	100	108.36				10		4.18	4.69	
	2.75	36	99	107.86				9.4		4.43	5.04	
	3	34	102	111.54				9.7		4.77	5.45	

（续）

公称分度圆直径	模数 m	齿数 z_0	d	d_{a0}	D	D_1	b	b_b	B	h_{a0}	S_0	齿顶高系数 h_{a0}^*
100	3.25	31	100.75	110.71	63	31.743	10	8.7	34	4.98	5.77	1.25
	3.5	29	101.5	112.08				8.7		5.29	6.16	
	3.75	27	101.25	112.35				8.2		5.55	6.52	
	4	25	100	111.46				6.9		5.73	6.81	
	4.5	22	99	111.78				5.1	36	6.39	7.46	
	5	20	100	113.90				4.3		6.95	8.18	
125	5.5	19	104.50	119.68	70		13	4.2	40	7.59	8.96	1.3
	6	18	108	124.56				4.6		8.28	9.78	
	4	31	124	136.80				11.4		6.4	7.16	
	4.5	28	126	140.14				11.6		7.07	7.96	
	5	25	125	140.20				10.5		7.6	8.66	
	5.5	23	126.5	143.00				10.5		8.25	9.44	
	6	21	126	143.52				9.1		8.76	10.12	
	6.5	19	123.5	141.96				7.4		9.23	10.78	
	7	18	126	145.74				7.3		9.87	11.55	
	8	16	128	149.92				5.3		10.96	12.97	

注：前面带 * 的是企业标准规格，GB/T 6081—2001 中没有这些规格。

锥柄直齿插齿刀主要用于加工齿数少的内齿轮，其公称分度圆直径有 25mm、38mm 两种，锥柄直齿插齿刀的形式如图 11-7 所示，尺寸见表 11-10。

2. 直齿插齿刀的选择

1）插齿刀精度等级和可加工齿轮精度列于表 11-11。

2）按齿轮齿数初选插齿刀。已知齿轮齿数后，可按表 11-12 初步选定插齿刀齿数，表中所列数值没有考虑插齿刀和内齿轮的变位

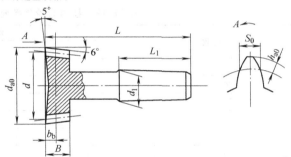

图 11-7　锥柄直齿插齿刀

系数，用于齿轮联轴器、换档内齿轮等，基本可以满足要求，是单件小批生产中常使用的表格。若用于重要的传动内齿轮，或批量生产，还是按以下限制条件验算确定为好。

表 11-10　锥柄直齿插齿刀尺寸（摘自 GB/T 6081—2001）　　　（单位：mm）

公称分度圆直径	模数 m	齿数 z_0	d	d_{a0}	b_b	B	h_{a0}	S_0	齿顶高系数 h_{a0}^*	d_1	L_1	L	莫氏短圆锥号
25	1	26	26	28.72	1	10	1.36	1.65	1.25	17.981	40	75	2
	1.25	20	25	28.38	1.2		1.69	2.06					
	1.5	18	27	31.04	1.4		2.02	2.46					
	1.75	15	26.25	30.89	1.3	12	2.32	2.85					
	2	13	26	31.24	1.1		2.62	3.23				80	
	2.25	12	27	32.90	1.3		2.95	3.63					
	2.5	10	25	31.26	0		3.13	3.93					
	2.75	10	27.5	34.48	0.5	15	3.49	4.36					
38	1	38	38	40.72	1	12	1.36	1.65	1.25	24.051	50	90	3
	1.25	30	37.5	40.88	1.2		1.69	2.06					
	1.5	25	37.5	41.54	1.4		2.02	2.46					
	1.75	22	38.5	43.24	1.7	15	2.37	2.88					
	2	19	38	43.4	1.9		2.70	3.29					

（续）

公称分度圆直径	模数 m	齿数 z_0	d	d_{a0}	b_b	B	h_{a0}	S_0	齿顶高系数 h_{a0}^*	d_1	L_1	L	莫氏短圆锥号
38	2.25	16	36	41.98	1.7	15	2.99	3.66	1.25	24.051	50	90	3
	2.5	15	37.5	44.26	2.4		3.38	4.11					
	2.75	14	38.5	45.88	2.4		3.69	4.50					
	*3	12	36	43.74	1.1		3.87	4.80					
	3.25	12	39	47.58	2.2		4.29	5.27					
	*3.5	11	38.5	47.52	1.3		4.51	5.60					
	3.75	10	37.5	46.88	0		4.69	5.89					

注：前面带 * 的为企业标准规格，GB/T 6081—2001 中没有这些规格。

表 11-11　插齿刀精度等级和可加工齿轮精度

插齿刀形式	直齿插齿刀 （GB/T 6081—2001）							
	盘　形			碗　形			锥　柄	
插齿刀精度	AA	A	B	AA	A	B	A	B
被切齿轮精度	6	7	8	6	7	8	7	8

表 11-12　按内齿轮齿数允许的插齿刀最多齿数

内齿轮齿数 Z_2	允许的插齿刀最多齿数 z_{0max}		
	$\alpha = 14.5°$　$h_{a2}^* = 1$	$\alpha = 20°$　$h_{a2}^* = 1$	$\alpha = 20°$　$h_{a2}^* = 0.8$
			$\alpha = 25°$　$h_{a2}^* = 1$
24			10
28			11
32		10	12
36		13	14
40	14	17	18
44	16	21	23
48	18	25	27
52	21	29	32
56	24	34	36
60	27	38	40
64	30	42	45
68	33	46	49
72	36	50	53

3. 直齿插齿刀的校验

（1）直齿插齿刀的干涉顶切　插齿刀在切齿过程中,插齿刀齿形的下面部分切入齿轮齿形的齿顶部现象叫干涉顶切。插齿刀与内齿轮 2 的啮合如图 11-8 所示,若被切齿轮的顶圆半径 r_{a2} 与啮合线的交点 k 低于插齿刀的极限啮合点 k_0 时,就要发生顶切,而不发生干涉顶切的条件应为

$$r_{a2} \geqslant \sqrt{(a_{02} \sin \alpha_{02})^2 + r_{b2}^2} \qquad (11-2)$$

式中　　a_{02}——插齿刀和所加工内齿轮 2 的中心距;

　　　　α_{02}——插齿刀切内齿轮 2 时的啮合角;

　　　　r_{b2}——内齿轮 2 的基圆半径。

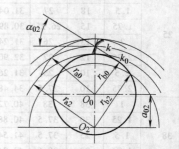

图 11-8　插齿刀与内齿轮 2 啮合

注:图中 r_{b0} 为插齿刀的基圆半径。

$$a_{02} = \frac{m(z_2 - z_0)}{2} \cdot \frac{\cos\alpha}{\cos\alpha_{02}} \tag{11-3}$$

$$\text{inv}\alpha_{02} = 2\tan\alpha \frac{x_2 - x_0}{z_2 - z_0} + \text{inv}\alpha \tag{11-4}$$

式中　　m——模数（mm）；

$\quad\quad z_2$——内齿轮齿数；

$\quad\quad z_0$——插齿刀齿数；

$\quad\quad x_2$——内齿轮变位系数；

$\quad\quad x_0$——插齿刀变位系数；

$\quad\quad \alpha$——内齿轮基准齿形角（°）。

干涉顶切，通过许多人的研究验算，在加工压力角为 20°、齿顶高系数 $h_{a2}^* = 1$，且没有变位系数的内齿轮的情况下，齿轮齿数 z_2 和插齿刀的齿数差 $z_2 - z_0 = 16 \sim 18$ 时，干涉顶切最小；但 $z_0 < 20$ 时不管被切齿轮的齿数多少，这种顶切是不可避免的。要消除这一顶切，唯一有效措施是将内齿轮原齿顶高 h_a 减小，故许多大型行星减速器内齿轮都是 $h_a/h_f = 0.8/1.25$。在校验中也发现，在 $z_0 > 30$、$z_2 - z_0 > 16$ 时，无论新插齿刀或修磨至极限的旧插齿刀，干涉顶切几乎不产生。

（2）切入顶切　插齿刀加工内齿轮时，随着插齿刀和内齿轮中心距的增加，插齿刀便逐渐切入齿坯，在径向切入过程中，插齿刀的齿顶切入齿轮的齿顶，这种现象叫切入顶切。这种顶切量的变化随插齿刀的变位系数、齿轮齿数 z_2 和插齿刀齿数 z_0 差的变化而变化。校验虽然可靠，但很烦琐和费时，因此有人根据系统的计算而做出实用的图表，如图 11-9 所示。其纵坐标为插齿刀的变位系数 x_0，横坐标为被切齿轮齿数与插齿刀齿数差。在此曲线左上面，齿轮发生顶切；在曲线右下面，不发生顶切。

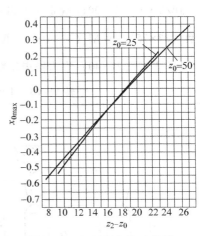

图 11-9　切入顶切校验曲线

从图 11-9 中看出，齿数差（$z_2 - z_0$）越小，越易产生切入顶切；$z_2 - z_0 > 17$ 时不产生顶切的 x_{0max} 为正值；$z_2 - z_0 < 17$ 时不产生顶切的 x_{0max} 为负值。

（3）过渡曲线干涉　用插齿刀切出的内齿轮齿形根部，与配对齿轮的啮合过程中产生的干涉现象，叫过渡曲线干涉。如图 11-10 所示，ρ_{02} 为用插齿刀切内齿轮 2 时的渐开线齿形终点 k_0 的曲率半径，ρ_{12} 为配对齿轮 1 与内齿轮 2 啮合时

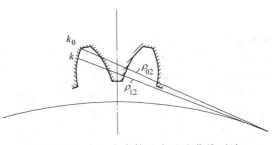

图 11-10　大、小齿轮啮合过渡曲线干涉

在内齿轮 2 根部极限啮合点 k 的曲率半径，但 $\rho_{12} < \rho_{02}$ 时不发生过渡线干涉，代入齿轮副和插齿刀的参数后可得如下关系式：

$$z_1\tan\alpha_{a1} + (z_2 - z_1)\tan\alpha_{12} \leqslant z_0\tan\alpha_{a0} + (z_2 - z_0)\tan\alpha_{02} \tag{11-5}$$

式中　　z_2、z_1——被切齿轮与配对齿轮的齿数；

$\quad\quad \alpha_{a1}$、α_{a0}——配对齿轮 1 与插齿刀顶圆压力角；

$\quad\quad \alpha_{12}$——配对齿轮副 1、2 的啮合角；

$\quad\quad \alpha_{02}$——插齿刀切内齿轮 2 时的啮合角。

（4）负啮合现象　用插齿刀切内齿轮时，它们的啮合角应大于零，否则插齿刀的基圆和内齿轮的基圆将不相交，如图 11-8 所示。两基圆的共切线无法做出，不能正确啮合，为了使啮合角大于零，必须满足式（11-6）：

$$x_2 - x_0 \geqslant -\frac{(z_2 - z_0)\mathrm{inv}\alpha}{2\tan\alpha} \qquad (11\text{-}6)$$

当 $\alpha = 20°$ 时，有

$$x_2 - x_0 \geqslant -0.02047(z_2 - z_0) \qquad (11\text{-}7)$$

由式（11-7）可知，x_0 越大，越易产生负啮合观象。

11.2.3　直齿锥齿轮精刨刀

JB/T 9990.1—2011 规定了直齿锥齿轮精刨刀基本形式和尺寸，分四种形式：Ⅰ 型（27×40）、Ⅱ 型（33×75）、Ⅲ 型（43×100）、Ⅳ 型（$\frac{60}{75}$×125）。

1）Ⅰ 型（27×40）直齿锥齿轮精刨刀的形式和尺寸见表 11-13。

表 11-13　Ⅰ 型（27×40）直齿锥齿轮精刨刀的形式和尺寸　　　　　（单位：mm）

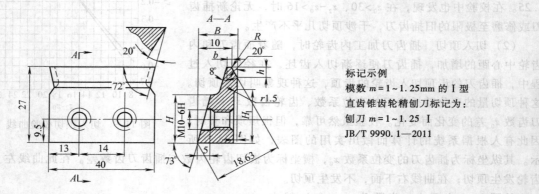

标记示例
模数 $m = 1 \sim 1.25\,\mathrm{mm}$ 的 Ⅰ 型
直齿锥齿轮精刨刀标记为：
刨刀 $m = 1 \sim 1.25$ Ⅰ
JB/T 9990.1—2011

模数范围	B	h	b	H	t	H_1	R
0.3 ~ 0.4	10.36	1.0	0.12	25			0.10
0.5 ~ 0.6	10.54	1.5	0.20		0.5	21	0.15
0.7 ~ 0.8	10.73	2.0	0.28	24			0.21
1 ~ 1.25	11.16	3.2	0.40	23			0.30
1.375 ~ 1.75	11.53	4.2	0.60	22	1.0		0.40
2 ~ 2.25	11.93	5.3	0.80		1.5	18	0.60
2.5 ~ 2.75	12.36	6.5	1.00	20	2.0		0.75
3 ~ (3.25)	12.76	7.6	1.20	18	2.5	16	0.90

注：1. 模数为 3.25mm 尽量不采用。
　　2. H 的数值为参考值。

2）Ⅱ 型（33×75）直齿锥齿轮精刨刀的形式和尺寸见表 11-14。

3）Ⅲ 型（43×100）直齿锥齿轮精刨刀的形式和尺寸见表 11-15。

4）Ⅳ 型（$\frac{60}{75}$×125）直齿锥齿轮精刨刀的形式和尺寸见表 11-16。

表 11-14　Ⅱ型（33×75）直齿锥齿轮精刨刀的形式和尺寸　　　　　（单位：mm）

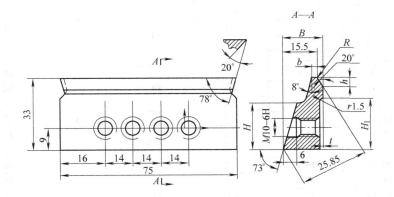

标记示例

模数 $m = 2 \sim 2.25\text{mm}$ 的Ⅱ型直齿锥齿轮精刨刀标记为：

刨刀 $m = 2 \sim 2.25$　Ⅱ　JB/T 9990.1—2011

模数范围	B	h	b	H	t	H_1	R
0.5~0.6	16.04	1.5	0.20		0.5	27	0.15
0.7~0.8	16.23	2.0	0.28	29			0.21
1~1.25	16.66	3.2	0.40		1.0	26	0.30
1.375~1.75	17.03	4.2	0.60			24	0.40
2~2.25	17.43	5.3	0.80			23	0.60
2.5~2.75	17.86	6.5	1.00	23		22	0.75
3~(3.25)	18.26	7.6	1.20		1.5	21	0.90
3.5~(3.75)	18.70	8.8	1.40			19	1.00
4~4.5	19.36	10.6	1.60	18		18	1.20
5~5.5	20.05	12.5	2.00			16.5	1.50

注：1. 模数为 3.25mm 和 3.75mm 尽量不采用。

　　2. H 的数值为参考值。

表 11-15　Ⅲ型（43×100）直齿锥齿轮精刨刀的形式和尺寸　　　　　（单位：mm）

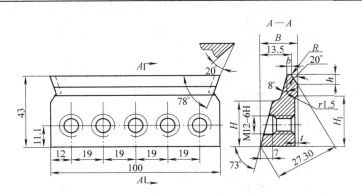

标记示例

模数 $m = 4 \sim 4.5\text{mm}$ 的Ⅲ型直齿锥齿轮精刨刀标记为：

刨刀 $m = 4 \sim 4.5$　Ⅲ　JB/T 9990.1—2011

（续）

模数范围	B	h	b	H	t	H_1	R
1～1.25	14.70	3.3	0.4		1.0	36	0.30
1.375～1.75	15.03	4.2	0.6	35		35	0.40
2～2.25	15.43	5.3	0.8			33	0.60
2.5～2.75	15.86	6.5	1.0				0.75
3～(3.25)	16.26	7.6	1.2			31	0.90
3.5～(3.75)	16.70	8.8	1.4	30		30	1.00
4～4.5	17.36	10.6	1.6		1.5	28	1.20
5～5.5	18.05	12.5	2.0			27	1.50
6～6.5	18.96	15.0	2.4	22.5		24	1.8
7	19.50	16.5	2.8			22	2.10
8	20.41	19.0	3.2			19	2.40
9	21.32	21.5	3.6	20		18	2.70
10	22.23	24.0	4.0	19		17	3.00

注：1. 模数 3.25mm 和 3.75mm 尽量不采用。

　　2. H 的数值为参考值。

表 11-16　IV型$\left(\dfrac{60}{75}×125\right)$直齿锥齿轮精刨刀的形式和尺寸　　　（单位：mm）

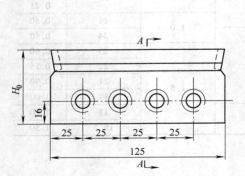
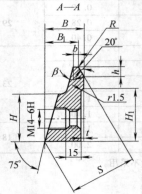

标记示例

模数 $m=8$mm 的 IV 型直齿锥齿轮精刨刀
标记为：

刨刀 $m=8$ IV JB/T 9990.1—2011

模数范围	B	H_0	b	h	B_1	H	t	H_1	β	S	R
3～(3.25)	23.26		1.2	7.6		48		48			0.90
3.5～(3.75)	23.70		1.4	8.8				47			1.00
4～4.5	24.35		1.6	10.6				45			1.20
5～5.5	25.04		2.0	12.5				44			1.50
6～6.5	25.94		2.4	15.0		42		41			1.80
7	26.50	60	2.8	16.5	20.5		1.5	39	8°	39.78	2.10
8	27.41		3.2	19.0		38		36			2.40
9	28.32		3.6	21.5				34			2.70
10	29.23		4.0	24.0		32		31			3.00
11	29.89		4.4	25.8				29			3.30
12	30.72		4.8	28.1		30		26			3.60
14	42.44		5.6	32.8		34		38			4.20
16	44.15		6.4	37.5				33			4.80
18	45.86	75	7.2	42.2	30.5		2.5	28	12°	54.31	5.40
20	47.60		8.0	47.0		30		25			6.00

注：1. 模数 3.25mm 和 3.75mm 尽量不采用。

　　2. H 的数值为参考值。

5）刨刀的技术条件按 JB/T 9990.2—2011 要求。

11.2.4　梳齿刀的选择

梳齿刀是按照齿条和齿轮啮合关系，利用展成原理加工直齿、单斜齿和人字齿轮等圆柱齿轮的一种刀具，它的外形像齿条，所以也称齿条刀。

1. 马格直齿、单斜齿梳齿刀

马格型直齿梳齿刀可以加工直齿轮，也可以加工和它法向模数、法向齿形角相等的任何螺旋角不同的左、右旋单斜齿的斜齿轮，因为基节相等、法向齿形角相等。人字齿轮因为空刀槽小，不能用马格型直齿梳齿刀加工，必须用斜齿梳齿刀加工。

2. 马格加工人字齿轮的斜齿梳齿刀安装

加工空刀槽小的人字齿轮，必须用斜齿梳齿刀，而且加工左旋齿轮需用左旋梳齿刀，加工右旋齿轮需用右旋梳齿刀。螺旋角不同不能互换，只能用和齿轮螺旋角和法向齿形角相等旋向相同的斜齿梳齿刀。因为梳齿刀的基准齿形，就是和它运动方向垂直的齿形。加工斜齿轮时，梳齿刀的运动方向就是齿轮的螺旋方向，而梳齿刀安装成水平的。马格梳齿机用左旋梳齿刀加工左旋人字齿轮的安装如图 11-11 所示。

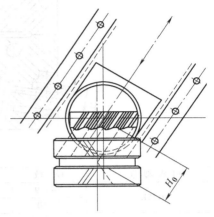

图 11-11　马格左旋梳齿刀加工
左旋人字齿轮的安装

3. 马格阶梯切削粗切梳齿刀

梳齿加工效率较低，粗切加工更低，尤其是大模数、大直径，热处理硬度超过 300HBW 齿轮的粗切加工，背吃刀量 40mm 以上时，常出现振动。常规形式的粗切梳齿刀，只能切削用量很小才能使用。为了防止振动，人们把切削齿根和切削齿形分别进行。马格阶梯切削粗切梳齿刀，就是把前者分别切削结合在一起，一个齿切齿深，其余齿分切齿形，既均分切削又分屑的一种高效粗切梳齿刀。用于加工直齿和右旋单斜齿，三个齿的大模数阶梯切削粗切梳齿刀如图 11-12 所示，一个齿切齿深，两个齿分切齿形。

4. 马格加工塔形齿轮的梳齿刀

加工空刀槽较小的塔形齿轮，不论直齿和斜齿，都得用专用的梳齿刀，马格加工塔形齿轮的直齿粗、精梳齿刀如图 11-13 所示，特别压板凸出部分插入纵横槽中作为定位，螺钉头埋入压板夹紧。

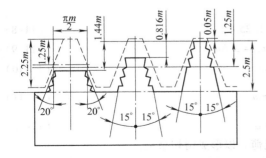

图 11-12　马格阶梯切削粗切梳齿刀

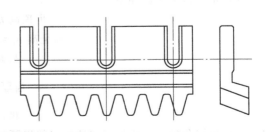

图 11-13　马格加工塔形齿轮直齿粗、精梳齿刀

5. 马格各种型号梳齿机装夹刀具、刀垫、衬垫等的尺寸

我国使用的梳齿机床大部分是马格公司生产的，其各种型号梳齿机的装夹刀具、刀垫尺寸和衬垫尺寸见表 11-17。

表 11-17　马格各种型号梳齿机装夹刀具、刀垫、衬垫尺寸　　　　　　　（单位：mm）

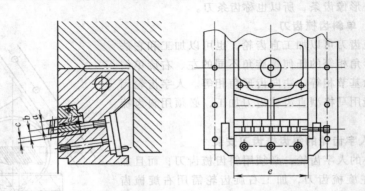

机床型号	模　数	刀垫厚 a	梳刀厚 b	衬垫厚 c	夹紧宽 d	标定长 e
SH75K	1~7.9	22	20	13	40	170
	8~10	27	23	5		
SH100/140	2~7.9	22	20	13	52	210
	8~15	27	23	5		
SH180/300	3~7.9	22	20	13	67	260
	8~20	27	23	5		
SH250/300 SH450/500	2~7.9	22	20	13	67	286
	8~30	27	23	5		
SH350/500	3~7.9	22	20	13	67	260
	8~25	27	23	5		
SH600 SH600/735	4~7.9	22	20	23	67	300
	8~30	27	23	15		
SH600/735E	30.2~38	31	28	6		
SH1000 SH1200	4~7.9	22	20	23	67	300
	8~30	27	23	15		
SH1000E、SH1200E	31~40	31	28	6		

6. 马格直齿、单斜齿梳齿刀的设计

马格梳齿刀没有前角，刀架上装夹出 6°30′ 的前角。梳齿刀的基本齿廓是刀齿在垂直于切削运动的平面中的投影，它与被切齿轮的齿廓基本相同。

（1）基准齿形和粗切余量

1）基准齿形参数如下：

$$齿顶高\ h_{a0} = h_f = 1.25 m_n \tag{11-8}$$

$$齿全高\ h_0 = h + 0.25 m_n = 2.5 m_n \tag{11-9}$$

$$齿距\ p_0 = \pi m_n \tag{11-10}$$

$$齿厚\ s_0 = \frac{1}{2} \pi m_n \tag{11-11}$$

$$齿形角\ \alpha_0 = \alpha \tag{11-12}$$

2）粗切余量。粗切与磨前梳齿刀的齿厚应适当减薄，以形成精切余量。

① 调质齿轮采用粗梳、精梳加工时，粗梳齿刀单侧余量计算式：

一般采用：

$$\Delta s/2 = 0.2\sqrt{m_n} \tag{11-13}$$

马格公司采用：

$$\Delta s/2 = (0.5+0.15\sqrt{m_n})\sin\alpha \tag{11-14}$$

② 调质齿轮采用粗梳、精磨时的磨前梳齿刀单侧余量计算式：

一般采用：

$$\Delta s/2 = 0.1\sqrt{m_n} \tag{11-15}$$

马格公司采用：

$$m_n \leqslant 10mm \quad \Delta s/2 = 0.11+0.015m_n \tag{11-16}$$

$$m_n > 10mm \quad \Delta s/2 = 0.026m_n \tag{11-17}$$

③ 渗碳淬火齿轮采用粗梳、精磨时的磨前梳齿刀单侧余量计算式：

一般采用：

$$m_n \leqslant 10mm \quad \Delta s/2 = 0.2+0.015m_n \tag{11-18}$$

$$m_n > 10mm \quad \Delta s/2 = 0.36+0.006(m_n-10) \tag{11-19}$$

这种加工渗碳淬火齿轮用的磨前梳齿刀，齿顶高应增加一点，增加量一般取：

$$\Delta h_0 = (0.15 \sim 0.2)m_n \tag{11-20}$$

（2）前刃面齿高和齿形参数

$$齿顶高 \ h_{qa0} = \frac{h_{a0}}{\cos\gamma_a} \tag{11-21}$$

$$齿全高 \ h_{q0} = \frac{h_0}{\cos\gamma_a} \tag{11-22}$$

$$\tan\alpha_{q0} = \tan\alpha_0\cos\gamma_a \tag{11-23}$$

式中　γ_a ——刀齿顶刃的工作前角，马格梳齿机 $\gamma_a = 6°30'$。

（3）法截面齿高和齿形参数

$$h_{na0} = \frac{h_{a0}\cos(\alpha_a+\gamma_a)}{\cos\gamma_a} \tag{11-24}$$

$$h_{n0} = \frac{h_0\cos(\alpha_a+\gamma_a)}{\cos\gamma_a} \tag{11-25}$$

$$\tan\alpha_{n0} = \frac{\cos\gamma_a}{\cos(\alpha_a+\gamma_a)}\tan\alpha_0 \tag{11-26}$$

式中　α_a ——顶刃的工作后角，马格梳齿机 $\alpha_a = 11°30'$。

7. 计算实例

1）使用机床：SH1200。

2）加工齿轮：法向模数 $m_n = 32mm$、法向齿形角 $\alpha_n = 20°$、螺旋角 $\beta = 7.5°$、右旋、齿数 $z = 276$、分度圆直径 $d = 8908.211mm$、外径 $d_a = 8972.2_{-0.6}^{\ 0}mm$；材料为 ZG40CrNi2Mo、热处理硬度为 300~330HBW；精度等级 7 级。

3）梳齿加工性质：精梳（先用硬质合金齿轮片铣刀在其他机床上铣到全齿深留 1.5mm，齿厚留 3mm）。

4）计算：

① 基准齿形参数：

$$h_{a0} = 1.25m_n = 40mm$$

$$h_0 = 2.5m_n = 80mm$$

$$p_0 = \pi m_n = 100.531 \text{mm}$$

$$\alpha_0 = \alpha = 20°$$

② 前刃面齿形参数：

$$h_{qa0} = \frac{h_{a0}}{\cos\gamma_a} = \frac{40}{\cos 6°30'}\text{mm} = 40.259\text{mm}$$

$$h_{q0} = \frac{h_0}{\cos\gamma_a} = \frac{80}{\cos 6°30'}\text{mm} = 80.518\text{mm}$$

$$\tan\alpha_{q0} = \tan\alpha_0 \cos\gamma_a = \tan 20° \cos 6°30' = 0.3616305$$

$$\alpha_{q0} = 19°52'53''$$

③ 法截面齿形参数：

$$h_{na0} = \frac{h_{a0}\cos(\alpha_a + \gamma_a)}{\cos\gamma_a} = \frac{40 \times \cos(11°30' + 6°30')}{\cos 6°30'}\text{mm} = 38.288\text{mm}$$

$$h_{n0} = \frac{h_0\cos(\alpha_a + \gamma_a)}{\cos\gamma_a} = \frac{80\cos(11°30' + 6°30')}{\cos 6°30'}\text{mm} = 76.577\text{mm}$$

$$\tan\alpha_{n0} = \frac{\cos\gamma_a}{\cos(\alpha_a + \gamma_a)}\tan\alpha_0 = \frac{\cos 6°30'}{\cos(11°30' + 6°30')}\tan 20° = 0.3802409$$

$$\alpha_{n0} = 20°49'7.8''$$

5）$m_n = 32\text{mm}$ 精梳齿刀工作图如图 11-14 所示。

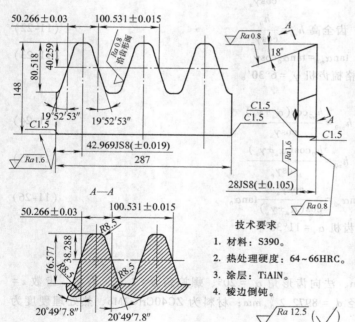

技术要求

1. 材料：S390。
2. 热处理硬度：64~66HRC。
3. 涂层：TiAlN。
4. 棱边倒钝。

序号	名称	代号	数值
1	法向模数	m_n	32mm
2	法向压力角	α_n	20°
3	刀具齿高系数	h_{a0}/h_{f0}	1.25/1.25
4	前端面齿形公差		±0.04mm
5	前端齿距公差		±0.015mm
6	前端面齿距累积公差		±0.02mm
7	前端面齿厚公差		±0.03mm

图 11-14 $m_n = 32\text{mm}$ 精梳齿刀工作图

第 12 章 齿轮的检测与量仪

齿轮检测是确保齿轮成品性能和质量的关键环节。齿轮检测不仅是齿轮成品验收的重要依据，也是齿轮在加工制造过程中质量控制的技术保证。在生产实践中，齿轮加工过程与齿轮检测的关系密不可分，而齿轮检测对齿轮加工的指导作用也越来越大，甚至在许多情形下如果没有制造过程中的齿轮检测，就无法干出合格的齿轮。齿轮检测涉及三个方面的内容：一是检测项目；二是检测方法；三是检测仪器。本章将本着精炼、实用的原则，介绍齿轮检测技术。

12.1 齿轮误差检测项目

齿轮误差检测项目的确定取决于国家标准对齿轮精度的要求。本节内容涉及的国家标准有：GB/T 10095.1—2008《圆柱齿轮 精度制 第 1 部分：轮齿同侧齿面偏差的定义和允许值》、GB/T 10089—1988《圆柱蜗杆、蜗轮精度》、GB/T 11365—1989《锥齿轮和准双曲面齿轮 精度》、GB/T 13924—2008《渐开线圆柱齿轮精度 检验细则》等。

12.1.1 渐开线圆柱齿轮检测项目

渐开线圆柱齿轮主要检测项目及其定义如下：

1）单个齿距偏差 f_{pt}。在端平面上，在接近齿高中部的一个与齿轮轴线同心的圆上，实际齿距与理论齿距的代数差。

2）齿距累积偏差 F_{pk}。任意 k 个齿距的实际弧长与理论弧长的代数差。理论上等于这 k 个齿距的各单个齿距偏差的代数和。

3）齿距累积总偏差 F_p。齿轮同侧齿面任意弧段（$k=1$ 至 $k=z$）内的最大齿距累积偏差。它表现为齿距累积偏差曲线的总幅值。

4）齿廓形状（齿形）偏差 $f_{f\alpha}$。在齿廓有效长度 92%（计值）范围内，包容实际齿廓迹线的两条与平均齿廓迹线完全相同的曲线间的距离，且两条曲线与平均齿廓迹线的距离为常数。

5）齿廓倾斜偏差 $f_{H\alpha}$。在计值范围的两端与平均齿廓迹线相交的两条设计齿廓迹线间的距离。

6）齿廓总偏差 F_α。在计值范围内，包容实际齿廓迹线的两条设计齿廓迹线间的距离。

7）螺旋线形状偏差 $f_{f\beta}$。在计值范围内，包容实际螺旋线迹线的两条与平均螺旋线迹线完全相同的曲线间的距离，且两条曲线与平均螺旋线迹线的距离为常数。

8）螺旋线倾斜偏差 $f_{H\beta}$。在计值范围的两端与平均螺旋线迹线相交的设计螺旋线迹线间的距离。

9）螺旋线总偏差 F_β。在计值范围内，包容实际螺旋线迹线的两条设计螺旋线迹线间的距离。

12.1.2 圆柱蜗杆、蜗轮偏差检测项目

圆柱蜗杆、蜗轮的主要检测项目及其定义如下：

1）蜗轮齿厚偏差 ΔE_{s2}。在蜗轮中间平面上分度圆齿厚的实际值与公称值的差。

2）传动的接触斑点。安装好的蜗杆副中，在轻微力的制动下，蜗杆与蜗轮啮合运转后在蜗轮齿面上分布的接触痕迹。

3）蜗杆轴向齿距偏差 Δf_{px}。蜗杆轴向截面上实际齿距与公称齿距的差。

　　4）蜗杆齿形偏差 $\Delta f_{\rm p}$。在蜗杆轴向截面上的齿形工作部分内，包容实际齿形且距离为最小的两条设计齿形间的法向距离。

12.1.3　锥齿轮偏差检测项目

　　锥齿轮的主要检测项目及其定义如下：

　　1）齿距偏差 $\Delta f_{\rm pt}$。在中点分度圆上，实际齿距与公称齿距的差。

　　2）齿形相对偏差 $\Delta f_{\rm c}$。齿轮绕工艺轴线旋转时，各轮齿实际齿面相对于基准实际齿面传递运动的转角的差。以齿宽中点处线值计。

　　3）齿厚偏差 $\Delta E_{\rm s}$。齿宽中点法向弦齿厚的实际值与公称值的差。

　　4）接触斑点：安装好的蜗杆副（或被测齿轮与测量齿轮）在轻微力的制动下运转后，在齿轮工作齿面上得到的接触痕迹。

12.2　齿形偏差测量

　　齿形偏差的测量方法有展成法、坐标法和啮合法。

　　齿形测量所用的标准是齿形测量仪器中形成的理想渐开线或校对样板。渐开线测量仪器的种类有很多，但都是按照渐开线形成原理设计而成的。这些仪器就其作用原理可分为可换圆盘式和万能式两大类。按机构原理分类，可换圆盘式有单盘、多盘式渐开线检查仪；万能式有圆盘杠杆式、正弦杠杆式、靠模杠杆式，以及电子展成式等万能渐开线检查仪。

　　机械展成测量方法的仪器是依赖机械原理形成理想的渐开线，与被测齿轮的渐开线齿形进行比较。电子展成实际上是坐标形式的电子化，故电子展成仪器是利用数学模型与被测齿轮的渐开线齿形进行比较。这两种仪器的测量结果均给出以线值表示的齿形偏差或齿形偏差曲线。

　　坐标法的测量仪器有渐开线样板检查仪、万能齿轮测量机、齿轮测量中心、上置式直角坐标测量仪、三坐标测量机、关节测量臂及激光跟踪仪等。

　　啮合法的测量仪器有齿轮单面啮合整体偏差测量仪等。

　　对于可换圆盘式渐开线检查仪因为应用范围小，只适用于检测齿轮基圆固定或基圆种类不多的场合，因此应用不普遍。本节主要介绍万能式渐开线检查仪的使用。

12.2.1　万能式渐开线检查仪原理

　　（1）机械展成法仪器　机械展成法仪器以哈量 3201 万能渐开线检查仪为例。

　　3201 万能渐开线检查仪是圆盘杠杆式渐开线仪器，适用于测量模数 1～10mm，最大外径 450mm 的圆柱齿轮，被测齿轮质量不超过 50kg。

　　图 12-1 所示为圆盘杠杆式渐开线仪器结构。滑板 5 是仪器的主动件。测量时转动手轮 6 使滑板 5 移动，同时通过下滑块 4 推动摆尺 11 摆动。摆尺的转动同时通过上滑块 7 使测量滑架 9 和测量头 10 同步移动。当被测齿轮的齿形有偏差时，由测量头反映出来，记录仪 8 画成偏差曲线。这种仪器的机构中十分重要的环节是杠杆和上、下滑块系统。

　　仪器中固定在主轴 1 上的基圆盘 2 与绕在其圆周

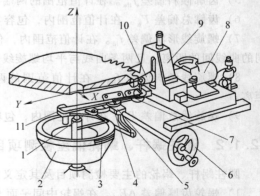

图 12-1　圆盘杠杆式渐开线仪器结构

1—主轴　2—基圆盘　3—钢带　4—下滑块
5—滑板　6—手轮　7—上滑块　8—记录仪
9—滑架　10—测量头　11—摆尺

上的钢带 3 展开时，将产生理想渐开线。当测量滑架移动时测量头在被测齿面上形成的渐开线是经过杠杆系统第二次产生的渐开线。因此，仪器的杠杆系统是一种比例放大机构并呈线性放大。

（2）电子展成法仪器　电子展成法仪器以哈量 3906 齿轮测量中心为例。

3906 齿轮测量中心是一种综合性的齿轮测量仪器。是采用电子展成法，长、圆光栅数字定位采样，智能化微机控制的全自动循环测量系统。该仪器通过显示屏用鼠标选择下拉式菜单及工具条，用键盘输入相关参数，对测量项目进行选择，测量后用计算机进行偏差处理，最后由打印机输出测量结果。3906 齿轮测量中心可以测量直齿和斜齿渐开线圆柱齿轮、内齿轮、插齿刀等的齿廓偏差、螺旋线偏差、齿距累积偏差、齿距偏差、径向跳动等。圆柱齿轮测量结果按 GB/T 10095.1—2008 和 GB/T 10095.2—2008 自动进行评价。3906 齿轮测量中心的齿廓测量原理：电感测头与被测齿面接触，在齿轮转动的同时电感测头沿渐开线的法向移动，圆光栅编码器与被测齿轮同轴，长光栅编码器与电感测头同步运动，电感测头沿渐开线的法向以一定间隔连续运动，在每次间隔，电感测头、长光栅、圆光栅同时采样，计算机采集数据后由计算机处理，测量过程由计算机自动控制，逐点连续测量完毕后，经偏差处理输出检验报告单。

坐标法检查仪以海克斯康 Global 071007 型三坐标测量机为例。三坐标测量机是一种综合型的测量仪器，利用 3 条空间垂直的光栅及电感测头可测量出空间任意点的坐标值，测得的坐标值自动计入计算机的软件中，通过软件计算出需要的公差尺寸值。

齿轮测量则需要专门的测量软件模块。测量时，通过软件可以计算出被测齿轮齿廓偏差的标准曲线，同时仪器的测头齿面上测量出实际齿形偏差曲线，软件记录标准齿形与实际齿面形状的偏差，最后软件按照 GB/T 10095.1—2008 和 GB/T 10095.2—2008 标准自动进行评价并输出齿形偏差的结果。

12.2.2　渐开线齿形测量

渐开线仪器出现检测偏差是必然的，使用不当则会产生较大的测量偏差，严重时还会损坏测量头或使仪器失准。准确可靠地使用渐开线仪器是一件极为仔细的工作，因此仪器的操作者必须严格遵守操作规程。

1. 仪器测量前的操作步骤（对于机械展成仪器）

1）检查电路系统、光路系统是否正常。

2）校对仪器。先用零位校正器进行仪器零位检查，转动手轮观察指示表的零位偏差不大于 0.5μm。然后用渐开线样板检验仪器的示值偏差。

3）选择测量头。装上齿轮选用适当尺寸的测量头，在保证不发生干涉和碰撞的情况下，尽量选用尺寸较大的测头。

4）调整仪器的基圆半径。根据计算的基圆半径调整并确定基圆滑架刻线尺的位置，应当注意要考虑仪器的基圆半径偏差值。

5）选择放大倍数。选择自动记录仪的放大倍数，操作时应先将切向测量滑架调在零位附近，否则有可能损坏调节器。

6）注意测量方向和起始位置。使测量头从齿根测到齿顶的方向测量。根据测量长度确定起测位置。

2. 测量应特别注意的问题

根据 GB/T 13924—2008《渐开线圆柱齿轮精度检验细则》的规定，进行齿形偏差检测应当：

1）测量 3~8 级精度的齿轮，测量前必须先使用经计量部门检定的符合 JJG 332—2003《齿轮渐开线样板检定规程》要求的渐开线样板确定仪器的示值偏差，用来修正仪器误差。

2）测量仪器应按相应标准、检定规程或其他有关技术文件的规定进行检定或校准，经计量部门检定/校准合格后方能使用。

3）对于齿轮检测，测量前应当有足够的等温时间，尽可能减少被测齿轮与仪器之间的温差，以及仪器各个机构之间的温差。齿形偏差测量的温度要求见表 12-1。

表 12-1　齿形偏差测量的温度要求

被测齿轮精度等级	测量室温度/℃	被测齿轮与仪器的温差/℃
3~4	20±0.5	≤0.5
5~6	20±1	≤0.5
7~8	20±2	≤1
≥9	20±5	≤3

3. 齿轮基圆半径的计算

使用电子展成式渐开线仪器，计算基圆半径的工作由计算机完成，而使用机械展成式渐开线仪器，则需要由人工计算基圆半径。

1）圆柱斜齿轮基圆半径的计算。

端面模数
$$m_t = \frac{m_n}{\cos\beta} \tag{12-1}$$

端面压力角
$$\alpha_t = \arctan\left(\frac{\tan\alpha_n}{\cos\beta}\right) \tag{12-2}$$

基圆直径
$$d_b = m_t z \cos\alpha_t \tag{12-3}$$

基圆半径
$$r_b = \frac{d_b}{2} \tag{12-4}$$

2）插齿刀基圆半径的计算。由于插齿刀的前面磨成内圆锥面而形成前角，这时刀刃上各点不在同一截面上，其在轴截面上的投影齿形为标准齿形。因此计算插齿刀基圆半径用的压力角应该为

$$\tan\alpha_0 = \frac{\tan\alpha}{1 - \tan\gamma_\alpha \tan\tau_\alpha} \tag{12-5}$$

当标准压力角 $\alpha = 20°$、前角 $\gamma_\alpha = 5°$、后角 $\tau_\alpha = 6°$ 时，插齿刀压力角 $\alpha_0 = 20°10'14''$。因此，插齿刀基圆半径应用 $\alpha_0 = 20°10'14''$ 进行计算。

$$r_b = \frac{1}{2} m_t z \cos 20°10'14''$$

3）锥齿轮背锥当量平面齿轮基圆半径的计算。在圆柱齿轮渐开线仪器上测量时，必须使测量截面的背锥当量齿轮的基圆圆心落在上下顶尖的连线上。因此，测量头的高度和该测量截面所在基圆半径 r_{vbN} 之间的关系为

$$r_{vbN} = (r_v - E\tan\delta)\cos\alpha \tag{12-6}$$

式中　r_v——背锥当量齿轮的分度圆半径；

E——测量截面与背锥母线的距离；

δ——分度圆锥角。

4. 基圆的三种位置

为了正确操作和使用渐开线仪器，还必须知道被测齿轮基圆相对于齿根圆（此处指刀具齿顶去除过渡圆角部分在工件上所对应的界限圆）的位置，有以下三种情况：

1）基圆大于齿根圆。在这种情况下应注意，齿廓只有位于基圆以外的齿形部分由渐开线组成，基圆以内的齿廓部分由延长渐开线或摆线等组成。对于 20° 压力角的标准齿轮，这种现象多发生于被测齿轮齿数 $z < 36$ 的情况。

2）基圆等于或十分接近齿根圆。理论上齿根圆以外的齿廓可以全部由渐开线组成（事实上还

有一小部分是过渡曲线）。这种情况大致发生在齿数 $z=36$ 的标准齿轮中。

3）基圆小于齿根圆。理论上齿根圆以外的齿廓全部由渐开线组成。这种情况发生在齿数 $z>36$ 的标准齿轮中。

在渐开线仪器上测量齿数较多的齿轮时，必须注意不使测量头与工件的实际齿槽底相碰，否则会损坏测量头。

测量基圆小于或等于齿根圆的齿轮时，应按测量长度计算公式计算起始点的位置。

5. 测量头的三种位置

对渐开线仪器来说，延长渐开线和缩短渐开线是由于测量头的位置偏差而形成的。测量头位于基圆以内形成延长渐开线，测量头位于基圆以外形成缩短渐开线。

1）测量头位置与偏差曲线。在渐开线仪器上测量齿形时，测量头可能出现三种位置：位于基圆上、位于基圆内和位于基圆以外，如图 12-2 所示。渐开线仪器是利用直尺或钢带带动基圆盘产生理想渐开线，由测量头来描绘被测齿轮的实际渐开线。而测量头的位置不同，所描绘出的渐开线也不一样。图 12-2 中测量头 A' 位于基圆以内，对于基圆中心距离为 r_b-b 的位置，为不正确的位置；测量头 A 位于基圆和直尺的工作面上，为正确的位置；测量头 A'' 位于基圆以外，对于基圆中心距离为 r_b+b 的位置，也是不正确的。在通常情况下，测量头处在不正确的位置的情况较多，因为许多情况，如测头磨损、安装等因素均会使得测量头的位置不正确。测量头位置的偏差可按式（12-7）计算：

$$\Delta F = \sqrt{\frac{2\Delta b^3}{r_b} - \frac{\Delta b^2}{2r_b}} \qquad (12\text{-}7)$$

测量头的位置与测量偏差的关系如图 12-3 所示。

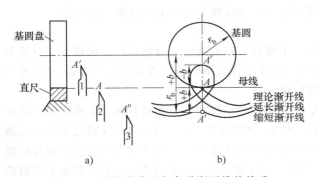

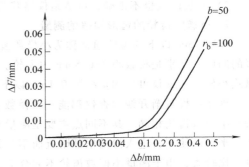

图 12-2　测量头位置与各种渐开线的关系

a）测量头的三种位置　b）标准、延长与缩短渐开线

图 12-3　测量头位置与测量偏差的关系

从图 12-3 可以看出，测量头的位置偏差在 0.02mm 以内所能引起的测量误差很小，可以忽略不计。因此，追求测量头的位置绝对正确完全没有必要，只要偏差在一定范围内即可。

当测量头的位置偏差较大时会改变偏差曲线的形状，其特点是齿根部偏差曲线的"尾巴"拖长，如图 12-4 所示。

因此在测量齿轮时，如发现齿形偏差曲线"尾巴"拖长，首先要检查测量头的位置是否正确，然后再评定齿形偏差曲线。

2）测量头磨损后位置的改变。测量头的磨损会使被测齿轮的齿形偏差曲线受到不同程度的歪曲。测头磨损后，与齿形接触点的位置将发生改变，即相当于测量头延长 ΔL，如图 12-5 所示。对于球形、刀口及倒锥形测量头磨损后，与齿面的接触点

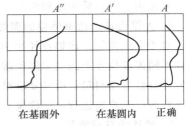

图 12-4　三种不同位置测头
所画的偏差曲线

均往外移，处于延长渐开线的位置。而球形测量头磨损后常形成椭圆形接触痕迹。实际工作中椭圆痕迹 a 可达 $0.2~0.4$mm，测得的齿形偏差曲线如图 12-5a 中 B 曲线所示，A 为未磨损测头所画曲线，两者头部和尾部的形状有明显区别。所以在工作中要注意观察由于测量头磨损而引起的齿形偏差曲线的畸变，以获得正确的测量结果。

6. 齿形偏差曲线的三种情况

任何一台渐开线仪器在对齿轮齿形进行测量时，测得结果的偏差曲线可能出现三种情况，如图 12-6 所示。测量结果必为三种偏差曲线之一，而且每种偏差曲线均存在三个方面的问题。

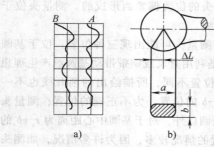

图 12-5 测量头磨损情况

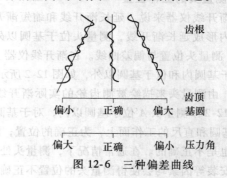

图 12-6 三种偏差曲线

1）中间曲线为正确的偏差曲线。

2）右边曲线为不正确的偏差曲线，可能是仪器基圆半径较大，也可能是被测齿轮压力角小于标准压力角造成的。

3）左边曲线也不正确，可能是仪器基圆半径较小，也可能是齿轮压力角较大造成的。

7. 小模数齿轮的齿形偏差的测量

模数 1mm 以下的齿轮通常称为小模数齿轮。小模数齿轮的测量目前仍然存在仪器少和方法不多的问题，特别是模数小于 0.5mm 的齿轮。日本 GC-1 小模数渐开线检查仪和英国歌德-米科龙单盘式小模数检查仪可以测量模数 0.1mm 以下的齿轮。

许多中模数渐开线检查仪都能测量模数大于 0.5mm 的小模数齿轮的渐开线，所使用的测量方法与中模数齿轮相同。其不同点主要是测量头的选择，仪器应备有小直径的测量头或把测头直径磨去一半，能使测头进入齿槽根部附近而不与另一侧齿形和齿根相碰。一般中模数齿轮测量仪器的测量力比较大，用于测量小模数齿轮不太合适，应设法减少测量压力。因为许多小模数齿轮是用铜或其他软性材料制成的，测力过大会划伤齿面并产生压陷偏差，因此在使用中模数齿轮仪器测量小模数齿轮时应注意。

另外，小模数齿轮还可以在万能工具显微镜或投影仪上测量。可以直接采用坐标测量法，也可以将事先画好的齿形放大图与被测齿形的投影作比较。但用投影方法测量渐开线的测量不确定度较大，只能用于测量低等级的齿轮。

8. 大型齿轮的齿形偏差的测量

对于大型齿轮，比如直径在 4000mm 以上的齿轮，检测其齿形偏差非常困难。实践中可以通过测量不同齿高位置上的弦齿厚间接得到齿形偏差。该方法要求先准确测量齿顶圆的直径，以齿顶圆定位进行弦齿厚测量，而且要求对齿轮一周均匀测量四个齿。对于低等级的较大齿轮，还可以使用齿形样板以光隙法进行齿形检验。

9. 齿轮的在线测量

随着齿轮制造技术的不断发展，兼备齿轮检测功能的齿轮加工机床越来越普遍。在这方面德国拥有着世界最先进的技术，如德国格里森-普法特产的 P2800G 数控成形磨齿机，不仅可以加工最大直径为 2800mm 的 3 级精度齿轮，还可以在磨齿工序中穿插进行齿形、齿向、公法线、齿距等参数的测量，并把测量数据反馈回机床控制系统，以调整机床的磨齿参数并修磨砂轮，从而加工出高精度的内、外齿轮。这类机床的测量数据可以通过机床配备的标准齿轮溯源至国家基准，以确保测量数据的准确性。

12.2.3　齿廓偏差的分解

总的齿廓偏差可以分解为齿廓形状（齿形）偏差和齿廓倾斜偏差。

1）齿廓形状偏差由齿面表面粗糙度、波度及其他偏差形成。

2）齿廓倾斜偏差。压力角有偏差的齿轮在渐开线仪器上测量时，齿形偏差曲线为一斜线，表现为基圆半径有偏差，故齿轮的压力角偏差与基圆偏差可以相互转化。对于 20° 压力角的齿轮，可按式（12-8）计算压力角偏差：

$$\Delta\alpha \approx -9.5\frac{\Delta d_b}{d_b} \tag{12-8}$$

式中　d_b——基圆直径（mm）；

　　　$\Delta\alpha$——分度圆压力角偏差（′）；

　　　Δd_b——基圆直径偏差（μm）。

从压力角偏差与基圆直径偏差的关系可以看出，齿轮基圆直径比理论值小时，则压力角大于 20°；反之，基圆直径大于理论值时，则压力角比 20° 小。因此，在加工中可以通过改变刀具或砂轮的角度，而获得正确的齿轮基圆直径，或正确压力角的齿轮。

12.2.4　齿廓偏差测量结果处理

被测齿轮的齿形不管是标准齿形还是设计齿形，测量时均按理论渐开线齿形来进行。国家标准规定应当在计值范围内计算齿形的测量长度。测量长度的确定对正确评定齿轮的质量是很重要的。选得过长往往会把合格产品当成废品，选得过短就有可能将废品当合格产品，从而影响齿轮的使用质量。

1）测量位置的确定。根据 GB/T 13924—2008《渐开线圆柱齿轮精度　检验细则》的规定，齿廓总偏差的测量应当在齿宽中部进行，并对齿轮沿圆周均匀分布的不少于三个齿的左、右侧齿面进行测量。被测得齿高应大于或等于图样规定的工作高度。当图样未做规定时，按被测齿轮与基本齿条啮合计算工作齿高。

对于齿宽大于 160mm 的齿轮，应至少测量上、中、下三个截面，上、下截面各距端面约齿宽的 15%。单侧齿面工作的齿轮只测量工作齿面。

对于插齿刀齿形的测量，为了便于统一测量结果，建议在距离前刃面（顶刃）2.5mm 的截面上进行测量。

2）按配对齿轮的啮合长度计算测量长度。相互啮合的一对齿轮，齿形的实际工作部分是一段渐开线，而工作圆是指通过相啮合齿轮的齿顶圆与啮合线的交点 B（或 D）所确定的圆，其半径为

$$r_{k1} = \sqrt{r_{b1}^2 + (a\sin\alpha' - r_{b2}\tan\alpha_{a2})} \tag{12-9}$$

起测展开长度 g_{aA} 和终点展开长度 g_{aC} 按式（12-10）和式（12-11）计算：

$$g_{aA} = a\sin\alpha' - \sqrt{r_{a2}^2 - r_{b2}^2} \tag{12-10}$$

$$g_{aC} = \sqrt{r_{a1}^2 - r_{b1}^2} \tag{12-11}$$

$$a = \frac{m(z_1 + z_2)\cos\alpha}{2\cos\alpha'} \tag{12-12}$$

3）按基本齿条啮合计算测量长度。当不知道其配对齿轮的参数时，可按被测齿轮与齿条啮合来计算有效工作长度。此时工作圆的齿顶线与啮合线的交点为 k。

起测长度 g_{aA}（从基圆开始测量）按式（12-13）计算：

$$g_{aA} = \frac{mz}{2}\sin\alpha - \frac{m}{\sin\alpha} \tag{12-13}$$

当 $\alpha = 20°$ 时，$g_{aA} = m(0.171z - 2.924)$。

终点展开长度 g_{aC} 按式（12-14）计算：

$$g_{aC} = m\sqrt{(0.029z+1)\ z+1} \tag{12-14}$$

对于按展开角计算测量长度的仪器可将线段 g_{aA} 和 g_{aC} 除以基圆半径，即可得到相应的展开角。

起始角 φ_a（°）为

$$\varphi_a = \frac{g_{aA}180}{r_b\pi} \tag{12-15}$$

终点角 φ_c（°）为

$$\varphi_c = \frac{g_{aC}180}{r_b\pi} \tag{12-16}$$

另外，一般所说的展开长度是指测球表面为起点，到工作圆尚有一测球半径的距离。因此，要在计算起测长度时减去所用测球半径。

对于圆柱斜齿轮测量长度的计算，也可使用上述计算公式，不过应将斜齿轮的法向参数变成端面参数后代入计算公式方可。

12.3　齿向偏差测量

齿向偏差是在分度圆柱面上，齿宽有效部分（端部齿面部分除外）范围内，包容实际齿向线的两条设计齿向线之间的端面距离。测量应当在端截面内齿高中部进行。

齿向线对直齿轮是平行于轴线的直线，对斜齿轮是与轴线成一夹角的螺旋线，即轴线外一点在绕轴线等速回转的同时，又沿轴线方向等速移动，其运动的轨迹即为螺旋线，在绕轴线回转 360° 时其沿轴线移动的距离叫作导程。

12.3.1　齿向偏差的测量方法

凡是能够测量齿轮螺旋线的仪器都可以测量齿轮的齿向线。其测量原理有机械展成式、电子展成式和坐标测量等类型。

1. 机械展成测量法

机械展成是依赖合成运动形成理想的螺旋线运动，与被测齿轮的螺旋线进行比较以达到测量的目的。这种类型的仪器对机械运动的精度要求很高，否则不能形成理想的运动。

（1）直齿轮齿向偏差的测量　凡是能使测量装置的测量头沿被测齿轮的轴线做轴向移动的仪器都可以用来测量圆柱直齿轮的齿向偏差。

圆柱直齿轮的齿向线是平行于齿轮轴线的直线，所以可以使用通用测量仪器和专用仪器进行测量。

使用通用测量仪器测量圆柱直齿轮的齿向偏差时常在万能工具显微镜上进行。测量时需要使用光学灵敏杠杆或另外加装一只杠杆千分表或电感测微仪，把被测齿轮安装在顶尖上，并用光学分度头上的拨叉限制齿轮的自由转动。把光学灵敏杠杆、杠杆千分表或电感测微仪压在齿面上，然后移动纵向滑板，在齿宽有效部分读取偏差值，最大和最小偏差值的代数差就是齿向偏差。

（2）斜齿轮齿向偏差的测量　斜齿轮的不同圆柱面上的螺旋线或螺旋角并不相同，但是螺旋线的导程却相同。故许多测量斜齿轮齿向线的仪器便根据这一特点设计而成。斜齿轮可以用万能工具显微镜、光学分度头等通用仪器测量。

利用通用仪器测量斜齿轮齿向偏差实际上与直齿齿向的测量并无本质区别，因为直齿轮是螺旋角为零的齿轮，是斜齿轮的一个特例。这就要求测量斜齿轮时，不仅测量装置的测量头要沿轴线方向移动，同时被测齿轮还要做相应的转动。

1）在万能工具显微镜上测量。安装被测齿轮的方法与测量直齿轮时一样。先把光学灵敏杠杆调整到与被测齿轮一端齿面的齿高中部接触，通过微调仪器横向滑板，使目镜中米字线的水平虚线与光学灵敏杠杆的双刻线队准。记下分度头纵、横向标尺的读数。然后转动分度头，同时纵向移动滑板距离 ΔB_m（多点测量，对事先规定好移动的距离），齿轮这时在分度头上的转角 $\Delta \varphi$ 按式（12-17）计算：

$$\Delta \varphi = \frac{2 \Delta B_m \sin \beta}{m_n z} \tag{12-17}$$

式中　m_n——斜齿轮的法向模数（mm）；

　　　z——斜齿轮的齿数；

　　　β——斜齿轮的分度圆螺旋角（°）。

2）在光学分度头上测量。在光学分度头上测量斜齿轮齿向偏差时，被测齿轮同样要安装在两顶尖之间，并用分度头回转 $\Delta \varphi$ 角。利用螺距测量附件来做轴向位移 ΔB 的测量，或者更简单地使用杠杆千分表与量块来定位进行测量。

为了能准确地在分度圆上定位测量，需要用量块调整指示表的测量头的位置。量块的组合尺寸按式（12-18）计算：

$$M = L + r \sin \alpha \tag{12-18}$$

式中　r——斜齿轮的分度圆半径（mm）；

　　　α——分度圆压力角（°）。

测量时为了保证指示表能够沿着顶尖中心线移动，可以在分度头上安装一把直角尺，使其长边与顶尖中心线平行。先用量块将指示表对零，然后移去量块，使指示表的测头与被测齿面在齿宽一端的齿高中部接触，微调分度头使指示表接近于零。沿齿轮的径向往返移动指示表架，找出示值的转折点。理论上该转折点位于分度圆上。具体测量方法与在万能工具显微镜上的测量方法类似。

按上述测量方法确定齿向偏差时，应注意将测量齿宽 B_m 对应值换算为全齿宽（或工作齿宽）B 上的偏差值。当直接按实际转角 φ' 对理论转角 φ 的差确定齿向偏差 F_β 时，可按式（12-19）计算：

$$F_\beta = \frac{d}{2} (\varphi' - \varphi) \frac{B}{B_m} \cdot \frac{\pi}{180} \tag{12-19}$$

若要计算螺旋线斜率偏差或导程偏差，可按式（12-20）进行：

$$\Delta \beta = -\frac{\sin^2 \beta}{r \varphi} \cdot \Delta p_z \cdot \left(\frac{180}{\pi}\right)^2 \tag{12-20}$$

式中　Δp_z——导程偏差（可只测两个点的实际值与理论值之差）（mm）；

　　　$\Delta \beta$——分度圆螺旋线斜率偏差（°）。

若要由螺旋线斜率偏差和实际导程计算齿向偏差 F_β（mm），可按式（12-21）进行：

$$F_\beta = \frac{\Delta \beta P_z}{\cos^2 \beta_b} \cdot \frac{\pi}{180°} \tag{12-21}$$

式中　β_b——基圆螺旋角。

3）在导程仪上测量。导程测量仪是根据测量头按理论导程形成理论螺旋线运动与被测齿轮实际螺旋线的导程进行比较来测量导程偏差的。导程测量仪也有机械式导程仪和电子式导程仪两大类。

机械式导程仪器又可分为正弦式导程仪、杠杆式导程仪、度盘式导程仪等几种类型。有的是只测导程的导程量仪，有的还可测渐开线齿形的导程仪。

正弦圆盘式导程仪器的原理如图 12-7 所示，齿轮的回转与测量滑架轴向位移所形成的螺旋线运动是由主轴圆盘上固定的钢带通过测量滑板上的正弦尺装置来实现的。

图 12-7 导程测量仪的原理

测量时，指示表的测头在被测齿面一端的齿高中部与齿面接触，转动手轮测头即沿齿轮轴心方向移动，同时通过正弦尺及钢带带动主轴同步转动，被测齿轮由鸡心夹头带动随主轴同步转动。测量前，正弦尺应按被测齿轮的螺旋角 β 计算调整角 θ：

$$\tan\theta = \frac{(D+a)\sin\beta}{m_{\mathrm{n}}z} \tag{12-22}$$

正弦尺一端所应垫的量块尺寸 H 为

$$H = L\sin\theta \tag{12-23}$$

式中　D——滚动圆盘直径（mm）；

L——正弦尺回转半径长度（mm）；

a——钢带的厚度（mm）。

为了提高测量的精确度，式（12-23）中的 D、a、L 尺寸均以实际值计算。

杠杆式导程测量仪测量原理如图 12-8 所示。仪器的螺旋线运动全部由安装被测齿轮 1 的上下顶尖轴系统既回转又升降来实现，而测量头 2 固定不动。测量时，钢带 3 通过圆盘 10 和 4 带动被测齿轮 1 转动。同时，钢带 3 又带动滑板 5 推动 8 绕支点中心 7 摆动，使得上下顶尖轴系 9 做升降运动。

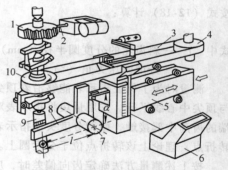

图 12-8 杠杆式导程测量仪原理
1—被测齿轮　2—测量头　3—钢带
4、10—圆盘　5—滑板　6—读数装置
7—支点中心　8—杠杆　9—顶尖轴系

测量前，8 的杠杆比应根据被测齿轮的螺旋角 β 和分度圆 d 来计算并进行调整：

$$a = \frac{d_{\mathrm{y}}}{d}l\tan\beta \tag{12-24}$$

式中　d_{y}——圆盘 10 的直径（mm）；

l——杠杆 8 的固定臂长（mm）。

仪器的固定臂长 l 可根据被测齿轮分度圆直径 d 的尺寸范围改变。对于 $d<50\mathrm{mm}$ 可测螺旋角为 $0°\sim45°$，则仪器常数为 1.92，上式即可写为

$$a = 1.92\times10^4\frac{\sin\beta}{m_{\mathrm{n}}z} \tag{12-25}$$

a 值可用读数装置 6 和刻线尺来调整，其调整精确度为 $\pm1\mu\mathrm{m}$。

度盘斜槽式导程仪其基本原理与上述正弦圆盘式导程仪相同，其差别仅在于用度盘读数来代替正弦尺机构。

图 12-9 所示为 OPTON 导程仪原理示意图。

度盘连杆装置上的斜槽 4 角度可在 $\pm90°$ 范围内调整。安装在测量滑板 5 上的指示装置 6 横向可

调，滑板 5 的移动使连杆斜槽 4 推动横向滑板 3，其上的钢带能使圆盘 2 带动被测齿轮 1 转动，以实现测头沿齿面做相对螺旋线运动。

2. 坐标测量法

测量齿轮螺旋线时，通常应指明某圆柱面上的螺旋线，如分度圆柱面或基圆柱面上的螺旋线。用坐标方法测量时，其数学模型必须建立在该圆柱面上，但坐标原点应位于齿轮的中心线上，以齿轮中心进行坐标采样测量。

三坐标测量机测量齿轮螺旋线采用坐标扫描方法。以被测齿轮中心轴线为基准，将被测齿向线的实际坐标位置与理论坐标位置进行比较。所有测量过程均通过计算机按程序进行，最后得到齿向偏差曲线和偏差值。三坐标测量机的测量结果如果未经用螺旋线样板修正，则只能测量 7 级或 7 级以下精度的齿向偏差。

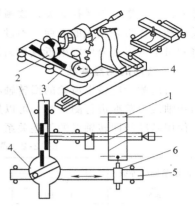

图 12-9　OPTON 导程仪原理
1—被测齿轮　2—圆盘　3—横向滑板
4—连杆斜槽　5—滑板　6—指示装置

激光跟踪仪测量齿轮螺旋线也属于坐标测量法，该仪器是利用其内部两个相互垂直的高精度圆光栅以及激光干涉测量系统来确定空间任一点的坐标值，如图 12-10 所示，仪器发出一道可见激光指向靶球（测头）并定位该点坐标值，靶球在移动过程中，其坐标值通过计算机可形成实际运动轨迹。以被测齿轮的轴心或轴心，以端平面（针对大直径齿轮）为基准，在齿轮齿面上测量分度圆（虚拟计算得到）与齿面交线上的点坐标，通过专业软件即可得到齿向偏差曲线和偏差值。由于仪器测量范围和精度限制，只能应用于模数 $m_n \geqslant 24mm$、分度圆直径 $d \geqslant 5000mm$、7 级或 7 级以下的精度齿轮。

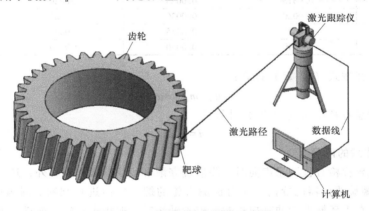

图 12-10　激光跟踪仪测量示意图

3. 机床测量法

对于一些大型齿轮，可能其直径、长度甚至质量超过了仪器的测量范围，这时可以利用齿轮加工机床，比如滚齿机进行齿向的测量。为了保证测量数据的准确性，要求如下：

1）使用精度相对较高的机床进行测量，尽量不要使用加工该齿轮的机床进行测量工作。
2）认真找正齿轮。
3）重新计算交换齿轮参数。
4）在齿轮圆周方向上均匀选取四个齿进行测量。

12.3.2　齿向测量应注意的问题

所有齿轮齿向的测量仪器都是采用测量螺旋线或导程的方法测量齿向的。由于在同一个齿轮中导程为一常数，与半径无关，故测量导程时仪器的测量头可以随便放置而不影响测量，这给仪器的设计和操作带来很大的方便。不过为了测量准确和统一量值的需要，仍然需要按标准定义的规定，将测量头放置在分度圆附近或齿高的中部。

1. 齿向的测量基准

齿向测量应该以齿轮的回转轴心线为基准，即被测齿轮安装在检验心轴上进行测量。在不能以回转轴线为基准进行测量时，可以用其他代用基准，如用检验心轴作为代用基准，但是这时必须考虑代用基准与回转轴线的偏差关系。检验心轴的允许偏差见表 12-2。

表 12-2　圆柱齿轮检验心轴的允许偏差（偏心或跳动）　　　　　（单位：mm）

齿轮精确度等级	齿轮分度圆直径				
	≤50	>50~100	>100~200	>200~400	>400~800
≤5	0.0010	0.0015	0.0020	0.0030	0.0040
≥6	0.0020	0.0030	0.0040	0.0050	0.0060

齿向测量与渐开线齿形测量一样，渐开线仪器是以基圆或基圆盘为基准进行齿形测量，而螺旋线仪器也要以基圆或基圆盘为基准进行齿向测量，且许多仪器可以共用一个圆盘。所以，渐开线仪器和螺旋线仪器所用基圆盘或圆盘的尺寸偏差及装在仪器主轴上的外圆跳动有严格的要求，允许偏差见表 12-3。

表 12-3　基圆盘或圆盘允许偏差　　　　　（单位：mm）

基圆盘直径	外径偏差		外圆跳动	
	≤5	≥6	≤5	≥6
d_b ≤50	0.0010	0.0020	0.0015	0.0020
>50~100	0.0015	0.0025	0.0020	0.0025
>100~200	0.0020	0.0030	0.0025	0.0030
>200~400	0.0025	0.0035	0.0035	0.0040
>400~800	0.0040	0.0050	0.0050	0.0060

斜齿轮基圆直径按式（12-26）计算：

$$d_b = m_t z \cos\alpha_t \tag{12-26}$$

斜齿轮滚动圆盘直径按式（12-27）计算：

$$d = m_t z \tag{12-27}$$

2. 测量时应注意的问题

使用螺旋线或导程检查仪测量齿向时，除应遵守渐开线仪器操作规程外，还应注意以下几点：

1）为了调整螺旋线仪器的旋向，应对被测齿轮的螺旋方向进行判断。斜齿轮的旋向可用左、右手来判断。当用右手环握齿轮伸直拇指对准齿轮轴线时，拇指表示螺旋前进的方向，曲握的四指表示螺旋方向，两者一致即为右旋齿轮，相反则为左旋齿轮。用左手判断时情况相反。

左、右齿面的划分也是测量和表示偏差的需要，也应正确地判断（或规定）。对于外齿轮，由齿轮的中心往外看，轮齿的齿顶在上，齿廓的右侧称为右齿面，左侧称为左齿面。对于内齿轮，齿轮的齿顶在下，齿廓的右侧称为左齿面，左侧者称为右齿面。

2）在齿高中部，对齿轮圆周均布的不少于四个齿的左、右侧齿面进行测量。单面工作的齿轮只测量工作齿面。为了提高测量精确度，可将被测齿轮掉头对同一齿再测量一次取平均值。

3）如果测量头不发生干涉和碰撞，并能形成与齿面法向接触，宜选用直径较大的测头，对测量结果有争议的，应采用直径 3mm 测头测量的数据来评定结果。

4）测量力大小的选择对仪器的测量精确度有一定的影响。测力过大，特别是在测量头直径小或被测齿轮由软材料（黄铜、铝、塑料等）制成时，会使测量结果产生偏差，并将齿面划伤。测量力过小，会使测量头与齿面的接触变得不可靠，使测量结果不稳定。测力一般在 0.5~2N 范围内选取。只要记录曲线不被歪曲，可将测量力适当加大。

5）了解仪器的偏差情况应以螺旋线样板为准经常校验仪器，找出仪器的修正量，并对仪器加以修正后进行齿向测量，特别是测量小于等于 5 级精确度齿轮时必须这样做。

6）根据不同精确度的齿轮选用不同精确度的仪器或测量方法。选用原则是使仪器不确定度为齿轮齿向公差的 1/3 左右。对于精确度高的齿轮可以取 1/2，并采用不少于四次测量取平均值作为结果。

7）仪器的最大承载能力在使用说明书中有规定，对用户提出了质量大小的限制。仪器使用中应注意顶尖、轴承的承载能力及运动部件的刚性。

12.3.3　齿向偏差测量结果的处理

1. 偏差曲线的处理

齿向测量仪器由各运动链形成理想的螺旋线与被测齿轮实际螺旋线轨迹进行连续的比较，两者的差值即为齿向偏差。许多螺旋线仪器都是通过记录仪将齿轮齿向偏差曲线记录下来的。所以正确地对齿向偏差曲线做分析与处理是测量工作的重要组成部分。

（1）三种偏差曲线　任何一台导程测量仪器在测量齿轮时，其测得结果的偏差曲线也都像齿轮渐开线仪器那样，三种偏差曲线必为其一，三种曲线说明三个方面的问题（图 12-6）：

1）仪器示值准确，符合检定规程要求，被测齿轮齿向（螺旋角和导程）正确，偏差很小（中间正确曲线）。

2）仪器示值准确，符合要求，被测齿轮齿向偏差较大（两侧不正确曲线）。

3）被测齿轮齿向（螺旋线和导程）正确，而齿向测量仪器的理想螺旋线有偏差（两侧不正确曲线）。

做这种判断最好先用渐开线样板检定仪器的基圆偏差（渐开线与螺旋线合在一台仪器），再用螺旋线样板检定螺旋线斜率偏差，然后评定齿向偏差才有实际意义。

（2）取值与分析　下面简要介绍偏差的取值与分析：

1）齿向偏差的取值范围。应按设计图样给定的齿宽工作部分确定齿向偏差的取值范围。当未给定时，距齿轮两端 1/10 齿宽部分偏向齿体的偏差可不计入齿向偏差，如图 12-11 所示。

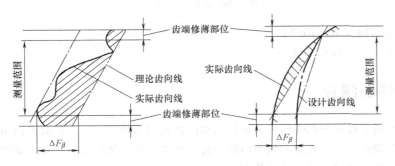

图 12-11　齿向偏差曲线

2）齿向偏差的取值。凡测量结果用曲线表示的仪器应从偏差曲线上取值。对齿向线不修形的齿轮也可直接用指示表读出齿向偏差。

齿向偏差曲线的 x 坐标代表被测齿轮轴向位置，y 坐标代表被测齿轮的齿向偏差。取值时，应从被侧齿轮端面分度圆切线方向计值（单位为 μm）。以其他方向计值测量时，应进行换算。偏差曲线上最高点之间的最大距离为齿向偏差的测量结果，如图 12-12 所示。

2. 螺旋线斜率偏差和直线度偏差

为了测量和分析偏差，可以把齿向偏差分解成螺旋线斜率偏差 $f_{H\beta}$ 和形状偏差 $f_{f\beta}$，这样可以对齿向偏差有更全面的了解。在分解齿向偏差曲线时，是将偏差划分为两部分：螺旋线斜率偏差（或齿向偏差曲线倾斜的偏差）和形状偏差（偏差曲线的直线度偏差）。前者简称

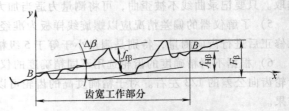

图 12-12　齿向偏差曲线的取值

为位置偏差，它主要由切齿加工中刀具沿齿坯轴线走刀方向的偏差及加工机床回转后动的角度偏差等所造成。后者称为形状偏差，主要由走刀丝杠的周期偏差、导轨直线度偏差等因素造成，因此分析齿向偏差曲线的位置偏差与形状偏差有利于齿轮加工工艺分析和提高切齿加工精确度。

1）螺旋线的形状偏差。齿向线的形状偏差 $f_{f\beta}$ 可在确定齿向偏差曲线的中线后，做两条与中线平行的直线包容该偏差曲线（图 12-12），此两直线间最大值与最小值的代数差为齿向线的直线度 $f_{f\beta}$（形状偏差）。

2）螺旋线斜率偏差。在齿宽工作部分范围内的齿向偏差曲线上，做一条直线即中线 BB（图 12-12）并使齿向偏差曲线与中线所包容的面积相等。如有必要，可用最小二乘法来计算中线 BB 的斜率及其截距，并求得该线在齿宽工作部分范围内的倾斜量 $f_{H\beta}$，用以表征齿向偏差曲线的位置偏差。

中线 BB 的斜率或螺旋线斜率偏差还可根据所使用仪器的作图长度 L 及作图的放大倍数 V_B 来计算，即

$$\tan\Delta\beta = \frac{f_{H\beta}}{1000} \times \frac{V_B}{L} \cos^2\beta \qquad (12\text{-}28)$$

$$\Delta\beta = -9440 \times \frac{f_{H\beta}}{L} \cdot \frac{V_2}{V_1} \qquad (12\text{-}29)$$

式中　V_1——偏差作图放大倍数；

　　　V_2——作图长度放大倍数。

测量中推荐采用式（12-30）来计算螺旋线斜率偏差 $\Delta\beta$：

$$\Delta\beta = 206.265 \times \frac{f_{H\beta}}{L} \cos^2\beta \qquad (12\text{-}30)$$

式中　$f_{H\beta}$——螺旋线倾斜量（μm）；

　　　$\Delta\beta$——螺旋线斜率偏差（"）。

12.4　齿距偏差测量

在齿轮的分度圆上被两个相邻同侧齿面所截取的弧长称为齿距。在端截面内两相邻齿廓之间的分度圆弧长，称为端面齿距；在法向截面内的分度圆弧长，称为法向齿距。对于锥齿轮则是中点分度圆上相邻两个同侧齿廓之间的公称弧长。

单个齿距偏差 f_{pt}，圆柱齿轮是在分度圆上，锥齿轮是在中点分度圆上，蜗轮是在靠近中间平面的齿高中部，实际齿距与公称齿距的差。

齿距累积总偏差 F_p，齿轮同侧齿面任意弧段（$k = 1$ 至 $k = z$）内的最大齿距累积偏差。它表现为齿距累积偏差曲线的总幅值。

齿距累积偏差 F_{pk}，任意 k 个齿距的实际弧长与理论弧长的代数差。

齿距的测量方法有相对测量法和绝对测量法。

12.4.1 相对测量法和仪器

相对测量法测量齿距是使用双测头在齿轮分度圆附近的两个同侧齿廓上测量的，如图 12-13a 所示。双测头中一个作定位用，另一个是活动测头做齿距比较之用。测量时，以被测齿轮的任一齿距为准，使两测头与齿面接触，并将与活动测头同时动作的指示表调零。其他齿距依次与这个作为"标准"的齿距比较，从指示表中读出相对偏差值。再经数据处理，得出测量结果。

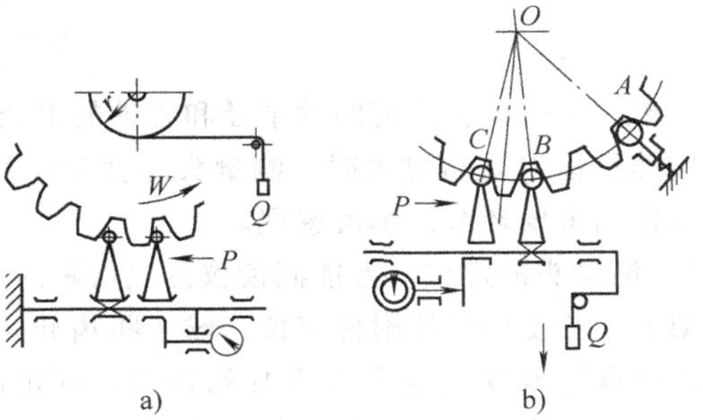

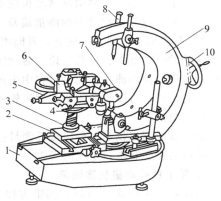

图 12-13 万能测齿仪测量齿距
a）测力加心轴上 b）测力加托架上

1. 使用万能测齿仪测量

万能测齿仪是一种以齿轮轴心线为测量基准的固定式仪器（图 12-14）。仪器可测量圆柱齿轮、锥齿轮和蜗轮的齿距、径向跳动、基节、公法线、齿厚等，还可以测量接触线，所以称万能测齿仪。

在底座 1 的前部装有工作台支架 2，它分上、下两层，可分别在互相垂直的导槽内移动。工作台支架 2 支承工作台 4，其上装有能沿径向移动的滑板 5 和用于安装不同形状测头的测量滑座 7。滑板 5 上还有测量齿圈径向跳动时的专用附件 6。

在底座 1 的后部装有弧形支架 9，旋转手轮 10 可使弧形支架绕水平轴线旋转±90°，弧形支架 9 可在底座 1 的环形导槽内向左、右各旋转 90°。弧形支架 9 上装有上、下顶尖 8，用以装夹齿轮。

万能测齿仪是比较测量仪器，测量齿距时使用两个球形测量头（图 12-13），任意选定一个齿轮的齿距作为基准将仪器调零，然后沿齿圈逐齿进行比较测量。

图 12-14 万能测齿仪
1—底座 2—工作台支架 3—垫 4—工作台
5—滑板 6—专用附件 7—滑座
8—顶尖 9—弧形支架 10—手轮

测量斜齿轮的齿距最好在法向截面内进行，此时需将弓形支架旋转一被测齿轮的螺旋角 β，并在水平面上将整个支架转动某一角度，使垂直于水平面的两齿正对测头进行测量，这样仪器的示值较为稳定。测量结果需换算到端截面内，即

$$f_{pt} = \frac{f_{pn}}{\cos\beta} \tag{12-31}$$

式中的下角 t、n 分别表示端面与法面的参数。

使用万能测齿仪测量齿距时，应注意以下问题：

1）测量力的位置与大小。用万能测齿仪测量齿轮时，应保持测力大小恒定，否则测量结果不稳定。测量力的位置也会影响测量结果。因为加在不同位置的测力，将使固定测量头受力情况不同。一种情况是将测力加在测量托架上（图 12-13b），这种加力方法会使测量的稳定度欠佳。根据操作的经验，测力以加在齿轮轴上为好，如图 12-13a 所示。重锤 Q 的大小需要根据不同齿轮而改变，也就是说，要保持测量头的测量压力 P 在 1.5 ~ 2N 的范围内变化。所用重锤重力的大小按式（12-32）计算：

$$Q = \frac{R}{r} \times 1.5P \tag{12-32}$$

式中 R、r——齿轮分度圆的半径和心轴的半径。

所挂重锤 Q 选得过大时，测量头易变形；过小，测量头定位不稳定。故选择好重锤是万能测齿仪操作的重要环节，不可忽视。

2）测量头的定位。万能测齿仪测量齿距的另一方式是重锤不加在齿轮的心轴上，而是加在测量托架上，并使用拉杆附件定位，球 A 将齿轮定位，如图 12-13b 所示。这时齿轮不会转动，而测量力通过重锤 Q 从固定测头 B 加给齿轮。固定测头 B 确定测量托架的位置。从仪器使用中知道，定位球 A 的压力比测头 B 的测量力大得多，B 随 A 的位置来定位，因 $\angle AOB$ 随齿距偏差而变化，使 B 的位置不定。因此，每测量一齿，B 点都不在同一圆周上，所以这种加测量力的方法存在定位偏差。这种偏差有时较大，其原因就是定位球 A 形成了过定位，干扰了测量头的定位。这对于低精度齿轮的测量还可以，但测量高精度齿轮是有问题的。使用万能测齿仪时，一定要注意测量力与测量定位的关系，以及由此带来的测量偏差。

3）两测头不在同一圆周上。万能测齿仪的许多调整环节都要凭借经验。两测量头很难调整到被测齿轮的分度圆上，也就是说，活动测头与固定测头不在同一圆周上。测量是在不同的圆弧上进行的，这样会使两测头在测量过程中头尾不相衔接，从而带来测量偏差。故在测量时，应注意观察两测头的位置，可以将两侧头正对齿轮的两齿齿顶，检查是否处于齿顶的对称位置上，如不对称则应重新调整。

由于万能测齿仪是一种机械式测量仪器，一般机械仪器的最大特点是操作简便，不容易出故障。缺点是精度有限，主观因素较多。

2. 用上置式测量仪器测量

上置式（手提式）齿距仪携带方便，一般在生产现场测量时使用较多。

上置式齿距仪的结构如图 12-15 所示。仪器上有三个定位爪 4、5、8，用以将仪器支承在齿轮上并定位，调整两个测头使其在分度圆附近与齿面接触，两测头中一个是固定测头 2，其位置按被测齿轮模数用手轮 9 来调整，仪器上有模数值刻线；另一个是与指示表 7 相连的活动测头 3。测量时，以被测齿轮任一齿距将仪器调整至零位，然后逐齿进行测量，测量过程中双手轻轻推动仪器使测头与齿面接触良好，并从指示表读数，每一个读数均为相对第一个齿距的差值。

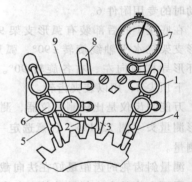

图 12-15 上置式齿距仪
1、6、9—手轮 2—固定测头 3—活动测头
4、5、8—定位爪 7—指示表

齿距仪测量齿轮时，常用的定位方法有三种：图 12-16a 所示结构以齿根圆定位测量；图 12-16b 所示结构以齿顶定位测量；图 12-16c 所示结构以辅助基面（心轴）定位测量。一般齿顶圆和齿根圆的定位精度较低，因此用齿顶定位的齿轮应对齿顶圆的公差提出较高要求，或事先测出齿顶圆的偏差，并对测量结果进行修正来提高测量精度。

由于上置式齿距仪使用简便，可以在线测量，因而使用非常普遍，尤其对大型齿轮的齿距测量，更是不能缺少。但是上置式齿距仪对操作者的要求较高，操作者使用该仪器的熟练程度和测量力的控制与稳定性直接影响测量的不确定度。所以，实践中对操作者提出如下要求：

1）操作者应熟练掌握上置式齿距仪的基本使用方法，应通过练习掌握保持测量力稳定的技巧。平时可以在同一对齿的同一个位置上进行反复的测量练习，要保证多次测量结果之差小于 0.001mm。

2）测量一周后回到起始位置，回零偏差不得大于齿距公差的 1/10。

3. 用渐开线仪器测量

在齿轮精度要求高又没有专门的高精度测量仪器的情况下，齿轮的齿距可在万能渐开线检查仪一类仪器上，用一只电感测微仪来进行测量。该测量方法主要是利用渐开线仪器的定基圆滑架做定位测量，由于其定位精度较高和退移方便，同时该仪器测量头的定位精度也很高，并有转动齿轮的微调机构，所以用渐开线仪器测量可以达到较高的测量精度。

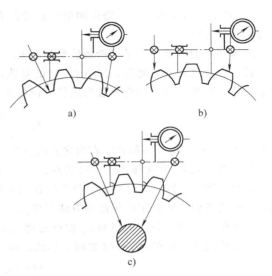

图 12-16　上置式齿距仪定位方式

具体方法是在渐开线仪器的切向滑架上固定一千分表架，其上装一只电感测量头，与仪器的测量头共同组成一对测量齿距的测量头，两测头的距离调整得与被测齿轮的齿距大致相等。在仪器两顶尖之间装上被测齿轮和带动器。用手轮移动径向滑架，调整分度圆半径的位置，并记住此位置的读数（注意两测头进入齿槽时不要与齿轮相碰）。转动齿轮使齿面与测头相接触，然后固紧齿轮，并微调齿轮使仪器指示表对零。这时把电感测微仪归零，以此作为起点，逐齿进行测量。每测量完一个齿都要松开手柄，用手轮移动径向滑架，退出测头，松开齿轮并转过一个齿距，重新移入测量头并定位，使仪器指示表再次对零，在电感测微仪上读取相对于第一个齿距的偏差。如此操作直至回转一圈后再回到起点位置，检查仪器指示表和电感测微仪读数是否归零，不归零的偏差不应大于 ±1μm。以上这些操作都应小心仔细进行。

4. 用自动电子齿距仪测量

ES-401 自动电子齿距仪采用计算机技术和高精确度测量系统，仪器由测头滑架系统和控制电路组成，计算机处理系统由绘图仪、打印机、终端控制系统和分析软件等组成。

测量头滑架可安装在测量机上，也可安装在加工机床旁测量齿轮上。测量时工件旋转，但不要求转速高度均匀。测量前需要将仪器的两个测量头进行调整，使其与被测齿轮齿面接触，每个测量头固定在电感测微仪指示为零附近的位置上。测量滑板带着测量头朝向轮齿运动，滑动行程的长度用丝杠来控制。改变左右齿面的测量只需按下选择键就能实现。按下操作键开始测量后，测量滑板的各种动作均由计算机控制自动进行。

测量是按顺序进行的。开始是齿轮转动，测量滑板带着测头朝向齿槽前进，到达分度圆附近时，旋转的齿轮齿面推动测头偏转，当其中一个测头过零，即输出信息给计算机，并指示滑板自动返回，第一次测量结束。滑板的退出和齿轮的回转是同步进行的，而测头则把信息送给计算机。测量系统在完成全部齿距的测量后自动停车。

在测量过程中如遇到电源故障、干扰或其他不正确的动作时，测头有过载保护系统，能立即控制滑板返回。仪器还内置诊断程序，可以检查测量和记录系统的保真度，而且还有辅助程序用于找出仪器的故障点。

测量开始前还要通过键盘和开关输入被测齿轮参数和测量信息，如齿数、跨齿数、公差、记录输出、图形比例等。

5. 跨齿测量法

所谓跨齿测量法就是将测量的齿轮齿数 z 分成若干（N）组来进行测量，即两个测头跨 k 个齿距测量。

1) 跨测齿数 k 的选定。跨齿测量的测量方法与单个齿距测量一样，差别仅仅是跨测一个齿距与跨测 k 个齿距。

跨齿测量的首要问题是选择最佳跨齿数 k。

跨齿数 k 应是也只能是 2 到小于 $z/2$ 的整数，具体选择时，应按照测量偏差最小的原则。满足测量偏差最小这一条件的跨齿数为最佳跨齿数 k_Q。

$$k_Q = \sqrt{\frac{3R(z-R)}{z}} \tag{12-33}$$

式中　R——最大与最小偏差所在齿之间的槽数。

最佳跨齿数 k_Q 的选择往往不易实现，因为被测齿轮的齿数是不固定的，而且齿数 z 不一定能被跨齿数 k 除尽，同时也受到测量仪器的最大跨度的限制。最佳跨齿数在某些情况下只是一个期望值，但能给我们正确采用跨齿测量方法提供依据，从而避免了采用跨齿测量方法的盲目性。

在实际工作中，只能选用和 k_Q 相近的能整除 z 的整数作为实际测量的跨齿数。根据经验，在绝大多数情况下，R 在 $z/6 \sim z/2$ 之间。因此，跨齿数的选取范围按式（12-34）计算：

$$0.618\sqrt{z} \leqslant k \leqslant 1.236\sqrt{z} \tag{12-34}$$

在考虑跨齿数 k 时还要顾及分组数 N 的大小，如果 N 太小（跨 180°测量例外）会使测量头在齿顶处发生干涉。为了避免发生这种情况，应当使测头的跨测半角 $\frac{\varphi}{2}$ 的一半不大于齿轮分度圆压力角 α，即

$$\frac{\varphi}{4} = \frac{360°}{4N} \leqslant \alpha \tag{12-35}$$

对于 $\alpha = 20°$ 的齿轮，分组数 N 应保证 $N \geqslant 5$。

还需指出，跨齿测量的目的在于提高齿距累积偏差的测量效率，并在某种程度上可提高测量精确度，对于齿轮的齿距偏差仍按单齿距比较方法进行测量。

2) 跨齿的补点测量。跨齿测量结果得到的是 N 个跨测点的齿距累积偏差，而不是逐齿测得的齿距累积偏差，因此很可能漏掉累积偏差实际上的最高点和最低点。为保证用这种方法能获得真实的最大累积偏差值，还需要进行补点测量，测得值经过补点方法计算后，将其插入到对应于被测齿轮的累积偏差中，插入后的结果才是被测齿距累积偏差的实际值。

这种测量方法的过程是先进行跨齿测量，然后改变两测头跨距进行单齿距补点测量。无论哪种方式的测量，仪器的调整、测量方法及数据处理完全相同，关键在于如何进行补点测量及补点测量的计算。

为了准确迅速地找出漏掉的最高点和最低点的累积值，重要的是单齿补测组的选择。从齿距累积偏差平缓变化的规律可知，累积偏差最大和最小的点必在偏差曲线上的最高点和最低点附近，所以可从跨齿测量结果偏差曲线上的最高点和最低点紧相邻的两侧四个跨齿组为选择对象，对其进行单齿补点测量。

6. 相对测量法的数据处理

齿距的相对测量法是利用 360°圆封闭原理。所谓圆封闭是指相对测量过程中两个测量头在齿轮的同一圆周上头尾衔接地进行测量，自然地形成一个封闭的圆，测量一周后回到起始原位，总的累积偏差为零。由于齿轮在加工过程中必然会出现偏差，分布在分度圆上的轮齿不均匀，进行齿距测量时就会有大小不同的偏差，但其代数和为零。这个特点为数据处理创造了条件。这就是相对测量结果数据处理的基础。相对法测量齿距累积偏差的数据处理方法有计算法和作图法两种。随着计算机和自动化测量仪器的普及，采用计算法进行数据处理的情况越来越多，作图法已经很少使用，因此这里重点介绍计算法。

（1）齿距累积偏差的计算方法　齿距累积偏差是指以齿轮回转中心为圆心，在垂直于齿轮轴

线的平面内分度圆上（允许在齿高中部测量），任意两同侧齿面间的实际弧长与公称弧长的最大差值，即齿廓的理论位置与实际位置的最大差值。

1）数学计算法之一。齿距累积偏差通过对测得值进行处理后而得出，一般用表格进行计算，计算实例见表 12-4。

表 12-4　齿距累积偏差算法之一　　　　　　　　　（单位：μm）

齿距序号 i	测量结果 ΔP_i	齿距偏差 f_{pt}	齿距累积偏差 F_p
1	0	−0.5	−0.5
2	+2	+1.5	+1
3	+3	+2.5	+3.5
4	+1	+0.5	+4
5	−1	−1.5	+2.5
6	−2	−2.5	0
7	0	−0.5	(−0.5)
8	+2	+1.5	+1
9	+6	(+5.5)	+6.5
10	+1	+0.5	(+7)
11	−3	−3.5	+3.5
12	−3	−3.5	0
13	+1	+0.5	+0.5
14	+2	+1.5	+2
15	0	−0.5	+1.5
16	−1	−1.5	0
算式	$\Delta P_m = \dfrac{\sum \Delta P_i}{Z} = \dfrac{8}{16} = 0.5$	$f_{pti} = \Delta P_i - \Delta P_m$	$F_{p(i+1)} = F_{pi} + f_{pt(i+1)}$

从表 12-4 中的计算结果可以得知：

齿距偏差 $f_{pt} = 5.5\,\mu m$　　齿距累积偏差 $F_p = |+7|\,\mu m + |-0.5|\,\mu m = 7.5\,\mu m$

2）数学计算法之二。按定义齿距累积偏差是实际位置与理论位置只差的最大绝对值，计算实例见表 12-5。

表 12-5　齿距累积偏差算法之二

齿距序号 i	测量结果 ΔP_i	偏差值的累积 $\sum P_i$	平均值的累积 $i \cdot \Delta P_m$	齿距累积偏差 F_p	齿距偏差 f_{pt}
1	0	0	+0.5	−0.5	−0.5
2	+2	+2	+1	+1	+1.5
3	+3	+5	+1.5	+3.5	+2.5
4	+1	+6	+2	+4	+0.5
5	−1	+5	+2.5	+2.5	−1.5
6	−2	+3	+3	0	−2.5
7	0	+3	+3.5	(−0.5)	−0.5
8	+2	+5	+4	+1	+1.5
9	+6	+11	+4.5	+6.5	(+5.5)
10	+1	+12	+5	(+7)	+0.5
11	−3	+9	+5.5	+3.5	−3.5
12	−3	+6	+6	0	−3.5
13	+1	+7	+6.5	+0.5	+0.5
14	+2	+9	+7	+2	+1.5
15	0	+9	+7.5	+1.5	−0.5
16	−1	+8	+8	0	−1.5
算式		$\Delta P_m = \dfrac{\sum \Delta P_i}{Z} = \dfrac{8}{16} = 0.5$		$\sum P_i - i \cdot \Delta P_m$	$f_{pti} = \Delta P_i - \Delta P_m$

　　从表 12-5 中的计算结果可以得知：

　　齿距累积偏差 $F_p = |+7|\mu m + |-0.5|\mu m = 7.5\mu m$　　齿距偏差 $f_{pt} = 5.5\mu m$

　　（2）跨齿测量齿距累积偏差的计算方法　　跨齿测量齿距累积偏差的方法包括跨齿测量和单齿补点两部分。前者与单齿测量方法及数据处理方法一样，只是每次跨一定的齿数测量，测量数据的数量为分组数，而不是齿数。

　　1）跨齿测量齿距累积偏差的计算。跨齿测量是将 z 个齿的齿轮分成 N 组来测量，两测头跨齿数 $k = z/N$。计算公式为

$$F_{pkj} = \sum_{j=1}^{N} \Delta P_{kj} - \frac{j}{N} \sum_{j=1}^{N} \Delta P_{kj} \tag{12-36}$$

　　2）跨齿补点测量齿距累积偏差的计算。单齿补点测量仍是把起始点作为零与其他齿比较，而跨齿测量的起始点位置的偏差的累积值一般不为零，同时补点组的末齿偏差累积值和由跨齿测量测得该组齿的偏差值不一致。所以计算各补测齿的偏差累积值时，应考虑这两者之间的差值。补测组各单齿偏差插入时，首先计算各读数经过跨齿测量结果处理后的平均值：

$$\Delta P_m = \frac{1}{k} \left(F_{pkj} - \sum_{n=1}^{k} \Delta P_n - F_{pkj-1} \right) \tag{12-37}$$

　　跨齿组偏差插入后全齿轮齿距累积偏差为

$$F_{pn} = F_{pkj-1} + \sum \Delta P_n + k\Delta P_m \tag{12-38}$$

式中　　F_{pkj}、F_{pkj-1}——补测组和补测组前一组跨齿测量齿距累积偏差。

12.4.2　绝对测量法

　　齿距的绝对测量法是将齿轮各齿的实际位置仪器的理论分度值进行比较，以此确定齿距累积偏差和齿距偏差的测量方法。用分度装置测量齿距实质上是一种角度测量方法，因此测量装置应当包括分度装置、定位装置和测微装置。

　　齿轮齿距的绝对测量方法也可以用组合仪器进行测量，如光学分度头（台）、多齿分度盘与定位装置，还可以用万能工具显微镜和坐标测量机等。也有专用测量仪器的，如哈量 3906 齿轮测量中心等。

1. 组合仪器测量法

　　组合仪器测量齿距的方法有两种：一种是用测微装置定零位，在分度装置上读取测得值；二是用分度装置定位，用测微装置读取测得值。前者读数为角度值，后者读数为线值，两种测量方法相同。

　　（1）用分度头测量齿轮齿距　　测量时首先将被测齿轮安装在测量心轴上，装在分度头两顶尖之间。为了在分度圆附近测量齿距，应使测微表的测量头在齿高中部与齿面接触，并定好零位。然后退出测微表，利用度盘和读数显微镜将分度头转过一个理论齿距角，再将测微表移入，通过微调分度头使测微表为零，这时从分度头读出齿轮的实际累积齿距角。先计算实际值与理论值之差，再经数据处理，求得齿轮的齿距角累积偏差。计算实例见表 12-6。

　　得到偏差的角度值后利用下式可以转换为线值：

$$F_p = r \frac{\Delta\tau_{\Sigma max}}{206.265} \tag{12-39}$$

$$f_{pt} = r \frac{\Delta\tau_{max}}{206.265} \tag{12-40}$$

式（12-39）、式（12-40）中 $\Delta\tau_{\Sigma max}$、$\Delta\tau_{max}$ 的单位是（′）。

　　表 12-6 中算式：

表 12-6　绝对法测量齿距计算表 ($m=2$mm, $z=12$)

齿距序号 i	理论累积齿距角 $\sum \tau_i = i \dfrac{2\pi}{z}$	实测累积齿距角 $\sum \tau_i'$	齿距角累积偏差 $\Delta \tau_{\Sigma i}$	实际齿距角 τ_i'	齿距角偏差 $\Delta \tau_i$
1	30°	30°1′	+1′	30°1′	+1′
2	60°	60°2′	+2′	30°1′	+1′
3	90°	90°2′	+2′	30°	0
4	120°	120°	0	29°58′	−2′
5	150°	149°58′	−2′	29°58′	−2′
6	180°	179°59′	−1′	30°1′	+1′
7	210°	209°58′	−2′	29°59′	−1′
8	240°	239°57′	(−3′)	29°59′	−1′
9	270°	270°1′	+1′	30°4′	(+4′)
10	300°	300°1′	+1′	30°	0
11	330°	330°3′	(+3′)	30°2′	+2′
12	360°	360°	0	30°	0

$$\Delta \tau_{\Sigma i} = \sum \tau_i' - \sum \tau_i \tag{12-41}$$

$$\tau_i' = \sum \tau_i' - \sum \tau_{i-1}' \tag{12-42}$$

式 (12-42) 中，$i=1$ 时：$\tau_i' = \sum \tau_i'$。

式 (12-42) 中，$i=z$ 时：

$$\tau_i' = \frac{360}{z} \tag{12-43}$$

$$\Delta \tau_i = \tau_i' - \frac{360}{z} \tag{12-44}$$

从表 12-6 中的计算结果并转换为线值后可以得知：齿距累积偏差 $F_p = 20.9 \mu$m；齿距偏差 $f_{pt} = 14.0 \mu$m。

如果希望直接得到线值表示的偏差，则可以分度头定位，用测微装置读数。用这种方法测量时，最好将测微表测头相对于齿轮中心线用量块提高一个曲率半径 ρ，这样测头便可以在分度圆上与齿面接触，并以法线方向测量。测量头提高尺寸 M 按式 (12-45) 计算：

$$M = \rho + L \tag{12-45}$$

式中　L——顶尖中心高；

ρ——齿轮分度圆上的齿廓曲率半径。

$$\rho = \frac{mz}{2}\sin\alpha = r\sin\alpha \tag{12-46}$$

用尺寸为 M 的量块将测微表对好零位，移去量块，将测微表的测量头在齿面上来回移动，通过微转齿轮在齿高中部找到转折点，即最高点，这时在测微表上读数。每次将分度头回转一个齿距角，找转折点，读数。数据处理的计算实例见表 12-7。由于测微表读到的是法向值，应当换算成分度圆弧方向，需要乘以 $\sec\alpha$（即 $1/\cos\alpha$）。

从表 12-7 中的计算结果并转换为线值后可以得知：

齿距累积偏差　$F_p = \dfrac{11}{\cos 20°} \mu$m $= 11.7 \mu$m

齿距偏差　$f_{pt} = \dfrac{-4}{\cos 20°} \mu$m $= 4.3 \mu$m

（2）用多齿分度盘测量齿轮齿距　多齿分度盘的定位精度很高，可以测量高精度齿轮的齿距，而且可以在一次测量中直接获得齿距累积偏差和齿距偏差，无须换算，测量结果符合国家标准用弧长表示的定义。但用多齿分度盘测量的齿轮的齿距角必须是整数。

表 12-7　绝对法测量齿距计算表（$m = 2\text{mm}$，$z = 12$）

齿距序号 i	理论累积齿距角 $\sum \tau_i = i \dfrac{2\pi}{z}$	齿距累积偏差 $F_p / \mu m$	齿距偏差 $f_{pt} / \mu m$
1	30°	+3	+3
2	60°	+5	+2
3	90°	+5	0
4	120°	+7	+2
5	150°	(+8)	+1
6	180°	+8	0
7	210°	+5	−3
8	240°	+4	−1
9	270°	+1	−3
10	300°	(−3)	(−4)
11	330°	−2	+1
12	360°	0	0

用多齿分度盘测量齿轮齿距的方法与分度头一样，也要使用测微表来读数。一般在生产实践中常常用万能测齿仪与多齿分度盘配合使用来测量齿距。

2. 坐标仪器测量法

圆柱齿轮、锥齿轮和蜗轮齿距的测量还可以在万能工具显微镜、坐标测量机等坐标仪器上测量。而在万能工具显微镜上只能测量小模数齿轮的齿距。

对于外径小于 100mm 的齿轮齿距偏差和齿距累积偏差，可以在万能工具显微镜上利用圆分度台和米字线做影像法测量。以齿轮中心孔为基准定位找正，使孔中心与工作台回转中心重合。测量前。被测齿轮应当清洗干净，端面没有毛刺，否则测量偏差会很大。

测量时，移动纵向托架使显微镜米字线中心位于齿轮分度圆半径 r 的位置上，转动分度台使齿轮影像在目镜内与米字线中点相切，如图 12-17 所示。记下纵横向及分度台读数显微镜的读数作为第一齿的起测位置，测量一圈后还应回到原来的位置，测量才算结束，否则应当重测。（无论使用哪一种方法测量齿距都应如此）。

为了提高测量精度，还可以用灵敏杠杆配合光学分度头进行测量。只是这时应将被测齿轮装在检验心轴上顶在仪器两顶尖之间，并用拨叉将心轴与分度头连接起来，测量方法同前面介绍的分度头测量一样。

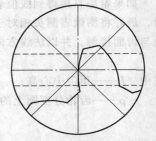

图 12-17　影像法测量齿轮齿距

12.4.3　齿距测量的温度要求

齿距测量对温度的要求见表 12-8。

表 12-8　齿距偏差的测量温度

被测齿轮精度等级	测量室温度/℃		被测齿轮与测量仪器(测量元件)的温差/℃	
	相对法	绝对法	相对法	绝对法
3~5	20±2	20±3	≤2	≤3
6~7	20±3	20±5	≤3	≤4
≥8	20±5	20±8	≤4	≤5

12.4.4　齿距测量位置的确定

齿距偏差应在齿宽和齿高中部，对左、右侧齿面进行测量。对齿宽大于 160mm 的齿轮应至少测量上、中、下三个截面，上、下截面各距端面约 15% 齿宽。单侧齿面工作的齿轮只测工作侧齿面。

用相对法测量齿数少于 60 的齿轮时，采用逐齿测量；测量齿数多于或等于 60 的齿轮时，对齿距偏差仍应采用逐齿测量，对齿距累积偏差和齿距累积总偏差一般采用跨齿和逐齿补点测量。

12.5　基节偏差测量

基节是指基圆柱切平面所截两相邻同侧齿面的交线之间的法向距离。

在圆柱齿轮的端平面内，相邻两个同侧齿廓的渐开线起始点之间的基圆弧长称为端面基圆齿距（端面基节）。在齿轮的法向平面内，两个同侧渐开螺旋面的基圆柱面上的基圆螺旋线之间的弧长，称为法向基圆齿距（法向基节）。基圆齿距与这两个同侧齿廓之间的法线距离相等。

这里主要介绍的是基节偏差的比较测量法。

基节偏差 Δf_{Pb} 是实际基节与公称基节之差。

直齿轮的公称基节为

$$p_{\mathrm{b}} = \pi m \cos\alpha \tag{12-47}$$

斜齿轮的基节计算公式为

$$p_{\mathrm{bt}} = \pi m_{\mathrm{t}} \cos\alpha_{\mathrm{t}} \tag{12-48}$$

$$p_{\mathrm{bn}} = \pi m_{\mathrm{n}} \cos\alpha_{\mathrm{n}} \tag{12-49}$$

$$p_{\mathrm{bn}} = p_{\mathrm{bt}} \cos\beta_{\mathrm{b}} \tag{12-50}$$

式中　m_{t}、m_{n}——端面和法向模数（mm）；

　　　α_{t}、α_{n}——端面和法向压力角（°）；

　　　β_{b}——基圆螺旋角（°）。

对于压力角为 20° 的圆柱直齿轮基节的部分公称值见表 12-9。

表 12-9　圆柱直齿轮基节的公称值（$\alpha = 20°$）　　　　（单位：mm）

m	p_{b}	m	p_{b}	m	p_{b}	m	p_{b}
1	2.9521	3.75	11.0705	10	29.5213	25	73.8033
1.25	3.6902	4	11.8085	11	32.4734	28	82.6597
1.5	4.4282	4.5	13.2846	12	35.4255	30	88.5639
1.75	5.1662	5	14.7606	13	38.3777	33	97.4203
2	5.9043	5.5	16.2367	14	41.3298	36	106.2767
2.25	6.6429	6	17.7128	15	44.2819	40	118.0853
2.5	7.3803	6.5	19.1888	16	47.2341	45	132.8459
2.75	8.1184	7	20.6649	18	53.1384	50	147.6066
3	8.8564	8	23.6171	20	59.0426		
3.5	10.3325	9	26.5692	22	64.9469		

12.5.1　基节的测量方法

各种测量基节的仪器都是根据两齿廓之间法向距离最短的原理设计而成的。因此，在使用基节仪时，应当注意两平行测量爪要同时与齿面相切，并摆动仪器寻找转折点，从指示表中读出最小基节的偏差值。图 12-18 所示为各种基节的测量原理。

1. 使用万能测齿仪测量基节

万能测齿仪可以测量齿轮的多种参数。测量基节时需要选用一对同侧刀形测量爪，并将其固定在测量头架上。按照图12-19所示，以公称基节调整好量块，然后把量块放置在专用的浮动工作台上，并通过找正使两量爪之间的距离最小，这时将指示表调至零位。取下浮动工作台及量块，装上被测齿轮，选择与被测齿轮模数相对应的定位球，安装在定位杆上对齿轮进行定位。通过调整测量头架的位置，使两量爪同时与齿轮的齿面相切后，便可进行测量了，如图12-20所示。

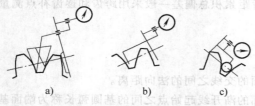

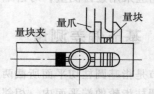

图 12-18　基节的测量原理　　　　　　图 12-19　量块夹调整测量头

量块组的尺寸可用式（12-51）确定：

$$M = p_b - L \tag{12-51}$$

式中　L——量块夹侧块尺寸（mm）。

2. 用基节仪测量基节

目前国内外生产的基节仪有多种，但其结构型式类似，如图12-21所示。仪器活动量爪1的位移可通过指示表4读出。支撑爪2起仪器支撑作用。固定量爪3在测量中起定位作用。测量前，应将活动量爪和固定量爪之间的距离用量块按公称基节调整好，然后才进行测量。

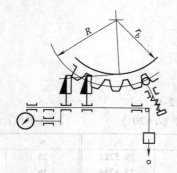

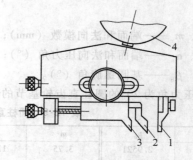

图 12-20　万能测齿仪测量基节　　　　　　图 12-21　基节检查仪

　　　　　　　　　　　　　　　1—活动量爪　2—支撑爪　3—固定量爪　4—指示表

测量时，首先将仪器置于齿轮上，使固定量爪和活动量爪分别与相邻两同侧齿廓相接触，然后微微摆动仪器，找出指示表的最小读数，此读数即该齿轮的实际基节与公称基节的差。

3. 在万能工具显微镜上测量基节偏差

在万能工具显微镜上面测量基节常采用影像法和轴切法。对于模数不大且端面对轴心线的垂直度比较好的齿轮，均可以在万工显上测量。

1）用影像法测量基节。对于小模数齿轮，如果轮齿的厚度（或齿宽）较薄，可以用影像法测量基节。把被测齿轮平放在仪器的玻璃工作台上，用透射光将被测齿轮两个以上的轮齿的影像投射到目镜视场内。调整纵横向滑板和测角目镜，使目镜米字线的垂直中心线与齿根部的齿形相切，记下此时的纵向读数显微镜的读数，然后保持横向滑板不动，纵向移动滑板，使米字线的垂直中心线与下一轮齿的同名齿廓相切。这里要注意，测角目镜不能动以确保米字中心线以相同的角度与齿廓相切。纵向读数显微镜的第二次读数与第一次读数之差的绝对值即为实际基节值。

2）用轴切法测量基节。如果齿轮的轮齿较厚，用影像法测量的偏差会很大，因此应当用轴切法，使用测量刀进行测量。测量时，要把测量刀紧靠在齿廓表面，用目镜对测量刀上面的 0.3mm 或 0.9mm 的细刻线进行瞄准。测量方法与影像法类似。

12.5.2 基节测量的温度要求

基节偏差的测量温度要求见表 12-10。

表 12-10 基节偏差的测量温度要求

被测齿轮精度等级	测量环境温度/℃	工件与仪器(包括校准块)的温差/℃
4~5	20±4	≤2
6~7	20±6	≤4
≥8	20±10	≤6

12.5.3 基节测量应注意的问题

1）测量前后应当用标准基节块或量块组校准仪器的零位，零位的变化应在±0.001mm 内。测量 5 级和高于 5 级精度的齿轮时，选用四等量块；测量 6 级和低于 6 级精度的齿轮时，选用五等量块。

2）基节偏差应在齿宽中部对圆周均布的不少于四个齿的左、右侧齿面在图样规定的工作齿高内（齿形修形部分除外）进行测量。当图样未做规定时，按被测齿轮与基本齿条啮合计算工作齿高。对于齿宽大于 160mm 的齿轮应至少测量上、中、下三个截面，上、下截面各距端面约 15% 齿宽。单侧齿面工作的齿轮只测工作侧齿面。

3）使用万能测齿仪测量基节时应注意以下事项：

① 当活动测量架径向移动到达终点时，右侧测量爪不得触及齿底。

② 齿轮被定位后，左测量爪应在距离齿顶边缘大于等于 0.5mm 处与齿廓相接触。

③ 测量斜齿轮时，应借助弓形架将两个被测齿的齿向线调成与水平面垂直，以便沿轮齿的法线方向进行测量。

④ 退出测量架时，两测量爪顶端应离开齿顶 2~3mm。

12.5.4 基节偏差与基圆和压力角偏差的关系

基节的测量与被测齿轮的回转轴线无关。基节偏差与压力角偏差和基圆直径偏差有关。可以用齿轮一周基节偏差测量结果的平均值来近似计算压力角偏差和基圆直径的实际值。

1. 用基节偏差平均值计算齿轮的基圆直径

压力角与基圆直径是一个问题的两个方面，在加工中反映的是压力角的大小，而在测量中反映的是基圆直径的大小。基圆直径偏差可以用式（12-52）计算：

$$d'_{b} = d_{b} + \frac{\Delta f_{pbm} z}{\pi} \tag{12-52}$$

式中　Δf_{pbm}——基节偏差平均值（mm）；

　　　d_{b}——基圆直径（mm）。

2. 用基节偏差平均值计算齿轮的压力角

可用式（12-53）计算压力角偏差（′）：

$$\Delta f_{\alpha} = 3438 \times \frac{-\Delta f_{pbm}}{\pi m \sin\alpha} \tag{12-53}$$

式中，负号表示当基节大于公称值时，压力角小于公称值。

12.6　齿圈径向跳动测量

圆柱齿轮齿圈径向跳动是在齿轮一转范围内，测头在齿槽内于齿高中部双面接触，测头相对于齿轮轴线的最大变动量。锥齿轮则定义在距分度圆锥顶点任意固定距离，沿分度圆锥法面测量。而蜗轮齿圈径向跳动是指在蜗轮一转范围内，测头在靠近中间平面的齿槽内与齿高中部的齿面双面接触时，其测头相对于蜗轮轴线径向距离的最大变动量。

齿圈径向跳动的测量比较简单，测量仪器只要具备安装齿轮的顶针架（或 V 形架）和能带动指示表移动的测量头架两部分即可，如图 12-22 所示。图 12-22a 和图 12-22c 的接触点连线为固定弦，图 12-22b 根据测球的大小可以是固定弦也可以是分度圆弦的测量。

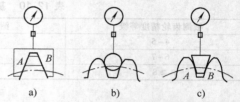

图 12-22　齿圈径向跳动测量示意图

12.6.1　测量仪器和测量方法

1. 卧式径向跳动检查仪

卧式径向跳动检查仪如图 12-23 所示。

转动手轮 1 可使测量滑板 10 在导轨上做纵向移动以改变测量位置。被测齿轮 4 安装在两顶尖 9 之间，指示表 7 安装在可转动的支架 5 上，按拨杆 6 可使指示表抬起离开齿槽，齿轮转过一齿后继续测量第二齿。测量锥齿轮或其他形式的齿轮时需要在垂直面内旋转指示表以调整位置。

测量时，先按被测齿轮的模数选用测头，以保证能在齿槽内的齿高中部与两齿面接触。测头在各齿槽的上下位置可以通过指示表指示出来。沿齿圈逐齿测量一周，其最大值和最小值的差即为齿圈径向跳动偏差。

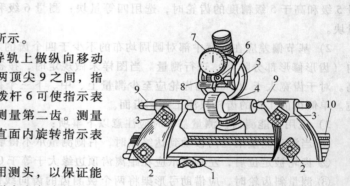

图 12-23　卧式径向跳动检查仪

1、2、3—手轮　4—被测齿轮　5—支架　6—拨杆　7—指示表　8—齿槽　9—顶尖　10—测量滑板

2. 万能测齿仪

在万能测齿仪上测量齿轮时，齿轮立式安装，使用径向测量头。测量前要调整径向测量头。调整时，切向滑板先不固定，待测球引入齿槽内与两侧齿面接触后，再来回移动切向滑板（图 12-24 箭头方向），同时观察指示表的指针，找出转折点（最小值）后，才将全部螺钉固紧。这时测球的移动方向通过齿轮的回转中心。

12.6.2　测量头的选择

齿圈径向跳动的测量应当在齿槽内的齿高中部，因此应按模数选择相应的球形、棒形或锥形测头。

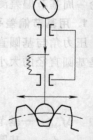

图 12-24　万能测齿仪径向测头示意图

1. 圆柱齿轮（包括蜗轮）测球直径 d_p 的计算

测球在分度圆上接触时测球直径 d_p 可按式（12-54）计算：

$$d_p = 2r_b \left[\tan\left(\alpha + \frac{90°}{z} \right) - \tan\alpha \right] \qquad (12\text{-}54)$$

通常测球直径 d_p 在 $1.68 \sim 1.96m$ 范围内选取。

对于变位齿轮分度圆不在齿高中部，为使测量头能在齿高中部与齿面接触，测球直径应加上变位值，即

$$d'_p = d_p + 2xm\sin\alpha \tag{12-55}$$

式中　x——变位系数。

对于斜齿轮测球直径的计算，应当把公式中的模数、压力角、齿数及变位系数等用法向参数代入计算。

2. 锥齿轮测头直径 d_p 的计算

测量头在锥齿轮分度圆锥处与齿面接触，测头直径的计算公式为

$$d_p = \frac{m_p}{2}z_v\left[\tan\left(\alpha + \frac{90°}{z_v}\right) - \tan\alpha\right] + 2xm_p\sin\alpha \tag{12-56}$$

式中　z_v——背锥当量齿数；

m_p——背锥分度圆模数（mm）；$m_p = \dfrac{mR}{R_p}$

R——背锥锥距（mm）；

R_p——齿中点锥距（mm）。

3. 圆锥形测头尺寸的计算

圆锥形测头的锥角为 $2\alpha \pm 10'$，在一定范围内不受模数和齿数的影响。由于测头在固定弦上接触，测头尺寸可按固定弦齿厚 $\bar{s}_c$ 和齿高 $\bar{h}_c$（图 12-25）的公式来计算：

$$\bar{s}_c = \frac{1}{2}m\pi\cos^2\alpha \tag{12-57}$$

$$\bar{h}_c = m\left(h_a^* - \frac{\pi}{4}\cos\alpha\sin\alpha\right) \tag{12-58}$$

式中　h_a^*——齿顶高系数。

为适应锥齿轮齿厚的变化，测量锥齿轮的圆锥测头的尺寸按中点模数计算。

球形测头与齿槽固定弦相接触，理论上每一种模数的齿轮都需要选一个测头，实际上往往是一个测头要测量几种模数的齿轮。锥齿轮由于不同截面的模数不相等的特点，所以测量锥齿轮的径向跳动时，选择测头以圆锥形测头为宜。而且锥齿轮需要测量

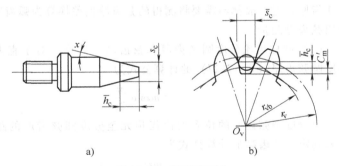

图 12-25　圆锥形测头

不同截面的径向圆跳动，圆锥形测头能适应轮齿的这种变化。

12.6.3　测量位置的确定

齿圈径向跳动应在齿宽中部，对齿轮的每个齿槽进行测量。对于齿宽大于 160mm 的齿轮，应至少测量上、中、下三个截面，上下截面各距端面约 15% 齿宽。

12.6.4　偏心对测量的影响

齿圈径向跳动是由齿轮加工中的几何偏心产生的，在齿轮传动中影响传递运动的准确性，

并按正弦规律变化。测量齿圈径向跳动以顶尖中心线为测量基准，故测量时应尽可能消除齿轮的安装偏心。事实上检验心轴本身也会有一定的径向跳动偏差，因此应当采取措施消除偏心对测量的影响。

在实际测量时，当测完第一圈后，将心轴相对于齿轮回转 180°，再进行第二圈的测量。然后取同一齿的两次读数的平均值作为测量结果。这样即可将心轴的偏心影响消除，提高径向跳动偏差的测量精确度。

12.7　齿厚和公法线长度测量

齿厚的检测包括齿厚偏差、公法线平均长度偏差、基本齿廓位移和量柱测量距（M 值）偏差的检测。由于公法线平均长度偏差和公法线长度变动的检测原理和方法一样，只是公法线平均长度偏差要求必须测出绝对长度，因此公法线的测量也放入本节介绍。

12.7.1　齿厚偏差的检测

齿厚偏差是分度圆柱面上齿厚的实际值与公称值的差（图 12-26）。公称齿厚是指两理论齿廓之间的分度圆弧长。

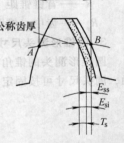

对于标准直齿轮，分度圆弧长为

$$s = \frac{\pi m}{2} \tag{12-59}$$

对于变位齿轮：

$$s = \left(\frac{\pi}{2} + 2x\tan\alpha \right) m \tag{12-60}$$

图 12-26　齿厚极限偏差

1. 齿轮弦齿厚的计算

齿厚测量应当在分度圆上进行。通常所说的齿厚测量一般多指弦齿厚的测量。尽管弦齿厚不同于弧齿厚，但一般都不需要将测得的弦齿厚偏差换算为弧齿厚偏差，因为两者相差很小。这里主要介绍弦齿厚测量。

（1）圆柱齿轮分度圆弦齿厚和弦齿高的计算　对于直齿圆柱齿轮分度圆弦齿厚（图 12-27）的计算公式为

$$\bar{s} = mz\sin\frac{\pi}{2z} \tag{12-61}$$

而分度圆弦齿厚的位置要由齿顶元至分度圆弦齿厚的距离即弦齿高来确定。弦齿高的计算公式为

$$\bar{h}_a = h_a + \frac{mz}{2}\left(1 - \cos\frac{\pi}{2z} \right) \tag{12-62}$$

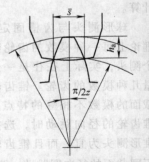

图 12-27　分度圆弦齿厚

对于变位圆柱直齿轮分度圆弦齿厚和弦齿高的计算公式为

$$\bar{s} = mz\sin\left(\frac{\pi}{2z} + \frac{2x\tan\alpha}{z} \right) \tag{12-63}$$

$$\bar{h}_a = \frac{mz}{2}\left[1 - \cos\left(\frac{\pi}{2z} + \frac{2x\tan\alpha}{z} \right) \right] + \left(\frac{d_a}{2} - r \right)$$

变位圆柱齿轮的齿顶圆直径为

$$d_a = m(z + 2 + 2x - 2\Delta y) \tag{12-64}$$

式中　h_a——齿顶高；

Δy——齿顶高变动系数。对于高度变位齿轮 $\Delta y = 0$。

对于圆柱斜齿轮分度圆法向弦齿厚及弦齿高的计算应使用法向参数和当量齿数，即

$$\bar{s}_n = m_n z_v \sin\left(\frac{\pi}{2z_v} + \frac{2x_n \tan\alpha_n}{z_v}\right)$$

$$\bar{h}_{an} = \frac{m_n z_v}{2}\left[1 - \cos\left(\frac{\pi}{2z_v} + \frac{2x_n \tan\alpha_n}{z_v}\right)\right] + (1 + x_n - \Delta y_n)m_n$$

(12-65)

式中　z_v——当量齿数，$z_v = z/\cos^3\beta$；

　　　Δy_n——法向齿顶高变动系数。

（2）圆柱齿轮固定圆弦齿厚和弦齿高的计算　当齿轮与齿条作无间隙的双面啮合时，如图 12-28 所示，两齿形的接触点 a、a' 分别位于左、右啮合线上。因为啮合线为渐开线的法线，所以垂直齿条的两侧齿廓表面。而同一模数和压力角的齿轮弦长 aa' 固定不变，它与齿轮齿数多少无关。即只要齿轮的模数、压力角相同，齿数不同，固定弦齿厚均相等，所以称之为固定弦。

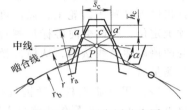

图 12-28　固定圆弦齿厚

对于直齿轮固定弦齿厚及弦齿高的计算为

$$\bar{s}_c = \frac{\pi m}{2}\cos^2\alpha$$

$$\bar{h}_c = m\left(h_a^* - \frac{\pi}{8}\sin 2\alpha\right)$$

(12-66)

对圆柱直齿变位齿轮的计算为

$$\bar{s}'_c = \frac{\pi m}{2}\cos^2\alpha + xm\sin 2\alpha$$

$$\bar{h}'_c = m\left(h_a^* - \frac{\pi}{8}\sin 2\alpha + x\cos^2\alpha - \Delta y\right)$$

(12-67)

对于斜齿轮，计算公式为

$$\bar{s}'_{cn} = \frac{\pi m_n}{2}\cos^2\alpha_n + x_n m_n \sin 2\alpha_n$$

$$\bar{h}'_{cn} = m_n\left(h_a^* - \frac{\pi}{8}\sin 2\alpha_n + x_n\cos^2\alpha_n - \Delta y_n\right)$$

(12-68)

（3）对锥齿轮分度圆弦齿厚和弦齿高的计算　锥齿轮齿厚测量的基本原则与圆柱齿轮相同，只是测量和计算在背锥上进行。

对于非变位直齿锥齿轮，分度圆弦齿厚及弦齿高为

$$\bar{s} = mz_v \sin\frac{90°}{z_v}$$

$$\bar{h}_a = \left[1 + \frac{z_v}{2}\left(1 - \cos\frac{90°}{z_v}\right)\right]m$$

(12-69)

对于变位直齿锥齿轮分度圆弦齿厚和弦齿高：

$$\bar{s} = mz_v \sin\left(\frac{\pi}{2z_v} + \frac{2x\tan\alpha}{z_v}\right)$$

$$\bar{h}_a = m\left\{1 + \frac{z_v}{2}\left[1 - \cos\left(\frac{\pi}{2z_v} + \frac{2x\tan\alpha}{z_v}\right)\right]\right\}$$

(12-70)

式中　z_v——当量齿数，$z_v = z/(\cos^3\beta_m \cdot \cos\delta)$；

β_{m}——齿宽中点螺旋角;

δ——分锥角。

当 $\beta_{m}=0$ 时, $z_{v}=z/\cos\delta$。

因固定弦齿厚的计算公式与齿数无关,故锥直齿轮的计算公式与圆柱齿轮变位和非变位的公式完全相同,在此不再列出。

2. 齿厚的测量

(1)用齿厚卡尺进行测量　生产现场检测齿厚多使用齿厚卡尺,如图 12-29 所示。齿厚卡尺以齿顶圆为基准,根据计算好的弦齿高调整齿厚卡尺的高度尺,然后把齿厚卡尺置于齿轮上,以高度尺端面在被测轮齿的齿顶上定位,微调横向游标尺螺钉使两量爪在水平方向上与两侧齿廓呈线接触,从横向游标尺上即可读得弦齿厚的测量值。

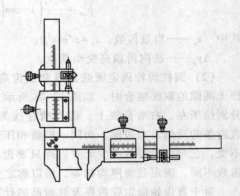

图 12-29　齿厚卡尺

(2)用万能工具显微镜进行测量　对小模数齿轮,可以在万工显上以影像法测量齿厚。如图 12-30 所示,先使齿顶与目镜视场中的米字线的水平线相切,然后横向移动工作台,将水平线移入齿体内,移动距离等于弦齿高。再纵向移动工作台,使米字中心分别与左、右齿廓对准,其纵向相应的两次显微镜读数的差即为被测轮齿的分度圆弦齿厚。

(3)用正切齿厚规测量　使用正切齿厚规测量的是齿轮的基本(原始)齿廓位移。以齿轮外圆为基准,测量被测齿轮轮齿或齿槽固定弦相对于回转轴线的径向位移。

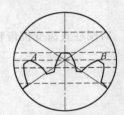

图 12-30　影像法测量齿厚

图 12-31a 所示为正切齿厚规。测量时以齿顶圆为基准,具有 20°斜工作面的量爪 2 和 3 跨于齿廓两侧并于两齿面对称相切,指示表 1 的触头与齿顶接触。测量前需要根据被测齿轮模数选择标准量棒将仪器调零(图 12-31b、c),作为被测齿轮基本齿廓的公称位置,与被测轮齿实际齿廓位置进行比较,其差值即为基本齿廓位移偏差。其与齿厚偏差之间的关系为

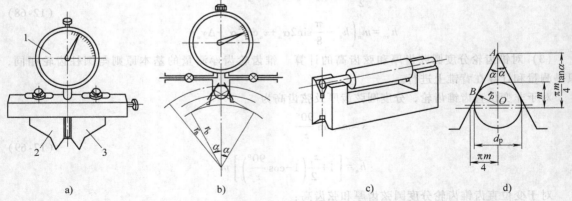

a)　　　　　　b)　　　　　　c)　　　　　　d)

图 12-31　正切齿厚规测量基本齿廓位移

1—指示表　2、3—量爪

$$\Delta E_{HS}=\frac{2\Delta E_{ss}}{\tan\alpha} \qquad (12-71)$$

式中　ΔE_{HS}——基本齿廓位移偏差;

ΔE_{ss}——齿厚偏差。

仪器调零位时使用的标准圆棒直径按式（12-72）计算：

$$d_{p} = \frac{2m\left(\frac{\pi}{4}\cot\alpha - 1\right)\sin\alpha}{1 - \sin\alpha} \qquad (12\text{-}72)$$

（4）固定弦齿厚的测量　固定弦齿厚是基本齿廓两侧齿形与齿轮理论齿廓相切时，两切点间的距离，如图 12-32 所示。对于斜齿轮则指的是在螺旋线法向相切的两切点的距离，即法向固定弦齿厚。生产现场测量固定弦齿厚也常用齿厚卡尺，其测量测量方法与测量分度圆弦齿厚一样，只是高度尺应按固定弦齿高来调整，必要时需修整齿顶圆半径实际偏差的影响。

3. 量柱距 M 值的测量

量柱距 M 值的测量可以间接控制齿轮的齿厚。如图 12-33 所示，将直径相同的两个精密圆柱，分别放置在被测齿轮对径位置上的两齿槽内，对奇数齿则放在相差 $90°/z$ 中心角的齿槽内。量柱在分度圆附近与两侧齿面接触，使用千分尺或测长仪测量这两个量柱最外侧母线间的距离，即 M 值。测得的实际量柱距与公称值之差就是量柱距偏差。

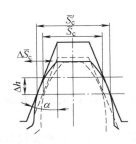

图 12-32　固定弦齿厚与分度圆齿厚的关系

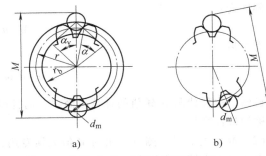

a)　　　　　　b)

图 12-33　齿轮 M 值的测量

（1）M 值计算　M 值的测量无须专用仪器，可以使用内、外径千分尺、测长仪等仪器进行测量。这种方法适用于小模数齿轮和内齿轮。测量前要进行 M 值的计算。从图 12-33 可以看出，无论是外啮合齿轮还是内啮合齿轮，其 M 值均由两量柱中心距及两量柱直径来确定。

1）直齿圆柱齿轮 M 值的计算：

偶数齿：

$$M = \frac{mz\cos\alpha}{\cos\alpha_{y}} \pm d_{p} \qquad (12\text{-}73)$$

奇数齿：

$$M = \frac{mz\cos\alpha}{\cos\alpha_{y}}\cos\frac{\pi}{2z} \pm d_{p} \qquad (12\text{-}74)$$

$$\mathrm{inv}\alpha_{y} = \mathrm{inv}\alpha \pm \frac{d_{p}}{mz\cos\alpha} \mp \frac{\pi}{2z} + \frac{2x\tan\alpha}{z} \qquad (12\text{-}75)$$

式中　α_{y}——量柱与齿廓接触点处的压力角。

注意：以上 M 值计算式中的正号用于外啮合齿轮，负号用于内啮合齿轮；α_{y} 的计算公式中，"$\pm$"、"$\mp$"的选取，上面的符号用于外啮合齿轮，下面的符号用于内啮合齿轮。

2）斜齿圆柱齿轮 M 值的计算：

偶数齿：

$$M = \frac{m_{t}z\cos\alpha_{t}}{\cos\alpha_{y}} \pm d_{p} = \frac{m_{n}z\cos\alpha_{n}}{\cos\alpha_{y}\sqrt{1 - \cos^{2}\alpha_{n}\sin^{2}\beta}} \pm d_{p} \qquad (12\text{-}76)$$

奇数齿：

$$M = \frac{m_t z \cos\alpha_t}{\cos\alpha_y} \cos\frac{\pi}{2z} \pm d_p = \frac{m_n z \cos\alpha_n}{\cos\alpha_y \sqrt{1 - \cos^2\alpha_n \sin^2\beta}} \cos\frac{\pi}{2z} \pm d_p \qquad (12\text{-}77)$$

$$\text{inv}\alpha_y = \text{inv}\alpha \pm \frac{d_p}{m_n z \cos\alpha_n} \mp \frac{\pi}{2z} + \frac{2x_n \tan\alpha_n}{z} \qquad (12\text{-}78)$$

以上各式表明，齿轮的 M 值不仅取决于基本参数，还与量柱直径有关。量柱直径不同，其与齿廓的接触点也各不相同，量柱的中心距也随之改变。若量柱与分度圆齿廓接触，则两接触点连线为分度圆弦齿厚，这时量柱直径应为

$$d_p = d\left[\cos\alpha \cdot \tan\left(\alpha + \frac{\pi}{2z}\right) - \sin\alpha\right] \qquad (12\text{-}79)$$

如果量柱与齿廓的两接触点连线为固定弦齿厚，则量柱直径：

$$d_p = \frac{\pi m}{2}\cos\alpha \qquad (12\text{-}80)$$

量柱中心位置在被测齿轮的分度圆上，这时量柱 M 值：

偶数齿：

$$M = d \pm d_p \qquad (12\text{-}81)$$

奇数齿：

$$M = d\cos\frac{\pi}{2z} \pm d_p \qquad (12\text{-}82)$$

显然，这种情况下 M 值的计算较简单，而且可利用固定弦的特点测量 M 值，这时的量柱直径通常称为最佳直径。

（2） M 值的测量　测量齿轮的 M 值无须专用仪器，可以使用外径千分尺、测长仪等。这个方法特别适用于小模数齿轮和内啮合齿轮。如果希望测量蜗轮的 M 值，可以选择标准圆球。由于量球距 M 值的计算很复杂，所以一般来说先测量所有齿的 M 值，取平均值作为公称量球距 M 值。

12.7.2　齿轮公法线测量

齿轮公法线即基圆切线，切线向左右延伸与渐开线齿廓垂直相交是各齿廓的公法线。公法线长度是两平行测爪在齿轮上与所跨多齿的异侧齿廓相切时两切点之间的距离，如图 12-34 所示。

异名齿廓齿形渐开线起点间所包容的基圆弧长等于公法线的长度 W。即跨 k 个齿的公法线长包含有 $k-1$ 个基节和一个基圆齿厚。因此，公法线长度包含有齿厚和基节的偏差。

1. 公法线长度的计算

公法线的测量无须定位基准，量具简单，测量方便，所以应用非常普遍。

（1）直齿轮公法线长度的计算

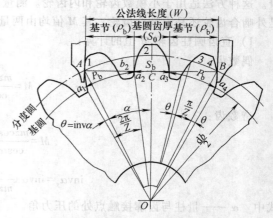

图 12-34　公法线长度

$$W = m\cos\alpha\left[\pi(k - 0.5) + z\,\text{inv}\alpha\right] \qquad (12\text{-}83)$$

式中　　k——跨齿数。

跨齿数不可任意选定，如跨齿数过多，则两齿面平行切线的切点将偏向齿顶，甚至无法相切。反之，跨齿数太少，则切点将偏向齿根。但可以多取一齿或少取一齿测量公法线长度，用两次测得

的公法线长度之差间接地测量基节。

合理的跨齿数应使其切点位于齿高中部，即在分度圆上或附近，所以有

$$k = \frac{\alpha z}{180°} + 0.5 \tag{12-84}$$

当压力角为 20° 时，有

$$W = m[\, 2.95213(k-0.5) + 0.01400z \,] \tag{12-85}$$

$$k = \frac{z}{9} + 0.5 \tag{12-86}$$

对于直齿变位齿轮，由于基本齿形发生径向位移，将引起公法线长度的变化。因此，直齿变位齿轮公法线长度的计算公式为

$$W' = W + 2xm\sin\alpha = m\cos\alpha[\,\pi(k'-0.5) + z\mathrm{inv}\alpha + 2x\tan\alpha\,] \tag{12-87}$$

式 (12-87) 中的跨齿数 k' 可按式 (12-88) 选取：

$$k' = \frac{z}{180°}\arccos\left(\frac{z\cos\alpha}{z+2x}\right) + 0.5 \tag{12-88}$$

经验表明，当变位系数 x 的绝对值在 0.3~2 的范围内时，齿数和压力角相同的变位齿轮与非变位齿轮的跨齿数之差约为 1~3，由此可得一经验公式：

$$k'' = \frac{z\alpha}{180°} + 0.5 + cx \tag{12-89}$$

式 (12-89) 中，$1.3 \leqslant c \leqslant 1.5$，$|x| = 0.3 \sim 2$。

（2）斜齿轮公法线长度的计算　斜齿轮端面上尺寸的计算与直齿轮基本相同，只需要将端面参数变换成法向参数，即可得到法向公法线的长度：

$$W_n = m_n\cos\alpha_n[\,\pi(k_n-0.5) + z\mathrm{inv}\alpha_t\,] \tag{12-90}$$

跨齿数 k_n 的计算公式为

$$k_n \approx \frac{\alpha_n}{180°} \cdot \frac{z}{\cos^3\beta} + 0.5 \tag{12-91}$$

对于变位斜齿轮：

$$W_n = m_n\cos\alpha_n[\,\pi(k'_n-0.5) + z\mathrm{inv}\alpha_t + 2x_n\tan\alpha_n\,] \tag{12-92}$$

其中，跨齿数 k'_n 的计算公式为

$$k'_n \approx \frac{z}{180°\cos^3\beta}\arccos\left(\frac{z\cos\alpha_n}{z+2x\cos^3\beta}\right) + 0.5 \tag{12-93}$$

2. 公法线平均长度偏差和长度变动量

公法线长度偏差和长度变动量是两种不同性质的偏差。在齿轮一周内，公法线长度平均值与公称值的差为公法线长度偏差，属于控制齿侧间隙的项目。在齿轮一周范围内，测量公法线长度最大值与最小值之差为公法线长度变动，属于评定齿轮传动准确性的项目。

3. 公法线长度的测量

斜齿轮的公法线长度只能在法向截面上测量，并且法向公法线长度仅在齿轮宽度 $B > W_n\sin\beta$ 的条件下才能测量，否则无法测量。

测量公法线长度可以用专用的公法线测量量具，也可以使用通用的测量仪器。常用的专用公法线测量量具如图 12-35 所示。

（1）用公法线量具测量　公法线量具的共同点是具有一对平行平面测头。测量时将平行平面测头按计算好的跨齿数放入被测齿轮的齿槽中，在齿高中部与左、右齿面相切。

（2）用万能测齿仪测量　如图 12-36 所示，与测量齿轮齿距的方法类似，本节不再详细介绍。每次测量完毕后，应再次用组合量块核对仪器的零位，其变化不应超过 2μm。

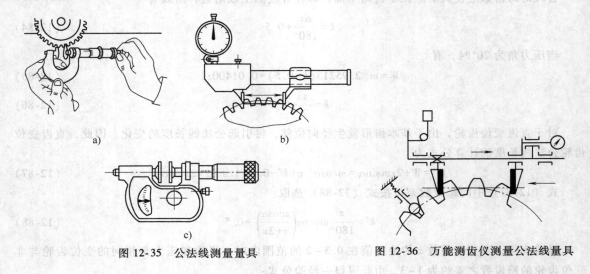

图 12-35　公法线测量量具　　　　　　　　图 12-36　万能测齿仪测量公法线量具

12.8　接触线偏差的检验

12.8.1　齿轮接触线的形成

　　直齿轮的接触线是平行于齿轮中心线的线段，如图 12-37a 所示。斜齿轮的接触线（图 12-37b）与齿轮的中心线倾斜一个角度，它的长度在一个齿面上是变化的。

　　接触线是指对理想的和不变形的相啮合轮齿齿面在瞬时接触的轨迹，它是位于基圆切平面内与基圆切母线成 β_b 角的直线 AA，如图 12-38 所示。如果直线 TT 的移动方向与齿轮轴心线成 β_b 角，即与接触线 AA 的方向一致并相重合，当它沿齿面移动时，如有波动，则表明接触线的形状或位置有偏差。

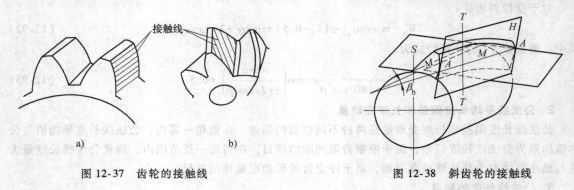

图 12-37　齿轮的接触线　　　　　　　　　　图 12-38　斜齿轮的接触线

12.8.2　接触线的测量方法与仪器

　　接触线偏差可用接触线检查仪、渐开线和螺旋线检查仪、万能测齿仪或万能工具显微镜来测量。在这些仪器上测量时，必须将测头调整在被测齿轮基圆柱的切平面上，并在与基圆柱母线交错成基圆螺旋角 β_b 的方向内沿被测齿面做直线移动（齿轮不动）。本节主要介绍在万能工具显微镜上进行测量的方法。

在图 12-38 中，如果用一垂直于 S 平面的圆柱测头代替 TT 直线，使之与齿面相切，并沿着齿面移动，则该测头与齿面的接触移动轨迹就是接触线。将万工显的灵敏杠杆换一个圆柱测头（图 12-39）就可以测量接触线偏差了。

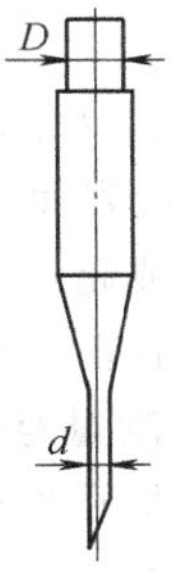

将齿轮固定在仪器的两顶尖之间，并使齿轮不能转动。把测头移动到齿轮的一端，并以此作为测量的起点，调整圆柱测头与齿面接触，使其既不接触齿顶刃边，也不与齿根相碰。使灵敏杠杆的双刻线对中，然后再纵、横向读数显微镜中读取 x 和 y。按纵向滑板每次移动距离为 l_x，计算横向滑板的理论移动距离 l_y 为

$$l_y = l_x \tan\beta_b \qquad (12\text{-}94)$$

每次测出横向滑板的实际移动距离 l'_{yi}，则移动距离偏差为

$$\Delta l_{yi} = l'_{yi} - l_{yi} \qquad (12\text{-}95)$$

图 12-39　圆柱测头

将 Δl_{yi} 按坐标位置排列后就是斜齿轮接触线的偏差曲线。

另外，在万工显的光学分度台上安装两个顶尖座（或 V 形座），将被测齿轮固定在顶尖之间（或 V 形座之间），在将分度台转动一个 β_b 角度，此时被测齿轮的接触线与万工显的纵向导轨平行。测量时，圆柱测头在齿轮一端与齿面接触，然后移动万工显的纵向滑板，既可逐点测量，也可连续测量，观测最大、最小变化，即为接触线偏差。

12.9　齿轮的噪声测量

齿轮装置一般只是机器的一部分，因此齿轮装置的噪声是整台机器噪声的一部分。测量齿轮装置的噪声必须考虑机器的原动机、工作机、附件、安装基础和环境的影响，也就是说，应当在规定的检测条件下进行噪声检测。

12.9.1　检测对象

从原则上讲，只需要测定齿轮装置的噪声。但是那些与齿轮装置安装在一体的设备，或者靠近齿轮装置并为齿轮装置正常工作提供保障的必不可少的设备也会包括在内，这些都将影响最终的噪声级。

12.9.2　检测条件

1）对于在恒定运转速度下使用的齿轮装置，应当按实际速度进行测量。

2）对于在非恒定运转速度下使用的齿轮装置，应以设计速度范围的算术平均值作为测量速度。

3）噪声测量应当在机器设计温度范围内的热平衡状态下进行。

4）由于安装和连接情况对齿轮装置的声辐射影响很大，因此被测齿轮装置的安装应使测量环境的影响为最小。测得齿轮装置的声压级与背景噪声声压级之差不少于 6dB，在测量前后所测背景噪声之差值不得大于 1.0dB。

12.9.3　测量表面、测量距离、测量点的位置和数量

1. 测量表面

如图 12-40 所示，以一个恰好包络齿轮装置并终止于反射平面上的最小矩形六面体作为基准体。被测齿轮装置的位置一经确定，其测量表面和测点位置可用坐标系统限定。水平的 x 轴和 y 轴在反射平面上平行于基准体的长和宽，垂直的 z 轴通过基准体的几何中心。特性距离 d_0 是从坐标系统原点到基准体上面四个顶角任一角的距离：

$$d_0 = \left[(0.5l_1)^2 + (0.5l_2)^2 + l_3^2 \right]^{\frac{1}{2}} \tag{12-96}$$

式中　l_1、l_2、l_3——基准体的长、宽、高（m）。

测量表面一般使用半球测量表面或矩形六面体测量表面。一般来说，基准体的线性尺寸不超过1.0m，或超过1.0m但基准体形状近似立方体的，应选用半球测量表面，否则使用矩形六面体测量表面。本节主要介绍半球测量表面。

2. 测量距离

当采用半球测量表面时，测量半径 r 必须大于 $2d_0$，可优先选用 1m、2m、4m、8m，一般不能小于 1.0m。

测量表面到所有其他反射表面（如房间的墙壁、其他机器的护板等）的距离至少应为 $2r$。

3. 测量点的位置和数量

（1）完整的测点布置　半球测量表面上的 10 个基本测点如图 12-40 所示，基本测点的坐标见表 12-11。

如果各个基本测点上测得的最大、最小声压级的差（dB）超过测点数目或基准体一边长大于两倍的测量距离 d 时，需要附加测点。附加测点的一般原则在半球测量面上，如图 12-41 所示，测点总数增加到 20 个。

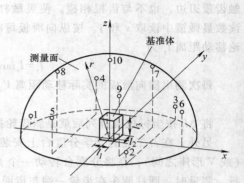

图 12-40　半球测量表面——基本测量点
○—基本测点（1~10）

表 12-11　半球测量表面基本测点的坐标

基本测点	x/r	y/r	z/r	基本测点	x/r	y/r	z/r
1	-0.99	0	0.15	6	0.89	0	0.45
2	0.50	-0.86	0.15	7	0.33	0.57	0.75
3	0.50	0.86	0.15	8	-0.66	0	0.75
4	-0.45	0.77	0.45	9	0.33	-0.57	0.75
5	-0.45	-0.77	0.45	10	0	0	1.00

如果受到空间的限制，对某个测点无法测量时，可以该点为对称中心，在测量表面上另行选取对称的、距离尽量近的两辅助测点，以这两辅助测点上的分贝平均数作为所需测点的分贝数。

（2）测点数目的减少　通过测定表明减少测点数目对计算声功率级的偏差不大于1.0dB，则测点数目可以适当减少。

12.9.4　测量房间

为了最大限度减少测量房间对测量声压级的影响，要求房间的反射对各测点的读数影响不超过 3dB，即环境修正量 $K_2 \leqslant 3\text{dB}$ 或 $K_2 \leqslant 3\text{dB}$ 倍频程。

如果环境修正量 $K_2 > 3\text{dB}$，可以用小一些的测量距离试测，也可以采取措施提高房间的吸声量。

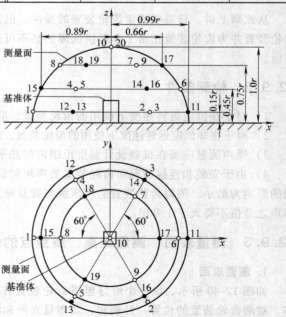

图 12-41　半球面上的传声器布点
○—基本测点（1~10）　●—附加测点（11~20）

12.9.5　A 计权声压级的测量

在各测点上，传声器正向面对齿轮装置，对于声级计指针摆动小于 ±3dB 的稳态噪声，可使用声级计的 "慢" 时间计权特性进行测量。声级计的读数取为观察期内标针摆动的平均值（偶尔出现的最大值或最小值不予考虑）。观察周期至少 10s。

对于声级计指针摆动大于 ±3dB 的非稳态噪声，应该用各测点的等效连续声级计算测量表面平均声压级。

12.9.6　测量表面平均声压级和声功率级的计算

（1）背景噪声修正量 K_1　当齿轮装置试验时测得的声压级与背景噪声声压级之差不大于 10dB 时，应按表 12-12 进行修正。

表 12-12　背景噪声修正量 K_1

声压级与背景噪声声压级之差/dB	K_1/dB
≤6	测量无效
>6~8	1.0
>9~10	0.5
>10	0.0

（2）环境修正量 K_2　当测量环境中有不必要的反射存在时，则必须对测量结果加以修正。一般情况下取 K_2 为 3dB。

（3）气温和气压修正量 K_3　通常情况下气温和气压对测量结果的影响不大。如果测量时的气温和气压与标准值（气温 20℃、气压 100kPa）相差较大时，应按式（12-97）计算修正：

$$K_3 = 10\lg\left(\sqrt{\frac{293}{273+t}} \times \frac{p}{100000}\right) \tag{12-97}$$

式中　t——测量时的环境气温（℃）；

　　　p——测量时的环境气压（Pa）。

（4）测量表面平均 A 声级的计算

$$\bar{L}_{PA} = 10\lg\left[\frac{1}{N}\sum_{i=1}^{N} 10^{0.1}(L_{PAi} - K_{1i})\right] - K_2 - K_3 \tag{12-98}$$

式中　$\bar{L}_{PA}$——测量表面平均 A 声级 [dB（A）]；

　　　L_{PAi}——第 i 测点的 A 声级 [dB（A）]；

　　　K_{1i}——第 i 测点上背景噪声修正量 [dB（A）]；

　　　K_2——环境修正量 [dB（A）]；

　　　K_3——气温、气压修正量 [dB（A）]；

　　　N——测点总数。

（5）A 声功率级的计算

$$L_{WA} = \bar{L}_{PA} + 10\lg\left(\frac{S}{S_0}\right) \tag{12-99}$$

式中　L_{WA}——A 声功率级 [dB（A）]；

　　　S——测量表面面积（m²）；

　　　S_0——基准体表面积（m²）。

第 13 章　齿轮加工的夹具及简易的工艺路线

13.1　机床夹具的组成

机械制造行业中，用以使机器生产工艺过程的任何工序，用来迅速、方便、安全地安装工件的一切装置都称为夹具。

凡根据机械加工工艺规程的要求，用以正确地确定工件及刀具的位置并恰当迅速地将它们夹紧的机床附加装置，称为机床夹具。

机床夹具分为两大类：用以准确定位及牢固夹紧被加工工件的，就直接简称为机床夹具或夹具，用以安置及夹紧刀具的称为辅助工具或辅具。

机床夹具、切削刀具及辅助工具合称为机床的工艺装备，广泛地应用于机械加工、检测和装配等工艺过程。

在齿轮加工过程中，定位、夹紧和支撑三大部分，几乎为所有夹具所共有，只是在工件大而切削部分小，或切削力帮助夹紧等特殊情况下可以不设夹紧部分。

13.2　定位原理和定位元件

工件在机床上或夹具中的定位问题，可以采用类似于确定刚体在空间直角坐标系中位置的方法加以分析。工件没有采取定位措施以前，与空间自由状态的刚体相似，每个工件的位置将是任意的、不确定的。对一批工件来说，它们的位置将是不一致的。

工件在机床上或夹具中位置不确定的最大程度只能有六个自由度。为便于分析可将具体的定位元件抽象化为相应的定位支撑点，在夹具中设置六个支撑点（图 13-1），与工件各定位基准面相接触的支撑点将分别限制在各个方面位置的自由度，从而使每一个工件获得确定的位置，一批工件占据了同一个准确的位置。其中工件底面 A 放置在三个支撑点上，限制了工件沿 z 轴移动及绕 x 轴和绕 y 轴转动的三个自由度；侧面 B 靠在两个支撑点上，限制了工件沿 x 轴移动及绕 z 轴转动的两个自由度；端面 C 于一个支撑点相接触，限制了沿 y 轴移动的自由度。这种方法称为六点定位。

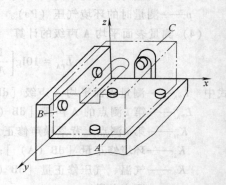

图 13-1　工件的六点定位

13.2.1　定位原理

根据工件的加工要求，用定位元件来限制影响加工精度的自由度，使工件在夹具中得到正确的位置。

根据工件在各工序的加工精度要求和选择定位元件的情况，工件的定位通常有如下几种情况。

1）完全定位。工件在机床上或夹具中定位，若六个自由度都被限制时，称为完全定位。

2）部分定位。工件在机床上或夹具中定位，若六个自由度没有被全部限制，称为部分定位。

3）欠定位。工件在机床上或夹具中定位，若定位支撑点数少于工序加工要求应予以限制的自由度数，则工件定位不足，称为欠定位。欠定位在夹具设计中是不允许的。

4）重复定位。工件在机床上或夹具中定位，若几个定位支撑点重复限制同一个或几个自由度，称为重复定位。

13.2.2　定位元件

工件在机床上或夹具中的定位，主要是通过各种类型的定位元件实现的。在机械加工中，虽然被加工工件的种类繁多，形状各异，但从它们的基本结构来看，不外乎是由平面、圆柱面、圆锥面及各种成形面组成。工件在夹具中定位时，可根据各自的结构特点和工序加工精度要求，选取其上的平面、圆柱面、圆锥面或它们之间的组合表面作为定位基准。为此，在工件装夹中可根据需要选用下述各种类型的定位元件。

1. 平面定位元件

（1）固定支撑　在夹具中定位支撑点的位置固定不变的定位元件，称为固定支撑。根据工件上平面的加工情况，可选取如图 13-2 所示的固定支撑。

图 13-2a 所示为支撑钉，A 型为平头支撑钉，主要用于工件上已加工过的平面的定位；B 型为球头支撑钉，主要用于工件上未加工过的毛坯表面的定位；C 型为网纹顶面的支撑钉，常用于要求摩擦力大的工件侧平面的定位。

图 13-2b 所示为支撑板，用于工件上经过精密加工过的平面的定位。A 型支撑板，结构简单，制造方便，一般多用于工件的侧平面定位；B 型支撑板，广泛应用于工件上已加工过的平面。

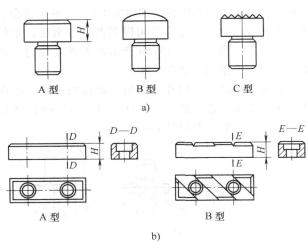

图 13-2　固定支撑

（2）可调支撑　在夹具中定位支撑点的位置可调节的定位元件，称为可调支撑。可调支撑主要用于工件的毛坯制造精度不高，而又以未加工过的毛坯表面作为定位基准的工序中。图 13-3 所示为几种常用的可调支撑结构，这几种可调支撑都是通过螺钉和螺母来实现定位支撑点位置的调节。

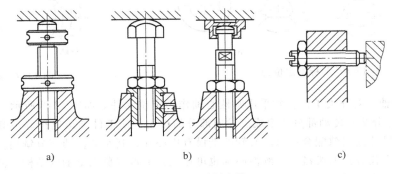

图 13-3　可调支撑

（3）自位支撑　自位支撑是指定位支撑点的位置在工件定位过程中，随着工件定位基准位置变化而自动与之适应的定位元件。图 13-4 所示为几种常用的自位支撑结构。

2. 圆孔表面定位元件

工件装夹中，常用于圆孔表面的定位元件有定位销、刚性心轴和小锥度心轴。

（1）定位销　图13-5所示为常用的固定式定位销的几种典型结构。被定位工件的圆孔尺寸较小时，可采用图13-5a所示的结构；当圆孔尺寸较大时，选用图13-5b所示的结构；当工件同时以圆孔和端面组合定位时，则应选用图13-5c所示的有端台或支撑垫圈的结构。定位销与夹具体的连接采用过盈配合。

如图13-6a所示为可换式定位销，在定位销与夹具体之间装衬套，衬套与夹具体采用过渡配合或过盈配合。定位销与衬套采用间隙配合，定位销的定位端部均加工成15°的大倒角，长定位销可限制四个自由度，短定位销可限制两个自由度，短削边销可限制一个自由度，当采用图13-6b所示的锥面定位销，则相当于三个定位支撑点，限制三个自由度。

为适应工件以两个圆孔表面组合定位的需要，需在两个定位销中采用一个削边定位销。直径尺寸为3~50mm削边定位销都做成菱形销，其标准结构如图13-7所示。

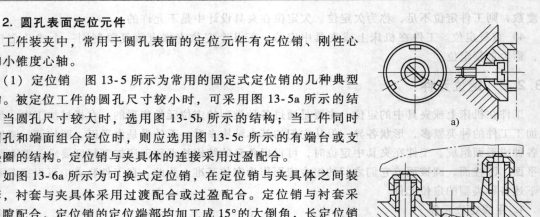

图13-4　自位支撑

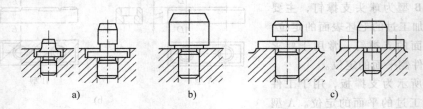

图13-5　固定式定位销

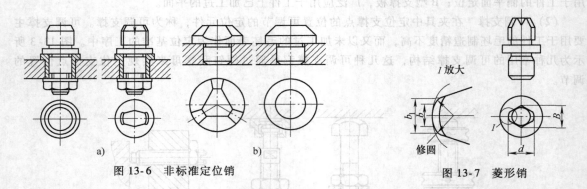

图13-6　非标准定位销

图13-7　菱形销

（2）刚性心轴　对环类工件，常采用刚性心轴作为定位元件。如图13-8所示，刚性心轴由导向部分1、定位部分2及传动部分3组成。导向部分的作用是使工件能迅速正确地套在心轴的定位部分上，其直径尺寸按间隙配合选取。心轴两端设有中心孔，其左端传动部分铣扁，以便能迅速放入车床主轴上带有长方孔的拨盘中。刚性心轴也可以设计成带有莫氏锥柄的结构，使用时直接插入车床主轴的前锥孔内即可。

（3）小锥度心轴　为了消除工件与心轴配合间隙，提高定心定位精度，便于装卸工件，还可选用如图13-9所示的小锥度心轴。为了防止工件在心轴上定位时的倾斜，此类心轴的锥度K通常取1/5000~1/1000，心轴的长度较大，孔径尺寸公差以心轴锥度的参数确定。

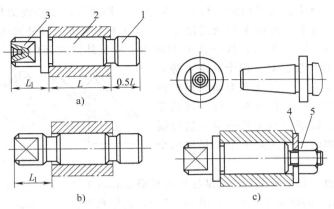

图 13-8　刚性心轴

1—导向部分　2—定位部分　3—传动部分　4—开口垫圈　5—螺母

3. 外圆表面定位元件

在工件装夹中，常用于外圆表面的定位元件有定位套、支撑板和 V 形块等。各种定位套对工件外圆表面主要实现定心定位，支撑板实现对外圆表面支撑定位，V 形块则实现对外圆表面定心、对中定位。

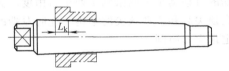

图 13-9　小锥度心轴

（1）定位套　图 13-10 所示为几种类型的定位套，图 13-10a 所示为短定位套和长定位套，它们的内孔分别限制两个和四个自由度；图 13-10b 所示为锥面定位套，它和锥面定位销一样限制三个自由度；图 13-10c 所示为便于装取工件的半圆定位套，其限制自由度数需视与工件定位表面接触长短而定。

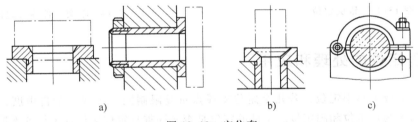

图 13-10　定位套

（2）支撑板　在夹具中，工件以外圆表面的侧母线定位时，常采用平面定位元件——支撑板。支撑板对工件外圆表面的定位属于支撑定位，定位时限制自由度数的多少将由其与工件外圆侧母线接触长度而定。如图 13-11a 所示，当两者接触较短，支撑板对工件限制一个自由度；当两者接触较长（图 13-11b），则限制两个自由度。

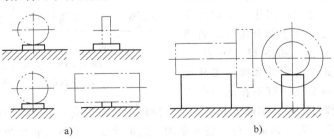

图 13-11　支撑板

（3）V 形块　在夹具中，为了确定工件定位基准——外圆表面中心线的位置，也常采用两个支撑平面组成的 V 形块定位。此种 V 形块定位元件，还可对具有非完整外圆表面的工件进行定位。常见的 V 形块结构如图 13-12 所示，其中长 V 形块用于较长外圆表面的定位，限制四个自由度，短 V 形块只限制两个自由度。对于两个高度不等的短 V 形块组成的定位元件，还可实现对阶梯形的两段外圆表面中心线的定位。V 形块对工件外圆的定位，还可起对中作用，即通过与工件外圆两侧母线的接触，使工件上外圆轴心线的对中在 V 形块两个支撑面的对称面上。

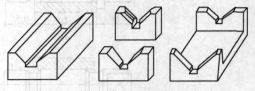

图 13-12　V 形块

（4）锥面定位元件　加工轴类工件或某些要求精确定心的工件，常以工件上的锥孔作为定位基准，这是就需要选用相应的锥面定位元件。图 13-13 所示为锥孔套筒在锥度心轴上定位磨外圆及精密齿轮在锥形心轴上定位进行滚齿加工的情况。此时，锥形心轴对被定位工件将限制五个自由度。

图 13-14a 所示为轴类零件以顶尖孔在顶尖上定位的情况，左端固定顶尖限制三个自由度，右端的可移动顶尖则限制了两个自由度。为了提高工件轴向的定位精度，可采用如图 13-14b 所示固定顶尖套和活动顶尖的结构，此时左端的活动顶尖只限制两个自由度，沿轴线方向的不定度则由固定顶尖套限制。

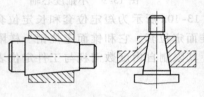

图 13-13　锥面定位

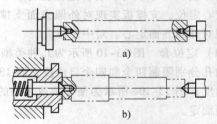

图 13-14　轴类零件顶尖定位

13.3　重复定位的处理和应用

工件在机床上或夹具中定位，若几个定位支撑点重复限制同一个或几个自由度，称为重复定位。重复定位又称为过定位和超定位。工件的定位是否允许重复定位应根据工件的不同情况进行分析。工件以形状精度和位置精度很低的毛坯面作为定位基准时，是不允许出现重复定位的；如果用已加工过的工件表面或精度高的毛坯面作为定位基准时，为了提高工件定位的稳定性和刚度，在一定条件下是允许采用重复定位的。

如图 13-15a 所示将工件以底面为定位基准放置在三个支撑钉上，此时相当于三个定位支撑点限制了三个自由度，属于部分定位。若将工件放置在四个支撑钉上，如图 13-15b 所示，就会造成重复定位。如果工件的底面为形状精度很低的毛坯表面或四个支撑钉不在同一平面

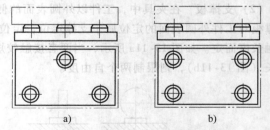

图 13-15　定位与重复定位
a）三点定位　b）四点定位

上，则工件放置在支撑钉上时，实际上只有三个点接触，从而造成一个工件定位时的位置不定或一批工件定位时的位置不一致。如果工件的底面是加工过的表面，虽将它放在四个支撑钉上，只要此四个支撑钉上处于同一平面上，则一个工件在夹具中的位置基本上是确定的，一批工件在夹具中的

位置也是基本上一致的。由于增加了支撑钉可使工件在夹具中定位稳定，反而对保证工件加工精度有好处。故在夹具设计中对以已加工过的表面为工件定位表面时，大多采用多个支撑钉或支撑板定位。由于这些定位元件的定位表面均处于同一平面上，它们起着相当于三个支撑点限制三个自由度的作用，是符合定位原理的。

当被加工工件在夹具中不是只用一个平面定位，而是用两个或两个以上的组合表面定位，由于工件各定位基准面之间存在位置偏差，夹具上各定位元件之间的位置也不可能绝对准确，故采用重复定位将给工件定位带来不良后果。

如图 13-16 所示为加工轴承座时工件在夹具中的定位情况，工件的定位基准为底面及两孔中心线，夹具上定位元件为支撑板 1 及两短圆柱销 2 和 3。根据定位原理，支撑板相当于三个定位支撑点，两短圆柱销 2 和 3 分别相当于两个定位支撑点，共七个支撑点，属于重复定位。在这种情况下，当工件两孔中心距和夹具上两短圆柱销中心距偏差较大时，就会产生有的工件装不上的现象。

如图 13-17 所示为带肩心轴装夹工件，带肩心轴装夹工件是齿轮加工中最简单应用最多的夹具，心轴与工件圆柱孔配合可以限制四个自由度，轴肩与工件端面是平面接触，限制三个自由度。而实际上是限制了工件除绕轴心转动以外的五个自由度，属于重复定位。此时，如果工件中心线与端面不垂直，或者心轴与轴肩不垂直，加工时会严重影响质量。

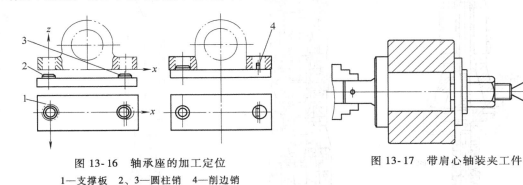

图 13-16　轴承座的加工定位　　　　　　　　图 13-17　带肩心轴装夹工件
1—支撑板　2、3—圆柱销　4—削边销

综上所述，形成重复定位的原因是由于夹具上的定位元件同时重复限制了工件的一个或几个自由度。重复定位的后果是使工件定位不稳定，破坏一批工件位置的一致性，甚至是部分工件不能进行装夹。

为了减少或消除重复定位造成的不良后果，可采取如下措施：

1）改变定位元件的结构。如图 13-16 所示，将短圆柱销 3 改为削边销 4，减少一个限制点，从而保证所有工件都能套在两个定位销上。

2）撤销重复限制自由度的定位元件。

3）提高工件定位基准之间及定位元件工作表面之间的精度。

如图 13-17 所示，严格要求心轴轴线与轴肩平面垂直，再要求工件孔中心线与端平面相互垂直，这是齿轮加工中常常遇到的双基准定位，即内孔与端面同时作基准，并相互垂直。因此，在齿轮加工中，确定哪一个端面为基准面要做好标记，决不能出差错。

13.4　常用夹具装置

13.4.1　滚齿夹具装置

滚齿夹具的结构与齿坯的形状和生产效率有关，其制造精度直接影响被切齿轮的加工精度，应根据生产纲领及齿轮精度要求综合考虑。

常用滚齿机典型夹具装置如图 13-18 所示。

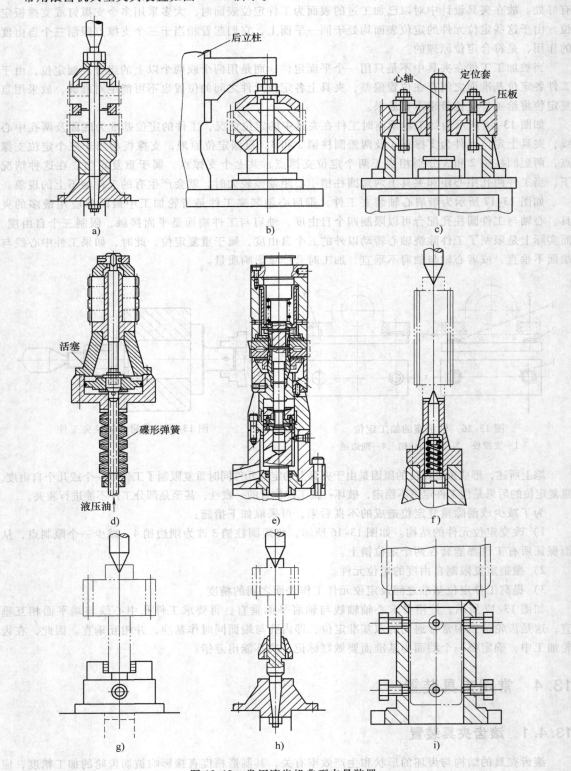

图 13-18　常用滚齿机典型夹具装置

　　图 13-18a、b、c、d 所示为内孔定心端面定位的夹具。这类夹具大部分采用夹具体（滚齿底座）与心轴组合的结构。即依靠齿坯内孔与心轴之间的配合决定中心位置（不用找正），以端面为基准面定位夹紧。心轴是可换的，因而通用性好，且结构简单，夹紧方便可靠，质量稳定，精度高，生产效率高。夹具在安装时可以校正心轴的旋转中心，因而可消除夹具的几何偏心。目前大批量生产、中小型齿轮均采用这类夹具。图 13-18a、b、c 所示夹具使用螺栓夹紧，图 13-18d 所示夹具下部用碟形弹簧夹紧，液压油从下向上推动活塞时即可松开。

　　图 13-18e 所示为采用内涨式双锥面定心夹紧，具有效率高、定心好、夹持力大的优点，同时减少了因齿坯定心内孔的误差而引起的齿形、齿向误差，消除了传统夹具中存在的心轴与齿坯内孔间的误差。

　　图 13-18f、g、h、i 所示的滚齿夹具适用于轴齿轮。13-18f 所示夹具上顶尖受力使齿坯下端面咬入支撑棱口，棱口内的顶尖起自定心作用。图 13-18g、h 所示夹具以跳动对齿坯中心孔有严格要求的轴径和端面为基准，分别用弹簧夹头和自定心夹盘夹紧。图 13-18i 所示为夹罐类夹具，适用于上端无法定位的超长轴齿轮。

　　单件小批生产时为了使滚齿夹具具有通用性，使用图 13-19 所示夹具。这类夹具采用夹具体（或等高垫块），将齿坯放在夹具体上，齿坯内孔不作为定位基准，用千分表找正外圆来决定中心位置，以端面为基准定位夹紧。这种夹具滚齿时需找正齿坯，生产效率低，对齿坯加工要求同轴度高，但无须相配心轴与专用夹具，校正后的表值即是夹具的总误差。适用于单件、小批及大齿轮的加工。这类滚齿夹具上端面可放置等高垫块，等高垫块一定要严格保证移动夹具一组几块高度尺寸一致，一组几块同时一起加工。

　　图 13-19a 所示为适用于中型齿轮的整体夹具，适用范围较小，可通过放置不同直径的垫铁来扩大其适用范围。

　　图 13-19b 所示为端面可调式夹具，在使用时齿轮的基准端面朝上放置，通过调整夹具上的螺钉来保证基准端面的跳动，内孔不定心，加工时必须保证工件外圆找正带与内孔同心。

　　图 13-19c 所示为移动式夹具，适用于大齿轮，适用范围较大。可根据齿轮直径的大小选择四件移动夹具，八件移动夹具。移动夹具一定要严格保证高度尺寸一致。

　　图 13-19d 所示为加工直径

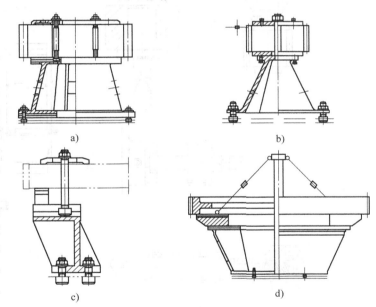

a)　　　　　　　　　　b)

c)　　　　　　　　　　d)

图 13-19　滚齿通用夹具形式

大于 5m 的齿轮所用的伞形支架。为加强滚齿时的刚性，在装夹上采取了一定的措施：一是在工作台上安装了一个固定的碗形胎具，目的是增大工作台直径；二是根据齿轮直径大小在其上放置四件或八件长条形等高垫铁。伞形支架可使工作台负荷比较均匀，有利于加工时运转平稳。

13.4.2　磨齿夹具装置

　　工件在磨齿夹具上定位和夹紧及工件和夹具在机床上的定位和夹紧均直接影响磨齿加工的精度，现介绍几种常用磨齿夹具的类型。如图 13-20a、b、c 所示，多用于齿轮轴的磨齿加工。其中

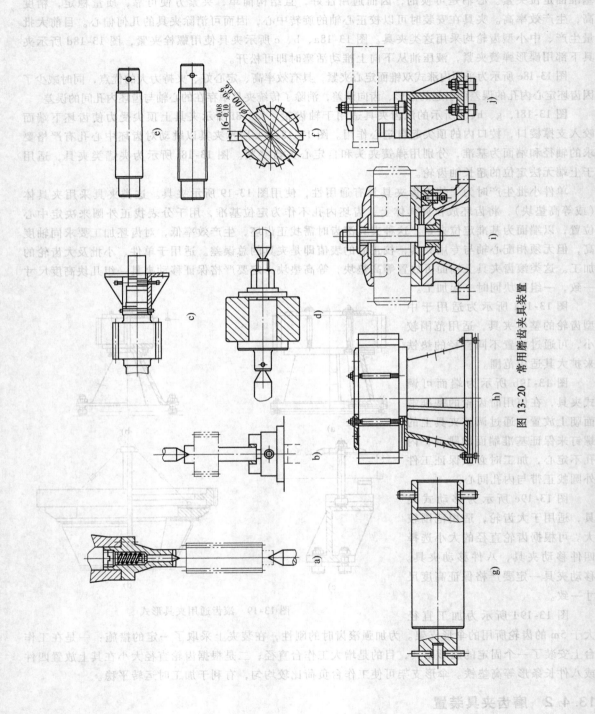

图 13- 20　常用磨齿夹具装置

图 13-20a 所示夹具顶尖起自定心作用。图 13-20b 所示夹具以跳动对齿坯中心孔有严格要求的轴径和端面为基准，用自定心夹盘夹紧。图 13-20 c 所示为夹罐类夹具，适用于大模数超长轴齿轮，用夹罐上的找正带找正夹罐中心，在端面打表，公差均为 0.01~0.02mm，拧紧上面一排螺栓时，找正轴齿轮靠近夹罐端面已磨削过的面，拧紧下面一排螺栓时，找正轴齿轮远离夹罐端面已磨削过的面，保证整个轴齿轮的同心度。图 13-20d、e、f 所示心轴分别与图 13-20g 小夹罐装在一起使用，多用于模数和外径较小的齿轮磨齿加工。各种心轴的精度要求见表 13-1。图 13-20d 所示结构对两端中心孔有严格要求，图 13-20 h、i 所示结构适用于中型齿轮的整体夹具，可通过放置不同直径的垫铁来扩大其适用范围。图 13-20j 所示为移动式夹具，适用范围较大。可根据齿轮直径的大小选择四件或八件移动夹具。移动夹具上端面可放置不同形状的垫铁，垫铁的高度根据圆柱齿轮螺旋升角的大小确定。几块垫铁尺寸要求一致。

表 13-1　各种心轴的精度

齿轮精度	心轴径向圆跳动 /mm	定位外圆端面 表面粗糙度 $Ra/\mu m$	端面对外圆的 垂直度公差/mm	中心孔	
				接触面	表面粗糙度 $Ra/\mu m$
3~4 级	0.001~0.002	0.1	0.001~0.002	85%	0.1
5 级	0.002~0.003	0.1	0.002~0.004	85%	0.1
6 级	0.003~0.005	0.2	0.006	80%	0.1
7 级	0.005~0.01	0.4	0.01	70%	0.1

13.4.3　插齿夹具

插齿机上常用的几种典型夹具结构见表 13-2。

表 13-2　插齿典型夹具结构

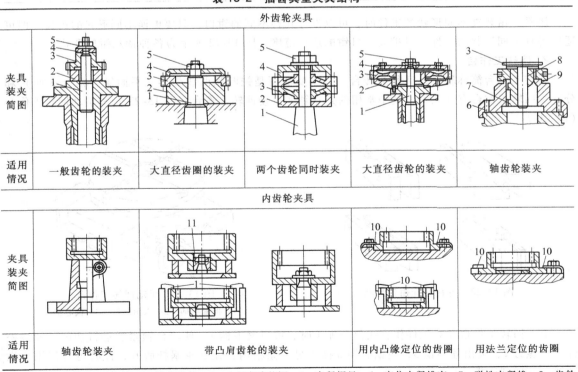

	外齿轮夹具				
夹具装夹简图					
适用情况	一般齿轮的装夹	大直径齿圈的装夹	两个齿轮同时装夹	大直径齿轮的装夹	轴齿轮装夹
	内齿轮夹具				
夹具装夹简图					
适用情况	轴齿轮装夹	带凸肩齿轮的装夹		用内凸缘定位的齿圈	用法兰定位的齿圈

注：1—心轴；2—支座；3—被切齿轮；4—上压盘或垫圈；5—夹紧螺母；6—定位夹紧锥套；7—弹性夹紧锥；8—齿轮柄部；9—夹紧圆螺母；10—压板；11—弹性夹头。

13.5　常用夹具

夹具根据应用范围可分为通用夹具、专用夹具和组合夹具。专用夹具是专为某一工件的某一工序而专门设计的，使用时既方便又准确，生产效率又高。组合夹具是用标准的夹具零部件，按加工工件的要求，由专职的人员组装成一台具有专用功能的夹具，最大的特点是工件加工结束后，可拆卸并可重新组装成新的夹具。

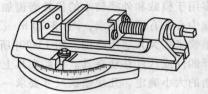

图 13-21　机床用平口台虎钳

铣工和齿轮工所用的通用夹具，主要有平头台虎钳（图13-21）、分度头、回转工作台、自定心卡盘和单动卡盘等。它们无须调整或稍加调整就可以用于装夹不同工件。

1. 机床用平口台虎钳

机床用平口台虎钳简称平口钳或虎钳，平口钳的规格见表13-3。

表 13-3　平口钳的规格

参　数	规　格							
	60	80	100	125	136	160	200	250
钳口宽度 B/mm	60	80	100	125	136	160	200	250
钳口最大张开度 A/mm	50	60	80	100	110	125	160	200
钳口高度 h/mm	30	34	38	44	36	50（44）	60（56）	56（60）
定位键宽度 b/mm	10	10	14	14	12	18（4）	18	18
回转角度	360°							

用平口钳装夹不同形状的工件时，可以设计几种不同的钳口，只要更换不同形式的钳口，即可适应各种不同形状的工件，以扩大平口钳的适用范围，图13-22所示为各种特殊钳口形状。

2. 回转工作台

回转工作台简称转台，又称圆转台，其主要功用是铣圆弧曲线外形、平面螺旋槽（或面）和分度。回转工作台有好几种，其中常用的是立轴式手动回转工作台（图13-23）和机动回转工作台（图13-24）。

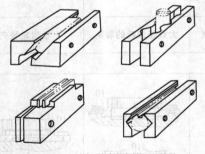

图 13-22　各种特殊钳口形状

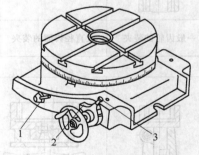

图 13-23　手动回转工作台
1—扳紧手柄　2—六角螺钉　3—偏心销

手动回转工作台在对工件作直线部分加工时，可扳紧手柄1，使转台锁紧后进行切削。如果松开六角螺钉2，拔出偏心销3，使偏心销3插入另一条槽内，让蜗轮蜗杆脱开，此时可直接用手推动转台旋转到所需位置。

图 13-24a 所示为机动回转工作台外形，它与手动回转工作台的主要差别是能利用万向联轴器，由机床传动装置带动传动轴而使转台旋转。不需要机动时，将离合器手柄放置在中间位置，直接转动手轮作手动用。当手柄放置在另一边时，可做反向转动，如图 13-24b 所示。

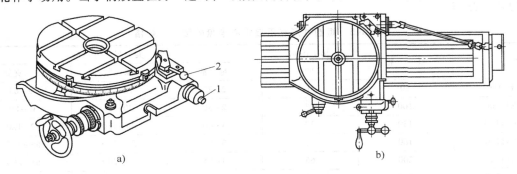

a)　　　　　　　　　　　　b)

图 13-24　机动回转工作台
1—传动轴　2—手柄

无论是手动还是机动回转工作台，若把手轮拆卸后换上分度手柄和孔盘，即可进行简单的分度。回转工作台主要参数见表 13-4。

表 13-4　回转工作台主要参数

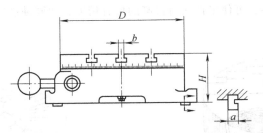

规　格		手动	T12160	T12200	T12250	T12320	T12400	T12500	T12630	T12800	T121000
		机动	—	—	—	T11320	T11400	T11500	T11630	T11800	T111000
工作台直径 D/mm			160	200	250	320	400	500	630	800	1000
高度 H /mm ≤	平式		100		120		140		160		250
	倾斜式		160	180	210	260	300			—	
工作台锥孔锥度（莫氏锥度）			3			4		5		6	
定位块宽度 a/mm			14				18			22	
工作台面上 T 形槽宽度 b/mm	中央槽（H12）		12			14		18		22	
	边槽（H9）		12			14		18		22	
传动比	平式		1:60			1:90			1:120		
	倾斜式		1:60						—		
蜗杆副模数 /mm	平式		2			2.5		3		5	
	倾斜式		1.5		2	3			—		

注：精度高的回转工作台，分度误差可不大于 60″。

3. 自定心卡盘

自定心卡盘如图 13-25 所示，是铣削和齿轮加工最常用的通用夹具。其型号和规格很多，现将常用的列于表 13-5。

表 13-5　短圆柱形三爪自定心卡盘的型号、规格

型　　号	规　　格	最大内径/mm	装 夹 尺 寸/mm		
			夹　紧	撑　紧	反爪夹紧
K1180	80	16	2~22	25~70	22~63
K11100	100	22	2~30	30~90	30~80
K11130	130	30	3~40	40~130	42~120
K11160	160	40	3~55	50~160	55~145
K11200	200	65	4~85	65~200	65~200
K11250	250	80	6~110	80~250	92~250
K11320	320	100	10~140	95~320	100~320
K11400	400	130	15~210	120~400	120~400
K11500	500	200	25~280	150~500	150~500

4. 单动卡盘

单动卡盘外形如图 13-26 所示。单动卡盘是在装夹工件时四爪单独进退，适合于装夹形状较复杂的工件，如做精确的调整，可使工件获得极高的位置精度，如同轴度等。现将常用的型号和规格列于表 13-6。

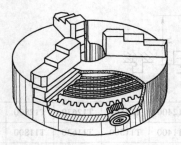

图 13-25　三爪自定心卡盘

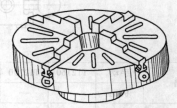

图 13-26　单动卡盘

表 13-6　单动卡盘型号、规格

型号	规格	正爪尺寸/mm	反爪尺寸/mm
K72200	200	10~100	63~200
K72250	250	15~130	80~250
K72300	300	18~160	80~00
K72400	400	25~250	118~400
K72500	500	35~400	125~500
K72800	800	76~800	—
K721000	1000	100~630	250~1000

自定心卡盘，新的时候精度较高，在装夹工件时，其同轴度误差可不大于 0.05mm，但如果同轴度精度要求高时，还是单动卡盘装夹工件效果更好。

13.6　齿轮加工余量

13.6.1　轴类调质余量

轴类调质余量 a 见表 13-7。

表 13-7　轴类调质余量 a　　　　　　　　（单位：mm）

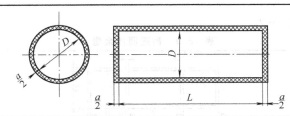

长度 L	直径 D											
	≤50	>50 ~100	>100 ~150	>150 ~200	>200 ~250	>250 ~300	>300 ~350	>350 ~400	>400 ~500	>500 ~650	>650 ~800	>800 ~1000
≤800	7	7	7	5	5	5	—	—	—	—	—	—
>800 ~1500	7	7	7	7	6	6	6	6	6	10	10	10
>1500 ~2000	10	10	10	10	8	8	8	8	8	10	10	10
>2000 ~2500	12	12	12	10	10	8	8	8	8	12	12	12
>2500 ~3000	14	14	14	12	12	10	10	8	8	12	12	12
>3000 ~4000	—	14	14	14	14	16	16	16	16	14	14	14
>4000 ~6000	—	—	16	16	16	18	18	18	18	16	16	16
>6000 ~8000	—	—	—	18	18	18	18	18	18	18	20	20
>8000 ~10000	—	—	—	—	20	20	20	20	20	20	20	20

注：粗线以内为台车炉余量，其余为竖炉余量。

13.6.2　齿轮调质余量

齿轮调质余量 a 见表 13-8。

表 13-8　齿轮调质余量 a　　　　　　　　（单位：mm）

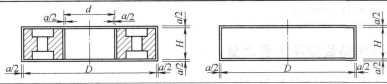

直径 D	厚度 H					
	≤50	>50~100	>100~150	>150~200	>200~250	>250~320
≤300	5	5	4	4	—	—
>300~500	6	6	6	5	5	—
>500~800	8	8	8	6	6	6
>800~1200	12	12	10	8	8	8
>1200~2000	15	15	13	10	10	10
>2000~2800	18	18	16	13	12	12

（续）

直径 D	厚度 H					
	≤50	>50~100	>100~150	>150~200	>200~250	>250~320
>2800~3500	21	21	19	16	14	14
>3500~4500	24	24	22	20	16	16
>4500~5500		30	28	26	24	22

13.6.3　齿圈调质余量

齿圈调质余量 a 见表 13-9。

表 13-9　齿圈调质余量 a　　　　（单位：mm）

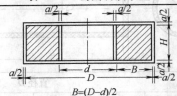

$B=(D-d)/2$

壁厚	直径 D							
(D-d)/2	≤300	>300~500	>500~800	>800~1500	>1500~2500	>2500~3500	>3500~4500	>4500~5500
≤30	10	12	16	20	26	—	—	—
>30~50	8	10	14	18	24	30	—	—
>50~100	6	8	12	16	20	26	32	40
>100~150	—	6	8	14	16	22	26	38
>150~200	—	—	6	8	12	18	22	34
>200~300	—	—	6	6	10	16	20	30
>300~500	—	—	—	6	8	14	18	26

注：1. 当 H/B≥1.8 时，余量增加 20%。
　　2. 余量公差按上表数值的 ±10% 控制。

13.6.4　切除渗碳层的加工余量

切除渗碳层的加工余量见表 13-10。

表 13-10　切除渗碳层的加工余量　　　　（单位：mm）

有效渗碳层深度	0.6~0.8	>0.8~1.1	>1.1~1.4	>1.4~1.8	>1.8~2.2	>2.2~2.5	>2.5~3.0
单面余量	2	2.5	3	3.5	4	4.5	5.5
有效渗碳层深度	3.0~3.5	>3.5~4.0	>4.0~4.5	>4.5~5.0	>5.0~5.5	>5.5~6.0	>6.0~6.5
单面余量	6	7	7.5	8	9	10	11

注：1. 表中数值仅适用于按表 13-15 确定粗滚齿余量。
　　2. 表中有效渗碳层深度区间为图样上给出的有效渗碳层深度上极限偏差所在区间。
　　3. 余量公差按本表数值 +10% 控制。
　　4. 加工表面粗糙度值不大于 Ra12.5μm。

13.6.5　渗碳淬火轴齿轮淬火前余量

渗碳淬火轴齿轮淬火前余量见表 13-11。

表 13-11　渗碳淬火轴齿轮淬火前余量　　　　（单位：mm）

细长比 L/d	直径余量 a
≤5	2
>5~10	4
>10~15	6

注：1. 端面余量为直径余量之半，轴肩台阶突变小（直径差≤10mm）时两轴径按大轴径合并加工。
　　2. 加工表面粗糙度值不大于 Ra12.5μm。

13.6.6　渗碳淬火齿轮淬火前余量

渗碳淬火齿轮淬火前余量 a 见表 13-12。

表 13-12　渗碳淬火齿轮淬火前余量 a　　　　　　（单位：mm）

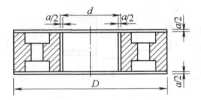

直径 D	壁厚 $(D-d)/2$					
	30~50	>50~100	>100~200	>200~350	>350~600	>600
≤300	2	2	2	—	—	—
>300~600	4	4	3	3	—	—
>600~1200	—	6	6	4	4	3
>1200~1800	—	—	8	6	6	4
>1800	—	—	—	—	8	6

注：1. 端面余量为直径余量的一半。

2. 余量公差按上表数值的 ±5% 控制。

3. 加工表面粗糙度值不大于 $Ra12.5\mu m$。

13.6.7　渗碳淬火齿圈淬火前余量

渗碳淬火齿圈淬火前余量 a 见表 13-13。

表 13-13　渗碳淬火齿圈淬火前余量 a　　　　　　（单位：mm）

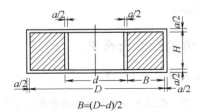

$B=(D-d)/2$

直径 D	壁厚 $(D-d)/2$					
	≤100	>100~150	>150~200	>200~250	>250~300	>300~400
<600	8	6	6	—	—	—
≥600~1200	12	10	8	6	—	—
>1200~1800	14	12	10	8	6	—
>1800~2400	—	15	14	12	12	10
>2400~3000	—	—	18	16	14	12
>3000~3600	—	—	20	18	16	14

注：1. 端面余量为直径余量的一半。

2. 当 $H/B≥1.8$ 时，余量增加 30%。

3. 余量公差按本表数值 ±5% 控制。

4. 加工表面粗糙度值不大于 $Ra12.5\mu m$。

5. 齿顶圆按图加工。若 $D>1000mm$，把合式齿圈，则 D（实）$= D$（图）$-D$（图）$÷1000$；热装式齿圈，则 D（实）$= D$（图）$-1.5D$（图）$÷1000$。

13.6.8 不淬火轴类外圆及端面磨削余量

不淬火轴类外圆及端面磨削余量 a 见表 13-14。

表 13-14　不淬火轴类外圆及端面磨削余量 a　　　　　　　（单位：mm）

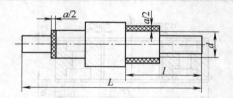

折算长度 L_p	加工直径 d								
	≤30	>30~50	>50~80	>80~120	>120~180	>180~260	>260~360	>360~500	>500~800
≤100	0.4	0.4	0.5	0.5	—	—	—	—	—
>100~250	0.4	0.5	0.6	0.6	0.6	—	—	—	—
>250~500	0.5	0.6	0.6	0.6	0.7	0.7	—	—	—
>500~800	0.6	0.7	0.7	0.7	0.7	0.8	0.9	0.9	—
>800~1200	—	0.7	0.8	0.8	0.8	0.9	1.0	1.0	1.0
>1200~2000	—	0.8	0.9	0.9	0.9	1.0	1.0	1.0	1.1
>2000~3000	—	—	—	1.0	1.0	1.1	1.1	1.1	1.2
>3000~4500	—	—	—	—	—	—	1.1	1.1	1.2
允许偏差（-）	0.14	0.17	0.20	0.23	0.26	0.30	0.34	0.38	0.45

注：1. 在确定加工余量时的折算长度 L_p：光轴 $L_p = L$；阶梯轴 $L_p = 2l$。
　　2. 磨前尺寸的计算：
　　　　磨前尺寸＝公称尺寸＋上偏差＋余量
　　　例：磨削部分直径 $d = \phi 100^{+0.16}_{+0.09}$ mm，零件折算长度 $L_p = 600$ mm。
　　　　磨前尺寸＝(100+0.16+0.7)mm＝100.86mm。
　　3. 磨前表面粗糙度值不大于 $Ra6.3\mu m$。

13.6.9 软齿面及中硬齿面齿轮粗滚齿余量

软齿面及中硬齿面齿轮粗滚齿余量见表 13-15。

表 13-15　软齿面及中硬齿面齿轮粗滚齿余量　　　　　　　（单位：mm）

法向模数 m_n	3	4	5	6	7	8	9	10	11	12	14	16	18	20	22	25	28	30
余量 a	0.55	0.6	0.65	0.7	0.75	0.8	0.85	0.9	0.95	1	1.2	1.3	1.4	1.5	1.6	1.75	1.9	2
余量公差	0.10										0.15				0.20			

注：软齿面及中硬齿面齿轮粗滚齿余量的计算：$3mm \leq m_n \leq 12mm$，$a = 0.55 + 0.05(m_n - 3)$；$m_n \leq 14mm$，$a = 1.20 + 0.05(m_n - 14)$。

13.6.10 渗碳淬火齿轮粗滚齿余量

渗碳淬火齿轮粗滚齿余量见表 13-16。

表 13-16　渗碳淬火齿轮粗滚齿余量　　　　　（单位：mm）

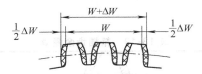

法向模数 m_n	3	4	5	6	7	8	9	10	11	12	14	16	18	20
余量 ΔW	0.51	0.54	0.57	0.6	0.63	0.66	0.69	0.72	0.73	0.74	0.77	0.79	0.82	0.84
余量公差(+)	0.10				0.08				0.10					
法向模数 m_n	22		24		25		26		28		30		32	36
余量 ΔW	0.88		0.92		0.96		1.0		1.05		1.1		1.16	1.28
余量公差	0.12													

注：1. 若磨齿前采用硬质合金滚刀半精滚，则展成磨齿余量：模数小于等于 22mm 的磨齿余量为本表余量的 1/3，模数大于 24mm 的磨齿余量为本表余量的 1/4，但磨齿余量最小不小于 0.25mm，余量公差为本表的 1/2，最小不小于 0.05mm。

2. 当用原始齿廓位移、固定弦齿厚等方法测量齿厚时，其对应余量可按以上公法线长度余量 ΔW 来换算。

3. 在下列情况下，余量应酌情加大，但增加量一般控制在 30% 以内。

　　① 齿轮结构较单薄；② 齿轮直径较大（直径大于 1500mm）或螺旋角 $\beta \geq 15°$；③ 齿轮齿宽较宽（齿宽大于 400mm）；④ 所用钢号热处理变形较大。

4. 当采用淬火后直接磨齿的工艺方案时，磨齿余量按上表的 50% 选取，最大不超过 0.50mm。

5. 余量的计算：$m_n \leq 10mm$，$\Delta W = 0.42 + 0.03 m_n$；$20mm \geq m_n > 10mm$，$\Delta W = 0.72 + 0.012(m_n - 10)$。

13.6.11　剃齿余量

剃齿余量 a 见表 13-17。

表 13-17　剃齿余量 a　　　　　（单位：mm）

法向模数 m_n	3~5	>5~8	>8~10	>10~12
余量 a	0.07~0.11	0.08~0.13	0.09~0.15	0.11~0.18

注：1. 表中给出的余量是一般情况下的数值，在保证能将剃前齿轮上的各项误差修正到所要求的数值的前提下，剃齿余量应尽可能小。

2. 在表中给出的余量范围内，模数大、直径大和剃前精度低的取大值，反之取小值。

13.6.12　珩齿余量

珩齿余量见表 13-18。

表 13-18　珩齿余量　　　　　（单位：mm）

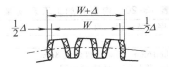

珩齿类型	盘式珩轮珩齿	蜗杆式珩轮珩齿
余量 Δ	0.01~0.03	0.03~0.06

注：齿轮模数大时取大值。

13.6.13　精插齿余量

精插齿余量 a 见表 13-19。

表 13-19　精插齿余量 a　　　　　　（单位：mm）

模数 m	2	3	4	5	6	7	8	9	10	11	12
余量 a	0.6	0.75	0.9	1.05	1.2	1.35	1.5	1.7	1.9	2.1	2.2

13.7　齿轮的简易工艺路线

13.7.1　内齿圈加工工艺过程

内齿圈（图 13-27 和表 13-20）是行星齿轮减速器的主要零件之一（行星齿轮减速器主要零部件有内齿圈、行星轮、太阳轮和转架等）。

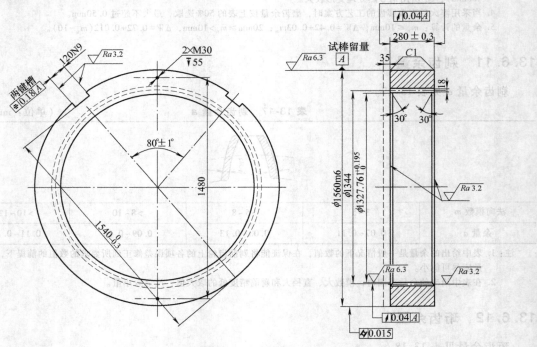

图 13-27　内齿圈

注：齿数 $z=96$，模数 $m=14mm$，变位系数 $x=0.233$，精度等级为 7 级。

表 13-20　内齿圈加工工艺过程

序号	工　序　及　说　明		设备	工艺装备
0	锻造	—	—	—
1	粗车	1）内外圆均留余量 16mm，各端面留余量 8mm 2）切掉热处理试棒，并与零件做成对标记 3）全部倒角 5mm×45°，全部台肩圆角，表面粗糙度 $Ra=6.3\mu m$	C5225	—
2	无损检测	—	—	—
3	调质	—	—	—

（续）

序号	工序及说明		设备	工艺装备
4	车	1) 夹外圆,找正齿顶圆及端面,跳动误差≤0.1mm,一次装夹车出齿圆顶,外圆及端面,端面刻基线 2) 齿顶圆,外圆均留余量 1mm 3) 端面留余量 0.5mm 4) 调装,轻车平铁,端面靠平铁,用 0.02mm 塞尺检查不入 5) 找正齿顶圆,径向跳动误差≤0.02mm 6) 另一端面留余量 0.5mm	C5225	—
5	无损检测	—		
6	划	端面各孔加工线		
7	钻	钻螺纹底孔并机攻螺纹	Z30100	
8	粗插齿	1) 找正插齿刀台外圆,径向跳动误差≤0.02mm 2) 找正基准端面,端面跳动误差≤0.02mm 3) 找正齿顶圆,径向跳动误差≤0.03mm 4) 公法线长度或齿厚留余量 1mm	Y51250	B 级高速钢插齿刀
9	精车	1) 靠平非刻线面 2) 找正齿顶圆,径向跳动误差≤0.02mm 3) 按图样加工各部 4) 调装,轻车平铁,端面靠平铁,用 0.02mm 塞尺检查不入 5) 找正齿顶圆,径向跳动误差≤0.02mm 6) 加工另一端面及倒角	C5225	—
10	精插齿	1) 找正插齿刀台外圆,径向跳动误差≤0.02mm 2) 找正基准端面,端面跳动误差≤0.02mm 3) 找正齿顶圆,径向跳动误差≤0.02mm 4) 精插加工内齿	Y51250	AA 级高速钢插齿刀
11	磁粉检测	—		
12	划	在非基准端划键槽加工线		
13	插	插加工键槽	插床	键槽位置样板
14	钳	沿端面齿形及齿顶齿长棱边倒角 1mm×45°,清除毛刺	—	

13.7.2　行星轮加工工艺过程（图 13-28 和表 13-21）

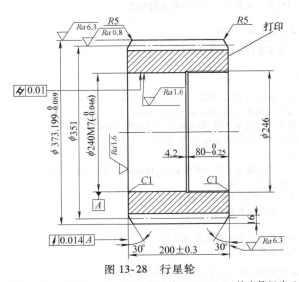

图 13-28　行星轮

注:齿数 $z=39$,模数 $m=9mm$,变位系数 $x=0.3076$,精度等级为 6 级。

表 13-21　行星轮加工工艺过程

序号	工　序　及　说　明		设　备	工艺装备
0	锻造	—	—	—
1	粗车	1)内孔环槽暂不加工 2)齿顶圆留余量 12mm 3)内孔留余量 12mm,各端面均留余量 6mm 4)全部倒角 5mm×45°,全部台肩圆角,表面粗糙度 Ra 为 6.3μm	C650	—
2	无损检测	—	—	—
3	正火	—	—	—
4	车	1)内孔环槽暂不加工 2)其余内外圆及端面轻车	C650	—
5	无损检测	—	—	—
6	半精车	1)找正齿顶圆及端面,跳动误差 ≤0.02mm 2)齿顶圆加工 3)内孔留余量 3mm,两端面齿根圆以内留余量 1.5mm 4)内孔环槽按图样加工 5)全部倒角 5mm×45°	C650	—
7	划	划螺孔线	—	—
8	钻	钻 4×M16 螺纹底孔	—	—
9	钳	攻螺纹	—	—
10	粗滚齿	1)找正胎具端面,端面跳动误差 ≤0.04mm 2)找正齿顶圆,径向跳动误差 ≤0.03mm 3)公法线长度留余量 0.7~0.8mm	Y320	磨前滚刀 $z \leqslant 46$
11	钳	沿端面齿形及齿顶齿长倒角 2mm×45°	—	—
12	热处理	渗碳+淬火+喷丸	—	—
13	车	1)找正齿顶圆及基准端面,跳动误差 ≤0.05mm 2)内孔留余量 0.5~0.6mm 3)两端齿根圆以内端面各留余量 0.3mm 4)与内孔一次装夹中加工的端面刻基线	C650	—
14	钻	各螺纹孔重新攻螺纹	—	—
15	磨	磨非基准面,调整磨基准面	M7475B	—
16	磨	磨内孔	M250	—
17	半精滚齿	1)找正胎具端面,端面跳动误差 ≤0.02mm 2)找正齿顶圆,径向跳动误差 ≤0.02mm 3)找正滚刀凸台外圆,径向跳动误差 ≤0.03mm 4)公法线长度留余量 0.3~0.35mm	Y31200E	硬质合金滚刀
18	磨齿	1)找正齿顶圆及上端基准轴轴颈,径向跳动误差 ≤0.01mm 2)正确输入图样参数 3)试磨齿,检测合格后精磨齿形 4)在线检测齿轮精度	数控成形	—
19	检查	1)磁粉检测检查齿面烧伤及裂纹 2)检查齿轮精度	—	—
20	钳	沿端面齿形及齿顶齿长棱边倒角 0.5mm×45°	—	—

13.7.3　太阳轮加工工艺过程（图 13-29 和表 13-22）

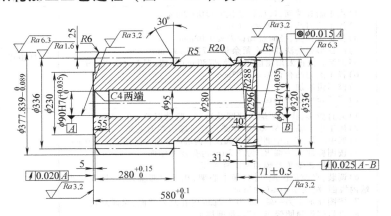

图 13-29　太阳轮

注：1. 直齿部分齿数 $z=14$，直齿部分模数 $m=14$mm，直齿部分变位系数 $x=0.58$，直齿部分精度等级为 6 级。

　　2. 鼓形齿部分齿数 $z=32$，鼓形齿部分模数 $m=10$mm，鼓形齿部分变位系数 $x=0$，鼓形齿部分精度等级为 7 级。

表 13-22　太阳轮加工工艺过程

序号	工　序　及　说　明		设　备	工艺装备
0	锻造	—	—	—
1	划	检查毛坯余量,划端面中心孔线	—	—
2	镗	加工两端面,钻端面中心孔 $\phi4$mm×60°	T68	—
3	粗车	1) 各圆留余量 8mm,内孔不加工;各端面均留余量 4mm 2) 全部倒角 4mm×45°,表面粗糙度值 $Ra=6.3\mu m$ 3) 全部台肩圆角,图样中台肩圆角 $R<5$mm 的按 $R5$mm 加工; $\geqslant R5$mm 的按图样尺寸加工	C640	—
4	无损检测	—	—	—
5	正火	—	—	—
6	钻	钻中心孔 $\phi60$mm	Z30100	—
7	车	1) 夹鼓形齿端外圆,按太阳轮直齿部 80% 长,两齿顶圆处找正 2) 在 $\phi280$mm 处车架位,按架位找正,允许偏差 0.02mm 3) 加工太阳轮大端面,留余量 1mm 4) 加工 $\phi95$mm 内孔及内端面 5) 加工 $\phi90H7$mm 内孔为 $\phi88H7$mm,孔口倒角 4mm×45° 6) 配车堵头,顶顶尖,精加工各部 7) 加工 $\phi280$mm 外圆,鼓形齿的左端面 8) 加工太阳轮齿顶圆及两端面 9) 倒角,圆角均按图样加工,基准端面刻线 10) 工艺要求 $\phi280$mm 外圆表面粗糙度值不大于 $Ra6.3\mu m$ 11) 调装,找正太阳轮齿顶圆及 $\phi280$mm 外圆,误差 $\leqslant 0.02$mm 12) $\phi280$mm 外圆架中心架 13) 加工鼓形齿端面,端面留余量 1mm 14) 其余按图样加工	C630	R290 圆弧样板
8	无损检测	—	—	—
9	划	划 2×M10	—	—
10	钻	钻 2×M10 底孔	—	—
11	钳	攻螺纹 2×M10	—	—

（续）

序号		工　序　及　说　明	设　备	工艺装备
12	粗滚齿	1）找正胎具端面，端面跳动误差≤0.02mm 2）找正滚刀凸台误差≤0.03mm 3）找正齿顶圆，径向跳动误差≤0.02mm 4）圆柱形齿公法线长度留余量0.77～0.92mm 5）调装，找正太阳轮齿顶圆及φ280mm外圆，误差≤0.02mm 6）找正滚刀凸台误差≤0.03mm 7）鼓形齿滚加工 8）注意鼓形齿中心位置	Y31200E	磨前滚刀 $z>46$ 或 $z≤46$ 滚刀
13	车	1）夹直齿端，找正两端齿顶圆及端面，跳动误差≤0.03mm 2）加工中部轴颈φ280mm外圆及直齿端内端面见光 3）架中心架，找正中部轴颈外圆及直齿端内端面，跳动误差≤0.02mm 4）按图样加工一端 Ra 为3.2μm内孔及外端面 5）全部棱边倒角及圆角按图样加工 6）调装，夹鼓形齿端外圆，架中心架，找正中部轴颈，外圆及直齿端内端面，跳动误差≤0.02mm 7）按图样加工另一端 Ra 为3.2μm内孔及外端面，保证总长 8）直齿端齿顶圆轻车一刀，见圆即可 9）全部棱边倒角及圆角按图样加工	—	—
14	钳	起吊螺孔重新攻螺纹	—	—
15	半精滚齿	1）找正中部轴颈、直齿端齿顶圆及内端面，跳动误差≤0.02mm 2）找正滚刀凸台外圆，径向跳动误差≤0.03mm 3）公法线长度留余量0.3～0.35mm	Y31200E	硬质合金滚刀
16	磨齿	1）找正齿顶圆及上端基准轴颈，径向跳动误差≤0.01mm 2）正确输入图样参数 3）试磨齿，检测合格后精磨齿形 4）在线检测齿轮精度	数控成形 磨齿机	
17	检查	1）磁粉检测检查齿面烧伤及裂纹 2）检查齿轮精度	—	—
18	钳	沿端面齿形及齿顶齿长棱边倒角1mm×45°		

13.7.4　转架加工工艺过程（图13-30和表13-23）

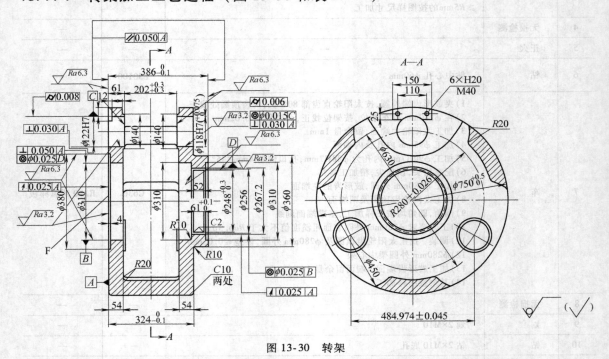

图13-30　转架

注：内花键齿数 $z=32$，模数 $m=8$mm，压力角 $\alpha=30°$，变位系数 $x=0.58$，精度等级为7级。

表 13-23　转架加工工艺过程

序号	工序及说明		设　备	工艺装备
0	铸造	—	—	—
1	粗车	1）找正不加工内圆及不加工内端面 2）加工各内外圆 3）加工第一刀后在窗口处测量外圆和端面壁厚是否符合要求1），否则须重新找正 4）各内外圆均留余量 14mm，各端面均留余量 7mm 5）全部倒角 5mm×45°，全部台肩圆角 R 为 10mm 要求： 1）壁厚≥30mm，壁厚不均匀公差 2mm 2）各加工面表面粗糙度值为 Ra6.3μm	C512	—
2	无损检测	—	—	—
3	划	划十字中心线，划各行星孔加工线	—	—
4	镗	1）粗镗 3×φ122H7mm 孔，3×φ118H7mm 孔 2）各孔均留余量 8mm，各孔内端面均留余量 4mm	2657	—
5	调质	—	—	—
6	喷丸+涂漆	—	—	—
7	车	加工 F 面，留余量 0.5mm	—	—
8	表面淬火	—	—	—
9	精车	1）卡内齿端外圆，找正外圆及端面，跳动误差≤0.02mm 2）按图加工各内孔、外圆及端面 3）调装，平铁轻车一刀。已加工端面靠平铁，0.02mm 塞尺检查不入 4）找正外圆，径向跳动误差≤0.02mm 5）加工其余各部	C512	—
10	插齿	1）找正插齿刀台外圆，径向跳动误差≤0.03mm 2）找正基准端面，端面跳动误差≤0.02mm 3）找正齿顶圆，径向跳动误差≤0.02mm 4）粗、精插加工内齿	—	—
11	钳	沿端面齿形及齿顶齿长棱边倒角 1mm×45°	—	—
12	划	1）划各行星孔线，并打上点线 2）按行星孔位置，划修窗口线	—	—
13	精镗	1）找正 F 端面，端面跳动误差≤0.02mm 2）按齿顶圆圈圆镗杆，径向跳动误差≤0.02mm 3）镗各行星孔 4）调装，按线修铣窗口	T6216B W200HC	—
14	划	1）划十字中心线并引至大外圆 2）划压板槽加工线	—	—
15	铣	按线铣压板槽	X518	—
16	划	1）划压板槽处螺孔线 2）划起吊螺孔线	—	—
17	钻	钻各螺纹底孔并机攻螺纹	—	—
18	钳	1）齿部棱边倒钝，清除毛刺 2）清理转架内氧化皮、飞边、毛刺及杂物 3）穿心轴，按技术要求做静平衡试验	—	静平衡心轴
19	镗	按静平衡要求铣去不平衡量	2657	—

13.7.5　调质轴齿轮加工工艺过程（图 13-31 和表 13-24）

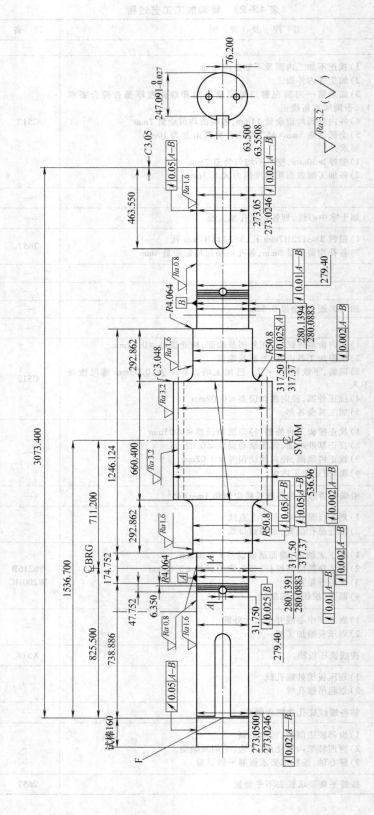

图 13-31　调质轴齿轮

注：模数 $m_n = 25.4mm$，压力角 $\alpha_n = 25°$，齿数 $z = 19$，螺旋角 $\beta = 19°$，精度（AGMA）为 Q10。
材料为 40CrNi2Mo，热处理硬度为 321~363HBW，调质处理硬度为 321~363HBW。

表 13-24　调质轴齿轮加工工艺

序号	工 序 及 说 明		设 备	工艺装备
0	锻造	—	—	—
1	划	1)检查毛坯余量(一端带试棒 160mm) 2)划非试棒端中心孔位置线	—	—
2	打中心孔	加工两端端面,打非试棒端中心孔 φ12mm×60°,A 型	T6216B	—
3	粗车	1)保留热处理试棒长度 2)除齿顶圆留余量 10mm 外,其余各外圆均留余量 20mm,各端面均留余量 10mm 3)加工两端面,精修两端中心孔 φ12mm×60°,B 型 4)全部表面粗糙度值为 $Ra3.2\mu m$,满足检测要求 5)图样圆角大于 $R5mm$ 的,按图样加工 6)图样圆角小于 $R5mm$ 的,按 $R5mm$ 加工 7)全部倒角 5mm×45° 8)检测并记录齿顶圆实际尺寸	C650	—
4	超声波检测		—	—
5	粗滚齿	1)找正滚刀凸台,径向跳动误差≤0.07mm 2)找正两端基准轴径及齿顶圆,径向跳动误差≤0.05mm 3)按实际齿顶圆尺寸修正测量齿高 4)齿厚留余量 6.0~6.5mm	Y36125	M25.4、 α25°滚刀
6	钳	沿齿形端面及齿长棱边倒角 2mm×45°	—	—
7	车	1)找正两端基准轴径及齿顶圆,径向跳动误差≤0.03mm 2)按工序简图加工热处理试棒 3)在轴两端打上零件编号 热处理试棒 φ50 零件总长+两端面留量　10　160 热处理试棒工序简图	C650	—
8	调质		—	—
9	钳	1)去掉热处理试棒 2)送检测中心 3)力学性能检验合格后进行以下工序	—	—
10	车	1)找正齿顶圆两端,径向跳动误差≤0.05mm 2)加工架位,架中心架 3)找正架位,径向跳动误差≤0.02mm 4)加工两端面,精修两端中心孔 φ12mm×60°,B 型 5)各外圆均留余量 6mm;齿顶圆轻车即可,留余量不小于 6mm 6)各端面均留余量 3mm 7)图样圆角大于 $R5mm$ 的,按图样加工 8)图样圆角小于 $R5mm$ 的,按 $R5mm$ 加工 9)全部表面粗糙度值不大于 $Ra6.3\mu m$	C650	—
11	检查	1)按检查硬度,保存记录以备查用。钳工配合,按硬度检查要求打磨硬度检查面 2)超声检测,保存检查、检测记录以备查用	—	—

（续）

序号	工　序	工　序　及　说　明	设　备	工艺装备
12	车	1) 找正两端基准轴径，径向圆跳动误差 ≤ 0.02mm 2) 加工两端架位，架中心架 3) 找正架位，径向跳动误差 ≤ 0.02mm 4) 平两端面，保证总长 5) 修钻两端中心孔 φ12mm×60°，B 型 6) 齿顶圆及各外圆留余量 1.0~1.1mm 7) 其余均按图样加工 8) 在齿幅两端刻节圆线	C650	—
13	划	划轴端螺纹孔（按图样要求仅做一端）	—	—
14	镗	钻轴端螺纹底孔，并机攻螺纹（按图样要求仅做一端）	T6216B	底孔钻
15	半精滚	1) 找正滚刀凸台，径向圆跳动误差 ≤ 0.05mm 2) 找正两端基准轴径及齿顶圆，径向跳动误差 ≤ 0.025mm 3) 按实际齿顶圆尺寸修正测量齿高 4) 齿厚留余量 0.3~0.35mm 5) 检查齿向变形情况并做记录，记录转送	Y36125	M25.4，α25° 铝高速钢滚刀
16	磨	按图磨成齿顶圆及各外圆，并靠平各台阶端面	M1380	—
17	磨齿	1) 找正一端基准轴颈及齿顶圆，径向跳动误差 ≤ 0.015mm 2) 试磨、检测，调整机床后精磨成齿 3) 保证齿根圆滑过渡 4) 检查齿向公差，并记录数据	P2800G	卡罐
18	检查	1) 检查齿形、齿距、齿厚及齿面表面粗糙度值 2) 保存检测记录以备查用	—	—
19	磁粉检测		—	—
20	划	划各键槽加工线	—	—
21	铣	注意保护各轴径，铣成各键槽	6672	硬质合金铣刀
22	钳	1) 沿齿形端面及齿长棱边倒角 2mm×45° 2) 清除所有毛刺	—	—

13.7.6　调质大齿轮加工工艺（图 13-32 和表 13-25）

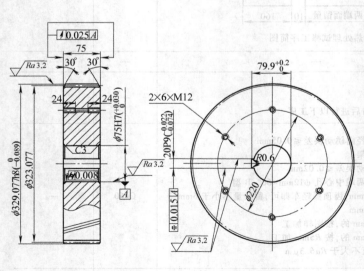

渐开线圆柱齿轮特性表				
序号		项目名称	代号	数值
1	基本参数	齿数	Z	105
2		模数	m_n	3
3		压力角	α_n	20°
4		齿高系数	h_a/h_f	1/1.25
5		分度圆柱螺旋角	β	12°50′19″
6		螺旋线方向	(L.R)	左旋
7		变位系数	X	
8		精度等级	GB/T 10095.1-2-2008	7
9	I	齿距累积公差	F_p	0.090
10	II	齿形公差	F_f	0.013
11		齿距极限偏差	F_{pt}	±0.016
12	III	齿向公差	F_β	0.016
13		公法线跨越齿数	K	13
14		公法线理论长度	W_K	115.447
15		公法线平均长度极限偏差	E_{W5} E_{W1}	-0.075 -0.305

材料：42CrMo
质量：43kg

图 13-32　调质大齿轮

注：整体调质处理，硬度为 262~302HBW，齿部表面淬硬度为 46~53HRC。

表 13-25　调质大齿轮加工工艺

序号	工序及说明		设备	工艺装备
0	锻造+退火	—	—	—
1	粗车	1)齿顶圆与内孔均留余量 10mm 2)两端面均留余量 6mm 3)全部倒角 3mm×45° 4)全部表面粗糙度值为 Ra6.3μm	C640	—
2	无损检测	—	—	—
3	调质	—	—	—
4	车	1)夹外圆,按外圆及端面找正 2)内孔留余量 4mm,齿顶圆加工 3)两端面各留余量 2mm 4)与齿顶圆在一次装夹中加工之端面刻基线,全部表面粗糙度值为 Ra6.3μm	C640	—
5	无损检测	—	—	—
6	划	划两端面螺孔线	—	—
7	钻	1)钻螺纹底孔 2)孔口倒角 3mm×45° 3)注意端面留余量 2mm	Z35	—
8	钳	攻螺纹	—	—
9	粗滚齿	1)基面向下装夹 2)找正胎具端面,轴向跳动误差≤0.04mm 3)找正齿顶圆,误差≤0.06mm 4)公法线留余量 0.30~0.40mm	Y3150E	标准 M3 滚刀
10	钳	齿形端面及沿齿长棱边倒棱角 1mm×45°	—	—
11	淬火+喷丸	—	—	—
12	精车	1)在相距 0.8mm 齿宽的齿顶圆两端面找正 2)径向跳动误差≤0.04mm,精车各部 3)与内孔在一次装夹加工之端面刻基线,端面留磨削余量 0.6~0.7mm 4)调装,平铁预先轻车一刀 5)已加工端面靠平铁 6)0.02mm 塞尺检查不入 7)找正内孔,径向跳动误差≤0.02mm 8)轴向留磨削余量 0.6~0.7mm 9)其余全部按图样加工	C640	—
13	磨	1)基面向下,磨成一面 2)调装,磨成另一面	M7132A	—
14	划	划键槽加工线	—	—
15	插	按图插成键槽	B5020	—
16	钳	1)领取齿轮轴一件 2)领取键一件 3)仔细清理结合面 4)复检各配合轴、孔颈尺寸 5)配键 6)将本件加热至 190℃,保温 40min 7)而后与齿轮轴热装成一体 8)注意刻线基面应朝内安装 9)靠紧齿轮轴配合台肩	—	—

（续）

序号	名称	工 序 及 说 明	设 备	工艺装备
17	车	1）找正两端基准轴颈 2）径向跳动误差≤0.02mm 3）本件齿幅外端面（非台肩端面） 4）轻车端面，表面粗糙度值为 Ra3.2μm 5）齿顶圆轻车见圆，表面粗糙度值为 Ra3.2μm	C650	—
18	磨齿	1）找正胎具端面 2）轴向跳动误差≤0.02mm 3）找正齿顶圆及一处轴颈 4）径向跳动误差≤0.015mm 5）试磨见光，检测齿轮精度	ZSTZ-800	—
19	检查	1）磁粉检查齿轮精度 2）检查齿面烧伤及磨齿裂纹	—	—
20	钳	1）本件齿形端面及沿齿长棱边倒角 0.5mm×45° 2）清除所有毛刺		

13.7.7　渗碳淬火轴齿轮（图 13-33 和表 13-26）

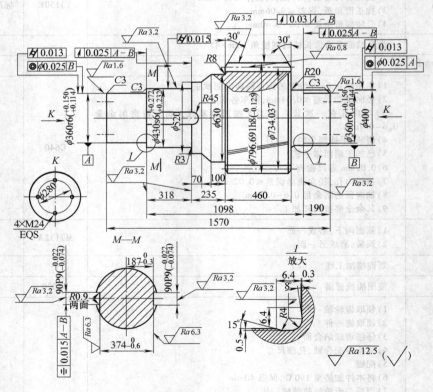

图 13-33　渗碳淬火轴齿轮

注：模数 $m_n = 25mm$，压力角 $\alpha_n = 20°$，螺旋角 $\beta = 9°$，齿数 $z = 29$。

表 13-26　渗碳淬火轴齿轮加工工艺

序号	工 序 及 说 明		设 备	工艺装备
0	锻造	—	—	—
1	划线	检查毛坯余量,划一端中心孔加工线	—	—
2	镗	加工端面,钻中心孔 $\phi12mm\times60°$,A 型	2657	—
3	粗车	1)除齿顶圆留余量 12mm 外,基余各外圆均留余量 28mm,各端面均留余量 14mm 2)全部倒角 10mm×45°,圆角大于 $R10mm$ 3)全部表面粗糙度值为 $Ra6.3\mu m$ 4)在长轴端按工序间草图加工热处理吊台 热处理吊台草图	CW61160	—
4	无损检测	—	—	—
5	正火	—	—	—
6	车	1)精修两端中心孔 $\phi12mm\times60°$,B 型 2)齿顶圆凸 1mm、齿宽两侧面及两处 30°倒角按图样加工 3)其余各外圆均留余量 18mm,各端面均留余量 9mm 4)全部倒角 5mm×45°,保留热处理吊台	CQ61160B	—
7	无损检测	—	—	—
8	划	在热处理吊台端面划弦长 340mm×340mm 四方线	—	—
9	镗	在热处理吊台端面铣弦长 340mm×340mm 四方	2657	—
10	粗滚齿	1)找正齿顶圆,误差≤0.03mm 2)找正滚刀凸台 3)公法线留余量 1.05~1.20mm 4)差动交换齿轮 5)差动定数	Y36125	磨前滚刀 $z<46$
11	钳	沿齿形端及齿长棱边倒角 $C2.5$	—	—
12	渗碳	—	—	—
13	车	1)找正齿顶圆及轴颈,误差≤0.06mm 2)齿宽两侧 $\phi520mm$、$\phi630mm$、$\phi400mm$ 轴颈按图样加工 3)其余各外圆均留余量 2mm,各端面均留余量 1mm 4)保留热处理吊台 5)吊台外圆及端面各加工去掉 15mm 6)全部倒角 3mm×45°,圆角大于 $R5mm$	C650	—
14	淬火	—	—	—
15	喷丸	—	—	—
16	车	1)找正齿顶圆及两端,误差≤0.03mm,车两端架位,架中心架 2)加工两端面,保证总长 3)精修两端中心孔 $\phi12mm\times60°$,B 型 4)各 $R1.6mm$ 、$R3.2mm$ 外圆各留余量 0.6~0.7mm,其余按图样加工	C650	—

（续）

序号		工　序　及　说　明	设　备	工艺装备
17	划	划轴端螺孔线（两头）	—	—
18	镗	钻轴端螺纹底孔并机攻螺纹	2657	—
19	磨	1）按图样磨成各 R1.6mm、R3.2mm 外圆并加工平台阶端面 2）在齿顶圆磨成	M1380	—
20	精滚齿	1）找正齿顶圆两端，误差≤0.03mm 2）找正滚刀凸台，误差≤0.06mm 3）公法线留余量 0.4~0.45mm 4）差动交换齿轮 5）差动定数	Y36100	硬质合金滚刀
21	划	划键槽线	—	—
22	铣	按图样铣成键槽	X2025	键槽位 置样板
23	磨齿	1）找正两处轴颈，误差≤0.02mm 2）粗磨齿，确定精度 3）按图磨齿形	ZSTZ-35	
24	检查	1）检查齿轮精度 2）检查齿面烧伤及磨齿裂纹	—	
25	钳	齿侧倒角 2mm×45°，清除所有毛刺		

13.7.8　渗碳淬火大齿轮加工工艺（图 13-34 和表 13-27）

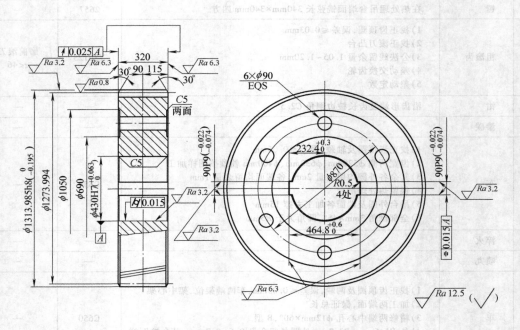

图 13-34　渗碳淬火大齿轮

注：模数 $m_n = 20mm$，压力角 $\alpha_n = 20°$，螺旋角 $\beta = 8°30'$，齿数 $z = 63$。

表 13-27　渗碳淬火大齿轮加工工艺

序号	工 序 及 说 明		设 备	工艺装备
0	锻造	—	—	—
1	粗车	1）两端面环槽暂不加工 2）齿顶圆留余量 8mm，内孔留余量 20mm，两端面均留余量 10mm 3）全部倒角 7mm×45° 4）全部表面粗糙度值为 $Ra6.3\mu m$	C5225	—
2	无损检测	—	—	—
3	正火	—	—	—
4	车	1）夹一端外圆 2）按齿顶圆及端面找正 3）按工序简图加工齿顶及两侧面（ϕ1190mm 以外端面） 4）工艺要求齿顶圆车为 $\phi 1312.65_{-0.195}^{0}$ mm 工艺凸台草图 5）内孔留余量 18mm 6）与齿顶圆在一次装夹中加工的端面刻基线 7）按图样加工两端环槽（注意端面余量） 8）全部倒角 5mm×45° 9）全部表面粗糙度值为 $Ra6.3$mm	C516	—
5	无损检测	—	—	—
6	划	1）划 6×ϕ90mm 孔线 2）在非基面侧与 6×ϕ90mm 相同分布圆的对称位置上划 2×M30 螺孔线		
7	钻	1）预钻 6×ϕ90mm 至 6×ϕ50mm 2）钻 2×M30 螺纹底孔并机攻螺纹		
8	镗	镗成 6×ϕ90mm，孔口倒角 5mm×45°		
9	粗滚齿	1）基面向下装夹 2）找正胎具端面，端面跳动误差≤0.04mm 3）找正齿顶圆，径向跳动误差≤0.06mm 4）公法线留余量 0.85～1.0mm，粗滚齿形 5）差动交换齿轮 6）差动定数		
10	钳	齿形端面及沿齿长棱边倒角 3mm×45°	—	—
11	渗碳	—	—	—

（续）

序号	工 序	工 序 及 说 明	设 备	工艺装备
12	车	1）找正外圆，径向跳动误差 ≤ 0.08mm 2）找正基准端面，端面跳动误差 ≤ 0.06mm 3）内孔留余量 3mm，端面均留余量 1.5mm 4）加工去样凸台外圆渗碳层 12mm 5）全部表面粗糙度值为 $Ra6.3\mu m$	C516	—
13	淬火	—	—	—
14	喷丸	—	—	—
15	车	1）在相距 0.8mm 齿宽的齿顶圆两端面找正 2）径向圆跳动误差 ≤ 0.04mm，按图样车成各部 3）与内孔在一次装夹加工的之端面刻基线 4）调装，平铁预先轻车一刀，端面靠平铁 5）用 0.02mm 塞尺检查不入 6）按内孔找正，径向跳动误差 ≤ 0.02mm 7）按图样加工其余各部	C516A	—
16	划	划键槽加工线	—	—
17	插	1）基面向下，找正内孔 2）按图插键槽	B5050A	键槽位置样板
18	钳	1）领取齿轮轴，仔细清理结合面 2）配键 B90×4.5×320，而后与本件热装成一体 3）刻线基面靠紧齿轮轴台肩	—	—
19	车	1）找正两端轴颈，径向跳动误差 ≤ 0.02mm 2）轻车基准端面（非台肩端面） 3）轻车见圆即可，表面粗糙度值为 $Ra3.2\mu m$	CQ61160B	—
20	半精滚	1）找正滚刀凸台外圆，径向跳动误差 ≤ 0.04mm 2）找正齿顶圆及一处轴颈，径向跳动误差 ≤ 0.04mm 3）找正胎具端面，端面跳动误差 ≤ 0.03mm 4）公法线留余量 0.28～0.36mm 5）差动交换齿轮 6）差动定数	L2500	硬质合金滚刀
21	磨齿	1）找正胎具端面，端面跳动误差 ≤ 0.02mm 2）找正齿顶圆及一处轴颈，径向跳动误差 ≤ 0.03mm 3）粗磨齿见光，确定精度，小调整 4）按图磨齿形，并按图样修形	ZSTZ-35	—
22	检查	1）检查齿轮精度 2）检查齿面烧伤及磨齿裂纹	—	—
23	钳	齿侧倒角 2mm×45°，清除所有毛刺	—	—

13.7.9　把合式大齿轮加工工艺（图 13-35 和表 13-28）

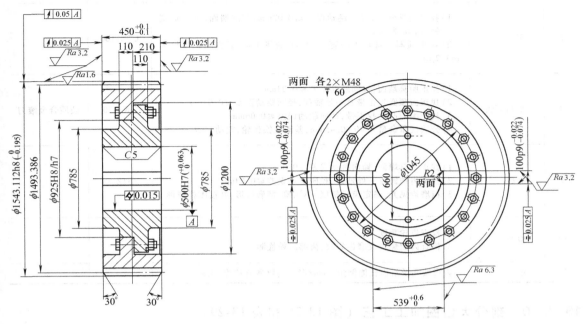

图 13-35　把合式大齿轮

注：齿数 $z=59$，法向模数 $m_n=25$mm，螺旋角 $\beta=9°$（右旋），精度 6 级。

表 13-28　把合式大齿轮加工工艺

序号		工　序　及　说　明	设　备	工艺装备
1	钳	1）领取齿圈、轮毂各一件 2）仔细清理结合面，并将两件装配成一体	—	—
2	钻	参看轮毂和齿圈图，按轮上已划孔线钻、扩、铰成各销孔： 1）先配钻、扩、铰对称分布 2×φ48mm 孔 2）钳工配合：在孔边打数字序号标记，将销孔实际尺寸及序号转螺栓磨床工序 3）领取两件配磨好的螺栓打入相应销孔，领取紧固件拧紧 4）依次配钻、扩、铰，其余 18×φ50H7mm 销孔 5）钳工配合。在孔边打数字序号标记，将销孔实际尺寸及序号转螺栓磨床工序 领取已磨好螺栓拧入相应销孔，并领取相应紧固件拧紧 注意，留出四等分位置上销孔先不装销（滚齿及磨齿用），等磨齿完毕后再装入拧紧		
3	精车	1）夹左端，按齿顶圆找正，径向跳动误差 ≤0.06mm，右端面与内孔在一次装夹中加工，基准端面刻基线 2）调装，以平铁为制预先轻车一刀，基准端面用平铁靠紧，0.02mm 塞尺检查不入，按内孔上、下两处找正；径向跳动误差 ≤0.03mm，按图样加工其余各部	DKZ2500	—
4	划	划键槽线	—	—
5	插	基面向下，按图样插键槽	B50100	孔用键槽样板
6	钳	1）领取已加工成输出轴一件，键一件 2）仔细清理结合面，配键，基面侧靠台肩，将两件热装成一体	—	—

（续）

序号	工 序 及 说 明		设 备	工艺装备
7	车	1) 找正两端轴颈,径向跳动误差≤0.02mm,基准端面(非台肩端面),轻车,Ra 为 3.2μm 2) 在齿顶圆中部加工一宽为 15mm 的找正带,表面粗糙度值为 Ra3.2μm	CQ61160	—
8	半精滚齿	1) 找正胎具端面,端面跳动误差≤0.03mm 2) 找正齿顶圆找正带与一处轴颈,径向跳动误差≤0.03mm 3) 找正滚刀凸台找正带,径向跳动误差≤0.06mm 4) 公法线留余量 0.40~0.45mm,差动交换齿轮,差动定数	ZWF-30	硬质合金滚刀
9	磨齿	1) 找正胎具端面,轴向跳动误差≤0.02mm 2) 找正齿顶圆及一处轴颈,径向跳动误差≤0.03mm 3) 粗磨齿见光,确定齿形精度,小调整,精磨齿形,并按图样修形	ZSTZ-35	—
10	检查	1) 检查齿轮精度 2) 检查齿面烧伤及磨齿裂纹,齿部磁粉检测	—	—
11	钳	齿形端面及沿齿长侧倒角 2mm×45°,清除所有棱边、毛刺	—	—

13.7.10　剖分大齿圈加工工艺（图 13-36 和表 13-29）

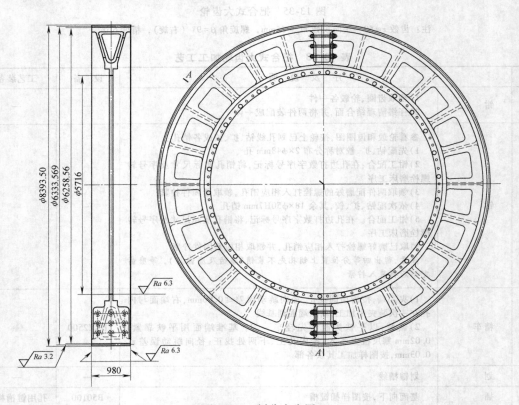

图 13-36　剖分大齿圈

注：齿数 $z=276$，模数 $m_n=30\text{mm}$，螺旋角 $\beta=6°$，精度 7 级。

表 13-29 剖分大齿圈加工工艺

序号	工 序 及 说 明		设 备	工艺装备
0	铸造	—	—	—
1	划	零件带随炉试棒及拉肋,划线检查毛坯各部尺寸并借准各部余量,保证轮缘壁厚均匀 1)以不加工腹板中心为基准划中心平面线,并在内、外圆划出中心平面线,以中心平面线为基准,划各端面加工线 2)以不加工内圆为基准确定齿轮中心位置,划十字中心线及内外圆加工线,保证轮缘壁厚尺寸均匀 3)以中心平面线与十字中心线在结合面处交点作为半齿轮结合面的中点,划半齿轮结合面加工线	—	—
2	粗铣	1)刀具修正各冒口与相邻不加工面接平齐,内圆处平滑过渡 2)按中心平面线及结合面线找正,粗铣半齿轮两端结合面,留余量 8mm,结合面凹槽面暂不加工 3)划线工上机床,划结合面上水平中心线,划 10×φ52mm、4×φ70H7mm 连接孔线 4)控制各连接孔坐标,控制孔距,成对预钻结合面连接工艺孔至φ38mm,背面锪平 5)用工艺螺栓检查靠近连接板处内轮缘区域穿入空间,若发生干涉,必须修铣内轮缘干涉部位	落地镗床	—
3	钳	按已铣结合面对齐,结合面贴合紧密 用工艺螺栓将两半齿轮拧合成整圆	—	粗制工艺螺栓
4	划	1)以不加工内圆确定半齿轮中心位置,划十字中心线及内、外圆加工线 2)以不加工腹板为基准,划端面加工线	—	—
5	粗车	反撑内圆,夹结合面处 1)按圆线找圆、水平中心线找平 2)粗加工内外圆及端面:各内外圆均留余量 50mm,拉筋内圆暂不加工。各端面均留余量 25mm(包括内轮缘补贴面) 3)全部棱边倒角 20mm×45°;圆角按图样加工 全部表面粗糙度值不大于 $Ra6.3\mu m$	立式车床	—
6	无损检测		—	—
7	钳	1)成对半齿轮打上配对标记 2)拆开两半齿轮,连接件入库保存	—	—
8	热处理	随炉试棒与零件一同送热处理	—	—
9	喷丸	—	—	—
10	非加工面无损检测		—	—
11	涂底漆	—	—	—
12	镗	铣掉拉筋	落地镗床	—
13	划	1)以不加工轮辐板确定中心平面线,兼顾各端面余量,在内、外圆上划出中心平面线 2)以不加工内圆确定半齿轮中心位置,划十字中心线及内、外圆加工 3)以中心平面线与十字中心线在结合面处交点作为半齿轮结合面的中点,划结合面加工线	—	—

（续）

序号		工　序　及　说　明	设　备	工艺装备
14	半精铣	配对两组合半齿轮分别加工 　1）按中心平面线及结合面加工线找正，半精铣两端结合面，按线均留余量 2mm；结合面、凹槽面暂不加工 　2）检查各孔变形情况，划结合面上水平中心线，划 10×ϕ52mm、4×ϕ70H7mm 连接孔线 　控制各连接孔坐标，控制孔距，扩成对半齿轮结合面连接孔至ϕ44mm，背面锪平	镗铣床	—
15	检查	无损检测结合面，保存记录	—	—
16	钳	仔细清理两件半齿轮结合面；按技术要求检查结合面密合性，领取工艺连接件将两件半齿轮把紧，组成整圆	—	粗、精工艺螺栓
17	划	1）以结合面为基准划十字中心线 2）划内、外圆线，保证轮缘及结合面连接板壁厚尺寸均匀 3）以中心平面线为基准，划端面加工线		
18	半精车	1）反撑内圆，夹紧结合面处 2）各内外圆均留余量 18mm 3）各端面均留余量 8mm（包括内轮缘补贴面） 4）与内孔、齿顶圆在一次装夹中加工之端面刻基准线 5）全部棱边倒角 5mm×45°；圆角按图样加工 6）全部表面粗糙度值不大于 Ra6.3μm 7）将齿顶圆实际尺寸写在路线单及非基准端面上	立式车床	
19	检查	1）目测检查毛坯表面质量 2）按技术要求进行无损检测 3）按技术要求检查硬度。钳工配合将硬度检测点处表面打磨平整，符合硬度检查要求		
20	粗铣齿	1）基准端面向下装夹，找正基准端面对称点，找正齿顶圆对称8点 2）按结合缝对刀、分度，粗铣齿。按齿顶圆实际尺寸修正测量齿高，齿厚余量 15~16mm	立式滚齿机	硬质合金盘形铣刀
21	钳	1）成对半齿轮打上配对标记 2）拆开两半齿轮，连接件入库保存		
22	人工时效	—		
23	划	检查半齿轮变形情况，以中心平面线为基准，划端面加工线；以中心平面线及中心平面线在结合面上交点作为斜面中点，划结合面加工线		
24	精镗	两件半齿圈叠放，结合面面向镗杆装夹，按中心平面线及结合面加工线找正。 　1）精铣两端结合面，结合面凹槽面暂不加工 　2）划线工上机床，检查各孔变形情况，划结合面上水平中心线，划各连接孔线 　3）控制各连接孔坐标，控制孔距，扩成成对半齿轮结合面粗制连接孔；扩、铰成精制连接孔，背面按图样锪平	数控镗床	H7 铰刀、扩孔钻
25	检查	无损检测结合面，保存记录	—	—
26	钳	1）仔细清理二分之一齿轮结合面 2）按技术要求检查结合面密合性，领取工艺连接件将两件半齿轮把紧，组成整圆	—	粗、精工艺螺栓

（续）

序号	工　序　及　说　明		设　备	工艺装备
27	精车	反撑内圆，夹结合面处，找正基准端面对称点，端面跳动允许误差0.15mm；找正齿顶圆两端对称8点径向跳动允许误差0.15mm 1）半精车各部。各内、外圆均留余量6mm；各端面均留余量3mm 2）检查站进行硬度检测。钳工配合打磨硬度检测点，符合硬度检查要求 3）放松夹爪，重新装夹找正，夹紧力均匀适中找正基准端面跳动允许误差0.10mm；齿顶圆径向跳动允许误差0.10mm 4）按图精加工各部 5）调装，平铁轻车一刀，基准端面靠平铁，0.05mm塞尺检查不入 6）找正齿顶圆 7）按图样精加工其余各部	立式车车	—
28	无损检测	对法兰面及内轮缘面进行无损检测	—	—
29	精滚齿	1）基准端面向下装夹。找正基准端面，端面跳动允许误差0.10mm；找正齿顶圆径向跳动允许误差0.15mm 2）用硬质合金盘形铣刀半精铣齿。严格按结合缝对刀，齿槽两面均匀加工，按齿顶圆实际尺寸修正测量齿高，齿厚余量1.3~1.5mm 3）放松夹爪，重新装夹找正。找正基准端面，端面跳动允许误差0.10mm；找正齿顶圆径向跳动允许误差0.15mm。按齿顶圆实际尺寸修正测量齿高 4）精滚齿	立式滚齿机	硬质合金盘形铣刀、硬质合金滚刀
30	检查	1）按图样要求检查齿轮精度 2）按图样要求对齿面进行无损检测 3）松压板，检查结合面处轴向、径向跳动误差、 4）钳工配合松开，把紧螺栓检查两半齿轮拼合偏移量，检查记录存档 注意，本工序在机床进行	—	—
31	划	1）划法兰处孔加工线 2）划齿幅两端面螺纹孔线 3）划内轮缘处径向顶丝孔线 4）划修铣连接法兰板错边线	—	—
32	钻	1）钻法兰上各孔 2）钻齿幅两端面螺纹底孔	摇臂钻	—
33	钻	钻内轮缘处径向螺纹底孔，并机攻螺纹	万能钻	—
34	钳	1）加工齿幅两端面螺纹 2）拆开两半齿轮，入库保存各连接件	—	—
35	镗	1）铣成半齿轮结合面处凹槽面 2）钻、扩镗成法兰孔，两侧按图样倒角 3）修铣连接法兰板错边	数控镗床	—
36	钳	1）沿端面齿形及齿顶齿长棱边倒角1mm×45° 2）清除飞边毛刺	—	—

13.8　常规加工工艺路线

本节主要介绍几种减速器机体的加工工艺路线。

13.8.1　行星减速器机体（图 13-37 和表 13-30）

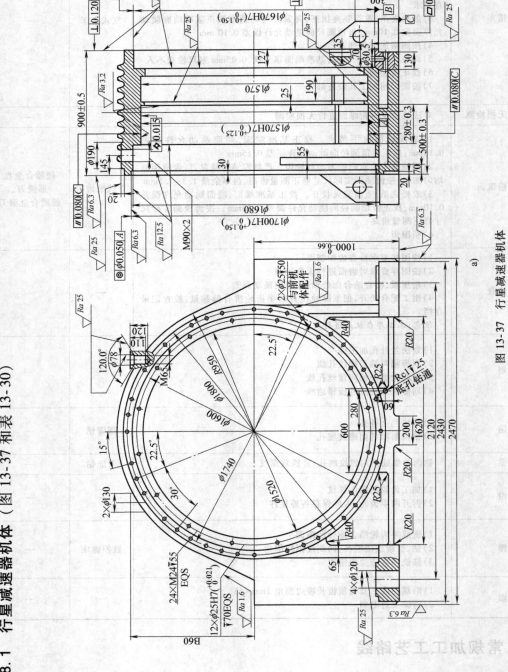

图 13-37　行星减速器机体

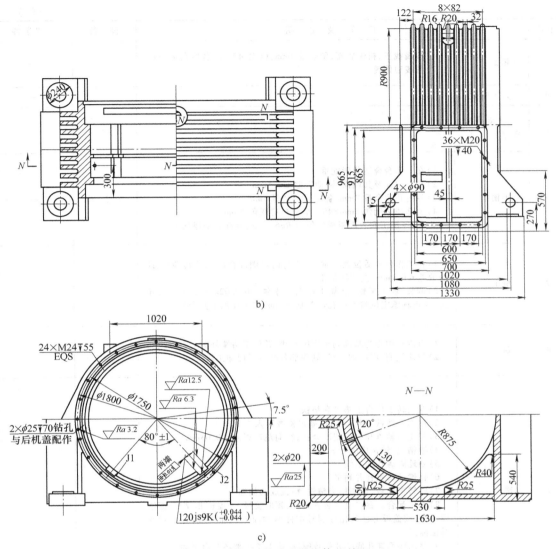

b)

c)

图 13-37　行星减速器机体（续）

表 13-30　行星减速器机体加工工艺

序号	工 序 及 说 明		设 备	工艺装备
0	铸造	—	—	—
1	划	1) 检查毛坯各部余量, 借均各部余量以不加工外圆为基准划十字中心线 2) 划机体中心线上各孔及其端面加工线 3) 划两侧面加工线 4) 划底面加工线	—	—
2	粗车	1) 按线找正, 各内圆留余量 14mm, 各端面均留余量 7mm 2) 全部棱边倒角 7mm×45°, 全部台肩圆角 R5mm 3) 各加工面表面粗糙度值为 Ra6.3mm 4) 各部分壁厚均匀	立式车床	—

（续）

序号		工　序　及　说　明	设　备	工艺装备
3	粗铣	1）按线找正，粗铣底面，留余量 7mm，粗铣两侧面，各留余量 7mm 2）各棱边倒钝	—	—
4	人工时效	—	—	—
5	喷丸＋涂底漆	—	—	—
6	半精车	1）在工作台合适位置配重 2）找正内孔及其端面，跳动误差 ≤0.1mm 3）各内孔留余量 7mm，各端面留余量 5mm 4）全部棱边倒角 5mm×45°，全部台肩圆角 R5mm 要求：各加工面表面粗糙度值为 Ra6.3μm；各部分壁厚均匀	立式车床	—
7	精车	1）在工作台合适位置配重，找正与内齿圈配合内孔及其端面，跳动偏差 ≤0.1mm，按图样加工 2）调装，轻车平铁，已加工端面靠平铁，用 0.02mm 塞尺检查不入，找正轴承定位端面小孔误差 0.02mm，按图样加工其余各部	—	—
8	划	1）以内孔中心为基准划十字中心线，并引至两端外圆上打点线 2）划两侧面、底面加工线，划顶部各凸台平面加工线	—	—
9	铣	1）在回转工作台上垫等高垫铁 2）端面靠垫铁，用 0.03mm 塞尺检查不入 3）找正与轴承和内齿圈配合孔，径向跳动误差 ≤0.03mm 4）半精铣、精铣成底面 5）划地脚螺孔加工线 6）钻镗地脚螺孔并划平 7）回转工作台，按图样半精铣、精铣成两侧面 8）钳工配合。参看机体装置图样，领取盖板Ⅰ、盖板Ⅱ，配合面清理干净，按盖板上已钻孔分别号本件两侧面上孔加工线，打成对和对位标记 9）钻两侧面螺孔底孔并机攻螺纹，按图铣顶部各凸台平面 10）划顶部凸台上各孔加工线 11）钻镗顶部各图台平面上孔、螺孔底孔并机攻螺纹	—	—
10	钳	1）参看总图样 2）领取前后机盖，清理干净，精确测量配合尺寸 3）以止口定位，按十字线对齐，将前后机盖分别放于本件对应端止口内，打成对和对位标记 4）用前后机盖上已钻孔号本件对应端面上螺孔加工线，吊下前后机盖	卧式镗床	—
11	钻	钻与前后机盖相配合两端面上各螺纹底孔并机攻螺纹	—	—
12	划	1）划内孔中键槽位置加工线 2）划内腔中各斜孔位置加工线	—	—

（续）

序号	工 序 及 说 明		设 备	工艺装备
13	插	1）端面垫等高垫铁，0.03mm 塞尺检查不入 2）按线找正，按图样插成各键槽	—	—
14	钳	1）攻螺纹 2）万能钻钻内腔上各斜孔 3）去除毛刺，倒钝棱边，清理干净	—	—

13.8.2 焊接式减速器机体加工工艺路线

以具有上、中、下箱体的减速器为例介绍（图 13-38）。

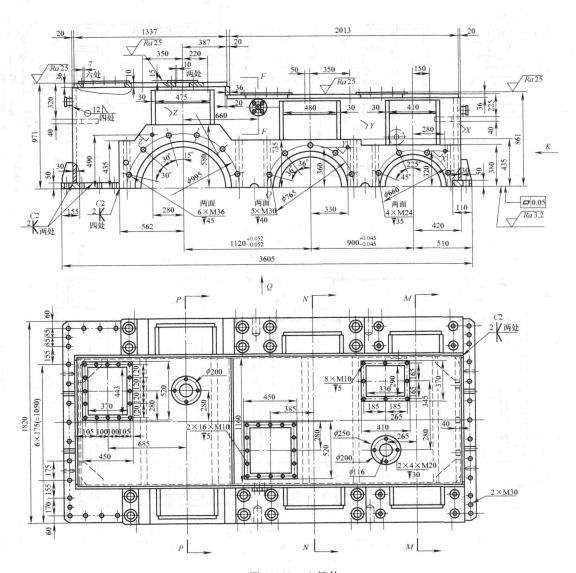

图 13-38 上箱体

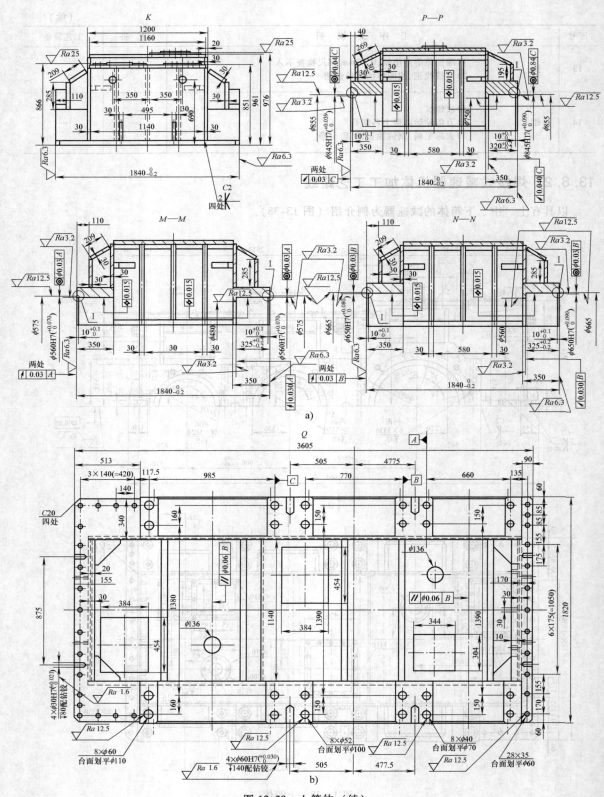

图 13-38　上箱体（续）

1. 上箱体加工工艺路线（表 13-31）

表 13-31　上箱体工艺路线

序号	工　序	工　序　及　说　明	设　备	工艺装备
01	焊接	—	—	—
02	无损检测	—	—	—
03	退火	—	—	—
1	划	1）检查毛坯余量，划十字中心线 2）划底面加工线 3）划尺寸 1840mm 两端面加工线		
2	铣	1）按线找正，铣下部结合面及尺寸 1840mm 两端 2）面均留余量 8mm，全部表面粗糙度值为 Ra6.3mm	龙门铣床	—
3	无损检测	按技术要求二次检测	—	—
4	退火	—	—	—
5	喷丸、涂底漆	—	—	—
6	划	划上部各凸台平面、结合面加工线	—	—
7	铣	1）按线找正，铣成顶部五处凸台各面 2）调装，铣底面（结合面），留余量 1mm	龙门铣床	—
8	划	1）划十字中心线，划各轴承孔位置线 2）划顶部 2×16mm×M10、8×M10 孔线 3）划 2×ϕ116mm、2×4mm×M20 孔线 4）划结合面处 8×ϕ60mm、8×ϕ52mm、8×ϕ40mm、28×ϕ35mm 孔线 5）划结合面上起盖螺孔 2×M30 孔线	—	—
9	钻	1）钻顶部 2×16mm×M10、8×M10 底孔 2）钻 2×4mm×M20 底孔并机攻螺纹 3）钻、扩 2×ϕ116mm 孔至 2×ϕ80mm 4）钻、扩结合面处 8×ϕ60mm 孔，刮平 ϕ110mm 孔端面 5）钻、扩结合面处 8×ϕ52mm 孔，刮平 ϕ100mm 孔端面 6）钻、扩结合面处 8×ϕ40mm 孔，刮平 ϕ70mm 孔端面 7）钻、扩结合面处 28×ϕ35mm 孔，刮平 ϕ60mm 孔端面 8）钻 2×M30 底孔并机攻螺纹	Z30100	—
10	镗	镗成 2×ϕ116mm	—	—
11	铣	1）按结合面找正 2）精铣成结合面，表面粗糙度值为 Ra3.2μm 3）待与中、下机体配镗孔后进行以下工序	龙门铣床	—
12	钳	攻螺纹顶部 2×16M10、8×M10，清理各处毛刺	—	—

2. 中箱体（图 13-39 和表 13-32）

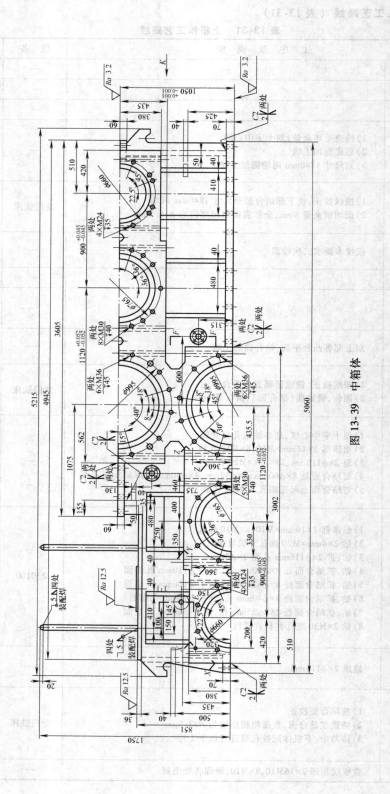

图 13-39　中箱体

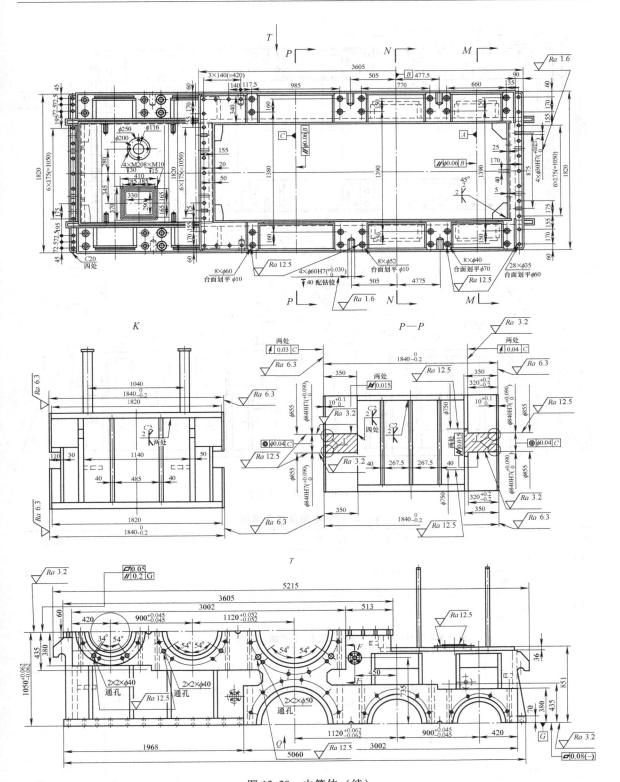

图 13-39　中箱体（续）

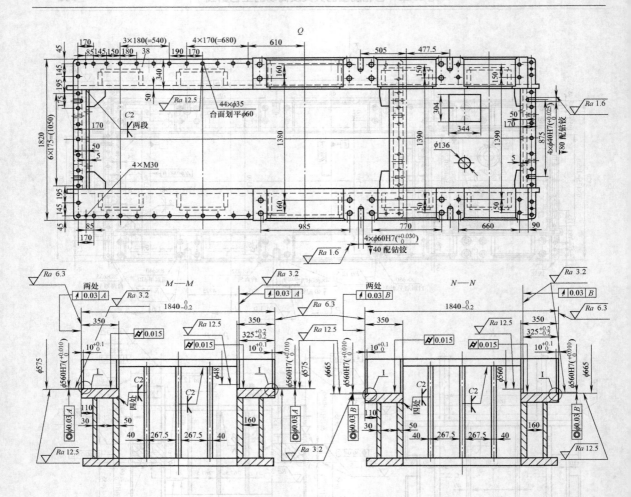

图 13-39　中箱体（续）

表 13-32　中箱体工艺路线

序号	工 序 及 说 明		设备	工艺装备
01	焊接	—	—	—
02	无损检测	—	—	—
03	退火	—	—	—
1	划	检查毛坯余量，划十字中心线，划上、下两结合面加工线，划尺寸 1840mm 两端面加工线	—	—
2	铣	按线找正，粗铣各面，上、下两面和尺寸 1840mm 两端面均留余量 8mm，全部表面粗糙度值为 $Ra6.3\mu m$	龙门铣床	—
3	无损检测	按技术要求二次检测	—	—
4	退火	—	—	—
5	喷丸、涂底漆	—	—	—

（续）

序号		工　序　及　说　明	设　备	工艺装备
6	划	划上、下两面加工线,划尺寸851mm上部窗口及法兰凸台平面加工线	—	—
7	铣	按线找正,互为基准,铣成上部窗口及法兰,凸台平面,上、下结合面各留余量1mm	龙门铣床	—
8	划	1)划十字中心线,划各轴承孔位置线 2)划上部各窗口处 8×M10、4×M20 及 φ116mm 孔线 3)划下结合面 44×φ35mm、8×φ40mm、8×φ52mm、8×φ60mm 孔线 4)注意保证结合面各孔与轴承孔间相互位置精度 5)划下结合面处 4×M30 起盖螺孔线	—	—
9	钳	1)参看总图样 2)领取上机体一件,与本件按轴承孔位置线及周边对齐,按上机体上已加工 8×φ60mm、8×φ52mm、8×φ40mm、28×φ35mm 孔号划本件上结合面各孔线,吊下中机体,入库保存	—	—
10	钻	1)钻上左平面各窗口处 8×M10 底孔 2)钻 4×M20 底孔并机攻螺纹 3)钻 φ116mm 成 φ80mm 4)钻上结合面上起盖螺孔 4×M30 底孔并机攻螺纹 5)钻上结合面上 8×φ60mm、8×φ52mm、8×φ40mm、28×φ35mm,并按图样锪平,钻下结合面上 44×φ35mm、8×φ40mm、8×φ52mm、8×φ60mm,并按图样锪平	Z30100	—
11	镗	按图样镗成序号 31 凸台平面上 φ116mm 孔	W200HC	—
12	精铣	按结合面找正,上下基面互为基准,精铣成上、下平面,保证高度 1050mm±0.052mm	龙门铣床	—
13	钳	1)攻螺纹 8×M10(待与下机体配号孔线后进行以下工序) 2)参看总图,领取上机体一件,仔细清理中、上机体结合面,将上机体与本件按周边及各轴承孔位置线对齐找正,用 0.05mm 塞尺检查,插入深度不得大于结合面宽度的 1/3 3)领取以下紧固件,将上机体与本件拧紧: 　螺栓 M30×180mm　　28 件 　螺母 M30　　　　　　28 件 　垫圈 30mm　　　　　　28 件 　双头螺栓 M36×880mm　8 件 　螺母 M36　　　　　　16 件 　螺母 M36　　　　　　8 件 　双头螺柱 M48×1020mm　8 件 　螺母 M48　　　　　　16 件 　螺母 M48　　　　　　8 件 　双头螺柱 M56×1040mm　8 件 　螺母 M56　　　　　　16 件 　螺母 M56　　　　　　8 件	—	—

（续）

序号	名称	工　序　及　说　明	设　备	工艺装备
14	划	1）划十字中心线，划各轴承孔加工线 2）划各轴承孔端面线 3）划中、上机体结合面处 4×φ60H7mm、4×φ30H7mm 销孔线	—	
15	镗	1）找正等高胎具，允许误差 0.05mm/m，找正中心线及各轴承孔端面线 2）钻扩铰上、中机体结合面处 4×φ60H7mm、4×φ30H7mm 销孔，深度增加 10mm 3）钳工配合。领取圆柱销各四件打入，深度>10mm，并在下半圆结合缝处点焊牢固 4）刀具修正结合面周边大于 2mm 错边量各处 以下工序见下机体工艺，待整个机体镗孔完毕后进行以下工序	W200HC	—
16	清理	清理各处毛刺，各件清理干净	—	—

3. 下箱体（图 13-40 和表 13-33）

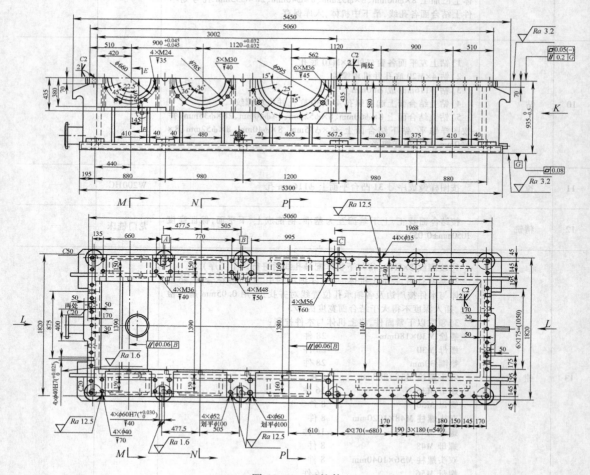

图 13-40　下箱体

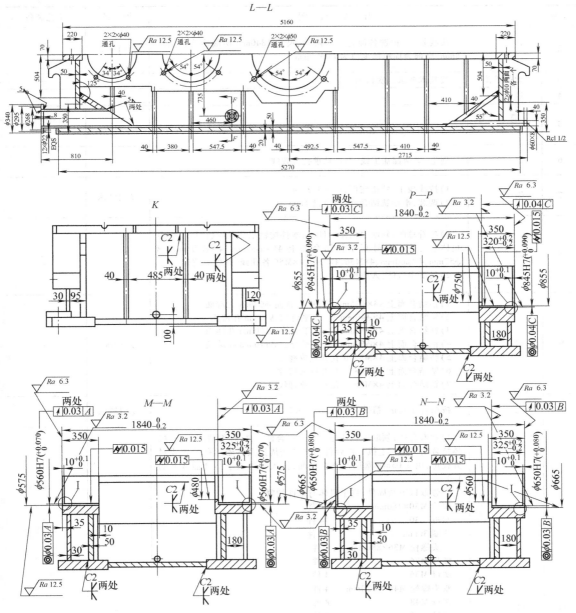

图 13-40　下箱体（续）

表 13-33　下箱体工艺路线

序号	工　序　及　说　明		设　备	工艺装备
01	焊接	—	—	—
02	无损检测	—	—	—
03	退火	—	—	—
1	划	1）检查毛坯余量，划十字中心线，划上、下两面加工线 2）划尺寸 1840mm 两端面加工线	—	—

（续）

序号		工　序　及　说　明	设　备	工艺装备
2	铣	按线找正,粗铣各面,上、下两面、尺寸1840mm两端面均留余量8mm,全部表面粗糙度值为Ra3.2μm	龙门铣床	—
3	无损检测	按技术要求二次检测	—	—
4	退火	—	—	—
5	喷丸、涂底漆	—	—	—
6	划	划上、下两面加工线,划各轴承孔位置线	—	—
7	铣	1)按线找正,精铣底面,Ra=3.2μm 2)调装,半精铣结合面,留余量1mm	龙门铣床	—
8	钳	1)参看总图,领取中机体一件,与本件按轴承孔及周边对齐,按中机体上已加工孔号划本件结合面上 44×φ35mm、4×φ40mm、4×φ52mm、4×φ60mm、4×M36、4×M48、4×M56 各孔线,并做对位标记 2)吊下中机体,入库保存	—	—
9	钻	1)钻结合面上 44×φ35mm 孔,锪平背面 φ60mm 孔端面 2)钻结合面上 4×φ40mm 孔,锪平背面 φ70mm 孔端面 3)钻结合面上 4×φ52mm 孔,锪平背面 φ100mm 孔端面 4)钻结合面上 4×φ60mm 孔,锪平背面 φ110mm 孔端面 5)钻结合面上 4×M36 底孔并机攻螺纹 6)钻结合面上 4×M48 底孔并机攻螺纹 7)钻结合面上 4×M56 底孔并机攻螺纹	Z30100	—
10	铣	按结合面找正,精铣结合面,Ra=3.2μm	龙门铣床	—
11	钳	1)参看总图,领取中机体与上机体把合件一件,仔细清理中、下机体结合面,将中、上机体把合件与本件按周边及各轴承孔位置线对齐找正,用0.05mm塞尺检查结合面,插入深度大于结合面宽度的1/3 2)领取以下紧固件,将中机体与本件拧紧: 螺栓 M30×180mm　44件 螺母 M30　44件 垫圈 30mm　44件 双头螺栓 M36×880mm　4件 螺母 M36　8件 螺母 M36　4件 双头螺栓 M48×1020mm　4件 螺母 M48　8件 螺母 M48　4件 双头螺柱 M56×1040mm　4件 螺母 M56　8件 螺母 M56　4件 双头螺栓 M36×490mm　4件 螺母 M36　4件 螺母 M36　4件 双头螺栓 M48×570mm　4件 螺母 M48　4件 螺母 M48　4件 双头螺柱 M56×600mm　4件 螺母 M56　4件 螺母 M56　4件	—	—

（续）

序号	工　序　及　说　明		设　备	工艺装备
12	划	1）划十字中心线,划各轴承孔加工线,划各轴承孔端面线,划中、下机体结合面处各销孔线 2）划上、中、下机体各处 G 向、T 向凸台平面线	—	—
13	粗镗	1）找正等高垫块,允许误差 ≤0.03mm/m,仔细清理底面,将把合后的上、中、下机体放置在等高垫块上 2）按线找正机体端面,允许误差 ≤0.05mm/m,钻、扩、铰成结合面处4×φ40H7mm、4×φ60H7mm 销孔,深度增加 10mm 3）钳工配合。领取并打入定位销各 4 件,打入深度>10mm,并在销的下半圆点焊牢固 4）按工艺要求在部结合面一端侧面全长铣出找正带,表面粗糙度值为 $Ra3.2\mu m$ 5）找正结合面侧面找正带,允许误差 0.05mm/m,按孔线圈圆找正镗杆,粗镗上、中、下机体一面各轴承孔、各端面、各台阶,各孔均留余量6mm,各端面均留余量 3mm 6）铣上、中、下机体各 G 向、T 向凸台平面 7）机体调装 180°,按侧面找正带找正,允许误差 0.06mm/m,按图样粗镗上、中、下机体另一面各轴承孔、各端面、各凸台,各孔均留余量 6mm,各端面均留余量 3mm	W200HC	—
14	精镗	1）参看总图样及上、中、下机体图样,先精镗上排轴承孔。按图精镗成上排一面各轴承孔、各台阶、各端面 2）按图样精镗下排一面轴承孔及各台阶、各端面 3）划一面上、下两排轴承孔端面 16×M24、20×M30、24×M36 螺孔线,划上、中机体轴承孔端面(2×2×2)×φ40mm（下、中机体各两处）、(2×2)×φ50mm 孔线(下、中机体各一处) 　划上、中、下机体一侧各处 G 向、T 向机体外侧凸台平面上φ35mm、φ45mm、4×M16mm、4×M12 孔线,划上、中机体一侧轴承端面 6×G3/8 油孔线 4）钻一面轴承孔端面 16×M24、20×M30、24×M36 底孔并机攻螺纹,钻一侧(2×2×2)×φ40mm、(2×2)×φ50mm 孔,钻上、中、下机体一侧各处 G 向、T 向机体外侧凸台平面上 φ35mm、φ45mm 中心孔,钻一侧 G 向、T 向各处机体外侧平面上4×M16、4×M12 螺纹底孔,钻上、中机体一侧轴承端面 6×φ14mm 油孔并钻出 6×G3/8 螺纹底孔 5）机体调装 180°,按一端找正带拉表找正,误差 ≤0.03mm/m,按图样精镗各轴承孔、各端面、各台阶 6）划另一侧面各孔线,划线内容同工步 3)所列 7）钻各孔,内容同工步 4)所列	W200HC	—
15	钳	将上、中、下机体拆开,各连接件入库存保存	—	—
16	划	划 G 向机体内侧法兰端面 4×M16 螺孔线,划底面 12×φ95mm 孔线	—	—
17	钻	钻 12×φ95mm 孔和 12×φ50mm 孔	Z30100	—
18	镗	镗 12×φ95mm 孔,锪平背面 φ200mm 孔端	W200HC	—
19	钳	用手电钻钻 G 向机体内侧法兰端面 4×M16 底孔,攻螺纹 8×M16（两侧）、4×M12、6×G3/8,清除各处毛刺	—	—

13.8.3　铸造式减速器机体加工工艺路线

1. 机体（图 13-41 和表 13-34）

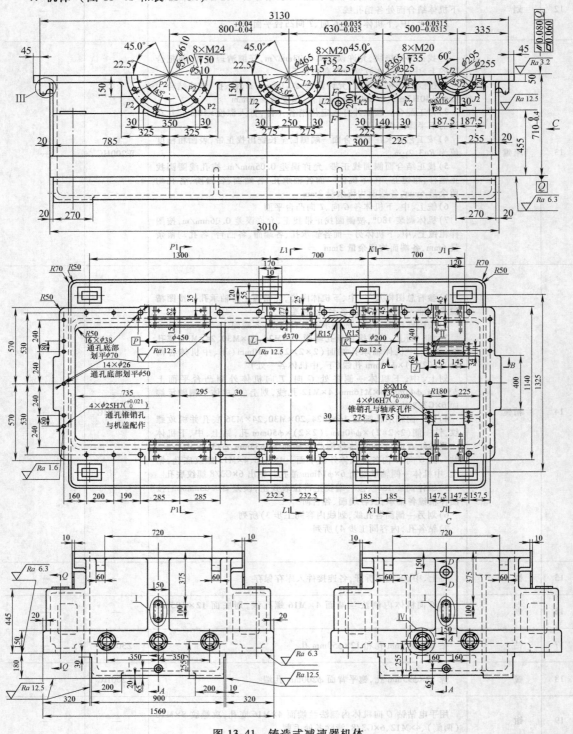

图 13-41　铸造式减速器机体

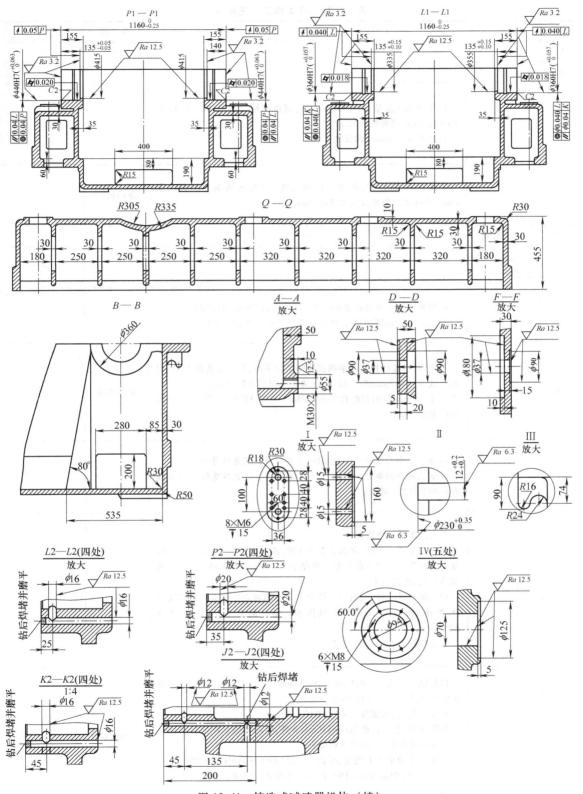

图 13-41　铸造式减速器机体（续）

表 13-34　机体加工工艺路线

序号	工 序 及 说 明		设 备	工艺装备
01	铸造	—	—	—
02	退火	—	—	—
1	划	1）检查毛坯余量，划十字中心线，划顶部结合面及 $Ra = 6.3\mu m$、$Ra = 12.5\mu m$ 两处底面加工线 2）划宽度 1160mm 两面加工线	—	—
2	铣	按线找正，结合面、各处底面及宽度 1160mm 两端面均留余量 8mm，全部表面粗糙度值为 $Ra6.3\mu m$	龙门铣床	—
3	人工时效	—	—	—
4	喷丸 + 涂底漆	—	—	—
5	划	1）划结合面及两处底面加工线，划宽度 1160mm 两面加工线 2）划左上主视图中尺寸 455mm 顶部各凸台平面加工线	—	—
6	铣	多次调装，按线找正。半精铣顶部结合平面，端面留余量 1mm，按图样铣 $Ra = 6.3\mu m$、$Ra = 12.5\mu m$ 两处底面及其侧面，铣左上主视图中尺寸 455mm 顶部各凸台平面；半精铣宽度 1160mm 两面，两端面均留余量 4mm	龙门铣床	—
7	划	1）划十字中心线并延伸至端面，划各轴承孔位置线并打点 2）划右端小轴承孔内侧轴孔位置线及结合面上各螺纹孔位置线并延伸至端面（对齐用）	—	—
8	钳	参看总图及机体图样： 1）领取轴盖 C 1 件，领取轴盖 D 1 件，按孔线及位置线对齐找正，按各轴承座已加工孔号划本件结合面上（2×4）×M16 螺孔线，做对位标记，而后吊下 2）领取机盖 1 件，与机体本件十字中心线对齐各轴承孔位置线对齐：按机盖上已加工孔号划机体本件结合面上 14×ϕ26mm、16×ϕ38mm 孔线 做对位标记，而后吊下机盖	—	—
9	钻	1）钻结合面上 14×ϕ26mm、16×ϕ38mm 孔，刮平各孔下端面；钻俯视图右端两处（2×4）×M16 螺纹底孔 2）钳工配合，攻螺纹（2×4）×M16 参看总图，领取螺栓 M16×110mm 8 件，将两件轴承座把紧到机体上。注意对位标记，不得放错位置 3）按两件轴承座上划线，配钻、扩、铰（2×4）×ϕ16H7mm 销孔 钳工配合，领取 B16×160 销 4 件并打入。注意，每铰一孔打入一销	Z30100	—

（续）

序号	工　序　及　说　明		设　备	工艺装备
10	钳	1）参看总图，领取以下零件： 螺栓 M24×140mm　　　14件 螺母 M24　　　　　14件 垫圈 24mm　　　　　30件 螺栓 M36×360mm　　　8件 螺母 M36　　　　　16件 垫圈 36mm　　　　　16件 2）将机盖与机体按十字中心线及对位标记找正对齐检查员配合：用 0.05mm 塞尺检查结合面周边各处，塞尺塞入深度不得大于结合面宽度的 1/3 用相应紧固件拧合为一体	—	—
11	钻	按机盖上已划线，钻、扩铰两件上（2×4）×ϕ25H7mm 锥销孔。钳工配合，领取 B25×120mm 销 4件并打入。注意，每铰一孔打入一销	Z30100	—
12	划	1）划十字中心线，划各轴承孔加工线，划各轴承孔端面线 2）划机盖右侧尺寸凸台平面线，划机盖顶部两侧圆角上两处凸台平面线 3）划 F—F、D—D 剖视图中两处 ϕ37mm、ϕ90mm 孔线，划机体左、右两侧局部视图 I 处尺寸 5 轮廓线及 A—A 剖视图中尺寸 10mm 凸台平面线	—	—
13	粗镗	1）找正等高垫块，误差 ≤ 0.03mm/m，仔细清理机体底面，机体底面朝下放置在等高垫块上 2）按线找正，误差 ≤ 0.03mm/m，在结合面一侧全长铣出一 Ra3.2μm 找正带，找正侧面找正带，误差 ≤ 0.03mm/m，而后拧紧机体 3）粗镗一面各轴承孔及各内、外端面，各轴承孔均留余量6mm，孔内环槽暂不加工，各内、外端面均留余量2mm 4）调装，找正结合面侧面找正带，误差 ≤ 0.03mm/m。粗镗配合件另一面各轴承孔及各内、外端面，留余量同工步3） 5）刀具修正错边量大于3mm 各处 6）多次调装，按划线及已加工端面找正：铣两处 A—A 凸台平面；铣成两处局部视图 I 腰形沉槽；5 处局部视图 IV 凸台平面铣刀见平 划两处 A—A 凸台平面上（2×2）×M30 螺孔线；划两处局部视图 I 腰形沉槽内（2×2）×ϕ15mm 孔线及（2×8）×M6 螺孔线；划5处局部视图 IV 凸台平面上5×ϕ70孔线及（5×6）×M8 螺孔线 7）钻两处 A—A 凸台平面上（2×2）×M30 螺纹底孔攻螺纹；钻两处局部视图 I 腰形沉槽内（2×2）×ϕ15mm，钻（2×8）×M6 螺纹底孔，钻、扩成五处局部视图 IV 凸台平面上 5×ϕ70mm，钻（5×6）×M8 螺纹底孔 钻 F—F 处 ϕ37mm 孔并按图划平外端面 ϕ90mm；钻 D—D 处 ϕ37mm 孔并按图样锪平外端面 ϕ90mm 孔端面	W200HC	—

（续）

序号		工　序　及　说　明	设　备	工艺装备
14	精镗	1）放松装夹螺栓，释放应力后重新拧紧 2）重新找正已加工端面及侧面找正带，端面跳动误差≤0.03mm/m 3）参看总图样及机体、机盖图样，先精镗一面主轴承孔，合格后再按图精镗一面其余各轴承孔、孔内环槽及各内、外端面 4）划线工上机床完成： 　划一面轴承孔端面 16×M24、32×M20、12×M16 螺孔线；划机体轴承孔端面及孔内各径向油孔线 　划 L2-L2 视图上一面 2×φ16mm 端面孔线及 2×φ16mm 径向孔线 　划 P2-P2 视图上一面 2×φ20mm 端面孔线及 2×φ20mm 径向孔线 　划 K2-K2 视图上一面 2×φ16mm 端面孔线及 2×φ16mm 径向孔线 　划 J2-J2 视图上一面 2×φ12mm 端面孔线及 4×φ12mm 径向孔线 5）钻一面轴承孔端面 8×M24、16×M20、6×M16 螺纹底孔，机攻螺纹 8×M24、16×M20 　钻成一面各处 2×φ20mm、4×φ16mm 及 2×φ12mm 端面油孔 6）机体调装 180°。找正侧面找正带，端面跳动误差 0.03mm/m；按已加工孔圈圆镗杆，径向跳动误差 0.02mm 　按图样精镗成另一面各轴承孔、孔内环槽及各处内、外端面 7）划另一侧面各孔线，内容同工步 4） 8）钻各孔，内容同工步 5） 9）钳工配合，拆下机盖及两件轴承座，各紧固件入库存保存 10）按图样锪平 D—D、F—F 各内端面	W200HC	
15	钻	钻各轴承孔内 4×φ20mm、8×φ16mm 及 8×φ12mm 径向油孔	万能钻床	—
16	钳	1）攻螺纹 J1-J1 轴承孔端面 6×M16，攻视图Ⅳ处 5×6×M8 螺纹，攻视图Ⅰ处 2×8×M6 螺纹 2）按图样要求对工序 9 中相关油孔进行焊堵，并磨光焊接处；清理所有棱边、毛刺及各处铁屑	—	—

2. 机盖（图 13-42 和表 13-34）

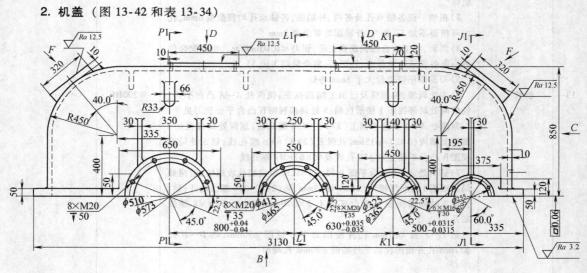

图 13-42　机盖

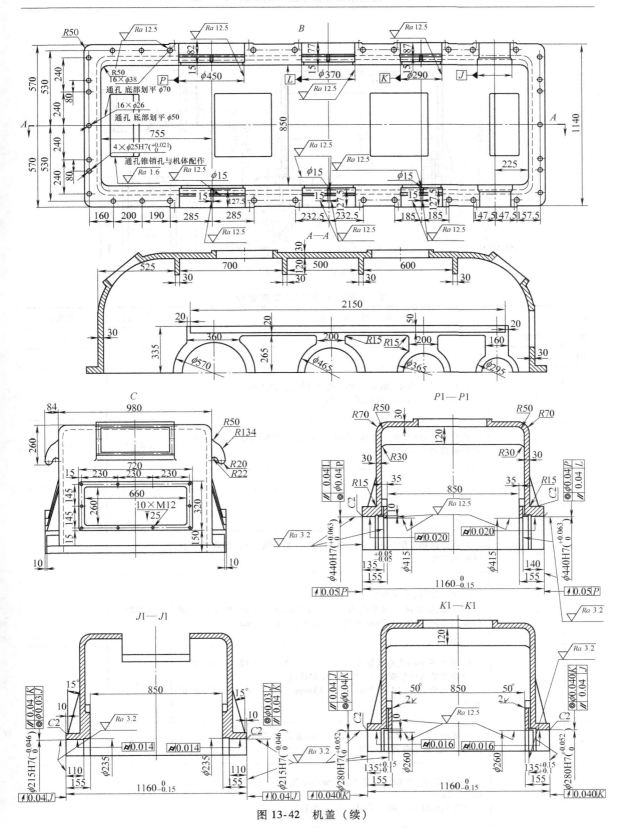

图 13-42 机盖（续）

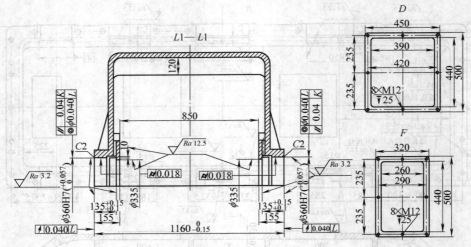

图 13-42　机盖（续）

表 13-35　机盖加工工艺路线

序号		工 序 及 说 明	设 备	工艺装备
01	铸造	—	—	—
02	退火	—	—	—
1	划	1）检查毛坯余量，划十字中心线，划结合面加工线 2）划宽度 1160mm 两端面加工线	—	—
2	铣	按线找正，结合面及宽度 1160mm 两端面均留余量 8mm，全部表面粗糙度值为 Ra6.3μm	X2025	—
3	人工时效	—	—	—
4	喷丸＋涂底漆		—	—
5	划	划结合面加工线，划宽度 1160mm 两面加工线，划顶部各处凸台平面加工线	—	—
6	铣	1）多次调装，按线找正 2）铣成顶部两处水平凸台平面，精铣底部结合面，端面留余量 1mm，半精铣宽度 1160mm 两面，两端面均留余量 4mm	X2025	—
7	划	1）划十字中心线并延伸至端面，划各轴承孔位置线并打点，划顶部两处水平凸台平面上（2×8）×M12 螺孔线 2）划结合面上 14×φ26mm、16×φ38mm 孔线及 4×φ25H7mm 销孔线	—	—
8	钻	钻顶部（2×8）×M12 螺纹底孔，钻结合面上 14×φ26mm、16×φ38mm 孔，刮平各孔上端面	Z30100	—
9	铣	1）找正结合面，误差 0.05mm/m，按图样精铣成结合面，Ra=3.2μm 2）待与机体配合镗孔后进行以下工序	X2025	—

（续）

序号		工　序　及　说　明	设　备	工艺装备
10	镗	1）多次调装，按线找正，铣本件右侧及顶部圆三处凸台平面 2）划线工去机床划三处凸台平面上共 26×M12 螺孔线 3）钻 26×M12 螺纹底孔	TK6916	—
11	划	划 K1—K1、L1—L1、P1—P1 剖视图中各轴承孔内 6 处尺寸 15mm 槽口加工线，划各槽口内端 6 处 φ15mm 油孔线	—	—
12	钻	钻各轴承孔内 6 处 φ15mm 油孔与油槽相通	Z30100	—
13	铣	按图样铣轴承孔内 6 处尺寸 15mm 槽口	X2025	—
14	钳	攻 J1—J1 轴承孔端面 6×M16 螺纹，攻顶部及右侧各凸台平面上（2×8）×M12 及 26×M12 螺纹，棱边倒钝，清除所有毛刺。按钢板上划线，钻 60×M10 底孔并攻螺纹	手电钻	—

（续）

序号	名　　　称	工　　　序 及 规　　　格	工艺要求

第 14 章　新型制造工艺——3D 打印技术

3D 打印技术又称增材制造技术，是一种快速成形技术。3D 打印通过增材制造的办法，直接达到成型的效果，是以 3D 数字模型文件为基础，运用粉末状金属或塑料等可黏合材料，通过逐层打印的方式来构造物体的技术。

2012 年，英国《经济学人》杂志刊文登载，3D 打印技术将成为第三次工业革命的重要标志；美国《时代》周刊发文，将 3D 打印产业列为美国十大增长最快的工业。

14.1　国内外发展现状

1984 年，美国 Chuck Hull 发明了 3D 打印技术，用于打印 3D 模型。3D 打印技术的确立是 1991 年，即以美国麻省理工学院 Scans E. M. 等人申报关于三维打印专利作为标志。

从 20 世纪 90 年代起，我国高校、科研机构也开始自主研发 3D 打印机，研制出多类型 3D 打印装备和材料。北京航空航天大学率先研发出飞机钛合金大型复杂整体构件激光成型技术，这是国际上 3D 打印领域内的重大突破。华中科技大学研发的大型 3D 打印机，可通过激光将原材料制造成复杂的工业零部件或生活用品。我国现已能够使用激光快速成型技术制造超过 $12\mathrm{m}^2$ 的复杂钛合金构件等大型主承力构件，且已经应用于飞机零部件。

目前，3D 打印技术已经在各个领域逐步普及推广，已应用到科学领域、医疗器械、人体器官、航空航天、汽车制造、立体建筑、教学领域、生活领域等。例如，考古学家和博物馆技师对珍贵的文物进行 3D 打印复制，外科医生用 3D 打印制作人体器官，可用于制造飞机、汽车零部件，学校用于制造简单模型方便教学，家庭可以打印创意的蛋糕、水杯、鞋，工程师和设计师利用 3D 打印将设计方案转换为模型等。可以说，3D 打印技术正在悄悄地改变我们的生活，方便了人类的活动。

14.2　3D 打印工艺流程

3D 打印工艺，首先通过软件完成数字建模，再用软件把模型微分得到每个截面轮廓线形状，3D 打印过程中逐层打印完成积分操作，即得到了实体物件，然后对打印物件进行后续处理最终获取产品。具体流程如图 14-1 所示。当然，打印需要用户根据产品用途对应不同打印材料选用不同类型的 3D 打印机，使得产品更具实用价值。

14.2.1　三维建模

借助软件构造出所需的三维模型。3D 打印设计软件较多，如 3ds MAX、Auto CAD 、SolidWorks、Pro/ENGI-NEER，国产软件有 CAXA 电子图板等，当然也有行业性使用软件，如汽车设计制造使用软件 CATIA、NX 等。

当设计实物存在时，可利用计算机辅助检测技术，如三维扫描技术，加快实物建模速度，如图 14-2 和图 14-3所示。三维扫描用于对物件空间外形、结构及色彩进行扫描，通过非接触测量，获取物体空间坐标及色

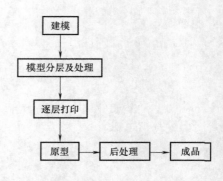

图 14-1　3D 打印工艺流程

彩信息，并通过逆向工程软件转换为计算机处理信号。逆向工程软件与多种软件（如 CAD、CAM、CIMS 等）有接口。这些信息通过相应软件进行调整修补后，即可进行 3D 快速成型。

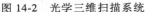

图 14-2　光学三维扫描系统　　　　　　　图 14-3　激光三维扫描系统

上述提到的逆向工程，就是让产品设计技术再现的过程，即对目标产品进行逆向分析及研究，从而演绎并得出该产品的处理流程、组织结构、功能特性及技术规格等设计要素，以制作出功能相近，但又不完全一样的产品。逆向工程一般用在不能轻易获得必要生产信息的情况下，直接从成品分析，推导出产品的设计原理。

目前主流应用的逆向工程软件有 Imageware、Geomagic Studio、CopyCAD、RapidForm，这些软件通常集中于处理和优化密集的扫描点云用以生成更规则的结果点云，通过规则点云快速成型，也可根据这些规则点云构建出最终曲面，以输入到 CAD 软件进行后续结构和功能设计工作。

14.2.2　切片信息

切片是将 3D 模型转化为 3D 打印机本身可执行的代码的过程。具体而言，切片是 3D 数字模型沿某个轴方向离散为二维层面，得到某轴向的二维平面信息，3D 打印机以平面加工方式，根据工艺要求有序连续加工出每个薄层，这个得到二维平面信息的过程即为切片。

切片软件也有很多，适合业余 DIY 爱好者使用的有 Cura 与 Miracl Grue 等，各大打印机生产商自己开发的有 Quick Cast、Rapid Tool 等数十种。现在切片软件分层算法主要有：基于 STL 模型几何特征分类的分层算法；基于几何拓扑信息提取的分层算法；基于分组切片的分层算法。

目前 CAD/CAM 的标准文件格式是 STL 文件格式，3D 打印机可识别这种文件格式。这种文件格式易于分割的特点非常适合 3D 打印的分层打印方式。

分组切片的分层算法效率最高。该算法是整体分组排序，建立活性三角面片表，局部建立拓扑关系。算法的实现首先建立分组矩阵，然后生成活性面片表确定各三角片之间的相邻关系，最后用求交算法生成切片轮廓。

14.2.3　3D 打印制造工艺

成型技术方法较多，对不同材料和不同生产要求可选择不同成型原理的 3D 打印设备。

3D 打印的主流技术包括 SLA、SLS、DMLS、FDM、3DP 等，目前备受欢迎的聚合物喷射技术，这些技术的主要区别在于使用的耗材（原材料）不同和固态成型方法不同。

1. 立体光固化技术

光固化成型法（SLA），是最早被提出并商业化应用的快速成型技术。1986 年美国的 Charles W. Hull 博士首次在他的博士论文中提出用激光照射液态光敏树脂，固化分层制作三维物体的快速成型概念。做出的产品尺寸精度能达到 0.025mm，表面细密。

SLA 技术利用微滴喷射技术，工作时打印机喷头根据切片信息，迅速逐层喷射出极薄的液态光敏聚合物形成截面轮廓，根据液体光敏树脂在紫外光束照射下快速固化的特性，紫外光束聚焦到光固化材料表面，使光固化材料由点到线，由线到面顺序凝固，完成一个切片层面作业，然后升降台按照指令在垂直方向移动指定高度，再固化另一个切片层面。通过有序、逐层照射、逐层固化，打印出表面细腻、精度较高的产品。最后通过后处理过程去除多余的支撑材料。打印原理图如图 14-4 所示。SLA 可同时使用多个喷头，可在一个单独的打印加工中同时使用多种材料。

该技术具有成型过程自动化程度高、制作原型表面质量好、精度高等特点，已得到了广泛的应用，如航空、汽车、电器、消费品及医疗等行业在概念设计建模、产品模型、模具、精密铸造等诸多方面都有实际应用。

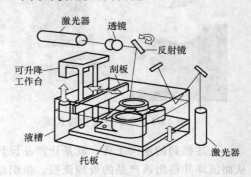

图 14-4 SLA 原理图

2. 选择性激光烧结

选择性激光烧结（SLS, Selecting Laser Sintering），由美国德克萨斯大学奥斯汀分校的 C. R. Dechard 于 1989 年研制成功，其产品制造精度与精密铸造相当。

SLS 技术原理是利用粉末状材料进行加工，工艺装置如图 14-5 所示。工作时，铺粉滚筒在成型舱活塞上均匀铺一层粉末状材料，计算机根据原型切片模型控制高强度 CO_2 激光器光束扫描轨迹，有选择地烧结固体粉末材料，以形成零件的一个层面。粉末完成一层后，工作活塞下降一个层厚，铺粉系统铺上新粉，控制激光束再扫描出零件截面，并烧结新层，同时与下面已成形部分粘接；然后逐层不断循环，直到零件成型。粉床上未烧结部分成为烧结部分的结构支撑，待零件成型后回收未烧结粉末，并取出成型件。

激光能量包括三部分：一部分是粉末直接吸收的激光能量，第二部分是粉末熔化后传递的能量，第三部分为材料表面被反射走的能量。粉末在极短时间内得到的能量转化为热能并逐渐传递到内部。具有足够功率密度的激光束，照射到材料表面使表面粉末快速加热熔化，随着光束入射到材料内部深度的增加，激光强度迅速减弱，因此材料内部基本保持冷却状态，而粉末表面已经熔化，同时完成前后切片的粘接，完成了层层叠加。

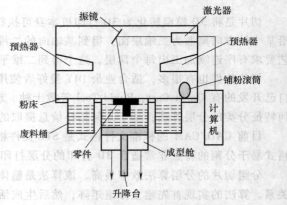

图 14-5 SLS 原理图

对于金属粉末激光烧结，烧结前，整个工作台先预热至一定温度，以减少成型热变形，并利于层与层之间的结合。

SLS 工艺选材较为广泛，如尼龙、蜡、ABS、树脂裹覆砂（覆膜砂）、聚碳酸酯（PC）、金属以及陶瓷粉末等都可以作为烧结对象，尤其适合于金属打印。

该类成型方法制造工艺简单，材料选择范围广且价格相对便宜，具有材料利用率高、成型速度快、运行成本低等特点。同时，SLS 工艺与铸造工艺的关系极为密切，因此该技术主要应用于铸造业，也可以用来直接制作快速模具。

3. 金属粉末直接激光烧结

金属粉末直接激光烧结（DMLS），与 SLS 相似，都是利用激光光能对金属粉末加热熔融烧结，打印过程需要惰性气体对打印原型进行保护，不同之处在于 DMLS 是边铺粉末边烧结，而 SLS 是先铺平整个截面粉末再烧结。

4. 熔融沉积成型

熔融沉积成型法（FDM，Fused Deposition Modeling），关键在于保持半流动成型材料的温度刚好在熔点之上，比成型材料熔点高 1℃ 左右，材料每层厚度由挤出丝径决定，通常为 0.2~0.6mm。

该工艺是通过将丝状材料，如热塑性塑料、蜡或金属的熔丝从加热的喷嘴以一定的压力挤出，按照切片信息给出当前层预定轨迹，以固定速率进行熔体沉积（图 14-6）。每完成一层，工作台下降一个层厚，同时按照下一个切片信息进行叠加沉积新的一层，如此反复，直至完成沉积成型。

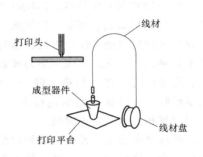

图 14-6　FDM 原理图

FDM 的优点在于打印机结构简单、工艺简便、成本低廉、可成型尺寸大，同时，材料利用率高、成本低、可选材种类多。缺点是打印精度低、表面质量差、复杂构件不易制造、悬臂件需加支撑件。该工艺适合于产品概念建模及形状和功能测试，中等复杂程度的中小原型，低精度工业产品，不适合制造大型零件。

5. 三维粉末黏结

三维粉末黏结（3DP，Three Dimensional Printing and Gluing），也叫喷墨沉积，原理比较像普通喷墨打印机。该项技术是由美国麻省理工学院 Emanual Sachs 等人研制的，属于非成形材料微滴喷射成形，成型精度为 0.09mm。

该技术是通过控制喷头喷射黏结剂，按切片信息选择性地将粉末材料逐层黏结成型。其具体工艺过程：铺粉辊将供粉缸粉末均匀铺在成型缸活塞上方一层，喷头按零件切片信息按指定轨迹喷射黏结剂，使部分粉末颗粒黏结在一起，形成截面轮廓。一层完成后，成型缸活塞下降一个截面层高度，供粉缸活塞上升一个截面层高度，再进行下一层铺粉，铺平压实后，喷头按下一截面成形数据选择性喷射黏结建造层面。如此循环往复，直至完成整个过程。其工作原理如图 14-7 所示。未被喷射黏结剂的地方为干粉，在成型过程中起支撑作用，且成型结束后，比较容易去除收集。打印原型表面不如 SLA 技术的光洁，精细度也有一定劣势，所以一般为了产生拥有足够强度的产品，还需要一系列的后续处理工序。

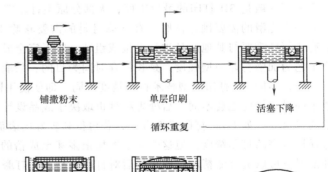

铺撒粉末　　单层印刷　　活塞下降

循环重复

中间阶段　　印刷最后一层　　零件成品

图 14-7　3DP 原理图

粉末材料成型的材料可用陶瓷粉末、金属粉末、型砂等。其设备投资相对低，运行成本低，寿命长，维护简单，环境适应性好，成型速度快，无须支撑结构，而且能够输出彩色打印产品，这是目前其他技术都比较难以实现的。不过用黏合剂黏结的零件强度较低，制造相关材料粉末的技术比较复杂且成本较高，所以目前 3DP 技术主要应用在特殊专业领域。

6. 聚合物喷射技术

聚合物喷射技术（PolyJet）是以色列 Objet 公司于 2000 年初推出的技术。PolyJet 技术也是当前最为先进的 3D 打印技术之一，成型工件精度非常高，薄层厚度能小至 16μm。

该成型原理与 3DP 类似，喷射物区别于 3DP 的黏结剂，而是聚合成型材料。图 14-8 所示为 PolyJet 聚合物喷射系统结构。PolyJet 喷射打印头沿 X 轴方向来回运动，喷头喷射光敏聚合物。当光敏聚合材料喷射到工作台上后，紫外光灯将其同粉末材料进行固化。完成一层的喷射打印和固化后，设备内置工作台精确下降一个成型层厚，喷头继续喷射光敏聚合材料进行下一层的固化。这样层层累积，直至完成成型。

工件成型中使用两种不同光敏树脂材料，一种为生成实际模型的材料，另一种为类似胶状的树脂材料，用于做支撑。支撑材料由过程控制精确添加到模型成型结构所需的位置，如悬空、凹

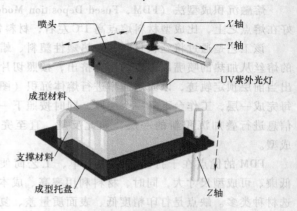

图 14-8　PolyJet 聚合物喷射系统结构

槽、复杂细节和薄壁位置等。成型结束后，使用水枪即可轻松把这些支撑材料去掉，从而得到光洁的成型工件。

PolyJet 技术支持多种不同性质的材料同时成型，能够制作非常复杂的模型。该材料采用涂料施工方法，固化后形成具有相当出色的力学性能材料，突破了原有涂料的范畴，其固化速度快，强度高，不受环境温湿度影响，在矿山应用中显示了优越的性能，表现出耐磨、耐腐、耐用、施工简易等特点。

14.2.4　打印后处理

后处理一般是 3D 打印的最后工序，大部分原型打印完后需要一些后续处理。

原型不光滑的需要抛光打磨，有支撑材料的需要移除支撑材料，有的原型会根据需要进行喷漆，有些部件需要与其他产品进行焊接或组装，对不完全成型的原型可能需要进行机械加工，也有生产工艺为加强打印原型强度，延长保存时间为目的，采取静置、强制固化、去粉、包覆等。

另外，不同 3D 打印成型技术打印精度不同。即便使用同一打印方法或同一打印机，打印设置参数不同时，精度也会不同。后处理程度也取决于成品设计的复杂性、原型的加工情况、不同打印技术的特点等。如 FDM 打印成型方法，若想得到较好的表面质量或高解析度，可在设定打印参数时选择比较高的打印精度，但这会导致增加很多甚至成倍的打印时间，而且也会造成原材料浪费。这种情况下可以选择低精度打印，然后对打印成品进行打磨、抛光等后期的机加工处理，这样既节约打印时间又能满足产品精度要求。

对于 3DP 方法，打印结束后需要让产品静置一定时间，使成型粉末和黏结剂充分反应并完全固化，如粉末成分为水泥、石膏的情况。粉末与水需要进行反应，使材料硬化成型，黏结剂起一定的加强作用，最后静置一定时间，期间也可根据情况采取加热、真空干燥、紫外光照射等方式使打印原型进一步强化。

对 FDM 打印原型，需根据情况钻孔、修边、喷漆等相应处理。

SLS 打印原型表面粉末通过振动、风吹方式去除，也有浸泡特制溶剂，对于吸水材料的防水处理如刷防水固化胶，或浸入能起保护作用的聚合物中，比如环氧树脂、氰基丙烯酸酯、熔融石蜡等，也可以进行喷漆等。

打印原型后处理还有高温烧结、热等静压烧结、熔浸、浸渍等。

14.3　3D 打印技术较传统工艺的优势

金属齿轮的传统生产过程属于减材加工方式，既浪费原材料，浪费时间，浪费场地，还增加了操作成本。传统制造一般同时用到多种金属加工方法，如铸造、锻造、车、铣、刨、磨等生产方式。使用铸造时还要相应的模具，要开发新产品先根据需要开发新模具。3D 打印技术没有这么多烦琐环节，直接通过计算机相关软件直接生成，并能很快完成。

3D 打印技术还具备很多优势：不需要使用制造业的生产线，简化了生产制造流程；大幅减少了传统制造工艺原材料的大量浪费，如毛坯过重、减材过多的情况；可方便、快捷、准确、有效地打印出具有特殊复杂外观形状的物件；单独生产产品时，成倍提高生产效率和降低生产成本。

同时 3D 打印技术可以进行关键零件、贵重零件的高性能修复，而且随着 3D 打印产品造价的逐步降低，制造领域的应用将会越来越广泛。

14.4　3D 打印技术在齿轮方面的应用

目前我国已成功地使用 3D 打印技术制作出汽车发动机中的异形齿轮构件、变速器齿轮等产品。中国航天科技集团公司上海航天技术研究院研制的我国首台航天多激光金属 3D 打印机，所打印的汽车发动机中的异形齿轮，经过测试能满足工程化应用要求。该 3D 打印机采用双激光器，即长波的光纤激光器和短波的 CO_2 激光器，可打印长、宽、高不超过 250mm 的物品，打印材料为不锈钢、钛合金、镍基高温合金等。该设备先在计算机输入打印模型，然后放入粉末状打印材料，按下打印键后，打印材料即会一层层地送入打印区域，打印时从底部向上，机器不断循环送粉—铺粉—激光熔化过程，粉末每铺一层，激光束便会选择熔化相应的零件截面图形，然后以每层 0.02mm 的厚度逐层添加粉末，最终完成金属激光熔化的生产过程。

美国通用电气公司（GE）已将 3D 打印技术应用于零部件维修领域，为石油和天然气领域的大型企业提供零部件维修服务，包括齿轮和其他一些结构件、外壳等。

总而言之，虽然 3D 打印技术还存在一些不足，如打印材料有限、与传统方式相比不能大批量快速生产等，但是 3D 打印技术，其制造原理所具备的优势，已成为具有巨大发展潜力的制造技术，在齿轮制造方面也必将得到越来越广泛的应用。

附　录

附录 A　常用材料线胀系数（表 A-1）

表 A-1　常用材料线胀系数 α_t　　　　（单位：$10^{-6}\,℃^{-1}$）

材料	温度范围/℃								
	≤20	>20~100	>100~200	>200~300	>300~400	>400~600	>600~700	>700~900	>900~1000
工程用铜		16.6~17.1	17.1~17.2	17.6	18~18.1	18.6			
黄铜		17.8	18.8	20.9					
青铜		17.6	17.9	18.2					
铸铝合金	18.41~24.5								
铝合金		22.0~24.0	23.4~24.8	24.0~25.9					
碳钢		10.6~12.2	11.3~13	12.1~13.5	12.9~13.9	13.5~14.3	14.7~15		
铬钢		11.2	11.8	12.4	13	13.6			
3Cr13		10.2	11.1	11.6	11.9	12.3	12.8		
1Cr18Ni9Ti		16.6	17	17.2	17.5	17.9	18.6	19.3	
铸铁		8.7~11.1	8.5~11.6	10.1~12.1	11.5~12.7	12.9~13.2			
镍铬合金		14.5							17.6
砖	9.5								
水泥、混凝土	10~14								
胶木、硬橡皮	64~77								
玻璃		4~11.5							
赛璐珞		100							
有机玻璃		130							

附录 B　法定计量单位换算

1. 国际单位制的构成

国际单位制（SI）
- SI 单位
  - SI 基本单位（见表 B-1）
  - SI 导出单位
    - 包括 SI 辅助单位在内的具有专门的名称的 SI 导出单位（见表 B-2、表 B-3）
    - 组合形式的 SI 导出单位
- SI 词头（见表 B-4）SI 单位的十进倍数单位

表 B-1　SI 基本单位

量的名称	单位名称	单位符号	量的名称	单位名称	单位符号
长度	米	m	热力学温度	开［尔文］	K
质量	千克（公斤）	kg	物质的量	摩［尔］	mol
时间	秒	s	发光强度	坎［德拉］	cd
电流	安培	A			

注：1. 圆括号中的名称，是它前面的名称的同义词，下同。
　　2. 方括号中的字，在不致引起混淆、误解的情况下，可以省略。去掉方括号中的字即为其简称，无方括号的单位名称、简称与全称同，下同。
　　3. 所称的符号，除特殊指明者外，均指我国法定计量单位中所规定的符号，下同。
　　4. 人民生活和贸易中，质量习惯称为重量。

表 B-2　包括 SI 辅助单位在内的具有专门名称的 SI 导出单位

量的名称	SI 导出单位		
	名称	符号	用 SI 基本单位和导出单位表示
[平面]角	弧度	rad	$1rad = 1m/m = 1$
立体角	球面度	sr	$1sr = 1m^2/m^2 = 1$
频率	赫[兹]	Hz	$1Hz = 1s^{-1}$
力	牛[顿]	N	$1N = 1kg \cdot m/s^2$
压力,压强,应力	帕[斯卡]	Pa	$1Pa = 1N/m^2$
能[量],功,热量	焦[耳]	J	$1J = 1N \cdot m$
功率,辐[射能]通量	瓦[特]	W	$1W = 1J/s$
电荷[量]	库[仑]	C	$1C = 1A \cdot s$
电压,电动势,电位,(电势)	伏[特]	V	$1V = 1W/A$
电容	法[拉]	F	$1F = 1C/V$
电阻	欧[姆]	Ω	$1\Omega = 1V/A$
电导	西[门子]	S	$1S = 1\Omega^{-1}$
磁通[量]	韦[伯]	Wb	$1Wb = 1V \cdot s$
磁通[量]密度,磁感应强度	特[斯拉]	T	$1T = 1Wb/m^2$
电感	亨[利]	H	$1H = 1Wb/A$
摄氏温度	摄氏度	℃	$1℃ = 1K$①
光通量	流[明]	lm	$1lm = 1cd \cdot sr$
[光]照度	勒[克斯]	lx	$1lx = 1lm/m^2$

① 只表示两个单位℃与 K 间的关系,并不表示摄氏温度与热力学温度之间的关系。

表 B-3　由于人类健康安全防护上的需要而确定的具有专门名称的 SI 导出单位

量的名称	SI 导出单位		
	名　　称	符　　号	用 SI 基本单位和导出单位表示
[放射性]活度	贝可[勒尔]	Bq	$1Bq = 1s^{-1}$
吸收剂量 比授[予]能 比释动能	戈[瑞]	Gy	$1Gy = 1J/kg$
剂量当量	希[沃特]	Sv	$1Sv = 1J/kg$

表 B-4　用于构成十进倍数单位和分数单位的 SI 词头

因数	词头名称		符号	因数	词头名称		符号
	英文	中文			英文	中文	
10^{24}	yotta	尧[它]	Y	10^{-1}	deci	分	d
10^{21}	zetta	泽[它]	Z	10^{-2}	centi	厘	c
10^{18}	exa	艾[可萨]	E	10^{-3}	milli	毫	m
10^{15}	peta	拍[它]	P	10^{-6}	micro	微	μ
10^{12}	tera	太[拉]	T	10^{-9}	nano	纳[诺]	n
10^{9}	giga	吉[咖]	G	10^{-12}	pico	皮[可]	p
10^{6}	mega	兆	M	10^{-15}	femto	飞[母托]	f
10^{3}	kilo	千	k	10^{-18}	atto	阿[托]	a
10^{2}	hecto	百	h	10^{-21}	zepto	仄[普托]	z
10^{1}	deca	十	da	10^{-24}	yocto	幺[科托]	y

注: 10^4 称为万, 10^8 称为亿, 10^{12} 称为万亿,这类数词的使用不受词头名称的影响,但不应与词头混淆。

2. 可与国际单位制单位并用的我国法定计量单位 (表 B-5)

表 B-5　可与国际单位制单位并用的我国法定计量单位

量的名称	单位名称	单位符号	与 SI 单位的关系
时间	分	min	$1min = 60s$
	[小]时	h	$1h = 60min = 3600s$
	日,(天)	d	$1d = 24 h = 86400s$

（续）

量的名称	单位名称	单位符号	与 SI 单位的关系
	度	（°）	$1° = 60' = (\pi/180)\,rad$
［平面］角	［角］分	（'）	$1' = 60'' = (\pi/10800)\,rad$
	［角］秒	（''）	$1'' = (\pi/648000)\,rad$
体积,容积	升	L	$1L = 1dm^3 = 10^{-3}\,m^3$
质量	吨	t	$1t = 10^3\,kg$
	原子质量单位	u	$1u \approx 1.6605402 \times 10^{-27}\,kg$
旋转速度	转每分	r/min	$1r/min = (1/60)\,s^{-1}$
长度	海里	n mile	$1n\ mile = 1852m$（只用于航程）
速度	节	kn	$1kn = 1n\ mile/h = (1852/3600)m/s$（只用于航行）
能	电子伏	eV	$1eV \approx 1.60217733 \times 10^{-19}\,J$
级差	分贝	dB	
线密度	特［克斯］	tex	$1tex = 1g/km$
面积	公顷	hm^2	$1hm^2 = 10^4\,m^2$

注：1. 平面角单位度、分、秒的符号,在组合单位中应采用（°）、（'）、（''）的形式。例如不用°/s 而用（°）/s。

2. 升的两个符号属同等地位,可任意选用。

3. 公顷的国际通用符号为 ha。

3. 常用物理量符号及其法定单位（表 B-6）

表 B-6　常用物理量符号及其法定单位（摘自 GB/T 3102.1—1993~GB/T 3102.7—1993）

量的名称及符号		单位名称及符号		量的名称及符号		单位名称及符号	
空间和时间				旋转频率	n	每秒	s^{-1}
		弧度	rad	旋转速度,转速		转每分	r/min
		度	（°）	角频率,圆频率	ω	弧度每秒	rad/s
［平面］角	$\alpha,\beta,\gamma,\theta,\varphi$	［角］分	（'）	波长	λ	米	m
		［角］秒	（''）	波数	σ	每米	m^{-1}
立体角	Ω	球面度	sr	角波数	k	弧度每米	rad/m
长度	l,L	米	m	阻尼系数	δ	每秒	s^{-1}
宽度	b	米	m	衰减系数	α	每米	m^{-1}
高度	h	米	m	相位系数	β	每米	m^{-1}
厚度	δ,d	米	m	传播系数	γ	每米	m^{-1}
半径	r,R	米	m	**力学**			
直径	d,D	米	m	质量	m	千克,（公斤）	kg
程长	s	米	m			吨	t
距离	d,r	米	m	体积质量,［质量］密度	ρ	千克每立方米	kg/m^3
笛卡儿坐标	x,y,z	米	m			吨每立方米	t/m^3
曲率半径	ρ	米	m			千克每升	kg/L
曲率	$k,k=1/\rho$	每米	m^{-1}	相对体积质量,相对［质量］密度	d		
面积	$A,(S)$	平方米	m^2	质量体积,比体积	v	1 立方米每千克	m^3/kg
体积,容积	V	立方米	m^3	线质量,线密度	ρ_1	千克每米	kg/m
		升	L,（l）			特［克斯］	tex
		秒	s	面质量,面密度	$P_A,(P_s)$	千克每平方米	kg/m^2
时间,时间间隔,持续时间	t	分	min	动量	p	千克米每秒	kg·m/s
		［小］时	h	动量矩,角动量	L	千克二次方米	kg·m²
		日,（天）	d	转动惯量（惯性矩）	$I,(J)$	千克二次方米每秒	kg·m²/s
角速度	ω	弧度/每秒	rad/s	力	F	牛［顿］	N
角加速度	α	弧度每二次方秒	rad/s^2	重量	$W,(P,G)$	牛［顿］	N
		米每秒	m/s	力矩	M	牛［顿］米	N·m
速度	v,u,ω,c	千米每小时	km/h	转矩,力偶矩	M,T	牛［顿］米	N·m
		节	kn	压力,压强	p	帕［斯卡］	Pa
加速度	α	米每二次方秒	m/s^2	正应力	σ	帕［斯卡］	Pa
自由落体加速度	g	米每二次方秒	m/s^2	切应力,（剪应力）	τ	帕［斯卡］	Pa
重力加速度	g_n	米每二次方秒	m/s^2	线应变,（相对变形）	ε,e	—	
周期及有关现象				切应变,（剪应变）	γ	—	
周期	T	秒	s	体积应变	θ	—	
时间常数	$\tau,(T)$	秒	s	泊松比,泊松数	μ,ν	—	
频率	f,v	［赫］兹	Hz	弹性模量	E	帕［斯卡］	Pa

（续）

量的名称及符号		单位名称及符号		量的名称及符号		单位名称及符号	
切变模量,(刚量模量)	G	帕[斯卡]	Pa	吉布斯自由能	G	焦[耳]	J
体积模量,(压缩模量)	K	帕[斯卡]	Pa	比热力学能	u	焦[耳]每千克	J/kg
[体积]压缩率	κ	每帕[斯卡]	Pa^{-1}	比焓	$h,(i)$	焦[耳]每千克	J/kg
截面二次矩(惯性矩)	Ia,I	四次方米	m^4	**电学和磁学**			
截面二次极矩(极惯性矩)	Ip	四次方米	m^4	电流	I	安[培]	A
截面系数	W,Z	三次方米	m^3	电荷[量]	Q	库[仑]	C
动摩擦因数	$\mu,(f)$	—		电荷[体]密度	$\rho,(\eta)$	库[仑]每立方米	C/m^3
静摩擦因数	$\mu_s,(f_s)$	—		电荷[面]密度	σ	库[仑]每平方米	C/m^2
[动力]黏度	$\eta,(\mu)$	帕[斯卡]秒	Pa·s	电场强度	E	伏[特]每米	V/m
运动黏度	v	二次方米每秒	m^2/s	电位,(电势)	V,ϕ	伏[特]	V
表面张力	γ,σ	牛[顿]每米	N/m	电位差,(电势差),电压	U	伏[特]	V
功	$W,(A)$	焦[耳]	J	电动势	E	伏[特]	V
能[量]	E	瓦[特]时	W·h	电通[量]密度,电位移	D	库[仑]每平方米	C/m^2
势能,位能	$E_p,(V)$	电子伏	eV	电通[量],电位移通量	Ψ	库[仑]	C
动能	$E_k,(T)$			电容	C	法[拉]	F
功率	P	瓦[特]	W	介电常数,(电容率)	ε	法[拉]每米	F/m
质量流量	q_m	千克每秒	kg/s	相对介电常数,(相对电容率)			
体积流量	q_V	立方米每秒	m^3/s		ε_τ		
热学				电极化率	χ,χ_e	—	
热力学温度	T,Θ	开[尔文]	K	电极化强度	P	库[仑]每平方米	C/m^2
摄氏温度	t,θ	摄氏度	℃	电偶极矩	$p,(p_e)$	库[仑]米	C·m
线[膨]胀系数	α_t	每开[尔文]	K^{-1}	电流密度	$J,(S)$	安[培]每平方米	A/m^2
体[膨]胀系数	$\alpha_V,(\gamma)$	每开[尔文]	K^{-1}	电流线密度	$A,(\alpha)$	安[培]每米	A/m
热,热量	Q	焦[耳]	J	[直流]电阻	R	欧[姆]	Ω
热流量	Φ	瓦[特]	W	电抗	X	欧[姆]	Ω
面积热流量,热流[量]密度	q,ϕ	瓦[特]每平方米	W/m^2	阻抗,(复[数]阻抗)	Z	欧[姆]	Ω
热导率(导热系数)	λ,k	瓦[特]每米开[尔文] W/(m·K)		[直流]电导,[交流]电导	G	西[门子]	S
表面传热系数	$h,(\alpha)$	瓦[特]每平方米开[尔文]		电纳	B	西[门子]	S
传热系数	$K,(k)$	W/(m^2·K)		导纳,(复[数]导纳)	Y	西[门子]	S
热扩散率	α	平方米每秒	m^2/s	电阻率	ρ	欧[姆]米	Ω·m
热容	C	焦[耳]每开[尔文]	J/K	电导率	γ,σ	西[门子]每米	S/m
比热容	c	焦[耳]每千克开[尔文] J/(kg·K)		自感	L	亨[利]	H
比热[容]比	γ			互感	M,L_{12}	亨[利]	H
熵	S	焦[耳]每开[尔文]	J/K	耦合因数,(耦合系数)	$k,(\kappa)$	—	
比熵	s	焦[耳]每千克开[尔文] J/(kg·K)		漏磁因数,(漏磁系数)	σ		
				绕组的匝数	N		
(内)能	$U,(E)$	焦[耳]	J	相数	m		
焓	$H,(I)$	焦[耳]	J	极对数	P		
亥姆霍兹自由能	A,F	焦[耳]	J	[交流]电阻	R	欧[姆]	Ω
				品质因数	Q	—	
				相[位]差,相[位]移	φ	弧度	rad
				功率	P	瓦[特]	W

（续）

量的名称及符号		单位名称及符号		量的名称及符号		单位名称及符号	
[有功]功率	P	瓦[特]	W	光视效能	K	流[明]每瓦[特]	lm/W
视在功率,(表观功率)	S,P_S	瓦[特]	W	光谱光视效能	$K(\lambda)$	流[明]每瓦[特]	lm/W
无功功率	Q,P_Q	瓦[特]	W	最大光谱光视效能	K_m	流[明]每瓦[特]	lm/W
功率因数	λ	—		光谱光视效率,(视见函数)			
[有功]电能[量]	W	焦[耳]	J		$V(\lambda)$	—	
磁场强度	H	安[培]每米	A/m	光谱吸收比,(光谱吸收因数)			
磁通势,磁动势	F,F_m	安[培]	A		$\alpha(\lambda)$	—	
磁位差,(磁势差)	U_m	安[培]	A	光谱反射比,(光谱反射因数)			
磁通[量]密度,磁感应强度	B	特[斯拉]	T		$\rho(\lambda)$	—	
磁通[量]	Φ	韦[伯]	Wb	光谱透射比,(光谱透射因数)			
磁矢位,(磁矢势)	A	韦[伯]每米	Wb/m		$\tau(\lambda)$	—	
坡印廷矢量	S	瓦[特]每平方米	W/m²	线性吸收系数	α	每米	m⁻¹
磁导率	μ	亨[利]每米	H/m	线性衰减系数,线性消光系数		每米	m⁻¹
相对磁导率	μ_r	—			μ,μ_1		
磁化率	$\kappa,(\chi_m,\chi)$	—		摩尔吸收系数	κ	平方米每摩[尔]	m²/mol
[面]磁矩	m	安[培]平方米	A·m²	折射率	n	—	
磁化强度	$M,(H_i)$	安[培]每米	A/m	**声学**			
磁极化强度	$J,(B_i)$	特[斯拉]	T	静压[力]	$p_s,(P_o)$	帕[斯卡]	Pa
磁阻	R_m	每亨[利]	H⁻¹	声压	p	帕[斯卡]	Pa
磁导	$\Lambda,(P)$	亨[利]	H	质点速度	μ	米每秒	m/s
光及有关电磁辐射				声速	c	米每秒	m/s
辐[射]能	$Q,W,(U,Q_e)$	焦[耳]	J	体积速度	U	立方米每秒	m³/s
辐[射]功率,辐射[能]通量		瓦[特]	W	声能密度	$\omega,(D)$	焦[耳]每立方米	J/m³
	$P,\Phi,(\Phi_e)$			声强[度]	I	瓦[特]每平方米	W/m²
辐[射]强度	$I,(I_e)$	瓦[特]每球面度	W/sr	声阻抗	Z_a	帕斯卡秒每三次方米	Pa·s/m³
辐[射]亮度,辐射度	$L,(L_e)$	瓦[特]每球面度平方米		力阻抗	Z_m	牛[顿]秒每米	N·s/m
			W/(sr·m²)	声功率级	L_W	分贝	dB
辐[射]出[射]度	$M,(M_e)$	瓦[特]每平方米	W/m²	声压级	L_p	分贝	dB
辐[射]照度	$E,(E_e)$	瓦[特]每平方米	W/m²	声强级	L_I	分贝	dB
发射率	ε	—		阻尼系数	δ	每秒	s⁻¹
光通量	$\Phi,(\Phi_v)$	流[明]	lm	反射因数,(反射系数)	γ		
光量	$Q,(Q_v)$	流[明]秒	lm·s	透射因数,(透射系数)	τ	—	
发光强度	$I,(I_v)$	坎[德拉]	cd	吸声因数,(吸声系数)	α		
[光]亮度	$L,(L_v)$	坎[德拉]每平方米	cd/m²	隔声量	R	分贝	dB
光出射度	$M,(M_v)$	流[明]每平方米	lm/m²	混响时间	$T,(T_{60})$	秒	s
[光]照度	$E,(E_v)$	勒[克斯]	lx				
曝光量	H	勒[克斯]秒	lx·s				

4. 计量单位换算（表 B-7）

表 B-7　常用计量单位换算表

单位名称及符号		单位换算	单位名称及符号		单位换算
长度			**加速度**		
·米	m		·米每二次方秒	m/s^2	
·海里	n mile	1853m	英尺每二次方秒	ft/s^2	$0.3048m/s^2$
英里	mile	1609.344m	伽	Gal	$10^{-2}m/s^2$
英尺	ft	0.3048m	**角速度**		
英寸	in	0.0254m	·弧度每秒	rad/s	
码	yd	0.9144m	·转每分	r/min	$(\pi/30)$ rad/s
密耳	mil	25.4×10^{-6}m	度每分	$(°)/min$	0.00029rad/s
埃	Å	10^{-10}m	度每秒	$(°)/s$	0.01745rad/s
费密		10^{-15}m	**质量**		
面积			·千克（公斤）	kg	
·平方米	m^2		·吨	t	1000kg
公顷	ha	$10000m^2$	·原子质量单位	u	1.6605655×10^{-27}kg
公亩	a	$100m^2$	英吨	ton	1016.05kg
平方英里	$mile^2$	$2.58999\times10^6 m^2$	英担	cwt	50.8023kg
平方英尺	ft^2	$0.0929030m^2$	磅	lb	0.45359237kg
平方英寸	in^2	$6.4516\times10^{-4}m^2$	夸脱	qr,qtr	12.7006kg
体积，容积			盎司	oz	28.3495kg
·立方米	m^3		格令	gr,gn	0.06479891kg
·升	L	$10^{-3}m^3$	**线密度，纤度**		
立方英尺	ft^3	$0.0283168m^3$	·千克每米	kg/m	
立方英寸	in^3	$1.63871\times10^{-5}m^3$	·特［克斯］	tex	10^{-6}kg/m
英加仑	UKgal	$4.54609dm^3$	旦尼尔		0.111112×10^{-6}kg/m
美加仑	USgal	$3.78541dm^3$	磅每英尺	lb/ft	1.48816kg/m
平面角			磅每英寸	lb/in	17.8580kg/m
·弧度	rad		**密度**		
·度	$(°)$	$(\pi/180)$ rad	·千克每立方米	kg/m^3	
·［角］分	$(')$	$(\pi/10800)$ rad	·吨每立方米	t/m^3	$1000kg/m^3$
·［角］秒	$('')$	$(\pi/648000)$ rad	·千克每升	kg/L	$1000kg/m^3$
时间			磅每立方英尺	lb/ft^3	$16.0185kg/m^3$
·秒	s		磅每立方英寸	lb/in^3	$27679.9kg/m^3$
·分	min	60s	**质量体积，比体积**		
·［小］时	h	3600s	·立方米每千克	m^3/kg	
·天，（日）	d	864000s	立方英尺每磅	ft^3/lb	$0.0624280m^3/kg$
速度			立方英寸每磅	in^3/lb	$3.61273\times10^{-5}m^3/kg$
·米每秒	m/s		**力；重力**		
·节	kn	0.514444m/s	·牛［顿］	N	
·千米每小时	km/h	0.277778m/s	千克力	kgf	9.80665N
·米每分	m/min	0.0166667m/s	磅力	bbf	4.44822N
英里每小时	mile/h	0.44704m/s	达因	dyn	10^{-5}N
英尺每秒	ft/s	0.3048m/s	吨力	tf	9.80665×10^3N
英寸每秒	in/s	0.0254m/s			

（续）

单位名称及符号		单位换算	单位名称及符号		单位换算
压力，压强；应力			乏	Var	1W
·帕[斯卡]	Pa		伏安	VA	1W
巴	bar	10^5Pa	马力，半制马力	PS	735.499W
托	Torr	133.322Pa	英马力	hp	745.7W
毫米汞柱	mmHg	133.322Pa	电工马力	hp	746W
毫米水柱	mmH$_2$O	9.80665Pa	卡每秒	cal/s	4.1868W
工程大气压	at	98066.5Pa	千卡每小时	kcal/h	1.163W
标准大气压	atm	101325Pa	**质量流量**		
力矩；转矩；力偶矩			·千克每秒	kg/s	
·牛[顿]米	N·m		磅每秒	lb/s	0.453592kg/s
公斤力米	kgf·m	9.80665N·m	磅每小时	lb/h	1.25998×10^{-4}kg/s
克力厘米	gf·cm	9.80665×10^{-5}N·m	**体积流量**		
达因厘米	dyn·cm	10^{-7}N·m	·立方米每秒	m^3/s	
磅力英尺	lbf·ft	1.35582N·m	立方英尺每秒	ft^3/s	0.0283168m^3/s
转动惯量			立方英寸每小时	in^3/h	4.55196×10^{-6}L/s
·千克二次方米	kg·m^2		**动力黏度**		
磅二次方英尺	lb·ft^2	0.0421401kg·m^2	·帕[斯卡]秒	Pa·s	
磅二次方英寸	lb·in^2	2.92640×10^{-4}kg·m^2	泊	P	0.1Pa·s
能量；功；热			厘泊	cP	10^{-8}Pa·s
·焦[耳]	J		千克力秒每平方米	kgf·s/m^2	9.80665Pa·s
·电子伏	eV	1.6021892×10^{-19}J	磅力秒每平方英尺	lbf·s/ft^2	47.8803Pa·s
·千克小时	kW·h	3.6×10^6J	磅力秒每平方英寸	lbf·s/in^2	6894.76Pa·s
千克力米	kgf·m	9.80665J	**运动黏度**		
卡	cal	4.1868J	·二次方米每秒	m^2/s	
尔格	erg	10^{-7}J	斯托克斯	St	10^{-4}m^2/s
英热单位	Btu	1055.06J	厘斯	cSt	10^{-6}m^2/s
功率；辐射通量			二次方英尺每秒	ft^2/s	9.29030×10^{-2}m^2/s
瓦[特]	W		二次方英寸每秒	in^2/s	6.4516×10^{-4}m^2/s

注：1. 表中前面加点的词为法定计量单位的名称。

　　2. 单位名称中带方括号的字可省略。

　　3. 圆括号中的字为前者的同义语。

附录 C　常用三角计算

1. 常用三角计算公式

（1）三角函数间的关系

1）$\sin^2\alpha + \cos^2\alpha = 1$

2）$\sec^2\alpha - \tan^2\alpha = 1$

3）$\csc^2\alpha - \cot^2\alpha = 1$

4）$\tan\alpha = \dfrac{\sin\alpha}{\cos\alpha}$

5）$\cot\alpha = \dfrac{\cos\alpha}{\sin\alpha}$

6）$\tan\alpha = \dfrac{1}{\cot\alpha}$

7）$\sec\alpha = \dfrac{1}{\cos\alpha}$

8）$\csc\alpha = \dfrac{1}{\sin\alpha}$

（2）和差角公式

1）$\sin(\alpha\pm\beta) = \sin\alpha\cos\beta\pm\cos\alpha\sin\beta$

2）$\cos(\alpha\pm\beta) = \cos\alpha\cos\beta\mp\sin\alpha\sin\beta$

3）$\tan(\alpha\pm\beta) = \dfrac{\tan\alpha\pm\tan\beta}{1\mp\tan\alpha\tan\beta}$

4）$\cot(\alpha\pm\beta) = \dfrac{\cot\alpha\cot\beta\mp1}{\cot\beta\pm\cot\alpha}$

（3）和差化积公式

1）$\sin\alpha + \sin\beta = 2\sin\dfrac{1}{2}(\alpha+\beta)\cos\dfrac{1}{2}(\alpha-\beta)$

2）$\sin\alpha - \sin\beta = 2\cos\dfrac{1}{2}(\alpha+\beta)\sin\dfrac{1}{2}(\alpha-\beta)$

3）$\cos\alpha + \cos\beta = 2\cos\dfrac{1}{2}(\alpha+\beta)\cos\dfrac{1}{2}(\alpha-\beta)$

4）$\cos\alpha - \cos\beta = -2\sin\dfrac{1}{2}(\alpha+\beta)\sin\dfrac{1}{2}(\alpha-\beta)$

5）$\tan\alpha\pm\tan\beta = \dfrac{\sin(\alpha\pm\beta)}{\cos\alpha\cos\beta}$

6）$\cot\alpha\pm\cot\beta = \dfrac{\sin(\beta\pm\alpha)}{\sin\alpha\sin\beta}$

7）$\sin^2\alpha - \sin^2\beta = \cos^2\beta - \cos^2\alpha = \sin(\alpha+\beta)\sin(\alpha-\beta)$

8）$\cos^2\alpha - \sin^2\beta = \cos^2\beta - \sin^2\alpha = \cos(\alpha+\beta)\cos(\alpha-\beta)$

9）$\sin\alpha\pm\cos\alpha = \pm\sqrt{1\pm\sin2\alpha} = \sqrt{2}\sin\left(\alpha\pm\dfrac{\pi}{4}\right)$

设 $a>0$，$b>0$，$c=\sqrt{a^2+b^2}$，而且 A，B 为正锐角，并设 $\tan\alpha = a/b$，$\tan B = b/a$，则有

10）$a\cos\alpha + b\sin\alpha = c\sin(A+\alpha) = c\cos(B-\alpha)$

11）$a\cos\alpha - b\sin\alpha = c\sin(A-\alpha) = c\cos(B+\alpha)$

（4）积化和差公式

1）$\sin\alpha\sin\beta = \dfrac{1}{2}\cos(\alpha-\beta) - \dfrac{1}{2}\cos(\alpha+\beta)$

2）$\cos\alpha\cos\beta = \dfrac{1}{2}\cos(\alpha-\beta) + \dfrac{1}{2}\cos(\alpha+\beta)$

3）$\sin\alpha\cos\beta = \dfrac{1}{2}\sin(\alpha+\beta) + \dfrac{1}{2}\sin(\alpha-\beta)$

4) $\tan\alpha\tan\beta = \dfrac{\tan\alpha+\tan\beta}{\cot\alpha+\cot\beta} = -\dfrac{\tan\alpha-\tan\beta}{\cot\alpha-\cot\beta}$

5) $\cot\alpha\cot\beta = \dfrac{\cot\alpha+\cot\beta}{\tan\alpha+\tan\beta} = -\dfrac{\cot\alpha-\cot\beta}{\tan\alpha-\tan\beta}$

（5）倍角公式

1) $\sin2\theta = 2\sin\theta\cos\theta$

2) $\sin3\theta = \sin\theta(3-4\sin^2\theta)$

3) $\sin4\theta = \sin\theta\cos\theta(4-8\sin^2\theta)$

4) $\sin5\theta = \sin\theta(5-20\sin^2\theta+16\sin^4\theta)$

5) $\sin6\theta = \sin\theta\cos\theta(6-32\sin^2\theta+32\sin^4\theta)$

6) $\sin7\theta = \sin\theta(7-56\sin^2\theta+112\sin^4\theta-64\sin^6\theta)$

7) $\cos2\theta = 2\cos^2\theta-1$

8) $\cos3\theta = \cos\theta(4\cos^2\theta-3)$

9) $\cos4\theta = 8\cos^4\theta-8\cos^2\theta+1$

10) $\cos5\theta = \cos\theta(16\cos^4\theta-20\cos^2\theta+5)$

11) $\cos6\theta = 32\cos^6\theta-48\cos^4\theta+18\cos^2\theta-1$

12) $\cos7\theta = \cos\theta(64\cos^6\theta-112\cos^4\theta+56\cos^2\theta-7)$

13) $\tan2\theta = \dfrac{2\tan\theta}{1-\tan^2\theta}$

14) $\tan3\theta = \dfrac{3\tan\theta-\tan^3\theta}{1-3\tan^2\theta}$

（6）半角公式

1) $\sin\dfrac{1}{2}\alpha = \pm\sqrt{\dfrac{1-\cos\alpha}{2}} = \pm\dfrac{1}{2}\sqrt{1+\sin\alpha}\pm\dfrac{1}{2}\sqrt{1-\sin\alpha}$

2) $\cos\dfrac{1}{2}\alpha = \pm\sqrt{\dfrac{1+\cos\alpha}{2}} = \pm\dfrac{1}{2}\sqrt{1+\sin\alpha}\mp\dfrac{1}{2}\sqrt{1-\sin\alpha}$

3) $\tan\dfrac{1}{2}\alpha = \dfrac{\sin\alpha}{1+\cos\alpha} = \dfrac{1-\cos\alpha}{\sin\alpha} = \pm\sqrt{\dfrac{1-\cos\alpha}{1+\cos\alpha}}$

（7）正弦与余弦的幂

1) $2\sin^2\theta = 1-\cos2\theta$

2) $4\sin^3\theta = 3\sin\theta-\sin3\theta$

3) $8\sin^4\theta = 3-4\cos2\theta+\cos4\theta$

4) $16\sin^5\theta = 10\sin\theta-5\sin3\theta+\sin5\theta$

5) $32\sin^6\theta = 10-15\cos2\theta+6\cos4\theta-\cos6\theta$

6) $64\sin^7\theta = 35\sin\theta-21\sin3\theta+7\sin5\theta-\sin7\theta$

7) $2\cos^2\theta = \cos2\theta+1$

8) $4\cos^3\theta = \cos3\theta+3\cos\theta$

9) $8\cos^4\theta = \cos4\theta+4\cos2\theta+3$

10) $16\cos^5\theta = \cos5\theta+5\cos3\theta+10\cos\theta$

11) $32\cos^6\theta = \cos6\theta+6\cos4\theta+15\cos2\theta+10$

12) $64\cos^7\theta = \cos7\theta+7\cos5\theta+21\cos3\theta+35\cos\theta$

2. 常用角度的三角函数值（表 C-1）

表 C-1　常用角度的三角函数值

角度 （°）	三角函数名称与表达式					
	正弦函数 $\sin\alpha$	余弦函数 $\cos\alpha$	正切函数 $\tan\alpha$	余切函数 $\cot\alpha$	正割函数 $\sec\alpha$	余割函数 $\csc\alpha$
0	0	1	0	—	1	—
5	0.08716	0.99619	0.08749	11.43005	1.00382	11.47371
10	0.17365	0.98481	0.17633	5.67128	1.01543	5.75877
15	0.25882	0.96593	0.26795	3.73205	1.03528	3.86370
20	0.34202	0.93969	0.36397	2.74748	1.06418	2.92380
25	0.42262	0.90631	0.46631	2.14451	1.10338	2.36620
30	0.5	0.86603	0.57735	1.73205	1.15470	2
35	0.57358	0.81915	0.70021	1.42815	1.22077	1.74345
40	0.64279	0.76604	0.83910	1.19175	1.30541	1.55572
45	0.70711	0.70711	1	1	1.41421	1.41421
50	0.76604	0.64279	1.19175	0.83910	1.55572	1.30541
55	0.81915	0.57358	1.42815	0.70021	1.74345	1.22077
60	0.86603	0.5	1.73205	0.57735	2	1.15470
65	0.90631	0.42262	2.14451	0.46631	2.36620	1.10338
70	0.93969	0.34202	2.74748	0.36397	2.92380	1.06418
75	0.96593	0.25882	3.73205	0.26795	3.86370	1.03528
80	0.98481	0.17365	5.67128	0.17633	5.75877	1.01543
85	0.99619	0.08716	11.43005	0.08749	11.47371	1.00382
90	1	0	—	0	—	1
105	0.96593	-0.25882	-3.73205	-0.26795	-3.86370	1.03528
120	0.86603	-0.5	-1.73205	-0.57735	-2	1.15470
135	0.70711	-0.70711	-1	-1	-1.41421	1.41421
150	0.5	-0.86603	-0.57735	-1.73205	-1.15470	2
165	0.25882	-0.96593	-0.26795	-3.73205	-1.03528	3.86370
180	0	-1	0	—	-1	—
195	-0.25882	-0.96593	0.26795	3.73205	-1.03528	-3.86370
210	-0.5	-0.86603	0.57735	1.73205	-1.15470	-2
225	-0.70711	-0.70711	1	1	-1.41421	-1.41421
240	-0.86603	-0.5	1.73205	0.57735	-2	-1.15470
255	-0.96593	-0.25882	3.73205	0.26795	-3.86370	-1.03528
270	-1	0	—	0	—	-1
285	-0.96593	0.25882	-3.73205	-0.26795	3.86370	-1.03528
300	-0.86603	0.5	-1.73205	-0.57735	2	-1.15470
315	-0.70711	0.70711	-1	-1	1.41421	-1.41421
330	-0.5	0.86603	-0.57735	-1.73205	1.15470	-2
345	-0.25882	0.96593	-0.26795	-3.73205	1.03528	-3.86370
360	0	1	0	—	1	—

附录 D　几何公差带定义、标注和解释（表 D-1～表 D-5）

表 D-1　形状公差带定义及标注

特征	符号	公差带定义	标注及解释
直线度	—	公差带为在给定平面内和给定方向上，间距等于公差值 t 的两平行直线所限定的区域 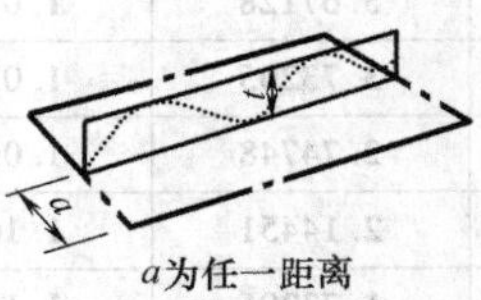 a为任一距离	在任一平行于图示投影面的平面内，上平面的提取（实际）线应限定在间距等于 0.1 的两平行直线之间 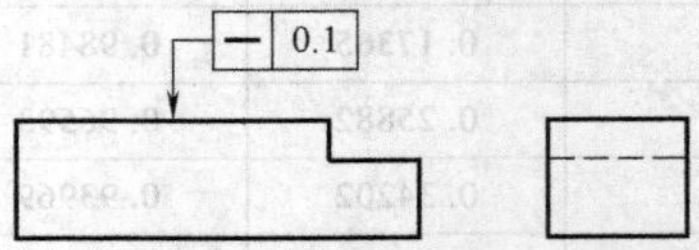
		公差带为间距等于公差值 t 的两平行平面所限定的区域 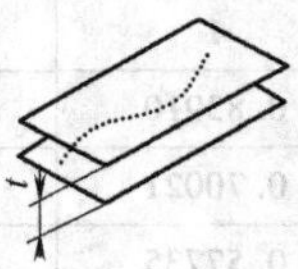	提取（实际）的棱边应限定在间距等于 0.1 的两平行平面之间 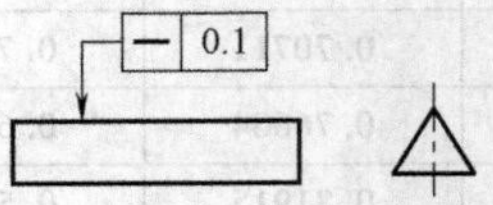
		由于公差值前加注了符号 ϕ，公差带为直径等于公差值 ϕt 的圆柱面所限定的区域 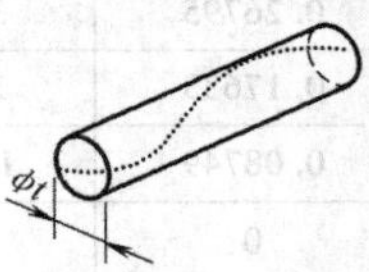	外圆柱面的提取（实际）中心线应限定在直径等于 $\phi0.08$ 的圆柱面内 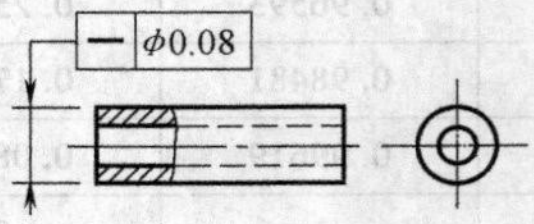
平面度	▱	公差带为间距等于公差值 t 的两平行平面所限定的区域 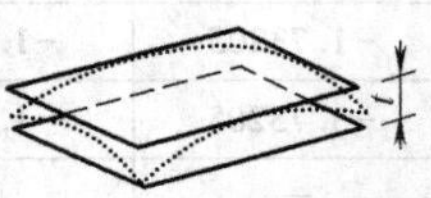	提取（实际）表面应限定在间距等于 0.08 的两平行平面之间 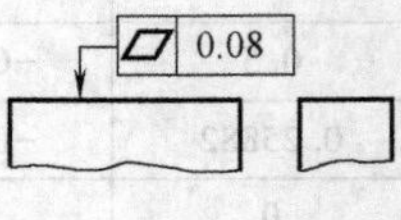
圆度	○	公差带为在给定横截面内，半径差等于公差值 t 的两同心圆所限定的区域 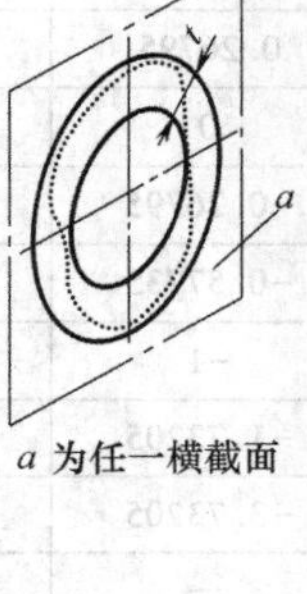 a 为任一横截面	在圆柱面和圆锥面的任意横截面内，提取（实际）圆周应限定在半径差等于 0.03 的两同心圆之间 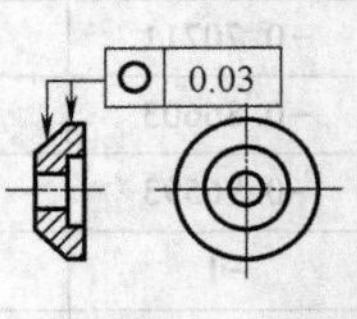
			在圆锥面的任意横截面内，提取（实际）圆周应限定在半径差等于 0.1 的两同心圆之间 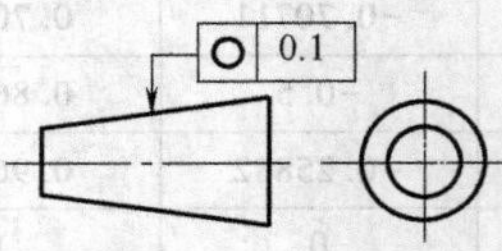

（续）

特征	符号	公差带定义	标注及解释
圆柱度	/◯/	公差带为半径差等于公差值 t 的两同轴圆柱面所限定的区域 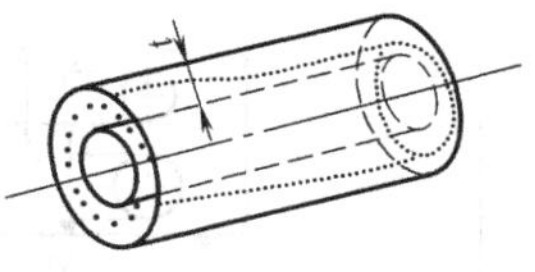	提取（实际）圆柱面定限定在半径差等于 0.1 的两同轴圆柱面之间 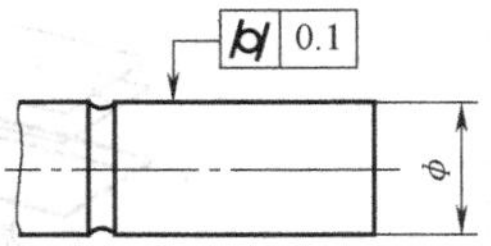

表 D-2　轮廓度公差带定义及标注

特征		符号	公差带定义	标注及解释
线轮廓度	无基准的线轮廓度公差	⌒	公差带为直径等于公差值 t、圆心位于具有理论正确几何形状上的一系列圆的两包络线所限定的区域 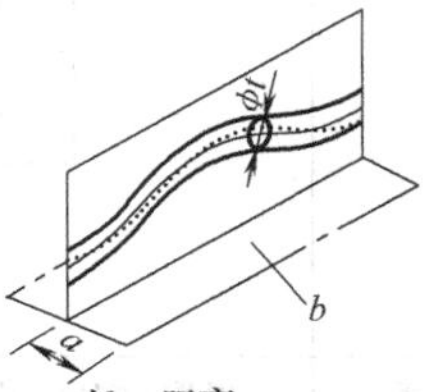 a—任一距离 b—垂直于视图所在平面	在任一平行于图示投影面的截面内，提取（实际）轮廓线应限定在直径等于 0.04，圆心位于被测要素理论正确几何形状上的一系列圆的两包络线之间 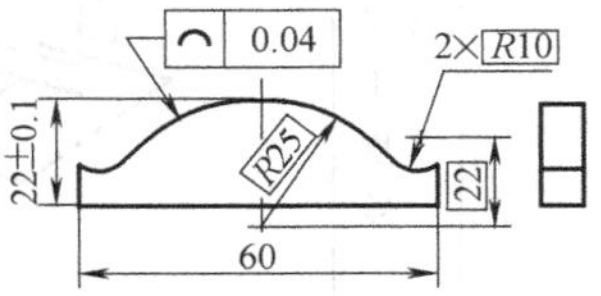
	有基准的线轮廓度公差		公差带为直径等于公差值 t、圆心位于由基准平面 A 和基准平面 B 确定的被测要素理论正确几何形状上的一系列圆的两包络线所限定的区域 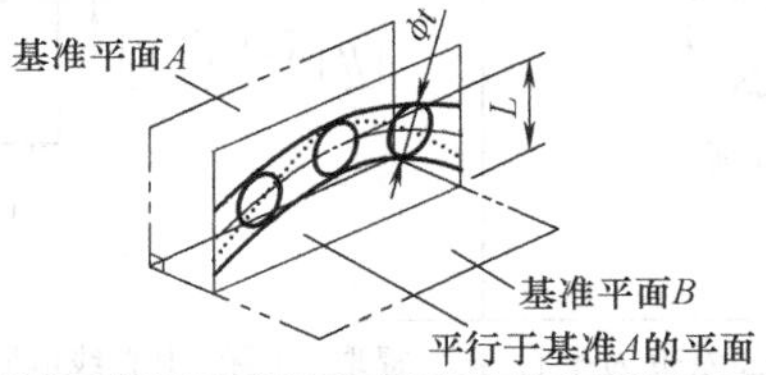 基准平面A 基准平面B 平行于基准A的平面	在任一平行于图示投影平面的截面内，提取（实际）轮廓线应限定在直径等于 0.04，圆心位于由基准平面 A 和基准平面 B 确定的被测要素理论正确几何形状上的一系列圆的两等距包络线之间 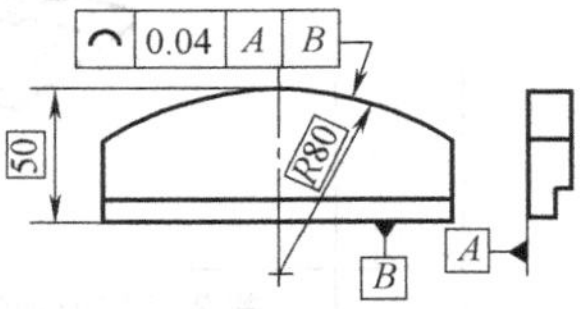
面轮廓度	无基准的面轮廓度公差	⌓	公差带为直径等于公差值 t、球心位于被测要素理论正确形状上的一系列圆球的两包络面所限定的区域 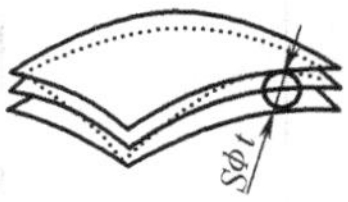	提取（实际）轮廓面应限定在直径等于 0.02，球心位于被测要素理论正确几何形状上的一系列圆球的两等距包络面之间 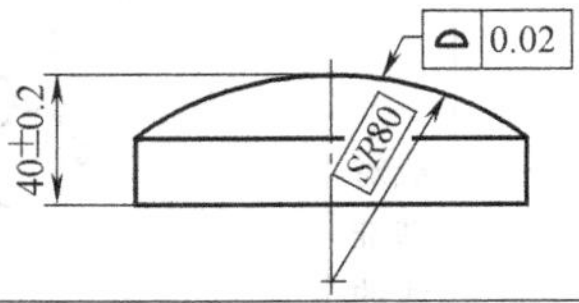
	有基准的面轮廓度公差		公差带为直径等于公差值 t、球心位于由基准平面 A 确定的被测要素理论正确几何形状上的一系列圆球的两包络面所限定的区域 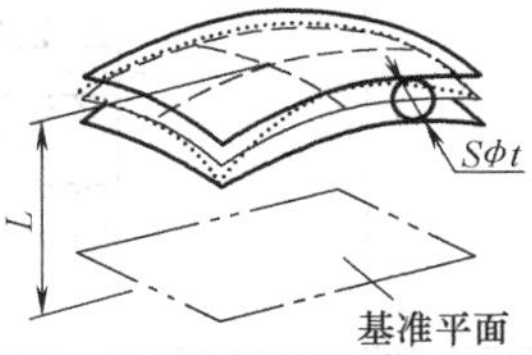	提取（实际）轮廓面应限定在直径等于 0.1、球心位于由基准平面 A 确定的被测要素理论正确几何形状上的一系列圆球的两等距包络面之间 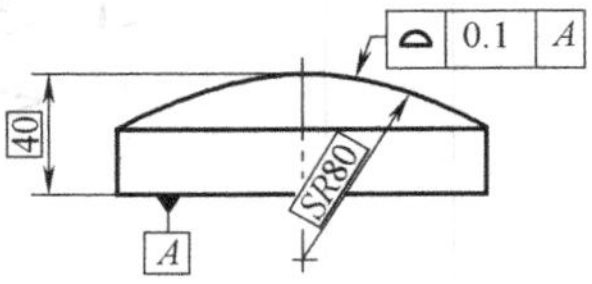

表 D-3　方向公差带定义及标注

特征	符号		公差带定义	标注及解释
平行度	//	线对基准体系的平行度公差	公差带为间距等于公差值 t、平行于两基准的两平行平面所限定的区域 基准轴线　基准平面	提取(实际)中心线应限定在间距等于 0.1、平行于基准轴线 A 和基准平面 B 的两平行平面之间 // 0.1 A B
			公差带为间距等于公差值 t、平行于基准 A 且垂直于基准平面 B 的两平行平面所限定的区域 基准平面 基准轴线	提取(实际)中心线应限定在间距等于 0.1、两平行平面之间。该两平行平面平行于基准轴线 A 且垂直于基准平面 B // 0.1 A B
			公差带为平行于基准轴线和平行或垂直于基准平面、间距分别等于公差值 t_1 和 t_2，且相互垂直的两组平行平面所限定的区域 基准平面 基准轴线	提取(实际)中心线应限定在平行于基准轴线 A 和平行或垂直于基准平面 B，间距分别等于公差值 0.1 和 0.2、且相互垂直的两组平行平面之间 // 0.2 A B // 0.1 A B
		线对基准线的平行度公差	若公差值前加注了符号 ϕ，公差带为平行于基准线、直径等于公差值 ϕt 的圆柱面所限定的区域 基准轴线	提取(实际)中心线应限定在平行于基准轴线 A，直径等于 $\phi 0.03$ 的圆柱面内 // $\phi 0.03$ A
			公差带为平行于基准平面、间距等于公差值 t 的两平行平面所限定的区域 基准平面	提取(实际)中心线应限定在平行于基准平面 B、间距等于 0.01 的两平行平面之间 // $\phi 0.01$ B

（续）

特征	符号		公差带定义	标注及解释
平行度	∥	线对基准体系的平行度公差	公差带为间距等于公差值 t 的两平行直线所限定的区域。该两平行直线平行于基准平面 A 且处于平行于基准平面 B 的平面内	提取（实际）线应限定在间距等于0.02的两平行直线之间。该两平行直线平行于基准平面 A 且处于平行于基准平面 B 的平面内
		面对基准线的平行度公差	公差带为间距等于公差值 t、平行于基准线的两平行平面所限定的区域	提取（实际）表面应限定在间距等于0.1、平行于基准轴线 C 的两平行平面之间
		面对基准面的平行度公差	公差带为间距等于公差值 t、平行于基准平面的两平行平面所限定的区域	提取（实际）表面应限定在间距等于0.01、平行于基准平面 D 的两平行平面之间
垂直度	⊥	线对基准线的垂直度公差	公差带为间距等于公差值 t、垂直于基准线的两平行平面所限定的区域	提取（实际）中心线应限定在间距等于0.06、垂直于基准轴线 A 的两平行平面之间
		线对基准体系的垂直度公差	公差带为间距等于公差值 t 的两平行平面所限定的区域。该两平行平面垂直于基准平面 A 且平行于基准平面 B	圆柱面的提取（实际）中心线应限定在间距等于0.1的两平行平面之间。该两平行平面垂直于基准平面 A 且平行于基准平面 B

（续）

特征	符号		公差带定义	标注及解释
垂直度	⊥	线对基准体系的垂直度公差	公差带为间距分别等于公差值 t_1 和 t_2，且互相垂直的两组平行平面所限定的区域。该两组平行平面都垂直于基准平面 A，其中一组平行平面垂直于基准平面 B，另一组平行平面平行于基准平面 B	圆柱面的提取（实际）中心线应限定在间距分别等于 0.1 和 0.2、且相互垂直的两平行平面内。该两平行平面垂直于基准平面 A 且垂直或平行于基准平面 B
		线对基准面的垂直度公差	若公差值前加注符号 φ，公差带为直径等于公差值 φt、轴线垂直于基准平面的圆柱面所限定的区域	圆柱面的提取（实际）中心线应限定在直径等于 φ0.01、垂直于基准平面 A 的圆柱面内
		面对基准线的垂直度公差	公差带为间距等于公差值 t 且垂直于基准轴线的两平行平面所限定的区域	提取（实际）表面应限定在间距等于 0.08 的两平行平面之间。该两平行平面垂直于基准轴线 A
		面对基准平面的垂直度公差	公差带为间距等于公差值 t、垂直于基准平面的两平行平面所限定的区域	提取（实际）表面应限定在间距等于 0.08、垂直于基准平面 A 的两平行平面之间

（续）

特征	符号		公差带定义	标注及解释
倾斜度	∠	线对基准线的倾斜度公差	被测线与基准线在同一平面上 公差带为间距等于公差值 t 的两平行平面所限定的区域。该两平行平面按给定角度倾斜于基准轴线	提取（实际）中心线应限定在间距等于 0.08 的两平行平面之间。该两平行平面按理论正确角度 60°倾斜于公共基准轴线 $A—B$
			被测线与基准线在不同平面内 公差带为间距等于公差值 t 的两平行平面所限定的区域。该两平行平面按给定角度倾斜于基准轴线	提取（实际）中心线应限定在间距等于 0.08 的两平行平面之间。该两平行平面按理论正确角度 60°倾斜于公共基准轴线 $A—B$
		线对基准面的倾斜度公差	公差带为间距等于公差值 t 的两平行平面所限定的区域。该两平行平面按给定角度倾斜于基准平面	提取（实际）中心线应限定在间距等于 0.08 的两平行平面之间。该两平行平面按理论正确角度 60°倾斜于基准平面 A
			公差值前加注符号 ϕ，公差带为直径等于公差值 ϕt 的圆柱面所限定的区域。该圆柱面公差带的轴线按给定角度倾斜于基准平面 A 且平行于基准平面 B	提取（实际）中心线应限定在直径等于 $\phi 0.1$ 的圆柱面内。该圆柱面的中心线按理论正确角度 60°倾斜于基准平面 A 且平行于基准平面 B

（续）

特征	符号	公差带定义	标注及解释
倾斜度	∠	**面对基准线的倾斜度公差** 公差带为间距等于公差值 t 的两平行平面所限定的区域。该两平行平面按给定角度倾斜于基准直线 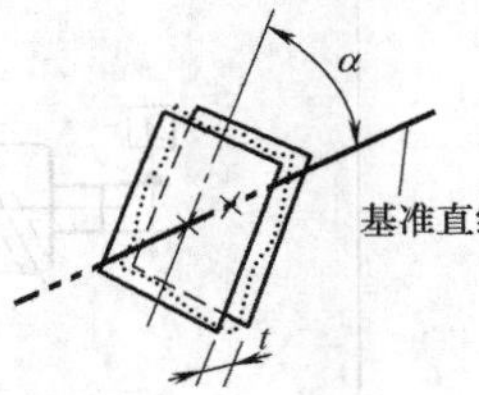 	提取（实际）表面应限定在间距等于 0.1 的两平行平面之间。该两平行平面按理论正确角度 75°倾斜于基准轴线 A 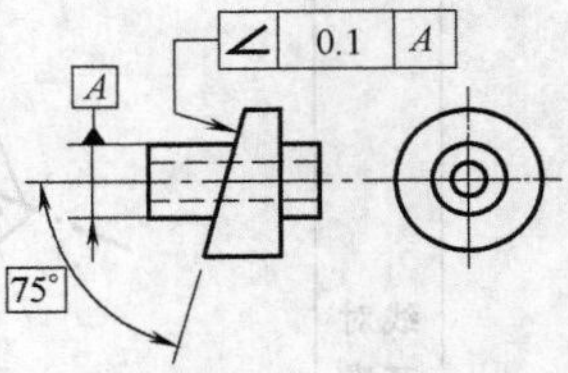
		面对基准面的倾斜度公差 公差带为间距等于公差值 t 的两平行平面所限定的区域。该两平行平面按给定角度倾斜于基准平面 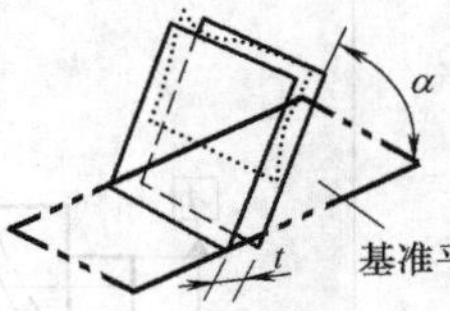 	提取（实际）表面应限定在间距等于 0.08 的两平行平面之间。该两平行平面按理论正确角度 40°倾斜于基准平面 A 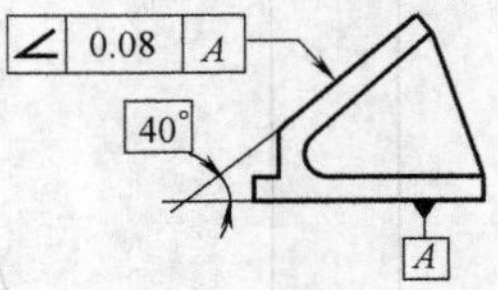

表 D-4　位置公差带定义及标注

特征	符号	公差带定义	标注及解释
位置度	⊕	**点的位置度公差** 公差值前加注符号 $S\phi$，公差带为直径等于公差值 $S\phi t$ 的圆球面所限定的区域。该圆球面中心的理论正确位置由基准 A、B、C 和理论正确尺寸确定 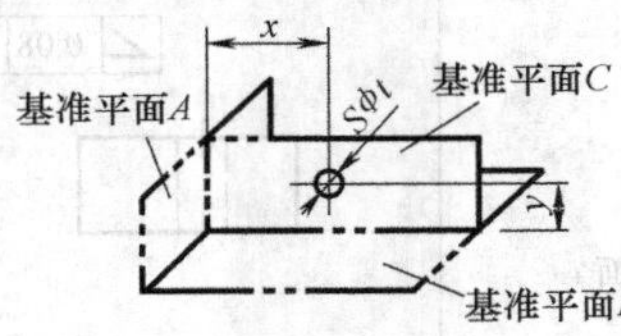 	提取（实际）球心应限定在直径等于 $S\phi 0.3$ 的圆球面内。该圆球面的中心由基准平面 A、基准平面 B、基准中心平面 C 和理论正确尺寸 30、25 确定 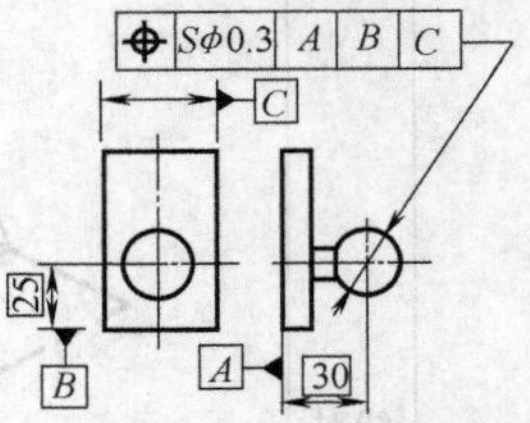
		线的位置度公差 给定一个方向的公差时，公差带为间距等于公差值 t、对称于线的理论正确位置的两平行平面所限定的区域。线的理论正确位置由基准平面 A、B 和理论正确尺寸确定。公差只在一个方向上给定。 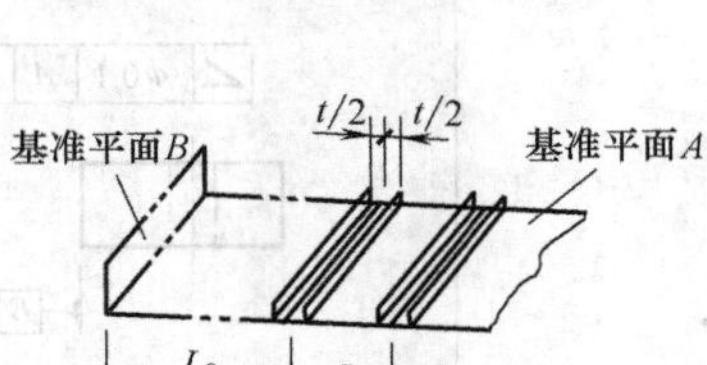 	各条刻线的提取（实际）中心线应限定在间距等于 0.1，对称于由基准平面 A、B 和理论正确尺寸 25、10 确定的理论正确位置的两平行平面之间 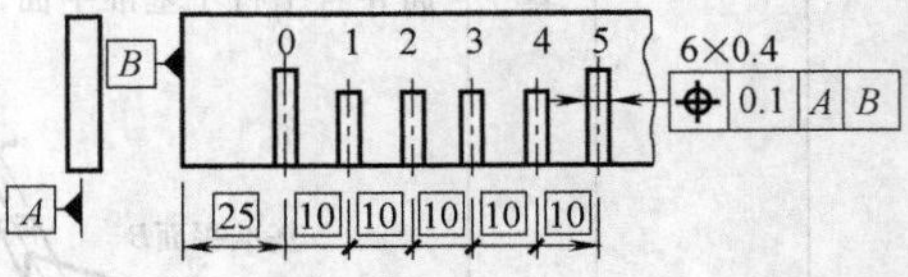

（续）

特征	符号		公差带定义	标注及解释
位置度	⊕	线的位置度公差	给定两个方向的公差时，公差带为间距分别等于公差值 t_1 和 t_2、对称于线的理论正确（理想）位置的两对相互垂直的平行平面所限定的区域。线的理论正确位置由基准平面 C、A 和 B 及理论正确尺寸确定。该公差在基准体系的两个方向上给定	各孔的提取（实际）中心线在给定方向上应各自限定在间距分别等于 0.05 和 0.2 且相互垂直的两对平行平面内。每对平行平面对称于由基准平面 C、A、B 和理论正确尺寸 20、15、30 确定的各孔轴线的理论正确位置
			公差值前加注符号 ϕ，公差带为直径等于公差值 ϕt 的圆柱面所限定的区域。该圆柱面的轴线的位置由基准平面 C、A、B 和理论正确尺寸确定	提取（实际）中心线应限定在直径等于 $\phi 0.08$ 的圆柱面内。该圆柱面的轴线的位置应处于由基准平面 C、A、B 和理论正确尺寸 100、68 确定的理论正确位置上
			公差值前加注符号 ϕ，公差带为直径等于公差值 ϕt 的圆柱面所限定的区域。该圆柱面的轴线的位置由基准平面 C、A、B 和理论正确尺寸确定	各提取（实际）中心线应各自限定在直径等于 $\phi 0.1$ 的圆柱面内。该圆柱面的轴线应处于由基准平面 C、A、B 和理论正确尺寸 20、15、30 确定的各孔轴线的理论正确位置上

（续）

特征	符号		公差带定义	标注及解释
位置度		轮廓平面或者中心平面的位置度公差	公差带为间距等于公差值 t，且对称于被测面的理论正确位置的两平行平面所限定的区域。面的理论正确位置由基准平面、基准轴线和理论正确尺寸确定 	提取（实际）表面应限定在间距等于 0.05 且对称于被测面的理论正确位置的两平行平面之间。该两平行平面对称于由基准平面 A、基准轴线 B 和理论正确尺寸 15、105° 确定的被测面的理论正确位置 提取（实际）中心面应限定在间距等于 0.05 的两平行平面之间。该两平行平面对称于由基准轴线 A 和理论正确角度 45° 确定的各被测面的理论正确位置
同心度		点的同心度公差	公差值前标注符号 ϕ，公差带为直径等于公差值 ϕt 的圆周所限定的区域。该圆周的圆心与基准点重合 	在任意横截面内，内圆的提取（实际）中心应限定在直径等于 $\phi0.1$、以基准点 A 为圆心的圆周内
同轴度		轴线的同轴度公差	公差值前标注符号 ϕ，公差带为直径等于公差值 ϕt 的圆柱面所限定的区域 该圆柱面的轴线与基准轴线重合 	大圆柱面的提取（实际）中心线应限定在直径等于 $\phi0.08$、以公共基准轴线 $A—B$ 为轴线的圆柱面内

（续）

特征	符号	公差带定义	标注及解释
同轴度	◎	轴线的同轴度公差 公差值前标注符号 ϕ，公差带为直径等于公差值 ϕt 的圆柱面所限定的区域 该圆柱面的轴线与基准轴线重合 ϕt　基准轴线	大圆柱面的提取（实际）中心线应限定在直径等于 $\phi 0.1$、以基准轴线 A 为轴线的圆柱面内 A ◎ $\phi 0.1$ A 大圆柱面的提取（实际）中心线应限定在直径等于 $\phi 0.1$、以垂直于基准平面 A 的基准轴线 B 为轴线的圆柱面内 ◎ $\phi 0.1$ A B A　B
对称度	＝	中心平面的对称度公差 公差带为间距等于公差值 t、对称于基准中心平面的两平行平面所限定的区域 $t/2$　基准中心平面	提取（实际）中心面应限定在间距等于 0.08、对称于基准中心平面 A 的两平行平面之间 A ＝ 0.08 A 提取（实际）中心面应限定在间距等于 0.08、对称于公共基准中心平面 $A—B$ 的两平行平面之间 ＝ 0.08 $A—B$ A　B

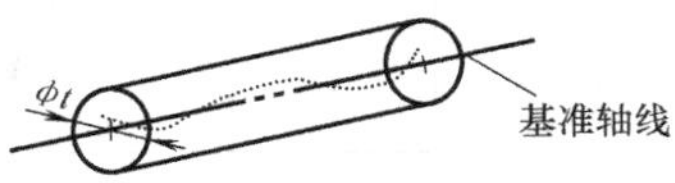

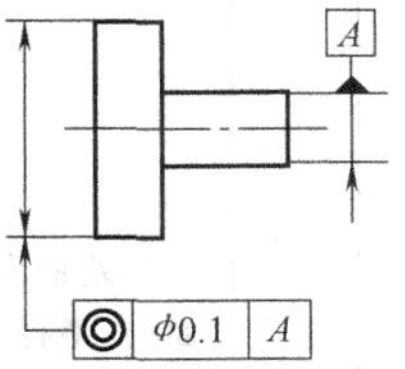

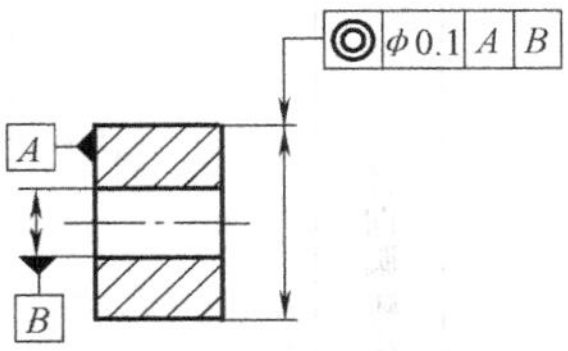

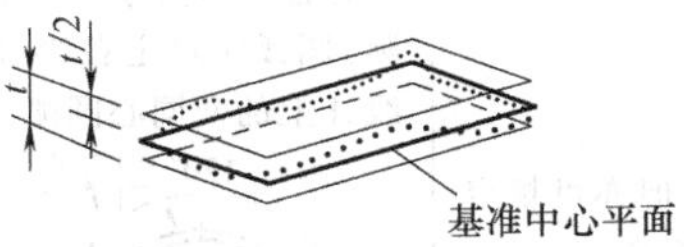

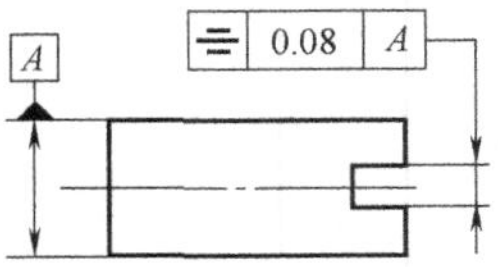

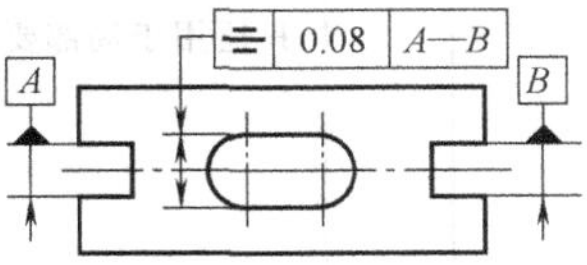

表 D-5　跳动公差带定义及标注

特征	符号	公差带定义	标注及解释
圆跳动	↗	径向圆跳动公差 公差带为在任一垂直于基准轴线的横截面内、半径差等于公差值 t、圆心在基准轴线上的两同心圆所限定的区域 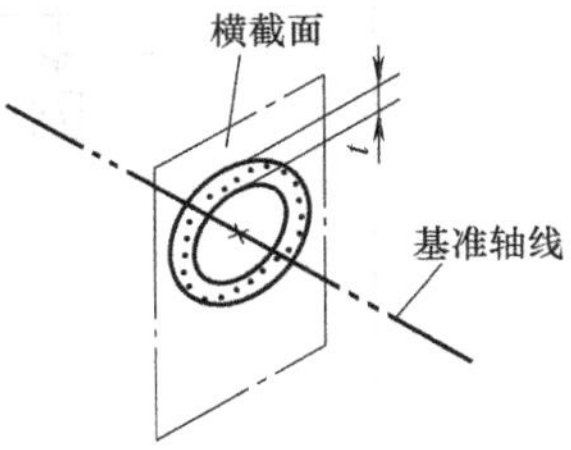 横截面　基准轴线	在任一垂直于基准 A 的横截面内、提取（实际）圆应限定在半径差等于 0.1，圆心在基准轴线 A 上的两同心圆之间 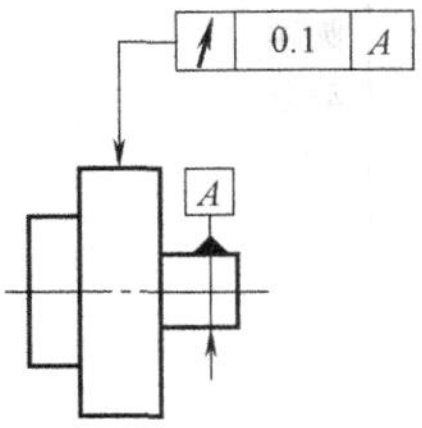 ↗ 0.1 A A

（续）

特征	符号		公差带定义	标注及解释
圆跳动	↗	径向圆跳动公差	公差带为在任一垂直于基准轴线的横截面内、半径差等于公差值 t、圆心在基准轴线上的两同心圆所限定的区域 横截面 基准轴线 圆跳动通常适用于整个要素，但亦可规定只适用于局部要素的某一指定部分	在任一平行于基准平面 B、垂直于基准轴线 A 的截面上，提取（实际）圆应限定在半径差等于0.1、圆心在基准轴线 A 上的两同心圆之间 ↗ 0.1 B A A B 在任一垂直于公共基准轴线 $A—B$ 的横截面内，提取（实际）圆应限定在半径差等于0.1、圆心在基准轴线 $A—B$ 上的两同心圆之间 ↗ 0.1 $A—B$ A B 在任一垂直于基准轴线 A 的横截面内，提取（实际）圆弧应限定在半径差等于0.2、圆心在基准轴线 A 上的两同心圆弧之间 120° ↗ 0.2 A ↗ 0.2 A A A
		轴向圆跳动公差	公差带为与基准轴线同轴的任一半径的圆柱截面上，间距等于公差值 t 的两圆所限定的圆柱面区域 基准轴线 公差带 c- 任意直径	在与基准轴线 D 同轴的任一圆柱形截面上，提取（实际）圆应限定在轴向距离等于0.1的两个等圆之间 ↗ 0.1 D D

（续）

特征	符号	公差带定义	标注及解释
圆跳动	↗	**斜向圆跳动公差** 公差带为与基准轴线同轴的某一圆锥截面上,间距等于公差值 t 的两圆所限定的圆锥面区域 除非另有规定,测量方向应沿被测表面的法向 	在与基准轴线 C 同轴的任一圆锥截面上,提取(实际)线应限定在素线方向间距等于 0.1 的两不等圆之间 当标注公差的素线不是直线时,圆锥截面的锥角要随所测圆的实际位置而改变
		给定方向的斜向圆跳动公差 公差带为与基准轴线同轴的,具有给定锥角的任一圆锥截面上,间距等于公差值 t 的两不等圆所限定的区域 	在与基准轴线 C 同轴且具有给定角度60°的任一圆锥截面上,提取(实际)圆应限定在素线方向间距等于 0.1 的两不等圆之间
全跳动	⤵	**径向全跳动公差** 公差带为半径差等于公差值 t、与基准轴线同轴的两圆柱面所限定的区域 	提取(实际)表面应限定在半径差等于 0.1,与公共基准轴线 A—B 同轴的两圆柱面之间
		轴向全跳动公差 公差带为间距等于公差值 t、垂直于基准轴线的两平行平面所限定的区域 	提取(实际)表面应限定在间距等于 0.1、垂直于基准轴线 D 的两平行平面之间

附录 E　部分企业介绍
中信重工机械股份有限公司

中信重工机械股份有限公司原名洛阳矿山机器厂，是国家"一五"期间兴建的 156 项重点工程之一。1993 年并入中国中信集团公司，更名为中信重型机械公司。2008 年 1 月，改制成立中信重工机械股份有限公司。2012 年 7 月，在上海证券交易所 A 股挂牌上市交易。历经 60 年的建设与发展，中信重工已成为国家创新型企业和高新技术企业及世界大型的矿业装备和水泥装备制造商。拥有"洛矿"牌大型球磨机、大型减速机、大型辊压机、大型水泥回转窑四项中国名牌产品，可为全球客户提供矿山、建材、冶金、有色、军工、电力、节能环保、高压变频、电气传动和自动化、关键基础件等产业和领域的商品、工程与服务。被誉为"中国工业的脊梁，重大装备的摇篮"。

公司拥有的企业技术中心，位列全国 887 家国家技术中心前 10 名。所属的洛阳矿山机械工程设计研究院，是国内大型的矿山机械综合性技术开发研究机构，拥有国家矿山重型装备重点实验室、院士专家顾问委员会、博士后工作站、首席专家团队，形成了一支由业内各领域知名专家组成的高层次专家团队和高智力创新载体。同时公司全面实施"金蓝领"工程，建立了大工匠、首席员工等工人技能成长通道，着力培养和造就一支结构合理、技能突出、素质优良的技术工人队伍，确立企业的核心制造优势。

公司以技术创新为核心战略，开发拥有"年产千万吨级超深矿建井及提升装备设计及制造技术""年产千万吨级移动和半移动破碎站设计及制造技术""日产 5000～12000t 新型干法水泥生产线成套装备设计及制造技术""低温介质余热发电成套工艺及装备技术""利用水泥生产线无害化处置生活垃圾技术"等 36 项核心技术，先后承担 973、863 等国家科技计划 10 余项、省部级科技攻关计划 50 余项；荣获高端矿山重型装备技术创新工程和水泥窑纯低温预热发电成套工艺技术及装备等 7 项国家科技进步二等奖、省部级科技进步奖 20 余项，成为重型装备制造业前沿技术的引领者。

公司强力推进向"高新技术企业、国际化企业、成套服务商"的战略转型，着眼全球化战略布局，着力打造全球化的营销与服务网络。全资收购国际矿山行业知名的西班牙 GANDARA 公司，设立澳大利亚公司、巴西公司、智利公司、南非公司、印度及东南亚公司、俄罗斯办事处等；买断国际知名选矿技术公司 SMCC 的全部知识产权，成为全球先进的选矿工艺技术的拥有者。

中信重工深入挖掘企业历史实践凝结的文化底蕴，凝练出以打造百年基业为目标、岗位诚信为核心、经营理念为基础、焦裕禄精神为精髓、岗位诚信管理体系为特色的中信重工企业文化体系，为企业持续发展凝聚了强大的精神力量。被中国企业文化研究会授予"全国企业文化建设示范基地"称号。

中信重工在不断变革中，打破行业传统思维和局限，走出了一条专注于高端市场的差异化发展之路，一条源于制造、超越制造的转型发展之路。

中信重工是国内低速重载齿轮的主要制造基地之一，生产制造平行轴、行星齿轮传动等多种结构的减速机产品，大型开式齿轮的生产制造能力处于国际领先地位。

公司为国内外建材、冶金、矿山、通用、轻工、环保、电力等行业制造各种中大型齿轮传动产品 20000 余台套，规格 1000 余种。建立了以国际先进标准为主的设计、制造、试验、检验的标准及规范体系，拥有配套齐全的材料冶炼、锻造、热处理、焊接、机械加工、检验计量设备。

1. 生产设备和手段

（1）冶炼铸造设备　拥有 80t、50t、30t 电弧炉，60t LF 炉，150tLFVD 炉，150tLFVOD 炉，以及 80t 电渣重熔炉，拥有 100～600t 真空浇注设备 10 余台，可生产 2～600t 系列钢锭。一次可组织钢水 1000t，最大铸件单件质量可达 550t。

（2）锻造设备　拥有 8400t、3150t、1600t 自由锻水压机，拥有 18500t 自由锻油压机等大型锻造工艺装备。

（3）铆焊设备　拥有 160/250mm×4000mm、105mm×4000mm 卷板机，14m×10m 双丝窄间隙焊接操作中心，10m×10m 双丝自动及带极堆焊操作中心，8.5m×36m 铆焊件后处理喷丸设备，承载能力 500t，φ15m 以下自动焊接转胎及防窜转胎，6m×20m 数控切割机，3.2m×14m 等离子切割机等多台数控下料设备。

（4）热处理设备　拥有 φ5m×2.5m、φ3m×2m、φ1.7m×7m 渗碳炉，φ2.3m×9.5m 井式炉，8.5m×13m、5m×15m、6m×14.5m、4.5m×18m 等自动控制台车式热处理炉群。

（5）机械加工能力　中信重工拥有各类机床近 3000 套，精、大、稀数控机床 70 余台套，大型数控龙门镗铣、落地镗铣床 30 余台套。加工回转类工件单件质量 300t，直径 16m；筒体类工件单件质量 200t，直径 6m，长度 18m；轴类工件单件质量 100t，直径 3.2m，长度 12m；长方体类 6.5m×5m×18m，单件质量 250t 等大型零部件。可磨削直径至 5m 的硬齿面齿轮；可对直径至 12m、模数至 70mm 的齿轮进行梳齿加工（设备 SH-1200，MAAG 产）；可滚削直径至 16m 的特大型开式齿圈。

拥有各类滚齿机 20 余台（含 φ6～φ16m 特大型滚齿机 10 余台）、插齿机 10 余台、磨齿机 10 余台。拥有 ZFWZ-100（φ10m）、RF-60S（φ6m）、RF-50（φ5m）、ZWF-50（φ5m）、RFW-16S（φ1.8m 卧式）、RFW-10（φ1.25m 卧式）滚齿机，ZP-50（φ5m）、P2800G（φ3m）、P1200G（φ1.2m）数控成形磨齿机等进口齿轮加工设备。

（6）计量检测手段　公司是国家理化检验认可单位和国家一级计量企业。拥有 KYKY2800B 型扫描电镜、德国产 MAT200 金相显微镜图像分析仪、荷兰产 TW4400/30X 荧光光谱分析仪、TC366 型氮氧分析仪、CS-901B 碳硫分析仪、德国产 USN-60 型超声探伤仪、美国产 API LT3 激光跟踪仪、德国产 S6P 表面粗糙度检测仪，以及 CZW 测微准直望远镜、PFSU-2500、EVTM 等齿轮检查仪等检测设备。

计量检测实验室为国家进出口金属材料商检实验室。2006 年 12 月，获国家实验室认可证书。

2. 主要齿轮产品

（1）建材行业　中信重工制造的建材水泥设备配套减速机已广泛用于国内建材水泥行业，并出口到美国、英国、德国、俄罗斯、澳大利亚、巴基斯坦、菲律宾、泰国、印尼等十几个国家。主要减速机产品系列有：MZL 系列（2500～6000kW 立磨用），JGF、MGF 系列（2000～5000kW 水泥磨中心传动）、MB 系列（2500～12000kW 水泥磨多点啮合边缘传动）、ZJ 系列（630～2500kW 磨机用行星减速机）、JPT 系列（200～2500kW 通用系列）及 ZDY、ZLY、ZSY 等通用系列减速机。

（2）冶金行业　主要产品有：棒、线、板材轧机联合齿轮箱，板带连轧机主减速机、齿轮机座，转炉倾动装置，以及冷拔机、穿孔机、连铸机、翻管机、拉链机、开卷机、卷取机、混料机等减速机（齿轮箱）。

（3）矿山、提升机配套产品　主要产品有：矿山采运减速机系列——PY 系列（破碎机用硬齿面）、YZ 系列（刮板输送机用）等；矿山大型磨机减速机系列——PH 系列（3000～12000kW）等；矿井提升机减速机系列——ZZ 系列（行星传动）、ZK 系列（行星传动）、P2H 系列（双输入平行轴）等。

（4）电力设备配套产品　火电厂中速磨煤机配套减速机系列——ZSJ（KV）系列（锥-平行轴传动）、MZL 系列（锥-行星传动）；水轮发电机配套增速器系列——ZZDT（1000～6000kW 行星传动）系列。

（5）轻工行业　榨糖设备配套主要产品系列有：TB 系列、TC 系列、TD 系列、ZT 系列（行星）、TGF 系列（中心传动）等。

φ6.585m×47.2m球团窑大齿圈
（直径为9.93m）

25MW汽轮机

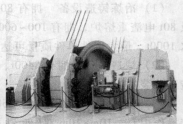

JKMD-5.7×4提升机（直径为9.93m）

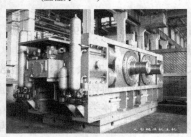

大型辊压机

大型液压防爆绞车

12m竖井钻机

补汽凝汽低温余热汽轮机

系列磨机

正负电子对撞机谱仪机械系统

850齿轮机座

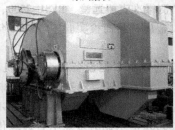

JGF355减速器

系列行星齿轮减速器

地址：中国洛阳建设路 206 号　　　　　　邮编：471039

网址：www.citichmc.com

电话：0379-64086270（销售总公司）　0379-63083006、0379-64088532（铸锻销售）

　　　0379-64086198（用户服务部）　0379-64088518（质量保证部）

传真：0379-64088270（销售总公司）　0379-64088532（铸锻销售）

　　　0379-64216752（用户服务部）　0379-64088221（质量保证部）

洛阳晋飞铸锻科技有限公司

洛阳晋飞铸锻科技有限公司位于河南省洛阳市宜阳县香鹿山镇工业园区，办事处设在涧西区建设路 182 号院。经营范围包括：矿山冶金设备、铸锻件、电渣炉、电子产品的开发、生产与销售；工业工艺技术服务；机械产品的销售等。公司集科研开发、产品设计、生产制造、安装调试、售后技术服务为一体，注册资本 5000 万元。

公司具有大型铸锻件开发、设计、制造的能力，在经营管理和全面的技术开发及质量控制体系方面有着坚实的基础，并通过 ISO 9001：2000 认证。

公司在齿轮及齿轮加工设备、齿轮轴、曲轴、矿山冶金设备、挖掘设备配件、锻压设备，发电设备等零部件的制造方面均具有丰富的经验。产品广泛应用于冶金、矿山及水、火、风电等行业。

公司研制的主要齿轮装备有：YK21200 数控弧齿伞齿铣齿机（最大工件外径为 2500mm、质量为 4500kg）、YK73600 数控铣、磨齿一体机（φ6000/6500mm，工作台承载量 50t）等。

近期科技研发的项目有：φ2.3m 弧齿磨齿机新技术研制；YK73600 数控铣、磨齿一体机高新技术研制；轴承滚子高精度磨削技术及数控磨削机床研制；低频电渣重熔技术升级开发等。

地址：洛阳市建设路 182 号院内 2038 室　　　　邮编：471000

电话：0379-64969158　　　　　　　　　　　传真：0379-64975086

网址：www.xiangze.cn　　　　　　　　　　　E-mail：Lyxz@ yahoo.cn

联系人：张二牛　13703794783

洛阳鸿拓重型齿轮箱有限公司
（洛阳华尊齿轮传动有限公司）

公司创建于 1994 年，是国际上加工范围较广的弧齿锥齿轮制造厂家之一，年生产各类弧齿锥齿轮 1500 种以上，出口 40 多个国家。公司是河南省高新技术企业，省级技术中心。公司通过了 ISO 9001、CCS 船级社认证、英国皇家质量管理体系 UKAS 认证、美国石油协会 API 认证。公司具备完善的机加工设备（弧齿铣、磨设备 20 余台）、热处理设备、德国进口的锥齿轮检测中心。加工弧齿锥齿轮的齿面硬度大于 58HRC，产品精度能够达至 AGMA11（DIN6）级以上。可为用户提供国内外各种齿轮的测绘、设计、加工、热处理、计量、安装调试等服务。还可根据用户的实际使用要求为用户提供专业的设备运行状态检测、故障诊断、设备大修等全方位服务，公司配套国际标准的加载试车平台。

加工范围：

1）硬齿面弧齿锥齿轮刮齿：最大直径为 2500mm，最大模数为 50mm，锥齿轮轴最大轴径为 400mm。

2）硬齿面弧齿锥齿轮磨齿：最大直径为 900mm，最大模数为 22mm。

公司部分装备及产品示例

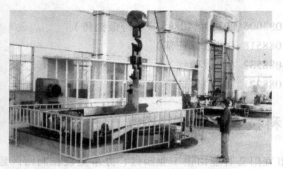

热处理车间一角

出口万米钻井机φ2.0m锥齿轮

YK22250铣刮齿机

设备修复

德国(进口)齿轮检测中心

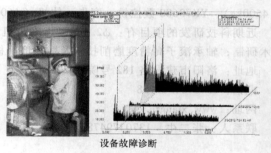

设备故障诊断

地　　址：洛阳市洛新工业园区双湘南路　　　　邮编：471822
电　　话：0379-65190756　　　　　　　　　　传真：0379-65190757
网　　址：www. lgchilun. com　　　　　　　　邮箱：lgchilun@ 163. com
联系人：李工 13653881698　刘工 13461078035

洛阳市永基重载齿轮有限公司

洛阳市永基重载齿轮有限公司是一家从事中大型重载齿轮、减速机、联轴器及黑色、有色金属轧制设备生产加工的民营企业。已于 2005 年通过了 ISO 9001：2000 质量体系认证。公司占地面积20000m²，拥有标准厂房9000m²，办公及员工宿舍4000m²，现有职工 130 余人，其中高、中级工程技术及管理人员 20 余人。现拥有各类滚齿机 11 台，可加工 M1.5 ~ M40，直径 4000mm 以内的直、斜齿轮；德国耐尔斯磨齿机 5 台，可加工 M3 ~ M34，直径 2500mm 以内的直、斜齿轮；插齿机 5台，可加工 M1.5 ~ M16，内径 1800mm 以内的直齿轮；万能磨床 3 台，最大加工直径为 800mm，长度为 5000mm；德国产 1200 齿轮综合检测仪 1 台。拥有 φ200mm 落地镗铣床 2 台、100t 双梁起重机2 台。还拥有 φ130 镗床、1250mm 插床、1.25m×4m 龙门铣、φ1.6 ~ φ3.5m 立车等相关配套设备

140余台（套）。所有这些，都为实现设备系列配套、产品多元化，为企业的发展，提高产品质量，劳动效率，奠定了强有力的物质基础。

近年来，公司在有关部门的支持下，凭借产品质量优、产品的价格优、快捷的生产周期、完善的售后服务，赢得了社会各界用户的赞誉。

展望未来，公司将在"团结务实、诚信创新、精心制造、质量为本、周到服务、持续改进"的企业方针指引下，诚邀国内外八方宾朋共创美好明天，为壮大县域经济实力做出新的贡献。

武安红日集团3200宽厚板热轧机

河南万达铝业有限公司铝板轧机

20辊1400钢板冷轧机

4300轧机用换辊减速器牵引装置

20辊1400钢板冷轧机

地址：河南省洛阳市　洛新工业园（谷水西4km）
电话：0379-67312790（总机）、0379-67312638（经营部）
联系人：刘汉宗　13837995565
传真：0379-67312792　　　　　邮箱：lyyjcl@ 126. com
网址：www. lyyjcl. com

附录 F　新产品介绍
铣齿磨齿一体机床 YK73600

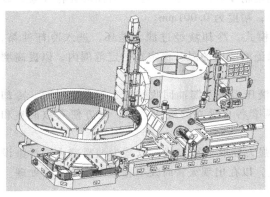

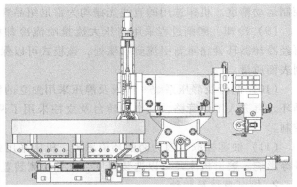

YK73600 外、内齿圆柱齿轮成型铣齿、磨齿一体机，是洛阳立博数控科技有限公司根据市场需求，特别是大型风电齿轮加工的需求推出的高精度铣齿磨齿设备，可以满足大型齿轮的铣齿及淬火

齿轮的磨齿加工需求。

下面介绍 YK73600 机床技术特点。

1. 机械装置

（1）回转台　YK73600 的回转台采用精密蜗轮及双蜗杆驱动方式，通过双蜗杆消隙机构和圆周方向配置的多点阻尼机构，降低了工作台回转中的正反向间隙。配置了自行研制的双光栅反馈差分分度系统，使得分齿精度得到极大的提高，理论计算一个 6m 直径的齿轮分齿精度误差在 0.01mm 内，考虑磨削振动及其他干扰影响，最终分齿精度可以控制在 0.015～0.02mm。

（2）砂轮内、外齿磨头　通过更换砂轮安装位置实现内、外齿的磨削。

（3）金刚轮修形器　采用双金刚轮闭环修形方式，通过反馈信号控制砂轮修形精度。

（4）螺旋角回转　采用伺服电动机带动高精度减速器驱动蜗轮蜗杆进而带动回转盘回转，完成斜齿圈的螺旋角转动，此处装有闭环码盘，可以准确地控制磨头螺旋角的回转精度。

（5）砂轮架滑台　砂轮架安装在上下运动的滑台上，滑台由伺服电动机带动高精度减速器驱动丝杠导轨上下运动，所用导轨丝杠均采用日本 THK 产品；上下运动使用铅块配重方式，具有可靠、稳定和速度变化不受影响的特点。砂轮架两侧面装有制动液压缸，当停车时液压缸作用，使砂轮架滑台保持在当前位置。

（6）铣齿头架　铣齿刀盘采用镶硬质合金刀片干式切削，效率高、污染小；铣削直齿时立柱导轨被液压机构锁紧，工件回转台在完成分度后也由液压机构锁紧，只有刀盘上下运动，可实现大进给量高效铣削加工；铣削斜齿时由工作台回转、刀盘上下联动完成加工，实现了齿轮粗铣开槽的大功率、高效率粗铣加工。

刀盘上下铣削运动采用了自行研发的高精度数字液压缸双伺服电动机驱动技术，既完成铣削运动又实现了刀架的配重。

铣刀盘架采用了自行设计的双刀盘结构，铣削内、外齿轮时只要把刀盘安装在内、外不同的位置，即可实现内、外齿的加工。

（7）铣齿头架进给、回转机构　铣齿头架上下运动的固定导轨采用镶钢导轨，运动部件装配有高精度、重载滚动快；双数字液压缸同步伺服驱动，既完成了重载荷切削，又实现了运动部件的配重。铣齿头架的螺旋角度回转采用伺服电动机驱动齿轮齿条机构，转到斜齿轮螺旋角后液压夹紧，具有控制方便、高精度、高刚性的特点。

（8）立柱运动　立柱采用静压导轨支撑，两侧和底面均装有公司自行研制的可调间隙滚压装置，使得立柱运动既有静压浮起作用，又有滚动功能，改善了动静态控制性能，提高了运动精度。驱动装置采用了高性能滚珠丝杠驱动，运行稳定，定位精度高。立柱运动侧装有闭环光栅装置，以控制运动精度。机床选用的直线光栅均为雷尼绍品牌，精度为 0.001mm。

（9）冷却　磨削过程采用高压大流量喷流冷却模式，冷却液经过滤、循环，进入冷却油箱，再经冷却循环管路重新引流到喷嘴处，该模式可以保证磨削区的温升稳定在一定范围内，以提高磨削表面质量。

（10）润滑及静压系统　润滑及静压采用独立的液压系统及漏油回收装置，经多层过滤、冷却循环，再进入工作管路，其中回转台及立柱采用了两套各自独立的液压系统，以方便参数调整和控制。

（11）油雾抽取　因为磨削环境恶劣，机床采用强力抽取油雾方式，以减少油雾着火、污染设备等影响。磨齿机床还可以选装温度、火警检测装置，以在出现火警时发出警报并实施故障处理。

2. 控制系统及软件

数控系统为美国 Galil 数控装置，工作可靠，处理复杂数据能力强，多轴闭环控制功能稳定，与伺服电动机接口连接及数据传输容易，故障处理功能强大。

系统采用上下位机工作方式，上位机提供人机菜单，让操作工录入加工齿轮参数和要求，系统软件经编译处理。通过网络线与 Galil 数控系统连接，把加工参数及工艺信息转换成目标代码传输到 Galil 系统的信息存储单元中，铣齿和磨齿中的数值计算、驱动电动机、接受光栅反馈信息、处理预先设定的故障等工作由 Galil 数控系统完成；并实时把磨削过程数据的变化上传到上位机的界面上，让用户可以从参数变化观察磨削过程。

该系统软件的特点在于在磨削过程中实时记录每个齿相对光栅动态位置，在多次磨削时，各个齿的分齿位置不会变化，其技术为公司研制的双光栅反馈差分分度系统软件和硬件，该系统的使用可以提高齿轮加工的精度。

在磨削完成后启动测量系统可以在线检测齿轮精度，包括检测齿距、齿形、齿向、齿厚等参数，经测量、计算生成可打印表格和图形文件，输出到打印机中，以直观了解齿轮的磨削精度等，为齿轮高精度修整提供了条件。

3. 机床用途及加工范围

用于大型直齿、斜齿圆柱齿轮铣齿及磨齿。其最大加工直径为 6000mm（外齿）/6500mm（内齿）；最大加工模数为 40mm（铣齿）/36mm（磨外齿）/30mm（磨内齿）；最大加工螺旋角为 ±15°。

参 考 文 献

[1] 成大先. 机械设计手册 第1卷 [M]. 5版. 北京：化学工业出版社，2008.

[2] 孟少农. 机械加工工艺手册 [M]. 北京：机械工业出版社，1991.

[3] 上海市金属切削技术协会. 金属切削手册 [M]. 3版. 上海：上海科学技术出版社，2000.

[4] 任玉宝. 实用齿轮加工手册 [M]. 西宁：青海人民出版社，1988.

[5] 李昂，王济宁. 齿轮加工工艺、质量检测与通用标准规范全书 [M]. 北京：当代中国音像出版社，2003.

[6] 《齿轮制造手册》编辑委员会. 齿轮制造手册 [M]. 北京：机械工业出版社，1998.

[7] 《齿轮手册》编委会. 齿轮手册（上下册）[M]. 2版. 北京：机械工业出版社，2000.

[8] 《机械工程手册》编委会. 机械工程手册：第6卷. 第32篇齿轮传动 [M]. 北京：机械工业出版社，1982.

[9] 《机械工程手册》编委会. 机械工程手册：补充本（二）. 齿轮传动 [M]. 北京：机械工业出版社，1988.

[10] 《现代机械传动手册》编辑委员会. 现代机械传动手册 [M]. 北京：机械工业出版社，1995.

[11] 《机械工程标准手册》编委会. 机械工程标准手册：齿轮传动卷 [M]. 北京：中国标准出版社，2002.

[12] 中国标准出版社，全国齿轮标准化技术委员会. 中国机械工业标准汇编：齿轮与齿轮传动卷 [S]. 北京：中国标准出版社，2005.

[13] 中国标准出版社，全国齿轮标准化技术委员会. 中国机械工业标准汇编：刀具卷 齿轮刀具 拉刀 车刀 [S]. 2版. 北京：中国标准出版社，2005.

[14] 中国标准出版社，全国齿轮标准化技术委员会. 中国机械工业标准汇编：量具量仪卷 [S]. 2版. 北京：中国标准出版社，2005.

[15] 中国标准出版社，全国齿轮标准化技术委员会. 中国机械工业标准汇编：数控机床卷 [S]. 北京：中国标准出版社，2004.

[16] 《渐开线齿轮行星传动的设计与制造》编委会. 渐开线齿轮行星传动的设计与制造 [M]. 北京：机械工业出版社，2002.

[17] 秦川机床厂"七·二一"工人大学，西安交通大学机制教研室. 磨齿工作原理 [M]. 北京：机械工业出版社，1977.

[18] 黄天铭. 梳齿工艺的技术经济效益 [J]. 工具技术，1988（2）.

[19] 天津齿轮机床研究所. 齿轮工手册 [M]. 天津：天津人民出版社，1976.

[20] 刘承启，等. 新编铣工计算手册 [M]. 北京：机械工业出版社，2001.

[21] 尼曼 G，温特尔 H. 机械零件：第二卷 [M]. 余梦生、王承焘、高建华，译. 北京：机械工业出版社，1995.

[22] 曾韬. 螺旋锥齿轮设计与加工 [M]. 哈尔滨：哈尔滨工业大学出版社，1989.

[23] 北京齿轮厂，等. 格利森锥齿轮技术资料译文集，第二、三分册 [M]. 北京：机械工业出版社，1983.

[24] 天津市机床研究所，西安交通大学. 格利森锥齿轮技术资料译文集：第一分册 [M]. 北京：机械工业出版社，1986.

[25] 天津市机床研究所. 格利森锥齿轮技术资料译文集，第五、六分册 [M]. 北京：机械工业出版社，1983.

[26] 梁桂明. 螺旋锥齿轮的新齿形——分锥角综合变位原理 [J]. 齿轮，1981（2）：19-34.

[27] 梁桂明，邓效忠，何兆旗. 新型非零传动曲齿锥齿轮技术 [J]. 中国机械工程，1997，8（1）：97-101.

[28] 张华. 弧齿锥齿轮的计算机辅助加工及高重合度加工参数设计 [D]. 洛阳：河南科技大学，2003.

[29] 王利环，魏冰阳. 准双曲面齿轮节锥参数设计的新方法 [J]. 河南科技大学学报（自然科学版），2008（2）.

[30] 孟庆睿，邓效忠，陈东. 高齿制准双曲面齿轮的优化设计 [J]. 洛阳工学院学报，1999，20（3）：21-24.

[31] 邓效忠，杨宏斌，牛嶂. 高齿弧齿锥齿轮的设计与性能试验 [J]. 中国机械工程，1999，10（8）：864-866.

[32] 杨宏斌. 高齿制准双曲面齿轮的理论和实验研究 [D]. 西安：西北工业大学，2000.

[33] 北京齿轮厂. 螺旋锥齿轮 [M]. 北京：科学出版社，1974.

[34] Litvin F L. Gear Geometry and Applied Theory [M]. New Jersey：Prentice Hall，1994.

[35] Litvin F L，Zhang Y. Local Synthesis and Tooth Contact Analysis of Face-Milled Spiral Bevel Gears [C] //NASA CR4342，Chicago：NASA Lewis Research Center，1991.

[36] Litvin F L，Gutman Y. Methods of Synthesis and Analysis of Hypoid Gear Drives of 'Formate' and 'Helixform'，part 1-3 [J]. ASME J. of Mech. Design，1981，103：83-113.

[37] 田行斌. 弧齿锥齿轮啮合质量的计算仿真和控制 [D]. 西安：西北工业大学，2000.

[38] 徐万和. 弧齿锥齿轮准双曲面加工工艺调试方法 [M]. 北京：科学出版社，1997.